L'AGRICULTURE

ET

LES INSTITUTIONS AGRICOLES DU MONDE

AU COMMENCEMENT DU XXᵉ SIÈCLE

PAR

L. GRANDEAU

RAPPORTEUR GÉNÉRAL DE L'AGRICULTURE À L'EXPOSITION UNIVERSELLE DE 1900
DIRECTEUR DE LA STATION AGRONOMIQUE DE L'EST
MEMBRE DE LA SOCIÉTÉ NATIONALE D'AGRICULTURE DE FRANCE
INSPECTEUR GÉNÉRAL DES STATIONS AGRONOMIQUES
PROFESSEUR AU CONSERVATOIRE NATIONAL DES ARTS ET MÉTIERS
RÉDACTEUR EN CHEF DU *JOURNAL D'AGRICULTURE PRATIQUE*

TOME III

(ORNÉ DE 130 PHOTOTYPIES, GRAPHIQUES ET CARTES)

PARIS

IMPRIMERIE NATIONALE

MCMVI

L'AGRICULTURE

ET

LES INSTITUTIONS AGRICOLES DU MONDE

AU COMMENCEMENT DU XXᵉ SIÈCLE

L'AGRICULTURE

ET

LES INSTITUTIONS AGRICOLES DU MONDE

AU COMMENCEMENT DU XXᵉ SIÈCLE

PAR

L. GRANDEAU

RAPPORTEUR GÉNÉRAL DE L'AGRICULTURE À L'EXPOSITION UNIVERSELLE DE 1900
DIRECTEUR DE LA STATION AGRONOMIQUE DE L'EST
MEMBRE DE LA SOCIÉTÉ NATIONALE D'AGRICULTURE DE FRANCE
INSPECTEUR GÉNÉRAL DES STATIONS AGRONOMIQUES
PROFESSEUR AU CONSERVATOIRE NATIONAL DES ARTS ET MÉTIERS
RÉDACTEUR EN CHEF DU *JOURNAL D'AGRICULTURE PRATIQUE*

TOME III

(ORNÉ DE 130 PHOTOTYPIES, GRAPHIQUES ET CARTES)

PARIS

IMPRIMERIE NATIONALE

M CMVI

LIVRE IV.

FRANCE.

(SUITE ET FIN.)

CHAPITRE XXXIII.

LE MINISTÈRE DE L'AGRICULTURE. – ENQUÊTES. – ENSEIGNEMENT. STATIONS AGRONOMIQUES ET LABORATOIRES. AMÉLIORATIONS AGRICOLES. REMEMBREMENT. – CRÉDIT. – ASSURANCES. – MUTUALITÉ ET SYNDICATS. INSTITUTIONS DIVERSES.

A. LE MINISTÈRE DE L'AGRICULTURE.

HISTORIQUE. – CRÉATION D'UN MINISTÈRE SPÉCIAL. – SON ORGANISATION ACTUELLE. – CONSEIL SUPÉRIEUR. – INSPECTEURS GÉNÉRAUX. – MÉRITE AGRICOLE. – POLICE DE LA PÊCHE ; PISCICULTURE. – SERVICE D'INFORMATIONS AGRICOLES.

Trois phases principales ont marqué l'histoire officielle de l'agriculture en France depuis 1789. Pendant quarante ans, de 1797 à 1836, l'agriculture ne figure dans le titre d'aucun ministère ; elle est reléguée successivement dans un coin des bureaux des ministères de l'intérieur, du commerce ou des travaux publics.

En 1836, pour la première fois, son nom apparaît, tantôt accolé à celui du Commerce, tantôt à celui du Département des travaux publics. En 1836, l'agriculture et le commerce font partie d'un même ministère. Le 17 juillet 1869, l'agriculture est officiellement associée au commerce.

Pendant cette longue période, le service des forêts, ballotté de l'intérieur aux finances, ne figure point, contrairement à la logique, à côté de l'agriculture dont il forme, cependant, une des branches importantes. En 1870, à la suite de nombreux vœux émis par les hommes compétents et par les associations agricoles, le service des forêts, distrait des finances, passe au Ministère de l'agriculture et du commerce.

En 1881, la création d'un ministère spécial est l'acte par lequel Gambetta inaugure son arrivée au pouvoir.

Cette création n'alla, du reste, pas sans que l'on se plût à mêler d'injurieuses et mesquines préoccupations de personnes aux motifs qui militaient en faveur de cette institution. En effet, par suite d'un de ces malentendus singuliers qui, on ne sait comment, s'accréditent dans le public et même dans la partie éclairée de la nation, on s'était habitué à entendre dire et à répéter qu'un ministère de l'agriculture était un petit ministère, si tant est qu'on acceptât même qu'il en pût être un. En vertu de quelle méconnaissance des faits les plus faciles à constater, pareille opinion put-elle se faire jour? On ne le comprend pas. Il est aisé d'établir, en effet, que, sur les 80 milliards (nombre rond) qui représentent la propriété immobilière de la France les 7/8 constituent la propriété rurale, administrée, gérée et entretenue par 20 millions d'habitants au moins, et représentant une production annuelle de plus de dix milliards. Par suite de quelle erreur était-on arrivé à considérer, cependant, comme une sorte de superfétation un ministère de l'agriculture? C'est ce que je ne chercherai pas à expliquer.

Actuellement, le Ministère de l'agriculture comprend — outre le cabinet — cinq directions : agriculture; eaux et forêts; hydraulique et améliorations agricoles; haras; secrétariat, personnel central et comptabilité. La plus chargée de ces directions est celle de l'agriculture, où un sous-directeur est adjoint au directeur. Le service des caisses régionales de crédit agricole est placé directement sous les ordres du Ministre.

Auprès du Ministre, existent plusieurs conseils : agriculture, haras, enseignement agricole, vétérinaire, et de nombreuses commissions spéciales fonctionnent auprès des directions. Un service spécial d'informations agricoles a été créé récemment. Le corps des inspecteurs généraux, réorganisé en 1883, comprend six inspecteurs pour l'agriculture proprement dite et quatre pour l'enseignement agricole. L'ordre du Mérite agricole a été créé en 1883.

Depuis 1896, la police de la pêche et la direction de la pisciculture ont été attribuées au Ministère de l'agriculture et rattachées à la direction générale des eaux et forêts.

B. ENQUÊTES AGRICOLES.

HISTORIQUE. — DÉCRET DE 1852. — ENQUÊTES ANNUELLES DU MINISTÈRE DE L'AGRICULTURE. — RÉGLEMENTATION DE 1899. — DÉCRET DE 1902. — ENQUÊTES DÉCENNALES; UTILITÉ DE LEUR MAINTIEN.

Aux diverses époques de notre histoire, les gouvernements qui se sont succédé se sont toujours efforcés de réunir des renseignements sur la situation agricole du pays. On retrouve la trace de ces enquêtes jusque dans les instructions données par Charlemagne aux *missi dominici*. Plus tard, on peut citer, comme se rapportant à cette question, l'édit de Villers-Cotterets, de 1539, et l'ordonnance de 1629, dite *code Michaud*. En 1663, Colbert fait décider qu'il sera procédé à une appréciation annuelle de la récolte, et, en 1700, Chamillard réunit les mémoires des intendants contenant les résultats d'une enquête générale sur la situation de la France. En 1789, Necker crée un service de statistique. Le gouvernement de la République, le gouvernement consulaire et le premier Empire continuent, sous des formes diverses, les enquêtes de statistique. En 1835, fut établi un programme de statistique générale de la France, basé sur la méthode d'investigations directes. On partit d'un principe qui, depuis lors, a dominé toutes les méthodes d'enquêtes en matières de statistique agricole : ce principe consiste à aller chercher, jusque dans les moindres localités, les données qui doivent servir de base à l'ensemble du travail; à réunir les chiffres fournis directement par les communes pour obtenir ceux des cantons, des arrondissements, des départements, des régions et, enfin, de la France entière. C'est sur cette base qu'on procéda à l'enquête de 1840. Des instructions furent adressées aux préfets qui les transmirent aux sous-préfets et aux maires, pour la bonne exécution du travail. Des commissions devaient opérer la revision du travail des maires, et l'administration centrale restait chargée du colossal travail de dépouillement des résultats fournis par les trente-six mille communes de France.

En 1852, un décret, daté du 1er juillet et contresigné par le Ministre de l'intérieur, de l'agriculture et du commerce, alors chargé de l'établissement de la statistique générale de France, apporta une notable amélioration à l'établissement des diverses statistiques par la création d'une commission permanente au chef-lieu de chaque canton. À ces commissions cantonales incombait la tâche de remplir et de tenir à jour, pour les communes de leur circonscription, deux tableaux dressés par le Ministère et contenant une série de questions : le premier, sur les faits statistiques dont il importe qu'on ait la connaissance annuelle; le second, sur ceux qui, par leur nature, ne peuvent être utilement recueillis que tous les cinq ans.

Bien que n'ayant pas été spécialement instituées pour les enquêtes intéressant l'agriculture, les commissions cantonales créées en 1852 furent utilisées pour les grandes enquêtes de statistique agricole auxquelles il a été procédé à différentes époques; mais, à ces diverses occasions, des instructions ministérielles sont intervenues, sinon pour modifier, ce qu'elles n'auraient pas eu le pouvoir de faire, du moins pour préciser et compléter les dispositions générales du décret du 1er juillet 1852. C'est ainsi, notamment, que les commissions cantonales furent autorisées à se diviser en sous-commissions communales.

On peut dire, en résumé, qu'une seule et unique méthode, basée sur les dispositions du décret de 1852 et ne variant que sur des points de détail, a été appliquée aux grandes enquêtes de statistique agricole effectuées, soit par le Ministère de l'intérieur, soit, à partir de 1881, par le Ministère de l'agriculture.

Depuis la création d'un Ministère spécial de l'Agriculture, ce département ministériel procède, chaque année, à une enquête de statistique agricole, moins détaillée que les grandes enquêtes dont on vient de parler, mais dont le cadre, cependant, tend à s'élargir de plus en plus pour donner satisfaction à des desiderata souvent exprimés. Cette statistique annuelle, publiée au *Bulletin du Ministère de l'agriculture*, comprend, dans ses parties principales, le relevé des surfaces consacrées à chaque culture, les rendements et les prix moyens; pour les grains, le poids moyen de l'hectolitre; le prix moyen du pain et de la viande, le nombre des animaux de ferme, la quantité et la valeur de leurs produits, les importations et exportations des produits de l'agriculture. A ces renseignements pour la

France, elle ajoute, sous une forme plus condensée, des documents
de même nature pour les principaux pays étrangers.

Dès l'année 1899, l'attention du Ministre de l'agriculture fut
appelée sur les inconvénients que présentait la coexistence de l'enquête statistique annuelle, demandée aux comités de ravitaillement,
avec l'enquête annuelle que les préfets étaient chargés d'effectuer
pour le Ministère de l'agriculture et on a étudié les moyens d'unifier ces
enquêtes, tout au moins dans leurs parties communes. Au nombre
des dispositions prises, une des plus importantes fut le rétablissement, par le Ministère de l'agriculture, des commissions cantonales
de statistiques permanentes, instituées par le décret du 1er juillet 1852 et qui avaient cessé, presque partout, de fonctionner. Ces
commissions, nommées par les préfets, reçurent dorénavant mission
de reviser les questionnaires remplis par les maires et devant servir
à l'établissement de la statistique agricole annuelle et du service de
ravitaillement.

Il fut procédé, dans ces conditions, aux enquêtes agricoles de 1900
et 1901; mais, dès l'année 1900, la grande majorité des rapports
adressés par les préfets sur le fonctionnement des commissions cantonales reconstituées constatait que, tout en rendant des services,
elles n'avaient cependant pas produit leur plein effet et que, dans
leur ensemble, les résultats obtenus étaient loin d'être aussi satisfaisants qu'on avait cru pouvoir l'espérer.

Cette constatation amena à rechercher les motifs qui avaient pu
nuire au bon fonctionnement des commissions cantonales. Les causes
étaient nombreuses et complexes; nous ne les énumérerons pas.

On décida alors (1902) une réorganisation prévoyant :

1° Des statistiques agricoles annuelles;

2° Des statistiques agricoles spéciales, périodiques ou non périodiques;

3° Des enquêtes économiques agricoles.

Arrivons aux statistiques décennales agricoles. De 1840 à 1892,
elles parurent régulièrement, sauf en 1870; il est certain qu'elles
ont donné des renseignements très intéressants et qu'elles forment
des documents précieux à consulter, tout particulièrement au sujet

de l'économie rurale. Le modèle du genre est l'enquête de 1882, précédée du magistral rapport de M. E. Tisserand.

Les résultats de la dernière enquête décennale n'ont été publiés qu'en 1895. Malheureusement, l'année 1892 ayant été très médiocre, les renseignements que l'enquête a recueillis ont ainsi perdu une partie de leur valeur.

En 1902, il n'a pas été fait d'enquête; le Ministère a invoqué pour renoncer à la prescrire deux sortes de motifs : 1° il a estimé que dix années constituent une période trop courte pour que l'évolution de l'économie rurale d'un pays puisse se manifester, ajoutant que les statistiques annuelles permettent de se renseigner sur les emblavures, les rendements, l'effectif du bétail, etc.; 2° l'inconvénient de procéder à une enquête à un moment de dépression marquée du prix des divers produits agricoles. Ces raisons peuvent paraître contestables.

Quoi qu'il en soit, cette décision du Ministère n'a pas contenté tout le monde. On peut prendre connaissance des nombreux arguments émis en faveur du maintien de l'enquête, en lisant le compte rendu de la séance de la Société nationale d'agriculture, du 12 février 1902 ; on voit que plusieurs des membres de cette société, entre autres MM. Méline, Levasseur, Viger, se sont plu à insister sur l'importance et l'utilité de ces enquêtes.

C. ENSEIGNEMENT AGRICOLE [1].

HISTORIQUE; OEUVRE DE LA TROISIÈME RÉPUBLIQUE. — L'INSTITUT NATIONAL AGRONOMIQUE. — LES ÉCOLES NATIONALES D'AGRICULTURE DE GRIGNON, MONTPELLIER ET RENNES. — LES ÉCOLES PRATIQUES. — CARACTÈRE COMMERCIAL À DONNER À L'ENSEIGNEMENT AGRICOLE. — NÉCESSITÉ DE DONNER UN ENSEIGNEMENT AGRICOLE AUX FEMMES ; CARACTÈRES QU'IL DOIT AVOIR. — L'INITIATIVE PRIVÉE. — L'ENSEIGNEMENT FORESTIER.

HISTORIQUE. — L'organisation de l'enseignement agricole dans notre pays, tel du moins qu'il existe aujourd'hui, avec les améliorations successives qui y ont été apportées, ne date guère que d'un demi-siècle.

---

[1] Je dois me borner à une vue d'ensemble sur le développement et l'état actuel de l'enseignement agricole en France. Le lecteur trouvera dans le rapport de M. L. Dabat (Classe 5) une étude détaillée sur l'organisation et le fonctionnement des écoles d'agriculture des divers degrés (enseignements supérieur, secondaire et primaire).

Malgré les tentatives réitérées de Turgot, de l'abbé Rozier, de François de Neufchâteau, sauf à l'École d'Alfort créée en 1806, où l'enseignement de l'agriculture théorique et pratique fut confié à Yvart, qui exploitait la ferme annexée à l'École, il n'existait dans notre pays aucun enseignement officiel de l'agriculture, avant l'avènement de la seconde République (1848).

Malgré les vœux de la Société impériale d'agriculture qui, s'inspirant des idées de François de Neufchâteau, demandait la création des enseignements primaire et secondaire de l'agriculture (dans les collèges), l'administration impériale, considérant que *rien n'en justifiait l'utilité*, se refusa à donner satisfaction à ces aspirations.

La Société d'agriculture, devenue Société royale sous la Restauration, ne fut pas plus heureuse dans ses revendications : aucune école ne fut créée par le gouvernement. On se figurait alors encore, comme l'a dit M. E. Tisserand, *que l'agriculture mêlée à tout, existant partout et pratiquée par les intelligences les plus frustes, pouvait s'exercer sans qu'on eût besoin d'une instruction spéciale. Les grands propriétaires et les industriels qui formaient la majorité des Chambres eurent le tort de ne se préoccuper que d'élever le prix des denrées par des lois de protection douanière*.

Ce que les pouvoirs publics se refusaient à faire, l'initiative privée le tenta. Mathieu de Dombasle créa, en 1822, la célèbre École de Roville. Avec le concours d'une société dont les ressources financières étaient malheureusement insuffisantes, il prit à ferme, pour vingt-deux ans, 150 hectares de terre, sur lesquels il substitua la culture alterne, avec suppression de la jachère, à l'assolement triennal. Il introduisit, dans cette exploitation, les méthodes de culture que les *Annales de Roville* ont tant contribué à répandre dans nos exploitations rurales. Bientôt l'École reçut des élèves de tous les points de l'Europe. Fondateur de la première fabrique importante de machines agricoles dans notre pays, l'un des pionniers de l'industrie sucrière, Mathieu de Dombasle, dont la réputation devint bientôt universelle, lutta pendant plus de vingt ans contre les difficultés qu'entraînait l'insuffisance des revenus de l'exploitation et des ressources pécuniaires dont il disposait.

L'exemple que donna Mathieu de Dombasle devait être bientôt

suivi. En 1826, une société par actions, ayant à sa tête l'éminent ingénieur Polonceau, fonda l'exploitation et l'établissement d'enseignement qui prit le titre d'Institut agronomique de Grignon, dont la direction fut confiée à Auguste Bella. Quelques années plus tard, un ancien élève de Roville, Rieffel, qui avait entrepris de défricher les landes de Grandjouan, dans la Loire-Inférieure, fonda la première ferme-école française, qui fut, en 1840, officiellement reconnue et dotée d'un budget sous le nom d'Institut agricole de Grandjouan. Vers la même époque, Nivière, propriétaire de la Saulsaie, près de Lyon, après avoir assaini ce domaine marécageux, y créa l'école d'agriculture qui prit le nom du domaine.

Mathieu de Dombasle, Bella, Rieffel et Nivière s'étaient inspirés, dans leurs fondations et dans leur enseignement, d'écoles célèbres existant à cette époque à l'étranger, et notamment de celles que dirigeaient Thaër à Möglin (Brandebourg), et Fellemberg à Hofwyll (Suisse), dont ils avaient fréquenté les cours.

C'est à la deuxième République que devait revenir l'honneur de la création officielle de l'enseignement agricole en France.

Le 13 juin 1848, le général Cavaignac, nommé chef du Pouvoir exécutif, appelait à la tête du Département de l'agriculture et du Commerce, Tourret, ancien élève de l'École polytechnique, vice-président du Conseil général de l'Agriculture.

Dès son arrivée au Ministère, Tourret prescrivit de reprendre les études commencées pour l'organisation de l'enseignement agricole. Le 27 juillet, un projet de loi sur l'enseignement de l'agriculture fut déposé à l'Assemblée, discuté sur le rapport de R. Richard (du Cantal), dans le courant de septembre, et adopté le 3 octobre 1848.

L'article premier du décret-loi du 3 octobre 1848, sur la création et l'organisation de l'enseignement professionnel de l'agriculture, établissait trois catégories d'écoles :

1° Les *Fermes-écoles*, où l'on reçoit une instruction élémentaire pratique;

2° Les *Écoles régionales d'agriculture*, établissements d'enseignement secondaire, où l'instruction théorique et pratique est spécialement appropriée à la région agricole où se trouve l'école;

Fig. 320 — Institutions agricoles de la France

3° Un *Institut national agronomique*, école supérieure pour l'enseignement scientifique de l'agronomie.

Quarante-cinq fermes-écoles furent créées en 1849, qui, jointes
aux fermes modèles déjà existantes, portèrent à 70 le nombre de ces
établissements primaires; mais ce nombre ne tarda pas à diminuer.
Il n'était plus que de 52 en 1870.

Des arrêtés ministériels transformèrent les écoles de Grandjouan,
la Saulsaie et Grignon en écoles régionales, et Rieffel, Nivière et Bella
en furent nommés directeurs, en 1849. Ces écoles ont reçu depuis le
nom d'Écoles nationales d'agriculture.

L'Institut national agronomique fut installé à Versailles; il ouvrit
ses cours le 2 décembre 1850; malgré ses brillants débuts, la valeur
de ses professeurs, la qualité et le nombre de ses élèves, dont la plupart sont devenus des agronomes et des praticiens éminents, il
devait disparaître moins de deux ans après sa fondation. Le décret du
17 décembre 1852 le supprimait, invoquant des considérations aussi
mesquines qu'erronées. Cette mesure arbitraire, prise contre l'avis
unanime des hommes compétents, s'appuyait sur des considérants dont
les deux premiers étaient : 1° l'Institut agronomique entraîne des
dépenses supérieures aux avantages qu'il offre; 2° son *« enseignement
trop élevé* est en disproportion avec les besoins réels de notre agriculture »*. Rien ne témoigne mieux du peu d'estime dans lequel l'Empire,
à ses débuts, tenait l'œuvre des savants éminents dont les travaux et
les découvertes allaient imprimer à l'agronomie les progrès immenses
dont la pratique a si largement profité depuis un demi-siècle.

A tous ses degrés, du reste, l'enseignement agricole périclita après
1852. Sa dotation qui, en 1850, s'élevait à 2,556,000 francs, était
réduite, en 1870, à 1,130,000 francs. De l'organisation de 1848, il
ne subsistait alors que les écoles régionales de Grignon, de Grand-
jouan et de la Saulsaie et l'école de Saint-Angeau (Cantal), que
l'arrêté ministériel de 1852 supprimait peu d'années après sa fondation (15 octobre 1849).

En 1866, le Gouvernement impérial, sous la pression de l'opinion
publique, se décida enfin à instituer une commission composée de
sénateurs, de députés, de conseillers d'État, de savants, d'agro-

nomes et d'inspecteurs généraux de l'agriculture, chargée d'étudier l'organisation de l'enseignement agricole et la transformation des programmes des Écoles impériales d'agriculture.

Cette commission signala le grand vide laissé par la suppression de l'Institut agronomique et demanda son rétablissement à Paris, estimant à juste titre, que cet établissement de·haut enseignement devait avoir son siège dans la capitale, centre des études scientifiques. Dix ans s'écoulèrent avant que la loi du 9 août 1876 vînt donner satisfaction à ces vœux, faisant revivre, sur la proposition de l'Assemblée nationale, l'Institut national agronomique à la tête duquel le ministre Teisserenc de Bort appela M. E. Tisserand, auquel succéda en 1879 M. E. Risler. Ainsi furent confiées la réorganisation et la direction l'École supérieure d'agriculture, à deux des anciens élèves les plus éminents de l'Institut de Versailles.

Comme l'avait fait le décret du 3 octobre 1848, la loi de 1876 établissait trois degrés d'enseignement agricole :

Au premier degré, les fermes-écoles départementales, dont le directeur était, soit le propriétaire, soit le fermier, devaient donner un enseignement essentiellement pratique. Nommé par le Ministre et tenu de s'assurer certains concours, ce directeur recevait un traitement fixe, plus une subvention de 175 francs par élève. Après un apprentissage de deux ou trois ans, l'élève touchait à sa sortie une prime de 75 francs, par année de séjour ;

Au deuxième degré, venaient les écoles régionales d'agriculture, où l'enseignement, spécialement approprié à la région, devait être théorique et pratique ;

Au troisième degré, enfin, était placé l'Institut agronomique, «École normale ou polytechnique de l'agriculture», où devaient prédominer les études scientifiques.

A ces trois ordres d'enseignement correspondait cette idée que devait exprimer quelques années plus tard l'illustre J.-B. Boussingault : «Le progrès agricole est dû surtout à la science, et le progrès se propage de haut en bas, jusqu'aux dernières limites, car la science ne remonte jamais. Elle part d'en haut et tend à s'infiltrer jusque dans les couches les plus basses de la société».

Les écoles régionales furent provisoirement au nombre de trois : Grignon, Grand-Jouan, et la Saulsaie. L'Institut agronomique fut établi à Versailles, dans les dépendances du château, et avait, comme annexes, trois grandes fermes et le potager du Roi. Recruté par voie de concours, son corps enseignant forma d'excellents élèves et fournit des travaux remarquables.

Trois écoles vétérinaires existaient depuis longtemps déjà : celle de Lyon, fondée en 1761 ; celle d'Alfort, créée en 1766, et celle de Toulouse, datant de 1828.

De grandes améliorations ont été apportées dans leur enseignement et leur organisation, notamment à la suite de la création, en 1886, d'un conseil de perfectionnement, où furent appelés les représentants les plus autorisés de la science vétérinaire.

La troisième République tint à honneur de faire œuvre complète dans la réorganisation de l'enseignement agricole. Ses créations furent aussi diverses qu'heureuses.

L'École nationale des eaux et forêts et l'École des haras recrutèrent leurs élèves parmi les jeunes gens diplômés par l'Institut agronomique.

Les écoles régionales de 1848 ont fait place aux trois écoles nationales d'agriculture : Grignon, Grand-Jouan (Rennes depuis 1897), et Montpellier, qui a remplacé la Saulsaie. Les élèves y sont nombreux et l'enseignement, plus scientifique aujourd'hui qu'il ne l'était autrefois, s'est de plus en plus élevé.

A côté des écoles d'agriculture, il faut placer l'École nationale d'horticulture, qui, installée en 1873, à Versailles, dans l'ancien potager du Roi, forme des jardiniers remarquables, des architectes paysagistes, des pépiniéristes [1].

Ensuite, viennent deux écoles appropriées aux industries spéciales à certaines régions : à Mamirolle (près de Besançon), a été installée en 1888, l'École nationale de l'industrie laitière et, à Douai, les locaux laissés libres par le transfert à Lille des Facultés de droit et

---

[1] Au sujet de l'École d'horticulture de Versailles, voir t. II, p. 626 et suiv.; consulter, en outre, à la page suivante, le diagramme indiquant le nombre des élèves.

ECOLE NATIONALE D'HORTICULTURE DE VERSAILLES.
LÉGENDE.
Élèves présents à l'École.
Élèves admis chaque année.
Élèves sortis diplômés.

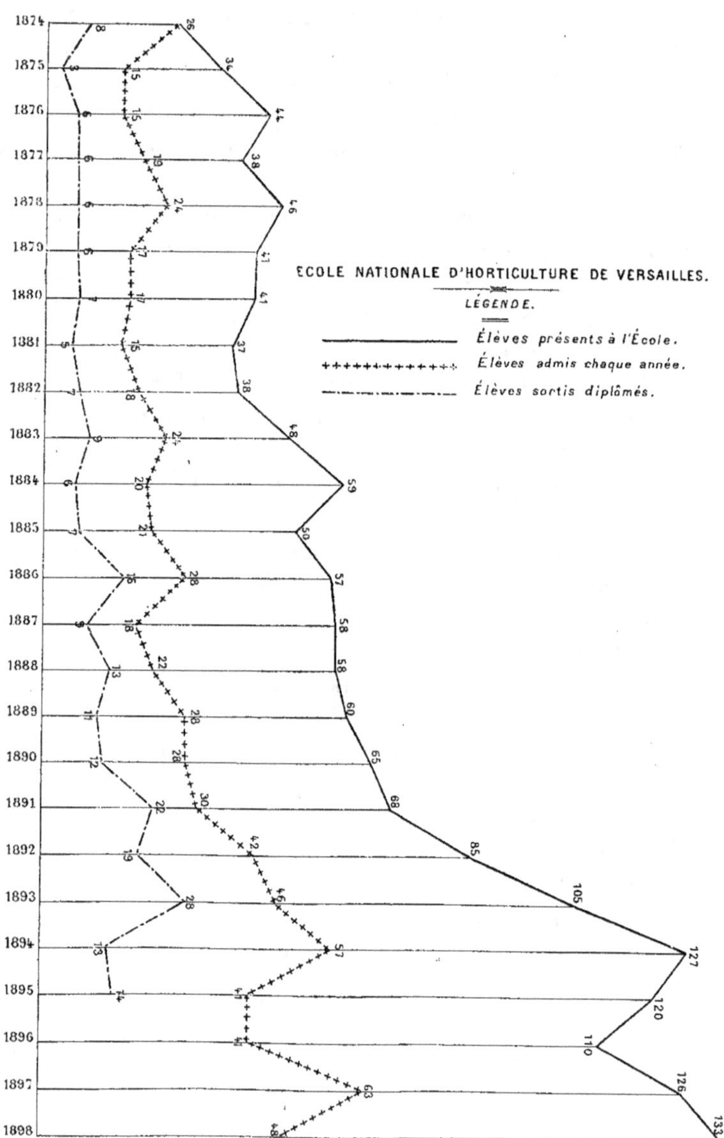

Fig. 321.

des lettres ont été utilisés pour l'installation de l'École nationale des industries agricoles. Ce dernier établissement, dont le Parlement vota la création en 1892, ne forme pas seulement de bons contremaîtres et d'habiles ouvriers, il sert également d'école d'application aux jeunes gens qui, déjà diplômés, désirent se spécialiser dans une industrie agricole.

Fig. 322. — Préparation du lait stérilisé.

Fig. 323. — Chambre à lait.

Fig. 324. — Fabrication du camembert.

Fig. 325. — Haloir à camembert.

A l'École nationale d'industrie laitière de Mamirolle.

Sous l'inspiration de M. E. Tisserand, alors directeur au Ministère de l'Agriculture, la loi du 30 juillet 1875 créa, pour l'enseignement professionnel nécessaire aux petits cultivateurs, les écoles pratiques d'agriculture.

Ces écoles diffèrent essentiellement des fermes-écoles départementales fondées en 1848 : leurs directeurs sont propriétaires ou fermiers des domaines qui y sont annexés ; mais l'enseignement est beaucoup plus élevé que dans les fermes-écoles. Il n'est pas gratuit ; le prix en est, le plus ordinairement, fixé à 400 francs par an pour l'internat complet. La journée y est divisée en deux parties égales : l'une consacrée aux études théoriques, l'autre aux travaux pratiques. Ces écoles ont été réorganisées par arrêté ministériel du 19 janvier 1904.

A côté d'elles, on peut citer les écoles pratiques de filles et les écoles d'aviculture ; ces dernières reçoivent des élèves des deux sexes.

Le tableau des pages 17 et 18 résument la statistique des établissements d'enseignement agricole en 1900.

Des fermes-écoles de 1848, treize existent encore. D'après le projet initial, il devait en être établi une dans chaque arrondissement ; mais il n'y en eût jamais plus de soixante-quinze.

Au nombre des établissements spéciaux, citons encore la bergerie nationale, les douze écoles de fromagerie, l'école de magnanerie.

Depuis la loi du 16 juin 1879, l'enseignement de l'agriculture est obligatoire dans les écoles primaires ; celles-ci agissent, en outre, de façon heureuse, grâce à l'œuvre post-scolaire. Les professeurs départementaux d'agriculture enseignent dans les écoles normales primaires, et les professeurs spéciaux d'agriculture dans les écoles primaires supérieures et les collèges communaux. Ainsi prépare-t-on des instituteurs capables de répandre dans les villages de saines notions agricoles[1].

Enfin, nous verrons que, grâce à la loi du 16 juin 1879, dont M. Gomot, alors ministre de l'Agriculture, a été le promoteur, des champs de démonstration mettent un enseignement de choses à la portée de tous.

---

[1] C'est là un point très intéressant. Il est, en effet, trop souvent arrivé que l'instituteur, au lieu de rapprocher l'enfant de la terre, ait cherché à l'en éloigner. On pourrait psycho-logiquement expliquer ce fait, mais cela entraînerait trop loin. Le principal est de constater qu'il n'en est généralement plus ainsi aujourd'hui. Les enfants comprennent

L'œuvre de la troisième République laisse donc loin derrière elle ce qu'avaient fait les gouvernements précédents.

Fig. 326. — Fabrication de l'emmenthal et du gruyère.

Fig. 327. — Sortie de l'emmenthal de la chaudière.

Fig. 328. — Cave à emmenthal.

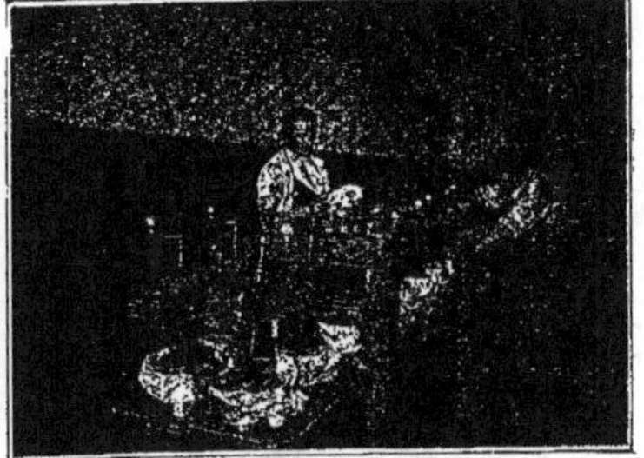

Fig. 329. — Mise sous presse du port-salut.

A l'École nationale d'industrie laitière de Mamirolle.

La carte (fig. 320), que j'emprunte au rapport de M. Dabat, le diagramme de la page suivante et les tableaux des pages 17 et 18 résument la situation de l'enseignement agricole en 1870 et de nos jours.

par suite mieux ce qu'il y a de noblesse dans ce métier de cultivateur, qui est celui de leurs parents. Par suite, aussi, les futurs instituteurs ayant appris à aimer le travail de la terre apprendront, à leur tour, à le faire aimer.

Car, ainsi que très justement l'écrit Le Play : « Pour introduire la réforme dans les mœurs ou les institutions, il faut d'abord la faire pénétrer dans les esprits ».

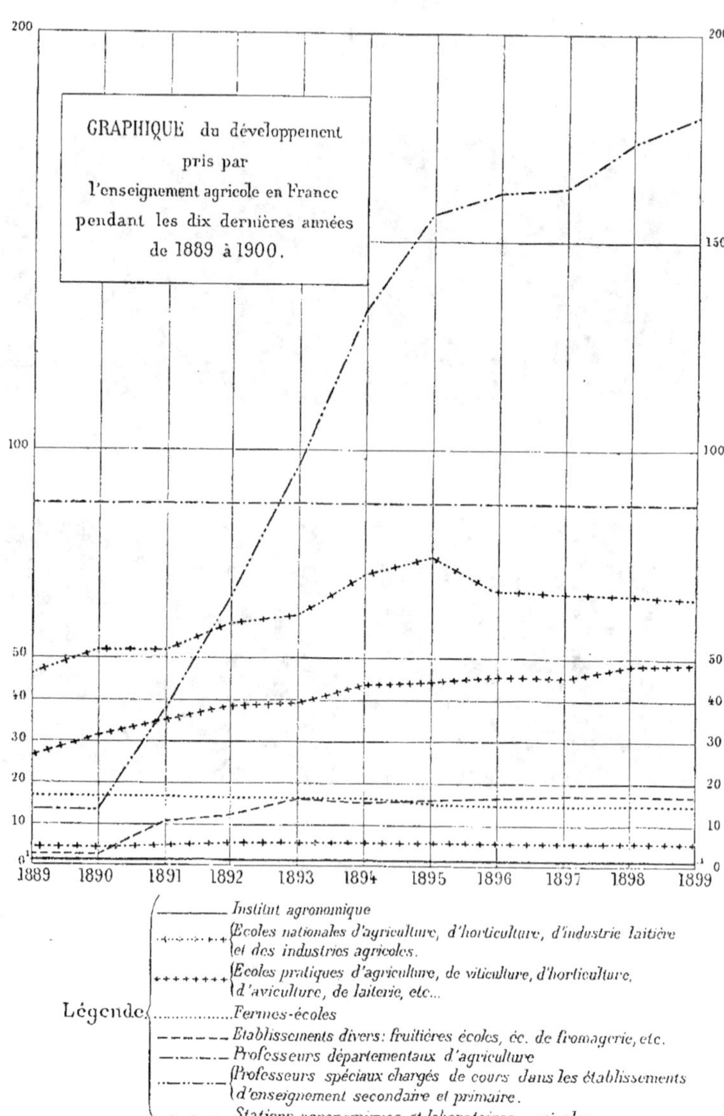

Fig. 330.

(Le nombre d'écoles, etc. est indiqué par la hauteur de millimètres, à raison d'une unité par millimètre; ainsi les stations agronomiques et laboratoires agricoles, au nombre de 46 en 1889, s'élèvent à 74 en 1895, puis retombent à 65.)

TABLEAU DES ÉTABLISSEMENTS D'ENSEIGNEMENT AGRICOLE EN FRANCE.

[Les indications pour 1900 et celles pour 1904 proviennent de l'*Annuaire du Ministère de l'Agriculture*; elles concernent la France et l'Algérie.]

1870.	1900.	1904.

I. ENSEIGNEMENT SUPÉRIEUR OU ÉCOLES D'ENSEIGNEMENT SCIENTIFIQUE PUR.

1870.	1900.	1904.
3 Écoles vétérinaires. 1 École des eaux et forêts.	Institut national agronomique, à Paris : 1 directeur. 1 directeur des études. 23 professeurs. 7 maîtres de conférences. 5 chefs de travaux. 18 répétiteurs. 2 préparateurs. 3 Écoles nationales vétérinaires : 29 professeurs. 28 chefs de travaux et répétiteurs. 1 École nationale des eaux et forêts : 1 directeur. 1 sous-directeur. 9 professeurs et chargés de cours.	Institut national agronomique, à Paris : 1 directeur. 1 sous-directeur. 20 professeurs. 17 maîtres de conférences. 6 chefs de travaux. 14 répétiteurs. 2 préparateurs. 3 Écoles nationales vétérinaires : 30 professeurs. 30 chefs de travaux. 1 École nationale des eaux et forêts : 1 directeur. 1 sous-directeur. 9 professeurs et chargés de cours.

II. ÉTABLISSEMENTS D'ENSEIGNEMENT SCIENTIFIQUE COMBINÉ AVEC UN ENSEIGNEMENT PRATIQUE DONNÉ DANS UNE FERME OU DOMAINE.

1870.	1900.	1904.
3 Écoles nationales d'agriculture :	3 Écoles nationales d'agriculture : 3 directeurs. 27 professeurs et maîtres de conférences. 23 répétiteurs. 1 École nationale d'horticulture, à Versailles : 1 directeur. 11 professeurs. 3 chefs de pratique. 1 École nationale d'industrie laitière, à Mamirolle (Doubs) : 1 directeur. 3 professeurs. 1 chargé de cours. 1 chef de pratique. 1 École nationale des industries agricoles, à Douai : 1 directeur. 1 sous-directeur. 8 professeurs. 4 répétiteurs. 1 mécanicien-chef. 1 École secondaire d'enseignement forestier professionnel : 1 directeur. 7 professeurs. 1 École des haras, au Pin (Orne) : 7 professeurs.	3 Écoles nationales d'agriculture : 3 directeurs. 1 directeur des études. 37 professeurs et maîtres de conférences. 26 répétiteurs-préparateurs. 1 École nationale d'horticulture, à Versailles : 1 directeur. 1 directeur des études. 12 professeurs. 5 chefs de pratique. 1 École nationale des industries agricoles, à Douai : 1 directeur. 1 sous-directeur. 8 professeurs. 4 répétiteurs. 1 mécanicien-chef. 2 Écoles nationales d'industries laitières : 2 directeurs. 5 professeurs. 2 chargés de cours. 6 chefs de pratique. 1 chef fromager. 1 École secondaire d'enseignement forestier professionnel : 1 directeur. 8 professeurs. 1 École des haras, au Pin (Orne) : 7 professeurs.

III. ÉTABLISSEMENTS OU ÉCOLES D'ENSEIGNEMENT AGRICOLE, THÉORIQUE ET PRATIQUE, APPROPRIÉS AUX BESOINS DES JEUNES GENS APPARTENANT À LA PETITE CULTURE ET RECEVANT LES ENFANTS À LEUR SORTIE DES ÉCOLES PRIMAIRES.

1870.	1900.	1904.
1 École d'irrigation et de drainage au Lézardeau : 1 professeur.	31 Écoles pratiques d'agriculture. 2 Écoles pratiques d'agriculture et d'irrigation. 2 Écoles pratiques d'agriculture et de viticulture. 1 École pratique d'horticulture. 2 Écoles pratiques d'aviculture. 3 Écoles pratiques d'agriculture et de laiterie. 1 École pratique de laiterie.	31 Écoles pratiques d'agriculture. 2 Écoles pratiques d'agriculture, d'irrigation et de drainage. 3 Écoles pratiques d'agriculture et de viticulture. 1 École pratique d'horticulture. 3 Écoles pratiques d'agriculture et de laiterie. 1 École pratique d'agriculture et d'horticulture.

1870.	1900.	1904.

III. Établissements ou écoles d'enseignement agricole, etc. (Suite.)

1870.	1900.	1904.
	1 École pratique et professionnelle d'agriculture.	2 Écoles pratiques de laiterie et de fromagerie pour filles.
	1 École primaire agricole.	1 École d'aviculture.
	2 Écoles pratiques de laiterie pour filles.	1 École pratique de culture de l'osier et de vannerie.
		1 collège agricole.
		1 École professionnelle d'agriculture.
		1 École d'agriculture d'hiver.

IV. Écoles pratiques ou d'apprentissage.

1870.	1900.	1904.
52 fermes-écoles, dont plus de la moitié périclitant.	13 fermes-écoles.	12 fermes-écoles.
	1 École de laiterie.	1 École de fromagerie.
	3 Écoles de fromagerie.	6 fruitières-écoles.
	9 fruitières-écoles.	1 École de laiterie.
	1 bergerie nationale.	1 magnanerie-école.
	1 magnanerie-école.	2 Écoles primaires agricoles.
	1 École ménagère agricole et de laiterie pour filles.	1 École ménagère agricole et de laiterie pour filles.
	1 orphelinat agricole.	1 École pratique de sylviculture.
	1 École pratique de sylviculture.	1 bergerie nationale et école de bergers.
	1 station d'industrie laitière.	1 orphelinat agricole.
	1 station piscicole.	1 station d'industrie laitière.
		1 station piscicole.

V. Enseignement agricole annexé à des établissements d'enseignement général ou universitaires.

1870.	1900.	1904.
4 chaires de chimie agricole dans des facultés des sciences.	4 chaires de chimie agricole subventionnées.	3 chaires de chimie agricole subventionnées.
10 chaires départementales d'agriculture organisées par les départements.	90 professeurs départementaux.	90 professeurs départementaux.
	133 professeurs spéciaux.	164 professeurs spéciaux.
	Cours d'agriculture organisés dans toutes les écoles normales d'instituteurs.	Cours d'agriculture organisés dans toutes les écoles normales d'instituteurs.
	Cours d'agriculture dans les lycées, collèges et Ecoles primaires supérieures.	Cours d'agriculture dans les lycées, collèges et Écoles primaires supérieures.
	Enseignement agricole *obligatoire* dans les Écoles primaires.	Enseignement agricole *obligatoire* dans les Écoles primaires.

VI. Établissements de recherches agronomiques.

1870.	1900.	1904.
6 stations et laboratoires agricoles.	43 stations et laboratoires agricoles.	42 stations ou laboratoires agronomiques.
	1 station viticole.	2 stations viticoles.
	5 stations œnologiques.	5 stations œnologiques.
	3 stations séricicoles.	3 stations séricicoles.
	1 station d'industrie laitière.	1 station pomologique.
	1 station d'essai de semences et de graines.	1 station d'industrie laitière.
	1 station d'essai de machines agricoles.	2 stations d'essai de semences et de graines.
	1 station de pathologie végétale.	1 station d'essai de machines agricoles.
	1 station pour l'étude des fermentations.	1 station de pathologie végétale.
	1 station d'essai des huiles et corps gras.	1 station pour l'étude des fermentations.
	1 station de recherches horticoles.	1 laboratoire de technologie : brasseries, sucreries, etc.
	1 station de physique végétale.	1 station d'essai des huiles et corps gras.
	1 station de physiologie végétale.	1 station d'hydraulique agricole.
	2 stations d'entomologie.	1 station de recherches horticoles.
	2 stations zoologiques.	1 station de physique végétale.
	1 station aquicole.	1 station de physiologie végétale.
	Champs d'expériences et de démonstrations organisés dans tous les départements.	1 station de physiologie et de pathologie végétales.
		2 stations d'entomologie agricole.
		1 station aquicole.
		Champs d'expériences et de démonstrations organisés dans tous les départements.

L'Institut national agronomique. — Créé en 1848 et établi à Versailles dans l'ancien domaine royal, il a été, ainsi que je l'ai dit, supprimé brusquement en 1852. Rétabli par la loi du 15 août 1876, il fut tout d'abord installé dans une annexe du Conservatoire national des arts et métiers; il occupe, depuis 1890, rue Claude-Bernard, des bâtiments indépendants et construits, en partie, pour lui. Son premier directeur fut M. E. Tisserand, en ce temps inspecteur général de l'agriculture. Bientôt le corps enseignant groupa une élite de professeurs. Alors, comme aujourd'hui, le régime de l'École était l'externat, et les cours s'étendent sur deux années d'études.

Quand, en 1879, M. E. Tisserand fut appelé à la direction de l'agriculture au Ministère, E. Risler lui succéda. Comme lui, ancien élève de l'Institut de Versailles, agronome et praticien éminent, il quitta la gestion de ses propriétés à Calèves (Suisse) pour prendre la direction de l'École. Pendant plus de vingt ans, E. Risler se consacra entièrement à la direction de l'Institut, qu'il amena à son degré de prospérité actuelle avec l'appui du Ministère de l'Agriculture (E. Risler est mort en 1905). En 1903, M. le Dr Regnard, professeur à l'Institut, succéda à E. Risler. L'Institut admet quatre-vingts élèves chaque année, après un concours auquel prennent part plus de 300 candidats. Le corps enseignant a produit une série de remarquables travaux qui font le plus grand honneur à la science agronomique française.

Les élèves de l'Institut, suivant leur classement, peuvent obtenir le *diplôme d'ingénieur agronome*, ou un *certificat d'études*. Ceux dont l'instruction laisse à désirer ne reçoivent ni l'un ni l'autre. Un certain nombre d'élèves diplômés sont admis à faire une troisième année d'études dans les laboratoires de l'École. A côté de ces élèves réguliers, il y a des auditeurs libres. C'est à l'Institut agronomique que se recrutent les élèves de l'École nationale des eaux et forêts et de l'École des haras.

L'enseignement de l'Institut comprend : 1° les leçons-conférences à l'amphithéâtre; 2° la pratique scientifique donnée dans les laboratoires; 3° les applications des cours techniques. Celles-ci ont lieu, soit à la ferme de l'Institut agronomique, à Noisy (Seine-et-Oise), soit dans les visites au concours général agricole, au marché de la Villette, dans les fermes et les usines les plus remarquables des environs de Paris, soit encore au cours d'excursions de longue durée dans des régions agricoles intéressantes. Bien que l'Institut n'ait pas d'enseignement pratique agricole proprement dit, les élèves doivent s'y consacrer, tout au moins pendant leurs vacances qui durent trois mois[1].

Les cours se divisent naturellement en deux groupes : ceux qui traitent des sciences pures, ceux qui traitent de leurs applications. Fournissant les idées générales, les premiers constituent en quelque sorte la base des seconds. Autant que possible, ils occuperont donc la première année d'études. Voici le programme sommaire de l'enseignement.

Première année. — Biologie des végétaux cultivés en France et aux colonies, chimie générale; physiologie générale; zoologie; minéralogie et géologie; chimie analytique; physique et météorologie; chimie agricole; mécanique agricole; aquiculture; économie politique; agriculture générale; zootechnie; viticulture; économie rurale.

Deuxième année. — Chimie agricole; chimie analytique; pathologie végétale; microbiologie; mathématiques; économie rurale; droit administratif et législation rurale; agriculture spéciale; agriculture comparée; zootechnie; technologie agricole; cultures coloniales; arbo-

[1] Les élèves doivent consacrer deux mois au moins à un séjour dans une ferme. Ils doivent rapporter à la rentrée : 1° un journal de vacances rédigé jour par jour, sur les opérations de culture auxquelles ils ont participé ou assisté; 2° un travail de vacances pour lequel il leur est remis un questionnaire. On peut aisément se figurer l'utilité de ces stages, notamment pour les élèves n'ayant pas encore vécu à la campagne. En outre, le journal qu'ils sont tenus de rédiger met en évidence leurs facultés d'observation et leur esprit d'initiative. «Tel élève, a-t-on fréquemment noté, qui ne brillait pas dans les examens de l'École par la possession de soi-même, la mémoire, la facilité de parole jouant, comme toujours, un grand rôle, rapportait de ses vacances des travaux qui montrent sa valeur.» En Angleterre, en Autriche, en Allemagne, presque toutes les exploitations offrent des places aux *volontaires*, comme on appelle là-bas les stagiaires agricoles. Les agriculteurs en tirent même un certain profit. En Allemagne et en Autriche notamment, l'autorisation seule de suivre les travaux d'une grande ferme se paie de 125 à 175 francs par mois. En Angleterre, le séjour et la nourriture dans une ferme, avec l'instruction pratique, coûte de 200 à 600 fr. par mois. En France, où cette coutume n'existe pas, on pouvait craindre qu'il ne fût très difficile de trouver des places pour les stagiaires. Et cependant, la Direction de l'École a réussi à placer, certaines années, jusqu'à quarante élèves à la fois. Non seulement ceux-ci trouvent auprès des grands agriculteurs — qui veulent bien donner à l'Institut leur puissant concours — l'accueil le plus bienveillant et le plus désintéressé; mais encore ils sont autorisés à participer à tous les travaux de la ferme et reçoivent ainsi de véritables leçons d'agriculture pratique.

INSTITUT NATIONAL AGRONOMIQUE.
LÉGENDE.
Élèves présents à l'École.
Élèves admis chaque année.
Élèves sortis diplômés.

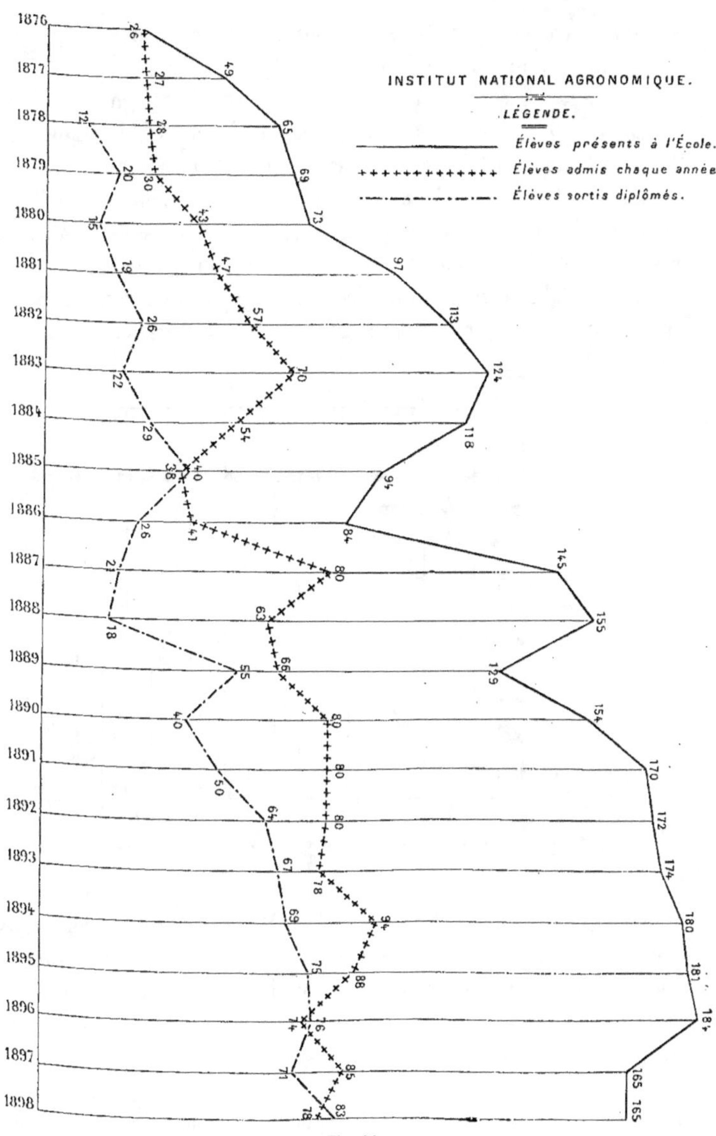

Fig. 331.

riculture; économie forestière; hydraulique agricole; machines agricoles; hippologie; comptabilité.

Les cours ne constituent qu'une partie de l'enseignement. Les exercices et les travaux pratiques occupent la moitié du temps que les élèves passent à l'École. En voici l'énumération : travaux pratiques de chimie; travaux de botanique; travaux de pathologie végétale; exercices d'agriculture; exercices de zootechnie; exercices de zoologie; exercices de minéralogie; exercices de viticulture; exercices d'arboriculture et d'horticulture; exercices de physique; exercices de mécanique et d'hydraulique agricole; enfin, économie forestière.

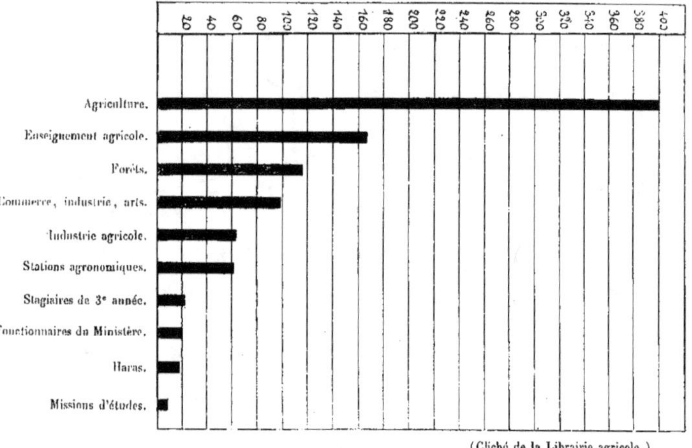

(Cliché de la Librairie agricole.)

Fig. 33ᵃ. — Statistique des situations des anciens élèves de l'Institut agronomique
au 1ᵉʳ janvier 1900.

De ce que l'Institut prépare le personnel nécessaire aux écoles, aux chaires départementales, aux stations agronomiques, il ne faudrait pas conclure qu'il produit uniquement des professeurs et des fonctionnaires : parmi les élèves qu'il a formés, plus de la moitié retournent à l'exploitation des domaines paternels; certains s'adonnent à des industries agricoles; d'autres dépensent utilement, aux colonies, leur énergie et leur science; il en est, enfin, qui vont à l'étranger, où, grâce à leur diplôme, ils trouvent aisément de bonnes situations.

Les 96 anciens élèves de l'Institut (1900) qui sont établis aux colonies et à l'étranger se répartissent comme suit : Algérie, 36; Tunisie, 16; colonies françaises, 18 (Madagascar, 4; Cochinchine, 3; Tonkin, Soudan et Martinique, 2; Congo, Sénégal, la Réunion, Mayotte et Nouvelle-Calédonie, 1); République Argentine, 4; Espagne, 3; Égypte et Canada, 2; Grand-Duché de Bade, Belgique, Pays-Bas, Italie, Portugal, Transvaal, Indes néerlandaises, et Perse, Îles de la Sonde, Mexique, 1; Costa-Rica, Nicaragua, Haïti, Brésil et Chili, 1.

Il existe une association amicale des anciens élèves.

Diverses institutions plus ou moins autonomes sont rattachées à l'Institut. Ce sont, par date de création : la Station d'essai des semences (1884); le Laboratoire spécial pour l'étude des fermentations (1888); la Station d'essai des machines (1888); le Laboratoire de pathologie végétale (1888); le Laboratoire d'entomologie agricole (1894). Ces diverses institutions ont leur budget spécial. J'y reviendrai dans le chapitre consacré aux stations agronomiques.

Écoles nationales d'agriculture. — Les jeunes gens reçoivent une instruction à la fois théorique et pratique. A Grignon, l'enseignement agricole a un caractère très général. A Montpellier, la viticulture occupe la première place. Le principal objet de l'École de Rennes est l'étude des procédés culturaux de la région de l'Ouest et des industries dominantes de cette région, élevage, laiterie, production du cidre.

Dans son intéressant rapport sur la Classe 5, M. Louis Dabat a donné sur l'organisation de nos trois grandes écoles tous les renseignements nécessaires pour les faire bien connaître. Je ne puis le suivre dans ces développements, mais l'importance de Grignon, son ancienneté et sa notoriété, tant en France qu'à l'étranger, m'engagent à consacrer à cette célèbre école une mention spéciale.

L'École de Grignon. — «Nous croyons que l'enseignement que nous avons, que les étrangers ont reçu à Grignon, a contribué largement au progrès agricole dans le monde entier et je veux lever mon verre au nom des étrangers qui ont passé par Grignon

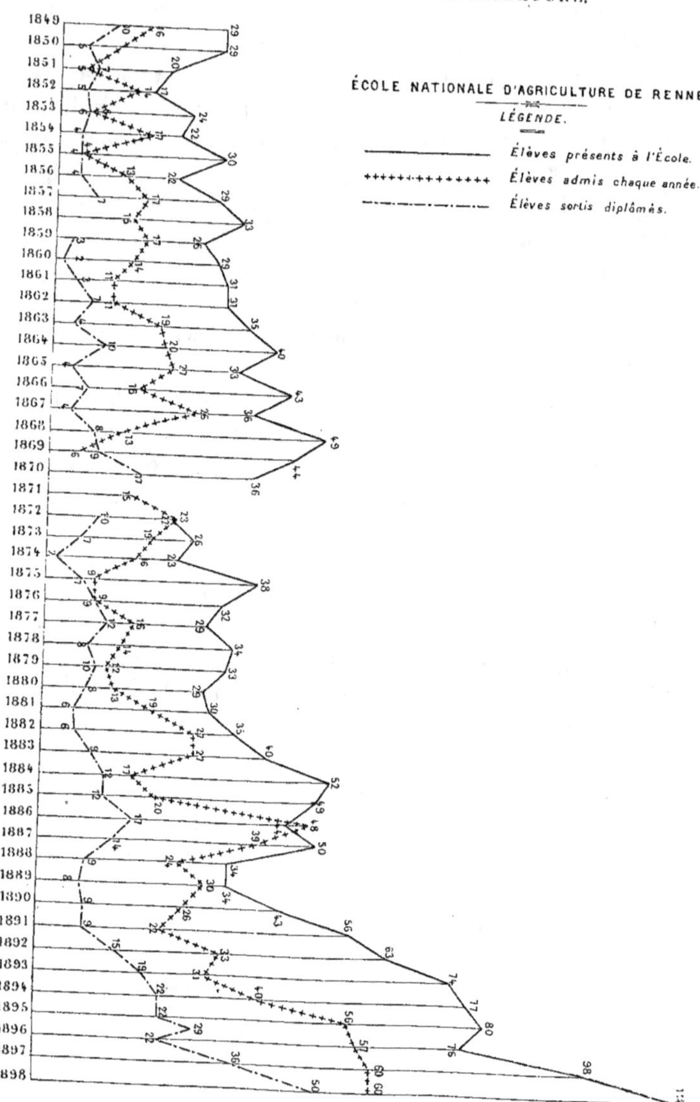

Fig. 333.

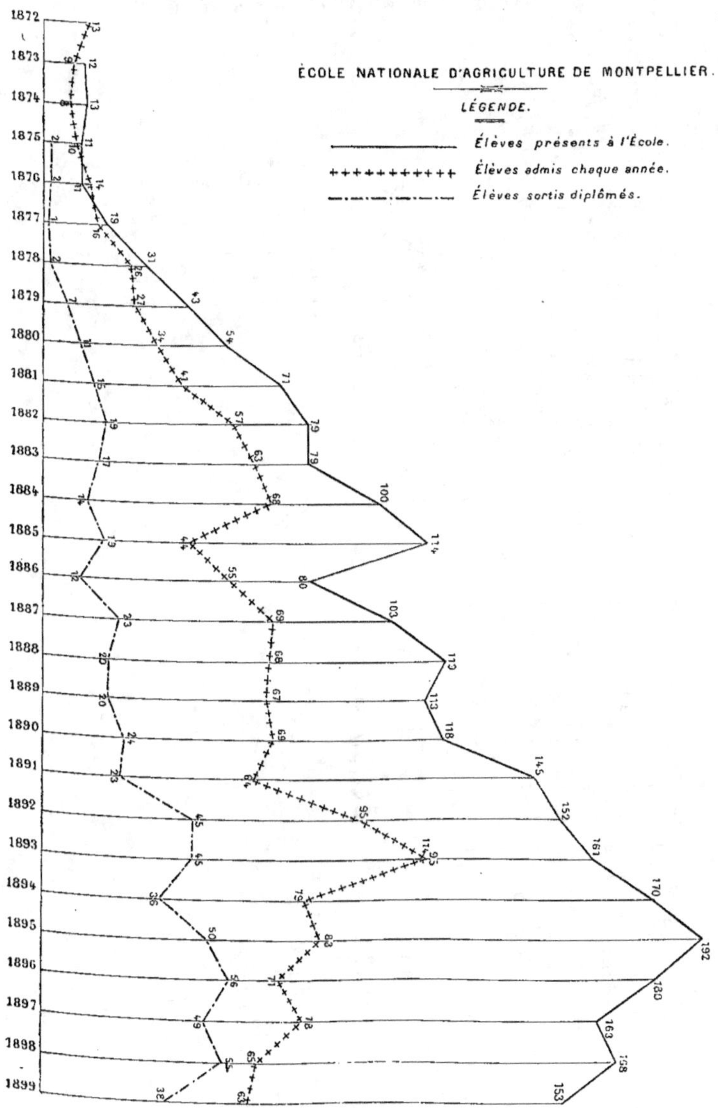

Fig. 334.

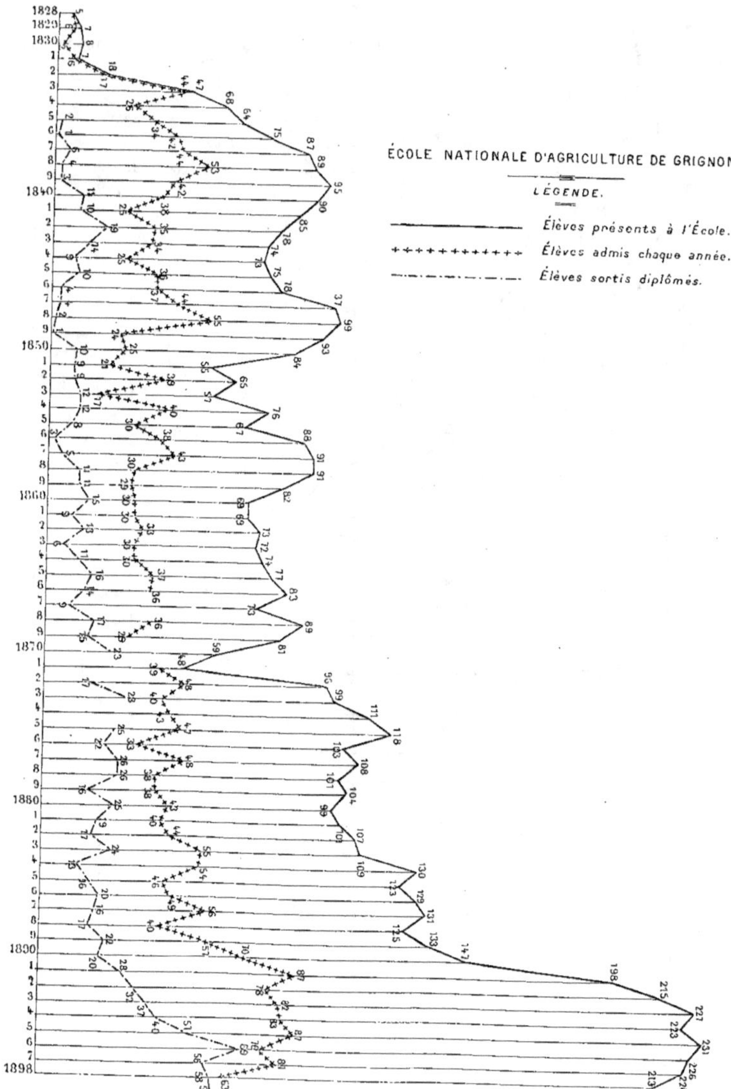

Fig. 335.

et y ont puisé leur enseignement, boire à l'École de Grignon, la
première des écoles dans mon opinion, — je le déclare après avoir
visité plusieurs écoles en Amérique, — la première des écoles
théoriques et pratiques que l'on puisse trouver dans le monde entier,
Grignon, où les professeurs d'aujourd'hui sont à la hauteur de
toutes les découvertes modernes et font honneur à l'agriculture
française. »

Fig. 336. — Vue générale de l'École de Grignon.

Telles sont les louanges qu'inspirait, en 1900, à un éminent agronome du Nouveau Monde, cette belle École de Grignon dont on
connaît la vieille devise : « Le sol, c'est la patrie ; améliorer l'un, c'est
servir l'autre ».

Grignon est un hameau du canton de Poissy. Le domaine a
292 hect. 16, se décomposant comme suit :

Terres arables. . . . . 95^h 00^c
Prairies et pâturages 35 00
Jardins. 5 66

Vergers 2ʰ 63ᶜ
Bois.....................................   120 24
Station agronomique, champs d'études, etc........   1 63
Chemins, pelouses, bâtiments.................   32 00

L'école est installée dans l'ancien château — style Louis XIII — des seigneurs de Grignon qui avait été donné par Napoléon Iᵉʳ à la veuve du maréchal Bessières. En 1826, la Société royale agronomique ayant suscité un mouvement à la tête duquel était l'ingénieur Polonceau dans le but d'organiser, près de Paris, un grand établissement d'enseignement agricole, permettant d'associer la théorie à la pratique, Charles X acheta Grignon au prix de 700,000 francs et le céda pour une durée de quarante années (1826-1866) à la Société royale agronomique, pour le compte de laquelle, sous la direction d'Auguste Bella, fonctionna l'établissement dénommé alors *Institut agronomique de Grignon*.

Les matières de l'enseignement comprennent aujourd'hui l'agriculture, la botanique et la pathologie végétale, la chimie générale et agricole et la chimie analytique, l'économie et la législation rurales, l'entomologie, le génie rural, la géologie et la minéralogie agricoles, l'horticulture et l'arboriculture, la sylviculture, la viticulture et la pomologie, la technologie, la zoologie et la zootechnie, l'hygiène humaine, la comptabilité.

L'enseignement est toujours à la fois pratique et théorique. C'est ainsi qu'à tour de rôle, les élèves sont de service dans l'exploitation [1].

[1] «Les internes et les externes assistent à tous les cours et exercices, à tous les travaux et répétitions que comportent le programme et l'emploi du temps. Les externes signent chaque jour sur une feuille spéciale, au moment de leur arrivée et de leur départ.

«Il serait sans intérêt de relater ici les diverses exigences du règlement intérieur; nous retiendrons seulement ce qui est relatif aux services de l'exploitation.

«Ces services ont une durée de dix jours, partant du 1ᵉʳ, du 10 et du 20 de chaque mois, et comprennent :

1° le service des cultures ;

2° le service des animaux et de la cour ;

3° le service du génie rural et du fonctionnement des machines ;

4° le service du champ d'études et des jardins ;

5° le service du jardin botanique et des collections ;

6° le service des observations météorologiques et autres, suivant les besoins.

«Les élèves doivent tenir note de tous les faits qu'ils ont observés, et remettre un rapport de service qui est noté.

«Les élèves sont astreints à des exercices militaires dirigés par des sous-officiers de la garnison de Versailles.

Les écoles pratiques. — Ces écoles prennent chaque jour une importance plus grande. Des notions rudimentaires d'enseignement agricole sont données maintenant dans les écoles communales. Cet enseignement n'y peut avoir qu'une place restreinte. En effet, d'une part, le temps est mesuré, et, d'autre part, nos instituteurs n'ont pas

«*Examens.* — Les épreuves consistent en examens particuliers et en examens généraux.

«Il est procédé aux examens particuliers par les répétiteurs et les maîtres de conférences, après une série d'environ dix leçons du même cours; leur roulement est tel que chaque élève en subisse un par semaine. Les examens pratiques ont lieu dans des conditions semblables.

«Les examens généraux, théoriques et pratiques, sont subis devant les professeurs, à la fin de l'année scolaire. Les notes prises au cours et consignées sur des cahiers spéciaux sont l'objet d'une appréciation qui compte pour le classement.

«Pendant les vacances, les élèves doivent rédiger un travail sur un projet de leur choix, mais d'après un programme qui leur est remis; la note de ce travail équivaut pour le classement à celle d'un examen général. Une médaille d'or (prix Isebecque) est destinée à récompenser le travail le plus complet et le plus intéressant.

«*Diplôme.* — A la fin de leurs études, les élèves dont la moyenne atteint (actuellement) le chiffre de 13.50, reçoivent le *diplôme des Écoles nationales d'agriculture.*

«Ceux qui, sans avoir pu obtenir le diplôme, ont fait preuve de connaissances suffisantes, peuvent recevoir un certificat d'études.

«Chaque année, les trois premiers de la promotion sortante peuvent recevoir : le premier, une médaille d'or ; le second, une médaille d'argent ; le troisième, une médaille de bronze.

«Les deux élèves sortis les premiers peuvent obtenir, aux frais de l'État, un stage agricole de deux années ; passé dans d'importantes exploitations publiques ou privées, ce

temps de stage permet aux jeunes gens de compléter de la meilleure façon leur instruction pratique.

«Les auditeurs libres n'obtiennent ni le diplôme ni le certificat d'études. Ils sont admis toute l'année, après avoir adressé au directeur les pièces suivantes, établies sur papier timbré :

Demande d'admission ;

Acte de naissance ;

Certificat de moralité ;

Obligation de payement de la rétribution scolaire (200 francs par an, payables d'avance en trois termes).

«Le diplôme n'attribue aucun droit immédiat à un poste dépendant de l'administration de l'agriculture; certains avantages y sont, cependant, attachés, qui motivent, dans une certaine mesure, l'augmentation sensible du nombre des élèves (voir fig. 335) telle qu'elle résulte de la statistique suivante :

ANNÉES.	INTERNES.	DEMI-INTERNES.	EXTERNES.	TOTAL.
1880......	90	"	2	92
1885......	86	"	7	93
1887......	88	"	12	100
1890......	100	"	32	132
1893......	107	17	95	219
1896......	105	9	128	242
1899......	92	11	112	215

«Le diplôme confère la dispense de deux années de service militaire sous des conditions particulières que nous allons rapporter :

«La dispense de deux années de service militaire est accordée aux jeunes gens diplômés dans les quatre premiers cinquièmes de la liste de mérite de ceux des élèves français qui ont obtenu 65 p. 100 au moins du total des points que l'on peut obtenir d'après le règlement. La même dis-

encore, pour la plupart, la compétence nécessaire pour pousser bien loin ces leçons. C'est aux écoles pratiques d'agriculture qu'incombe cette tâche. Elles joignent utilement la pratique à la théorie; aussi faut-il regretter qu'elles ne se recrutent pas plus facilement et déplorer que les petits cultivateurs né comprennent pas davantage l'intérêt qu'ils ont à y envoyer leurs enfants [1].

pense est accordée à titre provisoire dès l'admission à l'école; mais les jeunes gens ainsi libérés conditionnellement doivent, avant l'âge de vingt-six ans, obtenir leur diplôme dans les conditions déterminées.

«Ces dispositions ont pour effet de décider un certain nombre de jeunes gens à entrer dans les Écoles d'agriculture; mais l'augmentation des candidats a d'autres causes : elle est aussi une conséquence du mouvement économique qui pousse de plus en plus les propriétaires à exploiter eux-mêmes leurs terres; ces propriétaires, au lieu d'orienter leurs fils vers les professions libérales qui les retiennent à la ville, les envoient dans une École d'agriculture, d'où ils reviendront cultiver le domaine qui, entre les mains d'un fermier, était devenu d'un rendement insuffisant.

«Le développement de l'enseignement agricole, l'institution des professeurs départementaux et des professeurs spéciaux d'agriculture, ont ouvert des débouchés aux jeunes gens porteurs des diplômes des écoles nationales.

«Pour les postes de professeurs spéciaux, ne sont admis à concourir que les anciens élèves diplômés de l'Institut agronomique, des écoles nationales d'agriculture et des écoles vétérinaires.

«Les concours de professeurs départementaux sont ouverts à tous, mais les candidats pourvus des diplômes des établissements précités bénéficient d'une avance de dix points.

«Dans le courant de 1899, une quinzaine environ d'anciens grignonnais ont été nommés professeurs spéciaux d'agriculture; deux ont été récemment déclarés admissibles au même emploi.

«73 promotions se sont succédé à Grignon depuis la fondation : 1,330 élèves environ en

sont sortis diplômés; 160 font partie, en France et à l'étranger, de l'administration de l'agriculture ou de l'enseignement agricole; 600 sont des propriétaires ou des agriculteurs; mais ce dernier nombre est certainement plus élevé, car la situation de beaucoup d'anciens élèves est demeurée inconnue.»
(H. Mamelle, ingénieur agronome.)

[1] À propos des élèves des Écoles d'agriculture, il me paraît intéressant de citer, les lignes suivantes de M. Émile Thierry :

«Chaque année, entre la fin de juillet et la fin de septembre, pour les moissons, pour les vendanges et la confection des vins, les écoles pratiques d'agriculture donnent au monde agricole environ 300 à 400 jeunes gens assez instruits, bons ouvriers, et tous pourvus d'un certificat d'instruction, sorte de diplôme, justifié presque toujours par les mérites de ceux qui le possèdent. La plupart de ces jeunes gens doivent, un jour, après l'accomplissement de leurs trois années de service militaire, rentrer dans leurs familles et travailler les terres patrimoniales. Ceux-ci ne sont pas à plaindre, ayant, s'ils sont laborieux, un avenir assuré et, surtout si, pendant le temps passé à la caserne, ils n'ont pas pris en dégoût le métier paternel d'agriculteur, métier pourtant si honorable et si utile au pays. Dans ce dernier cas, d'ailleurs, il n'y a qu'à les abandonner à leur sort et à... leurs illusions.

«Mais à côté de ces fils de petits ou moyens cultivateurs, il en est d'autres qui, par goût, embrassent la carrière agricole sans avoir, de par leurs parents, le moindre coin de terre à cultiver. Ils espèrent, en entrant à l'École pratique, pouvoir devenir fermiers et, en attendant, premiers domestiques, chefs de culture

Il est à désirer que dans l'enseignement des écoles pratiques, il soit fait une part plus large aux notions commerciales. L'agriculteur, en effet, doit savoir vendre, ou il ne lui servira de rien de savoir produire; or, si nous savons produire, très souvent nous ne savons pas vendre. Cette inaptitude nous a valu d'être supplantés par telle ou telle nation, pourtant moins productrice que la nôtre. Nos produits

ou régisseurs. — Il est bien entendu que nous ne nous occupons pas ici de ceux qui passent par l'école pratique pour arriver aux écoles nationales, à l'Institut agronomique et, enfin, au professorat.

«Malheureusement, les propriétaires-agriculteurs semblent dédaigner les jeunes gens, presque encore des enfants, auxquels nous nous intéressons, tant qu'ils n'ont pas satisfait à la loi militaire. Il en résulte que de bons sujets végètent, perdent leur temps ou, s'ils sont courageux et fatigués de l'oisiveté, cherchent à apprendre d'autres métiers pour lesquels ils ont, en réalité, moins d'aptitudes que pour la profession agricole qu'ils ont apprise et, souvent même, approfondie plus qu'on ne le croit généralement.

«C'est là, à notre point de vue, un des plus gros écueils des écoles pratiques, écueil auquel il serait pourtant facile de remédier.

«Nous savons parfaitement que nos élèves manquent d'expérience et d'initiative, surtout parce qu'ils manquent de hardiesse. Il en est bien quelques-uns qui, audacieux, ne doutent de rien, croyant avoir la science infuse; de ceux-là il faut se méfier; ils ne valent jamais les humbles et les modestes. C'est de ces prétentieux, sans aucun doute, que beaucoup de propriétaires n'ont pas toujours eu à se louer. Ce sont ceux-là aussi qui ont fait le plus grand tort à leurs camarades et à ceux qui les suivent à l'école; ils veulent, du reste, gagner des appointements trop élevés et disproportionnés avec la valeur des services qu'ils peuvent rendre.

«Il faut donc, avant tout, que nos élèves soient moins exigeants et sachent se contenter, pour toute rétribution, pendant six mois au moins, du logement et de la nourriture et de quelque modeste gratification qu'un proprié-

taire sait toujours donner si elle est méritée. Il ne faut pas qu'ils oublient, ces enfants, que les connaissances acquises à l'école ne sont que des moyens mis à leur disposition pour apprendre à devenir d'irréprochables praticiens ; il ne faut pas qu'ils oublient non plus que peu de métiers varient autant, avec les régions où ils sont exercés, que ceux de cultivateur, de vigneron ou d'horticulteur; que, par conséquent, un propriétaire qui les emploie, eux, en se chargeant de les nourrir et de les loger, leur rend de réels et inappréciables services. Mais il faut, d'autre part, que les propriétaires, agriculteurs, vignerons ou horticulteurs sachent que, dans ces conditions, il leur sera facile de trouver d'utiles auxiliaires dans de jeunes hommes bien élevés, instruits et laborieux.

«Nous faisons ici appel, avec complet désintéressement, à tous les hommes dévoués à l'agriculture. Nous nous permettons de signaler à leur bienveillante attention des jeunes gens intéressants et pouvant, à très bon compte, leur être d'une grande utilité. Aussi bien, à raison de leur instruction et de leur éducation, on peut compter sur leur probité et sur leur loyauté. On en fera rapidement de précieux auxiliaires et on contribuera ainsi à retenir et à ramener aux champs les enfants, en grand nombre, qui en sont, hélas ! trop souvent éloignés par la caserne.

«Il est rare de rencontrer un propriétaire rural qui ne se plaigne de la pénurie du personnel agricole; qui n'exprime la difficulté grande qu'il éprouve à se faire servir avec conscience dans ses cultures. C'est que, sans doute, les agriculteurs se désintéressent trop de l'enfance et de la jeunesse agricoles; qu'ils ne les encouragent pas assez en les aidant à

sont généralement de qualité supérieure : l'excellence de nos beurres n'est pas plus discutée que celle de nos vins, et nos volailles sont incomparables. Ce sont là, entre tant d'autres, de précieux avantages ; mais il faut que nous apprenions aux jeunes Français à en tirer parti. Cela constitue une part importante de la tâche qui incombe à ceux qui ont la responsabilité de l'enseignement agricole.

L'Enseignement agricole pour les femmes. — Cette branche fort intéressante et très importante de l'enseignement agricole n'a pas encore reçu, chez nous, le développement qu'elle comporte. Si fort en honneur dans d'autres pays : Luxembourg, Belgique, Suisse, etc., elle en est encore chez nous à ses débuts ; elle mérite pourtant toute la sollicitude de l'État et des associations agricoles. A son sujet, un éminent publiciste français, Pierre Joigneaux, écrivait il y a longtemps déjà : « Pour nos garçons, il y a des écoles d'agriculture et aussi des maîtres qui sont au canton, à la commune, chargés d'enseigner des choses utiles. Pour la fille du cultivateur, il n'y a ni écoles, ni maîtres, comme il le faudrait. On s'efforce de rendre le jeune homme au sol, on s'efforce d'en détacher la jeune fille ; ce qu'on élève d'une main, on le détruit de l'autre. On veut des cultivateurs qui pensent et raisonnent, on ne veut pas leur donner des compagnes dignes d'eux et capables de les seconder. Si nous envoyons nos jeunes filles à l'école du village, elles nous reviennent sachant un peu lire, écrire, calculer, coudre et marquer. C'est quelque chose, il est vrai, mais ce n'est point là l'étoffe d'une ménagère accomplie. Si nous les envoyons à la ville, c'est bien pis : nous donnons une paysanne, on nous rend une *demoiselle ;* on nous rend une coquette qui ne rêve plus que parure, maître de danse, maître de musique et mari bourgeois. Nous voulions une fermière modeste et intelligente, on nous rend une jeune fille présomptueuse et ennemie de la terre.[1] »

compléter un apprentissage, complexe en soi, qui ne peut réellement se terminer qu'à la ferme ou dans le vignoble.

« Chaque année, qu'on y pense, il y a une quarantaine de directeurs d'Écoles pratiques d'agriculture ou de viticulture pouvant procurer aux intéressés et, à très bon compte, de jeunes hommes qui, en peu de temps, deviendront d'habiles ouvriers ruraux. Il y a là, à notre avis, un excellent moyen de pratiquer la solidarité agricole et de pallier à l'exode si malheureux des campagnes. »

[1] *Conseils à la jeune Fermière*, par Pierre Joigneaux.

Il faudrait que cet enseignement fût «ménager» à la façon dont on le comprend en Belgique. Il faudrait aussi, à côté de la laiterie que l'on enseigne déjà, faire une part large à l'aviculture. Des locaux de la ferme, la basse-cour est le domaine presque exclusif de la femme. Eh bien! cette basse-cour, il importerait de lui apprendre comment on doit l'organiser et l'entretenir. L'enseignement avicole a devant lui un vaste champ d'action. Il nous faut d'autant moins le négliger que, je le répète, notre volaille est la première du monde. Nous avons, sous ce rapport, une situation privilégiée; à nous de savoir la conserver et de veiller à ce que nous n'ayons pas à noter, comme dans l'industrie laitière, un recul de l'exportation.

L'ENSEIGNEMENT SUPÉRIEUR FORESTIER. — L'enseignement forestier est donné en France à l'École de Nancy et aux Barres. L'École nationale des eaux et forêts a été créée en 1824. D'année en année son enseignement s'est développé considérablement, et cette école occupe aujourd'hui un rang des plus distingués parmi les établissements similaires de l'Europe.

Par la notoriété universelle des hommes éminents qui l'ont dirigée depuis sa fondation, Lorentz, Parade, Nauquette, pour ne citer que les morts; par la distinction des travaux personnels du corps enseignant, cette école a attiré à elle des élèves de toutes les nations. C'est à Nancy qu'ont été, notamment, en partie formés les jeunes forestiers destinés à diriger les exploitations forestières des Indes anglaises. Chaque année voit augmenter le nombre des élèves étrangers.

Les élèves français, dont le nombre ne peut être supérieur à dix-huit par an, se recrutent parmi les élèves diplômés de l'Institut agronomique et parmi ceux de l'École polytechnique. L'enseignement, à la fois théorique et pratique, dure deux années. L'École admet à suivre ses cours des auditeurs libres.

Depuis 1888, il existe au domaine de Barres (Loiret) une *école pratique de sylviculture* et une *école secondaire d'enseignement forestier professionnel*. La première forme des gardes particuliers, des régisseurs et, subsidiairement, des candidats à l'emploi de préposés forestiers. Quant à la seconde, elle n'admet que des préposés forestiers; elle est destinée à faciliter leur accès au grade de garde général.

D. STATIONS AGRONOMIQUES ET LABORATOIRES AGRICOLES.

SERVICES QUE SONT APPELÉES À RENDRE LES STATIONS AGRONOMIQUES. — RÔLE DU DIRECTEUR. —
LES LABORATOIRES AGRICOLES. — LES CHAMPS D'EXPÉRIENCES — LES PREMIÈRES STATIONS. —
LA STATION AGRONOMIQUE DE L'EST ET LE CHAMP D'EXPÉRIENCES DU PARC DES PRINCES;
EXPÉRIENCES SUR LES ENGRAIS MINÉRAUX. — ÉTAT STATISTIQUE DES STATIONS FRANÇAISES EN
1900 ET DES STATIONS ALLEMANDES. — BUDGET DE NOS STATIONS; SON INSUFFISANCE;
COMPARAISON AVEC LE BUDGET DES STATIONS AUX ÉTATS-UNIS ET EN ALLEMAGNE.

Les stations agronomiques, qui doivent être, avant tout, des établissements de recherches scientifiques appliquées à l'agriculture, rendent deux ordres de services bien distincts. Leurs laboratoires sont ouverts aux cultivateurs pour l'examen et l'analyse de tous les produits dont la composition doit être connue d'eux pour le plus grand profit de leur culture, de leur bourse et de leur commerce. La connaissance de la constitution et de la composition du sol qu'ils cultivent, celle de la valeur des semences qu'ils emploient, des matières fertilisantes qu'ils achètent, des produits qu'ils vendent, est le point de départ le plus certain de leurs opérations. A côté des résultats des analyses qu'ils demandent au laboratoire, les cultivateurs trouvent près du directeur les renseignements et les conseils dont ils peuvent avoir besoin et qui, bien souvent, leur évitent de graves mécomptes : ceci s'applique particulièrement à l'achat des matières fertilisantes et des graines de semence dont le commerce, malheureusement, donne si souvent lieu encore aux tromperies les plus audacieuses, aux manœuvres les plus éhontées. — Le cultivateur ne saurait donc trop se mettre en garde contre des fraudes qui lui causent un double dommage : une dépense, en pure perte, pour l'achat d'engrais vendus fréquemment au triple ou au quadruple de leur valeur, et l'absence d'accroissement de récolte qu'il était en droit d'attendre, si engrais et semences lui avaient été loyalement livrés.

Ce rôle de contrôle et de conseil est commun aux stations agronomiques et aux laboratoires agricoles, mais la mission des stations proprement dites est loin de se borner aux analyses de laboratoire ou aux conseils donnés aux cultivateurs : elle est beaucoup plus étendue et d'une portée supérieure pour l'agriculture du pays.

La tâche principale et, de beaucoup, la plus importante des stations agronomiques consiste, en effet, dans l'étude expérimentale des conditions si complexes de la production végétale et animale. Ces établissements doivent, avant tout, se consacrer aux recherches sur la nutrition des plantes et des animaux. Leurs études ont pour but de fournir aux agriculteurs les renseignements et les enseignements que l'observation pure, si attentive qu'elle soit, ne peut donner; la constatation d'un fait, en l'absence de la détermination des conditions dans lesquelles il s'est produit, ne suffit pas, en effet, à l'expliquer et, moins encore, à en permettre la reproduction à volonté.

Tout progrès en agriculture repose sur la connaissance des lois physiologiques qui président à la nutrition des êtres vivants : ces lois, c'est l'expérience et non l'observation qui nous les révèle. En culture, le point de départ de tout accroissement économique de la production est la connaissance exacte des relations du végétal avec le milieu où il croît (sol et atmosphère).

Les expériences agronomiques ont donc pour objet de déterminer, aussi rigoureusement que possible, l'influence qu'exercent, sur nos récoltes et sur leur prix de revient, la nature et le choix de la semence, la constitution physique et chimique du sol, les exigences de la plante en principes nutritifs, la meilleure adaptation au sol suivant les cultures des matériaux destinés à entretenir ou à accroître sa fertilité naturelle, etc. L'observation et l'enregistrement des conditions météorologiques qui ont accompagné les expériences fournissent des indications très intéressantes touchant l'influence de la climatologie sur les récoltes, influence qui, malheureusement, échappe à notre action.

Le programme des travaux des stations agronomiques est, on le voit, très vaste; son exécution est laborieuse; mais le bénéfice que l'agriculture a retiré déjà des recherches qu'elles poursuivent est si considérable que le progrès agricole paraît aujourd'hui, chez les nations civilisées, étroitement lié au développement des moyens d'action mis à la disposition des établissements de recherches agronomiques.

Bien que le point de départ des stations ait été la célèbre installation de J.-B. Boussingault à Bechelbronn et celle, non moins connue,

3.

de J.-B. Lawes à Rothamsted (Angleterre), c'est en Allemagne que ces établissements ont été tout d'abord organisés et multipliés, avec le caractère qu'ils possèdent aujourd'hui chez les principales nations civilisées. En effet, la première station agronomique allemande a été créée à Mœckern (Saxe), en 1852, tandis que la première station française, la Station agronomique de l'Est, ne remonte qu'à 1868; organisée à Nancy et transférée à Paris en 1890, elle compte donc aujourd'hui trente-huit ans d'existence[1].

[1] Quand j'ai fondé à Nancy, en 1868, la Station agronomique de l'Est, transférée à Paris en 1890, mon premier soin a été d'installer sur divers points des champs d'expériences, annexes indispensables d'un laboratoire de recherches. En 1891, grâce à l'hospitalité que mon éminent et regretté ami, M. Marey, a bien voulu, avec l'agrément du Préfet de la Seine, m'offrir au Parc des Princes, dans le terrain de la station physiologique du Collège de France, j'ai pu poursuivre mes essais culturaux. Le terrain, vierge jusque-là, a été défriché, défoncé à la profondeur de 50 à 70 centimètres, nivelé et mis en culture dès l'automne de 1891. Le champ d'expériences du Parc des Princes compte donc quinze années d'existence; il a porté sans interruption quatorze récoltes successives de céréales, de plantes sarclées, de fourrages, etc. J'ai résumé ailleurs les expériences de ces quinze années. (*Annales de la Science française et étrangère.*)

L'objectif principal que je me suis proposé dès l'origine, dans l'organisation de mes champs d'expériences, et que j'ai constamment poursuivi depuis trente-huit ans, c'est la détermination de l'influence, sur les récoltes et sur leur prix de revient, des divers engrais minéraux, et tout particulièrement de l'acide phosphorique, dont manque la plus grande partie du sol français.

Les résultats très démonstratifs que j'ai obtenus dans cette direction, résultats que je me suis efforcé de vulgariser chaque année parmi les cultivateurs, dans mon enseignement et par mes publications, ont eu peut-être quelque influence — on a bien voulu me le dire souvent — sur le progrès des rendements du sol français; s'il en était ainsi, je trouverais dans cette constatation la seule rémunération que j'ambitionne en retour du temps et des soins apportés à cette longue série d'expériences.

Le champ du Parc des Princes présente les conditions les plus favorables pour des essais sur l'action des matières fertilisantes : il est d'une extrême pauvreté en principes nutritifs, d'une homogénéité assez grande pour que les diverses parcelles (16 de 150 mètres carrés chacune) qui y ont été délimitées dès l'origine, soient comparables sous le rapport de leur composition chimique et de leur constitution physique; il est meuble, d'une culture facile, et sa proximité de Paris en rend aisées la direction et la surveillance.

Type par excellence des terrains pauvres, ce sol sableux, presque dépourvu d'argile et de calcaire, se prête on ne peut mieux à des expériences sur la valeur nutritive des quatre principaux éléments des récoltes : chaux, potasse, acide phosphorique et azote; les résultats qui ont été obtenus jusqu'ici au Parc des Princes, dans la culture des céréales et des plantes sarclées, se sont reproduits chez les cultivateurs qui ont appliqué dans leur exploitation, en sol similaire, les indications relatives à la nature, à la quantité et au mode d'emploi des engrais expérimentés sur le territoire de Boulogne. C'est en grand nombre que j'ai la satisfaction de compter les agriculteurs qui, en France et à l'étranger, ont rendu témoignage du succès dû aux procédés de fumure qu'ils ont empruntés à la culture du Parc des

Éтat statistique des stations agronomiques et des laboratoires agricoles en 1900. — Voici quel était en 1900 l'état statistique des stations agronomiques et des laboratoires agricoles de la France. (Consulter l'Annuaire du Ministère de l'agriculture pour les changements de personnes survenus depuis 1900.) Je le fais suivre d'une notice détaillée sur les stations agronomiques de l'Allemagne afin de préciser le caractère des travaux et les ressources de ces établissements.

1. Station agronomique de Laon (Aisne).

Rattachement. — Au Ministère de l'agriculture.

Direction. — M. Gaillot, directeur ; MM. Bronet, Lavoine, Bourdon et Rousset, préparateurs.

Princes. Je rappellerai sommairement la disposition du champ du Parc des Princes et l'organisation des essais de culture.

Seize parcelles d'un are et demi chacune servent depuis 1891 aux diverses expériences de fumure. Deux d'entre elles, situées aux deux extrémités du champ et que nous désignerons sous le nom de témoins, n'ont reçu aucune fumure depuis l'origine. Avant la création du champ d'expériences, elles étaient, comme tout le champ, en friche et couvertes de la végétation spontanée des sols siliceux : genêt, oseille, chiendent, etc. Défrichées et défoncées à la profondeur de 60 centimètres, elles ont été chaque année consacrées à la culture des mêmes espèces végétales que les quatorze autres parcelles. Assez grande la première année, leur fertilité naturelle due aux résidus que laissait dans le sol, de temps immémorial, la végétation spontanée, a été en décroissant, et les récoltes qu'elles fournissent se rapprochent beaucoup actuellement de celles que Lawes et Gibert ont obtenues à Rothamsted, dans le sol sans fumure, pendant une longue période d'années.

L'analyse d'un échantillon moyen de la terre de chacune des parcelles a été exécutée au laboratoire de la station agronomique de l'Est en 1891 ; elle a fourni sur la composition du sol des indications suffisantes pour qu'il soit possible de déterminer, dès la première année, la nature et l'importance des fumures à employer. Les analyses, répétées de cinq en cinq années, donnent très nettement la mesure de l'appauvrissement du sol dans les parcelles sans fumure, et son enrichissement progressif par l'effet des fumures : celles-ci ont consisté, depuis 1891, en acide phosphorique de diverses origines (phosphates minéraux, superphosphates, scories de déphosphoration, phosphate précipité) ; en potasse, à l'état de kaïnite, de chlorure de potassium ou de sulfate ; en azote (nitrate de soude, sulfate d'ammoniaque, azote organique). Sans entrer dans les détails au sujet de l'application de ces divers engrais, je rappellerai que les quatorzes parcelles fumées ont reçu périodiquement des quantités de phosphates, de nitrate de soude et de sels potassiques, correspondant, par année, aux poids suivants de chacun des principes fertilisants, rapportés à une surface d'un hectare :

Acide phosphorique, 50 kilogrammes pour toutes les récoltes ;

Potasse, 33 kilogrammes pour toutes les récoltes ;

Azote (nitrate 100 kilogr.), 15 kilogr. 6 pour les céréales ;

Azote (nitrate 300 kilogr.), 45 à 46 kilogrammes pour les plantes sarclées.

De 1891 à 1898, on a employé les phos-

Origine. — Créée le 21 août 1886, par le Conseil général de l'Aisne.

Installation. — Dans l'immeuble appartenant au département : 36 pièces; installation bactériologique et météorologique; champs d'expériences à Montreuil-sous-Laon : 2 hectares.

Ressources. — 3,000 francs du Ministère de l'agriculture, 16,000 francs du département et 14,000 francs, produit des analyses.

Travaux. — Analyses de sols, d'engrais, d'eaux, de fourrages, de semences; analyses bactériologiques; cartes agronomiques.

2. Station séricicole de Manosque (Basses-Alpes).

Rattachement. — Au Ministère de l'agriculture et à la chaire spéciale d'agriculture de Manosque.

Direction. — M. Brandi, directeur.

Origine. — Créée le 6 août 1892, par le Ministère de l'agriculture.

Installation. — Deux pièces.

Ressources. — 1,500 francs du Ministère de l'agriculture.

Travaux. — Recherches séricicoles.

3. Station agronomique de Rethel (Ardennes).

Rattachement. — Au Ministère de l'agriculture et à l'école pratique d'agriculture de Rethel.

phates suivants : phosphates naturels des Ardennes, de la Somme, du Boulonnais, du Cambrésis, de l'Indre et du Portugal (apatite), superphosphates minéraux et d'os, scories de déphosphoration de diverses provenances. En 1898, le phosphate de Tébessa a été mis en expérience; enfin, en 1902, les fumures phosphatées ont été les suivantes : phosphate de Gafsa, scories de déphosphoration (phosphate Thomas), superphosphate, phosphate noir de Cierp. — Depuis l'origine, chacun de ces phosphates a été appliqué en quantités correspondantes d'après sa richesse en acide phosphorique à 50 kilogrammes de ce corps à l'hectare. La potasse a été donnée sous forme de chlorure de potassium; l'azote, à l'état de nitrate de soude, aux doses ci-dessus rappelées.

Un point capital ne doit jamais être perdu de vue pour les déductions à tirer d'une expérience de culture : à savoir qu'il ne doit y avoir qu'une seule condition variable d'un essai à l'autre : par exemple, fumure identique pour toutes les variétés des plantes cultivées, de céréales, ou même variété cultivée dans des sols différemment fumés, au point de vue de la nature de l'engrais. C'est seulement en procédant ainsi qu'on peut espérer dégager l'influence de la variété ou celle de la fumure, sur les rendements obtenus dans des conditions comparables. Trop de cultivateurs font varier à la fois, dans un même essai, la nature de la plante, celle de la fumure, les espacements, etc.; ils ne peuvent tirer de la comparaison des résultats que des renseignements tout à fait incertains et souvent erronés.

Les deux points principaux de mes expériences depuis 1891 concernent spécialement :

1° L'influence de la fumure, en sol pauvre, sur les rendements des végétaux de la grande culture, notamment des céréales : avoine, orge, blé, seigle et maïs;

2° La relation entre le coût de la fumure et le prix de revient du quintal de produits obte-

Direction. — M. Coutte, directeur ; M. de Gironcourt, préparateur.

Origine. — Créée le 1ᵉʳ novembre 1893, aux frais de M. Linard, député, et de l'État.

Installation. — Deux pièces dans les locaux de l'école pratique d'agriculture ; un champ d'expériences de 40 ares.

Ressources. — 3,200 francs du Ministère de l'agriculture et 1,000 francs, produit des analyses.

Travaux. — Analyses de sols, d'engrais, de fourrages.

4. Laboratoire agricole de Foix (Ariège).

Rattachement. — Au Ministère de l'agriculture.

Direction. — M. Soula, directeur.

Origine. — Créée en 1884, par le département.

Installation. — Une pièce à l'école normale d'instituteurs à Foix ; un champ d'expériences de 3 hectares.

Ressources. — 300 fr. du Ministère de l'agriculture et 300 fr. du département.

Travaux. — Analyses de sols, d'engrais, de vins, de calcaires.

5. Station œnologique de Narbonne (Aude).

Rattachement. — Au Ministère de l'agriculture.

Direction. — M. Semichon, directeur ; M. Astruc, préparateur ; un garçon de laboratoire.

nus *en excédent* sur le rendement du sol sans fumure.

Pour établir l'influence de la fumure sur les rendements d'une même céréale, il suffit de comparer les poids de grain et de paille, rapportés à une surface donnée, un hectare, par exemple, dans le sol témoin (sans fumure) et dans le sol qui a reçu en même quantité, mais sous des formes différentes, l'acide phosphorique, la potasse et l'azote. Le bénéfice, dû exclusivement à la fumure, se calculera en comparant la valeur de la récolte, grain et paille (au cours du marché) à la dépense en engrais établie en supposant, ce qui n'est jamais vrai, que la totalité de l'engrais employé a été consommée par la récolte de l'année et que la récolte suivante n'en pourra en rien bénéficier. L'écart trouvé entre la valeur de la récolte et la dépense en engrais sera donc toujours trop faible, ce qui ne rendra que plus probante la démonstration du rôle économique de l'engrais.

Pour déterminer la relation existant entre la dépense d'engrais et le prix de revient du quintal de céréale récolté *en excédent*, sur une surface de sol fumé, égale à celle du sol sans fumure, on peut procéder de deux manières :

1° Diviser le coût de la fumure par le nombre de quintaux de grains *en excédent*, en laissant de côté la valeur de l'excédent de paille correspondant à celui du grain ;

2° En défalquant du coût de la fumure la valeur de la paille et en divisant le nombre trouvé par le chiffre de quintaux récoltés en excédent. Ce dernier mode de calcul conduit souvent à cette constatation que le prix de la paille obtenue *en excédent* dépasse la dépense de fumure, de telle sorte qu'on arrive à cette conclusion, paradoxale au premier abord, que le quintal de grain *excédent* non seulement ne coûte rien, mais constitue un profit net pour l'ensemble de la récolte.

Origine. — Créée le 10 janvier 1895 par le Ministère de l'agriculture, avec l'aide de la ville de Narbonne.

Installation. — Dans les locaux fournis par la ville de Narbonne, 5 pièces.

Ressources. — 8,900 francs du Ministère de l'agriculture, 3,000 francs par le département et la ville.

Travaux. — Analyses de moûts, de vins, de raisins.

6. Laboratoire d'essais techniques des huiles, beurres et corps gras, à Marseille (Bouches-du-Rhône).

Rattachement. — Au Ministère de l'agriculture et au Ministère des affaires étrangères.

Direction. — M. Milliau, directeur; M. Vittenet, chef des travaux; quatre préparateurs et deux garçons de laboratoire.

Origine. — Créé le 26 mai 1891, avec le concours du Ministère de l'agriculture.

Installation. — Huit pièces.

Ressources. — 3,000 francs du Ministère de l'agriculture; 1,500 francs du Ministère des affaires étrangères et 42,000 francs, produit des analyses.

Travaux. — Analyses d'engrais, de tourteaux, d'huiles, de beurres, de corps gras.

7. Station de zoologie marine d'Endoume (Bouches-du-Rhône).

Rattachement. — Au Ministère de l'agriculture et à la faculté des sciences à Marseille.

Direction. — M. Jourdan, directeur depuis 1900 (avant, M. Marion); M. Gourret, sous-directeur; un pêcheur; un mécanicien.

Origine.

Installation. — Dans les locaux fournis par la ville de Marseille, une grande salle avec aquarium, quatre laboratoires, une bibliothèque, un vivier, un aquarium et des bassins.

Ressources. — 2,000 francs du Ministère de l'agriculture; 5,000 francs de la faculté des sciences; 1,500 francs du département et 2,000 francs de la ville de Marseille.

Travaux.

8. Station agronomique de Marseille.

Rattachement. — Au Ministère de l'agriculture.

Direction. — M. Gassend, directeur; deux préparateurs; un garçon de laboratoire.

Origine. — Créée en 1888, par M. Gassend, à ses frais.

Installation. — Six pièces, un champ d'expériences près d'Aix.

Ressources. — 3,000 francs du Ministère de l'agriculture et 9,000 francs, produit des analyses.

Travaux. — Analyses de sols, d'engrais, d'eaux, de fourrages, de graines, de sucres, d'explosifs, de produits alimentaires.

9. STATION AGRONOMIQUE DE CAEN (CALVADOS).

Rattachement. — Au Ministère de l'agriculture et à la faculté des sciences de Caen.

Direction. — M. Louïse, directeur; M. Paisnel, préparateur.

Origine. — Créée par Isidore Pierre.

Installation. — Deux laboratoires.

Ressources. — 2,750 francs du Ministère de l'agriculture; 1,950 francs du Ministère de l'instruction publique; 800 francs du département du Calvados; 600 francs du département de la Manche.

Travaux. — Analyses de sols, d'engrais, d'eaux, de fourrages, de laits, de beurres.

10. LABORATOIRE D'OLMET, PAR VIC-SUR-CÈRE (CANTAL) [1].

Rattachement. — Au Ministère de l'agriculture.

Direction. — M. Duclaux, directeur.

Origine. — Créé, en 1893, par M. Duclaux.

Installation. — Dans les locaux appartenant à M. Duclaux, 3 pièces.

Ressources. — 400 francs du Ministère de l'agriculture.

Travaux. — Analyses d'eaux.

11. STATION VITICOLE DE COGNAC (CHARENTE).

Rattachement. — Au Ministère de l'agriculture.

Direction. — M. Guillon, directeur (M. Cornu, premier directeur); M. Gouiraud, sous-directeur; M. Girard, préparateur.

Origine. — Créée, en 1874, par le comité viticole de l'arrondissement de Cognac.

Installation. — Un pavillon, serres, champ d'expériences.

Ressources. — 13,500 francs du Ministère de l'agriculture; les frais d'expériences sont payés par le Comité viticole de Cognac.

Travaux. — Recherches ampélographiques et d'adaptation.

12. STATION ŒNOLOGIQUE DE BOURGOGNE, à BEAUNE (CÔTE-D'OR).

Rattachement. — Au Ministère de l'agriculture.

Direction. — M. Mathieu, directeur; M. Billon, préparateur; un garçon de laboratoire.

[1] Supprimé depuis la mort de M. Duclaux.

Origine. — Créée le 10 août 1900, par le Ministère de l'agriculture.
Installation.
Ressources.
Travaux.

13. STATION AGRONOMIQUE DE DIJON (CÔTE-D'OR). [*Supprimée.*]

Rattachement. — Au Ministère de l'agriculture et à la faculté des sciences de Dijon.

Direction. — M. Recoura, directeur; MM. Billier et Chaussin, préparateurs.

Origine. — Créée en 1884, par M. Margottet, avec l'aide du département.

Installation. — Dans les locaux de la faculté des sciences, trois laboratoires.

Ressources. — 2,000 francs du Ministère de l'agriculture; 1,000 francs du Ministère de l'instruction publique; 2,500 francs du département; 1,000 francs, produit des analyses.

Travaux. — Analyse de sols, d'engrais, d'eaux, de fourrages.

14. STATION AGRONOMIQUE DE CHARTRES (EURE-ET-LOIR).

Rattachement. — Au Ministère de l'agriculture.

Direction. — M. Garola, directeur; MM. Braun et Conjard, préparateurs; M. Delafoy, commis.

Origine. — Créée en 1882, avec le concours de la commission météorologique du département.

Installation.
Ressources.
Travaux.

15. STATION AGRONOMIQUE DU LÉZARDEAU (FINISTÈRE).

Rattachement. — Au Ministère de l'agriculture et à l'école pratique d'agriculture du Lézardeau.

Direction. — M. Crochetelle, directeur; un garçon de laboratoire.

Origine. — Créée le 1er janvier 1873, par le département du Finistère.

Installation. — Dans les locaux de l'école, 2 pièces; un champ d'expériences de 22 ares.

Ressources. — 1,500 francs du Ministère de l'agriculture; 250 francs du département.

Travaux. — Analyse de sols, d'engrais, d'eaux, de fourrages, de pommes, de semences.

16. LABORATOIRE AGRICOLE DÉPARTEMENTAL DE NÎMES (GARD).

Rattachement. — Au Ministère de l'agriculture et à la chaire départementale d'agriculture du Gard.

Direction. — M. Chauzit, directeur ; MM. Meyssel, Hugues, préparateurs ; MM. Abel et Martin (Jules), aides-préparateurs.

Origine. — Créé le 1ᵉʳ juin 1885, par le conseil général du Gard, avec le concours de l'État, de la ville de Nîmes, de la Société d'agriculture du Gard et des comices agricoles d'Alais, d'Uzès et du Vigan.

Installation. — Dans un local loué ; un champ d'expériences à 1 kilomètre de Nîmes, sur la route de Saint-Gilles, 2 hectares.

Ressources. — 1,200 francs du Ministère de l'agriculture ; 1,500 francs du département ; 2,500 francs, produit des analyses.

Travaux. — Cartes agronomiques ; analyses de sols, d'engrais, d'eaux, de vins, de sulfate de cuivre.

17. Station œnologique de Nîmes (Gard).

Rattachement. — Au Ministère de l'agriculture.

Direction. — M. Kayser, directeur ; M. Barba, préparateur ; un garçon de laboratoire.

Origine. — Créée en 1895, par le Ministère de l'agriculture, avec l'aide du département.

Installation. — Dans un local loué.

Ressources. — 6,700 francs du Ministère de l'agriculture.

Travaux. — Analyses de vins, de moûts.

18. Station séricicole d'Alais (Gard).

Rattachement. — Au Ministère de l'agriculture.

Direction. — M. Moziconnaci, directeur.

Origine. — Créée le 1ᵉʳ avril 1897, par le Ministère de l'agriculture.

Installation. — Quatre pièces, une magnanerie expérimentale.

Ressources. — 4,500 francs du Ministère de l'agriculture ; 600 francs du département du Gard ; 600 francs d'Alais.

Travaux. — Recherches séricicoles.

19. Station œnologique de Toulouse (Haute-Garonne).

Rattachement. — Au Ministère de l'agriculture.

Direction. — M. Vincens, directeur ; M. Lacassagne, préparateur ; un garçon de laboratoire.

Origine. — Créée le 30 juin 1900, par le Ministère de l'agriculture, avec l'aide de la ville de Toulouse.

Installation. — Dans les locaux de la ville de Toulouse, 5 pièces.

Ressources. — 8,900 francs du Ministère de l'agriculture; 200 francs du département; 200 francs des sociétés d'agriculture.

Travaux. — Analyses de moûts, de vins, de raisins.

20. Station agronomique de Toulouse (Haute-Garonne). [*Supprimée.*]

Rattachement. — Au Ministère de l'agriculture et à la faculté des sciences de Toulouse.

Direction. — M. Fabre, directeur; M. Crunet, sous-directeur; M. Goyaud, chef de travaux; un garçon de laboratoire et un jardinier.

Origine. — Créée le 24 octobre 1892, par le Ministère de l'instruction publique.

Installation. — Dans les locaux de l'université de Toulouse, 4 laboratoires de chimie agricole, 3 de botanique, une salle de microscopie, 2 cabinets de travail, une salle de balance, une salle de collections; un champ d'expériences de 1 hectare à l'observatoire de Toulouse.

Ressources. — 3,000 francs du Ministère de l'agriculture; 3,000 francs du Ministère de l'instruction publique; 950 francs de subvention départementale.

Travaux. — Analyses de sols, d'engrais, d'eaux, de fourrages, de semences.

21. Station agronomique et œnologique de Bordeaux (Gironde).

Rattachement. — Au Ministère de l'agriculture et à la faculté des sciences de Bordeaux.

Direction. — M. Gayon, directeur; M. Laborde, sous-directeur; un préparateur; un garçon de laboratoire.

Origine. — Créée le 21 septembre 1880, par le Ministère de l'agriculture.

Installation. — Dans les locaux de la faculté des sciences.

Ressources. — 8,400 francs du Ministère de l'agriculture; 1,900 francs du Ministère de l'instruction publique; 1,300 francs du département; 1,400 francs, produit des analyses.

Travaux. — Analyses de sols, de vins, d'eaux, de produits alimentaires.

22. Station œnologique de Montpellier (Hérault).

Rattachement. — Au Ministère de l'agriculture.

Direction. — M. Roos, directeur; M. Chabert, préparateur; un garçon de laboratoire.

Origine. — Créée le 1er juillet 1895, par le Ministère de l'agriculture.

Installation. — Dans les locaux de la ville de Montpellier, dix pièces.

Ressources. — 9,700 francs du Ministère de l'agriculture; 1,500 francs du département; 600 francs de la ville de Montpellier; 1,100 francs des sociétés d'agriculture.

Travaux. — Analyses bactériologiques, de vins, de raisins.

23. Station agronomique de Rennes (Ille-et-Vilaine)[1].

Rattachement. — Au Ministère de l'agriculture et à la faculté des sciences de Rennes.

Direction. — M. Lechartier, directeur; MM. Artus et Grieu, préparateurs.

Origine. — Créée en 1878, par le Ministère de l'agriculture et M. Lechartier.

Installation. — Dans les locaux de la faculté des sciences, quatre pièces; une serre; un champ d'expériences d'un demi-hectare à l'école pratique d'agriculture des Trois-Croix.

Ressources. — 5,400 francs du Ministère de l'agriculture; 900 francs du Ministère de l'instruction publique; 4,200 francs du département; 1,100 francs, produit des analyses.

Travaux. — Analyses de sols, d'engrais, d'eaux; recherches pomologiques; analyses de pommes, de farines, de tourteaux, de cidres.

24. Station agronomique de Châteauroux (Indre).

Rattachement. — Au Ministère de l'agriculture.

Direction. — M. Alla, directeur; M. Baloux, préparateur; un garçon de laboratoire.

Origine. — Créée en 1874, par M. Guinon.

Installation. — Dans un local loué, cinq pièces, quinze cases à végétation; vignes d'expériences.

Ressources. — 4,700 francs du Ministère de l'agriculture; 2,400 francs du département; 2,250 francs des sociétés d'agriculture; 2,600 francs, produit des analyses.

Travaux. — Analyses de terres, de calcaires, de marnes, d'engrais, d'eaux, de fourrages.

25. Laboratoire agricole de Tours (Indre-et-Loire).

Rattachement. — Au Ministère de l'agriculture.

Direction. — M. Robin, directeur; M. Bertrand, préparateur; deux garçons de laboratoire.

Origine. — Créé le 10 juillet 1890, par MM. Chataignier et Robin, avec le concours du département.

Installation. — Le local est fourni par la ville de Tours : trois pièces.

[1] Rattachée à l'École d'agriculture de Rennes depuis la mort de M. Lechartier.

Ressources. — 3,000 francs du Ministère de l'agriculture; 3,300 francs du département; 3,900 francs, produit des analyses.

Travaux. — Analyses de sols, d'engrais, d'eaux, de semences, de matériaux de construction.

26. Laboratoire agricole de Saint-Étienne (Loire).

Rattachement. — Au Ministère de l'agriculture et à l'École des mines de Saint-Étienne.

Direction. — M. Étienne, directeur; M. Ville, préparateur.

Origine. — Créé en 1890, sur la demande du département de la Loire.

Installation. — Trois pièces avec sous-sol, eau et gaz.

Ressources. — 300 francs du Ministère de l'agriculture; 800 francs du Ministère des travaux publics; 500 francs du département; 1,000 francs de l'École des mines; 2,500 francs, produit des analyses.

Travaux. — Analyses d'engrais, d'eaux.

27. Station agronomique de Nantes (Loire-Inférieure).

Rattachement. — Au Ministère de l'agriculture et à l'Institut Pasteur de la Loire-Inférieure.

Direction. — M. Andouard (A.), directeur; M. Andouard (Pierre), sous-directeur; M. Gendre, secrétaire-comptable; M. Laidet, préparateur; trois aides préparateurs; deux garçons, un concierge.

Origine. — Créée comme laboratoire agricole en 1864, par Bobierre; transformé en station agronomique par M. Andouard, avec le concours du département, dans des locaux neufs, le 28 août 1884.

Installation. — Dans un local appartenant au département, dix pièces; un champ d'expériences est annexé.

Ressources. — 2,000 francs du Ministère de l'agriculture; 2,000 francs du département de la Loire-Inférieure; 2,500 francs, produit des analyses.

Travaux. — Travaux de bactériologie; analyses de sols, d'engrais, d'eaux, de fourrages, d'huiles, de savons.

28. Laboratoire agricole d'Orléans (Loiret).

Rattachement. — Au Ministère de l'agriculture et à la chaire départementale d'agriculture.

Direction. — M. Duplessis, directeur; M. Piégard, chimiste; un garçon de laboratoire.

Origine. — Créé le 2 juillet 1888, par le département du Loiret.

Installation. — Dans un local loué, deux grandes pièces et un bureau.

Ressources. — 1,000 francs du Ministère de l'agriculture; 8,900 francs du département; 2,600 francs, produit des analyses.

Travaux. — Analyses de sols, d'engrais, d'eaux, de semences.

29. Laboratoire agricole de Blois (Loir-et-Cher).

Rattachement. — Au Ministère de l'agriculture et à la chaire départementale d'agriculture.

Direction. — M. Vezin, directeur; M. Fallot, sous-directeur, chimiste; M. Michon, préparateur; M. Jolivet, aide-préparateur; deux garçons de laboratoire.

Origine. — Créé en août 1887, par le conseil général de Loir-et-Cher.

Installation. — Dans un local départemental comprenant sept pièces; un champ d'expériences de 50 ares, à Chanzy.

Ressources. — 4,500 francs du Ministère de l'agriculture; 6,800 francs du département; 3,500 francs, produit des analyses.

Travaux. — Analyses de sols, d'eaux, de farines, de chocolats, de vins; cartes agronomiques.

30. Laboratoire de Châlons-sur-Marne (Marne).

Rattachement. — Au Ministère de l'agriculture et à la chaire départementale d'agriculture.

Direction. — M. Doutté, directeur; M. Hanra, chef-chimiste; M. Romet, aide-chimiste; un garçon de laboratoire.

Origine. — Créé le 25 août 1887, par le conseil général de la Marne.

Installation. — Dans un local départemental; un champ d'expériences de 1 hectare autour du laboratoire.

Ressources. — 1,500 francs du Ministère de l'agriculture; 8,000 francs du département; 4,500 francs, produit des analyses.

Travaux. — Analyses de sols, d'engrais, d'eaux, de fourrages, de betteraves.

31. Laboratoire agricole de Laval (Mayenne).

Rattachement. — Au Ministère de l'agriculture et à la chaire départementale d'agriculture.

Direction. — M. Leizour, directeur; M. Masseron, préparateur; un garçon de laboratoire.

Origine. — Créé le 29 décembre 1880, par le conseil général de la Mayenne.

Installation. — Dans un local loué, cinq pièces.

Ressources. — 1,000 francs du Ministère de l'agriculture; 6,500 francs du département; 600 francs, produit des analyses.

Travaux. — Analyses de terres, d'eaux, d'engrais, de semences.

32. Station agronomique de Nancy (Meurthe-et-Moselle).

Rattachement. — Au Ministère de l'agriculture.

Direction. — M. Colomb-Pradel, directeur; M. Pellier, chef des travaux; M. Poupard, préparateur; un garçon de laboratoire.

Origine. — Créée le 1ᵉʳ janvier 1891, par le Ministère de l'agriculture et le département de Meurthe-et-Moselle.

Installation. — Dans les locaux de l'Université (Institut chimique); champs d'expériences à Saint-Max, Jarville, Toul, Richebourg.

Ressources. — 3,825 francs du Ministère de l'agriculture; 3,825 francs du département; 5,500 francs, produit des analyses; 1,500 francs du Ministère de l'agriculture pour les champs d'expériences.

Travaux. — Analyses de sols, d'engrais, d'eaux, de fourrages, de semences, de fumiers.

33. Laboratoire agricole de Commercy (Meuse). [*Supprimé.*]

Rattachement. — Au Ministère de l'agriculture et à la chaire départementale d'agriculture.

Direction. — M. Prud'homme, directeur; un garçon de laboratoire.

Origine. — Créé en 1877, par la Société d'agriculture de Commercy.

Installation. — Dans un local appartenant à la ville de Commercy, deux pièces.

Ressources. — 540 francs du Ministère de l'agriculture; 450 francs du département; 450 francs de la Société d'agriculture de Commercy.

Travaux. — Analyses de sols et d'engrais.

34. Laboratoire agricole de Nevers (Nièvre).

Rattachement. — Au Ministère de l'agriculture et à la chaire départementale d'agriculture.

Direction. — M. Mancheron, directeur; M. Lafontaine, préparateur.

Origine. — Créé le 1ᵉʳ octobre 1882, par le Ministère de l'agriculture, le département, la ville de Nevers et les communes du département.

Installation. — Un bureau et deux pièces.

Ressources. — 500 francs du Ministère de l'agriculture; 5,000 francs du département.

Travaux. — Analyses de sols, d'engrais, de betteraves, d'eaux.

35. Station agronomique de Lille (Nord).

Rattachement. — Au Ministère de l'agriculture.

Direction. — M. Dubernard, directeur; M. Paulhiac, préparateur; un garçon de laboratoire.

Origine. — Créée en 1869, par M. Corenwinder.

Installation. — Champs d'expériences, chez M. Laurent Mouchon, à Orchies.

Ressources. — 2,000 francs du Ministère de l'agriculture; 3,000 francs du département; 5,100 francs, produit des analyses.

Travaux. — Analyses de sols, d'engrais, d'eaux, de fourrages, de semences.

36. Station agronomique d'Arras (Pas-de-Calais).

Rattachement. — Au Ministère de l'agriculture.

Direction. — M. Pagnoul, directeur; M. Delattre, 1er chimiste; M. Lefort, 2e chimiste.

Origine. — Créée en 1869, par M. Pagnoul, qui en a conservé la direction jusqu'en 1901; établissement départemental depuis 1883.

Installation. — A Arras, dans un local appartenant au département du Pas-de-Calais, salle de collections, deux laboratoires, hangars, serres, jardins.

Ressources. — 2,500 francs du Ministère de l'agriculture; 12,300 francs du département, qui perçoit le prix des analyses.

Travaux. — Analyses d'engrais, de sols, d'eaux, de sucre, de betteraves, de beurres.

37. Laboratoire de Béthune (Pas-de-Calais).

Rattachement. — Au Ministère de l'agriculture et à la Société d'agriculture de Béthune.

Direction. — M. Ponelle, directeur; un concierge.

Origine. — Créé en 1877, par la Société d'agriculture.

Installation. — Dans les locaux de la ville de Béthune, rue de l'Université.

Ressources. — 1,000 francs du Ministère de l'agriculture; 50 francs des sociétés d'agriculture; 1,200 francs, produit des analyses.

Travaux. — Analyses de tourteaux, d'engrais, de betteraves, d'eaux, de vins, de bières.

38. Station aquicole de Boulogne-sur-Mer (Pas-de-Calais).

Rattachement. — Au Ministère de l'agriculture.

Direction. — M. Canu, directeur; un sous-directeur; un gardien-concierge; trois marins pêcheurs.

Origine. — Créée le 30 juillet 1883, par le Ministère de l'agriculture, avec le concours de la ville de Boulogne et de la chambre de commerce, sur un terrain domanial.

Installation. — Salles, aquariums, salles d'expériences, hangars d'engins de pêche, salles de collections; un bateau de l'État est à la disposition de la station.

Ressources. — 11,500 francs du Ministère de l'agriculture.

Travaux. — Recherches sur la pisciculture marine, les lieux de pêche.

39. Laboratoire agricole de Boulogne-sur-Mer (Pas-de-Calais).

Rattachement. — Au Ministère de l'agriculture.

Direction. — M. Vuaflart, directeur; M. Sergent, préparateur; un garçon de laboratoire.

Origine. — Créé le 5 janvier 1888, comme annexe à la station agricole de Boulogne; depuis 1895 forme un établissement indépendant.

Installation. — Dans les bâtiments de l'État, enclavés dans la station agricole, deux laboratoires.

Ressources. — 3,000 francs du Ministère de l'agriculture; 3,000 francs du département; 4,000 francs, produit des analyses.

Travaux. — Analyses de produits alimentaires, de sols, d'engrais, d'eaux, de beurres.

40. Station aquicole de Banyuls (Laboratoire Arago) (Pyrénées-Orientales).

Rattachement. — Au Ministère de l'agriculture et à la faculté des sciences de Paris.

Direction. — M. de Lacaze-Duthiers, directeur; un mécanicien; un gardien; un patron de bateau, quatre matelots et un mousse.

Origine. — Créée en 1881, avec le concours du département des Pyrénées-Orientales et de la ville de Banyuls.

Installation. — Dans les locaux appartenant à l'État, cinquante pièces; un bateau à vapeur, trois bateaux à voiles; aquariums; un grand vivier d'expériences.

Ressources. — 1,200 francs du Ministère de l'agriculture; 500 francs de la ville de Banyuls; le Ministère de l'instruction publique paye le personnel et entretient le laboratoire.

Travaux. — Travaux et recherches d'aquiculture.

41. Station agronomique de Lyon (Rhône).

Rattachement. — Au Ministère de l'agriculture et à la faculté des sciences de Lyon.

Direction. — M. Vignon, directeur; MM. Barillat et Riche, chefs des travaux; un chef de culture; un garçon de laboratoire.

Origine. — Créée en 1880, par M. Raulin, avec l'aide du Ministère de l'agriculture.

Installation. — Dans les locaux de l'institut de chimie; un champ d'expériences de 3 hectares à Pierre-Bénite.

Ressources. — 4,000 francs du Ministère de l'agriculture; 4,000 francs du département; 300 francs des sociétés d'agriculture; 1,500 francs, produit des analyses.

Travaux. — Analyse de sols et d'engrais; cartes agronomiques.

42. Station agronomique de Cluny (Saône-et-Loire).

Rattachement. — Au Ministère de l'agriculture.

Direction. — M. Paturel, directeur; un préparateur; un garçon de laboratoire.

Origine. — Créée le 25 janvier 1887, par M. Bernard, avec le concours du département et de la ville de Cluny.

Installation. — Dans les locaux de la ville de Cluny, 2 pièces de manipulations, un bureau.

Ressources. — 3,000 francs du Ministère de l'agriculture; 2,800 francs du département.

Travaux. — Analyses de sols, d'engrais, d'eaux, de fourrages, de vins.

43. Station agronomique de l'Est, à Paris, 48, rue de Lille.

Rattachement. — Au Ministère de l'agriculture et à la Société nationale d'encouragement à l'agriculture.

Direction. — M. L. Grandeau, directeur; M. Bartmann, chimiste; M. Alba, préparateur; un garçon de laboratoire.

Origine. — Créée en 1868 à Nancy, par M. Grandeau; transférée à Paris en 1890.

Installation. — Dans un local loué, 3 pièces; un champ d'expériences de 70 ares au parc des Princes, avenue Victor-Hugo.

Ressources. — 8,000 francs du Ministère de l'agriculture; 7,500 francs, produit des analyses.

Travaux. — Analyses de sols, d'engrais, de roches, d'eaux, de fourrages, de lait, de beurres, de vins, d'alcools.

44. Station d'essais de semences, à Paris.

Rattachement. — Au Ministère de l'agriculture et à l'Institut national agronomique.

Direction. — M. Schribaux, directeur; M. Bussard, chef des travaux ; M. Étienne, préparateur; un garçon de laboratoire.

Origine. — Créée le 15 avril 1884, par le Ministère de l'agriculture.

Installation. — Dans les locaux de l'Institut agronomique; un champ d'expériences à Joinville-le-Pont, 25 ares.

Ressources. — 13,400 francs du Ministère de l'agriculture.

Travaux. — Analyses et contrôle de semences, de tourteaux.

45. Laboratoire des fermentations, à Paris.

Rattachement. — Au Ministère de l'agriculture et à l'Institut national agronomique.

Direction. — M. Duclaux [1], directeur; M. Kayser, chef des travaux; un garçon de laboratoire.

Origine. — Créé en mars 1888, par le Ministère de l'agriculture.

Installation. — Dans les locaux de l'Institut agronomique, 5 pièces.

Ressources. — 10,300 francs du Ministère de l'agriculture.

Travaux. — Recherches sur les ferments et les fermentations.

46. Station d'entomologie agricole de Paris.

Rattachement. — Au Ministère de l'agriculture et à l'Institut national agronomique.

Direction. — M. Marchal, directeur; un garçon de laboratoire.

Origine. — Créée par le Ministère de l'agriculture en mars 1894, à l'Institut national agronomique.

Installation. — 2 pièces, 16, rue Claude-Bernard, à Paris.

Ressources. — 6,500 francs fournis par le Ministère de l'agriculture.

Travaux. — Détermination des insectes utiles et nuisibles.

47. Station de pathologie végétale, à Paris.

Rattachement. — Au Ministère de l'agriculture.

Direction. — M. Delacroix, directeur; M. Joffrin, préparateur; un garçon de laboratoire.

Origine. — Créée en novembre 1888, par M. Trillieux.

Installation. — Dans les locaux, 11, rue d'Alésia, construits par le Ministère; un champ d'expériences.

Ressources. — 17,360 francs du Ministère de l'agriculture.

Travaux. — Recherches sur les maladies des plantes.

---

[1] Mort en 1904 : M. Kayser lui a succédé.

48. Station d'essais de machines, à Paris, 47, rue Jenner.

Rattachement. — Au Ministère de l'agriculture.

Direction. — M. Ringelmann, directeur; un concierge mécanicien; des aides en nombre variable.

Origine. — Créée en décembre 1888, par le Ministère de l'agriculture, sur un terrain loué à la ville de Paris.

Installation. — Hall d'expériences, hangars, laboratoires, terrains d'expériences.

Ressources. — 10,500 francs du Ministère de l'agriculture.

Travaux. — Essais de machines agricoles, de matériaux.

49. Station agronomique de Rouen (Seine-Inférieure).

Rattachement. — Au Ministère de l'agriculture.

Direction. — M. Houzeau, directeur; M. Sprecher, préparateur; 3 auxiliaires; un garçon de laboratoire.

Origine. — Créée le 1ᵉʳ mai 1883, par le département de la Seine-Inférieure.

Installation. — Dans les locaux appartenant au département, 7 pièces; un champ d'expériences de 41 ares; verger-école.

Ressources. — 1,000 francs du Ministère de l'agriculture; 24,000 francs du département; 1,700 francs, produit des analyses.

Travaux. — Analyses de sols, d'engrais, d'eaux, de pommes, de farines, de beurres.

50. Laboratoire d'entomologie agricole de Rouen (Seine-Inférieure).

Rattachement. — Au Ministère de l'agriculture.

Direction. — M. Noël, directeur; 2 aides.

Origine. — Créé le 1ᵉʳ octobre 1890, par le département.

Installation. — Dans un local loué, route de Neufchâtel, à Rouen, 9 pièces; un jardin de 50 ares.

Ressources. — 4,000 francs du Ministère de l'agriculture; 7,500 francs du département.

Travaux. — Détermination d'insectes utiles et nuisibles.

51. Station agronomique de Melun (Seine-et-Marne).

Rattachement. — Au Ministère de l'agriculture.

Direction. — M. Vivier, directeur; M. Lapchin, préparateur; un garçon de laboratoire.

Origine. — Créée en 1887, par le département de Seine-et-Marne.

Installation. — Dans les locaux du département, 8 pièces; un champ d'expériences de 16 ares à Melun.

Ressources. — 3,000 francs du Ministère de l'agriculture; 7,500 francs du département; 4,000 francs, produit des analyses.

Travaux. — Analyses de sols, d'engrais, de laits, d'eaux, de betteraves.

52. Laboratoire de biologie végétale, à Fontainebleau (Seine-et-Marne).

Rattachement. — Au Ministère de l'agriculture et à la faculté des sciences de Paris.

Direction. — M. Gaston Bonnier, directeur; M. Dufour, directeur adjoint; 2 préparateurs; 1 chef de culture; 2 jardiniers.

Origine. — Créé en 1890.

Installation. — Dans un domaine de l'État, un laboratoire principal (18 pièces), 6 laboratoires, serres, un parc de 3 hectares et demi.

Ressources. — 2,000 francs du Ministère de l'agriculture; 15,300 francs du Ministère de l'instruction publique; 400 francs du département; 500 francs de la ville de Fontainebleau.

Travaux. — Expériences agricoles, de physiologie expérimentale; apiculture.

53. Station de climatologie agricole, à Juvisy (Seine-et-Oise).

Rattachement. — Au Ministère de l'agriculture et à l'observatoire de Juvisy.

Direction. — M. Flammarion, directeur; M. Loisel, préparateur.

Origine. — Créée en 1894, par M. Camille Flammarion.

Installation. — Cabinets de travail; champs d'expériences, serres, 4 hectares de champs d'expériences.

Ressources. — 6,400 francs du Ministère de l'agriculture; le reste est fourni par le directeur.

Travaux. — Études de la lumière et de la chaleur solaire et de leur action sur les végétaux et les animaux selon les rayons du spectre solaire.

54. Station de chimie végétale de Meudon (Seine-et-Oise).

Rattachement. — Au Ministère de l'agriculture et au Collège de France.

Direction. — M. Berthelot, directeur; M. Grandeau, chef des travaux.

Origine.

Installation.

Ressources. — 5,000 francs du Ministère de l'agriculture.

Travaux. — Recherches de physiologie végétale et animale.

55. Station agronomique de Versailles (Seine-et-Oise).

Rattachement. — Au Ministère de l'agriculture et à la chaire départementale d'agriculture.

Direction. — M. Rivière, directeur; M. Bailhache, préparateur en chef; M. Duhamel, préparateur; un garçon de laboratoire.

Origine. — Créée le 1ᵉʳ juillet 1885, par le Conseil général de Seine-et-Oise.

Installation. — Dans les locaux du département, à la Préfecture, 5 pièces; un champ d'expériences de 5 hectares à la Martinière.

Ressources. — 1,000 francs du Ministère de l'agriculture; 11,500 francs du département.

Travaux. — Analyses de sols, d'engrais, d'eaux, de fourrages, de pommes, de semences.

56. Station agronomique de Grignon (Seine-et-Oise).

Rattachement. — Au Ministère de l'agriculture et à l'École nationale d'agriculture de Grignon (Seine-et-Oise).

Direction. — M. Dehérain, directeur; M. Dupont, préparateur; un garçon de laboratoire.

Origine. — Créée en 1870, par le Ministère de l'agriculture.

Installation. — Dans un pavillon spécial de l'École d'agriculture; un champ d'expériences sur les terres de l'école.

Ressources. — 8,000 francs du Ministère de l'agriculture.

Travaux. — Analyses et recherches agronomiques.

57. Station agronomique d'Amiens (Somme).

Rattachement. — Au Ministère de l'agriculture.

Direction. — M. Roger, directeur; M. Hédiard, préparateur.

Origine. — Créée en 1879, par le conseil général de la Somme.

Installation. — Dans un local loué à un particulier, un bureau, une salle de manipulations, chambre noire, appentis.

Ressources. — 2,000 francs du Ministère de l'agriculture; 500 francs de la ville d'Amiens; 7,825 francs du département.

Travaux. — Analyses d'engrais, de sols, de fourrages, de semences; cartes agronomiques.

58. Station agronomique de Pétré (Vendée).

Rattachement. — Au Ministère de l'agriculture et à l'École pratique d'agriculture de Pétré (Vendée).

Direction. — M. Touchard, directeur; MM. Bonnelat et Flackinger, préparateurs.

Origine. — Créée en 1888, par M. Vauchez, avec l'aide des fonds de l'État.

Installation. — Dans les locaux de l'École d'agriculture, 3 pièces.

Ressources. — 6,400 francs du Ministère de l'agriculture.

Travaux. — Analyses de sols, d'engrais, de fourrages, de lait (contrôle de laiteries coopératives); recherches sur l'ensilage.

59. LABORATOIRE DÉPARTEMENTAL DE POITIERS (VIENNE).

Rattachement. — Au Ministère de l'agriculture et à la faculté des sciences de Poitiers.

Direction. — M. Roux, directeur; M. Renault, préparateur; un aide-préparateur; un garçon de laboratoire.

Origine. — Créé le 20 décembre 1887, par la faculté des sciences de Poitiers.

Installation. — Dans les locaux de la faculté des sciences, 7 pièces.

Ressources. — 1,000 francs du Ministère de l'agriculture; 5,400 francs du département.

Travaux. — Analyses de terres, d'engrais, d'eaux, de vins, de vinaigres, de laits.

60. LABORATOIRE AGRICOLE D'ÉPINAL (VOSGES).

Rattachement. — Au Ministère de l'agriculture et à l'École industrielle des Vosges.

Direction. — M. Jolly, directeur; un garçon de laboratoire.

Origine. — Créé le 1er octobre 1888 à Remiremont par le conseil général des Vosges, transféré à Épinal le 1er octobre 1895.

Installation. — Dans les locaux appartenant à la ville d'Épinal, 5 pièces.

Ressources. — 1,000 francs du Ministère de l'agriculture; 2,500 francs du département.

Travaux. — Analyses de sols, d'engrais, d'eaux, de tourteaux, de bières.

61. STATION AGRONOMIQUE D'AUXERRE (YONNE).

Rattachement. — Au Ministère de l'agriculture.

Direction. — M. Rousseaux, directeur; M. Brioux, chimiste; un garçon de laboratoire.

Origine. — Créée en 1882, par le département de l'Yonne.

Installation. — 4 pièces.

Ressources. — 4,000 francs du Ministère de l'agriculture; 4,000 francs du département; 1,500 francs, produit des analyses.

Travaux. — Analyses d'eaux, de sols, d'engrais.

Le nombre des stations et laboratoires agricoles subventionnés par le Gouvernement s'élevait en 1900, à 61.

Comparé aux budgets des États-Unis ou d'Allemagne, celui des stations agronomiques et laboratoires agricoles de France fait maigre figure; les hommes distingués placés à la tête de ces établissements n'en ont que plus de mérite à fournir la somme considérable de travaux qu'ils produisent. Mais si l'importance d'un établissement scientifique se mesure bien plus à la valeur personnelle de celui qui le dirige qu'au budget dont il dispose, il n'en est pas moins vrai que les chefs des stations américaines et allemandes, pouvant s'attacher de nombreux collaborateurs, et étant largement dotés sous le rapport des installations matérielles indispensables aux recherches scientifiques, ont des moyens de travail que leurs collègues de France peuvent leur envier.

Le budget de nos stations et laboratoires agricoles n'atteint pas, en effet, le quart du budget des stations allemandes, et n'est pas de beaucoup supérieur au dixième de celui des stations des États-Unis.

Les ressources totales de nos 65 établissements de recherches agronomiques ne s'élevaient pas tout à fait à 700,000 francs pour l'exercice 1900, se décomposant comme suit :

Subventions { de l'État	....	287,875 francs.
{ des départements, sociétés agricoles, etc.		247,050
Produits des analyses	....	162,450
Total	....	697,375

Si l'on divise respectivement par le nombre des stations existant aux États-Unis, dont je parlerai dans le chapitre consacré à ce pays (t. IV, p. 96 et suiv.), en Allemagne et en France, les budgets de ces établissements dans les trois pays, on constate que les ressources totales de chacune d'elles s'élevaient en moyenne (1900), en nombres ronds, aux chiffres suivants :

États-Unis d'Amérique	115,000
Allemagne	40,000
France	15,000

Je soumets avec confiance ces chiffres, qui parlent d'eux-mêmes, à l'attention des membres du Parlement. Sans doute, ainsi que je le dis plus haut, les hommes distingués placés à la tête des stations françaises rendent à l'agriculture des services de plus en plus appréciés par nos cultivateurs et enrichissent tous les ans, par leurs recherches, le domaine de l'agronomie. Mais l'exiguïté de leur budget les prive du concours si important du personnel nombreux de collaborateurs que leurs collègues d'Amérique et d'Allemagne peuvent associer à leurs travaux. Nos directeurs ont rarement plus de deux assistants, tandis qu'aux États-Unis et en Allemagne, on en compte de quatre à douze par établissement.

J'ai toujours pensé que le patriotisme éclairé consiste à étudier, dans toutes les directions, ce qui se passe chez les autres peuples, pour leur emprunter, en les adaptant au génie spécial ou aux besoins de son pays, les institutions dont le fonctionnement et les résultats ont démontré la supériorité. Il faut espérer que, sur le point qui nous occupe, comme sur tous les autres, les enseignements frappants que l'Exposition de 1900 a répandus à profusion porteront leurs fruits, et que nos institutions agronomiques, en particulier, bénéficieront des exemples que nous ont apportés les nations étrangères.

C'est la France qui a ouvert magistralement la voie des applications de la science aux diverses branches de l'agriculture. A Lavoisier, à Dumas, à Boussingault, à Claude Bernard, à Pasteur, pour ne parler que des plus illustres parmi les morts, revient la gloire d'avoir fondé, sur des bases impérissables, la science expérimentale à laquelle l'agriculture, l'hygiène, la physiologie des plantes et des animaux doivent leurs immenses progrès[1]. Noblesse oblige, et notre pays doit tenir à honneur de conserver et d'élever encore le rang que les découvertes et le labeur de ces grands bienfaiteurs de l'humanité lui ont permis de prendre parmi les nations civilisées.

J'ai donné dans le chapitre consacré à l'Allemagne, t. I, p. 660 et suiv., un historique sommaire de la création, du but, de l'organisation et du fonctionnement des stations agronomiques allemandes; un

[1] «Permettez-moi de vous dire combien nous, étrangers, nous devons à la France. En 1889, à l'occasion de l'Exposition, celui qu'on nommait le *great old man*, Gladstone, est venu à Paris et il a parlé du grand peuple de France. Il avait bien raison, c'est un grand peuple et nous lui devons tous de la reconnaissance. En ce qui concerne particulièrement l'agriculture, au commencement de ce siècle tout se réduisait à deux mots : pâturage, labourage. C'était le principe de Sully. Quels progrès depuis ! Nous ne connaissions presque

tableau (t. 1, p. 666 à 668) indique les ressources de diverses provenances de ces établissements qui s'élèvent à plus de 2,800,000 francs. Je n'y reviendrai pas. Mais il m'a paru intéressant de mettre sous les yeux du lecteur, à la suite de l'état statistique des stations françaises en 1900, un résumé un peu plus détaillé de la statistique des stations allemandes. La comparaison de ces deux documents permettra d'intéressantes comparaisons entre les deux pays, au point de vue des institutions de recherches agronomiques.

Statistique et travaux des stations allemandes[1]. — Les stations agronomiques, qui ont fêté, en 1902, leur cinquantenaire, sont nées à la suite de la critique, par Justus von Liebig, des idées régnantes sur l'alimentation des plantes cultivées[2]. Cette critique suscita l'initiative de ces hommes éminents auxquels on doit les premiers pas dans l'institution de recherches expérimentales sur le domaine de l'agriculture : Th. Reuning de Dresde, Ad. Stöckhardt de Tharand, W. Crusius de Sahlis, etc.

1. STATIONS AFFILIÉES AU VERBAND LANDWIRTHSCHAFTLICHEN VERSUCHSSTATIONEN DE L'EMPIRE ALLEMAND.

(ASSOCIATION GÉNÉRALE DES STATIONS.)

1. Royaume de Prusse.

A. Province de Prusse.

1. La station agronomique d'Insterburg, fondée en 1858 par le Syndicat agricole central de Lithauen et Masuren pour des recherches de physiologie végétale et pour le contrôle des engrais, des semences et des produits alimentaires. Subven-

rien de la nature, il n'y avait que des principes empiriques. Eh bien, ces progrès, nous les devons en grande partie au grand peuple de France; nous n'oublierons jamais cet illustre Français, qui s'appelle Boussingault, ce grand savant qui a jeté les fondements de la chimie agricole.» Paroles prononcées en 1900, par M. Bonesco, professeur honoraire à l'École supérieure d'agriculture de Bukarest. De telles paroles, nobles et sachant reconnaître la part

prépondérante de la France en agronomie, j'en pourrais citer bien d'autres encore, qui furent prononcées aux divers congrès dont l'Exposition de 1900 fut l'occasion.

[1] D'après un rapport de M. le professeur Nobbe, de Tharand.

[2] *Die Chemie in ihrer Anwendung auf Agrikultur und Physiologie*, 1840 (La chimie appliquée à l'agriculture et à la physiologie.)

tions : 14,700 marcs (4,500 de l'État, 1,000 de la province, 1,200 du Syndicat central, 8,000 pour les honoraires d'analyses). Directeur : docteur W. Hoffmeister; 2 assistants.

2. La station agronomique de Königsberg, en Prusse, fondée en 1875 par le Syndicat agricole central de la Prusse orientale pour des travaux scientifiques et pour le contrôle des engrais, des fourrages et des semences. Subventions : 25,000 marcs (5,000 de l'État, 1,000 de la province et 19,000 par les honoraires d'analyses). Directeur : professeur docteur G. Klien; 3 assistants.

3. Station d'essais de laiterie de Kleinhof-Tapiau, fondée en 1887 par le Ministère royal prussien d'agriculture, la province de Prusse orientale et les trois syndicats agricoles centraux de Prusse orientale et occidentale et de Masuren, pour des travaux scientifiques sur le lait. Subventions : 16,100 marcs (7,550 de l'État, 2,050 de la province, 3,300 des corporations agricoles, 3,200 par recettes particulières). Directeur : docteur K. Hitcher; 2 assistants, 1 administrateur de laiterie.

4. Station agronomique et de contrôle de semences de Dantzig, fondée en 1877 par le Syndicat central des agriculteurs de la Prusse occidentale pour des travaux scientifiques et pour le contrôle des engrais, des fourrages et des semences. Subventions : 20,100 marcs (8,300 de l'État, 4,300 de la province, 1,000 de la Chambre d'agriculture de la Prusse occidentale, 6,500 pour les honoraires d'analyses). Directeur : docteur M. Schmœger; 2 assistants.

B. Province de Brandebourg.

5. Station d'essais pour les industries de fermentation et la féculerie, à Berlin, comprend les 6 sections suivantes fondées à diverses époques :
a. Station d'essais du Syndicat des fabricants d'alcool en Allemagne;
b. Station d'essais du Syndicat des féculiers d'Allemagne;
c. Station d'essais du Syndicat des distillateurs de grains et des fabricants de levures d'Allemagne;
d. Station d'essais des fabricants de vinaigre d'Allemagne;
e. Station d'essais de brasserie;
f. Station de culture de la pomme de terre, de l'orge et du houblon, rattachée aux sections *a* et *d*.

Le budget de tout l'établissement s'élève à 800,000 marcs (1 million de francs) par an, dont 17,000 de l'État et 783,000 fournis par les subventions des associations industrielles nommées ci-dessus. Les terrains et les bâtiments, d'une valeur de 3,3oo,ooo marcs, sont la propriété de l'État. Directeur : professeur docteur Max Delbrück, conseiller intime de gouvernement; présidents de section : professeurs docteurs Hayduck, Saare, V. Eckenbrecker; ingénieur Goslich; professeurs docteurs Windisch, Lindner; docteurs Struve, Kusserow, Rothenbach; 23 assistants, 2 trésoriers, 1 secrétaire, 1 maître-brasseur.

6. Station agronomique de Dahme, fondée en 1857 par les agriculteurs du district de Jüterbogk-Luckenwalde pour les questions de physiologie végétale, etc. et les analyses des produits utiles à l'agriculture, reprise par le Syndicat agricole provincial en 1889 et par la chambre d'agriculture de la marche de Brandebourg en 1897. Subventions : 19,460 marcs (10,200 de l'État, 1,200 du Syndicat provincial, 8,000 par les analyses). Directeur : professeur docteur Ulbricht; 2 assistants de chimie, 1 assistant de botanique.

7. Station d'essais de la Société d'agriculture d'Allemagne à Berlin, fondée en 1894 pour des recherches scientifiques sur l'éloignement et la mise en valeur rationnelle des matières résiduelles (ordures ménagères) et pour des analyses payantes, à l'exclusion des analyses de contrôle. Subventions : 27,000 marcs (22,000 de la Société, 5,000 par les analyses). Directeur : docteur Thiesing; 3 assistants, 1 sténographe, 1 comptable, 2 aides.

8. Station d'essais des produits de meunerie à Berlin, fondée en 1899 par l'Union des meuniers allemands, sous la surveillance du ministère royal prussien d'agriculture. Subvention actuelle : 4,000 marcs (l'établissement utilise les laboratoires et le matériel de l'École supérieure d'agriculture de Berlin). Directeur : Geh. Reg.-Rath, professeur, docteur L. Wittmack; 1 assistant.

C. Province de Poméranie.

9. Station agronomique et de contrôle des semences de Köslin, fondée en 1863 par la Société économique de Poméranie pour la physiologie végétale et l'étude du sol à Regenwald, transportée en 1893 à Köslin et augmentée depuis 1898 d'une section de culture des tourbières. Subventions : 20,390 marcs (5,200 de l'État, 1,200 de la province, 1,500 de la chambre d'agriculture de la province de Poméranie, 270 diverses, 12,220 produits par les analyses). Directeur : docteur P. Baessler; 4 assistants.

10. Station de contrôle d'Eldena, fondée en 1878 par le Syndicat central d'encouragement à l'agriculture de la Baltique pour l'analyse des engrais, des fourrages et des semences, etc. dans l'intérêt de l'agriculture. Subventions : 4,500 marcs (500 de la chambre d'agriculture, 3,700 produits par les analyses, 300 par d'autres travaux). Directeur : Arn. von Homeyer.

D. Province de Posnanie.

11. Station agronomique de Posen-Jersitz, créée en 1877 par la fusion des anciennes stations de Kuschen (fondée en 1861) et de Bromberg (fondée en 1873), pour des recherches sur l'alimentation des animaux, la structure des plantes et les industries annexes de l'agriculture et pour le contrôle des engrais, des fourrages et des semences. Subventions : 48,900 marcs (11,400 de l'État, 1,500 de la province, 4,000 de la Chambre d'agriculture de Posnanie et 23,000 produits par les analyses). Directeur : docteur Gerlach; 7 assistants, dont 1 botaniste et 1 bactériologue.

E. Province de Silésie.

12. Station agronomique et de contrôle de Breslau, fondée en 1856 à Ida-Marienhütte par le Syndicat agricole central de la Silésie pour des recherches scientifiques sur l'alimentation des plantes et des animaux et pour le contrôle des engrais et des fourrages et transférée à Breslau en 1877. La station a le droit de former des chimistes-experts pour les matières alimentaires : elle dispose d'une station de végétation. Subventions : 44,200 marcs (7,650 de l'État, 36,550 produits par les analyses). Directeur : professeur docteur B. Schulze; vice-président du Comité : docteur H. Neubauer; présidents de sections : section de microscopie : docteur V. Schenke; laboratoire de chimie : docteur Barisch; section de contrôle du lait : docteur Moschatos; station de végétation : docteur Wellmann; 5 assistants, employés de bureau et plusieurs auxiliaires.

13. Station de botanique agricole et de contrôle de semences de Breslau, fondée en 1875 par le Syndicat agricole de Breslau. Subventions : 9,100 marcs (1,000 du Syndicat agricole de Breslau, 8,100 produits par les essais de semence). Directeur : professeur docteur E. Eidam.

F. Province de Saxe.

14. Station agronomique de la chambre d'agriculture de la province de Saxe et des États annexés à cette chambre : grands-duchés d'Anhalt et de Gotha et principautés de Schwarzburg-Sondershausen et Rudolstadt, fondée en 1859 à Salzmünde (transférée à Halle en 1865) pour des recherches scientifiques sur l'alimentation des animaux et des plantes et sur les industries agricoles annexes ainsi que pour le contrôle des engrais, des fourrages et des semences. L'établissement a le droit de former des chimistes-experts pour les matières alimentaires; il comprend sous la haute direction du conseiller intime de gouvernement, professeur docteur M. Maercker (mort en 1903; le docteur Schneidevind lui a succédé) [sup-

plcé par L. Bühring] une ferme expérimentale à Lauchstädt, avec 50 hectares de champs et 5 hectares de prairies, des bâtiments d'exploitations, des étables pour les expériences sur l'alimentation et sur la production du fumier et une station de végétation, et les 7 sections suivantes ayant chacune leur directeur particulier : 1° section des engrais et des fourrages (directeur : L. Bühring, 6 assistants, 1 contremaître, 6 serviteurs); 2° section des recherches scientifiques et organe de la ferme expérimentale de Lauchstedt (directeur : docteur Schneidewind, assistants et serviteurs suivant les besoins); 3° section de botanique et station de végétation (directeur : docteur Steffeck, 1 assistant, 2 jardiniers, 6 serviteurs et ouvriers); 4° section de laiterie (directeur : docteur Naumann, 2 assistants, secrétaire et 2 serviteurs); 5° section des industries annexes de l'agriculture (directeur : docteur Cluss, assistants et serviteurs suivant les besoins); 6° section de bactériologie (directeur : docteur Krüger, 1 serviteur); 7° section de l'analyse des terres (directeur : docteur C. H. Müller, 1 serviteur). Au bureau sont occupés : 1 comptable et bibliothécaire, 1 sténographe, 1 secrétaire expéditionnaire, 1 secrétaire. Un curatorium d'agriculteurs pratiquants est donné à la ferme expérimentale de Lauchstädt; président : le conseiller intime Maercker; directeur des travaux chimiques : docteur Schneidewind, 1 administrateur, 1 régisseur et environ 20 employés subalternes ouvriers. Subventions : 106,500 marcs (13,000 de l'État, 3,000 de la province, 9,000 de la chambre d'agriculture, 2,000 de la Société d'agriculture d'Allemagne, 79,500 produits des analyses). L'État accorde 20,000 marcs par an à la ferme expérimentale de Lauchstädt et le propriétaire en abandonne le fermage; le budget courant (dépenses et recettes) atteint 67,500 marcs. Les constructions s'élèvent à 50,000 marcs.

15. Laboratoire de physiologie, champ d'expériences et jardin des animaux domestiques de l'Institut agricole de l'Université de Halle-sur-Saale, fondés en 1863-1865 par le Ministère des cultes du royaume de Prusse. Subventions : 1,200 marcs (traitement d'un assistant. Les autres ressources nécessaires sont assurées par un chapitre spécial du budget de l'institut). Directeur : le conseiller supérieur intime de gouvernement, professeur docteur Jules Kühn. Assistant des travaux de chimie : professeur docteur Baumert; du laboratoire de physiologie : docteur P. Holdefleiss; des expériences : docteur E. Falke. Administrateur du champ d'expériences et du jardin des animaux domestiques : le conseiller des domaines R. Mentzel.

16. Station pour la protection des plantes, de Halle-sur-Saale, fondée en 1889 pour l'étude des animaux et des végétaux nuisibles aux plantes cultivées et spécialement à la betterave à sucre, reprise en 1897 par la chambre d'agriculture de la province de Saxe. Subventions : 12,900 marks (3,100 de l'État, 4,000 de

la chambre d'agriculture, 4,000 de l'Association sucrière allemande, 1,800 des unions affiliées à cette association). Directeur : professeur docteur M. Hollrung; 1 assistant, 1 secrétaire, 1 serviteur.

G. Province de Schleswig-Holstein.

17. Station agronomique de la chambre d'agriculture du Schleswig-Holstein, à Kiel, fondée en 1870 par le Syndicat agricole général du Schleswig-Holstein. Elle comprend 3 sections : 1° Station de chimie agricole pour les recherches de chimie et de physiologie végétale, les champs d'expériences, le contrôle des engrais et des matières fourragères, analyses payantes; directeur : professeur docteur A. Emmerling, 4 assistants; 2° station de laiterie; directeur : docteur H. Weigmann, 2 sous-sections : a. Section de bactériologie et de chimie pour les expériences scientifiques et pratiques sur le traitement du lait et l'industrie laitière, 2 assistants; b. Établissement de recherches et d'enseignement sur le traitement du lait, pour les recherches sur la production laitière et les autres circonstances relatives à l'industrie laitière et pour l'enseignement à des élèves et à des auditeurs libres; deux laboratoires, une métairie d'installation moderne pour les expériences et l'enseignement avec fromagerie et grandes caves à fromages; étable expérimentale de 10 vaches appartenant aux races les plus répandues dans la province; traitement par jour, environ 2,000 litres de lait; 2 assistants, 1 régisseur; 3° service d'analyse des produits alimentaires du Schleswig-Holstein (section de la chambre d'agriculture, fondée en 1898), travaillant pour la police, les autres administrations et les particuliers; directeur : docteur C. Reese, 3 assistants. Les 3 stations ont besoin de 62,900 marcs qui sont fournis par l'État (9,000 marcs) et par les analyses; ces dernières rapportent, dans les diverses sections : 124,500 marcs, 24,000 et 325,900 marcs.

18. Station de contrôle de semences de Kiel, annexée à l'institut agricole de cette ville. Subventions : 5,300 marks (5,000 du produit des analyses et 300 des syndicats agricoles). Directeur : professeur docteur H. Rodewald.

H. Province de Hanovre.

19. Station agronomique de Göttingue, fondée à Weende en 1857 par la Société royale d'agriculture de Celle, avec l'aide de l'État, pour des recherches sur l'alimentation des animaux domestiques, transférée en 1874 à Göttingue. Subventions : 26,000 marcs de l'État, qui lui fournit aussi des bâtiments (logement du directeur technique, etc.). L'établissement possède une chambre à respiration de Pettenkofer, des étables pour les bêtes à cornes, les moutons et les porcs, etc. Directeur : professeur docteur F. Lehmann, 2 assistants.

20. Station de contrôle des engrais, des fourrages et des semences et établissement officiellement reconnu pour l'analyse des produits alimentaires de Göttingue, fondée en 1876 par le Syndicat agricole principal de Göttingue. Subventions : 6,900 marcs (900 des syndicats, 6,000 du produit des analyses). Directeur : docteur G. Kalb.

21. Station agronomique de Hildesheim, fondée en 1870 par le Syndicat principal agricole et forestier de Hildesheim pour des recherches d'analyse technique, des expériences sur les engrais, etc. et pour le contrôle des engrais, des fourrages et des semences; depuis 1878, institut de la Société royale d'agriculture de Celle. Subventions : 33,630 marcs (4,500 de l'État, 210 de l'administration provinciale, 1,920 diverses, 27,000 du produit des analyses). Directeur : docteur C. Aumann; 3 assistants.

22. Station de contrôle des semences, des produits alimentaires de l'homme et du bétail et des engrais chimiques, à Ebstorf, fondée en 1871 à l'incitation du Syndicat agricole et forestier de la principauté de Lunebourg. Subventions : 230 marcs (130 du Syndicat, 100 du produit des analyses). Directeur : docteur F. Bente.

I. Province de Westphalie.

23. Station agronomique de Munster, en Westphalie, fondée en 1871 par le Syndicat agricole provincial de Westphalie et Lippe pour des recherches scientifiques et pour le contrôle des engrais, des fourrages et des semences. Subventions : 46,800 marcs (7,300 de l'État, 4,000 des états provinciaux, 2,410 des syndicats, 12,300 du produit du contrôle des engrais et fourrages, 20,790 du produit des analyses). Directeur : conseiller intime de gouvernement, professeur docteur J. König; présidents de section : docteur E. Haselhoff (suppléant du directeur) et docteur A. Böhmer; 6 assistants, 1 secrétaire.

J. Province de Hesse-Nassau.

24. Station agronomique de Marbourg, fondée en 1849 à Altmarschen (transférée à Marbourg en 1877) par la chambre d'agriculture du gouvernement de Cassel pour des expériences scientifiques de végétation en serres sur la détermination des besoins des sols hessois en engrais (environ 1,200 vases à expériences de 400 centimètres carrés de surface), pour des expériences sur la destruction par les agents extérieurs des roches de Hesse (grès fragmenté, muschelkalk, basalte, grauwacke); depuis 1897, étude bactériologique du sol et expériences sur les relations des bactéries et de la végétation. Analyse officielle de l'eau et des matières

alimentaires pour le gouvernement de Cassel, contrôle des engrais, des fourrages et des semences, analyses de sols, analyses de lait pour laiteries, etc. La station a le droit de former des chimistes-experts des matières alimentaires. Subventions : 48,680 marcs (17,400 de l'État, 6,500 de la chambre d'agriculture, 3,900 des états de la commune, 20,150 du produit des analyses, 730 de recettes accessoires). Directeur : professeur docteur Th. Dietrich; 5 assistants de chimie, 1 de botanique, 1 de bactériologie.

25. Station agronomique de Wiesbaden, fondée en 1881 par le Syndicat des agriculteurs et forestiers du Nassau pour des travaux scientifiques et pour le contrôle des engrais et des fourrages. Subventions : 4,900 marcs (2,400 de l'État, 2,500 de recettes spéciales produites par les analyses de contrôle). Directeur : professeur H. Frésenius, 1 assistant.

26. Station de physiologie végétale de Geisenheim, sur le Rhin, pour la culture de la vigne et des arbres fruitiers et la culture de levures pures, fondée en 1872 par le Ministère royal prussien d'agriculture. Deux sections : 1° pour la culture de la vigne et des arbres fruitiers et la sélection des levures; subventions : 7,350 marcs de l'État; directeur : professeur docteur Jules Wortmann, 2 assistants; 2° station agronomique; subventions : 10,500 marcs (8,570 de l'État, 1,930 du produit des analyses); directeur : docteur Windisch, 2 assistants.

K. Province du Rhin.

27. Station agronomique de Bonn, fondée en 1856 par le Syndicat agricole de la province du Rhin pour des recherches scientifiques intéressant l'agriculture, pour le contrôle des matières utiles à l'agriculture et pour l'observation des maladies des plantes. Divisée depuis 1898 en 3 sections : 1° pour l'analyse des terres et des engrais; 2° pour l'analyse des fourrages et l'essai des semences; 3° pour l'étude du lait et de ses dérivés. Subventions : 49,000 marcs (5,000 de l'État, 3,000 de la province, 41,000 des produits des analyses). Directeur : docteur E. Herfeld; présidents des sections : docteur F. Kretschmer et docteur H. Hecker; 4 assistants, 3 préparateurs, 2 scribes, 3 à 5 serviteurs. La station a le droit de former des chimistes-experts pour l'analyse des matières alimentaires.

28. Institut de physiologie animale de Poppelsdorf, fondé en 1856 par l'État pour des travaux de chimie et de physiologie végétale, mais consacré exclusivement depuis 1894 à des recherches de physiologie animale. Étables et laboratoires pour expériences de bactériologie, de chimie des animaux, échange des matières. L'administration est confiée à la direction de l'École de Poppelsdorf.

Subventions : 3,000 marcs de l'État. Directeur : professeur docteur O. Hagemann, 3 assistants. Un champ d'expériences avec laboratoire spécial sous la direction du professeur docteur Wohltmann.

29. Station agronomique de Kempen sur le Rhin, fondée en 1883 par l'Association des paysans rhénans pour des recherches scientifiques, pour le contrôle du commerce des engrais, des fourrages, des semences, etc., pour l'analyse des produits agricoles. Subventions : 32,380 marcs (3,000 de la province, 29,130 du produit des analyses, 250 générales). Directeur : docteur Gottfr. Fassbender; 3 assistants, 2 préparateurs, 3 scribes, 2 serviteurs.

2. Royaume de Bavière.

1. Station agronomique de Bavière, à Munich, fondée en 1857 par le Comité général du Syndicat agricole de Bavière pour la physiologie animale et végétale. Réorganisée en 1869; depuis 1872, établissement de l'État annexé à l'École royale supérieure technique. Contrôle des engrais, des fourrages et des semences (professeur Harz). Subventions : 23,000 marcs (17,000 de l'État, 6,000 du produit des analyses). La station dispose en outre d'espaces et d'un logement pour le directeur. Les nouvelles constructions utilisées en 1899 sont couvertes par une dépense de 175,000 marcs (y compris l'installation intérieure). Directeur : professeur docteur F. Soxhlet. Adjoint : docteur E. Wein; 3 assistants, 2 serviteurs. Depuis 1899, reconstruction du laboratoire et de l'étable d'expériences.

2. Station agronomique d'Augsbourg, fondée en 1865 à Memmingen par 6 comices agricoles pour des recherches scientifiques sur les engrais et pour le contrôle des engrais, des fourrages et des semences, transférée à Augsbourg en 1869. Subventions : 13,000 marcs (1,000 du comice agricole de Souabe et Neubourg, 12,000 du produit des analyses). Directeur : docteur M. Hagen; 2 assistants, 1 serviteur.

3. Station agronomique du district de Speyer, fondée en 1875 par le comice agricole du Palatinat pour la physiologie végétale, le contrôle des engrais, des fourrages et des semences; jointe depuis 1884 à une section officielle d'analyse des produits alimentaires. Expertises légales et administratives. Subventions : environ 21,000 marcs (2,000 de l'État, primes sur les fraudes découvertes, 5,000 du cercle, 2,000 des municipalités de la ville et des campagnes, environ 2,000 du syndicat agricole, 4,000 des fabricants d'engrais, 6,000 du produit des analyses). Directeur : professeur docteur A. Halenke; 4 assistants.

5.

4. Station agronomique du cercle de Wurzbourg, fondée en 1868 par le comice agricole du Cercle de Basse Franconie et Aschaffenbourg pour des recherches scientifiques dans l'intérêt de l'agriculture, y compris la culture de la vigne et les industries agricoles, et pour le contrôle des produits utiles à l'agriculture; en même temps, laboratoire officiel de l'administration royale des douanes et station de protection des plantes. Réorganisée en 1898. Subventions : 10,250 marcs (2,000 de l'État, 2,000 du comice agricole, 250 d'un syndicat, 6,000 des produits des analyses). Directeur : docteur Th. Omeis; 2 assistants, 1 jardinier, 1 serviteur.

5. Station agronomique de Triesdorf, fondée en 1874 par le Comice de district des syndicats agricoles de la Franconie moyenne pour l'analyse des produits de l'agriculture et des industries agricoles, engrais, fourrages, semences, pour expertises et recherches personnelles. Subventions : 3,110 marcs (800 du gouvernement royal du cercle, 1,310 du comice agricole du district, 1,000 des produits des analyses). Directeur : professeur docteur Ph. Schreiner; 2 assistants; serre et champ d'expériences.

6. Station agronomique et champ d'expériences de Kaiserslautern, fondés en 1894 par le Conseil du Palatinat pour des expériences de culture et d'alimentation et pour des recherches sur la production du fumier et la conservation et l'analyse des produits de laiterie. Subventions : 10,000 marcs du comice agricole du district. L'établissement possède un laboratoire, 18 hectares de champs, une ferme et des étables. Directeur : docteur Prowe.

7. Laboratoires de l'académie royale d'agriculture et de brasserie, à Weihenstephan (Directeur : professeur docteur Kraus). 1° Pour l'agriculture : laboratoire de chimie agricole et de laiterie (professeur docteur Stellwaag), essais de semences et analyses de terre (docteur Puchner), station d'essai de machines (professeur Ganzenmüller et docteur Puchner), station de protection des plantes et de culture des légumes (professeur docteur Weiss), institut de distillerie subventionné par l'État (docteur Bücheler). 2° Pour la brasserie : laboratoire des zymases (professeur Krandauer, professeur Ulsch, docteur Luff), laboratoire de physiologie de la fermentation (docteur Luff), laboratoire de technique des machines (Ganzenmüller), station d'essais de brasserie subventionnée par l'État (Vogel). Brasserie d'expérience. Subvention des laboratoires, environ 4,000 marcs de l'État (non compris le traitement des directeurs).

3. Royaume de Saxe.

1. Station agronomique royale de Möckern, fondée en 1851 par la Société économique sur sa propriété de Möckern, constituée définitivement en 1852 avec

la collaboration du Syndicat du cercle de Leipzig et de l'État, reprise en 1879 au compte de l'État pour des recherches scientifiques du domaine de l'alimentation animale, de l'étude du sol, des engrais et des fourrages et pour des expériences de végétation; recherches pratiques pour les agriculteurs sur la connaissance du sol (entreprise de propriétés entières, amélioration, établissements de plans de culture; détermination du besoin d'engrais des sols, sur envoi d'échantillons, par expériences de végétation; contrôle d'engrais et de fourrages. Possède 4 laboratoires, un appareil respiratoire de Pettenkofer et un calorimètre de Berthelot, une étable d'expériences qu'on peut chauffer, avec 6 stalles pour bêtes à cornes, dont 2 sont disposées pour recueillir les excréments, une serre pour 500 vases à végétation. Subventions : 62,350 marcs (46,300 de l'État, 2,500 du legs Crusius, 12,500 du produit des analyses, 1,050 de sources diverses). Directeur : professeur docteur O. Kellner, conseiller aulique, et son suppléant : docteur O. Böttcher; 1 assistant de chimie, 1 de botanique, 1 d'agronomie, 4 domestiques.

2. Station agronomique de l'Oberlausitz du royaume de Saxe à Pommritz, fondée en 1857 à Weidlitz, transférée, en 1864, à Pommritz pour la physiologie animale et végétale, expériences en plein champ et à l'étable sur les engrais et les fourrages. Subventions : 24,000 marcs (4,000 de l'État, 4,600 des états du pays, 900 des syndicats agricoles du cercle de Bautzen, 11,500 du produit des analyses et du contrôle, 3,500 de sources diverses). Directeur : professeur docteur G. Loges; 3 assistants, 1 scribe, 2 garçons de laboratoire.

3. Station royale de physiologie végétale et de contrôle des semences de Tharand, fondée en 1869 par le Syndicat agricole du cercle de Dresde, reprise par l'État en 1875, augmentée en 1886 d'une section jardinière. Pour la physiologie végétale, l'étude et le contrôle des semences et la bactériologie. Possède un laboratoire de chimie et de physiologie, une serre chauffée, une installation complète pour le contrôle des semences. Subventions : 17,000 marcs (13,000 de l'État, 300 du Syndicat agricole du cercle de Dresde, 3,700 du contrôle des semences), outre le local et le chauffage, qui sont fournis par l'académie forestière royale de Tharand. Directeur : professeur docteur F. Nobbe, conseiller intime de la cour; 2 assistants de chimie, 1 assistant de botanique, 1 jardinier, 1 aide, 1 domestique.

4. Station royale pour la culture des plantes de Dresde, fondée en 1890 par l'État pour des essais scientifiques de culture, sélection, contrôle des méthodes de culture, recherches pomologiques, climatologiques et pathologiques. A l'établissement sert une surface de 2 hectares de jardin botanique avec classes de sol préparées artificiellement, serre chauffée, caisses, etc. Subventions : 12,000 marcs de

l'État. Directeur : professeur docteur Drude, conseiller intime de la cour; présidents de la section agricole : docteur Steglich; de la section jardinière, l'inspecteur de jardins Ledien.

4. Royaume de Wurtemberg.

1. Station agronomique de Hohenheim, fondée en 1865 par l'État pour des expériences d'alimentation, de végétation et de culture et pour le contrôle des engrais et des fourrages. Subvention : 26,150 marcs de l'État, y compris 5,000 marcs comme équivalent des analyses exécutées gratuitement (pour les agriculteurs wurtembergeois). L'établissement possède une serre avec rails et 18 wagons, 44 caisses de végétation en fonte de cément, 400 vases en zinc (pour expériences de végétation), 8 hectares de champs, des étables d'expériences, un manège avec dynamomètre pour expériences sur chevaux. En 1899, on s'installa dans une nouvelle station construite pour 110,000 marcs. Directeur : professeur docteur A. Morgen ; professeur docteur A. Sieglin, conseiller; 4 assistants, 1 sténographe, 3 domestiques.

2. Station royale d'essais de semences de Hohenheim, fondée en 1877 par l'État. Subventions : 5,880 marcs (4,380 de l'État, 1,500 du produit des analyses). L'établissement possède un jardin d'expériences. Directeur : professeur docteur O. Kirchener; 1 assistant.

5. Grand-Duché de Bade.

1. Station agronomique de Karlsruhe, fondée en 1859 par le président de la station, professeur docteur J. Nessler, conseiller aulique intime, avec l'aide de l'État, pour des recherches sur la culture et le traitement des plantes de jardin et leurs produits, spécialement vigne et tabac, établissement d'études sur les questions agricoles, contrôle des engrais et des fourrages. Subvention : 21,000 marcs de l'État (y compris la location et le matériel). Les produits des analyses (7,000 marcs) vont à la caisse de l'État. 4 assistants, 1 domestique.

2. Station grand-ducale de botanique agricole de Karlsruhe, fondée en 1872, par l'État, pour des recherches de physiologie végétale, de mycologie et de bactériologie, pour le contrôle des semences, pour des expériences de culture et d'engrais, spécialement sur le tabac et le houblon et pour l'étude des maladies des plantes. Subventions : environ 21,000 marcs (19,500 de l'État, 1,500 du produit des analyses, etc.); champ d'expériences de 3 hectares, riche laboratoire. Directeur : professeur docteur L. Klein; 3 assistants.

6. Grand-Duché de Hesse.

Station agronomique du grand-duché de Hesse à Darmstadt, fondée en 1871, pour les recherches sur l'alimentation des plantes et les analyses de chimie agricole. Subventions : 47,000 marcs (20,000 de l'État, 27,000 du produit des analyses). Directeur : professeur docteur P. Wagner, conseiller aulique intime; 5 assistants, 6 aides, 1 comptable, 1 intendant, 1 jardinier.

7. Grand-Duché de Brunswick.

Station agronomique de Brunswick, fondée en 1862 par l'ancien Syndicat agricole et forestier (maintenant Syndicat agricole central) pour des études techniques de chimie, le contrôle des engrais, des semences, des fourrages et des expériences sur les engrais. La station est en même temps établissement officiel d'analyses des produits alimentaires. Subventions : 23,050 marcs (9,000 de l'État, 600 des syndicats, 2,350 de contributions volontaires, 10,400 du produit du contrôle et des analyses, 700 de sources diverses). Directeur: professeur docteur H. Schultze; 2 assistants, 1 scribe, 3 domestiques.

8. Grand-Duché de Mecklembourg-Schwerin.

Station agronomique de Rostock, fondée en 1875 par l'État, avec collaboration du *Patriotischen Verein*, pour la physiologie végétale et les expériences d'alimentation, les cartes agronomiques, le contrôle des engrais, des semences et des fourrages. Subventions : 48,500 marcs (21,500 de l'État, 2,280 des syndicats agricoles, 23,650 du produit du contrôle et des analyses, 1,070 de recettes diverses). La station possède une serre, 2 bâtiments de culture avec étables d'expérience et 6,61 hectares de terrain d'expériences. Directeur : professeur docteur R. Heinrich. 3 assistants de chimie, 1 de batériologie, 1 ingénieur rural, 1 secrétaire, 1 jardinier, 1 géomètre, 1 maître de fourrage, 2 domestiques.

9. Grand-Duché de Saxe-Weimar.

Station agronomique de l'Université d'Iéna, fondée en 1861, par l'État (avec une section de chimie, d'agriculture et de physiologie animale) pour les études scientifiques et les expériences sur l'alimentation des plantes et des animaux, le contrôle des engrais, des fourrages, des semences et des produits alimentaires. Subventions : 12,000 marcs (3,650 de l'État, 8,350 du produit des analyses). Présidents de sections : professeur docteur Th. Pfeiffer (3 assistants), professeur docteur Edler (1 assistant), assesseur médical docteur Künnemann.

10. Duché d'Anhalt.

Station agronomique ducale de Bernbourg, fondée en 1882 par l'État, pour la physiologie végétale. Subventions : 26,500 marcs (17,000 de l'État, 5,000 du Syndicat de l'industrie sucrière en Allemagne, 1,500 de la Société d'agriculture d'Allemagne, 3,000 du Syndicat des mines et usines de sels potassiques de Stassfurt). La station possède une serre bien équipée avec un hall à l'ombre. Directeur : professeur docteur H. Wilfarth; 4 assistants, 1 comptable, 2 domestiques.

11. Alsace-Lorraine.

Station agronomique impériale d'Alsace-Lorraine à Colmar, fondée par l'État à Rutfach en 1874, transférée à Colmar en 1896, pour des recherches agricoles et des expériences, spécialement sur la culture du houblon et du tabac, avec une section d'études de physiologie végétale, de bactériologie et de sélection des levures et de contrôle sur les engrais et les fourrages, les semences et les produits alimentaires. L'établissement a le droit de former des chimistes-experts pour l'analyse des produits alimentaires. Subventions : 33,700 marcs (26,400 de l'État, 7,600 du produit des analyses, 300 d'autres sources). Champ d'expériences à Rufach, dispositifs pour essais exacts sur les engrais à Colmar. Directeur : docteur P. Kulisch; 3 assistants, 1 domestique.

12. Grand-Duché d'Oldenbourg.

Station agronomique et de contrôle d'Oldenbourg, fondée en 1876 par la Société oldenbourgeoise d'agriculture pour des expériences agricoles et pour le contrôle des engrais, des fourrages et des semences. Subventions : 13,800 marcs (3,850 de l'État, 2,150 des syndicats, 7,800 du produit des analyses). Directeur : docteur P. Petersen; 2 assistants, 1 pratiquant.

13. État libre de Hambourg.

Station de botanique agricole et de contrôle des semences de Hambourg, fondée en 1891, reprise en 1897 par la chambre d'agriculture du Schleswig-Holstein, pour des expériences de culture et de végétation, le contrôle des semences, l'analyse microscopique des fourrages et la connaissance des marchandises d'origine végétale. Subventions : environ 3,000 marcs (750 de la chambre d'agriculture de Kiel, environ 2,250 du produit des analyses). Directeur : docteur O. Burchard.

14. État libre de Brême.

Station d'essais des tourbières de Brême, fondée en 1877 par la Commission centrale prussienne des tourbières. Subventions : 67,350 marcs (55,800 de l'État prussien, 400 du Syndicat agricole de Brême, 11,100 du produit des analyses). L'État prussien a supporté les frais d'aménagement (15,000 marcs) et l'État de Brême a fourni les bâtiments. Directeur : professeur docteur Br. Tacke; ingénieur des cultures : Oekonomierath docteur Salfeld, à Lingen; directeur du laboratoire : docteur H. Immendorf; botaniste : docteur C. Weber; 6 assistants de chimie, 1 assistant de botanique, 2 agriculteurs, 1 secrétaire, 1 maître d'hôtel, 3 domestiques.

II. STATIONS AGRONOMIQUES ALLEMANDES NE FAISANT PAS PARTIE DU VERBAND.

1. Royaume de Prusse.

A. Province de Prusse.

1. Laboratoire de laiterie de l'institut agronomique de Königsberg en Prusse, fondé en 1887, pour des expériences de laiterie et de physiologie animale. La laiterie expérimentale de Quadnau, qui traite 1,000 litres de lait par jour, sert de complément au laboratoire. Subvention : 1,000 marcs de dépenses payées par l'État. Directeur : professeur docteur Al. Backhaus; 1 assistant, 1 laitier. Le laboratoire de physiologie agricole de l'institut agronomique reçoit une subvention de 10,000 marcs et celui de chimie agricole, de 5,000 marcs, non compris le traitement payé par l'État.

B. Province de Silésie.

2. Institut de chimie agricole et de bactériologie de l'Université de Breslau, fondé en 1869 à Proskau, comme station de physiologie animale, transféré en 1881 à Breslau et transformé, en 1888, en laboratoire d'études chimiques et bactériologiques. Subvention de l'État pour les dépenses : 2,640 marcs. Directeur : professeur docteur A. Stutzer; 2 assistants.

3. Station de physiologie végétale de l'institut pomologique de Proskau, fondée en 1873 par l'État, pour la chimie et la physiologie spéciales des arbres fruitiers et des plantes cultivées dans les jardins. Subvention : 5,000 marcs de l'État (et local, bibliothèque, etc. de l'institut pomologique). Directeur : Oekonomierath

professeur docteur R. Stoll; président de la section botanique : docteur R. Aderhold (1 assistant); de la section chimique : docteur R. Otto.

4. Institut de laiterie de Proskau, fondé en 1878 par le Syndicat agricole central de Silésie pour des études théoriques et pratiques sur la laiterie et pour des cours et conférences aux syndicats sur la laiterie. Subventions : 10,800 marcs (4,900 de l'État, 5,900 de la province). L'établissement possède un laboratoire et une laiterie expérimentale travaillant de 450 à 580 litres de lait par jour. Directeur : docteur J. Klein; 2 assistants.

C. Province de Saxe.

5. Station de contrôle des semences de l'école hivernale d'agriculture d'Arendsee (Altmark), fondée en 1875, entretenue par l'école hivernale. Directeur : docteur P. Herzberg.

D. Province de Hanovre.

6. Laboratoire de physiologie de l'institut agronomique de l'Université de Göttingue, fondé en 1872-1875 par l'État. Directeur : professeur docteur B. Tollens. Le champ d'expériences annexé à l'institut agronomique en est indépendant depuis quelques années. Subvention : 1,500 marcs de l'État, par la chambre d'agriculture. Directeur : professeur docteur C. von Seelhorst; 2 assistants, 1 jardinier.

7. Station d'essais de l'institut de laiterie de Hameln, fondée en 1893 par le Comité central de la Société royale d'agriculture de Celle, pour des expériences originales et pour l'analyse du lait dans l'intérêt privé et comme bureau de renseignements. Subventions : 13,300 marcs (9,000 de l'État, 1,600 des syndicats, 2,700 du produit des analyses). Directeur : professeur docteur P. Vieth; 1 assistant, 2 ouvriers auxiliaires.

E. Province de Hesse-Nassau.

8. Station laitière de l'école de laiterie de Fulda, fondée en 1897 par la chambre d'agriculture de Cassel et entretenue par l'école de laiterie. Directeur de laiterie : Rud. Backhaus; directeur du laboratoire : docteur A. Köster.

2. Royaume de Bavière.

1. Laboratoire de physique et de physiologie agricoles et champ d'expériences de l'école royale supérieure technique de Munich, fondée en 1885. Subvention : 4,500 marcs de l'État. Directeur : professeur docteur E. Wollny; 1 assistant.

2. Station scientifique de brasserie de Munich. Le laboratoire de brasserie (analyses chimiques, essais et construction de nouveaux appareils et instruments de recherches et travaux scientifiques sur la brasserie) fondé en 1874, appartient depuis 1874 à un syndicat de brasseurs. Subventions environ 63,000 marcs (environ 38,000 des cotisations annuelles des membres du syndicat, chacun d'eux payant au moins 100 marcs; environ 25,000 du produit des analyses et d'autres sources). Le bâtiment du laboratoire est la propriété du syndicat. Directeur : professeur L. Aubry. Directeur du laboratoire et suppléant du directeur de la station : docteur J. Brand. Présidents de sections : docteurs H. Will, A. Lang, C. Bleisch.

3. Royaume de Saxe.

1. Station de physiologie et de chimie de l'école royale supérieure vétérinaire de Dresde, fondée en 1862 et réorganisée en 1876 par l'État, pour les recherches chimiques et physiologiques sur les animaux domestiques. Subvention (outre le traitement, les bâtiments, etc.) : 3,000 marcs de l'État. Directeur : Geh. Medicinalrath professeur docteur Ellenberger ; chimistes : docteur R. Seliger et docteur M. Klimmer.

2. Laboratoire de chimie agricole de l'école supérieure d'agriculture du royal gymnase réal de Döbeln, fondé en 1872 par l'État, pour des recherches chimiques et physiques sur le sol, des expériences de végétation. Subvention (outre les traitements, les bâtiments, etc.) : 600 marcs de l'État. Directeur : professeur docteur W. Wolf.

4. Grand-Duché de Hesse.

Station de laiterie de l'Union des coopératives agricoles de Hesse, à Offenbach-sur-le-Main, fondée en 1893. Subventions : 15,000 marcs (2,000 de l'État pour la section de bactériologie, 13,000 du produit des analyses). Directeur : docteur Uhl.

5. Grand-Duché de Mecklembourg-Schwerin.

Laboratoire de laiterie du dépôt central de laiterie du Mecklembourg-Schwerin, fondé en 1898. Subvention : 3,000 marcs de l'État. Directeur : Molkereiconsul Johs Siedel; 1 assistant.

6. État libre de Hambourg.

1. Section d'essais de semences et de contrôle des marchandises du Musée officiel botanique de Hambourg, fondée en 1891 par l'État. Subvention : 3,680 marcs.

Les recettes produites par les analyses sont versées au trésor. Directeur : docteur A. Voigt.

2. Station de protection des plantes de Hambourg, fondée en 1898 par l'État. Subvention : 25,000 marcs. Directeur : docteur C. Brick.

E. LA STATION D'ESSAIS DES MACHINES AGRICOLES.

HISTORIQUE DES ESSAIS DE MACHINES AGRICOLES. — INCONVÉNIENTS DES CONCOURS RÉGIONAUX. — CAUSES DE LA DIFFICULTÉ DES ESSAIS DE MACHINES AGRICOLES. — COMPARAISON DES MACHINES AGRICOLES ET DES MACHINES INDUSTRIELLES. — QUALITÉS QUE DOIT RÉUNIR L'ESSAI MÉTHODIQUE D'UNE MACHINE. — MATÉRIEL SCIENTIFIQUE NÉCESSAIRE AUX EXPÉRIENCES. — FONDATION DE LA STATION D'ESSAIS DE MACHINES. — ÉTAT ACTUEL. — POINTS PRINCIPAUX DE L'EXAMEN. — LE BULLETIN D'EXPÉRIENCES. — PERSONNEL DE LA STATION. — RÉCAPITULATION DES TRAVAUX EFFECTUÉS. — SERVICE DE RENSEIGNEMENTS. — RÈGLEMENT DE LA STATION D'ESSAIS DE MACHINES.

Parmi les stations expérimentales dont j'ai donné précédemment la nomenclature, il en est une qui présente un caractère spécial et qui n'a qu'une ou deux similaires à l'étranger. C'est la Station d'essais des machines agricoles. Je dois au savant distingué qui la dirige depuis sa fondation, M. Ringelmann, une intéressante notice sur le but des essais et sur les services qu'ils rendent aux constructeurs et aux agriculteurs. Cette notice servira d'introduction à la description de la Station d'essais de machines agricoles.

Généralités sur les essais des machines agricoles. — Le perfectionnement du matériel agricole s'impose et se poursuit d'une façon continue, surtout depuis près d'un demi-siècle, sous l'influence de certaines conditions économiques, telles que les variations survenues dans le loyer de la terre, la hausse des salaires et le nivellement des prix de vente sur les marchés.

En présence de la concurrence étrangère, nos agriculteurs sont conduits à résoudre deux problèmes : l'augmentation des récoltes et l'abaissement du prix des travaux. Pour le premier, il s'agit d'employer des semences perfectionnées et d'appliquer judicieusement les engrais et les bonnes méthodes de culture; on ne peut obtenir la solution du second problème que par l'emploi des machines.

Les constructeurs de tous les pays modifient et améliorent sans cesse le matériel qu'ils offrent aux agriculteurs ; aussi constate-t-on qu'il existe, dans une même catégorie de machines, de nombreux modèles différant les uns des autres par leur construction proprement dite, comme par leurs dispositifs.

Pour ce qui concerne les engrais, les semences, les matières alimentaires, les produits sont vendus après vérification par différentes stations agronomiques ou laboratoires spéciaux ; sous ce rapport l'agriculteur intelligent, pouvant être parfaitement renseigné, peut agir en toute connaissance de cause. Mais pour le choix à faire entre telle ou telle machine, l'agriculteur fut pendant longtemps abandonné à lui-même, n'ayant pour se guider que les prospectus des constructeurs et représentants, ou les listes de récompenses des concours publics.

De nombreux essais sur les machines agricoles les plus diverses ont été effectués en France depuis 1850. Cependant, dès 1854, le comte de Gasparin émettait des critiques sévères sur les concours des comices, les essais des concours régionaux et ceux des expositions générales. «Partout, disait-il, on juge les instruments d'agriculture, et nulle part on n'est convenu d'un mode uniforme, méthodique, basé sur des principes exacts pour procéder à leur examen et à leur comparaison. »

En pratique, dans les concours, on ne peut procéder qu'à des *essais comparatifs* entre les différentes machines concurrentes ; le peu de temps dont dispose le jury l'oblige à employer un mode de jugement très expéditif, en faisant fonctionner, autant que possible, toutes les machines dans les mêmes conditions et en ne les examinant qu'à un nombre restreint de points de vue, sur lesquels il peut facilement porter son examen et dont il peut discuter les différences.

Le défaut de cette façon d'opérer donne une très grande importance à l'habileté de l'ouvrier qui conduit la machine, ainsi qu'à la docilité et à la puissance de l'attelage : de cette façon, on juge les hommes et les animaux plutôt que les machines elles-mêmes, en ne cherchant qu'un des éléments du problème alors qu'il en comporte plusieurs.

La classification obtenue dans ces essais rapides de concours ne peut donc pas être considérée comme absolue ; avec les mêmes machines concurrentes, cette classification se trouve très souvent modifiée dans des concours ultérieurs dont les conditions de fonctionnement sont toutes différentes. Ce sont ces motifs qui furent invoqués à plusieurs reprises par les constructeurs pour obtenir la réduction du nombre des concours officiels, si ce n'est leur suppression totale.

Il est certain que les essais précis deviennent de plus en plus difficiles, exigent beaucoup de temps et de soins, et comme dans les concours il s'agit de procéder rapidement, on juge, soit avec des idées préconçues, soit en faisant intervenir involontairement une foule de choses qui sont indépendantes du matériel à examiner. Cependant nous croyons qu'au lieu de supprimer ces *concours officiels*, il serait préférable de leur faire subir certaines modifications et de les maintenir sous forme d'*essais spéciaux*, basés sur des programmes bien détaillés, s'appliquant à des conditions de fonctionnement nettement définies [1].

La difficulté des essais des machines agricoles réside surtout dans la variabilité des conditions de fonctionnement qu'on ne rencontre pas dans les machines industrielles; ces dernières opèrent sur des matières bien déterminées : le travail du fer, la fabrication des pâtes alimentaires, celle de l'acide sulfurique, etc., par exemple, sont les mêmes sur un point quelconque du territoire; tandis qu'en agriculture, au contraire, les conditions diverses de sol, de climat, de culture, de milieu économique, etc., font qu'un groupe de machines, en se perfectionnant, se divise en un nombre de types de plus en plus grand, chacun n'étant recommandable que dans des conditions bien précises, bien déterminées, en dehors desquelles il cède la place à d'autres. C'est précisément cette variation qui rend difficile l'étude d'un groupe de machines agricoles, car cette étude, pour être profitable, doit reposer sur des données scientifiques appuyées d'expériences précises.

La différence entre les machines agricoles et les machines industrielles s'accentue encore quand on les considère au point de vue de la

---

[1] La première tentative de ces essais spéciaux a été organisée à Gisors, en 1897, par le secrétaire perpétuel de la Société nationale d'agriculture de France, M. L. Passy (voir dans le *Bulletin* de 1897 le compte rendu de ce concours par M. Gustave Heuzé). L'idée a été appliquée par M. Jules Bénard, en 1899, pour les essais spéciaux de presses à fourrages de Lizy-sur-Ourcq (voir *Bulletin* de 1899). — Il y aurait lieu aussi de chercher à encourager les améliorations et les perfectionnements apportés au matériel destiné aux moyennes et aux petites exploitations si nombreuses dans notre pays.

construction. La machine industrielle, devant travailler 300 jours par an et 10 heures par jour, doit être établie avec tous les soins possibles, afin d'éviter tout accident et tout arrêt qui peut entraîner souvent le chômage d'une partie de l'atelier. La machine agricole ne devant fonctionner qu'une fois ou, au plus, trois fois par an sur certaines surfaces cultivées, demande à être construite avec une autre méthode. Certes, pour établir les deux machines, les moyens mis en œuvre par le constructeur sont les mêmes d'une façon générale, mais ils diffèrent dans leur application : la construction des machines agricoles est relativement plus simple, en tant que pièces, mais plus délicate sous le rapport des formes à leur donner.

Dans beaucoup d'essais, on recherche l'économie de travail mécanique dépensé, sans s'occuper souvent de la façon dont est fait l'ouvrage. Mais il peut se faire que de deux machines destinées à effectuer le même travail, la plus économique de fonctionnement, c'est-à-dire celle qui donne le travail pratique au plus bas prix, soit celle qui demande le plus de puissance, si, d'un autre côté, elle est moins coûteuse d'amortissement, d'entretien ou de main-d'œuvre nécessaire, et les rapports de ces divers frais sont eux-mêmes variables, suivant la quantité d'ouvrage à effectuer et le temps consacré au travail.

Ainsi, par exemple, plus le temps annuel de fonctionnement d'une machine à vapeur est faible, moins grande est l'importance de la quantité de combustible nécessaire ; dans ce cas, la meilleure machine est la plus simple de construction et d'un plus faible prix d'achat, pourvu qu'elle soit convenablement établie, quitte à lui voir consommer une plus grande quantité de combustible pour vaporiser un certain poids d'eau et utiliser moins bien la vapeur.

Les essais des machines, et en particulier ceux des machines agricoles, sont des travaux délicats et complexes dont nous ne pouvons donner ici qu'un aperçu général :

Un essai doit être aussi complet que possible, afin que la discussion de ses résultats puisse permettre de déterminer la valeur de la machine considérée ; il y a donc lieu de tenir compte :

De la quantité et de la qualité du travail pratique exécuté dans diverses conditions de fonctionnement ;

De la quantité d'énergie, ou de travail mécanique, nécessaire au fonctionnement ;

De la durée probable de la machine, basée sur l'examen de la construction elle-même : nature des matériaux employés, agencement des divers organes constitutifs, ajustage des différentes pièces, etc.

Ces trois données principales permettent d'évaluer le prix de revient du travail de la machine considérée (M. Ringelmann en a fourni des exemples d'application dans ses rapports sur divers concours : 1894, Meaux, moteurs à pétrole; 1896, Rouen, broyeurs de pommes à cidre; 1898, Arras, tarares et concasseurs).

L'essai dont nous venons d'indiquer le programme dans ses grandes lignes, conduit à des recherches d'ordre à la fois scientifique et pratique, qui ne peuvent être effectués qu'à l'aide des instruments de précision que possèdent les laboratoires convenablement outillés.

On voit, par ce qui précède, qu'on doit déterminer avec des appareils automatiques, et autant que possible enregistreurs, toutes les fonctions de la machine expérimentée, afin de fixer sa valeur et la limite économique de son emploi; telle est la méthode que nous appliquons à notre laboratoire. Pour répondre à un semblable programme, il faut effectuer des expériences de longue durée, en faisant varier une à une les diverses conditions de fonctionnement afin de constater leur influence sur le travail; dans chacune de ces conditions, on répète plusieurs fois les essais, afin de vérifier si les résultats obtenus sont bien comparatifs. N'oublions pas que, dans toutes ces expériences, les machines, bien que munies des appareils de recherches, doivent toujours fonctionner en *régime régulier* de marche dans les *conditions normales de la pratique*. Les nombreux résultats de ces essais peuvent être utilement représentés d'une façon graphique qui facilite leur discussion; l'analyse des courbes et des diagrammes obtenus permet alors de tirer des conclusions d'ordre général [1].

L'essai méthodique d'une machine comprend ainsi de nombreuses séries d'expériences effectuées suivant un programme spécial à chaque catégorie. Pour les semoirs, par exemple, il faut mesurer, par des

____

[1] La Station d'essais de machines a présenté, à l'Exposition universelle de 1900 (Classe 38, Agronomie), quelques diagrammes et courbes relevés dans ses expériences.

procédés appropriés : la régularité de la distribution, celle de la répartition des semences, avec différentes graines : blé, avoine, maïs, trèfle, betteraves, etc., et pour chaque semence, faire fonctionner la machine à différents débits, avec les engrenages de rechange, les ouvertures des vannes, etc.; répéter ces essais sur des terrains diversement inclinés en faisant travailler la machine en montant et en descendant; puis, faire varier l'écartement et le nombre des lignes semées, etc. Les charrues seront essayées dans des sols de diverses natures, et sur chaque terre, dans différents états (sèche, humide, enherbée), en faisant varier les dimensions du travail pratique effectué, c'est-à-dire du labour... Les moteurs seront essayés à leur vitesse de régime dans diverses conditions de leur puissance : au maximum possible, au travail normal, à demi-charge et à vide... Nous ne pouvons ici qu'indiquer ces programmes sans entrer dans le détail de chacun d'eux.

Chaque expérience d'un essai doit être aussi prolongée que possible, car nous avons vu des machines dans lesquelles le *régime de marche* ne s'établissait souvent qu'après plusieurs heures de travail, à la suite desquelles on pouvait seulement commencer les constatations définitives. Ainsi, pour certains moulins à farine, ce n'est souvent qu'après plus d'une heure que le travail commence à devenir régulier : les organes, légèrement bourrés, présentent alors plus de résistance, exigent une plus grande quantité de travail mécanique et, pour obtenir un résultat pratique, il eût été inexact de se baser sur des constatations ou des expériences d'un quart d'heure. Dans d'autres machines, au contraire (comme les pompes, les hache-paille, les tarares, les coupe-racines), le régime de travail s'établit assez rapidement; il faut plus de temps pour les machines de culture (charrues, cultivateurs, herses), pour les machines destinées aux travaux de récolte (faucheuses, moissonneuses), pour les batteuses, les broyeurs divers, pour les moteurs thermiques, dont il faut attendre qu'ils aient pris la température de régime, etc.

Il convient donc de se livrer à des recherches spéciales pour chaque genre de machines et pour chaque machine en particulier. En appliquant les mêmes méthodes, en employant des appareils de précision soigneusement contrôlés avant chaque série d'essais, les résultats obtenus d'expériences faites à de grands intervalles restent comparatifs ; c'est ce procédé qui nous a permis de formuler un certain nombre de principes généraux applicables aussi bien aux machines agricoles qu'aux machines industrielles.

Nous ne pouvons donner que d'une façon sommaire un aperçu du matériel scientifique nécessaire aux expériences ; très souvent on est obligé, pour l'essai d'une machine, d'établir des appareils spéciaux très coûteux et d'une manœuvre délicate ; ces appareils peuvent être simplement *indicateurs*, ou, ce qui est préférable, peuvent *enregistrer* la quantité qu'on mesure en laissant ainsi une trace constante, un document de l'expérience sur lequel on pourra rechercher ultérieurement. Lorsqu'on emploie des appareils indicateurs, un aide doit en suivre les variations et les noter à des intervalles de temps réguliers, aussi courts que possible.

Pour mesurer les dimensions et les mouvements, on a recours à des enregistreurs cinématiques, des compteurs, des tachymètres, des anémomètres...

Pour mesurer les efforts et les pressions, on emploie différents dynamomètres de traction, de compression, à manivelle, de rotation, des indicateurs, des manomètres, etc.

Inutile d'insister sur les compteurs de temps, les thermomètres, les compteurs d'eau, les balances diverses...

Les différents appareils enregistreurs ou indicateurs, montés sur une machine en expérience, ne doivent jamais gêner les ouvriers chargés de son service ni modifier le travail pratique effectué : autant que possible ces divers appareils de précision seront tous mis en marche ou arrêtés automatiquement et simultanément, sans interrompre le mouvement de la machine en essai. A notre laboratoire, l'embrayage et le débrayage de tous ces appareils a lieu électriquement par la manœuvre d'un seul commutateur qui envoie le courant (d'une petite dynamo) dans des directions voulues, aux électros chargés de l'embrayage. Par ces quelques lignes, on peut se faire une idée du temps nécessaire à la préparation d'un essai, au montage des différents appareils de précision, aux calculs des tracés fournis par les enregistreurs, enfin, à l'analyse des résultats obtenus.

Avec la méthode précitée, les résultats d'essais donnent une grande puissance pour dresser les *Bulletins d'expériences* d'une façon très précise, en permettant de spécifier si la machine est bonne, médiocre ou mauvaise, en totalité ou dans telle ou telle partie; une semblable façon de procéder permet d'indiquer au constructeur la voie à suivre en vue de l'amélioration de la machine. Certes, l'application de notre programme nous conduit à adapter ou à combiner continuellement

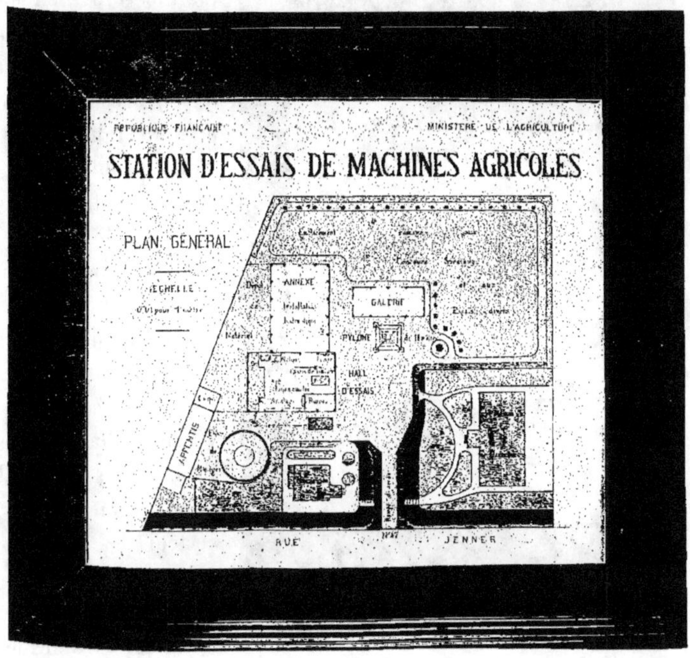

Fig. 337. — Plan de la station.

des appareils de précision spéciaux, mais les documents fournis sont précieux au point de vue de la mécanique générale et de la science des machines.

La Station d'essais. — A la suite de plusieurs rapports préliminaires, alors que M. Ringelmann était répétiteur de génie rural à l'école nationale d'agriculture de Grand-Jouan, le Comité consultatif des stations agronomiques, présidé par M. E. Tisserand, directeur de l'agriculture, avait émis le vœu de la création, à Paris, d'une Station d'essais de machines agricoles, et l'avait soumis à l'approbation de M. le Ministre de l'agriculture. Pour des motifs budgétaires, la réalisation de ce vœu fut reculée jusqu'au 24 janvier 1888, et le conseil municipal de Paris, prenant en considération l'intérêt qu'un semblable établissement pouvait présenter pour l'industrie parisienne, décida, dans sa séance du 17 décembre 1888, qu'un terrain communal d'une contenance de 3,309 mètres carrés, situé rue Jenner, n° 47 (xiiie arrondissement), serait affecté, pour une durée de quinze années, à l'Administration de l'agriculture, à l'effet d'y établir la Station d'essais de machines dont M. Ringelmann fut nommé directeur.

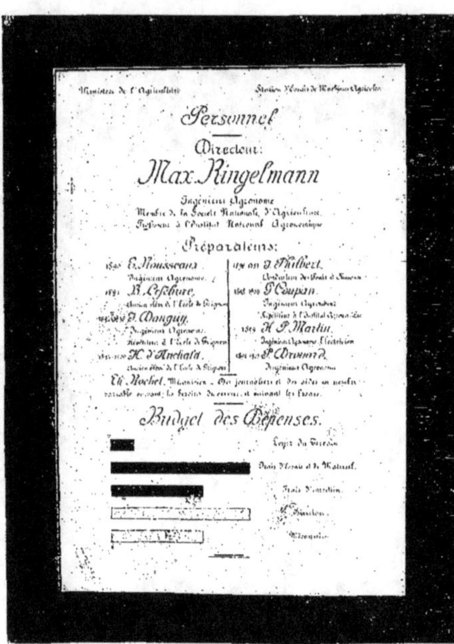

Fig. 338. — Personnel et ressources de la station.

Le terrain, placé en bordure d'une voie large et d'un accès facile, en face de bâtiments municipaux, offre des avantages incontestables, tant par sa superficie que par sa situation et le voisinage.

Une clôture de 70 mètres de développement limite la station; un portail en fer s'ouvre sur une rampe d'accès pavée, qui aboutit au hall principal d'essais. — Une grue locomobile de 4 tonnes facilite les manœuvres.

Le hall principal d'essais, de 15 mètres de longueur sur 10 mètres de largeur, renferme le bureau, le moteur à gaz de 6 à 7 chevaux actionnant un arbre de couche de 12 mètres de longueur, les vitrines des appareils de précision[1], l'atelier d'outillage de précision (forge, établi, tour parallèle, machines à percer, etc.); la chambre noire et les machines destinées aux essais de résistance des matériaux, etc. Dans le fond du hall, un étage, limité par un balcon, sert de salle de dessin, de remise aux archives et au petit matériel.

Ce hall principal est destiné aux essais de diverses machines mues à bras ou actionnées par des courroies (tarares, trieurs, aplatisseurs, concasseurs, moulins à farine, hache-paille, coupe-racines, appareils d'industrie laitière, moteurs divers, etc.) ainsi qu'aux machines industrielles qu'on soumet à l'examen de la Station. Des poulies spéciales, de diamètre modifiable à volonté, permettent de donner avec une grande exactitude la vitesse voulue à la machine qu'on expérimente.

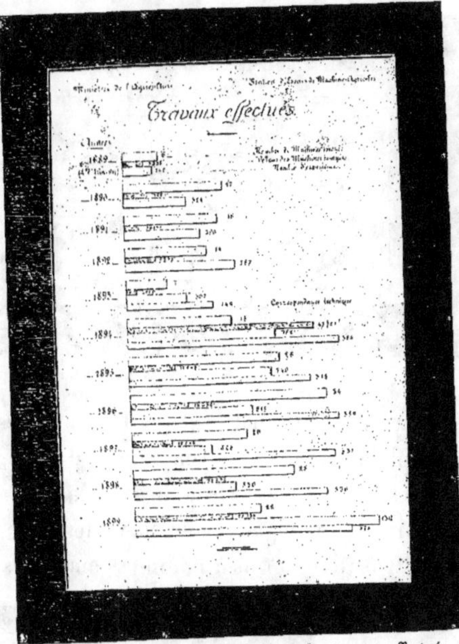

Fig. 339. — Récapitulation graphique des travaux effectués (1889-1899).

Perpendiculairement, et se raccordant avec ce hall principal, s'en trouve un second de 15 m. 50 de longueur et 10 mètres de largeur; cette annexe sert de remise au gros matériel ainsi qu'à certaines expériences (essais des moteurs et des pompes).

Un appentis de 12 mètres de long sur 4 mètres de large, fermé sur ses deux pignons, permet d'abriter les machines dont le fonctionnement occasionne des poussières; ces machines sont alors actionnées

[1] La Station d'essais possède aujourd'hui un grand nombre de ces appareils que M. Max Ringelmann a imaginés pour ses essais et ses recherches.

par l'arbre de couche du grand hall, qui, à cet effet, fait saillie du bâtiment sur une longueur de 3 mètres ; cette saillie permet aussi d'actionner l'arbre de couche par un moteur (en location) lorsque la machine à essayer nécessite plus de 6 chevaux-vapeur.

Fig. 340. — Les constructions et quelques appareils.

Les essais des batteuses et des machines à vapeur peuvent s'effectuer en plein air, à côté de la rampe d'accès, ou à l'abri, sous l'appentis précité. Une piste circulaire macadamisée est disposée à l'effet des essais des manèges et des machines actionnées par un manège direct (batteuses, moulins à pommes, machines à préparer le mortier, etc.).

Fig. 341. — Essais.

Dans l'axe du portail, au centre du terrain, se dresse un pylône en fer de 18 mètres de hauteur, pouvant recevoir des planchers espacés de 3 en 3 mètres ; ce pylône est destiné aux essais des pompes, des béliers hydrauliques et des moulins à vent ; des prises d'eau et des compteurs complètent cette installation hydraulique.

En arrière du pylône, une petite galerie de 12 mètres de long sur 6 mètres de large, abrite différentes machines.

Les matériaux divers : bois, fer, charbon, matières destinées aux essais, sont remisés dans une cour située derrière le hall principal et l'annexe.

Le fond du terrain est aménagé en prairie permanente, de 40 mètres de longueur et de 20 m. de largeur moyenne; cet empla-

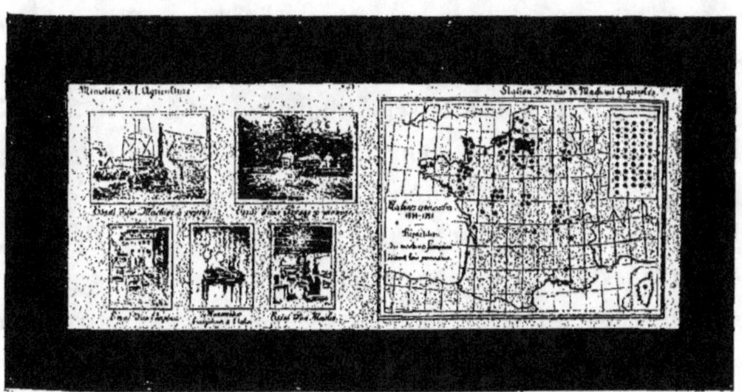

Fig. 342. — Répartition, par lieux de provenance, des machines françaises expérimentées (1889-1899); essais.

cement est destiné aux essais et aux concours spéciaux organisés par le Ministère ou par des sociétés sous les auspices de l'Administration de l'agriculture.

Fig. 343. — Répartition, par lieux de provenance, des machines étrangères expérimentées (1889-1899); essais.

Telles sont, avec la maison du directeur et celle du mécanicien-concierge, les constructions principales de la Station d'essais de machines.

On voit par ce rapide exposé l'installation générale de l'établissement, lequel, par son outillage perfectionné qui s'augmente sans cesse, permet de faire les essais des machines dans des conditions exceptionnelles, tant au point de vue du fonctionnement même auquel les machines sont soumises, qu'au point de vue de la durée des épreuves.

Les machines destinées aux travaux de culture, d'ensemencements, d'entretien et de récolte ne font que passer à la Station pour être expédiées, avec le matériel scientifique nécessaire, dans différentes exploitations agricoles où s'effectuent les expériences dans les conditions normales de la pratique.

Afin d'éviter l'encombrement, l'administration a décidé de faire percevoir une faible taxe pour chaque machine soumise à l'examen de la Station; cette taxe est encaissée par le Trésor et n'entre pas dans les recettes du laboratoire; elle est fixée, par le règlement, suivant le prix de vente de la machine. Les frais de transport, main-d'œuvre, attelages, combustibles, etc., qui varient avec chaque essai, sont à la charge des intéressés.

Les essais de longue durée, comme ceux qui sont effectués à la Station, ne peuvent être exécutés ni par l'agriculteur ni par le constructeur, lequel ne possède pas le matériel scientifique nécessaire et ne peut se livrer à ces longues et délicates recherches, obligé qu'il est de consacrer tout son temps à son entreprise.

Les machines adressées par les inventeurs, les constructeurs ou leurs représentants sont soumises aux essais, soit à la Station, soit dans une ou plusieurs exploitations agricoles ou industrielles.

Les points principaux de l'examen portent sur :

Le rendement mécanique de la machine ;

La quantité et la qualité du travail produit ;

Les frais de fonctionnement ;

La construction de la machine ;

L'usure approximative.

L'examen peut porter sur l'ensemble précédent ou sur une partie seulement indiquée par l'intéressé.

À la fin des essais, il est dressé, par le directeur de la Station, un *bulletin d'expériences* sur lequel sont consignés tous les résultats constatés. Ce bulletin est la *propriété* de l'intéressé, qui est libre de le publier s'il le juge favorable ; dans ce cas, il constitue un document officiel.

Souvent, le mécanicien est retardé dans des perfectionnements et des modifications à apporter à d'anciens modèles ou dans l'établissement des nouveaux types, ne possédant pas de renseignements scientifiques sur leur valeur propre ; c'est alors qu'il a recours à la Station ; de même pour les essais de résistance des matériaux qu'il emploie dans sa fabrication.

Outre ces deux catégories d'essais, des recherches d'ordre scientifique sur les diverses machines agricoles s'effectuent à la Station.

Le personnel de laboratoire comprend : le directeur, le mécanicien-concierge, des journaliers et aides en nombre variable suivant les travaux.

D'anciens élèves de diverses écoles ont successivement travaillé à la Station, en y jouant le rôle de préparateurs.

Voici leurs noms :

MM. E. Rousseaux (1890), ingénieur agronome ;

B. Lefebvre (1891), ancien élève de l'École nationale d'agriculture de Grignon.

J. Danguy (1894-1896), ingénieur agronome ; répétiteur de génie rural à l'École nationale de Grignon ;

H. d'Anchald (1894-1904), ancien élève à l'École nationale d'agriculture de Grignon ;

J. Philbert (1896-1897), conducteur des ponts et chaussées ;

G. Coupan (1898-1900), ingénieur agronome, répétiteur préparateur à l'Institut national agronomique ;

H.-P. Martin (1899), ingénieur agronome électricien ;

P. Drouard (1899-1900), ingénieur agronome ;

F. Main (1900), ingénieur agronome ;

E. Thibault (1900), ingénieur agronome ;

F. Château (1900-1901), ingénieur agronome ;

H. Dupays (1901-1903), ingénieur agronome ;

G. Carle (1902-1904), ingénieur agronome ;

H. Pillaud (1903-1904), ingénieur agronome ;

M. Pinet (1904), ingénieur agronome.

En dehors des recherches scientifiques, voici la récapitulation des travaux effectués à la Station depuis sa fondation (l'exercice 1889 ne comprend que le 4ᵉ trimestre ; — l'exercice 1893 a été écourté par suite d'une mission officielle à l'exposition de Chicago).

	NOMBRE DE MACHINES soumises aux essais.	VALEUR DU MATÉRIEL soumis aux essais.	NOMBRE TOTAL d'expériences.
1889 (4ᵉ trimestre)	6	5,335ᶠ 00ᶜ	140
1890	17	5,927 50	324
1891	16	3,615 50	390
1892	14	7,771 00	587
1893	7	2,000 00	307
1894	18	47,754 90	762
1895	26	11,648 30	740
1896	34	14,438 90	619
1897	20	10,668 00	406
1898	28	17,737 00	530
1899	22	25,734 00	1,312
Totaux	207	153,630 10	6,117

Ces différents essais ont été effectués sur :

- 8 charrues ;
- 3 scarificateurs ;
- 3 rouleaux ;
- 3 distributeurs d'engrais ;
- 10 semoirs ;
- 1 houe ;
- 5 pulvérisateurs et soufreuses ;
- 2 faucheuses ;
- 2 râteaux ;
- 9 moissonneuses et lieuses ;
- 11 arracheurs ;
- 11 appareils de transports ;
- 1 générateur ;
- 3 machines à vapeur ;
- 2 moteurs à gaz d'éclairage ;
- 12 moteurs à pétrole ;
- 2 moteurs à alcool ;
- 1 moteur à air chaud ;
- 3 moteurs hydrauliques ;
- 1 moulin à vent ;
- 6 tarares et ventilateurs ;
- 2 trieurs ;
- 10 concasseurs ;
- 7 moulins à farine ;
- 9 presses à fourrages ;
- 3 hache-paille ;
- 3 laveurs de racines ;
- 2 appareils à cuire ;
- 25 broyeurs de pommes ;
- 9 pressoirs ;
- 5 machines élévatoires ;
- 3 broyeurs ;
- 9 mécanismes divers ;
- 3 machines diverses ;
- 19 résistances de matériaux.

Le tableau suivant résume les provenances des diverses machines soumises à l'examen de la Station d'essais pendant la période 1889-1899.

FRANCE.	NOMBRE ABSOLU.	RAPPORTS.	
Paris et département de la Seine.	51	25 p. 100	} 70 p. 100
Départements..............	93	45	

PAYS ÉTRANGERS.

EUROPE...	Angleterre......	20		
	Allemagne......	13		
	Belgique........	3		
	Suisse........	2	21 p. 100	
	Danemark......	2		
	Italie..........	2		30 p. 100
	Russie........	1		
	Autriche.......	1		
AFRIQUE...	Égypte........	1		
ASIE......	Japon..........	1		
AMÉRIQUE..	États-Unis......	10	9 p. 100	
	Canada........	4		
	Mexique........	4		

Un service de renseignements gratuits, concernant toutes les questions qui se rattachent au *Génie rural* (machines, hydraulique, constructions), a été organisé à la Station d'essais. Les demandes de renseignements étaient au nombre de 149 en 1893 ; elles passèrent successivement à :

1894..............	364	1897..............	351
1895..............	313	1898..............	336
1896..............	359	1899..............	378

L'ensemble des travaux effectués au 31 décembre 1904 par la Station d'essais de machines, depuis sa fondation, est récapitulé dans le tableau suivant :

Machines motrices........................		119
Appareils de transport....................		34
Machines destinées	à la culture du sol.............	44
	aux travaux d'ensemencement et d'entretien....................	19
	aux travaux de récolte..........	27
	à la préparation des récoltes en vue de la vente ou de la consommation.	110
Machines, appareils divers et résistance des matériaux...		62
TOTAL.....................		415

La valeur de ces machines et instruments est de 686,196 francs; ils ont nécessité 9,929 expériences.

De 1893 au 31 décembre 1904, le nombre total de renseignements gratuits, concernant toutes les questions du génie rural, s'est élevé à 4,253.

Enfin, des essais spéciaux ont été organisés par la Station pour diverses sociétés, d'accord avec l'Administration de l'agriculture, ou pour cette Administration :

1894. Meaux. Moteurs à pétrole (Société d'agriculture de Meaux);

1895. Cambrai. Arracheurs de betteraves (Syndicat des fabricants de sucre de France);

1896. Rouen. Broyeurs de pommes à cidre (Association pomologique de l'Ouest);

1897. Recherches sur les moteurs à alcool (Société d'agriculture de Meaux);

1897. Nantes. Pressoirs à cidre (Association pomologique de l'Ouest);

1898. Meaux et Coupvray. Charrues à siège (Société d'agriculture de Meaux);

1898. Arras. Tarares; concasseurs; laveurs de racines (Fédération des sociétés agricoles du Pas-de-Calais);

1899. Lizy-sur-Ourcq. Presses à fourrages (Société d'agriculture de Meaux);

1901. Le Plessis. Labourage à vapeur, charrues, cultivateurs, herses (Société d'agriculture de l'Indre);

1901. Concours des moteurs et automobiles à alcool (Ministère de l'Agriculture);

1902. Concours international de moteurs fixes et locomobiles, groupes moteurs et automobiles à alcool (Ministère de l'Agriculture.)[1]

---

[1] Voici le règlement de la Station d'essais de machines :

MINISTÈRE
de
L'AGRICULTURE.

RÉPUBLIQUE FRANÇAISE.

LIBERTÉ. — ÉGALITÉ — FRATERNITÉ.

STATION D'ESSAIS DE MACHINES.

(Rue Jenner, n° 47, à Paris, 13e.)

RÈGLEMENT.

ARTICLE PREMIER. La Station d'essais de machines et instruments agricoles a pour but de donner des renseignements techniques sur la valeur des machines, appareils et instruments qui sont soumis à son examen.

ART. 2. Indépendamment des essais effectués dans les locaux de la Station, il sera fait, s'il y a lieu, des expériences pratiques dans des exploitations agricoles ou industrielles.

ART. 3. Le directeur délivre, à celui qui a présenté la machine, un *bulletin d'essais* sur lequel sont consignés les résultats constatés.

ART. 4. Les dispositions générales des essais sont réglées par le directeur de la Station.

ART. 5. L'intéressé peut suivre les essais ou se faire représenter par une personne déléguée par lui à cet effet.

ART. 6. La Station n'est pas responsable des détériorations ou avaries qui pourraient arriver aux machines.

ART. 7. Les frais de transport, de main-d'œuvre,

F. CHAMPS DE DÉMONSTRATION.

RAISONS DE LEUR UTILITÉ. — NATURE DES SERVICES QU'ILS PEUVENT RENDRE. — LEUR ORGANISATION. — TRAVAUX À EXÉCUTER. — DIFFÉRENCE ENTRE LE CHAMP DE DÉMONSTRATION ET LE CHAMP D'EXPÉRIENCES. — MÉTHODES À SUIVRE. — RÉSULTATS À ATTEINDRE.

Il importe beaucoup au producteur de se rendre un compte exact des moyens à mettre en œuvre pour maintenir l'équilibre, au point de vue de ses profits, entre l'accroissement des récoltes, l'abaissement de leur prix de revient et les variations des cours des marchés. Son attention et ses efforts doivent donc se porter sur deux points qui résument, pour ainsi dire, toute la question : le prix de revient des produits et leur écoulement dans les meilleures conditions. Le second point vise surtout l'organisation de la vente. Quant à la diminution du prix de revient, elle résulte essentiellement du concours de deux facteurs : augmentation des rendements d'une surface de terre donnée, et réduction, la plus large possible, des frais de production correspondant à l'accroissement de récolte.

Les conditions les plus diverses influent sur le prix de revient d'une denrée agricole : sans faire entrer en ligne de compte les frais généraux d'une exploitation rurale, si variables avec sa situation, son

combustible, attelage, etc., sont à la charge des propriétaires des machines.

Il est, en outre, perçu par le Trésor une taxe fixée comme il suit :

pour les machines d'une valeur de	1 à 100 francs....	15 fr.
	101 300	30
	301 600	45
	601 900	60
	901 1,500	90
	1,501 3,000	120
	3,001 6,000	150
	6,001 et au-dessus	200

ART. 8. 1° Lorsque l'essai portera sur un seul point particulier et non sur l'ensemble de la machine, la taxe précédente sera réduite de moitié.

2° Lorsque l'essai portera sur une machine susceptible de fonctionner dans différentes conditions, avec des pièces de rechange de différentes formes, qui pourront donner lieu à autant d'essais, le premier essai sera soumis à la taxe de l'article 7; les essais suivants subiront une réduction de 50 p. 100 sur cette taxe.

ART. 9. La demande d'essais est rédigée sur une déclaration [*] indiquant la nature de la machine et de l'essai demandé.

Dans cette demande, l'intéressé prend l'engagement de se soumettre à toutes les conditions du présent Règlement.

ART. 10. Il ne pourra être procédé aux essais qu'après la présentation de la quittance du versement de la taxe prévue au présent Règlement.

Vu, après examen et avis conforme
du Comité consultatif des stations agronomiques :
*Le Directeur de la Station d'essais
de machines agricoles,*
MAXIMILIEN RINGELMANN.

Le Directeur de l'Agriculture,
Léon VASSILIÈRE.

APPROUVÉ :
Paris, le 22 février 1902.
Le Ministre de l'Agriculture,
DUPUY.

[*] Des feuilles de déclaration imprimées sont envoyées sur demande adressée au Directeur de la Station d'essais.

étendue, le genre de vie et les habitudes de ceux qui la dirigent, les
charges qu'elle supporte, salaires, impôts, etc., il est aisé de comprendre que la nature physique du sol, sa richesse en principes nutritifs, son mode de culture, le choix et la succession des récoltes qu'on
lui demande, impriment aux rendements des écarts énormes qui ont
sur le prix de revient un retentissement quasi proportionnel. Rien
n'est donc plus erroné que l'assertion, si souvent émise, relativement
à un prix de revient unique d'un produit agricole : de 25 francs
par quintal pour le blé, par exemple, ainsi qu'on l'a si fréquemment
affirmé, d'ailleurs sans chercher à le démontrer. On ne saurait trop
le répéter, il n'existe pas, il ne peut pas exister de prix de revient
moyen, unique pour un pays, d'un produit quelconque du sol. La
variabilité extrême, d'une région à l'autre et même d'un domaine à un
domaine voisin, des rendements d'une part et des frais d'exploitation
de l'autre, suffirait à rendre évident, *a priori*, l'écart nécessaire des
prix de revient.

Cela est vrai pour les céréales, pour les fourrages, pour le vin,
pour le bétail, etc., en un mot pour toutes les denrées agricoles.

Par contre, s'il ne peut exister de fixité dans les prix de revient, il
y a des règles générales dont l'application, combinée avec les conditions locales, conduit nécessairement, et parfois dans une proportion
énorme, à leur abaissement. Ce sont ces règles, dont le nombre et la
valeur augmentent de jour en jour avec les progrès des sciences appliquées à l'agriculture, qu'il importe de plus en plus de vulgariser
dans nos exploitations. On ne saurait douter que si la France a vu,
dans la dernière période décennale, sa production en froment s'accroître assez pour l'affranchir de l'importation étrangère, elle le doit
en grande partie à la propagation des connaissances acquises, dans
nos laboratoires et dans nos champs d'expériences, par les travaux des
agronomes. On en peut dire autant des améliorations marquées dans
l'élevage du bétail et le traitement de ses produits : elles sont dues
aux recherches expérimentales sur l'alimentation des animaux de la
ferme, secondées par l'habileté de nos éleveurs.

Si l'on va au fond des choses, on se convainc aisément que la solution du problème poursuivie plus ou moins consciemment par l'agri-

culteur, à savoir, *production maximum, avec moindre dépense*, des denrées utiles à l'homme : aliments, boissons, produits textiles, matières premières de l'industrie, etc..., réside, pour ainsi dire, tout entière dans l'application des lois physiologiques de la nutrition des êtres vivants, plantes et animaux.

La production de la matière vivante est la résultante de nombreux facteurs : les uns naturels, les autres mis en action par la main de l'homme; tous ont pour résultat ou pour but de placer l'être vivant dans les conditions les plus favorables à son existence et à son développement : en d'autres termes, tous concourent à la réalisation de la *nutrition* la plus parfaite possible du végétal et de l'animal. Si chaque cultivateur possédait une connaissance exacte de la nature et de l'efficacité de ces divers facteurs, il pourrait, dans la mesure des ressources pécuniaires dont il dispose, résoudre, à son plus grand profit, le problème de l'obtention, au meilleur marché possible, de la plus grande somme de produits utiles à l'homme. Aussi n'est-il pas de profession nécessitant, pour être exercée dans sa plénitude et avec un succès complet, des connaissances aussi variées et aussi nombreuses que celle de cultivateur.

Étant donné le caractère essentiellement agricole de notre pays et la part si considérable qui revient, dans l'accroissement de notre production végétale et animale à l'amélioration des pratiques de nos pères, l'application des méthodes révélées par la science expérimentale — on ne saurait trop insister sur ce point auprès des pouvoirs publics — doit tenir une place de plus en plus large dans le budget de l'État.

Que sont, en effet, quelques millions consacrés aux recherches agronomiques, à leur vulgarisation par l'enseignement, par les publications, par la création de champs de démonstration, en regard de l'accroissement de la richesse publique qui en résultera? Le temps n'est pas loin où l'importation des céréales coûtait à la France deux cents millions de francs par année : l'augmentation des rendements de notre sol a réduit progressivement, jusqu'à la rendre presque nulle, l'exportation de notre or pour achats de blé. Sans doute ce résultat doit être attribué à des causes diverses, notamment à des conditions météorologiques favorables, mais il n'est pas douteux que le développement de l'enseignement technique sous ses diverses formes y ait largement contribué, et l'on ne saurait contester que le capital qu'il a nécessité ait été placé à gros intérêt.

De tous les concours que peuvent prêter aux agriculteurs de leur région les amis de l'agriculture, propriétaires, professeurs départementaux, etc., il n'en est pas de plus directement utile que la création de champs de démonstration bien organisés et bien dirigés, l'enseignement par la vue étant le plus efficace de tous et le plus facile à donner à nos campagnards, que les labeurs du jour éloignent nécessairement plus ou moins complètement des autres sources d'instruction. C'est à M. le sénateur Gomot qu'est due la création, sous les auspices du Ministère de l'agriculture, des champs de démonstration.

Que doit être un champ de démonstration? Où et comment faut-il l'installer? Quels sont les enseignements qu'il peut fournir? C'est ce que je vais chercher à résumer.

Toutes les opérations de la culture doivent avoir pour but de placer les plantes dans les meilleures conditions de nutrition. Les lois qui régissent cette fonction sont aujourd'hui assez bien connues, au moins dans leurs grandes lignes, pour qu'il soit possible d'en rendre sensibles les effets dans les champs de démonstration.

En dehors des conditions climatériques qui échappent à notre influence, trois ordres de facteurs, d'une importance capitale, concourent à la production végétale : les propriétés physiques du sol; sa nature et ses propriétés chimiques; la qualité, le choix et l'adaptation des végétaux (semences ou plants) au sol et au climat. Les champs de démonstration ont pour but de mettre sous les yeux des cultivateurs l'influence de ces trois facteurs principaux.

L'organisation et la direction d'un champ de démonstration comportent des conditions générales qui doivent être remplies partout et des conditions spéciales, en rapport avec la culture locale. Le champ doit être installé à proximité du village, autant que possible sur le bord d'un chemin fréquenté et dans un terrain voisin de l'habitation de la personne qui en aura la surveillance. Le terrain sera choisi dans une des parties les moins fertiles du confin de la commune; son étendue variera avec le nombre et la nature des cultures qu'on se proposera d'y faire. Une surface supérieure à un hectare sera rarement nécessaire : cette dimension assurera d'ordinaire une homogénéité du sol suffisante pour rendre comparables les résultats obtenus dans les différentes parcelles du champ : elle simplifiera, en outre, les opérations d'où les démonstrations tireront leur valeur, telles que la détermination des quantités de graine ou de plants employés, d'engrais épandus, les soins donnés à la culture, la pesée des récoltes, etc. La première condition à remplir au moment de la création du champ est le prélèvement et l'analyse d'un échantillon du sol représentant aussi exactement que possible la moyenne du terrain.

Une ou plusieurs parcelles du champ, suivant le nombre des démonstrations qu'on aura en vue, serviront de *témoins*; elles seront cultivées d'après les procédés plus ou moins arriérés en usage dans la région, rendant ainsi très instructive la comparaison des résultats dus à l'application des méthodes perfectionnées.

Un point essentiel ne doit jamais être perdu de vue : un *champ de démonstration* n'est pas un *champ d'expériences*. Comme son nom l'indique, il doit mettre sous les yeux du visiteur les résultats acquis ailleurs : la valeur de tel système de labour, de culture, de fumure; le champ de démonstration perd son caractère et son utilité en cas d'insuccès des récoltes qu'il porte.

Les services que rendent les champs d'expériences sont de tout autre nature; bons ou mauvais en soi, les résultats d'une expérience sont toujours instructifs, pourvu que les conditions dans lesquelles ils se sont produits soient exactement connues et rigoureusement déterminées. Dans le champ d'expériences, on *étudie* l'influence des divers facteurs sur la production végétale; on la *démontre*, par une leçon de choses, dans le champ de démonstration.

Les conditions spéciales auxquelles répondront les champs de démonstration varieront essentiellement d'un lieu à l'autre, avec la nature du sol, le mode de culture. Dans les régions, trop nombreuses encore où n'a pas pénétré l'emploi des engrais minéraux, on s'attachera à démontrer la plus-value énorme que leur application judicieuse peut

apporter dans les rendements. Là où le travail de la terre est encore
primitif, on démontrera les avantages d'un outillage agricole perfectionné. L'introduction de semences de choix et de variétés nouvelles
de plantes alimentaires et fourragères attirera particulièrement l'attention des organisateurs des champs de démonstration dans les régions où le paysan ne connaît que les quelques espèces végétales
cultivées par ses pères. Les praticiens distingués, les professeurs d'agriculture, les associations et les syndicats agricoles doivent prendre en
main l'organisation et la direction de ces utiles créations. Aux subventions de l'État, trop minimes jusqu'ici, les conseils généraux devraient
joindre celle du département et faire appel, en donnant l'exemple, à
tous les concours pour la multiplication d'une institution utile entre
toutes. Ce qui manque avant tout à la vaillante population rurale de
notre pays, c'est la conviction, résultant d'exemples tangibles, que
l'application des méthodes nouvelles de culture, de fumure, etc.,
dont on lui parle, lui assurerait les bénéfices qu'on lui annonce. La
vue du champ de démonstration, qui mettra sous ses yeux, à côté
des maigres récoltes de son lopin de terre, les beaux produits obtenus, à peu de frais, par des procédés applicables chez lui, fera
plus pour son instruction et le progrès de sa petite culture que tous
les enseignements oraux qu'on lui peut donner.

Si chaque commune de France arrivait à posséder un champ de
démonstration, la face de la culture, celle des régions pauvres surtout, changerait en peu d'années, au profit du paysan d'abord, ensuite
au profit du pays tout entier.

Si, dans chaque commune, un cultivateur aisé organisait un champ
de démonstration, dans les proportions les plus modestes, pourvu
qu'il fût bien conçu et dirigé, conditions faciles à remplir grâce au
zèle de nos professeurs d'agriculture, il rendrait un immense service
à la population rurale de sa région et par suite au pays tout entier.
Le moindre de ces services ne serait peut-être pas de retenir dans
leur foyer les fils des cultivateurs que l'exemple aurait convaincus de
la possibilité de trouver, dans l'amélioration du revenu du champ
paternel, l'aisance qu'ils croient rencontrer dans les villes et dans les
usines. où, si souvent, les attendent les plus cruelles déceptions.

G. AMÉLIORATIONS AGRICOLES.

HISTORIQUE. — LE SERVICE DE L'HYDRAULIQUE ET DES AMÉLIORATIONS AGRICOLES : UTILITÉ DE SA CRÉATION; SON ORGANISATION ACTUELLE; SON RÔLE; LE COMITÉ D'ÉTUDES SCIENTIFIQUES. — IRRIGATIONS. — AMENDEMENTS. — FIXATIONS DE SOLS. — ASSAINISSEMENTS : SOLOGNE; DOUBLE DE PÉRIGORD; DOMBES; CAMARGUE; DESSÉCHEMENTS DIVERS; POLDERS; MARAIS ; SUR LE LITTORAL MÉDITERRANÉEN.

HISTORIQUE. — Les efforts faits en France durant les siècles passés, pour réaliser de grands travaux d'améliorations agricoles, ont été souvent des plus méritoires et couronnés de succès. Dès le moyen âge, en effet, des associations syndicales se formèrent, dans notre pays, pour le desséchement des marais, l'assainissement et l'irrigation des terres, la construction et l'entretien des digues. Les frais étaient couverts par des cotisations équitablement réparties entre les propriétaires intéressés. Au xiie siècle, une association de possesseurs de terrains bas et marécageux des environs de Dunkerque entreprend l'exécution en commun de canaux de dérivation et d'assainissement. Le Midi ne le cède pas au Nord. A Arles, à Craponne, on poursuit l'endiguement du Rhône; on commence l'irrigation de Cavaillon. Par la suite, les habitants de cette ville se voient octroyer par François Ier une dérivation des eaux de la Durance. A Avignon, en Poitou, en Saintonge se forment des associations dites *syndicales,* du titre donné, dans le Midi surtout, aux personnes chargées de la gestion d'intérêts communs. Gouverneurs de province, ou consuls de ville, représentaient le principe d'autorité; chacun subissait la loi de la majorité. — Voyons quelle est la situation actuelle.

LE SERVICE DE L'HYDRAULIQUE ET DES AMÉLIORATIONS AGRICOLES. — L'organisation et la diffusion de l'enseignement agricole à tous les degrés, le développement des établissements de recherches scientifiques appliquées à la production végétale et animale (stations agronomiques, laboratoires, écuries et étables expérimentales, champs d'expériences et de démonstrations, etc.) constituent, certes, une part capitale de la tâche du Ministère de l'agriculture, mais ils ne la limitent pas, le Ministère devant aider, par tous les moyens possibles, à l'accroissement de la production agricole de la France.

Réaliser des améliorations agricoles basées sur les données les plus sûres de la science et de l'expérience est, en effet, un des premiers devoirs de tout État; tel est, particulièrement, le cas de la France où l'agriculture joue un rôle absolument prépondérant. Ces améliorations pratiques sont de diverses sortes : assainissement des sols qu'un excès d'eau stérilise ; irrigations ; amendements et mise en valeur des terres pauvres ou incultes ; fixation des sols mouvants ; reboisement des montagnes [1], etc.

Le service de l'hydraulique, qui dépendait autrefois du Ministère des travaux publics, a été rattaché très heureusement au Ministère de l'agriculture lors de sa création par Gambetta (1881). Ce rattachement a jeté les bases d'une réforme qui fut accueillie partout comme « pleine de promesses pour la prospérité agricole du pays ». J'ai insisté, lors de la création du Ministère de l'agriculture, sur les raisons qui militaient sur ce rattachement si favorablement accueilli par le public compétent. A ce sujet, je donnais les motifs qui me paraissaient justifier l'idée de Gambetta [2]. Ces raisons me semblent avoir conservé toute leur valeur. Nul plus que moi, disais-je alors, ne rend hommage à la valeur scientifique, aux qualités techniques des ingénieurs des ponts et chaussées. On peut dire hautement, sans être taxé de haute présomption ou accusé de chauvinisme, que ce corps savant n'est, chez aucune nation, mieux recruté ou plus riche en hommes distingués. Il peut avoir à l'étranger des émules et des rivaux, je ne crois pas qu'il ait de supérieurs. Pourquoi donc, étant donnée cette supériorité que chacun se plaît à reconnaître, considérais-je, comme un progrès notable, le transfert du service des eaux *agricoles,* si l'on peut ainsi dire, du Ministère des travaux publics au Ministère de l'agriculture? Pourquoi applaudissais-je à son passage des mains des ingénieurs des ponts et chaussées dans celles des ingénieurs agricoles et des forestiers? Les motifs de cet assentiment sont aussi simples que je les crois justes.

En premier lieu, on ne saurait nier que le drainage favorisé par les lois de 1854, 1856, 1858, la pisciculture, les canaux d'arrosage,

[1] Nous en avons parlé en traitant des forêts (t. II, p. 639 et suiv.)

[2] Lettres au directeur du journal *le Temps* (1882).

le desséchement des marais, l'assainissement des terrains tourbeux, les syndicats pour l'utilisation des eaux, les irrigations à l'aide des eaux d'égout pour la fumure des terres, ne constituent autant de branches essentiellement agricoles de ce service. Toutes les opérations que je viens d'énumérer concourent directement à l'augmentation de la production du sol en culture, et, de ce chef, leur place est tout indiquée au Ministère de l'agriculture. Mais il est une raison d'ordre supérieur qui justifiait ce rattachement, en expliquant en même temps comment les importants problèmes économiques soulevés par l'emploi de l'eau en agriculture n'avaient pas reçu jusque-là (1881) la solution qu'auraient pu faire espérer le savoir et l'habileté des ingénieurs chargés de les résoudre au Ministère des travaux publics. Cette raison, la voici : quelque importantes que soient en elles-mêmes les questions soulevées au profit de l'agriculture, les travaux d'art, les constructions qu'elles exigent demeurent pour la plupart très inférieures, au point de vue des opérations matérielles et de la dépense engagée, aux gigantesques constructions de ponts, de chemins de fer, de routes et canaux, que le corps des ponts et chaussées a depuis cinquante ans menées à bonne fin.

On comprend aisément, et l'on ne peut songer à lui en faire un grief, qu'un ingénieur, occupé à édifier une de ces œuvres colossales qu'on rencontre aujourd'hui sur tous les points de la France, négligeât, sans même se l'avouer, un plan de drainage de quelques centaines d'hectares, le curage d'un ruisseau, le plan d'irrigation d'une prairie, etc. Noyée dans un service central qui comprend l'étude des constructions monumentales dont je parlais tout à l'heure, constructions entraînant dans leur réalisation l'agencement de milliers de mètres cubes de pierres, la dépense de centaines de millions de francs pour quelques-unes, l'hydraulique agricole était forcément reléguée au dernier plan. L'importance même des services auxquels elle se trouvait accolée au Ministère des travaux publics lui avait nui au lieu de la servir : il n'en pouvait être autrement.

Cependant, le service de l'hydraulique ne prit pas, dès son rattachement au Ministère de l'agriculture, l'orientation nettement agricole, que les agronomes réclamaient. On «avait eu pour but principal d'assurer une protection plus efficace aux intérêts de l'agriculture jusqu'alors si souvent sacrifiés à ceux de la navigation et de l'industrie et de donner une impulsion plus vive aux entreprises d'améliorations foncières. La nouvelle direction rendit de grands et réels services; mais elle ne réalisa pas complètement les espérances que sa création avait fait concevoir. » Ainsi s'exprimait, en 1902, le Ministre de l'agriculture, M. Léon Mougeot, qui, reconnaissant la justesse des critiques émises, tant au Parlement que dans le monde agronomique, réorganisa le service dans le but non seulement de lui « imprimer une orientation nouvelle et nettement agricole », mais encore avec l'intention « d'élargir sa sphère d'action et d'étendre son activité aux améliorations agricoles. » M. Mougeot énumérait, dans son rapport au Président de la République, quelques parties de la tâche à accomplir : « Augmenter le rendement des terres par un meilleur aménagement des eaux utiles ou nuisibles, améliorer leurs conditions d'exploitation par des chemins d'accès, réduire le morcellement exagéré par des remembrements et des échanges de parcelles, développer les petites industries rurales », et il se résumait par ces mots : « Le double but que je me propose d'atteindre est, d'une part, une nouvelle orientation du service hydraulique, de l'autre, une modification et une extension de ses attributions. »

Le nouveau directeur, M. L. Dabat, se mit sans tarder à l'œuvre et imprima de suite à la direction remaniée — dite *de l'hydraulique et des améliorations agricoles* — une très heureuse impulsion. Les améliorations de toutes sortes retinrent son attention, et, confié à des hommes que leurs fonctions mettent journellement en rapport avec les cultivateurs, le Service des eaux reçut une impulsion vigoureuse et devint, pour des régions entières de la France, une source de richesse depuis longtemps indiquée, mais que l'initiative privée, livrée à ses propres forces, était impuissante à exploiter.

Tel est l'historique de l'important rouage que je réclamais dès 1881 et qui ne fonctionna régulièrement que vingt ans après. Je crois utile de donner encore quelques indications sur le rôle qu'il joue.

Comme service de l'hydraulique, il s'occupe tant des eaux nuisibles (assainissements agricoles et dessèchements, curages et faucardements,

redressements, endiguements, défenses de rives) que des eaux utiles
(irrigations et submersions, amélioration du régime des cours d'eau,
adductions d'eau). Collaborateur du service de l'hydraulique, le Service des améliorations veille à ce que les grandes entreprises soient
précédées d'études portant spécialement sur l'utilité agricole et les
conséquences économiques probables des travaux projetés; il s'efforce
que les travaux de curage des cours d'eau soient accompagnés de
drainages ou d'assainissements; il apprend au cultivateur à utiliser
par des travaux complémentaires les grands canaux d'irrigation et à
user au mieux de l'eau mise ainsi à sa disposition. En outre, le Service
des améliorations crée des chemins d'exploitation, collabore aux
remembrements et aux échanges de parcelles, aide à réaliser les
installations de petites industries agricoles. Non seulement il seconde
les initiatives privées, mais encore il prend sur lui de grouper les
intéressés, il leur prépare des projets, conduit les travaux communs, etc. En un mot, il aide le petit cultivateur à faire rendre à sa
terre tout ce qu'elle est susceptible de donner.

Près de la direction de l'hydraulique et des améliorations agricoles, M. Ruau, ministre de l'Agriculture, a créé, en 1905, un
Comité d'études scientifiques. Le décret instituant ce comité indique
qu'il aura notamment à étudier les questions relatives aux objets ci-
après :

Propriétés physiques et mécaniques des sols; leurs rapports avec
leur origine géologique;

Régime des eaux superficielles et souterraines;

Irrigation : composition, action et emploi des eaux d'arrosage;

Utilisation agricole des eaux d'égout et des eaux résiduaires d'industrie;

Recherche, sélection et culture des meilleures espèces botaniques
à introduire et à propager sur les sols irrigués, les terres pauvres et
incultes, les terres tourbeuses ou marécageuses, les terres salées ou
autres à mettre en valeur;

Météorologie et physique agricole;

Logement et conservation des produits agricoles;

Application des machines et moteurs aux travaux d'améliorations agricoles; utilisation de l'énergie électrique en agriculture et dans les industries rurales.

Voici, du reste, la partie la plus importante du rapport de M. Ruau au Président de la République, qui précédait le texte du décret :

Malgré les progrès incessants réalisés, au cours de ces dernières années, dans le domaine des sciences appliquées à l'agriculture, on manque encore des données fondamentales nécessaires pour expliquer ou pour résoudre les nombreux problèmes que soulèvent l'étude et l'exécution des entreprises d'améliorations du sol. Non seulement la plupart d'entre eux n'ont encore fait l'objet d'aucune recherche suivie, mais la base même de toute étude de cette nature, c'est-à-dire la science des propriétés physiques et mécaniques des terres, qui seule peut permettre de poursuivre les recherches avec méthode, est elle-même des plus mal connues. On n'a étudié que d'une façon sommaire, surtout en ce qui concerne les sols considérés sur place, dans leur état naturel, le pouvoir d'imbibition de ces sols, leur capacité pour l'air et pour l'eau, leur perméabilité et, d'une façon générale, toutes les questions relatives à la circulation de l'air et de l'eau dans les terres.

A côté de cette grande question d'ordre général (et s'y rattachant de la façon la plus étroite), il en est d'ailleurs plusieurs autres d'un intérêt immédiat et qui sont tout aussi peu connues. Si l'on prend par exemple les travaux de drainage, on sait à quel point sont encore incertaines les règles qui président à la détermination de la distance et de la profondeur des drains, et combien, pourtant, il serait utile de posséder des données expérimentales certaines, permettant de fixer cette profondeur et cette distance dans chaque cas particulier. S'agit-il de travaux d'irrigation? Il serait également du plus haut intérêt de pouvoir déterminer à l'avance et d'une façon suffisamment approximative le volume d'eau nécessaire à l'unité de surface pour arroser un terrain donné. Insister sur l'importance pratique que présente l'étude de ces diverses questions paraît, au surplus, inutile, car en admettant même que, par suite de la multiplicité des éléments mis en jeu, il soit impossible d'édifier des théories complètes et d'aboutir à des conclusions tout à fait générales, on ne saurait mettre en doute que la réunion et la coordination de faits d'expérience suffisamment nombreux permettrait d'établir un certain nombre de règles dans lesquelles la pratique trouverait des renseignements précieux pour ses applications futures.

On peut en dire autant de l'étude systématique d'un grand nombre de problèmes encore mal connus et dont la solution faciliterait singulièrement l'établissement des projets d'amélioration du sol ou l'exploitation des terres améliorées. Comment varie par exemple le volume d'eau nécessaire à l'irrigation non seulement avec la nature du sol, mais encore, sous divers climats, suivant les cultures arrosées et les systèmes d'irrigation adoptés? Quel est le mode d'action de ces eaux, leur rôle comme agent de la végétation ou comme véhicule de matières fertilisantes, leur diversité d'action suivant leur origine géologique, leur composition, leur température?... Et à des points de vue différents, mais d'un égal intérêt pour les résultats qu'on peut espérer des recherches à entreprendre, quels sont les meilleurs modes d'utilisation agricole des eaux d'égout ou de certaines eaux résiduaires riches en matières fertilisantes? Quelles peuvent être les meilleures espèces botaniques à introduire et à propager sur les terrains irrigués, dans les terrains pauvres et incultes, dans les sols tourbeux ou marécageux? Comment, d'autre part, choisir et sélectionner les espèces? Autant de questions sur lesquelles on ne possède encore que des données souvent trop incomplètes et dont l'étude présente, par suite, un intérêt puissant.

Il en est de même de l'étude de diverses questions de météorologie et de physique agricoles et de l'étude des applications dans les champs ou dans les fermes de l'énergie électrique sous toutes ses formes, ou, d'une façon plus générale, des applications aux entreprises agricoles des machines et moteurs de toute nature. De même aussi de l'étude du travail du sol et du sous-sol et de son influence sur la fertilité des terres.

IRRIGATIONS. — Bien que notre pays ne présente pas de ces larges plaines, comme celle du Gange, et, plus près de nous, celle du Pô, dont la fertilité dépend entièrement d'un arrosage artificiel, les irrigations sont, dans beaucoup de régions de la France, de la plus grande importance et appellent de grandes améliorations. Sur les 4,406,000 hectares de prés naturels qui existent chez nous, près de la moitié doit se contenter des eaux de pluie, sans qu'aucun ouvrage ait été fait pour les amener de loin ou les retenir plus longtemps qu'elles ne séjournent naturellement sur ces prés; ceux-ci sont situés, du reste, dans les contrées immédiatement exposées au climat maritime (Armorique et région girondine), ou bien aux environs du massif central des Alpes, du Jura et des Vosges. A ces deux millions et quelques mille hectares, s'en ajoutent 1,325,000, d'autres prairies qu'arrosent naturellement les crues des rivières[1]. Il reste environ un million d'hectares à irriguer artificiellement. Un certain nombre de travaux ont été déjà entrepris; la page suivante, que j'emprunte à l'ouvrage de M. du Plessis de Grenédan, en donnera une idée.

[1] Il en résulte, au total, que les trois quarts de nos prés s'irriguent tout seuls. Il n'est besoin que de leur donner un nivellement convenable, d'entretenir en bon état leurs fossés et leurs rigoles, de curer périodiquement les ruisseaux qui les traversent. Des travaux et un arrosage judicieux augmenteraient toutefois, à coup sûr, leur production; bon nombre d'entre eux s'y prêteraient certainement.

« Des dérivations du canal du Midi, et, dans le Némosais, du Vistre et du Vidourle, fournissent l'eau aux plaines languedociennes. Celles du Roussillon utilisent leurs petits fleuves. Celle de Valence est traversée en diagonale par le canal de la Bourne, affluent de l'Isère, en amont de Romans. Celle de Vaucluse est abondamment arrosée, grâce aux dérivations de la Sorgue, au canal de Vaucluse et à celui de Carpentras. En Provence, la Vésubie, affluent du Var; la Siagne, dans la plaine de Cannes; le Verdon, affluent de la Durance, et celle-ci par le canal de Manosque, à l'extrémité sud-ouest du département des Basses-Alpes, sont également utilisés. Tout autour de Marseille se croisent les canaux d'arrosage amorcés à la Durance ou à quelques-unes des rivières issues des monts de la Sainte-Beaume, de l'Étoile ou de Sainte-Victoire. Tels le canal d'Aubagne, dans la vallée qui s'ouvre à l'est de notre grand port; celui de Marseille, qui amène les eaux limoneuses de la Durance jusqu'aux environs de la ville, en décrivant un long circuit dans les campagnes d'Aix; ceux des Mille, de la Touloubre, de Trévaresse, de Lambesc. Enfin, au pied du petit massif des Alpilles, de vastes étendues de terrain doivent à de persévérants travaux de n'être pas d'affreux déserts. C'est là que, vers l'orient d'Arles, entre le Rhône et l'étang de Berre, s'étend la Crau inculte et aride, la Crau immense et pierreuse, la Crau muette ouverte « aux douze vents[1] », surface conique de 53,000 hectares, où les cailloux et les galets entrent pour plus de la moitié dans la composition du sol, énorme moraine qui marque la place où se terminaient, au début des temps quaternaires, les glaciers des Alpes. Le canal de Crapponne, creusé au milieu du XVIe siècle; celui des Alpines, qui date de 1787; ceux du Congrès, de Langlade, du Viguerat y rendent la fertilité à plus de 20,000 hectares, sur lesquels ils déversent les eaux fécondantes de la Durance, tant au nord des Alpines, dans la petite Crau, qu'au sud, dans la grande Crau d'Arles. En outre, des pompes puissantes vont, en divers endroits, puiser aux nappes souterraines, qui s'étendent sous le sol desséché à une médiocre profondeur. »

[1] Mistral, *Mireille*, VIII.

Fixations de sols. — Deux causes principales rendent certains sols mouvants : les eaux, comme chacun sait, et les vents, ce qui est moins connu. C'est pour lutter contre ce caractère mobile que dans le Roussillon, les Cévennes, le Vivarais, la Provence on a établi ces terrasses où l'on peut admirer aujourd'hui de belles cultures, vergers, jardins et vignobles. Ailleurs, on recourt, pour fixer le sol, aux boisements; c'est le système le plus répandu. J'en ai déjà parlé (t. II, p. 640 et suiv.).

Assainissements. — Mieux que des considérations générales, quelques exemples montreront le mécanisme de ce qu'on appelle les assainissements. M. du Plessis de Grenédan les a groupés dans sa *Géographie agricole;* je les lui emprunte :

L'un des exemples les plus connus est celui de la Sologne. Formée par une sorte de cuvette argileuse, située dans la courbe orléanaise de la Loire, entre ce fleuve, le Cher et la Sauldre, la Sologne était autrefois couverte de forêts. Elle semble avoir joui, à cette époque, d'une assez grande prospérité. Abandonnée plus tard et déboisée, elle vit peu à peu les étangs et les marécages se multiplier sur son sol imperméable et plat. 450,000 hectares de terres cultivables devinrent ainsi le domaine des joncs, des bruyères, des eaux stagnantes et de la fièvre. C'est seulement vers le milieu du xixe siècle que fut sérieusement entreprise et activement poursuivie la conquête agricole de cette contrée. Elle est fort avancée aujourd'hui : le drainage, les amendements et les plantations de pins, un moment entravés par les ravages du rigoureux hiver de 1879, ont actuellement changé la face du pays [1].

[1] Les résultats si remarquables obtenus en Sologne, sous l'inspiration et la direction de feu H. Boucart, conservateur des forêts, ont fait l'objet d'un chapitre spécial de mon rapport sur la Classe 73 *bis* (Agronomie. Statistique agricole) à l'Exposition universelle de 1889. Il me semble utile d'en reproduire les principaux passages, le lecteur aura ainsi une idée de la transformation si heureuse de la Sologne qui continue à s'accentuer, mais dont les indications suivantes donnent une idée assez exacte.

De 1830 à 1888, la Sologne s'est considérablement assainie et peuplée.

70,000 hectares, peuplés en pin maritime, ayant été entièrement détruits par les gelées de l'hiver 1879-1880, ce désastre épouvantable a été réparé, en moins de dix années, par de nouvelles plantations, dont une grande partie en pin sylvestre, essence qui ne gèle pas, et le tout a été exécuté par des procédés économiques qui ont donné de parfaits résultats.

Au fur et à mesure de ces améliorations, la population a augmenté en nombre, de sorte que la Sologne compte actuellement 46,200 habitants de plus qu'en 1830.

D'aussi grands travaux ne sont pas seule-

La Brenne, entre l'Indre et la Creuse, à l'endroit où le cours de celle-ci s'oriente vers l'ouest pour rejoindre la Vienne; la Sologne bourbonnaise, entre la Loire et l'Allier, au voisinage de leur confluent; la plaine de Montbrison, dans le Forez, ont été de même le théâtre de travaux d'assainissement plus ou moins importants. Il faut y joindre, dans le bassin de la Seine, la région du Vallage; la

ment fructueux pour les intérêts privés : en arrachant toute une région à l'insalubrité et à la pauvreté, ils ont servi les intérêts généraux du pays; ils ont contribué à augmenter la fortune de la France; ils ont amélioré le sort d'un grand nombre de ses habitants.

La Sologne comprend environ 500,000 hectares répartis comme suit :

Portion du département de Loir-et-Cher	259,255 hect.
Portion du département du Loiret	118,903
Portion du département du Cher	100,501
Surface totale	478,659

Le sol consiste en un plateau de terrains de transport exclusivement argilo-siliceux et privés de chaux; ils sont généralement peu profonds et superposés à un sous-sol imperméable; par suite, leur culture est coûteuse et peu rémunératrice.

Dans ces conditions, une grande partie de la contrée est restée longtemps inculte, occupée par de hautes bruyères et couverte d'étangs marécageux; d'où résultaient une pauvreté et une insalubrité qui décimaient la population.

En 1852, le directeur de l'Agriculture écrivait encore de la Sologne, qu'elle n'appartenait que de nom à la France, et que c'était la stérilité et le désert.

En réalité, le cadastre donnait, pour l'année 1830, les chiffres suivants :

Terres	239,103 hect.
Prés	24,767
Bois	69,829
Étangs	11,693
Landes	122,024
Vignes	11,243

Depuis cette époque, de grands travaux de

restauration ont été exécutés et, très *judicieusement* : *on a surtout cherché la régénération et l'avenir de la Sologne dans le boisement, en préférant le pin à toute autre essence.* Le pin a donné à la fois le rendement le plus élevé et le meilleur résultat pour la salubrité, car il a purifié l'air par ses émanations balsamiques, et il a assaini les terrains par le drainage naturel de ses racines.

En 1889, la Sologne transformée se compose comme il suit :

Terres	275,155 hect.
Prés	23,064
Bois	125,578
Étangs	8,946
Landes	38,644
Vignes	12,272

En moins de soixante ans, 91,000 hectares de bruyères humides et de queues d'étangs ont donc été convertis en cultures (céréales, prés, vignes), et surtout en bois feuillus et résineux.

Au fur et à mesure de ces améliorations qui apportaient aux habitants la santé (par l'assainissement) et la bonne nourriture (par le travail), la population a beaucoup augmenté en nombre.

En 1830, on ne comptait en Sologne que 103,225 habitants; il y en a maintenant 149,420; soit, pour cette période de cinquante-neuf ans, une augmentation de 50 p. 100.

Nous venons de dire que les gelées de l'hiver 1878-1880 ont détruit environ 70,000 hectares de pineraies maritimes.

La grande et légitime émotion causée par ce désastre, entraînant une perte évaluée à 40 millions, faillit aboutir à la ruine de la Sologne; on parlait de ne pas faire la dépense d'exploiter ces bois gelés et de ne pas reboiser.

Champagne humide, et les marais de la Champagne pouilleuse, entre la Marne et l'Aube.

Dans le bassin de la Garonne, la Double de Périgord peut être comparée à la Sologne. Situé dans la courbe de l'Isle et sur le cours inférieur de son affluent la Dronne, à l'ouest de Périgueux, ce pays était encore, à une époque assez récente,

C'est alors qu'à la suite d'une tournée des préfets avec M. l'Inspecteur général des forêts Clément de Grandprey, on donna à M. Boucard, conservateur à Tours, la mission qui eut pour résultat le relèvement de la sylviculture dans cette contrée.

Deux questions étaient posées par le Ministre à M. Boucard :

1° Utilisation des bois gelés et déblaiement du sol;

2° Reconstitution des pineraies détruites.

La situation pouvait être envisagée à deux points de vue distincts :

Intérêt général : salubrité, travail à donner aux ouvriers;

Intérêt particulier : secours à allouer aux sinistrés.

Utilisation des bois gelés. — Il parut à M. Boucard qu'il y avait grand danger à les laisser pourrir sur pied : invasions d'insectes, incendies, et, finalement, ruine des propriétaires et de la population (ouvriers privés de travaux). C'était le retour à la misère et à l'insalubrité. Par contre, on craignait de ne pas pouvoir vendre les bois gelés après avoir fait les dépenses de leur façonnage.

M. Boucard ne se laissa pas arrêter par les objections qu'on lui prodiguait :

«M. Boucard, écrivait un forestier censeur, pense que le bois gelé pourra être vendu comme bois de feu et débité en cotrets. Nous voudrions pouvoir partager cette espérance, mais nous savons trop avec quelle facilité le bois de pin maritime sain s'altère, pour admettre que des tissus désorganisés par le froid puissent offrir quelque résistance. Il faut que les propriétaires de la Sologne ne se fassent pas d'illusions à cet égard, car le consommateur ne les partagera pas.»

A cela dans son rapport du 31 juillet 1880,

M. Boucard répliquait : «Les bois gelés se conserveront, si on les exploite avec certaines précautions; ils trouveront écoulement, si on sait attendre; ils se vendront même très cher, pour la boulangerie de Paris, qui ne saurait s'en passer.» Le succès confirma ces prédictions et couronna les efforts de M. Boucart. Les 100 falourdes (5 stères 1/2) ayant coûté 12 francs de façon, se sont vendues, avec progression croissante, d'abord 22 francs puis jusqu'à 65 francs et facilement 60 francs dans les gares du chemin de fer de Paris à Orléans. Le pin gelé s'est conservé depuis 1880, jusqu'à ce jour, et il a été utilisé par la boulangerie jusqu'au dernier morceau.

L'importance de l'opération fut grande, comme on en peut juger par les chiffres : 40 millions de falourdes furent vendues à 60 francs le cent, soit 24 millions de francs, encaissés par les propriétaires. 40 millions de falourdes à raison de 12 francs de façon et de 10 francs de conduite par cent ont donné 9 millions de travail aux ouvriers locaux, sans parler des transports de chemins de fer.

Reconstitution des pineraies détruites. — Après avoir exploité les bois gelés, il fallait songer à reconstituer les pineraies détruites.

Trois buts furent visés par M. Boucard :

Substituer le pin sylvestre, qui ne gèle pas, au pin maritime, qui gèle;

Activer le reboisement;

Fournir de l'ouvrage aux ouvriers et, pour cela, tout en aidant le propriétaire, l'obliger à faire les dépenses nécessaires.

Les moyens d'exécution auxquels on s'arrêta furent les suivants :

Faire préférer la plantation au semis. Motifs : nature des bois qu'il s'agit de restaurer, des graines données gratuitement pourraient être trop facilement jetées sans frais, c'est-à-dire

encombré de marécages naturels et d'étangs artificiellement créés. « Voici, écrivait Barral, ce que j'ai vu en France à la fin de septembre 1875. Une chaumière n'ayant qu'une porte, pas de fenêtre, pas de cheminée; dans un coin, un âtre où se fait la cuisine, mais dont la fumée s'échappe comme elle peut à travers les interstices d'un toit couvert de chaume. Les pauvres habitants vivent, si cela peut s'appeler vivre, du travail de la terre. Ils labourent avec des ânes, qui leur servent aussi pour conduire au marché les quelques denrées dont la vente leur procure de quoi payer l'impôt, la rente du sol et les menus objets nécessaires à leur existence empoisonnée par la fièvre paludéenne... Ailleurs, c'est un vieillard et un jeune garçon qui nous apparaissent. Ils se traînent, enfiévrés. Le vieillard nous paraît vieux de soixante-dix à quatre-vingts ans; il nous dit n'avoir que quarante-deux ans. Quant au jeune garçon,

risquées, sur terrains non suffisamment préparés, tandis que des plants même donnés, nécessitent, pour être utilisés, une dépense minimum de 30 francs par hectare.

Créer des pépinières dans les principaux centres de pineraies détruites et y élever directement et économiquement des plants; car les pépiniéristes (du commerce), non préparés, n'ont pas les quantités suffisantes et d'ailleurs maintiennent leurs prix trop élevés (5 à 8 francs le mille).

Les résultats obtenus ont pleinement justifié la marche suivie.

Les pépinières créées par le service forestier ont donné d'excellents fruits; on y a élevé de très bons pins sylvestres de deux ans, dout un de repiquage.

Avec 28,000 francs de subventions annuelles, on a délivré, en moyenne, 12 millions de plants par an, soit environ 2 fr. 30 de dépense par mille plants.

Les propriétaires remontés, stimulés, conseillés, ont fait tout le possible. Un grand nombre d'entre eux ont établi chez eux de petites pépinières sur le modèle de celles de l'État. Ils se sont également inspirés des méthodes économiques de reboisement du service des forêts. La contenance des pineraies détruites, actuellement reconstituées, est d'environ 70,000 hectares.

C'est une œuvre considérable et d'importance très grande au point de vue de l'intérêt général. Son exécution fait le plus grand honneur au forestier qui l'a conçue et dirigée, aux propriétaires et aux ouvriers de la Sologne qui l'ont réalisée.

Les résultats financiers des opérations du boisement ont été les suivants :

DÉPENSES.

Terrain. — Valeur du sol :
300 à 400 francs, en moyenne .... 350^f 00^c

Boisement. — 1 plant par 1^{m}20 de distance, soit 6,500 plants par hectare :

Achat des plants, 5^f le cent, pour 6,500 plants. 32^f 50

Frais de plantation, 2^f 75 par cent.... 17^f 87

Chiffres ronds.
50 37 — 50^f 00^c

CAPITAL engagé........ 400 00

PRODUIT.

Rendement de 1 hectare de pins : 3,000 falourdes par hectare à l'âge de 25 ou 30 ans, suivant terrain et végétation : prix de 100 falourdes à Paris, 100 francs.

Prix de 100 falourdes dans les gares du réseau...... 60^f 00^c

A diminuer { pour façonnage.... 10^f 00^c / pour transport moyen 6 00 } 16 00

Produit net par 100 falourdes 44 00

Produit net par hectare, 1,320 francs.

M. Boucard estime de 40 à 50 francs le rendement moyen annuel par hectare.

chez qui la taille et le développement des membres n'accusent guère que douze ou treize ans, il a passé l'âge de la conscription. » La suppression de bon nombre d'étangs et de marais a, depuis lors, notablement amélioré les conditions de la culture et la situation des cultivateurs dans la Double. « Les trappistes, ces courageux pionniers de la civilisation, dit E. Risler après avoir cité les lignes qui précèdent, ont fondé sur le domaine de la Biscaye, près d'Echourgnac, au centre même de la contrée, le couvent de Notre-Dame-de-Bonne-Espérance. Les fièvres ont décimé les premiers frères qui sont venus y commencer les travaux de dessèchement des étangs et de défrichement des bruyères. Mais la bonne espérance ne les a pas abandonnés et ils ont fini par vaincre tous les obstacles. Aujourd'hui, les fièvres ont disparu. Ils ont une vacherie importante. Les vignes réussissent très bien[1]. »

Dans la Dombes, également le long du Rhône et de l'Ain, une très grande amélioration a été obtenue par de judicieux dessèchements. Sur ce plateau argileux, d'une exploitation difficile, d'innombrables bassins artificiels avaient été établis depuis le xviiᵉ siècle, au moyen de barrages transversaux aux plis du terrain. Ces bassins, promptement remplis et aussitôt empoissonnés, étaient périodiquement vidés, pêchés et remis en culture. On tirait ainsi du sol un meilleur revenu, mais on multipliait les eaux stagnantes et les émanations morbides : la Dombes était aussi malsaine que la Double. Depuis une soixantaine d'années, les deux tiers des étangs ont été mis à sec et remplacés par des champs et des prairies généralement fertiles. Près de 10,000 hectares ont été reconquis de la sorte. La population a augmenté d'un tiers, la mortalité a diminué d'autant et la moyenne de la vie humaine s'est élevée de vingt-cinq à trente-cinq ans.

La Camargue, cette grande île du delta du Rhône (75,000 hectares), ne tardera pas sans doute à être aussi transformée. Au Nord, ce sont des terres d'alluvions coupées de marécages ; au Sud, des flèches de sable « mouvant et brûlant », des lagunes, telles que les étangs de Valcarès et de Malgrau, des terres couvertes par les infiltrations marines « d'une croûte de sel que le soleil boursoufle et lustre et qui craque et éblouit ». L'ensemble a l'aspect d'un vaste désert : « De tous côtés on ne voit qu'une plaine immense : des savanes dont l'œil n'aperçoit pas la fin ; de loin, et pour toute végétation, de rares tamaris, et la mer qui paraît. Des tamaris, des prêles, des salicornes et des arroches, des soudes, amères prairies des plages marines où errent les taureaux noirs et les chevaux blancs. Joyeux, ils peuvent là suivre librement la brise de mer toute chargée d'embruns. Le ciel bleu, ensoleillé, s'épanouit, profond, éclatant, posant au loin sur les marais, comme une couronne, son large cercle. Dans le lointain clair, parfois un goéland vole ; parfois un grand oiseau projette son ombre, ermite aux longues jambes des étangs d'alentour ; c'est un chevalier aux pieds rouges ou un bihoreau qui regarde, farouche, et dresse

______
[1] RISLER, *Géologie agricole.*

fièrement sa noble aigrette de trois longues plumes blanches »[1]. Il faut, pour rendre ce sol cultivable, l'arroser d'eau douce pour diminuer sa salure et suppléer à l'absence de pluie; il faut aussi faire écouler les eaux stagnantes et drainer les marécages. Déjà, vers la pointe septentrionale de l'île et dans le voisinage du Rhône, on a créé des milliers d'hectares de vignes, de luzernes et de prairies; et leurs magnifiques récoltes ont bien montré la richesse des terres d'alluvions de la Camargue. Pour utiliser le reste de la surface, il faudrait abaisser les eaux du Valcarès et des étangs inférieurs en les coupant par un grand canal collecteur et en rejetant les eaux dans la mer au moyen de puissantes machines d'exhaustion. C'est ce que se propose la Société lyonnaise d'études pour la transformation agricole de l'île de Camargue. D'un autre côté, le dessalement et l'irrigation seraient assurés par un réseau de canaux.

A côté des vastes domaines, dont l'agriculture achève ou termine la conquête et que nous venons de mentionner, il faut placer des dessèchements de moindre importance et l'aménagement d'un grand nombre de terres basses, périodiquement ou constamment recouvertes d'eau. On peut citer aussi le marais de Fos, non loin de la Camargue, au bord de l'étang de Berre, et les marais qui bordent le Rhône à l'est et à l'ouest de son delta; le marais de Bourgoin, sur les rives de la Bourbre, dans les terres basses du Dauphiné septentrional : certaines vallées tourbeuses du Jura et des Vosges, celle de la Somme, celle de l'Oise, vers Sacy et Bresles; le marais de Vernier, à l'embouchure de la Seine, au sud de Quillebeuf; d'assez nombreux marécages de Bretagne, tel que le marais de Berrien, dans le Finistère; la Grande-Brière à l'embouchure de la Loire; les prairies humides et les roselières qui occupent, au sud de cet estuaire, les vallées d'une foule de petits cours d'eau et les rives du lac de Grandlieu; les territoires analogues que l'on rencontre çà et là sur les rives du Cher, de la Vienne et de la Dordogne; le marais d'Orx, à l'embouchure de l'Adour, et ceux que l'imperméabilité du sous-sol formé d'alios, a engendrés de divers côtés à l'intérieur du plateau landais.

Ce n'est pas seulement, d'ailleurs, sur les eaux des sources et des rivières que l'agriculture a conquis des terres nouvelles. Elle s'est approprié en maint endroit, soit peu à peu, soit de vive force, les limons fertiles déposés par la mer le long du littoral. Des étendues considérables ont été ajoutées ainsi au sol de la France; des golfes qui l'échancraient ont disparu; des îles ont été incorporées au continent. Il y a ainsi, de place en place, sur nos côtes, toute une série de polders de contrées plates, coupées de canaux et pareilles à autant de petites Hollandes.

Il faut citer d'abord la région des Moëres du Nord, au voisinage de Dunkerque, et, avec elle, tout le pays autrefois couvert par les flots, qui s'étend en triangle de Calais à Saint-Omer et de Saint-Omer jusqu'à Furnes et Nieuport, au delà de notre frontière. Le Marquenterre, entre l'estuaire de la Cauche et celui de la Somme, est

[1] Mistral, *Mireille*, X.

aussi une ancienne baie. Ce sont là des conquêtes de vieille date. Plus récente est celle des marais qui avoisinent l'embouchure de la Vire, de la Taute et de la Douve, à la base du Cotentin. Elle se continue encore de nos jours par la création de polders au fond de la baie des Veys. Le même travail s'accomplit au fond de la baie du Mont-Saint-Michel, mais dans des conditions différentes. Ici, en effet, on ne peut, à cause de la nature du sol apporté par la mer, s'en emparer, comme ailleurs, aussitôt que son élévation est devenue suffisante pour permettre la construction de digues isolantes et l'assèchement par les canaux. Il faut attendre qu'il se soit exhaussé et égoutté spontanément de façon à porter, de lui-même une première végétation[1]. C'est alors qu'on l'enclot pour le protéger contre les retours offensifs de la marée et que l'on remplace par des cultures les herbes marines et les maigres plantes qu'il a produites.

Les plaines basses qui entourent le plateau de Guérande sont aussi un don de l'Océan. Dans toute cette région du littoral atlantique d'ailleurs, les îles soudées de longue date au continent ne sont pas rares. Quiberon, le Croisic et Batz, Paimbœuf, étaient jadis des terres isolées du rivage. Les eaux se sont retirées peu à peu des détroits qui les en séparaient et l'on y a créé des prairies, des marais salants, des champs cultivés et des villes.

Bouin, au fond de la baie de Bourgneuf, est bâti sur un rocher bas qui porte encore le nom de l'île, au centre d'un vaste pays plat, étalé au pied des coteaux du pays de Retz et du Bas-Poitou, et que partagent en deux une chaîne de hauteurs, allongée comme une presqu'île jusque vers Beauvoir. C'est le marais breton, dont les canaux s'entre-croisent depuis Bourgneuf jusqu'en face de l'île d'Yeu, divisant le terrain en mille parcelles appelées *bossis*, à cause de leur relief en dos d'âne, et couvertes d'herbes ou de cultures. Vers le Nord, au bord de la baie, quelques salines sont encore exploitées. Beaucoup d'autres ne le sont plus. C'est de ce côté qu'ont été établis tout récemment les polders de Bouin, semblables à ceux des Veys. Des espaces considérables, où la vase s'accumule sans cesse, paraissent destinés à s'y adjoindre tôt ou tard.

De là jusqu'à la Gironde, il n'est pas un fleuve, grand ou petit, dont le cours inférieur ne traverse, avant de parvenir à l'Océan, des marais analogues. Les plus considérables sont ceux de la Sèvre-Niortaise. « Autrefois, dit M. Risler, un golfe dont la surface peut être évaluée à plus de 50,000 hectares, s'étendait au sud des plaines calcaires de la Vendée et du Poitou jusqu'à l'emplacement où se trouve la ville de Niort, mais il était resté au milieu de ce golfe un certain nombre d'îlots ». Le limon marin se déposant dans les étroits chenaux qui les séparaient l'un de

[1] Au sujet des polders du Mont-Saint-Michel, il faut demander bien haut que jamais rien ne soit fait qui diminue la majestueuse beauté du Mont; il importe que ce chef-d'œuvre — dont tout un pays peut s'enorgueillir — garde sa physionomie; j'entends que la mer continue à l'enserrer.

l'autre, transforma progressivement toute cette région en un marais salin et vaseux. Dès le xiiiᵉ siècle, les Bénédictins commencèrent les travaux destinés à l'assainir. L'œuvre ne fut achevée qu'au xviiᵉ siècle, par des ouvriers hollandais établis dans le pays par Henri IV. Elle est entretenue aujourd'hui par des syndicats de propriétaires. Certaines des terres ainsi conquises, les plus voisines de la mer, portent des cultures. Les autres sont couvertes de taillis, de roselières, d'oseraies et de plantureux herbages sur lesquels s'élèvent des bestiaux. Elles forment le *marais mouillé*, dont M. René Bazin, dans ses croquis de province, a si fidèlement rendu l'aspect tout particulier.

«Nous montons, dit-il, dans un canot plat, étroit, que le paysan, notre hôte, vient d'emplir de paille pour que nous puissions nous y coucher, et nous entrons dans le plus étrange et le plus vert des pays. Imaginez des bois plantés d'essences aux feuilles pâles, saules et frênes, que coupent à angles droits des centaines de fossés. Par-dessus l'eau les branches se joignent et se mêlent. Nous glissons sous des berceaux en ogive, dans l'ombre à peine étoilée de soleil. En étendant nos bras nous touchons aux deux bords. Mais les bords sont si fournis que rarement nous apercevons le milieu des taillis. Les roseaux dressent leur mur tremblant jusqu'aux premières branches des arbres. Des liserons blancs les lient ensemble... Parfois, à intervalles réguliers, un canal croise le nôtre, et, à gauche et à droite, le même tunnel d'eau et de verdure s'ouvre une seconde... Un large canal, la ceinture des Hollandais, barrant la campagne à perte de vue, marque la limite où les prés et les bois s'arrêtent. En avant, et jusqu'à l'extrême horizon où se devine le tremblotement de la mer, c'est une étendue toute plate, sans arbres et sans plis, où se balancent sous la brise, par bandes indéfiniment longues, les orges, les blés, les fèves, les luzernes, les trèfles violets, tout le vêtement superbe des terres en juillet.»

Un peu plus loin, au Sud, au delà de la Rochelle, vers Rochefort et Marennes, les canaux recommencent à sillonner les terres basses, au milieu desquelles s'ouvrent les estuaires de la Charente et de la Seudre. Ce sont aussi d'anciens golfes, des territoires apportés par la mer et qu'on lui a peu à peu complètement enlevés. Tel d'entre eux porte le nom de *Petite Flandre*, qui fait songer au Moëres du Nord. C'est ainsi que l'on appelle également les polders de l'extrémité du Bas-Médoc, entre Lesparre et la pointe de Grave, autour de l'ancienne île de Jau. Ils s'étendent le long de la Gironde, et ceux qui remontent le long du fleuve jusque vers Blaye, leur font pendant sur l'autre rive.

Les côtes de la Méditerranée se prêtent d'autant mieux à de semblables conquêtes que l'alluvionnement y est plus rapide. De jour en jour les étangs qui bordent le golfe du Lion se comblent; les ports mêmes s'ensablent et ne peuvent être tenus ouverts qu'à grands frais. Ces phénomènes, nuisibles à certains égards, ont déjà été mis à profit par l'agriculture en plus d'un endroit du littoral, de Leucate à Aigues-Mortes. Les vignes surtout, au moment de la crise phylloxérique, ont envahi de tous côtés les sables délaissés du rivage. Elles ont frayé la voie à d'autres cultures. Il est à croire que cette marche vers la mer pourra se produire et s'accélérer encore, et que, comme la Camargue à laquelle il ressemble, ce littoral fiévreux et brûlant sera presque partout assaini et exploité. Rien de tel sur la côte rocheuse de la *rivière* provençale. La rapidité de ses pentes, tombant presque à pic dans une mer profonde, rend l'alluvionnement impossible. « Le comblement du golfe de Fréjus par les apports de l'Argens, le rattachement à la côte par des flèches sablonneuses, des rochers autrefois insulaires, de Giens, auprès d'Hyères, et de Saint-Mandrier, vis-à-vis de Toulon [1] », sont les seuls exemples que l'on en puisse signaler. Quelques salines sur le premier de ces isthmes représentent tout ce que le travail de l'homme a pu gagner ici sur la mer.

H. REMEMBREMENT DU TERRITOIRE
ET OPÉRATIONS D'ABORNEMENT GÉNÉRAL.

CE QU'ON ENTEND PAR « PARCELLE ». — INCONVÉNIENTS DU MORCELLEMENT. — SON ÉTENDUE. — REMÈDES AU MAL; LES ÉCHANGES RURAUX. — LES LOIS ÉTRANGÈRES SUR LE REMEMBREMENT; LA *VERKOPPELUNG*; LA *FLURBEREINIGUNG*; LE REMEMBREMENT D'HOHENDAÏDA. — LES PREMIERS ESSAIS DE REMEMBREMENT. — LE CADASTRE. — UTILITÉ DE LA CRÉATION DE CHEMINS RURAUX. — NÉCESSITÉ DE LA RÉFECTION DU CADASTRE. — LES ABORNEMENTS GÉNÉRAUX, LA RÉUNION DES PARCELLES, LA CRÉATION DE CHEMINS RURAUX ET LE CADASTRE EN MEURTHE-ET-MOSELLE : MARCHE DES OPÉRATIONS; DÉPENSES ET RÉSULTATS FINANCIERS. — LES ADVERSAIRES DU REMEMBREMENT. — QUELQUES REMEMBREMENTS COLLECTIFS : TANTONVILLE, ETC. — LES ABORNEMENTS GÉNÉRAUX ET LA LÉGISLATION SYNDICALE; LÉGISLATION PROPOSÉE PAR LA SOCIÉTÉ CENTRALE D'AGRICULTURE DE MEURTHE-ET-MOSELLE. — DE LA NÉCESSITÉ DE MODIFIER LA LÉGISLATION DES HYPOTHÈQUES.

Avant d'aborder la question de remembrement, il faut définir exactement ce qu'on entend par *parcelle*. Le droit administratif définit ainsi « une portion de terrain plus ou moins grande, située dans un même canton, triage ou lieu dit, *présentant une même nature de culture et appartenant à un même propriétaire* ». Donc, d'une part, si un propriétaire a une terre d'un seul tenant, mais qui comprend prés, bois, herbages, terres labourables, vignes, cette terre comporte au moins autant de parcelles qu'il y a de variétés de cultures, et peut même en comporter un plus grand nombre, si ces variétés se répètent plusieurs fois et sont chaque fois séparées par d'autres cultures; d'autre part, si une certaine étendue d'une même nature de culture appartient à plusieurs propriétaires, elle donne naissance à autant de parcelles qu'il y a de propriétés distinctes.

---

[1] Marcel DUBOIS, *Géographie de la France*.

J'ai déjà rappelé les inconvénients du morcellement, dans les considérations générales sur l'agriculture française (t. II, p. 190) et dans le chapitre consacré à la Suède (t. I, p. 386). Il y a lieu de noter que tout morcellement ne présente pas nécessairement des inconvénients. Ainsi, le fractionnement parcellaire d'après les diverses natures de culture, entre les mains du même propriétaire, ne durant qu'autant que le veut ce propriétaire, n'a jamais les inconvénients de la dispersion des propriétés; loin de là. S'appliquant le plus souvent à un domaine étendu, il offre des avantages par la variété des productions. Exemple : un propriétaire choisit sur son domaine quelques hectares pour créer un herbage qu'il entoure de haies. Cet herbage — parcelle nouvelle — n'en constitue pas moins une amélioration, qui augmente la valeur de l'ensemble de la propriété.

En réalité, c'est la dispersion, sur le territoire d'une commune, de propriétés appartenant à un même individu, qui presque toujours présente des inconvénients.

Quelle est l'étendue de ce morcellement. Malgré tels exemples qu'on peut citer (Argenteuil, 45,000 parcelles pour 1,500 hectares; Chaingy, en Loiret, 48,000 parcelles pour 2,179 hectares), qui sont, suivant une expression humoristique du regretté Émile Chevallier, la caricature du fractionnement parcellaire — il est certain que la situation n'est pas chez nous aussi mauvaise qu'en Suède; avant le remembrement, en effet, il était bien des points dans ce pays où un cultivateur ne pouvait faire tourner sa charrue, lorsqu'il labourait les longues et étroites bandes qui constituaient sa propriété, sans entrer chez le voisin. Il n'en reste pas moins que le morcellement atteint chez nous un degré où il cause de très grands et incontestables inconvénients. Il serait intéressant de donner des chiffres. Malheureusement, l'Administration n'en a pas de récents, qui puissent permettre de savoir si les parcelles ont numériquement augmenté ou diminué depuis le temps de l'ancien livre terrier du cadastre. D'après ce dernier, l'étendue moyenne de la parcelle, bâtie ou non, s'élevait à 39 ares 17; défalcation faite des propriétés bâties, cette moyenne était, suivant une enquête administrative, de 44 ares 2/3.

Il est hors de doute, donc, que le morcellement est un mal : depuis un demi-siècle, plus ou moins consciemment, on cherche à y porter un remède. Bien des propriétaires tâchent de réunir leurs parcelles soit par échanges [1] soit par toute autre voie pour qu'un remembrement partiel compense un morcellement nouveau. Mais ces efforts — individuels et isolés — ne sauraient suffire, d'autant que leur nécessité

[1] Voici ce qu'on peut lire à ce sujet dans l'intéressant rapport de la Classe 104 (Grande et petite culture, syndicats agricoles, crédit agricole) :

«Les échanges commencent à se faire entre propriétaires ruraux. Longtemps, la législation fiscale y avait fait obstacle par l'élévation du droit de mutation. Une loi du 27 juillet 1870 avait établi un régime de faveur; le droit proportionnel était considérablement abaissé, mais l'application de ce tarif réduit était subordonnée à des conditions tellement nombreuses et strictes, que cette loi ne rendait que fort peu de services. En 1883, elle n'avait profité qu'à 5,386 actes, et les valeurs taxées ne s'étaient élevées qu'à 3,712,000 francs. Aussi, une loi du 3 novembre 1884 a-t-elle supprimé une partie des conditions mises antérieurement au dégrèvement et, notamment, celle qui en subordonnait l'application au peu d'importance superficielle des morceaux échangés, lesquels ne devaient pas dépasser 50 ares.

«Malgré les facilités données par le législateur de 1884, les échanges ruraux n'ont pas encore pris l'extension désirable :

«Voici les chiffres officiels :

ÉCHANGES D'IMMEUBLES RURAUX.

RÉSULTATS DE L'APPLICATION DE LA LOI DU 3 NOVEMBRE 1884.

ANNÉES.	IMMEUBLES situés DANS LA MÊME COMMUNE ou dans DES COMMUNES LIMITROPHES.		IMMEUBLES CONTIGUS.		TOTAL.	
	Nombre.	Capitaux taxés.	Nombre.	Capitaux taxés.	Nombre.	Capitaux taxés.
		francs.		francs.		francs.
1885	5,714	8,996,700	911	1,422,000	6,625	10,418,700
1886	6,728	7,918,000	1,021	2,020,200	7,749	9,938,200
1887	7,102	8,485,800	894	1,728,600	7,996	10,214,400
1888	6,767	8,086,700	884	1,091,300	7,651	9,178,000
1889	7,070	7,326,100	830	1,183,100	7,900	8,509,200
1890	6,013	8,028,200	613	1,063,100	6,626	9,091,300
1891	8,207	9,019,900	750	1,477,200	8,957	10,497,100
1892	8,984	8,426,600	734	1,389,100	9,718	9,815,700
1893	9,391	8,315,500	787	1,147,000	10,178	9,462,500
1894	9,679	8,432,000	849	905,900	10,528	9,337,900
1895	9,669	8,715,700	827	1,705,500	10,496	10,421,200
1896 [1]	11,588	9,632,200	745	930,700	12,333	10,552,900

[1] Les modifications apportées aux comptes définitifs des recettes par la loi du 24 décembre 1896 ne permettent pas de relever les résultats afférents aux années 1897 et suivantes. Les nouvelles rubriques comprennent, à la fois, les immeubles ruraux visés par la loi de 1870 et ceux régis par celle de 1884.

«Faut-il s'en étonner? Les habitants de la campagne hésitent à faire ces échanges. Pour eux, il est rare qu'un champ soit identique à un autre champ; celui qu'ils abandonneraient est meilleur que celui qu'ils recevraient; il est mieux situé, d'un accès plus facile; il est en meilleur état...

«La vérité, c'est qu'ils veulent bien acquérir,

n'a pas encore pénétré dans tous les esprits; ainsi à Régnié (Rhône), dont le territoire, très divisé, comprend des cultures diverses, on a une tendance, lorsque les parcelles sont supérieures à un hectare, à les diviser entre les héritiers, afin que chacun ait en nature des vignes, prés ou terres, à peu près en même étendue. Combien pourrait-on citer d'autres exemples analogues! Le désir, très répandu parmi les paysans, de *s'arrondir* ne suffit pas; il faut chercher d'autres solutions. C'est d'un effort de la collectivité contre un mal dont souffre cette collectivité qu'on peut l'attendre. Malheureusement les reconstitutions collectives sont rares. «Tous reconnaissent l'utilité d'un remembrement, mais ils ne cherchent pas à l'effectuer, vaincus par la force de l'habitude et par la crainte de faire les affaires du voisin.» Le secret de la question nous le trouvons dans cette remarque d'un ami de la terre, partisan du remembrement, mais qui ne se dissimule pas les difficultés de l'œuvre à entreprendre.

Est-ce à dire qu'il faille recourir à une intervention directe de l'État, prenant à l'égard des propriétaires un caractère obligatoire? Il semble qu'il ne faut pas aller si loin, et nous verrons tout à l'heure ce que l'initiative individuelle peut faire, et ce qu'elle ferait plus heureusement encore si elle trouvait dans l'État une aide efficace. On ne

---

mais qu'ils ne veulent pas aliéner; il leur semble qu'ils diminuent leur patrimoine, et qu'ils font passer dans celui d'un voisin une partie de ce qu'ils ont reçu de leurs parents.

«Les propriétaires cultivateurs préfèrent, lorsque l'occasion se présente, louer une parcelle voisine, appartenant à un propriétaire étranger à la commune.

«Une variété d'échange qui se fait parfois sur les territoires très morcelés et cultivés en majorité par des fermiers, c'est l'échange de parcelles en jouissance. Deux fermiers, pour agrandir les parcelles qui leur ont été louées, se cèdent entre eux la jouissance de parcelles. Aucun acte n'est signé: la convention est verbale et sa durée est déterminée par celle des baux dont ils tiennent leurs droits. Les propriétaires respectifs ignorent le plus souvent ces échanges de jouissance; les connaîtraient-ils, ceux-ci ne leur seraient pas opposables, et leur privilège porterait sur les récoltes de leurs propres terres, cultivées par un autre fermier et, à l'inverse, ne porterait pas sur les récoltes que leur propre fermier a obtenues sur les parcelles échangées.»

Ces intéressantes considérations de feu É. Chevallier, je les ferai suivre d'une remarque relevée dans une des notices que suggéra la remarquable initiative de la Classe 104 (v. t. II, p. 207, note 2.).

Voici ce que nous dit la monographie sur *Flaucourt* (Somme): «Le cas le plus fréquent est celui d'échange de jouissance qui, le plus souvent, se fait verbalement et, par cela même, échappe à l'attention, car il n'existe aucune trace de la convention soit aux archives de la mairie, soit à l'enregistrement.»

saurait, cependant, nier que le caractère de contrainte donné par diverses législations aux remembrements aient produit les meilleurs résultats. J'ai parlé (t. I, p. 386) du remembrement des parcelles en Suède (*storskiste*). La législation allemande est fort intéressante aussi et doit retenir notre attention.

Les lois qui régissent, dans les différents états de l'Allemagne, la réunion des parcelles (*Verkoppelung*), remontent au premier quart du XIXᵉ siècle; elles sont toutes plus ou moins empreintes d'un caractère dictatorial, en ce qu'elles obligent les propriétaires récalcitrants à s'incliner devant les intérêts de la majorité des cultivateurs. Nous nous bornerons ici à rappeler très succinctement les prescriptions des lois plus récentes, saxonne (23 juillet 1861), prussienne (13 mai 1887) et baravoise (29 mai 1886).

L'esprit de la loi saxonne est contenu tout entier dans les articles suivants :

ARTICLE PREMIER. La réunion des parcelles consiste dans l'échange, entre propriétaires fonciers voisins, de parcelles de terre moyennant lequel s'effectue, pour chacun d'eux, une disposition de terrains la plus proche, la plus compacte et la plus favorable possible, surtout au point de vue de l'exploitation de leurs propriétés respectives, et *cela non seulement par une entente spontanée*, mais, dans les cas énoncés ci-après, et seulement dans ces cas, *contre la volonté d'une partie des propriétaires*.

ART. 2. Un propriétaire doit accepter la réunion : § 1ᵉʳ quand la moitié des propriétaires fonciers se prononcent favorablement à ce sujet; § 2 quand il doit en résulter l'abolition d'un pâturage communal, qu'il soit destiné à une ou plusieurs espèces de bestiaux, ou l'établissement d'un accès toujours libre vers certaines pièces de terre qui, à cause de leur situation, ne sauraient être mises en valeur qu'en prenant sur les propriétés voisines (terrains enclavés); § 3. Dans le cas des paragraphes 1 et 2, les suffrages attribués à chaque individu, parmi les propriétaires susceptibles d'être soumis à la réunion, seront en rapport avec le nombre et l'importance des parcelles comprises dans l'opération, et calculés en multipliant le nombre de parcelles par leur étendue totale; § 4. Dans le cas spécifié au paragraphe 2, article 2, tout participant a le droit de réclamer la réunion, mais seulement en tant qu'elle est réclamée pour l'abolition d'un communal ou l'établissement d'un libre accès à des enclaves.

ART. 5. La réunion est obligatoire pour les espèces de biens suivants : (*a*) terres labourables; (*b*) prairies; (*c*) landes et pâtis. Au contraire, elle n'est imposée aux terrains boisés et aux vergers que si le bien de la réunion ou des terrains désignés aux paragraphes 1, 2 et 3 le réclame absolument.

Les études en vue de la réunion doivent avoir lieu, lors même que la proposition n'émane que d'un seul propriétaire ou n'a pour objet qu'une seule parcelle.

La loi saxonne prévoit également le cas où les opérations de réunion doivent amener les mêmes opérations sur le territoire d'une commune voisine; elle règle les relations de fermier à propriétaire, à l'occasion des réunions de parcelles, et les mesures à prendre pour que les terrains rassemblés figurent au plan cadastral pour l'établissement de l'assiette de l'impôt.

Le but fiscal de cette loi n'est donc autre que celui auquel, nous l'allons montrer, les départements de l'Est de la France arrivent dans les opérations combinées d'abornement général et de reconstitution du cadastre. Seulement, les voies et moyens diffèrent essentiellement, en ce que, tandis qu'en Lorraine, le résultat est atteint par voie de syndicats libres, en Saxe, la loi autorise la dépossession du propriétaire, par voie d'échange, qu'il y consente ou non.

La loi prussienne du 13 mai 1867 vise : 1° le rachat des droits d'usufruit frappant la propriété sous forme de servitude (pacage, glandées, faucardage, récolte sur les terres et les cours d'eau appartenant à des particuliers); 2° le partage des terres qui sont la propriété indivise de plusieurs propriétaires ou communautés asservies à des servitudes du même ordre que ci-dessus; 3° la réunion des parcelles, en se conformant aux principes de l'économie rurale. Pour toutes les propriétés sujettes à privilèges ou à servitudes, la minorité des propriétaires, calculée d'après les parts à revenir à chacun, est, d'après cette loi, obligée de se soumettre à la décision prise par la majorité.

La loi de 1867 qui touche à des intérêts très divers, mais tous importants pour l'agriculture, mériterait une étude spéciale.

La loi bavaroise du 29 mai 1886, sur la *Flurbereinigung*, est en vigueur depuis le 1er janvier de l'année suivante. Quelques courts extraits en feront connaître l'esprit :

Article premier. On entend par *Flurbereinigung*, dans le sens de la présente loi, toute entreprise ayant pour but une meilleure utilisation de la terre, soit par la réunion des parcelles, soit par une appropriation plus rationnelle des chemins vicinaux.

ART. 2. La *Flurbereinigung* ne peut avoir lieu contre la volonté de certains propriétaires que dans les cas suivants :

1° Si les trois cinquièmes des propriétaires intéressés, au moins, donnent leur consentement à l'entreprise projetée, lorsque le nombre est inférieur à 20, et si, la majorité absolue au moins y consent, lorsqu'il s'agit d'un plus grand nombre d'intéressés; 2° si la majorité des propriétaires intéressés possède, en même temps, plus de la moitié de la superficie comprise dans l'amélioration projetée; 3° si cette majorité paye en même temps, plus de la moitié de la superficie comprise dans l'amélioration; 4° si cette amélioration entraîne effectivement une meilleure utilisation du fonds et du sol et si ce but ne peut être atteint, sans y comprendre, en même temps, les terrains appartenant à la minorité.

Pour ce qui regarde les meilleures appropriations des chemins vicinaux, le consentement de la majorité des propriétaires intéressés suffira dans tous les cas, à condition toutefois que les indications prévues par les paragraphes 2, 3 et 4 soient remplies.

Telle est, en résumé, la législation récemment introduite en Bavière; beaucoup moins draconienne que la loi prussienne, elle implique cependant encore, bien qu'en l'entourant de précautions et d'exigences, la dépossession possible, par voie d'échange, du propriétaire.

Un exemple, du reste classique, montrera les résultats obtenus en Allemagne; c'est celui d'Hohendaïda (près Leipzig). « Le territoire de cette commune comprenait 589 hectares, appartenant à 35 propriétaires. On y comptait 774 parcelles d'une étendue moyenne de 57 ares. La réunion réduisit le nombre de parcelles à 60, d'une superficie moyenne de 9 hectares 89 ares, traversées pour la majeure partie, par un seul chemin. Le travail a été exécuté en un an et a coûté 8,126 fr. 25, soit 5 fr. 23 par hectare. Par la diminution de la surface consacrée aux routes et aux clôtures, on a gagné 9 hectares 71 ares 50 centiares, c'est-à-dire plus que la dépense de la réunion territoriale ; la conséquence de la réunion a été la nécessité d'agrandir tous les greniers pour recevoir l'augmentation des produits récoltés. » Ces lignes sont de M. E. Tisserand. Elles datent de 1865, et furent écrites à la suite d'un voyage d'études fait en Saxe par l'éminent agronome, devenu, quelques années plus tard, directeur de l'Agriculture, et qui, depuis l'époque où il écrivit ces lignes, a, de nouveau, à plusieurs reprises, insisté sur la nécessité d'arriver en France à étendre et à réglementer la pratique de telles opérations.

L'Allemagne se trouve donc nous avoir précédés dans la voie du remembrement. Ces innovations étaient une importation des pays secondaires, et cependant c'est chez nous, qui nous trouvons ainsi devancés, qu'est née l'idée de remédier, par les réunions parcellaires, aux graves inconvénients du morcellement des terres labourables appartenant au même propriétaire, sur la surface du territoire d'une commune.

L'histoire de la propriété dans l'Est nous apprend, en effet, que dès la fin du XVIIᵉ siècle, la Bourgogne prenait l'initiative de ces remembrements; le Dijonnais et la Lorraine suivaient l'exemple (dans les départements qui formaient cette dernière province, le mouvement s'est continué jusqu'à nos jours). Que d'autres exemples, et en bien des sujets divers, ne pourrait-on donner de cette disposition de notre esprit qui fait que trop souvent nous ne profitons pas de ce que notre génie national a inventé!

Jetons un coup d'œil sur ce qui a été fait chez nous en faveur du remembrement. Un mot tout d'abord du cadastre.

La loi de 1807 a entendu par ce terme, l'ensemble des opérations par lesquelles on détermine, en vue d'une répartition équitable de l'impôt, l'étendue, la nature et le produit des propriétés rurales; il serait à souhaiter que le renouvellement de ces opérations eût une base plus large et qu'il aboutît, comme dans certains départements que nous citerons en exemple et dans le Luxembourg (v. t. Iᵉʳ, p. 603 et suiv.), aux résultats suivants, sur l'importance desquels nous croyons utile d'insister :

1° Attribuer à chaque propriétaire des contenances proportionnelles à ses titres;

2° Rendre fixes les limites flottantes;

3° Redresser les parcelles courbes lorsque leur courbure n'est pas nécessitée par la configuration du sol ou pour l'écoulement des eaux;

4° Désenclaver les parcelles par la création de chemins ruraux sur lesquels elles aboutiraient;

5° Procéder à des réunions de parcelles pour atténuer les inconvénients d'un trop grand morcellement.

Nous montrerons plus loin comment ces améliorations ont été réalisées en Meurthe-et-Moselle, grâce à la collaboration intelligente et dévouée de trois directeurs des contributions directes qui se sont succédé durant une trentaine d'années dans ce département[1] et d'un géomètre aussi habile que désintéressé[2]. Nous ferons connaître, avec les détails nécessaires pour indiquer clairement le progrès accompli, les moyens mis en œuvre et les résultats obtenus par une série d'opérations qui ont abouti, de 1860 à 1890, à l'abornement général, avec cadastre, de près de 20,000 hectares, à la délimitation et estimation de 87,400 parcelles appartenant à 5,673 propriétaires et à la création de 360 kilomètres de chemins ruraux. Ces opérations ont eu, entre autres résultats, celui de donner au territoire aborné, désenclavé et remembré, une plus-value que les estimations les plus modérées portent à 5,500,000 francs.

Quelques remarques préliminaires sur l'importance capitale de la création de chemins ruraux et du désenclavement des parcelles, qui en est la conséquence, doivent trouver place avant cet exposé.

La première condition de progrès pour un agriculteur est d'être maître de son terrain, d'y pouvoir pénétrer à sa guise sans troubler ses voisins; d'y faire telle culture qu'il juge la plus rémunératrice et d'adopter tel assolement de ses champs qu'il considère comme le plus favorable à leur exploitation. Pour qu'il en soit ainsi, il est de toute nécessité que le champ aboutisse sur un chemin accessible à chaque instant de l'année. Or, dans 40 départements au moins, de l'Est, du Nord et du Centre de la France, le morcellement parcellaire, aggravé par les enclaves, s'oppose d'une manière absolue à la libre exploitation du sol par ses propriétaires. Les territoires agricoles auxquels je fais allusion sont voués à l'assolement triennal pur : blé, avoine et jachère, tout progrès dans les rotations de récolte étant rendu impossible. Lorsque les champs appartenant à plusieurs propriétaires sont enchevêtrés les uns dans les autres, sans chemin donnant accès à

[1] MM. Bretagne, de Nicéville et Baudesson. — [2] M. Gorce.

chacun d'eux, les cultivateurs sont forcément conduits à partager la zone que ces champs occupent en trois parties à peu près égales, qui porteront, la même année, l'une du blé, l'autre de l'avoine, la troisième demeurant en jachère pour recevoir les fumures d'automne et permettre, dans certains cas, la sortie des récoltes.

Les cultivateurs des départements en question sont donc, d'ores et déjà, par le morcellement parcellaire et l'absence de chemins, condamnés à suivre la routine de leurs pères. Chaque tiers de leur patrimoine demeure improductif une année sur trois; l'introduction des plantes sarclées, celle des prairies artificielles leur sont interdites, et, de l'impossibilité d'accroître les récoltes de fourrages, découle presque forcément celle d'augmenter le nombre des têtes de bétail.

L'usage a consacré cette culture routinière, en en faisant une obligation pour les preneurs de baux à ferme. Dans tout l'Est de la France, une clause spéciale des baux édicte l'obligation pour le fermier de rétablir, en fin de bail, les trois soles de terre au cas où, par impossible, il aurait introduit sur la ferme un assolement perfectionné. Il est difficile qu'il en soit autrement dans des régions dépourvues de chemins d'exploitation. On conçoit, sans qu'il soit besoin d'y insister longuement, quelles entraves un pareil état de choses met au progrès agricole. A l'heure présente, en face de la situation que crée à l'agriculture l'arrivage sur nos marchés des produits des régions les plus éloignées, il importe plus que jamais au cultivateur d'être libre de ses assolements, de pouvoir substituer l'élevage du bétail à la culture des céréales, si les conditions s'y prêtent. Il faut qu'il puisse, suivant les cas, remplacer la culture du blé par celle de la betterave ou de la pomme de terre, transformer en prairies artificielles les champs jusqu'ici adonnés à la culture des céréales, etc. En un mot, il doit pouvoir disposer à son gré de la matière première de son industrie, le sol, pour lui faire rendre le maximum de revenu. Ces progrès exigent, avant tout, cette libération de parcelles par la création de chemins. Les conditions générales de l'agriculture s'étant transformées du tout au tout, il faut que le régime de la propriété se modifie promptement dans le sens que nous indiquons.

La réfection du cadastre, accompagnée d'un abornement général et de la suppression des enclaves, sera donc pour l'agriculture un grand bienfait. C'est une œuvre nationale qui s'impose[1]. Du reste, l'exemple de quelques départements de l'Est, et notamment de Meurthe-et-Moselle — outre qu'il est très propre à donner une idée des avantages que procure aux cultivateurs le renouvellement du cadastre exécuté concurremment avec l'abornement général, la réunion des parcelles et la création des chemins ruraux — peut servir de modèle pour ce genre d'opérations.

Je vais maintenant faire connaître, d'une manière précise, l'ordre et la succession des opérations, les dépenses qu'elles entraînent et les avantages matériels et moraux qui en découlent pour les habitants des communes où elles ont eu lieu.

Comme nous l'avons vu, le but à atteindre est double.

Il s'agit premièrement d'effectuer le bornage des propriétés, souvent de réunir des parcelles appartenant sur divers points du territoire au même propriétaire et par-dessus tout, d'amener ces derniers à se dessaisir librement d'une partie de leur fonds pour la création de chemins ruraux, afin de désenclaver les parcelles. En second lieu, de reviser le cadastre et d'établir, en quelque sorte, un nouvel état civil de la propriété, en se basant sur les limites fixes et les contenances certaines résultant du bornage. On est conduit ainsi à une répartition équitable et vraiment proportionnelle de l'impôt, en même temps que ce renouvellement du cadastre fournit le titre authentique nécessaire à la loyauté des ventes, des échanges ou de toute autre mutation de la propriété. Voici, en Meurthe-et-Moselle, la marche des opérations suivie pour une commune (la lettre C indique les travaux du cadastre proprement dit, surveillés par l'administration des contributions indirectes; la lettre B, ceux qui concernent le bornage, les intérêts privés des propriétaires étant confiés à la direction d'une commission syndicale élue par tous les adhérents ou signataires de l'acte d'association) :

B. 1° Le maire convoque les propriétaires pour la signature de l'acte d'association;

B. 2° Cet acte étant revêtu de la signature des intéressés, repré-

[1] Une Commission extraparlementaire du cadastre a été instituée au Ministère des finances en 1891.

sentant au moins les quatre cinquièmes de la superficie à aborner, on procède à l'élection d'une commission de douze membres, dont neuf habitant la commune et trois au dehors, mais ayant des intérêts dans le territoire à aborner;

C. 3° Le maire et le conseil municipal sollicitent l'autorisation de faire renouveler, aux frais de la commune, les documents cadastraux et indiquent les moyens de couvrir la dépense;

C. 4° Autorisation du conseil général;

C. 5° Versement, dans la caisse du trésorier-payeur général, d'une somme de garantie représentant au moins moitié de la dépense prévue pour le cadastre;

C. 6° Nomination du géomètre par le préfet;

B. 7° Le géomètre se rend dans la commune, prend connaissance de l'acte d'association concernant le bornage et traite avec la commission pour l'exécution des travaux prévus par ledit acte;

B. 8° Délimitation et bornage du périmètre de la commune, contradictoirement avec les maires et les propriétaires de territoires visés. en se rapprochant autant que possible des jouissances constatées par la première délimitation du cadastre;

C. 9° Triangulation, rédaction du canevas trigonométrique et vérification du géomètre en chef;

B. 10° Délimitation provisoire des cantons ou lieux-dits par de forts piquets en bois;

C. 11° Levé de la masse par cantons ou lieux-dits;

C. 12° Rapport des plans et calculs des contenances:

B. 13° Pendant ces opérations, le géomètre assiste la commission et l'aide à préparer le tableau général des contenances répétées par les titres des propriétaires et ce, par cantons ou lieux-dits;

B. 14° Étude et tracé provisoire des chemins ruraux reconnus nécessaires;

B. 15° Adoption et bornage de ces chemins par de fortes bornes en pierre dure;

C. 16° Déduction de la contenance des chemins ruraux, de la surface des terrains à partager entre les propriétaires et, par suite, de la matière imposable;

B. 17° Comparaison des excédents ou des déficits entre le tableau des titres et la surface réelle; répartition proportionnelle à chaque propriétaire;

C. 18° Bornage définitif des cantons ou lieux-dits par des bornes semblables à celles des chemins et calculs des parcelles suivant la répartition arrêtée en commission;

C. 19° Application du parcellaire sur le terrain au moyen de la plantation de bornes ou piquets;

B. 20° Délai de huit jours accordé aux propriétaires pour la vérification des nouvelles limites de leurs parcelles ainsi que les contenances;

C. 21° Dessin des plans minutes avec cotes de longueur et de largeur et indication de toutes les lignes de bornage; rédaction des tableaux indicatifs de la liste alphabétique des propriétaires;

C. 22° Remise de l'ensemble des documents au géomètre en chef;

C. 23° Vérification du plan;

C. 24° Établissement des bulletins de propriété, en double : l'un pour l'administration des contributions directes et l'autre pour le propriétaire;

B. 25° Indication des largeurs et longueurs de chaque parcelle sur les bulletins à remettre aux propriétaires;

C. 26°. Communication et remise des bulletins aux propriétaires.

C 27° Évaluation cadastrale ou expertise par l'administration des contributions directes;

B. 28° Rôle général de tous les frais résultant de l'opération de bornage, à payer par les propriétaires, en raison de la contenance et du nombre de leurs parcelles;

B. 29° Recouvrement de ce rôle par les soins de la commission et dissolution de celle-ci après règlement de tous les comptes;

C. 30° Remise aux archives de la commune de toutes les pièces cadastrales, plans, états de sections et matrices.

Voilà, enfin, l'opération terminée. Les résultats de cette double combinaison de cadastre avec bornage, réunion de parcelles et création de chemins ruraux sont faciles à saisir : le cadastre devient l'unique titre de délimitation et supprime tous les procès en troubles; les chemins établis désenclavent les parcelles, privées auparavant de chemins d'exploitation. De là, une augmentation considérable de la valeur vénale que l'on peut estimer ne devoir jamais être moins d'un cinquième et atteindre souvent la moitié ou plus de la valeur primitive.

Que coûtent les opérations combinées du bornage et du renouvellement du cadastre? C'est ce qu'il me reste à faire connaître d'après les chiffres officiels que je dois à l'obligeance de M. Gorce[1], qui, géomètre en chef de 1860 à 1890, a exécuté le bornage avec réfection du cadastre dans dix-neuf communes du département de Meurthe-et-Moselle.

Les opérations ont porté sur 16,314 hectares, comprenant 74,858 parcelles appartenant à 4,773 propriétaires. 310 kilomètres de chemins d'exploitation ont été créés et dans huit communes, le bornage a été accompagné de la réunion des parcelles, opération qui porte, dans l'Est, le nom *de remembrement du territoire*. Deux des élèves formés à l'école de M. Gorce, MM. Maillot et Jeannot, ont pratiqué l'abornement du territoire de six autres communes, sur une surface de 3,000 hectares divisés en 12,500 parcelles, possédées par 900 propriétaires, et il a été créé 50 kilomètres de chemins ruraux.

Il résulte de cette statistique que, dans l'espace de trente ans, le zèle et l'intelligence d'un seul géomètre, assisté de deux de ses élèves et appuyé du bon vouloir de l'administration des contributions directes, a suffi pour régler légalement et irrévocablement la situation terrienne de près de 10,000 propriétaires possédant plus de 19,000 hectares, déchiquetés en 87,000 parcelles qui se sont trouvées presque toutes désenclavées, par la création de 360 kilomètres de chemins ruraux. Dans deux seules communes, du canton d'Haroué, Benney et Xiraucourt, 1,000 hectares formant 5,000 à 6,000 parcelles, ont été abornés; 62 kilomètres de chemins ruraux ont été ouverts, avec une largeur moyenne de 4 à 5 mètres, ce qui correspond à 28 hectares de sol abandonnés à la collectivité par leurs propriétaires, pour être convertis en chemins, donnant des sorties à plus des neuf dixièmes du parcellaire.

---

[1] De concert avec la direction des contributions directes, cet habile géomètre a été, en Lorraine, le promoteur et le principal agent de cette révolution dans le régime cultural de près de 20,000 hectares.

On voit, par ces quelques chiffres, le degré de confiance à accorder à la méthode suivie par M. Gorce, qui nous a semblé mériter d'être offerte en exemple.

Les conditions pécuniaires et les résultats définitifs de cette réfection du cadastre ne sont pas moins intéressants à étudier que les opérations elles-mêmes.

Pour les dix-neuf communes, dont il a seul réglé l'abornement et le cadastre, M. Gorce a opéré comme je viens de le dire sur 16,314 hectares divisés en 74,858 parcelles. Les dépenses afférentes à la double opération de l'abornement et du cadastre qui a été effectuée dans ces dix-neuf communes sont de deux ordres. Les unes, qu'on peut appeler dépenses cadastrales (triangulation, plan-minute, tableau des sections, évaluations par expertise du revenu net de toutes les propriétés bâties ou non bâties, matrice cadastrale en double expédition), se calculent par parcelle et par hectare; elles sont fixées, dans le département de Meurthe-et-Moselle, à 2 francs par hectare et o fr. 80 par parcelle.

Le cadastre des surfaces des dix-neuf communes a donc coûté, à ces taux, 92,514 francs.

Les dépenses du bornage comprennent les frais de l'autre série d'opérations que j'ai indiquées précédemment (honoraires du géomètre, achat et pose des bornes, ouverture des chemins, etc.). Cet ensemble a coûté aux propriétaires, à raison de 18 francs par hectare, 195,768 francs; le bornage, en effet, n'a porté que sur 10,876 hectares restant, après défalcation de la surface totale des bois, des terrains bâtis et des clos, qui ne subissent pas le renouvellement et représentaient dans les communes en question environ un tiers de la superficie totale. En définitive, l'opération totale a coûté :

<pre>
    D'une part (cadastre)......................   92,514 francs.
    De l'autre (bornage).......................   195,768
        ENSEMBLE pour les dix-neuf communes........   298,282
</pre>

Soit 18 fr. 28 par hectare.

Ce chiffre paraîtra sans doute fort élevé au premier abord; mais si l'on considère les immenses avantages qui résultent pour les propriétaires ou exploitants de l'abornement général du territoire d'une commune, effectué concurremment avec le renouvellement du cadastre, on se convaincra aisément de l'excellence du placement de capitaux résultant de ces opérations.

La possibilité, pour le propriétaire, d'entrer dans ses champs, d'en sortir les récoltes quand cela lui plaît, sans gêne pour les voisins et sans que ceux-ci le gênent davantage; la faculté de modifier à son gré les cultures et l'assolement de sa terre; la suppression de toute discussion, *a fortiori*, de tout procès au sujet des limites du patrimoine, en un mot, le bénéfice qui résulte de la fixation légale de la propriété, de l'absence de contestations, de la liberté d'action due à la création de chemins d'exploitation, donne une plus-value au sol estimée, au bas mot, à 300 francs par hectare, dans les communes soumises au régime nouveau.

Appliquée aux 10,876 hectares cadastrés, cette plus-value atteint le chiffre de près de 5,500,000 francs (exactement 5,438,000 francs), pour une dépense totale de 298,000 francs, ce qui correspond à un revenu de 18 p. o/o du capital engagé. Il n'y a pas lieu, d'après cela, de s'étonner que l'exemple donné, en 1860, par la commune d'Altroff ait été suivi par près de 6,000 propriétaires que la dépense n'a pas arrêtés lorsqu'ils ont constaté que les fermes des communes abornées se louaient toujours bien, que les procès ou troubles avaient disparu, et que les produits brut et net à l'hectare avaient sensiblement augmenté, par la possibilité de modifier l'antique assolement triennal, notamment par la création de prairies artificielles ou temporaires.

Il est, cependant, nécessaire d'ajouter, pour rester complètement fidèle à la vérité, que, si profitable qu'elle soit à l'agriculture, l'œuvre excellente à laquelle sont associés, en Lorraine, les noms de MM. Gorce et Bretagne, ne rencontre pas toujours, au début, l'adhésion de tous les intéressés. Une longue pratique a révélé des dissidents de deux ordres, dont l'opposition et le mauvais vouloir ont souvent entraîné des lenteurs dans la poursuite du remembrement et, parfois, fait échouer complètement le projet de renouvellement du cadastre avec abornement, formé par la majorité des propriétaires de certaines communes.

La première catégorie des dissidents comprend les propriétaires peu scrupuleux, qu'on désigne sous le nom de *retourneurs* : ce sont ceux qui, à chaque culture, reculent par un coup de charrue la limite de leur héritage, au détriment du voisin, et se soucient fort peu de restituer l'excédent qu'ils détiennent indûment. Pour eux, l'état présent paraît satisfaisant; ils n'ont même pas besoin de chemins; de même qu'ils s'annexent chaque année quelques décimètres carrés de terrain au moment du labour, ils ne se font aucun scrupule de passer au travers des récoltes du voisin pour sortir la leur, quand bon leur plaît. L'autre catégorie de dissidents est souvent plus gênante encore, pour le succès de l'opération. Elle est formée de quelques grands propriétaires, n'exploitant pas par eux-mêmes et ne voyant dans l'acquiescement qu'on leur demande à la réfection du cadastre qu'une charge nouvelle, sur un revenu qui a subi parfois une diminution sensible pour les causes que l'on sait. Le géomètre doit compter avec ces deux genres d'adversaires; c'est à leur inspirer confiance, à les convaincre du mal-fondé de leurs craintes, à leur démontrer les bénéfices de l'opération qu'il lui faut employer tous ses efforts. S'il échoue, reste le recours aux tribunaux; mais c'est, le plus souvent, la ruine anticipée du projet.

En présence de cette situation, des hommes compétents et animés des meilleures intentions ont pensé que l'on pourrait étendre au remembrement du territoire et à la création des chemins ruraux, les droits des associations syndicales, créées par la loi de 1865. Nous allons voir ce qu'il faut penser de cette opinion. Mais je tiens à signaler auparavant que si, dans ces opérations d'abornement, l'on se heurte parfois à des mauvaises volontés, il arrive aussi que chacun concourt de son mieux à l'œuvre commune. Un exemple va nous en être donné dans une des monographies suscitées par l'initiative de la Classe 104, la monographie de la commune de Tantonville (Meurthe-et-Moselle) qui nous indique précisément d'intéressants détails sur une opération de remembrement accomplie sur ce territoire, dont, par acte du 28 mars 1886, les propriétaires fonciers se sont constitués en syndicat libre aux fins d'obtenir, à leurs frais :

1° Le remembrement général, avec bornage, de toutes leurs propriétés;

2° La création de tous les chemins reconnus nécessaires ;

3° La réunion des parcelles.

Dans la séance du 29 mai 1886, le conseil municipal demandait à l'autorité préfectorale la revision du cadastre, votait, à cet effet, une somme de 2,127 francs et sollicitait du département un secours de 2,000 francs.

La demande du conseil ayant été favorablement accueillie, les quatre cinquièmes des propriétaires donnèrent, en quelques semaines, leur adhésion. M. Gorce, l'arpenteur-géomètre dont je parle plus haut, qui a acquis une véritable notoriété à raison de ses opérations de remembrement, fut chargé du travail, qui, commencé en 1887, fut terminé le 27 mai 1889. Un boni de 10 hectares fut constaté. On créa, sur l'étendue du territoire, 37 nouveaux chemins ruraux, de 4 à 5 mètres de largeur, et d'une longueur de 17 kilom. 121. Le nombre des parcelles « désenclavées » par suite de l'établissement de ces chemins est d'environ 1,500, et le morcellement, qui était de quatre parcelles à l'hectare, a été sensiblement diminué par suite d'un système d'échanges et de réunions en masse qui fut très apprécié des principaux propriétaires.

DIVISION DU TERRITOIRE.

HECTARES.	PROPRIÉTAIRES.	PARCELLES.		CONTENANCE MOYENNE.	
		AVANT.	APRÈS.	AVANT.	APRÈS.
797	215	3,167	2,691	25 ares.	30 ares.

La dépense totale occasionnée a été de 13,884 fr. 61, dont 7,210 fr. 79 pour les honoraires du géomètre ; ce qui fait ressortir la dépense à 17 fr. 42 à l'hectare, dépense qui n'est rien en comparaison des avantages qui en découlent.

Bien qu'en France les remembrements collectifs aient été peu nombreux, on en peut, à part ceux que je viens de signaler en Lorraine et qui portent sur tout le territoire d'une commune, signaler quelques autres dans l'Oise aux environs d'Estrées-Saint-Denis. Ces vastes opérations portent rapidement des fruits et ainsi que le constate M. E. Chevalier, « grâce aux nouveaux chemins ruraux et aux nombreux échanges qui sont faits, les cultivateurs peuvent acquérir toute liberté dans leur culture, et s'affranchir des entraves de l'assolement commun, que l'enclave rend en fait obligatoire, ils se familiarisent avec l'idée du groupement de leurs propriétés; non seulement ils évitent de morceler dans les partages, mais ils s'appliquent, autant qu'ils le peuvent, à réunir leurs parcelles « pour faire de belles pièces »; comme ils disent, et, pour arriver à ce résultat, n'hésitent pas à recourir aux échanges ».

Il importe maintenant d'examiner en quoi peuvent être connexes les opérations d'abornement général et la législation syndicale.

J'ai rappelé plus haut que certains pays n'ont pas craint de rendre obligatoire le remembrement.

En France, pouvons-nous et devons-nous aller aussi loin? Si grand que puisse être l'intérêt de l'agriculture, si évidents que soient les avantages que les remaniements de territoire ont amenés dans nos départements de l'Est, pour les communes qui se sont prêtées à ces remembrements, faut-il introduire dans notre législation l'obligation pour un citoyen, lorsque la majorité des habitants d'une commune l'aura décidé, d'abandonner le champ paternel contre un autre, fût-il de valeur supérieure? Faut-il consacrer par la loi, le droit de la majorité de déposséder, contre son gré, un propriétaire d'une parcelle de terrain, même en lui donnant une soulte en argent? Je ne le pense pas. De plus, il ne me paraît pas nécessaire d'agir ainsi — dans l'intérêt même du but à atteindre par la généralisation des opérations d'abornements généraux.

L'engouement de certains publicistes et économistes pour les lois qui régissent le remembrement du territoire en Allemagne et dans les pays que nous avons cités s'explique par l'heureuse influence que cette opération a exercée sur le développement agricole des régions où elle a été pratiquée, mais il semble que le tempérament de notre pays s'accorderait mal avec des mesures aussi contraires à nos instincts de liberté et d'individualisme.

Aussi convaincu que qui ce soit des bienfaits que l'agriculture doit attendre de la diminution du morcellement parcellaire du sol, je crois que le problème peut être résolu sans qu'il soit nécessaire de recourir à des prescriptions aussi dures que celles dont la législation étrangère a armé les communes, en vue des opérations agricoles d'intérêt général.

Une simple extension de la législation des associations syndicales paraîtrait suffisante. Cette opinion, soutenue, dès 1876, au sein de la Société centrale d'agriculture de Meurthe-et-Moselle que j'avais l'honneur de présider à cette époque, opinion développée dans un rapport dû à la plume autorisée de feu Puton, professeur de législation à l'École nationale forestière, n'a pas, jusqu'ici, prévalu dans les conseils de l'État. J'espère qu'un accueil favorable lui sera un jour réservé. Les propositions formulées dans le rapport précité et adoptées à l'unanimité par les membres de la Société de Meurthe-et-Moselle me semblent de nature à résoudre la question des remembrements de territoire, de la façon à la fois la plus libérale et la plus efficace pour les intérêts de l'agriculture.

Une analyse et quelques extraits de ces documents, sans doute, intéresseront ceux des lecteurs de ce Rapport que leur situation ou leur goût conduisent à l'étude de cette importante question.

Comme nous l'avons établi plus haut, le but à atteindre par la réfection du cadastre, opérée concurremment avec l'abornement général du territoire, est multiple. En dehors de la question fiscale que vise surtout et presque uniquement la rénovation du cadastre, quatre points principaux appellent l'attention des cultivateurs : 1° le bornage et l'arpentage des propriétés, qui facilitent les relations entre ouvriers et patrons pour l'établissement des salaires, la répartition des semences et des engrais, les surfaces auxquelles on les applique étant exactement connues, la comparaison et l'évaluation des rendements, etc., ont, en outre, l'avantage capital de faire cesser dans les campagnes les débats et les rivalités qui naissent des anticipations ; 2° le redressement et la régularisation des parties courbes ou sinueuses des limites qui, seuls, permettent la régularité des labours, économisent le temps et ouvrent la voie à l'emploi des machines ; 3° la création de chemins d'exploitation dans les champs réunis en groupes ou *tènements*, création qui assure à chaque propriétaire, avec l'économie des transports, la liberté dans le choix des cultures que, faute de voies de sortie, il ne peut entreprendre sans gêner ses voisins et sans violer les habitudes

de voisinage consacrées par l'usage ; 4° l'échange des parcelles disséminées sur le territoire d'une commune au grand préjudice du travail
agricole. Nous avons montré, par la plus-value des territoires remem-
brés, combien cette dernière amélioration foncière est appréciée par
les intéressés.

Elle permet, entre autres avantages, une économie notable dans les
frais généraux d'exploitation et vient aider singulièrement à l'introduction des machines agricoles, impossible dans les territoires trop
morcelés. Enfin, les grands travaux de nivellement, d'assèchement, de
drainage ou d'irrigation ne peuvent être généralisés qu'à la faveur
de ces échanges de parcelles. Ce sont tous ces avantages que la législation étrangère a visés en édictant l'*obligation* pour les propriétaires de
se prêter à ces quatre ordres d'améliorations foncières, lorsque, suivant les pays, moitié ou deux tiers des propriétaires sont d'avis de
les réaliser.

Pour nous, c'est à l'entente des propriétaires et à leur association
que nous voulons, avec la Société d'agriculture de Meurthe-et-Moselle,
faire appel pour réaliser ces améliorations, en ne perdant pas de
vue qu'étant étroitement liées aux plus graves questions de notre
droit civil et fiscal, elles ne peuvent être résolues qu'avec la plus grande
circonspection. Leur solution, comme le disait Puton, dans son rapport de 1876, doit être secondée par la puissance publique, mais elle
n'est possible qu'avec le temps, le progrès agricole et le développement
de l'initiative individuelle.

Posé en germe dans la loi du 16 septembre 1807, le principe de
l'association a été développé et réglementé dans ses détails par la loi
du 21 juin 1865. Cet acte législatif n'a donné, toutefois, le bénéfice
de l'association sous la forme de syndicats *libres* et de syndicats *autorisés* qu'à certains travaux de défense et d'amélioration limitativement
indiqués et qui sont les suivants : 1° défense contre la mer, les
fleuves, les torrents, les rivières navigables ou non navigables ;
2° curage, approfondissement, redressement et régularisation des
canaux et des cours d'eaux non navigables ni flottables et des canaux
de desséchement et d'irrigation ; 3° desséchement des marais ; 4° étiers
et ouvrages nécessaires à l'exploitation des marais salants ; 5° assai-

nissement des terrains humides et insalubres; 6° irrigation et colmatage; 7° drainage; 8° *chemins d'exploitation et toute autre amélioration agricole ayant un caractère collectif.*

C'est l'extension de ce dernier paragraphe de l'article 1ᵉʳ de la loi du 21 juin 1865 qu'il s'agit d'appliquer explicitement aux trois premières catégories d'amélioration foncière rappelées plus haut : abornement, régularisation des limites courbes préjudiciables aux voisins, contribution à la création de chemins utiles à tous. Nous examinerons, ensuite, les mesures relatives à la réunion des parcelles qui constitue le dernier des *desiderata* que nous avons signalés.

La législation étrangère, concernant les remaniements territoriaux, a édicté, comme nous l'avons vu, *l'obligation*, pour le propriétaire, d'échanger son champ contre celui d'un autre, lorsque la majorité des habitants de la commune en aura ainsi décidé, dans l'intérêt général. Tout en reconnaissant les avantages que l'application des lois bavaroise, saxonne et prussienne, a procurés à l'agriculture des régions qui en ont été l'objet, nous persistons à penser que cette dépossession de l'héritage, transformée en article de loi, rendue obligatoire pour tous par conséquent, dépasse la mesure des réformes souhaitables à apporter à notre législation.

L'objectif à atteindre, dans la rénovation du cadastre, consiste, ainsi que cela a été fait pour 20,000 hectares en Meurthe-et-Moselle, à faire coïncider l'abornement général du territoire avec la création de chemins d'exploitation en supprimant les enclaves de parcelles; sans doute, la réunion des parcelles appartenant au même propriétaire, dans le confin d'une commune, est très désirable, au point de vue des améliorations agricoles, mais l'essentiel est que chaque propriétaire devienne, par la création de chemins aboutissant à ses champs, maître du régime cultural auquel il veut les soumettre.

La Société centrale d'agriculture et le Conseil général de Meurthe-et-Moselle en ont ainsi jugé, lorsque, en 1876, ils ont, chacun de son côté, émis le vœu de l'extension des lois de ces syndicats aux opérations d'abornement général.

Ainsi, on réunirait les parcelles, sans entrer, à moins de nécessité absolue, dans la voie draconienne de la dépossession obligatoire qui répugne à nos mœurs libérales. On n'ignore pas, en effet, que le syndicat autorisé dont nous demandons l'extension aux opérations d'abornement peut provoquer la déclaration d'utilité publique pour les cas, fort rares, où il serait nécessaire d'acquérir autrement qu'à l'amiable ou par voie d'échange volontaire, certains terrains nécessaires aux travaux entrepris.

La proposition présentée à la Société centrale de Meurthe-et-Moselle comprenait quatre articles ainsi conçus :

Article premier. Les dispositions de la loi du 21 juin 1865 sur les associations syndicales sont applicables aux travaux d'arpentage et de bornage connus sous les noms de « règlement de limites, remembrement, abornement général, etc. », avec ou sans redressement des périmètres des parcelles.

Art. 2. Ces travaux ne pourront, toutefois, donner lieu à des syndicats autorisés que lorsqu'ils s'exécuteront sur tout ou partie de la commune, mais simultanément avec le renouvellement du cadastre : ils pourront alors comprendre les chemins agricoles d'exploitation.

Art. 3. Les syndicats créés en exécution des deux articles précédents seront dissous par le préfet quand leurs travaux seront terminés et liquidés et quand les contestations seront jugées.

Art. 4. En cas de dissolution, les chemins seront remis, sans indemnité, à la commune, et feront partie des chemins ruraux. La commune sera également propriétaire des bornes, des « bènes, lieux-dits, groupes » ou « sections d'ensemble de propriétés » ; il en sera de même des plans et documents, sauf au cas de l'article 2 où leur dépôt et leur entretien seront régis par les lois et règlements sur le cadastre.

Examinons les conséquences de cette extension de la loi de la législation syndicale.

L'article 1er se borne à indiquer l'extension de la loi aux travaux d'arpentage, de bornage avec ou sans redressement des périmètres des parcelles. Il était inutile d'y faire figurer la création des chemins d'exploitation, puisqu'ils y sont déjà indiqués. Cet article aurait pour effet d'adapter à ces travaux tout le système de la loi et de permettre l'établissement de syndicats libres pour les travaux collectifs. Sans doute, le consentement unanime des propriétaires ne se rencontrera pas pour tout le territoire d'une commune, mais il pourra se manifester pour un confin ou un ensemble de propriétaires. Le syndicat

créé ainsi, à l'unanimité, ne sera qu'un *accord conventionnel* pour
aborner et régler les limites, au mieux des intérêts des mandants,
mais il aura, au moins, la personnalité civile ; il pourra emprunter
les sommes nécessaires à l'opération et jouira des facultés que donne
la loi pour recueillir le consentement des personnes incapables de
leurs droits, toutes conditions irréalisables dans l'état actuel de la
législation.

L'article 2, qui vise les travaux indiqués par l'article premier, mais
non l'échange forcé de parcelles, concerne le droit de contrainte des
propriétaires soigneux vis-à-vis des négligents ou des indifférents,
droit placé, on le sait, sous la double garantie de l'autorisation administrative et d'une majorité considérable, des deux tiers en nombre et
de moitié au moins en étendue, ou de moitié en nombre et des deux
tiers en surface. Cette majorité a semblé suffisante, car l'ordonnance
de 1707 n'exigeait, en Lorraine, qu'une majorité de deux tiers, en
nombre, pour forcer au remembrement général. Pour rassurer davantage les intérêts et pour donner à l'autorisation du syndicat son véritable caractère de mesure d'utilité générale, il a paru convenable à
la Société centrale de Meurthe-et-Moselle, de limiter le pouvoir de la
majorité au cas où les travaux d'abornement s'exécuteraient simultanément avec le renouvellement du cadastre et feraient corps avec
lui. Ce concours assurera à l'opération la nouvelle garantie du contrôle de l'administration des contributions indirectes, sans alarmer
les populations, puisqu'on ne ferait que mieux répartir l'impôt dans
la commune, sans pouvoir en augmenter le chiffre [1]. C'est seulement
dans ce cas, c'est-à-dire quand l'abornement général se fera avec le
renouvellement du cadastre, que la création des chemins d'exploitation pourra donner lieu à un syndicat autorisé dont les travaux em-
brasseront alors l'arpentage et l'abornement, avec ou sans redressement des parcelles.

---

[1] En l'état actuel de la législation, les opérations cadastrales n'ont en vue que la répartition individuelle de la contribution foncière
dans l'intérieur d'une même commune. Fût-il
constaté, par le renouvellement des opérations
cadastrales, que, du premier cadastre au nouveau, l'ensemble du territoire a décuplé de
valeur, la part contributive de la commune ou
contingent, en d'autres termes, n'en reste pas
moins le même ; la somme totale ne change
pas ; mais elle se distribue différemment et
plus équitablement.

Le syndicat tranchera ainsi toutes les questions qui se rapportent à cette opération multiple, comme le ferait le juge civil. Cette attribution n'offre rien de bien dangereux pour la propriété : le juge civil n'est-il pas, en effet, obligé le plus souvent et par la force des choses, de s'en rapporter à la décision d'un géomètre expert? Les garanties ne sont d'ailleurs que déplacées et sont loin de faire défaut, car, outre les règles spéciales que le syndicat devra suivre et qui seront formulées dans le statut arrêté par l'assemblée générale des propriétaires, outre la surveillance attentive de l'administration, les propriétaires auront le droit de se pourvoir devant le conseil de préfecture, pour toutes les contestations qui naîtront des travaux, du règlement des indemnités et des taxes établies. Si, dans le courant de l'opération, il y a des échanges à opérer, ou des déplacements véritables à ordonner dans l'assiette des propriétés, le syndicat ne sera pas fondé à les prescrire de sa seule autorité : il devra réunir le consentement unanime des intéressés, car les conditions du sol sont bien dissemblables dans un même territoire, et il s'agit de contrats individuels que la volonté du nombre ne peut forcer, sauf la déclaration d'utilité publique.

Les articles 3 et 4 ont pour but de prévoir la dissolution d'un syndicat créé seulement pour des travaux temporaires : une fois effectués, ceux-ci n'ont plus besoin de cet organe pour les maintenir ou les entretenir. Il a paru nécessaire de prévoir le sort de la succession de l'être moral ainsi créé. Cette succession est donnée, en principe, à la commune sans indemnité, mais à charge d'entretien; par là, se trouve réglée une des questions qui intéressent le plus vivement l'assiette de la propriété, celle de l'immobilité des bornes utiles à un groupe de propriétés. Les bornes appartiennent, en droit commun, à ceux auxquels elles profitent; ceux-ci peuvent donc les changer, les supprimer mêmes, au gré de leur convenance ou des acquisitions qu'ils font. On peut toujours craindre de voir disparaître des points de repère utiles à la conservation des plans. En attribuant, au contraire, à la commune les bornes des groupes ou sections d'ensemble de propriétés qui seront désignées, d'ailleurs, par les plans du syndicat, on échappe à cette cause de destruction et on tend à conserver une œuvre utile à tous. Il est constaté enfin, que la confusion faite par les habitants entre les « lieux-dits » ou « sections cadastrales » est une des causes les plus fréquentes des erreurs dans les mutations. En abornant les « lieux-dits » et en faisant entretenir les bornes par la commune, on tend à assurer plus de précision aux désignations faites dans les actes et à éviter les erreurs de mutations.

Pour donner la physionomie exacte de la question si importante du remembrement, il me reste à signaler qu'une des principales entraves aux opérations à effectuer est constituée par les hypothèques légales et la présence de biens de mineurs; c'est fort justement qu'à la Commission extraparlementaire du cadastre, M. L. Dabat réclamait, il y a un an (décembre 1904) une modification à la législation les concernant.

I. CRÉDIT AGRICOLE.

DÉFINITION, DÉLIMITATION ET CHAMP D'APPLICATION DU CRÉDIT AGRICOLE. — TENTATIVES FAITES POUR LE CRÉER. — ENTRAVES LÉGISLATIVES. — LOI DU 18 NOVEMBRE 1897 SUR LES WARRANTS AGRICOLES; LA DOTATION DU CRÉDIT AGRICOLE ET LA LOI DU 17 DÉCEMBRE 1897 SUR LE RENOUVELLEMENT DU PRIVILÈGE DE LA BANQUE DE FRANCE. — LES INSTITUTIONS DE MUTUALITÉ; LA CONCEPTION DE M. MÉLINE. — *LA SOCIÉTÉ DE CRÉDIT MUTUEL DE POLIGNY.* — LES DIFFÉRENTS TYPES DU CRÉDIT AGRICOLE EN FRANCE. — DISPOSITION CURIEUSE ÉTABLIE DANS LA SOCIÉTÉ DE COURCELLES (INDRE-ET-LOIRE). — LA LÉGISLATION DE 1894; SES APPLICATIONS; LE *CRÉDIT MUTUEL AGRICOLE DE CHARTRES.* — LA LOI DE 1899; LES CAISSES RÉGIONALES. — RAPPORT DU MINISTRE DE L'AGRICULTURE (1905) INDIQUANT LA SITUATION ET LE LE FONCTIONNEMENT DES CAISSES DE CRÉDIT AGRICOLE MUTUEL, ÉTUDIANT LA QUESTION DU TAUX DE L'ESCOMPTE ET DES PRÊTS ET DONNANT LE RÉSUMÉ DU DÉVELOPPEMENT DES CAISSES DEPUIS 1900. — *LE CRÉDIT FONCIER DE FRANCE.*

Aucune expression ne paraît avoir un sens aussi clair que celle de « crédit agricole », mais aucune n'exige cependant plus qu'elle d'être définie. Le crédit agricole est bien le crédit fait à l'agriculteur et pour des besoins agricoles; mais, à s'en tenir à cette définition, le crédit foncier serait une variété du crédit agricole, et c'est précisément pour séparer ces deux formes du crédit qu'il est nécessaire d'entrer en quelques détails sur le sens exact de cette expression.

Le crédit foncier implique l'affectation hypothécaire d'un immeuble à la sûreté d'une dette. Le crédit agricole proprement dit suppose l'absence de toute garantie foncière, soit que le débiteur, simple fermier, ne possède pas l'immeuble qu'il cultive, soit qu'il ne puisse hypothéquer des biens déjà grevés, soit enfin qu'il ne le veuille, à raison du peu d'importance ou de la courte durée de la dette.

Le cultivateur peut avoir besoin de crédit pour l'achat d'engrais, d'animaux de travail ou d'engraissement, d'instruments... De tout temps, il l'a trouvé auprès de ceux mêmes avec lesquels il traitait l'opération, du marchand d'engrais, de bestiaux... mais à quel prix ! Depuis longtemps aussi, dans les contrées où l'on cultive la betterave, les cultivateurs obtiennent, dès le mois de mai, du fabricant de sucre des avances sur le prix des betteraves qu'ils lui livreront en octobre ou en novembre; mais gardent-ils la même indépendance vis-à-vis de lui? On dit aussi que certains marchands de grains consentent, dès la récolte, des avances aux cultivateurs dont ils achètent habituellement les grains; mais c'est un crédit qui n'est pas moins onéreux.

Depuis déjà longtemps, des tentatives avaient été faites pour affranchir le cultivateur et pour lui rendre le crédit aussi facile qu'au commerçant ou à l'industriel. La loi, en effet, par une série de dispositions qui, sans doute, n'avaient pas été faites pour mettre le cultivateur en état d'infériorité, mais arrivaient néanmoins à ce résultat, le mettait dans l'impossibilité de trouver du crédit.

Donner en gage ses récoltes engrangées, ses animaux à l'étable lui était interdit; l'article 2076 du Code civil ne permet la constitution du gage mobilier qu'avec déplacement de l'objet, et, par la force même des choses, cette condition ne pouvait être remplie. Le crédit réel mobilier lui était donc refusé.

Pouvait-il, du moins, trouver du crédit sur sa propre signature? En d'autres termes, le crédit personnel lui était-il aisé, à supposer, d'ailleurs, qu'il n'ait eu à se reprocher aucun manquement à des engagements antérieurs? Ici encore, des difficultés particulières constituaient une barrière entre lui et les capitalistes. Le privilège très étendu, trop étendu même, accordé au bailleur absorbait le gage qui pouvait appartenir au fermier. La juridiction commerciale était fermée à ses créanciers pour l'exécution de ses engagements, et ceux-ci devaient subir les formalités aussi longues que coûteuses des tribunaux civils. La Banque de France n'ouvrait pas ses guichets au papier du cultivateur, non seulement parce qu'il n'était pas commercial, mais encore parce qu'il ne respecte pas et ne peut respecter les délais de rigueur imposés par sa charte; sans doute, dans la Nièvre, un directeur intelligent et avisé avait depuis longtemps accepté les billets souscrits par les *emboucheurs* et avait su, au moyen d'un renouvellement promis d'avance, concilier les intérêts de ces cultivateurs et les rigueurs des statuts; mais cette concession, qui n'avait, du reste, produit que des avantages, était restée cantonnée dans cette partie de la France et au profit des emboucheurs, dont les spéculations agricoles participent autant du commerce que de l'agriculture.

La lutte contre le vieil édifice juridique au profit du crédit agricole n'a pas cessé depuis quelques années. Ce n'est qu'à une date assez récente que l'on a pu créer le crédit réel mobilier; des tentatives nombreuses, dont l'une notamment avait donné lieu à une discussion des plus intéressantes au Sénat, avaient été faites pour permettre la constitution du gage mobilier sans déplacement de l'objet; mais toutes avaient échoué, lorsque fut déposée la proposition de loi sur les warrants agricoles dont le sort fut plus heureux; elle est devenue la loi du 18 novembre 1897. Le cultivateur peut aujourd'hui emprunter sur ses récoltes en grange, en meule ou en grenier, etc., et attendre le moment opportun pour la vente. Cette loi, encore insuffisamment connue malheureusement, n'a reçu jusqu'ici qu'une application restreinte.

En ce qui concerne le crédit personnel, nombreuses sont les lois qui ont été votées pour le faciliter. Nous nous contenterons d'une énumération rapide : la loi du 7 juin 1894, modifiant les articles 110 § 1er, 112 et 632 *in fine* du Code de commerce [1], permet de commercialiser des engagements civils et, par conséquent, des engagements agricoles, et, dès lors, de leur ouvrir, en cas de contestation, la juridiction consulaire; la loi du 19 février 1889 restreint le privilège du bailleur à la garantie des fermages de deux années échues, de l'année courante et de l'année à venir, et établit, en faveur des créanciers privilégiés, une subrogation légale au droit du débiteur sur les indemnités qui lui seraient dues par une compagnie d'assurances pour perte des objets sur lesquels portaient les privilèges [2].

En même temps que s'opérait cette transformation de nos codes, dans le but de créer ce que nous appellerions une atmosphère favorable au crédit agricole, il se produisait un effort législatif parallèle destiné à le fonder, c'est-à-dire à lui donner des institutions et une dotation.

A la différence, en effet, des autres professions, l'agriculture exige des capitaux à bon marché. Elle ne tire des capitaux mis à sa disposition qu'un revenu relativement faible, et elle serait imprudente de les louer à un taux élevé. Tous les cultivateurs qui ont fait des emprunts onéreux se sont ruinés, et cette vérité d'expérience a permis à beaucoup de bons esprits de croire et d'affirmer que l'agriculture ne doit pas emprunter, parce qu'elle se ruine en empruntant, fait incontestable si l'emprunt a lieu à des conditions onéreuses, mais fait inexact s'il se fait à des conditions différentes de celles que subit le commerce ou l'industrie.

Le crédit agricole a donc des caractères bien spéciaux, et c'est une erreur de dire qu'il n'existe pas. «Il n'y a pas de crédit agricole, il y a le crédit,» a-t-on répété souvent depuis 1845 après M. Dupin, et à tort; car, si le crédit agricole n'est qu'une application particulière, une modalité du crédit en général, il n'en a pas moins ses règles spéciales, bien différentes de celles du droit commun.

Faut-il s'étonner, après cette observation, qu'une des grosses préoccupations du

---

[1] Les articles sont ainsi modifiés :

Art. 110, § 1. La lettre de change est tirée soit d'un lieu sur un autre, soit d'un lieu sur le même lieu.

....

Art. 112. Sont réputées simples promesses toutes lettres de change contenant supposition soit de nom, soit de qualité.

Art. 632. La loi répute actes de commerce... Entre toutes personnes, la *lettre de change*.

En employant la forme de la lettre de change, qui peut être tirée d'un lieu sur le même lieu, tout souscripteur et, par conséquent, tout agriculteur peut, quelle que soit la cause de ses engagements, leur conférer le caractère commercial.

[2] Toutes ces réformes avaient été discutées et admises par une commission sénatoriale de 1882; mais, rejetées à cette époque par le Sénat, elles firent, comme nous venons de le dire, l'objet de lois successives.

parlement ait été de mettre à la disposition des cultivateurs des sommes importantes et qu'il ait saisi avec empressement l'occasion qu'offrait le renouvellement du privilège de la Banque de France pour les arracher à ce grand établissement financier?

Une redevance annuelle de 2 millions au minimum, une avance faite à l'État de 40 millions sans intérêt, telles sont les ressources que l'État a obtenues de la Banque de France par la loi du 17 décembre 1897 et dont il a fait la dotation du crédit agricole [1].

Est-il nécessaire de dire que la loi subordonnait la distribution des sommes allouées ou avancées par la Banque à la création d'un ou de plusieurs organismes chargés de ce soin et destinés en même temps à servir de caution? L'article 18 disposait, en effet, que «les sommes versées par la Banque, par application des articles 5 et 7, seraient réservées et portées à un compte spécial du Trésor jusqu'à ce qu'une loi eût établi les conditions de fonctionnement d'un ou de plusieurs établissements de crédit agricole».

Cette loi, qui ne devait pas tarder à intervenir, décida que les *caisses régionales de crédit agricole mutuel*, dont elle réglemente l'organisation et le fonctionnement, seraient les seules à profiter de ces avances.

Cet organisme, venant après les caisses locales, montre assez le souci qu'a eu le législateur de développer l'esprit de mutualité dans les institutions de crédit agricole; cette préoccupation lui a paru d'autant plus intéressante que c'est le domaine dans lequel la mutualité s'était le moins exercée jusque-là en France. Sans doute, les syndicats agricoles, dans les efforts multiples qu'ils ont tentés sans relâche pour améliorer la situation de nos cultivateurs et dans leur propagande infatigable en faveur des œuvres d'initiative privée, avaient déjà contribué à développer les idées de crédit mutuel agricole et y avaient quelque peu réussi. Nous verrons que le législateur de 1894, dans sa conception des institutions de crédit, a précisément voulu que la société de crédit fût une des institutions annexes du syndicat; sans examiner si c'est là une condition heureuse ou non, nous ne pouvons cependant nous empêcher de reconnaître la sagesse avec laquelle M. Méline, qui a été l'inspirateur de cette loi de 1894, a tenu à ce que les institutions de crédit fussent

---

[1] Les articles 5 et 7 de la loi du 17 décembre 1897 sont ainsi conçus :

Art. 5. — A partir du 1er janvier et jusques et y compris l'année 1920, la Banque versera à l'État, chaque année et par semestre, une redevance égale au produit du huitième du taux de l'escompte par le chiffre de la circulation productive, sans qu'elle puisse jamais être inférieure à 2 millions de francs. Pour la fixation de cette redevance, la moyenne annuelle de la circulation productive sera calculée telle qu'elle est déterminée pour l'application de la loi du 13 juin 1878. Le premier payement semestriel sera exigible quinze jours après l'expiration du semestre dans lequel la loi aura été promulguée; les autres payements s'effectueront le 15 janvier et le 15 juillet de chaque année, le dernier devant avoir lieu le 15 janvier 1921.

Art. 7. — Est approuvée la convention du 31 octobre 1896 en vertu de laquelle, indépendamment des 140 millions spécifiés à l'article 6, la Banque s'engage à mettre à la disposition de l'État, sans intérêt et pour toute la durée de son privilège, une nouvelle avance de 40 millions de francs.

des institutions populaires, à caractère mutuel. Il n'a cessé de le répéter, le crédit agricole doit être organisé tout d'abord *en bas,* c'est-à-dire près et par les cultivateurs eux-mêmes. L'expérience était là pour prouver que c'était la vérité : le succès des petites sociétés de crédit en Allemagne et en Italie, d'une part, et l'échec lamentable de la grande société de crédit agricole organisée sous l'Empire, d'autre part, montraient assez les dangers d'une organisation différente.

Voici la situation exactement définie, et c'est dans le but de la préciser que j'ai tenu à emprunter cette longue et intéressante citation au rapport du regretté Émile Chevallier[1]. Elle établit que le but du crédit agricole est de fournir à l'agriculteur les fonds dont il a momentanément besoin pour entreprendre les spéculations *courantes* (il faut insister sur ce mot). Avant de faire connaître les résultats obtenus, à la date de 1905, par le fonctionnement des caisses de crédit agricole mutuel, il est intéressant de jeter un coup d'œil sur l'historique de cette institution.

Le principe de ces associations (institutions Schultze-Delitz et Raiffeisen, t. I, p. 652 et suiv.) a été posé en Allemagne. Chez nous, le mouvement est plus récent. C'est dans l'Est qu'il a pris naissance. Poligny, dans le Jura, fut un des premiers arrondissements de notre pays qui ait eu un syndicat agricole; l'année suivante, en 1885, fut créée la Société de crédit mutuel de Poligny.

Cette création est due à l'initiative de M. Milcent, qui lui donna la forme de société anonyme à capital variable, régie par les dispositions de la loi du 24 juillet 1867. Le capital social fut fixé à 20,000 francs et représenté par 40 actions de 500 francs chacune, dont la moitié seulement a été versée; ces actions reçoivent un intérêt de 3 p. o/o. A ce capital social, viennent se joindre des dépôts remboursables à 3 mois. La société ne prête qu'aux cultivateurs qui sont membres tout à la fois du syndicat et de la société, et qui, à ce dernier titre, doivent être souscripteurs, au moins au moment de la réalisation de l'emprunt, d'une coupure d'action de la valeur de 50 francs, dont moitié versée. La demande d'emprunt doit spécifier

[1] Rapport du Jury de la Classe 104 (Grande et petite culture, syndicats agricoles, crédit agricole), par Émile Chevallier, député, membre de la Société nationale d'agriculture, maître de conférences à l'Institut national agronomique.

les raisons de cet emprunt, raisons qui doivent être d'ordre agricole, la société ne prête, en effet, que pour acheter des bestiaux, des semences, des engrais ou des instruments agricoles. Le maximum des prêts est fixé à 600 francs. L'emprunteur, sur lequel la section cantonale correspondante du syndicat est au préalable appelée à fournir des renseignements, doit fournir une caution. Les prêts sont faits pour trois mois seulement, mais ils sont susceptibles de plusieurs renouvellements successifs de même durée jusqu'à un an, au maximum, limitation qui a été prescrite afin de rendre les billets escomptables par la Banque de France; ces billets, sur lesquels la caution et la Société de crédit mutuel mettent leur signature, à côté de celle de l'emprunteur, réunissent ainsi les trois signatures exigées. Le taux des prêts est supérieur de 1 p. o/o à celui de l'escompte de la Banque de France. Depuis sa fondation, la Société de Poligny a prêté environ 3 millions o33,264 francs aux cultivateurs de la région. En 1898, le montant des prêts a dépassé 419,000 francs et, en 1899, il a atteint près de 430,000 francs. Le chiffre des dépôts a été, en 1898, de plus de 161,000 francs et, en 1899, de plus de 174,000 francs. On peut donc dire que la Société de Poligny a eu un plein succès. Elle a pu récemment, par suite des avantages concédés aux caisses régionales, fonctionner comme banque régionale à l'avantage d'une trentaine de petites caisses rurales. En sa qualité de doyenne, elle méritait une mention spéciale.

Examinons maintenant les types d'institutions de crédit agricole. On pouvait les ramener à quatre à la veille de l'Exposition de 1900 :

1° Sociétés anonymes de crédit agricole à capital variable, régies par la loi du 24 juillet 1867. Ce sont des sociétés coopératives de crédit, dans lesquelles la responsabilité des sociétaires est limitée au montant de la part du capital social qu'ils ont souscrite. Leur nombre peut être évalué à une vingtaine;

2° Sociétés de crédit agricole en nom collectif ou à responsabilité illimitée, également régie par la loi du 24 juillet 1867. Ces sociétés, connues sous le nom de *Caisses rurales* ou *Caisses agricoles coopératives,* selon le groupe auquel elles appartiennent, sont une adaptation du type allemand de la caisse Raiffeisen. Elles sont généralement fondées sans capital social et empruntant les fonds nécessaires au service de leurs prêts. Elles ne remontent qu'à l'année 1893, et sont actuellement (1900) au nombre de 400 à 500;

3° Sociétés de crédit agricole mutuel, fondées par un syndicat agricole ou des membres du syndicat, en vertu de la loi du 5 novembre 1894, qui a doté de privilèges spéciaux les sociétés de crédit organisées par les syndicats agricoles. La responsabilité des sociétaires est le plus souvent limitée au montant de la part souscrite; mais elle peut être rendue plus étendue et même illimitée. Ces institutions sont au nombre d'une centaine;

4° Caisses régionales de crédit agricole mutuel, fondées par application de la loi du 31 mars 1899, pour escompter le papier des sociétés locales et leur consentir des avances à l'aide de fonds mis à leur disposition, comme prêts sans intérêts, sur les versements de la Banque de France. Il a été créé un certain nombre de ces caisses.

Je ne m'arrête pas sur les détails de ces divers types, ayant déjà discuté à plusieurs reprises les avantages respectifs de la responsabilité limitée et de l'illimitée. Notons seulement ici une disposition assez curieuse de la solidarité. C'est la société de Courcelles (Indre-et-Loire) qui l'applique :

Les sociétaires y sont solidairement responsables proportionnellement à leur *inscription créditable*. L'inscription créditable est le montant maximum du prêt que la caisse peut consentir à un sociétaire. Les articles 13 et 14 des statuts fixent le mode d'établissement des inscriptions créditables.

En assemblée générale, fin d'année, chaque syndiqué, suivant l'ordre assigné par le sort, demande le crédit, c'est-à-dire la somme maxima qu'il désire pouvoir emprunter en cas de besoin. On distribue immédiatement des bulletins de papier uniformes à tous les cosociétaires, et c'est le vote au bulletin secret qui va trancher la question.

Chaque associé, suivant la confiance qu'il a en l'impétrant, inscrit le chiffre du crédit qu'il croit devoir accorder, ainsi que la durée du crédit. Nous sommes dans un cercle restreint où chacun se connaît de longue date : l'intéressé a trente ou quarante juges. Le contenu des bulletins est totalisé et divisé par autant d'unités qu'il y a de votants.

Exemple :

Pierre demande un crédit de 800 francs.

A... vote 600 francs, B... 400 francs, C... 800 francs, D... 700 francs, E... 100 francs, etc.

Total des votes, 20,000 francs.

Nombre de votants, 40.

Inscription créditable de Pierre $\dfrac{20,000 \text{ francs}}{40} = 500$ francs.

Pierre aura donc, de par les votes de ses cosociétaires, un crédit de 500 francs, ce qui veut dire qu'il pourra en cas de besoin et dans le cours de l'exercice, emprunter à la caisse depuis 50 francs, chiffre minimum fixé par les statuts, jusqu'à 500 francs.

Si le postulant n'inspire pas confiance, les nombreux bulletins blancs ou les crédits dérisoires accordés se chargent de faire comprendre la réponse.

La cote créditable de chaque associé est établie chaque année pour le prochain exercice, c'est-à-dire au 31 décembre pour l'exercice suivant. Elle peut être modifiée chaque année.

La loi destinée à développer le crédit agricole — dont M. Méline a été le promoteur — est du 5 novembre 1894. Son but est d'utiliser les syndicats agricoles à la diffusion du crédit :

Les sociétés de crédit agricole mutuel, régies par la loi nouvelle, ne peuvent être fondées que par les membres d'un syndicat et le sont généralement par une minime fraction de ses membres; dès qu'elles se trouvent constituées, elles peuvent fonctionner non seulement au profit de leurs sociétaires, souscripteurs de parts, mais encore au profit de tous les membres du syndicat ou des syndicats qui ont contribué à les fonder. La loi de 1894 assure à ces sociétés la jouissance de certains privilèges : l'exemption de la patente et de l'impôt sur les valeurs mobilières, la simplification des formalités de publicité, etc.

Dans les sociétés du « type Méline », comme il est convenu de les appeler, la responsabilité des sociétaires est ordinairement limitée à la part souscrite par eux, mais elle peut être portée par les statuts à plusieurs fois la part sociale.

Certaines sociétés ont même adopté la responsabilité illimitée. La loi de 1894 donne aux fondateurs toute latitude à cet égard. La seule condition posée rigoureusement par elle est l'existence d'un syndicat, dont la société de crédit doit être la filiale; cette exigence peut paraître excessive, mais elle se conçoit dans un système qui fait du groupement syndical l'agent de toutes les améliorations sociales agricoles.

En 1900, il y avait 150 sociétés du type nouveau, dont la première application fut faite par M. Émile Duport, à Belleville-sur-Saône (Rhône).

Le Syndicat agricole de Chartres fut également l'un des premiers à créer une société de crédit mutuel agricole; dès mai 1895, en effet, son bureau décidait de la fonder. Il ne se dissimulait pas les difficultés qu'il aurait à surmonter et qui furent sérieuses. Il y avait alors 2,635 membres du syndicat; à chacun il fut proposé de s'affilier à la société de crédit projetée, moyennant la souscription et le versement d'au moins une part de 20 francs, productive, d'ailleurs, d'un intérêt de 2 fr. 50 p. 100; peu répondirent à cet appel; il fallut faire une nouvelle tentative, qui ne fut guère plus heureuse. Néanmoins, la constitution de la nouvelle société fut décidée; elle eut lieu le 21 mars 1896; à cette date, 785 parts avaient été souscrites par 407 adhérents; le syndicat avait, de son côté, souscrit 1,000 parts, c'est-à-dire 20,000 fr.; en résumé, le capital de la société naissante était de 36,230 francs, dont la plus grosse part (32,032 francs) avait été consacrée à l'achat d'une rente. La société de crédit, entendant faire de cette somme un capital de garantie, demanda à la Société Générale l'ouverture d'un crédit de 65,000 francs, moyennant le dépôt dans les caisses de celle-ci des titres de rente. La Société Générale, dans ces limites, s'engageait à fournir à la société, au taux de la Banque, tous les fonds qui lui seraient nécessaires, en même temps que la troisième signature réglementaire exigée pour l'admission des effets à l'escompte. Le 2 mars, le crédit de la Société Générale était porté à 100,000 francs. Le fonds social augmentait, d'ailleurs, d'année en année par suite de la souscription de nouvelles parts; au 31 décembre 1899, il était de 43,010 francs. Il en était de même du nombre des mutualistes, qui, après avoir été de 405 au 31 décembre 1896, était, trois ans plus tard, de 530.

Voici comment les prêts sont consentis : le conseil d'administration se réunit deux fois par mois pour statuer sur les demandes de crédit; celles-ci doivent être faites au moins cinq jours avant la réunion, et sur une formule spéciale qui est délivrée au siège social; si l'emprunteur n'est pas connu du conseil, il est demandé des renseignements confidentiels à deux personnes de sa localité [1]. Les demandes de prêts doivent toujours avoir pour objet une opération se rapportant à l'industrie agricole; elles doivent être proportionnées à l'étendue de la culture du demandeur, et ne pas dépasser un chiffre en rapport avec le nombre de parts souscrites, chaque part de 20 francs correspondant à un emprunt maximum de 500 francs. Les emprunts sont faits généralement pour trois, six ou neuf mois, très rarement pour un an; le plus souvent, la durée est de six mois, et, comme les effets dépassant quatre-vingt-dix jours ne sont pas reçus à l'escompte de la Banque de France, on fait signer, dans ce cas, à l'intéressé deux effets de trois mois; le premier est escompté immédiatement et le second est conservé au siège social, où, à l'expiration de la

----

[1] Les correspondants. qui sont généralement le maire, l'instituteur ou un autre cultivateur, consignent leur réponse sur un imprimé qu'ils ne signent pas.

première période de trois mois, il sert à acquitter le premier, et c'est la valeur du second que l'emprunteur verse à l'expiration de la deuxième période de trois mois.

Les opérations de la société de crédit mutuel se divisent en deux parties bien distinctes :

1° Les prêts *espèces*, nécessaires pour ceux qui doivent acheter des bestiaux, des instruments, etc., toutes opérations qui se font sur une foire ou un marché, et pour lesquelles le payement au comptant est beaucoup moins onéreux;

2° Les prêts *marchandises*, qui s'appliquent surtout au payement des engrais, semences et autres substances fournies et livrées par les adjudicataires du syndicat agricole.

Le *Crédit mutuel agricole de Chartres* a commencé ses opérations en 1896, et son premier prêt est du 11 juillet. Au 31 décembre de cette année, il avait été réalisé pour 47,850 francs de prêts, intéressant 69 adhérents. En 1897, les opérations se sont accrues d'une manière plus sensible. Pendant la troisième année, la prospérité s'accentue davantage encore. Il en est de même pour l'année 1899, pendant laquelle le chiffre des avances a atteint 287,495 fr. 45, intéressant 386 sociétaires. Du 11 juillet 1896, date de sa première opération, au 31 décembre 1899, il a été prêté à 1,120 sociétaires la somme de 776,708 fr. 21, et le capital social est d'environ 40,000 francs. Lorsque nous aurons dit que la Société a fait quelques pertes insignifiantes dans les deux premières années et qu'elle fait maintenant quelques légers bénéfices, nous aurons achevé les explications que nous devions consacrer à cette société dont le succès est manifeste.

Il nous reste à parler de la loi de 1899. «Le législateur, écrivait dans une circulaire récente, M. Léon Mougeot, alors ministre de l'agriculture, a pensé que la loi de 1894 n'était pas suffisante pour assurer le développement du crédit agricole, et c'est pour ce motif qu'il a voté la loi du 31 mars 1899, instituant les caisses de crédit agricole mutuel.

«Ces caisses, alimentées en dehors des sommes versées par les souscripteurs, par des avances de l'État, qui sont remboursables, mais ne portent pas d'intérêt, ne peuvent prêter qu'aux caisses locales de crédit agricole mutuel.

«Cette intervention de l'État dans des proportions aussi considérables, dans cette question de crédit agricole mutuel, puisqu'il fait des avances aux caisses régionales pouvant se monter au quadruple du capital versé, a, entre autres buts, celui de remettre le prêt à un taux qui n'est pas excessif, puisque, en général, il ne s'élève qu'au taux de l'escompte de la Banque de France, et aussi, cela est très précieux, de permettre l'escompte des effets à long terme, ce qui est indispensable en agriculture [1]. »

La loi de 1899 aboutit à la création des caisses régionales.

Dans le rapport de M. Lourties au Sénat on lit : « Il fallait, à l'exemple des syndicats qui, profitant de leur rapide expansion, avaient su créer les admirables unions régionales qui les complètent si utilement, provoquer en faveur des sociétés locales de crédit agricole, en grande partie éparses dans nos campagnes, sans liaison et sans soutien, une organisation régionale. » C'est encore le crédit par en bas — la meilleure forme du crédit un crédit par en bas qui ne saurait se plaindre que les moyens lui fassent défaut. En effet, aux caisses régionales seront attribuées, à titre d'avance sans intérêts, les sommes mises à la disposition du Gouvernement par la Banque de France [2]. Je parle à la page précédente des avances que leur fait l'État. Ces avances sont égales au quadruple du capital versé en espèces. Les caisses régionales pourront ainsi donner aux locales un crédit à bon marché, et, lorsqu'elles escompteront les effets souscrits par les membres des sociétés locales et endossés par celles-ci, ou lorsqu'elles feront à ces sociétés les avances nécessaires pour la constitution de leur fonds de roulement, — ce que la loi les autorise à faire, — elles feront l'escompte ou les avances à un intérêt très faible. Ces caisses, dont la loi ne limite ni le nombre ni l'étendue des circonscriptions, seront constituées d'après la loi du 5 novembre 1894. Les membres des sociétés locales seront, la plupart du temps, membres des caisses régionales et les sociétés locales contribueront elles-mêmes à l'organisation de ces caisses, dont les deux tiers au moins des parts leur seront réservés. Dans l'exposé des motifs du projet de loi autorisant les avances aux Sociétés coopératives agricoles (1905), M. Ruau, ministre de l'agriculture, note le bon résultat

---

[1] On ne saurait trop insister sur cette nécessité d'assurer le crédit à long terme, je montrais tout à l'heure que le crédit agricole doit se faire par *en bas*, mais il ne saurait rendre les immenses services qu'on attend de lui qu'autant qu'il est à *long terme*.

[2] Voir note p. 143.

donné par les caisses régionales. Au nombre de 59, elles ont reçu à titre d'avance, du 1er janvier 1900 au 31 décembre 1904, une somme de 16 millions, qui sera loin de paraître excessive, si l'on note qu'elles ont 987 caisses locales affiliées groupant 48,608 adhérents.

Au demeurant, quelle est exactement la situation des caisses de crédit agricole mutuel, quelles considérations appelle leur fonctionnement, notamment en ce qui concerne l'importante question du taux de l'escompte des prêts, nous allons le demander à un intéressant rapport de M. Ruau au Président de la République (15 mai 1905).

Il existait, au 31 décembre 1904, 59 caisses régionales groupant 987 caisses locales et 43,668 sociétaires. Les 5 dernières caisses régionales, constituées à la fin de l'année, n'ont pu recevoir des avances de l'État qu'au commencement de 1905, lors de la réunion de janvier de la commission de répartition et n'ont commencé à fonctionner qu'à partir de ce moment. Je ne pourrai donc pas les comprendre dans les détails suivants qui ne porteront exclusivement que sur les 54 autres caisses régionales et sur leurs caisses locales affiliées.

A la suite des quatre réunions trimestrielles de la commission de répartition, il a été alloué l'année dernière, des avances s'élevant ensemble à la somme de 5,437,969 francs, dont 1,828,000 francs aux 13 caisses régionales nouvellement créées, et 3,609,429 francs aux anciennes caisses.

Le total des avances consenties est donc passé de 8,737,396 francs au 31 décembre 1903, à 14,175,365 francs au 31 décembre 1904, suivant la répartition indiquée au tableau ci-dessous :

CAISSES RÉGIONALES BÉNÉFICIAIRES.	TOTAL DES AVANCES ACCORDÉES		CAISSES RÉGIONALES BÉNÉFICIAIRES.	TOTAL DES AVANCES ACCORDÉES	
	JUSQU'À la fin de 1903.	JUSQU'À la fin de 1904.		JUSQU'À la fin de 1903.	JUSQU'À la fin de 1904.
	francs.	francs.		francs.	francs.
Aixoise	160,000	160,000	Centre	8,009	8,000
Alpes-Maritimes	41,550	55,400	Cévennes	56,000	140,000
Aube	75,500	103,750	Charente	280,000	415,459
Avignon	"	180,000	Charente-Inférieure	144,800	144,800
Basses-Pyrénées	502,000	610,800	Côte-d'Or	"	168,000
Beauce et Perche	1,012,200	1,636,600	Côtes-du-Nord	"	55,320
Bourgogne et Franche-Comté			Deux-Sèvres	"	32,700
Brie	159,900	159,900	Doubs	"	320,000
Briey (Arrondissement de)	688,212	688,212	Est (Épinal)	195,000	288,000
			Est (Nancy)	103,100	260,400
Cambrésis	11,250	11,250	Gâtinais	85,975	85,975
	464,000	700,000	Gers	"	320,000

CAISSES RÉGIONALES BÉNÉFICIAIRES.	TOTAL DES AVANCES ACCORDÉES		CAISSES RÉGIONALES BÉNÉFICIAIRES.	TOTAL DES AVANCES ACCORDÉES	
	JUSQU'À la fin de 1903.	JUSQU'À la fin de 1904.		JUSQU'À la fin de 1903.	JUSQU'À la fin de 1904.
	francs.	francs.		francs.	francs.
Gironde	178,340	246,040	Nyons	50,000	65,000
Gray et Haute-Saône	16,300	16,300	Ouest	15,450	15,450
Haute-Marne	80,000	640,000	Pas-de-Calais	995,000	1,090,000
Haute-Normandie	108,400	108,400	Puy-de-Dôme	//	20,000
Île-de-France	87,500	87,500	Puyméras	7,500	7,500
Ille-et-Vilaine	//	8,000	Pyrénées-Orientales	56,547	56,547
Indre	398,900	560,800	Roannaise	//	32,000
Indre-et-Loire et Maine-et-Loire	148,837	206,677	Saône-et-Loire	//	80,800
Lille	195,000	195,000	Sud-Est	132,800	416,400
Loir-et-Cher	//	600,000	Sud-Ouest	138,685	404,625
Maine	150,000	150,000	Tarbes	135,600	260,550
Maine et Anjou	68,000	68,000	Tarn	2,750	29,700
Marne, Aisne, Ardennes	880,600	880,600	Toulouse	58,200	100,400
Midi	585,000	1,000,000	Var	100,000	100,000
Morbihan	//	26,500	Vendée	30,000	41,000
			Vexin	130,500	130,500
			Yonne	//	11,340

Le capital souscrit de ces 54 caisses était de 5,073,626 francs sur lequel il avait été versé 4,601,369 francs. Dans la composition de cette dernière somme, les versements des caisses locales entraient pour 2,112,422 francs et les versements des particuliers et des syndicats pour 2,488,947 francs.

La majorité des caisses, 39, avaient fait verser la totalité de leur capital, les 15 autres n'en avaient appelé qu'une partie. L'intérêt servi aux porteurs de parts va de 3 à 4 p. o/o ; deux caisses payent 4 fr. 50 p. o/o.

Il a été constaté une tendance à relever l'intérêt attribué au capital. La mesure me paraît plutôt critiquable, et j'estime que logiquement cet intérêt devrait se rapprocher de celui que l'on fait produire au capital et non s'en éloigner.

Les caisses régionales ont donc disposé de leur capital versé s'élevant à . . . . 4,601,369 francs
Auquel il convient d'ajouter les avances de l'État 14,175,365

Soit ensemble 18,776,734

En 1903, 41 caisses avaient eu à leur disposition une somme de 11,803,431
dont 8,737,396 francs provenaient des avances de l'État et 3,066,035 francs représentaient leur capital versé sur 3,419,225 francs souscrits.
Les moyens d'action des caisses régionales se sont par conséquent accrus en 1904 de 6,973,303

Une progression correspondante se constate dans le relevé de leurs opérations : c'est ainsi que le chiffre des avances aux caisses locales est en augmentation de 222,816 francs, passant de 2,211,962 francs à.................. 2,434,778 francs

Pendant que le montant des effets escomptés s'accroît de 10,039,784 francs en passant de 14,782,049 francs à.. 24,821,833

Total des opérations de 1904..................... 27,256,611

Contre, en 1903............................. 16,994,011

L'augmentation, très sensible en faveur de 1904, est de.. 10,262,600

Le montant des effets reçus par certaines caisses atteint souvent un chiffre très élevé : ainsi 1 caisse arrive à 3,200,000 francs, une autre à 2,500,000 francs, 4 dépassent le million, 11 ont dépassé le demi-million. Ces effets représentaient des prêts individuels pour une somme de 21 millions environ et des prêts collectifs faits à des syndicats ou des associations coopératives pour une somme de 3 millions 800,000 francs.

D'après leurs réponses, les caisses régionales n'ont éprouvé aucune perte.

Le taux des avances a varié comme l'année précédente entre 1 et 4 p. o/o, et le taux de l'escompte a oscillé entre 1.50 et 4 p. o/o. 32 caisses ont escompté à un taux égal ou supérieur à celui de la Banque de France et 19 au-dessous.

Les frais généraux se sont élevés pour l'année à la somme de 84,401 francs; rapprochés du montant des opérations relatées ci-dessus, ils donnent une moyenne de 0.31 p. o/o en diminution sur celle de 1903 qui était de 33 centimes. Néanmoins, j'ai constaté dans les comptes de quelques caisses un accroissement de frais généraux qui m'a paru excessif.

Quant aux réserves, elles sont passées de 195,513 francs en 1903 à 362,589 fr.; l'augmentation pour l'année a été de 167,076 francs.

En examinant le relevé des opérations des caisses locales, nous allons constater un progrès correspondant à celui que je vous signalais à propos des caisses régionales.

En 1903 il existait 616 caisses affiliées à nos caisses régionales groupant 28,204 associés ayant versé un capital de 1,466,806 francs sur 2,255,670 francs souscrits.

En 1904, les 54 caisses régionales dont nous nous occupons réunissaient 963 caisses locales parmi lesquelles 619 avaient adopté une responsabilité limitée plus ou moins étendue, et 344 la responsabilité illimitée de leurs membres. Leurs adhérents étaient au nombre de 42,783; le capital versé atteignait 2,405,842 fr. sur 4,012,100 francs souscrits. Ces chiffres, rapprochés de ceux de l'année précédente, accusent une augmentation de 347 caisses, 14,579 associés et de 939,040 fr. pour le capital versé. Le montant des prêts est passé de 22,451,167 francs à 30,235,063 francs, en accroissement de 7,783,896 francs.

L'intérêt servi au capital a varié de 2.50 à 4 p. o/o et le taux des prêts a été de 2.50 à 5 p. o/o.

Les réserves, qui étaient de 149,815 francs en 1903, sont montées à 228,925 francs; le boni pour l'année 1904 a donc été de 79,1110 francs.

L'utilité du crédit agricole est établie d'une façon incontestable, autant par son développement régulier que par les services qu'il rend chaque jour à nos laborieuses et vaillantes populations rurales. Ces services se sont affirmés en 1904 et au commencement de 1905 particulièrement dans les régions viticoles du Midi où, grâce aux prêts consentis par les caisses locales communales, un très grand nombre de producteurs ne se sont pas trouvés dans l'obligation de vendre leur récolte à des prix ruineux; ils ont pu ainsi éviter l'effondrement des cours et attendre une amélioration du marché.

La Caisse régionale du Midi peut donc estimer avec raison que, par son intervention, elle a puissamment contribué à cette amélioration qu'elle évalue à plusieurs millions et qui a profité à l'ensemble des producteurs de la région.

L'expérience et la pratique ont conduit à des applications variées du crédit agricole : c'est ainsi qu'à côté des prêts individuels pour achat d'engrais, d'animaux ou de semences et des avances sur récoltes, la plupart des caisses font des prêts collectifs à des syndicats et aussi, dans certaines régions, à des associations coopératives. Grâce au concours qu'ils trouvent auprès des caisses de crédit agricole, les syndicats peuvent traiter leurs opérations au comptant et obtenir des conditions plus avantageuses dont profitent les syndiqués; et, d'autre part, des associations coopératives ont pu se constituer : beurreries, laiteries, distilleries, moulins à huile, caves communes, facilitant aux intéressés une utilisation plus fructueuse de leurs produits. Des syndicats s'adressent encore aux caisses pour se procurer les moyens d'acquérir soit des animaux qu'ils placent en cheptel chez leurs adhérents, soit des machines et instruments perfectionnés qui, en diminuant le prix de revient, augmentent le bénéfice, ou encore un matériel d'emballage pour l'exportation des fruits. Enfin, des sociétés d'assurances mutuelles contre la mortalité du bétail recourent également aux bons offices des caisses et en obtiennent des avances pour le règlement des pertes avant la rentrée complète des cotisations.

Il ressort clairement de l'exposé succinct des services rendus par les caisses que le crédit agricole peut être considéré comme un puissant auxiliaire de l'agriculture, lui permettant de parer, dans une large mesure, aux crises économiques et d'appliquer à son profit les découvertes de la science et les inventions du génie rural. Et il convient de remarquer que sur tous les points de notre territoire l'intervention de cet auxiliaire est d'autant mieux appréciée et plus recherchée qu'il est mieux connu.

L'idéal, d'ailleurs presque irréalisable, serait évidemment que tous nos cultivateurs possédassent les capitaux dont ils ont besoin pour leurs exploitations, mais, en attendant, c'est certainement servir la cause du progrès et l'intérêt des agriculteurs que de mettre à leur disposition, aux conditions les plus avantageuses, les fonds qui leur sont nécessaires.

Grâce à l'intervention de l'État qui se manifeste par l'allocation d'avances souvent importantes, les caisses ne sont jamais prises au dépourvu et elles ont toujours pu faire face aux besoins de leurs adhérents.

Partout cette facilité de fonctionnement a inspiré confiance à ceux qui, au début, ne croyaient pas à la possibilité d'organiser le crédit agricole et qui en sont devenus rapidement des adeptes. D'autre part, l'intérêt produit par les avances gratuites de l'État permet aux caisses de ne faire supporter aux emprunteurs qu'une faible partie des frais d'administration, et de se constituer une réserve destinée à parer à des éventualités qu'il est toujours sage de prévoir.

D'une manière générale, le crédit est donc mis à la disposition des intéressés dans les conditions régulières les plus avantageuses. Il est nécessaire que l'intérêt demandé soit fixé à un taux normal, c'est-à-dire en rapport avec le loyer de l'argent.

D'abord parce que si cet intérêt était fixé trop bas, il se produirait inévitablement des abus : de riches propriétaires trouveraient avantageux de placer leurs capitaux en valeur et de demander ensuite à la Caisse de crédit agricole les fonds nécessaires pour assurer la marche de leurs exploitations. Et comme, dans ces conditions, les moyens d'action des caisses seraient limités par suite de l'impossibilité où elles se trouveraient de réescompter leur portefeuille, les petits et les moyens propriétaires, ceux pour qui le crédit agricole a été organisé, en seraient fatalement écartés.

D'autre part, il faut encore considérer que, si le crédit était procuré à trop bon compte, l'on serait porté à y faire appel pour des entreprises d'une utilité contestable ou insuffisamment étudiées, et que les insuccès qui en résulteraient compromettraient en même temps le développement et l'avenir des institutions de crédit agricole. Au contraire, l'on est toujours porté naturellement à ménager ce qui coûte ou oblige à un effort.

Cette question du taux de l'escompte et des prêts mérite une très sérieuse attention de la part des administrateurs des caisses, et comme mon honorable prédécesseur, je me permets, Monsieur le Président, de vous la signaler tout particulièrement. Les résultats acquis, depuis cinq ans que fonctionnent les institutions créées par la loi de 1899, sont certainement satisfaisants dans leur ensemble et font bien présager de l'avenir, mais cette constatation ne doit pas empêcher de reconnaître que leur fonctionnement est susceptible d'améliorations.

Au début, chacun s'est mis à l'œuvre en appliquant le système qui lui paraissait le meilleur et semblait répondre le mieux à ses conceptions. Les systèmes sont donc variables suivant les caisses et il faut se féliciter de cette diversité, car la comparaison des résultats fournit d'intéressants renseignements et permettra de dégager la formule répondant le mieux aux desiderata des intéressés considérés sous le rapport du bon fonctionnement des caisses, de la sécurité de leurs opérations et de la modicité du taux de l'escompte et des prêts.

À ce dernier point de vue, les caisses peuvent être divisées en deux catégories réunissant : l'une, celles qui escomptent au taux de la Banque et au-dessus; l'autre, les caisses qui escomptent au-dessous de 3 p. o/o.

En 1904, sur 51 caisses régionales ayant fonctionné, il y en avait 19 qui escomptait au-dessous du cours de la Banque et 32 qui escomptaient à 3 p. o/o et au-dessus. Les premières disposant de 7,717,579 francs d'avances ont escompté pour 10,285,776 francs à leurs affiliées qui avaient prêté une somme légèrement plus élevée. Les secondes, qui avaient reçu 6,391,286 francs d'avances, avaient escompté pour 14,536,057 francs à leurs caisses locales dont les prêts dépassaient 19,500,000 francs.

Il n'était donc pas juste de dire, comme on l'a fait, qu'une caisse régionale qui ne ferait pas d'opérations au-dessous du taux de la Banque serait inutile, parce que ses caisses locales feraient payer trop cher leurs services.

En réalité, l'argent revient à l'emprunteur à peu près au même prix, c'est-à-dire à environ 4 p. o/o, quelles que soient les conditions faites par les caisses régionales à leurs caisses locales; et, d'autre part, ces conditions paraissent n'exercer aucune influence au point de vue de la constitution du fonds de réserve des caisses locales. La solution de cette question du taux de l'escompte ne met donc pas en jeu l'intérêt des emprunteurs; elle dépend principalement et presque exclusivement de l'organisation de la caisse régionale. Ainsi la caisse des Basses-Pyrénées, dont le siège est à Pau, escompte à 3 p. o/o et ses locales prêtent au même taux. La caisse régionale fait participer ses locales à ses bénéfices.

Un autre point mérite également de retenir l'attention des conseils d'administration; je veux parler du taux de l'intérêt servi aux porteurs de parts sociales. Bon nombre de caisses qui escomptent à 3 p. o/o ne servent à leur capital qu'un intérêt de 3 p. o/o également; d'autres, escomptant à 2 p. o/o, payent un intérêt de 4 p. o/o.

L'on comprend très bien que, dans les régions où l'esprit d'association et de solidarité n'est pas développé, il soit parfois nécessaire, pour attirer des concours à la création d'une caisse, de consentir, au début, un intérêt légèrement plus élevé que le taux courant de l'escompte; toutefois, les efforts doivent tendre, non pas à s'en écarter, mais à s'en rapprocher le plus possible dès que les circonstances le permettent.

La caisse régionale de la Charente-Inférieure, dont le siège est à Saintes, semble vouloir entrer dans cette voie, et pour l'année courante, son conseil d'administration a manifesté l'intention de ramener l'intérêt de ses parts au taux de son escompte. Au contraire, une caisse déjà ancienne a augmenté l'intérêt de ses parts en le portant de 3 1/2 p. o/o à 4 p. o/o, sous le prétexte qu'il lui serait difficile autrement d'accroître son capital. La mesure n'est certes pas illégale, puisque la loi fixe à 5 p. o/o le maximum d'intérêt des parts; mais, cependant, le prétexte invoqué ne peut que surprendre, car la caisse dont il s'agit a toujours prétendu que l'argent était très bon marché dans sa région.

Le taux de l'intérêt des parts comme celui de l'escompte exercent sur les résultats des opérations d'une caisse régionale une très grande influence et, à ce sujet, je vous demanderai, Monsieur le Président, la permission de citer un exemple :

Une caisse régionale créée au commencement de 1904 a reçu de mon administration, dans le cours de cette année, toutes les avances gratuites qu'elle avait demandées, soit 600,000 francs dont elle a disposé pendant une durée moyenne de six mois environ. Le chiffre de son escompte s'est élevé à près de 1,200,000 francs au taux de 2 p. o/o et elle a servi à ses porteurs de parts un intérêt de 4 p. o/o. Ayant été obligée, dans ces conditions, de réescompter une partie de son portefeuille, elle a vu fondre rapidement le revenu des avances de l'État, il ne lui en est resté, à l'inventaire, qu'une somme légèrement supérieure à 1,600 francs. Encore faut-il tenir compte qu'elle est logée, chauffée et administrée gratuitement par le syndicat qui l'a créée.

Si les affaires s'étaient accrues de 170,000 francs, la caisse régionale eût été en déficit. Quand une institution honnêtement administrée comme celle dont il s'agit, n'ayant que des frais généraux infimes, disposant d'avances gratuites très importantes, arrive à un résultat comme celui que je viens de vous signaler, elle doit reconnaître qu'il y a dans son organisation quelque chose d'anormal.

J'estime que pour qu'une caisse régionale puisse étendre ses opérations et, par conséquent, ses services tout en prospérant, il est indispensable, même avec le concours des avances gratuites de l'État, de lui assurer une organisation à la fois forte et souple, établie d'une façon rationnelle, logique.

Toute autre organisation est forcément précaire et de nature à contrarier le développement d'une caisse, comme le démontre l'exemple que je vous citais.

Ainsi que je vous le signalais plus haut, les résultats obtenus, malgré les tâtonnements inévitables du début, sont très encourageants et, étant donné le dévouement des personnes placées à la tête de nos institutions de crédit agricole, auxquelles il m'est agréable de rendre ici un public hommage, je ne doute pas qu'elles ne profitent de l'expérience acquise pour faire prévaloir dans leur milieu l'organisation qui aura paru présenter la plus grande somme possible d'avantages.

L'inspection des caisses régionales en 1904 a permis de constater leur bon fonctionnement et la régularité de leur comptabilité. Elle a fait ressortir de nouveau les inconvénients que présente l'attribution d'avances trop importantes aux caisses locales. Ces inconvénients se traduisent, aussi bien pour les caisses régionales que pour les inspecteurs du service du crédit agricole, par une impossibilité absolue de se rendre compte de l'emploi et de la destination des capitaux ainsi avancés. Les dispositions du décret auquel vous avez bien voulu, Monsieur le Président, donner votre approbation le 11 avril dernier, assureront aux caisses régionales et à mon administration les moyens de contrôle qui lui faisaient défaut.

D'autre part, le service de l'inspection a relevé que beaucoup de caisses régionales escomptent à leurs locales du papier souscrit par des personnes qui ne sont pas adhérentes à celles-ci et sont simplement affiliées à des syndicats.

Il y a là une extension des dispositions de la loi de 1899 qui ne me paraît pas de nature à favoriser le développement des institutions de crédit agricole et qui est contraire aux principes de la mutualité dont on a voulu faire la base du crédit. Si l'on admettait, en effet, qu'il n'est pas nécessaire de faire partie d'une caisse locale pour profiter des avantages qu'elle offre, il n'y aurait plus d'intérêt à en créer là où il n'y en a pas ni à s'affilier à celles qui existent déjà, et par suite de l'absence de souscriptions nouvelles les ressources des caisses ne pourraient pas augmenter.

Dans chaque caisse régionale visitée, il a été reconnu que les avances consenties par l'État étaient largement représentées par un portefeuille renfermant en proportions variables des valeurs (titres de rentes, obligations de chemins de fer) et par des effets et ne couraient aucun risque.

Le bon fonctionnement et la sage administration des caisses ne sont pas sans leur gagner la confiance des populations au milieu desquelles elles opèrent, et cette confiance s'est manifestée en 1904 par des dépôts de fonds dont l'ensemble a atteint le chiffre de 3,764,247 francs.

Le tableau ci-dessous résume depuis 1900 jusqu'à ce jour les différentes phases du développement des caisses :

ANNÉES.	CAISSES RÉGIONALES.		CAISSES LOCALES AFFILIÉES.		
	NOMBRE	SOMMES GLOBALES avancées par l'État.	NOMBRE des LOCALES.	NOMBRE des ADHÉRENTS.	MONTANT des PRÊTS CONSENTIS.
		francs.			francs.
1900.	9	612,250	87	2,175	1,910,456
1901.	21	3.223,460	369	7,998	5,170,045
1902.	37	6,879,134	456	22,476	14,302,651
1903.	41	8,737,396	616	28,204	22,451,167
1904.	54	14,175,365	963	42,783	30,235,663
1905 (1er trimestre).	60	17,835,968	1,113	44,800	»
Total des prêts consentis depuis 1900 jusqu'en 1904................					74,060,382

Il ressort de l'examen de ce tableau que du commencement de 1904 à la fin du 1er trimestre de 1905, c'est-à-dire en quinze mois, mon administration a enregistré la création de 19 caisses régionales et de 500 caisses locales, l'affiliation à ces dernières de 16,600 nouveaux adhérents, l'allocation de nouvelles avances s'élevant ensemble à 9,098,572 francs. — 55 départements sont aujourd'hui pourvus de caisses rayonnant sur un ensemble de 66 départements; d'autres sont en voie de création dans l'Allier, l'Ardèche, le Cher, le Finistère, la Haute-Loire, le Loiret, le Lot-et-Garonne, la Lozère, l'Oise et la Somme.

Après ces diverses constatations, il est permis de conclure que les institutions de crédit agricole se développent de la façon la plus satisfaisante, et l'on peut espérer que, dans un avenir prochain, aucun agriculteur ne sera privé de leur concours.

Le *Crédit foncier de France*. — Dès le début de ce chapitre sur le crédit agricole, j'ai indiqué (p. 140) pourquoi le crédit foncier n'est pas à vrai dire une forme du crédit agricole proprement dit; cependant je crois intéressant d'étudier ici, dans ses grandes lignes, l'organisation d'une institution qui a rendu d'immenses services, le *Crédit foncier de France*.

La question à résoudre était celle-ci : *prêter aux débiteurs, à long terme, à un intérêt réduit, et leur accorder, en même temps, l'avantage inappréciable de se libérer par annuités et d'amortir le capital par des payements semestriels*. Un des initiateurs de l'idée, la définissait : «Mettre en contact la terre et le capital, à des conditions favorables; écarter les obstacles qui empêchent la confiance de s'établir alors que la solidité du gage est la plus grande; faciliter la libération du débiteur et mettre à la disposition constante du créancier les fonds dont il a fait l'avance, telles sont les principales données du problème... Là se trouve tout le nœud de la question pour le crédit foncier; il faut constituer un titre de rente territorial; il faut emprunter au mécanisme du Grand Livre ce double caractère de la permanence de l'engagement et de la circulation de la valeur. »

C'est de 1852 que date le *Crédit foncier de France*, qui jouit d'un privilège s'étendant sur toute l'étendue du pays. Un décret du 6 juillet 1854 lui donna une organisation semblable à celle de la Banque de France et plaça à sa tête un gouverneur et deux sous-gouverneurs nommés par le Chef de l'État. La loi du 17 juillet 1856 le substitua à l'État pour fournir les 100 millions que celui-ci s'était engagé à prêter pour les opérations de drainage. En 1860, plusieurs dispositions législatives intervinrent concernant cet établissement; l'une d'elles le chargeait de consentir des prêts aux départements, aux communes et aux établissements publics; une autre le substituait au Comptoir d'escompte de Paris pour l'escompte des billets du Sous-Comptoir des entrepreneurs, qui, comme on le sait, consentait et consent encore des prêts aux propriétaires de terrains pour les aider à construire; une troisième lui permettait de faire des prêts en Algérie, prêts qui sont maintenant, et depuis 1881, consentis en participation avec le Crédit foncier et agricole d'Algérie. Telles sont les principales bases législatives sur lesquelles est fondé le Crédit foncier. Ajoutons que, depuis ces actes, il ne s'est pas produit de modifications essentielles; le Crédit foncier a perdu, toutefois, le 5 avril 1877, le monopole qui ne lui avait été accordé que pour une durée de vingt-cinq ans; il ne lui reste qu'un certain nombre de privilèges [1] dont ne jouiraient pas les établissements similaires qui viendraient à se fonder.

Voici le bilan à la date du 31 décembre 1901 :

Capital social		200,000,000[f]
Réserves et provisions		183,592,404
Prêts	hypothécaires	1,982,460,804
	communaux	1,458,895,861
Obligations	foncières	1,889,576,033
	communales	1,529,533,653

Les prêts sont réalisés aujourd'hui en numéraire. Le taux est fixé d'après le marché des capitaux. Ses variations depuis 1879 sont les suivantes :

Octobre 1879	4.55	Novembre 1890	4.50
Janvier 1882	4.90	Avril 1895	4.00
Janvier 1883	5.30	Décembre 1899	4.30
Avril 1885	4.85		

---

[1] Parmi les privilèges qui lui ont été concédés et qui subsistent, citons la possibilité pour le Crédit foncier d'émettre des lettres de gage, c'est-à-dire des obligations garanties hypothécairement par l'ensemble des immeubles, et de leur attacher le bénéfice de lots; ces obligations sont, comme la rente sur l'État, insaisissables par voie d'opposition, et peuvent servir d'emploi pour les valeurs dotales et pour les fonds des incapables.

A côté de ces privilèges qui favorisent le Crédit foncier pour l'émission de ses obligations, il en est qui lui sont accordés pour la sûreté des prêts, comme le droit de purger les hypo-

A l'intérêt, dont le taux précède, vient s'ajouter l'annuité d'amortissement. Les prêts dont la durée dépasse dix ans sont remboursables par annuités, premier avantage qui montre, en dehors de toute autre considération, l'utilité du Crédit foncier. L'annuité varie, bien entendu, suivant la durée du prêt. Élevée lorsque le prêt est remboursable en dix ans, elle ne dépasse que de quelques centimes le taux d'intérêt lorsque le remboursement doit se faire en soixante-quinze ans. Au taux de 4.3o p. o/o, l'annuité, intérêt et amortissement réunis, est, pour dix ans, de 12.41 p. o/o; pour vingt ans, de 7.5o p. o/o; pour trente ans, de 5.96 p. o/o; pour quarante ans, de 5.26 p. o/o; pour cinquante ans, de 4.88 o/o; pour soixante ans, de 4.66 p. o/o; pour soixante-quinze ans, de 4.484 p. o/o. L'annuité est la même pendant chacune des années du prêt, l'amortissement se fait d'une façon inégale; pendant les premières années, le Crédit foncier ne trouve dans l'annuité qu'une part très faible comme représentation du remboursement; mais, en revanche, à la fin de la dernière année, l'annuité est presque tout entière appliquée à l'amortissement. Les emprunteurs peuvent, d'ailleurs, se libérer par anticipation, mais précisément, et pour les raisons qui précèdent, ils ne le peuvent que moyennant le payement d'une indemnité de o.5o p. o/o sur le capital remboursé. Les cinq sixièmes des prêts environ ont été remboursés avant le terme.

Voici comment se répartissent les 4,67o prêts effectués en 19o1 :

3,231 prêts urbains...................... 1o5,727,722 francs.
1,439 prêts ruraux...................... 35,143,65o

Les départements qui ont le plus emprunté sont, en dehors de celui de la Seine :

Seine-et-Oise........................ 1o4,666,735 francs.
Alpes-Maritimes...................... 92,091,381
Gironde.............................. 83,514,991
Bouches-du-Rhône..................... 77,4o2,291
Rhône................................ 7o,874,1oo

thèques déjà inscrites, ou pour le recouvrement des prêts: suppression du délai de grâce, insaisissabilité par voie d'opposition, mode d'expropriation plus simple et plus rapide, etc.

Les inscriptions hypothécaires prises par le Crédit foncier sont, en outre, dispensées du renouvellement décennal.

Les départements qui ont le moins recouru au Crédit foncier sont des départements très pauvres :

Hautes-Alpes.............................	1,496,300 francs.
Lozère...................................	1,611,450
Basses-Alpes.............................	1,859,700

Si, faisant abstraction de ces situations extrêmes, on cherche à se rendre compte des régions dans lesquelles les opérations du Crédit foncier ont été les plus importantes, on remarque que le Midi l'emporte de beaucoup sur le Nord. Les départements viticoles du littoral méditerranéen et ceux du Sud-Ouest qu'arrose la Garonne ont surtout eu recours à cet établissement.

La différence apparaît beaucoup plus nettement si l'on recherche le rapport entre les sommes prêtées par le Crédit foncier et la valeur de la propriété, soit pour l'ensemble de la France, soit pour chaque département.

La valeur totale de la propriété serait de 141 milliards de francs, dont 92 milliards pour la propriété non bâtie et 49 milliards pour la propriété bâtie. Le Crédit foncier ayant réalisé, depuis sa fondation, pour 4,827 millions de prêts fonciers, a donc prêté jusqu'à concurrence de 3.42 p. 100 de la valeur de la propriété. Ses prêts actuels se trouvant réduits à 1,982 millions, ne portent plus dès lors que sur 1.41 p. 100 de la valeur foncière de notre territoire français.

J. ASSURANCES AGRICOLES.

L'ASSURANCE ET LA MUTUALITÉ. — QUALITÉS À REQUÉRIR DE LA MUTUALITÉ DANS L'ASSURANCE; VOEU ÉMIS PAR LE CONGRÈS INTERNATIONAL D'AGRICULTURE DE 1900. — LES DIVERSES BRANCHES DE L'ASSURANCE AGRICOLE. — L'ASSURANCE CONTRE LA GRÊLE. — L'ASSURANCE CONTRE LA MORTALITÉ DU BÉTAIL.

La mutualité, si fertile en directions heureuses, si productrice d'initiatives bienfaisantes, devait trouver, et a effectivement trouvé dans l'assurance, l'occasion de s'exercer au mieux. C'est de l'assurance agricole seulement que nous nous occupons ici.

La mutualité, dans ses rapports avec l'assurance, doit, autant que possible, embrasser certaines formes. Ces formes, on les trouve exposées dans la série des vœux émis par le Congrès international d'agriculture de 1900.

1° Dans l'assistance agricole, qu'elle s'applique à la personne de l'agriculteur (accidents du travail) ou à ses biens meubles ou immobiliers (récoltes détachées du sol ou sur pied, bétail de travail ou de vente), il y a avantage à recourir à la *mutualité* avec sociétés locales autonomes à la base, solidarisées entre elles par une fédération aussi étendue que possible — *à la condition toutefois que le risque soit suffisamment défini.*

2° Quand le calcul du *risque*, d'où découle la fixation de la *cotisation*, n'est pas établi avec une précision suffisante, il est prudent de différer l'organisation de l'assurance mutuelle entre agriculteurs (grêles, gelées).

3° Sauf cas très exceptionnels, le principe de l'*obligation légale* doit être écarté de l'assurance agricole; mais il convient d'approuver l'intervention de l'État, pour aider à la création des sociétés mutuelles locales, et à une fédération progressive de garantie, par zones d'égal risque.

4° Pour dégager la *loi du grand nombre* afférente à chaque nature de risque rural et pour préparer ainsi la réussite nécessaire à l'assurance agricole mutuelle, il paraît indispensable de mettre en commun les observations et les études *internationales*; le Congrès émet donc ce vœu qu'à la suite de l'Exposition de 1900, à Paris, un *Bureau international de statistique rurale* soit institué pour cet objet, par les soins du Comité permanent du Congrès.

Les branches qui s'ouvrent devant l'activité de l'assurance agricole sont les suivantes : Assurance contre la grêle; Assurance contre la mortalité du bétail; Assurance contre les accidents.

L'Assurance contre la grêle. — C'est une assurance difficile à réaliser. Comme le dit M. de Rocquigny, «c'est le risque auquel les syndicats agricoles sont le plus impropres à pourvoir par l'organisation de mutualités agricoles. Leur sphère d'action est trop étroite, pour que les risques puissent s'y équilibrer. Ils ont donc renoncé à fonder ou à fractionner des mutuelles locales qui, trop souvent, n'auraient à distribuer qu'un faible prorata alors que leurs sociétaires croient pouvoir compter sur un rendement complet. »

De fait, la situation est très complexe. D'une part, ce sont toujours, ou presque toujours, les mêmes régions qui ont à souffrir de la grêle; ce sont donc les seules où on s'assure contre la grêle, et, d'autre part, quand il y a dégâts, ils atteignent la presque totalité des assurés. Nous avons vu (t. I, p. 289) comment, en Bulgarie — pays où la grêle occasionne de grands ravages — on procède en la matière. Il y a aussi intérêt à examiner ce qui se fait dans le Nord de l'Italie[1], où l'assurance contre la grêle est beaucoup plus répandue qu'en France. En Allemagne, l'État donne des subventions à cette forme d'assurance. Les syndicats, chez nous, se sont mis en rapport avec les différentes sociétés existantes — compagnies à primes fixes ou mutuelles, ayant surmonté les difficultés des premières années. L'*Horticulture parisienne*, syndicat des horticulteurs fréquentant les Halles centrales de Paris, ne s'en est pas tenue à cette façon de faire; elle a fondé une société d'assurances mutuelles contre la grêle. Il faut aussi mentionner que plusieurs caisses de secours mutuels atténuent les effets désastreux de la grêle sans engager la responsabilité des syndicats qui les ont organisées.

L'Assurance contre la mortalité du bétail. — Elle a pris un grand développement depuis quelques années. Ses caractères, sous la forme mutuelle, reposent sur les bases principales :

1° Que chaque associé soit son propre assureur pour une partie des sinistres, c'est-à-dire que l'indemnité en cas de perte n'atteigne jamais la valeur intégrale de cette perte. (Cette condition, en effet, encouragera le cultivateur à bien soigner son bétail) :

2° La localisation. (Il faut qu'une telle société soit locale, c'est-à-dire conclue entre gens se connaissant, et que son administration n'entraîne pas de frais; tout en gardant chacune son autonomie et sa caisse particulières, plusieurs sociétés différentes peuvent se grouper en fédérations plus ou moins puissantes);

3° La constitution d'un fonds de réserve. (Il importe donc, pour marcher avec quelque certitude, d'exiger la cotisation préalable. Compter sur des subventions[2] est un mauvais système. Il faut pouvoir se suffire avec ses ressources. Ainsi les subventions, non attendues, seront doublement les bienvenues; elles permettront l'augmentation du fonds de réserve);

---

[1] Voir t. II, p. 44 et suiv.

[2] La plus grande partie du crédit annuel dont dispose le Ministère de l'agriculture en faveur des secours pour pertes matérielles et événements malheureux est affectée à la subvention aux sociétés d'assurance mutuelle.

4° La restriction du remboursement, dans des cas tels que l'épizootie, aux frais entraînés par les soins à donner (vétérinaires, médicaments, etc.), et dans tous les cas, à un maximum des 4/5 de la valeur de la bête perdue. Il est entendu que la valeur de la viande de l'animal mort utilisée doit être tout d'abord défalquée de la perte. Ainsi pour un animal de 500 francs, la vente de la peau, etc., ayant produit 100 francs, il faudra régler sur 400 francs, c'est-à-dire donner les 4/5 de 400, soit $80 \times 4 = 320$. Certains spécialistes sont d'avis qu'il faut défalquer le montant de la vente de la somme à payer; cela donnerait les 4/5 de 500 francs, soit $400 - 100$; l'assuré ne toucherait donc que 300 francs. Ce système de règlement paraît défectueux à beaucoup de bons esprits.

Il est bon de baser la cotisation sur la valeur des animaux sérieusement contrôlée. Enfin, à l'assurance mutuelle proprement dite, on peut annexer le secours en cas de maladie du bétail, c'est-à-dire un tant pour cent sur les frais de vétérinaire et de pharmacien.

Quelle est actuellement la situation des assurances mutuelles pour le bétail en France.

La première société créée, celle de Saint-Amant-de-Boixe (Charente), fondée d'après la loi du 24 juillet 1867, remboursa tout d'abord la valeur intégrale de l'animal perdu, ce qui ne pouvait manquer de favoriser la fraude; de plus, elle était illimitée (s'étendant même au cas d'épizootie), ce qui exposait les membres à d'énormes responsabilités pécuniaires. Cette société a depuis modifié son système.

En 1889, on ne comptait que 13 sociétés d'assurances mutuelles contre la mortalité du bétail; dix ans après, il y en a 518 en plein fonctionnement. A la fin de 1904, enfin, il y a 4,820 petites caisses locales d'assurances agricoles mutuelles et de réassurances, comptant 265,000 membres et assurant pour 250 millions de valeur d'animaux.

Quelques lignes sur les principales formes données à ces sociétés ne sont pas inutiles.

Le nombre des *mutuelles à cotisation variable* qui s'étendent sur toute la Marne, va en diminuant. Cela se conçoit, le système est mauvais : la cotisation est facultative, le remboursement assez élevé; il varie généralement entre 16 p. 100 et 30 p. 100, ce qui, même dans le dernier cas, est maigre. En Meurthe-et-Moselle, dans la Haute-Loire, on marque une juste préférence aux *mutuelles à primes fixes*. Dans les Landes, la Vendée, l'Orne, nous voyons des *mutuelles à cotisations payées tous les six mois* (calculées au prorata de la valeur des étables, jusqu'à concurrence des sommes dues pour les pertes du semestre écoulé); ce dernier système a des inconvénients : l'attente du règlement et l'absence de capital. En somme, c'est dans la Sarthe que les mutuelles fonctionnent le mieux; il y en a une presque dans chaque commune; elles sont *mixtes, moitié à primes fixes, moitié à cotisations variables*. Enfin, dans le Poitou et les Charentes, les *sociétés coopératives*, dont j'ai parlé autre part (t. II, p. 513), pratiquent l'assurance contre la mortalité des vaches de tous leurs producteurs de lait.

K. MUTUALITÉ ET SYNDICATS.

ÉLOGE DE LA MUTUALITÉ. — SON RÔLE EN AGRICULTURE. — LA LOI DU 21 MARS 1884 ET L'AGRICULTURE. — LES SYNDICATS AGRICOLES; L'INITIATIVE DE M. TANVIRAY; NOMBRE ET RÉPARTITION DES SYNDICATS; AVANTAGES QUE PRÉSENTENT LES SYNDICATS À PETITE CIRCONSCRIPTION. — LES UNIONS DE SYNDICATS AGRICOLES. — LA COOPÉRATION POUR L'ACHAT; LES ACHATS D'ENGRAIS. — LA COOPÉRATION POUR LA VENTE. — LES GRENIERS COOPÉRATIFS ET LE WARRANTAGE AGRICOLE. — LA COOPÉRATION DANS LA PRODUCTION : LAITERIES, SUCRERIES, CAVES COOPÉRATIVES, ENTREPRISES DE BATTAGE, ÉLEVAGE. — NOMBRE DES SYNDICATS. — L'AVENIR DES SYNDICATS; LEUR RÔLE MORAL.

« Vous ne demandez rien à l'État, à qui vous rendez plus de services que vous n'en attendez; vous répandez cette idée qu'il faut faire ses affaires soi-même, pour qu'elles soient bien faites. Votre principe, c'est de demander à l'initiative privée et à l'association libre, qui centuple les forces individuelles, la solution des problèmes sociaux, et vous êtes convaincus que si les bonnes volontés s'accordent, si les cœurs s'entendent, votre force sera supérieure à la toute-puissance de l'État. »

Ainsi s'exprimait récemment, parlant à des mutualistes, le mutualiste éminent et convaincu qu'est M. le Président Loubet. De cet éloge qu'il faisait de la mutualité, rapprochons les paroles prononcées par M. A. Millerand, au Congrès d'Arras, en juillet 1904 :

« Il n'est plus d'économistes pour pousser la vertu de leur orthodoxie jusqu'au refus systématique des présents de l'État, du département ou de la commune. Quant aux interventionnistes, ils ne sont pas assez fous pour penser que le bon moyen de former des citoyens libres et courageux soit de briser en chacun d'eux le ressort de l'initiative individuelle. Loin de là, ils n'estiment justifiable l'intervention de l'État que dans la mesure où elle est nécessaire pour protéger l'individu et lui permettre de porter au plus haut point sa valeur physique et morale. »

La mutualité désarme ainsi les partisans les plus éminents de l'idéal collectiviste, lorsqu'ils examinent les bienfaits qu'elle a produits. Mutualité ou collectivisme, il faut choisir! Et tout en admirant l'individualisme jusque dans ses manifestations les plus excessives, il faut reconnaître que pour la plupart des progrès il ne suffit pas. L'âpreté des luttes quotidiennes, le déchaînement des appétits, la furie de faire vite rendent la tâche malaisée, presque impossible à l'homme isolé. Puisqu'ainsi, il lui faut associer son effort à l'effort d'autrui, n'est-ce pas vers la mutualité qu'il doit se tourner? Elle, au moins, ne lui demande d'aliéner qu'une minime part de sa liberté individuelle, et cette part, il la peut aliéner au bénéfice de qui il veut et de la façon qu'il lui plaît. Mutualiste, l'homme est un associé volontaire; en collectivité, il serait un forçat — moins le nom. Le mouvement syndical et coopératif — qui, depuis 1884, a pris dans notre pays une si grande extension — est là, du reste, pour prouver le bien-fondé de cette conception. Il importe seulement que les syndicats soient tenus de respecter la liberté de l'individu. Ils ne tarderaient pas sans cela à tourner au collectivisme déguisé, et la liberté est une chose sacrée à ce point que ceux qui en diminuent la réalité, fût-ce en en respectant l'apparence, doivent être marqués moralement du fer rouge que la société d'autrefois appliquait à l'épaule du condamné qui s'en allait ramer sur les galères.

Il est évident que la mutualité ne saurait trouver meilleur champ d'activité que la matière agricole[1]. Au cours de ce Rapport, j'ai eu, maintes fois, l'occasion de le répéter. Que d'exemples sont venus illustrer cette incontestable vérité : le Danemark, le Luxembourg,

<hr>

[1] « Ce sont les petits cultivateurs, les paysans parcellaires, toute cette démocratie rurale si intéressante, en France si nombreuse (puisque notre pays compte 7,500,000 exploitations agricoles) qui retireront de l'association les avantages les plus sérieux. » (Paul Deschanel.)

les Pays-Bas, d'autres pays encore nous les ont donnés. Le moment est venu maintenant d'indiquer les relations de l'agriculture et de la mutualité dans notre pays[1].

Par le décret des 14-17 juin 1791 — mesure incontestablement excessive — l'Assemblée constituante avait condamné à l'isolement absolu les travailleurs, leur interdisant toute association pour la défense de leurs intérêts professionnels. Il fallut attendre près d'un siècle une loi de liberté. Cette loi, au vote de laquelle Waldeck-Rousseau, alors ministre de l'Intérieur, contribua avec tant d'autorité, fut promulguée le 21 mars 1884.

Dans la circulaire adressée aux préfets, relativement à son interprétation, on peut lire : « L'association des individus suivant leurs affinités professionnelles est moins une *arme de combat* qu'un *instrument de progrès* matériel, moral et intellectuel . . . Grâce à la liberté complète d'une part, la personnalité civile de l'autre, les syndicats, sûrs de l'avenir, pourront réunir les ressources nécessaires pour *créer* et *multiplier* les utiles institutions qui ont produit, chez d'autres peuples, de précieux résultats : caisses de retraites, de secours, de crédit mutuel, cours, bibliothèques, sociétés coopératives, bureaux de renseignements, etc. »

De tous les syndicats créés grâce aux dispositions libérales de cette loi, ce sont les syndicats agricoles qui ont jusqu'ici le mieux compris leur rôle « d'instruments de progrès ». C'est justement qu'on a pu dire d'eux qu'ils firent de cette loi l'application la plus prospère et la meilleure et cependant, ce fut pour eux, moins que pour tous autres, qu'elle fut faite. Si, en effet, l'on songea quelque peu alors à l'ouvrier agricole, on ne pensa guère à l'agriculteur; mais c'est un privilège des idées grandes et justes d'être fécondes même dans des directions que

---

[1] « Pour que le progrès pénètre dans les couches profondes de la démocratie rurale, il faut que la moyenne et la petite culture, mieux instruites, aient à leur disposition des capitaux suffisants; il faut que les cultivateurs puissent se grouper pour le placement de leurs produits à l'intérieur aussi bien qu'à l'étranger; il faut que le sort du travailleur soit amélioré; il faut que le capital d'exploitation, devenu plus important avec les exigences de la culture améliorée, ne soit pas à la merci des accidents et des intempéries. Les Sociétés coopératives de vente et d'achat sont nées de ce besoin; on en compte aujourd'hui 1,750, dont 150 laiteries ou beurreries, 1,500 fruitières ou fromageries et 100 coopératives pour produits variés. - (E. TISSERAND.)

leurs auteurs n'ont pas prévues. Il y a une vingtaine d'années une crise agricole et économique intense sévissait sur une partie de l'Europe. C'est un honneur pour ceux de nos cultivateurs qui, en ces heures de malaise, surent discerner le remède que leur apportait la loi de 1884, loi dont les ressources précieuses sont loin d'être épuisées encore. On ne saurait donc faire trop d'efforts pour en augmenter la vulgarisation. Chargé en 1900 d'établir le rapport sur le mouvement social agricole à l'un des Congrès[1] les plus intéressants qui marquèrent l'année de l'Exposition, le comte de Rocquigny, dont la compétence spéciale est connue de tous, écrivait ce qui suit :

« Le rôle de patronage académique, exercé par l'élite assez restreinte des agriculteurs qui forment le personnel des sociétés d'agriculture et des comices, ne répondait plus aux besoins de la situation. C'est à la masse des cultivateurs qu'il s'agissait de faire appel en les conviant à s'unir et à se concerter pour solidariser leurs efforts en vue de rendre à l'industrie agricole un peu de son ancienne prospérité. La continuité de la crise leur avait fait sentir leur impuissance individuelle à en triompher; elle les a préparés à comprendre la force qu'ils peuvent puiser dans l'association pour soutenir la compétition, de plus en plus âpre, à laquelle se livrent les producteurs agricoles du monde entier. Sous la pression inéluctable des circonstances, les petits et les moyens cultivateurs, manquant des ressources nécessaires pour perfectionner leurs méthodes d'exploitations, éloignés des initiatives fécondes par la routine et l'ignorance, se sont tournés vers les hommes qui, par leur situation, constituent les autorités sociales du monde agricole, ont réclamé leur aide et leurs conseils. Et, ainsi, s'est dégagée spontanément dans notre pays, sans qu'on puisse sûrement en attribuer le mérite initial à aucune des personnalités qui lui ont ensuite prodigué leur dévouement, l'idée si simple, mais si heureuse dans son opportunité, que l'habile organisation des producteurs agricoles, la concentration de leurs efforts solidaires, leur union pour produire mieux et à meilleur marché, peut encore les mettre à même d'exploiter la terre avec un bénéfice modeste qui les fuyait, livrés à l'individualisme.

---

[1] Congrès international des syndicats agricoles et associations similaires.

« On sentait vaguement qu'à une situation économique profondément modifiée, devait correspondre une forme d'association agricole également neuve et adéquate au but pratique à atteindre, qui était de substituer peu à peu, chez les producteurs agricoles, une action plus collective, combinée en vue de l'intérêt commun, à l'action purement individuelle d'autrefois. Cette œuvre ne pouvait être celle des petits cénacles d'agronomes formant le personnel des sociétés d'agriculture et des comices; elle réclamait une base plus large, plus démocratique; elle devait faire appel à tous les concours, mettre des services variés à la disposition de toutes les catégories d'exploitants, pourvoir surtout aux besoins de la moyenne et de la petite culture. C'était en un mot la population agricole tout entière, envisagée comme profession, qu'il fallait chercher à faire entrer dans les cadres de l'association en solidarisant ses intérêts et en créant une organisation propre à les servir. »

C'est à un modeste professeur départemental d'agriculture, Tanviray, que revient l'honneur d'avoir créé le premier syndicat pour l'achat des engrais, à la date de mars 1883. Ce syndicat est antérieur par conséquent d'une année à la loi qui devait susciter, dans diverses directions, pour le plus grand bien de notre agriculture, de nombreux imitateurs à Tanviray. Ayant pour but l'achat en commun des matières fertilisantes, ce syndicat devait subsidiairement s'efforcer d'éclairer les cultivateurs sur le choix des engrais les plus convenables, suivant la nature du sol et les exigences diverses des cultures. Mais je laisse ce point de vue pour l'instant, me réservant de revenir un peu plus loin sur les principaux modes qui s'offrent à l'activité des syndicats agricoles.

Quel est le nombre de ces derniers? Le 1er juillet 1884, on en comptait 5. Lors de l'Exposition de 1889, leur nombre est de 557. En 1900, enfin, on peut l'évaluer à un minimum de 2,500, groupant au moins 800,000 adhérents[1]. Ce sont certes là des chiffres qui montrent que nous avons fait beaucoup déjà dans cette voie, où nous fûmes des précurseurs. Mais quel long chemin encore à parcourir!

L'institution d'un syndicat est chose des plus simples; les avantages

---

[1] Ces adhérents sont souvent des chefs de famille rurales. 3 à 4 millions de personnes se trouvent, par suite, intéressées au bon fonctionnement des syndicats agricoles.

de diverses natures qu'elle procure à ses membres sont tels, qu'il faut que chaque canton arrive à constituer un syndicat. Il suffirait, en effet, dans chaque commune, d'un homme de bonne volonté pour provoquer la création d'une union syndicale entre les communes du canton, en vue de l'achat des semences, des engrais et des outils perfectionnés, etc.

Les avantages matériels, certains et considérables qu'offre aux cultivateurs l'organisation de syndicats en vue de l'achat des matières premières et de la vente des produits de leur industrie suffiraient à justifier leur organisation, mais il les faut considérer à un autre point de vue encore. Les excellents résultats constatés dans la plupart des syndicats organisés en France, depuis 1885, sont là pour montrer la puissance de l'association et les bénéfices qu'elle assure à ses adeptes.

En rapprochant les cultivateurs jusque-là isolés, en établissant des relations fréquentes au chef-lieu de canton entre des citoyens de fortune et d'origine diverses, mais dont les intérêts sont connexes et si souvent solidaires; en dissipant, par les rapports qu'ils créent entre leurs membres, des préjugés et des malentendus que l'isolement perpétue aux dépens de tous, ils sont le point de départ d'une réforme des plus heureuses dans l'esprit de nos populations rurales. Ce côté moral mérite d'attirer toute l'attention des hommes de bon vouloir : propriétaires, fermiers, ouvriers ruraux; l'exemple des associations fruitières de la Suisse, du Jura et des Alpes françaises est là pour montrer l'heureuse influence du principe de solidarité qui est la base du syndicat, comme il est la loi de la civilisation.

Les syndicats agricoles se répartissent aujourd'hui très inégalement sur notre territoire. Certes, tous les départements de France et d'Algérie en comptent; mais tandis qu'ils sont rares sur certains points, l'Indre-et-Loire et l'Isère en ont plus de 100, le Doubs, la Haute-Saône, l'Yonne approchent de la centaine. Si nous nous plaçons au point de vue du nombre des agriculteurs syndiqués, nous voyons que la Sarthe tient la tête avec environ 24,000; densité plus forte encore : celle des quatre syndicats de l'Union beaujolaise, qui groupent 8,000 membres sur un territoire de moitié moindre que l'arrondissement de Villefranche. Généralement les syndicats sont particulièrement nombreux et actifs dans le Sud-Est (Rhône, Isère, Ain), l'Est, la vallée de la Loire (Vienne), une partie de la région pyrénéenne. Bien entendu, ces contrées de petite culture leur conviennent plus que les régions de grande culture.

Le plus important syndicat agricole — au point de vue numérique — est le Syndicat des agriculteurs de la Sarthe (24,000 adhérents); il est suivi par le Syndicat central des agriculteurs de France, qui compte 10,000 membres; puis, nous passons à celui des agriculteurs de la Vienne, qui en compte 9,000; celui des agriculteurs du Loiret, qui en a 7,500; le Syndicat agricole de Chalon-sur-Saône, 7,000, etc., au total, une vingtaine ont un effectif supérieur à 3,000 membres; à eux seuls, ils comptent plus de 120,000 agriculteurs syndiqués. Un syndicat de département représente, cependant, comptât-il 10,000 membres, un groupement rural infiniment moins dense qu'un simple syndicat cantonal, tel que ceux de Belleville-sur-Saône et du Bois-d'Oingt (Rhône), par exemple, qui en comptent 2,000 à 3,000.

«L'idéal serait de voir un syndicat réunir tous les agriculteurs de sa circonscription; il est d'autant plus facile de s'en rapprocher que cette circonscription est moins étendue; plus facile encore, par conséquent, dans un syndicat communal que dans un syndicat cantonal.

«C'est pourquoi les hommes qui, en présence des grands résultats déjà obtenus par l'association professionnelle, souhaitent de voir l'agriculture française se syndiquer tout entière, manifestent généralement leurs préférences pour la propagation des petits syndicats agricoles.

«C'est dans le canton et dans la commune que réside vraiment la vie locale et que, par suite, peut s'opérer efficacement le groupement des cultivateurs. Sans posséder les puissants moyens d'action qui ont permis à tant de syndicats de département et d'arrondissement de servir si utilement le progrès de l'agriculture et de rendre la production plus rémunératrice, les petits syndicats de canton et de commune obtiennent des résultats approchants quand ils savent profiter de l'expérience des grands et de l'organisation des unions régionales auxquelles ils s'affilient; mais beaucoup mieux qu'eux, ils sont en situation de réaliser la fonction morale et sociale qui incombe à l'association professionnelle, c'est-à-dire de faire œuvre de corporation et de mutualité.

« Ils semblent bien présenter l'organisme le plus apte à améliorer foncièrement les conditions d'existence des populations rurales, à répandre les institutions de prévoyance et de mutualité qui leur donnent la sécurité du lendemain, à maintenir la concorde entre les possesseurs du sol, grands et petits, et les travailleurs de tout ordre qui le cultivent. Il faut donc applaudir à l'épanouissement actuel si considérable des syndicats locaux ; car il concourt très heureusement à l'orientation nouvelle prise par notre mouvement syndical agricole [1]. »

Les Unions de syndicats agricoles. — Au-dessus de ces divers syndicats — véritable couronnement du mouvement syndical, « degré supérieur de l'association professionnelle agricole » — on a institué des unions de syndicats. Propres à s'adapter aux divers milieux, à répondre à des besoins divers, les syndicats se sont multipliés ; les unions exercent une action régulatrice sur ceux d'entre eux qui leur ont donné leur adhésion ; elles ont accru les forces éparses en les groupant ; elles ont donné une direction morale.

Ces unions n'ont pas reçu de la loi la personnalité civile ; ce qu'on leur demande, en effet, ce sont des conseils, une orientation générale.

On peut les classer en trois catégories.

Au sommet, l'Union centrale, fondée en 1886, sur l'initiative de la Société des agriculteurs de France, étend son action sur tout notre pays. Près de 1,000 syndicats lui sont affiliés, elle rédige un Bulletin mensuel et a organisé un service de renseignements et de consultations. Son assemblée générale, qui se tient annuellement à Paris, au moment du Concours général agricole, donne lieu à une série de réunions préparatoires, véritable congrès des syndicats affiliés où sont successivement passés en revue les principaux points de la pratique et de la théorie. Les délégués se signalent les initiatives locales, se disent les difficultés rencontrées, se glorifient des résultats obtenus. Une noble émulation s'établit entre les syndicats et tous profitent de l'effort de chacun. Enfin, l'assemblée peut exprimer un avis autorisé touchant les questions législatives, fiscales ou douanières pendantes devant le Parlement et bien entendu intéressant l'agriculture ; des vœux peuvent

[1] Comte de Rocquigny.

être émis pour solliciter des réformes. Telle qu'elle est, l'Union des syndicats des agriculteurs de France semble justifier l'opinion de certains écrivains qui la considèrent comme « une sorte de conseil supérieur libre de l'agriculture, délégué par les associations professionnelles des départements, qui seraient elles-mêmes des chambres d'agriculture spontanées ».

Après l'Union centrale, voici les unions régionales qui, loin de faire avec elle double emploi, constituent, au contraire, un autre rouage fort utile aussi. L'Union centrale, nous venons de le voir, est un agrégat d'études, un moyen de défense d'intérêts généraux communs ; les unions régionales sont, entre les syndicats d'une même région, des liens effectifs. Elles font la cohésion, elles établissent la discipline; en un mot, elles sont le groupement nécessaire sans lequel les syndicats risqueraient de perdre une partie de leur utilité.

Les unions régionales sont actuellement au nombre de 10 : Sud-Est (siège à Lyon), Nord (Boulogne-sur-Mer), Normandie (Caen), Centre (Orléans), Bourgogne et Franche-Comté (Dijon), Alpes et Provence (Marseille), Ouest (Angers), Bretagne (Rennes), Sud-Ouest (Bordeaux), Midi (Toulouse).

Enfin, il existe encore un certain nombre d'unions n'embrassant qu'un département ou même une circonscription moindre. Comme on peut le penser, leur rôle est infiniment moins important.

La coopération pour l'achat. — Les végétaux, comme tous les êtres vivants, ont besoin d'aliments pour vivre et se développer. A la différence des animaux capables de se nourrir de matières organiques, c'est-à-dire élaborées sous l'influence de la vie, les plantes tirent leur alimentation de substances minérales empruntées au sol et à l'atmosphère.

Un de leurs rôles importants dans le monde est de transformer la matière inerte qui constitue la croûte terrestre en substance vivante, apte à servir d'aliments aux animaux et à l'homme, qui peuplent notre globe.

Les trois conditions essentielles pour obtenir d'un sol le maximum de récolte qu'il peut fournir sont : en premier lieu, la présence dans le sol, d'une quantité suffisante de matières minérales indispensables à l'alimentation des plantes; en second lieu, un état d'ameublissement et de culture aussi parfait que possible, afin de permettre aux racines de se développer pour chercher leur nourriture; en troisième lieu, enfin, une semence de bonne qualité.

Bien rarement, le sol depuis longtemps en culture renferme, en quantité suffisante, tous les principes nutritifs nécessaires à la plante. Les végétaux exportant tous les ans, de la terre où ils ont crû, un poids plus ou moins considérable de matière minérale, il arrive que la provison du sol en aliments de la plante diminue notablement et finit par s'épuiser. La fumure a pour objet de restituer, sous une forme utilisable par la récolte, les substances que celle-ci lui a enlevées. Une dizaine de corps, on le sait, sont indispensables au développement de toute plante, savoir : l'oxygène et l'hydrogène qui forment l'eau; l'azote qui, en s'unissant aux deux premiers, constitue l'acide nitrique et l'ammoniaque; le phosphore, le soufre, la chaux, la magnésie, la potasse et le fer; enfin, le charbon, que la plante emprunte exclusivement aux faibles quantités d'acide carbonique contenues dans l'atmosphère [1].

La terre, à de rares exceptions près, ne renferme pas assez d'éléments phosphatés et azotés pour donner spontanément de hauts rendements en céréales et autres produits; souvent aussi, elle manque de sels de potasse. Dans la plupart des cas, au contraire, elle est assez abondamment pourvue des autres principes nutritifs qu'exigent les récoltes. C'est donc là restitution de l'acide phosphorique, de l'azote (sels ammoniacaux, nitrates) et de la potasse que le cultivateur doit avoir en vue dans l'apport des fumures.

En somme, préparer le sol par des opérations mécaniques convenables (labours, hersages, défrichements, etc.) à recevoir la semence; employer des graines de bonne qualité et aussi prolifiques que possible, et ajouter à la terre les éléments minéraux qui lui font défaut,

[1] Les travaux récents des agronomes ont montré l'utilité du rôle de certains autres éléments minéraux rares dans le sol, le manganèse, le zinc, etc. Dans cette voie nouvelle de la chimie agricole il y a beaucoup à découvrir encore; il semble désormais impossible de limiter aux corps que nous venons d'indiquer le nombre des éléments minéraux indispensables à l'alimentation de nos récoltes.

en tenant compte des exigences différentes des plantes qu'il cultive, tel doit être l'objectif constant de l'agriculteur.

Un bon outillage, une semence de choix, des engrais bien adaptés à la culture qu'il se propose, tels sont, d'après ce que nous venons de dire, les agents indispensables au cultivateur pour tirer un parti avantageux de sa terre. Isolé, livré à ses propres ressources, le petit cultivateur est, la plupart du temps, dans l'impossibilité de satisfaire à ces exigences fondamentales de toute culture rémunératrice.

Le prix élevé d'un outillage perfectionné, la difficulté de se procurer, dans son voisinage, des semences améliorées, la crainte, trop justifiée, d'être trompé dans l'achat des engrais dits *chimiques*, par les fraudeurs éhontés qui parcourent les campagnes, sans compter l'impossibilité où se trouve le plus souvent le cultivateur, faute d'argent, d'acheter machines, semences et engrais, tels sont autant d'obstacles au progrès agricole dans nos villages.

Signaler ces divers obstacles qui se dressent devant les cultivateurs désireux d'acheter les matières premières nécessaires à leur travail, montrer les pièges qu'on tend à leur isolement, n'est-ce pas, par là même, indiquer qu'il faut s'unir, afin de devenir une force capable de se défendre? Je n'entrerai pas dans le détail de cette question des achats en commun; elle est, en effet, infiniment complexe. Bien des modes différents se présentent dans les façons d'agir. Ce qui réussit ici ne saurait convenir là. Il faut s'inspirer des circonstances.

Les procédés diffèrent suivant les régions, les cultures et les habitudes des populations; mais le principe d'économie et de sécurité par l'achat collectif se retrouve toujours dans les divers modes employés, et c'est là le principal [1].

---

[1] «Beaucoup de syndicats provoquent les commandes de leurs adhérents à intervalles réguliers, au début de chaque campagne, et concluent ensuite des marchés de gré à gré avec des fournisseurs qui leur sont connus, ou organisent une adjudication au rabais sur soumissions cachetées, exigeant des garanties sérieuses au point de vue des retards de livraison ou de l'insuffisance de qualité, spécifiant, comme sanction, des dommages et intérêts et des indemnités. Ils prennent ensuite livraison des marchandises, se chargent de la vérification des dosages en éléments utiles et opèrent la distribution aux membres syndiqués, cherchant, comme l'a dit M. de Rocquigny, à leur assurer *le minimum de prix et le maximum de qualité.*

«D'autres syndicats ne prennent pas, comme base de leurs marchés avec les fournisseurs, des quantités à livrer, mais des prix de vente

J'ai rappelé tout à l'heure que l'achat d'engrais en commun avait été le but de la fondation du premier syndicat agricole. Actuellement, le chiffre global des achats collectifs de diverses matières atteint 200 millions de francs.

Les achats d'engrais. — Non plus que sur les divers modes d'achats, je ne m'étendrai sur les différentes matières qui en font l'objet et je veux seulement dire ici quelques mots des engrais. L'achat collectif a amené une considérable augmentation dans leur consommation : la valeur des engrais employés a plus que doublé, leur quantité a au

applicables aux divers produits qu'ils peuvent avoir à fournir, ou se réservent le droit d'augmenter, dans une certaine mesure déterminée par avance, la proportion des marchandises qui font l'objet du marché.

«Certains syndicats, enfin, emploient le procédé des achats *fermes*, c'est-à-dire qu'ils achètent en prévision des besoins et conservent dans leurs dépôts les produits qu'ils mettent ensuite à la disposition de leurs adhérents. Plusieurs syndicats, dont la circonscription est étendue, sont à remarquer pour avoir réalisé, au profit de leurs membres, ces deux avantages : l'achat en gros et la proximité du lieu de consommation; ils ont créé des dépôts dans les petites villes ou localités importantes.

«Il s'agit toujours, dans ces divers procédés, d'un achat collectif, et la coopération est ici le principe initial et essentiel de l'opération.

«Il faut noter que les syndicats ont généralement, dans ces divers modes de fonctionnement, écarté la responsabilité des engagements et la garantie du payement. Ce n'est qu'exceptionnellement qu'ils se sont engagés à ce point de vue. Mais, il faut remarquer en même temps, comme un témoignage éclatant d'habitudes et, il est sans doute permis de le dire, de prospérité nouvelles, qu'aucune surprise ne vient troubler le jeu de cette institution moderne. Le paysan français paye généralement la traite qui lui arrive à l'échéance; il a acquis plus de précision dans ses engagements, il met plus de sûreté dans ses rap-

ports et ses échanges commerciaux: il est mieux préparé, par suite, à utiliser les rouages du crédit agricole. Il est permis de dire que les syndicats, à ce point de vue, ont ouvert la voie et indiqué la marche à suivre pour l'organisation de ce crédit. Le petit ou le moyen cultivateur a trouvé en tous cas, nous venons de le voir, dans l'association professionnelle, un instrument remarquable de relèvement, puisqu'elle lui a permis de se procurer avec facilité, avec une garantie de qualité absolue, et presque au même prix que le grand agriculteur, les produits nécessaires et essentiels à la culture du sol. Il n'est pas exagéré de donner à ce seul fait le nom de *révolution économique.*

«La conséquence de ce nouvel état de choses a été la baisse du prix de plusieurs des principaux articles de culture fournis par les syndicats, surtout des engrais et des instruments et machines agricoles. Cette baisse n'a pas seulement profité aux régions approvisionnées par les syndicats, mais s'est étendue, en quelque sorte, à la France entière. Les prix des contrats passés par les syndicats sont devenus régulateurs, en général, dans chaque région, et, bien que dans beaucoup d'endroits le système de l'adjudication ait disparu, la baisse obtenue a subsisté. L'emploi des engrais et des machines agricoles s'est généralisé, de ce fait, et s'est, en quelque sorte, *démocratisé.* » (Rapport de la Classe 104 [Grande et petite culture. Syndicats agricoles. Crédit agricole]. par Émile CHEVALLIER.)

moins triplé; il faut en voir la cause dans l'abaissement des cours dû au fonctionnement syndical. Cette diminution du prix des engrais, prise comme exemple, peut se chiffrer, pour certains d'entre eux, par 40 ou 50 p. 100 de leur valeur antérieure. On voit que l'abaissement des cours a marché parallèlement à l'augmentation de la consommation. L'économie a été le corollaire du chiffre plus important d'affaires.

Tous ceux qui ont vécu au milieu des populations rurales ont pu constater la difficulté extrême qu'on rencontre à amener le petit cultivateur à l'emploi d'engrais autres que le fumier de ferme. Cette obstination a des raisons d'être multiples, et les syndicats peuvent concourir très utilement à la vaincre. Les motifs qui rendent le paysan si réfractaire à l'achat des matières fertilisantes autres que le fumier de ferme sont d'origines diverses; il importe de les indiquer afin de montrer comment l'intervention du syndicat peut combattre la répugnance de nos petits cultivateurs à entrer dans la voie du progrès.

La première cause de cette répugnance vient de l'ignorance où se trouve le paysan des conditions physiologiques qui régissent le développement des végétaux; en attendant qu'une organisation plus complète de l'enseignement agricole vienne modifier cet état de choses, ce qui sera long encore, il nous est facile de montrer comment les syndicats peuvent y porter un prompt remède. Il n'est nullement indispensable, en effet, de pouvoir s'expliquer scientifiquement le rôle d'une substance donnée pour être amené à s'en servir.

Combien peu d'hommes connaissent le rôle physiologique de l'amidon, du sucre, de l'albumine et sauraient assigner à ces matières leur fonction dans la nutrition de l'animal! cela ne les empêche pas de consommer du pain, des œufs et de la viande; il leur suffit de savoir, par expérience, que ces aliments sont indispensables à l'entretien de la vie; peu leur importe, dans la pratique, leur mode de transformation et les procédés que l'organisme emploie pour s'en nourrir.

De même, pour nos récoltes; le cultivateur tirera un parti d'autant meilleur des matériaux que l'industrie met à sa disposition pour la fumure de ses terres, qu'il saura comment ils agissent et qu'il connaîtra les conditions les plus favorables à leur assimilation par les plantes; mais, à la rigueur, il peut se passer de ces connaissances, ignorer la constitution des phosphates et du nitrate de soude, les raisons d'ordre physiologique pour lesquelles ces composés chimiques sont indispensables au développement des plantes. L'essentiel, c'est qu'il sache que, sans eux, il est impossible d'obtenir du blé ou de l'avoine; qu'il n'ignore pas que le fumier de ferme, à l'emploi exclusif duquel il est habitué, est tout à fait insuffisant, vu les faibles quantités dont il dispose, pour rendre au sol les principes que la plante y a puisés; enfin, qu'il apprenne que le commerce peut lui fournir ces phosphates, ce nitrate, à des prix assez peu élevés pour que leur emploi soit rémunérateur.

Mais l'ignorance des lois de la nutrition des plantes n'est pas peut-être le plus grand obstacle à la propagation des engrais commerciaux dans les petites exploitations rurales; beaucoup de paysans, déjà, connaissent, de nom au moins, l'acide phosphorique, les matières azotées, les nitrates, la potasse, et savent qu'ils exercent une influence favorable sur la végétation; cette ignorance, en tout cas, n'est pas la seule cause du peu de faveur dont jouissent encore les engrais dits *chimiques*, auprès des habitants des campagnes.

C'est l'exploitation éhontée, scandaleuse, dont trop d'entre eux ont été et sont journellement l'objet de la part du commis voyageur en engrais, qui est le plus grand ennemi de la propagation dans nos villages de ces indispensables compléments du fumier de ferme. Concluant du particulier au général, le paysan, volé par cette troupe de forban qui s'abat sur nos campagnes aux approches des semailles d'hiver et de printemps, le cultivateur englobe toutes les matières fertilisantes qu'on lui propose dans la réprobation qu'il a vouée aux poudres inertes, aux engrais frelatés qu'on lui a vendus cinq ou six fois plus cher souvent qu'ils ne valent, lorsqu'ils valent quelque chose. Il suffit d'avoir constaté, comme je l'ai fait tant de fois, l'audace de ces fripons et le désappointement du cultivateur quand vient la récolte, pour s'expliquer la répulsion des paysans pour les engrais commerciaux. Le syndicat, qui compte parmi ses membres les hommes qui connaissent le mieux les terres du pays et leurs besoins, suivant les récoltes qu'on leur demande, s'est donc constitué tout exprès:

1° pour renseigner très exactement le paysan sur la nature et sur la quantité de fumure qu'il convient d'introduire dans son champ; 2° pour l'aider dans ses achats avec le bénéfice de la coopération.

La coopération pour la vente. — Les ventes en commun ont également sollicité l'attention des syndicats agricoles. Le problème qu'elles soulèvent est plus difficile à résoudre que celui qui concerne les achats collectifs. Certes, sur certains points, on a réussi, mais c'est presque toujours quand la vente est faite par des syndicats ne groupant qu'une catégorie spéciale de cultivateurs : horticulteurs ou viticulteurs par exemple. Ainsi le Syndicat agricole de Carpentras s'occupe de la vente des fraises qu'il expédie en Suisse, en Angleterre et en Allemagne; le Syndicat des agriculteurs de Loir-et-Cher organise aux Halles centrales la vente des asperges provenant des cultures de ses associés; le Syndicat de Gaillon donne ses soins à la vente des fruits et à leur exportation en Angleterre; il n'a pas hésité à acquérir, de façon à le prêter à ses adhérents, un matériel d'une valeur de 30,000 francs, grâce auquel l'emballage des fruits ne laisse rien à désirer. Je pourrais multiplier ces exemples, mais il faut bien le dire, les tentatives de ce genre sont relativement rares encore et le plus souvent, par leur organisation, les syndicats ne sont pas placés dans les conditions nécessaires à un bon écoulement des produits. D'abord le cultivateur hésite souvent à abandonner ses anciens débouchés, puis la livraison des commandes, la vérification de la qualité et de la quantité effraient, non sans quelque raison il faut le reconnaître, les administrateurs des syndicats.

Quoi qu'il en soit, on peut diviser les syndicats s'occupant de vente en trois classes :

1° Les syndicats qui se sont bornés à créer des marchés nouveaux, à mettre les producteurs en rapport avec les commissionnaires, à grouper les produits des syndiqués et à les faire parvenir sur les lieux des marchés;

2° Les syndicats faisant subir aux produits de leurs syndiqués une tranformation industrielle et qui, leur ayant ainsi donné une plus-value sur les marchés, partagent, après prélèvement de leurs frais, les profits entre leurs syndiqués, au prorata des produits fournis;

3° Les syndicats ayant organisé, à côté d'eux, une coopération de production, laquelle achète pour son compte les produits des syndiqués et fait participer ceux-ci, en outre des prix d'achat, aux bénéfices de l'association.

La seconde forme, en somme, se rapproche du syndicat de production. Nous l'avons signalé en traitant de l'industrie laitière (t. II, p. 511 et suiv.). Un autre exemple nous est fourni par quelques syndicats de Provence : ceux de Roquevaire, de Lascours, de Cuges, de Solliès-Toucas, qui se livrent exclusivement à la production, à la préparation et à la vente des câpres, dont ils expédient des quantités importantes en Russie, en Allemagne, en Norvège, en Angleterre, en Amérique; le *Syndicat de Roquevaire* a porté certaines années son chiffre d'affaires à 200,000 francs. Un syndicat s'est formé à Roquevaire également pour la préparation des abricots.

GRENIERS COOPÉRATIFS ET WARANTAGE AGRICOLE. — A la coopération pour la vente, se rattache la question des élévateurs ou greniers coopératifs. Avec le concours des warrants agricoles, ils ont pour effet de remédier à un mal dont souffrent les cultivateurs, à savoir la dépression des cours des céréales due à l'abondance des offres, aussitôt après les premiers battages. Les cultivateurs, en effet, sont pressés de vendre, soit parce qu'ils ont besoin d'argent, notamment à l'approche du mois de novembre pour payer leur fermage, soit parce qu'ils manquent de locaux pour conserver leurs grains. Cette baisse des cours dont souffrent les agriculteurs, ce n'est au demeurant pas le consommateur qui en profite; elle augmente les bénéfices des intermédiaires. La Coopérative de l'Ouest, à Angers, celle du Périgord, celle de Bailleul ont bien tenté de lutter contre le mal, mais elles n'ont que médiocrement réussi par suite de leur manque d'outillage. Il faut, en effet, pour pouvoir réussir, réaliser trois conditions :

1° Le versement immédiat d'un fort à-compte au producteur;

2° Le nettoyage et le séchage du grain pour le rendre loyal et marchand, résultat que ne peuvent atteindre la plupart des cultivateurs à cause de l'imperfection des moyens dont ils disposent;

3° L'emmagasinage du grain pour assurer sa conservation et attendre le moment favorable de sa vente.

Les puissantes organisations des États-Unis connues sous le nom d'élévateurs réunissent ces conditions; elles ont été, en partie, copiées en Allemagne, en Autriche et en Russie. Chez nous, c'est en Vendée, cette terre favorisée de l'association, que l'on semble s'être tout d'abord le mieux pénétré de l'intérêt des greniers coopératifs. Cette question est fort intéressante. On ne se doute généralement pas, en effet, à quel point est considérable la superficie totale occupée en France par les greniers; si on en fait le calcul en se basant sur les documents officiels et en admettant qu'un mètre carré utile de grenier puisse loger cinq hectolitres de grains, on obtient les chiffres suivants :

	RÉCOLTE.	SURFACE UTILE DES GRENIERS.
	hectolitres.	hectares.
Blé : froment	128,418,000	2,568
— méteil	3,951,000	79
Avoine	95,301,000	1,906
Seigle	23,577,000	471
Orge	15,965,000	319
Maïs	9,002,000	180
Sarrasin	8,106,000	162
Millet	334,000	6
Fèves, féveroles, haricots, pois et lentilles (1892)	4,786,000	95
Totaux	289,340,000	5,786

Cette surface correspond à un carré de 7,600 mètres de côté.

Si c'est à la Vendée que revient l'honneur de la première réalisation complète d'un grenier corporatif, c'est l'Anjou qu'il faut louer pour avoir le premier pratiqué le warrantage agricole à domicile. Ce système nous semble quant à présent préférable à celui des greniers coopératifs, étant donné l'esprit de la presque totalité de nos cultivateurs. La plupart d'entre eux répugnent, en effet, à livrer à des greniers communs leur récolte qu'ils sont portés à considérer comme supérieure en qualité à celle de leurs voisins. Ils s'accommoderaient mal, de quelque précaution qu'on entoure l'estimation de leurs grains lors de la livraison, de la fixation d'un prix ultérieur de vente. Il se passera bien du temps encore, à notre avis, avant que la création, très onéreuse d'ailleurs, de greniers corporatifs soit favorablement accueillie par la masse de nos cultivateurs. Le warrantage à domicile et l'intervention des associations de crédit agricole pour les prêts à faire sur warrants nous paraît devoir se généraliser beaucoup plus facilement. Le warrantage à domicile date de 1895-1896, par conséquent avant la loi de 1898. 25,000 francs furent avancés cette année-là sur warrants et l'expérience démontra que ce mode d'emprunt, nullement dangereux, pouvait produire des résultats sérieux; en effet, des blés warrantés en décembre 1895 et janvier 1896 ont pu être vendus en juin avec une plus-value de 2 francs.

Warrantage agricole et greniers coopératifs, les deux questions sont intéressantes au plus haut point; elles peuvent être examinées conjointement; toutes deux sont intimement liées à la question de la vente, car qui warrantera le blé? Que fera-t-on de ce blé warranté? Qui l'écoulera? C'est à la coopération qu'est réservée la solution de ces intéressantes questions.

La coopération dans la production. — La coopération n'est pas moins intéressante pour la production que pour l'achat. J'ai montré (t. II, p. 511 et suiv.) la véritable révolution apportée dans l'industrie laitière par la méthode coopérative.

De nos anciennes frontières de l'Est, le champ d'action des frontières s'est étendu à la Savoie, qui a suivi la voie tracée depuis des siècles par le Jura. Les laiteries coopératives des Charentes ont également retenu notre attention, et j'ai indiqué quelle source de richesse a été pour cette région la coopération laitière.

Mais la laiterie n'est pas la seule branche de l'industrie agricole qui ait adopté la forme coopérative dans la production. On en pourrait citer de nombreux exemples.

La *sucrerie agricole de Wavignies* (Oise) constitue un type dont la propagation est à souhaiter dans les contrées productives de betteraves sucrières. Fondée en 1895, au capital de 159,000 francs, elle a un caractère strictement corporatif; elle ne comprend comme associés que des cultivateurs fournisseurs de betteraves et n'accepte de betteraves que de ses associés[1].

Les coopératives vigneronnes instituées pour conserver le vin ou vinifier en commun — désignées le plus souvent sous le titre de caves coopératives — semblent aussi appelées à un bel avenir; la plus importante, celle de Maraussan (Hérault), a été instituée avec le concours du service des améliorations agricoles du Ministère de l'agriculture.

[1] «Elle est à capital et à personnel variables, permettant ainsi le retrait des associés qui cessent de cultiver, et l'entrée de nouveaux cultivateurs. Les associés doivent avoir un nombre d'actions proportionnel à l'importance de leur culture, une action par hectare de betteraves. L'action, comme dans le système coopératif, ne donne droit qu'à un dividende fixe de 5 p. 100 par an. Les associés, au nombre de 14 primitivement, sont actuellement 19. Le capital social, de ce fait, se trouve porté à 197,250 francs.

«Le principe coopératif étant la base de la Société, tous les produits et bénéfices doivent être répartis entre les sociétaires proportionnellement à leurs fournitures de betteraves et suivant le poids et la richesse saccharine de celles-ci, et chaque sociétaire doit pouvoir facilement et à tout instant contrôler par lui-même les opérations de prélèvement et d'analyse des betteraves.

«Les opérations de prélèvement ou prise des échantillons de betteraves se font d'une manière aussi juste que rationnelle. Chaque sociétaire a dû diviser sa production en quatre parties égales et indiquer par écrit les champs qu'il désire arracher les premiers. Les prélèvements se font, en effet, à quatre époques différentes fixées par le Conseil d'administration, au fur et à mesure de la fabrication; ils ont lieu, pour tous, le même jour et aux mêmes heures... Les règles relatives à l'analyse des échantillons sont non moins précises; elles sont inspirées par le sentiment de justice et de fraternité qui doit régler les rapports entre sociétaires; elles ne permettent ni la fraude ni le soupçon de fraude. Il y a autant d'analyses que d'échantillons, mais le nom du cultivateur n'est pas connu pendant l'analyse, l'échantillon portant seulement un numéro. Le bulletin d'analyse mentionne : 1° La densité du jus; 2° Le sucre pour 100 kilogrammes de betteraves; 3° Le quotient de pureté du jus.

«Les analyses attribuées aux ayants droit, il reste à additionner les degrés de sucre, puis à établir la moyenne, et l'on obtient la richesse saccharine de la fourniture totale. Chaque producteur est tenu de fournir une quantité fixée de betteraves par semaine.

«On conçoit sans peine que les associés retirent de leurs betteraves un prix plus rémunérateur que celui qu'ils recevraient d'un fabricant de sucre.

«Est-ce là le seul avantage que retirent les associés? Non. Désireuse, en effet, d'étendre le plus possible la coopération, la Société autorise ses membres à profiter de tous ses marchés, qui, en raison de leur importance, offrent de grands avantages sur le prix du détail; c'est ainsi qu'elle livrait, pendant l'hiver 1899-1900. le charbon de Charleroi à raison de 37 francs la tonne, alors que le commerce de détail le vendait 60 francs. La Société achète également pour tous les sociétaires les engrais dont ils ont besoin, leur procurant ainsi une réduction sur le prix d'achat et de transport qu'on pouvait évaluer, au printemps 1900, à environ 10 fr. 50 par hectare de betteraves.» (Rapport de la Classe 104 [Grande et petite culture. Syndicats agricoles. Crédit agricole], par Émile CHEVALLIER.)

Les sociétés coopératives de battage à vapeur sont un autre exemple intéressant à rappeler. Une des plus curieuses, des plus rationnellement conçues, des plus anciennes, est celle d'Haudivillers [1]. Elle a servi plus d'une fois de modèle. Parmi les coopératives de battage, il en est qui n'ont disposé que d'un capital minime.

[1] «La *Société d'Haudivillers* date du 22 juillet 1870: elle avait été fondée pour une durée de dix ans, pendant lesquels elle a amorti les 7,000 francs que représentait son matériel. En fait, elle dura onze ans. Pendant cette période, alors que les entrepreneurs de battage prenaient 30 francs pour 1,000 gerbes de grains, blé ou avoine, le prix de revient fut, en moyenne, de 22 francs pour le blé et de 17 fr. 50 pour l'avoine.

«En 1881, la Société est renouvelée pour douze ans; on vend l'ancien matériel dont le prix est réparti entre chacun des sociétaires au prorata du nombre de gerbes battues pendant la période qui vient de s'écouler, et on convient que, pour couvrir les frais occasionnés par l'achat d'un nouveau matériel se montant à 7,600 francs, chaque sociétaire versera une cotisation de 10 francs par hectare de terre cultivé. L'amortissement de cette somme, réparti sur douze années et ajouté aux frais généraux journaliers, détermine le prix de revient du battage; le prix moyen fut de 21 francs pour le blé et de 17 francs pour l'avoine.

«En 1893, la Société ayant amorti son matériel et ce matériel étant reconnu propre à faire une nouvelle période, on convient de la proroger pour douze ans et de joindre au battage l'aplatissage et le concassage à vapeur des grains. Chaque sociétaire dut verser 6 francs par hectare pour constituer la somme nécessaire aux frais de construction d'un bâtiment et d'acquisition du matériel nécessaire aux opérations de concassage et d'aplatissage. L'installation complète coûta 4,600 francs, somme dont l'amortissement devra se faire en douze ans. Le prix de revient du battage est, en moyenne, de 17 francs pour le blé et de 12 francs pour l'avoine, alors que les entre-preneurs de battage prennent actuellement de 25 à 28 francs. Le prix de revient de l'aplatissage est de 0 fr. 50 par quintal, et celui du concassage, de 1 fr. 50; ces deux dernières opérations donnent aux grains une plus grande valeur nutritive et sont très appréciées des cultivateurs, qui peuvent utiliser, pour l'alimentation de leur bétail, des grains de qualité inférieure.

«Ajoutons que cette Société, fondée dans une commune dont la population est de 568 habitants et le territoire cultivé, de 850 hectares, comprend le nombre relativement élevé de 55 sociétaires, soit tous les cultivateurs et exploitants de la commune. Ces 55 sociétaires s'interdisent, pendant la durée de l'association, de se servir d'autres machines que celles de la Société. Pour l'usage, de la machine commune, il était nécessaire de régler l'ordre de roulement à établir pour le battage. Les statuts disent que le battage sera fait en trois séries : la première série sera réservée aux cultivateurs exploitant 35 hectares de terre et au-dessus, et commencera à l'époque de la rentrée des blés, au jour fixé par la Commission. Cette série finira le 31 août. L'ordre de battage, dans cette série, commencera par le sociétaire ayant la plus forte exploitation et ainsi de suite en descendant du plus fort au plus faible. Le nombre de jours de battage sera égal pour chaque sociétaire; néanmoins, ceux dont l'exploitation est supérieure à 35 hectares de terre, auront droit en sus à un jour par chaque fraction de 35 hectares. La deuxième série, dite de *semence*, commencera le 1er septembre pour finir à la fin des semences d'automne. Elle sera divisée en deux catégories. Dans la première, entreront les sociétaires exploitant 15 hectares de terre et au-dessus; dans la deuxième, ceux cultivant moins de

Autre exemple encore : celui de la petite commune de Thorigny (Seine-et-Marne) dont le territoire, qui n'a que 487 hectares, est divisé en plus de 5,000 parcelles. Quatorze cultivateurs de cette commune, exploitant en moyenne 10 hectares, se sont réunis pour créer un syndicat ayant pour but l'achat et l'emploi des machines. Ils achetèrent une moissonneuse-lieuse : dès la première année (1904), ils coupèrent à l'aide de cette machine 38 hectares de blé, et dès cette première campagne, le prix d'achat de la machine fut amorti; en huit jours, la moisson avait été faite. Les mêmes cultivateurs associés ont acheté une moto-batteuse à pétrole, du prix de 5,600 francs, grâce à un emprunt de 4,000 francs à la caisse régionale de crédit agricole de Meaux. Ils veulent acheter maintenant un distributeur d'engrais, un pulvérisateur, construire un hangar, etc.

L'élevage a permis aussi bien des ingénieuses applications de la coopération dans la production : achat de reproducteurs de choix, etc.

Nombre des syndicats. — Au total, on compte actuellement (1905) en France, en dehors des 3,000 syndicats organisés en vue de l'achat des denrées diverses, plus de 1,300 groupements d'agriculteurs — sociétés coopératives agricoles, associations coopératives syndicales, syndicats agricoles coopératifs, etc. — dont le but est de produire, de conserver, de transformer en commun ou de vendre les produits de l'exploitation du sol et des animaux.

L'avenir des syndicats. — La conclusion des pages consacrées à la mutualité agricole et aux syndicats est l'affirmation du vaste champ ouvert aux bonnes volontés. Il faut se persuader qu'aucune énergie ne doit rester inemployée. J'ai montré plus haut, combien

15 hectares de terre. Dans la première catégorie, les sociétaires exploitant plus de 45 hectares de terre auront droit à deux jours de battage consécutifs, ceux exploitant de 25 à 45 hectares, à une journée et demie, et ceux exploitantd e 15 à 25 hectares, à une journée entière. Dans la deuxième catégorie, les sociétaires exploitant de 5 à 15 hectares de terre auront droit à une demi-journée, et ceux cultivant moins de 5 hectares seront assimilés à ces derniers. La troisième série commencera immédiatement après la deuxième et terminera les battages de la campagne. Chaque sociétaire fera battre au moins une journée. Celui exploitant 35 hectares de terre et au-dessus pourra faire battre trois jours consécutifs. Les battages se feront dans le même ordre que dans la deuxième série. (*Ibid.*)» Ém. Chevallier.

géographiquement, si j'ose ainsi dire, il restait à faire. Il ne reste pas une moins vaste besogne à accomplir dans le domaine moral. La loi de 1894, complétée par celle de 1900, fixant la forme légale des coopératives de crédit et leur concédant certains avantages (exemption de la patente, simplification des formalités de publicité), contient cette disposition excellente de faire des sociétés nouvelles des émanations directes du syndicat agricole. Sous l'égide de ce dernier se créeront aussi des organismes spéciaux, plus libres, partant plus actifs, moins chargés de soucis matériels, et qui s'attacheront à compléter l'éducation sociale, souvent encore rudimentaire chez les agriculteurs, à faire une propagande incessante en faveur de l'idée de solidarité, à provoquer non seulement la création de coopérations, mais aussi de mutualités [1]. Leur activité sera le meilleur élément de progrès. Et ils se grandiront eux-mêmes en grandissant leur œuvre.

L. LIVRES GÉNÉALOGIQUES.

IMPORTANCE DES LIVRES GÉNÉALOGIQUES; CE QU'ILS DOIVENT ÊTRE. — NOS ASSOCIATIONS D'ÉLEVEURS. — STUD-BOOKS DES CHEVAUX DE PUR SANG, PERCHERON, DES CHEVAUX DE TRAIT FRANÇAIS, BOULONNAIS, NIVERNAIS. — HERD-BOOKS. — FLOCK-BOOKS. — SERVICES RENDUS PAR LES CRÉATEURS DES LIVRES GÉNÉALOGIQUES.

Ce sont les Anglais qui imaginèrent [2] les livres généalogiques. Il est certain que c'est en grande partie à l'avance qu'ils ont prise à ce sujet et au souci, connu de tous, avec lequel ils continuent de tenir ces livres généalogiques [3], qu'ils doivent le chiffre élevé de leur

---

[1] Le Ministre de l'agriculture écrivait récemment (mars 1905) à tous les professeurs de son Département ministériel :

« Il est permis de penser que si, depuis un demi-siècle, on s'était efforcé de faire pénétrer dans le monde agricole cette idée qu'on peut fort bien avoir une retraite sans quitter la campagne, le mal qu'on est unanime à déplorer aujourd'hui ne serait pas aussi grave.

« Par la création de caisses de retraites agricoles, on retiendra, vous n'en doutez pas, le paysan à la terre, en assurant son bien-être jusqu'à sa mort; bien plus, on redonnera au sol une valeur et au pays une force nouvelle, car, en développant l'esprit d'épargne et de prévoyance, on aidera puissamment à augmenter et à consolider la petite propriété foncière, gage de prospérité, de travail, de paix et d'amour de la patrie, inséparable de l'amour du sol. »

Il faut, du reste, noter que le sort de la classe laborieuse n'a pas été oublié. D'après des relevés faits par le Musée social, il existait (fin 1904) dans les communes rurales : 6,000 sociétés de secours mutuels; 100 sociétés vigneronnes d'aide mutuelle au travail; 50 caisses de retraites agricoles; 3,000 unions patronales ou mixtes; 250 syndicats ouvriers.

[2] Voir t. I, p. 518.

[3] « Pour maintenir leur race dans l'état de

vente à l'étranger; c'est grâce aux stud-books, herd-books et flock-books, qu'est assurée la réputation de leurs races. Aujourd'hui, en effet, la grande loi de l'hérédité s'impose dans la production animale, et tout le monde reconnaît qu'il n'est d'élevage rationnel si l'on ne tient compte des origines.

Veut-on un exemple de l'attention que, chez tous les peuples, on porte à ce sujet? On peut lire dans la loi promulguée en 1903 aux États-Unis, sous le titre : *An act regulating the importation of breeding animal*, ce qui suit : «Aucun animal ne sera admis en franchise s'il n'est un produit d'une race pure et s'il n'est dûment enregistré au livre généalogique tenu pour cette race. En outre, le certificat d'inscription et de généalogie dudit animal devra être présenté au fonctionnaire des douanes, dûment authentiqué par le propre détenteur dudit livre d'inscription, en même temps qu'une attestation sous serment du propre agent de l'importateur affirmant que ledit animal est bien celui décrit dans ledit certificat d'inscription et de généalogie.»

En somme, l'attention donnée aux livres généalogiques, est la reconnaissance de la justesse des théories de Baudement, qui auront mis du temps à germer. Il y a près d'un demi-siècle cet illustre zootechnicien ne disait-il pas, en effet, que «juger un reproducteur d'après sa conformation et faire abstraction de son origine, du passé de sa race, de sa valeur comme représentant de ses aïeux, c'était s'exposer aux résultats les plus inattendus et engager follement une partie contre le hasard».

Un livre généalogique constitue le livre de noblesse d'une race pure qu'il s'agit de garantir des mésalliances. La pureté d'origine est donc la base fondamentale, la condition essentielle qui justifie le *dignus est intrare*. Cette pureté d'origine a son expression dans un ensemble d'attributs anatomiques et physiologiques inhérents à la race, qui lui donnent son cachet propre, sa personnalité permettant

perfection acquise, les associations anglaises d'élevage procèdent par voie de sélection, et cette sélection s'obtient par les concours de race et par l'inscription au herd-book ou au flock-book de la race. Je n'ai pas à rappeler ici la sévérité jalouse avec laquelle les animaux sont choisis pour cette inscription. Les jurés, dont j'ai souvent admiré le coup d'œil rapide et décisif, sont, sur ce sujet, justement intraitables, veillant avec soin à l'observation scrupuleuse des caractères spécifiques les plus minutieux.» (Marcel Vacher.)

de la classer et de la définir. Tous les membres d'une race ne sont pas également irréprochables, pas plus dans les sociétés humaines que dans les espèces animales. Si dans les premières, ce sont les défaillances morales ou les conditions sociales qui entraînent la déchéance de l'individu, chez les animaux domestiques, ce sont les défectuosités physiques qui amènent la décadence progressive. Donc, rien de plus rationnel que de fixer de prime abord le modèle-type de la race que l'on veut sélectionner.

Étant entendu que les caractères spécifiques d'une race doivent être inscrits en tête de nos livres généalogiques, il reste à spécifier deux points :

1° Il ne faut pas que herd-books ou stud-books soient de simples livres d'inscription. La mention du lieu de naissance du premier éleveur du propriétaire actuel n'est pas suffisante. On devrait tout au moins y faire figurer ceux du grand-père et de la grand-mère. Car, plus l'ascendance remonte haut, plus on a de facilité de contrôle dans l'hérédité, plus on a de garantie contre les surprises de l'atavisme. En outre, s'agit-il d'une jument, il importerait de mentionner ses produits, leur nombre, etc. Il faudrait aussi inscrire les récompenses obtenues, etc.;

2° Être d'une sévérité stricte pour l'inscription.

Ceci établi, il faut ajouter qu'un stud-book bien compris, auquel viennent s'adjoindre des concours spéciaux de race, est le mode de perfectionnement, d'amélioration par excellence [1]. Il ne serait pas mauvais, en outre, de réserver les concours aux animaux inscrits sur les livres généalogiques.

La constitution de nos races françaises pures ne remonte pas à un quart de siècle. « La raison de ce retard, comme le dit M. Marcel Vacher, découle, pour nous, de l'orientation qui fut tout d'abord donnée à notre élevage, auquel on ne cessait de conseiller le croisement de toutes nos races avec les races anglaises. »

A vrai dire nous avions déjà un stud-book. En effet, dès la fondation du Jockey-Club, lorsque les courses devinrent en France comme en

____

[1] La Société nationale d'encouragement à l'agriculture a insisté beaucoup pour les con- cours spéciaux de races et pour l'amélioration des races françaises par la sélection.

Angleterre une institution, la nouvelle société créa un registre matricule des chevaux de la race pure existant dans notre pays. Une ordonnance royale, en date du 3 mars 1833, donna une sanction officielle à cette création; une Commission spéciale fut nommée pour la tenue du registre d'inscription, qui ne fut terminé et ne put être publié qu'en 1838.

Cette commission, transformée en commission centrale des courses et de stud-book, fut rétablie en commission spéciale par arrêté du 17 mars 1860.

C'est là, en somme, le prototype du genre; c'est de ce stud-book que se sont inspirés les autres, comme s'en sont inspirés aussi les herd-books et les flock-books. Seulement, il y a un demi-siècle d'écart entre la création du premier registre généalogique et les suivants, et si nous nous sommes efforcés de rattraper le temps perdu, si toutes nos grandes races françaises sont, à l'heure actuelle, munies de leur registre généalogique, il ne faut pas oublier qu'une grande partie de ces importants progrès est due à l'heureuse influence de M. E. Tisserand, alors directeur de l'agriculture.

Il importe également de dire la large part qui revient, dans ce beau mouvement en avant, à la Société hippique percheronne. C'est en 1883 que parut, en effet, le premier volume de son stud-book. J'ai déjà eu l'occasion (t. II, p. 421) de rendre hommage aux éleveurs du Perche. Leur livre généalogique comprend aujourd'hui près de 50,000 inscriptions pour les deux sexes. En tête des statuts on peut lire :

« Le propriétaire (qui doit être membre de la Société hippique percheronne) doit faire la déclaration sur un bulletin détaché d'un livre à souche, contenant le signalement de chaque animal et sa généalogie, de façon à prouver qu'il est percheron; ce bulletin doit être visé par le maire de la commune, qui légalise la signature du déclarant en y apposant son cachet et sa signature, et être renvoyé au secrétaire de la Société pour être inscrit sur la souche à son numéro d'ordre et par les soins du secrétaire; il est ensuite renvoyé à son propriétaire pour lui servir de quittance d'inscription. »

On le voit, les statuts sont clairs et formels, et il suffit d'assurer leur stricte exécution pour obtenir un contrôle qui ne puisse donner lieu à aucune suspicion.

Enfin, de façon à préciser les véritables origines percheronnes, une décision de la Société hippique percheronne, en date du 8 mars 1884, désigna les cantons qui seuls avaient droit à l'inscription des chevaux et juments au Stud-Book. Il y en a 5 dans l'Eure-et-Loir; 15 dans l'Orne; 5 dans le Loir-et-Cher; 16 dans la Sarthe. A la suite d'une pétition, 4 autres cantons furent compris parmi les ayants droit à l'inscription au Stud-Book.

Trois ans après, la Société des agriculteurs de France créait le Stud-Book des chevaux de trait français. A vrai dire, il semble qu'il faille regretter une telle fondation plutôt que s'en réjouir, car, il est difficile de préciser exactement ce qu'est un cheval de trait. Où commence et où s'arrête cette catégorie? Or, toute la valeur d'un registre généalogique repose dans l'exacte connaissance du sujet à admettre ou à refuser; il faut une limitation précise et étroite, sans cela le registre généalogique, loin de rendre des services, pourra être le point de départ de bien des erreurs. Le mieux serait qu'il fût en ce cas inoffensif. Mais passons. En 1886 également, paraît le stuk-book de la race boulonnaise. Je n'énumérerai pas tous les stud-books créés, ni tous ceux à créer; je mentionnerai seulement encore celui de la race nivernaise établi en 1891.

Le rôle de l'État, en cette question, ne fut peut-être pas très heu-reux, ou plutôt il suivit le mouvement général qui nous poussait au croisement de toutes nos races avec les races anglaises. C'est ainsi que l'État créa un herd-book durham. Depuis, il y a eu réaction; heu-reusement on a compris combien il serait malheureux de sacrifier à une anglomanie excessive toutes nos belles races françaises. On a abandonné le croisement et on est revenu à la sélection. Dès lors, nous voyons les syndicats d'éleveurs se former un peu partout dans des buts déterminés et établir des herd-books. Non seulement nos grandes races — du Limousin à la Flandre, du Charolais à la Bre-tagne — mais encore nos races moins connues, et sous plus d'un rapport fort intéressantes, du Sud-Est et du Sud-Ouest deviennent l'objet d'une amélioration méthodique.

Les éleveurs de moutons suivent à leur tour le mouvement. Charmois, berrichons, mérinos et larzacs sont habilement sélectionnés, et les hommes compétents s'attachent à établir, d'indiscutable façon, les caractères des diverses races.

On ne saurait avoir trop de reconnaissance à ces éleveurs compétents qui savent comprendre tout le prix de la portion du patrimoine national qu'ils détiennent; c'est grâce à eux, il faut le dire bien haut, grâce à leurs constants efforts, grâce à leur inlassable persévérance, qu'ont été fixés les caractères de nos admirables races de bétail. Les registres généalogiques qu'ils ont créés seront les témoins de leur pensée vigilante; ils furent semblables à ce vieillard du fabuliste qui, dédaigneux d'un souci égoïste, plantait l'arbre qu'il ne devait pas voir grandir. Ainsi les héritiers des fondateurs de herd-books pourront profiter de la réalisation d'une œuvre entourée à ses débuts, ils ne devront pas l'oublier, de réelles difficultés.

M. INSTITUTIONS HIPPIQUES.

ADMINISTRATION DES HARAS. — DÉPÔTS D'ÉTALONS. — PRIMES. — ACHATS D'ÉTALONS. — LA SOCIÉTÉ HIPPIQUE FRANÇAISE. — LE CONCOURS HIPPIQUE CENTRAL. — AUTRES CONCOURS. — DE LA PRÉSENTATION. — EXPOSITIONS. — NÉCESSITÉ D'UNE GRANDE EXPOSITION ANNUELLE.

Garsault fut le premier directeur des Haras [1]. Leur administration constitue aujourd'hui une direction du Ministère de l'agriculture. Le personnel est formé par l'École des haras du Pin. Ce recrutement a fait l'objet de bien des discussions déjà, beaucoup de bons esprits estimant qu'il est profondément regrettable que les vétérinaires ne puissent arriver dans cette administration, même en qualité de simples officiers. Et cependant, ne seraient-ils pas tout qualifiés par leurs études antérieures? Certes, il faudrait qu'ils se perfectionnassent dans une spécialité nouvelle; mais le premier fonds qu'ils possèdent manque souvent aux officiers des haras. On sait l'impulsion rationnelle et scientifique donnée à la production chevaline par les deux vétérinaires qui, dans le courant du XIXᵉ siècle, ont été à la tête de l'insti-

[1] Les haras ont été créés à l'instigation de Colbert.

tution, Richard (du Cantal) et Gayot. Ni l'un ni l'autre ne versèrent dans les excès de l'anglomanie.

Il y a actuellement vingt-trois dépôts d'étalons qui, durant la période de la monte, envoient, chaque année, des reproducteurs dans les diverses stations de leur circonscription. On a souvent reproché, à juste titre, au Service des Haras de ne pas mettre à la disposition des cultivateurs les étalons les mieux appropriés aux exigences de l'agriculture locale.

Pour encourager l'élevage, on a institué des primes qui ont, il est vrai, presque autant d'adversaires que de partisans. Leurs adversaires prétendent que «le plus puissant stimulant pour un producteur étant le débouché de ses produits à un prix rémunérateur et, en tout cas, supérieur au prix de revient, si l'État consentait à payer un peu plus cher qu'il ne les paye les chevaux de troupe, la France produirait autant de chevaux d'armes qu'elle peut en utiliser, et que les sacrifices faits dans ce sens ne seraient pas plus onéreux que les primes».

Parmi les moyens d'encouragement, il semble qu'on devrait préférer le système mis en pratique par la riche Société d'agriculture de la Nièvre, qui, chaque année, achète des étalons de choix et les vend au rabais à des propriétaires ou fermiers, devenus ainsi garde-étalons et auxquels sont imposées certaines conditions, notamment celle de ne donner les étalons qu'à des juments reconnues bonnes pour la reproduction. Ce système a permis déjà (en une douzaine d'années) de constater des progrès sensibles dans la production en Nivernais.

Quelques mots sur les Concours hippiques proprement dits; ils ont été créés par la Société hippique française. Cette association, fondée en 1866 par M. le marquis de Mornay, avec l'appui de Napoléon III, obtint, de suite, pour y tenir son Concours central, le Palais de l'Industrie. Le premier concours eut lieu dans cette année même. Depuis lors, sauf en 1871, le concours se tint chaque année avec un succès croissant. Les inscriptions de la première année atteignirent 250; celles de l'année suivante, 397, et, à partir de 1868, elles s'élèvent à 441, chiffre qui est à peu près celui de la moyenne depuis cette époque (ce qui représente une valeur totale d'environ un million de francs). Les ventes, en 1866, portèrent sur 77 sujets, représentant une valeur de 190,000 francs. L'année suivante, 148 chevaux sont vendus pour 352,000 francs; en 1868, 173 chevaux produisent 475,000 francs.

Les ressources de la Société ont, grâce aux succès qu'elle remporte, largement augmenté, pour le plus grand profit de l'élevage. En 1903, en effet, la Société a distribué plus de 125,000 francs de prix rien qu'à son concours de Paris; à Bordeaux, 41,000 francs; à Nantes, 41,500 francs; à Nancy, 30,500 francs; à Vichy, 31,000 francs, et à Boulogne-sur-Mer, 47,000 francs. Au total, près de 400,000 francs sont distribués en prix et primes et vingt-six écoles de dressage sont subventionnées. Et cela, sans subvention gouvernementale, sans frapper à la caisse du pari mutuel, avec les seules ressources que fournissent à la société les cotisations de ses sociétaires, les abonnements à ses divers concours et l'argent recueilli aux tourniquets d'entrée. À noter que certains concours — Bordeaux, Nantes, Nancy — laissent souvent un déficit.

L'encouragement à la production du cheval de service, du cheval de voiture ou de selle et l'intérêt réel d'un concours résident dans les prix de classes, les primes d'appareillement ou les prix internationaux[1]. Tous ces divers concours sont organisés pour les chevaux de service. Attelés ou montés, les concurrents ne sont pas seulement examinés au point de vue de la conformation et de l'origine, mais aussi au point de vue du dressage et de la présentation.

En somme, la Société hippique française a, depuis sa fondation, rendu de signalés services à la production chevaline. Elle a non seulement encouragé les éleveurs en leur offrant des récompenses, mais encore elle a imprimé une heureuse direction à leurs efforts. Par le

---

[1] C'est, en général, devant un public très restreint qu'ils se disputent, à Paris du moins, car en province ces épreuves sont beaucoup plus suivies. A Paris, on préfère les épreuves et les sauts d'obstacles, et cependant combien souvent les chevaux qui s'y présentent ne méritent d'attirer l'attention ni par l'élégance de leurs lignes, ni par la noblesse de leurs formes; beaucoup sont des ratés de la production ou des fruits secs des hippodromes. Il n'en faut pas moins convenir qu'avec ses multiples sauts d'obstacles pour gentlemen et officiers, la Société hippique fait beaucoup pour le cheval de selle. Elle encourage et développe le goût de l'équitation. Elle donne confiance à l'éleveur, tenté d'abandonner cette production, qui lui paraît sans objet en dehors de la remonte. Il peut se rendre compte, au Concours, que le cheval de selle a encore des débouchés en France.

fait même qu'elle favorisait la production du cheval de demi-sang, elle a contribué à améliorer la remonte de l'armée. En outre, et presque seule, en somme, aujourd'hui, elle s'est occupée sérieusement du dressage. Or, c'est une question d'autant plus importante que c'est par là que nous péchons. Nous faisons naître mieux peut-être qu'aucun autre pays; nous savons élever, mais présenter, point. C'est le manque d'allure — vrai ou factice — qui nous a fait battre en 1900 par un hackney. Les palefreniers anglais, eux, connaissent la présentation du cheval dans ses moindres détails. Ils excellent à présenter le cheval à la course et à le faire trotter. Pour ne pas nous laisser supplanter par l'Angleterre, et même par l'Allemagne et par les États-Unis, nous devons faire, en ce sens, un sérieux effort. Il faut hautement louer la Société hippique française de n'avoir jamais négligé cette question.

A côté des concours organisés par la Société hippique française, il faut signaler ceux des sociétés locales, souvent fort intéressants pour telle ou telle race ou sous-race.

Lors de la belle exposition chevaline qui eut lieu à l'annexe de Vincennes de l'Exposition de 1900, exposants et visiteurs exprimèrent le souhait que cette Exposition ne fût pas sans lendemain. Mais, par suite du manque de crédits, l'on en était resté aux désirs. Cependant le besoin s'en fit plus sentir encore après que M. Mougeot eut, en qualité de ministre de l'agriculture, supprimé les concours régionaux agricoles et les eut remplacés par cinq grands concours d'animaux gras ou reproducteurs. Les équidés n'y étaient pas compris. Cette lacune aura du moins eu l'avantage de rendre plus nécessaires les expositions hippiques spéciales. C'est chose décidée maintenant[1]. Ces expositions ne feront aucunement double emploi avec le concours général hippique. Ce sont choses différant totalement : d'une part, concours-exposition de reproducteurs; d'autre part, concours pour chevaux de service.

Concours et expositions rendent de réels services; mais il conviendrait peut-être de les fermer aux marchands et de les réserver

______

[1] Elle a eu lieu à Paris dès cette année (1905) et a remporté le plus complet succès.

aux producteurs. «Nous connaissons, écrit M. Émile Thierry, dans son livre sur le *Cheval*, de richissimes marchands de chevaux qui font de véritables spéculations sur les concours hippiques.» Ce n'est que trop vrai.

X. COURSES DE CHEVAUX.

HISTORIQUE. — FONDATION DE LA *SOCIÉTÉ D'ENCOURAGEMENT POUR L'AMÉLIORATION DES CHEVAUX EN FRANCE*. — CRÉATION DU DERBY FRANÇAIS. — LE MOUVEMENT EN PROVINCE. — LE CHAMP DE COURSES DE LONGCHAMPS. — LE GRAND PRIX DE PARIS. — RÉGLEMENTATION DES COURSES. — *GLADIATEUR*. — NOS VICTOIRES À L'ÉTRANGER. — AUTRES SOCIÉTÉS DE COURSES. — LES PRIX DE 100,000 FRANCS. — LE DOPING. — LES DIFFÉRENTES MONTES. — LES ÉPREUVES D'OBSTACLES. — LA *SOCIÉTÉ DES STEEPLE-CHASES*. — LES COURSES AU TROT. — LE TROTTEUR FRANÇAIS; COMPARAISON AVEC LE TROTTEUR ORLOFF ET AVEC L'AMÉRICAIN; INTÉRÊT DES ÉPREUVES AU TROT MONTÉ. — CHIFFRE ANNUEL DES JOURNÉES DE COURSES. — DIFFUSION EN PROVINCE. — UTILITÉ DES COURSES.

La correspondance secrète de la cour de Louis XVI rend compte de la façon suivante d'une course qui fut disputée en 1775 :

«C'est hier que s'est faite l'ouverture du Newmarket français. Il n'a paru que quatre contendans; mais ils étaient du rang le plus élevé : c'étaient M. le comte d'Artois, M. le duc de Chartres, M. le duc de Lauzun et M. le marquis de Conflans. Le jockey du duc de Lauzun a gagné très lestement le prix, ou, pour mieux dire, la poule qui n'était que de vingt-cinq louis pour chaque coureur. Le cheval vainqueur est bon normand. La course a commencé vers une heure; elle a été vive et n'a pas duré plus de six minutes, quoique le terrain soit considérable, puisqu'il fallait faire trois fois le tour de la plaine des Sablons. On avait élevé dans le milieu un belvédère pour la Reine, qui était belle comme le jour, et le jour était charmant. Elle a pris le plus grand plaisir à ce spectacle, s'est fait présenter le petit Anglais qui montait le cheval victorieux, a félicité le duc de Lauzun, et consolé les vaincus avec une grâce infinie. »

Cette citation m'a paru intéressante, car elle nous décrit une des premières courses françaises de chevaux. 1775 voit, en effet, leur véritable début — dû à cette anglomanie alors souveraine et qui excitait fort les railleries des poètes du jour. La mode assure vite le succès, souvent peu durable il est vrai, de ce qu'elle adopte; dès

1777, une Société était fondée qui comprenait les plus grands noms du royaume, et on commença de courir régulièrement au printemps et à l'automne, dans la plaine des Sablons, à Fontainebleau, etc. «C'est aux courses, a-t-on écrit, non sans quelque justesse, que se vécurent les derniers beaux jours de la Monarchie.»

Les événements de 1789 n'apportèrent pas une longue interruption à l'institution nouvelle. En effet, Napoléon ayant, au camp de Boulogne, ordonné que des courses soient organisées dans les départements de l'Empire où s'élevaient de bons chevaux, l'Orne, la Corrèze, le Morbihan, la Seine, la Sèvre, les Côtes-du-Nord et les Hautes-Pyrénées firent courir; l'État donna 2,000 francs de prix à chaque département et 4,000 à celui de la Seine.

Peu avant, sans succès il est vrai, Echassériaux le jeune avait présenté au Conseil des Cinq-Cents un projet de loi établissant des courses aux trois fêtes du 14 juillet, du 10 août et du 22 septembre, dans chacune des trois divisions hippiques de la France.

Ce système de division de la France — en deux régions seulement, cette fois : Nord et Midi — sera appliqué en 1822. 1820 avait vu la réglementation des conditions des courses. D'une façon générale, du reste, on peut dire que Louis XVIII encouragea le sport hippique, notamment les haras pour l'amélioration des purs sangs : Meudon, Viroflay et, enfin, les haras du Pin, qui, sous la direction de M. Bonneval, prirent une grande importance.

Charles X ne fut pas moins favorable au sport hippique. Du temps qu'il était comte d'Artois, il avait fait courir; sous son règne, les courses se généralisèrent et le nombre des hippodromes s'accrût.

Louis-Philippe continua l'œuvre de ses prédécesseurs. Trois ans après son avènement, il prescrivait au Ministère du commerce l'établissement d'un registre destiné à l'inscription des chevaux de race pure : un Stud-Book. Sportsman émérite, son fils, le duc d'Orléans, fut membre fondateur de la Société d'encouragement, en 1833.

Celle-ci a eu et a encore sur les courses en France une telle importance, qu'il n'est pas inutile de dire quelques mots de sa fondation. L'honneur en revient en partie à lord Seymour, «ce véritable stratégiste en tous divertissements», celui que l'on surnomma *Mylord L'Ar-*

souille, et dont le souvenir évoque les descentes de la Courtille et les autres folies carnavalesques de la Monarchie de Juillet. Mais le véritable promoteur de l'idée fut un nommé Bryon, qui tenait, en 1833, un tir aux pigeons à Tivoli. Ce tir était à l'époque fort à la mode, et Bryon ayant la « marotte » de créer en France une société de courses, en fit part à douze de ses clients, parmi lesquels lord Seymour. Ce furent ces douze sportsmen qui fondèrent la *Société d'encouragement pour l'amélioration des chevaux en France.* La première réunion eut lieu en 1834; les trois prix pour ces courses avaient été offerts par lord Seymour, Anatole Demidoff et le prince de la Moskowa. Il m'a été donné de voir une estampe représentant cette première réunion de courses. Les spectateurs sont au nombre de moins d'une centaine. *Quantum mutatus ab illo!* Les adhésions arrivant, on put fonder, en cette même année 1834, le Jockey-Club. Lord Seymour, qui fut le premier président de la Société d'encouragement, se retira dès que celle-ci fut solidement assise, estimant, justement, que la présidence d'une telle œuvre devait être occupée par un Français.

La Société d'encouragement fondée, les initiatives individuelles se multiplient; les rappeler m'entraînerait trop loin. Je mentionnerai seulement la création par le Jockey-Club de la course qui, aujourd'hui encore, porte son nom, et qui fut disputée pour la première fois à Chantilly, le 24 août 1836. Le premier prix n'était à ce moment-là que de 5,000 francs. On sait combien il a été augmenté depuis; mais l'épreuve se déroule toujours à Chantilly, elle est réservée aux chevaux français; elle est communément appelée le Derby.

Peu à peu, le mouvement engloba la province. En 1848, on y compte une cinquantaine de sociétés et, en 1856, il y avait plus de six cents propriétaires inscrits au Stud-Book; enfin, à Paris, l'hippodrome du Champ de Mars, devenu insuffisant, fut remplacé, en 1856, par celui de Longchamps.

C'est sur ce champ de courses que, dorénavant, nous verrons se dérouler les plus grandes épreuves, et, quel que soit leur intérêt, le cadre sera toujours digne d'elles. Il est incomparable, en effet, et les coteaux de Suresnes avec leurs maisons enfouies dans la verdure lui font un arrière-plan magnifique. Tout étranger qui, venant de Paris par le Bois, descend vers le champ de courses, ne peut s'empêcher de pousser une exclamation admirative et, à mesure que sa promenade se déroule, son admiration se renouvelle, un délice des yeux succède à un autre. C'est que la nature s'est plu ici à collaborer avec l'homme et qu'il en est résulté une véritable merveille.

Sur le champ de courses de Longchamp se dispute le Grand Prix de Paris, auquel s'intéressent, on le sait, bon nombre de Parisiens. L'épreuve est internationale. Les Anglais nous y battirent tout d'abord plus souvent que nous n'y triomphâmes; ensuite, les deux élevages furent manche à manche; nous y avons remporté dans ces dernières années une série de victoires. A l'heure actuelle, en effet, chevaux anglais et chevaux français se valent; ils ont donc une peine égale à triompher mutuellement des deux côtés de la Manche par suite du désavantage causé par les fatigues du voyage, le changement d'air, l'interruption des habitudes, la non-connaissance de la piste.

Cependant, certaines créations de courses s'harmonisaient mal ensemble, et un peu de confusion naissant de la multiplicité des épreuves individuelles, l'État, — sans pourtant attenter au principe de liberté, — établit une réglementation spéciale des courses et leur imposa comme commissaires les inspecteurs généraux des haras et les directeurs des dépôts d'étalons. Peu après, en 1866, parut, sur la proposition du grand écuyer, le général Fleury, un arrêté accentuant encore la part de liberté laissée à chaque Société. Dès lors, de 1866 à 1870, les journées de courses s'élevèrent considérablement, et il en résulta une augmentation inouïe des sommes affectées aux prix.

C'est ici le lieu de dire un mot de *Gladiateur* [1], le seul cheval français ayant triomphé au Derby d'Epsom, victoire qui contribua énormément à la diffusion en France du sport hippique et au triomphe définitif chez nous de la cause des courses. On a pu dire de lui qu'il fut le véritable « géant de l'espèce ». Le poulain du comte de Lagrange ne se montra pas moins remarquable, en effet, autant par le grand nombre et l'importance de ses victoires que par la façon dont elles furent remportées.

Si nous n'avons gagné qu'une fois le Derby d'Epsom, nous y avons

[1] Voir t. I, p. 520.

été à diverses reprises brillamment représentés; nos représentants s'y sont classés aux places d'honneur, et ils ont triomphé dans les autres grandes épreuves anglaises, la Coupe d'or d'Ascot et les Eclipse Stakes notamment. Quant aux autres pays voisins, nos succès y sont nombreux. La Belgique, et l'Espagne voient triompher nos chevaux. La plus importante épreuve italienne, le Grand Prix du Commerce (50,000 francs), de Milan, est souvent leur apanage. Pour ce qui est de l'Allemagne, nous avons pris l'habitude d'y gagner régulière-ment toutes les grandes épreuves de son principal meeting, celui de Baden-Baden, et les écuries allemandes reconnaissent, les premières, la supériorité des nôtres. Nos reproducteurs, aujourd'hui, ne sont pas moins recherchés que les anglais et on en trouve dans tous les grands haras d'Europe[1].

Je ne puis citer toutes les sociétés de courses; il y en a aujourd'hui dans toute la France, dépendant en quelque sorte, quand elles s'oc-cupent de courses plates, de la Société d'encouragement. Mentionnons seulement la *Société sportive d'encouragement*, fondée en 1881, et qui succéda à la Société des champs de courses réunis (on la désigne com-munément sous le nom de la « Sportive »). Elle fait courir à Maisons-Laffitte et à Saint-Cloud (la Fouilleuse), tandis que la Société d'en-couragement a pour champ de courses Longchamp et Chantilly. Parmi les meetings de province, les plus importants sont ceux de Deauville, Vichy, Nice.

On peut compter maintenant les prix de 100,000 francs et davantage; nous avons, en effet, le Grand-Prix de Paris : 200,000 francs; le prix du Conseil municipal : 100,000 francs; le prix du Jockey-Club, à Chantilly, 100,000 francs (valeur nominale, souvent doublée, en réalité); le prix du Président de la République, à Maisons-Laffitte, 100,000 francs; le Grand Prix du Cercle International, à Vichy, 100,000 francs. D'autres prix atteignent 100,000 francs sans avoir cette valeur nominale.

Le monde du sport hippique avait peu subi de changements (le côté conservateur du caractère anglais y est certes pour beaucoup),

---

[1] Voir à ce sujet t. II. p. 417, note 1.

quand parut dans ces dernières années ce qu'on s'est plu à appeler, — à cause de son pays d'origine, — l'américanisme. Cet américanisme se présenta sous deux formes : le doping et la monte américaine.

Le doping, pratique désastreuse pour l'avenir de la race, consiste à donner au cheval, peu avant une épreuve, soit en cachet, soit par piqûre, de la strychnine, de la caféine ou de la cocaïne. Il en résulte une stimulation passagère; mais le renouvellement de telles manœuvres ne peut que détraquer irrémédiablement l'organisme et les courses ayant pour but de sélectionner une élite en vue de la reproduction, on comprend que le doping ruine tout à fait l'institution. Aussi la Société d'encouragement a-t-elle pris des mesures très sévères contre les dopeurs; il est à souhaiter qu'elle enraye complètement le mal.

La monte américaine ne présente pas, elle, les inconvénients du doping. Il s'agit simplement d'une autre façon de monter. Le jockey, au lieu de s'asseoir à fond de selle, se tient durant toute l'épreuve presque debout sur ses étriers; la selle est mise très en avant et l'homme très penché sur l'encolure. De cette façon l'arrière-main du cheval est libre. Il est à remarquer que les jockeys américains mènent, en général, les courses plus vite que les autres; les chevaux, cependant, arrivent plus frais et en pleine possession de leurs moyens. La majeure partie des jockeys anglais ont, du reste, aujourd'hui, adopté la méthode américaine; les jockeys français, également. (Nos compatriotes commencent à embrasser la lucrative profession de jockey et y réussissent.)

Quelques mots sur ce que certaines personnes se plaisent à appeler le « sport illégitime », les courses d'obstacles, qui, pour être d'un autre genre, ne valent, du reste, pas moins que les autres. Nous sommes certainement le pays où ce sport a pris le plus de développement et où il a reçu la meilleure organisation[1].

Il faut faire honneur de cette prospérité à la *Société des steeple-chases de France*. Sa fondation remonte à 1863. C'est la province, où les amateurs de chasses à courre étaient restés nombreux, qui donna l'exemple et institua les premières courses d'obstacles.

---

[1] Voir t. I, p. 520, la comparaison des courses d'obstacles anglaises et françaises.

La Société des steeples, à laquelle il faut associer le nom du prince de Sagan, fut reconstituée en 1873, et elle ne tarda pas à inaugurer ce bijou qu'est l'hippodrome d'Auteuil. On sait qu'elle a toujours remporté depuis cette époque le plus complet succès. En province, les sociétés d'obstacles se multiplièrent aussi. Elles dépendent quelque peu de la Société des steeple-chases, qui dote, largement, bon nombre de leurs épreuves. De tous ces meetings, le plus important est de beaucoup celui de Nice. Le montant du Grand Prix de la ville de Nice (steeple-chase) est, en effet, de 100,000 francs, approchant ainsi de près le Grand Steeple-Chase de Paris (Auteuil) : 120,000 francs. Quant à la Grande Course de haies (Auteuil), son premier prix est de 50,000 francs.

Dans la catégorie obstacles, les courses de gentlemen-riders sont beaucoup plus nombreuses qu'en plat, et bon nombre de ces gentlemen n'hésitent pas à se rencontrer avec les jockeys. La *Société du Sport de France* s'intéresse tout particulièrement à cette question. Les jockeys français montant en obstacles sont bien plus nombreux que ceux qui ont choisi la spécialité des courses plates; plusieurs se sont classés aux tout premiers rangs de la spécialité.

J'arrive aux courses au trot. Leur monde est tout à fait particulier, et si l'on s'y pique moins de chic, du moins les propriétaires sont tous ici des connaisseurs; ils aiment le cheval d'une façon pratique. La théorie ne leur suffit pas, non plus que le jeu. Ils dirigent eux-mêmes leur élevage et leur écurie de courses, et le fils de la maison tiendra à monter dans toutes les épreuves et à y triompher. L'anglomanie a peu pénétré ici. Le succès n'en est pas moins largement assuré aujourd'hui [1]; les hippodromes de trotteurs se multi-

[1] Voici, à ce sujet, le compte rendu de la principale épreuve au trot de l'année; je l'ai emprunté à un journal spécial; il s'agit, de la course de 1904 : «Saint-Cloud avait un air de fête, l'autre lundi — la foule était telle qu'on se serait cru au 14 Juillet — où se courait pour la huitième fois le Grand-Prix des trotteurs, le Prix du Président de la République, doté d'une belle allocation, unique pour les épreuves de trotting, de 50,000 fr. Fait assez curieux, le premier de nos éleveurs de demi-sang trotteurs, M. Th. Lallouet, n'avait pas encore gagné cette belle épreuve; trois fois, M. Olry, avec *Livadie*, avec *Trinqueur* et avec *Aline* (l'an dernier), remporta ce beau trophée; les autres lauréats furent MM. Thibaud, A. Hémard, Costenobel et Cavey aîné. Avec un fils de *Narquois* et *Quenotte*, *Beaumanoir*, un poulain noir de fort belle structure et admirablement établi, M. Th. Lallouet bat tous les records; en effet, *Beaumanoir* a couvert les 2,800 mètres en 4 m. 12 s. 3/5,

plient chez nous, et leur budget s'élève à près de 400,000 francs. Ces courses sont régies par la *Société du Demi-Sang*.

Il y a lieu de rappeler combien est malaisé l'entraînement d'un cheval pour les courses au trot. Le trot, en effet, n'est pas une allure naturelle au cheval. Spontanément il va au pas, ou au galop. Le trot, le trot suivi, tout au moins, est factice. Combien difficile est donc la tâche qui consiste à obtenir du cheval qu'il garde cette allure, alors même qu'on le presse. Aussi importe-t-il, tout d'abord, de bien assurer au cheval l'allure du trot; l'entraînement proprement dit ne commence qu'après. On peut établir une comparaison entre ce qu'est la course au trot pour le cheval et, pour l'athlète, une épreuve de marche; dans un cas comme dans l'autre, il s'agit d'obtenir le summum de vitesse tout en gardant une allure, en somme, contrainte. La difficulté est grande; il en faut d'autant plus faire honneur à ceux qui mènent à bien une tâche si ardue et si utile pour notre élevage.

«Nos trotteurs, écrit M. H. Vallée de Loncey[1], ont non seulement de la vitesse comme les trotteurs américains, mais ils ont aussi du modèle comme les trotteurs russes. Quand ils n'ont pas assez de qualité pour faire des champions d'hippodrome, ils sont propres à faire des carrossiers et des chevaux d'armes. Ce qui conserve le modèle aux trotteurs français, c'est que chez nous nous avons des courses au trot monté, tandis que les Américains et les Russes n'ont que des courses attelées. La selle donne la force, la vigueur nécessaire aux étalons de croisement destinés à produire les chevaux de cavalerie, de ligne et de réserve. Il est incontestable que les courses au trot nous ont dotés d'un cheval plus compact, mieux soudé dans ses membres que le trotteur étranger, qui n'a jamais couru qu'attelé à un léger sulky.

soit le kilomètre en 1 m. 30 s. 1/5, vitesse qui n'avait jamais été atteinte; d'autre part, les 50,000 fr. du Prix portent à 118,791 fr. les sommes gagnées par l'écurie Lallouet depuis le début de la saison; c'est la première fois qu'un propriétaire de trotteurs dépasse 100,000 francs, aussitôt après la réunion du Prix du Président de la République. L'écurie Olry avait atteint un pareil résultat en 1900 et 1903, mais après le Derby de Rouen, c'est-

à-dire quelques jours plus tard. Comme dans le Grand Prix des pur sang, c'est le bon cheval qui a gagné, il y a, du reste, une certaine analogie de qualité entre *Ajax* et *Beaumanoir*; chacune des sorties des deux cracks fut marquée par une victoire; ni l'un ni l'autre ne connurent la défaite.» J'ajoute que l'épreuve est au trot monté et que le vainqueur avait pour cavalier M. Lallouet fils.

[1] *Journal d'agriculture pratique* (1900).

« Des trois concurrents : le trotteur américain passe pour avoir la plus grande vitesse; le trotteur russe de race Orloff, pour être le plus élégant, le plus brillant dans ses allures: le trotteur français, très en progrès comme vitesse, obtenant des records de 1 min. 34 sec. le kilomètre, pouvant tenir tête à l'américain, est le plus pratique, le moins spécialisé dans sa production. »

Et cette aptitude à des utilisations autres que l'hippodrome est intéressante à conserver, car elle assure à nos éleveurs de trotteurs des débouchés; à côté du turf, ils ont la vente aux marchands de chevaux de service. « L'amateur veut, ainsi que le note M. Paul Mégnin, plus encore qu'autrefois, le cheval de modèle et d'allures, et le marchand va chercher chez les Lallouet, les Basly, les Brion, les Gauvreau, les Cavey, les Ballière, les Marcillac, etc., le cheval de concours hippique, celui qui « tape dans l'œil » de l'amateur. »

Du reste, les prix importants ne manquent pas. Certes, ils ne sont ni aussi nombreux, ni aussi importants que pour les courses au galop. Il s'en faut même de beaucoup; mais enfin, il y a progression et progression notable. Aujourd'hui, les demi-sang ont, eux aussi, leurs Grands Prix, plus souvent dénommés Derbys, qui « classent » les vainqueurs; tels sont les Derbys ou Grands Prix d'Alençon, d'Argentan, de Bordeaux, de Chalon-sur-Saône, de Cherbourg, de Cluny, de la Roche-sur-Yon, du Merlerault, de Lisieux, de Nantes, de Nevers, de Rennes, de Rouen, de Tourcoing, de Vichy, etc., sans compter à Paris le Prix du Président de la République, le Prix Bayadère, le Prix Legoux-Longpré, le Prix de l'Élevage et le Prix du Ministère de l'Agriculture.

Enfin, je dirai un mot de Fuschia, le célèbre étalon de nos haras nationaux. Jamais, dans le monde, un étalon de demi-sang n'a produit autant de vainqueurs. Fuschia, qui est par Reynolds et Rêveuse (par Lavater), tient depuis plusieurs années la tête des étalons gagnants. Voilà quinze ans que ses produits disputent des épreuves sur nos hippodromes de trotting; ils ont gagné : en 1893, 185,186 fr. 20; en 1894, 278,150 fr. 25; en 1895, 296,083 fr. 60; en 1896, 264,694 fr. 75; en 1897, 291,951 fr. 55; en 1898, 298,672 fr. 40; en 1899, 380,973 fr. 15; en 1900, 536,447 fr. 50; en 1901,

297,104 fr. 15 ; en 1902, 257,995 fr.; en 1903, 396,675 fr. 50 ;
en 1904, 336,736 francs, soit un total de 3,820,670 fr. 05.

Il y a, par an, un total de 830 réunions de courses des diverses catégories, dont 250 pour Paris. Nos grandes sociétés parisiennes ont versé, depuis 1891, aux sociétés de province 22 millions destinés à être distribués en prix. Voici, comme exemple, les chiffres de 1902 : Société des steeple-chases, 768,830 francs ; Société d'encouragement, 684,000 francs ; Société sportive, 557,700 francs ; Société du demi-sang, 201,300 francs ; Société du sport de France, 56,000 francs.

Le moindre petit bourg a sa réunion annuelle : plat, obstacles ou trot, et les cavaliers du pays s'y métamorphosent en jockeys. Ces réunions constituent pour beaucoup de personnes une saine distraction. Là, pas de furie du jeu ! Elles entretiennent certainement le goût du cheval, et il n'y aurait pas de critique à adresser à leur développement si elles n'avaient pas pour corollaire, à Paris surtout, le grave danger de provoquer et d'entretenir la passion du jeu chez trop de gens, passion que l'organisation du Pari mutuel n'a que très incomplètement abouti à refréner. Trop d'exemples sont là pour montrer les suites désastreuses, parfois, de cet engouement pour les courses ; de braves petits bourgeois vont perdre sur la pelouse le prix de leur travail, les économies du ménage, quand ils ne sont pas entraînés à des actes plus ou moins répréhensibles pour se procurer l'argent qui leur permettra de satisfaire leur amour des jeux de hasard.

C'est le lieu de se demander quelle est l'utilité des véritables courses au point de vue de l'amélioration de la race chevaline. Ce sujet a donné lieu déjà à un grand nombre de discussions. Laissant de côté les arguments qui ont été donnés pour ou contre, il me suffira de citer l'avis d'un homme fort compétent et qu'on ne saurait suspecter de partialité en faveur des courses, dont il était loin d'être l'ami. Cet homme c'est M. Ephrem Houël ; voici comment il exprime son avis dans son cours de science hippique professée à l'école des haras :

« Comme il s'est trouvé que l'épreuve des courses était le moyen le plus sûr et le plus facile pour apprécier le mérite d'un cheval, il en est résulté nécessairement que les courses ont servi chez toutes les nations et même dans les temps les plus anciens à l'amélioration des races; c'était un cercle non plus *vicieux*, mais *heureux*. On faisait une course pour s'amuser, pour célébrer un événement triste ou favorable, mais toujours glorieux; puis, comme on remarquait que les meilleurs chevaux étaient ceux qui réunissaient la meilleure origine, la meilleure éducation, l'amélioration se faisait peu à peu, par suite des soins qu'on mettait à se procurer les meilleures races, à les créer ou à les modifier. »

Resterait à établir, — point difficile! — si, ici comme en beaucoup de choses, les avantages l'emportent sur les inconvénients. Je laisserai à d'autres plus compétents que moi le soin de trancher la question.

O. CONCOURS AGRICOLES.

LE CONCOURS GÉNÉRAL AGRICOLE. — GRANDS PRIX ET PRIX DE CHAMPIONNAT. — LES CONCOURS NATIONAUX. — LES CONCOURS SPÉCIAUX. — LES CONCOURS DE PRIMES D'HONNEUR. — LES MARCHÉS-CONCOURS.

Le *concours général agricole* de Paris demeure le grand concours national, dont la forte organisation, œuvre du Ministère de l'agriculture, est en quelque sorte la base de tous les autres concours. Toute description de cette solennité agricole me paraît inutile : qui, en effet, n'a pas, par curiosité tout au moins, fait quelque visite dans le vaste hall de la Galerie des machines, où il se tient depuis quelques années? Les agriculteurs de toutes les régions y sont réunis. Les serviteurs qu'ils amènent avec eux pour les soins à donner au bétail exposé portent souvent encore les vieux costumes de nos provinces françaises, et le pittoresque rapproche ainsi le Breton du Pyrénéen, les petites vaches de l'un voisinant avec celles de l'autre.

Le concours général agricole comprend des animaux gras, des reproducteurs, des volailles mortes et vivantes, les produits des laiteries et des fromageries; tous les produits du sol: céréales, légumes, fruits, vin, etc.; enfin, les instruments et les machines servant à l'agriculture qui y occupent une place chaque année plus importante.

Il serait à souhaiter qu'à l'avenir, comme on l'a souvent demandé, les reproducteurs fussent seuls admis à ce concours, les animaux gras faisant — ainsi qu'autrefois, si l'on tient à le maintenir — l'objet d'une exposition spéciale distincte du concours général.

Les récompenses sont des prix de diverses valeurs. Au concours de l'Exposition de 1900, il n'y eut ni prix d'honneur, ni grand prix : ils étaient remplacés par des prix de championnat, décernés à chaque race en particulier, ce qui mettait en relief les mérites spéciaux de chacune. C'était l'équité même. En effet, mettant en concurrence des sujets non comparables entre eux, les grands prix vont toujours aux mêmes éleveurs. Les brebis laitières de l'Aveyron ne sont pas comparables à celles de la Charmoise, et jamais elles n'obtiendront contre elles un grand prix. Est-ce à dire qu'elles ne les vaillent pas?

La création des *concours d'animaux reproducteurs* remonte à 1849. Le premier concours eut lieu à Poissy, le deuxième, en 1850, dans les dépendances de l'Institut agronomique, à Versailles.

L'année suivante, on institua trois *concours régionaux* qui eurent un très grand succès. Leur nombre augmenta d'année en année; on en compta jusqu'à douze en 1886. En 1887, leur nombre fut ramené à six et, en 1888, reporté à huit. Récemment il a été décidé qu'il n'y aurait plus, par an, que trois *concours nationaux*.

L'institution récente de *concours spéciaux*, dont le nombre est pour ainsi dire illimité, car il dépend des Associations agricoles locales, semble appelée à rendre beaucoup plus de services que les concours régionaux. J'ai dit déjà, en traitant de l'élevage, combien les concours spéciaux sont utiles à l'amélioration des races; leur appellation même : «concours spéciaux» ou «concours de race» est assez caractéristique pour que je n'aie pas à entrer dans des détails sur leur objet. On se propose d'en augmenter le nombre par suite de l'économie réalisée sur le chapitre des concours régionaux, ramenés à trois comme je viens de le dire. Il est certain qu'on ne peut qu'approuver l'augmentation du nombre des concours spéciaux, pouvant s'appliquer non seulement à l'élevage, mais encore à toutes les branches de l'économie rurale. Les avantages qu'ils présentent sont nombreux : ils aident puissamment à la réalisation de progrès notables, provoquent la réunion des agriculteurs d'une région plus ou moins étendue et s'occupant de telle question spéciale, permettent des comparaisons entre les produits de lieux voisins les uns des autres.

De plus, beaucoup de petits éleveurs qui reculent devant la participation à de grands concours n'hésitent pas à exposer dans les concours spéciaux et trouvent ainsi la récompense de leurs efforts.

La Société nationale d'encouragement à l'agriculture a pris une très large part à la création des concours spéciaux dont elle a fait depuis plusieurs années ressortir l'utilité.

Les concours de primes d'honneur sont fort intéressants aussi. Ils ont contribué très heureusement au développement, dans les divers départements, des bonnes méthodes agricoles et à l'amélioration de l'élevage.

Un mot en terminant sur les *marchés-concours*. L'honneur en revient au comte de Bouillé, qui, vers 1875, créa à Nevers le célèbre concours de race charolaise. Cette institution a été en prospérant, pour la plus grande réputation de la race : à Nevers aussi bien qu'à Moulins, on assiste chaque année à une exhibition de plus de 400 taureaux de race charolaise pure, et, dans chacune de ces réunions, le chiffre d'affaires, comme vente de reproducteurs, s'élève de 200,000 à 300,000 francs. On ne saurait oublier non plus les belles foires-concours de Limoges, dont la réputation est universelle. Les éleveurs s'y disputent à prix d'argent les plus beaux sujets de la race limousine.

P. SOCIÉTÉS D'AGRICULTURE; PRESSE AGRICOLE.

LA SOCIÉTÉ NATIONALE D'AGRICULTURE. — LA SOCIÉTÉ DES AGRICULTEURS DE FRANCE.. — LA SOCIÉTÉ D'ENCOURAGEMENT À L'AGRICULTURE. — SOCIÉTÉS DIVERSES. — LES SOCIÉTÉS DÉPARTEMENTALES. — LES COMICES AGRICOLES. — LA PRESSE AGRICOLE.

SOCIÉTÉS D'AGRICULTURE. —— Les premières sociétés françaises d'agriculture furent fondées au milieu du xviiie siècle[1]; parmi elles, une seule a survécu; après avoir porté des dénominations diverses, elle s'appelle aujourd'hui *Société nationale d'agriculture*. Son premier titre avait été *Société royale d'agriculture de la généralité de Paris*. C'est une sorte d'académie des sciences agricoles. Elle se compose de titulaires, au nombre de 52; d'associés nationaux, de membres

[1] La plus ancienne fut fondée par les États de Bretagne. Sur l'initiative de Gournay, des agronomes, des savants et des gentilshommes ruraux la formèrent à Rennes.

étrangers, de correspondants nationaux et de correspondants étrangers. On procède à leur renouvellement par élections. Les élections des titulaires et des associés sont approuvées par décret du Président de la République, celles des autres membres par arrêté du Ministre de l'agriculture. La Société se subdivise en neuf sections.

Deux grandes associations agricoles libres se partagent l'élite des agronomes, des agriculteurs et des propriétaires français. Ce sont, par ordre d'ancienneté de leur fondation, la *Société des agriculteurs de France* (1867) et la *Société nationale d'encouragement à l'agriculture* (1881). Elles ont joué un rôle très important dans le mouvement agricole de la France.

Le nombre des associations agricoles, viticoles, forestières, horticoles, séricicoles, apicoles, etc.—dont beaucoup sont très importantes et qui exercent dans chacun de nos départements une heureuse influence sur l'agriculture locale — dépasse actuellement 500.

La création des premières sociétés départementales d'agriculture remonte à plus d'un siècle. C'est, en effet, le Ministre de l'intérieur de 1798, François de Neufchâteau, qui ordonna aux préfets de provoquer, dans chaque département, la constitution de groupements s'appliquant, par des études persévérantes et des expériences bien conduites, à faire progresser l'agriculture dans leur milieu. Dès cette année, les premières sociétés étaient formées; en 1798, on en comptait six; en 1799, quinze; en 1808, cinquante et une, dont quarante-trois dans l'ancienne France. Plusieurs d'entre elles ont disparu, d'autres ont modifié leur organisation, mais il en est qui ont célébré leur centenaire. Elles ont rempli leur rôle d'agents de progrès, par des publications, des concours, des essais, des expériences, et à la plupart se rattachent les noms de familles agricoles qui ont prêché d'exemple.

Un peu plus tard, ont paru les Comices, dont l'action s'est exercée surtout par des concours de ferme, de bétail, de machines, et par la propagation des principales améliorations d'ensemble ou de détail. Ils sont plus nombreux que les sociétés. Leur activité a pour théâtre un ou plusieurs cantons, un arrondissement, quelquefois un département tout entier. Ils réunissent à la fois les agriculteurs et les amis de l'agriculture. L'efficacité des comices dépend, comme pour toutes les entreprises de ce genre, de la valeur et du zèle de ceux qui sont à leur tête et de la confiance qu'ils inspirent autour d'eux. A beaucoup d'entre eux revient le mérite des progrès réalisés dans leurs circonscriptions respectives.

Sociétés d'agriculture et comices s'en sont tenus à peu près exclusivement aux opérations techniques : systèmes de culture, élevage du bétail. Devant les résultats obtenus par eux, des associations spéciales, restreintes à une branche unique de la production, se sont formées. J'ai parlé des principales d'entre elles en traitant des diverses spécialités auxquelles elles se rattachent.

PRESSE AGRICOLE. — La presse agricole rend et a rendu les plus grands services.

Le plus ancien des journaux agricoles est le *Journal d'agriculture pratique*, fondé en 1837 par Alexandre Bixio. Il a eu l'honneur d'être couronné par l'Académie des sciences comme étant l'ouvrage ayant fait faire le plus de progrès à l'agriculture française. Il est hebdomadaire.

Hebdomadaire aussi, est le *Journal de l'agriculture*, créé par Barral et actuellement dirigé par M. H. Sagnier.

La liste même incomplète des journaux agricoles remplirait de nombreuses pages : L'horticulture, l'élevage, l'aviculture, la viticulture, la sylviculture, la science vétérinaire, la pêche, la chasse, etc., ont leurs organes spéciaux. La Société des agriculteurs de France et la Société nationale d'encouragement à l'agriculture publient régulièrement leur bulletin.

Il y a tant de connaissances à répandre, et le champ d'action est si vaste que toutes les activités trouvent le moyen de s'exercer.

En 1903, sur l'initiative de M. Charles Deloncle, a été créée à Paris l'*Association de la presse agricole*, qui compte 140 membres représentant les principaux organes agricoles de la France. Cette association est très prospère. Composée exclusivement de publicistes recrutés à l'élection, lors des vacances qui viennent à se produire dans son sein, elle est, à juste titre, tenue en haute estime par le monde agricole.

VALEUR EN FRANCS DES IMPORTATIONS ET EXPORTATIONS DES MATIÈRES ET PRODUITS INTÉRESSANT L'AGRICULTURE.

[Ces chiffres sont extraits des tableaux de l'Administration des douanes; mais, au lieu de donner les importations et les exportations d'une année prise comme exemple, on a établi la moyenne quinquennale des années 1897-1901.]

N. B. — L'Algérie et les colonies françaises figurent dans les colonnes d'exportations et d'importations au même titre que les pays étrangers.

MATIÈRES ET PRODUITS.	IMPORTATIONS.	EXPORTATIONS.
Animaux vivants.		
Équidés.	25,586,390 [1]	20,324,880
Mules et mulets.	1,208,500	5,273,520
Asinés.	344,688	53,394
Bovidés.	7,762,442	6,888,605
Ovidés.	26,763,314	288,813
Caprins.	16,383	32,472
Porcins.	874,608	3,772,915
Volaille.	1,794,565	835,793
Pigeons.	4,834,126	160,326
Chiens.	656,000	143,375
Autres (gibier, tortues, abeilles, sangsues, etc.).	1,629,083	503,667
Produits et dépouilles d'animaux.		
Viandes fraîches de boucherie.	7,512,036	5,158,551
Volaille.	1,924,465	9.608,651
Pigeons.	113,511	18,924
Gibier mort.	5.070.543	34,175
Viandes salées de porc, jambon et lard.	10,773,252	2,024,993
Autres viandes salées.	190,840	307,151
Conserves de viande en boîtes et de gibier.	1,166,976	2,273,744
Charcuterie fabriquée.	4,227,359	1,118,672
Extraits de viande en pains ou autres.	2,300,327	307,151
Pâtés de foie gras.	352,698	1,153,940
Graisses — Suifs.	10,541,806	7,941,747
Graisses — Saindoux.	10,302,380	1,817,263
Graisses — Autres.	2,244,524	2,854,340
Margarines.	167,929	4,590,147
Lait.	124,412	263,658
Beurre.	17,361,245	65,968,746 [2]
Fromage.	31,693,461	11,128,378
Œufs.	14,908,938	14,883,687
Miel.	312,533	781,812
Boyaux frais, secs ou salés.	1,068,493	2,532,527
Pelleteries brutes.	14,535,537	4,615,871
Peaux.	13,498,861	96,026,401 [3]
Poils.	7,458,892	980,107
Crins.	3,586,013	960,135

MATIÈRES ET PRODUITS.	IMPORTATIONS.	EXPORTATIONS.
Produits et dépouilles d'animaux. (Suite.)		
Plumes.	40,041,861	28,418,153 [4]
Laines — en masse.	397,396,032	78,274,121
Laines — peignées ou cardées.	466,894	80,273,660
Laines — déchets de bourre entière.	20,246,785	39.665.969
Laines — en masse teinte et blousses teintes, peignées ou cardées teintes; déchets de bourre, lunice et tontisse.	611,671	931,358
Soies — en cocons.	7,371,673	2,122,253
Soies — grèges.	234,222,366	91,692,767
Soies — déchets teints ou non.	1,300,423	10,848,830
Soies — ouvrées ou moulinées écrues ou teintes.	1,080,849	23,786,854
Soies — bourre en masse.	31,641,197	5,024,968
Soies — bourre peignée.	2,718,132	5,731,300
Matières dures à tailler (os et sabots de bétail, cornes de bétail).	13,600,894	2,479,013
Dégras de peaux.	11,713	1,677,470
Os calcinés à blanc.	481,752	15,348
Noir d'os.	393,029	214,296
Oreillons.	1,569,197	390,112
Engrais (guano compris).	4,892,611	2,050,019
Jaunes d'œufs impropres aux usages alimentaires.	1,393,770	251,403
Œufs de vers à soie.	88,085	4,990,541
Cire brute animale (crasse de cire comprise).	1,230,681	417,302
Autres produits et dépouilles d'animaux à l'état brut.	5,367,598	273,385
Pêche [5]	55,421,526	37,132,963
Farineux alimentaires. — Froment, épeautre, méteil.	132,252,778 [6]	293,402
Avoine.	41,034,696	424,499
Orge.	23,680,416	5,454,719
Seigle.	2,974,600 [7]	478,618

[1] Moyenne 1900-1901 : 12,934,400.

[2] Régression signalée sur les beurres salés : dans la période quinquennale, de 71,447,261 à 20,325,222; cette régression est heureusement compensée, en partie, par l'augmentation de l'exportation des beurres frais ou fondus : dans la période, de 5,520,153 à 38,143,407.

[3] Moyenne 1899-1901 : 120,487,118.

[4] Diminution malheureusement aussi marquée que constante : 1897, 55,923,198; 1901. 11,339,097.

[5] Le détail a été donné t. II, p. 672.

[6] Moyenne 1899-1901 : 28,480,475.

[7] Moyenne 1899-1901 : 61,233.

MATIÈRES ET PRODUITS.	IMPORTATIONS.	EXPORTATIONS.
Farineux alimentaires. (Suite.)		
Maïs	57.163.847 [1]	264,802
Sarrasin	6,605	747,555
Farines — de froment, d'épeautre, de méteil	8,121,095	9,020,017
Farines — d'avoine, d'orge, de seigle, de maïs	1,952,344	164,909
Malt (orge germée)	774,089	842,634
Biscuits de mer et pain; gruaux, semoules en gruaux; grains perlés et mondés; semoules en pâtes et pâtes d'Italie	2,203.966	2,368,376
Riz : en pailles, brisures, entier, farines et semoules	28,526,923	7,018,741
Légumes secs et leurs farines	31.461,854	3.215.123
Pommes de terre	4,293,990	13,514,668
Marrons et châtaignes	1,168,301	2,190,465
Dari, millet, alpiste	1,060,528	58,812
Son de toutes sortes	20,899,201	5,232,482
Fourrages	2.281,041	17,102,649
Fruits et graines.		
Fruits de table frais.		
Aurantiacées	10,671,170	507,454
Caroubes	2,378,875	90,870
Raisins — de table	1,041,049	305,438
Raisins — de vendange	37,407	841,453
Marcs de raisins et moûts	87,955	13,575
Pommes et poires de table	973,172	3,172.961
Pommes et poires à cidre et à poiré	110.854	1,166,583
Forcés	42,884	5,944
Autres	1,615,763	10,298,895
Fruits de table secs et tapés.		
Figues	4.367,214	124,616
Raisins	3,126,428	90,870
Amandes et noisettes	4,396,730	1,203,857
Noix	369,901	6,377,698
Pommes et poires de table	184,381	128,726
Pommes et poires à cidre et à poiré	1,083,678	20,448
Pruneaux et prunes	856,509	5,665,178
Pistaches	"	5,893
Autres	1,177,213	560,755
Fruits de table confits sans sucre ni miel (cornichons, concombres, olives, picholines, câpres, etc.)	892,865	2,613.659
Fruits à distiller ou destinés à la vinification.		
Fruits à l'eau-de-vie	"	745,822
Anis vert	1.317,965	16,847
Baies de genièvre et fenouil	296,327	21,780
Raisins secs	894,360	2,944
Figues sèches	25,050	14,772

MATIÈRES ET PRODUITS.	IMPORTATIONS.	EXPORTATIONS.
Légumes.		
Frais	3.201,395	16,649,169
Salés ou confits	54,391	1,030,413
Conservés ou desséchés	127,180	8,384,714
Choux à choucroute	198,943	8,691
Légumes. — *Graines et fruits oléagineux.*		
Arachides	30,257,898	2,157,975
Ravison	3,133,842	[illegible]
Coton	7,181,091	1,621,026
Lin	33,483,738	84,155
Chènevis	1,873,235	330,691
Sésame	22,932,921	[illegible]
Moutardes (colza des Indes compris)	18,656,001	78,585
Pavot	6,555,564	16,555
Colza d'Europe	1,549,145	530,821
Navette	4,326,515	33,884
Coprah	26.489,494	
Amandes de palmiste	2,415,925	
Touloucouna, mowra, illipé	2,111.194	
Autres (œillette, niger, etc.)	10,842,347	171,865
Graines — à ensemencer (jarosse comprise)	9,758,265	11,421,673
Graines — de betterave	3,259,973	778,316
Graines — de luzerne et de trèfle	1,079,065	5,309,598
Huile — d'olive	11,891,519	4,970,253
Huile — de lin	94,275	1,530,095
Huile — de coton	23,444,560	957,531
Huile — de sésame	3,877	5,901,523
Huile — d'arachides	4,473	4,997,845
Huile — de colza	9,672	1,858,103
Huile — d'œillette	1,771	731,608
Huile — autres (pavot, navette, etc.)	29,916	193,819
Huiles et sucs végétaux.		
Cire végétale de carnauba, de myrica et autres	365,297	11,001
Gommes et résines brutes, colophanes, brais, pains de résine et autres produits résineux indigènes	41,524	1,877,971
Goudron végétal	340,354	108,685
Huile de résine	5,696	1,573,765
Essence de térébenthine	90,911	493,157
Jus de réglisse	418,567	14,581,549
Tourteaux de graines oléagineuses	17,059,382	7,766,605
Sucres et dérivés.		
Sucre de canne des colonies françaises	29,227,396	
Sucre de canne étranger	516,918	74,991,285
Sucre de betterave	"	40,853,453
Sucres raffinés	29,193	9,108,341
Vergeoises	25,817	98,955
Mélasse	523,748 [2]	904,685
Glucoses	"	

[1] Moyenne 1900-1901 : 44,335,367.
[2] 1897 : 2,409,704, chiffre trop fort qui élève anormalement la moyenne.

MATIÈRES ET PRODUITS.	IMPORTATIONS.	EXPORTATIONS.
Sucres et dérivés. (Suite.) — Produits divers au sucre (sirops et bonbons, fruits confits au sucre, lait condensé additionné de sucre, biscuits sucrés, confitures au sucre et au miel)	2,750,915	8,582,921
Boissons. — Vins	178,880,799 [1]	217,234,565 [2]
Vins de liqueur	40,714,194	8,151,818
Cidre et poiré	26,234	636,066
Bière	7,752,709	4,758,807
Alcools purs. — Eaux-de-vie de vin	998,824	33,675,817
Eaux-de-vie de mélasse	9,764,840	897,408
Eaux-de-vie autres	288,310	2,836,722
Esprits de toute sorte	90,414	3,066,479
Liqueurs	218,158	5,080,642
Vinaigres autres que ceux de toilette	141,145	1,103,555
Autres (fermentées non dénommées, pommes et poires écrasées, jus d'orange)	129,497	91,943
Fruits, tiges et filaments à ouvrer. — Lin	61,357,685	11,340,587
Chanvre	16,780,514	533,578
Jute	29,067,726	231,453
Ramie	340,432	69,451
Phormium tenax, abaca et végétaux filamenteux non dénommés bruts, taillés ou en étoupes	7,833,607	1,496,391
Joncs, roseaux bruts et sparte	4,064,598	110,921
Fibres de coco, chiendent, piassava et iztle	4,619,330	"
Osier brut ou en écorce	116,954	755,519
Teintures et tanins. — Safran	3,736,623	2,621,391
Garance	113,273	13,839
Écorces à tan moulues ou non	626,507	4,663,956
Extrait de châtaigner et autres sucs tanins extraits des végétaux	340,429	4,937,839
Fils	15,245,093	50,155,822
Autres produits de cultures industrielles. — Betteraves fraîches ou séchées	125,936	28,424
Houblon	6,955,870	683,585
Tabac en feuilles ou en cotes	30,900,486	97,628
Racines de chicorée vertes ou sèches non torréfiées	3,763,371	10,324
Chardons à cardères	"	1,833,054
Absinthe	76,293	31,231
Produits d'espèces médicinales	8,542,207	8,677,798
Bois [3]	162,721,740	45,783,863

MATIÈRES ET PRODUITS.	IMPORTATIONS.	EXPORTATIONS.
Produits végétaux et déchets divers. — Truffes	163,453	1,760,908
Levure	272,934	2,459,028
Paille de millet à balai	608,317	27,656
Drêches	217,299	560,474
Résidus (pulpes de betterave; aniurea et grignons)	525,371	55,188
Pâtes de cellulose	33,205,464	30,799
Tourbes et mottes à brûler	798,789	3,632
Plantes et arbustes de serre et de pépinière	2,347,327	2,473,243
Divers	3,485,698	3,038,247
Compositions diverses. — Chicorée brûlée ou moulue	25,348	545,085
Amidon	462,906	435,442
Gélatine	247,112	624,657
Autres (fécules de pommes de terre, maïs et autres; tapioca indigène; dextrine et autres produits dérivés des fécules; sucre de lait)	950,788	452,865
Pierres et terres. — Meules à moudre	65,940	2,605,140
Phosphates naturels	9,707,071	3,243,818
Marne	14,138	693,223
Soufre : non épuré; épuré; sublimé; fleur de soufre	13,722,269	4,105,052
Produits chimiques. — Acide tartrique	803,957	1,425,494
Potasse et carbonate de potasse	1,103,408	4,076,398
Sel marin, sel de saline et sel gemme	527,776	2,894,995
Sels ammoniacaux	4,074,410	781,721
Chlorure de potassium	2,091,994	34,125
Nitrate de soude	48,063,961	1,049,543
Sulfate de soude	6,327	886,256
Tartrates de potasse	4,942,768	13,571,805
Superphosphate de chaux	4,675,475	4,272,892
Engrais chimiques	7,384,218	9,479,479
Divers (cendres végétales, vives ou lessivées, salin de betterave, natron, alcool méthylique, nitrate de potasse, sulfate de potasse)	1,606,615	765,999
Machines, appareils et outils destinés à l'agriculture. — En métaux	21,232,275	12,355,682
En bois (futailles, manches d'outils)	1,224,377	11,320,775
TOTAUX [4]	2,645,018,672	1,508,391,020

(1) En forte diminution : 1897, 224,769,824; 1901, 60,526,170.
(2) Vins de la Gironde : 77,206,922; autres vins : 52,554,950; Champagne et autres vins mousseux : 87,472,693.
(3) Le détail a été donné t. II, p. 650.
(4) Les totaux moyens ci-dessus sont obtenus avec les totaux annuels donnés par les Annales du Ministère de l'agriculture et empruntés aux sources où j'ai puisé moi-même pour la rédaction du résumé précédent, c'est-à-dire aux tableaux de l'Administration des douanes; mais ils comprennent certains articles qu'il ne m'a pas semblé utile de faire figurer dans mon travail; ces totaux sont donc supérieurs à ceux que l'on obtiendrait par l'addition des valeurs des articles énumérés.

LIVRE V.

COLONIES FRANÇAISES.

CHAPITRE XXXIV.

GÉNÉRALITÉS.

IMPORTANCE DE L'AGRICULTURE POUR LES COLONIES. — RÉPARTITION DES CULTURES. — NÉCESSITÉ D'UNE MARINE MARCHANDE PROSPÈRE ET DE VOIES DE COMMUNICATION INTÉRIEURES. — DE L'ENTRÉE EN FRANCHISE — ENSEIGNEMENT AGRICOLE. — LE JARDIN D'ESSAIS DE NOGENT-SUR-MARNE. — JARDINS COLONIAUX D'ESSAIS. — CHAMBRES D'AGRICULTURE, ETC. — COMICES ET CONCOURS AGRICOLES. — COMITÉ CONSULTATIF DE L'AGRICULTURE. — SOCIÉTÉS DIVERSES ; LA SOCIÉTÉ FRANÇAISE DE COLONISATION ET D'AGRICULTURE COLONIALE. — CRÉDIT AGRICOLE. — L'OFFICE COLONIAL. — LE MUSÉE-INSTITUT COLONIAL DE MARSEILLE.

Il nous a paru préférable de réunir en un livre, au lieu de les répartir dans le rapport, suivant la place que leur assignait l'ordre géographique, les chapitres relatifs aux colonies françaises; les comparaisons seront plus faciles et une impression d'ensemble se dégagera mieux.

Du reste, l'agriculture a pour les colonies une si primordiale importance [1], que nous avons cru devoir étudier la question avec tout le développement qu'elle nécessite et en nous entourant de toutes les garanties d'exactitude possibles. Il est, en effet, particulièrement difficile de se faire une idée parfaitement exacte sur pareille matière et,

[1] «On peut poser en principe qu'il n'est pas de colonie qui doive sa définitive richesse à autre chose qu'aux produits émanant de la culture et, aussi, qu'il n'est pas de matières premières alimentant nos industries, dont on puisse espérer trouver une source inépuisable et constante dans la production spontanée du sol.

«Certes, il convient de ne pas négliger les profits que peut fournir la récolte des produits naturels, mais ce serait folie de conserver l'espoir que d'incessantes productions spontanées succéderont, toujours renouvelées, aux moissons venues sans culture, sans soins et sans nulle intervention de l'effort humain. De tels Eldorados n'existent pas. Ceux qui commettraient la lourde faute de croire que l'on peut, sans cure de l'avenir, prendre sans mesure les richesses naturelles du sol, s'exposeraient à de cruels déboires.

«Elles ont existé, cependant, ces croyances qui voulaient que nos colonies soient comme des entrepôts naturels aux inépuisables richesses. Et de ces croyances néfastes est venue la destruction méthodique des plus précieuses de nos matières premières : les forêts produisant la gutta-percha s'épuisent; les lianes à caoutchouc, sous le sabre dévastateur des coureurs de brousse, reculent devant les progrès de l'envahissement; encore un peu et nos essences les plus précieuses, si l'on ne se hâte de reboiser, disparaîtront, sapées par une exploitation excessive.

«Il est du rôle des pouvoirs publics de s'opposer à ces dévastations afin de sauvegarder les intérêts généraux. L'exploitation des produits naturels ne doit donc être, dans toute colonie à développement normal, que l'appoint fourni aux produits de la culture,

d'autre part, le sujet est délicat, car on ne doit pas oublier que ceux qui partent pour les colonies ne peuvent, le plus souvent, se documenter que dans les rapports officiels; il faut donc ne mettre sous leurs yeux que des renseignements aussi certains que possible.

Le tableau suivant, dressé par M. Camille Guy, chef du service géographique et des missions au Ministère des colonies, indique les principales cultures de nos diverses possessions d'outre-mer :

RÉPARTITION DES DIVERSES CULTURES.

Caoutchouc...	Sénégal. Guinée française. Côte-d'Ivoire. *Congo.* Madagascar.	Canne à sucre.	*La Réunion.* Mayotte et Comores.
Café........	Guadeloupe. La Réunion. Congo. Madagascar. *Nouvelle-Calédonie.*	Amandes et huile de palme.	Sénégal. *Dahomey.* Congo.
Tabac.......	La Réunion.	Girofles......	Congo. *Mayotte.*
Vanille......	La Réunion. Sénégal. Madagascar. *Mayotte et Comores.*	Cacao........	La Guadeloupe. La Martinique. La Réunion. *Congo.*
Riz.........	*Indo-Chine.*	Gommes.....	*Sénégal.* Guinée française.
Canne à sucre.	*La Guadeloupe. La Martinique.*	Essences forestières......	Dahomey. *Madagascar.*
		Coton.......	*Indo-Chine.* Océanie.

Avant d'aborder les monographies de nos colonies, nous jetterons un coup d'œil sur les institutions agricoles coloniales.

Une des conditions essentielles du développement de l'agriculture dans nos colonies serait l'organisation d'une marine marchande pro-

que le supplément qui compense les efforts des premières années.

«Mais ce vers quoi doivent tendre aussi bien les efforts des colons que ceux de l'Administration, c'est de donner à nos possessions d'outre-mer une définitive richesse par l'organisation de plantations méthodiques. Car le colon qui défriche le sol, pour en couvrir la surface de cultures, sert, en même temps que ses propres intérêts, ceux de la colonie où il est venu se fixer. Sous ses efforts, des richesses, restées latentes jusque-là, jailliront du sol auquel elles auront donné une nouvelle valeur.»

C'est ainsi que s'exprime M. Tisserand, directeur honoraire de l'Agriculture, dans sa remarquable préface du *Traité pratique des Cultures tropicales* de M. J. Dybowski.

spère. Tout ce qui intéresse les communications des colonies avec la métropole a une répercussion sur le développement de leur agriculture. On pourrait invoquer de nombreux exemples à ce sujet : montrer les Antilles obligées d'emprunter des paquebots étrangers pour expédier une bonne partie de leur sucre et gênées dans la production des bananes par le manque de transports rapides; ou encore citer certaines de nos colonies d'Océanie en grande partie privées des moyens de faire parvenir en Europe leurs produits agricoles. Il y a beaucoup à faire dans cette direction, et il faut se pénétrer de cette idée, qu'une colonie — agricole aussi bien qu'industrielle — a besoin de voies de communications tant à l'intérieur qu'avec la métropole [1].

[1] Dans son ouvrage sur *La mise en valeur de notre domaine colonial*, M. Camille Guy, après avoir affirmé, fort justement, que la question des voies de communication est, "pour la mise en valeur de notre domaine colonial, une question de vie et de mort", ajoute :

Il ne suffit pas de récolter sur place les produits agricoles les plus abondants et les plus variés, de faire pousser sur le sol les plantes les plus précieuses ou d'extraire du sous-sol les minéraux les plus indispensables et les plus rares. Si ces produits ne peuvent être consommés sur place, ils n'auront une valeur qu'autant qu'ils seront mis, dans le plus court espace de temps et au meilleur marché possible, à la disposition des acheteurs et des consommateurs. A une époque où la vapeur et l'électricité ont, en quelque sorte, rétréci les bornes du monde et suscité entre les peuples une concurrence plus âpre, il n'est pas de colonisation possible sans voies de communication.

"Tout le bassin du Congo, a-t-on dit, sans un chemin de fer, ne vaut pas un schelling." Cette vérité est aujourd'hui universellement acceptée, et les délibérations du Congrès colonial international de Bruxelles de 1897 et du Congrès de Paris de 1900 prouvent à quel point cette question préoccupe tous ceux qui ont à cœur d'associer les colonies et les métropoles dans un même développement économique. Mais, là encore, que de problèmes obscurs! Sans doute le chemin de fer est le moyen le plus rapide et le plus rémunérateur de mettre en rapports étroits les pays de l'Europe et les comptoirs les plus lointains. Mais, comment comprendra-t-on la construction de la ligne? Est-il toujours nécessaire d'ouvrir une véritable voie ferrée, ou se contentera-t-on d'un simple ruban, de ce chemin que le colonel Thys appelait si éloquemment le sentier de fer? Tous les systèmes sont bons, à condition d'être employés où et quand il faut. Ce sont justement ces conditions de temps, de lieu et d'opportunité dont il est urgent de fixer les règles essentielles. N'y aurait-il pas intérêt majeur à distinguer le chemin de fer destiné à l'exploitation d'un domaine déjà occupé et cultivé, et le chemin de fer de pénétration qui devient par lui-même un outil de production et un instrument de conquête pacifique? Lors même que ces questions seront résolues, il conviendra d'examiner tous les systèmes susceptibles d'être employés pour la création d'un chemin de fer, soit que la colonie en entreprenne l'établissement sur ses réserves propres, soit, enfin, que l'État et la colonie en concèdent la construction et l'exploitation à une compagnie privée. Dans tous les cas, quels qu'ils soient, il faut se demander aussi comment seront rémunérés les capitaux employés et dans quelles conditions un emprunt pourra être gagé. La colonie doit-elle emprunter sur ses ressources spéciales sans la garantie de l'État? Si c'est l'État lui-même qui assume la responsabilité et les risques de l'entreprise, assurera-t-il à la compagnie une garantie d'intérêt ou, suivant le système dit *américain*, ne lui donnera-t-il que des concessions territoriales le long de la voie projetée? Sans doute, les constructions de ce genre échappent à toute règle générale, encore que certains actes de la Conférence de Berlin aient déterminé sur ce point quelques principes fondamentaux. Mais toutes ces questions doivent être discutées.

Et il ne s'agit pas seulement des voies ferrées, mais aussi des voies navigables, si précieuses en pays neuf et qui permettent de pénétrer plus avant au cœur du continent exploitable, le bateau étant

Un bon service de transports serait heureusement complété par l'entrée en franchise en France des produits de nos colonies. C'est là une mesure réclamée par beaucoup de coloniaux comme « l'accomplissement d'un devoir patriotique ».

Un autre point important est l'enseignement agricole colonial trop longtemps négligé. Le 20 octobre 1902 a été inaugurée, à Nogent-sur-Marne, l'École d'agriculture coloniale. Son enseignement, à la fois technique et pratique, devra préparer à nos colonies des agriculteurs et des administrateurs pour l'avenir. Si l'enseignement agricole est d'une utilité de premier ordre pour nos cultivateurs, qui cependant sont guidés par des traditions, combien indispensable doit-il être dans la voie, généralement neuve pour ceux qui s'y engagent, qu'est l'agriculture coloniale [1]. De 1899 à 1901, 51 jeunes gens avaient été admis en qualité de stagiaires au Jardin colonial lorsque le décret de 1902 créa l'École d'agriculture coloniale dont l'enseignement comprend neuf chaires : agriculture coloniale, culture des plantes alimentaires, botanique, technologie, zootechnie, génie rural, pathologie végétale, hygiène, économie rurale, administration coloniale, matières premières coloniales. Ce cadre d'enseignement présente, à mon avis, deux lacunes qu'il serait très désirable de voir combler le plus tôt possible : la géologie si importante pour l'étude de nos colonies, n'y est pas enseignée; il en est de même pour les langues étrangères, dont une au moins, l'anglais, devrait figurer au programme.

presque toujours l'avant-garde de la locomotive. Il s'agit des canaux dont l'établissement est si difficile dans des pays exposés à des pluies considérables et régulières; il s'agit, enfin, des routes, véritables affluents des chemins de fer, et des rivières, qu'elles aboutissent à un comptoir actif ou à un port fréquenté. L'étude des voies de communication ne saurait se faire, non plus, sans tenir compte des conditions géographiques du pays à parcourir, sans distinguer, par exemple, entre un domaine sec ou médiocrement arrosé, une région marécageuse et un pays envahi par les sables.

On le voit, cette question des voies de communication est une de celles qui soulèvent le plus de difficultés. Il convient donc de fixer quelques règles générales, qui seront d'autant plus simples qu'elles auront été plus sérieusement discutées et de hâter le moment où les colonies, unies aux métropoles par les chemins de fer et les lignes de paquebots, prolongement naturel des voies ferrées, entreront, enfin, dans le mouvement économique général. Sur ce point, toutes les écoles, toutes les doctrines, tous les écrivains coloniaux sont d'accord. On peut différer d'opinion sur les moyens à employer et les manières de procéder, mais on est d'accord sur la nécessité urgente de doter nos colonies de l'outillage de circulation qui leur manque.

[1] A côté de l'École d'agriculture coloniale, l'enseignement agricole est donné dans les cours de culture coloniale professés au Muséum d'histoire naturelle, à l'Institut agronomique, à l'École coloniale, etc., et à l'École d'agriculture de Tunis.

Dans les locaux attenants à l'École d'agriculture coloniale a été institué, en 1899 (par arrêté du Ministre des colonies, en date du 28 janvier), le Jardin d'essai organisé et dirigé par M. Dybowski. Créé « dans des conditions exceptionnelles d'économie au point de vue matériel et de contrôle efficace au point de vue scientifique [1] », cet établissement pourra rendre de grands services. Il y existe, en effet, une magnifique serre où les graines et les plantes qu'il s'agit de multiplier, d'étudier et de sélectionner trouvent la température de leur pays d'origine. Déjà on a pu expédier, par dizaines de mille, dans nos possessions d'outre-mer, des petits plants de cacaoyers, de quinquinas, d'arbres à caoutchouc, de caféiers, d'agaves textiles, etc. Suivant l'expression de son directeur, « les attributions du Jardin d'essai de Nogent-sur-Marne peuvent se résumer en ces mots : étudier, renseigner, propager » [2].

Son prolongement naturel, ce sont les jardins coloniaux d'essais.

[1] Rapport de M. le Ministre des colonies Guillain, au Président de la République.

[2] Quelques notes complémentaires ne me semblent pas inutiles; je les emprunte à une étude parue au Catalogue de l'Exposition coloniale de 1905 :

Tel qu'il est organisé aujourd'hui, le Jardin colonial est à même de répondre à tous les besoins de l'organisation agricole et économique de nos colonies.

L'outillage très complet qu'il possède, classé suivant une méthode précise, permet de renseigner de la façon la plus sûre et la plus rapide tous ceux qui, chaque jour plus nombreux, ont recours à ses conseils.

À l'heure actuelle, le Jardin colonial comprend :
1° Le service des renseignements qui est aidé par les services techniques dans la solution des questions dont l'examen lui est confié;
2° Le service des cultures comprenant la recherche, la propagation et l'expédition dans les colonies de tous les végétaux utiles;
3° Le service botanique chargé de la réception, du classement, de la détermination des plantes et des matières qu'elles fournissent;
4° Le service chimique, dont le rôle est d'étudier, d'analyser et de déterminer la valeur agricole ou industrielle des matières premières produites par les cueillettes et la culture;
5° Le service entomologique, qui se charge de la détermination des espèces s'attaquant aux végétaux utiles et exerçant sur eux des ravages; il indique quels peuvent être les procédés de destruction.

Cette organisation fonctionne non seulement avec la plus grande précision, grâce à l'incontestable compétence des chefs de service, mais elle se préoccupe toujours de donner, dans le moins de temps possible, une solution aux questions posées. Étant donné le nombre considérable de demandes de renseignements qui réclament des recherches longues et minutieuses, le Jardin colonial fait fréquemment appel au concours dévoué et à la haute compétence de savants qui se sont consacrés à l'étude de questions spéciales. Grâce à ces précieux concours, les questions étudiées reçoivent, dans le moins de temps possible, les solutions les plus précises et les meilleures.

S'il importe, en effet, que le service agricole technique du Département des colonies procède à l'inventaire méthodique de toutes les richesses naturelles ou culturales du sol de nos possessions d'outre-mer, qu'il les centralise pour les cataloguer, les déterminer et les décrire, il a semblé utile que tous les services spéciaux scientifiques, dont la haute compétence et la bonne volonté s'offrent avec la plus grande bienveillance, puissent concourir à l'étude de ces richesses naturelles.

À l'heure actuelle, le Jardin colonial reçoit de toutes nos colonies, soit spontanément, soit en en provoquant l'envoi, tous les produits et matières premières dont l'exploitation peut présenter

On en compte actuellement plus d'une vingtaine; le plus ancien, celui de Saint-Denis (Réunion), fut fondé, vers 1769, par l'ordonnateur de Crémont; il est complété par un musée. Le jardin de Saint-Pierre (Martinique), détruit dans l'affreux cataclysme que l'on sait, datait du 19 février 1803; il était donc centenaire; il passait pour le plus riche de nos jardins coloniaux. Son voisin, le jardin de la Basse-Terre, est également des plus intéressants; les végétaux y croissent avec une vigueur inconnue partout ailleurs. Notre vieille colonie de Pondichéry possède un parc colonial et un jardin d'acclimatation dans lesquels sont expérimentés les procédés nouveaux ou perfectionnés qui se rapportent à la culture de ses divers produits. Au Congo, les jardins d'essais sont au nombre de deux : l'un à Libreville, l'autre à Brazzaville. Le premier, de création plus ancienne, est l'un des mieux organisés de nos colonies. Il possède notamment une collection très complète des meilleures variétés de cacaoyers. Ces deux jardins reçoivent un certain nombre de jeunes noirs qui sont initiés aux travaux pratiques du jardinage.

un certain intérêt. Mais s'il importe que cette centralisation se fasse dans le but de pouvoir établir un inventaire complet de ces richesses, il n'est nulle raison pour que ces matériaux ne servent à tous ceux que peuvent tenter les difficiles, mais si attachants problèmes de leur détermination et de leur étude.

Aussi est-ce le plus largement, et avec l'esprit le plus net de décentralisation, qu'il est chaque jour remis, à tous les spécialistes qui veulent bien prêter leur précieux concours, d'abondants matériaux d'étude.

C'est dans le but d'aider le plus largement possible à cette décentralisation, de laquelle devra naître le plus utile mouvement de propagation de la connaissance des choses coloniales, que le Jardin colonial a distribué un grand nombre de collections de produits utiles qui s'en sont allés dans les musées et les écoles et ont permis de vulgariser les connaissances générales, dont il est bon de propager les notions. Tous ceux qui désirent constituer des collections de produits du sol, aussi bien que ceux qui veulent étudier sous quelque point de vue que ce soit les matières premières de nos colonies, trouveront toujours au Jardin colonial d'abondantes réserves qui seront mises à leur disposition dès qu'ils en feront connaître le désir.

Une entente entre le Ministre des Colonies et celui de l'Agriculture permet au Jardin colonial de mettre à contribution la Station d'essai de machines. Il est, par suite, facile de renseigner les colonies d'une façon précise sur le choix des machines dont elles peuvent avoir besoin.

Enfin, *l'Agriculture pratique des pays chauds*, Bulletin du Jardin colonial, fondé en 1901, réunit les documents de toute nature concernant l'agriculture coloniale. A côté de la partie officielle, renfermant les arrêtés et décrets relatifs à l'exploitation coloniale, sont publiés les rapports provenant des directions d'agriculture ou des agents consulaires, les mémoires, monographies culturales, envoyés par les colons et documents de toute nature ayant trait à l'agriculture et aux industries agricoles.

L'Agriculture pratique des pays chauds (Librairie Challamel) a pris un grand développement; elle est dirigée par l'excellent directeur du Jardin colonial, M. Dybowski — auteur, en outre, d'un important et intéressant *Traité pratique des cultures coloniales.*

A vrai dire, ces divers jardins n'ont peut-être pas donné encore tous les résultats espérés; ils n'ont généralement pas un caractère agricole assez prononcé, et surtout il faut déplorer un manque absolu d'organisation générale, ainsi que l'absence de rapports entre les agents dévoués, souvent très distingués qui dirigent ces divers établissements [1].

Que de choses n'y pourrait-on tenter pour la plus grande utilité des colonies : création de pépinières, expériences comparatives de culture, essais d'engrais, recherches des traitements destinés à combattre les maladies qui ravagent les plantations, etc. Les Anglais dans leurs diverses colonies, les Hollandais à Buitenzorg (Java) [2] nous ont montré ce que l'on peut faire sous ce rapport. Profiterons-nous de la leçon qu'ils nous donnent?

Les chambres d'agriculture, les comités consultatifs institués près des jardins d'essais, rendront aussi — pourvu que les uns et les autres comprennent bien leur rôle — de véritables services. Générale-lement, ces institutions sont de dates récentes. Cependant celles de la Guadeloupe — qui en possède trois alors que beaucoup de colonies n'en ont aucune — ont un demi-siècle d'existence. Saint-Denis (Réunion) a un comice agricole; il en est ainsi de la jeune Libreville. Des concours agricoles ont lieu à Nouméa, en Indo-Chine, etc.

[1] Voici ce qu'écrit à ce sujet M. Lecomte, dans un ouvrage publié, à l'occasion de l'Exposition de 1900, par les soins du Ministère des colonies :

«Chaque établissement, une fois créé, s'est trouvé complètement isolé des institutions analogues; les directeurs ne se connaissent point, n'étant reliés les uns aux autres par aucune attache officielle; ils n'ont aucune facilité spéciale pour correspondre les uns avec les autres et pour effectuer des échanges qui seraient très profitables, mais que le défaut de communication entre des colonies voisines rend parfois matériellement impossibles. Autrefois, les colonies ressortissaient du Ministère de la marine; les médecins et les pharmaciens de la flotte se trouvaient donc être, en quelque sorte, des fonctionnaires coloniaux; beaucoup d'entre eux s'intéressaient vivement aux questions d'acclimatation, et c'est à leur zèle qu'on doit l'introduction d'un grand nombre de végétaux dans nos diverses colonies anciennes. Les navires de guerre, beaucoup plus facilement que les paquebots actuels, pouvaient servir de trait d'union entre des colonies voisines. Les deux administrations étant aujourd'hui distinctes, les officiers du corps de santé de la marine n'ont plus les mêmes occasions ni les mêmes raisons d'exercer leur zèle, et les missionnaires, qui passent successivement d'une colonie dans une autre, restent seuls des agents actifs et souvent précieux de la dissémination des végétaux utiles. Il existe évidemment, dans cet ordre d'idées, une lacune à combler.»

[2] Voir p. 665 et 666.

Un Comité consultatif de l'agriculture, du commerce et de l'industrie a été créé au Ministère des colonies.

Enfin, les efforts des Sociétés de géographie et de colonisation ne doivent pas être passés sous silence, non plus que les publications coloniales [1].

Un autre point appelle l'attention : le crédit colonial. Les capitaux ne manquent pas moins que les bras aux grandes et aux petites France d'outre-mer, et l'organisation du crédit est nécessaire à la prospérité d'une colonie agricole. Cependant, je ne saurais ici m'étendre sur les banques coloniales; cela m'entraînerait trop loin; je me contenterai de les énumérer : Banque de la Martinique, Banque de la Guadeloupe, Banque de la Réunion, Banque de la Guyane, Banque du Sénégal, Banque de l'Indo-Chine, la plus importante de l'Extrême-Orient [2]. (Je laisse de côté pour l'instant l'Algérie et la Tunisie). Un devoir de ces divers établissements est de s'attacher à arracher le cul-

---

[1] On peut notamment citer la Société française de colonisation et d'agriculture coloniale, fondée en 1883, et qui eut pour présidents des hommes tels qu'Edmond About, Jules Ferry, Étienne.

Elle a fait sa route en trois étapes.

De 1883 à 1886, elle a fait œuvre de propagande coloniale; elle sème l'idée de colonisation; elle éclaire ceux qui cherchent, sous la poussée du besoin, leur voie aux colonies et ceux qui simplement veulent s'édifier sur la valeur économique de nos possessions d'outre-mer nouvelles et anciennes.

De 1887 à 1900, la Société passe de la propagande théorique à la colonisation pratique; elle envoie des colons dans les îles du Pacifique, plus spécialement en Nouvelle-Calédonie et aux Nouvelles-Hébrides. C'est dans ce dernier archipel surtout qu'elle joue un rôle prépondérant dès 1887, en y installant les premiers groupes français sur des centres créés pour eux et où ils sont encore, où ils ont prospéré en essaimant.

De 1901 à ce jour, la Société française de colonisation a changé ou plutôt étendu son champ d'activité. À la propagande pure, à l'émigration de colons, elle a joint l'étude scientifique des questions agricoles aux colonies. A son titre primitif, elle a ajouté celui «d'agriculture coloniale» et s'est adjoint un comité spécial, dont M. Tisserand est président.

Telle est, en résumé, l'œuvre accomplie par la Société française de colonisation et d'agriculture coloniale, et l'on a pu dire justement que, si son zèle est toujours resté discret, son action n'a pas été inutile dans la préparation et le développement de notre mouvement colonisateur.

[2] Il existe à Taïti une caisse agricole, qui — après avoir été une véritable banque coloniale — a aujourd'hui quelque peu oublié le but qu'elle s'était donné à son origine. A Réunion, il faut signaler : la Société bourbonnaise de crédit et le Crédit de Saint-Pierre; à Saint-Pierre et Miquelon, une banque locale. Ce sont là, en somme, des maisons de crédit; quant aux maisons de crédit étrangères à nos colonies et qui y ont ouvert des succursales, les énumérer m'entraînerait hors de mon sujet.

tivateur — européen ou indigène — à la rapacité de l'usure, une des plus terribles plaies des colonies.

Après les banques coloniales, il faut citer le Crédit foncier colonial, qui aura été la seule tentative intéressante de crédit immobilier dans nos établissements d'outre-mer. Il fut fondé en 1860. Il avait d'abord obtenu le privilège d'émettre des obligations hypothécaires, analogues à celles du Crédit foncier de France. Il devait, en outre, consentir des prêts aux propriétaires des sucreries, acheter des créances privilégiées ou hypothécaires, accorder des prêts avec ou sans hypothèque soit aux colonies elles-mêmes, soit à des compagnies coloniales. Ses débuts furent très brillants, et le montant total de ses prêts atteignit même 60 millions. Maintenant, malheureusement, il n'existe plus en tant qu'institution coloniale.

Quelques mots de deux institutions coloniales de la métropole :

Constitué en 1899, l'Office colonial est une création qui découle de l'idée que la période de mise en valeur a succédé dans maintes de nos colonies à la période de conquête et d'organisation. Du reste, non seulement les exemples de l'étranger, mais encore un précédent français même, montraient la nécessité d'une telle création[1]. Sans m'arrêter à l'organisation même de l'Office colonial qui, seul parmi les services du Ministère des colonies, jouit d'une demi-autonomie, je signalerai, parmi les faits qui intéressent particulièrement l'agriculture, la série des expositions temporaires organisées avec le concours des Colonies. Par routine, nous faisons venir de colonies étrangères maints produits pour lesquels nos colonies pourraient avantageusement devenir nos fournisseurs exclusifs. C'est en montrant ce que l'on récolte dans nos possessions d'outre-mer, les nombreuses et belles productions naturelles qui pourraient y être autant de causes de richesses, que l'on arrivera à faire acheter ces produits par les commer-

[1] L'exposition permanente des Colonies, créée en 1855, avait été suspendue par suite de la démolition du Palais de l'Industrie, où elle était installée. Le service des renseignements commerciaux, rattaché à l'Exposition permanente, puis constitué en bureau spécial du Ministère en février 1896, disparut à son tour, au mois de mai de la même année, à la suite d'une réorganisation de l'Administration centrale. Puisque je parle d'exposition, je veux signaler l'Exposition nationale d'agriculture coloniale qui vient d'avoir lieu au Jardin colonial de Nogent-sur-Marne (été 1905). Elle a remporté un grand et légitime succès.

çants et les industriels de la métropole. A l'Office colonial se trouve le Service de colonisation et d'émigration — choses délicates! Si, d'une part, il ne saurait y avoir sans main-d'œuvre de prospérité coloniale sérieuse, il importe aussi que les futurs colons se persuadent que, pour s'établir aux colonies et surtout pour y réussir, il faut de l'énergie, de la persévérance, une bonne santé physique et morale et quelque peu d'argent. C'est à l'Office colonial qu'il appartient d'insister auprès de ceux qui veulent partir sur la nécessité pour eux de réunir ces conditions essentielles. Fort justement, il n'embarque, avec l'assistance de l'État, que les candidats présentant des aptitudes professionnelles et qui sont munis d'un engagement ou ceux qui disposent d'un petit capital pour attendre le produit de leur activité. En outre, l'Office colonial tient à jour et distribue gratuitement des notices destinées à servir de guide aux émigrants; il répond aux questions qu'on lui pose concernant la colonisation agricole et, si les renseignements lui manquent, il les demande aux gouverneurs coloniaux.

Le Musée et l'Institut colonial de Marseille ont été fondés en 1893 par le Dr Édouard Heckel, le très distingué professeur de la Faculté des sciences et directeur du Jardin botanique de cette ville. Les expériences auxquelles on s'y livre ont donné lieu à de très intéressantes observations. L'institution est subventionnée par le Ministère des colonies. Tous les fonctionnaires sont admis à titre gracieux pour y travailler. La ville de Marseille, qui tient au titre de métropole de nos colonies, se propose de ne rien négliger pour assurer l'avenir de cette œuvre où toutes nos colonies sont représentées par leurs produits, et qui présente, point important, chaque matière première naturelle accompagnée de ses produits.

L'influence exercée par le Musée-Institut de Marseille sur le développement de l'enseignement colonial est considérable. Ses *Annales*, non moins que ses collections, sont extrêmement utiles à qui veut entreprendre l'étude de cet objet riche et varié qu'est, suivant le mot même de M. Heckel, la matière coloniale.

CHAPITRE XXXV.

ALGÉRIE ET TUNISIE [1].

A. — CONSIDÉRATIONS GÉNÉRALES.

NOTRE EMPIRE NORD-AFRICAIN. — LE MAROC. — POPULATION TOTALE. — POPULATION AGRICOLE. — VALEUR DU MATÉRIEL DONT ELLE DISPOSE. — LES COLONS. — L'AGRICULTURE ARABE. — L'AGRI-CULTURE KABYLE. — RÉGIONS DE CULTURE. — HYDRAULIQUE AGRICOLE. — FORAGES. — PUITS ARTÉSIENS. — LE M'ZAB. — INSTITUTIONS DIVERSES. — CRÉDIT AGRICOLE. — COLONI-SATION : CE QU'ÉTAIT L'ALGÉRIE AU MOMENT DE LA CONQUÊTE; CE QU'ELLE EST DEVENUE; LES ÉTAPES PARCOURUES. — IMPORTATIONS ET EXPORTATIONS DES PRODUITS AGRICOLES. — CHASSE.

L'Algérie est la plus importante de nos colonies. Comprise entre la Méditerranée au Nord et le Sahara au Sud, elle occupe une surface évaluée par certains géographes à 890,000 kilomètres carrés, par d'autres à 670,000 kilomètres carrés seulement. La divergence de ces évaluations tient aux limites qu'on assigne à notre colonie dans la région Sud.

Dans l'Afrique indépendante, Fr. de Juraschek assigne à la surface territoriale sur laquelle s'étend notre influence un développement de 5,037,400 kilomètres carrés (Sahara Ouest et Sud), comprenant une population de 790,000 noirs, correspondant à 0.1 habitant par kilomètre carré.

Située en face des côtes du Languedoc et de la Provence, à 660 kilomètres de Port-Vendres, à 770 kilomètres de Marseille, l'Algérie occupe la partie centrale des anciens états barbaresques. Elle n'est séparée de la Tunisie à l'Est et du Maroc [2] à l'Ouest que par des frontières purement conventionnelles.

---

[1] Au sujet de l'Algérie, voir, dans les chapitres consacré à la France, la série de cartes (t. II, fig. 234, 235, 238 à 251 inclus, 253, 255 à 257 inclus, 263, 298) établies d'après les résultats de l'enquête décennale de 1892. — Les clichés qui illustrent ce chapitre sont extraits des *Notions d'agriculture algérienne*, par C. Rolland (A. Gratier et J. Rey, édit.) [fig. 344, 345, 347, 353, 355]; des brochures publiées à l'occasion de l'Exposition de 1900, par les soins du gouvernement général (fig. 348, 350, 351, 352, 356, 358); du *Journal d'agriculture pratique* (fig. 354, 357, 359, 360, 361, 366, 367, 368, 369, 370); de la *Dépêche coloniale illustrée* (fig. 365); des publications d'Augustin Challamel, édit. (fig. 349, 371, 372, 373).

[2] Le Maroc est le prolongement économique de l'Algérie. Il me paraît intéressant de citer les lignes, consacrées à l'agriculture

Du côté du Maroc, la limite n'a été tracée, par le traité du 18 mars 1845, que jusqu'au Tenite-es-Sassi.

De l'Est à l'Ouest, l'Algérie a une longueur de 1,200 kilomètres environ, et de 500 à 600 kilomètres du Nord au Sud.

POPULATION. — La population de l'Algérie (recensement de 1896) est de 4,359,578 habitants, se répartissant en 318,137 Français d'origine et naturalisés; 48,763 Israélites naturalisés; 3 millions 764,076 Arabes, Kabyles, M'zabites et Israélites du M'zab; 17,022 Tunisiens ou Marocains; 211,580 étrangers de nationalités diverses.

La population agricole, — qui comprend la très grande majorité des habitants, — est légèrement supérieure à 3,500,000 âmes, dont un peu plus de 200,000 Européens. La valeur du matériel agricole qu'elle possède est d'environ 30 millions de francs.

du Maroc par le rapporteur de l'Exposition de 1878 : «Les vallées du Maroc sont fertiles; il en est de même des *levertas*, localités de petites cultures voisines de villes et entrecoupées de canaux d'arrosage. Le Tell, région montagneuse, est d'une admirable fertilité. Les vallées qu'il renferme sont très belles; la productivité serait extraordinaire, si elles étaient cultivées et arrosées comme au temps des Romains. Les parties incultes des hauts plateaux sont couvertes de lentisques, de palmiers-nains ou d'alfa. Le Maroc cultive principalement le maïs, l'orge, le froment, le doura, le riz et le millet. La valeur moyenne des céréales qu'il exporte annuellement atteint 8,000,000 francs. On y récolte des oranges, des dattes, des jujubes, des caroubes....» Il est certain, en effet, que le Maroc offre à la culture des champs admirables, où les céréales notamment donneraient — ne les donnent-elles déjà pas sur certains points, malgré les mauvaises conditions — de fort belles récoltes. Le Maroc, en effet, a l'eau, qui, si souvent, fait défaut à l'Algérie. Ce qui manque aujourd'hui à son agriculture — agriculture toute primitive, au demeurant — c'est la certitude d'un lendemain où un pillage ne viendra pas frustrer l'agriculteur du fruit de son travail. Cet agriculteur aspire à la fin de l'intranquillité. Généralement, il s'engage pendant quelques mois chaque année dans le département d'Oran, parfois dans celui d'Alger ou même dans celui de Constantine ; rentré chez lui, sous la menace perpétuelle d'une attaque, il compare. Aussi est-il certain qu'un régime tel que celui de la Tunisie, respectant ce qui lui est cher, serait fort bien accueillie par lui. A noter dès aujourd'hui le grand effectif de bétail marocain qui transite par nos ports algériens pour gagner Marseille.

Voici, pour finir, quelques chiffres approximatifs. La surface est estimée à 500,000 kilomètres carrés; la population, d'après V. Juraschek, serait de 7,000,000 d'âmes. Les 5/6 du pays, du reste, sont inexplorés, et on peut dire que les Européens ne sont admis à parcourir que la portion de la contrée soumise à la domination effective du sultan. Dans les chiffres d'exportation — officiellement connus — nous trouvons notamment des peaux, des laines en suint ou lavées, des pois chiches, des amandes, des bœufs, des babouches, des gommes, des fèves, etc.

Les colons. — «On peut affirmer que l'agriculture est, en Algérie, plus prospère qu'elle ne l'est en France.» Cette phrase a été écrite en 1868 (Rapport de la Commission d'enquête). On ne saurait faire un meilleur éloge des colons qu'en disant qu'elle est justifiée aujourd'hui comme elle l'était alors. Je ne m'arrêterai pas plus longuement à cette question, me réservant d'y revenir (p. 236 et suiv.). Je rappelle seulement que le Gouvernement général a installé à Paris un service de renseignements généraux [1].

L'agriculteur arabe. — Suivant le cas, cultivateur ou pasteur, l'Arabe ne néglige jamais entièrement l'une des deux

Fig. 344. — Culture dans le Sud.

branches de l'exploitation agricole. Il est cependant piètre travailleur, et, le nécessaire assuré, c'est des productions spontanées du sol qu'il attendra le surplus. Ses procédés culturaux sont des plus rudimentaires; il ne connaît encore que le modèle primitif de charrue — qui, à vrai dire, a l'avantage d'être léger, maniable et aisé à réparer [2]. Semailles faites, l'Arabe ne s'occupe de rien jusqu'à la moisson. Malgré tout, il se trouve au total le grand producteur en céréales (superficie ensemencée 2,000,000 hectares), qu'il cultive même dans les pays de transhumance, et le grand éleveur (bœuf, dans le Tell; mouton, sur les hauts plateaux). Il ne prendra, du reste, pas

[1] La mission de ce service est de faire connaître en France l'importance économique de l'Algérie; de hâter le peuplement de notre colonie par des éléments français; de signaler les débouchés ouverts, en France et à l'étranger, aux produits métropolitains.

Il publie un *Bulletin hebdomadaire* qui a pour but de : développer, chez les producteurs, l'esprit d'initiative et d'association; leur faire connaître les méthodes rationnelles de culture éprouvées par l'expérience et les procédés employés par nos concurrents étrangers

pour étendre leurs débouchés; signaler au public de la métropole les ressources que l'Algérie offre à l'activité des travailleurs, ainsi qu'aux entreprises des industriels et des capitalistes.

Le service fournit gratuitement tous les renseignements qui rentrent dans le cadre de ses attributions.

[2] Au sujet des charrues arabes, on peut consulter plus loin (p. 366 et suiv.) et voir les figures 367 (p. 366), 368 (p. 369), 369 (p. 370) et 370 (p. 371).

plus soin de son troupeau que de la graine qu'il a confiée au sol. Il s'en remet à «Allah» du soin que tout aille pour le mieux. Non seulement il fait peu, et se contente de ce peu, mais encore il semble avoir regret de ne pas pouvoir se suffire avec moins encore, pour n'avoir rien du tout à donner de lui-même. Il n'en faut pas conclure cependant qu'il soit absolument réfractaire à tout progrès; mais il ne croit que ce qu'il voit, et encore faut-il qu'il l'ait bien vu.

L'agriculteur kabyle. — Celui-ci, homme de pays montagneux, varie ses cultures, préférant les cultures arbustives aux céréales. Il n'aura qu'un coin de terre, et encore d'accès difficile, n'importe, il saura en tirer ce qu'il lui faut pour vivre. Pas une parcelle en friche.

Fig. 345. — Labour indigène en Kabylie.

Ses oliviers et ses figuiers seront l'objet de tous ses soins. Il est monogame, et sa femme, à l'encontre de la femme arabe, est dans les champs son auxiliaire. C'est elle qui a soin du bétail; elle se livre, en outre, au jardinage. Comme notre paysanne française, elle bine la récolte; puis, quand la céréale est trop forte, arrache l'herbe à la main, et se servira de cette herbe pour nourrir ses animaux. De même aussi, et toujours comme dans notre Provence, c'est elle qui ramasse les olives que l'homme gaule. Mais malgré l'intensité de sa culture, la Kabylie ne suffit pas à nourrir sa population. Les terres sont, en effet, souvent inutilisables, et la population est dense. Dans telle commune, chaque habitant n'a en moyenne que 42 ares. Aussi le Kabyle va-t-il en journées. Le développement de la viticulture l'aide à trouver facilement à s'employer[1].

[1] -Les Kabyles sont de remarquables agriculteurs, tant par tradition que par besoin. Enfermés longtemps dans leurs montagnes parce qu'ils résistaient aux envahisseurs, ils durent s'adonner avec ardeur au travail de la terre qui leur devint sacré : fabriquer une

ALGÉRIE
Échelle de 1:5.000000e
MER MÉDITERRANÉE
Vers Marseille 36 hs
Vers Port-Vendre 24 hs
Vers Port-Vendres 36 heures
LÉGENDE
Limite de Département
Chef-lieu d'arrondissement
Villes ou centres importants
Chemins de fer
Principales routes
Plaines cultivées
Hautes plaines avec cultures
Régions montagneuses
Steppes
Régions sahariennes

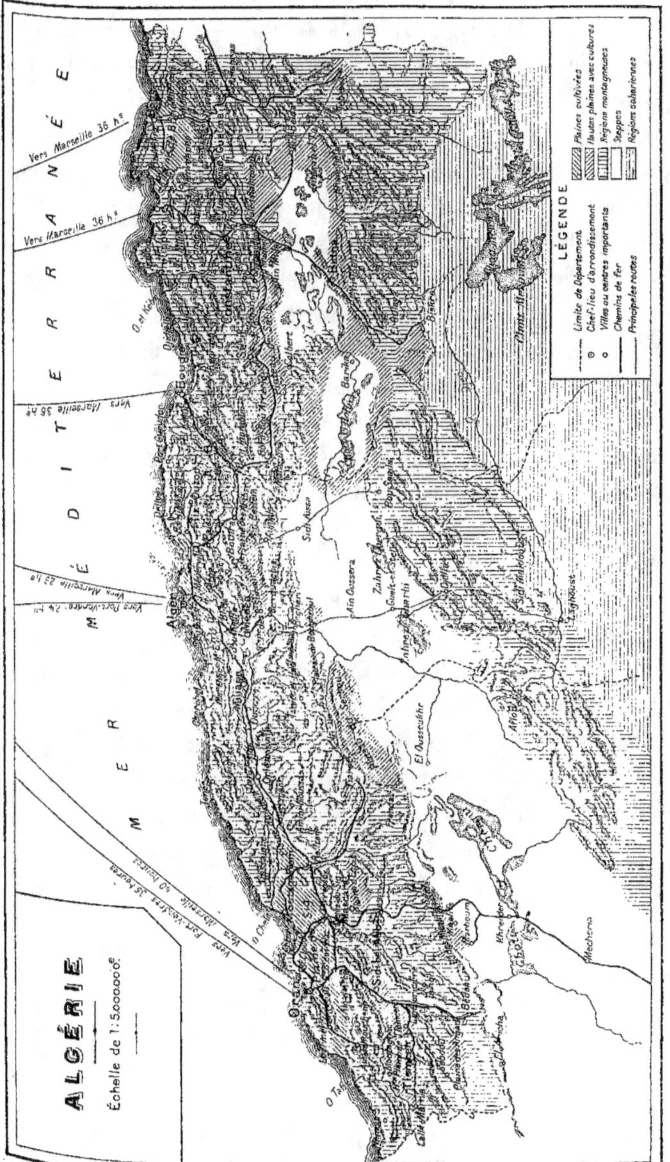

Fig. 346.

Régions de culture. — On ne saurait établir quelle est exactement la superficie de l'Algérie; en la limitant à Aïn-Sefra, Laghouat et Biskra, on trouve encore 3o millions d'hectares — soit les trois cinquièmes de la France. Cette vaste étendue peut être divisée en trois bandes, parallèles à la Méditerranée : le Tell, les hauts plateaux et le versant saharien, c'est-à-dire une suite de plateaux, tournés d'un côté vers la mer véritable, de l'autre vers la mer de sable.

Le Tell est la région la plus fertile : grandes plaines, vallées remplies de récents et excellents dépôts alluviaires, versants de collines à pente douce offrant un excellent champ de culture, en grande partie aux mains des Européens, et où l'on rencontre des céréales, des oliviers, de la vigne, des cultures maraîchères. Bien que le Tell reçoive, en moyenne, une quantité de pluie égale à celle de la France, l'eau manque souvent, les besoins étant grands et la répartition entre les diverses chutes d'eau peu favorables. C'est la région, cependant, où le service de l'hydraulique agricole peut le plus utilement fonctionner; mais il doit y opérer dans des conditions très diverses : tandis que la plaine de la Mitidja redoute les inondations des années pluvieuses, celle du Chéliff manque toujours d'eau.

Les hauts plateaux forment une série de dépressions peuplées d'alluvions lacustres, au fond desquelles se trouvent des lacs sans écoulement et où se sont accumulées des quantités de sels. Le sous-sol est mauvais. Il tombe moins de pluie que dans le Tell. La culture européenne est nulle, sauf dans la région de Sétif; elle s'occupe surtout de céréales. Les indigènes sont pasteurs ou nomades.

Le versant saharien reçoit moins d'eau encore que les hauts pla-

charrue est pour eux une œuvre de piété; en voler une, un affreux sacrilège. Ce sont des travailleurs solides, qui ne manquent pas d'intelligence et qui sont d'un précieux secours aux époques des moissons, quand ils émigrent dans les plaines et dans les contrées colonisées pour mettre leur main-d'œuvre à la disposition des fermiers européens. Chez eux, le jour où commence les labours est une fête où dominent des idées de bienfaisance, et les charrues ne commencent à ouvrir la terre qu'après certaines pratiques religieuses d'un caractère solennel.» (*Les céréales d'Algérie*, par J. Varlet, agriculteur, ancien président du comice agricole de Boufarik. — Cette brochure, et celles de MM. D' L. Trabut, E. Lacanaud, Ch. Rivière, J. Dugast, J. Bertrand, A. Lecq, Bonnefoy, Coupul, J. Cazenave, P. Gros, que je cite au cours de cette étude, ont été publiées à l'occasion de l'Exposition de 1900, par les soins du gouvernement général de l'Algérie.)

teaux; c'est d'autant plus regrettable que si l'eau ne manquait pas, les larges vallées de cette région seraient d'une grande fertilité.

Hydraulique agricole. — «Un colon de la première heure, fort expert dans les affaires algériennes, Jules Duval, a dit, avec grande justesse, qu'en Algérie la politique devait être une politique hydraulique. Emmagasiner l'eau, cet élément précieux, qui se perd après avoir causé souvent de grands ravages; réglementer ses courants aujourd'hui inutiles, parfois nuisibles; les mettre au service de l'agriculture et de l'industrie, tel est le problème à résoudre. Malheureusement, l'Administration ne dispose que de moyens insuffisants. M. Étienne, député d'Oran, dans son rapport sur le budget de 1897, évaluait à 100 millions de francs la somme nécessaire à l'exécution des travaux utiles de barrages, d'irrigation, d'endiguements et de desséchements. Or, la dotation pour les travaux neufs hydrauliques, qui fut de 1,115,241 francs en 1884, a diminué d'année en année; en 1897, elle n'était que de 600,000 francs, dont 80,000 francs spécialement affectés aux travaux d'aménagement des eaux sur les hauts plateaux. On conçoit qu'avec de si faibles crédits, l'œuvre de desséchements, de barrages, d'irrigation avance lentement.

«Quoi qu'il en soit, des travaux relativement importants en matière d'hydraulique agricole ont été effectués en Algérie. Moyennant la concession de vastes terrains incultes, une société a construit le barrage de l'Habra, dans le département d'Oran. Pour une concession analogue, une autre société s'est engagée à dessécher l'immense marais appelé lac Fetzara, œuvre encore inachevée. L'État a construit le barrage du Hamiz, dans le département d'Alger.

«Les lois de la Métropole concernant les irrigations et les associations syndicales ont été promulguées en Algérie avec quelques modifications relatives au droit de propriété ou de servitude et pour le cas d'expropriation. L'Administration accorde assez souvent des subventions plus ou moins importantes aux syndicats d'irrigation pour les aider dans l'exécution des travaux qui les intéressent; elle passe aussi des conventions avec les syndicats ou des sociétés pour l'exécution de divers travaux d'hydraulique agricole, prenant à la charge de l'État une part des dépenses. Ainsi s'effectuent, petit à petit, sur tout le territoire algérien, nombre de travaux ayant pour but la mise en valeur du sol [1]. »

Puits artésiens. — Notre administration s'est également occupée avec succès des puits artésiens, et grâce à eux, a créé de véritables oasis. Un écrivain russe, M. de Tchiatchef, estimait, il y a une vingtaine d'années, à plus de 155 le chiffre total des puits artésiens dans la province de Constantine, subdivision de Batna. « De 1856 à 1878, le nombre des sondages pour la recherche des eaux jaillissantes a été de 149, écrivait-il, et, pour celle des eaux ascendantes, de 262 : la profondeur totale forée a été de 18 kilom. 626, et le débit primitif des nappes jaillissantes et ascendantes est de 182,119 mètres cubes par vingt-quatre heures. Ces chiffres sont assez éloquents pour se passer de tout commentaire, et lorsqu'on considère qu'ils représentent seulement un travail de vingt-deux années, on peut soutenir hardiment que, lors même que la France n'aurait pas doté l'Algérie d'autre chose que de puits artésiens, elle pourrait déjà, sous ce seul rapport, accepter avantageusement la comparaison avec n'importe quel pays. »

Entre Biskra et Tougourt, des oasis ont été créées ainsi, où sont aujourd'hui plantés des palmiers-dattiers. Une seule entreprise due à l'initiative hardie de M. G. Rolland, ingénieur des mines, a foré sept puits artésiens, fournissant ensemble un débit de 21 mètres cubes d'eau vive par minute, et, grâce à eux, elle a défriché et mis en valeur 400 hectares de terrains auparavant incultes, et planté environ 50,000 palmiers-dattiers.

« Les puits artésiens peuvent encore rendre de grands services sur les hauts plateaux et dans les postes militaires du Sud; et l'on a vu plus haut qu'un crédit de 80,000 francs est alloué annuellement pour les points d'eau sur les hauts plateaux. Depuis l'origine des forages en Algérie, jusqu'à la fin de 1893 (dernière statistique donnant des renseignements à ce sujet), il a été exécuté 427 forages

[1] *L'Algérie au point de vue de l'économie sociale*, par E. Lacanaud, directeur de la *Dépêche algérienne*.

représentant une profondeur totale de 29 kilom. 541, ayant capté 519 nappes d'eau ascendantes et 529 d'eau jaillissantes, donnant un total de 346,954 litres d'eau par minute.

« En 1895, l'Administration a fait l'acquisition d'appareils de sondage à faible profondeur, destinés à être mis à la disposition des communes et des particuliers. Le prêt en est gratuit; mais le demandeur doit prendre à sa charge les frais de transport et d'entretien, le remplacement des pièces perdues ou détériorées, et, s'il y a lieu, les frais de déplacement de l'agent des ponts et chaussées.

« Ces appareils permettent aux particuliers et aux communes d'effectuer eux-mêmes les sondages peu importants qui leur sont utiles.

« Toutefois l'Administration continue, comme par le passé, à faire effectuer à ses frais ou à subventionner largement les travaux des forages des puits artésiens et ceux de sondages profonds d'une utilité générale que les particuliers ne pourraient entreprendre à cause des dépenses élevées qu'ils occasionnent[1]. »

Le M'zâb. — Quelques détails concernant la région si intéressante et si particulière du M'zâb compléteront cet aperçu général.

« Choisissez parmi nos paysans de l'Auvergne ou des Pyrénées-Orientales, les plus durs, les plus sobres, ceux qui enlèvent pierre à pierre la lave de leurs maigres champs, ceux qui bâtissent des terrasses pour retenir la poussière de leurs collines, et ceux qui défoncent leurs rocs à coup de barre à mine, puis proposez-leur ce qu'ont fait les Beni-M'zâb. Aucun d'eux n'acceptera.

« Sachez d'abord, comme disent nos conteurs, que, tous les deux ou trois ans, il tombe une forte pluie dans cette partie du Sahara. La moitié des eaux sauvages roulent sur les cailloux de l'oued, et va s'étaler dans d'immenses bas-fonds, au nord d'Ouargla. Le reste s'infiltre à travers des terrains perméables et s'arrête sur un lit d'argile, à environ 25 mètres de profondeur. Il ne s'agit pas là de la nappe artésienne que l'on ne rencontre que loin du M'zâb, dans l'oued Righ, par exemple, où elle tressaute sur un écueil souterrain. Dans cet oued Righ, il suffit de percer 60 mètres pour découvrir une dalle

[1] *L'Algérie au point de vue de l'économie sociale*, par E. LACANAUD, directeur de la *Dépêche algérienne.*

de grès, sous laquelle on entend comme un grondement de vagues entrechoquées. C'est la mer du déluge disent les indigènes. Avant l'introduction de nos machines, un homme hardi, ceint d'une corde dont le bout était bien tenu par ses camarades, brisait cette dalle avec une masse de fer. L'eau jaillissait avec tant de force qu'on le remontait à moitié noyé, et, en un clin d'œil, une gerbe énorme, écumeuse, bondissait hors du puits, projetant des flots de boue et des poissons sans yeux. Au M'zâb, nous n'avons affaire qu'à une mince nappe de cristal, parallèle au lit de l'oued sur lequel les Arabes ignorants meurent de chaleur et de soif; mais nos Mozabites l'exploitent avec un art merveilleux.

« Ils ont d'abord percé des puits innombrables. Les moyens dont ils disposaient étaient rudimentaires : une pioche, une barre aciérée, un ciseau, un marteau. Tous les jours, on venait arracher un morceau de roche et on le jetait au dehors. Une famille y épuisait, pendant deux ans, son temps et ses ressources. Enfin, on touchait à l'eau. Si Allah l'avait voulu, elle montait jusqu'à la moitié du puits; sinon, on allait recommencer plus haut dans l'oued. Quelquefois, le puits, rempli la première année, tarissait la seconde ou la troisième. Cet épuisement concordait avec les années de sécheresse ou semblait provenir de la multiplication des forages. Ce dernier fait se produit aujourd'hui même dans l'oued Righ. Alors, nos Mozabites prirent un parti héroïque. Puisque la nappe s'épuisait, il fallait la nourrir en retenant les eaux pluviales sur le sol le plus longtemps possible, afin qu'elles remplissent toutes les cavités souterraines au-dessus de leur lit d'argile et, par conséquent, élever des digues en travers de tous les oueds que l'on voulait cultiver, des digues énormes, capables de supporter le choc d'une rivière torrentielle accourant de loin avec une force terrible. Ils bâtirent ces digues. Celle qui traverse la rahba de Beni-Sgen est de toutes la plus surprenante. C'est une crête tendue d'un bord à l'autre de la petite vallée, à la hauteur des têtes des palmiers. Les talus en sont raides; elle est soutenue au milieu par un contrefort puissant. Toute la ville se réunit là au moment où la rivière est annoncée, comme le mascaret sur la basse Seine. L'eau vient en tourbillonnant, suivant son lit, tumultueuse, érodant ses berges; elle donne contre la digue, reflue, se répand de toutes parts dans les jardins supérieurs, monte vite en grondant, submerge tout, abricotiers, pêchers, grenadiers. Les palmiers seuls dominent l'abîme, comme des piliers, puis eux-mêmes disparaissent.

«Alors la petite mer passe par-dessus la digue, déborde en cataracte, et le flot s'enfuit, laissant après lui une masse énorme d'eau emprisonnée. Cette eau disparaît lentement par les bouches d'une centaine de puits dans les réservoirs naturels.

«Tout cela ne suffit pas. Il faut faire des jardins, bêcher, planter, tracer des rigoles intérieures, surtout répartir cette eau qui paraît tout au plus dans les puits, à 5 ou 6 mètres du sol. Ici encore, les Mozabites ont trouvé ce que nos mathématiciens appellent une solution élégante. On connaît la noria, que les Espagnols ont héritée des Arabes.

«Qui n'a vu cette roue dentée, munie de petits pots d'argile, qui se remplissent et se vident sans cesse, tandis qu'un mulet, les yeux bandés, met en mouvement une longue barre transversale? Il était impossible d'installer des norias au M'zâb à cause de la profondeur de l'eau et du manque d'engrenages. Or, voici ce qu'ont imaginé les indigènes : sur les deux côtés de chaque puits sont bâtis deux piliers. Ces piliers sont reliés en haut par deux petites traverses de bois de palmier. Entre ces traverses est une roue verticale. Sur cette roue passe une corde. A cette corde est suspendu un seau en cuir. Rien de plus simple jusqu'ici, mais considérez la forme du seau : il ressemble à un gros calice et se prolonge par le bas en un tube souple toujours ouvert. Une cordelette secondaire est attachée d'une part à l'extrémité, et de l'autre à la corde maîtresse en un point tellement bien choisi que le seau remonte plein, parce que le tube est alors relevé et qu'il se vide de lui-même dès qu'il est sorti du puits, le tube s'abaissant à ce moment. La petite machine est mise en mouvement par une traction droite. On y attelle un mulet ou un chameau; mais souvent aussi, c'est un homme, un Mozabite, qui, la corde sur l'épaule, arrose ainsi son jardin. L'eau tombe, en effet, du seau dans un bassin maçonné pourvu de quelques trous. Autant de trous, autant de propriétaires, dont chacun a droit à l'eau pendant un certain nombre d'heures.

« C'est ainsi qu'El-Atef, Beni-Sgen, Bou-Nourra et Gardaïa ont fait pousser des forêts d'arbres fruitiers sur du sable et de la pierre [1]. »

Institutions diverses. — L'agriculture est soumise, en Algérie, à la même législation qu'en France; mais ce sont des *sociétés libres d'agriculture* [2] et les *comices agricoles* qui tiennent lieu des chambres d'agriculture — lesquelles n'ont jamais fonctionné. Il existe des *écoles d'agriculture* à Rouïba et à Philippeville. Un *service de botanique agricole* a été créé à Alger et complété par un *champ d'expériences*. A Alger également, fonctionnent une *station agronomique* (pour l'analyse du sol et des produits) et des *champs de démonstration*. *Chaires d'agriculture* à Alger, Oran, Sidi-bel-Abbès, Constantine; trois *haras de l'État*; *bergerie nationale* de Moudjebeur et *bergeries communales* procurant des reproducteurs aux colons et aux indigènes, sont à signaler, ainsi qu'un *stud-book*. Les courses de chevaux sont subventionnées. Enfin, on alloue des *primes* : 1° aux communes, pour les encourager aux travaux de reboisement, aux créations de pépinières, aux plantations d'oliviers, etc.; 2° réparties par voie de concours, entre les éleveurs européens et indigènes.

Au point de vue du crédit agricole, 11 comptoirs d'escompte ont une sphère d'action essentiellement rurale. Le capital de chacun d'eux — restreint — appartient aux habitants de la région où il est installé. Le plus ancien remonte à 1871 : c'est celui de Saint-Denis-du-Sig. Il existe, en outre, des caisses agricoles.

La colonisation. — Aujourd'hui que l'Algérie a atteint un grand développement et qu'un brillant avenir lui semble assuré, il est piquant d'indiquer l'impression des contemporains de la conquête. Ces citations auront, en outre, l'avantage d'être une leçon contre le découra-

---

[1] E. Masqueray, *Journal des Débats*.

[2] Une seule société d'horticulture existe en Algérie, elle a été fondée en 1893 et compte plus de 500 membres répartis dans les trois départements. La Société d'horticulture d'Alger organise des expositions florales deux fois par an, provoque l'introduction de nombreuses nouveautés qu'elle propage par des distributions de graines, greffons, boutures, etc. Par la *Revue horticole de l'Algérie*, elle s'efforce de tenir ses adhérents au courant des progrès réalisés dans l'art horticole. Un syndicat horticole est fondé depuis peu dans la région de Philippeville.

gement, auquel trop facilement on a tendance à se laisser aller devant l'œuvre si vaste et si ardue qu'est toujours une colonisation.

«Il faut hâter le moment de délivrer la France d'un fardeau qu'elle ne voudra, ni ne pourra supporter plus longtemps», déclare une commission spéciale de la Chambre des députés, au moment où l'on discute l'opportunité de garder Alger, et, en 1834, le rapporteur du budget de la guerre s'écrie : «N'allons pas nous croire engagés à réaliser l'impossible; à poursuivre, à grands frais, un système de conquête et de civilisation auquel manque toute certitude, toute garantie de succès.» Et ces critiques acerbes contre l'œuvre nouvelle, que de fois ne sont-elles pas renouvelées? De telles paroles désenchantées, à combien de reprises n'en prononce-t-on pas? C'est Émile de Girardin qui, prétendant que l'Algérie est un boulet pour la France, demande que l'on tranche dans le vif et que l'on supprime le boulet; c'est le général Duvivier qui écrit qu'en Afrique «les cimetières sont les seules colonies sans cesse croissantes»; c'est le capitaine Montagnac qui déclare «infernale» cette Mitidja, dont la terre vaut aujourd'hui de 600 à 700 francs l'hectare; c'est un député qui dira à la tribune : «Voici la question que je me suis permis de poser à M. le Ministre de la guerre au sein de l'Assemblée : «Qu'est-ce que l'Afrique?» et je dois rendre justice à la loyauté et à la droiture de M. le Ministre; sans hésitation aucune, il nous a dit : «L'Afrique ressemble à un rocher «sur lequel il faut transporter tout, excepté l'air, et encore y est-il «mauvais.» Et en 1853, dans son rapport officiel, le général Charon écrira encore : «Il n'y a pas d'accroissement naturel dans la population européenne transplantée en Afrique; l'expérience prouve, malheureusement, que le climat dévore encore aujourd'hui plus qu'il ne produit.» Quel est donc l'auxiliaire que la colonisation algérienne opposa à tant de détracteurs et qui la fit triompher d'eux? «La force des choses», répond, dans une intéressante brochure M. J. Cazenave[1], et il remarque : «L'histoire de nos conquêtes coloniales laisse, d'ailleurs, cette impression, qu'il est plus facile de s'emparer d'un pays que de l'abandonner ensuite.» Heureusement!

[1] *La colonisation en Algérie*, par J. CAZE-NAVE, sous-chef de bureau du Gouvernement général de l'Algérie chargé de la colonisation (1900).

Résumons rapidement l'histoire de cette colonisation qui, à ses débuts, inspira, on vient de le voir, tant de prophètes de malheur.

Après neuf années d'occupation d'une zone restreinte, la population européenne s'élève à 26,000 habitants, dont 9,500 Français; le mouvement des importations et des exportations, qui n'atteignait pas 8 millions en 1831, dépasse 56 millions, et, définitivement conquise, l'opinion publique, en France, traite d'anti-national tout projet tendant à abandonner Alger.

A la fin de 1840, arrive le maréchal Bugeaud. Son œuvre colonisatrice fut essentiellement agricole. « L'agronomie et la guerre, a-t-on justement écrit, étaient les deux sciences qu'il cultivait avec une égale ardeur. Dans son administration, il est souvent malaisé de distinguer la part de l'agronome de celle du guerrier, tant il s'est efforcé de les faire concorder. S'emparer du sol et le féconder constituaient deux opérations qu'il entendait mener de pair. » Poussant même son système aux plus extrêmes limites, il tenta la création de villages militaires agricoles, qui ne pouvaient guère réussir, les soldats libérés ou près de l'être étant célibataires et, le plus souvent, aussi dénués de ressources qu'incompétents dans les questions agricoles. N'importe, le maréchal Bugeaud aurait eu le droit d'appliquer fièrement à lui-même ces phrases qu'il prononça en faisant ses adieux aux soldats de l'armée d'Afrique : « Vous avez compris dès les premiers pas que votre tâche était multiple, qu'il ne suffisait pas de combattre et de conquérir, qu'il fallait encore travailler pour utiliser la conquête. Vous avez trouvé glorieux de savoir manier tour à tour les armes et les instruments de travail. Vous avez fondé presque toutes les routes qui existent, vous avez construit des ponts et une multitude d'édifices militaires, vous avez créé des villages et des fermes pour les colons civils, vous avez défriché les terres des cultivateurs trop faibles encore pour les défricher eux-mêmes, vous avez créé des prairies, vous avez semé les champs et vous les avez récoltés. »

Quelle était la situation en 1851, après vingt ans d'occupation? Le cheptel compte 42,000 têtes de bétail; l'Oranie et le Constantinois comprennent chacun plus de 10,000 hectares portant des récoltes; quant à la province d'Alger, près de 12,000 hectares y sont en rapport, dont 4,675 consacrés au froment et 1,435 à l'orge. Il importait de bien marquer où en était la colonisation en 1851, car cette année est le point de départ d'une ère nouvelle : celle de la propriété soumise au droit commun et de l'union douanière entre la France et l'Algérie, c'est-à-dire du marché de la métropole ouvert en exemption de toute taxe.

Divers systèmes de colonisation ont toujours été en présence. Après 1860, domine celui qui consiste à confier l'exploitation des richesses du sol et l'exécution des grands travaux publics à de puissantes sociétés financières, recevant, en compensation des dépenses qu'elles sont tenues de faire, de vastes terrains en toute propriété. Le but est de n'imposer au Trésor, en faveur de l'Algérie, qu'un minimum de sacrifices.

Nous voici parvenus à une période particulièrement critique pour notre nouvelle colonie. 1864 est marqué par une insurrection; 1866, par une effroyable invasion de sauterelles; 1867, par un tremblement de terre. Puis ce sont le choléra, le typhus, la sécheresse, et, en hiver, une telle abondance de pluie et de neige que les pâturages nouveaux ne peuvent être utilisés et que le bétail périt. La famine fut effroyable. Le Gouvernement et la charité publique ne ménagèrent pas leurs efforts pour en atténuer l'horreur.

A la chute de l'Empire, il existe en Algérie 242 centres; la colonisation occupe 716,880 hectares [1]; la population européenne s'élève à 217,990 âmes, dont 112,119 français; le mouvement général du commerce atteint 306,703,517 francs; les recettes du Trésor approchent de 30 millions; enfin, le sol est assaini par les drainages, le climat, heureusement modifié par les plantations et les cultures; en un mot : l'acclimatation est faite.

1871 vit la plus terrible de toutes les insurrections.

Le 21 juin de cette même année, l'Assemblée nationale, sur la proposition de M. Keller, vote la loi portant attribution de 100,000 hectares de terres domaniales au profit des habitants des provinces annexées qui prendront l'engagement de se rendre dans la colonie et d'y mettre

---

[1] Le blé dur occupe 56,874 hectares; l'orge, 47,436; le blé tendre, 43,984; l'avoine, 10,459; le sorgho, 3,719; le maïs, 2,742.

en valeur les lots concédés. Des initiatives privées portent une aide efficace à l'État et aux comités spéciaux constitués à Belfort et à Nancy. Cette grande entreprise ne donne peut-être pas tous les résultats espérés; mais il faut noter que 1,183 familles alsaciennes ou lorraines s'installèrent en Algérie, que 906 y restèrent et que 387 possèdent encore leurs concessions.

Cependant, renonçant aux immenses concessions, on en était revenu à la création de centres de peuplement et à l'attribution gratuite de terres; de 1871 à 1877, 198 villages, hameaux ou groupes de fermes ont été créés ou agrandis et peuplés de près de 30,000 habitants. Après s'être écarté de ce système, il a fallu y revenir : c'est décidément la concession gratuite avec obligation de séjour pendant cinq années qui l'emporte [1]. Mais on n'ignore pas que ce système est loin d'avoir donné tous les résultats qu'on en attendait.

Avant de terminer ce court historique de la colonisation, il faut encore citer des faits qui furent profitables à l'Algérie : l'envahissement du vignoble français par le phylloxéra qui fit traverser la Méditerranée à de nombreuses familles de vignerons et à d'importants capitaux, puis la rupture du traité de commerce franco-italien qui ouvrit largement le marché français aux produits algériens.

Et maintenant quelle est la situation à la fin du xixᵉ siècle [2] : 3,053 kilomètres de voies ferrées, des routes nationales d'une longueur totale de 2,983 kilomètres; un réseau de chemins non classés, de routes départementales et communales ayant ensemble un développement de 27,696 kilomètres; 9,185 lignes postales, télégraphiques et téléphoniques comportant 26,948 kilomètres de fils conducteurs;

[1] Pour 1904, le gouverneur général a arrêté avec ses chefs de service la création de huit nouveaux centres de colonisation, où 400 familles d'immigrants français devront être installées avant la fin de l'année. En outre, plus de 250 lots de fermes, distribués en 17 groupes, devront être mis en vente cette année. En 1905, 376 familles d'immigrants français, comprenant 1,671 personnes, peupleront neuf centres nouveaux. Le programme de cette année portera sur environ 1,250 lots à concéder ou à vendre, ce sera un des efforts les plus considérables qui aient été faits depuis le début de la colonisation algérienne.

[2] Déjà en 1877, dans son *Exposé de la situation de l'Algérie*, le général Chanzy, gouverneur général civil, appuyait sur la nécessité de rendre en quelque sorte la vie algérienne facilement vivable : «Pour faire, écrivait-il, de la colonisation agricole sérieuse, il faut assurer à ceux que l'on attire non seulement

573 bureaux de poste divers; 6 câbles sous-marins entre la France et l'Algérie; un tonnage total d'importations et d'exportations dépassant 3,500,000 tonnes et représentant une valeur de près de 600 millions de francs; 605 villages; 1,435,602 hectares cultivés par les Européens; 6,161,150 qui le sont par les indigènes [1]; 13,223,005 têtes de bétail; un vignoble représentant un capital de plus d'un milliard; plus de 51,000 quintaux de liège récolté; enfin, une population de près de 4 millions et demi d'âmes. Ce sont là, on en conviendra, des chiffres éloquents et qui expliquent cette phrase de M. J. Cazenave : « Les sacrifices consentis par la France pour l'Algérie s'élèvent actuellement à près de 6 milliards. Mais la mère patrie ne peut que se féliciter de son placement dont elle retire de jour en jour des bénéfices plus importants. »

IMPORTATIONS ET EXPORTATIONS DES PRODUITS AGRICOLES. — Voici, du reste, des chiffres qui indiquent le mieux les résultats obtenus. Ils sont extraits de l'*Exposé de la situation générale de l'Algérie*, paru en décembre 1899, c'est-à-dire à la fin même du siècle.

les moyens de vivre, mais encore des avantages assez réels pour justifier leur résolution, et prévenir leurs regrets. Il est indispensable, dès lors, qu'à leur arrivée les nouveaux colons trouvent la terre libre, les communications assurées, leurs besoins généraux satisfaits, la sécurité pour leurs personnes et leurs biens, la liberté qui élève l'âme et donne l'énergie. Il faut enfin, pour jouir de tout cela, que l'immigrant n'ait à remplir que des conditions réduites aux garanties strictement nécessaires à donner aux sacrifices que la France s'impose pour la grande œuvre qu'elle a entreprise. »

[1] « L'Algérie, malgré les richesses minérales que son sol tient en réserve, est et restera un pays agricole; car elle manque de houille, condition première d'un grand développement industriel. Elle offre, au contraire, à la colonisation des terrains cultivables en abondance.

« L'étendue cultivée est susceptible de s'agrandir encore considérablement. Ainsi, sur

15 millions d'hectares de bonnes terres, qui constituent le Tell, il n'y en a guère plus de 3 millions qui sont mis en culture, tant par les indigènes que par les Européens. Ceux-ci exploitent un million d'hectares environ. La production s'accroîtra donc non seulement en proportion de la surface exploitée, mais encore en raison de la perfection plus grande des procédés mis en œuvre par les nouveaux colons européens. Les cultures qui sont appelées à bénéficier de ces progrès sont les céréales la vigne et l'olivier. Les céréales surtout auront leur grande part dans ce mouvement d'extension, car elles forment la base de la culture générale en Algérie. Actuellement elles occupent une surface de 3 millions d'hectares environ et sont presque exclusivement cultivées dans les belles plaines et vallées du Tell. La Mitidja, au moment de la moisson, est aussi luxuriante que nos grasses et riches plaines du Nord et du Centre. » (Rapport de la Classe 39 (Produits agricoles alimentaires d'origine végétale), par Jules HÉLOT.)

IMPORTATIONS ET EXPORTATIONS DES PRODUITS AGRICOLES.

DÉSIGNATION DES PRODUITS.	UNITÉS.	1897.		1898.	
		QUANTITÉS.	VALEUR OFFICIELLE.	QUANTITÉS.	VALEUR OFFICIELLE.
			francs.		francs.
A. IMPORTATIONS.					
Chevaux..................	Tête.	8,024	424,360	722	733,100
Mulets...................	Idem.	1,687	983,300	2,629	1,504,900
Peaux et pelleteries brutes....	Kilogr.	616,221	1,921,202	1,030,046	1,292,515
Viandes fraîches, salées ou autrement préparées........	Idem.	1,291,357	2,240,861	1,454,022	2,752,433
Céréales (grains et farines)....	Quintal.	722,067	13,794,218	968,575	21,249,585
Fruits de table frais, secs, tapés ou confits..........	Kilogr.	6,644,645	2,118,880	4,943,406	1,981,538
Légumes frais, salés et conservés.	Idem.	1,566,806	781,872	1,838,314	847,772
Légumes secs (y compris leurs farines) et pommes de terre.	Idem.	27,576,527	3,740,598	30,664,850	3,894,630
Riz entier, farines, semoules et brisures de riz..........	Idem.	5,381,310	1,450,839	6,476,212	1,739,407
Huiles fixes pures (y compris l'huile d'olives)..........	Idem.	10,002,069	4,772,798	10,772,594	4,683,005
Beurres et fromages........	Idem.	2,863,397	4,919,679	2,792,586	4,936,220
Graisses animales autres que de poisson................	Idem.	1,637,107	903,768	1,742,135	1,171,667
Tabacs en feuilles ou en côtes..	Idem.	1,347,227	3,061,257	885,213	1,549,123
Eaux-de-vie, esprits et liqueurs.	Hectol.	73,179	4,070,319	81,198	4,451,762
Graines à ensemencer........	Kilogr.	221,099	232,171	278,532	305,173
TOTAUX..............		"	44,416,122	"	53,092,830
B. EXPORTATIONS.					
Moutons, béliers et brebis....	Tête.	1,077,448	20,598,425	1,165,516	22,866,417
Bestiaux.................	Idem.	41,496	14,430,146	45,792	13,812,157
Peaux et pelleteries brutes....	Kilogr.	2,542,247	7,531,938	3,170,525	9,946,790
Laines en masse..........	Idem.	7,018,962	10,107,305	5,160,455	8,050,309
Céréales, grains et farines....	Quintal.	2,108,411	23,482,393	1,558,209	31,747,911
Fruits de table..........	Kilogr.	16,631,259	3,921,925	22,452,055	5,029,153
Légumes frais............	Idem.	6,959,072	1,500,309	6,699,754	1,722,649
Légumes secs et leurs farines..	Idem.	1,242,324	277,037	1,857,815	373,575
Pommes de terre..........	Idem.	4,561,216	314,597	6,417,293	385,038
Huiles d'olives...........	Idem.	1,128,286	648,569	1,382,289	745,077
Tabacs en feuilles ou en côtes..	Idem.	3,524,330	5,392,225	1,497,880	2,621,290
Vins.....................	Hectol.	3,810,405	136,384,538	3,419,552	117,068,110
Eaux-de-vie, esprits et liqueurs.	Idem.	12,760	1,021,909	16,902	1,290,190
Fourrages................	Kilogr.	11,794,253	1,757,344	5,991,508	886,743
Huiles volatiles et essences....	Idem.	40,879	1,535,765	49,783	1,742,403
Tartrates de potasse........	Idem.	1,849,610	1,155,317	1,371,270	1,096,017
TOTAUX..............		"	230,059,742	"	219,383,829

Chasse. — Le lion et la panthère se sont retirés aujourd'hui dans les montagnes ou vers le désert; aux approches des villes, ou même des routes cultivées, ils sont devenus ce qu'est le loup en France : une exception. Mais à défaut de grands fauves, les sujets de chasse ne font pas défaut; le gibier à poil ne manque pas plus que celui à plumes. Le sanglier abonde — ravageur des récoltes, que l'on chasse avec acharnement. Il y a des équipages spécialement dressés à cet objet.

Ces chasses aux sangliers sont fort intéressantes à suivre et des plus mouvementées. «A moins de monter, écrit un Français qui y prit part, un de ces chevaux arabes si supérieurs aux nôtres, en sûreté, en vigueur et en adresse, une chasse de ce genre est impraticable. Nous avions devant nous une plaine qui s'étend en demi-cercle sur une profondeur de 48 kilomètres et une longueur moyenne de 16 kilomètres, renfermée entre la mer d'un côté et les montagnes de l'autre. Elle est alternée de prairies et de marais dont le fond est assez solide pour que les chevaux n'enfoncent jamais plus loin qu'au genou. Ces marais sont remplis de plantes aquatiques et de roseaux, qui dépassent souvent la tête des cavaliers; çà et là aussi, on voit quelques fleurs sauvages. Les prairies, elles, sont couvertes tantôt du plus beau gazon fleuri et tantôt de chardons et autres plantes épineuses, qui s'élèvent parfois aussi haut que les roseaux des marais, d'où il s'ensuit qu'on ne peut pas voir à six pas devant soi et que l'on n'a pas la moindre idée du sol sur lequel on s'appuie. Si, après cela, on sait que ce sol est perpétuellement coupé par des trous et de petites élévations, ouvrages d'animaux de toute espèce, on conçoit quelle doit être la sûreté de pied d'un cheval qui peut courir avec une inconcevable rapidité et sans jamais tomber sur un semblable terrain. Et je n'ai pas encore parlé de la plus grande difficulté; elle consiste dans les excavations de six à huit pieds en carré que les tribus arabes pratiquent dans la terre, soit pour y placer des pièges, soit pour y conserver leurs grains, et qu'elles ne se donnent jamais la peine de refermer. La végétation qui est si forte ici, ne tarde pas à les cacher complètement aux yeux; de sorte qu'il est impossible d'éviter le danger qui vous menace : on voit l'abîme quand on est dedans. » Et, dans une telle plaine, on poursuit au cours d'une séance et on tue cinq ou six sangliers.

Les Arabes de grandes tentes se livrent à la fauconnerie et à l'autourserie; ils chassent notamment ainsi — et au sloughi — la gazelle.

B. AGRICULTURE.

PRODUCTION AGRICOLE. — Avant de donner quelques détails sur les cultures algériennes, je crois intéressant de mettre sous les yeux du lecteur le tableau suivant, où sont résumés, d'après M. H. Lecq, inspecteur de l'agriculture de l'Algérie, les chiffres de la production agricole algérienne à la fin du XIXᵉ siècle :

PRODUCTION AGRICOLE.		QUANTITÉ.	PRIX de L'UNITÉ.	VALEUR TOTALE.
		quintaux.	francs.	francs.
Orge	indigène	7,195,245	12	98,234,660
	européenne	990,975		
Blé dur	indigène	4,567,919	15	81,744,555
	européen	881,718		
Blé tendre	indigène	267,868	18	21,515,814
	européen	927,455		
Bechna	indigène	140,327	12	1,994,724
	européen	26,000		
Maïs	indigène	47,916	15	1,464,450
	européen	49,914		
Avoine	indigène	41,275	13	8,132,826
	européenne	584,327		
Fèves	indigènes	152,018	15	2,893,965
	européennes	40,913		
Essence de géranium, néroli, essence d'eucalyptus, menthe, etc.		"	"	2,000,000
		hectolitres.		
Olive	indigène	262,588	60	15,755,280
	européenne	113,149	80	9,051,920
Figuier				7,000,000
Palmier-dattier				4,800,000
Orangers, citronniers, bananiers, autres arbres fruitiers				3,500,000
Cultures maraîchères				5,000,000
Vignes	Production de raisins chez les indigènes	7,000,000		75,360,000
	Raisins de primeur	360,000		
	Production du vin	66,000,000		
	Tartres et lies	2,000,000		

CÉRÉALES. — Les céréales forment la base de l'agriculture algérienne [1]. Leur production approche, en effet, de 16 millions de quintaux, ainsi que le montre le tableau suivant :

CÉRÉALES.	SUPERFICIE.		RÉCOLTE.	
	CULTURE INDIGÈNE.	CULTURE EUROPÉENNE.	CULTURE INDIGÈNE.	CULTURE EUROPÉENNE.
	hectares.	hectares.	quintaux.	quintaux.
Orge....................	1,277,136	120,454	7,195,245	990,975
Blé dur.................	957,880	135,179	4,567,919	881,718
Blé tendre..............	63,209	127,795	267,868	927,455
Bechna..................	26,585	4,604	140,217	26,350
Maïs....................	8,682	4,996	47,916	49,719
Avoine..................	5,053	57,233	41,275	584,327
Totaux...............	2,338,545	450,261	12,260,450	3,460,544

Orge. — L'orge occupe le premier rang, et sa culture tend à augmenter d'importance, à mesure que l'orge d'Algérie, mieux connue, est plus demandée par la brasserie. (Dès aujourd'hui, notre colonie

[1] Dans les cultures européennes comme dans les cultures indigènes, les céréales occupent en Algérie la plus grande partie du territoire mis en valeur.

Il y a ici, cependant, une différence à établir. Chez les indigènes, d'une année à l'autre, les surfaces emblavées présentent des écarts très considérables. Ainsi, des 924,490 hectares de blés durs de 1888, nous passons, l'année suivante, à 808,906 et à 978,655 en 1890. Des 1,348,447 hectares d'orge de 1881, nous passons l'année suivante à 1,664,217, pour retomber à 1,299,472 en 1883. Chez les Européens, ces écarts ne se produisent pas avec une telle amplitude depuis quelques années. On les trouve en 1875, quand, de 75,760 hectares en 1874, la surface semée en orge passe l'année suivante à 215,525, pour redescendre à 101,805 en 1876; depuis 1888 les surfaces indiquent une progression lente, sans soubresauts dans un sens ou dans un autre. Ces différences chez les indigènes découlent souvent les calculs; elles tiennent uniquement à ce que les calamités de la sécheresse ont chez eux un retentissement plus considérable, attendu qu'ils font à peu près de la monoculture, qu'ils ne préparent pas de réserves et vivent au jour le jour. Vienne une mauvaise récolte, ils n'ont pas de quoi ensemencer, à moins qu'ils veuillent se résoudre à emprunter des semences, ou que l'État leur en fasse distribuer. Dans les deux cas, les ensemencements diminuent tout d'un coup pour augmenter si la récolte suivante est meilleure.

Si nous prenons la moyenne des dix années appartenant à un cycle sans sécheresse extrême (1884-1893), nous trouvons que les indigènes emblavent en moyenne :

	hectares.
Blés tendres..........	62,000
Blés durs.............	952,000
Orge.................	1,306,000
Avoine...............	2,239

Soit environ 2,322,000 hectares, auxquels il faut ajouter 8,000 hectares de bechna.

Sur une surface totale de 8 millions d'hec-

fournit à la consommation de la métropole l'équivalent du cinquième de notre production.)

A côté de l'exportation, se place un écoulement considérable sur place, qui absorbe les sept huitièmes de la production tant pour l'alimentation humaine que pour celle du bétail, du cheval notamment, si bien que les colons ont constaté que, en moyenne, dans des terres de moindre valeur et avec moins de cultures, le rendement de l'orge est supérieur à celui du blé en poids, égal en argent, meilleur en paille.

tares que représentent les propriétés agricoles relevées par l'État comme moyenne des périodes récentes, 6,500,000 hectares sont aux mains des indigènes et 2,500,000 sont consacrés aux céréales, ce qui équivaut à dire que les indigènes consacrent, sur les surfaces qu'ils possèdent, 38.46 p. 100 aux céréales en général et en particulier 20 p. 100 à l'orge. 14.61 p. 100 aux blés durs, 0.95 p. 100 aux blés tendres, le reste étant occupé par le bechna, le maïs et l'avoine.

Recherchant pour cette même période les moyennes des cultures européennes, nous trouvons :

	hectares.
Blés tendres	126,049
Blés durs	124,433
Orge	120,027
Avoine	43,402

Si nous remarquons que les Européens possèdent 1,350,000 hectares de terres cultivées, nous constaterons qu'ils en consacrent : aux céréales en général, 31.48 p. 100; et en particulier, 9.25 p. 100 aux blés tendres, 9.18 p. 100 aux blés durs, 8.88 p. 100 à l'orge, le reste étant occupé par l'avoine (0.32 p. 100), le maïs et le bechna.

Au point de vue de la valeur numéraire des récoltes de céréales, on peut estimer les quantités moyennes à :

	quintaux.
Blés tendres	1,252,778
Blés durs	5,163,772
Orge	8,794,357
Avoine	469,760

ce qui représenterait une valeur :

	francs.
Blés tendres	25,000,000
Blés durs	103,000,000
Orge	104,000,000
Avoine	7,000,000

soit un total de 239 millions de francs de céréales que produirait l'Algérie en année moyenne.

Ajoutons que les travaux de la moisson et du battage, exécutés généralement par la main-d'œuvre indigène, représentent un salaire moyen de 14 millions de francs que les Européens versent aux Arabes, Kabyles et Marocains, qui viennent souvent de tribus très éloignées s'embaucher dans les fermes et s'en retournent ensuite dans leurs montagnes avec le produit de leur travail. C'est encore là un fait important à retenir et à mettre à l'actif des avantages que la colonisation a multipliés dans l'ancien pays barbaresque.

L'exportation des céréales donne lieu entre la France et l'Algérie à un fret valant de 10 à 12 millions de francs, sans compter les sommes considérables qu'encaissent les compagnies locales de chemin de fer pour le transport des centres de production aux ports d'exportation. On voit par ces divers chiffres l'importance considérable, à des points de vue nombreux, de la culture des céréales en Algérie.

(J'emprunte ces appréciations à la brochure consacrée aux *céréales d'Algérie*, par M. J. Varlet, agriculteur, ancien président du comice agricole de Boufarik.)

On ne cultive que l'orge d'hiver, principalement l'escourgeon ainsi que ses variétés immédiates. La chaleur arrive trop tôt pour permettre la réussite des orges de printemps. L'orge est semée, aux premières pluies, dans des sols peu tenaces, frais, mais sans eaux stagnantes. Les années peu pluvieuses sont de bonnes années d'orge, celle-ci prospérant alors que le blé souffre de la sécheresse. Dans le Sud, on moissonne fin avril; dans la zone marine et les plaines du littoral, fin mai; dans les montagnes kabyles, vers la mi-juin. Le rendement est variable; en année moyenne, 12 à 15 quintaux de grain et 20 à 30 quintaux d'une excellente paille que le bétail préfère à celle du blé. Les statistiques officielles fixaient le rendement moyen, pour la période 1886-1893, à 8 quint. 68 chez les Européens et à 5 quint. 94 chez les indigènes. En montagne, les rendements sont moins bons par suite des contretemps. Le Comice agricole de Sétif s'est livré, dans ses champs d'expériences, à des essais qui ont donné entre 1 quint. 60 et 33 quint. 48 pour des orges du pays; les bons résultats ont été obtenus sans engrais, mais avec labour de printemps, sans labour d'automne, avec semence à la volée et enterrée au cultivateur.

Voici le compte établi pour une ferme (à l'hectare) :

Loyer...	40ᶠ 00
Labour...	25 00
Semences.......................................	22 75
Moisson et battage	25 00
TOTAL......................	112 75

Production { 12 quintaux à 13 francs.
{ 20 quintaux de paille.

Généralement, le prix de l'orge est très variable.

Blé. — Le blé — tous les tableaux de la culture indigène, notamment celui que nous donnons (p. 244), le prouvent — a pour la population indigène (les quatre cinquièmes de la population totale) une valeur économique de premier ordre. Cette population s'adonne de préférence à la culture des blés durs qu'elle consomme plus facilement sous forme de pâte et qui, mûrissant moins vite, ne s'entr'ouvrant ni ne s'égrenant, ne deviennent pas comme les blés tendres une

proie facile pour les fourmis et pour les oiseaux et ne demandent
pas une moisson immédiate, alors que les hommes sont occupés ailleurs
comme journaliers. Les colons, qui n'ont pas les mêmes motifs de préférence, cultivent en proportions sensiblement égales, les deux sortes
de blé. Les rendements ne sont pas très élevés; en voici la moyenne
pour la période 1884-1893 :

		BLÉ TENDRE.	BLÉ DUR.
Culture	européenne	7.32	6.62
	indigène	5.18	4.56

On voit combien on est loin encore, en Algérie, des rendements
obtenus en France; c'est une des causes qui n'assignent à notre colonie qu'un rôle secondaire en tant que pays exportateur.

Il faut noter la grande richesse en gluten des blés durs d'Algérie,
supérieure à la richesse des blés de Roumanie, de Hongrie ou des États-
Unis; leurs farines non seulement donnent un plus grand rendement
en pain, mais encore possèdent des qualités précieuses, reconnues de
tous, pour la fabrication des pâtes, des biscuits, etc. Du reste, n'est-ce
pas, pour une bonne part, aux qualités des blés durs d'Algérie pour
la semoulerie et les industries similaires, qu'est dû ce fait, que, tandis
qu'il y a trente ans nous étions tributaires de l'Italie pour les pâtes
alimentaires, nous en exportons aujourd'hui dans ce pays.

Quand les indigènes obtiennent un rendement de 6 à 8 hectolitres
à l'hectare, ils se disent parfaitement satisfaits. Malheureusement, les
années de sécheresse créent chez eux de véritables désastres, tandis
qu'il suffit d'une année de pluies abondantes pour les relever.

Quelques exemples typiques sont dans la mémoire de tous les Algériens :

1856. Sécheresse. Récolte nulle.
1857. Pluies abondantes. Récoltes magnifiques.
1866. Sécheresse extrême. Pas de végétation.
1867. Famine générale.
1868. Pluies. Récolte considérable.
1881. Sécheresse excessive. Pas de récolte. Misère.
1882. Pluies. Belles récoltes.

Ces diverses indications montrent la façon exacte dont il faut apprécier la culture des céréales chez les indigènes. Cette culture suffit à peine à leurs besoins, en raison de la trop grande fréquence des années sèches; elle est imparfaite et encore routinière; mais elle est nécessaire à leur consommation, conforme à leur situation économique.

Fig. 347. — Dépiquage du blé.

Voyons maintenant les cultures européennes. Voici un compte de culture de blé (Mitidja) :

Rente de la terre	60ᶠ 00ᶜ
Labours	30 00
Semences (100 kilogr.)	20 00
Semaille, hersages	10 00
Moisson	25 00
Battage	25 00
Frais généraux	20 00
Total	190 00

Cette culture a rapporté

10 quintaux de blé à 20 francs	200 00
20 quintaux de paille à 2 francs	40 00
Total	240 00

L'hectare a rapporté 50 francs net.

Autre compte :

Loyer de la terre	40 00
3 journées de laboureurs	9 00
3 de conducteurs	4 50
18 journées de bœufs (6 francs par charrue)	18 00
A reporter	71 50

Report............................	71ᶠ 50ᶜ
Semences (90 kilogrammes à 23 francs le quintal)..	20 70
Moisson.............................	25 00
Battage au rouleau et transport à Alger (1 fr. 50 le quintal).................................	12 00
Total........................	129 20
Recettes. { 8 quintaux à 22 francs............. 16 quintaux de paille à 1 fr. 50...... }	200 00
Bénéfice par hectare............	70 80

Nous concluons que dans la Mitidja la culture d'un hectare coûte de 150 à 200 francs par an, que le blé revient de 15 à 18 francs, et que le bénéfice, pour les années où il n'y a pas de désastres, est assez important et susceptible, d'ailleurs, d'améliorations sérieuses.

Au Chéliff, — région très étendue, dont on a pu dire qu'elle est la régulatrice des cours sur les places d'Alger et d'Oran, — on a vu les récoltes rendre la moitié de la semence, puis, durant d'assez longues périodes, ne pas dépasser 4.5 à 5 quintaux à l'hectare. Dans les années mauvaises, on a noté 1,8 à 2 quintaux. En généralisant les labours préparatoires de printemps, en leur donnant une profondeur de 0 m. 25 à 0 m. 28 (ces labours sont recoupés une fois ou deux pendant l'été avec un fort scarificateur et la semaille a lieu à l'automne sur un labour léger obtenu à l'aide d'une déchaumeuse à quatre socs); en recherchant les variétés tallant beaucoup et évitant la sécheresse ; enfin, en employant judicieusement les engrais chimiques qui ont montré l'inutilité d'un apport de potasse et l'incontestable utilité d'engrais où les phosphates s'allient au nitrate, un propriétaire a obtenu les résultats suivants :

	PRODUIT BRUT.	FRAIS.	PRODUIT NET.
Culture { ordinaire...............	161ᶠ 00	100ᶠ 00	61ᶠ 00
{ avec fumure chimique	416 35	213 50	202 85

Cet agriculteur croit qu'en restreignant la surface cultivée au lieu de l'étendre, les colons du Cheliff amélioreraient sensiblement le rendement de leurs récoltes trop souvent nulles ou à peu près.

C'est Sidi-bel-Abbès qui peut être donné comme le type d'une région modèle. La culture du blé y a fait réaliser de grosses fortunes. L'assolement pratiqué est une alternance de jachères cultivées et de céréales. Peu d'eau. La terre vaut de 300 à 400 francs l'hectare, ce qui n'est guère à côté des prix atteints à la Mitidja; un seul labour serait insuffisant; trois labours coûteraient 90 francs l'hiver, tandis qu'au beau temps on les obtient pour un prix de 45 francs : c'est ce qui a conduit à l'alternance.

Voici un type de compte :

	2 à 3 labours......................	40 francs.
	Semence..........................	20
	Semeur...........................	2
	Labour préparatoire................	10
Dépenses .	Planchage.........................	2
	Moisson et transport au gerbier..........	20
	Battage...........................	15
	Loyer de dix hectares................	50
	Frais généraux....................	11
	Total....................	170
Recettes : 11 quintaux de blé à 18 francs...........		198
	Reste net................	28

plus la valeur des pacages.

A Sétif, — région de vastes plaines assez élevées et de climat rude, — les rendements sont très variables suivant la semence employée et le régime des pluies.

Nous avons ainsi indiqué sommairement les résultats obtenus dans quatre régions prises pour types, et dont on peut résumer, comme suit, les caractères généraux :

1° La Mitidja, type d'une région de plaines du climat marin, qui reçoit de 700 à 800 millimètres de pluie tous les ans, aux terres fertiles, où la colonisation a atteint l'expression la plus avancée de son développement, où la valeur du sol est élevée, la main-d'œuvre abondante, l'outillage agricole très perfectionné ;

2° Le Chéliff, type d'une région de plaines où la sécheresse sévit très cruellement, aux terres fertiles si l'année est pluvieuse, où le sol irrigué ne reçoit pas plus de 400 millimètres de pluie en moyenne, où la colonisation est moins avancée et où l'état de la culture prend forcément la forme extensive;

3° La région de Sétif, type des hauts plateaux, au climat plus rigoureux, pays céréalifère par essence et par nécessité économique : recevant une moyenne de 450 millimètres de pluie;

4° La région de Sidi-bel-Abbès, qui se distingue par une culture plus soignée, un assolement rationnel, des préparations culturales bien comprises, recevant de 450 à 500 millimètres de pluie.

Il est généralement admis qu'une contrée algérienne ne se prête à la culture des céréales, qu'autant qu'elle reçoit 400 à 600 millimètres de pluie par an.

Bechna. — Le bechna — nom sous lequel on désigne plusieurs variétés de sorgho — constitue, en Kabylie principalement, une précieuse ressource comme culture d'été. Il mûrit en août. Quelques pluies de printemps suffisent à assurer sa réussite. C'est lui qui remplace les céréales quand celles-ci viennent à manquer. La variété blanche sert à faire la galette et le couscous des classes aisées; en arrière-saison, elle atteint la valeur du blé. La variété noire est moins estimée; elle constitue la nourriture des pauvres; il en est aussi donné aux animaux de travail. A noter que l'indigène ne récolte que le panicule, laissant sur le champ la tige encore verte pour y être consommée par le bétail. Les rejets déterminent parfois des accidents.

Maïs. — Le maïs a donné à l'hectare, pour la période décennale 1890-1899, les rendements moyens suivants :

$$\text{Culture} \begin{cases} \text{indigène} \dots \dots \dots \dots \dots \dots \dots \dots \dots \dots & 5^{q}51 \\ \text{européenne} \dots \dots \dots \dots \dots \dots \dots \dots \dots & 9\ 95 \end{cases}$$

Bien que dans les terres irriguées seulement les rendements de maïs soient relativement abondants et réguliers, on se livre surtout à cette culture en terre sèche.

Avoine. — La culture de l'avoine ne date en Algérie que de notre occupation. Les essais furent tout d'abord timides, — ce qui est un tort, parce que cette céréale vient dans tous les terrains, ne demande que peu de travail et résiste mieux que toute autre à la sécheresse.

A noter, en outre, que la moisson se faisant bien plus tôt qu'en France, la récolte arrive sur les marchés de la métropole au moment où les stocks s'épuisent et où, partant, la marchandise nouvelle jouit d'une faveur marquée.

Voici le compte moyen d'un labour (Mitidja) :

Labour, hersage, ensemencement......	30f	00c
Semence : 180 kilogr. à 15 fr. le quintal..	27	00
Moisson (moitié moins onéreuse que celle du blé)........................	12	50
Battage au rouleau et transport à Alger...	18	75
Loyer............................	40	00
Total...................	128	50

Produit : 14 quintaux à 15 francs.............. 210 00

Plus 20 quintaux d'une paille dont la valeur alimentaire égale celle des fourrages ordinaires.

L'étendue de culture pourrait être facilement doublée.

Fèves. — La fève est, après le blé et l'orge, le plus cultivé (par l'indigène) des farineux alimentaires. Sa récolte hâtive permet, en effet, d'attendre la maturité des céréales; elle est consommée en gousses vertes ou en graines sèches. Les chiffres de la moyenne décennale 1890-1899 sont les suivants :

		SUPERFICIE.	PRODUCTION.	RENDEMENT MOYEN à l'hectare.
		hectares.	quintaux.	
Culture	indigène.........	32,666	152,018	4.65
	européenne.	5,741	40,913	7.12

Prairies et fourrages. — Il n'y a point, à proprement parler, de prairies naturelles en Algérie; peu s'en faut que l'on ne puisse en dire autant des prairies artificielles.

On commence bien à créer des luzernières, mais il n'en existe encore qu'une faible étendue, ainsi qu'en sainfoin, etc.

Le grand point, c'est le manque d'eau. Exemple d'une luzernière : si elle est peu ou point arrosée, elle donnera trois coupes annuelles, de fin avril à fin juin; puis, la sécheresse arrêtera toute végétation. Les pluies automnales feront bien un peu reverdir l'ensemble, mais à une époque de l'année où les terrains de parcours abondent dans la colonie, il vaudra mieux épargner sa luzernière et ne pas la laisser pâturer. Qu'au contraire on puisse arroser, on fait cinq coupes, et la prairie devient une excellente spéculation, eu égard surtout au faible capital engagé [1].

Si, dans les sols humides, un peu compacts, on doit préférer la luzerne, dans les sols secs, légers, on peut recourir au sainfoin. Celui-ci ne donne guère qu'une coupe de 3,000 à 4,000 kilogrammes, et avec quelques variétés spéciales, une deuxième coupe de 700 à 800 kilogrammes à l'hectare. Il dure cinq ou six ans au plus.

On trouve, en outre, quelques espèces spontanées très méritantes. Ainsi dans le genre *Medicago*, bien des espèces annuelles donneraient des coupes très abondantes, telles sont : *Medicago sphærocarpa, tuberculata, reticulata, apiculata* et d'autres, toutes à fleurs jaunes, mais qui demanderaient, en culture, à être soutenues par une graminée pour ne pas verser et ne pas se déprécier par le bas.

Des trèfles pourraient facilement être adjoints aux espèces annuelles ci-dessus, mais la préférence serait réservée à deux vesces (*Vicia bastardi* et *V. fulgens*) qui, essayées dans les sols de la Mitidja, ont donné un rendement excellent; comme fourrages annuels : une graminée-support serait d'un bon effet.

Enfin, les rustiques [2] sainfoins d'Algérie ou sulla constituent une ressource des plus précieuses pour l'alimentation du bétail. Deux

---

[1] «Il faut considérer, en outre, que la luzerne arrosée laisse le sol libre au moins quatre ans plus tôt que celle non irriguée, ce qui permettra d'y faire quatre bonnes récoltes de céréales ou autres sans grosse dépense, car en pays de culture extensive comme l'est l'Algérie, la luzerne conserve encore son caractère de plante dite *améliorante*.» (F. Gagnaire, *Journal d'Agriculture pratique*.)

[2] «Une année aussi néfaste (1896) est bien faite pour démontrer l'utilité de la culture du sulla. Malgré la sécheresse et les gelées, cette précieuse légumineuse a continué de pousser avec une vigueur telle, que dans les premiers jours d'avril déjà, on aurait pu faucher un fourrage qui ne mesurait pas moins de 70 centimètres de hauteur. La plante, en pleine fleur en ce moment, présente des tiges de 1 m. 25 de haut et plus, alors que les fourrages de nos prairies ne donneront pas la moitié d'une récolte ordinaire.» J'ai extrait ces lignes d'une lettre que m'écrivit à l'époque M. J. Knill, le distingué propriétaire-agriculteur des Amouchas, président du Comice agricole de la région de Sétif.

espèces surtout (*Hedysarum capitatum* et *H. coronarium*) sont fort répandues. La première est annuelle, mais elle est surtout de végétation luxuriante dans les sols humides argilo-calcaires, où l'on en pourrait faire un fourrage vert à couper de bonne heure. L'autre espèce, vivace, croît dans les parties basses des montagnes, en sols calcaires ou siliceux et sablonneux, où les rendements de la luzerne tendent à s'affaiblir. Les graines du sulla sont pourvues d'une enveloppe fort dure et leur levée n'est complètement assurée qu'après un court ébouillantage ou un léger décorticage partiel.

Arboriculture. — M. le Dr L. Trabut, dont les travaux nous ont été au cours de cette étude plus d'une fois utiles, divise l'Algérie au point de vue arboricole, en trois régions :

1° Sur le littoral, dans les stations privilégiées, on trouve les cultures subtropicales : avocatiers, anones, figuiers de Barbarie, bananiers (ces derniers les plus intéressants des fruitiers représentant dans la région la flore subtropicale). Puis, dans le Tell et dans les gorges des montagnes, voici l'oranger; nous y trouvons également l'olivier dont le territoire est, à vrai dire, plus étendu; orangers comme oliviers sont, sur le littoral, attaqués par de nombreux parasites, notamment les cochenilles et le ver de l'olive; néfliers du Japon, goyaviers, grenadiers, kakis, pistachiers et, naturellement aussi, mandariniers et citronniers occupent le même territoire que l'oranger, tandis que le figuier s'étend autant que l'olivier; c'est à une altitude moyenne que ces deux arbres, qu'il n'est pas rare de rencontrer dans les régions élevées, au-dessus de 1,000 mètres, donnent leurs produits les plus abondants et les meilleurs;

2° La zone montagneuse est celle du chêne vert à gland doux, du châtaignier et du noisetier, à condition toutefois que le sol convienne à ces deux arbres, de la vigne même et des fruitiers d'Europe : cerisiers, pêchers, poiriers, qui y atteignent sans conteste un beau développement, mais dont les fruits, bien que bons, valent rarement comme saveur les pêches et les poires que fait mûrir le doux climat de France;

3° Enfin, la zone saharienne des oasis est celle du dattier.

Après ce coup d'œil général sur l'arboriculture algérienne, il me reste à dire quelques mots des arbres fruitiers les plus répandus ou de ceux devant qui semble s'ouvrir le plus brillant avenir.

Figuier. — Le figuier vient en première ligne, car c'est de tous les arbres fruitiers de l'Algérie, le plus résistant et le plus répandu dans les sols les plus divers. Les figues trouvent bien des utilisations diverses : elles entrent pour une bonne part dans l'alimentation de la population indigène, sont l'objet d'une exportation qui dépasse

Fig. 348. — Séchage des figues.

12 millions de kilogrammes, trouvent un emploi dans la distillation; depuis quelques années, enfin, on tente, en Autriche-Hongrie, de substituer à la chicorée une poudre noire obtenue par la réduction de figues torréfiées, et ce *Feigen-kaffe* peut être appelé à fournir à la culture du figuier un nouveau et très important débouché. Les espèces les plus estimées sont, tout d'abord, la figue de Bougie, dite *Tharanint;* puis, la *Tamriout*, qui lui ressemble; la *Tabouïaboult*, grosse figue plate à peau très fine, jaune doré et blanche à maturité; l'*Abiarous*; enfin, l'*Azengaer*, figue noire que les indigènes prisent beaucoup. Les plantations de figuiers sont soigneusement labourées;

parfois les Kabyles font des plantations intercalaires de fèves, de pois et de lentilles; il est de beaucoup préférable de ne pas ensemencer le terrain. Dans toute la Kabylie, la caprification est faite avec le plus grand soin. La préparation des figues sèches est, durant l'été, la principale occupation de la famille kabyle; les procédés de dessiccation laissent, du reste, à désirer; il y aurait intérêt à perfectionner les méthodes, ce qui permettrait de propager, dans le pays, des figuiers donnant des fruits à peau fine. Le *Ceroplaste*, grosse cochenille rouge, est le seul ennemi sérieux du figuier, mais cette cochenille ne reste heureusement pas longtemps dans la même localité.

Aurantiacées. — Bien que la culture de l'oranger soit très ancienne, les belles orangeries datent de l'occupation française seulement. Les oranges de Blidah sont célèbres. Les mandarines étant généralement d'un écoulement plus facile que les oranges, les mandariniers occupent aujourd'hui de grandes surfaces; les mandarines de taille médiocre, venues sans trop d'irrigation, sont les plus savoureuses. Les limettes, les cédrats et les chinois sont peu répandus; ces derniers pourraient d'autant plus avantageusement devenir l'objet d'une assez importante culture, qu'à l'heure actuelle, la confiserie française importe de Savone la plus grande partie des fruits qui lui sont nécessaires. Enfin, les citronniers produisent abondamment; mais, malheureusement, ce sont les gros citrons à peau épaisse, peu recherchés pour l'exportation, qui sont les plus répandus. Quand on considère que l'Algérie ne nous fournit pas 5 millions de kilogrammes sur les 60 millions que nous importons annuellement, tant en oranges qu'en citrons et autres fruits congénères, on voit quelle extension ces diverses cultures peuvent prendre sans que l'on ait à craindre la surproduction.

Cultures arbustives diverses. — Le grenadier est très cultivé; la consommation locale de ses fruits est considérable. Celle des fruits du kaki tend à le devenir; ceux d'Algérie sont, du reste, bons et abondants. Le néflier du Japon est également appelé à prendre une place importante; les belles nèfles, très juteuses, sucrées et agréablement parfumées, ne sont plus rares en Algérie: la culture du néflier présente un avantage: quand l'abondance de la récolte rend le placement de tous les fruits plus difficile pour la table, on peut en destiner une partie à faire un cidre léger et très agréable; l'eau-de-vie obtenue par distillation de ce cidre et le kirsch, fait de fruits fermentés avec une partie de leurs volumineux pépins sont, l'un et l'autre, des produits très fins et dont le débouché est assuré.

Nous étudierons plus loin la vigne et l'olivier. Notons seulement : 1° que le chasselas doré, cultivé à bonne exposition, mûrit de très bonne heure et donne lieu, dès la mi-juillet, à une importante exportation[1]; 2° que les indigènes récoltent de très grosses olives pour conserves.

A signaler aussi le mûrier, dont la culture a été tout particulièrement recommandée par le Congrès international d'agriculture de 1900 comme «pouvant donner, en Algérie et en Tunisie, les meilleurs résulsultats».

Des arbres à noyaux, le plus répandu, de beaucoup, est l'abricotier; particulièrement fécond dans les stations du Sud, il donne lieu à un important commerce avec les indigènes de cette région; il serait sans doute aisé de faire sécher ses fruits ou d'en préparer des pâtes. Le cerisier, qui vit à l'état sauvage sur bien des points, n'est cultivé en grand que depuis quelques années.

L'amandier, en Algérie, donne des fruits, même sans irrigation, encore que celle-ci soit nécessaire pour obtenir une culture vraiment rémunératrice. Fraîche ou séchée, l'amande est un important produit d'exportation; l'Algérie a d'autant moins à craindre une surproduction que l'importation française annuelle de ce fruit dépasse 5 millions de kilogrammes. Le noyer forme de véritables oasis dans l'Aurès; cependant, le prix des noix reste très élevé; les indigènes font, en outre, un grand commerce d'écorce de racines de noyer pour l'entretien des dents *(souak)*.

Non moins que la culture du noyer, celle du noisetier, peu répan-

---

[1] «C'est de Guyotville, à l'Ouest d'Alger, que nous arrivent les premiers raisins consommés en France. Là, depuis le 1er juillet, on cueille et on expédie en France, chaque jour, quantité de caisses de chasselas doré. Au commencement d'août le chasselas est terminé et on le remplace par le muscat d'Alexandrie et la panse précoce. Mais bientôt les raisins du midi de la France apparaissent sur les marchés, et la campagne se termine.» (J. Farcy, *Journal d'Agriculture pratique*, 1902.)

due jusqu'aujourd'hui, pourrait utilement recevoir de l'extension. Il en est de même de celles du châtaignier et du pistachier; les plantations faites tant en Kabylie qu'aux environs de Blidah sont aujourd'hui très prospères.

Dattier. — Les dattes — outre qu'elles concourent pour une large part à l'alimentation indigène — constituent dès aujourd'hui un important article d'exportation, et on peut prévoir que, dans un très prochain avenir, les facilités de transport chaque jour grandissantes porteront à accroître la surface de culture, bien que celle-ci soit délimitée par le climat; mais toute la partie susceptible d'être couverte de dattiers n'est pas encore en culture.

La grave question ici, c'est l'eau. Voici à ce sujet des avis autorisés. Selon le commandant Rose, il convient de diviser l'année en trois périodes d'environ dix-sept semaines chacune. Pour les palmiers, au nombre de 144 par hectare (espacés d'environ huit mètres les uns des autres) les arrosages doivent varier comme l'indique le tableau suivant:

| | NOMBRE | | VOLUME D'EAU |
	DE JOURS de la période.	D'ARROSAGES (3 mètres cubes par palmier.)	PAR PALMIER et par période. (mètres cubes.)
Hiver (oct., nov., déc., janv.).....	123	2	6
Printemps (févr., mars, avril, mai).	120	5	15
Été (juin, juillet, août, sept.)....	122	17	51
Totaux......................		24	72

On évalue souvent le volume d'eau nécessaire aux irrigations en débit continu : de cette façon durant la période d'été, la plus importante à considérer, 51 mètres cubes à fournir par arbre pendant les 122 jours représentent 418 litres par jour, ou 17 lit. 4 par heure, ou, enfin, près d'un tiers de litre (o lit. 29) par minute et par palmier. Dans les oasis de l'oued Rir, entre Biskra et Ouargla, M. Jus a constaté «que le palmier, dont la moyenne d'irrigation était o lit. 3o à o lit. 33 par minute, était vigoureux et d'un rapport supérieur à celui dont la moyenne est inférieure à ce chiffre (certains ne reçoivent que o lit. 1o), et que le palmier recevant de o lit. 4o à o lit. 5o est d'une vigueur exceptionnelle et d'un rapport supérieur de 20 p. 100, comparativement à celui dont la moyenne n'atteint qu'un tiers de litre par minute».

M. G. Rolland, le créateur des plantations de l'oued Rir, considère qu'on peut planter 200 palmiers à l'hectare et qu'une moyenne d'irrigation d'un demi-litre d'eau par minute et par arbre est désirable en été, surtout si l'on veut faire en même temps des cultures diverses entre les palmiers[1].

Fig. 349. — Dans l'oasis d'Ourlana.

Un voyageur qui visita une datteraie écrit: «De toutes parts, on entend le grincement des poulies; on aperçoit partout des travailleurs vêtus d'une chemise longue ceinte autour des reins.»

Mais aussi jouit-on, grâce à cette eau bienfaisante — peut-on dire répandue sans compter, alors que tant de peines sont prises, — d'une végétation féerique : «Nous étions en lieu saint dans la *Rahba* de Ghardaïa. C'est là que commence pour un touriste la promenade la plus imposante qu'on puisse imaginer. La route se courbe à travers une forêt immense. Des milliers de palmiers, d'espèce plus lisse que ceux de la plantation de Biskra, s'élèvent à une hauteur pro-

[1] Au sujet du travail nécessité par de telles irrigations, voir p. 233 et suiv.

digieuse. Leurs colonnes grises, presque toutes égales, supportent un dôme continu de palmes entrecroisées, au-dessus d'un bois sombre de pêchers, d'abricotiers, de figuiers, de grenadiers. Des tiges géantes les parent de leurs festons. L'eau court à leurs pieds dans une infinité de rigoles. Le sol est percé comme un crible par des fentes innombrables [1]. »

Fig. 350. — Allée de dattiers.

Quels sont la valeur et le rapport de ces palmiers, dont l'arrosage coûte tant de peine : « La propriété, écrit le même auteur, est tellement artificielle dans le M'zab que la terre n'a pas de prix. L'eau ramenée sous le ciel par le seul génie de l'homme, les palmiers plantés par son industrie y ont une valeur marchande qui, d'ailleurs, est considérable. Les beaux palmiers du M'zab se vendent 600 francs et rapportent un revenu net de 10 p. 100 [2]. »

[1] E. Masqueray, *Journal des Débats*, 1882.

[2] En admettant, ce qui peut être au-dessous de la vérité, que Ghardaïa, Beni-Saen, Bou-Noura, Melika, El-Atef possèdent, au total, 100,000 palmiers de rapport, c'est donc une rente de 1 million que les Beni-M'zâb tireraient de la région la plus ingrate du monde.

Le dattier présente l'avantage de n'être sujet qu'à très peu de maladies. Les indigènes en tirent fréquemment, par des saignées, une sève sucrée (*lagmi*), qui fermente rapidement et peut donner de l'alcool.

Olivier. — Le premier effort pour la culture de l'olivier fut fait en 1832; il se continuait lorsque l'ordonnance du 2 février 1848, accordant l'entrée en franchise, en Algérie, des produits des graines oléa-

Fig. 351. — Olivier de bouture à sa sixième année (L'Arba).

gineuses étrangères, ruina l'œuvre, qui ne put être utilement reprise qu'après que la loi du 11 février 1851 établit l'entrée en franchise, en France, des produits algériens.

En 1854, 23,000 hectares sont en rapport donnant 110,000 hectolitres d'huile; à la fin du siècle, la production a presque doublé.

C'est la Kabylie qui est, par excellence, la région oléifère, avec ses deux grands marchés : Bougie et Tizi-Ouzou. Ensuite, viennent, comme importance, les massifs montagneux de l'Est soumis au climat marin.

M. le Dr Trabut, qui a fait de la culture de l'olivier l'objet de patientes et remarquables études, a noté que cet arbre donne les meilleurs résultats entre des altitudes de 300 à 600 mètres, et que, s'il

Fig. 352. — Trous creusés dans le rocher pour la fabrication de l'huile.

vient bien dans la craie, il se plaît davantage dans les alluvions des vallées et les formations calcaires et montueuses. De plus, les rendements en huile augmentent à mesure que l'on s'arrête à des régions plus chaudes : toutefois, il est une limite à ne pas dépasser vers le Sud, car si l'olivier supporte la sécheresse, une certaine quantité de pluie influe cependant favorablement sur les rendements.

Certaines variétés d'Algérie ont pu être identifiées à des variétés françaises de Provence ; d'autres semblent particulières au nord de l'Afrique.

De 60 à 100 autrefois, le nombre d'arbres, à l'hectare, s'est abaissé à 20.

Dans certaines régions kabyles — mal outillées —, les femmes sont presque uniquement chargées de la préparation de l'huile. Le procédé qu'elles emploient vaut d'être décrit. Tout d'abord, ébullition; ensuite, mise en tas des olives qui, après une quinzaine, ayant perdu une partie de leur eau, sont séchées, puis réduites en pâte par piétinement; ensuite, déversement sur des surfaces rocheuses creusées de trous. On recueille l'huile que laisse suinter cette pâte, qu'on place, ensuite, dans des vases percés de trous par où l'huile s'écoule lentement. Après ces diverses triturations, la pâte est portée à la rivière, puis elle est délayée dans l'eau froide — on la met dans de petits bassins dits *ahadouns* — et foulée aux pieds par les femmes. La pulpe laisse échapper une écume contenant de l'huile qui monte à la surface. L'opération est recommencée tant que l'écume est épaisse. L'huile obtenue est forte et de qualité inférieure.

Caroubier. — Il pousse en Algérie spontanément, mais sa zone est plus limitée que celle de l'olivier. M. P. Bourde, l'agronome distingué, écrit à propos de cet arbre :

«Le caroubier n'est pas assez répandu : on ne saurait trop le recommander à l'attention des planteurs. Il est précieux dans un pays sec, où il est difficile de faire des provisions de fourrage. On reproduit l'arbre par semis ou par bouture. On le greffe à dix ans. Il commence à produire vers la quinzième année. Lorsqu'il est en plein rapport, il produit 250 à 300 kilos de caroubes qui se vendent de 9 à 10 francs le quintal. C'est, comme l'olivier, un arbre d'une longévité indéfinie. Comme lui, il est à l'abri des sécheresses les plus grandes. Ses utilisations variées font que l'on n'a pas à craindre de manquer de débouchés pour la récolte. Le seul inconvénient de cette culture, c'est le long temps qu'il faut attendre avant que l'arbre soit en rapport. En effet, le délai de quinze années indiqué par M. P. Bourde est peut-être quelque peu court. Cependant le long temps nécessaire au caroubier pour atteindre son développement ne doit pas arrêter l'agriculteur, maître de l'avenir[1].

CULTURES MARAÎCHÈRES. — Les cultures maraîchères, notamment celle des primeurs, exigent, du sol et du climat, des qualités parti-

---

[1] Les usages économiques de la caroube sont nombreux. En nature ou mélangée avec des farineux, elle entre dans l'alimentation courante. Torréfiée, on en obtient un succé-

culières; une eau abondante, de l'engrais, enfin, des soins. Comment ces qualités sont réunies sur certains points [1] de la France africaine, nous allons le voir. Cette réunion de conditions favorables a permis d'obtenir déjà de très beaux résultats, et l'avenir sera supérieur encore au présent. Mais il ne faut pas oublier que la culture des primeurs demande infiniment de soins; c'est, en somme, une exploitation pénible.

Examinons d'abord la qualité des terrains. Prenons le point de plus grande production de la région d'Alger, la côte de Guyot et d'Aïn-Taya : sol généralement siliço-calcaire, très léger, perméable, facile à travailler, mais souvent peu profond; fumure abondante — condi-

dané du café. Mais son usage principal est de servir à l'alimentation du bétail. Tous les animaux de ferme l'acceptent. Si jusqu'ici on l'a réservée surtout au cheval, c'est qu'elle manque sur le marché. Voici l'analyse d'un lot de caroubes recueillies dans la propriété de Meurad :

1° CONSTITUTION MOYENNE D'UN FRUIT.

Gousse	90.80
Graines	9.20

2° COMPOSITION.

	GOUSSES.	GRAINES.
Eau	28.98	15.50
Matières azotées	7.04	20.87
Saccharose	34.56	//
Glucose	9.02	//
Amidon et analogues	//	37.35
Matières grasses	0.24	1.90
Cellulose brute	4.32	6.70
Cendres brutes (CO_2 compris)	2.28	3.28
Corps indéterminés (par différence)	13.58	14.40
TOTAUX	100.00	100.00

3° CONTENANCE DES CENDRES.

Acide phosphorique	0.46	1.17
Potasse	0.78	0.95
Chaux	0.19	0.48

On voit la quantité considérable de principes utiles contenus dans un petit volume. En effet, la caroube renferme, au total, 4 à 5 p. 100 de matières azotées et 75 p. 100 de

matières amylacées ou sucrées. Ainsi que le montre l'analyse ci-dessus, plus de la moitié des matières hydro-carbonées consiste en sucre de canne et en sucre de glucose. Or, on sait combien est élevée la valeur nutritive des matières sucrées. J'ajouterai que, d'après les expériences d'alimentation qui ont été faites avec la caroube, le coefficient de digestibilité des divers principes constituants est très élevé. Elle offre donc un excellent élément de constitution de rations. Concassée ou déchiquetée au coupe-racine suivant son état de dessiccation, la caroube se prêterait très bien à la composition d'un mélange fourrager dans lequel la raquette de cactus apporterait l'élément aqueux.

Autre utilisation importante de la caroube : la production de l'alcool. Les tourteaux de caroube, résidus de cette fabrication faite par la fermentation de la caroube, ont une valeur alimentaire au moins égale à celle des graines des céréales.

[1] «Limitée au littoral, la culture maraîchère, source de l'exportation, n'est pas cependant impossible dans la région saharienne, et nous avons pu à différentes reprises apprécier les primeurs de Biskra qui avaient tous les mérites possibles. La pomme de terre notamment récoltée en mars-avril est excellente et nous a paru supérieure au produit similaire du littoral.» (*État de l'horticulture en Algérie, en 1900*, par le Dr TRABUT, président de la Société d'horticulture d'Alger.)

tion primordiale (dans les environs d'Alger, fumier animal qui est payé un bon prix); bien que le sol soit occupé de novembre à avril, époque où la moyenne des pluies approche de la quantité totale tombée dans l'année, il faut arroser, par infiltration. Une cause de dépenses est la nécessité d'établir des palissades pour obvier à l'inconvénient du sable soulevé par le vent; ces palissades placées de 4 mètres en 4 mètres ont 1 mètre de haut; elles sont faites, le plus souvent, en branches de poiriers ou en roseaux. Le maraîcher est généralement un Mahonnais, dont le meilleur éloge à faire est de dire que l'on a pu le comparer à son confrère des environs de Paris.

Certaines terres maraîchères valent jusqu'à 10,000 francs l'hectare; le prix de telles autres s'élève à 3,000 francs; quant à la location, elle va jusqu'à 16 p. 100 de la valeur foncière. On voit que les terres à primeurs se vendent cher; elles doivent autant que possible être situées à proximité d'un port.

La situation est donc prospère; elle le serait plus encore si on comprenait mieux la vente. Ici, comme en tout, plus même que dans bien d'autres choses, puisque la marchandise ne peut pas attendre, il faut surtout s'inquiéter des débouchés, et l'offre doit répondre exactement à la demande. Le mode d'emballage, la rapidité du transport sont des questions vitales et qui ont amené la *spécialisation* sur tel ou tel point.

Mais cette spécialisation ne suffit pas seule; il faudrait arriver à la coopération pour la vente, ou au moins à ce que les maraîchers se sentissent les coudes, comme on dit vulgairement : ils ne dépendraient plus aussi complètement des intermédiaires, et vendant meilleur marché, tout en gagnant autant, pourraient s'ouvrir bien des débouchés nouveaux. Ils devraient également se créer directement une clientèle dans la plupart des grands centres français. Enfin, ils pourraient sans doute obtenir des compagnies de transport (voies de mer et voies de terre), des tarifs plus favorables. M. R. Schilling, chargé il y a deux ans par la Direction de l'agriculture et du commerce de Tunisie, d'une mission en Algérie, est d'avis qu'une telle association permettrait de réaliser une économie qu'il estime entre 20 et 25 pour 100.

Voyons maintenant quelles sont les principales primeurs cultivées :

La pomme de terre vient au premier rang. La plantation s'effectue en décembre ; la récolte, jusqu'en mai [1]. Près de 10 millions de kilogrammes sont récoltés chaque année, et expédiés, en grande partie, sur le marché de Paris.

Le haricot vert, qui aime les engrais déjà passablement décomposés, partage souvent le même terrain avec la pomme de terre, il est planté cependant un mois ou un mois et demi plus tard qu'elle. Le poids total de la récolte est de 2,500 à 3,000 kilogrammes par hectare.

L'artichaut, primeur exportée le plus anciennement, et dont l'exportation était déjà importante il y a une vingtaine d'années, vient encore, au point de vue de l'importance du trafic, de suite après la pomme de terre. C'est ainsi que depuis le commencement de l'année et pendant près de quatre mois, il est expédié des environs d'Alger plus de deux cent mille colis d'artichauts qui viennent approvisionner les Halles de Paris et les principales villes de France. Pendant plus de six mois, on lui donne de 350 à 400 mètres cubes d'eau par semaine. On plante, à l'aide de boutures ou œilletons, 9,000 pieds environs par hectare. Récolte de décembre à mai; la première année, un maximum de 45,000 à l'hectare; la seconde, de 80,000 à 90,000; la troisième, 70,000. Les plantations de Fort-de-l'Eau, de la Maison-Carrée, se succèdent presque indéfiniment sur le même terrain.

La tomate, très estimée aux Halles, constitue aussi, depuis quelques années, un des articles principaux d'exportation. Le principal centre de culture est El-Ancos (petite localité du littoral du département d'Alger), dont les terrains calcaires, siliceux, chauds, permettent dix récoltes, dont la première commence parfois dès fin novembre. A signaler aussi la plaine des Andalouses [2]. Moyenne à l'hectare 15,000 pieds; certains pieds donnent jusqu'à 3 kilogrammes, mais

[1] La pomme de terre n'est cultivée en Algérie qu'en vue de l'exportation. Comme je l'ai dit, l'Algérien a, pour son alimentation, recours à l'importation de France (valeur annuelle d'environ 10 millions de francs).

[2] Depuis plusieurs années, on fait aux environs d'Oran, dans la plaine des Andalouses, des plantations considérables de tomates; mais, jusque dans ces derniers temps, ces primeurs étaient peu expédiées sur le continent, ou bien n'y arrivaient qu'en mauvais état, comme celles d'Espagne ou de Syrie qu'on importe depuis longtemps et qui ne peuvent lutter avec les nôtres. Mais à mesure

on peut dire que 11,000 à 14,000 kilogrammes, à l'hectare, constituent une bonne récolte.

Assez rustique, le petit pois se cultive sans interruption en automne et en hiver, généralement assez près du littoral. On obtient, en moyenne, 4,000 kilogrammes de gousses à l'hectare. L'importance de cette culture dans la région d'Alger est moindre que celle des cultures de la pomme de terre et du haricot. Ensemble, les envois de petits pois et de haricots se chiffrent annuellement par plus de 400,000 kilogrammes.

Câprier. — On trouve le câprier à l'état sauvage dans toute l'Algérie. Sa culture est aisée. La Kabylie littorale en produit beaucoup; il y est l'objet d'un petit commerce d'exportation que l'on pourrait développer.

Textiles. *Coton.* — Le coton était peu cultivé par les indigènes avant la conquête. Les efforts du Gouvernement pour intéresser les Européens à cette culture n'ont amené quelques résultats, et cela seulement grâce aux primes, que pendant la guerre de Sécession d'Amérique, le marché étant privé d'un de ses principaux centres de production. Cette situation s'explique par l'impossibilité de pouvoir opérer les arrosages, la difficulté de disposer d'une main-d'œuvre suffisante et d'un prix modéré, l'influence néfaste des pluies d'automne sur les filaments arrivés à maturité, le faible prix des cotons récoltés dans le nord de l'Afrique, le capital engagé[1] nécessairement élevé.

Jute. — Les Arabes cultivaient, et, dans certains pays, cultivent encore le jute comme plante d'alimentation; ils en mangent les jeunes pousses et les feuilles tendres. Avec un accroissement régulier, dans certaine terre riche et légère, sur le littoral de l'Oranie notamment, le jute atteint dans les cinq mois d'été une hauteur moyenne de 1 m. 50.

que les transports entre l'Algérie et Marseille vont en s'améliorant, que les colis de primeurs algériennes cessent de stationner sur les quais de Marseille et prennent, aussitôt débarqués, le chemin de la capitale, cette exportation se régularise de plus en plus.

[1] Le directeur du jardin colonial de Vincennes, M. Dybowski, est parvenu, en sélectionnant le coton d'Égypte, à obtenir une variété présentant le grand avantage d'être adaptée au climat du nord de l'Afrique et susceptible de donner un produit de belle qualité, similaire au coton américain,

Ramie. — La culture de la ramie est sans conteste une de celles qui ont fait naître le plus de discussions; elle a ses partisans fidèles et ses détracteurs acharnés. La solution du problème réside tout entière dans la décortication, qui laisse toujours beaucoup à désirer. Il est à croire que du jour où l'on aura découvert un procédé convenable, il y aura sur le marché des demandes très importantes de ramie. Du reste, il semble que la plupart des pays européens se préparent à pouvoir récolter de la ramie chez eux : de grandes exploitations se sont formées dans les Indes orientales; 500 hectares de forêts vierges ont été défrichés au nord-est de Sumatra; les efforts allemands se tournent vers le Kameroun et la Nouvelle-Guinée. En Algérie, la ramie peut couvrir, comme plante de grande culture, les plaines du littoral où l'irrigation estivale est constante, celles d'Oran, de l'Habra notamment (terre légère, profonde et fertile, système d'irrigation fonctionnant bien, chutes d'eau capables d'actionner des machines à décortiquer, voies ferrées et surtout climat véritablement marin). C'est à la ramie verte qu'il faut, en Algérie, donner la préférence [1].

Diss. — Plante vivace, spontanée dans toute la région à climat marin, formant des peuplements assez importants dans certaines broussailles et sur les coteaux. c'est une plante très utile pour la

[1] «Le rendement d'une culture est subordonné au système de traitement primordial sur lequel on n'est pas d'accord : traitement en sec ou traitement en vert; cependant la majorité des ramistes donnent la préférence à ce dernier et les cultivateurs sont de cet avis car il permet, en raison des vues actuelles, un plus grand nombre de coupes annuelles. Une bonne plantation doit avoir une végétation régulière de tiges denses, serrées, renfermant au mètre carré environ 40 tiges, soit 400,000 tiges à l'hectare. Si une maturation relative des tiges après leur complète élongation est suffisante, quatre coupes sont possibles, soit un rendement annuel de 1,600,000 tiges. Pour estimer le rendement en fibre, on peut se tromper en tablant sur le poids brut des tiges plus ou moins feuillées ou contenant, selon les saisons et les procédés culturaux, plus ou moins d'eau de végétation. D'autre part, la coupe par un temps sec ou de siroco diminue rapidement le poids par une dessiccation exagérée. L'évaluation du rendement d'une tige de 1 m. 60 de haut, expérience faite sur des milliers de tiges, est de 3 grammes, mais contenant encore 10 p. 100 de gomme, 1,600,000/3 grammes = 4,800 kilogrammes qu'il convient de réduire à 4,000 kilogrammes bruts. Si, d'après les échantillons présentés par différents industriels, on applique à ce produit le prix de 850 francs la tonne, qui n'est pas exagéré pour une telle qualité, l'hectare de ramie produirait brut 3,400 francs de matières prêtes à entrer en manufacture. Quels que soient les calculs de l'industrie, il resterait à la culture un prix forcément rémunérateur.» (*Les cultures industrielles*, par Ch. Rivière, directeur du Jardin d'essai à Alger.)

couverture des hangars, des gourbis, etc., et pour la vannerie grossière et de peu de durée. Ses jeunes pousses sont, en outre, appréciées par le gros bétail. Il n'y a, cependant, pas de cultures de diss (il faudrait un grand nombre d'années pour constituer une plantation exploitable), et ce textile recule malheureusement chaque année devant le défrichement.

Alfa. — L'alfa — qui n'est pas d'une culture aisée — végète spontanément, sur les sols calcaires ou silico-calcaires, brûlés par le soleil, balayés par les vents. Ses feuilles sont persistantes et durent au moins deux ans. L'alfa se propage notamment par graines et par éclats de pied. Ses touffes plus ou moins épaisses, atteignant o m. 60 à o m. 80, ne produisent que pendant cinq à six années. Aussi pour empêcher sa disparition a-t-on réglé administrativement sa récolte. On le trouve sur les hauts plateaux [1]. Ses longues feuilles enroulées, aiguillonnées ou pointues, fibreuses, ont une grande résistance; elles servent à faire des nattes, des tapis, des paniers et de la pâte à papier. La récolte — qui commence en mai et se poursuit pendant sept mois — se fait en les arrachant une à une. Un homme actif peut en récolter 300 kilogrammes par jour.

L'exploitation a été réglée et le Domaine accorde des concessions temporaires.

C'est l'Angleterre, vers laquelle la première exportation date de 1856, qui achète le plus d'alfa. Oran est le principal centre d'exportation de l'alfa.

---

[1] On évalue à 8 millions d'hectares la superficie que couvre l'alfa sur les plateaux algériens dans les provinces d'Oran et de Constantine. Voici quelques lignes qui disent bien la physionomie des sols couverts d'alfa :

«L'alfa couvre les reliefs des odulations des steppes sahariennes. Le chih, au contraire, occupe les dépressions, le fond limoneux des cuvettes. Dans les séries d'années pluvieuses, le chih gagne sur l'alfa qui redoute les eaux stagnantes ou simplement les terrains humides. Actuellement, le chih semble gagner d'une façon générale, l'alfa étant affaibli par l'exploitation. L'alfa forme de grosse touffes irrégulières, séparées par des espaces libres où poussent quelques plantes annuelles pendant la saison des pluies. Ces espaces se creusent lentement sous l'érosion produite par le ruissellement bien faible et les vents. En portant le regard à une certaine distance, on voit l'alfa en couche continue, comme une immense prairie s'étendant jusqu'à l'horizon. C'est la mer d'Alfa. Comme en mer, rien ne vient accidenter l'horizon rond et plat, comme une assiette. Il se déplace sans changement à mesure qu'on avance, à moins que le mirage ne sème ce monotone tableau de lagunes, de baies qui reposent la vue.» (BATTANDIER et TRABUT, *L'Algérie.*)

Sorgho à balais. — C'est une culture facile, mais qu'il ne faut, par suite des concurrences du midi de la France et de l'Italie, entreprendre qu'avec prudence. Il importe, en effet, de s'assurer de débouchés, de renouveler souvent la semence, de redouter les ravages des oiseaux pour la graine (en tant que sous-produit) et d'assurer la main-d'œuvre pour le séchage, l'égrenage, la préparation.

Agave. — Je parle plus loin (p. 324 et 325) du palmier nain, il ne me reste à signaler, comme textile, que l'agave dite, en Algérie, aloès. Ses feuilles contiennent en abondance une filasse forte, blanche et brillante, utilisée pour la fabrication des cordes, de mèches de fouet, des tapis, etc. L'extraction de la fibre se fait par écrasage et râpage des feuilles.

Tabac. — Le tabac qui, aujourd'hui, occupe à lui seul les deux tiers de la superficie consacrée aux cultures industrielles, et dont l'étendue de culture augmente chaque année, était, avant notre occupation, cultivé seulement pour les usages locaux, et encore la production suffisait-elle à peine à la consommation des indigènes. Les premiers achats de l'État datent de 1844 : une vingtaine de mille francs de tabacs en feuilles. Dix ans après, ils se montent à près de 10 millions et demi de francs. Cependant malgré les progrès réalisés, les importations de tabac dépassent encore, en 1868, 200,000 kilogrammes. Dès cette époque, du reste, l'exportation est notable : 400,000 kilogrammes. La situation s'est encore améliorée depuis. Aujourd'hui, la culture occupe 7,000 hectares environ, dont 5,000 à 6,000 dans le seul département d'Alger (plaine de la Mitidja, versants du Sahel et de l'Atlas, plaine des Issers, Kabylie, partie élevée de la plaine du Chéliff en descendant jusqu'au Djeudel). La production totale oscille autour du chiffre de 4 millions de kilogrammes, dont 3 millions achetés par la régie à raison d'environ 60 francs le quintal[1]. Les colons donnent la préférence aux variétés à grands rendements, tandis que les indigènes s'attachent surtout à la qualité, et, de fait, leur production est meilleure, d'autant qu'ils ne pratiquent guère

[1] Les tabacs kabyles se payent quelquefois 120 francs le quintal et même plus.

l'irrigation, qui augmente il est vrai la quantité de feuilles, mais qui est très préjudiciable à la qualité. La préparation du tabac a pris, en Algérie, une telle importance que, malgré l'accroissement de la production, on est toujours obligé d'avoir recours à l'importation. Les exportations du produit manufacturé dépassent 1 million de tonnes, dont 500,000 kilogrammes de cigarettes et presque autant de tabacs en feuilles. Les cigares entrent pour une quantité assez faible dans l'exportation; du reste, le tabac algérien ne se prête guère à leur fabrication; celle-ci est cependant très encouragée. Quant aux cigarettes, dont la combustibilité est si grande, elles sont renommées aujourd'hui; c'est à l'élimination des tabacs de qualité inférieure et au mélange intelligent de diverses variétés qu'est due la faveur dont jouit aujourd'hui la cigarette algérienne.

CAMPHRIER[1]. — L'opinion que les camphriers d'Algérie donnent peu de camphre est la cause du faible développement qu'a pris cette culture dans le pays. De récentes expériences ont montré le mal-fondé de cette opinion et ont permis d'estimer à 250 kilogrammes la quantité de camphre que l'on peut obtenir à l'hectare. Il est à noter, d'une part, que les frais de plantation et d'exploitation sont médiocres, et, d'autre part, qu'il existe dans l'est de l'Algérie de grandes étendues dont les grès et le gneiss conviendraient tout particulièrement au camphrier. Enfin, il ne faut pas oublier que le Gouvernement ayant établi au Japon une réglementation justement prévoyante de l'avenir, il en est résulté une certaine pénurie du produit et, par suite, une hausse des prix qui ne peut qu'encourager nos compatriotes à se livrer à cette fructueuse exploitation agricole.

PLANTES À PARFUMS. — Au début de leur brochure *Plantes médicinales, essences et parfums*, éditée en 1889 par le Gouvernement général de

---

[1] Le camphrier, qui est notamment exploité au Japon et à Formose, est un bel arbre, droit et d'aspect décoratif. Il reste vert toute l'année. Ses feuilles sont petites: ses fleurs également. Ces dernières forment des grappes de baies rondes, de la grosseur d'un pois, d'une couleur pourpre noirâtre. Le camphre se trouve sous l'écorce, disséminé en grumeaux dans les pores du bois. Pour l'extraire, on fend en menus éclats la tige, les branches et même les racines et on les distille. Sous l'action de la chaleur, le camphre se volatilise et se dépose à l'intérieur d'une natte de paille de riz.

l'Algérie, les savants professeurs de l'école de médecine d'Alger, MM. L. Trabut et A. Battandier, s'exprimaient ainsi : «Si l'on considère que l'Algérie possède, avec une flore remarquablement riche, un climat privilégié qui permet la culture des plantes de tous les pays tempérés et même subtropicaux; si l'on ajoute, à cela, la place considérable que tiennent, dans l'histoire de la médecine les Arabes, héritiers de la thérapeutique des Grecs, et grands amateurs, comme l'on sait, de simples et de parfums, il semble que l'industrie des plantes médicinales et des parfums devrait avoir pris un développement considérable. Il n'en est rien cependant. » Chargé à son tour par le Gouvernement général de faire à l'occasion de l'Exposition de 1900 une notice sur les *Plantes à parfums*, feu P. Gros, agriculteur, vice-président du Conseil supérieur, constatait en ces termes que la situation ne s'est pas améliorée : «L'industrie des matières premières pour la parfumerie, qui aurait dû prendre en Algérie de grands développements et fournir à notre agriculture un sérieux élément de production, est restée, sauf de très rares exceptions, à peu près stationnaire, par suite de la cherté de la main-d'œuvre indigène et de la concurrence étrangère, contre laquelle nos produits sont insuffisamment protégés. » Voici quelques détails à ce sujet. Le géranium, auquel le Sahel convient admirablement, fut l'objet de cultures assez importantes, surtout aux environs d'Alger, à Cheragas, à Rovigo, à Boufarik, mais la baisse des prix fait que l'agriculteur distillateur couvre aujourd'hui à peine ses frais, aussi le nombre d'hectares qu'on plantait a considérablement diminué. L'oranger amer n'est l'objet d'importantes plantations qu'à Boufarik; le rosier, auquel le climat de l'Algérie convient pourtant admirablement, n'est cependant presque pas cultivé comme plante à parfum; il en est de même du jasmin, de la violette, qui redoute, du reste, les grosses chaleurs et la sécheresse de l'été; le cassillier, dont la petite fleur d'or, la cassie, laisse un pénétrant parfum à tout ce qu'elle a touché, est répandu en Algérie, mais ce n'est guère qu'à Boufarik qu'il est l'objet d'une véritable culture; la rue, au contraire, se trouve dans la province d'Oran; le fenouil est commun partout à l'état sauvage, de même que certaines labiées et la menthe; l'eucalyptus globulus, auquel conviennent les terrains humides, donne dès feuilles dont on tire une essence; enfin, le cèdre du Liban, qui est répandu, fournit à la distillation une essence qui pourrait avantageusement remplacer celle du bois de santal.

Végétaux d'ornement. — Sous l'influence d'un climat exceptionnel, les végétaux d'ornement ont été l'objet de cultures en vue de l'exportation, et les horticulteurs de la métropole reçoivent par milliers les jeunes palmiers et autres végétaux à feuillage qui sont livrés à la vente, après un passage de quelques mois en serre.

C. VITICULTURE ET VINS.

HISTORIQUE. — SUPERFICIE DES VIGNOBLES. — RENDEMENTS. — SITUATION ACTUELLE; IMPORTANCE DE LA VITICULTURE. — PRINCIPAUX CÉPAGES. — FAÇONS CULTURALES. — PHYLLOXERA; MESURES PRISES CONTRE LUI. — VINIFICATION. — RÉGIONS VINICOLES; CRUS. — OBJECTIF QUE DOIT SE PROPOSER LA VITICULTURE ALGÉRIENNE. — IMPORTATIONS EN FRANCE.

Sous la domination romaine, le vin fourni par l'Afrique à titre d'impôt était réservé, à Rome, pour les hauts fonctionnaires de l'État.

Au xviiie siècle, le Dr Schaw, qui avait exploré les États Barbaresques, écrit que «le vin d'Alger, avant le ravage que firent les sauterelles en 1723 et 1724, était aussi bon que le meilleur Hermitage; mais qu'il a beaucoup dégénéré depuis ce temps-là, et n'a pas recouvré toutes ses qualités, quoiqu'il soit plus agréable encore que les vins d'Espagne ou de Portugal».

Les indigènes n'ayant pas abandonné la viticulture, on retrouva en grand nombre, lors de l'occupation française, de vieilles vignes composées de souches de toute nature : raisins blancs, rosés, noirs, etc., le tout mêlé.

Pendant les vingt premières années de notre colonisation, les essais de viticulture ont été insignifiants. L'abondance des vins français et le bas prix auquel on pouvait se les procurer, ainsi que l'insécurité des colons, expliquent cette abstention.

On sait combien la situation a changé depuis. Il ne faudrait cependant pas croire que tout et tous concoururent à cette heureuse transformation. Au début de 1862, un agronome envoyé en mission par le Gouvernement ne proposait-il pas — pour entraver la culture de la vigne — l'établissement d'un droit plus ou moins lourd, non pas sur le vignoble, mais sur le vin fait!

La première exposition de quelque importance où nous voyons les vins d'Algérie prendre part d'une façon qui mérite d'être notée est celle de Londres, en 1862, où des médailles leur furent décernées. C'était encore «l'enfance de l'art», suivant le mot même du rapporteur, qui ajoutait que «par l'expérience, le choix des cépages, l'amélioration de l'outillage, on arrivera à produire de bons vins ordinaires et des vins de liqueur».

Dès 1878, on constate un progrès, et le rapporteur de cette exposition le résume en ces termes : «Le diplôme d'honneur accordé aux vignobles de l'Algérie est un témoignage accordé aux mérites des produits exposés et surtout aux immenses progrès réalisés par la colonie dans ses procédés de vinification. Les vins des environs d'Alger, de Mascara et de Tlemcen ont été très appréciés. Nous devons citer aussi les vins blancs des territoires de Bône et de Douera et les vins de dessert secs et doux des vignobles de Médéa et de Pélissier.»

Dès lors, il n'est plus nécessaire d'invoquer les opinions élogieuses émises sur les vins d'Algérie. Quelques chiffres résumeront la situation. La superficie des vignobles était en 1889 :

Départements		
	d'Alger	33,148 hectares.
	de Constantine	28,380
	d'Oran	36,590
	Total	91,731

Les chiffres de 1900 donnent :

Département d'Alger.			
	Alger	47,864^h 79^a	
	Médéa	2,794 12	
	Miliana	3,372 47	56,801^h 20^a
	Orléansville	932 .08	
	Tizi-Ouzou	1,837 20	
	A reporter	56,801 20	

18.

			Report..............	56,801ʰ 20ᵃ

Département d'Oran.	Oran..........	28,753 63	
	Mascara........	3,054 24	
	Mostaganem.....	15,008 64	68,269 34
	Bel-Abbès......	10,170 83	
	Tlemcen	3,282 00	

Département de Constantine.	Constantine....	2,157 31	
	Batna	186 50	
	Sétif..........	361 40	
	Bougie........	3,900 96	17,572 83
	Guelma........	1,841 45	
	Bône..........	6,476 22	
	Philippeville....	2,648 54	

	Total général........	144,642 92

Depuis 1880, les quantités de vins produites ont été les suivantes :

	hectolitres.		hectolitres.
1880	455,350	1891	4,058,512
1881	486,275	1892	2,866,870
1882	681,845	1893	8,937,132
1883	821,584	1894	3,642,000
1884	890,899	1895	3,796,693
1885	967,964	1896	4,050,000
1886	1,665,395	1897	4,367,758
1887	1,902,407	1898	5,221,700
1888	2,728,372	1899	4,648,007
1889	2,512,198	1900	5,444,179
1890	2,844,130	1901	5,563,032

En Algérie, où de bonnes conditions de sol et de climat sont réunies, la culture de la vigne a donc donné une impulsion énorme à la colonisation en la faisant sortir du marasme dans lequel elle végétait. Le débouché du vin à un prix très rémunérateur était assuré, et les colons pouvaient gagner beaucoup d'argent. Cette énorme extension coïncide avec la destruction d'une partie du vignoble français par le phylloxera. Depuis cette époque, le vignoble algérien a continué à s'accroître d'une manière continue. En 1893 cependant, par suite de l'abondance de la récolte dans la Métropole, les prix baissèrent brusquement et on put craindre un moment que l'extension du vignoble algérien fût définitivement enrayée. C'est alors qu'on vit prêcher l'abandon de la culture de la vigne et proposer une série de cultures plus ou moins fantaisistes pour la remplacer. Le bon sens des colons fit justice de ces exagérations, et le vignoble algérien conserva son allure progressive, très utile pendant un temps à l'existence et à la prospérité de la colonie. La culture de la vigne est et restera, en Algérie, la principale richesse de la colonie, à la condition de ne pas s'étendre au delà des limites raisonnables et surtout de s'efforcer à améliorer la fabrication du vin ».

La viticulture a, pour l'Algérie, une importance particulière, et il en résulte que l'excellence ou la pauvreté des vendanges et leur écoulement plus ou moins facile influent d'une façon très sensible sur la valeur des terres[1].

Les cépages du sud-est de la France : carignan, cinsault, aramon sont les plus employés; pinots et gamays de Bourgogne, malbec et cabernet de la Gironde sont aussi cultivés avec succès, mais sur de moins grandes surfaces. Les cépages indigènes, enfin : farana, cot de Cheraga et clairette égreneuse ont un réel mérite[2].

---

[1] A ce sujet, j'extrais d'une lettre qui me fut adressée en janvier 1904 par un fonctionnaire du Ministère de l'agriculture en l'Algérie : «En 1902, à la suite de la mévente des vins, on avait une superbe propriété pour un morceau de pain; mais cette année, c'est bien changé; certains acquéreurs ont vendu leur récolte de raisin un prix tel, qu'ils ont couvert leurs prix d'achat du vignoble.»

[2] Au sujet du choix de cépages, le président de la Société des agriculteurs d'Algérie, viticulteur lui-même, M. J. Bertrand, écrit :

Il paraît difficile de fixer, d'une manière absolue, les cépages qui peuvent être utilement cultivés. On doit cependant, pour éclairer son choix, envisager la production plus ou moins régulière des variétés et la nature du vin qu'elles produisent. Nous avons dit, au début, qu'il fallait produire beaucoup; il semble en résulter qu'il y a immédiatement lieu, quand on n'a pas l'ambition de créer un cru, chose fort difficile dans l'état actuel du commerce, de proscrire ce qu'on est convenu d'appeler, en France, les plants fins, les plants nobles, c'est-à-dire, en première ligne, les cabernets, les pinots de Bourgogne, les syrrhas de l'Hermitage et les sauvignons blancs. Avec ces cépages, quels que soient le mode de plantation et la taille, il est difficile d'atteindre 50 hectolitres à l'hectare et la différence de prix est loin de compenser ce manque de quantité. Les malbecs du Bordelais, avec des tailles bien entendues, peuvent déjà donner de meilleurs résultats. On n'aurait pas, avec ce plant, à redouter autant qu'en France, les irrégularités dans la production, par suite de coulure à la fleur; mais il y a peut-être mieux à faire qu'avec ce cépage dont tous les pieds ne sont pas également productifs.

La tribu des morastels et des mourvèdres, dont on a beaucoup planté il y a quelques années, est peut-être délaissée à juste titre; sa production

Pour ce qui est des façons culturales, un principe domine depuis le début de la végétation jusqu'à la complète maturité : il faut que le terrain soit profondément ameubli et débarrassé, avec le plus grand soin, de toutes les plantes qui, en végétant sur le sol, viennent absorber une humidité nécessaire à la vigne pour lui permettre de traverser la saison sèche. Il faut que cet ameublissement, qui doit mettre le guéret à l'état de fine poussière, porte sur vingt centimètres de profondeur, pour prévenir toute crevasse profonde et tout fendillement et diminuer ainsi les surfaces d'évaporation.

Longtemps les vignes d'Algérie ont pu être tenues à l'abri de l'invasion phylloxérique ou défendues avec efficacité contre les ravages du terrible insecte, mais le fléau a pris depuis quelques années une extension telle, dans certaines régions de l'Est et de l'Ouest, qu'il a fallu se résigner à abandonner, au moins partiellement, la défense des vignes françaises et recourir à la reconstitution sur porte-greffes

n'est pas toujours régulière et sa longévité est insuffisante.

L'aramon, véritable fontaine de vin, quand il est planté dans les terrains très frais, qui forment malheureusement l'exception, ne résiste pas, en général, aux atteintes des températures exagérées, qui, trop souvent, produisent, sur ce cépage, de véritables désastres.

Les hybrides bouschet, à l'exception du petit-Bouschet qui est très répandu, sont encore rares. Ils sont donc imparfaitement connus, et il paraît prématuré de se prononcer sur leurs qualités et leurs défauts.

L'alicante Henri Bouschet, cependant, par ses rendements, la couleur et le degré des vins qui en proviennent, semble donner satisfaction aux propriétaires qui le cultivent : mais il y a lieu de réserver encore sur ce cépage, trop récemment répandu en Algérie, un jugement définitif.

Le petit-Bouschet ne donne peut-être pas des vins assez fins et assez alcooliques, lorsqu'il arrive à la grande production; mais sa maturité est hâtive et, si l'on veut bien attendre qu'elle soit complète, les résultats sont bons; le degré, qui atteint 10, paraît suffisant aux acheteurs.

L'alicante, qui, autrefois, tenait une large place dans nos cultures, a été presque complètement abandonné, par suite des difficultés de la vinification de son moût trop sucré; peut-être, aussi, parce qu'en certaines années, la fécondation du raisin est irrégulière; il est alors sujet au mille-

randage et même à la coulure. Cependant, grâce aux méthodes perfectionnées de vinification qui tendent à se répandre, on lèvera peut-être, dans une certaine limite, l'ostracisme qui frappe ce cépage; car il est grand producteur d'alcool et, certaines années, la récolte est très abondante.

Nous pouvons parler, maintenant, des deux cépages rouges qui sont le plus fréquemment choisis pour les nouvelles plantations, c'est-à-dire le cinsault et le carignan. Le cinsault produit régulièrement et, l'on peut dire, abondamment. Son vin a de la finesse, il est d'une belle couleur, lorsqu'on a soin de prélever une partie du jus pour en faire des vins blancs, dans une proportion qui ne devrait pas dépasser 40 à 50 p. 100. Le carignan est un cépage vigoureux, dans presque tous les terrains; il donne abondamment un vin de belle couleur, alcoolique et toujours recherché par le commerce. Ce cépage est évidemment plus sujet que les autres aux maladies cryptogamiques, mais avec les traitements, bien connus maintenant et dont nous parlerons plus loin, il est rare qu'on n'arrive pas à protéger la récolte.

Parmi les cépages blancs, nous devons particulièrement mentionner le sémillon, dont le vin, toujours alcoolique, est d'une grande finesse. Ce cépage, cultivé dans de bonnes terres, sur fils de fer et à long bois, peut atteindre et dépasser 100 hectolitres à l'hectare.

La clairette pointue, ou blanquette, ne paraît pas aussi généreuse. La souche est vigoureuse, le

américains. Sur les autres points, les procédés de défense contre le phylloxera peuvent retarder l'échéance fatale de la reconstitution. Dans ces régions, la législation encore en vigueur est celle qu'ont établie les lois de 1883 et de 1886, qui exigent que le vignoble soit visité par les agents de l'autorité et que les propriétaires soient tenus de signaler les points où les vignes faiblissent. La méthode d'extinction est appliquée aux vignes reconnues phylloxérées. Une indemnité représentant trois années de récolte, déduction faite des frais, est due aux propriétaires dont les vignes phylloxérées sont détruites par voie administrative. Toute culture nouvelle de plants américains est interdite; toutefois, le gouverneur est investi du droit d'autoriser la culture de ces plants à titre exceptionnel et dans des conditions spéciales. Une loi de 1899 a autorisé les viticulteurs des régions complètement envahies

vin en est fin, mais il semble bien que la production ne puisse atteindre le chiffre cité plus haut pour le sémillon.

Quelques viticulteurs disent le plus grand bien d'un plant indigène, le farana, qui, taillé à long bois, peut arriver aux grands rendements et donner un produit d'une véritable finesse.

Mentionnons aussi deux cépages dont la détermination n'est peut-être pas encore exactement arrêtée et qui tendent, cependant, à se répandre, les résultats obtenus paraissant favorables. Le premier donne un raisin rouge; il est appelé jusqu'à présent le cot de Chéragas. Ceux qui cultivent cette variété en sont très satisfaits, comme rusticité, comme rendement et comme qualité. Le second, connu sous le nom de Saint-Émilion par certains propriétaires du Sahel, appelé aussi clairette égreneuse, bien que ce ne soit pas une clairette, et qui pourrait être simplement un plant kabyle dénommé Tizourine Bou Afrara, se recommande par une végétation luxuriante et une fertilité exceptionnelle. Taillé à long bois et mis sur fils de fer, il peut certainement donner de 150 à 200 hectolitres à l'hectare. Peu sensible au siroco, produisant un vin qui se rapproche assez des vins de France par son acidité et sa teneur relativement faible en alcool (9 à 10 degrés), il présente cependant, à côté de ces qualités, un défaut auquel l'une de ses dénominations provisoires fait allusion; arrivé à sa maturité, il s'égrène avec une trop remarquable facilité, ce qui occasionne, au moment de la vendange, un surcroît de dépenses assez sensible.

Aux ampélographes appartient la tâche de déterminer ces plants, qui certainement prendront une place avantageuse dans les cultures. (*La viticulture et la vinification.*)

M. P. Le Sourd écrit d'autre part :

Les premiers vignerons venus en Algérie de toutes les régions viticoles de la France ont apporté avec eux les plants de leur pays : les cépages fins de la Gironde, le cabernet, le malbec, le sauvignon; puis ceux de la Bourgogne, le pinot, le gamay.

Cependant il ne suffit pas de cultiver en Algérie, ni ailleurs du reste, les plants des grands crus français pour obtenir ces produits d'une finesse exquise et incomparable qui distingue les grands vins de Bordeaux et de Bourgogne; si, dans une certaine mesure, la qualité du vin est influencée par le choix du cépage, elle est aussi tributaire du sol et du climat. Indépendamment des plants indigènes, qui entrent pour une faible part dans la constitution du vignoble, ce sont surtout les cépages du midi de la France et de l'Espagne qu'on rencontre dans notre colonie. Parmi les cépages rouges, ceux qui l'emportent par le nombre sont le carignan, le mourvèdre, le grenache, le morastel, l'œillade, le cinsault, etc. L'aramon commence à se répandre (il y est moins productif que dans le midi de la France, mais il fournit un vin plus alcoolique). Les plants à raisins très colorés, comme le petit-Bouschet, entrent aussi dans la composition de certains vignobles et donnent des vins foncés. Les raisins blancs employés à la fabrication des vins blancs, en Algérie, sont la clairette, l'ugni blanc et deux cépages indigènes, l'aïn-kelb et le farana. (Rapport de la Classe 60.)

à employer les plants américains pour la reconstitution de leurs vignobles.

Examinons maintenant le produit lui-même. J'ai indiqué page 244 les quantités de vins récoltés chaque année.

La vinification présente, en Algérie, cela est certain, des difficultés toutes particulières, la fermentation montant souvent à des températures si hautes que le ferment meurt ou devient inerte. Suivant M. J. Bertrand, viticulteur à l'Arba, président de la Société des viticulteurs d'Algérie, il paraît établi qu'on doit préférer aux foudres en bois et aux cuves voûtées la cuve ouverte en maçonnerie, où l'on est bien plus maître des fermentations et où l'on peut pratiquer plus facilement l'immersion des marcs ainsi que la réfrigération. L'immersion des marcs dans la cuve à fermentation, sous une couche d'une vingtaine de centimètres de liquide, est une précaution capitale sans laquelle il est presque impossible d'opérer une bonne vinification dans les pays chauds. Si cette immersion n'est pas faite, l'acétification superficielle de la rafle qui surnage est fatale et le vin de presse est voué à de graves altérations. La réfrigération des moûts est une opération encore plus importante. Au moment où la fermentation devient très active, il n'est pas rare de voir une cuvée passer, en moins de cinq heures, de 27 degrés à plus de 40 degrés centigrades. C'est au moment où la température accuse 35 degrés que la réfrigération doit intervenir.

Bien conduite, cette opération amène, en six ou huit heures, la transformation, presque complète, du sucre en alcool. Avant 1889, le vin décuvé était toujours logé dans des foudres en bois, mais depuis quelques années le ciment armé est venu, sinon supplanter le bois, au moins prendre une large place dans les celliers.

Malheureusement, dans les jeunes vignobles, lorsque la vigne arrive à production, l'installation du cellier est encore souvent plus ou moins rudimentaire, et la vinification, quelquefois faite au petit bonheur. C'est, paraît-il, ce qui a fait dire que les vins produits par les jeunes vignes avaient un goût de terroir. Du reste, s'il y a une dizaine d'années, les vins à goût de terroir étaient très répandus en Algérie, aujourd'hui on ne les trouve plus que chez les propriétaires arriérés et partout ailleurs on produit des vins francs de goût quand ils sont sains.

Si l'on passe en revue les vignobles algériens depuis la Calle jusqu'à Nemours et du littoral aux Hauts-Plateaux, on les trouve à des altitudes et à des expositions extrêmement variées. L'orographie de l'Algérie avec son relief tourmenté donne, en effet, des climats locaux extrêmement variables. Il en résulte des différences dans les vins, et c'est bien à tort qu'à l'égard de tous on se sert toujours de cette expression générale : vin d'Algérie. « Nous avons les vins de *Mascara*, de *Médéah*, de *Rouïba*, de *Souk-Ahras*, etc., comme la Métropole a ses vins de Bordeaux, de Bourgogne, de l'Anjou, du Nantais, etc., » écrit un Algérien qui ajoute : « Il y a, pour le consommateur comme pour le négociant, intérêt à connaître d'une manière précise les différents crus algériens, afin de pouvoir, dans cette diversité considérable de produits, choisir ceux qui sont à sa convenance et à son goût. D'ailleurs, pendant longtemps, le commerce désigna et mit en vente, au grand préjudice des producteurs algériens, sous le nom de vin d'Algérie, des vins faits de toutes pièces ou d'origine quelconque. Cet usage, qui a eu pour résultat de déprécier les vins d'Algérie et de faire naître dans l'esprit des consommateurs les opinions les plus contradictoires sur leur valeur, est donc appelé à disparaître. On ne doit donc plus se servir de l'expression vin d'Algérie qui ne dit rien à l'esprit, mais désigner les vins de notre belle colonie par le nom de la région qui les a produits. »

Et notre auteur se plaint — non sans quelque raison — que tandis qu'on s'obstine à donner à des produits inférieurs le nom de vin d'Algérie, des négociants peu scrupuleux vendent les meilleurs crus sous des dénominations empruntées aux vins français.

Enfin, il faut bien reconnaître que l'Algérie et la Tunisie ont, jusqu'à ces dernières années, produit pas mal de vin mauvais ou médiocre.

Quand on veut classer les vins d'un pays, la première chose à faire, c'est de les diviser en régions, où les facteurs naturels qui interviennent dans la production sont autant que possible uniformes. On arrive ainsi à établir des catégories dont les divers types se ressemblent par certains côtés et ont un air de famille plus ou moins caractérisé.

Cette étude, nous allons la demander à l'excellent rapport de M. P. Le Sourd :

Le Tell, où se trouvent tous les vignobles de l'Afrique du Nord, est une bande montagneuse, large de 100 à 200 kilomètres, qui s'étend parallèlement à la côte du Maroc jusqu'à la pointe de la Tunisie.

Cette région comprend des plaines : l'Habra, la Mitidja, Bône; des plateaux élevés : Mascara, Tlemcen, Médéa, Sétif; des montagnes de sable : le Sahel; des massifs montagneux : la Kabylie, le vignoble de Constantine; le tout entrecoupé de plisssements, de fractures, dont l'ensemble représente assez bien les marches d'un gigantesque escalier donnant accès à la région des plateaux.

La majeure partie du sol algérien est formée de grès et d'argiles et, à des profondeurs diverses, d'éléments calcaires.

Dans les plaines de l'Habra, de Bône et dans certaines parties de la Mitidja, on trouve des cuvettes à sous-sol glaiseux peu perméable. Les vins rouges récoltés dans ces parties basses ont, en général, un excès d'acidité; ils sont maigres, incomplets et tuilent rapidement.

Dans les parties basses des terrains à sous-sol perméable, les produits sont moins acides et déjà plus complets; ils prennent plus de corps et plus de couleur. C'est ainsi que dans les plaines de Mostaganem et dans celles de la Mitidja et dans les environs de Rouïba, on trouve des vins très complets, solides, assez rouges et fruités.

Les vins de la province d'Alger sont généralement bien cotés. Les bons centres de Miliana, de Médéa, jouissent d'une juste renommée. Ces lieux élevés sont excessivement propices à une bonne vinification.

Les environs d'Alger, Cherchel, Novi, Gouyara, etc., ont également de jolis vins, droits de goût, d'une belle couleur, assez nerveux et d'une force alcoolique normale.

Les vins de la plaine sont maigres, mais quelques-uns ont encore de la vivacité et sont suffisamment rouges. On rencontre encore des goûts de terroir, d'herbage; nos colons doivent surveiller avec soin leur vinification à cet égard. Les vins blancs sont remarquables.

Dans le vignoble de Miliana, on trouve des vins rouges de 12 à 13 degrés pleins, corsés, robustes, très colorés, nerveux, solides, sans douceur, tendres, très bouquetés, avec plus de montant et du corps.

Dans celui de Médéa, on rencontre des produits de 11 à 12 degrés, frais, fruités, tendres et moelleux, sans douceur, mais un peu violacés et vieillissant assez vite.

On obtient aussi de bonnes cuvées à Aumale, à Aïn-Bessem, à Saint-Ferdinand, à Cheragas. Ce sont des vins de 11 à 12 degrés, corsés, pleins, très colorés, avec parfois un peu de douceur les premiers mois, conservant longtemps leur fraîcheur et leur couleur, lorsqu'ils sont bien soignés.

Dans le vignoble du littoral, citons des vins de choix à Novi, Fouka, Guyotville, Castiglione, vins de 10°5 à 11 degrés, frais, fruités, très droits de goût, d'une coloration vive et franche, d'une bonne tenue.

A signaler encore les meilleurs types de Meurad, Marengo, Rouïba, Reghaïa, Saint-Pierre et Saint-Paul, se rapprochant des précédents avec plus de plein et de corps, mais moins de fraîcheur et de vivacité.

Dans le Sahel inférieur, il faut noter Birkadem, Birmandreïs, Douera, Koléa, Kouba, El-Achour et Draria, Ouled-Fayet et Staoueli, avec des vins du même type, ayant un peu de terroir.

A l'extrémité du littoral Est, Gouraya, Villebourg et Tenès ont des vins corsés, colorés, 11 à 12 degrés, un peu communs, mais de bonne garde.

Ben-Chicao a des produits de 12 degrés, colorés, corsés, mais mous et communs; Bouïra, Ben-Aroum, Thiers et Palestro, vignobles situés en coteaux, offrent des vins de 11 à 12 degrés, d'une bonne coloration, assez fermes.

A Ménerville, Belle-Fontaine, Souk-el-Kaad, on obtient des vins de 11 degrés, assez rouges, mais mous.

A Berrouaghia, on a des vins de 12 degrés assez colorés, mais sans caractère bien défini.

Mouzaïa, la Chiffa, Beni-Méred, Blida et Oued-el-Alleug, constituant le haut de la plaine de la Mitidja, ont des vins de 10°5 à 11°5, généralement très droits de goût, de coloration moyenne, vive et brillante, avec assez de solidité et de fond.

Amoura-Djendel, Adélia, Bou-Medja, Vezoul-Benian, Affreville, Carnot, Duperré et Littré ont des vins de 11 degrés, de qualité moyenne.

Quelques vins de Montebello et du Nador sont assez complets, de bonne tenue.

Les vins récoltés à Dellys et Azzefroun sont généralement petits.

L'Alma, Marengo et Bourkika font des vins de 10 à 11 degrés, colorés, assez fruités dans les bonnes années, parfois un peu mous.

Maison-Carrée, Birtouta, Attatba, Chebli, Bouffarik, Baba-Ali, Soumac donnent des vins de 10 à 11 degrés, assez colorés, ayant encore au début assez de fruité et de fraîcheur, mais passant assez vite.

Rovigo et Rivet, Fondouk-l'Arba, Sidi-Moussa offrent des vins de 10 degrés à 10°5, maigres et un peu creux.

On trouve de bons vins blancs à Marengo, Oued-el-Alleug, Zéralda, Rouïba, Maison-Carrée, Médéa, Blida, etc. Certains vins de liqueur sont remarquables par leur finesse et leur élégance. On y rencontre d'excellents muscats.

Les vignobles oranais sont importants : Saint-Cloud, Arcole, Tlemcen, etc., sont des lieux de production déjà connus.

La province d'Oran donne, en général, de gros vins très bons pour les coupages. Les vins blancs ne présentent pas les qualités de ceux de la province d'Alger, mais ils ne sont pas sans mérite.

Mansourah, Tlemcen, Aïn-Fezza, Hennaya, Bréa et Négrier ont des vins de 11 à 12 degrés, robustes, solides, assez pleins, très souples, frais, fruités, d'une coloration vive et brillante.

Dans les vignobles de Mascara, Saint-Hippolyte, Saint-André, Thiersville, Cacherou, Dublineau, on trouve des vins de 12 à 13 degrés corsés, gras, colorés, mais un peu doux la première année, très bouquetés en vieux.

Les vins blancs récoltés dans le vignoble de Mascara sont corsés, alcooliques, souples et parfumés

Les vins de Sainte-Clotilde, près d'Oran, rappellent ceux de Tlemcen avec plus de bouquet.

Dans le vignoble dit d'Oran : Aïn-el-Turk et Bou-Sfer, Saint-Lucien, Arcole, Lamoricière, on obtient des vins de 11 à 12 degrés corsés, pleins, solides, souples, sans douceur, très fruités, d'une belle coloration vive et franche.

A Mostaganem, Rivoli, Renault, Bosquet, Caissaigne, dans les environs de Bel-Abbès, à Saint-Cloud, Kléber, Fleurus, on voit des vins frais, fruités, sans douceur.

Arzew, les Andalouses, Saint-Louis, Assi-bou-Nif, Assi-Okba, Sainte-Léonie, Saint-Leu, Sidi-Chamy, Saint-Rémy, Legrand, Oued-Imbert, Boukanéfis, Aïn-el-Trid, Témouchent, Aïn-Kial, Hamann-bou-Hadjar, Aboukir, Pélissier, Aïn-Tedelès, Bled-Thouaria, Aïn-Nouissy offrent des vins pesant de 11 à 12 degrés, très colorés, mais un peu mous; leur coloration n'est pas toujours franche, parfois elle est violacée, le goût de terroir est assez accusé.

A la Sénia, au-dessus d'Oran, on rencontre des vins droits, vifs, nets, ayant la qualité que l'on rencontre fréquemment dans la plupart des fermes du plateau d'Oran, jusqu'à Misserghin et Lourmel. Les produits de Er-Rahel, Rio-Salado, Valmy, Arbal, etc., ont du fruité et du plein.

Les vins de Chabetel-Leham, Tamzoura, Aïn-el-Arba, Saint-Aimé, Relizane, Saint-Denis-du-Sig ont de la vivacité, de la fraîcheur, mais jaunissent vite comme tous les vins de la plaine environnante. Ils ne pèsent pas moins de 9° 5, beaucoup vont à 10°5, ils sont tendres, souples et tiennent bonne place dans les coupages.

Les vins blancs des environs d'Oran, de Mostaganem sont assez fins et généreux.

Les vignes de la province de Constantine ne donnent pas des vins aussi complets que ceux des régions d'Alger et d'Oran. Ils sont plus légers d'alcool, de couleur et d'extrait. Bône, Souk-Ahras, Guelma, Constantine, Philippeville sont déjà des centres connus et appréciés.

Les vins blancs sont supérieurs aux vins rouges.

Les coteaux de Beni-Melek, qui dominent Philippeville, ont des vins de 11 à 12 degrés, frais, vifs, nerveux, solides, de bonne conservation, sans terroir.

Souk-Ahras, le vignoble environnant Constantine, Le Hamma, quelques cuvées de Batna, Lambèse, ont des vins pesant 12 degrés, qui possèdent une forte couleur, du gras, du plein, de la souplesse, sans douceur.

A Herbillon, sur les mamelons du littoral Ouest de Bône, on trouve des vins de 11 degrés, frais, assez fruités, d'une coloration vive et franche, de bonne conservation.

A Zarouria, Aïn-Smara, Bizot, au Kroubs se rencontrent des vins de 12 degrés, à coloration forte, mais souvent noirâtre; vins gras, corsés, mais durcissant un peu.

Rouffach, Smendu, Guelma, Clauzel, la Verdure, Aïn-Seymour, Héliopolis et Petit, Aïn-Kerma ont, dans les bonnes années, des vins titrant 12 degrés environ, d'une forte couleur, mais manquant souvent de vivacité et de brillant; ils sont un peu mous et ont presque toujours du terroir.

Penthièvre, El-Maten, El-Kseur, Akbou, Chekfa, Djidjelli ont des vins de 10°5 à 11 degrés, assez colorés, assez fruités, mais parfois un peu maigres.

Jemmapes, Djendel, Robertsau, Aïn-Cherchad, Sidi-Nassar, El-Arrouch ont des vins de 10 à 11 degrés, colorés, un peu mous.

Les meilleurs types des mamelons dominant la plaine de Bône : Oued-Maria, Oued-Amizour, la Réunion, Taher, Saint-Charles, Damrémont, Vallée, Saint-Joseph, Mondovi, Randon, produisent des vins de 9 à 10 degrés, peu colorés, mais vifs et brillants dans les bonnes années, sans goût de terroir bien accusé, parfois un peu verts et généralement maigres.

On récolte, comme nous l'avons dit, de bons vins blancs dans ce département; Bougie, Souk-Ahras, Bône en ont de jolis spécimens.

Tous ces vins proviennent des cépages ordinaires; ceux obtenus de cabernets, de pinots, de syrrah, de malbec ou cot, de sémillon, arrivent à des qualités un peu supérieures, sans toutefois dépasser la valeur des produits récoltés sur les plants courants, dans les bons vignobles de Tlemcen, de Miliana, de Médéa, etc.

Certains raisins noirs sont employés à la préparation des vins blancs, qui ont assez de nerf et de montant. L'aramon, sous cette forme, réussit assez bien. Notons aussi des vins rosés, vifs et fruités et, enfin, des vins mousseux bien faits, mais manquant un peu de fraîcheur.

L'objectif que doit se proposer — et ceci sera ma conclusion — la viticulture algérienne, est d'augmenter encore le chiffre de ses importations[1] sur la métropole, de façon à lui fournir *tout* ce qu'elle est obligée d'acheter au dehors dans les années d'insuffisance de récolte, ce qui n'est malheureusement pas le cas, pour la France, depuis quelques années. C'est l'Algérie qui tient aujourd'hui la tête,

[1] Pour les importations d'Algérie, voir t. II, p. 312 et 313.

dépassant nettement l'Espagne d'un bon quart[1]; les autres pays (Italie, Portugal, Turquie, etc.) ne fournissent à la France que de petites quantités.

L'Algérie peut notamment nous fournir ces vins alcooliques, corsés, riches en couleur que nous importons pour les besoins de notre commerce.

D. ÉLEVAGE.

EFFECTIF DU BÉTAIL. — PRODUCTION ANIMALE. — LE CHEVAL BARBE; ÉTAT ACTUEL DE L'ÉLEVAGE. — MULETS. — ÂNES. — BOVIDÉS : RACES; MÉTHODES D'ÉLEVAGE; LE BERGER ARABE; MODES D'EXPLOITATION. — LA MALARIA BOVINE. — BUFFLES; PARALLÈLE DES SERVICES RENDUS PAR LES BUFFLES ET DE CEUX RENDUS PAR LES BOEUFS. — ZÉBUS. — MÉTIS ZÉBUS. — MOUTONS; IMPORTANCE DE CET ÉLEVAGE; TRANSHUMANCE; RACES; DÉPÉCORATION; MESURES À PRENDRE; EXPLOITATION; ENGRAISSEMENT, ETC. — CHÈVRES; AVANTAGES ET INCONVÉNIENTS DE CET ÉLEVAGE; RACES. — LAINES. — CHAMEAUX. — MÉHARA. — PORCS. — VOLAILLES. — APICULTURE. — SÉRICICULTURE.

EFFECTIF DU BÉTAIL (MOYENNE DE LA PÉRIODE DÉCENNALE 1890-1899).

	EUROPÉEN.	INDIGÈNE.
Chevaux	41,564	169,690
Mulets	26,888	119,517
Ânes	12,007	269,224
Bovidés	138,254	1,001,228
Moutons	351,003	7,841,999
Chèvres	72,704	3,568,283
Chameaux	144	237,211

[1] Le tableau suivant présente la distinction entre les vins d'Algérie et les vins de l'étranger importés en France de 1885 (la Douane ne distinguait pas auparavant les deux catégories) à 1900 :

	ÉTRANGER.	ALGÉRIE.	TOTAL.
	hectolitres.	hectolitres.	hectolitres.
1885	7,860,000	324,000	8,184,000
1886	10,552,000	490,000	11,042,000
1887	11,524,000	758,000	12,282,000
1888	10.832,000	1,232,000	12,064,000
1889	8,878,000	1,592,000	10,470,000
1890	8,858,000	1,972,000	10,830,000
1891	10,417,000	1,861,000	12,278,000
1892	6,550,000	2,850,000	9,400,000
1893	4,067,000	1,828,000	5,895,000
1894	2,488,000	2,004,000	4,492,000
1895	3,435,000	2,902,000	6,337,000
1896	5,678,000	3,136,000	8,814,000
1897	3,931,000	3,600,000	7,531,000
1898	5,240,000	3,363,000	8,603,000
1899	3,789,000	4,676,000	8,465,000
1900	3,047,000	2,351,000	5,398,000

PRODUCTION ANIMALE MOYENNE [1].

Espèce	ovine { viande 33,000,000	41,400,000
	laine........ 5,400,000	
	lait......... 3,000,000	
	caprine.........................	16,000,000
	bovine..........................	20,000,000
	chevaline........................	4,500,000
	asine...........................	250,000
Chameaux............................		2,000,000
Produits de la basse-cour		Mémoire.
Total..................		84,150,000

Chevaux. *Le cheval barbe.* — Le cheval barbaresque, plus communément dit barbe, est, sans aucun doute, un descendant des chevaux qui
remontaient la fameuse cavalerie numide, un descendant que l'afflux
du sang arabe a seulement quelque peu modifié. On a pu dire de lui
qu'il était au berbère ce que, dans la population humaine, l'Arabe
lui-même est au Kabyle.

Voici, d'après le baron de Vaux, les caractéristiques du barbe :

« Taille plutôt au-dessous qu'au-dessus de celle du cheval arabe;
tête plus petite, plus fine; chanfrein presque busqué; encolure large,
grêle, bien sortie, bien fournie de crins; épaules plates, souvent trop
sèches; côtes amples; reins courts et plus étroits; croupe allongée;
articulations assez longues; sabots plus petits, moins sujets à l'encar-
telure; paturons longs et souvent grêles. Le caractère long-jointé
appartient à la race barbe. La robe alezan doré qu'offrent un grand
nombre de ces chevaux est rare parmi les autres races orientales. Les
barbes se montrent d'abord froids, mais se déploient après avoir été
excités avec une une vigueur presque égale à celle des arabes les plus
vifs; leurs mouvements sont plus trides, plus harmonieux, plus ca-
dencés, de manière qu'ils sont plus propres au manège qu'à la course.
Le cheval barbe est, sans contredit, supérieur au cheval arabe parce
qu'il séduit au premier coup d'œil, mais il n'en possède générale-

[1] D'après M. H. Lecq, inspecteur de l'agriculture de l'Algérie.

ment ni le feu, ni le courage, ni la vitesse: toutefois, il peut fournir des traites de 150 kilomètres par jour durant des semaines. La force, la vigueur se conservent jusqu'à la fin de sa vie; de là ce dicton parmi les hommes de cheval : les barbes meurent, mais ne vieillissent pas. »

Un autre hippologue, M. Léon Combes, écrit : « Certes, nous reconnaissons que le cheval barbe n'a pas les contours gracieusement arrondis, l'élégance de forme du cheval arabe, son harmonieuse beauté; mais, par ses lignes vigoureuses et arrêtées, il révèle d'incontestables qualités. Les caractères spécifiques de cette race sont : taille moyenne 1 m. 47 à 1 m. 50; tête lourde et sèche, quoique expressive; œil vif; naseau dilaté; oreilles grandes; garot épais et haut; poitrine profonde, mais généralement plate; dos un peu voûté; épaules obliques et musculeuses; croupe tranchante; articulations larges et bien dessinées; pieds petits et secs, sujets au rétrécissement des régions postérieures du sabot dont les talons viennent à se chevaucher; queue généralement mal attachée. La robe présente le plus souvent une teinte grise. Les jarrets sont clos et coudés et généralement ont des tares; cette dégénérescence et cette usure proviennent de ce que les Arabes surmènent leurs chevaux beaucoup trop tôt et ont une tendance insurmontable à les mettre sur les jarrets. Ils passent d'ailleurs légèrement sur les tares de cette articulation, à condition qu'elles n'entraînent pas la boiterie, à tel point que l'on voit des produits ayant des jardons avant même d'avoir servi. Les mouvements du cheval barbe sont vifs et rapides et font sentir, grâce aux extrémités long-jointées, peu de réaction au cavalier. Le pas et le galop sont ses allures de prédilection. D'une endurance extraordinaire, d'une sobriété et d'une rusticité telles qu'il peut supporter les privations et les plus grandes fatigues sans trop s'en ressentir, docile, patient, plein de courage et de fond, d'une sûreté de jambe à toute épreuve, on le voit galoper dans les terrains où d'autres chevaux passeraient difficilement, contourner et franchir les obstacles avec une étonnante agilité, sous un soleil ardent, monté par de pesants cavaliers, mal nourri, n'ayant pas toujours de l'eau à discrétion, et le plus souvent encore de l'eau saumâtre, tout en lui est combiné de manière à réunir les conditions de force et de légèreté. »

A. Sanson rend, lui aussi, hommage au barbe. «Sous le rapport des aptitudes, écrit-il, il ne le cède en rien au syrien et a, en général, plus de taille. »

Généralement, l'Arabe abuse de son cheval[1] alors que celui-ci est encore trop jeune. Il y a, à ce sujet, un proverbe qui a cours dans les tribus et qui en dit long : «Fais manger le poulain d'un an pour bien le dresser, monte-le à trois ans jusqu'à ce qu'il en plie, soigne-le parfaitement de quatre à cinq ans; alors, s'il ne te convient plus, vends-le. » Il n'en est, du reste, pas ainsi dans toutes les régions; et dans celles — le bas Chéliff et sur le Nahar-Ouaal, par exemple, — où l'animal est mieux traité,

Fig. 353. — Cheval barbe.

les chevaux mesurant 1 m. 60 au garot ne sont pas rares; dans le cercle de Tiaret, certaine grande famille possède même des animaux d'une taille plus élevée encore[2].

Le plus souvent, en Tunisie et dans les hautes steppes du Constantinois, le cheval barbe est d'une grande élégance, tandis qu'à mesure qu'on s'avance vers l'ouest les formes présentent moins de grâce, mais le sujet est plus résistant. Au Maroc, on signale même la

<hr>

[1] «Qui aime bien, châtie bien», pense sans doute le cavalier arabe; car, le plus souvent, l'amour qu'il porte à son cheval ne l'empêche pas de le surmener, par nécessité ou par... caprice. Le *chablir* — éperon terrible — l'aide à obtenir de sa monture plus que celle-ci ne devrait rationnellement lui donner.

[2] C'est entre Boghar et Tiaret que l'on peut retrouver le vrai type barbaresque, d'abord chez les Ouled-Ayad, qui méritent toujours leur nom de «fils des coursiers», puis chez les Beni-Lent, les Abrar, les Bou-Aich, réputés pour leur coup de main audacieux et dont les élèves un peu petits, il est vrai, mais ramassés, sont d'une vigueur extraordinaire, durs comme l'acier; chez les Znakhra-el-Gourt

croupe tombante. La grande longueur de cette partie du squelette compense cette défectuosité, la grandeur du bras de levier déterminant d'excellentes conditions de vitesse. Au trot, notamment, la variété marocaine est supérieure aux autres variétés indigènes. Mais, de constitution faible, elle supporte mal la vie d'expédition, et montre, en somme, des signes de dégénérescence.

Orge, seigle, dattes et lait de chamelle constituent la nourriture du jeune cheval; elle lui est donnée parcimonieusement; il semble que l'Arabe, très sobre pour lui-même, veuille imposer cette sobriété à ce qui l'entoure. Sans doute se souvient-on que nous avons eu à signaler pareil fait dans les steppes kirghizes[1]. Une certaine similitude dans les conditions extérieures de la nature et de la vie explique, d'une part, cette similitude entre les coutumes et, d'autre part, qu'il n'en résulte pas les fâcheuses conséquences que nous aurions sans doute à redouter si nous en agissions ainsi avec nos chevaux d'Europe. Le sol, notammment, est là pour donner au jeune poulain l'énergie qu'il ne trouverait peut-être pas dans sa nourriture insuffisante; l'alfa, par ses hautes touffes, le forcera à de larges foulées, à de puissants efforts musculaires; le sable fortifiera ses jarrets, et, donnant libre champ à ses courses, l'étendue de l'espace développera ses poumons et son poitrail.

Quelles sont les causes qui ont nui à l'élevage de la race barbe et à la conservation de ses qualités? Tout d'abord ce fait, que la Garde ayant été remontée sous le second Empire en chevaux de tête pris en Algérie, la colonie fut ainsi privée de ses étalons d'élite; ensuite l'infusion, bientôt délaissée du reste, du sang anglais, puis celle du sang syrien confondu avec le sang arabe[2]. Enfin, la règle de la remonte qui abuse des reproducteurs alors que l'indigène n'accordait à l'étalon notable que trois ou quatre saillies par saison. Il

aussi, qui présentent une race curieusement semblable à celle des cobs irlandais. A noter encore les chevaux des Larba de Laghouat, ceux des Ouled-Yakoub du djebel Amour, et, particulièrement, ceux des Ouled-Ahmed-Recheïga, et ceux des Ouled-Khalifl qui, dans leurs tribus voisines de Taquin, possèdent

peut-être le pur sang barbaresque à son degré le plus absolu. Là, en effet, existent des juments qui semblent avoir conservé au plus haut point les qualités de premier ordre de la race sélectionnée depuis des siècles.

[1] Voir tome I, p. 103 et 104; 222 et 223.
[2] Voir tome I, p. 311 et suiv.

est, aussi, à penser que la désuétude de la guerre et des razzias amène l'indigène à moins soigner des chevaux qui ne lui sont plus indispensables? [1]

État actuel de l'élevage du cheval. — M. Bédouet, l'excellent éleveur algérien, résume, comme suit, la situation actuelle de l'élevage : «L'État possède 800 étalons environ qui, pendant la saison de monte, sont disséminés sur tous les points de l'Algérie. En attribuant à chaque étalon une production annuelle égale au quart des saillies faites, soit 15 produits, on arrive au chiffre de 12,000 poulains et pouliches auquel il faut ajouter 8,000 produits issus d'étalons approuvés, particuliers ou rouleurs. soit au total une production annuelle de 20,000 poulains et pouliches. En éliminant 10,000 pouliches, dont les indigènes ne se défont généralement pas. il reste 10,000 poulains, dont un tiers environ est susceptible de faire des chevaux de remonte. » A quatre ans, l'État paye ces derniers entre 400

[1] Voici encore une courte étude sur la race barbe; elle est due à M. L. Pascault; je la donne à titre documentaire, car elle n'est pas sans intérêt, et un cheval tel que le barbe vaut bien que nous lui consacrions quelques pages — ne constitue-t-il pas un des plus remarquables élevages français !

«On conçoit que la race barbe primitive ait subi quelques modifications, sous l'influence des conditions d'existence locale. Aussi présente-t-elle des variétés perpétuées dans des circonscriptions plus ou moins restreintes. Parmi ces différents types, il y en a de bons, il y en a de mauvais. La race *kabyle* ou *de montagne* peut être considérée comme la souche des autres. Elle constitue le type du cheval léger. Elle a la conformation anguleuse des chevaux qui vivent dans la montagne. La légèreté de l'encolure, la brièveté de la croupe, la flexion prononcée des jarrets semblent, en effet, les meilleures conditions de conformation pour ces chevaux qui, sur le sol inégal et montagneux, ont plus besoin de solidité et de flexibilité que de régularité dans les formes. Les individus qui composent la race du *Sahel* ou *de la plaine* sont plus élé-

gants, plus beaux de forme que les kabyles. Aussi forts et aussi énergiques que ces derniers, ils sont moins rustiques et offrent moins de résistance à la maladie, et au changement de vie. La race du *Chéliff* n'est qu'une modification de la précédente. Elle en diffère par plus d'ampleur dans les formes et plus de taille, ce qu'elle doit à la richesse herbagère de la contrée qu'elle habite. Cette race est très recherchée et fournit un fort contingent à notre cavalerie algérienne. La race *du désert*, qui habite les hauts plateaux du sud du petit Atlas, est considérée comme la plus belle de l'Algérie. Par la légèreté de ses formes, elle paraît tenir de la variété kabyle; par son élégance, elle se rapproche du cheval de la plaine. Les sujets appartenant à cette race, assez nombreux, peuvent rivaliser avec les plus beaux types de l'Orient. A la beauté extérieure, ils joignent à un haut degré toutes les qualités du cheval oriental : l'énergie musculaire, la puissance de constitution, une sobriété étonnante et une douceur remarquable. C'est cette race qui fournit les belles cavales si chères aux Arabes du désert. »

et 65o francs; mais ses achats ne portent que sur un chiffre annuel de 1,7oo têtes environ. Admettons un prix moyen de 15o francs par tête et défalquons la mortalité : il nous restera, pour la production annuelle, le chiffre d'environ 3 millions de francs. Malheureusement, les bénéfices que laisse l'élevage du cheval sont souvent faibles, et les quelques Européens qui se livrent à l'élevage du cheval barbe y sont certainement poussés surtout par leur amour du cheval. C'est donc entre les mains des indigènes — qui généralement n'observent pas assez les lois de l'hygiène en matière d'élevage, ne se soucient pas toujours assez du choix des reproducteurs — que se trouve surtout concentrée l'industrie chevaline et encore les indigènes ont-ils, depuis plusieurs années, tendance à produire de préférence des mulets, production qui laisse plus de bénéfice à l'éleveur. Il est fort regrettable qu'il en soit ainsi, car c'est le cheval barbe, le seul qui ait résisté aux guerres de Crimée et d'Italie, qu'il y aurait intérêt à introduire dans le sud de la France pour obtenir des croisements donnant des chevaux légers.

Mulet. — Le mulet est employé comme bête de bât chez les indigènes[1], et comme animal de trait chez les Européens, pour le travail de la terre et les transports[2].

L'effectif a augmenté dans les proportions suivantes :

	EUROPÉENS.	INDIGÈNES.
1870	8,168	127,928
1875	12,005	123,266
1880	15,423	121,159
1885	20,166	116,067

[1] Ce sont les indigènes, qui sont détenteurs du plus grand nombre de mulets.

[2] «Le mulet algérien se distingue du mulet français par des formes plus grêles, plus élégantes, par une taille moins élevée et par un caractère plus doux. Il a des allures particulièrement agréables et rapides. Vif, énergique, très docile, très adroit, il joint à cela une force remarquable, une extrême sobriété et une organisation robuste qui le met à l'abri de toute maladie. Infatigable et toujours alerte, il gravit les montagnes, franchit les ravins du même pas qu'il marche dans la plaine. On l'emploie pour le bât et comme monture. Pour ce dernier usage, on préfère la mule qu'on croit plus douce. Elle est, du reste, élégamment harnachée; le cavalier met une selle qu'il a soin de sangler tout à fait aux flancs, tandis

Pour 1870, le chiffre est beaucoup plus fort que les précédents et les suivants : 1869, 112,490 et 1871, 111,198.

Quant à la période 1890-1899, j'ai déjà indiqué quelques moyennes (p. 286 et 287).

Fig. 354. — *Catharine*, mule arabe gris truité; taille, 1^m 29; âge, 25 ans.

Les viticulteurs du littoral font souvent venir à grands frais des mulets de France ou d'Espagne; ces animaux n'ont peut-être pas une rusticité et une aptitude aux durs travaux comparables à celles qui distinguent les produits indigènes. Cette rusticité, on en a une preuve entre toutes convaincante dans les services que rendent au Soudan les mulets algériens[1].

Ils sont obtenus par le croisement de la jument barbe et de l'âne du pays. C'est surtout dans la région de Sétif que l'on se livre à cet élevage; on y obtient des produits atteignant une taille de 1 m. 45

que pour une femme on met un bât ordinaire recouvert d'un riche tapis et portant sur une housse éclatante. Les mules qui servent de monture marchent l'amble, vont très vite, et font de 15 à 20 lieues par jour. Quand on emploie le mulet comme bête de somme, on lui met un bât énorme rembourré avec de la paille. On le ferre rarement.» (Marquis d'IMBLEVAL, *Illustré parisien*.)

[1] Voir p. 415 et 416.

et parfois même de 1 m. 55, inférieurs, généralement, en poids à nos mulets de France, mais supérieurs, comme résistance. Les Arabes sont les principaux éleveurs de mulets; ils payent les ânes servant d'étalons au prix moyen de 400 francs. Un certain nombre de colons élèvent, pour l'usage exclusif de leurs fermes.

Fig. 355. — Âne d'Algérie.

Ânes. — Petit (de 0 m. 90 à 1 m. 25), l'âne d'Algérie est un animal de bât précieux, dont l'indigène se sert pour les usages les plus divers et que l'Européen emploie aux travaux de terrassement et de construction. Son prix moyen est de 15 francs par tête; mais il ne manque pas de sujets — très passables — que l'on peut se procurer pour un simple écu.

Bovidés. — La population bovine (moyenne 1890-1899) est de 138,254 têtes aux mains des Européens et 1,001,228 appartenant aux indigènes[1].

De quels éléments est constituée cette population? Un éleveur compétent, M. Roger Marès, répond : «Nous possédons en Algérie une

[1] On le voit donc — et on aura lieu de le constater plus encore par la suite — l'élevage des bovidés est, en Algérie, presque entièrement entre les mains des indigènes, la plupart des Européens se contentant d'acheter les animaux tout élevés, pour l'engrais, le travail et le lait. Du reste, les chiffres officiels que je donne sont sans doute trop faibles : d'excellents juges estiment que dans certaines régions montagneuses et boisées il faudrait, pour être dans le vrai, les majorer d'au moins 20 p. 100.

race bovine, autochtone, aussi solide que rustique, et dont l'aptitude à l'engraissement n'a de comparable que celle des Durham »[1]. A. Sanson fait de cette race une variété de l'ibérique. Cette opinion est vivement combattue dans l'intéressante brochure écrite sous la direction de M. Bonnefoy, agriculteur algérien, publiée à l'occasion de

Fig. 356. — Vache Guelma.

l'Exposition de 1900, par les soins du Gouvernement général. On y peut lire, en effet :

« Je pose en principe que la population bovine de l'Afrique du Nord appartient aux deux races ibérique et asiatique. La première est la race autochtone. Elle est à la seconde, dont l'introduction dans le

---

[1] Il est d'autant plus utile d'étudier soigneusement la race indigène que les tentatives d'introductions étrangères ont donné le plus souvent un pitoyable résultat. « En comparant les plantureux herbages du Nivernais par exemple avec les pâturages de tel domaine d'Algérie, écrit un éminent zootechnicien, la réflexion aurait, du reste, dû montrer l'erreur de telles tentatives. Son enseignement ne doit pas être perdu. »

pays date, vraisemblablement, des invasions vandales et arabes, ce que, dans d'autres espèces animales, le cheval barbe est au syrien, le mouton à grosse queue au mouton barbarin. En Tunisie, dans la province de Constantine, sauf dans quelques régions de Kabylie, il y a prédominance absolue de la race asiatique, dont les plus beaux spécimens se trouvent dans les variétés dites de *Mateur* et de *Guelma*. Au Maroc, dans la province d'Oran, la race ibérique existe à peu près seule. Dans la province d'Alger, c'est un mélange, à tous les degrés, des deux races, avec prédominance, à l'ouest, du type ibérique, à l'est, du type asiatique. »

Si nous quittons le domaine scientifique, pour observer les dénominations usuelles, nous voyons, que, en Algérie, on admet trois divisions principales : la race de Guelma, la race kabyle et la race d'Oran; ces dernières, à vrai dire, sont proches l'une de l'autre.

C'est la race de Guelma qui est la plus intéressante; à l'état pure ou mélangée, on la trouve dans les départements d'Alger et de Constantine. Le nord et le nord-est de ce dernier département sont les points où on la rencontre dans sa plus grande pureté. Taille moyenne : 1 m. 20 chez les mâles, 1 m. 10 chez les femelles. Longueur des bœufs (du chignon à la pointe des ischions) : 1 m. 90 chez les sujets les mieux conformés. Pelages les plus répandus (indice de la pureté de la race) : blanc ou gris clair. Excellente conformation d'animaux de boucherie[1].

Poids moyen.	Bœufs.	254 kilogr.
	Taureaux adultes.	210
	Vaches.	250

Convenablement nourries, certaines vaches donnent jusqu'à 10 litres de lait par jour : mais généralement la race est peu laitière.

Plus petite que la guelma et inférieure à elle, la race kabyle se rencontre sur tous les pâturages secs et pauvres de l'Algérie. Elle est

---

[1] « Quelques sujets sont, robe exceptée, de véritables miniatures de durham, avec leurs qualités et leurs imperfections. La viande des animaux n'ayant jamais souffert peut supporter la comparaison avec n'importe quelle viande. » (*Espèce bovine*, par Bonnefoy.)

mauvaise laitière. Les poids moyens sont de 220 kilogrammes pour les bœufs et de 175 pour les vaches. Mais les représentants de cette race sont tout à fait rebelles à l'engraissement.

La race d'Oran, enfin, est de petite taille, de robe foncée surtout à la tête, d'une ossature peu développée. Elle n'est pas apte au travail, mais donne, sans aucun soin, d'excellents animaux de boucherie. Elle est mauvaise laitière[1].

En indiquant brièvement les caractéristiques des races algériennes, — d'une façon générale, remarquables par une puissance de vitalité, un fond de qualités extraordinaires qui ne demandent, pour se développer, que bien peu de soins: une lactation à peu près suffisante dans le jeune âge, une nourriture, même grossière et parcimonieuse, assurée en tout temps, — je n'ai, bien entendu, pas tenu compte des produits obtenus par croisement.

Quelle que soit l'opération à laquelle se livre l'éleveur algérien, il ne doit jamais — et c'est ici le lieu de le dire avant d'énumérer ces diverses opérations — perdre de vue que c'est la méthode extensive qui doit seule être la sienne.

Voyons tout d'abord l'élevage et la production de la viande.

Les troupeaux restent constamment dehors; chez les indigènes, les abris sont chose à peu près inconnue. Sur le littoral on peut à la rigueur s'en passer; mais sur les hauts plateaux il n'en est pas de même. L'absence de délimitation des propriétés et l'insécurité obligent les gardiens à parquer les bêtes pendant la nuit, en sorte qu'elles ne peuvent se chercher un abri. Ces parcs sont installés, autant que possible, sur un terrain en pente pour faciliter l'écoulement des eaux et des purins et sont entourés d'une épaisse clôture faite de branchages ou de cloisons légères; la tente du gardien complète le campement. En temps sec, ces parcs sont suffisants, mais la situation change à la suite des pluies persistantes; le parc devient un cloaque

---

[1] M. Bonnefoy, voulant montrer la justesse de son opinion au sujet des deux races algériennes (voir p. 295 et 296), écrit : «Du guelma ou du tunisien, le bœuf oranais n'a que la taille. Non seulement le pelage, mais l'aspect général, la conformation diffèrent totalement. Cette dissemblance manifeste trahit une origine différente. L'un appartient à la race ibérique, l'autre à la race asiatique.»

infect et c'est pitié de voir les malheureuses bêtes immobiles, les membres ramassés sous le tronc, enfoncées dans la boue, grelottantes. Aussi le matin, lorsqu'on les sort, bien qu'affamées, elles vont se coucher dans un endroit relativement sec, et ce n'est qu'après un assez long repos qu'elles consentent à brouter. Cependant, telle est l'endurance de ces petits animaux, qu'ils arrivent malgré cela à s'engraisser avec un pâturage médiocre et une mince distribution de teben ou de fourrage sec. En été, on est obligé de les faire sortir soir et matin de très bonne heure; du reste, pendant le grand soleil, ils ne mangent pas et de plus, d'avril à juillet, une petite mouche appelée *tako* leur inflige de cruelles tortures. Sous la piqûre de l'insecte, il n'est pas rare de voir un troupeau entier, comme pris de panique subite, l'œil affolé, la queue dressée en l'air, partir à fond de train vers son parc, vers un coin d'ombre. Près des côtes, les troupeaux gagnent la mer et restent, à moitié, dans l'eau pendant les heures chaudes.

Le berger, même chez les Européens, est presque toujours un Arabe. Il possède l'art de conduire et de grouper un troupeau; d'un cri guttural, il rassemble les animaux dispersés, à de grandes distances, avec une facilité surprenante. Il n'a pas son pareil pour conduire au marché, guider par les sentiers bordés de récoltes, faufiler au milieu de lots d'animaux déjà en place un lot souvent très sauvage. Cinquante kilomètres de route, singulièrement augmentés pour lui par les crochets qu'il est obligé de faire à droite et à gauche, au pas de course, dans une poussière soulevée par les bêtes qu'il chasse devant lui, ne sont pas pour l'effrayer. Il reçoit un salaire de o fr. 30 à o fr. 4o par tête de gros bétail. Si l'on songe que ce prix comporte la garde de jour et de nuit, on se rendra compte qu'il n'est pas exagéré. Dans toute exploitation comportant plusieurs bergers, ces derniers sont sous les ordres d'un chef berger. Généralement intelligent, le chef berger, dit *ouakaf*, constitue un véritable registre vivant; il ne sait ni lire ni écrire, mais possède une mémoire surprenante. S'il a suivi les marchés avec le propriétaire, il est capable de donner, un an après, le prix d'achat individuel des cinq cents têtes de bétail; il connaît le lieu, la date de l'achat, le nom ou le signalement du vendeur.

C'est, on le voit, un auxiliaire précieux, « quand il veut bien, suivant un mot spirituel, rester un voleur discret ».

Les veaux sont gardés séparément jusqu'à l'âge de six mois, c'est-à-dire jusqu'à ce que la mère n'ait plus de lait, après quoi ils suivent le troupeau commun[1]. Les mâles ne sont guère châtrés avant un an à quinze mois. Ils ont alors déjà couvert, mais ce retard de la castration s'impose presque avec le mode d'élevage en usage chez les indigènes, le taurillon supportant mieux que le veau châtré les privations du jeune âge.

Généralement, nuls soins ne président à l'accouplement. Il se fait librement, au hasard, la loi du plus fort effectue seule une sorte de sélection naturelle.

Au total, si les bovidés indigènes ne se sont pas perfectionnés, ils n'ont pas non plus périclité; ils sont ce qu'ils ont toujours été.

Chez les Européens, l'élevage se fait tout autrement, aussi les résultats sont-ils bien différents. Malgré cela, le bœuf guelma, bien que soigné dès le bas âge et tout en atteignant un poids relativement élevé (425 kilogrammes), n'est pas précoce et il lui faut six années pour acquérir son développement complet. Il y a là un vice héréditaire qui ne résistera certainement pas à des soins judicieux appliqués à plusieurs générations successives.

Dans les grandes fermes européennes, on trouve généralement, à côté d'un troupeau de souche, diversement exploité, relativement peu important, un troupeau de commerce beaucoup plus considérable, destiné à l'engraissement qui se pratique de différentes façons, suivant le milieu dans lequel on opère, les saisons et les ressources dont on dispose, mais cet engraissement n'est jamais intensif. Il se fait exclusivement au pâturage, ou bien il est mixte : commencé au pâturage, il s'achève à l'étable. Dans le premier cas, on peut compter sur un bénéfice moyen de 20 francs par tête. L'engraissement mixte en laisse un de 30 francs.

[1] A de rares exceptions près, — exceptions qui ne se produisent guère guère que dans la partie nord-est du département de Constantine, — l'indigène prend à sa vache tout son lait, laissant au veau juste ce qu'il faut pour ne pas mourir de faim. Cette pratique est presque une nécessité pour le misérable fellah ; elle devient une habitude chez l'indigène aisé.

L'industrie du veau de lait est exclusivement aux mains des Européens. Avantageuse à tous points de vue, elle permet une réalisation rapide et présente peu d'aléas, les débouchés ne manquant jamais.

L'industrie laitière est assez prospère dans le pays. Elle est à recommander à l'agriculteur habitant près d'une ville, et qui, au prix actuel du lait, n'aurait aucun avantage à faire du beurre ou du fromage. Il en va tout autrement à l'intérieur, tout au moins quand on y dispose de ressources alimentaires suffisantes pour son bétail. Le lait des vaches indigènes est très riche en caséine et en beurre. Ce beurre se vend couramment 4 francs le kilogramme.

Envisageons maintenant la production du travail des animaux. Les bœufs algériens sont robustes, nerveux, très forts dans leur petite taille, d'un entretien facile et économique, moins lymphatiques que la plupart de leurs congénères de races européennes; bien qu'ils n'aient pas le caractère docile, leur dressage ne présente pas de difficultés sérieuses. Leur pas est accéléré et aussi rapide que celui d'un mulet, si bien qu'il n'est pas rare de voir, en pays arabe, un bœuf et un mulet attelés de front à la même araire. En raison du peu de précocité de la race, les bœufs travaillent rarement avant l'âge de 4 ans. Chez les indigènes, ils ne servent qu'aux labours. Chez les colons, on les emploie aussi aux charrois sur route. Quant aux vaches, elles ne sont jamais utilisées pour le travail.

Il faut ajouter que, malgré leur vigueur et leur énergie, les petits bœufs indigènes sont de plus en plus délaissés dans les exploitations européennes, où l'on fait des labours profonds. On leur préfère des animaux plus lourds, obtenus par croisement avec diverses races d'Europe.

La malaria sévit sous quantité de formes différentes sur les animaux dans les plaines marécageuses et insalubres du littoral; et les suites en sont presque toujours mortelles. Les travaux de M. Ducloux, en Tunisie, et, assez récemment, ceux de MM. Claude et Soulié, en Algérie, ont démontré que la malaria est due à un hématozoaire qui, d'après les travaux de Lignières, serait propagé d'individu à individu par l'intermédiaire des tiques. Malheureusement, il n'existe pas encore pour la malaria bovine, de spécifique jouant un rôle analogue à celui de la quinine vis-à-vis de la malaria humaine et on n'a pas découvert, ce qui serait précieux, le vaccin de cette maladie, qui ne se révèle le plus souvent chez les bœufs que lorsqu'elle est incurable. Aussi les buffles et les zébus, également réfractaires à la malaria, constituent-ils un bétail intéressant à étudier.

Buffle[1]. — Le buffle s'accommode de tous les pâturages en hiver, mais il ne peut vivre en été que sur le bord des rivières, des étangs

Fig. 359. — Vache bufflesse, appartenant à M. Roger Marès.

ou de la mer, parce qu'en cette saison il est presque amphibie; il craint extrêmement les mouches et, aux heures chaudes du jour, il ne laisse hors de l'eau que son mufle. Par contre, sa peau sécrète un suint

[1] «J'ai eu pendant quelques années auprès d'Alger un petit troupeau de buffles, provenant du troupeau du Bey de Tunis, qui lui-même descend du troupeau royal de Naples. Les animaux qui le composaient, de pelage uniforme, auraient été complètement noirs, s'ils n'avaient présenté au bout de la queue une touffe de crins blancs. Jusqu'au jour où ils ont été vendus par suite de mon départ de la propriété où ils vivaient, c'est-à-dire pendant huit ans, ils n'ont jamais eu d'abri et ne reçurent de soins à aucun moment de leur existence. Dès le commencement de mars, lorsque arrivent les premières chaleurs, jusqu'à l'ap-

abondant, qui le met à l'abri des autres parasites et en particulier des tiques.

Malgré la petite quantité et la mauvaise qualité de leur nourriture en cette saison, l'été est le moment où les buffles prennent le plus de graisse, alors que les bœufs maigrissent, au contraire, à cette époque. Un bœuf algérien adulte pèse rarement plus de 350 kilogrammes (50 p. 100 de viande nette). A quatre ans, les chiffres, pour un buffle, sont :

Poids vif.	565 kilogr.
Poids net des quatre quartiers.	272
Rendement pour 100.	51.68 p. 100.
Poids du cuir sans la tête et les pieds	75 kilogr.

Comme qualité, les avantages s'équivalent.

Pour le travail, un couple de buffles peut remplacer deux paires de bœufs algériens, et il est à noter que, durant l'hiver, saison de labour, ils ne se baignent pas. Ils sont doux et, en général, dociles, têtus seulement lorsqu'ils veulent se baigner.

Ils ne se croisent pas avec les autres bovidés et forment toujours bande à part dans le troupeau. Les bufflesses sont peu laitières, mais leur lait est beaucoup plus riche que celui des vaches. Elles donnent régulièrement un bufflon chaque année. Ce dernier suit toujours sa mère dès le premier jour, et il n'y a d'autres soins à lui donner que d'empêcher ses aînés de lui voler son lait.

Enfin, tandis que les bœufs broutent l'herbe, ramassent leur nourriture par terre, les buffles la cherchent en l'air; ils ne nuisent donc pas plus aux bœufs que les chèvres ne contrarient les brebis.

Zébu. — «Comme les buffles, les zébus sont rebelles à la malaria.

proche des premiers froids d'octobre, ils recherchent les bas-fonds marécageux ou le bord de la mer, où, pendant sept mois de l'année, ils ne trouvent pour toute nourriture que des tyha, du carex, du jonc, des roseaux, toutes plantes que les bœufs n'acceptent que pressés par la faim. Ils sortent dès le point du jour et, après avoir pâturé quelques heures, ils vont se plonger dans l'eau et y restent jusqu'à la fraîcheur du soir.

«Dès qu'arrive la saison froide et pluvieuse, ils vont d'eux-mêmes sur les collines, dans les endroits les plus secs, où ils recherchent pour nourriture la végétation arborescente, les cystes, les lentisques, les chênes verts, et malheureusement les oliviers, que leur long cou et leur grande taille leur permettent d'atteindre bien haut.» (Roger MANÈS, *Journal d'agriculture pratique.*)

Les plus grosses chaleurs les laissent indifférents, et ils présentent cet avantage énorme de ne pas avoir besoin de se baigner et de reproduire avec les bovidés ordinaires, auxquels ils ajoutent leur immunité.

«Tandis que les troupeaux indigènes, inquiétés par les mouches, anémiés par la chaleur, dépérissent à vue d'œil; que les maladies d'été, la fièvre, la jaunisse, les congestions de l'estomac et de l'intestin occasionnées par l'ingestion des chaumes les déciment, les zébus toujours alertes et bien portants continuent à engraisser.

«Comme les buffles aussi, les zébus sont frileux; mais il importe peu, puisqu'ils ne doivent peupler que les plaines malsaines, chaudes et humides du littoral.

Fig. 358. — Vache zébu pur sang et son veau demi-sang.

«Tous les zébus ne donnent pas de bons résultats en Algérie. Dès 1845, les jésuites y avaient introduit des zébus de Madagascar. Ces animaux ne valaient rien pour la boucherie. Ils n'en procréèrent pas moins un nombre considérable de métis, dont on retrouve encore quelques descendants dans la Mitidja.

«Il y a quelques années, la Banque de l'Algérie fit venir dans un de ses établissements de petits zébus de Cochinchine. Ceux-ci ne donnèrent pas de produits métis, et leur faible taille les rendit impropres aux travaux de culture.

«Les seuls zébus intéressants sont les descendants d'un taureau et d'une vache zébu-brahmine, qui furent rapportés à un éleveur de Bône, M. Rabon, par un de ses parents. M. Rabon ayant lâché son taureau dans son troupeau de vaches indigènes, en obtint des produits métis qui, contrairement à ce qui se passait jusqu'alors, traversèrent la saison chaude sans mortalité aucune. Lorsque ces animaux furent adultes, M. Rabon constata que les femelles étaient aptes à la reproduction et qu'elles étaient même d'une fécondité remarquable. Quant aux mâles, les uns furent envoyés à la boucherie, les autres dressés au travail. Parmi les premiers, il en fut expédié sur les marchés de

Fig. 359. — Taureau zébu-brahmine appartenant à M. Rabon, de Bône.

Marseille, où ils furent vendus avec une prime de plus de 15 francs, par 100 kilogrammes, de viande nette comparativement aux bœufs algériens, et leur rendement fut de 225 kilogrammes pour un poids vif moyen de 360 kilogrammes, soit 62 p. 100. Le squelette du métis de M. Rabon tient de celui du père zébu. Il est donc d'une finesse extrême. Chez ces métis, la bosse disparaît entièrement, et l'aspect est à peu près celui d'un bovidé ordinaire. Mais l'encornure, la tête étroite et petite, la forme des os les rendent facilement reconnaissables. Leur poitrine très développée, leur arrière-train légèrement insuffisant leur enlèvent un peu de leur valeur comme bêtes de travail. Plus sauvages que les buffles, ils sont aussi agiles, et leur allure plus rapide

Fig. 36o. — Vache Guelma.

Fig. 36i. — Métis du taureau zébu brahmine (fig. 35g)
et de la vache Guelma (fig. 36o).

est intermédiaire entre celle du bœuf guelma et celle du mulet. Les métis zébu sont plus précoces et plus forts que leurs parents. Alors que la race locale donne rarement des sujets pesant 300 kilogrammes à l'âge de quatre ans, les métis arrivent à 360.

« Le lait de la vache zébu ou métisse, comme celui de la bufflesse, est plus nourrissant que celui de la vache ordinaire arabe, et tandis que celle-ci donne tout au plus de 6 à 8 litres de lait par jour, la vache métisse ou zébu bien nourrie en donne jusqu'à 15 et 16.

« La Société commerciale algérienne possède actuellement un troupeau entier de métis zébu duquel elle tire tous ses bœufs de travail. Ces animaux, d'une sobriété excessive, lui rendent des services qui peuvent se comparer à ceux des mulets. Il en résulte pour cette société une diminution notable dans ses frais de culture [1]. »

Moutons. — « Que les envois d'Algérie viennent à nous faire défaut pour une raison ou pour une autre, et nous nous trouverons en présence d'un déficit considérable. » Ainsi s'exprime un auteur qui déplore ce fait qu'au marché aux bestiaux de la Villette, « l'approvisionnement en moutons serait loin de faire face aux besoins sans les grosses importations de l'Algérie et un certain appoint de l'étranger ». C'est que l'élevage du mouton — grâce à l'étendue des terrains de parcours — est plus à l'aise en Algérie qu'en France; on ne peut donc que souhaiter qu'il s'y spécialise.

La production du mouton constitue, sans conteste, avec celle de la chèvre, l'une des plus importantes richesses de notre colonie; elle représente une valeur moyenne de 120 à 150 millions de francs pour le mouton, de 30 à 40 millions pour la chèvre avec une production annuelle, si l'on y comprend une exportation de 40 à 50 millions, de 100 à 125 millions de francs pour les deux races.

[1] Roger Marès, *Journal d'agriculture pratique.* « Je note qu'André Sanson a combattu avec violence l'initiative de M. Rabon. Suivant ce professeur « l'idée d'améliorer les bovidés tourins par les zébus est une véritable excentricité ». Et il ajoute : « Les zébus sont appropriés naturellement aux pays qu'ils habitent; il n'y a qu'à les y laisser. » Or c'est justement par suite des conditions naturelles de la région que M. Rabon a tenté du croisement zébu, et il ne semble pas que les résultats obtenus lui donnent tort.

«On voit, écrit au retour d'un récent voyage dans la France africaine, M. J. Faray[1], on voit des troupeaux de moutons gras qui descendent des hauts plateaux et prennent en passant quelques provisions de route, avant d'aller s'engouffrer à Alger dans les cales des paquebots en partance pour Marseille. Ce sont des moutons barbarins plus ou moins voisins du mérinos, à la toison assez étendue quoique grossière et qui se vendent de 20 à 25 francs pièce à quai d'Alger. Quoique appartenant à la race des moutons à grosse queue, ils ont rarement à la base de la queue ces loupes graisseuses, disgracieuses, et qui, d'ailleurs, seraient considérées par le boucher français comme un défaut et un signe indubitable d'origine africaine. Tous ces moutons portent aujourd'hui à l'oreille un cordon métallique, preuve de leur clavelisation. »

L'élevage du mouton se pratique en Algérie dans des régions tout à fait différentes : la zone littorale et le Tell conviennent à des races améliorées; les steppes[2], au contraire, demandent des espèces rustiques, que la grande transhumance n'abâtardisse pas. Les alternatives — si longues — de froid et de chaud nécessitent une toison épaisse. Il faut que le mouton suive son maître dans toutes les pérégrinations de ce dernier; qu'avec lui, il remonte dans le Tell à l'époque des marchés, pour y laisser sa toison, et la partie du troupeau des-

---

[1] *Journal d'agriculture pratique*, 1902.

[2] «L'air sans vapeur y est d'une limpidité extraordinaire; les nuits d'une beauté, d'un éclat incomparables: les étoiles brillent innombrables; le ciel, d'un bleu sombre, a une profondeur inconnue partout ailleurs. Le jour, ce sont des tons de lumière particuliers. Toute la gamme des couleurs vient éblouir les yeux. Mais cette absence d'humidité, cette siccité absolue de l'air, ont sur le climat des effets désastreux; l'insolation, le rayonnement nocturne y atteignent une intensité énorme: les différences entre le minimum et le maximum d'une même journée dépassent souvent 35 à 40 degrés. L'été, la chaleur est extrême et l'on a, au soleil, jusqu'à 50 à 60 degrés. L'hiver, le froid très rigoureux descend parfois jusqu'à 10 degrés au-dessous de zéro. Il faut, pour se faire une idée bien nette de ces régions au point de vue cultural, ajouter à ces brusques variations de température l'irrégularité et la faible proportion des pluies. Des séries d'années pluvieuses sont suivies de périodes sèches; aussi toutes ces causes réunies y rendent-elles la culture fort aléatoire. Enfin, ce climat si dur, absolument irrégulier, empêche d'une façon presque complète le développement de la végétation arbustive. Les forêts y sont inconnues; on fait quelquefois de longues journées de marche sans rencontrer un arbre. Par contre, l'alfa, un thym, une armoise et quelques salsolacées couvrent de grandes étendues, offrant au mouton une végétation toute spéciale qui lui convient à merveille. Quant à l'Arabe perdu dans ces vastes espaces, sans rien qui vienne graver dans son esprit le souvenir du pays natal auquel le

tiné à la vente; puis, redescende dans les contrées sahariennes, quand, dans les parcours habituels, il n'y a plus possibilité de trouver de quoi satisfaire les besoins les plus restreints, et ceux du mouton algérien transhumant le sont. Marcheur excellent, il saura paître dans des champs qui semblent absolument dénudés, et il pourra, durant deux ou trois jours, fournir de longs parcours sans boire [1].

montagnard s'attache d'une façon si complète, il est devenu absolument nomade. Sa fortune consiste en troupeaux qui peuvent le suivre dans tous ses voyages; sa maison n'est qu'une tente qu'il peut emporter partout. Il est devenu le jouet des saisons qui le poussent à leur gré vers la partie saharienne, ou le refoulent vers la partie tellienne. Et lorsqu'un fléau le frappe, lorsque la période sèche, venant rappeler les vaches maigres de l'Écriture, dure trop longtemps, lui, qui n'a pas eu la prévoyance de l'Égyptien, ne sait plus que mourir de faim. Tel est le pays que l'on a appelé le pays du mouton, parce que le mouton seul fournit à l'homme les moyens d'en tirer parti.» (*Espèce ovine*, par COUPUT, directeur du service des bergeries.)

[1] Dans l'ouvrage — déjà cité à la note précédente — publié par les soins du Gouvernement général sous le titre de *Espèce ovine* et rédigé par le directeur du Service des bergeries, avec la collaboration de MM. Emery, vétérinaire, chef du Service sanitaire du département de Constantine, et Godard, directeur du domaine de l'Habra, on peut lire ce qui suit au sujet des races ovines de l'Algérie :

«La population ovine de l'Algérie peut se diviser en trois groupes distincts qui sont localisés dans des régions à climat et à système cultural tout différents :

«1° Le mouton barbarin;

«2° Le mouton berbère;

«3° Les diverses races de moutons à laine tassée que l'on appelle généralement races arabes, simplement parce qu'elles forment la totalité des troupeaux possédés par les Arabes.

«Les deux types principaux de ce dernier groupe sont représentés : l'un, par les moutons à face brune ou noire du Sud algérien; l'autre, par les moutons à face blanche dont la parenté avec le mérinos semble problable.

«Il faudrait enfin mentionner maintenant que les frontières algériennes s'étendent davantage vers le sud un quatrième groupe composé de moutons touaregs et du Gourara. Ces derniers seraient originaires de la Nubie ou du Soudan; tandis que les moutons barbarins, les moutons berbères, les différentes variétés qui composent le groupe des moutons arabes appartiennent, à l'exception du mérinos, à la race de Syrie (Sanson).

«Le mouton barbarin est ce mouton à large queue qui, occupant la Tunisie tout entière, n'existe en Algérie que dans la partie est du département de Constantine. D'un mauvais rendement comme viande, fournissant une chair peu estimée par les Européens, il est toujours coté sur les marchés français de 25 à 3o centimes de moins par kilogramme que les moutons arabes. Il atteint rarement, déduction faite de la queue, plus de 1 3 à 1 8 kilogrammes net. C'est donc une race qui n'a aucune valeur pour l'exportation. Les indigènes l'apprécient pourtant beaucoup parce que sa queue, qui pèse souvent 3 ou 4 kilogrammes, n'est qu'une boule de suif dont ils se servent en guise de beurre. L'on a dit, sans bien établir le fait, que cette race résiste mieux que toute autre dans les prairies marécageuses. Elle est, en tout cas, beaucoup moins agile que les moutons arabes ou berbères et a plus de mal à trouver sa nourriture en terrain accidenté. Quant à la faculté qu'elle posséderait de vivre dans les prairies marécageuses, je n'en vois pas bien l'utilité. Ce sont là des prairies où l'on a tout intérêt à faire l'engrais du bœuf ou du mouton et non pas l'élevage proprement dit.

«Les moutons berbères sont généralement

J'ai indiqué plus haut (p. 286 et 287) le chiffre moyen du cheptel ovin algérien; si nous examinons les statistiques, nous voyons qu'il y a, depuis 1889, une diminution de plus de 3 millions de têtes, diminution qui porte entièrement sur les transhumants. Ce n'est pas là une conséquence de mauvaises récoltes ayant forcé l'Arabe à vendre à bas prix son mouton pour ne pas le voir mourir sur un pâturage

petits; leur viande, tout en étant meilleure que celle des barbarins, est loin de valoir la chair des moutons arabes; leur laine est généralement longue, atteignant quelquefois jusqu'à 20 ou 25 centimètres; elle est souvent demi-longue, rarement courte: mais c'est surtout dans le régime et le climat qu'il faut chercher les causes qui, sans en modifier le brin, agissent sur sa longueur. Quel qu'en soit le lieu de production, elle est toujours grossière, à mèche ouverte, et garde cet aspect dur et rêche qui la fait ressembler à du poil de chèvre. Au point de vue viande, ce mouton a encore un grave défaut. C'est de toutes nos races algériennes la moins précoce; elle tend, du reste, tous les jours davantage à céder la place aux moutons à toison tassée que les Kabyles vont acheter dans toute la vallée de l'oued Sahel, depuis El-Kseur et l'oued Amizour jusqu'à Aumale.

«Le troisième groupe, et c'est de beaucoup le plus nombreux, comprend les différentes races à queue fine, à tête blanche ou à tête noire ou brune, qui habitent les hauts plateaux et la presque totalité des plaines de l'Algérie. La laine en est généralement courte, tassée, plus ou moins fine et presque toujours entremêlée de jarre. La viande en est généralement bonne, lorsque la castration a été faite de bonne heure, et le poids moyen d'un mouton adulte et en bon état est de 18 à 20 kilo-grammes de viande nette. La race blanche do-mine surtout à Chellala, dans les régions de Boghari, de Bou-Saâda, de Sétif, dans le Hodna et une partie du Chélif; c'est la plus belle de toutes les races algériennes; c'est probablement aux Romains qu'il faut en attribuer l'importa-tion; elle a de très grandes similitudes avec la race mérine, mais avec une race mérine abâ-tardie et dégénérée. La race à tête brune ou

noire, d'origine syrienne, a probablement dû être amenée par les Arabes lorsqu'ils ont con-quis l'Afrique du nord; c'est, du reste, celle qui domine encore dans la plupart des pays à grande transhumance; elle habite, surtout, la partie sud des hauts plateaux.

«Assez homogènes dans la région bogha-rienne, dans le Hodna, à Sétif, dans les régions du Sud, les troupeaux comprennent, dans les autres contrées, des métis d'autant plus nom-breux qu'ils sont sur la limite des parcours où dominent les races différentes dont nous venons de parler; que surtout ils sont davantage en contact avec les barbarins ou les représentants de la race berbère.

«Chez les races touareg et du Gourara, le crâne est étroit et allongé, le nez fortement busqué; aussi doit-on les ranger parmi les races dolichocéphales. Les cornes sont absentes ou représentées par des simples rudiments chez le mâle, toujours absentes chez la femelle. Les oreilles sont pendantes et légèrement inclinées en avant. L'une des principales caractéristiques de cette race est la longueur et la finesse des pattes, ce qui donne à certains sujets, dont la robe est couleur chamois, une ressemblance remarquable avec la gazelle; mais cette confor-mation toute particulière qui permet aux mou-tons touaregs de franchir rapidement et sans fatigue de très grandes distances, a pour con-séquence de réduire à son volume le plus mi-nime l'une des parties les meilleures du mou-ton, le gigot. La cuisse longue est absolument plate, sèche; la croupe est rétrécie; il en est de même de l'épaule, de sorte que le rende-ment en viande est relativement peu élevé. Un second caractère peut-être encore plus frap-pant, c'est, chez certains sujets, l'absence ab-solue du brin laineux, de la mèche — qui

desséché; il s'agit d'une diminution qui continue, et qui, en territoire militaire, atteint 5o p. 100. Il en faut chercher la raison : 1° dans la constitution de la propriété individuelle dans le sud tellien; 2° dans la mise en défense des forêts contre les déprédations des troupeaux — deux choses également nécessaires et qu'il fallait accomplir. Mais il est de notre devoir également de ne pas nuire aux uns pour être utiles aux autres, et nous devons, d'une part, ne pas créer la propriété individuelle dans les contrées où la transhumance est indispensable et ne pas y aliéner les quelques portions riches, véritables îlots indispensables pour les haltes des transhumants; il faut, d'autre part, créer des réserves d'eau ou, plus exactement, en augmenter le nombre. En bien des endroits, cette eau existe à l'état latent; il faut la faire jaillir du sol, et, là où le sol n'en contient pas, il faut, par le moyen de barrages et de citernes, recueillir tout ce qui se perd aujourd'hui durant la saison de pluies.

La principale occupation à laquelle se livre l'Européen est l'engraissement du mouton. A l'automne, époque où cessent les exporta-

forme la toison du mouton — remplacée par le poil dur et raide de la chèvre, si bien qu'il est fort difficile de distinguer à distance la chèvre de Nubie du mouton touareg, dont elle ne diffère nettement, dit Sanson, que par sa queue plus courte et toujours relevée. Ce savant zootechnicien déclare, du reste, que la race qui nous occupe forme bien véritablement le passage entre les deux groupes d'ovidés, ariétins et caprins. La hauteur des mâles adultes est, en moyenne, sur le garrot qui est très sorti, de o m. 78. La distance du sternum à la terre, o m. 46. La longueur du museau à la naissance de la queue, de 1 m. 18. Cette dernière est toujours droite, longue et pendante. La circonférence de la poitrine est de o m. 88; celle du ventre, de o m. 94; le poids moyen des sujets de deux ans et demi, de 45 kilogrammes. Parmi les brebis, les unes ont la mamelle ronde de la brebis; les autres, la mamelle pendante à mamelons allongés et séparés de la chèvre. La production laitière est très abondante, et les mères nourrissent facilement leurs portées presque toujours doubles. Deux jumeaux pesaient, à 4 mois, le mâle 19 kilogrammes, la femelle 17 kilogr. 5oo. Un agneau mâle de 5 mois et demi pesait 22 kilogrammes. Cette race pourra-t-elle rendre des services en Algérie? Elle semble d'une précocité assez grande, d'une fécondité remarquable, bonne laitière; peut-être pourra-t-on, par le croisement, lui faire produire lucrativement les agneaux de lait. Peut-être encore pourrait-elle, dans certaines régions où ne peut vivre le mouton algérien, remplacer la chèvre qui nuit tant aux forêts. Elle trouve en tout cas, et d'une façon remarquable, son utilisation dans l'Extrême-Sud, où elle pourra servir au ravitaillement de nos colonnes. Mais il semble dès à présent certain qu'elle ne pourra jamais remplacer avantageusement dans les régions où elles peuvent vivre, nos races algériennes dont la conformation est bien meilleure, le rendement bien supérieur et qui ont, enfin, l'immense avantage de fournir, en même temps qu'une viande meilleure, une dépouille de bien plus grande valeur. »

tions de moutons, les colons achètent, au prix moyen de 15 francs par tête, des animaux de dix-huit mois à deux ans, qu'ils font châtrer quand ils ne le sont pas déjà. Ces moutons sont, pendant l'hiver et le printemps, engraissés dans les pâturages du Tell (plaines de l'Habra, région de Constantine, de Sétif) et bons à être livrés à la consommation dès le mois de mai. Ces moutons d'engraissement précoce sont vendus en primeurs avant que ne commencent les exportations des moutons des indigènes et bénéficient d'un prix de vente plus avantageux.

Le poids net de ces moutons précoces est de 19 à 20 kilogrammes; ils sont exportés à Marseille où ils sont vendus à des prix variant entre 1 fr. 25 et 1 fr. 50 le kilogramme net.

Les frais s'élèvent, par tête, en moyenne de 4 fr. 50 à 5 francs, pour transport, commission, frais de visite, etc., sans compter les dépenses de nourriture, d'engraissement, de garde, de pertes par mortalité, etc.

Il faut donc obtenir, au minimum, un prix de vente de 20 francs par tête pour ne pas être en perte : le surplus représente, avec le produit de la tonte, la rémunération du capital, le prix des fourrages consommés et le bénéfice de l'opération.

Indépendamment de la production des moutons gras précoces, l'Européen fait l'agneau de lait; pour cela, il achète à l'automne des brebis pleines dont le produit est vendu à six semaines aux bouchers pour la consommation locale, au prix de 8 à 10 francs; les mères engraissées sont ensuite revendues.

L'expédition des moutons précoces des Européens est suivie de celle des moutons indigènes qui se continue jusqu'en septembre.

«En conclusion, si l'Européen peut se livrer d'une façon très lucrative à l'élevage du mouton dans la partie tellienne, l'Arabe seul, grâce à ses besoins si réduits, peut mettre en valeur les pays à grande transhumance.

«L'amélioration la plus urgente, la plus indispensable, consiste à augmenter dans ces vastes régions la quantité d'eau disponible sur chaque point, à l'époque où les troupeaux peuvent y trouver leur nourriture.

«Seule, cette modification dans le régime des eaux permettra d'en augmenter le nombre. Mais si l'augmentation des troupeaux transhumants peut se résumer, en un seul mot : de l'eau abondante et pure, l'amélioration de ces mêmes troupeaux tient tout entière en ces deux termes :

«1° Laisser plus de lait aux agneaux;

«2° Castrer de bonne heure tous les mâles inutiles ou défectueux, pour constituer l'homogénéité du troupeau, et ne conserver dans chaque région que le type le meilleur et le plus apte à utiliser les ressources qui s'y trouvent.

«Nous pensons que le moyen le plus pratique d'arriver à ce résultat consisterait à créer des commissions locales composées de grands chefs ou de notables indigènes, choisis dans les régions où ils auraient à opérer. Il suffirait de leur adjoindre un homme initié aux conditions de l'élevage algérien qui discuterait et établirait sur place, avec elles, la ligne de conduite à suivre.

«Le programme une fois tracé, elles le feraient exécuter avec d'autant plus de facilité que chacun de leurs membres mettrait, à servir la cause du progrès, l'influence considérable que possèdent sur leurs coreligionnaires les grandes notabilités indigènes.

«Ces commissions examineraient, au moment où ils sont réunis sur des points déterminés, soit au commencement, soit à la fin de leur pérégrination, les troupeaux qui seraient signalés à leur attention; elles indiqueraient aux éleveurs de la tribu les races, les types de laines préférés par l'exportation; elles leur donneraient des conseils fort utiles et d'autant plus pratiques qu'ils ne seraient pas en désaccord avec l'inéluctable nécessité où se trouvent les nomades de transhumer tous les ans. Elles sanctionneraient, par la distribution de récompenses (médailles ou primes), les efforts faits par les éleveurs les plus méritants. Chacun de leurs membres tiendrait à honneur d'appliquer, dans ses troupeaux, les procédés étudiés et préconisés en commun.

«La tribu tout entière arriverait ainsi à comprendre, par leur exemple, que lorsqu'on veut avoir de beaux animaux, il faut laisser le lait aux agneaux, que la castration, pratiquée dans le jeune âge, n'est pas une cause d'affaiblissement pour les sujets qui y sont soumis et que, seule, elle permet l'amélioration de la race[1]. »

CHÈVRES [2]. — La population caprine de l'Algérie dépassait de peu le chiffre de 2 millions en 1867; l'augmentation est notable, puisque la moyenne décennale 1890-1899 indique :

$$\text{Chèvres possédées} \begin{cases} \text{par les indigènes}\dots\dots\dots & 3,568,283 \\ \text{par les Européens}\dots\dots\dots & 72,704 \end{cases}$$

On peut estimer chaque animal à 8 francs; cela donne pour le cheptel caprin une valeur de 30 millions. La chèvre est, du reste, très utile aux indigènes algériens, paissant les terrains accidentés, se contentant de ce dont le bœuf, non plus que le mouton, ne sauraient s'accommoder. Malheureusement, c'est une grande dévastatrice de forêts. Aussi, pour elle, l'impôt zekkal a-t-il été élevé à 0 fr. 25 par tête, tandis qu'il a été laissé à 0 fr. 20 pour les moutons. Aux environs des grandes villes, surtout dans l'Est et dans le département d'Alger, on trouve des troupeaux de chèvres maltaises[3], noires ou quelquefois blanches, sans cornes, avec le profil busqué et de longues oreilles tombantes. Leurs mamelles sont grosses, globuleuses et remplies de lait. Ce sont des bêtes admirables pour la lactation dans ces régions où les ressources fourragères sont rares. Elles broutent dans le lit des rivières, sur le bord des chemins et dans les terrains vagues. Les sujets possédés par des Européens sont presque constamment entretenus à l'étable. Grâce à une alimentation abondante et à un régime spécial, ils produisent jusqu'à quatre litres de lait par jour. Dans l'Ouest, c'est la chèvre espagnole qui domine. Même lorsqu'elle est la propriété des Européens, elle est soumise à un régime mixte de parcours et de stabulation. Moins bonne laitière que la maltaise, elle est plus rustique. Je parle à la page suivante — à propos de la laine — de la chèvre angora. Il faut noter que chez les indigènes la chèvre donne, bien entendu, moins de lait que chez les

____

[1] *Espèce ovine*, par COURUT, directeur du service des bergeries. — [2] Voir p. 286 et 287. — [3] Au sujet des chèvres maltaises, voir t. II, p. 32 et suiv.

Européens, mais notablement plus que n'en donne la brebis. Au total, la production annuelle est d'environ 16 millions de francs.

Laines. — Après avoir parlé des moutons et des chèvres, disons un mot des laines. Dans son intéressant travail déjà cité, M. Couput[1] est loin d'être optimiste; il montre combien il y aurait à faire sous ce rapport.

«Tandis que la France produit 40 millions de kilogrammes de laine au minimum, que l'Australie en exporte 300 millions de kilogrammes, le Cap 30 millions, et la République Argentine 50 à 60 millions; tandis que la consommation générale du monde, enfin, dépasse 1 milliard de kilogrammes, notre production annuelle n'est plus guère que de 10 millions de kilogrammes et nous n'avons fourni à la France, en 1899, que 5,749,900 kilogrammes sur une importation de 253,311,000 kilogrammes. La situation est la même si nous envisageons la production d'un autre genre de poils qui est fort demandé, très bien payé, et que nous pourrions produire en abondance : le mohair.

«Il existe bien en Algérie un troupeau de chèvres de race angora qui, importé depuis plus de quarante ans, a conservé toutes ses précieuses qualités, dont la toison a gardé toute sa valeur, toute sa beauté. La douceur, la finesse, le moelleux du poil, sa blancheur éclatante, sont restés les mêmes; sa mèche est toujours aussi frisée, aussi soyeuse. Mais les indigènes ont longtemps hésité à se servir des reproducteurs de cette race que l'on mettait à leur disposition. Ils ne veulent pas donner à la toison les soins nécessaires. Quelques rares éleveurs européens, qui font de la chèvre, ont seuls commencé sérieusement l'amélioration de leurs troupeaux par le croisement.

«Pendant ce temps, les Anglais, qui ont importé, en 1857, un petit troupeau d'angoras au Cap, sont devenus les maîtres du marché des laines mohair. Le petit nombre d'animaux importés est devenu légion. On en comptait 3,184,000 en 1891 et le Cap vendait la même année

[1] Pour la partie de son travail consacrée aux laines et à l'industrie lainière, M. Couput a eu comme collaborateur M. Schweitzer, négociant en laines, et le Cadi de Tlemcen.

pour 11 millions de francs de poils. Nous étions encore, comme cela avait eu lieu pour l'autruche, largement distancés et complètement battus par nos rivaux.

«Les laines algériennes peuvent se classer, à première vue, en deux groupes distincts, dont les types primordiaux plus ou moins nombreux et parfaitement reconnaissables, dans certaines régions, se sont, sur d'autres points de la colonie, fondus, mélangés par une multitude de croisements et ont donné naissance à une grande variété de laines de toutes longueurs et de toute nature. Le premier de ces groupes domine en Algérie et se trouve presque exclusivement en pays arabe. Le second n'existe, à de rares exceptions près, qu'en pays kabyle où on le rencontre généralement seul.

«Les laines arabes sont généralement courtes, souvent demi-longues, rarement longues. Elles sont en zigzag, frisées ou ondulées, quelquefois vrillées; elles varient dans de très fortes proportions, comme finesse, comme élasticité, comme souplesse.

«Les laines kabyles, au contraire, ont un aspect absolument différent. Le brin est dur, grossier, droit et raide, leur élasticité est nulle, la mèche en est à peine formée et dans la partie la plus rapprochée de la peau seulement, de sorte que les animaux qui en sont couverts semblent revêtus d'une toison de poils de chèvre. Elles sont généralement longues atteignant jusqu'à 20 ou 25 centimètres; quelquefois demi-longues, rarement courtes, et c'est surtout dans le régime, dans le climat, qu'il faut chercher les causes qui en modifient la longueur; mais, quel que soit le lieu de production, elles sont toujours grossières et gardent, sans exception, cet aspect dur et rêche qui les fait ressembler à du crin. »

CHAMEAUX [1]. — Ce sont les *vaisseaux de la terre* (*Gouareb el beurr*). «Dieu l'a voulu et il les a multipliés à l'infini! »

[1] Tout le corps du chameau, du dromadaire plus exactement, concourt à lui faciliter sa tâche de véritable, de seul moyen de transport du désert: ce sont ses dents, dont la forme est propre à trancher les plantes coriaces et les rudes arbrisseaux, qui sont le plus souvent la seule végétation de sables africains; c'est son estomac, qui digère cette nourriture grossière et qui, viendrait-elle même à lui faire défaut, saurait s'en passer un temps relativement long; enfin, ce sont ses pieds larges, élastiques serait-on tenté d'écrire, qui conviennent

J'ai indiqué leur nombre actuel (p. 286 et 287); en 1893, il a atteint 267,932. Jetons un regard en arrière. Le chiffre de 1867 est 154,000; celui de 1876, 186,000. Mais ces deux chiffres présentent-ils une certitude? Je n'oserais l'affirmer.

Dans un intéressant ouvrage consacré aux *Mœurs et coutumes de l'Algérie*, le général Daumas a vanté les qualités du chameau :

« Vivant ou mort, le chameau est la fortune de son maître. Vivant, il porte les tentes et les provisions, il fait la guerre et le commerce; pour qu'il fût patient, Dieu l'a créé sans fiel [1]; il ne craint ni la faim, ni la soif, ni la chaleur. Son poil fait nos tentes et nos burnous [2]; le lait de sa femelle nourrit le riche et le pauvre, il rafraîchit la datte, engraisse les chevaux; c'est la source qui ne tarit point. Mort, toute sa chair est bonne; sa bosse (*deroua*) est la tête de la *diffa* [3]; sa peau fait des outres (*mezade*) où l'eau n'est jamais bue par le vent ni par le soleil, des chaussures qui peuvent sans danger marcher sur la vipère et qui sauvent du *haffa* [4] les pieds du voyageur; dénuée de ses poils, mouillée ensuite et simplement appliquée sur le bois d'une selle, sans chevilles et sans clous, elle y fait adhérence, comme l'écorce avec l'arbre, et donne à l'ensemble une solidité qui défiera la guerre, la chasse et la fantasia. »

Tous les voyageurs ne sont pas aussi favorables au chameau que le général Daumas :

« Avec son profil fuyant, écrit M. P. Bourde, ses petites oreilles dressées comme des houppes de poils, son nez camard, ses longues

---

pour marcher sans fatigue et sans danger dans les sables brûlants. Le voici sur la route (route ici est un euphémisme) : il s'en va d'un pas lent et très allongé; le presse-t-on, il ira l'amble, mais plus vite que ne le marche le cheval. Les étapes sont longues. Le chamelier arabe — qui connaît chacun de ses animaux comme chacun d'eux le connaît lui-même, qui les appelle par leur nom — chante sur un rythme lent et continuel, et les animaux suivent, attentifs à ce chant monotone.

[1] Les Arabes disent que le chameau n'a pas de fiel et que, de là, vient sa patience.

[2] Les Arabes utilisent le poil du chameau dans la confection des felidjs de tentes et des gheraras ou couvertures de chevaux; ils en font, aussi, de longues cordes dont ils se servent pour serrer le haïk autour de leur tête. On tond le chameau tous les ans au printemps à partir de la deuxième année. Le produit varie entre 3 et 4 kilogrammes, suivant l'âge et la taille, et se vend de 1 franc à 1 fr. 50 le kilogramme.

[3] C'est le mets le plus recherché que l'hospitalité puisse offrir à des hôtes de distinction.

[4] Brûlures produites par le sable.

babines qu'il semble vouloir pincer avec malice, ses grandes dents, son dandinement perpétuel, le chameau a l'air d'une bêtise si prodigieuse qu'on ne s'y accoutume point; ses gros yeux sont toujours en proie à l'ahurissement; à chaque instant, il dresse la tête comme pour demander de quoi il s'agit. Et il a l'humeur quinteuse et grognonne des imbéciles prétentieux. Quand l'ordonnance qui veillait sur notre convoi allait en avant pour faire ranger les caravanes, nous entendions les chameaux crier avec colère, parce qu'on les dérangeait. Ce cri rappelle le son qu'on obtient lorsqu'on souffle avec vigueur dans un tuyau de terre cuite. J'en demande pardon aux cent quatre-vingt mille chameaux de l'Algérie, mais ils m'ont paru des animaux peu aimables [1]. »

En général, c'est seulement durant la saison du rut que les chameaux sont méchants; on est, alors, obligé de les museler.

Méhara. — « Le méhari est beaucoup plus svelte dans ses formes que le chameau vulgaire (*djemel*); il a les oreilles élégantes de la gazelle, la souple encolure de l'autruche, le ventre évidé du sloughi (*lévrier*); sa tête est sèche et gracieusement attachée à son cou; ses yeux sont noirs, beaux et saillants; ses lèvres longues et fermes cachent bien ses dents; sa bosse est petite, mais la partie de sa poitrine qui doit porter à terre lorsqu'il s'accroupit est forte et protubérante; le tronçon de sa queue est court; ses membres, très secs dans leur partie inférieure, sont bien fournis de muscles à partir du jarret et du genou jusqu'au tronc; la face plantaire de ses pieds n'est pas large et n'est point empâtée; enfin, ses crins sont rares sur l'encolure, et ses poils, toujours fauves, sont fins comme ceux de la gerboise.

« Le méhari supporte mieux que le *djemel* la faim et la soif. Si l'herbe est abondante, il passera l'hiver et le printemps sans boire: en automne, il ne boira que deux fois par mois; en été, il peut, même en voyage, ne boire que tous les cinq jours. Dans une course de razzia jamais on ne lui donne d'orge; un peu d'herbe fraîche au bivouac et les buissons qu'il aura broutés en route, c'est là tout ce qu'il faut à sa

[1] *A travers l'Afrique.*

chair; mais au retour à la tente, on le rafraîchira souvent avec du lait de chamelle dans lequel on aura broyé des dattes.

« Si le djemel est pris de frayeur ou s'il est blessé, ses beuglements plaintifs ou saccadés fatiguent incessamment l'oreille de son maître. Le méhari, plus patient et plus courageux, ne trahit point sa douleur, et ne dénonce point à l'ennemi le lieu de l'embuscade. Le méhari est au djemel ce que le *djend* (noble) est au *hheddim* (serviteur).

« On dit dans le Tell que les méhara font en un jour dix fois la marche d'une caravane (100 lieues); mais les meilleurs et les mieux dressés, du soleil à la nuit, ne vont pas au delà de 35 à 40 lieues; s'ils allaient à cent, pas un de ceux qui les montent ne pourrait résister à la fatigue de deux courses, bien que le cavalier des méhara se soutienne par deux ceintures très serrées, l'une autour des reins et du ventre, l'autre sous les aiselles. Dans le Sahara algérien, après les montagnes des Ouled-sidi-Cheikl, les chevaux sont rares, les chameaux porteurs innombrables, et les méhara de plus en plus nombreux jusqu'au Djebel-Hoggar.

« Le jeune méhari a sa place dans la tente; les enfants jouent avec lui, il est de la famille; l'habitude et la reconnaissance l'attachent à ses maîtres, qu'il devine être ses amis. Au printemps, on lui coupe tous ses poils et on lui donne alors le nom de *bou-kuetaâ* (le père du coupement). Pendant toute une année, le bou-kuetaâ tette autant qu'il veut; il suit sa mère à son caprice; on ne le fatigue point encore par des essais d'éducation, il est libre comme s'il était sauvage. Le jour de son sevrage arrivé, on perce de part en part une de ses narines avec un morceau de bois pointu qu'on laisse dans la plaie : lorsqu'il voudra téter il piquera sa mère qui le repoussera par des ruades, et il abandonnera bientôt la mamelle pour l'herbe fraîche de la saison.

« Ce qui fait la supériorité du méhari, c'est qu'à toutes les qualités qui sont de lui, il réunit toutes celles du djemel. Ce qui fait son infériorité, c'est que son éducation difficile mange pendant plus d'un an tout le temps du maître, et que ceux de sa race ne sont pas nombreux. La beauté ne voyage pas par caravanes [1]. »

____

[1] Général Daumas.

Porcs, volaille. — Tandis que la volaille se rencontre surtout chez les indigènes, les porcs — dont l'effectif moyen est de 85,000 têtes — sont exclusivement possédés par les Européens. Ils vivent à l'antique, et sont d'un bon rapport. Au total, la production des basses-cours ne peut être estimée qu'à quelques millions de francs.

Apiculture. — Les Kabyles — et on ne saurait s'en étonner après ce que j'ai dit d'eux (p. 228) — sont depuis fort longtemps apiculteurs; certains possèdent près d'un millier de ruches. L'élève des abeilles est, du reste, très facile en Algérie, et le miel et la cire sont, dans la plus grande partie du Tell, d'une grande finesse. Les débouchés sont loin, d'autre part, de faire défaut; en effet, Arabes et israélites préférant faire usage de miel que de sucre, l'importation atteint annuellement une valeur d'environ 600,000 francs. On estime le chiffre des ruches possédées actuellement par les indigènes à environ 200,000; chez les colons, l'apiculture mobiliste se répand assez rapidement, et nombreux sont aujourd'hui les apiculteurs algériens qui pourraient rivaliser avec leurs confrères de France.

Sériciculture. — J'ai parlé (p. 258) de la culture du mûrier. Le climat est tout à fait favorable à la sériciculture. Malheureusement les maladies vinrent ruiner l'œuvre entreprise et, depuis trente ans, la sériciculture algérienne a bien de la peine à se relever.

E. FORÊTS ET PRODUCTIONS SPONTANÉES [1].

Superficie. — Essences dominantes. — Sous-bois arborescent. — Incendies. — Comment la forêt s'appauvrit jusqu'à ne plus être qu'une friche. — Zones forestières. — Déboisement; mesures proposées pour y obvier. — Production forestière. — Consommation indigène. — Charbon de bois. — L'eucalyptus. — Le palmier nain; mesures à prendre pour sa protection; crin végétal.

Les forêts d'Algérie ont une superficie légèrement supérieure à 3 millions d'hectares — dont 2 millions et demi appartiennent

[1] Voir, pour le chêne-liège, p. 325 et suiv.

à l'État; un demi million, aux particuliers; les communes possèdent un peu moins de 100,000 hectares.

La caractéristique de ces forêts est la grande proportion d'arbres toujours verts qui entrent dans la composition de leurs boisements. Généralement, les espèces à feuilles caduques ne se rencontrent que par pieds isolés ou par petits bouquets. Dans son ensemble, cette flore forestière ressemble fort à celle de notre côte méditerranéenne : petits arbres aux bois durs qu'un épiderme épais garantit de la sécheresse, mais qui sont impropres à être utilisés comme bois de travail. Seuls, forment de grands massifs : le chêne-liège, le chêne zéen, le chêne à baies, le chêne yeuse, les pins maritime et d'Alep, le cèdre, le thuya, le genévrier de Phénicie. Formant des rideaux sur les bords des rivières et en forêts dans les plaines marécageuses, on trouve le peuplier, l'orme, le pin. Enfin, on rencontre — pieds isolés ou en bouquets — caroubiers, cerisiers, oliviers, micocouliers, noyers et quelques autres fruitiers. Le sous-bois arborescent est d'autant plus abondant que l'altitude est moindre; ce sous-bois — non inutile puisqu'il retient la couche supérieure des terres et empêche, par suite, la sécheresse d'appauvrir la forêt — est composé de pistachiers, de lentisques, de bruyères, d'arbousiers, de philarias; de myrtes, de calycotomes, de genêts, de cytises, etc.

Les incendies [1], — dont ce sous-bois est un véritable propagateur, — joints à un pâturage excessif, détruisent malheureusement les peuplements. Qu'un second incendie éclate dans une forêt de pins avant que la racine ait atteint l'âge de production, l'arbre ne sera plus représenté que par quelques pieds épars émergeant au-dessus du sous-bois. S'agit-il de feuillus, le massif se dégrade, des clairières se forment, elles se rejoignent peu à peu, et, bientôt, il n'y aura plus que quelques bons pieds. Tels sont les résultats que produisent également des coupes excessives. Ces maquis — dont l'extension de la colonisation amène le défrichement — couvrent de vastes espaces dans les régions voisines du littoral. Vers le sud, quand la forêt

---

[1] Au sujet des méthodes de défense, voir t. II, p. 643 et suiv.

disparaît, le terrain, par suite de l'absence de sous-bois, reste dénudé.

Un pâturage sans cesse répété ne tardera pas à dégrader le maquis lui-même. Les plantes herbacées resteront seules après la disparition des arbrisseaux, et ce sera la friche, dernier degré de l'appauvrissement des boisements.

Bien que ce qui précède se rapporte surtout à la région littorale, la situation n'est malheureusement guère meilleure dans la partie montagneuse, et les forêts y sont, pour la plupart, en voie de destruction. Au Sahara, enfin, on ne rencontre que quelques rares arbres, notamment le pistachier de l'Atlas, qui y vit, du reste, à l'état isolé, et qui, grâce à la longueur de ses racines, peut aller chercher au loin l'humidité et la nourriture qui lui sont nécessaires.

Il est à regretter que notre occupation n'ait pas eu pour résultat d'atténuer cette disparition des forêts. « Les exploitations de randonnées d'écorces à tan pour l'exportation ou bien pour l'approvisionnement des centres et des services militaires, écrit M. Henri Lefebvre [1], l'extension des cultures, le pâturage ininterrompu et effréné après les incendies et les coupes, ont continué à faire disparaître les forêts; il ne faut pas se le dissimuler, leur destruction suit une progression effrayante, même dans le Tell constantinais, où la végétation est si puissamment favorisée par le régime des pluies. »

Effrayante, tel est bien le mot qui convient pour définir cette situation, sur laquelle on ne saurait trop attirer l'attention. Il faut rappeler sans cesse que les forêts influent directement sur le régime des pluies, et qu'ainsi les déboiseurs à outrance préparent des jours mauvais à leurs enfants. Il faut dire, aussi, que de toutes les causes de dévastation des forêts algériennes, la plus intense est le pâturage.

De bons esprits se sont inquiétés de l'avenir qui se prépare ainsi : le conseil général d'Alger (1881), celui d'Oran (1882), le conseil supérieur ont émis des vœux. La *Ligue de reboisement* d'Alger a lutté pendant plus de vingt ans. Enfin, au congrès des agriculteurs d'Algérie, en 1897, la volonté des intéressés s'est affirmée énergiquement,

[1] Inspecteur des eaux et forêts d'Algérie. M. H. Lefebvre habita le pays pendant trente ans; il connaît donc exactement les ressources forestières de notre grande colonie africaine.

et le gouvernement général a été invité à prendre d'urgence les mesures nécessaires. En 1899, la délégation financière s'est, sans réserve, associée au vœu du congrès. Au sujet du pâturage, il faut s'en tenir strictement : 1° à l'exclusion des chèvres et des chameaux; 2° à l'interdiction de parcours dans les bois récemment incendiés, dans les jeunes coupes et dans les peuplements en voie de régénération; 3° à la fermeture pendant un certain temps des massifs ouverts pour leur permettre de se refaire. Le second point a, en outre, le grand avantage d'intéresser les indigènes à ce qu'il n'y ait pas de forêts en feu : cela les pousse à tout faire pour restreindre les incendies allumés et diminuera vraisemblablement le nombre des incendies dus à la malveillance.

Un mot de la production forestière.

Le meilleur bois de chauffage est fourni par les chênes yeuses et kermès, qui donnent une flamme claire, durant longtemps et dégageant beaucoup de chaleur. L'olivier et le philaria sont également d'excellents combustibles. Avec ces bois, ainsi qu'avec l'azenelier, on fait des charbons de première qualité; des autres essences d'Algérie, on obtient également de bons charbons. Notre colonie se suffit, à peu près, en bois de chauffage et en charbon. Elle exporte même 2,000 tonnes environ de ce dernier produit. Par contre, elle est obligée d'avoir recours à l'importation de bois d'œuvre. Enfin, il faut signaler que l'écorce à tan (exportation annuelle supérieure à 110,000 quintaux) est, après le liège, le produit forestier le plus important pour l'Algérie. A part l'Algérie et la Tunisie, la Sardaigne est seule à produire de l'écorce de chêne-liège. Ici aussi, il faut exploiter avec prévoyance. Par suite du manque complet de scieries on importe des planches et madriers de sapins provenant de Bosnie, de Suède ou de Norvège, bien qu'il y ait des massifs de cèdres exploitables et des territoires couverts de pins d'Alep.

La consommation locale du bois exige surtout des perches pour la construction des gourbis, des montants et des piquets de tente, des instruments aratoires : charrues et jougs, fourches, râteaux, pelles, manches de pelles, de pioches et de faucilles, etc. Les indigènes fabriquent aussi des arçons de selles, des bâts de chameaux, des crosses de fusils, des navettes de tisserands, des fuseaux, des manches à carder, des étuis à couteaux, mais toute cette fabrication est grossière. Le façonnage des cuillers, dont il est fait une consommation considérable, des chevalets et d'autres objets qui proviennent de la Kabylie, du Djurdjura, indique cependant un certain progrès artistique. Enfin, l'industrie des plats en bois (généralement en aune) occupe un certain nombre d'ouvriers; les *guessâa* sont des plats à fond plat, creusés dans des sections de tige faites perpendiculairement à l'axe de l'arbre; les *metred* ont l'aspect d'une coupe avec un pied plus ou moins ornementé.

L'écorce à tan est, après le liège, dont nous parlons plus loin (p. 325 et suiv.), la plus importante production forestière du Nord-Afrique. Elle donne lieu à une exportation supérieure à 11,000 tonnes. L'écorce la plus exploitée en Algérie est celle de l'yeuse, ordinairement appelé chêne vert; elle contient 10 à 13 p. 100 de tanin. La colonie peut en produire des quantités considérables. L'écorce à tan du chêne-liège est formée par la portion intérieure du système cortical comprise entre l'aubier et la partie subéreuse; on ne la récolte que sur des sujets qui n'ont pas encore été démasclés, surtout surde vieux arbres, ou bien dans la partie supérieure de ceux dont le bas de la tige a été mis en rapport; elle contient de 18 à 19 p. 100 de tanin[1]. Celle de chêne zéen n'en donne que 10 p. 100. Quant au chêne kermès, il est surtout exploité pour l'écorce de sa racine, qui porte le nom de *garouille* (teneur en tanin, 21 à 22 p. 100). L'écorce de pin d'Alep est surtout employée par la tannerie arabe, qui se sert encore de quelques autres écorces.

La production du charbon est assez importante en Algérie et destinée presque entièrement à la consommation locale; l'exportation a été, en 1898, de 2,300 tonnes, dont la moitié en Tunisie. La fabrication est faite par les Marocains, les Espagnols et les Italiens. Le chêne vert et l'olivier donnent les charbons les plus estimés.

Arrêtons-nous un instant à l'eucalyptus (*Eucalyptus globulus*), qui provoqua, en Algérie, une véritable passion. On fut, si l'on peut ainsi

[1] Elle n'est pas employée en France.

dire, eucalyptophile ou eucalyptophobe. C'est-à-dire qu'on différait absolument d'opinion sur le point de savoir si l'eucalyptus est ou non de bon rapport, car nul ne discute ses qualités assainissantes. C'est dans le jardin botanique de Melbourne que ces dernières furent révélées, grâce aux travaux infatigables de deux hommes de bien, l'un allemand d'origine, M. Fernand Müller, directeur du jardin botanique de Melbourne, l'autre français, M. Ramel, qui, venu en Australie en qualité de négociant en 1854, se passionna pour cet arbre «admirable de beauté et d'élégance», qu'il avait aperçu dans une allée écartée du jardin de Melbourne: il s'en fit le propagateur en France et l'acclimata en Algérie.

Le palmier nain (*Chamerops humilis*) est le seul représentant autochtone de la famille des palmiers en Algérie, car le dattier doit être considéré comme une importation très ancienne. Il partage, avec l'alfa, le privilège de fournir un produit textile d'exploitation naturelle, c'est-à-dire que l'homme n'a qu'à récolter. L'apologue de la poule aux œufs d'or est de tous les temps et de tous les pays; mais c'est, certes. dans ce qui touche aux forêts qu'il trouve le plus fréquemment son application. Ce serait donc à l'État qu'il appartiendrait de prendre des mesures de protection, d'autant plus que la colonisation fait déjà assez reculer le palmier nain, sans qu'une exploitation abusive achève la destruction d'une essence végétale importante. Malheureusement aucune mesure de préservation n'est prise; il n'y a même pas une zone de prohibition comme pour l'alfa. Cependant, il faut noter que le palmier nain ne dépassant pas la limite de l'olivier, le moment est proche où les peuplements auront entièrement disparu. On s'est demandé si l'on ne pourrait pas les reconstituer et cultiver, en somme, le palmier nain. On peut répondre par la négative. En effet, le temps et les soins exigés par cette culture rendraient tout bénéfice illusoire, d'autant que le palmier nain demande des sols de bonne qualité et un climat maritime.

Le crin végétal produit par le palmier est donc destiné à manquer dans un temps relativement peu éloigné. C'est. cependant, une matière très recherchée et dont les débouchés nombreux absorberaient plus de dix fois la production actuelle. Cette production est, non compris la consommation locale, d'environ 3o millions de kilogrammes représentant une valeur de plus de 4 millions de francs. Un tiers seulement de cette exportation est dirigé sur la France.

Un mot de la matière fibreuse dite *crin végétal*. Il y a des fibres *blondes* et des *noires*, ces dernières sont les plus estimées. Pour les obtenir, on coupe les feuilles dures et on en extrait une sorte d'étoupe. La défibration s'est faite longtemps à la main; puis, des machines, plus ou moins parfaites, sont devenues un auxiliaire précieux. Les feuilles de palmier nain apportées par les indigènes sont vendues, sur la bascule, à 1 fr. 4o le quintal. Après passage au cylindre peigneur, le déchet est de 2o à 3o p. 1oo. Par séchage, le crin peigné perd 15 p. 1oo de son poids. Il faut compter, net, un rendement voisin de 5o p. 1oo du poids des feuilles.

Les cordes en crin végétal, qui rendent tant de services, se vendent entre 8 et 1o francs les 1oo kilogrammes aux environs des villes; elles durent peu de temps si on les emploie en plein air. Outre les cordages, on fait, avec le crin végétal, des paniers, des matelas, etc.

F. LE CHÊNE-LIÈGE; SA PRODUCTION EN ALGÉRIE.

PRODUCTION MONDIALE. — USAGE PRINCIPAL. — PART DE LA FRANCE ET DE L'ALGÉRIE DANS LA PRODUCTION TOTALE. — CE QU'EST LE LIÈGE. — MODE DE RÉCOLTE. — SÉCHAGE DES PLAQUES. — RAISONS DE LEUR PLUS OU MOINS DE VALEUR. — SURFACE COUVERTE EN ALGÉRIE PAR LES CHÊNES-LIÈGE. — ZONE OCCUPÉE. — HISTORIQUE DE L'EXPLOITATION. — CONCESSIONS. — FORÊTS DE L'ÉTAT. — EXPORTATIONS. — INCENDIES; MESURES DE DÉFENSE. — TRAVAUX DE RÉGÉNÉRATION. — REPEUPLEMENT. — CHEMINS. — QUALITÉ DU LIÈGE ALGÉRIEN. — AU MAROC.

Un simple coup d'œil sur la carte de la distribution du chêne-liège dans le bassin méditerranéen (p. 3 27). en montrant l'importance du chêne-liège pour l'Algérie, explique pourquoi c'est dans le chapitre consacré à cette colonie que nous avons voulu traiter cette question [1] fort intéressante puisque, bien que les propriétaires de forêts de chênes-liège augmentent progressivement le rendement de leurs exploitations et qu'il en résulte un accroissement de la production. les

[1] Voir aussi t. II, p. 648 et suiv.

prix de vente se maintiennent, l'emploi du liège se généralisant de jour en jour[1] et de nouvelles utilisations (linoléum, agglomérés) ayant été découvertes.

Aujourd'hui, la consommation totale évaluée en écorce brute et sèche, — c'est-à-dire en l'état dans lequel elle est extraite de l'arbre après quarante jours environ de dessiccation, sans avoir été l'objet d'aucune préparation, — est un peu supérieure à un million de quintaux métriques. Sur ce chiffre, les neuf dixièmes sont employés à la fabrication des bouchons.

J'ai parlé ailleurs des principaux pays de production (Portugal[2], Espagne[3], Italie[4], France[5]). Si nous nous en tenons à notre pays et que nous y joignions la production de l'Algérie, nous trouvons un total égal à 30 p. 100 de la production générale. C'est là un chiffre beaucoup trop faible et que nous pourrions notablement augmenter grâce à un meilleur traitement. La France, pays essentiellement vinicole, est un grand consommateur de liège.

Le liège est le résultat du développement hypertrophique de la couche corticale sous-épidermique d'une espèce de chêne vert, dit *chêne-liège*. Ce produit peut être récolté dès que l'arbre a une dizaine d'années; mais c'est seulement lorsqu'il a atteint un quart de siècle que l'écorce est bonne. La récolte a lieu tous les dix ans, en juillet ou en août. Pour y procéder, on pratique de haut en bas du tronc deux incisions circulaires, que l'on réunit par une troisième perpendiculaire.

Ces incisions ne doivent entourer que le tissu cellulaire, qui repousse, et on peut faire sur un même arbre une douzaine de récoltes. Dès que le liège est *levé*, on l'étend dans l'eau et on le charge de poids, pour le maintenir en plaques; on sèche, ensuite, ces plaques très lentement, afin de leur conserver leur flexibilité.

---

[1] La consommation va en augmentant, et cette augmentation suit une progression continue, surtout chez les quatre grandes nations qui importent le plus de liège : Angleterre, Allemagne, Russie et États-Unis. Leur consommation annuelle, ajoutée à celle de la France, est de 850,000 quintaux, soit 85 p. 100 de la consommation totale. Celle des autres nations est faible : l'Autriche, qui vient en tête, ne consomme que 35,000 quintaux.

[2] Voir t. II, p. 152 et suiv.

[3] Voir t. II, p. 72 et 73.

[4] Voir t. II, p. 6.

[5] Voir t. II, p. 648 et suiv.

CARTE
DU
CHÈNE-LIÈGE
Échelle du 1:15 000 000.
PARIS
ALLEMAGNE
FRANCE
SUISSE
Genève
Lyon
Nantes
Bordeaux
Bayonne
Agen
Toulouse
Marseille
G. du Lion
Perpignan
Port-Vendres
MUNICH
VIENNE
Budapest
AUTRICHE-HONGRIE
Milan
Venise
Trieste
Fiume
Turin
Gênes
Slavonie
Belgrade
Bosnie
SERBIE
Dalmatie
MONTÉNÉGRO
Cettigne
ROUMANIE
BUKAREST
BULGARIE
MER NOIRE
Odessa
Florence
ITALIE
ROME
MER ADRIATIQUE
TURQUIE
Albanie
Salonique
CONSTANTINOPLE
GRÈCE
ATH
Céphalonie
Zante
Nice
Livourne
C. Corse
Bastia
Sienne
Civita-Vecchia
CORSE
Ciprio
Naples
Gaëte
Palerme
Messine
SICILE
Cattaro maggio
Malte
Porto
Mondego
SPAGNE
MADRID
Toléde
Saragosse
Barcelone
Mataro
Valence
ILES BALÉARES
SARDAIGNE
Iglesias
Cagliari
MÉDITERRANÉE
LISBONNE
Sétubal
Séville
ANDALOUSIE
Grenade
Malaga
Cadix
Gibraltar
Tanger
Tétouan
Cartagène
Almeria
ALGER
Bougie
Djidjelli
C. Rougt
Collo
Philippeville
Bône
la Calle
TUNIS
Constantine
ALGÉRIE
Oran
Baghai
RÉGION DES HAUTS PLATEAUX
MAROC
El Araïch
TUNISIE
Golfe de Gascogne

Fig. 362.

C'est de leur épaisseur (environ 1 m. 50 de long et 0 m. 50 de large) et de leur homogénéité que dépend leur valeur. Tel liège espagnol qui pourra être utilisé à la fabrication des bouchons de champagne aura plus de valeur que tel autre (portugais) qui ne pourra être utilisé que pour des bouchons ordinaires.

En Algérie. — Les peuplements de chêne-liège de l'Algérie occupent approximativement une superficie de 426,000 hectares. Il s'agit là de la surface réelle, défalcation faite des vides, maquis, peuplements autres, qui se trouvent en mélange. Il ne faut, du reste, pas perdre de vue que c'est une simple estimation. On ne connaîtra exactement les surfaces qu'après l'achèvement de la carte forestière actuellement en cours d'exécution.

Le chêne-liège occupe, dans notre colonie, une zone s'étendant du niveau de la mer à l'altitude de 1,300 mètres; il y atteint la limite inférieure du cèdre. Cette zone est caractérisée par une chute annuelle de pluie supérieure à 0 m. 60.

«A l'époque de la domination turque, écrit M. Henri Lefebvre, inspecteur des eaux et forêts de l'Algérie, les indigènes ignorant absolument la valeur et l'utilité du liège, ne l'employaient qu'à la confection de ruches pour leurs abeilles, de tablettes destinées au dépôt de leurs provisions à l'intérieur de leurs habitations, et de toitures. Ces besoins étaient restreints et la forêt n'avait pas d'intérêt pour eux. Dix ans après la conquête, dès que la pacification eût amené la sécurité, le Gouvernement ordonna la reconnaissance des massifs de chênes-liège et songea à les exploiter. En 1847, l'exportation est de 460 quintaux; mais on n'affecta pas les sommes nécessaires à la mise en rapport et l'Administration eut recours au système des concessions. Leur durée fut tout d'abord fixée à seize années, ce qui ne donna pas de bons résultats, puis portée, en 1849, à quarante ans. Enfin, le décret impérial du 28 mai 1862 fixa leur durée à quatre-vingt-dix ans. C'est à dater de cette époque que les exploitations prennent de l'importance. Cependant, à la suite des incendies de 1863 et de 1865, des contestations pour le règlement des indemnités s'élèvent entre les concessionnaires et l'État, qui finit par consentir l'aliénation, et le décret du 2 février 1870 attribue en toutes propriétés les surfaces concédées. Sauf trois, tous les concessionnaires profitèrent des dispositions bienveillantes de cette loi.

J'ai donné plus haut le chiffre de l'exportation en 1847; voici ceux des périodes suivantes :

1867. . . . . 16,000 quintaux.
1877. 50,000
1887. 65,000

1890 voit pour la première fois le chiffre de l'exportation atteindre 100,000 quintaux; elle s'élève, en 1897, à 119,631 quintaux. Au total, n'étaient les incendies dont nous parlerons ultérieurement, ces forêts seraient aujourd'hui en pleine production.

On commença à mettre en rapport les forêts de l'État, en 1884. Poursuivie sans interruption chaque année depuis cette époque, cette mise en rapport est effectuée aujourd'hui sur les trois quarts environ de l'étendue totale; la production normale actuelle est de près de 50,000 quintaux, sensiblement égale à la production des forêts exploitées par l'industrie privée, après une période d'exploitation égale; le rendement augmentera progressivement, mais n'atteindra son chiffre maximum que près d'un quart de siècle après l'achèvement des démasclages.

L'État vend chaque année sa récolte en septembre par adjudications publiques qui ont lieu à Alger, Oran et Constantine, et auxquelles nationaux et étrangers peuvent également prendre part. Le liège, — bon nombre de propriétaires agissent du reste sous ce rapport comme l'État, — est vendu brut, après une période de quarante jours, durant laquelle il a perdu 20 à 22 p. 100 de l'eau qu'il contenait.

Les incendies sont cause que les forêts d'Algérie, —notamment à Jemmapes et dans la vallée de la Seybouse, — loin d'être aujourd'hui en pleine production, sont dans une situation médiocre : le rendement n'y atteint pas plus de la moitié de la production normale. A la suite des ravages de 1897, nous voyons l'exportation tomber à 83,983 quintaux en 1898. En 1899, à Jemmapes, 25,000 hectares de peuplement n'ont donné que 2,800 quintaux, tandis que des concessions en bon rapport rendent de 1 quintal 1/3 à 1 quintal 1/2 par hectare. La mauvaise situation générale est indiquée par ce fait que cette même année (1899), 130,000 hectares de forêts de chênes-liège n'ont pas donné plus de 98,000 quintaux. Si les chiffres globaux se tiennent au-dessus de ceux de 1890, cela vient, d'une part, de l'augmentation de production des forêts de l'État, et, d'autre part, de l'appoint de bois communaux et de bois particuliers appartenant tant à des Européens qu'à des indigènes.

En parlant des forêts (p. 320), j'ai indiqué les mesures générales prises et à prendre contre les incendies. Voici celles qui concernent spécialement les forêts de chênes-liège.

Il faut se contenter du débroussaillement partiel qui consiste dans l'établissement, sur les crêtes et le long des chemins, de tranchées dessouchées ou recépées de largeur variable, suivant la densité et la hauteur du sous-bois. La tranchée arrête la marche de l'incendie et brise la violence du feu, mais il faut qu'elle soit assez large pour que les flammes ne puissent pas la franchir; elle assure, en outre, la sécurité des travailleurs. Dans les grands massifs à sol fertile, sa largeur doit atteindre 50 mètres; dans les sous-bois moins élevés, elle peut être réduite à 30, 20 et même 10 mètres. Ce débroussaillement, qui ne porte que sur es végétaux ligneux et ne peut pratiquement comprendre les herbes et les plantes frutescentes se desséchant l'été, n'arrête pas complètement le feu qui se propage lentement à travers ces débris desséchés jusqu'à l'autre bord de la tranchée où il retrouve le sous-bois; mais il suffit alors d'un sentier de deux ou trois décimètres de large pour l'arrêter. Pour avoir quelque durée, ces tranchées doivent être faites par extraction de souches, car le sous-bois repousse immédiatement après un simple recépage; dans ces conditions, elles coûtent très cher et l'on adopte un moyen terme qui consiste à arracher le diss, les ronces, les genêts épineux et à recéper les arbrisseaux.

On a proposé aussi de planter des figuiers de Barbarie dans les tranchées pour faire obstacle à la propagation du feu. L'essai ne peut être tenté que dans la zone inférieure, car au-dessus de 700 à

800 mètres, les cactus ne pourraient supporter l'hiver. Il m'a été affirmé par un propriétaire européen l'ayant expérimenté, que ce système lui avait donné toute satisfaction, le figuier de Barbarie, très riche en eau, étant rebelle au feu. On a aussi, avec succès, tenté la plantation d'eucalyptus, arbres qui, on le sait, ne donnent pas prise à l'incendie; bien entendu, il faut que sous les rideaux d'eucalyptus, le débroussaillement soit complet.

Enfin, vivre en bonne intelligence et même en rapports d'amitié avec les tribus voisines est également un excellent moyen de défense contre l'incendie; un propriétaire d'importantes forêts de chênes-liège dans le département d'Alger insistait tout particulièrement sur ce point dans une conversation que nous eûmes à ce sujet. Et le fait se conçoit : soyez l'ami de la tribu, ses membres prendront toutes les précautions pour éviter que, du fait de leurs imprudences, le feu n'éclate. Se déclare-t-il, on peut être assuré que leur secours sera efficace, que le foyer pourra ainsi être restreint et que le sinistre sera relativement minime.

Les travaux destinés à assurer la régénération sont, eux aussi, de la plus grande nécessité; on les a, généralement, négligés en Algérie.

Le mode de furetage employé pour l'exploitation du liège de reproduction comportant la présence d'arbres d'âges divers sur un même point, il n'y a qu'à se préoccuper d'assurer la croissance d'un nombre suffisant de jeunes sujets. Dans les sols présentant quelque fertilité, on les rencontre en nombre considérable, dominés par le sous-bois. Il suffit de les recéper et de dégager une tige maîtresse, qui formera, dans l'avenir, l'arbre destiné à la production [1].

En démasclant, il faut émonder les branches gourmandes et faire disparaître celles qui sont mortes à la suite d'incendies [2].

Un certain nombre de vieilles futaies de chênes-liège ne se régénèrent plus; il est donc indispensable, si l'on veut conserver l'essence,

---

[1] Lorsque le sous-bois est abondant et élevé, aucun rameau ne se montre sur la tige, mais quand le jeune sujet est isolé, il se garnit dès la base de branches basses qu'il est nécessaire d'enlever par des élagages: il faut, quand on opère ce travail, veiller à ce que la cime reste bien fournie et convenablement développée.

[2] Le recépage de tous les sujets brûlés serait une opération excellente, mais les dépenses considérables qu'il entraîne empêchent le plus souvent de l'appliquer.

de recourir à des repeuplements artificiels; il en est de même quand on désire rendre productifs des vides ou des maquis. Le mode de repeuplement le plus pratique et le plus économique est le semis par potets, distants de 8 mètres les uns des autres, soit 156 à l'hectare, c'est-à-dire à peu près le nombre d'arbres nécessaires pour constituer plus tard un peuplement complet. Comme la racine du jeune plant s'allonge très rapidement, il convient de remuer la terre sur une profondeur aussi grande que possible pour permettre au pivot d'atteindre au plus tôt les couches inférieures qui se maintiennent fraîches en été.

Pour l'exploitation, l'établissement et le bon entretien d'un réseau de sentiers muletiers est indispensable dans toute forêt de chênes-liège; il importe même que les principaux soient carrossables. La longueur du réseau doit être calculée dans les forêts de grande et de moyenne étendue à raison de 3 kilomètres par 100 hectares, y compris les chemins d'intérêt public qu'il y a lieu de maintenir et de réparer toutes les fois qu'ils peuvent être utilisés. Dans les forêts de moindre contenance, la longueur proportionnelle sera généralement un peu plus forte.

Un mot sur la qualité des lièges d'Algérie : je l'emprunte au catalogue spécial, publié à l'occasion de l'Exposition de 1900, par les soins du gouvernement général de l'Algérie. «Il résulte de l'examen de tous les échantillons exposés que l'Algérie produit des lièges d'excellente qualité, susceptibles de donner tous les produits façonnés que la consommation exige, et que la dépréciation dont ils sont l'objet ne repose sur aucun fondement. D'ailleurs, une partie des lièges que la colonie exporte chaque année est achetée par les négociants des régions de production du sud de l'Europe qui les mélangent avec leurs produits nationaux, et les réexpédient dans les États étrangers comme provenant de leurs pays. »

Au Maroc. — Nous parlerons plus loin (p. 392 et 393) du chêne-liège en Tunisie. Un mot de celui du Maroc. Il se rencontre sur tout le littoral méditerranéen, de la Moulouya au cap Spartel, et abonde surtout dans les montagnes du Riff, entre Mellila et Tétouan.

Près de cette ville se trouve une jolie forêt que le général commandant les troupes espagnoles a fait démascler par ses soldats pendant l'expédition de 1864. Sur les côtes de l'Atlantique, on a constaté l'existence de quelques bouquets aux environs de Tanger, et de forêts importantes dans le voisinage de Larache et à Rabat-Selâ. D'après M. Féraud, consul général de France, il existerait encore des chênes-liège près de Marrakech et d'Agadir; cette constatation reculerait de près de quatre degrés de latitude la limite Sud de l'aire d'habitation du chêne-liège. M. Mouliéras[1] a signalé l'existence de grandes forêts sur de hautes montagnes à pics élevés couverts de neiges éternelles, chez les tribus des Beni Khannous, Beni Seddath, Zerketh et Taguist, Beni Touzin et Tafersith, Beni Amreth, Beni Ouchelchek, Beni bou Yahiy, Merraoua. Le chêne-liège y serait abondant, surtout chez les Beni Touzin et les Beni Amreth.

G. PÊCHE.

NOMBRE DE BATEAUX ET DE PÊCHEURS. — IMPORTANCE DE LA PÊCHE CÔTIÈRE EN ALGÉRIE. — PRINCIPALES ESPÈCES PÊCHÉES. — CRUSTACÉS. — LA LOI DE 1888; SES RÉSULTATS; LE BUT À POURSUIVRE. — INSTALLATION DE PÊCHEURS FRANÇAIS. — LES PÊCHEURS INDIGÈNES. — OSTRÉICULTURE. — PÊCHE DU CORAIL; MAUVAISE SITUATION ACTUELLE; MESURES PRISES; CE QU'IL FAUT FAIRE.

En 1867, la pêche côtière n'occupait en Algérie que 467 bateaux; en 1875, le chiffre 1,000 est dépassé; en 1900, enfin, on approche de 1,200. Le nombre des pêcheurs était, en 1867, de 1,600; en 1875, de 3,000. En 1900, on peut évaluer à près de 20,000 personnes le nombre de marins et des membres composant leurs familles, vivant actuellement en Algérie des produits de la pêche, et ce chiffre peut encore être, à bref délai, considérablement augmenté. La pêche maritime constitue donc une grande richesse pour l'Algérie, qui, baignée par la Méditerranée sur plus de 1,300 kilomètres, voit le poisson abonder sur ses côtes et profite, en outre, des passages de migrateurs.

Il y a lieu, cependant, de signaler la disparition de la sardine et de

[1] *Le Maroc inconnu*, Paris, 1895.

l'anchois sur les côtes fréquentées de Philippeville et d'Alger notamment; c'est même cette disparition qui cause une diminution de rendement, malgré l'augmentation du nombre de bateaux. J'ai déjà eu plusieurs fois l'occasion de signaler de telles disparitions, généralement momentanées; il s'en est produit sur les côtes de Bretagne, les plus sardinières du monde.

Les principaux poissons recueillis sont : l'allache, la bonite, le grondin, le maquereau, le merlan, le mérot, le pagel, le poulpe, la raie, la rascasse, le rouget, la sardine, la sole, divers squales, quelquefois des tortues de mer, etc. Les crustacés pêchés sont : le homard, le crabe et, surtout, la langouste et la crevette.

La surveillance de la pêche est actuellement insuffisante, et les autorités maritimes se sont, à juste titre, émues de cet état de choses. Il est, en effet, d'autant plus important d'y remédier que la loi du 1er mars 1888 a supprimé les privilèges dont jouissaient les étrangers pour la pêche sur le littoral algérien. Elle est interdite aujourd'hui aux étrangers dans les eaux territoriales d'Algérie comme dans celles de France : il y a donc intérêt à faire respecter cette défense.

Les marins d'origine étrangère établis alors en Algérie : espagnols, italiens ou maltais, se sont, il est vrai, fait naturaliser; en outre, la loi du 20 juin 1889 a déclaré français de droit les fils des immigrés nés en Algérie. Mais ces fils d'étrangers ne seront-ils pas bientôt presque de vrais Français? Astreignons-nous à veiller à leur instruction : c'est par la langue que se fait l'assimilation la plus complète. Qui parle toujours français, pense comme un Français. Après le temps scolaire, le passage au régiment active l'assimilation, qu'on ne pourrait trop souhaiter entière. Du reste, la loi de 1888 arrête l'invasion étrangère nouvelle. Il serait aussi à souhaiter que le Gouvernement général réussît dans son projet d'installation de familles de pêcheurs français. Enfin, il faut encourager les jeunes indigènes à la pratique de la petite pêche, et répandre parmi les pêcheurs algériens le principe vivifiant de l'association.

Ostréiculture. — La chaleur des eaux en été, la violence des courants en hiver, la grande quantité d'algues marines apportées par les vents constituent des empêchements à l'existence et à la prospérité des huîtres sur les côtes d'Algérie, où, du reste, il n'existe pas de bancs naturels d'une importance notable, non plus que de bonne qualité.

CORAIL. — Le corail ne manque pas sur les côtes orientales d'Algérie, et il y est de fort belle qualité [1]. Du côté d'Oran, on en trouve également, mais moins dur et souvent piqué. Comme procédé de pêche, les Espagnols ont importé la croix de Saint-André [2]. La pêche d'été commence le 1er avril et finit fin septembre; celle d'hiver commence de suite après. Le mauvais temps la rend plus difficile; mais la prédominance de courants sous-marins de terre poussant naturellement les filets sous les grottes riches en corail rend la récolte plus fructueuse; en outre, le corail pêché est le plus souvent vivant, tandis que les deux tiers de celui qu'on récolte en été sont formés par du corail mort.

La pêche du corail est aujourd'hui en pleine décadence. Dans la seconde moitié du dernier siècle, le nombre des bateaux corailleurs est tombé de 150 à 10; dans les quartiers de la Calle et de Bône, l'appauvrissement des bancs, résultat d'une exploitation exagérée, en est cause.

«A l'heure actuelle, il est probable que les bancs abandonnés sont en pleine prospérité et donneraient, s'ils étaient exploités de nouveau, de beaux bénéfices. Mais ce serait folie d'en permettre l'exploitation

[1] «C'est dans le bassin occidental de la Méditerranée que le corail trouve les meilleures conditions de développement. En Afrique, il se répand depuis Tlemcen jusqu'à Bizerte; il abonde principalement dans l'Algérie orientale et la Tunisie occidentale, les environs de la Calle, de l'île de la Galite, des Sorelles et de Bizerte étant les meilleurs gisements de cet alcyonaire.

. . . .

«Le plus beau corail est celui de la partie orientale de l'Algérie, Tunisie comprise. Son tissu dense et compact prend un poli remarquable et conserve une demi-transparence qui lui donne une grande douceur de ton. Il est délié, peu ramifié et ses tiges sont relativement bien droites. Aussi donne-t-il peu de déchets au manufacturier. Ces diverses qualités le font préférer à celui de l'Ouest, d'Oran en particulier, qui, moins dur, est souvent piqué, c'est-à-dire percé de petits trous provenant de l'érosion des éponges ou pénétré de tubes calcaires secrétés par des vers. Il est, en outre, de qualité supérieure à celui d'Espagne ou du golfe du Lion.» (*La pêche et l'industrie du corail*, par Paul Gourret, directeur de l'École des pêches maritimes de Marseille, et Eugène Coste, membre de la Chambre de commerce de Tunis. [Communication faite au Congrès international d'agriculture et de pêche de 1900].)

[2] Voir t. II, p. 67. — Cet engin est composé de deux pièces de bois croisées, au bout desquelles sont accrochés des fauberts ou de vieux filets.

dans les conditions anciennes, et de ne pas profiter de leur renouveau pour tâcher de ramener en des mains françaises une pêche organisée jadis par nos compatriotes, une industrie dont Marseille a eu longtemps le monopole. Déjà, le Gouvernement impérial s'était préoccupé de la question, lorsque vers 1860 il chargea un savant éminent, Henri de Lacaze-Duthiers, d'aller étudier, sur place, le corail. Cette mission valut à la science française un chef-d'œuvre; malheureusement, il ne fut guère tenu compte des conseils donnés par l'éminent naturaliste, et peu à peu, nos bancs de coraux furent à peu près ruinés. Pour parer au retour d'un semblable état de choses, le Gouvernement général de l'Algérie a pris, le 15 mars 1899, une mesure qui, à première vue, pouvait paraître excellente. Le littoral de l'Algérie a été divisé en trois cantonnements, entre lesquels un roulement a été établi au point de vue de la pêche, de manière que deux cantonnements puissent se reposer pendant que le troisième est exploité. La durée de chaque période d'exploitation a été fixée à cinq ans.

« Cette mesure, conforme d'ailleurs à une tradition générale, n'est pas sans soulever déjà quelques critiques. Le cantonnement de Bône a paru être le premier dont on pût autoriser l'exploitation; mais c'est justement celui où la pêche du corail a été la plus intensive, et il est loin encore d'être en parfait état; mieux eût valu, semble-t-il, s'essayer d'abord dans les cantonnements presque intacts d'Oran et d'Alger. Puis, de deux choses l'une : ou bien les corailleurs continueront à se désintéresser des bancs de Barbarie, ou bien ils se porteront en nombre sur les bancs que l'administration leur désignera, et, par le fait même de leur concurrence, dans une région limitée, auront bientôt fait de les réduire à néant. Il ne faudra pas compter sur les bancs des autres cantonnements pour reconstituer les bancs complètement épuisés: les larves du corail sont des organismes trop délicats pour pouvoir se permettre de longs voyages. Les cantonnements risquent donc d'organiser purement et simplement la destruction définitive des bancs de corail, si, dans chaque région, la pêche n'est pas surveillée d'une façon rigoureuse. Or, la cause, pour ainsi dire unique, de l'épuisement des bancs de corail, c'est l'emploi d'engins tels que les grattes, qui ne laissent rien subsister de vivant sous les rochers auxquels elles s'attaquent. Occupée à d'autres soins, la Marine paraît hors d'état de constituer la surveillance nécessaire, qu'elle n'a pu organiser même pour la grande pêche.

«L'heure, d'ailleurs, n'est pas aux prohibitions; avant tout, il paraît indispensable au contraire de susciter, par tous les moyens possibles, la reconstitution d'une flotte française de cosailleurs. Il y a encore à la Calle, où ne subsiste plus qu'une seule barque, des marins rompus dès leur jeune âge à la pêche du corail, et qui pourraient faire d'excellents patrons; ils vieillissent, il faut se hâter. La flotte une fois rétablie, il serait nécessaire de prendre, au moins temporairement, des mesures de défense propres à provoquer l'installation dans nos possessions barbaresques d'ateliers de fabrication de bijoux de corail; il ne semble pas impossible ni injuste d'édicter des mesures protectrices qui assureraient à nos nationaux tout le bénéfice qui peut découler de leurs récoltes[1]. » Du reste, nous réassurer, dans cette pêche du corail au Nord africain, la situation prospère d'autrefois, ne serait-ce pas, en quelque sorte, reprendre un bien, qui, depuis le xvie siècle, était devenu le monopole presque exclusif de nos armateurs?

H. TUNISIE.

ÉTAT DE PROSPÉRITÉ; SES CAUSES; AVANTAGES DU RÉGIME DE PROTECTORAT; SÉCURITÉ; RAPPORTS AVEC LES INDIGÈNES. — SUPERFICIE. — RÉPARTITION DU SOL. — POPULATION. — MAIN-D'OEUVRE. — SALUBRITÉ. — CLIMAT SPÉCIAL DE LA RÉGENCE. — CLIMAT DES PRINCIPALES ZONES. — GÉOLOGIE. — DIVISION EN TROIS RÉGIONS AGRICOLES; LEURS CARACTÉRISTIQUES. — L'AGRICULTURE DANS LA RÉGION NORD : CHUTE DES PLUIES; L'ASSOLEMENT QUADRIENNAL; CÉRÉALES; FOURRAGES; LÉGUMES ET FRUITS; LE CACTUS INERME; VITICULTURE ET VIN. — MODES D'EXPLOITATION DU SOL : LOCATION; ACHAT; MÉTAYAGE; BILAN D'UN COLON-MOYEN. — OUTILLAGE AGRICOLE DE L'INDIGÈNE; SES PROCÉDÉS CULTURAUX. — L'AGRICULTURE DANS LE CENTRE : ANCIENNE PROSPÉRITÉ; CONDITIONS ATMOSPHÉRIQUES; SOL; OLIVIER; SA ZONE DE CULTURE; RECONSTITUTION DE LA FORÊT DE SFAX; PROCÉDÉS CULTURAUX; CONTRAT M'RHARÇA; RENDEMENTS; SITUATION ACTUELLE DE LA VITICULTURE; VALEUR ALIMENTAIRE DES GRIGNONS D'OLIVES; AUTRES CULTURES FRUITIÈRES; HORTICULTURE. — ÉLEVAGE. — AVICULTURE. — APICULTURE. — SÉRICICULTURE. — IMMATRICULATION. — ENZEL. — TERRES SIALINES. — FORÊTS. — CHÊNES-LIÈGE. — GISEMENTS DE PHOSPHATE DE CHAUX. — CHASSE. — PÊCHE. — ÉPONGES.

La Tunisie est d'autant plus intéressante à étudier que son état de prospérité est incontestable, et la France a le droit de s'en enorgueillir. En effet, rien ne peut se faire dans la Régence que nous

____
[1] Rapport du jury de la Classe 53 (Engins, instruments, produits de la pêche, aquiculture).

n'ayons approuvé. Nous avons conservé l'administration indigène, mais nous y avons fait pénétrer un esprit de réforme. Le mécanisme est resté le même, mais l'impulsion qui le dirige est nouvelle. Depuis 1883, le gouvernement beylical a, sous notre direction civilisatrice et progressive, fait régner une paix qu'aucun incident n'est venu troubler. Il a rétabli l'ordre et l'équilibre dans les finances, amélioré les impôts anciens, perfectionné leur assiette, opéré de nombreux dégrèvements. Il a converti deux fois la dette et l'a rendue amortissable. Il a affecté des sommes considérables aux entreprises d'utilité publique, doté largement le budget de l'enseignement. Il a accumulé des réserves, construit les ports de Tunis, de Bizerte, de Sousse et de Sfax, développé le réseau des chemins de fer, créé 1,200 kilomètres de routes, encouragé les échanges et l'exploitation du sol, donné une impulsion nouvelle à la fortune publique. Les statistiques agricoles et douanières montrent tout ce que la Tunisie a gagné, dans un si court espace de temps, en activité commerciale, en richesse et en crédit et font constater les progrès rapides d'une œuvre de colonisation bien assise et qui n'a coûté aucun sacrifice sérieux à la métropole, fait qu'il importe de mettre en lumière. La Tunisie n'a jamais eu à faire appel à la France pour boucler son budget : les frais de la campagne de 1881 et la garantie d'intérêts et de forfait d'exploitation de chemins de fer ne sauraient, en effet, être portés au compte des dépenses occasionnées à la métropole par le protectorat. La comparaison avec le budget algérien prouve que les avantages du régime de protectorat ne sont pas moins évidents pour la métropole que pour le pays protégé lui-même. En Tunisie, lentement, prudemment, sans secousses, par l'action consolidée et respectée d'une autorité traditionnelle, nous avons innové et fait accepter, sans bouleversement, les réformes les plus délicates. Nous avons modifié le système monétaire, mis en vigueur le système décimal des poids et mesures. L'autorité de la France est partout obéie. Les populations indigènes, qui sont les premières à profiter du bon ordre, rendent justice à un état de choses qui respecte leurs croyances et qui favorise leurs intérêts matériels. Les grandes familles viennent à nous; elles envoient leurs enfants dans nos écoles; elles recherchent

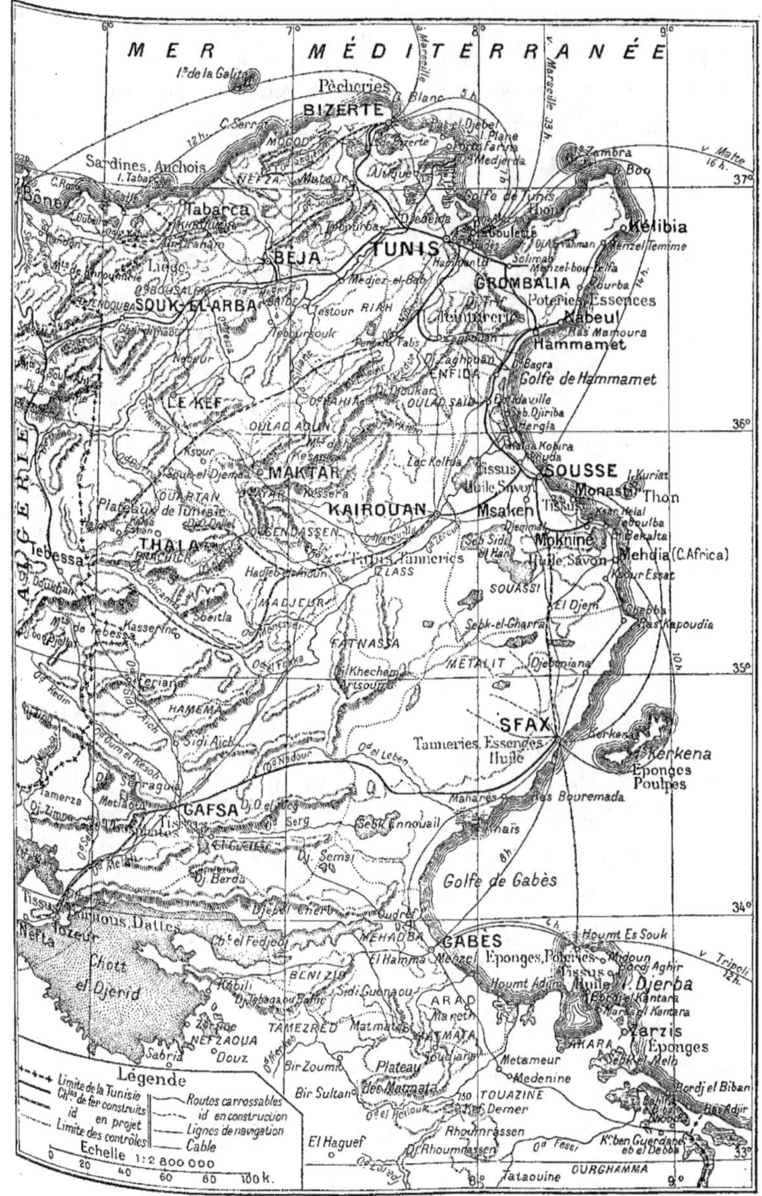

Fig. 363. — Tunisie.

les emplois publics, s'associant de jour en jour plus étroitement à cette renaissance que nos efforts promettent à leur pays. Ce concours, dévoué et sans arrière-pensée, de volontés si dissemblables, de musulmans et de chrétiens, dans un but résolument novateur et pacifique, est un fait presque isolé dans l'histoire.

Le succès de cette expérience livre le secret d'une méthode d'assimilation féconde et durable. L'œuvre de J. Ferry constitue désormais le modèle que nous devrions suivre dans les tentatives progressives et réfléchies des agrandissements de notre patrimoine colonial, non seulement en Afrique, mais dans les autres continents.

Du reste, cette adaptation de la civilisation européenne à l'organisation d'un pays où la tradition joue un rôle si considérable, est favorable aux colons, par les facilités qu'elle leur donne d'occuper ou d'acquérir la terre dans des conditions absolument spéciales à la Tunisie et par la sécurité qu'elle leur assure pour leur établissement. Cette sécurité, dans toute l'étendue du territoire, est absolue. L'indigène qu'on n'a jamais molesté, qui n'a été l'objet d'aucune exaction, que l'on n'a point violemment évincé du sol occupé par ses pères et qui rencontre, dans l'administration de la Régence, aide, justice et protection, témoigne une soumission parfaite, aussi bien envers les colons isolés qu'à l'endroit des pouvoirs publics. Les Français habitant la Tunisie sont unanimes à constater la parfaite sécurité dont on jouit jusque sur les points les plus isolés de la Régence. Voici comment s'exprime à ce sujet l'un d'eux, M. Riban[1], membre de la Chambre d'agriculture de Tunis : «La sécurité dans les campagnes est complète. J'ai traversé la Tunisie en tous sens; j'ai couché seul dans les gourbis et sous la tente, en plein pays arabe, dans les régions où l'Européen passe rarement et il ne m'est jamais arrivé aucun ennui ou tracas, à tel point que j'ai fini par ne plus m'embarrasser d'armes qui m'étaient inutiles. Je me suis senti, au milieu des nomades, bien plus en sûreté que dans certains quartiers de nos grandes cités de France. L'Arabe tunisien est d'un naturel doux et paisible; il a le respect du Français qui a toujours été bon et

[1] *La Tunisie agricole* (*Annales de la science agronomique française et étrangère*, 2ᵉ série, t. II, 1895).

équitable dans ses rapports avec lui : il ne partage en rien les instincts guerriers, violents et pillards de ses voisins de l'Ouest. Les populations tunisiennes ont accepté sans arrière-pensée le protectorat de la France, sous lequel elles jouissent de conditions de justice et de liberté qui leur faisaient trop souvent défaut, à l'époque où l'administration du pays était livrée, sans contrôle, à l'arbitraire des favoris de la cour beylicale[1]. »

Les colons français sont unanimes à se louer de la docilité des Arabes qu'ils emploient comme serviteurs, ouvriers agricoles, etc.; avec de la fermeté et de la justice, on a rarement à redouter l'indiscipline ou la violence. Il n'en est pas toujours de même en Algérie. Le directeur d'une grande compagnie agricole algérienne appelait mon attention sur les différences notables qui caractérisent la population indigène des deux pays et sur les difficultés que le colon algérien rencontre souvent dans ses rapports avec l'Arabe. Il n'y a rien là qui doive surprendre : le régime de l'annexion, avec toutes les suites qu'il entraîne, explique, je crois, très bien qu'un contact de soixante ans avec l'Européen n'ait pas amené un rapprochement complet entre les deux races et qu'il ait accentué parfois les ressentiments que le vaincu garde toujours envers le vainqueur. En Tunisie, il n'y a ni vainqueurs, ni vaincus : aussi l'indigène, dont rien, depuis vingt ans de protectorat, n'a troublé les mœurs, la fortune privée ou la vie nomade, s'accommode-t-il du nouveau régime, dont il a plus à attendre qu'à redouter.

La Tunisie est un parallélogramme de 550 kilomètres sur 250 en moyenne. Sa superficie est d'environ 130,000 kilomètres carrés qui peuvent être divisés de la manière suivante :

	hectares.		hectares.
Terres labourables...	2,600,000	Terres de jouissance..	5,180,000
Vignes............	13,800	Dunes littorales.....	15,000
Oliviers............	220,000	Dunes sahariennes...	1,800,000
Palmiers...........	19,000	Alfa.............	1,500,000
Figuiers de Barbarie.	34,000	Lacs, sebkhas, rivières.	1,100,000
Boisements........	810,000	Routes, villes.......	31,000

[1] « La totalité de la Tunisie, déclare sir R. Johnston, consul général d'Angleterre à Tunis, dans le rapport officiel adressé à son gouvernement en 1898, est maintenant aussi sûre pour les touristes que la France. »

La population est d'environ 1,500,000 habitants, dont 24,000 Français[1]. Les conditions du travail sont sensiblement les mêmes qu'en France; cependant, le prix de la main-d'œuvre, en partie à cause de la concurrence des Italiens, est moins élevé que dans la Métropole.

Les ouvriers européens, des champs, se contentent d'un salaire de 2 francs à 2 fr. 50 par jour. Les Arabes gagnent 1 fr. 20 à 1 fr. 50 par jour sans être nourris. Les Arabes tunisiens, les nègres du Soudan, du Fezzan et du Touat sont faciles à recruter : biens dirigés, ils travaillent fort bien et constituent une main-d'œuvre avantageuse.

Sous le rapport de la salubrité, la Tunisie est dans des conditions supérieures à celles de nos autres possessions d'outre-mer : à part quelques points du territoire où la nature marécageuse du sol et la mauvaise qualité des eaux expose au paludisme, le pays est sain; les colons qui l'habitent depuis longues années déclarent qu'à l'aide de quelques précautions d'hygiène et avec de la sobriété, l'acclimatement est rapide. La grande cause de mortalité chez l'indigène rebelle à la vaccine, la variole, n'existe pas pour les Européens. La vieille réputation de salubrité de la Tunisie, qui faisait dire à Sénèque qu'on n'y mourait que de vieillesse, est confirmée par tous les colons qui savent prendre les précautions indispensables dans tous les pays chauds. Cette salubrité est due principalement à la pureté de l'air, résultant d'une ventilation constante qui s'établit entre les déserts brûlants du Sahara et les zones plus fraîches de la mer Méditerranée. Le Sahara joue le rôle d'une cheminée d'appel, et comme la chaîne de l'Atlas s'abaisse considérablement au Sud de la Tunisie, les courants d'air y circulent plus aisément qu'en Algérie. L'air n'est ni humide ni immobile, et l'Européen n'a, pour s'y bien porter, qu'à éviter l'usage d'eaux corrompues ou mauvaises par leur constitution saline.

[1] Exactement 24,301 (recensement de 1891). Il n'y en avait que 700 en 1881. Quant aux Européens non Français, ils sont au nombre de 90,459, dont 75,490 Italiens, 12,112 sujets de nationalité anglaise (la plupart Maltais); 1,021 Espagnols, 642 Grecs, 372 Hollandais, 305 Suisses, 143 Allemands. Bien que depuis quelque temps des Italiens se soient mis à acheter des domaines qu'ils ont morcelés ensuite entre leurs compatriotes (qui ne restent plus ainsi simples manœuvres), ceux-ci ne possèdent au total que 29,000 hectares; les autres étrangers possèdent, au total, 29,800 hectares; quant à nos compatriotes propriétaires, leurs possessions s'étendent sur 308,000 hectares.

Au point de vue de la météorologie pure, on peut, en tenant compte de la topographie du pays et des conditions thermiques des diverses régions, diviser la Tunisie en quatre grandes zones :

1° Zone du littoral, allant de Bizerte à Gabès, en passant par Tunis, Sousse et Sfax;

2° Zone de l'intérieur (hauts plateaux), comprenant: Aïn-Draham, le Kef et Souk-el-Djemaâ;

3° Zone de l'intérieur (bas plateaux) : Souk-el-Arba, Zaghouan, Kairouan et Gafsa;

4° Zone des oasis : Tozeur, Douz, Médenine, Tatahouine.

Je réunis, dans le tableau suivant, les indications relatives aux températures maxima, minima et moyenne, à la hauteur de pluies annuelles, à l'état hygrométrique moyen et au nombre de jours de pluie des points principaux de ces quatre zones.

LOCALITÉS.	TEMPÉRATURES EN DEGRÉS CENTIGRADES.			HAUTEUR de PLUIE en MILLIMÈTRES.	NOMBRE de JOURS DE PLUIE.	HUMIDITÉ RELATIVE en CENTIÈMES.
	MAXIMA.	MINIMA.	MOYENNE.			
1° ZONE DU LITTORAL.						
Bizerte	23 1	13 1	18 2	648,2	97	73,5
Tunis	24 5	11 9	18 3	496,8	84	69,6
Sousse	23 8	13 8	18 9	443,0	59	64,5
Sfax	23 7	14 6	19 0	274,1	45	70,5
Gabès	25 5	13 6	19 6	215,4	41	69,1
2° ZONE DES HAUTS PLATEAUX.						
Aïn-Draham	18 8	9 3	14 0	1,754,1	131	71,4
Le Kef	28 8	10 9	16 8	613,7	83	68,8
Souk-el-Djemaâ	18 6	9 1	13 9	589,3	83	70,2
3° ZONE DES BAS PLATEAUX.						
Souk-el-Arba	26 5	10 6	18 2	520,2	76	75,8
Zaghouan	24 8	12 8	18 8	579,6	73	75,5
Kairouan	27 4	15 6	19 6	359,9	53	64,6
Gafsa	27 0	14 8	19 6	242,5	44	53,1
4° ZONE DES OASIS [1].						
Tozeur	28 2	14 3	21 7	158,8	28	//
Douz	26 9	13 7	21 6	//	//	58,0
Médénine	28 2	12 8	20 5	304,8	32	57,0
Tatahouine	28 9	11 9	20 6	//	//	57,0

[1] Les observations pluviométriques font défaut pour Douz et Tatahouine.

Au point de vue géologique, la Tunisie — où manquent à peu près complètement les terrains primitifs et dont les affleurements les plus anciens appartiennent à la formation jurassique — peut être divisée en deux parties bien distinctes, par une ligne voisine du parallèle de Kairouan. Dans le Nord, les terrains sont presque dépourvus de fossiles et n'ont pu être classés que par les caractères des roches qui les constituent. Dans le Sud, au contraire, les fossiles abondent, ce qui a permis de différencier plus nettement les étages géologiques.

D'une façon générale, la Tunisie est formée de terrains récents : toutes les grandes plaines appartiennent au quaternaire; les chaînes de montagne, au jurassique. Les terrains crétacés et les grès dominent dans certaines régions.

Les différents dépôts qui forment le sol tunisien peuvent être rapportés à un nombre restreint de types qui sont : 1° les roches (calcaires, grès, schistes ou poudingues); 2° les sables; 3° les terres légères, reposant fréquemment sur des assises de tuf ou travertin; 4° les terres franches argilo-calcaires; 5° les terres argileuses compactes. On a évalué approximativement aux proportions suivantes la répartition de ces terrains dans l'ensemble du territoire tunisien, qui s'étend sur 13 millions d'hectares environ, soit sensiblement le quart de la superficie de la France :

Roches		4,000,000 hectares.
Terres { légères		3,000,000
franches		2,000,000
fortes		1,000,000
Dunes, rivières, routes, etc.		3,000,000
Total		13,000,000

Cette répartition porterait, on le voit, à 6 millions d'hectares, soit un peu moins de la moitié du territoire, l'étendue des terres cultivables.

Au point de vue agricole, on peut, avec avantage, comme l'a fait M. J. Saurin dans son *Manuel de l'émigrant en Tunisie*, ramener à trois les zones à considérer, savoir : 1° la région du Nord; 2° la région

BIZERTE
Cap Blanc
490
Lac de Bizerte
Porto Farina
Cap Bon
510
Utique
Malou
Kelibia
634
Menzel Temine
Sidi Bou-Saïd
Tabarka
Djedeida
TUNIS
La Goulette
705
Teboursa
Soliman
Menzel Bou Zalfa
Bordg Toum
Gourba
350
Aïn Draham
Beja
Hammam Lif
Le Mornag
700
Gorombalia
1150
Medjez el Bab
Nebeul
Souk el Arba
Souk el Kmis
Testour
Hammamet
Port Loubt
Teboursouk
Ghardimaou
1035
Fahs
Zaghouan
1350
1re Région
Sidi Youssef
Dar el Bey
Le Kef
875
Djebibina
 Enfida
Bles es Sers
Zanfour
Lac Kalbia
SOUSSE
Ellez
Monastir
Mactar
Tabourba
Kessra
Msaken
590
KAIROUAN
Djemal
Mahedia
1430
O. Merguellil
71
Zebla
Haïdra
Thala
Sidi el Hani
O. Zeroud
Seiba
El Djem
1620
Sbeitla
O. Foucannah
730
IIme Région
Ferisana
870
SFAX
Iles Kerkenah
1200
Mahares
915
GAFSA
1050
La Skira
219
Ile de Djerba
TOZEUR
El Hamma
GABES
Houm Souk
Chott el Djerid
Kebili
Zarzis
750
Plateau
des
Matmata
IIIme Région
Répartition des Pluies
1re région : 0m40 a 1m d'eau par an
IIe région : 0m15 a 0m25 ______ d°
IIIe région : au dessous de 0,15 d°
++++ Limite des Régions
Chemins de fer
Chemins de fer projetés
Routes empierrées
Echelle
10 0   20   40   60   80   100 K.

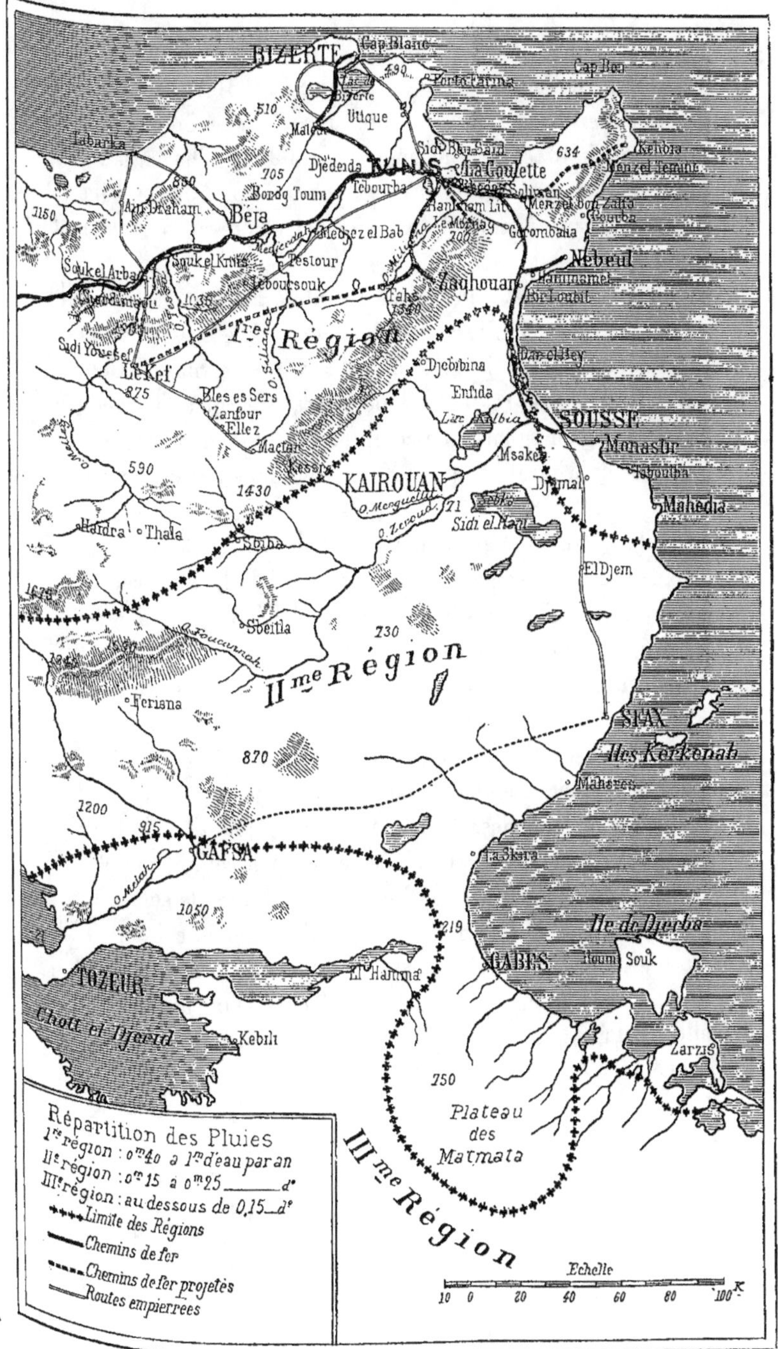

Fig. 364.

du Centre; 3° la région du Sud. La carte (fig. 364, p. 345) indique cette division en trois zones, au point de vue du régime des pluies.

La région Nord comprend environ 4 millions d'hectares : elle est séparée de celle du Centre par une ligne qui partirait de Tébessa en Algérie, passerait au nord de Kairouan et aboutirait à la mer entre Sousse et Hammamet.

La région centrale a une surface égale à la première (4 millions d'hectares). Elle est limitée au sud par une ligne passant au nord de Gafsa et aboutissant à la mer, à la Skira, entre Sfax et Gabès. On peut rattacher à cette région la zone littorale, jusqu'à la Tripolitaine.

Enfin, la région saharienne comprend 5 millions d'hectares : cette dernière est impropre à toute culture, sauf dans les endroits irrigués (oasis).

On voit, en réalité, qu'au point de vue agricole proprement dit, les deux zones à envisager sont la zone nord et la zone centrale : la première se prête à toutes les cultures et à l'élevage du bétail bovin et ovin; la deuxième est particulièrement propre à la culture arbustive : olivier, caroubier, amandier et vigne, dans certaines parties.

L'AGRICULTURE DANS LE NORD. — Étudions, tout d'abord, la région Nord. C'est là que s'étend la vallée de la Médjerda réputée pour ses belles cultures de céréales. Si l'on compare les quantités de pluies qui y sont reçues et celles que reçoit la région parisienne, on voit que, contrairement à une opinion généralement admise, le sol nord de la Tunisie reçoit une quantité de pluie assez voisine de celle qui tombe dans la région moyenne de France, en Beauce ou en Brie, la moyenne générale pour la première zone de la Régence étant de 550 mm. 4, et celle de Paris étant de 573, soit 28 millimètres seulement de différence.

	HAUTEUR D'EAU TOMBÉE.	NOMBRE DE JOURS DE PLUIE.
	millimètres.	jours.
Paris.	572,8	170
Bizerte	648,2	97
Le Kef.	613,7	83
Tunis	496,8	84
Sousse.	443,0	59

Les régions de Bizerte et du Kef reçoivent donc, absolument parlant, plus d'eau que les environs de Paris. Mais, d'autre part, le nombre des jours de pluie et la répartition de cette dernière, suivant les saisons, sont tout à fait différents; de plus, intervient un troisième facteur qui joue un rôle capital : l'intensité d'évaporation du sol, que je ne puis, faute de données, faire entrer en ligne de compte.

Pour nous faire une idée de la répartition de la pluie par saisons, comparons les chutes d'eau et le nombre de jours de pluie, dans une année sèche aux environs de Paris, avec les moyennes décennales de la région de Tunis :

	RÉGION DE PARIS. (ANNÉE 1895.)		RÉGION DE TUNIS. (ANNÉE MOYENNE.)	
	Hauteur de pluie.	Nombre de jours de pluie.	Hauteur de pluie.	Nombre de jours de pluie.
	millimètres.	jours.	millimètres.	jours.
Hiver.	77,9	44	203,8	34
Printemps	113,2	30	144,9	26
Été	108,0	25	26,9	4
Automne	165,6	56	121,2	20
ANNÉE.	464,7	155	496,8	84

Si l'on réunit les chutes d'eau d'automne et d'hiver, on trouve pour Paris 243 mm. 5 et pour Tunis 325 : le printemps et l'été n'ont donné que trente jours de pluie à Tunis avec une chute d'eau totale de 171 mm. 8, contre cinquante-cinq jours de pluie et 221 mm. 5 à Paris. La température moyenne des six mois de printemps et été, à Paris, a été de 16° 9, tandis qu'elle s'est élevée à Tunis à 21 degrés, avec des maxima fréquents de 34 et 35 degrés, qui ont pour résultat une évaporation telle que la pluie, rare d'ailleurs à cette époque, est, pendant ces saisons, d'effet à peu près nul sur la végétation.

La culture des céréales, en sol fumé, s'accommode de ce régime pluvial, mais celle des plantes herbacées qui, dans la région de Paris, donne encore des résultats passables, dans une année sèche, devient impossible dans la région de Tunis. L'assolement quadriennal et les cultures complémentaires de plantes fourragères parent partiellement à cet inconvénient.

Au total, grande régularité des saisons. Une période pluvieuse, pendant laquelle la végétation est possible, s'étend de novembre à mai. Puis, lui succède, pendant cinq mois (juin à octobre), une période d'absolue sécheresse à laquelle ne résiste presque aucune plante herbacée. Le temps pendant lequel on peut semer utilement les céréales est donc très court : des premières pluies, un peu après la Toussaint, à la fin de l'année; pour ne rien perdre du temps des semailles, il faut préparer, avant les pluies, le sol que l'on va ensemencer. En raison de la résistance qu'offre le sol compact, les labours d'été sont coûteux : un bon cultivateur est donc conduit à préparer sa terre avant que l'été l'ait desséchée : il laboure au printemps. A ce moment, le travail est facile, le labour détruit les mauvaises herbes avant qu'elles aient pu arriver à graine, et, ce qui importe par-dessus tout, la nitrification, sous l'influence de l'aération du sol encore humide, s'établit extrêmement active [1].

L'assolement arabe — jachère et céréales — ne peut donner de résultats rémunérateurs, le sol n'étant pas assez riche pour se passer d'engrais. C'est à l'élevage du bétail, contrairement aux habitudes invétérées de l'indigène, qu'il faut demander cet engrais. Mais comment nourrir le bétail dans un pays où les prairies naturelles permanentes sont une rareté exceptionnelle? La réponse s'impose : il faut

---

[1] Il n'y a rien à attendre des labours d'été : fendant la terre au moment des fortes chaleurs, ils en hâtent la dessiccation. Le peu d'eau qu'elle contient encore s'évapore; les ferments nitrifiants, privés de cet élément indispensable, perdent toute activité : la nitrification s'arrête immédiatement. De sorte qu'au point de vue chimique, un labour d'été est toujours d'un effet nul, et souvent il peut être nuisible.

On aura une idée de l'intensité de la nitrification en Tunisie, par les remarques suivantes que je tiens de M. Trouillet : «J'ai, dit-il, employé en France le nitrate de soude sur des céréales, et vu souvent chez des voisins appliquer cet engrais au printemps. On arrive assez vite à estimer approximativement, par comparaison, au seul aspect des plantes, la dose qui a été répandue. Me basant sur l'expérience ainsi acquise, j'estime qu'un labour de printemps, exécuté en Tunisie, sur un champ de moyenne fertilité, provoque dans le sol la formation d'une quantité d'azote assimilable égale à celle qu'apporteraient par hectare 100 kilogrammes de nitrate de soude. Cet engrais valant en moyenne 23 francs le quintal, la plus-value donnée au sol, par une année de repos et un labour de printemps, représente donc plus de deux fois la valeur locative moyenne du sol en Tunisie.» Un labour de printemps revient à environ 6 fr. 25, et il remplit parfaitement les trois effets qu'on en attend. Un labour d'été atteint imparfaitement le but physique du labour; il est nul ou nuisible aux points de vue cultural et chimique, et il coûte six fois plus. La conclusion est facile à tirer.

consacrer une portion du sol à produire la nourriture des animaux ; on est donc conduit à l'idée d'un assolement qui serait ainsi conçu :

Jachère, céréale, fourrage.

Mais, ici, les conditions économiques interviennent. Avec une seule récolte de plantes alimentaires en trois ans, une terre, si faible que soit sa location annuelle, ne saurait s'exploiter fructueusement. On produirait d'ailleurs, avec cet assolement, une quantité de fumier qui n'aurait pas son emploi.

Autant pour équilibrer la production avec la consommation des éléments fertilisants que pour augmenter le revenu du sol, il faut ajouter à ces trois premières soles une seconde sole de céréales. C'est ainsi que, de déductions en déductions, basées sur les premières années d'observations, M. Trouillet, colon à Toungar, est arrivé à l'assolement quadriennal suivant, qui lui donnait, lorsque j'ai visité son domaine, les meilleurs résultats :

Jachère, blé, fourrage, avoine ou orge[1].

Ainsi fixé sur l'assolement auquel devait être soumis son domaine, M. Trouillet avait à déterminer l'ordre de succession des diverses soles. L'étude des conditions locales de son exploitation, configuration et nature du sol, présence de vastes surfaces de sulla spontané sur certains points, absence de cette légumineuse sur d'autres, l'a conduit à arrêter trois assolements quadriennaux différents et à adopter pour assolement principal la succession des quatre soles dans l'ordre suivant : 1° jachère; 2° blé; 3° avoine; 4° sulla. Il y a de grands avan-

[1] «La culture arabe ne connait qu'un assolement, l'assolement biennal : jachères et céréales, sans engrais. Les terres qui ont été soumises à ce régime sont épuisées et réduites à de faibles rendements. Pour restaurer leur fertilité, il faudrait leur rendre en fumures ce que les récoltes leur ont enlevé et leur enlèvent en principes nutritifs. Or, la quantité de fumier que peut produire une ferme dépend de la quantité de bétail qu'elle entretient, et la quantité de bétail qu'elle peut entretenir, de la quantité de fourrages dont elle dispose. La solution du problème ne se trouvera donc que dans une distribution des cultures qui ménage les forces de la terre et fasse aux cultures fourragères la part nécessaire pour que le bétail entretenu sur l'exploitation suffise aux besoins en fumier de cette dernière.» (P. Bourde [alors directeur de l'agriculture de la Régence].)

tages à substituer la jachère verte à la jachère nue, pourvu que les plantes à semer remplissent les conditions suivantes :

1° Le semis ou la plantation devra pouvoir s'effectuer après le 1er février, c'est-à-dire à l'époque où les labours d'hiver sont terminés et les attelages devenus libres, ce qui d'ordinaire arrive fin janvier;

2° La végétation devra être assez rapide pour s'achever avant les grandes chaleurs;

3° Afin de ne pas épuiser le sol destiné à porter des céréales l'année suivante, les plantes devront être à racines pivotantes ou, tout au moins, pénétrer profondément dans le sous-sol.

Dans la vallée de la Medjerda, le lin est parmi les plantes qui répondent le mieux à ces exigences. Viennent ensuite les haricots, certains pois et, enfin, le maïs pour grains et mieux encore le maïs-fourrage qui, semé le 15 avril, donne, dans les premiers jours de juin, du fourrage frais. C'est une ressource précieuse pour prolonger aux vaches laitières et aux jeunes animaux le régime vert. On peut recommander beaucoup les fèves[1]; mais celles-ci doivent être semées en hiver, en même temps que les céréales; leur culture, qui fixe l'azote de l'air, en même temps qu'elle va puiser profondément dans le sol les éléments minéraux, réussit d'une façon certaine sous le climat tunisien : j'ai vu des champs de fèves superbes dans toutes les régions nord et centrale de la Tunisie. Les colons ne devraient pas hésiter à lui accorder une grande place. Il leur appartient, d'ailleurs, de déterminer, par l'expérience, celles de ces plantes auxquelles ils devront, dans leur exploitation, donner la préférence pour la jachère verte[2]. Il en est de même des proportions suivant lesquelles ces diverses cultures doivent

---

[1] Voici ce que l'analyse a donné pour la farine de fèves de Tunis et, comme point de comparaison, l'analyse d'une excellente farine de fèves d'un fabricant français :

| | FARINE | |
	DE TUNIS.	FRANÇAISE.
Eau............	12.50	12.00
Matières azotées...	27.63	22.70
Matières grasses...	1.70	1.70
Matières amylacées.	54.47	62.10
Cellulose........	0,65	0.40
Cendres........	3.10	1.10

Il faut remarquer que dans les farines de fèves de qualité supérieure, comme la dernière analysée, ainsi que dans les farines supérieures de froment, les matières azotées, les cendres, la cellulose et les matières grasses sont généralement en proportions plus faibles que dans les farines moins bien blutées.

[2] Voici un bon assolement : un quart en lin, un quart en fèves, un huitième en maïs-fourrage, très utile à trouver en juin pour prolonger le régime du vert, alors que

se partager la première sole. On ne saurait établir, à cet égard, de règle fixe, chacun devant en décider suivant ses convenances.

L'assolement type que nous venons d'indiquer : jachère verte, blé, avoine, sulla, est un assolement de plaine, c'est-à-dire de terres profondes et relativement fraîches.

En terre légère peu profonde, les sols soumis à cet assolement se prêteraient mal à la culture du blé qui sécherait avant d'arriver à maturité. Les céréales hâtives, orge ou avoine, au contraire, y réussissent bien. Les plantes à végétation rapide, comme le lin, les fèves, sont tout indiquées pour ce terrain. Voici un exemple d'assolement :

1re sole. — Fèves ou lin semés à l'automne afin que les plantes rencontrent assez d'humidité dans le sol. La première sole reçoit le fumier, 25,000 kilogrammes à l'hectare, les fèves donnent 15 à 16 quintaux à l'hectare;

2e sole. — Avoine ou orge, dont la récolte est assurée, après fèves;

3e sole. — Jachère pâturée. Ce pâturage est nécessaire dans l'assolement parce qu'il donne de l'herbe huit jours après les premières pluies, tandis que, dans les terres de plaine (terres fortes), l'herbe ne pousse qu'un mois et demi après la chute d'eau. Cette différence tient à l'échauffement plus rapide des terres légères des coteaux. Cette jachère pâturée enrichit le sol et profite aux céréales d'été qui lui succèdent;

4e sole. — Avoine ou orge.

L'avoine semée, à raison de 105 kilogrammes environ à l'hectare, donne de très beaux rendements à Toungar, avec cet assolement : 15 quintaux en moyenne et fréquemment 20 à 25 quintaux après fèves. La culture de l'avoine doit appeler l'attention des colons : cette céréale qui, en Tunisie, arrive à pleine maturité de bonne heure, fait généralement prime de un franc, par quintal, sur le marché de Marseille.

Voici, enfin, un assolement qui met à profit la croissance spontanée du sulla, lequel, se resemant de lui-même, permet d'intercaler

toutes les autres herbes sont desséchées; un huitième en haricots ou en pois et un quart laissé en pâturage fourni par le sulla, qui sera fort utile en mars et en avril, quand le pâturage manquera sur le reste de la propriété.

les céréales entre deux soles de sulla, sans qu'on soit obligé de semer à nouveau les graines de ce sainfoin :

1re sole. — Sulla fauché, rentré comme foin ou consommé en vert. Récolte : jusqu'à 60 quintaux métriques de foin de sulla, à l'hectare, dans les années suffisamment humides;

2e sole. — Blé ou avoine (pas d'orge);

3e sole. — Sulla pâturé, par des bœufs ou vaches seulement, pas par les moutons. Si l'on fauchait le sulla de cette sole, on s'exposerait à le voir disparaître du terrain. On fait pâturer pour détruire les graminées qui, en se resemant, étoufferaient le sulla et pourraient le faire disparaître;

4e sole. — Avoine ou blé.

Le labour pour céréales qu'on pratique après le sulla coupe les tiges souterraines et les racines de cette plante, mais les graines tombées germent l'année suivante et reconstituent la prairie. Les céréales ont donc fourni leur récolte entre deux soles de sulla sans détruire celui-ci. C'est à cet heureux retard dans la germination régulière du sulla, dont les graines lèvent un an seulement après leur enfouissement dans le sol, qu'on doit, en Tunisie, la permanence de ce précieux fourrage sur de vastes étendues de terrain. Si le sulla était annuel, il y a longtemps que la culture indigène l'eût fait disparaître.

Au résumé, les principales céréales de la région Nord sont : le blé — blé dur — dont le rendement varie de 8 à 12 quintaux, sauf dans les années de sécheresse, et dont une grande partie est expédiée à Marseille pour être transformée en semoule et servir à la fabrication des pâtes alimentaires; les orges, très employées dans l'alimentation des animaux (la Tunisie produit aussi de fort belles orges de brasseries qui sont exportées en France, en Angleterre et en Belgique); l'avoine, cultivée avec profit pour la nourriture des chevaux et pour l'exportation (elle donne de gros rendements et sa paille est très appréciée pour l'alimentation du bétail, la récolte se faisant toujours dans d'excellentes conditions).

Le maïs, le sorgho, le millet, sont cultivés comme cultures d'été : par les Européens, comme fourrages en vert pour l'alimentation du bétail; par les indigènes, pour le grain qu'ils consomment en assez grande quantité. La production est très avantageuse partout où le colon dispose d'un peu d'eau : le sorgho sucré, le millet à chandelles donnent, avec une irrigation moyenne, des rendements de 80 à 100,000 kilogrammes.

Fig. 365. — Campement sous les oliviers.

Les fourrages naturels sont abondants et peuvent être conservés par l'ensilage pour fournir en été une nourriture fraîche aux animaux.

De nombreux fourrages artificiels peuvent être récoltés, parmi lesquels le fenugrec (*holba*), cultivé depuis longtemps par les indigènes, surtout pour ses graines; le sulla, dont je viens de parler, et les fèves; les vesces, la luzerne qui donne de nombreuses coupes si elle peut être arrosée, en été, une fois par mois; le bersim ou trèfle d'Alexandrie, l'orge et l'avoine à couper en vert au printemps;

la moutarde blanche en culture dérobée d'automne; les racines : betteraves, navets, carottes, patates, topinambours.

Les cultures de primeurs (fruits et légumes) donnent de forts beaux bénéfices[1]. Grâce à la douceur du climat en hiver, on peut dès le mois de décembre, obtenir, dans la région du cap Bon, en plein air, des pommes de terre, des petits pois, des artichauts. La pomme de terre de Hollande, cultivée comme primeur, donne de 4,000 à 6,000 kilogrammes à l'hectare. La variété Early rose donne 12,000 kilogrammes. La patate, peu répandue encore, donne de très bons résultats et produit jusqu'à 15,000 kilogrammes à l'hectare; l'oignon, la tomate, la courge réussissent également bien, ainsi que beaucoup de légumes de France.

Comme fruits, je citerai l'olivier (les olivettes du Nord sont en voie de régénération); le caroubier, dont une amélioration, par le greffage, peut être rapidement obtenue; le figuier, qui, très cultivé depuis longtemps par les indigènes, peut l'être avec profit par les Européens; l'amandier, qui donne de beaux rendements, ainsi que l'oranger, le citronnier, le mandarinier[2], le grenadier, etc. L'abricotier, le prunier, le cerisier, le pommier, le poirier, le pêcher et tous les autres arbres fruitiers des climats tempérés prospèrent surtout dans les régions un peu élevées. Le néflier du Japon, le kaki (Diospyros) donnent des fruits appréciés et leur culture se développe. Le bananier est surtout cultivé dans l'oasis de Gabès; sa culture pourra donner de beaux profits. Les indigènes con-

---

[1] «La culture des légumes de primeurs serait assurément très prospère en Tunisie si les conditions économiques ne venaient y apporter de sérieuses entraves. Néanmoins les tomates, les artichauts, les pommes de terre hâtives, les melons, peuvent encore s'exporter dans les saisons où les prix sont suffisamment élevés, et forment, avec d'autres légumes, l'objet d'un commerce local estimé à 4 millions de francs.» (A. Chatenay, secrétaire général de la Société nationale d'horticulture de France.)

Des statistiques récentes ont établi que dans l'état actuel des cultures, la Régence serait en mesure de nous envoyer annuellement 1,500,000 kilogrammes d'oranges, mandarines ou citrons; 1 million de kilogrammes de pommes de terre hâtives; 500,000 kilogrammes de légumes frais précoces; 500,000 kilogrammes de raisins et autres fruits.

[2] Les orangers, cédratiers et citronniers trouvent sur les versants qui s'abaissent vers le littoral un terrain leur convenant à merveille, et tout fait présumer que les cent mille aurantiacées qui prospèrent actuellement à Tunis, Hammamet ou Djerba, verront leur nombre s'accroître rapidement.

somment la figue d'Inde, fruit du cactus ou figuier d'Inde, dont les raquettes sont mangées par le bétail quand elles sont inermes[1]. Le cactus armé est mangé par les chameaux.

Enfin, parmi les cultures de la région Nord, citons celle de la vigne, qui couvre aujourd'hui une superficie supérieure à 13,000 hectares et dont la production atteint 200,000 hectolitres. Les circon-

[1] L'*Opuntia vulgaris*, qu'on nomme communément figuier de Barbarie ou cactus, plante originaire de l'Amérique, se rencontre aujourd'hui dans presque toutes les régions chaudes du vieux continent (Italie, Sicile, Malte, Espagne, Portugal) et dans toutes les parties habitées du nord de l'Afrique, notamment en Algérie et en Tunisie.

Le cactus atteint, en quelques années, la taille d'un arbuste élevant de quatre à six mètres ses tiges charnues (raquettes), semées à profusion d'aiguillons acérés dont la piqûre cause des inflammations très douloureuses. La tige principale et les ramifications atteignent un diamètre de 10 à 20 centimètres, suivant l'âge de la plante. Le figuier épineux, planté en alignements, forme une barrière infranchissable pour l'homme et pour les animaux de grande taille. Aussi l'Arabe l'emploie-t-il pour entourer son douar, clore les terrains et les protéger contre l'accès de l'homme et du bétail.

La structure des variétés épineuses d'Opuntia, les plus répandues de beaucoup en Tunisie, se prête à l'établissement des haies impénétrables, mais elle s'oppose à l'emploi des raquettes pour l'alimentation du bétail ; seules les figues peuvent être utilisées comme nourriture par l'homme et par les animaux domestiques. Heureusement, il existe une variété de cactus entièrement dépourvue d'aiguillons et que, par ce motif, on désigne sous le nom de cactus inerme ; j'ai rencontré en Tunisie, dans les environs de Kairouan, de grandes plantations de cette variété qu'on livre tous les deux ans au pâturage. Pendant la sécheresse excessive de 1888, les indigènes de la tribu des Ouled-Sendassen ont ouvert les enclos de cactus aux troupeaux dont tous

les animaux ont été sauvés, alors que la mortalité du bétail a été énorme partout ailleurs, atteignant les proportions d'un vrai désastre.

La plantation d'un hectare, en culture européenne, peut être évaluée comme suit :

Clôture	200 fr.
Fumier, 20 voitures à 5 francs	100
Labour	20
Raquettes, 600 à 5 fr. le cent	30
Premier buttage	12
Deuxième buttage	12
Main-d'œuvre de plantation	12
Total	386

Suivant les conditions locales du prix de transport du fumier et de la main-d'œuvre, le coût d'un hectare de cactus, conduit à la troisième année, variera naturellement : mais il ne dépassera pas 500 francs.

Le cactus croît de préférence dans les terrains secs et pierreux : il ne redoute que les sols humides ou très argileux. On manque encore de chiffres précis sur son rendement, mais on sait qu'il est généralement très élevé, et tout porte à penser que l'application de fumures convenablement adaptées permettrait de l'accroître notablement.

Le fruit du cactus (figue de Barbarie) entre pour la plus grande part dans l'alimentation de l'Arabe ; jusqu'ici on n'a utilisé que la raquette pour la nourriture du bétail. Il serait intéressant de faire une étude expérimentale de la valeur nutritive du fruit, sa composition chimique lui assignant un rang voisin de celui qu'occupe l'herbe de prairie de bonne qualité. D'après les observations de M. Saurin, colon à Tebeltech, le rendement en fruit serait d'environ 20,000 kilogrammes à l'hectare. M. Bertainchamp, directeur du labora-

scriptions où le vignoble a le plus d'importance, sont dans l'ordre : Tunis (plus de la moitié de la superficie totale) et Grombalia.

Les principaux cépages qui forment le fonds du vignoble tunisien sont le carignan, le mourvèdre et le morastel. Le carignan donne aux vins de la finesse, les deux autres cépages lui donnent du corps et de

toire agricole de Tunis, est arrivé, de son côté, à une évaluation très voisine de celle-ci au domaine de Bir-Kassa. On cite, en Espagne, des productions de 30,000 et 34,000 kilogrammes de figues.

M. Trouillet estime de 25 à 30,000 kilogrammes le poids de raquettes que peut donner un hectare en pleine production.

L'exploitation de la raquette oblige à renoncer à celle du fruit ; en effet, les figues de Barbarie ne poussent que sur les raquettes de l'année précédente. Si l'on coupe celles-ci pour fourrager le bétail, on ne peut donc plus attendre de récolte de figues. Par suite, il y a lieu pour le cultivateur de se décider, après expériences, pour l'un de ces deux modes d'utilisation du cactus. Il me semble que l'on doit être amené à sacrifier les fruits à l'emploi des raquettes pour l'alimentation du bétail : d'une part, à raison de la richesse en eau de la raquette, qui en fait un aliment précieux dans la période de sécheresse ; de l'autre, parce qu'elle semble se prêter mieux que le fruit aux mélanges volumineux d'aliments qui conviennent à l'espèce bovine. La raquette du cactus peut être regardée comme la betterave des pays chauds : elle a, en effet, avec la betterave fourragère, certaines analogies de composition.

Il importe de faire remarquer qu'on doit donner aux plantations de cactus inerme une surface double de celle dont la production annuelle est nécessaire à l'entretien du bétail de l'exploitation, puisque la cueillette des raquettes ne peut se faire que tous les deux ans.

La culture régulière du cactus inerme semble devoir trouver place dans toutes les exploitations des pays chauds : Corse, Algérie, Tunisie, etc. : elle présente de nombreux avan-

tages qu'on peut résumer en quelques mots :

1° Frais de plantation peu élevés et, à partir de la quatrième année, aucune dépense autre que celle de la cueillette ;

2° Constance des récoltes pendant une période qui dépasse la moyenne de la vie humaine. Paul Bourde, qui, le premier, a appelé l'attention sur l'importance de cette culture, s'est assuré que des plantations de cactus, qui sont toujours vigoureuses en production, ont une cinquantaine d'années. Comme, à partir de la cinquième année, on fait pleine récolte, une plantation de cactus assure à son propriétaire la possession d'une plante qui, pendant quarante ans au moins, donnera un poids de fourrage à peu près constant ;

3° Le figuier de Barbarie s'exploitant soit pour raquettes, soit pour les fruits, de juillet à novembre, c'est-à-dire pendant les mois les plus chauds, et durant la pénurie des fourrages, vient à point, pour sauver le bétail de la misère physiologique qui décime annuellement les troupeaux indigènes du nord de l'Afrique. Ainsi que je viens de le dire, le cactus, par sa forte teneur en eau et son peu de richesse en principes azotés, peut être comparé à la betterave fourragère. D'après l'analyse qui en a été faite au laboratoire de la station agronomique de l'Est, les raquettes fraîches ont la composition suivante, en regard de laquelle j'indique celle de la betterave.

	CACTUS.	BETTERAVE.
Eau...................	94,84	88,00
Matière azotée.....	0,41	1,10
Cellulose, amidon, etc.	4,75	10,90
	100,00	100,00

Sous le même poids, la teneur des raquettes en principes nutritifs assimilables n'est donc égale qu'à la moitié environ de celle de la

la finesse. L'aramon végète assez mal dans certaines expositions et craint le siroco. Le petit-bouschet, l'œillade et le cinsault procurent d'assez bons résultats. Comme plants fins, on rencontre aussi le cabernet, le cot, la petite-syrrah et le pinot. Les variétés de raisins blancs sont la clairette, le piquepoul, la folle-blanche et l'ugni blanc.

Le colon, qui veut tirer de la culture de la vigne tout le profit qu'il est en droit d'en attendre, ne doit pas se borner à cette unique culture : outre qu'il faut d'autres cultures pour pouvoir parer aux mauvaises récoltes, la vigne a besoin, pour donner une production régulière et abondante, d'être bien travaillée et fumée copieusement, ce

betterave, mais rien n'est plus facile que de composer, par l'addition au cactus de feuilles ou de ramilles qu'on rencontre en abondance dans les terrains incultes des pays chauds, un mélange fourrager équivalent, au moins, aux herbes de prairies naturelles de bonne qualité et de beaucoup supérieur aux pailles de céréales les plus nourrissantes. Les feuilles d'arbousier, par exemple, contiennent 7 p. 100 environ de matières azotées ; leur analyse complète m'a conduit à leur assigner la composition suivante :

Eau	10.20
Matières azotées	6.87
— amylacées	62.89
— grasses	3.70
Cellulose	12.60
Matières minérales	3.74
Total	100.00

La substance sèche entre donc dans la composition des feuilles d'arbousier pour près des neuf dixièmes de leur poids, dans celle des cystes, très communs dans les régions méridionales, pour 86 à 87 p. 100, tandis qu'elle représente 5 p. 100 à peine de celui des raquettes de cactus. On peut donc tirer un excellent parti de ces différences de composition pour constituer des mélanges alimentaires bien adaptés à l'entretien du bœuf et de la vache. Mélangées à poids égaux avec les raquettes, les feuilles d'arbousier ou les touffes de cyste fournissent un aliment supérieur à l'herbe des prairies, ainsi que le montre la

comparaison de la composition des deux fourrages :

	ARBOUSIER et RAQUETTES.	HERBE de PRAIRIE.
Eau	52.1	80.00
Matières azotées	3.7	3.50
— non azotées	41.6	14.50
— minérales	2.6	2.00
Totaux	100.0	100.00

En 1893, lors de la disette des fourrages, M. Lang, directeur de grands domaines en Corse, a introduit, avec plein succès, dans la ration de son cheptel, les mélanges de raquettes et de feuilles d'arbousier.

Il a constaté que les bœufs et les chevaux les consommaient avec avidité ; il a signalé l'action favorable des feuilles d'arbousier dans l'engraissement, ce qui n'a rien de surprenant étant donnée leur forte teneur en principes amylacés. C'est seulement à titre d'exemple que j'indique la composition du mélange ci-dessus, l'éleveur pouvant en varier les proportions à sa guise, suivant le but qu'il se propose, et l'enrichir aisément en principes azotés par l'addition de tourteaux de coton d'un emploi si avantageux dans l'alimentation du bétail. En résumé, le cactus inerme — seul, ou mieux associé aux feuilles ou aux branchettes d'arbustes — est appelé à rendre les plus grands services, non seulement aux colons de Tunisie et d'Algérie, mais aussi aux éleveurs de la Corse et à ceux des côtes de la Méditerranée : Espagne, Italie, etc.

qui nécessite l'entretien sur la propriété d'un nombreux bétail produisant le fumier qu'il est difficile de trouver au dehors.

Les maladies, auxquelles la vigne tunisienne est sujette, sont : l'oïdium, l'anthracnose et le peronospora. La chlorose est assez fréquente dans les terres froides. Il n'y a jusqu'ici ni phylloxera[1] ni black-rot.

Les vins blancs sont d'ordinaire bien faits, quoiqu'il y ait des goûts de terroir peu agréables. Ceux de Bizerte égalent les meilleurs qualités de Médéa et de Mascara. Les vins rouges sont limpides et brillants. Depuis que la réfrigération des moûts a été mise en pratique, on obtient des produits sans sucre en excès et ne contenant pas de dose exagérée d'acidité volatile. Aux environs de Tunis, dans la Haute-Medjerda, puis au cap Bon, on a des vins robustes et bien constitués, du type Rouiba. On a même fait quelques essais heureux de vins fins avec des cabernets, des pinots et des syrrahs. On a mieux réussi encore en préparant des vins de liqueur avec des muscats, des clairettes et des cépages de Marsala. Les vins muscats de Carthage sont excellents. Divers vins de dessert, genre malaga, sont aussi renommés.

Le système de réfrigération introduit par le colonel Toutée dans son beau domaine de Zaïna, système qui consiste en vases vinaires entourés d'une toile maintenue constamment humide, dans lesquels la température se maintient à un degré convenable pour la vinification, donne les résultats les plus remarquables tant au point de vue de la qualité que sous le rapport de la solidité du vin, malgré la très haute température de la région durant la période de vinification.

D'une façon générale, on peut dire que ces vins de Tunisie supportent parfaitement le transport par mer, sans qu'il soit besoin de prendre de précautions spéciales. La plus grande partie en est exportée en France. Les vins tunisiens dosent de 9° à 11° 1/2 d'alcool.

---

[1] Dans le but de protéger le vignoble contre l'invasion du phylloxera, la loi du 29 janvier 1892 prohibe l'importation de tous les objets pouvant servir de véhicule à l'insecte dévastateur et notamment des ceps, sarments, raisins, et feuilles de vigne et des plants d'arbres, arbustes et végétaux de toute nature à l'état vivant. Exception est faite pour les fruits autres que ceux de la vigne, et pour les pommes de terre et les topinambours, qui sont admis sous certaines conditions. La loi prescrit, en outre, diverses mesures intérieures pour la protection du vignoble. Le Directeur de l'agriculture et du commerce est chargé de l'application de cette législation.

Ils n'ont donc pas besoin d'être alcoolisés; d'ailleurs, les vins vinés, soit avec des alcools étrangers, soit avec des alcools indigènes, sont exclus du bénéfice de la loi du 19 juillet 1890. L'habitude est de vendre la récolte prise au cellier; le prix moyen de l'hectolitre est de 17 à 18 francs. Les vins de l'exploitation de Zaïna, en raison de leur qualité, font prime sur le marché de la métropole.

Modes d'exploitation du sol. — Le colon qui veut s'établir en Tunisie a le choix entre trois systèmes d'exploitation du sol, savoir : la location, l'achat et le métayage. Suivant les ressources dont il disposera et l'appréciation qu'il fera des avantages et des inconvénients qui pourraient résulter pour lui du choix de l'un de ces systèmes, il se décidera pour celui qui lui paraîtra préférable.

Il est un premier point qu'il faut mettre tout de suite en lumière. Instruit par l'expérience demi-séculaire de l'Algérie, expérience dont les résultats défavorables sont absolument certains, le Gouvernement de la Régence a écarté d'une façon absolue le régime de la concession gratuite de terrains aux colons. La gratuité de la concession, même lorsque le colon qui l'obtenait possédait un petit capital jugé nécessaire pour ses débuts, n'a donné que des résultats déplorables en Algérie. De l'ensemble des faits constatés dans cette colonie, depuis l'origine jusqu'à l'époque présente, résultent clairement deux conclusions aussi nettes l'une que l'autre : 1° condamnation définitive du système de concession gratuite; 2° insuccès constant des tentatives de colonisation agricole en l'absence de capitaux ou avec le concours de capitaux insuffisants. La démonstration surabondante de ces deux conclusions impose au Gouvernement tunisien, aussi bien qu'aux cultivateurs qui veulent s'installer dans la Régence, la nécessité d'éviter ce double écueil. Ainsi donc pas de concession gratuite : il faut acheter, louer ou prendre à métayage la propriété sur laquelle on veut s'établir.

Prenons pour point de départ la mise en valeur d'une surface de 50 hectares, qui est considérée, par les hommes compétents, comme l'objectif à proposer à la moyenne colonisation, et examinons successivement la situation du colon dans les trois cas indiqués plus haut.

Dans le nord de la Tunisie, région propre à la culture des céréales et à l'élevage du bétail qui en est le complément indispensable, l'acquisition de 5o hectares de terre débroussaillée, apte à recevoir une culture intensive, condition essentielle de profits pour le colon, peut être, suivant les conditions locales, réalisée avec un capital de 5,000 à 10,000 francs, soit à raison de 100 à 200 francs l'hectare. Si, au lieu d'un achat ferme, on loue à enzel [1], on peut devenir usufruitier d'un domaine de même étendue. Si l'enzel qu'on a pris est rachetable [2], c'est-à-dire peut devenir la propriété définitive de l'enzeliste à un prix convenu au moment de la location, on a le double avantage de n'engager au début de l'exploitation qu'une part insignifiante de son capital et de pouvoir se rendre propriétaire le jour où, sur les bénéfices, on sera en mesure d'acquitter sans gène le prix du domaine. Enfin si, bien que ne disposant que d'un capital restreint, on désire cependant s'assurer la possibilité d'étendre ses cultures au fur et à mesure de ses profits, on peut, sans grever beaucoup son budget initial, prendre à enzel une propriété de grande étendue qu'on mettra progressivement en valeur. Un enzel de 1.000 francs, par exemple, peut vous mettre en possession de 200 hectares de terres labourables auxquelles s'ajouteront presque toujours des surfaces plus ou moins étendues de pâturages ou de landes utilisables pour l'élevage du bétail.

Le terrain acheté sera nu; il faudra donc y faire le plus économiquement possible les constructions nécessaires. Je vais donner deux spécimens des dépenses correspondant à l'organisation d'une exploitation de 5o hectares : le premier m'a été indiqué par M. Trouillet, l'habile colon dont j'ai déjà parlé, qui a, à Toungar, une belle exploitation agricole. Le devis est basé sur la répartition suivante des 5o hectares dont se compose l'exploitation d'un colon moyen :

Terres à céréales soumises à l'assolement quadriennal.	32ʰ 00ᵃ
Pâturages ordinaires.	8 00
Pâturages près de la maison	1 50
Plantations de cactus	3 00
Fermes, chemin d'accès, jardins, plantations d'eucalyptus.	1 50
Vignes	4 00
Total.	50 00

[1] Sorte de bail perpétuel dont j'expose ultérieurement (p. 389 et 390) les avantages.
[2] Voir p. 390, note 2.

En laissant de côté le prix d'achat ou de location du terrain, M. Trouillet fixe à 10,000 francs le capital nécessaire pour assurer, dès la première année, avec une stricte économie, mais sans rien négliger d'essentiel, l'organisation et le fonctionnement d'un petit domaine de 50 hectares. Voici, dans ses détails, la répartition du capital que le colon devra engager dans son entreprise et l'estimation des produits qu'il en peut attendre :

Maison d'habitation (50 m² à 25 francs le mètre)	1.250 francs.
Écurie, magasins (100 m² à 12 fr. 50)	1,250
Défrichement des deux soles de blé et avoine (16 hectares à 25 francs en moyenne)	400
Création d'un jardin potager	300
Matériel agricole, harnais, etc.	875
Bêtes de trait	3,030
Semences	452
Fourrages	165
Paye des ouvriers	2,278
TOTAL	10,000

Suivant que l'on supposera l'achat ferme, avec la possibilité de ne verser au moment de l'acquisition du terrain que la moitié de ce prix[1], et suivant la valeur du terrain, le colon devra donc disposer en tout, au début, d'un capital de 15,000 à 20,000 francs. Un contrat de location à enzel n'exigerait qu'un débours de quelques centaines de francs à ajouter au capital de 10,000 francs indispensable pour la mise en train de l'exploitation. Les années suivantes, les dépenses obligatoires, d'après la comptabilité de Toungar, n'excéderont pas 1,500 francs; elles se décomposent ainsi :

2 ouvriers indigènes pendant 300 jours à 1 fr. 20 par jour	720 francs.
Auxiliaires pour la moisson	280
Entretien et renouvellement du matériel	300
Impôts	50
Imprévu	150
TOTAL	1,500

[1] Condition agréée pour la vente des terrains domaniaux.

En regard de cette dépense annuelle, il faut placer les recettes probables de l'exploitation. Dans le compte des recettes, M. Trouillet ne fait pas entrer les produits de la porcherie, de la laiterie, du jardin, ni ceux de la basse-cour. Il estime que l'ensemble de ces produits, dont la valeur variera d'ailleurs suivant la proximité ou l'éloignement dont on sera des villes, subviendra à l'entretien de la famille qu'il fait figurer seulement dans les dépenses de la première année.

Voici l'évaluation des produits résultant des ventes annuelles :

80 quintaux de blé à 15 francs......................	1,200 francs.
100 quintaux d'avoine à 11 francs.....................	1,100
20 quintaux de lin à 20 francs	400
4 bœufs adultes gras à 250 francs.....................	1,000
4 vaches grasses ou à lait à 125 francs................	500
Total....'...................	4,200
Total des dépenses	1,500
Il resterait donc au colon (toutes dépenses payées)..........	2,700

En déduisant l'intérêt du capital de 15,000 ou de 20,000 francs suivant le cas, le bénéfice net, représentant la rémunération du colon, serait donc de 1,950 à 1,700 francs.

Il y a lieu de faire observer que les rentrées s'échelonnent de manière à entretenir le fonds de roulement indispensable à l'exploitation. Les quatre bœufs de labour engraissés peuvent être vendus en avril. Ils fournissent ainsi l'argent nécessaire à la moisson. Viendra ensuite la vente de la récolte. Les bénéfices de l'année procureront les ressources nécessaires pour continuer l'entreprise et pour commencer les plantations de vignes et de cactus, fourrage dont j'ai parlé en détail (note p. 355). Dans ce bilan, M. Trouillet a porté les charges au maximum et réduit les produits au minimum. Il dépendra donc de l'activité personnelle du colon et de ses qualités d'administrateur de réduire encore les premières et d'augmenter l'importance des seconds.

L'exemple si intéressant de l'exploitation de Toungar est là pour confirmer les prévisions de M. Trouillet. En moins de sept ans, avec un capital liquide qui n'atteignait pas 20,000 francs, M. Trouillet, qui possède à enzel un domaine de 1,000 hectares de terres labourables et 800 hectares de pâturages ou landes, a pu mettre en rapport près de 240 hectares de terre.

L'actif de son inventaire, qu'il a mis à ma disposition, s'était accru de 20,000 francs, et le bénéfice net de sa dernière année d'exploitation s'est élevé à 6,000 francs environ, déduction faite de l'intérêt des capitaux engagés, du payement de l'enzel et des dépenses de toute nature, y compris celles de l'entretien d'une famille nombreuse.

De son côté, M. Saurin, colon à Tebeltech, dont les études sur l'agriculture africaine sont si justement appréciées, a dressé le bilan suivant des dépenses de premier établissement d'une ferme de 50 hectares :

Achat du sol.	10,000 francs.
Maison	1,500
Écurie.	1,700
Puits et abreuvoir commun à deux fermes.	600
Cheptel (8 bœufs de labour, 1,400 francs; 20 à 25 vaches ou bien 100 brebis, 2,000 francs).	3,400

Si on ne garnissait pas la terre de bétail, le colon ne pourrait pas faire consommer ses fourrages, et il serait vite ruiné par la culture sans engrais.

Avances diverses (tantôt il faudra aider le métayer à acquérir son matériel agricole, un cheval; tantôt il lui faudra une petite avance pour attendre la récolte).	800
Total	18,000

Si le sol était acheté à 150 francs, le prix total de la ferme ne reviendrait qu'à 15,500 francs.

Ces chiffres, on le voit, se rapprochent, avec quelques variantes seulement, de ceux indiqués par M. Trouillet.

Voici l'évaluation des produits faite par M. Saurin :

L'avoine donne 6,000 à 7,000 kilogrammes de foin, l'orge verte 50,000 kilogrammes de fourrage vert à l'hectare. 100 kilogrammes de foin d'avoine produiraient 5 kilogrammes d'augmentation de poids vif, soit une valeur de 3 francs environ. On a donc, pour 7,000 kilogrammes de foin, un produit de 210 francs à l'hectare. 50,000 kilogrammes d'orge verte, transformée en viande, donnent 250 à 300 fr.

C'est un produit moyen de 200 francs pour les hectares consacrés à la culture fourragère, après avoir déduit l'assurance contre la mortalité du bétail.

Le blé donne, en moyenne, 11 quintaux métriques à l'hectare, à 18 francs le quintal. Il faut prélever 1 quintal pour la semence. Restent 10 quintaux à 18 francs = 180 francs à l'hectare.

En résumé, à la condition de posséder les qualités personnelles, essentielles au succès de toute entreprise, et propriétaire d'un modeste capital, le cultivateur français est assuré de réussir; mais il ne doit pas oublier qu'il irait à un échec presque certain, si l'une ou l'autre de ces conditions n'était pas remplie par lui.

L'AGRICULTURE INDIGÈNE. — Avant de passer à l'étude de l'agriculture dans la région Sud, je veux dire un mot de l'outillage agricole de l'indigène.

Une nation qui a fortement occupé un pays conquis par elle y laisse des vestiges de sa domination dont l'étude offre à l'observateur un intérêt des plus puissants. Ce ne sont pas seulement les ruines grandioses de monuments admirables, des travaux hydrauliques et des restes nombreux de villes qui, en Tunisie, attestent le gigantesque épanouissement de l'empire romain dans le nord de l'Afrique. L'industrie primitive des indigènes actuels, leur outillage agricole, nombre de leurs coutumes, la forme de leurs contrats de louage et l'organisation d'une sorte de patronat dans la population agricole sédentaire portent l'empreinte de la civilisation romaine.

Les procédés primitifs de la mouture des grains, de la fabrication de l'huile d'olives; la construction des puits et le mode d'extraction de l'eau, etc., se retrouvent chez les indigènes de toutes les régions de la Tunisie, pour ainsi dire tels que les Romains les y ont laissés. L'art de cultiver le sol n'a pas fait un pas chez l'Arabe : son matériel d'exploitation est aujourd'hui ce qu'il était il y a quinze ou vingt siècles.

Les admirables collections réunies dans le palais du Bardo renferment deux grandes mosaïques datant probablement du IIe siècle de l'ère chrétienne et représentant des scènes de la vie rurale de cette époque et sont, à ce titre, des plus intéressantes. Celle dont je donne

Fig. 366. — Une exploitation agricole au IIe siècle.

[Reproduction photographique, due à M. Gauckler, d'une mosaïque découverte en 1895, à la villa des Lahirii, à Oudna; cette mosaïque est actuellement au Musée du Bardo.]

une photographie (p. 365) nous montre une exploitation rurale.
On y voit l'habitation du maître vers laquelle se dirige le troupeau;
contre le mur est dressé l'araire dont je vais parler; dans le lointain
deux bœufs attelés à cette charrue primitive; en avant de la maison, le
gourbi des esclaves, le puits à balancier et l'abreuvoir qu'on retrouve
actuellement dans le douar de l'Arabe. Les autres parties de cette curieuse peinture de la vie rurale en l'an 200 représentent des scènes
de pâturage, de labourage, de chasse au lion, à la panthère, au sanglier. Dans le bas, un berger chasse la perdrix, etc.

Fig. 367. — Araire dental.

Aujourd'hui, comme il y a deux mille ans, l'outillage agricole du
laboureur tunisien se compose d'un unique instrument aratoire : c'est
un araire très primitif que les agriculteurs méridionaux nomment
l'araire dental, dont la figure 367 représente le modèle le plus perfectionné. Sa construction est très simple : un age D B de 3 mètres
de long, ordinairement d'une seule pièce de bois grossièrement
équarrie[1]. A la partie inférieure de l'age s'attache un sep en bois armé
d'un soc en fer de lance S : un manche unique F A sert à guider la
charrue. Les trois pièces principales de cet outil primitif se trouvent

---

[1] Dans cette figure, l'age est en deux morceaux reliés en C par des brides d'alfa ou de
fer (perfectionnement assez rare en Tunisie).
C'est le modèle perfectionné que j'ai rencontré plus fréquemment dans le sud de l'Espagne,
où l'araire dental est encore presque seul en
usage chez les paysans de l'Andalousie et de
la Murcie.

dans un même plan ; il résulte de cette disposition que la charrue abandonnée à elle-même tombe sur un de ses côtés ; si elle se trouve, par hasard, sur un terrain recouvert de gazon, elle devient invisible. Cet instrument s'attache directement au joug par une lanière en cuir. L'age s'engage dans la boucle que forme la lanière et s'y trouve maintenue à l'aide d'une cheville : c'est au moyen de la position de cette cheville, fixée par le laboureur dans l'un des trous figurés à l'extrémité de l'age, que se règle la profondeur du labour.

Dans le nord de la Tunisie, le labour indigène se fait avec le bœuf, la vache ou le cheval. Dans le centre, l'âne et le chameau sont aussi employés à ce travail, et il n'est pas jusqu'à sa malheureuse femme que l'Arabe n'attelle à la charrue, en compagnie d'une vache ou d'un âne, comme je l'ai vu en allant de Mactar au Sers.

Que l'attelage soit composé de bœufs, chevaux, ânes ou mulets, l'appareil de traction est toujours un joug, d'une construction aussi rudimentaire que la charrue. Il consiste en une pièce de bois, généralement en hêtre, longue de 1 m. 20, à section rectangulaire. Aux extrémités, on a ménagé deux échancrures légèrement arrondies. Chacune de ces parties arrondies repose sur le garrot des animaux accouplés : une corde passe sous la gorge de l'animal et maintient le joug en place.

Pour donner leur force, les animaux doivent donc, d'une part, endurer la douleur que provoque la compression des muscles entre le joug et les vertèbres cervicales et, de l'autre, subir un commencement de strangulation causé par la cordelette qui presse sur le larynx. La somme de travail fournie est très faible et la longueur de la raie que la charrue peut ouvrir sans arrêt ne dépasse pas 20 mètres. On comprend sans peine qu'un instrument d'une construction aussi défectueuse que la charrue arabe, attelé d'une façon aussi barbare, doit forcément exécuter des labours des plus médiocres. J'ai pu m'en rendre compte. La charrue arabe, n'ayant ni coutre ni versoir, entame le sol exclusivement sur la largeur du soc ; la pointe de celui-ci peut pénétrer à 8, 10 ou 12 centimètres, mais entre chaque sillon, il reste une bande de terre qui n'est ni rompue, ni remuée. Au premier aspect, un champ récemment labouré ne révèle pas l'imperfection du travail, la terre soulevée par le soc recouvrant assez bien la bande intacte qui sépare deux sillons. Mais si l'on rencontre, dans un thalweg ou sur les bords d'un torrent, un labour récent dont une portion a été ravinée, c'est-à-dire dont la terre meuble a été entraînée par les eaux, on se rend compte immédiatement des défectuosités du labour.

Quand, sur un terrain labouré à la charrue européenne, l'eau vient à entraîner brusquement la couche superficielle, le sous-sol mis à nu présente une surface absolument plane. Les sections des plantes à racines pivotantes, tranchées par le soc de la charrue, sont toutes apparentes et il est impossible de compter les traits de charrue. Sur un labour arabe, au contraire, le sous-sol dénudé a l'apparence d'une tôle ondulée. La terre a été entraînée par les eaux, seulement dans les sillons ouverts par la pointe du soc de la charrue. Les racines, sauf dans l'étroit sentier parcouru par la pointe du fer, sont encore adhérentes au sous-sol. Si l'on ajoute que jamais l'Arabe n'arrache une touffe de jujubier sauvage, de lentisque, etc., et qu'il se borne à les contourner avec sa charrue, on aura une idée à peu près complète du travail imparfait qui constitue le labour indigène, et l'on s'expliquera les rendements faibles et parfois nuls (années sèches) des céréales semées sur une terre si mal préparée et jamais fumée.

J'ai rapporté de Tunisie quelques spécimens de blé et d'avoine. Les figures (p. 369) montrent les différences saisissantes du développement des céréales cultivées, dans le même sol, à la méthode arabe et suivant les procédés européens : blé semé sur labour européen, hauteur moyenne des tiges d'une pièce de 20 hectares environ, 1 m. 40; blé semé sur labour arabe dans une pièce de 10 hectares contiguë à la première, hauteur, 0 m. 30 (la semence des deux champs était la même et, fait intéressant à noter, c'est le même indigène qui a labouré et semé les deux pièces de terre, l'une à la charrue Dombasle, l'autre à l'araire dental); avoine cultivée en terre de coteaux sur bon labour européen, hauteur, 0 m. 95 (l'indigène ne cultivant pas d'avoine, le spécimen arabe correspondant fait défaut, mais j'ajouterai que les orges semées par les indigènes dans les parties contiguës à cette belle pièce d'avoine n'étaient pas plus développées au 25 avril que le blé indigène de la figure p. 369).

L'araire dental, si primitif qu'il paraisse, peut être considéré comme un outil perfectionné, quand on le compare à la charrue représentée par la figure 369 (p. 370), que j'ai vue fonctionner dans le centre et dans le sud de la Tunisie, dans l'oasis de Gabès et jusque sur le plateau des Matmata, occupé par les troglodytes.

Cet instrument, dont j'ai pris le croquis dans l'oasis d'Oudref, constitue la charrue la plus élémentaire qu'on puisse imaginer. Il se compose : 1° d'un plateau A A', sorte de sep terminé par un soc S qui ne peut pénétrer qu'à une très faible profondeur dans le sol (5 à 7 centimètres); 2° d'une tige T, au sommet de laquelle est cloué un bois rond M M' qui sert de mancheron. Une autre tige en fer grossièrement forgé B est reliée en C par une corde d'alfa au palonnier P. Deux cordes d'alfa de trois mètres de longueur environ vont s'attacher à un collier rustique sur le cou du chameau qui, presque partout, sert à la traction de l'instrument. Deux rênes G, de 4 mètres de long, partent du mancheron, s'attachent à la mâchoire, au-dessous de la muselière que porte le chameau et servent à diriger les mouvements latéraux de celui-ci. Cette charrue, que le dessinateur a rendue beau-

Blé sur labour européen.   Blé sur labour indigène.

Fig. 36

coup plus ouvragée et finie qu'elle ne l'est en réalité, est faite en bois d'olivier brut; les deux planchettes, également en bois V V', représentent les versoirs! Le tout pèse 3 kilogrammes, mesure o m. 80 environ de long et coûte 3 francs. L'araire dental, avec son joug, revient à 18 francs.

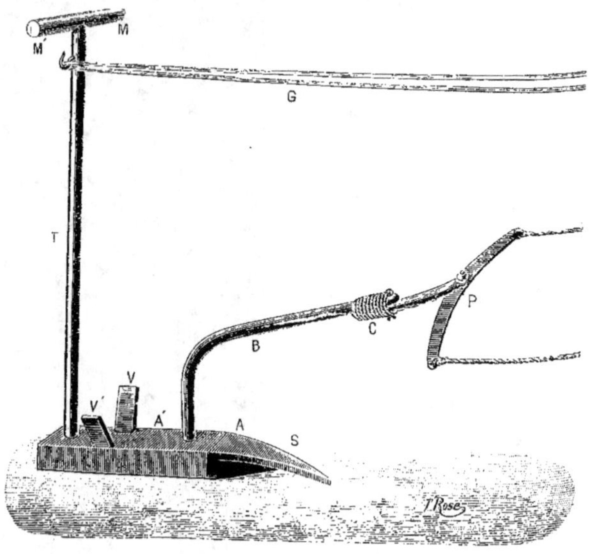

Fig. 369. — Charrue du sud de la Tunisie.

Rien de plus étrange que l'aspect des attelages de chameaux[1] tirant l'araire dental ou la charrue du sud. J'ai assisté, entre Mactar et la Kessera, au labour indigène exécuté sur un plateau silicéo-argileux. Tous les genres d'attelages y étaient représentés : deux bœufs, deux mulets, un chameau, un âne et une femme berbère.

Il n'est pas besoin d'insister sur le peu de profondeur du labour qu'il est possible d'effectuer avec cette charrue légère, attachée au col du chameau à 2 m. 60 environ au-dessus du sol. Applicable seulement aux terres sableuses très légères, comme celles des oasis du Sud, cette charrue ne peut être utilisée que dans des sols dépourvus de cailloux

[1] Je conserve le nom consacré par l'usage en Algérie et en Tunisie; en réalité, il s'agit de dromadaires (à une bosse).

Fig. 370. — Chantier de labourage en Tunisie.

et sans ténacité, le moindre obstacle rencontré par le soc le faisant sortir de terre.

Avec l'araire dental, l'indigène donne deux labours aux terres destinées à porter les céréales; le premier, appelé *maïali*, a lieu immédiatement après les premières pluies; il est très grossièrement exécuté. L'écartement des raies atteint jusqu'à 20 centimètres; l'opération est donc sans grand effet sur la propreté du sol. Le but que se propose l'indigène en l'exécutant est de rendre possibles les labours d'arrière-saison. Sans cette façon préparatoire, les herbes adventices auraient déjà pris possession du sol, et il serait impossible de l'entamer. Le labour de maïali, avec lequel le deuxième labour est toujours croisé, sert donc à préparer des lignes de rupture qui fourniront le peu de terre meuble destinée à recouvrir la semence. L'usage de la herse est tout à fait inconnu; c'est le labour de semailles qui est chargé d'enterrer la semence.

Le maïali, exécuté comme je viens de le dire, est très expéditif. Un attelage ordinaire peut labourer 40 ares par jour. Habituellement, il est fait sur la moitié de la sole de blé. Immédiatement après, si la quantité d'eau tombée est suffisante. l'orge est semée sur un seul labour. Une charrue attelée d'animaux vigoureux ensemence par jour 20 à 25 ares, à raison de 35 à 40 litres d'orge. L'indigène sème, dans la saison, 6 hectolitres en moyenne, qui couvrent environ une surface de 3 à 4 hectares et demi. La durée de la semaille de l'orge est d'environ quinze jours. On procède alors à la semaille du blé sur la partie de la sole de cette céréale qui n'a pas reçu de labour préparatoire. La végétation herbacée ne s'est pas encore rendue maîtresse du sol et le pieddes animaux n'a pas eu le temps de le durcir. Un seul labour est, à la rigueur. suffisant pour enterrer la semence. Ce travail est très pénible, et les attelages sortent fatigués de cette période de culture.

La surface journellement labourée ne dépasse pas, même avec les animaux les plus forts et les mieux nourris, 18 ares et tombe la plupart du temps à 10, parfois même à 6.

On est loin, on le voit, dans le système de labour indigène, des conditions que j'ai indiquées plus haut (p. 368). Une charrue Dombasle laboure, à Toungar, 4o ares par jour, à 20 ou 22 centimètres de profondeur, et le coût de cette opération n'est que de 6 fr. 25 à l'hectare. C'est sur ce labour qu'a été obtenu avec une médiocre fumure de fumier de ferme le blé représenté dans la figure 368 (p. 369).

J'ajouterai que quelques riches cultivateurs indigènes, frappés des résultats obtenus par les colons français qui ont importé en Tunisie les bons procédés culturaux, ont adopté notre outillage ; c'est ainsi que le caïd de Béjà, dont j'ai visité les cultures, laboure à la charrue française, moissonne à la moissonneuse-lieuse et obtient, sur une surface d'environ 1,000 hectares de blé, des récoltes plus que doubles de celles qu'on voit chez ses voisins adonnés aux pratiques agricoles des premiers temps de l'ère chrétienne.

L'Agriculture dans le Centre. — Après ces quelques détails sur le matériel agricole des indigènes, jetons un coup d'œil sur la culture dans le Centre, qui n'est pas moins intéressante que celle de la région Nord. Je prendrai pour guide le beau rapport rédigé en 1893 par M. P. Bourde, alors qu'il était directeur de l'agriculture de la Régence.

Si de Kairouan on se dirige soit vers Tébessa, soit vers Gafsa, soit vers Gabès, soit vers Sfax, le sol des plaines qu'on traverse est partout le même. C'est un sable rougeâtre, sec, d'apparence stérile, et sur lequel ne pousse, par touffes clairsemées, qu'une végétation rare et chétive. On est là, cependant, au cœur de l'ancienne Byzacène, province qui a eu jadis une grande réputation de fertilité. En un très grand nombre d'endroits, du reste, les plaines présentent des surfaces tellement régulières qu'on sent, à les regarder, qu'il a fallu des siècles de culture suivie pour les niveler d'une façon aussi parfaite. Les laboureurs ont disparu un jour ; la broussaille s'est emparée d'elles, et elles n'ont plus changé depuis. Le sol actuel est certainement le même que celui que cultivaient les habitants des villes et des nombreux villages romains.

L'étude de l'histoire corrobore, du reste, l'observation des lieux, et il faudrait violenter les textes pour tirer des auteurs anciens l'indication que les conditions agricoles d'autrefois différaient notablement de celles d'aujourd'hui.

Quelles étaient-elles ?

Dans le contrôle de Sousse, les moissons sont encore assez régulières. Dans le contrôle de Sfax, les pluies étant plus rares, elles deviennent beaucoup plus incertaines ; il n'y faut compter qu'une année sur trois. Dans les territoires de l'intérieur, elles ne reviennent plus qu'une fois tous les quatre ou cinq ans. Déjà au xii° siècle,

El Edrisi constatait que les habitants du Gamouda ne produisaient pas assez de blé pour leur consommation : ils devaient en tirer du dehors.

Si le contrôle de Sfax et les territoires de l'intérieur ont été autrefois couverts de villes et de villages, ce n'est donc pas la culture des céréales qui peut en donner la raison. Le manque d'eau l'y rend trop aléatoire.

Ce sol léger est très perméable; on y voit peu d'oueds; aussitôt tombée, la pluie est absorbée. Le pays étant généralement plat, l'eau ainsi emmagasinée par le sable y demeure. Sous une surface grillée par le soleil et complètement aride, le sous-sol reste frais. Dans des expériences faites par le contrôleur civil de Sfax pour reconnaître quelle était la quantité d'eau tenue en suspens par la terre, quand la couche superficielle donnait 0 et qu'à vingt centimètres il obtenait 6 comme proportion, à cinquante centimètres il obtenait 10 et à un mètre, 14. Ainsi l'eau ne manque point : elle est en réserve dans les couches inférieures. Les cultures auxquelles ce pays est propre sont donc celles dont les racines sont assez développées pour aller chercher cette humidité souterraine. Ces cultures ne peuvent être que des cultures fruitières, des cultures d'arbres et d'arbustes.

On en a la démonstration dans les jardins de Sfax. Le même sol reste stérile ou se couvre d'une végétation vigoureuse et de fruits abondants, selon qu'on y sème des céréales dont les racines, ne dépassant pas la couche superficielle, s'étiolen dans les sécheresses, ou qu'on y plante des arbres dont les racines s'enfoncent profondément en terre. Toutes les espèces fruitières qui se plaisent dans les climats secs réussissent dans ces jardins et réussiraient dans les autres parties du centre de la Tunisie, puisque le climat et le sol y sont semblables. L'olivier y est plus beau et plus productif qu'en aucun autre endroit de la Méditerranée; la vigne, l'amandier, le figuier, le pistachier, le caroubier, le grenadier, le prunier, le pêcher et l'abricotier, même le poirier et le pommier, y donnent, sans arrosage, en grande quantité des fruits très sains, dont la saveur est renommée parmi les Arabes. Et à quoi les Sfaxiens attribuent-ils cette qualité supérieure de leurs fruits? Justement à ce qu'ils sont des fruits de terre sèche, poussés avec le moins d'eau possible.

On est de la sorte conduit à cette conclusion que, si les Romains ont colonisé le centre de la Tunisie, ce n'a pu être qu'au moyen des cultures fruitières. En exceptant le contrôle de Sousse, ce sont, en effet, les seules qui y donnent des récoltes sûres, régulières et rémunératrices.

Du reste, les lieux parlent, pour ainsi dire. D'El-Djem à l'oued Rann, sur une profondeur de plus de 100 kilomètres, les débris d'une ancienne forêt d'oliviers sont partout visibles. Des arbres, tantôt réunis par petits groupes, tantôt dispersés un à un, ont survécu à l'abandon et aux destructions systématiques. Privés de soins depuis l'invasion arabe, défigurés par les rejetons parasites, mutilés par la dent des chameaux, ils durent; et, dans les années pluvieuses, ils donnent des olives. Après huit siècles d'abandon, leur récolte s'est encore vendue 170,388 fr. 60 en 1890, année de grandes pluies. Ces arbres ne sont pas des oliviers sauvages, des *zeboudj*, comme disent les Arabes; ce sont des *zéïtoun*, des oliviers de l'espèce cultivée. Ils proviennent de plantations qui formaient évidemment autrefois dans cette région une forêt continue.

A mesure qu'on s'avance vers la frontière algérienne, ces débris deviennent plus rares; puis, ils disparaissent. Le bois d'oliviers du Gamouda paraît être le dernier qui ait survécu dans cette direction.

D'autres signes révèlent alors que la forêt romaine se continuait indéfiniment : ce sont les restes des huileries.

Au ve siècle, Ethicus inscrit sur ses listes, à côté des vieilles villes de la côte, les villes de l'intérieur récemment créées, inconnues aux anciens géographes : Suffetula, Cillium, Thelepte[1].

Au viie siècle, l'intérieur de la Byzacène, en dépit de deux siècles de troubles, est encore assez peuplé, assez fort pour qu'il ose se détacher de Carthage et de l'empire byzantin. Grégoire y forma un royaume éphémère, avec Suffetula pour capitale.

D'où vient cette fortune? Nul doute que ce furent de l'olivier et des cultures fruitières. Quand Corippe, au vi[e] siècle, chantant les exploits du patrice Jean, le fait battre au milieu des forêts, il exprime une réalité. Le centre de la Tunisie s'était donc couvert d'arbres; et quand ils arrivent, les Arabes sont émerveillés de tant de verdure; ils appellent l'Afrique *El-Khadra,* la verte. Dans le pays où Salluste n'avait vu qu'un désert, ils trouvent une forêt; mais quelle forêt ! Une forêt d'arbres fruitiers « avec cent mille villes ».

Le butin qu'amassèrent les premiers conquérants passa en légende parmi les Arabes. Ibn Abd el Hakem rapporte que le chef de l'armée eut la curiosité de s'enquérir d'où provenaient tant de richesses. « Voyant les pièces monnayées qu'on avait mises en tas devant lui, Abd Allah ibn Saâd ibn Ali Serh demanda d'où cet argent était venu; et l'un d'eux se mit à aller de côté et d'autre, comme s'il cherchait quelque chose, et ayant trouvé une olive, il l'apporta à Abd Allah et lui dit : « C'est avec ceci que nous nous procurons de l'argent. — Comment cela? dit Abd « Allah. — Les Byzantins n'ont pas d'olives chez eux et ils viennent chez nous « acheter de l'huile avec cette pièce de monnaie. »

Ainsi c'était à l'olivier qu'était due la prospérité de ces pays, prospérité dont tous les témoins furent frappés — ainsi que le montreraient bien d'autres citations encore.

[1] Ibn Chabat, cité par A. Rousseau, en note de la traduction du cheikh El Tidjani, p. 69. — Mohammed ben Ali, cité par Moula Ahmed; traduction Berbrugger, *Exploration scientifique de l'Algérie,* t. IX, p. 238.

La cause des contrastes d'extrême prospérité et d'extrême misère que présente l'histoire du centre de la Tunisie n'est donc pas douteuse.

Point n'est besoin pour les expliquer de supposer des modifications de sol et de climat que l'examen des lieux dément. La vérité est bien plus simple. Le pays est exceptionnellement doué pour une sorte de culture et n'est doué que pour cette sorte de culture. Avant l'occupation romaine, cette culture y était inconnue, et il était désert. Les Romains y introduisirent cette culture vers la fin du 1ᵉʳ siècle, et il devint très riche. Les Arabes y ont détruit cette culture au xiᵉ siècle, et il est redevenu désert.

Cette histoire, qui tient en quelques lignes, se dévoile si nettement sur les lieux qu'il n'y a point de témérité à chiffrer approximativement et les résultats de la colonisation romaine et la grandeur des catastrophes qui les ont anéantis. 1,300,000 hectares environ sont propres aux cultures fruitières dans le centre de la Tunisie. Abandonnés au pâturage, ils valent 10 francs l'hectare; plantés en oliviers, ils en valent plus de 800. Ainsi, en appliquant ces estimations à l'antiquité, la colonisation romaine avait fait passer le pays d'un état où ses campagnes valaient 13 millions, à un état où elles valaient plus d'un milliard. Et l'invasion arabe l'a ramené d'un état où ses campagnes valaient plus d'un milliard à un état où elles ne valent plus que 13 millions.

Ces faits étant constatés, l'œuvre de réparation que l'Administration du Protectorat a entreprise dans la Régence se trouve, pour cette région, tracée aussi clairement que l'on peut le souhaiter.

Il n'y a qu'à refaire ce que la civilisation romaine y avait fait.

Du moment que ni le sol ni le climat n'en ont changé notablement, aucune difficulté insurmontable ne s'oppose à ce qu'on entreprenne une troisième transformation de ce pays pour le ramener à un état de culture qu'il a déjà connu une fois.

On peut même déterminer à l'avance le périmètre dans lequel cette transformation sera tentée utilement[1]. Il est marqué, de Kairouan à la frontière algérienne, par la limite des terrains quaternaires, laquelle suit très exactement le pied des plateaux; il est indiqué de l'autre côté par les points extrêmes atteints par les plantations romaines et dont les traces sont facilement reconnaissables. Ces points forment une ligne qui, partant de la frontière algérienne et longeant le djebel Serraguia, passe près de Gafsa et se dirige vers la mer en suivant les montagnes du Maknassi et du Bou-Hedma, pour aboutir à l'embouchure de l'oued Rann. Au nord de ce périmètre, la nature du sol se modifie et les pluies deviennent assez abondantes pour que les cultures fruitières ne s'imposent pas exclusivement. Au sud, au contraire, la nature du sol reste la même, mais les pluies deviennent trop rares:

----

[1] Voir les cartes p. 339 et 345.

l'olivier y croît toujours et très bien, mais il n'y donne plus de récoltes régulières. Les cultures en terre sèche doivent cesser. Il n'y a plus de possibles dans ces régions extrêmes que les cultures irriguées des oasis. Toutefois une exception doit être faite pour le littoral. Le voisinage de la mer y attire assez de pluies pour que la culture de l'olivier soit possible.

La reconstitution de l'ancienne forêt est commencée, et ce commencement provoque dès maintenant l'admiration de tous les visiteurs de Sfax par les proportions exceptionnelles des oliviers, qui atteignent les dimensions d'un noyer de moyenne grandeur.

Le cas de cette ville est, en abrégé, celui de tout le centre de la Tunisie. Son sort est étroitement lié à la culture de l'olivier. Cette culture est-elle florissante? La ville est florissante. Cette culture décline-t-elle? La ville décline aussi.

Or, en quarante ans, la population vient de tripler. Aucune autre ville de la Tunisie n'offre un exemple, approchant même de très loin, d'un développement aussi rapide. A quoi tient-il? A ce fait que la ville de Sfax s'est mise à reconstituer son ancienne forêt.

L'époque où l'on a commencé les plantations a laissé un souvenir assez précis dans la mémoire des Sfaxiens. Elle se place entre 1800 et 1810. On planta d'abord très peu et mal, sans ordre, à distance trop faible, suivant les mauvaises méthodes en usage dans la Régence. Puis, vers 1840, les premiers résultats ayant appris aux habitants quels bénéfices on pouvait tirer de cette culture, le mouvement s'accentua. Vers 1850, quelques hommes, parmi lesquels on cite Si El Hadj Mohammed Ettriki, encore vivant aujourd'hui, ayant observé avec soin ce qui avait été fait jusque-là, remarquèrent quelles commodités la symétrie parfaite donne pour la culture et combien les arbres largement espacés devenaient plus beaux et produisaient plus de fruits que ceux qui sont serrés. Ils inaugurèrent ces belles plantations par lignes espacées de plus de vingt-quatre mètres, d'une régularité parfaite, que tous les autres planteurs s'empressèrent d'imiter et qui donne aujourd'hui à la forêt de Sfax la physionomie d'un parc à la française.

En 1881, au moment de l'occupation française, cette forêt en reconstitution couvrait déjà, dans les environs immédiats de Sfax, les jardins non compris, une superficie de 18,000 hectares.

En même temps qu'ils faisaient ainsi pratiquement la preuve que le centre de la Tunisie peut être rendu aux cultures fruitières, les Sfaxiens élaboraient les principes suivant lesquels ces cultures doivent y être conduites. Il semble que l'esprit des planteurs antiques se soit perpétué dans cette intelligente et laborieuse population. Sans enseignement du dehors, par le seul effet de ses propres observations, elle est arrivée à porter la culture de l'olivier à un degré de perfection tel que la science agricole européenne n'a rien à corriger, ni rien à ajouter à ses procédés.

Et, cependant, elle n'a fait jusqu'ici l'objet d'aucun écrit parmi les Sfaxiens. C'est oralement qu'ils se transmettent leurs connaissances. Les renseignements qui suivent résument tout ce que j'ai pu en apprendre.

Les Sfaxiens possèdent deux variétés d'oliviers donnant de gros fruits pour la table : le *mellahi*, dont les fruits ronds peuvent atteindre le volume d'un petit abricot (on les cueille verts pour les saler) et le *nab*, dont les fruits ovales sont un peu moins gros que ceux de l'espèce précédente. Les arbres de ces deux variétés sont admis dans les olivettes dans la proportion de 2 p. 100. Le reste de la forêt est planté en *chemlali*, espèce connue dans toute l'Afrique du Nord, dont le fruit est beaucoup plus petit, mais aussi beaucoup plus abondant, et qui est cultivée spécialement pour le pressoir. Avec une variété du *nab*, dite *nab r'chid*, dont les fruits sont rouges et qui est très peu répandue, les Sfaxiens ne paraissent pas connaître d'autres espèces à huile.

La terre réputée la meilleure est la terre sablonneuse rougeâtre, reposant sur un sous-sol pierreux. La terre jaune est tenue pour mauvaise. Pour planter, les gens soigneux font les trous à l'avance, afin que les premières pluies les arrosent. On se contente, en terrain ordinaire, de donner au trou 50 centimètres de côté sur 60 centimètres de profondeur. Si le terrain est dur, on creuse jusqu'à 75 centimètres. Dans tous les cas, il faut piocher avec soin le fond du trou afin de l'ameublir.

Les trous se font de manière à mettre les plants en carré, à vingt-quatre mètres les uns des autres. Les Sfaxiens n'ont pas découvert encore le quinconce, qui leur permettrait de mettre plus d'arbres sur la même surface, tout en les tenant à la même distance. Cent arbres plantés en carré, à vingt-quatre mètres les uns des autres, couvrent une superficie de 5 hectares 76 ; plantés en quinconce à la même distance, ils ne couvriraient que 4 hectares 98. Dans le premier cas, il n'y a que dix-sept arbres et un tiers à l'hectare ; dans le second cas, il y en aurait vingt. C'est un progrès, le seul, probablement, que les colons français auront à enseigner aux Sfaxiens.

Les planteurs mettent un grand amour-propre à avoir des alignements irréprochables. On se servait jadis pour les tracés de cordes d'alfa qui avaient le tort de se détendre au soleil. Si El Adj Mohammed Ettriki a imaginé le premier de se servir d'un fil de fer pour obtenir des lignes parfaitement droites.

Les plantations se font uniquement avec des éclats détachés de vieux arbres. Ce sont des morceaux de bois de vingt à vingt-cinq centimètres de long, épais de dix, conservant une partie d'écorce, d'où partent plus tard les rejets. On les détache du tronc d'un vieil arbre ; la partie du tronc qui est sous terre est réputée la meilleure ; mais on n'apporte pas grande attention à leur choix. Ces éclats se vendent, à Sfax, 24 francs le cent. Ils peuvent rester quinze jours au soleil sans en souffrir. Leur transport n'exige donc aucun soin particulier. Si un plus long délai doit s'écouler avant qu'on les utilise, on les met au frais dans la terre.

On plante de décembre en mars ; décembre et janvier valent mieux, parce qu'on a chance de profiter des pluies d'hiver. En février et en mars, on supplée aux pluies par des arrosages; seulement, les pieds qui avortent sont plus nombreux.

L'éclat se dépose au fond du trou, sans fumure. On piétine la terre autour, et on jette vingt-cinq centimètres de terre par-dessus. Au printemps, les rejets apparaissent. Les éboulis sur le passage de la charrue et le vent achèvent de remplir le trou. A mesure qu'il se comble, on ébourgeonne la partie du rejet qui s'enterre.

On arrose les jeunes plantations trois fois pendant l'été, la première année; la plupart des cultivateurs les arrosent trois fois encore la seconde année. On porte l'eau dans des jarres d'une capacité de quinze à vingt litres. Chaque olivier en reçoit deux jarres.

On ne greffe jamais l'olivier destiné à fournir de l'huile.

Pendant les trois premières années, les pousses s'élèvent peu au-dessus de terre. L'effort de la croissance porte surtout sur les racines. Les années suivantes, les tiges grandissent beaucoup plus vite. Tant que le jeune arbre n'est pas en rapport, on le taille un peu tous les ans, de manière à le conduire à une forme bien équilibrée. Ces soins sont très importants; l'avenir de l'olivier en dépend en grande partie.

Jusque vers la sixième année de la plantation, on fait entre les lignes d'oliviers des cultures intercalaires, en ayant soin de laisser, des deux côtés de chaque ligne, une bande de terrain nu qu'on élargit chaque année.

A partir de la sixième année, ces cultures cessent tout à fait; le terrain est désormais exclusivement réservé aux oliviers. Quel que soit l'âge de l'olivette, les bons planteurs la labourent cinq fois par an, deux fois avec la charrue et trois fois avec la maâcha, grande lame emmanchée horizontalement comme une rasette à la place du soc de la charrue, et qui coupe les herbes à un ou deux centimètres en terre. On passe la maâcha à travers l'olivette autant que possible quelques jours après la pluie, parce que la pluie fait germer les graines. Si le terrain est envahi par le chiendent, on passe la maâcha toutes les semaines une fois, une dizaine de semaines de suite s'il le faut, jusqu'à ce que le chiendent meure. On en vient toujours à bout. Grâce à ces soins que favorise un climat sec, les olivettes sont des modèles de propreté. C'est à la lettre qu'on n'y voit pas un brin d'herbe. Les labours se font d'octobre à mai.

Quand l'olivier est en rapport, c'est-à-dire vers la dixième année, on ne le taille plus que tous les deux ans. Si la récolte a été faible, on le taille peu, afin de ménager la récolte suivante. Si la récolte a été bonne, on le taille fortement.

Étant données les dimensions des oliviers de Sfax, il ne saurait être question de chercher à en tenir les branches près de terre, comme en Provence. On se contente d'aérer le milieu de l'arbre et d'éclaircir sa masse en sacrifiant toutes les pousses verticales, parce qu'elles donnent peu de fruits.

Quelques riches propriétaires fument leurs arbres.

Ceux-ci sont sujets à deux maladies connues des oléiculteurs de tous les pays : le noir et le ver. Les oliviers sont certainement plus sujets au noir dans le voisinage de la mer; aussi ont-ils moins de valeur dans cette zone que dans le reste de la forêt. Les arbres jeunes et vigoureux sont généralement exempts de cette maladie.

On n'a trouvé nulle part de remède efficace à ces deux maladies. Heureusement, si elles peuvent compromettre une récolte, elles n'attaquent point la vitalité de l'arbre même. Ce n'est que par exception, du reste, qu'elles causent des dommages notables à Sfax. La forêt y a un aspect de santé qui frappe tous les visiteurs. Le sirocco, si redoutable à la plupart des cultures, passe pour assainir l'olivier.

L'olivier fleurit en avril-mai. En juin, les fruits sont formés. Il est d'usage à Sfax que le douzième jour de la lune de juin on aille dans les olivettes pronostiquer l'importance de la récolte qui s'annonce. C'est par centaines que les Sfaxiens vont voir leurs oliviers ce jour-là. Les olives commencent à mûrir sur les jeunes arbres en octobre et plus tard sur les vieux. La cueillette dure quatre mois, jusqu'à la fin de janvier. On se garde bien de gauler les arbres comme dans le nord de la Régence, ce qui détruit une partie des bourgeons de la récolte suivante. On se gante les doigts de cornes de mouton; on monte sur des échelles doubles pour atteindre les branches et on fait tomber les fruits en les peignant à la main.

Il arrive que des plants, dans une olivette bien tenue, montrent quelques olives dès la troisième année. A six ou sept ans, tous commencent à en donner deux ou trois litres. Quand la récolte est bonne, ils en donnent, à dix ans, une trentaine; à quinze ans, soixante; à vingt ans, quatre-vingt-dix. Ils sont alors en plein rapport. Certains arbres produisent jusqu'à deux cents litres. Ils sont rares : on n'en compte pas plus d'un à deux sur cent, dans les plus belles olivettes.

Une olivette mal soignée commence à produire beaucoup plus tard. Quelques-unes ne donnent pas leurs premiers fruits avant douze ou quinze ans. C'est surtout pendant les premières années qu'il importe de ne pas négliger l'olivier.

La légende veut que l'olivier soit un arbre éternel et qu'il produise indéfiniment. Est-elle exacte? Les Sfaxiens manquent encore d'une expérience suffisante pour se prononcer. Ils ont remarqué que plus l'arbre est âgé, plus grande est la quantité d'huile que contiennent les olives proportionnellement à leur poids. Ils croient avoir également remarqué qu'après une cinquantaine d'années de production soutenue, la quantité d'olives que donne un arbre diminue, mais ils savent le rajeunir par une taille à fond, un déchaussement et une bonne fumure, et lui rendre sa vigueur première.

L'olivier saisonne. Jamais deux récoltes pleines ne se suivent. On calcule qu'à Sfax une bonne année est suivie d'une médiocre, puis d'une mauvaise. On compte, en résumé, que trois années donnent en moyenne une bonne récolte et demie. Du reste, les arbres d'une olivette saisonnant de façons différentes, il y en a toujours un certain nombre en production chaque année.

Les olives provenant de tout jeunes arbres fournissent au pressoir 10 p. 100 de leur poids en huile. A mesure que les arbres grandissent, le rendement augmente. Il atteint 18 et 20 p. 100 dans les moulins arabes, 23 et jusqu'à 30 p. 100 dans les moulins européens. Ces proportions inusitées indiquent une qualité d'olives tout à fait supérieure.

Les colons peuvent, s'ils ne veulent pas se livrer eux-mêmes à l'oléiculture, recourir à une sorte de contrat de métayage, dit *contrat m'rharça* [1], avec lequel, suivant M. Bourde (1893), on quindécuple en vingt ans son capital; ce capital quindécuplé donne un revenu net de 8 p. o/o.

Le rapport de M. Bourde date, je l'ai dit, de 1893; il faut maintenant que nous demandions à un témoin plus récent son opinion sur les résultats obtenus. Ce témoin, ce sera M. Minangoin, actuellement inspecteur de l'agriculture de la Régence.

Disons de suite que si les prix de revient de l'oléiculture ont augmenté dans de notables proportions, le rendement en olives, par suite d'une culture plus intensive et mieux comprise, a augmenté de son côté. Deux systèmes sont toujours en usage : m'rharça et exploitation directe, ce dernier employé par les grands propriétaires terriens et tendant de plus en plus à se généraliser.

A l'époque où a commencé la reconstitution de la forêt d'oliviers de Sfax, le système des m'rharcis était de beaucoup le plus avantageux, le plus simple, le plus économique. La plantation ne portait alors que sur de petites étendues; chaque m'rharci se chargeait de la plantation d'une dizaine d'hectares, et le propriétaire n'avait à lui faire qu'une faible avance de 1 fr. 60 environ par pied d'olivier; le m'rharci se procurait lui-même les éclats qui lui était nécessaires, souvent même il les trouvait sur le terrain en les empruntant à de vieux oliviers. Aujourd'hui, la plantation de l'olivier a pris une telle extension, que les m'rharcis ne peuvent plus trouver sur place les éclats dont ils ont besoin et que le propriétaire est obligé de les acheter lui-même et de les porter sur le terrain; d'où première augmentation de dépenses qui se renouvelle parfois les années suivantes si l'année a été sèche et la

---

[1] La m'rharça est une sorte de métayage entre un propriétaire et un indigène; le propriétaire fournit à l'indigène le terrain et l'indigène donne son travail et complante le terrain. Lorsque les oliviers commencent à produire, ou plutôt lorsque les produits arrivent à payer les frais d'entretien, c'est-à-dire au bout d'une dizaine d'années, le partage de l'olivette a lieu par moitié. En dehors du terrain, le propriétaire fait encore à son m'rharci une avance d'argent en vue de lui permettre d'acheter des chevaux de trait et le matériel nécessaire à l'exploitation du sol. Cette avance lui est, du reste, remboursée au moment du partage, soit en argent, soit en nature, c'est-à-dire en oliviers pris sur la part du m'rharci.

reprise mauvaise. D'autre part, profitant de la loi économique de l'offre et de la demande, le m'rharci a élevé ses prétentions, et au lieu de se contenter d'une avance de 1 fr. 60 par pied d'olivier, il exige aujourd'hui 2 francs au moins, et même davantage. Enfin, les m'rharcis et surtout les bons m'rharcis deviennent de plus en plus rares. Aujourd'hui le prix de revient est pour chaque olivier de 7 fr. 22. Celui indiqué par M. Bourde était de 3 francs. Il est, cependant, encore supérieur à celui de l'exploitation directe.

Quant à la dépense annuelle pour chaque olivier arrivé à l'âge adulte, elle est de 2 fr. 25. Il faut ajouter à cette somme l'impôt kanoun, qui est de 0 fr. 45 par pied.

Quel sera, pour cette dépense, le rendement de l'olivier?

Dans les meilleures conditions, avec des oliviers n'ayant jamais souffert, ayant toujours été parfaitement travaillés et dans une année suffisamment fraîche, on peut obtenir :

	OLIVES.	RENDEMENT EN HUILE.	
	litres.	p. 100.	litres.
À la 10ᵉ année	40	10	4 00
À la 15ᵉ année	70	15	10 50
À la 20ᵉ année	100	20	20 00
À la 25ᵉ année	120	25	30 00

Ces rendements ont été obtenus à Sfax en 1898-1899, année pendant laquelle les récoltes ont été très bonnes.

Aux cours pratiqués cette même année, les rendements en argent ont été les suivants :

	HUILE.	VALEUR.
	litres.	francs.
10ᵉ année	4	3 20
15ᵉ année	10	8 40
20ᵉ année	20	16 00
25ᵉ année	30	24 00

Ces rendements sont peut-être exceptionnels; pour avoir la moyenne, il faudrait les réduire de moitié; de sorte qu'en prenant comme moyenne un rendement de 10 francs par arbre à partir de la 20ᵉ année, on sera dans la vérité.

Ce serait un rendement brut de 200 francs par hectare; soit, en retranchant les frais culturaux (45 francs en chiffre rond), un bénéfice net de 7 fr. 77 par olivier (200 − 45 = 155 fr.; 155 fr. : 20 = 7 fr. 77).

D'autre part, d'une enquête faite dans la région de Sfax auprès d'une trentaine de m'rharcis ou de propriétaires d'oliviers pour établir une moyenne des rendements, il résulte que le rendement moyen des oliviers à Sfax est le suivant :

	OLIVES.	RENDEMENT EN HUILE.		VALEUR.
	litres.	p. 100.	litres.	francs.
À 8 ans.............	20	15	3	2 40
À 10 ans.............	40	15	6	4 80
À 15 ans.............	60	20	12	9 60
À 20 ans.............	40	25	20	16 00

Une grande partie des oliviers de vingt ans, bien travaillés, donnent jusqu'à 8 ouibas d'olives, soit 320 litres, et on a même vu en 1893-1894 des oliviers donner à Sfax un rendement de 35 francs par pied. les olives valant 50 francs les 640 litres (16 ouibas).

Voici, enfin, le résumé des déclarations faites en 1904, au comice agricole, par M. Hugon, directeur de l'agriculture de la Régence :

« 1,500,000 arbres ont été plantés dans les environs de Sfax; les nouveaux titres délivrés portent sur 80,000 hectares, correspondant à une importation de capitaux de 10 millions environ, employés à la création d'une richesse foncière et industrielle qui décuplera bientôt le capital initial; 10 usines européennes, 62 usines arabes traitent les produits de 2 millions d'oliviers; une centaine d'exploitations agricoles françaises assurent les bienfaits de la propriété industrielle de 4,000 familles; les contrats associent l'acquéreur et les indigènes employés par lui; les nomades sont transformés en sédentaires, des voies de pénétration sont ouvertes, de nouveaux centres sont créé . »

Signalons ici la valeur alimentaire des grignons d'olive[1].

---

[1] «Les pressées laissent, comme on le sait, un tourteau fait de la partie solide du fruit, pulpe et noyau, entraînant avec elle une proportion plus ou moins importante de matière grasse. Ces tourteaux, qui reçoivent dans la pratique le nom de *grignons*, sont traités de diverses façons en vue de leur utilisation : épuisement par le sulfure de carbone pour en extraire une huile de qualité inférieure, puis fabrication d'agglomérés destinés au chauffage des machines à vapeur. La valeur commerciale des grignons d'olive soumis à ce traitement

Cette étude agricole du centre de la Tunisie serait incomplète, si je ne disais un mot des cultures fruitières autres que l'oléiculture. Toutes, grâce au climat très sec, réussissent.

On estime qu'il existe 350,000 pieds de vigne indigène dans les jardins de Sfax, 10,000 aux Kerkennah et 40,000 dans les jardins des Métellit. En raison de la nature sablonneuse du sol, le phylloxera n'est point à craindre; en outre, on n'a point à défoncer pour la plantation. On creuse simplement des trous comme pour l'olivier (400 pieds à l'hectare). La vigne pousse avec une grande vigueur et

est faible; elle ne dépasse pas 25 francs les 1,000 kilogrammes.

«Dans ces conditions, MM. Dybowski et Paturel ont recherché si on ne pourrait pas utiliser directement ces résidus dans l'alimentation des animaux.

«Les grignons sur lesquels ont porté les essais provenaient de l'huilerie modèle de Tunis. Une analyse faite par M. Malet, chimiste principal de la station agronomique de Tunis, leur a assigné la composition suivante :

ANALYSE DES TOURTEAUX D'OLIVES
PRÉLEVÉS À LA SORTIE DES PRESSES
DE DEUXIÈME PRESSION.

		p. 100.
Humidité		30.17
Matières { azotées		3.48
Matières { grasses		14.84
Matières { minérales		2.13
Cellulose		15.89
Extractifs non azotés		33.49
Total		100.00

«Seuls les porcs ont consommé des grignons avec avidité. Les taureaux, les moutons les ont laissés intacts dans les mangeoires. Les expériences ont donc porté sur des porcs. On a remplacé, dans la ration de ces animaux, une certaine quantité de maïs par une dose de grignon équivalente au point de vue de la richesse alimentaire.

«Dans une première série d'expériences, les 35 animaux de la porcherie reçurent journellement 18 kilogr. 750 de maïs et 35 kilogrammes de grignons d'olives, le tout bouilli

dans 35 litres d'eaux grasses additionnées de 30 litres d'eau ordinaire; la ration ordinaire était de 30 kilogrammes de maïs bouilli dans les mêmes conditions.

«En comptant le maïs à 12 francs et le grignon à 2 fr. 50 les 100 kilogrammes, on trouve que l'économie réalisée a été de 23 francs pour la durée de l'expérience (33 jours). Cette alimentation a, en outre, été favorable aux animaux, qui ont augmenté de poids sensiblement.

«Par contre, dans d'autres essais, on a reconnu que le grignon distribué seul et à haute dose était insuffisant pour engraisser les porcs.

«Enfin, on a recherché si on obtient de meilleurs résultats en nourrissant les porcs avec du maïs seul ou avec une ration combinée de maïs et de grignon.

«A cet effet, trois groupes de 2 porcs chacun ont reçu, par jour, les rations suivantes :

Groupe A. — 4 litres d'eau grasse + 3 kilogrammes maïs en grains.

Groupe B. — 4 litres d'eau grasse + 6 kilogrammes grignon d'olive.

Groupe C. — 4 litres d'eau grasse + 1 kil. 500 maïs + 3 kilogrammes grignon.

«La valeur de la ration était ainsi :

Groupe A	$0^f 36^c$
Groupe B	0 15
Groupe C	0 25

«L'expérience a duré du 7 mars au 1er avril (27 jours).

«Les animaux ont été pesés au commence-

paraît de longue durée; des ceps de cinquante ans ne donnent aucun signe de vieillesse; elle est en plein rapport à dix ans.

Les amandiers de Sfax appartiennent à deux variétés : l'amande demi-tendre et l'amande dure, de bonne qualité et recherchée par la confiserie européenne. Les amandiers se plantent à 12 mètres les uns des autres, ce qui en suppose 69 à l'hectare. Ils commencent à produire vers la cinquième année, sont en plein rapport à quinze ans et restent vigoureux jusqu'à cinquante. Pas de taille. Mêmes soins de labour que pour l'olivier. Une bonne récolte représente une valeur de 5 francs par pied. Un hectare produirait donc 345 francs. Mais l'amandier ne donnant des fruits qu'une année sur deux, le revenu brut annuel est ramené à 172 fr. 50. Les frais de culture, de cueillette et de transport étant évalués à une quarantaine de francs, le bénéfice net ressortirait à environ 130 francs l'hectare et serait presque double du bénéfice qu'on tire d'un hectare d'oliviers. Il faut noter que l'usage n'étant pas de planter les amandiers en masse, on ne peut affirmer comment se comporterait en réalité un hectare planté en amandiers. Cependant la conviction que l'amandier doit rapporter plus que l'olivier est générale à Sfax. Cette considération, jointe à la précocité beaucoup plus grande du rendement, pousse un certain

ment et à la fin; les résultats sont les suivants :

	GROUPES.		
	A.	B.	C.
	kilogr.	kilogr.	kilogr.
Pesée du 7 mars........	79	58	48
Pesée du 1er avril......	106	65	70
Accroissement du poids..	27	7	22
Accroissement pour cent du poids primitif....	34	12	46

CONCLUSIONS :

«1°. L'alimentation des porcs avec le mélange de maïs et de grignon d'olive a donné les meilleurs résultats, bien que cette ration soit de un tiers plus économique que celle du maïs employé seul;

«2° Le grignon distribué seul est insuffisant pour assurer l'engraissement rapide des animaux. Il n'est donc pas douteux que l'on peut tirer un grand profit des grignons en les utilisant directement pour l'engraissement des porcs;

«3° Si l'on ajoute à cela que l'élevage du porc se fait dans des conditions tout particulièrement favorables dans certaines régions de la Tunisie, où l'on peut laisser les animaux courir sous bois et s'alimenter pendant le premier âge de glands et de divers produits des forêts, on constatera qu'il pourrait être profitable d'installer en Tunisie de grands établissements d'engraissement et d'abatage qui trouveraient sur place les deux éléments utilisés pour la nourriture des animaux, le maïs et le grignon d'olive.» (H. Hitier, *Journal d'agriculture pratique*.)

nombre de planteurs européens à joindre à leurs olivettes quelques hectares d'amandiers qui leur donneront un premier revenu, en attendant que leurs oliviers soient en rapport.

Les figuiers sont également très répandus. On estime à 6,000 quintaux métriques la quantité de figues qui s'y récoltent annuellement. Les figues sont vendues : fraîches, de 0 fr. 05 à 0 fr. 10 le kilogramme, et sèches, de 12 à 15 francs le quintal.

La culture du pistachier est, par suite de la baisse de prix, en décroissance; cependant, les pistaches de Sfax sont célèbres dans tout le monde musulman.

Les abricotiers, pêchers, pruniers, grenadiers, cognassiers, pommiers, poiriers et néfliers du Japon sont au nombre d'environ 475,000. Les fruits sont de bonne qualité; il est extrêmement rare qu'ils soient attaqués par les vers. L'abricotier, en particulier, atteint une dimension inconnue en France. Le mûrier vient bien aussi. Le caroubier n'est pas assez répandu.

Les palmiers sont très nombreux et fournissent assez de dattes pour la consommation de la population, tout en permettant d'en exporter pour un million de francs.

Les conditions climatériques donnent aussi plus de parfum aux plantes aromatiques du pays et à ses fleurs. On cultive, dans les jardins de Sfax, le fenouil, la coriandre, le cumin, la rose, l'églantine, la fleur d'oranger, le jasmin et le cassie, et on en fabrique des essences qui sont recherchées dans tout l'Orient.

Élevage. — J'ai bien peu à dire du bétail; je ne pourrais, en effet, que répéter ce que j'ai écrit au sujet de l'Algérie [1]. Je signa-

[1] «Dans leur ensemble, les petits mulets tunisiens répondent parfaitement au but de leur exploitation. Ils sont d'une sobriété, d'une rusticité et d'une longévité à toute épreuve, et absolument appropriés aux conditions d'alimentation dont ils disposent. Si l'on ne connaissait scientifiquement les raisons physiologiques de leur aptitude motrice, on serait étonné de la somme de travail qu'ils se montrent capables de fournir avec le peu d'aliments dont ils se contentent. Il faut bien se garder, en général, à mon avis, de chercher à les modifier, sous le rapport de la taille et du volume, par hérédité. Des modèles plus volumineux ne trouveraient pas, dans les ressources alimentaires communes, les éléments nécessaires à leur développement. On ne pourrait obtenir que ce qu'on appelle, dans le langage courant, des produits manqués.

«Ce qui vient d'être dit des mulets s'ap-

lerai seulement, à côté des races algériennes, les poneys de Beja; une race de bœufs spéciale au pays, qui, améliorée, pourrait fournir de bons animaux de boucherie; le mouton à grosse queue très apprécié des indigènes, mais qui n'a qu'un écoulement limité sur les marchés de la métropole; les chèvres très nombreuses [1] et se rapprochant du type des chèvres de Nubie.

La statistique du bétail donne les chiffres suivants[2] :

Chevaux	48,000	Moutons	799,411
Ânes et mulets	103,159	Chèvres	583,761
Bovidés	231,757	Porcs	12,000

L'aviculture — notamment l'élevage des canards, des oies, des pintades — réussit fort bien.

L'apiculture doit être recommandée tout particulièrement; dans certaines régions, où la flore spontanée renferme des plantes mellifères telles que thym, romarin, lavande, cistes, genêts, les indigènes, avec des procédés primitifs, récoltent du miel d'excellente qualité.

Quelques essais d'éducation de vers à soie ont été tentés sur différents points de la région de Tunis, du cap Bon et de l'île de Djerba; la soie obtenue est de très bonne qualité.

pliqué, à plus forte raison, aux ânes, qui sont, en Tunisie, comme partout, les chevaux des pauvres. Plus sobres encore et plus résistants, on est vraiment étonné des charges qu'ils se montrent capables de transporter à une allure que leur taille si exiguë rend surprenante, quand on les rencontre sur les routes ou les pistes. C'est ce qui arrive fréquemment, car ils sont fort nombreux.

«Montures ou bêtes de somme, les services qu'ils rendent à la population indigène sont énormes. Ces serviteurs injustement méprisés par ceux qui ne savent pas les apprécier feraient un vide dont on n'a peut-être pas idée, dans la vie tunisienne, s'ils venaient à disparaître. Heureusement, personne ne songe à les remplacer, pas plus qu'à les améliorer. Si leur nombre diminue dans l'avenir, c'est que le bien-être de nos protégés se sera accru, et c'est là seulement ce qui est à souhaiter.» (*La production animale en Tunisie*, par André Sanson.)

[1] «On ne se fait pas idée de la perturbation qui se produirait dans la vie tunisienne si les chèvres disparaissaient subitement. De grandes étendues de territoires cesseraient tout à coup de pouvoir être mises en valeur, et ce serait une misère affreuse pour les populations qui les habitent. Les chèvres, en effet, tirent parti de végétaux qui sont incapables de faire vivre les moutons, et à ce titre elles sont précieuses. Les forestiers, dans les pays de montagnes, leur ont déclaré une guerre sans merci. En cela, ils ne voient pas assez loin.» (*Ibid.*)

[2] Ces chiffres se rapportent à la fin du dernier siècle (XIXe).

Régime de la propriété. — Au sujet du régime de la propriété, trois points doivent retenir notre attention : l'immatriculation, l'enzel, les terres sialines.

Même sur les points où la propriété est le mieux établie par les titres arabes, l'indication trop sommaire des limites énoncées dans ces titres, l'absence de cadastre et de plans, les défectuosités du régime hypothécaire musulman rendaient les transactions difficiles et hasardeuses pour les personnes étrangères aux coutumes et à la langue du pays.

C'est afin d'améliorer cette situation et d'asseoir la propriété sur des bases absolument certaines que la loi du 1er juillet 1885, modifiée le 17 mars 1892, a établi l'immatriculation. Celle-ci est facultative. Elle consiste dans l'inscription de la propriété et des droits réels qui l'affectent sur les registres publics de la Conservation foncière, à la suite d'une procédure spéciale terminée par une décision de justice. Elle a pour effet de purger l'immeuble de tous droits antérieurs non déclarés, et le titre foncier établi forme pour l'avenir l'unique base de la propriété. Une copie officielle du titre, accompagnée d'un plan régulier, est délivrée au propriétaire et toutes les conventions postérieures doivent, pour être valables à l'égard des tiers, être inscrites sur le titre et sur la copie.

Tout indigène voulant obtenir l'immatriculation doit en faire la demande. Une première enquête est provoquée. Tous les intéressés, c'est-à-dire toutes les personnes pouvant avoir quelque droit sur la propriété doivent produire leurs réclamations devant un tribunal mixte qui juge. Après ce premier jugement, les arpenteurs se rendent sur le terrain et pratiquent le bornage. A ce moment encore, les intéressés sont appelés une deuxième fois à faire leurs réclamations. Les formalités s'arrêtent là, et le titre de propriété est délivré au demandeur.

Jusqu'en 1892, les indigènes ont peu profité de cette loi, les frais d'immatriculation étant beaucoup trop élevés. Ainsi, pour une propriété de 1,600 hectares, d'une valeur d'environ 100,000 francs, les frais s'élevèrent à 20,000 francs. Mais le décret de M. Massicault, en 1892, a heureusement modifié la procédure et atténué les droits à payer. Aussi bon nombre d'indigènes n'ont-ils pas tardé à demander l'immatriculation.

Il est certain que l'application en Tunisie de l'« act Torrens », en conférant aux détenteurs du sol, des titres légaux de propriété et, par cela même, en leur accordant toutes les prérogatives et tous les privilèges attachés à ce droit, leur est très profitable.

Mode d'acquisition assez répandu, l'enzel est une sorte de location à durée indéfinie; sous l'empire de la nouvelle loi foncière, l'enzeliste devient réellement propriétaire du fonds, moyennant le payement, non pas d'un prix versé une fois pour toutes, mais d'une rente annuelle fixe et perpétuelle.

Les enzels sont, suivant les cas, rachetables ou non. L'achat à enzel a, sur l'achat ferme, l'immense avantage de mettre, dès le début d'une exploitation, aux mains d'un cultivateur une étendue de terre beaucoup plus considérable que celle qu'il pourrait payer avec le petit capital dont il dispose; il a permis, par exemple. à M. Trouillet, dont j'ai parlé plus haut, de se procurer un domaine de 1,800 hectares (Toungar), à mettre peu à peu en valeur, comme nous l'avons dit, tout en conservant par devers lui le faible capital qu'il possédait et qui lui était indispensable pour l'exploitation : bâtiments, cheptel, outillage, fonds de roulement, etc.

La rente perpétuelle que paye ce colon, 5,100 francs, correspond à un loyer annuel de 5 francs par hectare de terre cultivable, tandis que l'achat ferme aurait coûté 100,000 francs au moins.

En somme, tel qu'il existe pour les biens habous[1] publics, l'enzel offre à un colon le moyen de s'assurer, dès le début, sans entamer son petit

---

[1] Les *habous* sont des immeubles soustraits par leur propriétaire à la dévolution successorale ordinaire et rendus inaliénables, au moins théoriquement. Les ayants droit jouissent des revenus, mais ne peuvent dissiper ou aliéner le fonds à leur profit. Souvent le habou a été constitué en faveur de fondations pieuses ou charitables (mosquées, hôpitaux, etc.), c'est un habou public; lorsque cette affectation fait défaut et que l'immeuble reste aux mains de la famille du constituant, il est habou privé. Les habous publics sont actuellement gérés par un conseil d'administration, la *Djemaïa des habous*, et directement soumis à la surveillance de l'État. La gestion des habous privés appartient à leurs ayants droit sous la tutelle de la justice musulmane. La Djemaïa des habous sert d'intermédiaire pour toutes les opérations de mise dans le commerce des biens habous publics ou privés. La terre de Toungar, que je viens de citer, est grevée d'une rente que l'on verse, chaque année, entre les mains

capital, la possession d'une vaste étendue de terre qu'il mettra successivement en valeur au fur et à mesure de ses profits[1]. Et l'on peut même dire que ce mode d'acquisition sera parfait le jour où la possibilité du rachat de la rente perpétuelle deviendra la règle de transmission de la propriété de biens de main-morte en Tunisie, comme tout fait espérer que cela arrivera[2].

du trésorier des habous, en présence du caissier de la Mecque, et qui est affectée à l'entretien des livres saints de la ville sainte des musulmans.

A propos des biens habous, on pouvait lire dans le *Temps* (février 1905) ces lignes intéressantes :

Les bons gouvernements ont toujours été fort rares dans l'Islam. On n'y connaît point les garanties légales; l'individu est à la merci du caprice du prince, et la plupart des princes en ont plus ou moins abusé. Aussi, pour ne pas laisser la propriété absolument sans défense, les jurisconsultes arabes lui ont-ils cherché une protection dans les institutions religieuses. Ils ont imaginé de la rendre insaisissable au moyen de fondations pieuses. Un père veut-il s'assurer contre la confiscation et être certain de transmettre ses biens à ses enfants, il en fait donation soit aux villes saintes d'Arabie, la Mecque et Médine, soit à une mosquée, soit à quelque établissement d'assistance publique, mais avec cette réserve que la donation ne sera effective qu'au cas où sa descendance viendrait à s'éteindre. A partir de ce moment, son héritage est sacré : interdiction au souverain d'y toucher, la religion le défend, et rien ne peut empêcher sa famille d'en jouir. Les biens ainsi consacrés sont ce qu'on appelle dans l'empire ottoman les biens *ouakoufs* et dans l'Afrique du Nord les biens *habous*.

Si menacée était la propriété par l'arbitraire des pouvoirs publics que, peu à peu, le nombre des habous est devenu immense. On estime qu'en Tunisie il représente aujourd'hui bien près d'un tiers de la totalité des terres. Au Maroc, dans les premières reconnaissances que l'on a pu faire aux environs des villes, partout on trouve des habous. S'il a des avantages pour la sécurité des propriétaires, ce mode de tenure de la terre peut avoir de très grands inconvénients économiques. Le plus grand est que le habou étant inaliénable, d'énormes quantités de terre étaient immobilisées. Restant indivises, souvent gérées par des mandataires insouciants, elles étaient mal cultivées et devenaient une cause d'appauvrissement tout à fait inquiétante pour les sociétés musulmanes.

Comment remettre les biens habous en circulation? C'est encore une question qui a beaucoup préoccupé les jurisconsultes arabes.

Avec leur subtile ingéniosité, ils lui ont trouvé une solution élégante. Ils ont inventé la rente perpétuelle appelée *enzel*. En vertu de ce contrat, moyennant le payement annuel d'une somme fixée à la famille qui en est bénéficiaire, on peut acquérir un bien habou et y exercer tous les droits du propriétaire. Le titre d'enzel se vend et s'achète exactement comme un titre de propriété. De cette manière, l'intention du fondateur du habou est respectée puisque la rente perpétuelle constitue pour ses héritiers un bien inaliénable. Et, cependant, la terre peut de nouveau passer de main en main et être recherchée par des exploiteurs intéressés à la bien entretenir.

[1] D'une statistique, faite en 1903, il ressort que 882 enzels avaient, à cette époque, été acquis par nos compatriotes.

[2] « C'était le dernier terme assigné à l'intéressante évolution de la propriété en pays musulman. Mais la réforme était fort délicate à opérer. Elle touchait à la fois au respect des indigènes pour des prescriptions religieuses et à des intérêts matériels dignes de tous les ménagements. Les rentes des habous aujourd'hui au sein desquelles il s'agissait d'innover et à définitivement acquis à leurs fondations, autrement dit les rentes des habous publics, forment, en effet, aujourd'hui, en Tunisie, un budget d'environ 1,200,000 francs qui pourvoit aux frais du culte musulman, aux traitements de la magistrature musulmane et aux œuvres d'assistance indigènes. Il n'était pas permis de laisser porter atteinte à ces ressources. M. Pichon a surmonté ces difficultés en procédant suivant les voies prudentes du protectorat. Il a consulté les colons, mais il a

Enfin, il y a à signaler une autre particularité de la propriété en Tunisie : les terres sialines [1].

Aux alentours de Sfax, sur un rayon de soixante-dix à quatre-vingts kilomètres, les terres appartiennent au domaine de l'État (qui peut ainsi les mettre à la disposition des planteurs d'oliviers). Ces terres, appelées aujourd'hui sialines, avaient été cédées, en 1544, par un souverain tunisien, à un nommé Salem Hassan el Ansary, dont les descendants en vendirent la concession à la famille Siala, en 1759. Cette concession était précaire : elle devait être renouvelée à l'avènement de chaque nouveau souverain. A la suite du développement que les plantations d'oliviers prirent, vers 1850, des conflits incessants se produisirent entre les Sfaxiens, qui s'emparaient des terres pour les planter, et les Siala qui essayaient de défendre leurs propriétés. Pour y mettre fin, le bey Mohamed es Sadok, au nom de l'État tunisien, reprit possession des terres sialines en 1871. Un décret en réglementa en même temps la vente. Toute personne voulant planter des oliviers devait demander au caïd de lui faire mesurer une parcelle, et, moyennant

consulté aussi l'Administration indigène des habous et les hauts magistrats musulmans. Conçue pour des temps de despotisme et d'arbitraire, l'inaliénabilité des habous n'a plus de raison d'être sous le régime de légalité et de justice que nous avons institué dans la Régence. On est, par suite, aisément tombé d'accord. Le bey vient donc de décréter que les enzels seront désormais rachetables moyennant une somme qui ne saurait être inférieure à vingt fois le montant annuel de la rente.» (Le Temps, février 1905.)

[1] Voici, d'après les analyses de M. Bertainchand, la teneur des terres sialines en azote, acide phosphorique, potasse, magnésie et chaux, principes essentiels de l'alimentation des récoltes.

1° *Azote.* — La teneur en azote total des terres sialines est variable et généralement faible ; elle va de 0,05 à 0,15 p. 100 de terre, soit 1/2 gramme à 1 gram. 5 par kilogramme de terre : la moyenne générale des sols de cette région se rapproche plus du nombre le plus faible que de l'autre.

2° *Acide phosphorique.* — Varie dans des limites étendues de 0,05 à 0,25 p. 100 : mais, en général, la teneur est faible et plutôt inférieure que supérieure à 0,1 p. 100.

3° *Potasse.* — Les terres sialines, comme la plupart des sols de Tunisie d'ailleurs, sont riches en potasse : elles en contiennent rarement moins de 0,1 p. 100 et leur teneur s'élève, en beaucoup de points, de 0,30 et 0,60 p. 100.

4° *Magnésie.* — Oscille entre 0,05 et 0,25 p. 100.

5° *Chaux.* — Abonde dans presque tous les sols de la région de Sfax, allant de 1 à 6 p. 100 et souvent au delà.

Ces terres, très meubles, sont principalement formées d'un mélange de sable grossier, 60 à 80 p. 100, et de sable fin calcaire. Elles sont particulièrement propres à la culture de l'olivier et n'ont vraisemblablement besoin d'aucun engrais pour maintenir leur fertilité naturelle.

le payement d'une somme de 3 piastres 1/2 par mardja (24 fr. 25 par hectare), elle en devenait propriétaire[1]. De 1871 à 1881, il fut vendu, pour être plantés, 2,847 hectares de terres nues, et, au moment de l'occupation française, Sfax était entouré d'une première zone circulaire de jardins de 7,000 hectares et d'une seconde zone circulaire d'olivettes qui couvrait déjà 18,000 hectares et comprenait 380,000 arbres environ[2].

Par des dispositions claires et précises, le décret du 8 février 1892 rendit l'acquisition des terres sialines définitivement accessible à tout le monde. Quiconque veut planter adresse sa demande au caïd de Sfax, en désignant les terrains qu'il compte occuper et en spécifiant s'il désire un titre arabe ou un titre immatriculé. La Direction de l'agriculture, à laquelle la demande est envoyée, fait soit procéder à l'immatriculation, soit établir le titre arabe, et délivre l'autorisation de planter. La seule obligation imposée à l'acquéreur est de planter son terrain dans un délai de quatre ans, soit en oliviers, soit en autres espèces arbustives ou arborescentes. Cette précaution a été prise contre les spéculateurs qui, attirés par le bon marché des terres, auraient pu en accaparer de grandes étendues sans les utiliser. Le prix de l'hectare a été abaissé à 10 francs, payables moitié au moment où est délivrée l'autorisation de planter, moitié quatre ans après, quand, les plantaitons étant faites, la Direction de l'agriculture délivre le titre définitif de propriété. L'heureux effet de ce décret a été immédiat. Aujourd'hui toutes les terres sialines ont été vendues.

Forêts. — On évalue le territoire forestier à environ 500,000 hectares. Une grande partie ne comprend que des broussailles ou des forêts en voie de dépérissement. Ce n'est que sur les 60,000 hectares environ de boisements de la Khroumirie que peut s'appliquer une exploitation régulière et productive, assurée par l'État, propriétaire des forêts.

C'est également dans le nord-ouest, dans le massif montagneux de

---

[1] Ces mesures intelligentes donnèrent une impulsion nouvelle aux plantations.

[2] Les premières plantations sont plus serrées que les plantations actuelles.

la Khroumirie, que sont situées les forêts de chêne-liège. Leur superficie est d'environ 82,000 hectares. Elles appartiennent à l'État. Leur mise en rapport a commencé en 1884. Les premières exploitations furent faites en 1892; le liège n'était pas encore d'une épaisseur suffisante. On cessa donc et on reprit en 1894. La production brute varie entre 12,000 et 15,000 quintaux par an. Des forêts entières ont été, depuis 1881, ravagées plusieurs fois par l'incendie.

Gisements de phosphate de chaux [1]. — Dans le chapitre consacré (t. IV, p. 277 et suiv.) à la production et à la consommation des engrais minéraux dans le monde, à la fin de 1899, le lecteur trouvera des renseignements assez complets sur les gisements de phosphate de chaux d'Algérie et de Tunisie. Je me bornerai à rappeler ici l'importance considérable de ces immenses dépôts dont la découverte est due à M. Ph. Thomas, qui, dès 1873, a signalé la présence des phosphates de chaux dans le massif algérien, dont le prolongement en Tunisie s'étend jusqu'à Gafsa. M. Ph. Thomas, géologue aussi distingué que savant désintéressé, a fait connaître par ses études, la présence du précieux engrais dans toute la région comprise entre Tunis et Constantine. A la suite du travail publié par M. Ph. Thomas en 1886, sur les gisements de Gafsa, une grande compagnie française s'est constituée pour leur exploitation. Elle a construit à ses frais le chemin de fer de Gafsa à Sfax, à l'inauguration de laquelle j'ai eu le plaisir d'assister en 1897.

Chasse. — Les animaux sauvages sont : la hyène, le chacal, le lynx, le renard, le sanglier, le lièvre, le porc-épic, le raton, la gerboise, la panthère, en Khroumirie; la gazelle et le mouflon, dans le Centre et dans le Sud.

Les oiseaux de chasse sont nombreux : perdrix rouge, pigeon bizet, outarde ou poule de Carthage, différentes espèces d'alouettes abon-

[1] Ceux des lecteurs qu'intéresseraient particulièrement l'origine et le développement de l'industrie des phosphates en Algérie et Tunisie, consulteront avec profit l'ouvrage de M. David Levat : *Études sur l'industrie des phosphates et superphosphates.* (Paris, 1895.)

dent en toute saison. Dès l'automne, arrivent de grands vols de grives, de vanneaux, de pluviers, de bécasses, de bécassines, de plusieurs espèces de canards, d'oies, de grues, etc.

Sur les lacs, en toutes saisons, s'ébattent de grands vols de flamants, de macreuses, de mouettes, et les rives sont peuplées de bécasseaux, de combattants, de courlis, etc. J'ai eu occasion d'assister avec grand intérêt à la chasse des perdrix, au faucon.

Pêche. — La côte tunisienne, dont le développement n'est pas inférieur à 1,390 kilomètres, contient dans ses bas-fonds des richesses considérables. Les poissons de toutes sortes y abondent.[1] Entre le cap Roux et le cap Négro, on trouve le congre, la murène, le denté, le merlan, le rouget de roche, le sar, le homard, la langouste, etc. De mars en août, la côte de Tabarka est exploitée par un nombre considérable de barques italiennes qui pêchent de grandes quantités d'anchois et de sardines, dont la valeur, dans certaines années, dépasse un million. La sardine est également l'objet de quelques importantes exploitations à Mahedia.

Le golfe et le lac de Bizerte, les environs du cap de Porto-Farina donnent du poisson abondant et excellent, principalement le mulet et la dorade.

Le golfe de Tunis et son lac sont, aussi, fort poissonneux : celui de Gabès également ; il est à peine exploité ; dans la mer des Bibans, voisine de la Tripolitaine, le poisson ne manque pas non plus.

La pêche des poulpes est faite sur toute la côte qui s'étend du Ras-Kadidja jusqu'à la frontière tripolitaine.

[1] «L'industrie de la pêche fait vivre toute une population maritime, où, malheureusement l'élément français ne figure presque pas. Parmi les nombreuses espèces de poissons qui abondent sur les côtes, nous citerons particulièrement les sardines de Tabarka, les allaches de Mehdia, les anchois d'Hammamet et les clovisses des îles Kerkennah, le thon, le poulpe. Le thon se prépare salé ou à l'huile ; l'allache est salée ; le poulpe, séché. Les bateaux qui servent à la pêche sont de toutes formes, immuables depuis des siècles : bateaux tunisiens, tels que brick-goélettes, goélettes, chebecks, carèbes, loudes et sandales, balancelles italiennes, sacolèves et kamakis grecs. La pêche du poisson se pratique au filet-bœuf, sorte de chalut, au bourgin, au tramail, etc. En dehors de la pêche par bateau, d'importantes pêcheries fixes, madragues pour la pêche du thon, bordigues pour la capture des espèces vivant dans les lacs tunisiens, sont installées sur différents points des côtes.» (Rapport de la Classe 53.)

A Kuriat, à Monastir, à Sidi-Daoud, à Chebba, il existe des pêcheries de thons. Les lacs de Bizerte, de Porto-Farina, de Tunis et des Bibans sont exploités par des sociétés françaises, amodiataires de pêcheries.

En l'année 1904, une délégation de pêcheurs bretons est venue en Tunisie, conduite par le chef de cabinet du préfet du Finistère. Les marins ont été très satisfaits de leurs essais de pêche. A Kelibbia, opérant de nuit et au large, avec des tramails et des palanques, ils ont réussi à faire une pêche très abondante. A Sousse, pratiquant la pêche au bœuf, ils ont ramené près de 600 kilogrammes de poisson. A Bordigues, une surprise les attendait : ils recevaient une caisse d'engins de pêche et de filets fabriqués par les femmes de Douarnenez, qu'ils utilisaient aussitôt. La relevée donna plus de 400 kilogrammes de poisson de toutes espèces. Des résultats tout aussi concluants furent obtenus avec la pêche à traîne. Aussi a-t-il été décidé que trois centres de pêche seraient créés en Tunisie : Tabarka, les Bibans et Sousse ou Sfax. La Tunisie se trouve, grâce à ses oliviers, dans des conditions exceptionnellement favorables pour l'installation des fricasseries.

Éponges. — La pêche des éponges a une importance toute particulière. Malheureusement nos nationaux n'en profitent pas comme il serait à souhaiter. Ce sont plutôt les Grecs [1] et les Italiens [2] qui s'y livrent ; les indigènes, également. Comme embarcations, ils se servent soit de loudes munis d'un mât dont l'implantur est sur l'avant et dont l'inclinaison vers l'arrière est telle qu'il doit être soutenu par un étai [3], soit de sandales arabes à voiles carrées, marchant à la perche et en réalité trop lourdes pour la pêche aux éponges. Depuis quelques années, du reste, les indigènes ont tendance à abandonner loudes et sandales pour des embarcations

Fig. 371. — Fouchga tunisienne

[1] Voir t. I, p. 325.
[2] Voir t. II, p. 68 et 69.
[3] Presque rases sur l'eau, effilées aux bouts, naviguant avec deux petites quilles aux extrémités, d'un faible tirant d'eau, ces embarcations mesurent environ 11 m. 50 sur 2 m. 65 de large. Elles sont pontées en avant jusqu'au pied du mât, de sorte que le harponneur se tient sur cette sorte de plate-forme pour scruter le fond de l'eau.

plus maniables, qu'ils nomment chekifs. Comme instruments de pêche, ils font usage de la *fouchga*, harpon en fer (fig. 371), qu'on leste avec du plomb quand le fond où on opère a plus de 8 mètres [1]. On pêche aussi avec la gangava.

D'après Mattei, on comptait en 1854, pour toute la Tunisie, 102 sandales employées à la récolte des éponges.

Aux Kerkennah	40	À Biban	12
À Sfax	15	À Zarzis	8
À Djerba et à Adjim	27		

Hennique donne les chiffres suivants pour l'année 1882 :

Canotti	257	Bricks ou goélettes	5 à 6
Barchettas siciliennes	200	Barques pêchant au kamaki	80
Saccolèves grecques	15 à 18		
Scaphes grecs	15	TOTAL	828

Enfin, d'après de Fages et Ponzevera, la moyenne annuelle des bateaux employés à la pêche des éponges, de 1891 à 1898, s'est élevée à 1578, savoir :

Gangavas	italiens	84	Bateaux grecs pêchant au scaphandre	4
	grecs	84		
Kamakis	indigènes	280	Barques indigènes	1,100
	grecs	26		

1896, année moyenne, donne 1,089 navires, jaugeant 2,371 tonneaux, montés par 3,201 hommes, sans compter 169 pêcheurs à pied. Le rendement en argent a offert, depuis 1854, une augmentation progressive : de 60,000 francs il y a un demi-siècle, il dépasse, en effet, aujourd'hui 1,100,000 francs par an.

En Tunisie, d'après de Fages et Ponzevera, il y a quatre qualités d'éponges :

1° L'éponge *djerbi* (tissu léger et peu résistant, racine rougeâtre, habite le fond du golfe de Gabès);

---

[1] Il en est de même pour le *kamaki* grec et la *fuscina* ou *fuscia* sicilienne.

2° L'éponge *kerkenni* (tissu très résistant et brun, racine noire; habite les bancs et le canal de Kerkennah);

3° L'éponge de *Zarzis* (tissu souple, racine blanche, presque identique à l'éponge de Syrie, c'est-à-dire à la variété scientifique *mollissima*; habite entre Zarzis et la frontière tripolitaine);

4° L'éponge *hadjemi* (tissu dur et compact; habite un peu partout; peu de valeur commerciale).

Il y a encore deux autres variétés très communes : la *zamocca* ou *zimocca*, fine, dure, et l'*oreille d'éléphant*, en forme de grande coupe.

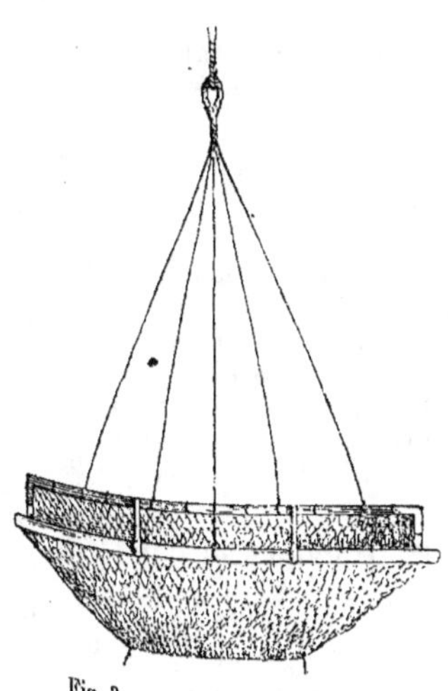

Fig. 372. — Gangava tunisienne (drague pour la pêche des éponges).

A leur sortie de l'eau, à l'état brut, les éponges sont dites *éponges noires*. Cette coloration provient des tissus gélatineux qui font partie intégrante de leur constitution anatomique. Pour les utiliser, il importe de les débarrasser de ces parties et de préparer le squelette spongieux qui reçoit tant d'applications.

Fig. 373. — Cabane pour le lavage des éponges.

Dans ce but, on les lave plusieurs fois à l'eau de mer, et on les piétine sur un plancher à claire voie. Cette manipulation a lieu soit en mer, sur les bateaux-pontons, soit dans de petites cabanes construites sur pilotis le long de la rade. Séchées, les éponges sont prêtes pour l'exportation.

CHAPITRE XXXVI.

COLONIES FRANÇAISES DE LA CÔTE OCCIDENTALE [1].

A. CONSIDÉRATIONS GÉNÉRALES.

PREMIERS RAPPORTS COMMERCIAUX ENTRE LA FRANCE ET L'AFRIQUE OCCIDENTALE. — ÉTENDUE DE NOTRE DOMAINE COLONIAL AFRICAIN. — SA DIVERSITÉ. — CLIMAT. — INSECTES. — NÉCESSITÉ D'INTRODUIRE DES CHARRUES. — SORGHO. — MAÏS. — RIZ. — MANIOC. — BLÉ. — CULTURES FRUITIÈRES. — BANANIER. — COTON. — JUTE. — RAFIA. — CAFÉIER. — CACAOYER. — INDIGOTIER. — KARITÉ. — BEREF. — TABAC. — BOURGOU. — ÉLEVAGE; ÉQUIDÉS; MULETS; BOVIDÉS, ETC. — AVICULTURE. — APICULTURE. — SERVICE DE L'AGRICULTURE; STATIONS ET JARDINS D'ESSAI. — FORÊTS; OPINION DE M. MÉLARD; EXPLOITATION; PRINCIPALES ESSENCES. — CAOUTCHOUC; PROCÉDÉS DE RÉCOLTE; CRÉATION À BORDEAUX D'UN MARCHÉ DE CAOUTCHOUC D'ORIGINE FRANÇAISE. — GUTTA. — GOMME. — COPAL. — CHASSE ET FAUNE. — ÉLÉPHANTS; IL EST À SOUHAITER QU'ON LES DRESSE; IVOIRE. — PLUMES. — AUTRUCHE. — PÊCHE. — HUÎTRES.

Ce sont nos ancêtres qui, les premiers, trafiquèrent dans le golfe de Guinée; le 28 septembre 1382, en effet, trois bâtiments : la *Vierge*, le *Saint-Nicolas* et l'*Espérance* partaient à destination de la Côte d'Or. Puis, c'est, en 1626, le comptoir fondé par l'*Association des marchands de Dieppe et de Rouen*.

Aujourd'hui, sauf quelques îles et quelques enclaves côtières [2], nous possédons tout le Nord-Ouest africain, du Congo à la Méditerranée.

Nous venons d'étudier l'Algérie et la Tunisie; le reste forme l'Afrique occidentale. J'ai indiqué (tableau IV, page 5 du tome Ier), d'après les évaluations du professeur de Juraschek, les chiffres de la population et de la superficie de nos possessions africaines. Ces chiffres, pour avoir tout leur intérêt, nécessiteraient une connaissance plus exacte que celle que nous avons de la valeur de ces espaces immenses qui, entre eux, diffèrent grandement.

Laissant de côté les déserts sahariens, on voit : ici, «une forêt bordée par des lagunes» (Côte d'Ivoire), et là, «toujours à proximité d'un ruisseau, au milieu d'un fouillis d'arbres fruitiers, parmi lesquels dominent les cocotiers et les bananiers, des villages indi-

[1] Clichés d'A. Challamel, éditeur, sauf ceux des figures 391 (*Dépêche coloniale illustrée*) et 392 (Librairie agricole).

[2] Canaries, Ceuta, Mélilla, Rio d'Oro, Fernando Po, Rio Moussy (Espagne); Açores, Madère, îles du cap Vert, Guinée portugaise, San Thomas (Portugal); Gambie anglaise, Sierra Leone, Côte d'Or, Nigéria (Royaume-Uni); Togo, Cameroun (Allemagne); Libéria (République indépendante) et Maroc.

gènes cachés, vers lesquels un bouquet d'énormes fromagers[1] sert invariablement à diriger la marche du voyageur » (pays Soussou), ou bien ces pâturages du Fouta-Djallon, ou encore le Congo[2], « futaies d'arbres géants, unis par un fantasque enlacement de lianes ». Que d'autres contrastes encore à signaler ! Ce sont, d'une part, au Sénégal, les contrées habitées par les populations Sérères, où les cultures, quelque peu primitives encore, sont extrêmement soignées ; et, d'autre part, la Côte-d'Ivoire où l'indigène ne demande à la terre que tout juste ce qui lui est indispensable ; puis, le Dahomey aux exportations croissantes, le Dahomey, où la vie a tant d'analogies avec celle de nos petits villages de France ; et, encore, les nombreuses régions, où les noirs ont la sotte coutume de mettre le feu à la brousse pour la défricher et préparer leurs cultures, si bien que le chef de quelques cases brûle parfois d'immenses espaces pour ensemencer un champ à peine suffisant pour nourrir sa famille.

Fig. 374. — Capoquier du Soudan.

Climat. — Sauf au pays congolais, où la pluie ne cesse guère de tomber et où les plus forts écarts de la température entre le jour et la

[1] Le fromager est le géant des forêts de la Guinée ; toujours à côté de leurs villages, les indigènes en conservent quelques exemplaires qui parviennent à d'extraordinaires dimensions. L'espèce d'ouate ou de couche soyeuse qui entoure les graines des cocotiers et des fromagers sert à la fabrication de coussins et matelas qui ne s'écrasent que peu à l'usage et auxquels une simple exposition au soleil rend leur vo-lume primitif. Le bois, léger, sert aux usages domestiques comme le liège en Europe. On peut manger les graines crues ou cuites. La racine séchée jouit de certaines vertus pharmaceutiques. Enfin, on creuse des pirogues dans le tronc.

[2] « Les lianes, les arbres contre lesquels on heurte le hamac dans les tournants, font tomber des bois morts, des nids de termites logés dans

nuit, l'été et l'hiver, le littoral et l'intérieur, ne dépassent pas 6 à 7 degrés centigrades; il y a en Afrique occidentale deux saisons: l'une dite *saison sèche*, l'autre désignée sous le nom de *saison des pluies*. Sur certains points, le climat ne convient que médiocrement aux Européens, et il leur faut venir faire en Europe d'assez fréquents et réparateurs séjours.

INSECTES. — Après le climat, parlons des insectes; on sait, en effet, quels terribles agents de transmission de la fièvre sont les moustiques. Ceux-ci ne manquent pas sur la côte occidentale d'Afrique, non plus que les puces, les taons, les chiques, qui pénètrent sous la peau sans causer grande douleur et y déposent des quantités d'œufs qui ne tarderont pas à faire souffrir et qu'il faut retirer en incisant l'épiderme. On y trouve aussi les cancrelats, qui s'attachent à tout; les termites, plus redoutables encore; les magnans ou fourmis guerrières, dont les bandes dévorent tout être vivant qu'elles rencontrent [1]; les sauterelles, qui s'abattent en nuages épais sur les récoltes de mil, de maïs, de riz, de bananes laissant, après elles, la famine, etc.

PROCÉDÉS DE CULTURE. — Avant d'étudier les principaux produits récoltés dans ces colonies, il ne me semble pas inutile de consacrer quelques lignes à la nécessité qu'il y aurait à introduire des charrues

---

les arbres, des feuilles sèches, des rameaux pourris. Parfois une énorme branche morte s'effondre d'une hauteur de vingt mètres. De soleil, point. Il règne dans cette forêt de trente jours de marche une sorte de demi-obscurité qui fatigue. On a soif de voir le jour, de voir de l'herbe, car ici le sol n'est tapissé que de jeunes pousses et d'un fouillis d'ananas. Pas de fougères, pas de fleurs, rien qui réconforte, rien qui parle à l'âme. La monotonie est terrible. Ni le vent, ni le soleil ne pénètrent dans cette immensité. A 100 mètres d'un village, on est isolé du monde. C'est à peine si on aperçoit les oiseaux. Ils vivent sur les cimes, goûtant à la fois le soleil et l'ombre; leur babil n'ar-rive pas jusqu'au sentier, étouffé par le bruit des coups de sabre des indigènes qui frayent le chemin en coupant les lianes et des arbres qui ont jusqu'à vingt centimètres de diamètre. De temps à autre, on entend cependant fuir un gibier, qui paraît tout briser sur son passage, et qui n'est souvent qu'une petite gazelle grosse comme une chèvre, ou à vingt ou trente mètres au-dessus de nous, une joyeuse bande de singes. » (*Du Niger au golfe de Guinée*, par L.-G. BINGER.)

[1] Souvent des bœufs laissés à l'attache le soir et n'ayant pu se dégager ont été retrouvés le lendemain à l'état de squelettes.

dans le Soudan. Voici ce que dans l'un des premiers numéros de l'*Agriculture pratique aux pays chauds* (Bulletin du jardin colonial) [1902], écrivait à ce sujet M. L. Coviaux : «L'entrée en ligne de cet instrument aratoire (charrue) aurait pour effet non seulement d'augmenter considérablement la production du mil, du maïs, du riz, des arachides, etc., mais encore son emploi serait une aide puissante dans la lutte que l'Administration soutient contre la captivité. Le jour où le noir constatera qu'avec deux hommes et deux paires de bœufs, il cultivera autant de terrain qu'avec vingt captifs, il ne cherchera plus à augmenter sans cesse le nombre de ces bouches inutiles. Mais rien ne sera fait d'ici longtemps, si le gouvernement local ne crée lui-même ou ne fait créer par les chefs de village certaines cultures et certaines industries dont les uns et les autres tireront des avantages immédiats. Il est nécessaire de briser l'apathie naturelle des noirs, en imposant la charrue à quelques chefs d'abord. Alors, vu les résultats heureux qu'elle procurera et aussi grâce à l'esprit d'imitation, son emploi se généralisera. Il s'agit de faire faire les premiers pas».

CULTURES VIVRIÈRES. *Sorgho.* — Le sorgho ou mil forme la base de l'alimentation des populations de l'Afrique occidentale. Aussi sa culture occupe-t-elle des espaces immenses [1].

Généralement les semailles se font en avril pour le mil blanc et en juin pour le mil rouge [2]. Au moyen d'une houe, les indigènes tracent des sillons de o m. 5o en o m. 5o, puis ils font — à la distance d'un pas l'un de l'autre — des trous où ils placent une dizaine de graines. Peu après que les graines ont commencé à germer, on nettoie avec une herse et on ameublit le sol durci par les pluies et le

---

[1] «Un fait intéressant à signaler, c'est l'extension que, sur beaucoup de points, a prise cette culture : au lieu de semer juste le strict nécessaire pour son entretien et celui de sa famille, le noir commence à cultiver pour s'enrichir, ou tout au moins pour augmenter son bien-être.» (*Étude économique du Sénégal et du Soudan français*, par Pierre DEFAUCONPRET.)

[2] On distingue deux sortes de mil : le gros et le petit. Chacune de ces deux sortes se subdivise en un grand nombre de variétés : les unes servent pour la consommation courante, d'autres pour la préparation de mets de luxe, d'autres encore sont réservées d'ordinaire pour la nourriture des domestiques et des animaux. Le gros mil, le *doura* des Arabes, est cultivé de préférence dans les terrains frais et argileux; le petit mil, dans les terres légères.

soleil ; puis, dès que les plants ont pris une certaine consistance, on élimine ceux qui sont rachitiques. La récolte a lieu en juin pour le mil blanc, et en novembre pour le mil rouge. Au moment de l'hivernage, les tiges de mil atteignent jusqu'à six mètres de hauteur.

Comme le maïs, le mil est riche en amidon et en azote. La décortication, faite au moyen de mortiers et de pilons en bois quelque peu primitifs, laisse souvent à désirer. On fait avec la farine des galettes, des bouillies, du couscous. Non seulement les indigènes consomment eux-mêmes le mil, mais encore ils en font usage pour la nourriture de leurs chevaux ; en outre, on en fabrique une boisson fermentée (*shappalou* ou *dolo*). Il se fait une petite exportation sur Bordeaux, où l'on se sert du mil pour faire de l'amidon, de la farine, de l'alcool.

Maïs. — Le maïs, dont la culture se rencontre sur bien des points de l'Afrique occidentale, est notamment répandu au Bas-Dahomey, dont le climat semble lui convenir de façon particulière et où il forme la base de la nourriture de la population. On récolte deux variétés de maïs : le jaune et le blanc, ce dernier préféré par les animaux, et dont les rendements sont plus élevés. Les semailles ont lieu aux premières pluies d'hivernage ; la récolte, en septembre. Les indigènes font avec le maïs une farine qu'ils mélangent à celle du mil pour préparer leur couscous. Enfin, coupé en vert, le maïs constitue un excellent fourrage. On pourrait étendre considérablement encore, en Afrique occidentale, la culture du maïs ; cela nous permettrait de n'avoir plus à recourir à l'étranger pour notre importation de ce grain.

Autres cultures vivrières. — Le nombre et l'importance des rizières augmente. Il en est aux environs de Tombouctou d'une très grande richesse et dont les produits sont tout à fait de première qualité.

Le manioc[1] entre, pour une bonne part, dans la consommation indigène ; il constitue, notamment, une ressource précieuse quand le maïs vient à manquer. Il est certains points où sa culture augmente au détriment de celle du maïs ; au Congo[2], sa farine joue le

[1] Voir fig. 421 et 422, p. 551.
[2] Le Congo produit trois variétés de manioc amer et deux de manioc doux ; les tubercules de ces dernières variétés peuvent

principal rôle dans l'alimentation; au Dahomey, la consommation en est très importante. On plante le manioc par boutures, en mars ou en avril, au commencement de la saison des pluies; la récolte se fait en septembre. On sait que c'est avec le manioc qu'est fait le tapioca.

Longtemps — et, à vrai dire, les essais tentés fortifiaient ce pessimisme — on crut que le blé ne pouvait venir dans nos colonies de l'Afrique occidentale. De nouvelles tentatives, faites dans la région des lacs, ont, il y a déjà quelques années, démontré le mal-fondé de cette assertion. Le blé de Tombouctou est même indemne des parasites cryptogamiques qui attaquent les céréales de France.

Cultures fruitières; bananes. — Le fertile Dahomey ne manque pas d'arbres fruitiers. Écoutez un voyageur, le lieutenant-colonel Toutée : «Nous pressions, dans le brouillard du matin, le long d'un étroit sen-

Fig. 375. — Le premier train de bananes en Guinée.

tier, les longues tiges rameuses des haricots arborescents qui couvrent ici de grandes surfaces. Plantés en alignement régulier, sur le sommet

être consommés sans préparation spéciale, crus ou rôtis; cependant leur culture est moins répandue que celle des variétés amères, plus tardives mais plus productives.

de petits remblais, parfaitement débarrassés des mauvaises herbes, ces végétaux donnent l'idée d'un état agricole, peut-être pas très avancé, mais, en tout cas, fructueux. Les citronniers, les papayers, les manguiers, les cocotiers, les bananiers, les baobabs forment la majeure partie des arbres des villages. Les orangers y atteignent des dimensions plus considérables qu'au Tonkin[1]. » Cette énumération d'arbres fruitiers pourrait être allongée encore : goyaviers, corossoliers, pommiers acajou, figuiers d'Inde, pruniers de plage, d'autres encore y trouveraient place. Mais il est certain que — comme dans toute l'Afrique occidentale — c'est le bananier[2] qui occupe, de loin, le premier rang comme importance.

Au Dahomey, du reste, ainsi que dans la Guinée française[3] — notamment aux environs de Conakry — il y a lieu de signaler de nouvelles plantations de bananiers; un décret de 1896 exempte de tous droits à leur entrée en France les fruits qu'elles donnent. Ces plantations ont réussi. A superficies égales, les bananiers produisent, il ne faut pas l'oublier, plus de substances alimentaires que la plupart des autres cultures[4]..

Au Congo où les indigènes goûtent surtout la grande banane, dite

[1] *Dahomey, Niger, Touareg*, par le lieutenant-colonel Toutée.

[2] «Nos colonies africaines seront, pour la culture du bananier, favorisées au double point de vue du climat et du sol, mais le transport est long et par conséquent coûteux; cependant les envois peuvent arriver de Conakry en France en une douzaine de jours. D'après les évaluations du Directeur du jardin colonial, M. Dybowski, qui a personnellement exploré ces régions à diverses reprises et qui en connaît bien les ressources, les frais d'établissement d'une plantation de bananiers peuvent être évalués à 5,000 francs l'hectare. On obtient, dès la deuxième année, une moyenne de trois régimes de fruits par pied, et comme il en est contenu 1,100 dans 1 hectare, la récolte peut donc atteindre 3,000 à 4,000 régimes d'un poids total de 60,000 à 80,000 kilogrammes. En France, un régime de 200 à 250 bananes vaut de 25 à 30 francs et un régime plus ordinaire d'une centaine de fruits vaut encore de 6 à 8 francs. Ces prix, en en déduisant les frais d'emballage et d'envoi, laissent donc aux cultivateurs de très beaux bénéfices.» (A. Chatenay, secrétaire général de la Société nationale d'horticulture de France.)

[3] M. Yves Henry, inspecteur général de l'Agriculture en Afrique occidentale française, qui a démontré récemment tous les avantages de l'exploitation des fruits tropicaux dans son intéressant ouvrage *Bananes et Ananas*, préconise plus spécialement la culture de ces deux fruits en Guinée française, à cause de la facilité des moyens de transport. Le chemin de fer permet l'entreprise, dans de larges proportions, de la culture de la banane et de l'ananas dans les régions de l'intérieur plus favorables à la bonne réussite de ces fruits.

[4] Voir t. IV, p. 135, et note 1, p. 192.

banane cochon, ils récoltent les régimes avant maturité des fruits et font cuire les bananes à l'étuvée dans une marmite.

Textiles. *Coton.* — Le coton pousse à l'état sauvage en Afrique occidentale. En outre, au Sénégal comme au Soudan, chaque village est entouré du nombre de plants qui lui sont nécessaires pour sa production domestique, production à vrai dire d'assez médiocre qualité. Cela tient, pour une bonne part, à la défectuosité des procédés de culture; la preuve en est que dans un terrain semblable et avec une plante de même variété, les bons agriculteurs que sont les Foulbés obtiennent un produit notablement supérieur à celui que récoltent les Bambaras. On procède à l'heure actuelle à toute une série d'expériences intéressantes concernant l'acclimatation d'espèces riches et l'amélioration des procédés de culture.

Autres textiles. — Comme autres textiles, il faut citer le jute, désigné au Sénégal sous le nom de *sobo*, et le palmier rafia[1] dont les feuilles fournissent des lanières qu'on peut diviser extrêmement et qui, très résistantes, servent à la fabrication de havre-sacs, chapeaux, cordes, etc.

Autres cultures. *Caféier.* — Le caféier pousse spontanément en Guinée[2]; le Dahomey se suffit dès aujourd'hui en ce produit: la Côte-d'Ivoire exporte et, au Congo, indépendamment des cafés sauvages dits *de brousse* ou spontanés et, en particulier, de celui du Nuilou, l'acclimatation des cafés de San-Thomé, de Libéria, etc., démontre amplement que le terrain. comme le climat. de la colonie sont loin d'être réfractaires à l'établissement de plantations de cet arbuste.

Cacaoyer. — Des essais de culture du cacaoyer ont été tentés parallèlement à ceux de culture du café et ont donné de bons résultats, notamment au Congo. Du reste, les récoltes obtenues dans les colonies voisines des nôtres doivent nous encourager à poursuivre leur culture.

---

[1] Voir fig. 398, p. 459.

[2] «Le sol se prête fort bien à sa culture qui présente sur les autres l'avantage d'être plus rémunératrice, même en admettant une baisse notable qui pourrait survenir dans les prix de cette denrée.» (Capitaine Delaforge, *Bulletin de la Société de géographie commerciale*, 1895.)

Indigotier. — L'indigotier pousse à l'état sauvage; on en trouve même de véritables champs près du fleuve Sénégal, vers Kaédi et Bokel. Il y donne trois récoltes par an, et l'indigo qu'il fournit est de bonne qualité.

Les découvertes successives de la chimie suspendent — si l'on nous permet cette métaphore — une véritable épée de Damoclès sur les cultures des plantes tinctoriales. Il faut noter cependant que nous importons encore chaque année pour 16 millions de francs d'indigo, et que nous en sommes presque entièrement acheteurs aux Indes, tandis que nous devrions pouvoir nous fournir exclusivement dans nos colonies d'Afrique occidentale.

Karité. — C'est en traitant des forêts (p. 427) que je dirai quelques mots du karité et des produits similaires.

Béref. — On désigne sous le nom de *béref*[1] les semences de plusieurs végétaux appartenant à la famille des cucurbitacées. Celui qui provient du *Cucumis citrullus* est principalement récolté dans le pays des Ouolofs (Sénégal); celui du *Cucumis sativus* fournit de l'huile comestible sur toute la côte occidentale d'Afrique. A Marseille, le béref du Sénégal sert à faire une huile industrielle.

Tabac. — Le tabac vient très bien dans toutes les régions cultivées de l'Afrique placées au nord de l'Équateur. Dans certaines vallées du Niger, les indigènes en cultivent de vastes champs. Le produit obtenu a un arome agréable; mais le séchage et la préparation laissent à désirer. L'extension grandissante de cette culture, non moins que les bons résultats obtenus dans maints endroits, permettront, il faut bien l'espérer, de se passer dans un temps assez bref des importations de tabac américain en Afrique occidentale[2].

Bourgou. — Enfin, je terminerai cette revue des cultures de l'Afrique occidentale par le *bourgou*, graminée qui pousse spontanément dans

[1] Selon la grosseur des graines, on distingue deux sortes de béref : le *gros béref* et le *petit béref*.

[2] *Sénégal.* — Bien que le tabac pousse presque partout à l'état sauvage en Cazamance, on ne lui fait subir aucune préparation, il est fumé après avoir été simplement séché.

Dahomey. — Le tabac pousse fort bien dans toute cette partie de l'Afrique, qui pourrait fournir à la métropole un produit d'excellente qualité. Les meilleures saisons pour les semis sont les mois d'octobre et de décembre, mais faute d'une préparation suffisante, l'exportation est nulle.

les terrains inondés de la vallée du Niger au moment des crues. Il couvre alors des espaces immenses et il serait à souhaiter que l'on utilisât sa richesse saccharine, qui soutient la comparaison avec celle de la canne à sucre.

Fig. 376. — Marché aux chevaux de Banamba.

Bétail. — La répartition du bétail dans l'Afrique occidentale est excessivement irrégulière. Tel pays (Mossi, au cœur même de la boucle du Niger) sera renommé dans la région entière pour sa richesse en bœufs à cornes, en moutons à longue laine, en chevaux, en ânes, ou même, comme au Dahomey, aura l'élevage pour principale raison d'être; telle autre région, par contre, n'aura pour ainsi dire aucun bétail : quelques porcs mal nourris, des moutons rares et maigres, des volailles étiques.

Voici quelques renseignements sur les principales régions d'élevage de l'Afrique occidentale :

Dans le *Dahomey*, notamment dans le Haut-Dahomey, bœufs, porcs et moutons sont nombreux, et l'on y rencontre des troupeaux de chèvres de 200 et 300 têtes. Gé-néralement, les vaches sont bonnes laitières. C'est aux femmes peuhles que revient le soin de s'en occuper; ces femmes sont fort entendues en laiterie et très propres; le beurre qu'elles font est parfumé, et le fromage ne laisse rien à désirer.

Fig. 377. — Cheval entier, 2 ans, acheté à Nyamina, 250 francs.

On peut approximativement estimer les effectifs du *Sénégal* aux chiffres suivants :

	1886.	1900.
Bovidés	50,000	70,000
Chevaux	10,000	20,000
Moutons		15,000
Chèvres		20,000
Ânes		4,000
Chameaux		1,500

Ces chiffres sont d'autant plus intéressants à noter qu'en 1892 une terrible épizootie détruisit les troupeaux. Un effectif égal en 1900 indique donc tout au moins qu'ils ont été reconstitués. Les chevaux sont de deux races : ceux dits « du fleuve » ou *Narou gor* (taille : 1 m. 45: certains traits communs avec les chevaux arabes et algériens; sobres et endurants; ils pouraient être améliorés par une sélection méthodique ou des croisements avec des étalons algériens), et les *M'Bayar* (1 m. 35, robustes et vigoureux; supportent mieux l'hivernage et sont moins sujets aux maladies). Il y a deux races principales de bœufs : le *gobra*, bœuf *olos* ou bœuf porteur; grande taille, souvent plus de 1 m. 50; poids : 300 à 400 kilogrammes, certains atteignent 600 kilogrammes; dociles; peu difficiles pour leur nourriture; utilisés comme bêtes de somme, remplaçant avantageusement les chameaux durant l'hivernage; rendement en viande : 40 à 45 p. 100; prix : 80 à 110 francs; vaches mauvaises laitières; rendement journalier en période de lactation : 3 litres; prix : 150 à 200 francs); et le *n'dama*, bœuf sans cornes, originaire probablement du Fouta-Djallon (taille : 1 m. 20 à 1 m. 30, rappelant les individus de la race bretonne; bœufs se dressant facilement au joug et tirant charrue et charrette). Le croisement du n'dama et du gobra donne l'*ouarlé*, produit très estimé des indigènes. A la suite de l'épizootie de 1892, il y eut quelques importations du Cap-Vert et de chez les Maures, importations qui ont laissé des traces de leur sang dans la population bovine actuelle. Peulhs, Toucouleurs et Sérères ont les plus beaux troupeaux du pays; ils en prennent le plus grand soin, et c'est le nombre de têtes de leur bétail qui sert à calculer leur richesse. Nombreux, les ânes sont petits, mais solides et rustiques; ils rendent de grands services pour les transports. Les chameaux, nombreux aussi, appartiennent presque tous aux Maures; on est obligé de les emmener au nord du fleuve pendant les pluies; les laisse-t-on dans le pays, il en

Fig. 378. — *Aladin*, cheval entier, 1 m. 50, acheté à Touba 400 francs.

meurt, en effet, les trois quarts pendant l'hivernage; ceux qui sont acclimatés sont dits *ouolofs*; ils valent de 500 à 600 francs pièce au lieu de 150 à 200 francs; on fait porter aux chameaux des charge de 300

Fig. 379. — *Coco*, cheval entier, 1 m. 39, acheté à Ségou 275 francs.

à 500 kilogrammes, et ils couvrent sans faiblesse des étapes de 50 kilomètres. Les moutons sont hauts sur jambes; ils n'ont qu'un poil grossier; leur valeur, dans l'intérieur, varie de 3 à 5 francs. Le lait des brebis est consommé par les indigènes. De même que les moutons, les chèvres sont très communes; leur taille varie entre o m. 5o et o m. 7o; elles donnent de 75 centilitres à 1 litre de lait par jour.

Au *Soudan*, le Mossi, le Macino, le Liptako, le Bakhounou ont de beaux et nombreux pâturages. Les moutons y sont en tel nombre que les marchés du Sahel en sont encombrés et que leur prix moyen tombe à 4 francs et même à 2 francs par tête. Les peaux d'agneaux rappellent un peu l'astrakan. Entre Tombouctou et Sansanding, les bœufs[1]

---

[1] «Le bœuf est implanté dans tout le Soudan depuis les temps les plus reculés. Les voyageurs l'ont rencontré partout. Ils signalent dans certaines régions des troupeaux tellement nombreux qu'on a peine à s'en faire aujourd'hui une idée.

«Qu'on en juge par cet extrait du Tarikhès Soudan (traduit par M. Houdas) :

Le souverain du Macina répondit que Boubo-Ouolo-Kaïna s'était placé sous sa protection; toutefois, il proposa de conclure l'arrangement suivant : le caïd ferait la paix avec Boubo-Ouolo, le laisserait rentrer dans sa tribu et celui-ci donnerait immédiatement en échange deux mille vaches. Le caïd Ali ayant accepté cette proposition, le souverain du Macina remit sur-le-champ un nombre de vaches égal à celui qui avait été stipulé, et cela personnellement.

Boubo-Ouolo se rendit au camp du caïd Ali qui le fit accompagner dans sa tribu par le caïd Ahmed-el-Bordj à qui il devait remettre deux mille vaches à titre de droit de chachiâ, car c'était comme une investiture nouvelle du Fondoko dans ses diverses fonctions. Le Fondoko donna les deux mille vaches et y ajouta encore les deux mille qui avaient été convenues pour la conclusion de la paix. Ces six mille vaches furent remises en une seule fois et très rapidement.

«Cela se passait en 1609. Sous le roi de Macina Amahdou-Cheikou-Ahmadou, qui mourut en 1844, un bœuf ne valait encore que 800 cauries par année d'âge, soit 4 ou 5 francs pour un adulte.

«Les guerres terribles que le chef peul Tidjani fit dans le Macina … — guerres qui eurent pour couronnement le transfert des populations de cette province sur la rive droite du Niger et, pour conséquence, l'abandon des immenses prairies du Bourgou — et surtout l'épizootie de 1890-91 ont anéanti ces incalculables richesses, au point que ces peuples, essentiellement pasteurs, sont devenus cultivateurs.

«En 1895, l'occupation française permit aux gens du Macina de revenir dans leur pays et aujourd'hui il est visible que, de plus en plus, les Foulbés tendent de toutes leurs forces à reconstituer leurs troupeaux.

«Actuellement, on peut dire que les bœufs qui paissent dans le Macina appartiennent, pour les deux tiers au moins, aux Maures et aux Foulbés de Surupi ou de Sokoto, et, pour un tiers seulement, aux gens du Macina.

«C'est par le Nord-Ouest que les troupeaux quittent le Macina, en hivernage, et y reviennent en saison sèche. Des coutumes séculaires ont invariablement fixé, pour chaque tribu, le chemin et les pâturages de l'aller et du retour, et rien ne peut mieux donner une idée de la valeur que l'on attache à ces précieuses prairies.

«Quant aux troupeaux étrangers, ils ne sont admis que sur autorisation préalable des chefs locaux intéressés et, parfois, en payant de légers droits de pacage — un à quatre moutons pour un troupeau de cinquante têtes au moins. Les bœufs ne payent pas, car ils ne sont admis à paître que sur les terrains déjà parcourus par les moutons.

«La plus grande partie des troupeaux qui appartiennent aux gens du Macina ont été acquis par eux des pasteurs et cercles voisins et par voie d'échange contre des graines, du riz, et surtout du mil.

«Aujourd'hui, les Foulbés sont redevenus

sont également très nombreux, d'autant que les Peuhls n'abattent jamais les veaux. Les vaches sont mauvaises laitières. Le cheval est assez répandu dans le Kasso, le Yatenga, le Mossi; il est petit et

Fig. 380. — *Badninbé*, cheval entier du Macina.

propre seulement à la selle; sa valeur est assez élevée : de 500 à 800 francs. Les ânes (valeur : 70 à 80 francs) sont nombreux dans le Mossi; les chameaux sont cantonnés dans le Nord. Les populations musulmanes n'ont presque pas de porcs.

presque exclusivement pasteurs et, partant, ils ont la réputation d'être particulièrement entendus à l'échange du bétail. Il nous a paru qu'on a fort exagéré leurs connaissances en art vétérinaire et dans les soins qu'ils apportaient à la sélection des troupeaux. En réalité, en dehors de quelques pratiques empiriques dont l'efficacité est parfois certaine quand il s'agit de cas isolés, ils sont impuissants en face des épizooties, même bénignes, qui tous les ans déciment leurs troupeaux. Leur expérience est absolument en défaut dans ces cas — les plus redoutables — et l'on peut facilement se convaincre qu'ils ignorent notamment les dangers, pour des troupeaux sains, de voisiner avec ceux qui sont malades. «Quant à la sélection, on ne paraît guère

s'en préoccuper. L'on voit, en effet, des taureaux non choisis, et en trop grand nombre, circuler au milieu des troupeaux, livrant la reproduction au plus grand des hasards.

«Si, dans les considérations qui précèdent, nous n'avons eu en vue que le Macina, c'est que cette région est la plus intéressante au point de vue de la qualité et de la quantité des troupeaux, et que, si on sait se servir du Peul, on arrivera facilement à faire de l'élevage en grand et à disperser le bétail dans tout le bassin du Niger.»

(Rapport sur l'*élevage au Soudan français*, par Pierre, vétérinaire de l'armée coloniale, et C. Monteil, ex-administrateur adjoint des colonies.)

Au *Fouta-Djallon* (Guinée), où d'immenses pâturages, qu'entretiennent l'abondance des pluies et la douceur relative du climat, couvrent le flanc des montagnes, les bœufs sont extrêmement nombreux; on les utilise comme animaux de trait et pour la boucherie; il s'en fait un commerce actif. Les moutons (fig. 390, p. 420) sont moins estimés.

Ce qui précède résume la situation et le mode d'élevage, ainsi que les caractéristiques du bétail, dans chacune des régions de l'Afrique occidentale française. Quelques détails me semblent encore utiles, je les emprunte à un intéressant rapport dû à M. C. Pierre, vétérinaire de l'armée coloniale, et à M. C. Monteil, ex-administrateur adjoint des colonies[1].

En premier lieu, le *cheval*. Les expériences successives faites pendant les différentes campagnes, depuis 1880, ont démontré d'une façon péremptoire que les animaux dont on se sert au Soudan résistent inégalement au climat. Bien que ce soient les mêmes invasions qui aient transplanté le cheval arabe dans le Soudan et en Algérie, on a remarqué que le cheval arabe, récemment importé, est celui qui est le plus éprouvé. Heureusement, depuis 1893, le Soudan se suffit à lui-même. Malgré ses imperfections, la production locale est, dans le pays, supérieure aux importations. On s'est demandé si elle ne tarira pas. Il est certain que les pillages et les guerres ont eu pour résultat de clairsemer la population chevaline et que la pittoresque et affirmative réponse d'un des fils d'Amadhou à quelqu'un qui lui demandait s'il y avait des chevaux au Soudan[2], n'exprime peut-être plus bien exactement la situation.

Le Soudan hippique comprend tout le pays qui s'appuie à l'est sur le Niger, à l'ouest sur le Baoulé, et qui est limité au nord par le 16e degré et au sud par le 13e. Au delà de ces limites, l'élevage est difficile, impossible même; il faut constater cependant que les maures Douaichs, Trarzas et Brachnas produisent de bons chevaux. Des régions qui forment le Soudan hippique, c'est le Liptako qui est la plus importante

---

[1] Ce rapport a été publié un un volume sous le titre l'*Élevage au Soudan français*.

[2] «Si le seuil de la maison était fait d'un toit de palmiers et qu'ils (les chevaux du Soudan) fussent obligés d'y passer tous, il serait usé avant que le dernier fût passé. Nous en avons de gris, de rouges, de blancs. »

au point de vue de la production du bon cheval. Les principaux marchés sont ceux des villages de Banamba, Touba, Kiba, Sansanding, Saraféré, Dori. C'est de janvier à mars, c'est-à-dire pendant la saison sèche, que les Maures, les Bellabès et les Touaregs amènent leurs élèves pour les échanger contre la guinée[1] et le mil.

Fig. 381. — Cheval du Mossi avec son harnachement de gala.

Tant par suite de notre connaissance imparfaite des tribus de l'Est — les plus intéressantes au point de vue de l'élevage — qu'à raison du flottement résultant des déplacements continuels, ce n'est que d'une façon très aléatoire qu'on peut établir l'effectif chevalin du Soudan. En totalisant les chiffres fournis par les commandants de cercle, on arrive au chiffre de 30,250 têtes.

Les types peuvent se ramener à trois :

Le premier groupe (Sahel, Bélédougou, Miniankala, Djilgodi, Aribinda, Kouroumeï) est composé de chevaux aux formes gracieuses; taille de 1 m. 45 à 1 m. 50; prix moyen à Banamba et à Touba : 300 francs. Le second groupe, très répandu dans le Macina, est moins plaisant à l'œil que le précédent; mais en action, il est loin d'être dépourvu de qualités: massif, il est sans expression au repos;

[1] Pièce d'étoffe bleue dont la valeur courante varie de 7 à 10 francs suivant les régions.

taille de 1 m. 35 à 1 m. 45; énergique et rustique, c'est un bon cheval de guerre dont le prix moyen à Sansanding est de 250 francs. Si les animaux du second groupe sont harmonieux, bien que sans élégance, par contre, ceux du troisième groupe (sud du Bélédougou, Mandé, Kasso, Macina [rive droite]) sont sans élégance, sans harmonie et sans souplesse, «décousus», aux aplombs défectueux, manquant d'allure, de fond et de vigueur; le prix moyen d'un cheval à Bamako est de 150 francs.

Au total, on rencontre encore dans toutes les tribus quelques beaux chevaux, qui par une sélection bien entendue seraient aptes à régénérer la race. Mais le choix du reproducteur est une méthode que l'indigène ne pratique malheureusement pas. Il ne ménage, en outre, pas assez les étalons; quant à la jument, elle est à ses yeux un simple réceptacle, une machine à reproduction dont les qualités de race ou la beauté de formes importent peu[1]. Les exemples ne manqueraient pas

[1] «La jument donne lieu à un commerce fort curieux et tout à fait caractéristique, qui part de ce principe, qu'une jument a une valeur égale à celle de quatre captifs et que, partagée en quatre, chacun de ses quartiers — chaque pied disent les Soudanais — vaudrait un captif. Ceci posé, supposons un individu possesseur d'une jument et qui se trouve avoir, comme cela arrive souvent, un pressant besoin d'argent, Vendre la bête est une mauvaise spéculation, car la jument a non seulement un valeur intrinsèque mais aussi, si l'on peut s'exprimer ainsi, une valeur extrinsèque qui est représentée par les poulains qu'on peut lui faire produire, en sorte qu'en aliénant la jument on perd tout le bénéfice des poulains qu'elle peut donner. C'est pourquoi, en vertu du principe indiqué ci-dessus, le propriétaire vend seulement, par exemple, deux pieds de la jument, c'est-à-dire la moitié. On fait estimer la bête et l'acheteur en paie la moitié.

«Désormais, la jument appartient pour moitié à chacun des deux propriétaires, et en conséquence, chacun la nourrit pendant six mois. On la fait saillir; le produit qui en résulte est indivis. Pour égaliser les charges, les co-propriétaires nourrissent à tour de rôle la mère et le poulain; s'il est vendu, la valeur en est partagée.

«En dehors du cas de rachat, qui peut faire cesser l'indivision, il en existe un autre plus courant : c'est, lorsque la jument ayant eu trois portées dont la première — cas le plus favorable — a été une pouliche, la poulinière et cette première pouliche sont en état de gestation. Alors on fait deux lots : l'un comprenant la vieille poulinière et un poulain, l'autre la jeune poulinière et le troisième poulain; puis l'on fait tirer à la courte paille par un enfant pour l'attribution de l'un et de l'autre lot.

«Un autre cas fréquent est celui d'un homme qui n'a qu'un ou deux captifs et qui, cependant veut acheter un cheval. Il s'adresse au propriétaire d'une jument; celui-ci, moyennant un captif par exemple, lui permet d'emmener sa jument et d'en garder le premier produit, à charge de la nourrir et de la faire saillir. Après le sevrage du poulain, la jument est rendue à son maître.

«Ces procédés permettent de comprendre

pour montrer le bien-fondé de ces observations. Les poulains ne reçoivent, eux aussi, aucun soin. Exposés aux vicissitudes climatériques, ils doivent ainsi que leurs mères se contenter, le plus souvent, de ce qu'ils rencontrent dans la brousse. Ils sont sevrés à sept ou huit mois, montés par les enfants à dix-huit mois, sellés à deux ans et soumis alors à des galops hors de

Fig. 382. — Mulet d'Algérie employé au Soudan.

raison. Les pouliches, elles, sont montées à douze mois, les indigènes prétendant qu'elles ont un ligament dorso-lombaire qui doit être coupé de bonne heure, si on veut les voir grandir.

Du cheval, passons au mulet. Essayé au Soudan, le mulet d'Algérie y a, depuis longtemps, réussi. Il résiste, généralement pendant six ou sept ans, au plus rude des climats comme aux pénibles travaux du ravitaillement qu'il doit

Fig. 383. — Mulet haoussa.

chaque année assurer pendant huit ou neuf mois. Sa moyenne d'âge de mortalité n'est pas inférieure à treize ans.

comment, sans aliéner sa jument, le propriétaire paye une dette ou une dot, il donne seulement un, deux ou trois pieds de sa bête. «Un cas encore plus curieux que les précédents est celui où le propriétaire donne seulement le huitième de sa poulinière, soit un demi-pied. Dans ce cas il fait saillir sa jument et le produit de la première pouliche obtenue est réputé le huitième de la poulinière. Le premier produit d'une jument représente le quart de la valeur de celle-ci » (*L'élevage au Soudan français*, par C. PIERRE et C. MONTEIL.)

Voici, à ce sujet, un document intéressant à consulter; c'est le relevé, avec indications des âges, des mulets de la compagnie des conducteurs; il y a 2 sujets de 6 ans, 55 de 7 ans, 25 de 8 ans, 16 de 9 ans, 66 de 10 ans, 46 de 11 ans, 21 de 12 ans, 65 de 13 ans, 61 de 14 ans, 45 de 15 ans, 53 de 16 ans, 53 de 17 ans, 18 de 18 ans, 12 de 19 ans, 6 de 20 ans. Il faut noter que ces mulets gardent jusqu'au bout une vigueur très grande. Si chez les Soudanais

Fig. 384. — Zébu de la variété nigérienne.

l'âne est, en général, méprisé et le mulet absolument banni, il n'en est pas de même chez les Haoussas, qui se livrent avec succès à l'élevage de ce dernier. Le mulet du Mossi, ou mulet haoussa, est un animal de petite taille (1 m. 10 à 1 m. 20), remarquable par sa robuste constitution. L'élevage du mulet — difficile il est vrai — pourrait devenir des plus lucratifs. «Les qualités intrinsèques de cet animal en font, en effet, le véritable animal de bât pour un pays où les routes sont accidentées; il marche longtemps, il supporte les privations et surtout s'accommode des besognes les plus diverses.»

Arrivons au *bœuf*. J'ai indiqué plus haut (note 1, p. 410) combien il avait été nombreux dans le Soudan et le bon effet produit par notre occupation sur son élevage; j'ai dit aussi quelques mots des procédés d'élevage. Il me reste à parler des différentes races qu'on rencontre au Soudan.

1° La race-peule (zébu) a une aire géographique très étendue, qui

Fig. 385. -- Taureau du Fouta-Djallon.

comprend tout le territoire situé au-dessus du 12ᵉ degré : au-dessous on trouve la roche ou le marais, où le zébu vit fort mal. La variété sahélienne (Sahel et nord du Bélédougou) est de grande taille : parfois plus de 1 m. 50 à la bosse; son pelage est de nuance claire, le mufle est noir. Robuste et rustique, cette race fournit d'excellents porteurs. La viande est de qualité médiocre; du reste, l'aptitude à l'engraissement est nulle, ainsi que l'aptitude laitière. Rendement d'un bœuf en bon état : 80 à 120 kilogrammes; prix 50 à 100 francs. La variété nigérienne (Macina et nord de la boucle) est de moins grande taille que la précédente (1 m. 40 à 1 m. 45 à la bosse). Le pelage présente, par

Fig. 386. — Vache du Fouta-Djallon.

ordre de fréquence, les quatre couleurs suivantes : noir, rouge, café au lait et jaune., le plus souvent un mélange de deux couleurs, le blanc dominant. L'aptitude laitière ne suffit guère qu'à la nourriture du veau. Bien qu'excellents porteurs, ces bœufs ont une aptitude à l'engraissement; leur chair est excellente; prix de 70 à 150 francs. Employé pour le portage, le zébu ne demande, en route, aucun soin; il trouve facilement sa nourriture, et fournit à de longues marches, si on lui évite la roche et le marais. En troupeau, il ne résiste pas aux allures vives. La charge qu'il porte varie de 50 à 120 kilogrammes.

2° La race du Fouta-Djallon vit à l'état de demi-liberté dans tout le Fouta-Djallon et le Bambouk. Les conditions déplorables de cette vie pendant les trois quarts de l'année ont donné à la race une sobriété, une rusticité, une agilité extraordinaires. Elle est résistante à l'égard des maladies épizootiques; elle transhume facilement. C'est la race à introduire quand les autres n'ont pas réussi. Caractères généraux : taille de 1 m. 10; pelage fauve; mufle, pourtour des yeux, et extrémités des mamelles noirs. Inaptitudes laitière et à l'engraissement. Rendement en viande : 30 à 60 kilogrammes. Prix au Fouta-Djallon : 10 à 30 francs.

3° La race bambara ou mandé a été constituée à la suite de la peste bovine qui ravagea en 1890-91 les troupeaux de Sénégambie. Les Soudanais s'étant adressés, pour la reproduction, au Fouta-Djallon obtinrent, par des croisements avec les sujets zébus échappés à la maladie, la belle race bambara, qui, très répandue, occupe aujourd'hui tout le Kaarta, le Mandé, le Bélédougou, la partie septentrionale du Macina. Partout elle est homogène; seule, la plus ou moins grande fertilité du sol fait différer quelque peu la taille; celle-ci dépasse rarement, au garrot, 1 m. 40. Les membres sont courts et largement articulés; le rein et la croupe, larges; la poitrine est ample. Les pelages les plus fréquents sont le jaune clair avec extrémités foncées, le jaune et le noir. Excellente race de boucherie, assez bonnes aptitudes laitières, dont les noirs profitent maintenant pour fabriquer du beurre. La race mandé de Kœrper n'est autre que la race bambara. Un sol plus fertile et mieux exploité a grandi la taille. Transportée dans le Sud, la race bambara s'anémie rapidement.

D'une façon générale, on peut dire que « l'abandon dans lequel le bétail du Soudan vit, l'obligation dans laquelle il se trouve de supporter, sans abri, un soleil brûlant, des pluies diluviennes, des nuits parfois froides, ont amené chez lui une rusticité et une sobriété qui

Fig. 387. — Vache bambara.

deviennent une nécessité pendant les six ou sept mois que dure la saison sèche ». A ce régime, d'ailleurs, le bétail prend aussi une excep-

Fig. 388. — Taureau bambara.

tionnelle vitalité. J'ai dit que les races du Nord quittaient difficilement le sable et qu'elles craignaient le marais. Convenablement élevés, les

bovidés soudanais ne sont pas réfractaires à l'engraissement. Avec
quelques soins, la qualité même de la viande serait succeptible de

Fig. 389. — Bœuf porteur.

s'améliorer. Enfin, dans les parties de la boucle, où les vaches sont
traitées avec soin, elles donnent un lait et un beurre excellents.

Fig. 390. — Moutons du Fouta-Djallon (p. 412).

« Le dressage d'un bœuf porteur est quelquefois difficile. Voici la
méthode la plus employée : On réunit les membres antérieurs au

moyen d'entraves placées au-dessus des genoux. On installe sur le dos une charge composée de sacs de terre et on oblige l'animal à marcher. Huit jours suffisent généralement pour le dressage d'un bœuf ordinaire. S'il est vigoureux et méchant, on l'amarre solidement, on le couche en plein soleil et on le laisse ainsi vingt-quatre heures sans boire ni manger. A ce régime, il en est peu qui résistent. Le coût du dressage, dans ce cas particulier, est de 2 fr. 50 environ. Le bât, comme celui de l'âne, est composé de deux énormes coussins en paille de maïs, ou en fleur de foin, sur lesquels reposent les cordes d'arrimage. Il ne comporte ni poitrail, ni sangle, ni avaloir. » En aucun cas, les femelles ne sont employées pour le transport.

Telle est la physionomie de l'élevage du gros bétail soudanais[1].

AVICULTURE. — La volaille est abondante dans la plupart des localités : poules, canards, pintades; les indigènes ne s'inquiètent jamais de la nourriture de leurs poules.

Je parle plus loin[2] des autruches domestiques. Leur chiffre total dans le Soudan ne doit pas être aujourd'hui sensiblement supérieur à un demi-million.

APICULTURE. — Les abeilles sont nombreuses; elles donnent un miel parfumé et une cire que l'on paye un bon prix. Cependant, sur bien des points, les indigènes en négligent l'élevage. Ceux de la Guinée sont particulièrement friands de miel. Leur exportation de cire, infime en 1894, augmente d'année en année. En outre, la cire leur sert pour la fabrication des chandelles. Les ruches primitives, dont font usage les indigènes, ont la forme d'un tambour étroit, long de 1 mètre environ et large de 0 m. 50, construit en bois très léger et recouvert de paille; ces ruches sont suspendues aux arbres et lorsqu'elles sont remplies de rayons, les indigènes en expulsent les abeilles; généralement, ils ne savent pas recueillir le miel sans détruire l'essaim.

---

[1] Je rappelle que l'intéressant travail de MM. C. Pierre et C. Monteil m'a plus d'une fois servi pour la rédaction de ces quelques notes.

[2] Voir p. 435.

Institutions agricoles. — Le service de l'Agriculture, dans l'Afrique occidentale française, est placé sous les ordres d'un inspecteur, chef de service, qui a la direction générale des différents jardins d'essais et stations existant sur les territoires si étendus de cette partie de nos colonies.

Chacun de ces établissements possède un directeur et un nombre d'agents de culture européens, variant suivant l'importance de la station. Ces savants expérimentent les procédés de culture des essences susceptibles d'être utilisées dans la région, travaillent à l'amélioration des espèces indigènes et à l'acclimatation des végétaux destinés à apporter la richesse dans des contrées demeurées à peu près improductives; ils sont, enfin, les guides naturels des sociétés de colonisation et des colons.

Les stations existant actuellement sont les suivantes :

Jardin d'essais de Hann, au Sénégal. Cet établissement est appelé à prendre une grande extension et servira de station centrale pour l'ensemble des colonies de l'Afrique occidentale. Des laboratoires y seront prochainement annexés;

Station de Koulikoro, desservant les territoires du haut Sénégal et du moyen Niger. Les travaux de cet établissement sont plus particulièrement orientés vers l'étude des questions relatives à l'élevage et à la production cotonnière;

Jardin d'essais de Kamayen en Guinée, qui étudie spécialement la culture de la banane.

Forêts. — « C'est dans la zone équatoriale que l'imagination se représente d'immenses forêts vierges, dont l'exploitation pourrait quelque jour nous dispenser d'avoir recours à la Suède ou au Canada.

« La réalité est beaucoup moins brillante que l'illusion, car les forêts de l'Afrique équatoriale sont loin d'avoir l'extension et la richesse qu'on leur suppose.

« Quand on aborde le continent africain par le golfe de Guinée, on trouve tout le long de la côte, entre le 10° degré de latitude Nord et le 4° degré de latitude Sud, une bande boisée de 70 à 100 kilomètres de largeur moyenne, arrosée par les pluies venant de l'Atlantique. Au delà, commencent les savanes, couvertes de grandes herbes et de broussailles qui se prolongent pendant des centaines de kilomètres, à travers le Soudan, le Congo français, le Congo belge jusqu'à la rencontre de la grande forêt qui s'étend sur le bassin supérieur du Congo et de ses affluents. Il y a donc, dans l'Afrique équatoriale, deux grandes masses boisées : une forêt côtière et une forêt centrale et, dans l'intervalle, de vastes espaces privés de grands arbres.

«Quelle peut être la richesse de ces forêts? Au point de vue botanique, elle est considérable; le nombre d'espèces qui concourent à la formation des peuplements est fort grand. Sur un même hectare on ne peut découvrir que quelques pieds appartenant à la même espèce d'arbres. Mais qui ne voit que cette richesse botanique est précisément l'opposé de la richesse commerciale, car parmi ces espèces si variées, beaucoup n'ont ni les qualités, ni les dimensions qui les rendent utilisables; un grand nombre d'entre elles ne sont que des lianes, très précieuses, il est vrai, pour la production du caoutchouc, mais de nulle valeur comme bois d'œuvre. Par suite de ce mélange intime, les arbres commercialement exploitables, noyés au milieu des autres, ne représentent, par hectare, qu'un volume très faible, et par conséquent qu'une richesse minime.

«Pour s'ouvrir un marché d'exportation, il faut pouvoir offrir de grandes quantités de marchandises de même nature, d'un usage très général, et les livrer à bas prix sur les lieux de consommation. Les forêts les plus riches du globe, au point de vue commercial, celles de la Suède, sont d'une grande pauvreté botanique; elles n'ont que deux essences principales, le pin sylvestre et l'épicéa. Les forêts équatoriales renferment, dit-on, beaucoup de bois précieux : bois d'ébénisterie, bois de teinture. Ce ne sont pas ceux que la consommation de l'Europe réclame. L'emploi de ces bois est, en somme, fort restreint; celui du bois de teinture est peut-être à la veille de disparaître devant les progrès de l'industrie chimique des couleurs. Les uns et les autres deviendraient invendables, s'ils arrivaient en grande masse dans nos ports. Ce qu'il faut aux grandes nations industrielles de l'Europe, ce sont les bois de sciage légers, faciles à travailler, et les bois de mines.

qui leur ont été livrés jusqu'à présent à très bon marché par les forêts résineuses de l'Europe et de l'Amérique du Nord; ce sont les chênes crus dans les climats tempérés. Dans les forêts équatoriales, la grande diversité des espèces végétales augmente très notablement les frais d'exploitation puisque, les arbres donnant les produits qu'on recherche étant disséminés, il faut pour les abattre et les enlever, faire place autour d'eux et sur leur passage, en exploitant des produits sans valeur qu'on abandonnera ensuite. La forêt vierge est une forêt inculte où l'homme n'est jamais intervenu dans la lutte pour la vie entre les diverses espèces végétales, lutte particulièrement intense, en raison de l'excessive chaleur et de la grande humidité. Elle est donc remplie d'arbres morts, d'arbres dépérissants, et renferme un matériel en partie taré, dont l'exploitation donnera lieu à un déchet considérable. Enfin, une autre considération qui diminue encore la valeur économique des forêts équatoriales est la difficulté des transports.

« Dans les pays du Nord, les forêts sont couvertes en hiver d'un manteau de neige durcie, sur lequel on amène les bois à peu de frais au bord des rivières, où ils seront flottés jusqu'aux scieries et aux ports, à la débâcle des glaces. Rien de pareil dans les forêts équatoriales : le sol, encombré de grandes herbes, d'arbustes, de lianes, souvent marécageux ou détrempé par les pluies, se prête mal à la traite des bois. Il faut ouvrir à grands frais des pistes que la puissance de la végétation fermera quelques mois plus tard. Les rivières avec leur régime très variable, les obstacles qui les encombrent, sont peu propres au flottage, et beaucoup de bois des forêts vierges étant plus lourds que l'eau, ne peuvent être flottés. Enfin, on sait que le plateau de l'Afrique centrale vient se terminer brusquement, non loin de la mer, par des pentes rapides, coupées de seuils rocheux, sur lesquelles les fleuves et les rivières cessent d'être navigables. C'est pour éviter cet inconvénient qu'a été construit le chemin de fer du Congo. Son prix de revient a été fort élevé; on est donc obligé de percevoir des tarifs de transport que les voyageurs et les marchandises de valeur sont seuls en état de supporter.

« Pour ces divers motifs, il semble qu'on ne doive pas compter sur les prétendues richesses des forêts vierges de l'Afrique pour suppléer à l'insuffisance de production des bois d'œuvre qui se manifeste de plus en plus en Europe. »

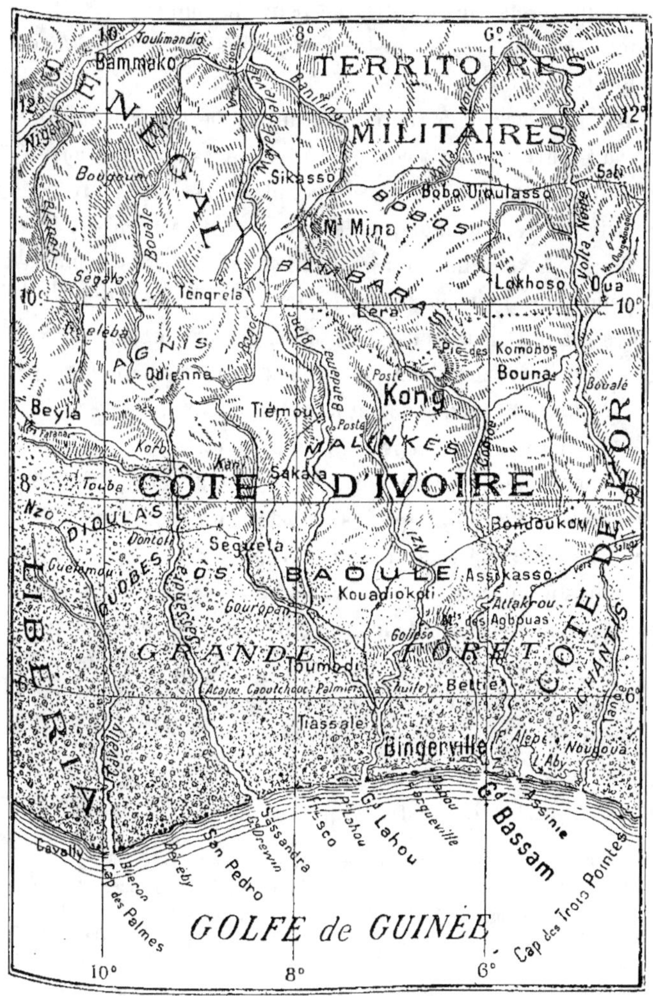

Fig. 391.

(Carte dressée par M. Pierre Mille et exécutée par M. Chesneau.)

J'ai tenu à donner l'opinion si autorisée de M. A. Mélard. La question des bois d'œuvre est à ce point importante qu'il faut, chaque fois que l'occasion s'en présente, combattra les idées de ceux qui persistent à déboiser, soit consciemment, pour livrer le sol à la culture ou le changer en pâturages, soit inconsciemment, en demandant à leurs forêts plus qu'elles ne peuvent donner.

Malgré tout, il semble juste de reconnaître une certaine valeur à nos forêts équatoriales :

« L'Afrique, écrit dans son intéressant rapport M. Eugène Vœlckel[1], ne pouvait fournir jusqu'à ces dernières années que des bois d'ébénisterie glanés au milieu des forêts peuplées d'essences diverses. Dans cette vaste contrée, le manque de scieries oblige le producteur forestier à faire ses expéditions en grumes, ce qui grève le produit de frais de transport considérables et ne permet que l'exportation du bois de luxe. Les produits accessoires : coprah, graines oléagineuses, huiles, écorces, gommes, caoutchoucs et résines sont, en maintes régions boisées, les seuls articles d'exportation.

« Cette situation tend, cependant, à se modifier et les colonies françaises de la Guinée, du Dahomey, de la Côte d'Ivoire, du Congo et de Madagascar, ont fait de grands efforts pour nous montrer les richesses forestières si variées des pays tropicaux.

« Le forestier paraît, à présent, se hâter pour y chercher les bois réclamés par le consommateur. De petites scieries commencent à y être installées; mais le travail sylvicole sera pénible, car l'activité végétale est grande, et beaucoup de produits inférieurs gênent fréquemment l'enlèvement des bois propres à l'exportation. »

Et encore :

« Les colonies françaises du Congo[2] et de la Côte d'Ivoire[3] semblent

---

[1] Classe 50 (Produits des exploitations et des industries forestières).

[2] « Le Congo a d'énormes surfaces boisées, et la forêt de Mayombo paraît être la principale; elle couvre la côte jusqu'à 100 ou 150 kilomètres de la mer. L'exploitation est réglementée par un décret en date du 28 mars 1899 et des mesures ont été prises pour éviter le déboisement et protéger les essences précieuses... L'exportation reste malheureusement stationnaire. Une des principales causes de son peu de développement c'est que l'effet de la barre, se faisant sentir presque tout le long de la côte, rend très difficile l'embarquement des billes de bois, qui, pouvant se détériorer dans l'eau de mer, ne peuvent être flottées jusqu'au navire. On est donc obligé de les transporter depuis la côte au moyen de canots appelés « surfboats ». Mais les bois, formant une charge très lourde, risquent à tout moment de faire chavirer les embarcations. Le jour où des wharfs existeront dans les ports, le commerce du bois prendra certainement une extension considérable ».

[3] La forêt couvre les deux tiers de la superficie totale, soit 17 à 18 millions d'hec-

devoir fournir dans l'avenir des quantités importantes de ces bois de couleurs rouges et jaunes dont les uns pourront être avantageusement employés par l'ébénisterie et les autres par la marqueterie. Les bois qui paraissent les plus répandus sont les bois rouges appelés acajous d'Afrique [1]. Sans pouvoir remplacer les acajous de Saint-

tares (fig. 391, p. 425). On ne saurait la comparer qu'à celle du Congo. C'est une futaie d'arbres géants unis par un fantastique enlacement de lianes. Elle renferme, outre les plantes à caoutchouc, un nombre infini d'essences diverses, les unes très légères, les autres d'une forte densité, les bois rouges dits «acajous», les seuls bois exportés, quant à présent. L'exploitation des forêts n'est pas bien facile. Il est très rare de rencontrer groupés des bois de même essence. Les arbres pour l'exportation sont, au contraire, très disséminés au milieu d'arbres de valeur nulle. Cette particularité rend les travaux de forêt laborieux; elle nécessite, notamment, la création de très nombreux chemins d'exploitation qu'il faut ouvrir à la hache dans l'épaisseur des fourrés. La recherche des arbres exige une grande habitude : d'une part, il est souvent impossible de voir les feuilles et les fruits; d'autre part, la forme du tronc et l'aspect de l'écorce présentent de si grandes similitudes avec d'autres essences, qu'il est extrêmement facile de commettre une erreur. Le guide le plus sûr est encore l'odeur *sui generis* qui émane d'un morceau d'écorce humide de sève et fraîchement détaché du tronc. L'abatage se fait à la hache. Deux travailleurs indigènes coupent un arbre en une journée et demie. Après l'abatage, on procède au tronçonnage sur place, en billes de 4 à 6 mètres de longueur qui, placées sur des rouleaux en bois, sont péniblement traînées par les indigènes jusqu'au cours d'eau le plus proche. Là, elles attendent le moment des hautes eaux pour être ensuite flottées, soit par billes isolées soit en radeaux, jusqu'au littoral. On équarrit ensuite à l'herminette, et, au passage des steamers, les billes sont embarquées à destination du Havre, Bordeaux, Liverpool ou Hambourg. Dans la région d'Assinie, Grand-

Bassam et Grand-Lahou, les indigènes travaillent d'une façon très active à l'exploitation des bois; ils les livrent, rendus à la côte, soit en grumes, soit équarris; au contraire, sur la côte Ouest, à partir de San-Pedro, ils ne veulent pas exploiter les bois eux-mêmes : ils préfèrent travailler moyennant un salaire mensuel et la nourriture.

[1] Je ne puis énumérer ici même les principales des nombreuses essences qui peuplent les forêts de l'Afrique occidentale. A part l'acajou, je citerai seulement — et un peu au hasard — l'ébène, très abondante sur certains points et très recherchée; l'okoumé, qui ne paraît pas avoir un grand avenir sur les marchés d'Europe, où on en a importé d'assez grandes quantités, et qui, en Afrique, sert à la construction de grandes pirogues d'une seule pièce; le ronier ou palmier à huile, qui forme au Dahomey de vastes forêts et qui, d'une grande dureté et imputrescible dans l'eau, convient aux constructions sur pilotis; le bois de fer, très abondant et excellent pour le parquet; le touloucouna, reste des grandes forêts que les indigènes de la Guinée ont détruites, qui sert à faire des couples d'embarcation et porte un fruit dont les graines contiennent une matière grasse douée de propriétés anti-rhumatismales; le karité, bel arbre très abondant, contenant une amande dont on peut obtenir par ébullition dans l'eau, une graisse blanche appelée *beurre de karité,* employée en cuisine et qui pourrait être, en outre, utilisée pour la fabrication des bougies et conserves; le néri, bel arbre produisant une fécule qui est un aliment précieux pour certaines populations; le baobab, qui produit une gousse comestible appelée *pain de singe;* le fromager, géant des forêts de la Guinée, dans le tronc duquel on taille une pirogue d'une seule pièce; le méné

Domingue et de Cuba, ils viendront concurrencer sur les marchés d'Europe les acajous de qualité ordinaire, tels que ceux de Tabasco, de Colon et de Panama. »

Caoutchouc. — Sur bien des points de notre Afrique occidentale, au Soudan et peut-être plus encore au Congo, on peut récolter du caoutchouc.

« Ici, ce sont les arbres qui dominent et, là, les lianes [1]. » L'utilisation que les nègres tiraient autrefois des lianes est vraiment amusante à rapporter :

« Les noirs avaient cueilli les baies des lianes, et, comme on les questionnait sur leur destination, ils expliquèrent, avec force gestes gourmands, que c'était pour faire leur bière à eux. Ils pilent ces baies, les laissent fermenter, ajoutent une quantité normale d'eau, et la bière est faite. Le vin de palmier et la bière de caoutchoutier forment la carte des liqueurs du terroir [2]. »

Un autre voyageur, celui-ci explorateur du Fouta-Djallon, M. Olivier de Sanderval [3], raconte d'autre part : « J'ai remarqué l'arbre à caoutchouc, dont le fruit, plus amer que la quinine, est un fébrifuge apprécié. » Et plus loin : « En cheminant sous bois, j'ai rencontré les arbres à caouchouc dont on mange le fruit. Ce fruit, d'une saveur

(*Lophira Alata*) au feuillage vert rappelant celui du chêne, dont les graines renferment une huile comestible; le mango, dont les fruits entrent pour une bonne part dans l'alimentation indigène; le palétuvier, qui parfois borde les rivières mais se rencontre surtout sur le littoral et au bord des lagunes, peut fournir du bois de chauffage et du bois de construction en quantités presque illimitées, et dont l'écorce est riche en tanin; le lamy, très répandu aussi le long des cours d'eau, bois de couleur rouge, propre à l'ébénisterie, donnant un fruit dont les graines renferment une matière grasse, qui serait particulièrement propre à la fabrication des bougies; le bambou, etc. Bien entendu, je n'ai mentionné ici que les arbres dont je n'ai pas eu à m'occuper en traitant de l'agriculture ou dont je ne parlerai pas dans la suite de ce chapitre.

[1] « Tous ces troncs droits, assis sur des racines élargies, soutiennent un dôme feuillu et sombre, presque froid. A ces colonnes gigantesques sont enroulées des tentacules énormes, venant on ne sait d'où, se croisant, se poursuivant, formant un rameau inextricable qui les embrasse selon un ordre ignoré des hommes. Ce sont les lianes à caoutchouc, formant à elles seules une surface devant laquelle l'ensemble des troncs d'arbres n'apparaît plus que comme un échafaudage placé là pour leur servir de support. » (F. Galibert.)

[2] F. Galibert, *En Sénégambie* (*Bulletin de la Société de géographie commerciale de Paris*, t. XII).

[3] *De l'Atlantique au Niger par le Fouta-Djallon.*

âpre, est jaune et recouvert d'une coque résistante, jaune également, semblable à une coquille d'œuf. »

Enfin, le R. P. Merlon, qui a résidé dans le Haut-Congo, conte ce qui suit au sujet des lianes, qu'il dénomme humoristiquement «boa végétal des forêts congolaises».

«Traînant sur le sol son tronc dénudé du bas, glissant à travers toutes les ronces, courant par bonds énormes à travers les sentiers des fauves, s'élançant aux grands arbres qu'elle enlace, jetant ses ponts de verdure et sa ramure sombre d'une rive à l'autre des cours d'eau, retombant plus loin sur la terre, où elle s'enchevêtre elle-même dans un inextricable réseau de racines, cette plante singulière et sauvage remplit d'immenses régions dans les forêts mystérieuses de l'intérieur. Les noirs y reconnaissent de loin son écorce brune et rugueuse, et, perdus bientôt eux-mêmes au faîte des arbres, entourés des magnifiques bouquets blancs de ses fleurs au parfum suave, ils s'y régalent, à l'ombre indéchirable de leurs forêts, des fruits succulents qui s'y trouvent suspendus. Ces fruits ressemblent à de petits melons dorés et contiennent une pulpe acidulée, qui renferme les noyaux, très agréable et fort rafraîchissante[1]»

Plus ou moins, mais presque partout, les procédés d'extraction laissent à désirer :

«Les noirs de la Guinée emploient différents procédés; le premier et le meilleur consiste à inciser la liane, à coaguler le latex au moyen de jus de citron et à rouler en boule la ficelle irrégulière ainsi produite. Dans la région nigérienne, les Malinkés font souvent découler le latex sur de larges feuilles où il se coagule, puis font bouillir les plaques ainsi produites qu'ils découpent en lanières et roulent en boule. Au Nunez, dans le Bové, les noirs recueillent le suc du caoutchouc dans de grandes calebasses, y mélangent du sel et le chauffent pour faciliter la coagulation, mais ils s'arrangent de manière à laisser de grosses poches d'eau dans les boules qu'ils forment, espérant, par cette fraude, tromper les négociants qui achètent leurs produits. Au bout de peu de temps, les matières organiques qui sont

---

[1] Le Congo producteur, par A. Merlon, Bruxelles. 1888.

enfermées dans l'intérieur des boules se mettent à fermenter, le caoutchouc prend une odeur nauséabonde et perd la moitié de sa valeur[1] ».

Au Congo, au lieu de saigner les lianes, on les coupe, malheureusement, pour en extraire le plus de lait possible. Il en résulte que les lianes à caoutchouc ont disparu de la côte et du voisinage des grandes rivières.

Il faudrait donc prendre des mesures pour éviter la destruction des lianes et établir des réserves. A signaler, à ce sujet, que le Gouverneur général de l'Afrique occidentale française a édicté des règlements, non seulement pour empêcher la destruction des lianes, mais encore pour obliger les chefs de village à faire planter chaque année un certain nombre de pieds nouveaux dans les terrains favorables. Il a, en outre, promis des primes aux villages qui produiraient les meilleurs lots.

Cette question de la reconstitution des richesses caoutchoutières est de premier intérêt. Voici ce qu'il y a plus d'une dizaine d'années écrivait déjà, à ce sujet, le créateur du Jardin d'essai de Libreville :

« Un seul arbre que j'ai importé en octobre 1887 a d'abord donné 115 arbres, dont la majeure partie ont, en ce moment, des troncs de o m. 5o de circonférence et une hauteur de 7 à 8 mètres. Cette plante, que M. de Brazza répand le plus qu'il peut chez les indigènes, est d'un grand avenir dans le pays. L'arbre importé en 1887 est le père de 14,000 à 15,000 jeunes plants que j'ai faits cette année. Plusieurs milliers de ces jeunes arbres ont déjà été distribués aux Pahuins les plus éloignés de la rivière Congo; environ 2,000 caféiers ont été donnés avec ces caoutchoutiers. Ces sauvages qui, pour la plupart, connaissent la saveur de la chair humaine, étaient émerveillés de la quantité de caoutchouc que donnent les arbres du Jardin d'essai, en comparaison de celui qu'ils tirent de la liane indigène[2] ».

Dans l'économie du Sénégal également, le caoutchouc joue un rôle important. Il constitue — avec les arachides et les gommes — un des

[1] *Notice sur la Guinée française*, par Famechon, chef du Service des douanes à Conakry.

[2] E. Pierre, *Culture du caoutchouc au Gabon* (*Bulletin de la Société de Géographie commerciale de Paris*, t. XIII).

grands produits d'exportation. En 1892, la valeur de cette exportation (du caoutchouc) n'était que de 97,272 francs; en 1900, elle est exceptionnellement forte : 2,136,000; elle retombe, ensuite, mais se maintient nettement au-dessus d'un million.

Il est intéressant de noter en finissant la création à Bordeaux d'un marché pour les caoutchoucs importés directement des colonies françaises. Jusqu'en 1899, c'était à Anvers ou à Hambourg que les industriels français de la spécialité devaient s'adresser pour se procurer la matière première. Les résultats obtenus sont des plus encourageants; en effet, en 1899, le caoutchouc directement importé à Bordeaux des pays producteurs se chiffrait par 175,589 kilogrammes; en 1902, cette quantité avait quadruplé; en 1903, la douane constate 1,000,113 kilogrammes d'importation directe.

GUTTA. — Les plantes donnant de la gutta ne manquent pas non plus.

GOMME. — Dans tout le bassin du Sénégal, les gommiers[1] occupent de vastes étendues. La récolte commence à la fin de la saison pluvieuse (novembre); elle dure jusqu'en juin. Sous l'influence des pluies, les troncs et les branches se sont gonflés, et à la saison sèche, avec le souffle brûlant du vent d'Est, l'écorce se dessèche, craque et laisse exsuder la gomme spontanément; mais, afin d'augmenter le rendement, on pratique souvent des incisions longitudinales pénétrant jusqu'à l'aubier, après avoir préalablement nettoyé et raclé avec un large couteau l'écorce dont les fragments, sans cette précaution, adhéreraient à la gomme et la souilleraient. La gomme ne doit être cueillie que lorsqu'elle est parfaitement sèche. A vrai dire, cette récolte n'est pas très aisée, aussi les noirs ne s'y adonnent-ils que lorsqu'ils y sont contraints par les nécessités de la vie.

Les exportations de gomme du Sénégal datent de loin. Vers le milieu du XVIIIe siècle, elles s'élevaient à 30,000 quintaux. Depuis 1871,

[1] Cette gomme est un peu moins soluble dans l'eau que la gomme arabique vraie; à solubilité et pouvoir adhésif égaux, elle a d'autant plus de valeur qu'elle est moins colorée.

cette exportation varie entre 3,500,000 et 4 millions de kilogrammes. Elle a approché de 5 millions de kilogrammes en 1897 (valeur : 4,721,495 fr.), et de 5,500,000 en 1898. Les prix varient suivant l'importance de la récolte; voici ceux de 1898, année où la production a été très élevée :

			100 KILOGR. francs.
Gommes pures	dures....	Bas du fleuve	90
		De Galam ou de Cayor	80
	friables		40
	avariées		10
Bacaques et poussières de gomme			5

1899 a encore été une bonne année. Il y a ensuite fléchissement: la statistique indique, en effet, une valeur de 2,336,00 francs pour 1900 et 2,910,000 francs pour 1901.

Le Soudan est, lui aussi, appelé à devenir un producteur important de gomme.

COPAL. — On désigne sous le nom de copal ou *résine animée*, diverses résines produites dans les régions équatoriales d'Afrique et d'Amérique par des plantes appartenant à la famille des légumineuses. Cette substance exsude spontanément de ces végétaux; mais, par incisions, on obtient une production beaucoup plus abondante.

On trouve dans les mêmes contrées du copal fossile, enfoui dans le sol, à 0 m. 50 ou 1 mètre de profondeur; les gisements sont fréquemment d'une très grande richesse et représentent les produits accumulés de forêts qui ont depuis longtemps disparu. Les copals fossiles sont beaucoup plus estimés que les autres.

La Guinée française est, par excellence, le pays du gommier copal [1].

Le gommier copal, grand arbre de la famille des légumineuses, recouvrait autrefois de vastes espaces; mais il a été, dans beaucoup d'endroits, détruit par les noirs en vue de créer des champs pour la

---

[1] Grand arbre de la famille des légumineuses.

plantation du riz. Actuellement, il en existe encore trois groupes de forêts importantes dans le Kabitaye, le Kanéa-Benna et le Kokounia; cette dernière forêt n'est pas exploitée.

Au Congo — dans le Mayombo — le copal se rencontre, assez fréquemment, au pied de certains arbres de la famille des césalpinées qui secrètent des vernis de bonne qualité.

D'une façon générale, on peut dire que nous ne tirons pas, de la richesse en copal de notre Afrique occidentale, tout le parti désirable.

Chasse et faune. — Lions, panthères, léopards, chats sauvages, permettent à un chasseur passionné de goûter dans l'Afrique occidentale française des émotions diverses[1]. A part le lion, ces fauves viennent rôder autour des habitations et font éprouver de tels ravages au bétail qu'on doit, la nuit, enfermer celui-ci dans une case. Les hyènes ne manquent pas non plus. Loutres, mangoustes, porcs-épics, rats palmistes, civettes, etc. abondent; les indigènes payent d'un bon prix la peau de ces dernières, la considérant comme un porte-bonheur. On peut tirer aussi des zèbres et des girafes.

Il existe également des gibiers comestibles : antilopes, gazelles, chevrotins, bœufs sauvages, lièvres.

L'hippopotame, le rhinocéros, le sanglier, et, sur certains points, l'éléphant même abondent et font subir aux cultures de véritables ravages.

A propos de l'éléphant, il est permis d'exprimer le regret qu'éprouvent beaucoup de bons esprits en pensant que, pour se procurer ses défenses, on lui fasse une chasse à ce point meurtrière[2] qu'il a déjà

[1] «En 1900, une conférence s'est réunie à Londres pour étudier les moyens de conserver tous les animaux africains utiles ou intéressants. Cette conférence, à laquelle assistaient des délégués de l'Allemagne, de l'Espagne, de l'État du Congo, de la France, de l'Angleterre, du Portugal et de l'Italie, a été suivie de diverses conceptions et mesures protectrices. C'est ainsi, par exemple que, dans l'Afrique orientale anglaise, le permis de chasse revient à la bagatelle de quelques milliers de francs et encore on n'a droit, qu'à une seule pièce de chaque grosse espèce. Il faut avouer toutefois que ces mesures ne sont pas d'une bien grande efficacité.» (Dr J.-P. de Juine.)

[2] «Des calculs ont été faits pour essayer de déterminer le nombre d'éléphants tués chaque année en Afrique. On s'est basé sur le raisonnement suivant : actuellement il s'exporte bon an, mal an, 800 tonnes d'ivoire africain. Or on peut évaluer à 10 kilogrammes le poids moyen d'une défense. Sans doute, dans certains cas, ce chiffre est considérablement dépassé, c'est ainsi qu'à l'Exposition d'Anvers de 1894 on montrait une défense

disparu de certaines contrées de l'Afrique occidentale. Le défaut de moyens de communications, la rareté, sinon le manque de main-d'œuvre, incontestable sur bien des points, sa mauvaise qualité presque générale, — le proverbe : « travailler comme un nègre » serait, au dire des coloniaux, un aimable euphémisme, — font vivement déplorer qu'en Afrique, on ne tire pas du travail de l'éléphant l'admirable parti que l'on en obtient en Asie. On aurait trouvé ainsi un secours efficace pour la mise en valeur de tant de richesses inexploitées encore.

La gent simiesque pullule; on rencontre des sujets de toutes les variétés et de toutes les tailles; certains singes sont utilisés pour l'alimentation.

Serpents et sauriens [1], qui ne sait leur nombre? abondent, malheureusement, car les uns et les autres sont redoutables.

Les tortues sont nombreuses également (les noirs les chassent pour leur chair), de même les oiseaux : échassiers, grimpeurs, palmipèdes, passereaux et rapaces. Beaucoup d'oiseaux ont des qualités au point de vue alimentaire.

Il existe aussi un escargot de terre qui pèse près d'un kilogramme.

Ivoire. — Généralement, l'éléphant de la Côte occidentale est moins grand que son congénère d'Asie. Cependant on trouve des dé-

pesant le poids formidable de 91 kilogrammes, mais il faut tenir compte aussi des femelles et des jeunes que les chasseurs n'épargnent pas comme ils le devraient et chez lesquels les défenses qui, comme on sait, ne sont pas autre chose que deux incisives de la mâchoire supérieure, sont beaucoup moins développées et manquent même quelquefois. Donc on peut *grosso modo* fixer à 80,000 le nombre des défenses produites annuellement par l'Afrique, ce qui présente le chiffre de 40,000 éléphants immolés par an!

« Comme on voit, il ne faut pas agir longtemps de la sorte pour arriver à la disparition complète de cette espèce en Afrique.

« On peut objecter sans doute que tout l'ivoire exporté n'est pas de l'ivoire frais, c'est-à-dire de l'ivoire pris sur des animaux tués il y a peu de temps, mais peut provenir d'ivoire vieux extrait des stocks anciens accumulés durant de longues années de chasse, ou bien de ces fameux cimetières d'éléphants dont parlent assez souvent les chasseurs.

« N'empêche que si l'on compte au bas mot 20,000 éléphants tués chaque année, ce qui n'a rien d'exagéré, comme il est difficile d'admettre qu'à l'heure actuelle il y ait plus de 300,000 de ces animaux sur le continent noir, d'ici une quinzaine d'années, si cela continue, on pourra dire que l'éléphant d'Afrique a vécu. » (Dr J.-P. de Juine.)

[1] On pourrait croire que le caïman, — armé comme il l'est par la nature, — n'ait rien à redouter au bord de l'eau de la part des autres animaux. Voici un petit fait — dont furent témoins un matin de 1897 le personnel

fenses pesant chacune une cinquantaine de kilogrammes (voir note 2, p. 433).

PLUMES. — De l'abondance des oiseaux résulte, sur certains points, un commerce de plumes, qui pourrait être plus important encore. L'aigrette et le marabout, notamment, qui abondent dans la vallée du Niger, permettraient de l'augmenter; l'autruche, plus encore. Sauvage ou domestique, elle était commune autrefois au Sahel, au nord de la boucle du Niger, etc.; malheureusement, non seulement on lui a fait une chasse imprévoyante, mais il y a eu destruction. D'autre part, la baisse de prix déterminée par la concurrence de l'Afrique australe fut cause de la réduction des effectifs d'élevage. Il ne faudrait pas croire, cependant, que l'autruche est détruite dans la contrée; on la rencontre encore assez nombreuse, notamment dans la boucle du Niger, entre Tombouctou et Say. Certains auteurs affirment qu'elle est supérieure à sa congénère du Cap. Ce qui manque, ce sont les soins dans le transport des plumes; malheureusement, les précautions ne sont guère le fait des nègres.

PÊCHE. — Les modes de pêche des indigènes de la Côte d'Ivoire ne sont pas à dédaigner, au point de vue de l'ingéniosité. A l'aide de pieux en palmier ou en bambou, on transforme entièrement une lagune, quelquefois dans un endroit où elle a plusieurs milles de largeur. Chaque 200 mètres environ, la palissade forme labyrinthe; le poisson est ainsi amené à passer d'un compartiment à un autre plus petit. Aux issues sont disposées des nasses, véritables viviers, où on n'a plus qu'à prendre le poisson. Veut-on savoir si les nasses sont assez remplies? Un peu d'huile de palme versée à la surface de l'eau rendra celle-ci transparente. Quand on juge qu'il y a assez de poisson, on plonge, tenant un filet dans chaque main.

du port des douanes de Morébayah et quelques indigènes—qui contredit cette croyance. Il s'agit d'une lutte entre un énorme boa et un caïman d'environ trois mètres. Le caïman essayait de saisir le boa dans sa mâchoire, et, fouettant l'eau et la vase avec sa forte queue, il s'efforçait de l'entraîner dans la rivière. La tactique du boa était tout autre : il lui fallait parvenir à saisir de ses anneaux le corps du caïman et à l'écraser. Au bout d'environ une demi-heure de combat, il triompha et emporta dans la forêt le cadavre de son ennemi vaincu.

Bien que la pêche soit fétiche (ou *tabou*) deux jours sur trois, autrement dit que les chefs, par une sage prévoyance, n'en permettent l'exercice qu'un jour sur trois, la quantité de poisson pris excède les besoins locaux; cet excédent est séché et vendu, contre de l'huile de palme ou de l'or, aux indigènes de l'intérieur des terres, qui en sont très friands.

On trouve des huîtres sur la partie immergée des palétuviers jusqu'à la limite de l'eau saumâtre; en bien des points des côtes, les huîtres forment, en outre, des bancs. La variété d'eau douce, qui atteint de grandes dimensions, se trouve dans les rivières et particulièrement dans le Niger.

On signale un escargot de mer dont la chair n'est comestible qu'après trois jours d'ébullition.

B. LE SÉSAME.

SON IMPORTANCE. — LIEUX DE PROVENANCE. — IMPORTATIONS. — ZONES DE CULTURE. — DESCRIPTION BOTANIQUE. — PROCÉDÉS CULTURAUX. — RENDEMENTS. — HUILE. — TIGES. — TOURTEAUX.

« L'importance commerciale du sésame augmente chaque année, en France. Cette plante oléagineuse — celle dont le rendement en matière grasse est le plus élevé — fournit à la consommation une forte quantité d'huile et de tourteaux.

« L'huile de sésame de première pression, dite *huile de froissage*, entre fréquemment dans l'alimentation concurremment avec l'huile d'olive.

« Extraite à chaud, elle trouve de nombreux emplois dans l'industrie, particulièrement dans la fabrication des savons. »

D'après M. Henri Blin (*Journal d'Agriculture pratique*), le sésame serait aujourd'hui un concurrent sérieux de l'olivier. Bien que cette plante s'accommode effectivement fort bien des régions de production oléicole, peut-être est-ce aller là un peu loin, ou tout au moins pourrait-on objecter que pour les espèces alimentaires, une telle concurrence ne saurait provenir que du fait que les propriétaires d'oliveraies ne font pas tout ce qu'il faut pour tenir leurs plantations dans le meilleur état et que, d'autre part, on ne s'attache peut-être pas assez à réprimer la fraude qui consiste à présenter des huiles diverses, — soit pures, soit en mélange, — sous la dénomination d'huiles d'olives.

Les graines de sésame ont trois provenances : l'Inde, le Levant, l'Afrique. Celles de l'Inde viennent de Calcutta, Bombay, Pondichéry, Madras, Mazulipatan; celles du Levant sont importées de Perse, de Syrie, d'Égypte, de Roumélie, de Sicile; celles d'Afrique proviennent surtout du Sénégal et de Zanzibar.

L'Inde occupe une place tout à fait prédominante; elle tient de très loin le premier rang dans les importations européennes, qui atteignent, au total, une valeur de 100 millions de francs, dont environ 15 millions de francs représentent la part de la France. Ces chiffres indiquent que nous devons augmenter nos cultures coloniales de sésame.

Du reste, on pourrait le cultiver avec profit dans la plupart de nos colonies : à la Martinique, à la Guadeloupe, à la Réunion, à la Guyane, en Cochinchine, au Tonkin. J'ai dit la grande extension — d'ailleurs susceptible encore d'augmentation — qu'a prise cette

Fig. 392. — Sésame.

utile culture au Sénégal. On a même songé à l'implanter dans le midi de la France, particulièrement en Provence, ainsi qu'en Algérie. Elle a déjà donné des résultats assez satisfaisants : 1,000 à 1,200 kilogrammes de graines à l'hectare, en Provence, et 1,500 kilogrammes en Algérie. L'espèce la mieux acclimatée est le sésame oriental, qui comprend une variété blanche appelée *Pérellou* et une variété noire que les Indiens appellent *Vellelou* ou *Kalatilli*. Le sésame de l'Inde ou sésame rouge, désigné dans l'Inde sous les noms de *Koorelloo* ou *Kourellou*, est plus difficile à acclimater dans les régions de l'olivier; il est aussi moins productif que le précédent.

Enfin, il faut rappeler à quel point la culture du sésame est intéressante pour la Guinée. Tandis que l'arachide qu'on y récolte ne saurait obtenir sur le marché européen la cote des arachides de Cayor, le sésame se comporte très bien dans le pays et atteint des prix vraiment rémunérateurs. Il nous appartient donc de ne négliger aucun effort pour répandre cette culture. Les indigènes ont coutume de cultiver le sésame associé à d'autres plantes, notamment au riz.

Les tiges du sésame sont hautes de o m. 80 à 1 mètre, les fleurs solitaires, blanches ou rosées, ressemblent quelque peu, comme forme, à celles de la digitale. Le fruit est une capsule allongée et contenant de nombreuses graines, blanches, grises, brunes, noires ou rougeâtres, selon les variétés. D'après A. de Gasparin, elles exigent 2,700 degrés de chaleur pour arriver à maturité.

Les terres d'alluvion légères, argilo-siliceuses, riches, profondes et fraîches sont celles qui lui conviennent le mieux. La culture dans la région de l'olivier ne peut se faire que sur terrains irriguables.

Dans l'Inde, on sème le kourellou en janvier, le pérellou en septembre. Au Bengale, le semis a lieu en février et la récolte en mai. Au Népaul, on obtient couramment deux récoltes sur le même terrain. Dans le midi de la France, c'est vers le milieu de mai ou le commencement de juin qu'on sème le sésame, le plus souvent à la volée, en employant 20 à 25 litres à l'hectare..

Pour qu'il donne un rendement satisfaisant, il faut lui fournir abondamment des engrais azotés; les débris de tiges et les tourteaux provenant de la plante même constituent, du reste, une fumure rationnelle, mais qui doit être complétée par d'autres engrais rapidement assimilables.

Le sésame lève au bout de cinq à six jours environ. Quand les jeunes plants ont atteint o m. 45 de hauteur, on procède à l'éclaircissage, de manière à laisser entre les pieds un espacement de o m. 30. Après ce travail, il est nécessaire de donner un nouvel arrosage par infiltration, et ensuite d'arroser tous les quinze ou vingt jours. Les fleurs apparaissent quand les tiges ont o m. 25 à o m. 30 et elles continuent à s'épanouir jusqu'à l'époque de la récolte, qui doit se faire lorsque les premières capsules prennent une teinte rougeâtre et s'entr'ouvrent. On coupe les tiges le matin, à la rosée.

Le rendement varie naturellement avec la richesse du sol et les soins culturaux. Il est, en moyenne, de 1,200 à 1,500 kilogrammes à l'hectare [1].

Le grain donne environ 50 p. 100 d'huile. Voici, à titre d'exemple, ce qu'on obtient, en moyenne, par trois pressions avec du sésame du Levant :

		kilogr.		kilog
Huile	surfine	30	Tourteau	48
	fine	10	Déchet	2
	ordinaire	10	TOTAL	100

Cette huile est jaune, mordorée, légèrement amère. Celle de première pression est comestible; les qualités ordinaires servent à la fabrication des savons et à l'éclairage.

Par ses tiges et ses tourteaux, le sésame fournit, en outre, un sérieux appoint. Les tiges desséchées renferment 0.50 p. 100 d'azote. Les tourteaux, qui sont utilisés dans l'alimentation du bétail ou comme engrais, contiennent 5 à 7 p. 100 d'azote, 2 à 3 p. 100 d'acide phosphorique, 1.5 à 2 p. 100 de potasse.

C. L'ARACHIDE [2].

IMPORTANCE DE L'ARACHIDE POUR L'AFRIQUE OCCIDENTALE. — LIEUX DIVERS DE CULTURE DE CETTE PLANTE. — EXPORTATIONS DU SÉNÉGAL. — FRUCTIFICATION. — UTILISATION DES DIVERSES PARTIES. — SOLS QUI CONVIENNENT À L'ARACHIDE. — PROCÉDÉS DE CULTURE AU SÉNÉGAL; AMÉLIORATIONS À RÉALISER. — PROCÉDÉS DE RÉCOLTE. — RENDEMENTS. — PROPORTION D'HUILE CONTENUE DANS L'ARACHIDE. — MÉTHODES D'EXTRACTION. — QUALITÉS DE L'HUILE.

Plus encore qu'à aucune autre plante, il convient de consacrer, dans ce chapitre, quelques pages à l'arachide; c'est, en effet, le produit par excellence de notre Afrique occidentale. Sa culture y prime à ce point les autres qu'en 1884 le roi Glé-Glé l'interdit, craignant que les indigènes ne négligeassent pour elle les produits de première nécessité. Cette prohibition a été depuis plusieurs années déjà annulée.

[1] L'hectolitre de graines pèse, en moyenne, 60 kilogr.; toutefois, l'hectolitre du sésame de l'Inde ne pèse guère au delà de 56 kilogr.

[2] C'est le fruit appelé *cacahuete*.

L'industrie française ayant monopolisé, pour ainsi dire, la fabrication de l'huile d'arachide, cette plante offre pour nous un double avantage, puisque nous sommes à la fois producteurs de la matière première et du produit manufacturé. Mais si nous avons le monopole de l'huile, il n'en est pas de même pour la graine. En effet, on rencontre l'arachide : sur la côte de Mozambique, en Égypte, aux Indes, dans nos colonies d'Afrique occidentale, dans le sud des États-Unis, dans l'Argentine, etc. Les trois grands pays fournisseurs sont : l'Inde, l'Égypte, et le Sénégal; dans ce dernier pays, la culture en grand de l'arachide ne remonte cependant pas au delà de 1840 (arrivée des marchandises à Marseille, cette année-là : 722 kilogrammes). La valeur des exportations du Sénégal se tient autour de 11 millions et demi de francs de 1892 à 1894. En 1895, 1896 et 1897, il y a fléchissement, dû surtout à la baisse des prix; on tombe à 7,662,000 en 1895; à 9,000,000 en 1896; à 8,337,000 en 1897; on remonte ensuite à 13,615,000 en 1898, et, ce mouvement s'affermissant, on atteint 24,240,305 francs en 1900. Un nouveau fléchissement laisse encore l'exportation au-dessus d'une valeur de 20 millions de francs.

L'arachide ou pistache de terre (*Arachis hypogæa*) est une légumineuse. Quelques-uns de ses rameaux poussent droit, tandis que d'autres se couchent sur la terre; ce sont les seuls dont les fleurs fructifient. En effet, après la fécondation, tous les organes floraux tombent, laissant à nu l'ovaire porté sur un torus qui s'allonge en se courbant vers le sol, et ce n'est que lorsque cet ovaire a aussi pénétré de près de 5 à 8 centimètres dans la terre, qu'il commence à former une gousse, laquelle atteint de 3 à 5 centimètres de longueur. C'est elle qui renferme, ordinairement, deux graines de la grosseur d'un amande de noisette, contenant 50 p. 100 d'huile.

L'huile n'est pas le seul produit utilisé. L'arachide sert à la nourriture du bétail; la tige fraîche est employée comme fourrage; desséchée, on l'utilise soit comme combustible, soit comme engrais.

L'arachide demande des terres légères, sablonneuses ou silicéo-calcaires; les sols argileux ne lui conviennent pas, car ils s'opposent à sa pénétration dans la terre.

Ce sont les indigènes surtout qui se livrent à sa culture. Voici comment ils procèdent : dès qu'il a plu suffisamment pour détremper le sol, en juillet habituellement, on met le feu aux arbustes et aux herbes préalablement coupés, et les cendres étalées sur le sol constituent généralement le seul engrais [1] que reçoit le sol. Dans la région nord du Sénégal, la terre est, ensuite, très superficiellement remuée (3 à 5 centimètres de profondeur) au moyen d'instruments aratoires primitifs : hilaire, daba [2]. Dans le Sud, où les pluies sont plus abondantes, il faut faciliter l'écoulement des eaux; aussi les noirs labourent-ils véritablement le sol, au moyen d'une sorte de sape appelée *doukoto*, et d'une binette dénommée *sokhsokh*. Le terrain, en outre, étant plus compact, nécessite des labours plus profonds [3]. Ensuite, les indigènes font de petits trous de trois à cinq centimètres de profondeur, disposés sensiblement en quinconces à une distance de 30 à 70 centimètres. Dans chacun d'eux, des enfants ou des femmes laissent tomber une ou deux graines qu'ils recouvrent d'un peu de terre avec le pied. Il faut environ 45 à 50 kilogrammes de graines pour ensemencer un hectare. La végétation est rapide : au bout de huit jours, les jeunes plantes apparaissent; trente à quarante jours après les fleurs se montrent, et, vers la fin d'octobre, la récolte commence; elle dure jusqu'en décembre. Pendant ces derniers mois, on a procédé à deux, trois ou quatres sarclages pour

---

[1] «Dans l'assolement indigène, l'arachide vient soit après jachère, soit après une culture de mil. Grâce aux nodosités de ses racines, cette plante prend directement à l'air la plus grande partie de l'azote nécessaire à son développement, ce qui lui permet de se développer même dans les sables à peu près dépourvus d'*humus*, et de n'exiger que peu ou point d'engrais, quoique cependant ces deux facteurs rendent la fructification et la récolte plus abondantes.» (Rapport de la Classe 54 [Engins, instruments et produits des cueillettes], par G. COIRRE).

[2] Sorte de herse fixée au bout d'un manche aussi court que celui d'une hachette.

[3] «Dès 1896, un ingénieur agronome était envoyé en Égypte aux frais de la colonie pour étudier sur place les meilleurs procédés de culture des arachides. A son retour, des champs d'expérience furent établis dans plusieurs centres du Sénégal sous la surveillance des administrateurs. On fit notamment à Louga des essais comparatifs entre la culture à l'hilaire, instrument dont se servent les indigènes, et la culture à la charrue. Les parcelles cultivées à l'hilaire donnèrent des résultats qui varièrent de 700 à 2,100 kilogrammes à l'hectare, soit une moyenne de 1,400 kilogrammes; celles labourées à la charrue donnèrent de 3,080 kilogrammes à 7,000; soit en moyenne 5,040 kilogrammes.» (Rapport de M. le Gouverneur général, 1899.)

détruire les mauvaises herbes et rendre le sol plus perméable aux pluies torrentielles.

Pour récolter, l'indigène, avec son hilaire, soulève et arrache les plants[1] et les rassemble en meules où la dessiccation s'opère. Quand elle est entière, on sépare les gousses de la tige.

Le rendement d'un hectare s'élève de 1,500 à 1,800 kilogrammes, et les arachides sont cotées environ 17 fr. 50 les 100 kilogrammes à Rufisque, ce qui donne, pour un hectare, un produit de 266 à 320 francs, sans compter le fourrage[2]. Or, d'après les calculs présentés dans la notice rédigée par les soins du service local du Sénégal, à l'occasion de l'Exposition de 1900, les frais de culture d'un hectare s'élèveraient à 160 francs. Il y a donc une large marge, mais il faut noter qu'à Saint-Louis, par exemple, les arachides se vendent 10 francs de moins la tonne qu'à Rufisque, et qu'en outre, à l'intérieur, les prix doivent être diminués des frais de transport jusqu'au port d'embarquement. La traite (échange des arachides contre des marchandises), qui seule existait autrefois, tend à disparaître, l'indigène préférant, aujourd'hui, être payé en monnaie.

La proportion d'amande dans le fruit est de 70 p. 100. La composition moyenne de cette amande est la suivante :

Eau	6.30	Matières non azotées	7.20
Huile	41.2	Matières minérales	3.20
Matières azotées	28.20	Cellulose	13.90

On voit combien sont élevées les proportions d'huile et de matière azotée contenues dans l'arachide.

Cette huile s'obtient soit par pression, soit par l'intervention de la chaleur. Dans ce dernier cas, elle présente une coloration foncée, une odeur et une saveur désagréables; elle est impropre aux usages de la table et ne peut être employée que pour l'éclairage ou la fabrication

[1] Lorsque la terre est meuble et légère, les fruits viennent avec le plant; si elle est argileuse, sèche, le pédoncule se rompt; il faut alors briser la croûte superficielle durcie du sol en la frappant avec un bâton et rechercher les gousses à la main, travail long et fastidieux qu'exécutent d'ordinaire les femmes et les enfants.

[2] Les fanes, qui valent de 5 à 6 francs les 100 kilogrammes à Saint-Louis, sont utilisées comme fourrage.

des savons. Il en va tout autrement, quand on a recours simplement à la pression à froid. L'huile est alors fort bonne et sa présence est malheureusement assez difficile à constater dans les huiles qu'elle sert à falsifier.

Au total, l'huile d'arachide, facile à extraire, a des pouvoirs lubréfiant et éclairant considérables, mais elle est surtout employée comme huile alimentaire : elle est souvent ajoutée à l'huile d'olive, et très recherchée par l'industrie de l'oléo-margarine.

D. LE PALMIER À HUILE.

L'ARBRE. — SES FRUITS. — L'HUILE DE PALME. — L'HUILE DE PALMISTE. — LE VIN DE PALME. ÉPOQUES DES RÉCOLTES; PROCÉDÉS EN USAGE. — HABITAT. -- EXPORTATION DU DAHOMEY.

Le palmier à huile (*aouara, avoira*), *Elæis Guineensis*, qui croît en Afrique (et en Amérique), est un arbre à tronc mince et flexible, atteignant 15 à 20 mètres de haut. Au sommet, un bouquet de grandes feuilles, de 3 à 4 mètres de long, entre lesquelles — protégées par de longues épines ligneuses — se forment les régimes d'amandes. Si le tronc n'est d'aucune utilité, il en est tout autrement du fruit. Jeune, il constitue le chou d'aoura, aliment très fin et très apprécié; mais ce qu'il offre de plus remarquable, ce sont les amandes de son noyau qui donnent de l'huile — ou plus exactement des huiles. Jaune, odorante, toujours liquide aux pays d'origine, celle du sarcocarpe, appelée *huile de palme*, est employée à tous les usages de l'huile, notamment pour la table; l'autre, retirée de l'amande, blanche, solide, est dite *huile de palmiste, beurre d'aouara* ou *quioquio*, utilisée tant pour l'alimentation que par la stéarinerie et la savonnerie; le tourteau sert à l'alimentation du bétail.

Pour obtenir l'huile de palme, on écrase les fruits dans de l'eau et on fait bouillir le tout : l'huile, plus légère, surnage. Elle se vend, sur place, en moyenne 240 francs la tonne, et, en Europe, de 470 à 570 francs. Quant aux noyaux de palme, après les avoir exposés au soleil, les femmes et les enfants les brisent et en retirent les amandes qui se vendent sur place 150 à 200 francs la tonne, et, en Europe, environ 270 francs. Les principaux marchés se tiennent à Marseille, Liverpool et Hambourg.

Enfin, des spathes du palmier à huile on retire une boisson, le *vin de palme*, très apprécié des indigènes.

Il y a, par an, deux récoltes : l'une, en janvier, février, mars et avril; l'autre — inférieure à la première — en août et septembre.

«Pour récolter les régimes, les indigènes se servent d'un large anneau en rotin, dont ils entourent le tronc du palmier et sur lequel l'homme appuie ses reins, tandis que ses pieds sont posés sur le tronc du palmier et, par secousses successives, il fait glisser l'anneau le long du stipe. Arrivé au sommet, le noir abat les feuilles qui le gênent avec un sabre d'abatis, puis détache, avec le même instrument, les régimes mûrs qu'il laisse tomber et redescend en faisant une manœuvre inverse à celle qui a servi à l'ascension[1].»

La fertilité du palmier à huile est très grande. On estime le rendement annuel d'un pied entre 4 et 5 francs. Souvent les propriétaires louent leurs arbres à des cultivateurs 2 fr. 50, par pied et par an.

Le palmier à huile est répandu non loin des cours d'eau sur la côte occidentale d'Afrique, au Congo, au Sénégal, dans le haut Niger, en Gambie, et surtout au Dahomey, etc., dont on a pu dire qu'il constituait, avec l'élevage, «la raison d'être»[2].

Du reste, les deux tableaux ci-dessous, qui se rapportent au Dahomey seul, sont, à ce sujet, caractéristiques; ils indiquent les quantités d'amandes et d'huile de palme exportées de 1895 à 1899 :

AMANDES DE PALME.		HUILE DE PALME.	
	kilogrammes.		kilogrammes.
1895	21,127,719	1895	12,438,975
1896	25,251,650	1896	5,524,698
1897	12,875,442	1897	4,077,022
1898	18,091,312	1898	6,052,137
1899	24,850,982	1899	9,650,542

Des chiffres plus récents indiquent la continuation de cette progression. Les chiffres de 1903 sont : 29,778,000 kilogrammes d'amandes de palme et 12,676,000 kilogrammes d'huile de palme.

[1] *Notice sur la Guinée française*, par FAMECHON, chef du Service des douanes à Conakry.

[2] «Le Dahomey est comme une plantation naturelle d'un million d'hectares de palmiers à huile accessible dans toutes ses parties. Le pays n'est qu'un immense bois de palmiers, plus ou moins entremêlé d'autres essences et, enfin, coupé de clairières plus ou moins grandes.» (Georges BONELLI, *Le Dahomey*, Bulletin de la Société de géographie de Marseille.)

E. LE KOLATIER.

DIMENSIONS DU KOLATIER. — SON HABITAT. — NOIX; LEUR PRÉPARATION; LEUR POIDS; LEUR
VALEUR; LEURS VERTUS; CROYANCES DES INDIGÈNES. — EMPLOI DE LA KOLA COMME STIMU-
LANT D'ÉNERGIE.

Le kolatier (*Sterculia acuminata*) est un arbre de la région ouest de
l'Afrique tropicale vivant entre le 10° degré de latitude Nord et le
7° degré de latitude Sud; il atteint 15 mètres de hauteur et jusqu'à
2 mètres de circonférence. On le rencontre en Guinée française; au-
dessous du Rio Nunez, et dans la partie ouest de cette colonie, entre le
Soudan et la Côte d'Ivoire, ainsi que dans la Guinée anglaise (Sierra
Leone) et le territoire Nord de la République de Libéria. Il ne croît
pas au Fouta-Djallon, pays dont l'altitude est trop élevée[1].

Les noix du kolatier sont contenues, par huit ou dix, dans des
gousses. Après les avoir séparées de leur enveloppe, on les lave, on
les sèche au soleil et on les conserve dans des paniers garnis de
feuilles. Leur poids moyen est de 12 gr. 50, soit 80 au kilogramme;
un kolatier de 20 ans, c'est-à-dire en pleine maturité, peut en donner
50 kilogrammes. Ces noix se vendent à raison de 250 à 400 pour
5 francs, à la côte; à Siguiri, elles se payent environ 0 fr. 05 l'une, et
atteignent souvent, au Soudan et dans l'Est, le décuple de cette
valeur. C'est que la noix de kola est plus appréciée qu'aucun autre
fruit par les indigènes de la côte occidentale d'Afrique et du Soudan[2].

Lorsqu'ils ont un effort à faire et de longues distances à parcourir,
les noirs mastiquent longuement et mangent, avec une véritable jouissance, la noix de kola. Deux noix suffisent pour leur donner l'énergie
nécessaire pour franchir jusqu'à 80 kilomètres par jour, sous un
soleil de feu; elles calment la faim et la soif. Elles ont, en outre, la
propriété de permettre de boire des eaux saumâtres, en masquant leur
saveur désagréable.

[1] D'après Bruger, le kolatier se trouverait jusqu'au 11° degré de latitude Nord; mais les fruits ne se forment bien que jusqu'au 8° degré. A signaler la belle venue des kolatiers introduits aux Antilles à une latitude supérieure à 11 degrés.

[2] L'on voit des caravanes faire plus de 1,000 kilomètres pour venir à la côte, dans les pays de production, chercher ce fruit qu'ils échangent contre du caoutchouc, de l'ivoire, de l'or.

Les qualités et les services qu'elles rendent aux nègres ont valu aux noix de kola de figurer en bonne place dans leurs croyances. C'est ainsi que tous les indigènes de l'Afrique occidentale les considèrent comme un préservatif universel, un réparateur des forces, un puissant aphrodisiaque, un porte-bonheur. Ils en font des fétiches et, selon leur couleur (un même arbre porte souvent des noix rouges et des blanches), elles ont une signification spéciale : un échange de noix blanches signifie paix et cordialité; de noix rouges, guerre, hostilité. Elles servent également de monnaie d'échange. En justice, le nègre témoigne et jure sur la kola; il place également quelques noix à côté de ses morts pour leur faciliter l'entrée au paradis. Chez les Bagas, en Guinée française, pour commémorer la naissance de chaque enfant, on plante un kolatier, qui reste sa propriété; on en plante, de même, à chaque événement mémorable survenant dans une famille.

Aujourd'hui, les produits de la kola, devenus d'un emploi journalier, sont l'objet d'une exportation considérable des pays producteurs en Europe.

On attribue aux préparations de la kola une vertu adjuvante pour le cas où l'on a à fournir des efforts athlétiques. Il semble bien que ce ne soit pas une légende et que, tout au moins pour un effort de résistance, elles soient d'une grande ressource. En est-il de même pour les efforts violents et rapides? Cela dépend sans doute de la nature de l'homme qui a à fournir cet effort. J'en ai fait quelquefois usage et n'en ai reçu, m'a-t-il semblé du moins, aucune aide efficace.

CHAPITRE XXXVII.

CÔTE FRANÇAISE DES SOMALIS.

HISTORIQUE. — SITUATION. — ASPECT. — FLORE. — FAUNE. — INDIGÈNES.
MIGRATIONS. — CHASSE. — PÊCHE.

Bien que notre établissement à Obock remonte à près d'un demi-siècle, nous n'avons utilisé cette possession que lors de notre guerre avec la Chine en 1885. Installation précaire. Autour d'Obock c'était, suivant l'expression du magicien des *Propos d'exil*, Pierre Loti, le désert «profond, miroitant, plein de mirages, sinistre avec son soleil qui tue». Cependant en face, de l'autre côté du golfe de Tadjourah, une rade sûre est dominée par un plateau, Djibouti, et un chemin — 3oo kilomètres de désert, mais où les caravanes trouvent l'eau en quantité suffisante — relie le plateau au Harrar. Nous prenons possession de Djibouti en 1888, trente ans après notre occupation (1858). L'honneur de cette occupation revient à notre agent consulaire M. Henri Lambert, qui, un an après, fut assassiné par les Arabes, en vue d'Obock.

Djibouti est le chef-lieu de notre possession dite *Côte française des Somalis*. Cette colonie, qui s'étend à l'entrée du détroit de Bab-el-Mandeb, est tout entière située dans la zone tropicale. Le ras Doumeirah au nord la sépare des possessions italiennes d'Étrythrée, et à partir des puits d'Hadon, au sud, s'étendent les territoires de Zeilah et de Berberah. Quant à ses limites intérieures, il est impossible de les fixer exactement, sauf du côté de Zeilah. Aucune délimitation au nord, du côté des possessions italiennes. Du côté de l'Abyssinie, la frontière est nominalement constituée par une ligne imaginaire courant parallèlement à 9o kilomètres de la côte et en deçà de laquelle ces régions sont censées relever de l'influence française.

«Partout, écrit M. Sylvain Vignéras, sauf vers le sud-ouest, où l'âpreté générale se tempère un peu, la colonie présente un même aspect d'aridité et de solitude. Vastes étendues désertes, fonds de torrents desséchés, végétations rabougries et sans éclats, monts calcinés par le soleil, désolation et grandeur : voilà les traits caractéristiques de la contrée. Mais cette désolation et cette grandeur tiennent de l'horrible, et l'esprit est comme saisi d'épouvante à la vue de ce bouleversement, de cette prodigieuse chevauchée de monts. » M. Rochet d'Héricourt n'a pas ressenti une impression moins forte : « Il n'y a nulle part dans le monde autant de cratères éteints, autant de laves répandues sur le sol. Si les anciens avaient connu cette contrée, ce n'est point en Sicile qu'ils auraient placé la guerre des Titans contre les dieux ou les ardents fourneaux des Cyclopes. . . . . A ces collines, ajoutez la teinte rougeâtre et sombre qu'elles doivent à leur constitution géologique, versez sur elles la lumière tropicale qui découpe ces contours avec une si âpre vigueur et vous concevrez la tristesse de ce paysage qui ne fait grâce, au regard, d'aucun détail d'une aridité importune. » Et M. Hugues Le Roux écrit, à son tour : « On quitte le rivage, on plonge au cœur de la brousse. Elle apparaît, dès cette minute, avec ce caractère de splendeur désolée qui ne se modifiera pas pendant une bonne moitié du voyage. Nous roulons sur des oxydes de fer, rejetés à travers un filtre de basalte. La terre est d'ocre, de ce ton indéfinissable des canevas de jongles et de maquis, qui fait songer à la peau d'une orange, à la chair d'un saumon, au « cocoa » des Anglais. Des pierres, apparemment d'origine volcanique, grosses comme des moutons gras, rondés comme eux, se succèdent en troupeaux dans la verdure épineuse. Ailleurs, sur le sol nu, elles se répandent en mille éclats égaux. On dirait que le marteau d'un cantonnier les a symétriquement concassées. Et tout cela est noyé dans une brousse d'un vert tendre, minéral, où dominent des mimosas en touffes, en arbustes, en arbres, portant, en cette saison, des frondaisons pâles au bout d'un système rabougri et confus de tiges acérées[1]. »

La flore laisse à désirer : quelques dattiers, des bouquets de palétuviers, des lianes et des arbustes, dont on tire des variétés de gomme et même de caoutchouc excellentes, enfin la cathe (*Catha edulis*) dont on extrait une liqueur. La faune est plus riche. Si les volailles sont rares, si le bœuf — bœuf zébu d'Afrique — ne s'élève pas très

---

[1] *Ménélick et nous*, par Hugues Le Roux.

bien, on trouve, par contre, chèvres, ânes, petits chevaux « au pied prenant et au rein souple », chameaux, si utiles pour les transports [1], et surtout moutons, qui sont, dans l'intérieur, la principale richesse des indigènes.

Ceux-ci, amants de l'air et de l'espace, agiles et braves, sont volontiers détrousseurs de grands chemins. Ils sont essentiellement nomades. Des nattes, des outres en peaux, des vases en vannerie ornée de coquillages ou de perles et qui servent à contenir lait et beurre, voilà tout leur mobilier et tous leurs ustensiles. Leurs huttes de nattes reposent sur des cerceaux de lattes, ils les dressent près des bercails en pierres sèches qu'ils élèvent pour leurs troupeaux sur les points où ils viennent chaque année. Leurs troupeaux sont, en effet, leur seule

Fig. 393. — Dromadaire [2].

préoccupation, et, pour ces troupeaux, il faut de l'herbe et de l'eau. Souvent, dans les migrations, plusieurs familles se réunissent. M. Sylvain Vignéras note à ce sujet les remarques suivantes sur son carnet de voyage (1897) :

« En route dès trois heures du matin, nous voyons, au lever du jour, des quantités de troupeaux marcher dans la direction opposée à

---

[1] A propos des transports par chameaux, ou plutôt par dromadaires, voici un mot de l'empereur aux concessionnaires du chemin de fer : « Vous ne dépasserez pas le tarif des frais actuels par transport de chameau. » Ce

qui montre bien que le chameau est le *navire* du désert somali, comme il est le navire de presque tous les déserts.

[2] Cliché d'A. Challamel, éditeur.

celle que nous suivons. Il en vient de tous les côtés; des bambins d'âges différents marchent derrière les troupeaux, précédant des frères ou des sœurs plus âgés qui portent divers ustensiles. Cependant le père et les grands-parents, accompagnés de jeunes gens, sillonnent sur les côtés du troupeau, pour le maintenir dans la direction voulue, et la mère ferme la marche, tenant généralement un, quelquefois deux tout petits enfants. Les hommes sont chargés de morceaux de bois, leur maison, et quelquefois, mais rarement, la famille est suivie de chameaux, sur lesquels sont suspendus quelques ustensiles et des toits de huttes en paille tressée, appliquée sur des bois formant pliant. Où vont ces gens? Il n'est pas difficile de le deviner aux questions qu'ils posent à tout instant aux gens de notre escorte : « A-t-il plu du « côté d'où vous venez? Avez-vous vu de l'herbe sur votre passage ? » Et, sur les réponses négatives qui leur sont faites, ils s'en vont tranquille-ment, de leur pas toujours le même, égal et posé. Ce même jour, nous notions un petit incident qui donnera une idée du caractère in-dépendant des indigènes. Un de nos domestiques voit passer à côté de lui une jeune fille d'une douzaine d'années; il lui dit : « Nabat, nabat « (bonjour, bonjour). » La jeune fille ne souffle mot. L'homme est gai : «Eh bien, lui crie-t-il, puisque tu fais la dédaigneuse, le chef de «Djibouti, qui est là, va te faire conduire en prison. — Tu peux lui « dire à ton chef, fait alors la jeune fille, que nous sommes ici dans la «brousse et que je me moque de sa prison. » Et elle continue son chemin, sans se presser, pendant que nous sourions tous. »

Dans ce désert, l'aridité que viennent de nous décrire ceux qui en ont souffert, se tempère heureusement de quelques oasis délicieuses. Écoutez encore un voyageur : «Le soleil était si ardent que nos mains et nos nez se fendillent. Tout de même, sur le coup de onze heures, nous avons atteint l'étape et il n'y avait pas moyen de retenir un cri d'admiration. Depuis l'oasis de Brezina, au pays des Ouled Sidi-Cheikh, je n'ai rien vu qui, après des surfaces de pierres mornes, donne à ce point la sensation délicieuse d'un jardin. Bih-Kabola [1] signifie exacte-ment «fontaine froide ». C'est, dans un cadre de montagnes, le circuit

____

[1] D'où le voyageur date ces notes sur son carnet de route.

d'un immense torrent dont le lit sablé semble une allée dans un parc royal. Dans ce terrain d'alluvions, une forêt a poussé : jujubiers, mimosas, cactus, euphorbes, d'étranges lianes à feuilles grasses dont je ne connais point les noms et qui habillent ici tous les squelettes d'arbres en ruine. L'abondance du gibier sous cette sorte d'oasis est telle, que l'on trouve dans le lit du torrent des paquets de crottes de gazelle et d'antilope déposées par une crue, en couche épaisse, sur le sable fin. Je relis avec une passion réveillée les empreintes de la nuit. Voici, le long des rochers, la poursuite toute fraîche d'une gazelle par un léopard. On le voit qui s'élève, qui guette, qui s'écrase. Il semble qu'il ait manqué son coup, car la piste ne dit point, dans un tumulte affolé, la suprême lutte de cette grâce contre cette félonie... Ce bois est plein d'oiseaux qui feraient la fortune d'une marchande de chapeaux : des merles dorés, bronzés, bleus à reflet de lophophore, avec des teintes rouges; des toucans, à bec de carnaval. »

La chasse, on le conçoit, donne lieu à de beaux coups de fusil. « Les bêtes féroces ou malfaisantes présentent des variétés plus nombreuses que les animaux domestiques. Citons le scorpion, le chat sauvage, le léopard, le guépard, et, sur les confins de nos possessions, le lion, la panthère, l'éléphant, le rhinocéros. Il y a peu de serpents, mais par contre, les chacals pullulent et les hyènes se rencontrent fréquemment. On trouve aussi une nombreuse variété d'insectes. Grande abondance de gibier à poil et à plumes. Antilopes des variétés les plus diverses, depuis la naine jusqu'à celle qui atteint la grosseur d'un veau adulte, lièvres, perdreaux, outardes, francolins abondent. Cependant, à mesure que les chemins conduisant à Harrar et au Choa deviennent plus fréquentés, ce gibier s'éloigne. La brousse nourrit encore des ânes sauvages, des sangliers, beaucoup de singes et quelques autruches. Les variétés d'oiseaux de mer sont nombreuses [1]. »

Comme objets de pêche, il y a, sur les côtes, différentes espèces de poissons comestibles. Citons aussi l'huître perlière.

______

[1] *La Côte française des Somalis*, par Sylvain VIGNÉRAS.

CHAPITRE XXXVIII.

MADAGASCAR, LES COMORES ET LA RÉUNION [1].

A. MADAGASCAR.

SUPERFICIE. — POPULATION. — CONFIGURATION. — TEMPÉRATURE. — RÉGIME DES PLUIES. — QUALITÉ DU SOL. — RIZ. — AUTRES CULTURES ALIMENTAIRES. — LÉGUMES. — FRUITS. — CANNE À SUCRE. VANILLIER. — CACAOYER. — CAFÉIER. — THÉIER. — TEXTILES. — AUTRES CULTURES. FOURRAGES. — BÉTAIL. — APICULTURE. SÉRICICULTURE. — L'ARAIGNÉE FILEUSE. — FORÊTS; LEUR EXPLOITATION. — CAOUTCHOUC. — COPAL. — INSTITUTIONS AGRICOLES. — COURSES DE CHEVAUX.

Madagascar a une superficie de 600,000 kilomètres carrés (supérieure par conséquent à celles de la France, de la Belgique et de la Hollande ensemble); sa population est d'environ 3 millions d'âmes; ce qui donne une densité de 5 habitants par kilomètre carré. C'est un pays de hauts plateaux se terminant, à l'Est, par des pentes rapides, et, à l'Ouest, par des pentes douces, qui constituent de vastes plaines. Peu découpées, les côtes ont un développement de 5,000 kilomètres.

La chaleur est supportable sur les hauteurs. La saison chaude et pluvieuse dure d'octobre à fin mars. Le tableau suivant montre que le minimum et le maximum de température n'ont relativement qu'un assez faible écart.

	CÔTE OCCIDENTALE. (TULLEAR.)	PLATEAU. (TANANARIVE.)	CÔTE ORIENTALE. (TAMATAVE.)
Minimum	16° (juillet)	6° (juin-août)	16° (juillet)
Maximum	33° (janvier)	29° (novembre)	33° (décemb.-janvier)

«Le régime des pluies est très différent à Madagascar, suivant que l'on considère les hautes régions centrales, la côte Est ou la côte Ouest. Sur le plateau, en effet, la saison des pluies commence à la fin d'octobre pour finir en mars, et, pendant six mois, la fréquence des orages est extrême. Sur la côte occidentale, le tonnerre gronde chaque jour, et il pleut torrentiellement; les pluies commencent en octobre, augmentent d'intensité et finissent en avril, comme sur le plateau. Tout autre est le régime de la côte orientale, où la saison pluvieuse dure toute l'année, bien que plus accentuée de janvier à octobre. Les

[1] Clichés de la *Dépêche coloniale illustrée* (fig. 394, 397, 401); de la Librairie agricole (fig. 398, 399, 407); des publications d'A. Challamel, éditeur (fig. 395, 400, 402); du *Cacaoyer* et du *Vanillier*, par H. Lecomte (fig. 396, 403, 404, 405, 406).

pluies consistent en averses orageuses de peu de durée, qui se succèdent les unes aux autres avec une grande violence. A mesure que
l'on s'éloigne de la côte Est pour remonter les pentes du plateau,
les pluies augmentent d'intensité pour atteindre leur maximum dans
la zone forestière, où elles sont presque continues. En 1892, année
pluvieuse, la pluie tombée à Tamatave atteignit 3 m. 584; pendant
l'année 1893, considérée comme sèche, elle atteignit 3 mètres.
A Tananarive, entre 1882 et 1889, la tranche liquide a varié de
1 m. 050 minimum (1882) à 1 m. 750 maximum (1884). Dans le
Sud et le Sud-Ouest, si les averses ont plus d'intensité, elles sont, en
revanche, plus courtes et plus rares. A Tulléar, il est tombé 277 millimètres d'eau en 1892, 418 millimètres en 1891.

. . . .

«Au point de vue purement agricole, Madagascar jouit d'un grand
avantage : celui de posséder sous une même latitude trois climats différents qui constituent trois grandes zones de production végétale :
les plateaux, les côtes et une région intermédiaire. Aussi peut-on pratiquer en même temps dans l'île les riches cultures des pays tropicaux et la plus grande partie des cultures vivrières de nos climats
tempérés.»[1]

La qualité du sol laisse généralement à désirer. Les nombreuses
analyses effectuées par MM. Müntz et Rousseaux ont montré que les
trois quarts des terres sont impropres à une culture rémunératrice et
qu'il faut surtout en exploiter le gazon ou la forêt[2]. Quelques chiffres
suffisent à donner une idée de la pauvreté des terres de la province de
Mananzary, sols silicéo-argileux dépourvus de calcaire :

		TERRE DE MAMELON.	TERRE D'ALLUVION.
	Chaux.	0.042	0.033
Pour 100	Potasse.	0.017	0.143
de terre.	Acide phosphorique.	0.105	0.114
	Azote	0.081	0.128

[1] *Notice sur Madagascar*, parue à l'occasion de l'Exposition de 1900.

[2] «*Étude sur la valeur agricole des terres de
Madagascar*, tel est le titre d'un remarquable
mémoire que publia, dans le *Bulletin du Ministère de l'agriculture*, M. Müntz, professeur
de l'Institut national agronomique, avec la
collaboration de M. Rousseaux.

«Quelles ressources offre le sol de Madagascar à l'intrépide pionnier qui n'hésite pas
à planter sa tente dans la Grande Île? Donner
une réponse quelque peu positive à pareille

D'après ces analyses faites au laboratoire de la Station agronomique de l'Est, on voit que les terres d'alluvion sont beaucoup plus riches en principes fertilisants que les terres de montagne.

Riz. — Le riz constitue l'aliment principal de l'indigène. La récolte actuelle suffit amplement à la consommation, et il est certain que l'on pourrait obtenir de quoi fournir à une exportation élevée. Dans

question était chose fort difficile, sinon impossible, jusqu'à ces derniers temps.

«Des voyageurs, jugeant d'ordinaire sur des apparences, et n'ayant visité le plus souvent que quelques parties du territoire malgache, ont formulé des opinions très diverses quant à la fertilité naturelle de ce pays.

«C'est une œuvre très considérable qu'ont accomplie MM. Müntz et Rousseaux, sur la demande de M. le général Galliéni et de M. Alfred Grandidier, l'historien bien connu de Madagascar.

«Nos infatigables chimistes n'ont pas reculé devant l'analyse de 5oo échantillons de terre, prélevés avec soin par les commandants de cercles et les administrateurs coloniaux, d'après les indications de M. Prud'homme, chef du service de l'agriculture. Une carte jointe au mémoire indique les points de l'île d'où proviennent les échantillons. Les résultats constatés dans le laboratoire sont présentés au lecteur cercle par cercle. Pour chaque cercle ou division administrative, M. le commandant Dubois, de l'état-major général du corps expéditionnaire, a rédigé une courte notice, qui en fait connaître les limites, la topographie, la géologie, le climat, les cultures, les voies de communication, le commerce et l'industrie, les ressources naturelles et l'état de la colonisation.

«A la fin de leur étude, MM. Müntz et Rousseaux disent : «Madagascar offre une «surface notablement plus grande que celle «de la France et qu'on ne peut pas penser à «mettre entièrement en valeur. Il faut choisir «les points privilégiés sous le rapport de la «nature des terres et du régime des eaux, y «concentrer ses efforts, y développer des cul-

«tures de grand rapport. La partie restreinte «de l'île qui sera ainsi exploitée pourra donner «des résultats importants et assurer à la «colonie une certaine prospérité.»

«Cette conclusion inattendue ne saurait être taxée de pessimiste, car les analyses ont révélé la pauvreté, plus d'une fois l'extrême pauvreté, en éléments fertilisants de la majorité des terres de Madagascar. Les trois quarts, peut-être même une plus forte proportion de ces terres, se montrent impropres à une culture rémunératrice, et rien ne serait plus imprudent, au point de vue économique, que de vouloir les arracher à la végétation spontanée; la sagesse conseille d'utiliser le mieux possible le gazon ou la forêt dont la nature a revêtu ces espaces.

«Si j'avais à proposer un sous-titre pour le travail si intéressant auquel j'ai le plaisir de consacrer mon modeste article, je le qualifierais de «Guide du colon à Madagascar». Que de judicieux conseils à puiser dans ces pages! Que de ruines, que de déceptions elles peuvent éviter!

«Depuis déjà un quart de siècle, l'on enseigne à l'Institut national agronomique que toute exploitation rationnelle d'une terre doit être précédée d'une analyse complète, exécutée par un bon chimiste. Cette grande vérité, que M. Risler a eu l'honneur de proclamer le premier dans notre École supérieure de l'agriculture, acquiert, si c'est possible, un supplément de force lorsqu'il s'agit de la mise en œuvre de sols plus ou moins vierges, situés dans des contrées peu connues.»
(J. Sabatier, *Journal d'agriculture pratique*, 1904.)

le sud de l'Imérina et dans le Betsiléo les indigènes ont desséché des plaines marécageuses, endigué des rivières et transformé des foyers de fièvres en terres productives. Les rizières sont souvent disposées en terrasses sur les flancs des collines et l'eau, amenée parfois de plusieurs kilomètres par des canaux, arrive par le haut et descend de gradin en gradin. Les indigènes pratiquent, du reste, la culture du riz avec une réelle intelligence et dans des conditions économiques[1]. Les deux espèces principales sont le riz rouge et le riz blanc, ce dernier plus recherché. Dans certaines localités, la paille de riz est employée pour des ouvrages de vannerie et pour la couverture des cases.

Fig. 394. — Labour à l'angade (bêche malgache)[2].

AUTRES CULTURES ALIMENTAIRES. — Le manioc est très répandu et donne de bons rendements. Introduit dans l'île par Jean Laborde[3] et par les missionnaires, il a donné lieu à des essais de culture de quelque importance. Les patates. le topinambour, le maïs, la pomme de

[1] Les plus belles rizières de l'île sont situées aux environs de Tananarive, dans la grande plaine marécageuse de Betsimita-tatra.

[2] Parmi les diverses opérations auxquelles donne lieu l'exploitation des rizières, il faut signaler, outre le labour à l'angade (bêche malgache), le défoncement de la terre inondée sous les pieds de troupeaux de bœufs évoluant au commandement.

[3] Dans toute étude sur Madagascar, il faut rendre hommage au nom de Jean Laborde, établi dans l'île en 1831 et, par la suite, consul général de France: nous lui devons, pour une bonne partie, de posséder l'île aujourd'hui.

terre, les haricots, les pois du Cap, le sorgho, l'arrow-root viennent fort bien dans les plateaux. Dans cette région, les cultures potagères se sont propagées avec rapidité, grâce à ce qu'on y a fait des distributions de graines. On y rencontre, en outre, la plupart des fruits d'Europe et un certain nombre de fruits tropicaux. Ceux-ci se retrouvent tous sur les côtes, principalement à l'Ouest et au Nord-Ouest. La région Est convient au bananier. Peu cultivée, la vigne donne d'abondants raisins noirs; ils sont aqueux et ont une saveur de cassis.

Fig. 395. — Bananier de la côte Est.

CULTURES RICHES. — La canne à sucre est cultivée aujourd'hui avec succès dans presque toute l'île. La côte, chaude et humide, lui convient particulièrement. Généralement, les indigènes traitent la canne de façon rudimentaire. Les revenus bruts sont de 2,000 francs par hectare, dont il faut défalquer les frais de plantation, d'entretien et de fabrication (les dépenses occasionnées jusqu'à la première récolte par une plantation d'un hectare s'élèvent à 550 francs environ).

Par la distillation du jus de canne, on fabrique du *toaka*, et par la fermentation, du *betsabetsa*, dont les indigènes font grand usage.

Sur certains points, la culture du vanillier, introduite depuis peu, a remplacé aujourd'hui celle de la canne à sucre; elle paraît avoir un bel avenir. Cette culture — qui ne peut être utilement entreprise qu'autant qu'on dispose de quelques capitaux, mais qui est très rémunératrice — est faite de préférence sur la côte Est, notamment à Sainte-Marie, à Nossi-Bé et dans la plaine fertile de Sambirano. La vanille produite a l'épiderme moins fort que celui de la vanille de la Réunion, mais son parfum est bon et elle a des qualités de conservation. Comme tuteurs, on utilise principalement le pignon d'Inde.

Fig. 396. — Jeune cacaoyer.

Le cacaoyer, importé de la Réunion et de Maurice, pousse dans l'île avec la plus grande facilité et presque sans soins. Il commence à produire à trois ans, et est en plein rapport la dixième année. Un hectare planté de 600 arbres donne un revenu brut de 1,500 francs; les frais de culture montant à 350 francs, il reste un bénéfice de 1,150 francs.

Le caféier se rencontre à l'état sauvage, notamment sur la montagne d'Ambre et dans la province d'Andevorante. On le cultive dans presque toutes les régions de l'île. C'est la variété *Libéria*, de moindre valeur mais résistante à la maladie, qui jouit actuellement de la faveur des planteurs. L'exportation est très faible.

Les essais de culture du théier ont donné de bons résultats. Le climat s'y prête. Les produits obtenus sont de bonne qualité. Aussi ne saurait-on trop encourager les colons dans cette voie.

Fig. 397. — Spécimen de café *Libéria*, importé à Madagascar.

TEXTILES. —— Par suite de l'importation des cotonnades à bon marché, les indigènes ont abandonné la culture du cotonnier[1], assez en

[1] Le cotonnier pousse naturellement sur toute la zone littorale de l'île, notamment dans le Nord.

honneur autrefois[1]. Il n'en est pas de même de celle du chanvre; il est vrai qu'elle est surtout pratiquée en vue de la liqueur enivrante que les indigènes tirent de cette plante. Du reste, le chanvre pousse en toute saison et n'exige que fort peu de soins. La ramie vient bien. A signaler, abondante dans l'Ouest, une liane à caoutchouc, le lom-

Fig. 398. — Dans la région des rafias.

biro, qui, si elle est pauvre en latex, donne d'excellentes fibres à tissu. Quant au rafia[2], c'est une sorte de palmier haut de 3 à 4 mètres qui croît dans les terrains bas et humides du littoral. On extrait les fibres du dessus des feuilles aussitôt que celles-ci ont été détachées du palmier sur lequel elles se sont développées. Ces fibres

[1] On signale que les essais de culture de coton entrepris aux environs de Majunga et sur plusieurs autres points de la côte ouest ayant donné également des résultats très favorables, plusieurs colons, disposant de capitaux sérieux, vont commencer la culture en grand de cette plante (juin 1905).

[2] Dans l'exposition de Madagascar, il y avait du rafia remarquable pour sa longueur et sa beauté.

Fig. 399. — Rameau et bouton à fleur du giroflier.

ont 1 mètre à 1 m. 50 de longueur et résistent très bien à la pluie. Les indigènes en fabriquent des tissus — qu'ils peuvent, quand ils le désirent, obtenir très fins—, désignés sous le nom de *rabanes*.

Depuis une quinzaine d'années, ces fibres constituent, en outre, un assez important objet d'exportation. Elles remplacent, notamment, la balle et la paille de seigle dans le palissage des plantes.

CULTURES DIVERSES. — Le giroflier est très répandu dans l'île Sainte-Marie; sa culture est également prospère à Vohimar et à Tintingne.

Le poivrier se rencontre à l'état sauvage dans les forêts de l'Est; on le cultive, en outre, dans la province Mananjary. Quant à la culture du tabac, elle est répandue dans toute l'île. Ce tabac est de bonne qualité, mais sa préparation laisse à désirer. Notons que cette culture serait d'autant plus susceptible d'accroissement que Madagascar est obligé d'avoir recours à l'im-

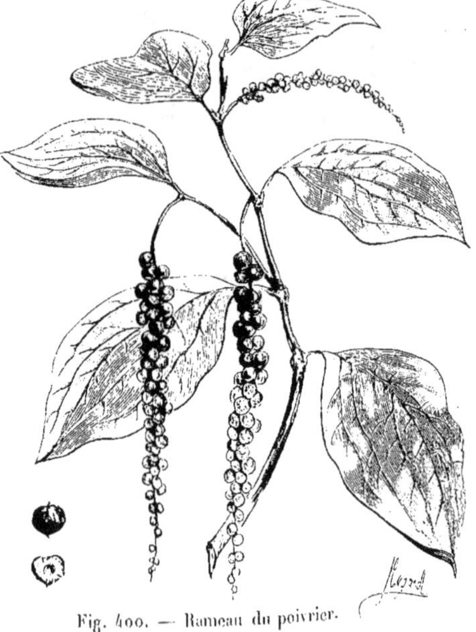

Fig. 400. — Rameau du poivrier.

portation. Le gingembre est cultivé en Imérina. Les plantes oléagineuses ne manquent pas plus que les tinctoriales, mais ni les unes ni les autres ne donnent lieu à d'importantes cultures.

Fig. 401. — Bœuf à bosse.

PLANTES FOURRAGÈRES ET BÉTAIL. — On ne cultive ni foin, ni sainfoin, ni luzerne. L'herbe qui pousse naturellement dans l'île constitue, avec le paddy (riz non décortiqué) et quelques graminées — telles que le *piro* —, la nourriture des bestiaux.

Son utilité est très grande, ainsi que le note, dans un de ses intéressants rapports, le général Gallieni, qui s'exprime en ces termes : «Les régions centrales de Madagascar, dépourvues de forêts et recouvertes d'herbes, sont un pays des plus favorables à l'élève du bétail, d'autant plus que la douceur du climat permettant de laisser les troupeaux en constante liberté, ils se développent avec une prodigieuse rapidité. »

Le recensement de 1897 et les estimations les plus sérieuses concernant la population bovine des régions non recensées ou insoumises ont permis de fixer à moins de 2 millions le nombre des bovidés; c'est là un chiffre inférieur à celui que l'on supposait (Madagascar a toujours été réputée pour sa richesse en bœufs), mais assez élevé cependant pour permettre une bonne exportation[1]. Du reste, de façon à augmenter encore l'effectif bovin, l'Admi-

Fig. 402. — Bœuf à bosse.

[1] Voir note, p. 491.

nistration a défendu l'abatage et l'exportation des vaches et des génisses. Les bœufs à bosse sont les plus répandus. Ceux-ci, de même que les bœufs sans bosse ou *bory*, que l'on rencontre principalement dans les provinces de Diego-Suarez, sont ordinairement de taille moyenne, mais ils sont inférieurs comme animaux de boucherie aux bovidés d'Europe[1]. Pour assurer l'amélioration des races, on a imposé aux bénéficiaires de grandes concessions l'importation et l'entretien d'animaux de races sélectionnées.

Les moutons (à grosse queue) sont nombreux; mais, tant pour la production de la viande que pour celle de la laine, il y aurait réelle utilité à améliorer la race. Beaucoup de chèvres restent à l'état sauvage. Les porcs sont de belle race et la chair en est bonne. Les volailles sont très nombreuses.

Les chevaux — les premiers ont été, pense-t-on, importés dans l'île il y a un siècle — s'acclimatent bien sur les hauts plateaux[2]; il

[1] Depuis quelques années, on a exposé de fort beaux sujets au concours régional de Tananarive.

[2] A propos de l'élevage hippique je ne crois pas sans intérêt de donner ce récit plaisant où l'on prendra connaissance de l'organisation actuelle des courses à Madagascar :

« J'étonnerai sans doute beaucoup de gens en leur révélant qu'à des milliers de lieues de nous, dans un pays aujourd'hui français, hier encore barbare, il se donne des courses de chevaux auxquelles se rendent en foule les indigènes enthousiastes de sport hippique et qui ne voient dans l'arrivée au poteau qu'une lutte émotionnante dans laquelle la victoire appartient au meilleur. Chaque année Madagascar donne, en effet, un certain nombre de courses de chevaux bien ignorées des habitués de Longchamps et d'Auteuil, mais qui n'en présentent pas moins un intérêt considérable pour l'amélioration de la race chevaline dans la colonie. Et n'allez pas croire qu'il s'agisse de courses dans le genre de celle qui se fait chaque année dans mon village le jour de la fête locale, où le cheval du maréchal et celui du cultivateur voisin se disputent le long d'une route une bride d'honneur, — que non pas. Tananarive possède une société d'encouragement, un champ de courses à Mahamasina, avec tribunes, paddock et pelouse. On y court en plat, on y court en obstacles. Les chevaux le plus souvent, sont les produits des élevages fondés à grand'peine dans la colonie par des éleveurs français et malgaches, qui réussissent enfin, après des essais nombreux et un labeur souvent acharné, à créer une race locale de chevaux bien appropriés au climat et capables de fournir un bon rendement. Les jockeys sont tantôt des Européens, tantôt des Malgaches, et ce n'est pas, je vous assure, un spectacle banal que de voir ces figures fortement teintées, sortant de casaques multicolores et menant à la victoire avec une énergie peu commune des chevaux souvent sortis d'écuries appartenant à des éleveurs de leur race.

« Il existe même un grand prix de Tananarive doté d'une allocation de 2,000 francs. Ne souriez pas à ce chiffre; Tananarive ne possède pas 3,000 Européens et donne 2,000 francs pour son grand prix; Paris a 3 millions de blancs et ne donne que 200.000 francs, c'est encore Tananarive qui, toutes proportions

en est de même des mulets et des ânes; ces animaux, principalement ceux importés de la Plata et d'Abyssinie, s'accommodent du climat et rendent les plus grands services pour les transports.

APICULTURE. — Il est certain que lorsque l'apiculture sera pratiquée avec méthode à Madagascar[1], elle sera, par la production de la cire, une source de richesse importante. Dès aujourd'hui, du reste, l'île exporte de la cire pour une valeur annuelle de plus d'un demi-million. Cette cire est, à cause de sa pureté, très appréciée et cotée au plus haut prix. Elle provient des abeilles sauvages appartenant à l'espèce *Apis unicolor* très nombreuse dans le Nord-Est, dans le Nord-Ouest et dans le Mahajamba. Pour ce qui est du miel, les Malgaches ne le consomment pas en nature; dans quelques districts seulement, ils en fabriquent une boisson fermentée, d'un goût agréable.

SÉRICICULTURE ET MÛRIERS. — Les indigènes recueillent les cocons des papillons sauvages appelés *landikely*, et fabriquent avec leur soie des étoffes assez grossières, ayant l'aspect de la toile. Le *Bombyx Mari* a été introduit. Le tapia et l'ambrecade, arbustes sur lesquels il se nourrit, sont nombreux; en outre, les habitants de certaines régions sont tenus de planter chaque année un pied de mûrier. Le climat convient à cette culture. Le sol lui est assez favorable dans les régions volcaniques du Vakinankaratra et de l'Itusy; puis, dans le Betsileo, la province d'Ambositra; enfin, dans les terrains bien choisis de l'Imérina centrale et de l'Imérina nord, etc. La multiplication réussit presque sans soins et à peu près à toute époque de l'année.

gardées, détient la palme. Cette année le grand prix s'est couru le 16 mai et 7 chevaux ont pris part à la course. Le vainqueur *Vofotsy* appartient à un éleveur européen bien connu là-bas, M. Georges; les suivants avaient pour propriétaires Razafimbelo et Ramiandravola, ce qui n'est pas plus ridicule pour un cheval que d'appartenir à M. X...

«Et les autorités administratives de la colonie comprennent tellement l'importance de l'élevage à Madagascar qu'elles ne se bornent pas à «honorer de leur présence» les manifestations hippiques de Tananarive. Chez nous le Président de la République félicite le propriétaire du cheval vainqueur du grand prix; à Madagascar, le *Journal officiel* rend compte des courses, montrant ainsi l'intérêt qu'on leur porte en haut lieu.» (Pierre MONTAGNAC, 1904.)

[1] La ruche à cadre a été récemment introduite.

Un arrêté en date du 7 mai 1901 a créé une magnanerie modèle, des champs d'expériences pour la culture du mûrier et des mûraies. Le but poursuivi est non seulement l'élevage du vers à soie de Chine, mais encore la production des soies sauvages. On ne s'était occupé de sériciculture que sur les hauts plateaux; on pense implanter cette industrie agricole sur certains points de la zone côtière. Les premiers essais ont été favorables. Création de mûraies et de magnaneries de villages, distribution gratuite de graines et de mûriers, conférences, etc., n'ont pas été épargnées par l'administration, qui poursuit avec intelligence et méthode l'œuvre intéressante de l'encouragement à la sériciculture. Il faut notamment citer l'école agricole et séricicole de Nanisana, qui tient certes une des premières places dans l'œuvre qu'accomplit le service de sériciculture. C'est une institution d'apprentissage professionnel dont les élèves sont exercés à tous les travaux intéressant la culture du mûrier et l'élevage du ver à soie.

L'ARAIGNÉE FILEUSE. — « Depuis longtemps on a essayé d'utiliser la soie des araignées fileuses pour en fabriquer des étoffes. Au commencement du xviiie siècle, Bon, président de la Cour des comptes de Montpellier, fit tisser avec la bourre des nids de l'*épeire diadème* des bas et des gants. De 1777 à 1796 un Espagnol, de Tremayer, indiqua le moyen de retirer, sous forme de fil, la soie du corps même des araignées. Plus tard, un négociant anglais, Bolt, obtint en deux heures, de vingt-deux araignées, un fil de 6,000 mètres de long. Toutes les tentatives faites pour exploiter la soie de nos araignées indigènes n'ont pu jusqu'ici donner de résultats pratiques, à cause de la petite taille de ces animaux, de leur rareté relative et des frais considérables que nécessite leur exploitation.

« Réaumur avait pensé que, si les araignées de nos pays étaient inutilisables au point de vue de la production de la soie, il n'en serait probablement pas de même des araignées de grande taille des zones intertropicales. Le P. Camboué, missionnaire français à Tananarive, a, le premier, mis en relief les qualités d'une araignée de Madagascar, l'*halabé* des indigènes (*Nephila madagascariensis*).

« Cette araignée, remarquable par son dimorphisme sexuel, le corps de la femelle de grande taille mesurant environ 5 centimètres de longueur, tandis que celui du mâle atteint à peine 1 centimètre, peut se multiplier rapidement. On peut en obtenir une sorte de troupeau, facile à maintenir en captivité, en plein air, et à exploiter.

«Des expériences faites au Laboratoire d'études de la soie, à Lyon, il résulte que les fils de l'halabé ont une finesse extrême comparée à celle des fils de soie des divers *Bombyx* (le diamètre du fil est quatre à cinq fois plus petit que celui de la bave du ver à soie) et qu'avec une telle finesse leur ténacité est équivalente, sinon supérieure, à celle des baves des cocons domestiques.

«Il y a lieu de penser que l'élevage de l'halabé pourra prochainement devenir tout à fait pratique et que sa soie sera l'objet d'un commerce important. »[1]

On en fabrique une étoffe jaune, très résistante et d'un beau brillant.

Forêts. — On évalue à 10 millions d'hectares environ la superficie des forêts de Madagascar, ce qui donne un taux de boisement supérieur à 20 p. 100. Le grand plateau, et même certaines régions basses comme le Boueni, sont actuellement déboisés et les forêts sont confinées dans l'Est, le Nord-Est et l'Ouest, formant une ceinture coupée de larges trouées. A l'Est, abondamment arrosée toute l'année, cette forêt a le caractère d'une véritable forêt tropicale; à l'Ouest, elle n'est qu'un bois taillis, buissonneux, une sorte de brousse sans feuillage pendant la saison sèche; dans le Sud, enfin, on rencontre seulement une très particulière végétation arborescente : plantes cactiformes, arbres corail, euphorbiacées à caoutchouc.

Les forêts des régions élevées sont situées le plus souvent sur un terrain très accidenté, impraticable aux voitures et où il n'existe aucun cours d'eau navigable. Leur sous-bois est rempli de lianes, de petits arbustes grimpants qui obstruent le passage, rendant les transports lents, pénibles et, par suite, coûteux. Lorsque des routes auront été percées, ces difficultés disparaîtront en partie. En outre, un grand nombre des essences que l'on trouve à Madagascar sont dures et rési-

[1] Rapport de la Classe 42 (Insectes utiles et leurs produits), par M. le D' Henneguy, professeur au Collège de France.

neuses, c'est pourquoi un choix judicieux s'impose dans l'utilisation des bois.

Sous l'ancienne monarchie malgache, les bûcherons formaient la plus importante des corporations constituées; elle compta plus de 700 membres. Le Gouvernement a aujourd'hui réglementé de façon sévère l'exploitation des forêts; cette réglementation était très nécessaire.

L'exportation du bois est plus forte que l'importation.

L'industrie charbonnière est assez développée.

Caoutchouc. — Les arbres et les lianes produisant du caoutchouc sont nombreux à Madagascar, mais, sur certains points, il y a eu des coupes excessives. L'Administration française a heureusement réglementé la chose; s'il en résulte une diminution momentanée de l'exportation, du moins l'avenir est-il ainsi assuré.

Copal. — Les copaliers sont nombreux sur les côtes de Madagascar et ils pourraient donner lieu à un bon commerce d'exportation, si les indigènes opéraient la récolte plus soigneusement.

Institutions agricoles. — Quelques mots, en terminant, des institutions agricoles. La colonie est divisée actuellement en deux circonscriptions agricoles placées sous les ordres d'un directeur de l'agriculture qui réside à Tananarive.

Les jardins d'essai sont répartis, comme suit, au nombre de quatre :

1° La station de Nanisana, près Tananarive, qui étudie les cultures qu'il est possible d'effectuer sur les hauts plateaux. Elle possède comme annexe une école de jardiniers indigènes et une magnanerie modèle;

2° La station de l'Ivoloina, près Tamatave, de beaucoup la plus importante. Elle s'occupe des cultures de la côte Est et possède des pépinières de multiplication et des cultures d'essais. Elle a pour annexe la cocoterie de Vohidotra, qui sera chargée de fournir les cocos nécessaires à la multiplication de cette essence;

3° Le jardin d'essai de Manpoa, près Fort-Dauphin ;

4° La station de Marovay, de création récente, où sera spécialement pratiquée l'étude expérimentale de la question cotonnière.

Courses de chevaux. — Comme nous l'avons vu[1], elles ne sont pas chose inconnue à Madagascar. Une très belle piste a été, en effet, établie à Tananarive autour de l'immense place de Mahamasina. Une société d'encouragement s'est créée et, sous sa direction, des courses pour Européens et indigènes ont lieu deux fois par an, en mai et en octobre. «Les Malgaches, écrit un voyageur, s'y sont révélés cavaliers souples et adroits. Ce sont généralement des enfants de douze à quinze ans qui montent en course. La «pelle» ne les inquiète pas le moins du monde. Collés à leur monture comme de véritables singes, premiers ou derniers, ils arrivent toujours au poteau.»

B. MAYOTTE ET COMORES.

Situation politique des Comores. — Cyclones. — Fertilité. — Culture indigène du riz. — Forêts. — Chasse. — Main-d'œuvre. — Culture du vanillier; fécondation. — Cotonnier. — Mayotte; canne à sucre. — La Grande Comore. — Anjouan; quelques vanilleries. — Mohéli. — Îles Glorieuses.

La France possède, à titre de colonies, Mayotte et le groupe des îles Glorieuses; elle a, en outre, établi son protectorat sur la Grande Comore, Anjouan et Mohéli.

Ces îles, qui, jusqu'alors, n'avaient pas eu trop à souffrir des cyclones, ont été dévastées par l'un d'eux en 1898, alors que la Réunion, qui, jusqu'en 1882, souffrait chaque année d'un fort cyclone, en était presque indemne pendant vingt ans[2].

Le sol est d'une fertilité prodigieuse, surtout à l'embouchure des vallées où les dépôts d'alluvion atteignent une grande épaisseur; on peut dire qu'il n'y a pas un pouce de terre qui ne soit recouvert de végétation. Les sommets des montagnes et les hautes vallées sont boisés; des pâturages, coupés de petits bois, d'arbres ou d'arbustes isolés, couvrent les versants et les plateaux, dont les cultures et les cocotiers occupent une partie ainsi que la bande du littoral.

La culture du riz forme, avec l'élevage, la principale occupation des habitants. Deux procédés de défrichement sont en usage. S'agit-il

____

[1] Voir note 2, p. 462. — [2] 1904 a marqué, hélas! à la Réunion, la fin de cette période heureuse.

d'une plaine ou d'une vallée où coule un ruisseau, on barre ce ruisseau, puis on fait piétiner par des troupeaux de bœufs le sol inondé; on laisse, ensuite, écouler l'eau et on plante le riz dans la boue. Si l'inondation est impossible, c'est au feu que l'on a recours, puis on remue les cendres et on procède à la plantation.

Malheureusement, les indigènes ne prennent même pas la précaution de circonscrire l'incendie, il en est résulté que les forêts n'occupent plus aujourd'hui qu'un sixième de la superficie des Comores qui, avant l'arrivée de leurs premiers habitants, étaient sans doute entièrement boisées. Formées d'une grande variété d'arbres qui se massent par endroits en futaies fort belles, ces forêts reçoivent un caractère très pittoresque «des énormes troncs blanchâtres des baobabs, des colonnes et des racines vivaces des ficus, des lianes innombrables parmi lesquelles la liane à caoutchouc, des ananas, des caféiers, des piments, des bétels, des ignames, des cacouas, des aloès, des énormes fougères». Puis, entre les forêts et les cultures, disséminés dans les pâturages et les terres à riz, ce sont des mourandas, des baobabs, des cocotiers, des manguiers, des rafias, des jujubiers, des ricins, des pignons d'Inde, des indigotiers. Dans les clairières, sur les crêtes dénudées, des fougères, des graminées atteignant jusqu'à dix pieds de hauteur.

Enfin, sur les côtes marécageuses, jusqu'à la limite de la haute mer où naissent quelques arbustes épineux, des veloutiers et des plantes rampantes, il y a des palétuviers; ceux de la petite espèce atteignent deux ou trois mètres de hauteur; leur écorce est excellente pour les teintures rouges, et leurs branches immergées sont assez souvent couvertes de petites huîtres très délicates; l'autre espèce, dont les sujets sont beaucoup plus grands et sur lesquels on trouve l'orseille, fournit un bon bois pour la charpente et la construction des embarcations.

Chasse. — Les indigènes ne sont pas moins habiles chasseurs que pêcheurs. Ils ont l'occasion d'exercer leur habileté sur les descendants des cochons domestiques échappés des habitations et redevenus sauvages. Ces animaux ont été détruits en partie par les indigènes arabes à la Grande Comore, à Anjouan, à Mohéli ; mais il en reste beaucoup à Mayotte. Ils ont même été si nombreux à un moment que, dans les montagnes de Combani seulement, on en tuait plus de 500 par an. Les Sakalaves les chassent à la sagaie avec des chiens à poils longs.

Main-d'œuvre. — En 1886, date de l'établissement de notre protectorat sur les Comores, on y trouvait trois sortes d'esclaves. Aujourd'hui le régime de l'engagement a succédé à l'esclavage. A la Grande Comore, les conditions de travail ont été fixées ainsi qu'il suit :

10 heures de travail par jour ;

1 jour de repos par semaine ;

3 jours fériés par an.

Engagés libres.	Hommes : 4 roupies par mois, plus la ration.
	Femmes : 2 roupies, *idem*.
Esclaves libérés.	Hommes : 1 roupie par mois, plus la ration.
	Femmes : 1/2 roupie, *idem*.

La question de la main-d'œuvre est d'une extrême importance ; elle doit retenir tout particulièrement l'attention de ceux qui auraient l'intention de s'établir à titre de colon dans les Comores.

Vanille. — Après le sucre, le principal produit d'exportation est la vanille. Sa culture mérite une courte description.

« Le climat chaud et humide des quatre Comores, les terres noires, légères et profondes qu'on y rencontre sont très favorables et cette culture se développe beaucoup depuis quelques années. La production atteint actuellement 8,000 à 10,000 kilogrammes ; mais, quand les plantations faites il y a quelques années seront en plein rapport, elle sera triple ou quadruple.

« On emploie aux Comores, comme support de vanille, un arbrisseau, le *Jatropha Curcas,* connu vulgairement sous le nom de pignon que l'on fait venir de l'Inde ; la vanille a aisément prise sur son écorce et, en lui enlevant un peu de ses feuilles, on obtient le degré d'ombre voulu. Au bout d'un an et demi, l'arbuste est acclimaté et atteint la hauteur de 1 m. 50. C'est à ce moment qu'il peut être employé comme support. Les boutures de vanille se plantent au mois de novembre; elles ont généralement une hauteur de 1 mètre et ne produisent pas avant deux années. On a remarqué que l'on ne pouvait utilement prendre des boutures aux vanilles dont les fleurs ont été fécondées artificiellement. Vers le mois d'avril, on doit couvrir le sol avec un léger paillis ou avec des feuilles de vétiver ou de manioc pour protéger les racines contre les ardeurs du soleil. La durée moyenne des plantes est de sept ans; elles donnent cinq cueillettes.

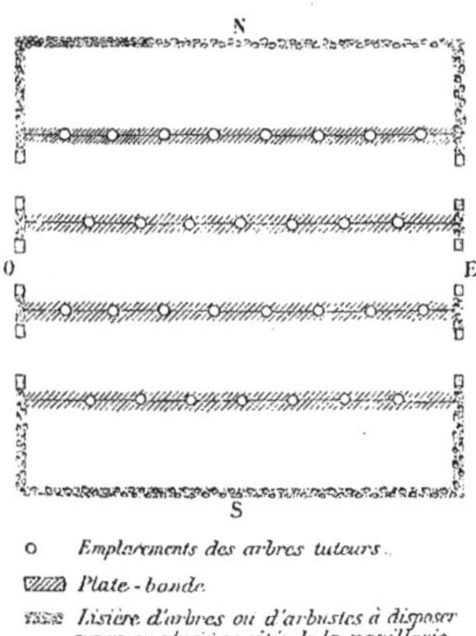

Fig. 403. — Disposition des arbres d'abri et des arbres tuteurs dans une vanillerie [1].

Fig. 404. — Une partie de la vanillerie de la figure 403. (Les arbres tuteurs sont des *Jatropha Curcas* L.)

«A Mayotte, la floraison commmence au mois de juin. Quelques fleurs sont fécondées en juillet et en août; le plus grand nombre en septembre. Un praticien habile arrive à féconder près de 3,000 fleurs par jour. La fécondation doit avoir lieu le matin avant 11 heures, de façon à ce que la chaleur ne soit pas trop intense; on tient dans la main droite un petit instrument et la plante avec sa fleur dans la main gauche; avec la main droite, on introduit la pointe de l'instrument au sommet de la fleur, juste au bas du stigmate, on soulève la

[1] Au sujet des arbres abris et des arbres tuteurs, voir, t. IV, note, p. 149, les généralités sur le vanillier.

membrane et l'on penche avec la main gauche l'organe mâle sur l'organe femelle de la plante. Le gonflement de l'ovaire est rapide; en soixante jours, il atteint son maximum, mais il faut cinq ou six mois avant que le fruit arrive à une complète maturité. Les premières fleurs fécondées au mois de juillet n'arrivent à maturité qu'au mois d'avril suivant. La cueillette demande une surveillance très particulière; à vingt-quatre heures près, ou le fruit sera sans parfum, ou il se fendra et perdra sa valeur commerciale.

Fig. 405. — Vanillerie de Mayotte.

«On estime que 40 p. 100 seulement des fleurs fécondées donnent un résultat satisfaisant, et qu'il faut féconder 800 fleurs pour obtenir un kilogramme de vanille préparée.

«La quantité de vanille verte nécessaire pour obtenir un kilogramme de vanille préparée varie assez sensiblement d'une année à l'autre. En moyenne, on calcule sur 3 kilogr. 60. Il faut quarante jours, après la préparation, pour que la vanille ait acquis toute sa qualité [1]. »

[1] Rapport du Jury de la Classe 59 (Sucres, confiserie, condiments et stimulants), par L. Derode, président de la Chambre de commerce de Paris.

Cotonnier. — Le cotonnier existe presque partout aux Comores à l'état sauvage; c'est un arbuste qui vit plusieurs années; mais sa fibre est courte et grosse, et ne convient guère qu'à la fabrication des lambas et surtout des oreillers et des matelas indigènes. Le climat semblant favorable à sa culture, plusieurs essais furent tentés, en 1886 et en 1888, avec les graines des variétés *sea island* et *georgie longue soie*. Semées au mois de novembre, au commencement de la saison pluvieuse, ces graines produisirent des cotonniers très vigoureux, donnant leurs fruits exactement cinq mois après et qui, taillés après la récolte, ont encore vécu trois années et fourni pendant ce temps des récoltes annuelles appréciables. La beauté des produits obtenus n'a pas été moins remarquable que la quantité récoltée à l'hectare (250 kilogrammes de coton et 750 kilogrammes de graines).

Mayotte. — «Quelques années après notre prise de possession de Mayotte, la beauté des vallées faisant face à Dzaoudzi attira l'attention des colons. Une Compagnie, puis deux capitaines au long cours demandèrent les premières concessions; des créoles de la Réunion et quelques Européens vinrent ensuite.

«La plupart des concessionnaires se sont établis sur le littoral de la Grande-Terre, dans les vallées qui séparent les contreforts. Toutes les concessions se ressemblent; au bord de la mer, à l'entrée de la ville, une bande de marais et de palétuviers, puis une plaine d'alluvion entourée de pentes douces et, au delà, des pentes plus abruptes couvertes de bois; au fond de la vallée, une rivière peu abondante pendant la saison sèche, mais roulant une masse d'eau considérable pendant la saison des pluies; dans la plaine, une usine à sucre, des ateliers, des magasins, des hangars, une maison de maître, des maisonnettes pour les employés à portée de la cloche, un grand camp pour les travailleurs noirs; tout à l'entour des champs de cannes à sucre à perte de vue; telle est à peu près la physionomie de chaque établissement sucrier. Sur certains grands établissements tous les employés sont logés dans des maisons bâties en pierres et très confortables. A Combani notamment, ces bâtiments sont très importants: une maison de maître, douze maisons d'employés, une usine à sucre, une distillerie, un hôpital, six magasins, forment un ensemble de constructions considérable.

« Les grands navires peuvent mouiller en face de la plupart des établissements, mais il est nécessaire de transborder les chargements dans des chaloupes ou de petits boutres, qui, seuls, approchent de la terre.

« Dans l'origine, les marais étaient beaucoup plus étendus qu'aujourd'hui; des barres, formées à l'embouchure des rivières, avaient produit des marais mixtes extrêmement dangereux. On conçoit sans peine l'épouvantable insalubrité de ces vallées lorsque les premiers colons ouvrirent les barres, desséchèrent les marais et mirent à nu, par le défrichement, les terres putrides formées par des alluvions.

« Aussi crut-on pendant longtemps que jamais la Grande-Terre ne serait habitable pour les Européens. Les colons se bornaient à y passer la journée et revenaient chaque soir coucher à Dzaoudzi et à Pamanzi, ou à bord des navires en rade.

« Deux voies se présentaient à eux : se borner à une exploitation agricole en tirant parti des milliers de cocotiers en plein rapport que renfermait chaque concession, en régularisant les bouquets épars, en les joignant par de nouvelles plantations, enfin en cultivant des caféiers, des girofliers et des cacaoyers; ou bien aborder la culture de la canne qui réussissait parfaitement et se lancer dans la fabrication du sucre. L'exploitation purement agricole pouvait donner de bons résultats; chaque cocotier rapporte par an de 80 à 100 cocos et, en faisant la part de la maraude des fanihis et des autres accidents — 80 cocos valant 4 francs, à 0 fr. 05 chacun, prix assuré — un hectare, pouvant contenir au moins 80 cocotiers, eût rapporté 320 francs — soit, pour 100 hectares, 32,000 francs.

« Il eût été facile d'établir dans les belles vallées de Koéni, de Passamenti, de Debency, etc., 100 hectares de cocotiers et 50 hectares de caféiers; un hectare peut recevoir 2,500 caféiers genre moka et 1,200 caféiers genre Libéria, qui produisent chacun 0 kilogr. 250 de café par an; en estimant à 0 fr. 50 le rendement de chaque pied, ces 50 hectares de caféiers eussent produit de 20,000 à 25,000 fr. Mais il eût fallu attendre trois ou quatre ans les caféiers et sept à huit ans les cocotiers; or, dans un pays malsain comme Mayotte, le temps presse, il faut un résultat immédiat; l'hectare cultivé en cannes pouvant au bout de quinze ou dix-huit mois produire 4 à 5 tonneaux de sucre à 300 francs la tonne, soit de 1,200 à 1,500 francs, on sacrifia les cocotiers et les caféiers et on se mit à cultiver la canne et à bâtir des usines. Il est nécessaire d'ajouter, pour la vérité, qu'en 1886-1887, une coccidée a détruit la plus grande partie des cocotiers de Mayotte; les caféiers moka, en 1884, avaient subi le même sort, anéantis par l'*Hémileia vastatrix*.

«C'est ainsi qu'en douze ans, de 1846 à 1858, neuf usines à sucre furent créées.

«L'expérience faisait défaut à ces concessionnaires, cultivateurs improvisés, l'usine manquait d'hommes experts pour le montage et le fonctionnement des appareils, mais dans les vallées paraissant alors inépuisables, la canne à sucre poussait merveilleusement et les sucres se vendaient fort bien, aussi la confiance, malgré les plus graves mécomptes, était grande.

«De 1858 à 1875, cinq usines furent encore créées, mais vers 1885, l'avilissement du prix des sucres, une augmentation constante des charges des propriétaires déterminèrent une crise très grave, et vers ce moment, quatre usines disparaissent ne pouvant plus payer leurs frais de faire-valoir; en 1898, une usine très importante fut également fermée pour les mêmes raisons. Actuellement il ne reste plus que huit usines à sucre à Mayotte : six d'une certaine importance et deux très secondaires[1].

«Employer six usines pour produire 3,500 à 4,000 tonnes de sucre semble, à première vue, peu sage quand on songe qu'une usine centrale pourrait facilement travailler toutes les cannes de la colonie, en obtenant une meilleure extraction et en produisant des sucres de qualité supérieure. Malheureusement les exploitations sont éloignées les unes des autres et les essais de transport par terre et par eau ont dû être abandonnés comme trop onéreux.

«Chaque propriétaire reste donc forcément chez lui et, avec l'expérience acquise, essaie d'améliorer sa culture et sa fabrication, de développer sa production en vue de diminuer ses frais généraux.

[1] Mayotte exporte chaque année plus de 2 millions de kilogrammes de sucre.

« Les premières plantations furent faites avec des plants de Maurice et surtout de la Réunion; les procédés de culture furent aussi, à l'origine, rigoureusement calqués sur ceux de la Réunion, sans tenir compte de la différence de climat et surtout de saisons. Aujourd'hui l'expérience acquise a permis de rectifier les cultures et de mieux les approprier aux conditions climatériques du pays.

« Tandis qu'à la Réunion, la canne ne fournit, en général, que deux pousses : une première, dite *canne vierge*, mûrissant dix-huit mois après la plantation, et une seconde, dite *canne de recoupe*, mûrissant dix-huit à vingt mois après la coupe des cannes vierges, la canne à Mayotte semble pouvoir donner huit à dix coupes; c'est un avantage considérable. Il ne faudrait pas cependant croire que ce soit une bonne pratique de conserver les souches de cannes pendant dix ans. En effet, bien avant ce moment, la souche ne produit plus que de maigres roseaux auxquels un appareil foliacé très développé donne une apparence de vigueur qui ne trompe que le cultivateur novice et inexpérimenté.

« Pendant près de cinquante ans, dans les vallées, la monoculture de la canne a été pratiquée, exclusivement, sans repos, sans assolement, et il a fallu la merveilleuse fécondité du sol des Comores pour obtenir des récoltes encore assez bonnes. Mais ce système a produit la dégénérescence des cannes primitivement plantées qu'on a dû remplacer par des espèces nouvelles.

« La fumure à l'aide des engrais chimiques a été rarement pratiquée à Mayotte, où l'on n'utilise que le fumier de bœufs. C'est à cette circonstance assurément qu'est due la conservation de la fertilité des terres qui, profondément excitée par les engrais chimiques, auraient donné des récoltes considérables pendant quelques années, pour être ensuite frappées de stérilité — comme à Maurice, par exemple, où la culture qui emploie les engrais chimiques à haute dose est, sans cesse, forcée de se déplacer et a déserté le littoral si fertile jadis pour gagner les plateaux du centre de l'île.

« Les cannes introduites à Mayotte, au début, furent la canne blanche, la canne diard et la canne otahiti, puis les cannes dites *bambou* et *rubannées* ou *guinghans*. Mais successivement toutes ces variétés, moins la canne bambou et la canne rubannée, périclitèrent, et il fallut les remplacer par des espèces nouvelles venues de la Réunion, comme la Port-Makay, la bois-rouge blonde, la tamarin, la lousier, etc. Aujourd'hui, la canne bambou et, surtout, la canne rubannée semblent être les variétés convenant le mieux à Mayotte, et, à elles seules, elles forment les trois quarts des plantations.

«Il y a deux époques pour les plantations des cannes à Mayotte: d'octobre à fin novembre, pour les régions favorisées par les pluies à cette époque; de fin décembre à février, pour toutes les régions de l'île sans exception.

«Les cannes plantées en octobre ou en novembre peuvent être coupées dans le cours de novembre de l'année suivante, mais elles ne donnent que de faibles rendements, 25,000 kilogrammes de cannes à l'hectare, tandis que les cannes plantées en décembre, en janvier ou en février, coupées dix-huit mois après, donnent un rendement au moins double, soit 50 à 60,000 kilogrammes de cannes à l'hectare. Voici quel est à peu près le rendement de six récoltes successives de ces cannes plantées en janvier ou février et coupées dix-huit mois après:

«1re coupe : 50,000 kilogrammes de cannes, qui, au rendement de 9 p. 100 en sucre, donnent 4,500 kilogrammes de sucre;

«2e coupe : 50,000 kilogrammes de cannes, qui, au rendement de 9 p. 100 en sucre, donnent 4,500 kilogrammes de sucre;

«3e coupe : 40,000 kilogrammes de cannes, qui, au rendement de 9 p. 100 en sucre, donnent 3,600 kilogrammes de sucre;

«4e coupe : 35,000 kilogrammes de cannes, qui, au rendement de 9 p. 100 en sucre, donnent 3,150 kilogrammes de sucre;

«5e coupe : 30,000 kilogrammes de cannes, qui, au rendement de 9 p. 100 en sucre, donnent 2,700 kilogrammes de sucre;

«6e coupe : 25,000 kilogrammes de cannes, qui, au rendement de 9 p. 100 en sucre, donnent 2,250 kilogrammes de sucre.

«Ces rendements sont approximatifs, mais très voisins de la réalité; ils varient suivant la valeur des terrains mis en culture. La décroissance des produits est rapide, on le voit, à partir de la 4e année, aussi une sage pratique est celle des propriétaires expérimentés, qui ne demandent que quatre ou cinq coupes à la canne. A ce moment il convient de dessoucher la canne, de labourer le sol à la charrue et de l'ensemencer à l'aide d'une légumineuse, le pois noir de Mascate, qui couvre le sol d'une couche épaisse de rameaux, pendant que ses racines, par la sidération, enrichissent le sol en azote. Un repos de deux années, dans ces conditions, rend presque au sol sa fertilité première. C'est, du reste, le procédé d'assolement employé à la Réunion, à laquelle Mayotte doit tant emprunter.

«Il faudrait aussi avoir le soin de ne jamais planter, deux fois de suite, la même variété de cannes dans le même sol.

«Lorsqu'on a extrait des jus de la canne — par trois opérations successives — les sucres dits de premier, deuxième, troisième jets — il est presque impossible d'obtenir de nouvelles cristallisations, quoique les mélasses contiennent encore près de 50 p. 100 de sucre cristallisable. Les mélasses résiduaires sont employées à la fabrication des rhums; 100,000 kilogrammes de sucre laissent des mélasses pouvant produire 10,000 litres de rhum.

«Les rhums de Mayotte ont eu, de tout temps, une véritable renommée dans la mer des Indes, renommée d'ailleurs très justifiée.

«A l'heure actuelle, les esprits sont, à juste titre, préoccupés du danger de certains alcools; il est donc utile de rappeler que les rhums de cannes sont exempts d'alcools supérieurs et d'éthers, qui rendent si dangereux l'usage de certains alcools d'industrie. Ce fait a été signalé depuis longtemps par un de nos savants professeurs de la Faculté de médecine. On peut donc espérer que, par la suite, les rhums et tafias produits de la canne à sucre remplaceront dans une large mesure les alcools d'industrie. Il est intéressant de rappeler que, sur 100 hectolitres d'alcool entrant dans la consommation de la France, on ne compte que 2 hectolitres d'alcool de vin, c'est-à-dire à peine un cinquième.

«En somme, la principale industrie de Mayotte est celle du sucre et de son dérivé le rhum. Il se fabrique annuellement environ 4,000 tonneaux de sucre et de 180,000 à 200,000 litres de rhum. L'industrie sucrière occupe près de 3,000 travailleurs.

«La question des engagements de ces travailleurs est une des plus importantes pour les établissements sucriers dont les ateliers exigent de 2,500 à 3,000 noirs. Mayotte n'en pouvant fournir qu'un nombre restreint, il faut chercher les autres à l'étranger. Autrefois le recrutement à la côte d'Afrique était permis, mais depuis il a été interdit.

«L'Afrique fermée, on a demandé à la nombreuse population de l'Inde les travailleurs nécessaires à nos colonies; il suffit de jeter les yeux sur les statistiques criminelles de la Réunion, par exemple, pour juger des résultats moraux de ce recrutement. Mayotte essaya donc de recruter ses travailleurs dans l'Inde; un premier convoi fut amené par M. Sohiers de Vaucouleurs, en 1848, mais ces Indiens furent immédiatement atteints par les fièvres paludéennes; la moitié mourut dans les deux premières années et on fut obligé de renvoyer les autres complètement cachectiques. Les Indiens ne pouvant vivre à Mayotte, le Gouvernement autorisa les engagements de travailleurs indigènes dans les autres Comores et c'est là que se recrutent aujourd'hui les ateliers de Mayotte[1]. »

J'ai donné plus haut[2] quelques indications générales sur la culture de la vanille aux Comores; j'ai même signalé quelques points particuliers à Mayotte. Une température plus chaude, plus humide, une végétation plus active, semblent y créer des conditions très favorables à la bonne venue des vanilles. D'un parfum exquis, à fine odeur de thé, la vanille de Mayotte se classe au premier rang, immédiatement après celle du Mexique.

Les cultures entreprises permettent d'espérer que Mayotte produira avant peu de sérieuses quantités de café. D'une part, en effet, la bouillie bordelaise ayant raison de l'*Hémileia vastatrix*, on pourra répandre le moka et les autres variétés fines qui réussissent dans ce pays aussi bien que le Libéria; d'autre part, une transformation se produit chez ce dernier; il avait surtout contre lui son apparence, et cette apparence s'amende de façon heureuse.

GRANDE COMORE. — Le climat de la Grande Comore passe pour le plus salubre du groupe. Vanillier, girofflier, cacaoyer, caféier[3]

[1] *Notice sur Mayotte et les Comores*, par Émile VIENNE, commissaire de Mayotte et des Comores à l'Exposition Universelle de 1900.

[2] Voir p. 469 à 471 et aussi p. 479 et 480.

[3] Une variété de café pousse à l'état sauvage en forêt.

y réussissent; mais le terrain rocailleux et accidenté ne convient pas à la canne à sucre. Les cultures vivrières des indigènes sont celles du maïs, du riz de montagne, du manioc, des patates, de l'igname, des bananes, de l'ambrecade et de plusieurs variétés de haricots et de lentilles. Comme fruits, on trouve la mangue, la goyave, la pomme rose, le fruit de l'arbre à pain, les oranges, les mandarines, les citrons, l'ananas. Sur une longueur de 2 à 3 kilomètres, la côte est bordée de cocotiers, très nombreux sauf quand la guerre ou la maladie les ont détruits. Les indigènes n'en font plus le commerce; ils se contentent de manger les fruits, de boire l'eau de coco pendant la saison sèche et d'enlever la bourre pour faire des cordages, ce qui constitue même, avec l'élève des bestiaux, leur seule industrie. Petit et trapu, le bœuf à bosse est de belle venue; sa chair est bonne, quoique dure. Celle des cabris — très nombreux et qui vivent par petits troupeaux — vaut celle de nos moutons d'Europe.

L'élevage en grand, sur de vastes étendues de terre et dans des maisons établies sous bois, est une industrie agricole qui convient particulièrement au pays.

Anjouan. — Anjouan — qui, sous le rapport de la salubrité, vient immédiatement après la Grande Comore et avant Mayotte — a des cultures soignées et en grand progrès. Les Européens exploitent la canne à sucre, la vanille, le café, tandis que les indigènes, qui, généralement, manquent de capitaux, s'en tiennent aux cultures vivrières : manioc, mil, maïs, patates, cocos (près de 100,000 par an, vendus pour la plupart à Madagascar à raison de cent francs le mille), etc. Leur principal objet d'exportation est la pistache; ils en expédient annuellement à Zanzibar près de 300 tonnes.

Aussi pittoresque que fertile, Anjouan se prêterait avec succès à des essais de petite colonisation. Voici, à ce sujet, quelques extraits intéressants que j'emprunte à la notice officielle publiée sur les Comores à l'occasion de l'Exposition de 1900 :

« M. Plaideau, propriétaire de la vanillerie de Sangani, est un planteur qu'on pourrait donner en exemple à tous ceux qui, en France, seraient désireux de venir tenter la fortune aux Comores avec quelques milliers de francs. Sa plantation de vanille, entreprise, il y a sept ans, avec un capital d'une dizaine de mille francs, est l'une des plus belles exploitations de ce genre qui soient au monde. Cette propriété a produit : en 1896, 1,800 kilogrammes de vanille préparée; en 1897, 2,250 kilogrammes de vanille préparée; en 1898, 2,900 kilogrammes de vanille préparée. A partir de l'année 1899, M. Plaideau espère arriver à une production de 3,000 kilogrammes. Ce colon a exporté aussi, en 1898, 4,000 kilogrammes de clous de girofle. Mais cette épice s'est, paraît-il, fort mal vendue et c'est à peine si les frais de la récolte ont été couverts.

« Un autre planteur de vanille d'Anjouan peut aussi être donné en exemple : avec de faibles capitaux, il a su se créer, dans une localité appelée Pagé, une jolie vanillerie qui lui a rapporté, en 1897, un millier de kilogrammes de vanille préparée. En 1898, le cyclone ayant fait subir de grands dommages à sa plantation, il n'a pu exporter que 250 kilogrammes.

« Ces résultats sont très remarquables. Il faut considérer, en effet, que la vanille, qui se vend depuis 30 francs jusqu'à 75 francs le kilogramme, suivant qualité, ne doit pas s'évaluer à moins de 50 francs comme moyenne et qu'une récolte de 1,000 kilogrammes, vendue par conséquent 50,000 francs, ne laisse pas moins de 35,000 francs de bénéfice net. »

Mohéli. — Mohéli passe pour la plus malsaine des quatre îles de l'archipel, et les Grands-Comoriens n'y viennent pas volontiers. Cependant, à partir de 150 mètres au-dessus du niveau de la mer, l'air est pur, relativement frais durant la nuit, et il n'y a presque plus de moustiques.

Il y a deux exploitations européennes, donnant ensemble un total de 1,500 kilogrammes de vanille, 600 tonnes de sucre, et, sur l'une d'elles, existent, en outre, des plantations de café et de cacao. Les cultures indigènes sont celles du manioc, de la patate, du cocotier, du maïs, du mil, du riz, du pistachier, de la cannelle, du bananier. Le bétail s'élève bien; mais il est, pour l'instant, trop peu abondant pour être un objet d'exportation.

ÎLES GLORIEUSES. — Le groupe des îles Glorieuses (île Glorieuse et île de Lys) est concédé à un Français, qui a la garde du pavillon. Le climat est sain. Les puits creusés dans le sable de l'île Glorieuse donnent d'excellente eau douce. Déjà 10,000 pieds de cocotiers avaient été plantés; le cyclone de 1898 les a renversés. Notre compatriote a commencé alors l'exploitation du guano, dont il trouve facilement acquéreur pour les plantations de sucre (de Maurice, notamment). La couche d'humus naturel permet presque toutes les cultures (le maïs vient très bien; les melons, les citrouilles, les oignons croissent tout seuls; le cotonnier y est presque prospère). Pendant la saison des pluies, la végétation est touffue. On remarque le papayer, le mapou; l'arbre à soude dont l'écorce sert à faire du savon; le filao, bois de charpente; le sapin des îles, de la famille des caoutchoucs; le posché, sorte de bois de camphre, donnant de bonnes planches; le cocotier, dont le revenu annuel, par arbre, varie de 2 à 5 francs. De nombreux oiseaux de mer, les gallinacés redevenus sauvages et les colibris constituent la faune avec quelques lézards. Il n'y a pas de serpents. Poissonneuses, les eaux abondent en espèces excellentes à manger. De janvier à juin, les tortues franches ou *caouanes* viennent, en grand nombre, pondre sur le sable des plages; elles forment la nourriture des habitants. D'octobre à février, on trouve des tortues caret à écaille précieuse.

C. LA RÉUNION.

DESCRIPTION. — SUPERFICIE. — POPULATION. — CLIMAT. — CYCLONES. — FLORE. — RÉGIONS DE CULTURE ET D'ÉLEVAGE. — MAIN-D'ŒUVRE. — CULTURES VIVRIÈRES; FÉCULES; MANIOC. — CANNE À SUCRE. — VANILLE : GÉNÉRALITÉS; CULTURE; PRÉPARATION. — CAFÉ; CAFÉ SAUVAGE. — THÉ. — TABAC. — COTONNIER. — PÂTURAGES. — ÉLEVAGE; BŒUFS. — APICULTURE. — FORÊTS : SUPERFICIE; CONSTITUTION; DÉBOISEMENT; PRINCIPALES ESSENCES; IMPORTATION DU BOIS; QUINQUINA; CAOUTCHOUC.

« Abrégé du monde connu, qui résume toute la terre, qui contient un échantillon de tous les climats et de tous les produits du sol, qui offre, dans un espace restreint, un exemple des plus grands phénomène de la nature, depuis le lac insondable jusqu'au volcan couronné de flammes; pays unique; île merveilleuse que ses habitants eux-mêmes ne connaissent pas assez, mais qu'on aime d'instinct, pour laquelle tous les voyageurs ont épuisé les épithètes les plus admiratives! » Tels sont les qualificatifs qu'inspire à un de ses laudateurs la Réunion, la plus ancienne parmi celles de nos vieilles colonies qui nous restent encore, la Réunion dont on a dit qu'elle était « ce qu'il y a de meilleur au monde ».

La superficie de l'île est de 2,611 kilomètres carrés; la population légèrement inférieure à 175,000 habitants, dont 120,000 blancs, est, en moyenne, plus dense que celle de la France. La température varie entre 12 et 36 degrés. La saison chaude, saison des pluies, dure de novembre à avril; la belle saison (vents secs du Sud-Est), de mai à octobre. De janvier à mars, il se produit de fréquents cyclones; certains sont d'une violence inouïe; on en a eu récemment un terrible exemple.

« Tous les légumes et tous les fruits tropicaux poussent sur le littoral et donnent de délicieux produits. Les manguiers notamment, cultivés depuis longtemps et améliorés par la greffe, ont des fruits exquis. Les dattes sont renommées à Savannah (Saint-Paul), et les mangoustans sont parfaits à Saint-Benoît. Les pêches de Saint-Denis rivalisent avec celle de France. Les fruits de toute taille, variant du violet au jaune, pendent sous les larges feuilles des bananiers jusqu'à 1,000 mètres d'altitude. Jusqu'à cette même hauteur, les ananas croissent en abondance.

« Jusqu'à 400 mètres, le vanillier allonge ses lianes gonflées de suc sur les troncs des filaos, des pignons d'Inde et de nombreux arbres fruitiers servant de tuteurs à cette productive orchidée, tandis que le manioc étend sous la terre légère, dans des champs voisins, ses racines nourrissantes, et que le litchys du Japon se couvre de ses abondantes et gracieuses grappes de fruits semblables à de gigantesques raisins roses.

« De 300 à 600 mètres, les caféiers se chargent, presque en toute saison, de baies rouges dont les grains torréfiés ont un arome si fin. Les terres de l'île sont si propres à porter cet arbuste qu'on le trouve presque à toutes les altitudes, et que le caféier indigène sauvage se rencontre encore à 1,400 mètres.

« Jusqu'à plus de 100 mètres, la canne à sucre couvre les champs de ses roseaux, dont la sève est si douce et dont la fleur, comme un panache léger, tremble au moindre vent.

«Plusieurs espèces de vignes donnent leurs raisins depuis le littoral, où ils sont précieusement cultivés, jusque sur les hauteurs de Salazie, où les lianes, à l'état presque sauvage, grimpent sur les arbres comme en Italie, ou s'étendent sur les corbeilles d'or si envahissantes elles-mêmes.

«Au-dessous de 600 mètres, les bibassiers (néfliers du Japon), les cognassiers, les orangers, les pommiers et nombre d'autres espèces, rappelant les fruits de France, poussent sans culture.

«Vers 1,500 mètres, la couronne de calumets limite la zone des forêts, dont la végétation s'arrête vers 2,400 mètres d'altitude avec les tamarins des hauteurs. Plus haut, jusqu'au sommet du Piton-des-Neiges, les branles (bruyères) et les fougères couvrent encore le sol dans les endroits où la moindre anfractuosité du roc a retenu un peu de terre végétale.

«Partout, enfin, on marche sur les plantes médicinales.

Fig. 406. — Une habitation de planteur.

«Sur tout ce cône de verdure, dans les endroits où les plaines trop rares permettent l'élevage, les représentants de la race bovine et les ovidés fournissent une viande excellente. Partout les oiseaux de basse-cour s'élèvent facilement. Les porcs, dans les hauteurs surtout, ont une chair parfaitement saine, et dans les terres basses, les lièvres et les cailles sont un gibier très abondant et très savoureux. . . . .
. . . .

« L'expérience a depuis longtemps démontré que dans les îles tropicales, surtout celles dont le sol est volcanique, tous les produits de la terre s'affinent et gagnent par l'action du terroir et du climat une délicatesse dont n'approche aucun produit continental.

« La preuve n'est plus à faire en ce qui concerne l'île de la Réunion. Chaque fois qu'une plante y a été importée et qu'une culture rationnelle a suivi cette importation, elle a donné, après plusieurs générations, des produits supérieurs aux produits des pays d'origine.

« Le café Bourbon est considéré par les connaisseurs comme le meilleur du monde entier, la vanille l'emporte également sur les autres espèces, les fleurs à essence, les plantes à parfum, les bois précieux, les herbes médicinales, en un mot, tous les végétaux utiles à l'humanité acquièrent naturellement, dans ce sol privilégié, leur maximum de vertu [1]. »

Main-d'œuvre. — La question de la main-d'œuvre est, pour la colonie, d'une importance primordiale. Il y a pénurie de travailleurs, en sorte que les champs sont en friche [2], que souvent même les récoltes restent sur pied faute de pouvoir être manipulées. Il faut donc recourir à une main-d'œuvre étrangère. Jusqu'ici, c'est l'Inde qui a fourni à la colonie les plus dociles et les meilleurs travailleurs. Il importe de prendre des mesures pour assurer cette source de prospérité, et d'éviter certaines décisions regrettables inspirées par un esprit trop absolu ; il faudrait, notamment, admettre que les enfants issus d'immigrants indiens ne perdissent pas leur nationalité et, par suite, ne fussent pas astreints au service militaire.

Cultures vivrières. — La récolte des cultures vivrières approche de 800,000 kilogrammes ; il y a notamment des quantités de fécules diverses (arrow-root, fécules de manioc, tapiocas, etc.) d'excellente qualité.

---

[1] A.-G. Gansault, directeur de la manufacture coloniale des tabacs de Saint-Paul, délégué spécial de la Réunion à l'Exposition de 1900.

[2] Il n'y a guère que 120,000 hectares en exploitation, or il y en avait déjà près de 100,000 en 1850 ; on voit donc combien la progression est faible.

Voici, à leur sujet, les résultats d'analyses faites par M. Balland :

	ARROW-ROOT.			FÉCULE de manioc.
Eau.............	13.60	12.30	13.60	13.90
Matières azotées....	1.08	1.08	1.69	1.23
Matières grasses....	0.25	0.25	0.15	0.25
Matières amylacées..	83.77	84.97	84.01	83.47
Cellulose.........	0.90	0.90	0.15	0.85
Cendres.........	0.40	0.50	0.40	0.30

L'exportation totale de tapiocas et fécules, tous expédiés en France, dépasse 600,000 kilogrammes. L'exportation des pommes de terre est également assez importante.

Manioc. — Il est à noter que l'augmentation de la consommation du tapioca a amené une extension de la culture du manioc dans nos colonies et notamment à la Réunion. Quelques lignes sur cette culture me semblent donc intéressantes ici. Le but à atteindre dans la production du manioc est l'augmentation de la richesse en fécule. D'où il importe d'éliminer les espèces qui ne présentent qu'une valeur restreinte au point de vue de la teneur en fécule. La variété la plus riche en fécule est le *manioc de Singapou*. Elle a tendance à gagner du terrain sur une autre variété, très féculente, connue à la Réunion sous le nom de *manioc Sosso* ou *manioc de Saint-Philippe*. Très rustique, le manioc Sosso donne de beaux rendements

Fig. 407. — Canne à sucre en végétation.

sous tous les climats tempérés de l'île. A côté du choix de la variété, il existe un autre facteur très important, c'est l'emploi judicieux d'une fumure appropriée. La potasse favorise la production de la fécule, de l'amidon et du sucre. Ainsi l'addition de cendres très riches en potasse, tout en poussant à un rendement élevé, constitue la fumure la moins chère.

Canne à sucre. — La culture du sucre a occupé un instant près de 50,000 hectares (1882). L'exportation à laquelle elle donnait lieu atteignit presque 70,000 tonnes (1860). D'autre part, la production du rhum et du tafia s'élève rapidement après 1878 : en 1883, elle est de 7,490,000 litres; la progression continue et, en 1897, l'exportation dépasse 17,500,000 litres.

A l'heure actuelle, par suite de l'avilissement du prix du sucre, la culture de la canne traverse une crise pénible; elle occupe encore, cependant, 35,000 hectares.

Vanille. — «De nos colonies, c'est la Réunion qui tient actuellement la première place dans la production de la vanille comme quantité, progrès de culture et de préparation; cette vanille vient immédiatement après celle du Mexique comme qualité. Sa production a quelquefois atteint et même dépassé 100,000 kilogrammes, représentant une valeur de 3 à 4 millions de francs. Les principaux centres de production, dans l'île, sont Saint-André, Saint-Benoît, Saint-Joseph et Saint-Philippe : c'est là que se rencontrent les meilleures conditions de chaleur et d'humidité nécessaires à la culture de la précieuse orchidée. Pour l'installation des vanilleries, on doit éviter les terrains dont l'humidité persiste pendant la période des chaleurs. Les terres riches en produits végétaux, tels que les bois, doivent être particulièrement recherchées; mais on doit éviter de se servir, comme support, d'essences sujettes à changer d'écorce. Pour faire une plantation, il est nécessaire de labourer profondément, d'enlever complètement la terre, et d'y substituer des matières organiques, feuilles sèches, etc., pour se retrouver dans les mêmes conditions que dans la forêt. Les plantes doivent être distantes de 40 centimètres; les premières gousses paraissent au bout de deux ans, mais, à moins d'une nécessité exceptionnelle, on ne les récolte pas, et, en tous cas, on n'en laisse arriver à maturité qu'un petit nombre. C'est au bout de la troisième année seulement que l'on procède à la fécondation artificielle. Il est très important que les plants de vanille soient à l'abri du vent; un des meilleurs moyens de les protéger consiste à planter des bananiers entre les rangées de vanilliers. Il se passe sept mois entre la fécondation et l'époque de la maturité de la gousse.

« D'après les observations de M. Deltheil, ancien directeur de la station agronomique à la Réunion, on peut cultiver 5,000 pieds de vanille à l'hectare et 26 gousses par pied, soit 130,000 gousses. Étant donné qu'il faut 292 gousses pour un kilogramme, cela donne 421 kilogrammes à l'hectare.

« La préparation de la vanille est une opération très délicate et très intéressante.

« Le système le plus simple, pratiqué à la Réunion, est le procédé dit *à l'eau bouillante*. Les gousses, après avoir été plongées dans l'eau bouillante, sont placées pendant vingt-quatre heures dans des boîtes en bois dont l'intérieur est garni d'étain. Ces boites sont hermétiquement fermées et entourées de couvertures de laine de manière que le refroidissement s'opère lentement. Si, d'après l'inspection des vanilles, on juge inutile de les ébouillanter une seconde fois, ce qui arrive parfois, on les retire et on les expose sur des claies au soleil pendant six jours, enveloppées dans des couvertures de laine. Elles perdent au cours de ces opérations une grande partie de leur poids; il faut 3 kilogr. 700 de vanille verte pour produire un kilogramme de vanille préparée. Lorsque les gousses sont suffisamment séchées, on les place dans une salle bien ventilée, sur des claies, où elles restent pendant plusieurs mois avant d'êtres mises en paquets; alors elles sont soumises à une surveillance incessante pour empêcher le développement de la moisissure; on les retire au fur et à mesure, suivant qu'on juge que leur préparation est plus ou moins avancée; les paquets contiennent en général de 50 à 70 gousses.

« Un autre procédé consiste à soumettre les vanilles préalablement ébouillantées à des courants d'air chaud. Les gousses sont placées sur des claies qui s'étagent dans des sortes d'étuves chauffées à l'aide de serpentins, et au travers desquelles circule un courant d'air chaud qui entraîne avec lui l'eau de végétation des gousses; l'opération dure de deux à six jours suivant la provenance et le degré de maturité des vanilles. Ce procédé a, sur le premier, le grand avantage de pouvoir être pratiqué par tous les temps.

«Un troisième mode de préparation est celui dit *au four*. Le four employé ressemble au vulgaire four de boulanger. On le chauffe jusqu'à une température de 150 à 200 degrés. On retire les cendres et les résidus de la combustion et on ramène la température du four à 65 degrés. On y introduit alors des boîtes de fer-blanc dont chacune contient 10 kilogrammes de vanille enveloppés dans des couvertures de laine, après ébouillantage. On ferme hermétiquement le four. Au bout de quinze heures, on inspecte les vanilles ; suivant leur état et leur couleur, on les remet dans le four pour un temps plus ou moins long, mais qui ne dépasse pas ordinairement deux heures. Les boîtes sont ensuite placées dans un endroit sec et de façon qu'elles se refroidissent lentement. Les préparateurs estiment que dans une bonne opération, une notable partie de l'eau d'évaporation doit rester au fond des boîtes au moment où on en retire les gousses, et que, s'il n'en reste que peu de trace, c'est que la température aura été excessive.

«Le personnel qui met les gousses en paquets est payé 3 francs par jour ; un ouvrier peut faire environ 40 à 50 paquets par jour pour le paquetage ordinaire, 35 environ pour le paquetage à la mexicaine.

«On a aussi fait des essais intéressants pour l'utilisation, en vue de la préparation de la vanille, de la propriété si remarquable que possède le chlorure de calcium d'absorber l'humidité. Les vanilles sont classées dans de grandes boîtes en fer hermétiquement closes, au fond desquelles se trouvent des vases recouverts de plaques de fer percées de trois trous et contenant le chlorure de calcium ; l'opération dure un mois ; il paraît qu'il faut environ un kilogramme de chlorure de calcium pour obtenir un kilogramme de vanille préparée. On sait, d'ailleurs, que le pouvoir absorbant du chlorure de calcium peut être presque indéfiniment utilisé en le revivifiant [1]. »

Café. — Les premiers exploitants de l'île avaient rencontré le caféier sauvage, ou café marron, comme on l'appelle encore [2]. En

---

[1] Rapport de la Classe 39 (Sucres, confiserie, condiments et stimulants), par L. Derode.

[2] Voici, à son sujet, un extrait d'une lettre adressée par le délégué spécial de la Réunion, commissaire à l'Exposition coloniale, au dé-

1717, on importa quelques plants de Moka; un seul avait survécu en 1720, mais il produisit, cette année-là, une si abondante récolte, que l'on put mettre au moins 15,000 grains en terre; quelques années plus tard, on entreprenait de grandes plantations. Un ouragan terrible dévasta, en 1806, les plantations; mais telle était leur prospérité qu'elle permit de réagir. En 1817, la production atteint 3,000 tonnes; elle a bien décliné depuis.

Un diagramme, indiquant l'exportation de 1870 à nos jours, montre qu'elle s'est maintenue tout d'abord pendant dix ans — sauf un brusque accroissement en 1877 : jusqu'à près de 600 tonnes — entre 350 et 450 tonnes; puis, brusquement, elle s'élève, dépasse 600 tonnes pour retomber, en 1885, à 250 tonnes; elle atteint à nouveau 350 tonnes (1890), fléchit et ensuite, dans la dernière décade, tombe à 44 tonnes (1896); depuis cette époque, il y a eu une légère reprise.

légué des Ministères des affaires étrangères et des colonies, à l'Exposition de 1900 :

Monsieur le Délégué,

J'ai l'honneur de porter à votre connaissance que ce qui me paraît le plus intéressant, dans notre exposition de la Classe 39, c'est l'espèce de café dite *café sauvage*, qui est indigène et absolument distincte de toutes les autres espèces connues.

Le café moka avait été introduit depuis assez longtemps dans la colonie et prospérait sur le littoral lorsque, vers 1715, les habitants de l'île, en défrichant ou en suivant les indications de noirs marrons réfugiés dans le haut de l'île, constatèrent la présence, à Bourbon, d'un café indigène dont l'habitat se trouvait situé à 1,200 mètres d'altitude. (Ce café viendrait donc bien dans l'extrême Sud de la France et en Algérie.)

Les habitants envoyèrent une députation au Régent, pour l'informer de cet événement, alors considérable pour une colonie et sa métropole.

Malheureusement l'île de la Réunion est trop loin de la France pour que de pareilles nouvelles puissent y avoir le retentissement et le résultat qu'on serait en droit d'en attendre. La mode était au moka; on continua, dans la colonie, à planter du moka, en délaissant le café indigène qui avait le tort de pousser sans culture, d'être déjà prêt à

être récolté, et qu'il ne s'agissait que de faire consacrer à sa valeur.

Le café sauvage ou café marron ne se rencontre que dans les forêts de la Réunion et à l'état inculte encore aujourd'hui.

Il est particulièrement intéressant parce qu'il contient, paraît-il, 50 p. 100 de plus de caféine que les autres cafés. Il serait donc utilisé avec grand profit par les chimistes qui recherchent uniquement l'extraction de la caféine, ou par l'Intendance militaire, qui doit se préoccuper de fournir aux soldats la plus grande somme possible d'éléments profitables sous le moindre volume possible.

Le caféier marron ressemble beaucoup aux caféiers cultivables. Ses feuilles sont plus arrondies, moins dentelées; ses tiges plus droites sont composées d'un bois admirablement souple et résistant, qui, une fois verni, ressemble au buis.

Mais ce qui le distingue surtout, c'est la forme de son fruit, qui est beaucoup plus allongée et plus pointue que toutes les espèces connues. Il est donc impossible de lui substituer une autre espèce.

Il serait temps de se préoccuper de cette question afin de sauver le caféier marron d'une destruction presque totale. Il était autrefois l'arbrisseau le plus abondant des bois de la Réunion. Aujourd'hui, traité comme un simple bois de forêt, bon au feu ou à la confection des cannes, il devient de plus en plus rare.

Thés. — Vers 1858, le directeur du Jardin botanique de Pondichéry rapporta les graines de trois variétés de Java qui furent cultivées avec succès à la Réunion, mais, après quelques essais qui se prolongèrent pendant une dizaine d'années, les plantations furent abandonnées. Chose remarquable, les arbres abandonnés à eux-mêmes ne périrent pas; on en rencontre encore dans maints domaines, ce qui prouve que le thé trouve dans le pays les conditions de sol et de climat qui lui conviennent. En 1894, le Crédit foncier colonial importa de Ceylan des graines de l'hybride d'Assam qui y a donné de si excellents résultats, et des plantations furent entreprises sur le domaine de Bernica, à Saint-Paul, dont les produits valent ceux de l'Inde. Sur ce même domaine de Bernica, une plantation a été, en outre, installée avec la variété de thé existant déjà dans le pays; si, comme on l'assure, cette variété se rapproche du thé de Chine, il y aurait intérêt à s'y attacher. Les plantations ne couvrent jusqu'ici que 1,300 hectares, et le succès de cette culture dépend de la solution de la question de la main-d'œuvre.

Tabac. — «Ce qui manque au tabac de la Réunion pour montrer les qualités que le climat et le sol lui assurent, c'est une meilleure préparation. Chaque petit planteur, en effet, prépare sa récolte suivant sa fantaisie, fantaisie inspirée généralement par la routine ou par le désir de courir moins de risques et par la nécessité de livrer son produit le plus rapidement possible[1]». Il faut, du reste, ajouter que la Réunion est, parmi nos colonies, une de celles, sinon même celle, où la culture du tabac est faite le plus rationnellement et donne les résultats les plus satisfaisants.

La production annuelle s'est élevée jusqu'à 100,000 kilogrammes (1860-1865); l'exportation pour Madagascar et Maurice contribue beaucoup au bénéfice des planteurs de la Réunion. En France, l'Administration des tabacs refuse d'accepter leurs produits, bien que la Chambre de commerce de la Réunion ait sollicité l'autorisation de mettre en vente, dans certains débits de France, sous sa responsa-

[1] A.-G. Garsault, directeur de la manufacture coloniale des tabacs de Saint-Paul, délégué spécial et commissaire de la Réunion à l'Exposition de 1900.

bilité propre et sous le contrôle de l'Administration, des cigares fabriqués dans la colonie; cette requête, cependant, mériterait, semble-t-il, d'être accueillie.

Cotonnier. — Dans la partie de l'île qui est *sous le vent*, les émanations salines et l'absence des grosses brises sont éminemment favorables au développement du cotonnier, qui pousse naturellement et devient arborescent. Sa culture était autrefois prospère dans l'île — les cotons de la Réunion ont joui pendant fort longtemps d'une réputation méritée, — son importance a été en diminuant depuis trente ans, par suite de l'extension donnée à la culture de la canne à sucre.

Pâturages et élevage. — Il n'existe pas de pâturages proprement dits. Le bétail broute la graminée qui pousse spontanément à l'ombre des tamarins, — elle donne, du reste, d'assez bon fourrage. On a introduit le fromental, qui a fort bien réussi. Les ray-grass poussent aussi. Le bétail n'est pas assez nombreux; il se compose de moutons de la race du Soudan, de bœufs[1], de quelques chèvres. Chaque mois, on importe de Madagascar une certaine quantité de zébus.

[1] «Les animaux de l'espèce bovine sont les plus nombreux et ceux qui rendent le plus de services pour le travail de la culture à l'île de la Réunion. L'on trouve également sur les habitations un grand nombre de mulets, mais ces animaux coûteraient plus cher à élever jusqu'à l'âge de quatre ou cinq ans, âge auquel ils peuvent rendre des services, qu'on ne les paye quand ils arrivent de la République Argentine, d'où on les introduit généralement; je crois donc que, sauf pour quelques grands propriétaires qui peuvent en élever un certain nombre pour les utiliser sur leurs propriétés, l'élevage de ces animaux ne peut pas se faire en grand, et pendant longtemps encore, il faudra se résigner à en introduire de l'extérieur. Il n'en est pas de même pour les animaux de l'espèce bovine, surtout aujourd'hui que nous sommes menacés d'être privés des envois de bœufs de Madagascar, où ils deviennent de plus en plus rares depuis que, par suite des épidémies terribles de typhus qui ont eu lieu au Transvaal et dans les Républiques sud-africaines, les envois dans ces pays se sont chiffrés par milliers. Il y a seulement quelques années, les animaux de l'espèce bovine étaient si nombreux à Madagascar, qu'il nous était envoyé des bœufs de 3 ou 4 ans pour 50 à 60 francs; aujourd'hui les mêmes animaux, mais ayant 18 mois à deux ans seulement, sont vendus 150 et 160 francs. Comme à cet âge, ils sont encore incapables de travailler aux rudes travaux auxquels on les destine et qu'il faut encore les garder près d'une année pour les acclimater et les habituer aux travaux qu'ils devront exécuter, dans ces conditions, il y aurait avantage à en élever dans le pays. Mais une ques-

Apiculture. — Le miel de la Réunion, notamment celui dit *miel vert*, est de toute première qualité; la cire recueillie est également fort bonne. Malheureusement les ruches domestiques sont peu nombreuses et les autres tendent à disparaître. Depuis quelques années, des abeilles italiennes ont été introduites et semblent prospérer.

Forêts. — Les forêts couvrent environ le tiers de l'île; ces forêts appartiennent, pour moitié environ, au Domaine et, pour moitié, à des particuliers. Constituées autrefois par des peuplements de grande valeur, elles ont été exploitées sans ménagement, il y a une quarantaine d'années; aussi ne sont-elles plus que des fourrés d'essences in-

tion très importante se pose alors : quels sont les animaux de l'espèce bovine dont l'élevage donnerait les meilleurs résultats? Il y a actuellement à la Réunion des bœufs appartenant à trois types différents : le bœuf de Madagascar, le bœuf mascate ou moka et le bœuf du pays.

«Les bœufs de Madagascar sont des animaux de taille moyenne; leur poids atteint rarement plus de 400 à 500 kilogrammes, et il est souvent bien inférieur à ces chiffres; ces animaux ne sont pas très robustes, et si on leur demandait un travail trop fatiguant, ils seraient promptement usés; il faut les faire travailler avec ménagement. J'ai remarqué, depuis que je suis appelé à en soigner un grand nombre, qu'ils sont plus sujets que les animaux de n'importe quelle race, à la tuberculose.

«Les bœufs moka sont appelés aussi bœufs mascate, parce qu'ils viennent d'Arabie et sont généralement embarqués à Mascate; mais il n'en est amené que très rarement, la grande partie de ceux qui existent dans la colonie descendent de quelques vaches et taureaux que l'on a introduits dans le pays en 1820 et qui ont fait souche. Ils sont plus petits que les bœufs de Madagascar, sont très bons pour le travail, très endurants, ils viennent mieux dans les régions hautes que le bœuf malgache. Peut-être pourrait-on arriver à les élever dans ce pays, mais il est très difficile de se procurer des reproducteurs.

«Les bœufs dits du pays sont des animaux qui descendent de taureaux et de vaches importés de France par quelques grands propriétaires; ils n'ont pas de caractères communs, ils tiennent naturellement de leurs ascendants et se reconnaissent à première vue des sujets de Madagascar et de Mascate par l'absence de bosse sur le garot. Ils ne sont pas très nombreux, car jusqu'à présent, à cause de la facilité que l'on avait d'en faire venir de Madagascar, l'on a toujours regardé à faire la dépense nécessaire pour importer un nombre de taureaux et de vaches suffisant pour pouvoir être la base d'une reproduction sérieuse. Mais dans ce pays, où sans avoir de prairies naturelles ou artificielles, l'on a des plaines assez étendues comme la plaine des Cafres, la plaine des Palmistes et beaucoup d'autres endroits où il y a des plantes très bonnes pour la nourriture des animaux de l'espèce bovine, les ressources ne manquent pas.

«Dans un pays où il y a tous les éléments, il serait facile, en dépensant un peu d'argent pour faire venir quelques centaines de vaches et un certain nombre de bons taureaux de France, d'arriver d'ici peu de temps, à ne plus avoir besoin de demander d'animaux de l'espèce bovine à Madagascar, c'est-à-dire à nous suffire. Cela est si vrai que la commune la plus importante de l'île après Saint-Denis, je veux parler de Saint-Pierre, se suffit déjà

férieures sans aucun avenir, les éléments de régénération leur faisant défaut[1].

Heureusement que «les hauts plateaux[2] de l'intérieur de l'île,

à elle-même. Mais c'est la seule; dans tous les autres points de l'île, quand l'on est seulement un mois sans recevoir d'animaux du dehors, les bouchers ne savent plus où trouver de viande.

«Maintenant quels seraient les bœufs qui réussiraient le mieux dans ce pays?

«Après avoir bien étudié les diverses régions et les plantes qui y viennent, je crois que c'est avec les bons bœufs de Salers, et après, avec les Garonnais, que l'on arriverait au meilleur résultat, ces bœufs étant très rustiques et d'un acclimatement facile; mais, avant de prendre une détermination ferme, l'on pourrait faire quelques expériences; pour cela, il faudrait sur plusieurs points de l'île mettre à la disposition des planteurs des taureaux de différentes races, et l'on pourrait ainsi juger des résultats au bout de quelques années.» (J. GAUTHIER, médecin-vétérinaire à Saint-Denis (Réunion), ex-vétérinaire sanitaire principal de Paris et du département de la Seine.)

[1] «Nous ne faisons guère remonter à plus de quarante ans le commencement des exploitations à outrance qui ont amené la ruine des forêts du pays. Jusque-là, la colonie avait été très prospère; les produits de son agriculture, abondants et vendus à des prix rémunérateurs suffisaient au delà du nécessaire aux besoins des habitants; l'aisance était partout. Si l'on touchait aux riches forêts qui existaient encore à cette époque, c'était pour en retirer les matériaux indispensables à l'entretien des maisons et aux constructions nouvelles. Bien rares étaient ceux qui exploitaient alors leurs forêts dans un esprit de lucre. On s'adressait bien à la forêt également pour avoir le bois de chauffage nécessaire aux usines et aux besoins du ménage; mais alors la main-d'œuvre était abondante, et l'on n'hésitait pas à s'en servir largement pour ne retirer de la forêt que les bois morts gisant accumulés par

les siècles. Depuis lors arrivèrent les mauvais jours. La valeur marchande des produits du pays est allée s'avilissant chaque jour. La main-d'œuvre se fit de plus en plus rare. L'*Hemileia vastatrix* nous fut ensuite importée et détruisit nos caféières si riches autrefois. Pendant des temps de crise aiguë, il fallut vivre, et, comme toujours en pareille occasion, la forêt en fit les frais dans une large mesure. On l'exploita de tous côtés et sans méthode. Des équipes d'ouvriers étaient envoyées dans la forêt, sans surveillance, avec mission de façonner le plus de matériaux possible. Livrés à eux mêmes, ceux-ci remplirent à merveille leur mission de destruction. Ils s'attaquèrent d'abord aux arbres les plus faciles à exploiter, c'est-à-dire aux jeunes et à ceux des âges intermédiaires, d'un débit facile. Les autres, plusieurs fois centenaires, aux dimensions très fortes, ne furent exploités que plus tard, lorsque tous les âges intermédiaires avaient disparu, et avant qu'un nouveau semis eût pris possession du sol. Ces arbres, très âgés et dépérissants, avaient passé l'âge de la fructification et il ne fallait plus compter sur eux pour la régénération de la forêt. On ne songea d'ailleurs jamais à cette régénération. L'étage dominant détruit, on s'attaqua au sous-étage qui disparut à son tour. Les défrichements vinrent ensuite pour livrer des terres nouvelles à l'agriculture. La hache et le feu firent conjointement leur œuvre pour faire reculer sans cesse la limite de la zone boisée.» A diverses reprises les pouvoirs publics tentèrent par des lois de s'opposer à ces dévastations; le règlement forestier de 1874 a été édicté à cet égard.

[2] Les forêts domaniales des hauts plateaux, comprises généralement entre les altitudes de 1,200 à 1,600 mètres, sont encore actuellement à l'état de forêts vierges, si l'on excepte cependant une partie de celle de Bélouve, soumise, depuis 1889, à un aménagement régulier.

situés au-dessus de la ligne dite du sommet des montagnes, sont généralement recouverts de *tamarins des hauts* (*Acacia heterophylla*). Cette essence est des plus précieuses pour la colonie, parce qu'elle est la seule qui puisse actuellement, et sans aucune difficulté, être aménagée en futaie régulière. Le service des forêts de la colonie en a fait un essai dans la plaine de Bélouve, et les résultats acquis sont merveilleux. Nous pouvons dire aujourd'hui que le *tamarin des hauts* se prête aussi bien à l'aménagement en futaie régulière que les chênes et les pins en Europe[1] ». Son bois peut être utilisé comme bois de charpente, bois d'ébénisterie, bois de sciage et bois de fente; il fournit, en outre, d'excellent charbon de bois.

Une autre essence, importée dans l'île en 1763 et fort intéressante pour le reboisement des terrains dénudés et des dunes, est le *filao* (*Casuarina equisetifolia*); c'est un des meilleurs bois de chauffage; il peut, au besoin, servir de bois de charpente; injecté, il pourrait probablement fournir d'excellentes traverses de chemin de fer.

Deux autres essences importées vers la même époque sont employées également au reboisement du littoral. Ce sont le *bois noir des bas* (*Acacia lebbeck*) et le *lilas de l'Inde* (*Melia azedarach*).

Des propriétaires ont récemment boisé certaines plaines basses du littoral; ces forêts servent à la création de vanilleries sous bois.

Il n'y a pas d'exportation de bois: quant à l'importation, sa valeur a varié, dans ces dernières années, entre 250,000 et 450,000 francs.

Des essais de culture du quinquina rouge ont donné de bons résultats. On ne saurait être aussi affirmatif en ce qui concerne le caoutchouc.

____

[1] G. Kérourio, chef du service des eaux et forêts à la Réunion.

CHAPITRE XXXIX.

INDO-CHINE FRANÇAISE [1].

SUPERFICIE. — CLIMAT. — POPULATION. — RIZ. — AUTRES CULTURES. — DIRECTION DE L'AGRICULTURE; JARDINS D'ESSAI. · CAPITAL NÉCESSAIRE À UN COLON; MÉTAYAGE. — PÂTURAGE ET ÉLEVAGE. — AVICULTURE. — RÉCOLTE DE LA CIRE. SÉRICICULTURE. — FORÊTS. — LAQUE. — CAOUTCHOUC. — CHASSE. — PÊCHE.

SUPERFICIE ET CLIMAT. — L'Indo-Chine française [2] a une superficie de 680,000 kilomètres carrés. C'est un pays d'exploitations agricoles, qui doit l'abondance et la richesse des produits de son sol aux conditions météorologiques dont il jouit : climat généralement très chaud et très humide. Les irrigations — nécessaires pour la culture du riz — sont généralement bien faites [3].

POPULATION. — La population se répartit comme suit :

En Cochinchine, plus de 2,262,000 habitants, soit 38 par kilomètre carré (Européens, 4,113; Chinois, plus de 88,000; Annamites, 1,968,000; Malais, Cambodgiens, Indiens, Moïs);

Au Cambodge, 1,300,000 Cambodgiens, 200,000 Annamites, Chinois, etc., un très petit nombre de Français;

En Annam, 5 millions d'habitants;

Au Tonkin, 15 millions d'habitants, dont 1,500 Européens;

Au Laos, 600,000 habitants, presque tous Laotiens et Khas.

Généralement les indigènes « sont intelligents, vifs, faciles à conduire et à séduire; ce qu'ils aiment le plus dans leur existence, sans espoirs lointains ni pensées présentes, c'est la culture de la terre; ils

[1] Clichés de la Librairie agricole (fig. 408, 410, 412 et 413), de la *Dépêche coloniale illustrée* (fig. 414 et 415), d'*Armes et Sports* (fig. 411), d'A. Challamel, édit. (fig. 409).

[2] Les cinq pays qui constituent l'ensemble de l'Indo-Chine française (Annam, Cambodge, Cochinchine, Laos, Tonkin) étant unifiés, financièrement depuis 1897 et administrativement depuis 1899, un budget général a été créé par décret du 31 juillet 1898.

[3] Les trois provinces d'Hanoï, Bac-Ninh et Hung-Yen sont celles où, d'une façon générale, les irrigations peuvent rendre les plus grands services. Par convention du 7 mars 1900, l'Administration a pris l'engagement de construire, dans le délai de dix ans, des canaux d'irrigation dans ces provinces jusqu'à concurrence d'un débit de 50 mètres cubes à la seconde, pris au fleuve Rouge. On estime à 5 millions de francs environ le coût de ces travaux.

la préfèrent au commerce qu'ils redoutent et à l'industrie qu'ils ignorent, et ils seront longtemps préservés du double fléau qui peut atteindre un pays presque exclusivement agricole, le dégoût de la population pour les travaux des champs et l'accroissement d'un prolétariat auquel le sol fait défaut [1] ».

Riz. — C'est la principale culture de l'Indo-Chine : le sol lui convient; elle fournit la base de la nourriture des indigènes, et trouve, en outre, dans l'exportation des débouchés abondants. La valeur de cette exportation (riz et ses dérivés) est d'environ cent millions de francs.

« La Cochinchine et le Cambodge réunis produisent annuellement plus de 20 millions de piculs de riz [2], soit 1,240 millions de kilogrammes. Bien qu'il se consomme près de 12 millions de piculs sur place, on en peut encore exporter de 8 à 10 millions. Pour donner une idée de l'importance de cette culture, il suffit de rappeler que la surface de la Cochinchine et du Cambodge cultivée en riz est évaluée à 650,000 hectares, l'hectare produisant en moyenne de 28 à 30 piculs pour une seule récolte.

« Au Tonkin, la surface cultivée étant évaluée à 1,500,000 hectares environ, le riz en occupe plus d'un million, soit les deux tiers de cette surface. La récolte est à peu près la même qu'en Cochinchine et au Cambodge; à deux récoltes par an, les rizières du Tonkin produisent environ 52 piculs par hectare; la récolte de l'automne, qui est la meilleure, produit parfois jusqu'à 30 piculs.

« On compte qu'en Annam la surface cultivée en rizières est de 200,000 hectares.

« Avec ces 1,200,000 hectares de rizières, l'Annam et le Tonkin produisent environ 44 millions de piculs. La presque totalité de la récolte est consommée par la population — très dense, comme on sait — et par les Asiatiques, voisins du Tonkin, le riz étant la base de leur nourriture.

« La plus grande partie du riz produit par l'Indo-Chine est cultivée dans des champs entourés de petites digues qui permettent à l'eau des

[1] *La mise en valeur de notre Domaine colonial*, par Camille Guy, chef du Service géographique et des Missions au Ministère des Colonies. — [2] 1 picul = 60 kilogr. 400.

pluies de s'y accumuler. C'est surtout dans les terres basses des deltas du fleuve Rouge, du Mékong, des rivières de l'Annam, que les rizières s'étendent, mais on en trouve aussi dans les vallées plus ou moins larges dont les eaux se déversent dans les deltas: elles sont alors disposées en gradins dans le fond et sur le pied des collines. On fait passer l'eau d'un champ dans l'autre, soit qu'on la recueille à la descente des collines, soit qu'on l'élève du fond des vallées. Le riz est d'abord semé dans les champs fortement fumés, puis repiqué dans les rizières où il doit se développer. Le produit de ces rizières est connu sous le nom de riz de plaine; il se divise lui-même en deux qualités : le riz gluant ou gao-nêp, employé surtout à la fabrication de l'alcool, de la farine et des gâteaux de riz, et le riz sec ou gao-lay qui sert à l'alimentation courante et à la fabrication de l'amidon. On cultive aussi le riz sur le flanc et jusqu'au sommet des montagnes, dans des champs tout à fait semblables à nos champs de blé. Ce riz-là, dit *riz de montagne*, est semé sur place dans des espaces où l'on a d'abord brûlé les arbres et les broussailles: son seul engrais est la cendre de ces

Fig. 408.   Riz à grain long.

végétaux. Tout le monde est d'accord pour reconnaître que la surface cultivée en rizières en Indo-Chine peut être augmentée dans des proportions considérables et que cette culture peut offrir à notre grande colonisation un avenir avantageux.

«En Cochinchine, la surface cultivée en rizières pourrait être considérablement accrue, par exemple, par le creusement de canaux de dérivation pour l'écoulement des pluies, comme on commence à le faire dans la plaine des joncs et la presqu'île de Caman. L'administration s'efforce de mettre en valeur ces terres jusqu'à présent improductives[1].

« Le Tonkin réunit à l'heure actuelle, pour un grand développement de la culture du riz, des conditions probablement uniques au monde.

« En effet, à la suite d'une longue période de troubles et de pirateries, la population, désertant la zone extérieure, s'est concentrée, entassée, pourrait-on dire, vers le milieu du delta; il s'ensuit que, sur tout le pourtour et dans toutes les vallées qui remontent du delta vers la région montagneuse, on trouve de vastes étendues de rizières abandonnées qu'il est possible de remettre en culture, maintenant que nous avons rendu la sécurité au pays. Le delta étant surpeuplé dans des proportions dont on ne saurait se faire une idée, une partie de la population qui y est misérable, ne demande qu'à émigrer sur les terres vacantes, où les facilités d'existence sont bien plus grandes. Enfin, la Chine, avec ses 400 millions de mangeurs de riz, offre, dans le voisinage immédiat du Tonkin, un marché immense, où la colonie est assurée d'écouler toujours son riz, quelque quantité qu'elle en produise.

« Au Laos, nous trouverions également d'immenses espaces inoccupés[2]. »

« En Annam et en Cochinchine, la décortication du riz est une industrie indigène. Il existe à Saïgon et à Cholon des rizeries dont les appareils, très perfectionnés, sont mus par la vapeur, et qui font subir au riz brut, ou paddy, les opérations du nettoyage, de la décorti-

[1] La superficie des rizières inscrites au rôle de l'impôt foncier en Cochinchine s'élevait, en 1900, à 1,178,151 hectares. Par suite des travaux d'irrigation, récemment exécutés, un nombre très élevé de concessions nouvelles a été accordé ces dernières années, surtout en 1899 et en 1900, par le Conseil colonial de Cochinchine, soit à des villages, soit à des colons. Du fait de ces concessions, mais principalement de celles faites aux villages, qui sont de beaucoup les plus importantes, certaines provinces verront la superficie de leurs rizières s'étendre dans des proportions notables. C'est ainsi que l'arrondissement de Tanan compte à lui seul 70,000 hectares, en 1903, au lieu de 42,000 en 1901.

[2] *Notice sur l'Indo-Chine*, publiée à l'occasion de l'Exposition de 1900.

cation, du blanchissage et du glaçage. La décortication se fait au moyen de meules, qui déchirent la balle sans attaquer le grain; puis, des ventilateurs et des trieurs séparent la balle du grain. Pour le blanchissage, on se sert de meules spéciales qui tournent dans des cages de toile métallique, grattant et polissant le grain, qui en sort blanc. Au cours de cette opération, il se produit de la farine (on en débarrasse le grain au moyen de brosses) et des brisures, qu'on blute ensuite pour les classer suivant leur grosseur. Le glaçage se fait par le frottement des grains entiers dans les tambours spéciaux. Il y a sept décortiqueries à vapeur à Cholon, une à Saïgon. Le combustible employé pour le chauffage est la balle du paddy. Chaque usine peut travailler de 700 à 800 tonnes de paddy par jour [1]. »

Autres cultures. — Les autres cultures qui peuvent faire l'objet d'une grande exploitation sont celles du cotonnier (la province de de Thûan-Khan exporte maintenant 400,000 kilogrammes de coton par an à destination du Japon), du mûrier, du tabac (qui commence à être assez étendue — la récolte annuelle est de 350,000 kilogrammes au Tonkin, et pourrait peut-être arriver à rivaliser avec celle des Indes néerlandaises [2]) —, de la canne à sucre, du poivrier (l'exportation du poivre approche de 2 millions et demi de kilogrammes), du théier (les thés de l'Annam sont très riches en théine; de grands progrès ont déjà été faits dans leur préparation; mais ils ne valent pas encore les meilleurs thés de Chine).

[1] Rapport du Jury de la Classe 56 (Produits farineux et leurs dérivés), par P. Regnault-Déroziers, vice-président de la Chambre syndicale des grains et farines.

[2] Il résulte des différents essais tentés en Indo-Chine, que la culture du tabac doit donner des résultats satisfaisants. Grâce à des amendements du sol rationnellement pratiqués et à une préparation méticuleuse du produit, on améliorera de plus en plus la culture d'une plante qui est une source de richesse pour les colonies néerlandaises de l'Insulinde. Mais la préparation ayant une influence considérable sur la bonne qualité du produit, il faut que les planteurs se souviennent que le climat de la Cochinchine les oblige à apporter des soins minutieux à la manipulation. Dès aujourd'hui, le delta du fleuve Rouge nous montre le tabac cultivé en grand dans les trois provinces de Thaï-Binh, Haï-Dzuong, Haïphong où il produit annuellement 300,000 kilogrammes de feuilles sur une étendue de 1,800 hectares. A Bao-Lac, on récolte un produit reconnu d'une qualité supérieure à celle des autres tabacs indigènes. La dimension des feuilles et leur arome leur permet, quand elles sont roulées en cigares, de rivaliser avec les londrès de France.

D'intéressants essais ont été tentés en ce qui concerne le café, d'abord par des missionnaires, ensuite par des militaires. Le cacaoyer réussit très bien au Cambodge et en Annam. N'oublions pas les vanilleries.

Le jute et la ramie ont donné des résultats très satisfaisants au Jardin d'essai de Hanoï; le premier trouverait une utilisation locale dans la fabrication des sacs nécessaires pour l'exportation du riz.

Parmi les oléagineuses qui peuvent être cultivées dans presque tout le pays, je citerai le ricin, le cadianier, le sésame, les arachides, le lin, le colza, le pavot (très importante consommation d'opium); le cocalici réussit également.

Enfin, ainsi que l'écrivait justement en 1901 le Gouverneur général de l'Indo-Chine, « si le Tonkin, l'Annam et le Laos peuvent produire de belles cultures vivrières sur leurs alluvions basses, les plateaux élevés, où les saisons estivale et hivernale sont plus nettement accusées, seront appelés dans un avenir prochain, à devenir de véritables centres de culture et d'approvisionnement pour les pays d'Indo-Chine ».

Fig. 409. — Vanillerie du chef de gare de Saïgon.

DIRECTION DE L'AGRICULTURE; JARDINS D'ESSAI. — Il existe une direction générale de l'agriculture; elle comprend une direction locale pour chacune des dépendances. En outre, des inspecteurs sont chargés de parcourir les différentes régions afin de se rendre compte de l'état des cultures et d'indiquer les améliorations à y apporter. Des jardins d'essais sont installés à Hanoï, à Hué, à Pnom-Penh et à Saïgon, ce dernier a été créé il y a plus d'un demi-siècle.

CONDITIONS DE LA COLONISATION. — Le capital nécessaire à un colon qui veut tenter une entreprise utile de colonisation agricole, n'est point inférieur à une vingtaine de mille francs. Avec un tel capital, la réussite, dans la culture du riz, est certaine, surtout si on a recours au métayage avec les Annamites. Ceux-ci — on choisit des gens du même village, ou ayant tout au moins entre eux des relations cordiales — sont installés sur la terre. On paye les impôts, on achète les bêtes de labour, on fait les avances nécessaires (achat d'instruments aratoires, parfois même de vivres). Ces avances sont retenues sur la récolte. De leur côté, les Annamites se chargent de tous les travaux. Ils reçoivent en échange, outre les récoltes accessoires, la moitié de la récolte principale de riz.

PÂTURAGES ET ÉLEVAGE. — «Il n'existe pas en Cochinchine de pâturages proprement dits; les animaux paissent dans les champs, sur les talus des rizières, et cette alimentation insuffisante est complétée par la fane d'arachide et par du paddy. Au reste, ce pays ne sera jamais un pays d'exportation pour le bétail, étant entouré de régions beaucoup plus favorisées que lui-même sous ce rapport. Mais ce qu'on pourrait facilement obtenir, c'est que la Cochinchine ne fût pas réduite, comme elle l'est aujourd'hui, à faire venir du dehors les animaux nécessaires au travail des champs. Déjà des résultats sérieux ont été obtenus; le nombre des bœufs, celui des buffles et celui des porcs ont presque doublé de 1880 à 1897, et cette progression est loin d'être interrompue. Toutefois il ne faut pas donner la même importance à tous les élevages; le buffle est plus nécessaire que le bœuf à l'agriculture annamite[1]; le porc[2] est plus estimé que le mouton dans l'alimentation

[1] L'Indo-Chine exporte une certaine quantité de cornes de buffles; leur prix moyen varie de 60 à 98 francs les 100 kilogrammes.

[2] Les porcs ne donnent pas lieu à une

indigène. Ce n'est qu'au troisième rang que vient le bœuf et, bien loin après lui, le cheval. Le nombre des buffles, qui était, en 1880, de 187,590 est aujourd'hui (1900) de 277,296; celui des bœufs est passé de 59,657 à 97,470 et celui des porcs, de 575,566 en 1890 à 865,908 en 1897; enfin, les chevaux, qui n'étaient encore en 1880

Fig. 410. — Bœuf du Cambodge.

que 4,505, sont aujourd'hui 5,780. On le voit, la possibilité d'avoir des buffles en quantité suffisante domine, en Cochinchine, toute l'agriculture. C'est pour la colonie une question vitale.

«Pas plus que la Cochinchine, le Cambodge n'est un pays de pâturage, et les indigènes y sont à ce point indifférents qu'il a fallu interdire l'abatage des vaches et bufflonnes par des arrêtés du gouverneur général. Cependant, — et de récents essais le prouvent encore —

exportation notable; cependant, ils sont, en Indo-Chine, excessivement nombreux. Les individus de la sous-race Tonkinoise (voir p. 601 ce qui concerne l'autre sous-race de la race dite «Cochinchinoise») sont connus dans leur contrée d'origine sous le nom de «cochons de Hanoï» ou de «cochons du Delta». Petits et généralement bien conformés, quoique ayant une tendance à être ensellés, ils ont une tête relativement peu volumineuse. La robe est noire; les petits naissent avec une *livrée* comme les marcassins. La chair, molle et d'un goût fade, est peu appréciée par nos compatriotes; le lard est, également, médiocre. De tous les types de cochons d'Orient, c'est le tonkinois qui a été le plus importé en Europe pour la production des métis ou l'amélioration des races anglaises.

l'élevage pourrait être au Cambodge une source de revenus et de richesse; du reste, sans prairies, et sans sélection, il y a déjà dans ce pays plus de 60,000 têtes de bétail, dont 6,000 sont exportées en Cochinchine et 6,000, vers Singapore (année 1898).

Fig. 411. — *Maestro* (1^m24), le plus grand des chevaux de l'escadron de chasseurs annamites.

(Ainsi qu'on peut le voir, son cavalier, un sous-officier, était de grande taille, par suite lourd.)

«Nous avons constaté qu'il n'existait pas de terrains réservés à l'élevage en Cochinchine et au Cambodge; il en est de même dans le haut et dans le bas Laos. Seulement il existe dans le bas Laos d'immenses plaines herbeuses qui pourraient, avec quelques améliorations, en tenir facilement lieu. En 1898, on estimait que les troupeaux du Laos comptaient : 15,000 bœufs, 25,000 buffles, 1,000 chevaux et 350 éléphants. Comme les indigènes ne consomment pas de viande de bœuf, tous les animaux sont vendus au dehors. Il y a donc, là, une source de revenus, qu'il convient de ne pas oublier. Il en est de même pour le haut Laos, où les troupeaux ont été négligés par les habitants au point qu'il faut maintenant les reconstituer —— d'où un certain nombre de mesures locales, telle que l'interdiction absolue d'exporter les femelles (1898). Constatons, d'ailleurs, que le commerce des bœufs et des buffles a pris, depuis quelques années, une certaine importance dans la région Vien-Tiane et commence à naître dans celle de Luang-Prabang.

« Ce qu'on pourrait appeler les pâturages de l'Annam sont de vastes espaces, des terrains stériles, des landes sur lesquelles ne poussent que de mauvaises herbes impropres à la culture. Sur ces terrains séjournaient autrefois de nombreux troupeaux, mais la peste bovine a détruit, à partir de 1898, les deux tiers environ des animaux qu'utilisaient les agriculteurs annamites. On a essayé de remplacer le buffle, qui est la véritable bête de somme et de bât dans toute l'Indo-Chine, par des bœufs et même par des chevaux, mais les résultats obtenus ont été extrêmement médiocres, bien que récemment les Européens aient commencé à se préoccuper de l'élève du cheval [1], et que des dépôts d'étalons aient été créés en Annam. Le porc joue un rôle important dans l'alimentation locale et constitue un élément incessant d'échange entre les régions de la plaine et celles de la montagne. Les Annamites en exportent également un grand nombre à destination de Singapore et de la Chine. Les moutons suppléeront peut-être un jour à l'insuffisance de la viande de bœuf, mais les essais, en ce sens, sont encore trop restreints pour qu'on puisse en tirer une conclusion raisonnée.

« Ce n'est guère que dans la partie haute du Tonkin que l'élevage est réellement possible. Malgré quelques essais d'herbe de Para qui avaient bien réussi, ni les indigènes ni les colons ne semblent s'en préoccuper beaucoup. C'est à peine si quelques colons ont tenté l'installation de jumenteries, qui n'ont d'ailleurs donné que des produits médiocres; il en est de même de la jumenterie subventionnée de Hung-Hoa. Comme dans toute l'Indo-Chine, les buffles pour les travaux des champs et les porcs destinés à l'alimentation sont assez nom-

---

[1] Pas toujours dociles, les chevaux annamites sont, malgré leur aspect frêle et leur petite taille, très endurants. Ce sont eux qui ont servi à la remonte de l'escadron des chasseurs annamites, organisé le 1er janvier 1900. Le plus grand, *Maëstro*, avait 1 m. 24. (Fig. 411, p. 503.)

breux; mais nulle part l'élevage n'est pratiqué en grand, bien que les districts de Caobang et de Laokay semblent présenter les conditions de climat, de végétation et de salubrité nécessaires à la réussite d'une entreprise de ce genre.

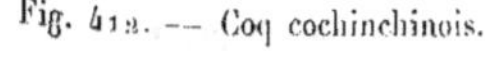

Fig. 412. — Coq cochinchinois.

Fig. 413. — Poule cochinchinoise.

« Ainsi donc l'Indo-Chine n'est pas un pays d'élevage, et il faut reconnaître que ni la Cochinchine, ni le Cambodge, ni le Tonkin ne semblent favorables à l'élevage, tel que nous le comprenons dans la métropole. Au contraire, l'Annam et le Laos seraient naturellement désignés pour être des pays où le bétail pourrait se multiplier en vue d'une exportation rémunératrice. Les buffles et les porcs paraissent être les animaux dont il importe d'encourager la reproduction [1]. »

Les volailles sont partout nombreuses, notamment au Tonkin : j'aurai l'occasion, en traitant de la Chine, d'indiquer les caractéristiques de la race à laquelle elles appartiennent [2].

[1] *La mise en valeur du Domaine colonial,* par Camille Guy, chef du Service géogra-

phique et des Missions au Ministère des colonies.

[2] Voir p. 602.

L'apiculture est inconnue; mais la cire des abeilles sauvages est récoltée et vendue aux Chinois.

SÉRICICULTURE. — « La sériciculture est répandue dans presque toute la contrée (Tonkin); elle est relativement très étendue. On attribue son développement à ce que la population, par suite de son éloignement de la cour de Hué et de la force de résistance qu'elle a puisée dans le voisinage de la Chine, a été soumise à moins d'exactions, et s'est livrée au travail avec plus de sécurité. Il n'y a guère de paysan qui n'ait une plantation de mûriers autour de sa chaumière, et n'élève autant de vers à soie qu'il en peut nourrir. Il s'ensuit que la récolte est grande. »

Ces lignes ont été écrites en 1885, c'est-à-dire qu'elles datent d'avant la véritable pénétration française dans le pays. Aujourd'hui l'Indo-Chine produit plus de soie que la métropole; comme qualité, cette soie vaut presque celle de la Chine[1].

FORÊTS. — Les forêts de la Cochinchine s'étendent sur une superficie d'un million d'hectares auxquels il convient d'ajouter environ 100,000 hectares dans les îles du golfe de Siam; celles du Cambodge couvrent quatre millions d'hectares; en Annam, les montagnes sont toutes boisées; au Tonkin, les forêts se trouvent dans le haut des fleuves et surtout de la rivière Noire, qui se rattache au Laos où elles abondent. Sauf le teck[2], les bois sont, pour la plupart, très durs ou très mous; ils ne sont guère utilisés que sur place. Jadis, la Cochinchine exportait des bois d'ébène. Au total, l'importation est, aujourd'hui, beaucoup plus forte que l'exportation.

Les cocotiers viennent bien dans la majeure partie du pays. La gomme-laque de l'Indo-Chine est particulièrement estimée (exportation annuelle, environ 175,000 kilogr.). Les forêts renferment, en outre, une liane contenant un caoutchouc qui paraît se coaguler rapidement

---

[1] Suivant certaines estimations, la production de la soie de vers de mûrier serait, en Indo-Chine, de 1 million de kilogrammes, dont seulement 50,000 seraient exportés, le reste étant employé dans le pays en même temps que les soies tussah.

[2] Notamment au Laos; ces bois pourraient concurrencer sérieusement ceux du Siam.

en laissant une matière blanche nacrée de première qualité. La culture et l'exportation de cette liane méritent d'appeler tout particulièrement l'attention. Du reste, l'exportation du caoutchouc, nulle encore en 1895, atteignait, en 1900, une valeur de près de 3 millions.

Libre autrefois, l'exploitation des forêts a été réglée en 1875.

Fig. 414. — Cocotiers.

CHASSE. — A propos de la chasse, je me contenterai de citer cette aimable chronique de M. Maurice Gandolphe, un journaliste spirituel qui visita l'Indo-Chine et sut en peindre, d'un trait, les bêtes et les gens.

Cuir et griffes! c'est le « poil et plumes » des bons pays tropicaux où la chasse est ouverte toute l'année dans les deux sens, bêtes contre hommes et hommes contre bêtes, en éternel vis-à-vis dans la forêt où ils font obligeamment le gibier chacun à leur tour. Voici quelques notes sur les personnalités qui fréquentent les tirés de l'Équateur.

Au gros seigneur, l'honneur. Son Énormité l'Éléphant, foulant les bananeraies comme un gazon anglais, fauchant en javelles les cannes à sucre, a tracé sa piste sans dissimuler, avec un superbe dédain des poursuites. L'éléphant renonce à être secret; sa fuite est publique, et il barrit à effarer une auto de 120 chevaux; même, il vous fraye la route. Mais joignez-le donc! Un jour, une nuit, un demi-jour encore, à contre-vent, sans bruit, sans parole et sans fumée, on l'accoste patiemment : les traces sont toutes fraîches, les lianes saignent encore; l'ivoire est là, tout près. Tout à coup, la terre bouge comme le pont des Saints-Pères, les chevaux frissonnent et Son Énormité, au petit galop de chasse, prend 1 kilomètre de large. La première fois, c'est amusant, crispant la seconde et on renonce à la troisième. Je n'ai joint qu'un éléphant, qui voulut bien m'attendre, à 50 mètres dans un marais infâme, pour s'égayer du ridicule bambou remplaçant ma carabine : son œil égrillard me détailla pendant une bonne minute, puis il disparut sans hâte. Je n'ai jamais vu de bêtes, et guère de gens, afficher une insolence aussi parfaite.

Je n'ai jamais tué d'éléphants, mais j'ai connu Odera qui en a mis par terre 109; c'est, jusqu'ici, le record de l'Asie française. Odera chasse en gentleman, méprise la balle explosible, la fosse et les trappes de M. Fenimore Cooper; il prend la forêt à pied, avec deux ou trois indigènes chargés de riz et marche derrière ses clients huit jours, dix jours, jusqu'à ce qu'il aborde un mâle à 15 ou 20 mètres. Une, rarement deux balles, dans la région de l'oreille et le chasseur fait place au dentiste. Puis on revient comme on peut; il y a des défenses qui exigent un mois dans la jungle.

Cet Odera eut, à son centième éléphant, une idée bien française : il voulut être fonctionnaire et qu'un titre consacrât sa marche inlassable sur les foulées. Pour lui faire plaisir, on lui découvrit un grade dans une future administration forestière à créer. Odera se rejeta à la brousse avec une joie nouvelle : il était officiel et pouvait sommer ses éléphants au nom du peuple souverain.

Monsieur le Tigre, disent avec politesse les Annamites, est encore un bien encombrant personnage. Il est d'ailleurs, comme tous les gens en place, victime de calomnies regrettables; Monsieur le Tigre, tant qu'il est en pleine possession de ses moyens, force le cerf et ne chasse jamais l'homme, qui est gibier facile et inférieur. Mais, alourdi par l'âge et peut-être inspiré d'un obscur sadisme, Monsieur le Tigre recherche volontiers des consommations malsaines. Tous les « mangeurs d'hommes » sont mûrs et, détail humiliant, passablement édentés. La sagesse est donc de n'avoir affaire qu'à de jeunes messieurs Tigres, qui ont mieux à entamer.

L'ennui est qu'on ne sait jamais. Quand nous courions le Laos, mon ami de Noirfontaine avait remarqué que les éléphants, ours, cerfs, sangliers et autres bestioles, qu'on chassait toujours et qu'on ne tuait jamais, n'engraissaient guère l'ordinaire.

Et il avait eu l'ingénieuse idée de nous assurer une quotidienne brochette de perruches, qu'il abattait avec un aimable flobert de jardin. Un soir que la brochette s'est prolongée, il reprend à la nuit la vague sente qui menait au campement. Un sonore « cop ». à droite du sentier, le jette à gauche où un immédiat « cop » répond aussitôt. Pendant vingt bonnes minutes, deux tigres parallèles escortent, à une douzaine de pas, le flobert et les perruches; leur propriétaire se perdait en conjectures sur l'âge probable de ses voisins : celui de droite avait la voix solide, mais le timbre de gauche était bien éraillé. Quand il aperçut les torches du convoi, il n'était pas encore absolument fixé.

La vérité est que ces messieurs étaient entre deux âges, car ils revinrent la nuit, avec des camarades, nous donner une aubade inoubliable. Juchés sur un mirador improvisé, les coulis n'étaient plus tenables et tant que les singes n'eurent pas sifflé, à l'aurore, nous avons dû garder les chevaux tassés entre nos fusils.

Je proteste en passant contre l'usage, si répandu dans les romans d'aventure, d'allumer de grands feux contre les fauves. Je l'ai fait d'abord, comme M. Gustave Aimard me l'avait appris; quelques expériences m'ont vite édifié. La nuit est toujours humide en forêt et les fauves, qui ont de l'hygiène, saisissent l'occasion de se sécher. Ajoutez que le reflet dansant d'un brasier est la pire lumière où assurer un tir.

Or on ne doit jamais faire feu sur un tigre si on n'est point certain de l'abattre; intact, il peut être inoffensif; blessé, il est toujours agresseur. Cette réserve explique que, malgré l'abondance en ce Laos béni, une peau convenable vaut encore une pièce de 4 francs.

Je voudrais réhabiliter un peu le caïman; c'est une cible comique, précieuse dans la lenteur des jours en pirogue. Avec un vulgaire 74 d'ordonnance, on incite l'indolent crocodile à des plongeons saugrenus, où la courbe de sa queue improvise les plus réjouissantes variations; et ne vous obstinez pas à placer votre balle dans l'œil, ainsi que l'aime M. Boussenard. A 200 mètres, la 74 traverse allègrement l'avant-train d'un fort caïman, qui roule aux rapides pour se faire repêcher, le ventre au ciel, deux jours plus bas; ce triste sort des crocodiles du Mékong, les années où il passe trois voyageurs, tirait les larmes d'un résident supérieur : « Si vous me tuez mes crocodiles, s'écriait-il avec un sens très vif de la propriété, qui est-ce qui mangera mes charognes? »

J'aurais encore beaucoup de bêtes à raconter. le noble paon dont la chute est un arc-en-ciel, le grand gibbon qui meurt comme un homme en tordant ses mains, le python que les indigènes mettent deux jours à tuer, et tant d'autres qui animent de leur vie souple le silence de la forêt. Mais je trouve plus convenable de finir avec un homme. C'est à tout juste trente-quatre jours de la mer, — celle des Indes, — en pleine villégiature d'éléphants, dans une case perchée sur un pilotis au milieu d'une clairière foulée chaque nuit par les fauves, qu'un abatteur de tecks m'invita,

après la quinine hors-d'œuvre : « Il faut absolument que nous chassions ensemble···
dans les premiers jours de septembre…

— De septembre?… (février finissait).

— Dame! oui, je suis de la première zone… Magneval, Oise… Vous verrez
la caille… Ah! c'est une chasse, je vous garantis… Et puis, vous savez, sept
trains par jour, sur le Nord… »

Pêche. — Les mers qui baignent nos longues côtes indo-chinoises
sont poissonneuses, ainsi que les rivières et les lacs du pays. Aussi, en
plus d'une très forte consommation locale — en Annam, notamment,
le poisson forme la base de la nourriture — et, malgré que, sur bien
des points, on se contente de pêcher ce qui est nécessaire à la consommation, les produits de la pêche — principalement le poisson salé —
entrent en moyenne pour plus de 8 millions dans le mouvement général des exportations indo-chinoises.

La presque totalité de ces exportations provient du Cambodge
dont la pêche est, du reste, la principale industrie, et où, tant par
elle-même que par la préparation du poisson, elle constitue le gagne-
pain de près de 200,000 personnes. Elle se pratique surtout sur les
grands lacs qui couvrent 140 kilomètres de superficie.

La manière dont sont installées les pêcheries au Grand-Lac, au
Tonlé-Sap, etc., mérite d'être décrite. Vers la mi-décembre, les
pêcheurs vont choisir l'emplacement de leurs futurs exploits; cela fait,
chacun d'eux construit, en plein lac, sur pilotis, une maison d'habitation, un magasin et un séchoir pour le poisson; il ne reste plus ensuite
qu'à attendre que la pêche commence, ce qui a lieu en février, alors
que les eaux ont environ deux mètres de hauteur. Dès que le poisson
est pris, il est décapité, ouvert, salé et séché au soleil, puis vendu
aux exportateurs, lesquels trouvent facilement à placer leurs achats;
le reste de l'Indo-Chine, en effet, la Chine et les Indes Néerlandaises
sont pour eux d'excellents clients. Les vessies servent à fabriquer une
colle très appréciée; quant aux autres résidus, ils étaient jusqu'à
présent jetés à l'eau : ils pourraient fournir un précieux engrais dont
le service de l'agriculture se prépare à tirer parti. Lacs et cours d'eau
du Cambodge sont à ce point poissonneux que le nombre des pêcheurs
pourrait être encore plus élevé qu'il ne l'est aujourd'hui.

Je viens d'indiquer que le Cambodge fournissait presque seul à l'exportation. Bordé par la mer sur une longueur de plus de 1,000 kilomètres, l'Annam devrait avoir, lui aussi, une notable exportation de poissons, d'autant que certaines provinces du Sud, Binh-Thuan et Khanh-Hoa, sont particulièrement avantagées par l'existence de nombreuses baies qui, d'une part, servent de refuge à beaucoup de

Fig. 415. — Pêcheurs annamites.

variétés de poissons, et, d'autre part, permettent en toute saison la pêche, même aux petites embarcations. Malgré ces conditions avantageuses, l'Annam ne fournit guère qu'à sa consommation intérieure qui est très forte, il est vrai.

CHAPITRE XL.

ÉTABLISSEMENTS FRANÇAIS DE L'INDE.

SUPERFICIE. — POPULATION. — CLIMAT. — SERPENTS. — FLORE.
PRINCIPALES CULTURES. — SITUATION AGRICOLE DES CINQ COMPTOIRS.

Nous ne saurions passer sous silence, ne fût-ce qu'en raison des nobles souvenirs qu'ils évoquent [1], ces établissements français de l'Inde, où, « en toute occasion, les Hindous ont donné des preuves certaines d'attachement à la métropole qui leur a assuré la situation privilégiée de citoyens français, et qui leur a donné la justice à laquelle un peuple a droit lorsqu'il est sous notre protection [2] ».

La superficie totale des cinq établissements est de 50,803 hectares. Il n'y a pas plus d'un dixième du territoire qui soit inculte (il n'y a pas d'altitude). Le domaine public, villes comprises, occupe environ trois dixièmes; les sept autres sont en culture. Parmi la population de 279,581 habitants, les Européens et leurs descendants comptent pour moins de 3,000.

Le climat est d'autant plus influencé par le régime des moussons que nos établissements sont tous situés près de la mer. L'année se répartit en trois saisons : pluvieuse de fin mai à octobre, froide de novembre à février, chaude de mars au commencement de juin. C'est alors que sous la chaleur accablante les cours d'eau se dessèchent et que le soleil « à travers l'ardent brouillard semble un disque de métal

---

[1] «Nos établissements français de l'Inde sont tout ce qui nous reste de l'immense empire indien que nous avaient conquis la valeur de Mahé de la Bourdonnais et de Lally-Tollendal, la stratégie et le courage d'un Dupleix, et qui fut délibérément sacrifié au traité de Paris de 1763 par le Roi, soutenu d'ailleurs, il faut bien le reconnaître, par l'opinion publique tout entière. Ces derniers vestiges de notre puissance passée doivent donc nous être particulièrement chers, même aujourd'hui que notre Empire Indo-Chinois a, jusqu'à un certain point, compensé les pertes du siècle dernier.» J'ai tenu à citer ces lignes de M. Camille Guy. Le souvenir des fautes commises dans le passé doit nous rester présent pour nous empêcher de commettre à nouveau les mêmes erreurs. Le temps n'est pas si loin où à la suite de quelques ennuis par delà les mers, l'opinion publique se dressa presque tout entière contre les «coloniaux» et où des cris de protestation s'élevèrent tandis qu'était constitué cet empire Indo-Chinois, dont, à juste titre, nous nous glorifions aujourd'hui.

[2] Camille Guy, chef du Service géographique et des missions au Ministère des colonies.

rouge ». Puis, voici, avec la fin de mai, les masses de nuages; la pluie
tombe; c'est un véritable déluge. Pendant six mois, le vent venu de
la mer apportera ainsi de l'humidité et la pluie tombera à intervalles
plus ou moins éloignés.

La faune ne présente rien de caractéristique, sauf que le nombre
des serpents est malheureusement toujours très grand. Le plus
terrible est le cobra-
capello ou serpent à
lunettes dont la mor-
sure est tellement
venimeuse que l'on
en meurt en moins
d'un quart d'heure;
il faut citer aussi le
serpent minute, qui
ne dépasse jamais
20 centimètres de
longueur et 4 milli-
mètres de diamètre
et dont la piqûre tue
sa victime en moins
de deux minutes. La
flore, elle, est fort
riche. Extrêmement
touffus, les bois offrent
à l'exploitation les es-
sences utilisées dans
l'ébénisterie et celles
nécessaires pour la
teinture : agalloche,
callambac, ébène noire, gayac, bois de fer, santal, teck. Le papayer,
le goyavier, le manguier, le jacquier, le dattier, le bananier, le cocotier, l'oranger et le citronnier sont les principaux arbres fruitiers.
L'éléphantier, l'acacia arabique, la laque et le bombax, secrètent
des gommes très estimées. Le rotin et le bambou trouvent dans la

(Cliché de la Librairie agricole.

Fig. 416. — Jacquier.

33

vie indigène des utilisations nombreuses. Les grains, le riz notamment, occupent la première place dans les cultures. On trouve encore la canne à sucre, le coton[1], le manioc, des graines oléagineuses, le bétel, le tabac, les indigotiers, le sésame, les épices (cannelle, girofle, poivre), le ricin, le pavot. Les cultures potagères ne sont pas moins en honneur que les cultures fruitières. Les arachides donnent lieu à une exportation annuelle de près de 10,000 tonnes. Disséminés en bordure ou épars parmi les assolements, les cocotiers sont d'un bon rapport. La valeur totale des diverses cultures est d'environ 2 millions.

Pondichéry[2], vaste delta dont la côte extrême est bordée d'étangs, de canaux et de lagunes, en relations les uns avec les autres, comprend 93 grands villages et 141 villages secondaires. Pondichéry est surtout, comme Chandernagor, un établissement urbain. Mahé, le plus petit de nos territoires indiens, est planté de cocotiers, d'acquiers, de jaquiers, de manguiers, de poivriers, tous arbres auxquels convient sa terre rocailleuse; c'est, comme on l'a écrit, « moins une ville qu'un jardin touffu où on a construit des maisons ». Karikal, où l'agriculture est en progrès, lui consacre 10,425 hectares, dont 8,012 à la culture du riz; 812 hectares seulement sont encore en friche. Le prix de la main-d'œuvre est à peu près insignifiant. Les travailleurs agricoles sont payés en nature, à raison de 4 litres de riz en paille par jour, ce qui équivaut à 0 fr. 40. Karikal comprend 3 communes et 110 villages. Constitué par les apports des fleuves, régulièrement irrigué par les canaux qui sont construits depuis environ quinze siècles, et périodiquement inondé, le sol est extrêmement fertile et notre établissement est un des « jardins de l'Inde méridionale ». Étroite bande de terre, Yanaon, enfin, n'a plus que 622 hectares en culture; 960 sont consacrés à l'élevage (environ 1,500 têtes de bétail). Au total, ce sont les cultures vivrières qui sont surtout en honneur.

[1] Le Noir, qui fut vers 1720 directeur de la compagnie des Indes-Orientales et créa à Pondichéry même les premières plantations et les premières industries, avait pressenti l'avenir du *roi-coton*; il en établit et en encouragea la culture et la manufacture.

[2] Ce fut en 1679 que François Martin établit définitivement la France sur la côte de Malabar, au village de Ponditcherri, où il créa une factorerie. Sous le nom de Pondichéry, ce village ne tarda pas à devenir le centre d'où notre influence se répandait dans la péninsule. A la mort de François Martin en 1706, la ville ne comptait pas moins de 40,000 habitants.

CHAPITRE XLI.

OCÉANIE FRANÇAISE[1]

A. NOUVELLE-CALÉDONIE.

DESCRIPTION PHYSIQUE. — CLIMAT. — SUPERFICIE. — POPULATION. — DÉPENDANCES. — FERTILITÉ. — CARACTÉRISTIQUE DE LA CULTURE. — CONDITIONS DE LA COLONISATION. — RÉGIONS DE CULTURE. — MAIN-D'OEUVRE. — PRINCIPALES CULTURES. — ÉLEVAGE. — AVICULTURE. — APICULTURE. — FORÊTS. — IMPORTATION ET EXPORTATION DES BOIS. — CAOUTCHOUC. — DAMARS. — BOIS DE SANTAL DE L'ÎLE DES PINS. — PÊCHE.

La Nouvelle-Calédonie, l'une des îles les plus considérables de l'Océanie, a 400 kilomètres de longueur, sur une largeur moyenne de 50 kilomètres. Ses côtes sont découpées. C'est un pays montagneux, mais dont les montagnes sont parfaitement accessibles. En dehors du massif minier et inculte qui remplit tout le Sud, l'île se compose d'une série de vallées débouchant sur les deux littorals et remontant, en pente assez douce, jusqu'à des cols peu élevés; de telle sorte qu'à telle vallée de la côte Ouest correspond une vallée de la côte Est : leur réunion forme des zones de terres admirablement fertiles et éminemment propres à la colonisation. Sur ces vallées, en effet, viennent se greffer une quantité considérable de vallons formés par les nombreux affluents de chaque rivière principale, si bien qu'une suite de domaines bien arrosés peut y être facilement découpée [2]. —

Le climat est excellent, et l'Européen le supporte aisément. Pas de fièvres paludéennes! Les maxima de chaleur et de froid sont 33° et 8°, et la chaleur n'est jamais fatigante à l'excès, par suite de la fraîcheur des nuits. La période chaude ne dure au demeurant que trois mois[3], et la température des sept autres mois peut être comparée à celle des plus beaux printemps de France. La saison des pluies n'est pas nette-

[1] Clichés de la Librairie agricole (fig. 417 et 420), de la *Dépêche coloniale illustrée* (fig. 418), de l'*Agriculture pratique des pays chauds* (fig. 419).

[2] *Notice sur la Nouvelle-Calédonie, ses richesses, son avenir*, ouvrage publié à l'occasion de l'Exposition universelle de 1900,

par les soins de l'*Union agricole calédonienne*.

[3] L'Européen peut travailler sans danger pendant toute l'année : c'est à peine s'il est obligé, par précaution, de s'abstenir pendant quelques heures au milieu de la journée dans la saison chaude. Il est bien rare que l'on entende parler d'insolation.

ment tranchée; généralement, ces pluies sont abondantes pendant les fortes chaleurs. Au total, tant par son climat que par sa salubrité, la Nouvelle-Calédonie, pays sous bien d'autres rapports encore merveilleusement privilégié, constitue une idéale colonie de peuplement. Il importe donc qu'une administration sage la mette en valeur. Et c'est à juste raison que, dans une conférence faite en janvier 1905 au Jardin colonial, M. L. Simon déplorait qu'on se fût malheureusement trop occupé de politique et qu'on eût compromis ainsi la situation financière et économique de notre belle colonie du Pacifique.

Il me reste à donner quelques chiffres : la superficie est de 1,196,000 hectares; la population, de 63,000 habitants, dont 41,874 indigènes, 5,585 colons, le surplus étant formé de fonctionnaires, de coolies, de déportés et de libérés.

De la Nouvelle-Calédonie dépendent les îles Loyalti (278,000 hectares), l'île des Pins (15,000 hectares), l'île Ouen, les îles Belep, Huon et Chaterfield, l'archipel des îles Wallis, le groupe des îles Futuna, celui des îles Kerguelen, et, enfin, l'archipel des Nouvelles-Hébrides (1,515,000 hectares; 72,000 habitants), qui a devant lui un riche avenir cultural et forestier.

Culture. — « Le sol de la Nouvelle-Calédonie n'est pas d'une remarquable fertilité. On n'en tire de bonnes récoltes qu'avec beaucoup de labours. Le colon cultivateur ne doit pas compter sur une fortune rapide, mais sur une aisance qu'il acquerra par le travail. » Ce jugement de M. Jeamaney [1] n'est pas trop sévère. Il est certain que la Nouvelle-Calédonie, colonie de peuplement par excellence est surtout une contrée de petite culture, un pays de petits paysans propriétaires. Mais si on n'y trouve qu'exceptionnellement de grandes étendues cultivables, par contre les petites vallées offrent aux familles de cultivateurs de nombreux terrains d'une superficie relativement modeste il est vrai, mais d'excellente qualité. Et c'est justement que M. L. Simon disait cette année (1905) dans sa conférence au Jardin colonial : « Toute famille de cultivateurs jouissant d'un petit capital

[1] *La Nouvelle-Calédonie agricole.*

pourra toujours se créer à la Nouvelle-Calédonie une existence heureuse, à la condition que ses membres soient travailleurs, économes et sobres. Ils pourront arriver, sinon à la fortune, du moins à l'aisance et leurs enfants s'installeront à leur tour, créant de nouvelles familles et s'attachant au sol hospitalier de leur nouvelle patrie. [1] »

Comment sont répartis les terrains des régions de culture de la Nouvelle-Calédonie et quelles sont leurs caractéristiques? C'est ce que nous allons demander à la notice sur la *Nouvelle-Calédonie, ses richesses, son avenir.*

« L'alizé du Sud-Est souffle presque toute l'année, s'élevant dans la matinée pour mourir le soir. Il frappe de front la côte Est de l'île, heurte les massifs du Centre, et, contournant la pointe méridionale, remonte ensuite le long de la côte Ouest. Ces brises qui ont traversé tout le Pacifique, arrivent chargées d'humidité sur le versant Est, et,

[1] C'est ici le lieu d'indiquer les conditions nécessaires pour réussir une entreprise de colonisation. Je les emprunte à la conférence de M. L. Simon :

« La réussite n'est possible avec un petit capital que pour les familles de paysans habitués à une nourriture frugale, rompus aux travaux de la terre, et assez nombreux pour pouvoir faire tout par eux-mêmes sans le secours d'aucun auxiliaire.

« Une famille remplissant ces conditions et possédant quelques milliers de francs pourra toujours se créer en Nouvelle-Calédonie une existence relativement heureuse. Avec un potager, une basse-cour et quelques cultures vivrières, elle arrivera promptement à produire elle-même la plus grande partie de ce qui est nécessaire à sa subsistance. Une vache ou des chèvres lui donneront du lait; des porcs, des lapins, de la volaille suppléeront au manque de boucherie fraîche; le potager produira les légumes d'Europe qui réussissent tous, même la pomme de terre dont la culture a été longtemps considérée comme impossible, et de plus les légumes du pays, patates, taros, aubergines, etc. Enfin, le verger donnera des oranges, des mandarines, des mangues, des ananas, des anones, des pêches de Chine, etc. (la liste des fruits tropicaux serait longue), et, si l'on est privé des bonnes poires et des bonnes pêches d'Europe ainsi que de tous les fruits à noyaux, on peut en réalité se contenter de ceux que produit le pays et dont quelques-uns sont exquis.

« Si l'on ajoute à cela que le poisson est partout abondant aussi bien dans les eaux douces que dans la mer, on voit que le colon qui saura s'y prendre pourra bien vivre sans trop entamer son capital et attendre ainsi tranquillement les premiers produits de ses cultures d'avenir.

« Ces cultures sont celles du caféier, du cocotier et peut-être aussi des plantes à caoutchouc dès que l'on sera fixé sur les espèces qu'il peut y avoir intérêt à cultiver.

« Pour les cocotiers il faut s'empresser d'en garnir tous les terrains qui peuvent leur convenir et qui ne conviennent généralement pas à d'autres cultures; ni leur plantation, ni leur entretien ne donnent lieu à de grands frais, et au bout de quelques années, on trouve là un revenu certain.

« Au contraire, la culture du caféier demande de grands soins pour le choix du terrain, sa préparation et la plantation des jeunes plants que l'on sort de la pépinière. »

refroidies par les montagnes, s'y résolvent en pluies éminemment favorables à la végétation.

«La côte Ouest, par contre, balayée par des vents en partie dépouillés de leur vapeur d'eau et que les montagnes qu'ils ont déjà tournées ne peuvent arrêter, a souvent à souffrir de sécheresses persistantes. Elles sévissent souvent d'octobre à janvier, au moment de la pousse du printemps et des floraisons et compromettent parfois certaines récoltes. C'est, en général, aux vents d'Ouest que la côte occidentale est redevable de ses pluies les plus abondantes.

«La formation serpentineuse du Sud, saturée de sels métalliques, est propre seulement à la culture de certaines essences forestières.

«Des schistes tenaces, naturellement couverts de graminées qu'ombrage le niaouli, occupent une autre partie importante de la Nouvelle-Calédonie. Ces terrains nourrissent les grands troupeaux de bœufs qui ont été l'origine de la plupart des fortunes calédoniennes.

«Le surplus du territoire de la colonie, éminemment propre aux travaux de l'agriculture, peut se décomposer ainsi :

1° Terrains d'alluvion de la Foa, Moindou, Bourail, Paya, Voh, Ponembout, Koué et de la plupart des vallées de la côte Est au nord de Thia, d'une fertilité inépuisable, continuellement fécondées et parfois, malheureusement, ravagées par les débordements des rivières qui les ont formées ;

2° Terres de forêts sur pied ou anciennement défrichées par les indigènes, étagées sur les pentes des montagnes ou couvrant les plateaux de l'intérieur ;

3° Lais d'anciens marais naturellement asséchés, tels que les vastes plaines de Bouloupari et de Saint-Vincent, dont le sol compact et froid peut, à peu de frais, se transformer en terres de première qualité par le drainage et les amendements calcaires ;

4° Collines formées de schistes aisément décomposables, souvent traversées par des affleurements de grès, s'étendant sur une partie considérable de l'île et appelées dans l'avenir à constituer sa principale richesse agricole ;

5° Anciennes plages abandonnées par la mer, formées par conséquent de sables et de calcaires, utilisées déjà pour la culture en grand de la luzerne et que des apports d'argile pourraient encore singulièrement améliorer ».

Une question fort intéressante est celle de la main-d'œuvre. Les Canaques n'aiment pas louer leurs services pour longtemps; mais, dans les moments de forte besogne, la tribu voisine fournit volontiers, au prix de 1 franc par jour plus la nourriture, des travailleurs auxiliaires. Parfois aussi, on peut s'entendre avec le chef de la tribu pour avoir constamment chez soi un certain nombre d'hommes (il se fait entre eux un roulement); enfin, les indigènes exécutent, dans de bonnes conditions, les travaux à forfait, tels que débroussaillement d'un terrain, construction d'une case, établissement de barrières, etc. Les libérés sont-ils de quelque secours? Le plus souvent, on déconseille de les employer, sinon à forfait pour quelques travaux en dehors de la famille; personnellement, j'ai connu un grand colon — une veuve — qui utilisait les services des libérés et n'eut jamais qu'à s'en louer. Enfin, on peut engager pour des périodes de trois ou cinq ans des Néo-Hébridais ou des Javanais; gages et nourriture compris, ces travailleurs reviennent en moyenne à 500 francs par an; on en obtient d'assez bons services, en les traitant avec fermeté et douceur à la fois.

La variété des climats que la Nouvelle-Calédonie possède — sur ses deux côtes et à diverses altitudes — lui permet la culture de beaucoup des plantes de la zone tempérée et de toutes celles des tropiques qui n'exigent pas une chaleur humide et continue.

Le pêcher, le figuier et la vigne se mêlent, dans ses vergers, à l'oranger, au bananier et au manguier; et, dans les jardins, les légumes d'Europe et ceux des pays chauds poussent côte à côte… Le maïs, la luzerne, la canne à sucre, l'indigo, le riz, toutes les variétés de haricots, le blé, la vigne, les pommes de terre, les patates, le manioc, le bananier, le cotonnier, l'agave, le cocotier, le mûrier, le cacaoyer, la vanille, d'autres plantes à parfum et, enfin, le caféier, telles sont les cultures qui paraissent destinées à enrichir la colonie [1].

[1] Le tabac croît, lui aussi, aisément dans la colonie, mais les sacrifices qu'on s'est imposés pour encourager sa culture n'ont pas donné jusqu'ici les résultats espérés.

Les premiers essais de plantation du café furent faits il y a une trentaine d'années; et donnèrent des résultats pleinement satisfaisants. Les quelques déboires éprouvés par la suite proviennent de ce que l'on étendit cette culture à des régions, où elles n'avaient aucune chance de succès. En 1900, la production annuelle approchait de 500 tonnes d'un café de première qualité, qui n'atteint malheureusement pas encore sur le marché français la valeur à laquelle il pourrait prétendre[1].

Le manioc calédonien produit un excellent tapioca. Comme féculent,

[1] Au sujet de la culture du café en Nouvelle-Calédonie, j'extrais de l'intéressante conférence de M. L. Simon, les appréciations et renseignements suivants :

«La culture du caféier demande de grands soins pour le choix du terrain, pour la préparation et pour la plantation des jeunes plants que l'on sort de pépinière. Quant à la manière de faire, les avis sont partagés; les uns donnent la préférence aux plantations en montagne et sous forêt, d'autres préfèrent abriter leurs caféiers avec des bois noirs, qu'ils soient en plaine ou en montagne, et à ce propos je n'ai pas oublié que j'ai vu, en 1890, détruire par le feu une magnifique forêt de 90 hectares située au bord d'une rivière : tout le bois a été brûlé sur place, puis le propriétaire a planté le tout en caféiers avec les bois noirs destinés à les abriter.

«Qui a raison? Lequel des deux systèmes est le meilleur? Il serait assez difficile de le dire, car j'ai vu des caféières des deux systèmes qui étaient également belles comme apparence et comme rendements; j'ai même vu dans certains terrains très profonds des caféiers ayant déjà un certain âge qui, sans aucun abri, étaient en parfait état et donnaient de belles récoltes. Mais le système le plus employé en Nouvelle-Calédonie est celui qui consiste à abriter le caféier au moyen des bois noirs, probablement pour éviter les dégâts que font, lors des ouragans tropicaux, les grosses branches cassées par le vent qui, tombant de haut, détruisent d'un seul coup un grand nombre d'arbustes en plein rapport; les bois noirs, qui sont bas, ne présentent pas, à beaucoup près, les mêmes inconvénients.

«Les caféiers commencent à rapporter à la troisième année de plantation, mais ils ne sont en plein rapport qu'à la cinquième: alors, suivant la qualité des terrains et surtout les soins qui leur ont été donnés, ils peuvent produire de 300 à 500 grammes par pied, et même plus. Or on compte 1,600 pieds à l'hectare, de sorte que la récolte peut varier de 500 à 800 kilogrammes à l'hectare, ce qui est un rendement satisfaisant, surtout quand il s'agit de café de qualité supérieure, ce qui est le cas pour la Calédonie.

«Cependant, certains détracteurs de la colonisation ont été jusqu'à dire qu'il vaudrait mieux renoncer à cette culture. Je ne crois pas que les colons soient de cet avis.

«Il est certain que, s'il s'agissait d'un café quelconque, analogue aux Santos ordinaires dont tous les marchés sont inondés, je n'hésiterais pas à reconnaître qu'il serait plus sage de ne pas lutter; car étant donnée la cherté relative de la main-d'œuvre en Nouvelle-Calédonie, le prix que l'on pourrait obtenir couvrirait à peine les frais de culture — mais tel n'est pas le cas. La vérité est que le café de la Nouvelle-Calédonie, malheureusement encore peu connu, est destiné à prendre place dans le commerce à côté des cafés de choix, comme le Guadeloupe, le Bourbon et le Martinique (s'il y en avait encore).

«Voici, en effet, ce qu'en disait, il y a bien des années, le Dr Raoul, dont les apprécia-

les indigènes cultivent, soigneusement et au moyen d'irrigations, le taro (*Arum esculentum*); les rhizomes de cette plante forment la base de leur nourriture. L'arbre à pain pousse naturellement. Le cycas fait l'ornement des forêts : ses fruits fournissent, après cuisson, une fécule comestible. Les bananiers ne sont pas rares. On extrait de la fécule des rhizomes du curcuma et du gingembre. Enfin, le maïs et le sarrasin donnent de bons rendements.

Comme textiles, c'est l'agave qui paraît avoir le meilleur avenir.

Les variétés de fourrages sont nombreuses et intéressantes; seulement les graminées ne doivent pas être multipliées par suite de la présence dans l'île de sauterelles.

Fig. 417. — Cycas.

tions, qui sont celles d'un maître, n'ont été publiées qu'en 1897, quelque temps après sa mort :

Le meilleur café de l'Océanie est le Calédonie. Ce café de production récente n'a encore été décrit dans aucun traité spécial. Je suis heureux d'avoir la bonne fortune de le placer au rang qui lui est légitimement dû, c'est-à-dire en tête des cafés doux du monde entier. Comme qualité, le Calédonie vaut presque le moka d'origine. Je le préfère cependant à ce dernier, et la plupart des consommateurs sont de cet avis. Si l'arome est absolument aussi agréable, le Calédonie offre cet avantage d'être dépourvu de toute espèce d'âcreté et de montant.

«La Nouvelle-Calédonie a la bonne fortune d'être «un terroir» pour le café comme elle l'est aussi pour l'ananas; c'est à elle à savoir tirer bénéfice de cette situation absolument exceptionnelle.

«On voit par là que le café cultivé en Nouvelle-Calédonie est, comme le moka, du *coffea arabica*. Le Dr Raoul déclare avoir porté lui-même dans cette colonie, vers 1870, des grains de moka d'Arabie, et reconnaît qu'à

Élevage. — Il y a un demi-siècle que le bétail a été introduit dans l'île; on obtint de suite des résultats presque inespérés. Vint l'insurrection de 1878; puis, en 1886, «l'administration pénitentiaire crut

Fig. 418. — Une conduite de bétail.

profitable à ses intérêts d'exploiter la gêne des éleveurs, et, sans souci de l'avenir, elle établit, pour les fournitures de viande, un cahier des charges qui, livrant l'élevage aux spéculateurs, mit le comble aux désastres de l'insurrection [1]». Aussi tout était à recommencer. Cette reprise de l'élevage date de 1896.

Les méthodes ont été empruntées à l'Australie. Mais la dégénerescence des troupeaux — résultat des deux véritables calamités que je

cette époque des créoles venus de la Réunion avaient déjà importé le café de même origine, qu'ils avaient cultivé dans cette colonie.

«Le café de la Nouvelle-Calédonie est donc en réalité du Bourbon auquel il ressemble beaucoup et dont il ne diffère que par un léger goût de terroir. Aussi sert-il dans le commerce à suppléer à l'insuffisance de celui-ci dont on vend partout, alors que la quantité exportée annuellement par la Réunion ne dépasse pas 4,000 kilogrammes.

«L'exportation du café de Nouvelle-Calé-donie se chiffre, au contraire, déjà par plus de 80,000 kilogrammes; elle augmente d'année en année et il est probable que l'accroissement des anciennes plantations et la création des nouvelles propriétés qui a eu lieu surtout de 1896 à 1902, aura pour conséquence que prochainement le chiffre d'un million de kilogrammes. »

[1] *Notice sur la Nouvelle-Calédonie, ses richesses, son avenir*, rédigée par les soins de *l'Union agricole calédonienne*, 1900.

viens de signaler — ne permet plus le système aussi simple qu'économique qui consistait à laisser pâturer sur 1,200 ou 1,500 hectares
des troupeaux de 500 têtes ou même davantage que surveillait un
seul cavalier. Aujourd'hui l'état dégénéré, non moins que l'appauvrissement des prairies causé par l'abandon momentané de l'élevage,
font que celui-ci demande des soins plus minutieux; ne pas les
donner, c'est aller à un échec presque certain. Il est, en outre, nécessaire de sélectionner pour reconstituer les troupeaux. On a fait des
essais avec diverses races importées d'Australie ou de Nouvelle-Zélande;
c'est le durham qui a donné les meilleurs résultats. D'autre part, la

Fig. 419. -- Vache et taureau de race angus pure, appartenant à la ferme-école d'Yahoué.

production du lait est à conseiller. Au colon qui vient pour planter
du café, on a pu justement dire : « Achetez d'abord deux vaches si vous
ne pouvez mieux, et vous ferez ensuite vos semis. Avec deux vaches de
choix, qui coûteront 250 francs chacune, vous aurez deux veaux tous
les ans, à 50 francs l'un, et une valeur de plus de 300 francs à utiliser
sur la ferme pour la nourriture de la famille et la richesse du jardin ».
    L'élevage du cheval n'est pas non plus à négliger. Déjà, on a obtenu
des sujets de sang, que l'Inde est venue acheter. La production de
l'animal plus commun peut également donner de bons résultats.

Dans l'intérieur, le prix moyen d'un bon cheval ordinaire varie de 400 à 600 francs, il atteint même 1,000 francs si le sujet a la taille de remonte pour la gendarmerie.

Nous avons signalé les résultats que donne en Australie l'élevage du mouton; ces résultats nous disent les vastes espoirs que peuvent, à juste titre, nourrir les éleveurs calédoniens.

Le porc lui aussi doit trouver sa place chez le cultivateur de la Nouvelle-Calédonie. La race indigène, il est vrai, est fort dégénérée, mais le tonkinois donne d'assez bons résultats et le berkshire, qu'on peut importer d'Australie, conviendrait tout particulièrement.

L'aviculture, enfin, doit prospérer dans un pays où volailles, oies, canards, dindons, pigeons, pintades, lapins s'acclimatent avec la plus étonnante facilité, se multiplient sans aucun soin et passent même fréquemment à l'état de nature.

C'est même à cause du grand nombre de bestiaux de toutes espèces qui sont devenus presque sauvages aujourd'hui que je ne donne point l'effectif du bétail calédonien; mais je répète que les résultats tout d'abord obtenus sont là pour montrer ceux qu'on est certain d'atteindre, et qu'on aurait sans doute atteints déjà, si, à la suite des événements de 1878, éleveurs et colons avaient trouvé une aide efficace.

Un mot enfin des abeilles de la Nouvelle-Calédonie; elles donnent un miel d'excellente qualité, dont la saveur est due aux fleurs du niaouli qui fleurit deux fois l'an (février et juin). Les abeilles travaillent toute l'année; on cherche surtout à obtenir de la cire, qui s'exporte plus facilement que le miel.

Forêts. — «Le bois est l'une des plus grandes richesses de la colonie. Les essences forestières propres à la construction, à la menuiserie et à l'ébénisterie sont aussi variées que nombreuses[1] et, lorsque le développement économique de la Nouvelle-Calédonie aura pris tout son essor, il est hors de doute que les forêts, encore peu exploitées

---

[1] Les principaux bois utilisables sont : le faux gaïac, les acacias de montagne, de rivière et de forêt, les hêtres gris et noir, le chêne rouge, le bois de rose de l'Océanie, le faux santal des Européens (*Myoporum tenui-folium*), l'éhène blanche, le pin colonnaire, le kaori de la Nouvelle-Zélande, le tamanou de montagne.

jusqu'à ce jour, offriront des ressources considérables, tant pour les usages locaux que pour l'exportation [1] ».

Malheureusement, la presque totalité de cette richesse forestière est inexploitée — les forêts de la Case de Rouy sont les seules dont on ait jusqu'aujourd'hui cherché à tirer parti — et l'importation est infiniment plus considérable que l'exploitation [2]; l'on s'approvisionne de bois, à des prix souvent exorbitants, en Australie, en Nouvelle-Zélande, aux États-Unis.

Bien qu'un grand nombre de lianes et d'arbres indigènes fournissent des latex, la production naturelle de la Nouvelle-Calédonie ne saurait alimenter un commerce considérable, sans arriver prompte-

[1] Rapport du Jury de la Classe 50 (Produits des exploitations et des industries forestières), par Eugène Voelckel. — [2] Voici les chiffres :

a. IMPORTATION.

	francs.			francs.
1892. Bois...........	233,255		1894. Bois...........	232,611
1893. Bois...........	130,560		1895. Bois...........	128,457
1896. Bois...........		2,162 tonnes, représentant...		216,204

1897.		QUANTITÉS. kilogr.	VALEURS. francs.
	Bois sciés 35 à 80 mill.........	430,310	75,500
	Bois sciés moins de 35 mill.........	703,890	153,064
	Totaux.........	1,134,200	228,564

b. EXPORTATIONS.

	francs.			francs.
1892. Bois...........	1,500		1894. Bois...........	1,875
1893. Bois...........	"		1895. Bois...........	300

1896.		QUANTITÉS. kilogr.	VALEURS. francs.
	Bois de construction sciés.........	"	12,190
	Bois d'ébénisterie.........	16,275	3,139
	Bois odorants.........	16,275	3,139
	Totaux.........	32,550	15,329

1897.			
	Bois de construction sciés.........	24,290	3,119
	Bois d'ébénisterie.........	6,396	1,740
	Bois odorants.........	90,617	22,842
	Totaux.........	121,303	27,701

ment à épuisement; mais, depuis six ans, des graines on été distribuées aux colons, et le *Ceara* (*Manihot glaziovii*) paraît fort bien réussir.

En Nouvelle-Calédonie, pendant de longues années, avant les mesures prises par le Gouvernement, les indigènes et les libérés se sont livrés, sans souci de l'avenir, à la récolte des damars, abattant et détruisant tous les arbres, et leur disparition était à prévoir. Aujourd'hui, par suite de la réglementation et des plantations entreprises, on peut espérer que cette colonie trouvera dans le damar une source de production rémunératrice.

Si les forêts de la Nouvelle-Calédonie sont inexploitées, il n'en est pas de même de celles des quelques îles voisines. Tout au contraire. L'exploitation y a été abusive à ce point que la richesse forestière de ces îles est complètement détruite; c'est le cas pour l'île des Pins, dont la production annuelle en bois de santal atteignait la valeur de deux millions de francs.

Pêche. — « Les conditions naturelles de la pêche sont en Nouvelle-Calédonie — ainsi qu'aux îles Huon et Chersterfield — particulièrement favorables. Les récifs qui l'entourent sont une sorte de vivier immense où se rencontrent toutes les variétés de poissons, de crustacés et de mollusques. Aussi de tout temps, les Canaques ont-ils été des marins hardis et habiles. Mais, en dépit de cette aptitude naturelle, la pêche n'a jamais été rationnellement exploitée, et l'exportation du poisson salé qu'il serait si facile de tenter ne l'a jamais été sérieusement. Cependant, il faut faire une exception pour le trépang ou bêche de mer. Longtemps avant notre occupation, on l'exploitait en Nouvelle-Calédonie et aux Nouvelles-Hébrides; jusqu'en 1866, ce poisson a été le principal objet du commerce de la colonie et figurait pour environ 100,000 francs au chapitre des exportations. Ce commerce, qui représentait encore, en 1891, une valeur de 80,000 francs, n'a cessé de diminuer depuis. [1] »

Le poisson n'est pas moins abondant dans les eaux douces que dans la mer.

[1] *La mise en valeur de notre domaine colonial*, par Camille Guy, chef du Service géographique et des missions au Ministère des Colonies.

B. ÉTABLISSEMENTS FRANÇAIS DE L'OCÉANIE.

SITUATION. — SUPERFICIE. — POPULATION. — CLIMAT. — NATURE. — PRINCIPALES EXPORTATIONS. — CHERTÉ DE LA MAIN-D'ŒUVRE. — DIFFICULTÉ DES TRANSPORTS. — FORÊTS. — PRINCIPALES CULTURES. — ÉLEVAGE. — APICULTURE. — PÊCHE. — HUÎTRES PERLIÈRES. — NACRE.

Située dans la région tropicale sud du Pacifique, la colonie dite des «Établissements français de l'Océanie» est composée d'une centaine d'îles disséminées et formant un territoire d'environ 400,000 hectares; elle comprend les archipels de la Société, des Marquises, des Tuamotu et des Gambier; les îles Tubuai, Raivavae et Rapa, et, enfin, les îles Rurutu et Rimatara sur lesquelles nous n'avons établi qu'un protectorat. L'archipel de la Société est formé de deux groupes : le plus important est celui du Sud-Est, dit Îles-du-Vent; celui du Sud-Ouest est dénommé Îles-sous-le-Vent. La principale île de tous les établissements est Tahiti[1], qui forme, avec Moorea et deux îlots, le groupe des Îles-du-Vent.

La population est de 30,000 âmes environ, dont peu de Français; cependant la fertilité du sol permettrait à ces différentes îles de nourrir plus de 200,000 habitants. Si, à cette fertilité, on ajoute l'agrément de la nature, la salubrité du climat, la douceur de mœurs des indigènes, on voit combien il est malheureux que nos compatriotes n'en profitent pas davantage. La difficulté chaque jour plus grande de s'assurer un travail rémunérateur — l'une des causes principales de la raréfaction des naissances — ne devrait-elle pas inciter les Français à ne pas négliger les colonies de peuplement, tels que Tahiti et les autres îles océaniennes, dont la prospérité est loin d'être en rapport avec les dons que la nature leur a si largement impartis.

Aujourd'hui, les trois seules richesses — j'entends les trois seuls produits donnant lieu à une exportation notable — sont le coprah (exportation : environ un million et demi de francs), la vanille (entre 900,000 et 800,000 francs) et la nacre (un peu moins de

[1] Du charme de Tahiti, de la douceur de son climat, de l'enchantement de sa flore, de la beauté de ses sites, de l'exquisité si particulière de sa population, que saurait-on écrire après l'œuvre maîtresse qu'est le *Mariage de Loti*. La petite Rarahu vit dans toutes les mémoires, et nul n'a oublié les descriptions de la nature de rêve, où elle promène sa vie, elle-même un rêve.

800,000 francs). Les deux inconvénients contre lesquels on a à lutter — qui retardent le développement de l'agriculture et empêchent de façon presque complète l'exploitation des forêts[1] — sont la cherté de la main-d'œuvre et la difficulté des transports.

J'ai dit l'importance des exportations de coprah[2] et de vanille[3]. Le coprah n'est pas le seul produit du cocotier ; la farine du coco est également à noter[4]. (Je par le plus loin, p. 581, du cocotier ; au cours des quelques lignes que je lui consacre, j'énumère rapidement ses principales utilisations.)

Le cotonnier, qui pousse à l'état sauvage, est l'objet d'une culture qui fut, un instant, très florissante. L'exportation de coton dépassait, il y a une vingtaine d'années, 600,000 kilogrammes ; elle est tombée maintenant au-dessous de 150,000 kilogrammes. Grâce à la production de Tahiti et de Moorea, il n'y a pas lieu à importation de tabac ; la préparation laisse à désirer. La canne donne un sucre d'excellente qualité ; sa culture se développe, et il est à souhaiter que, pour ce produit, l'importation cesse et fasse place à l'exportation. Le même vœu peut être formulé avec espoir en ce qui concerne le café, auquel le sol convient admirablement. La Nouvelle-Zélande achète des oranges (3 à 4 millions par an) et des ananas (un peu moins de 40,000). Parmi les autres cultures, je ne citerai que celles dont les produits donnent de la fécule : arrowroot, manioc[5].

Les diverses pailles, enfin, prennent de l'importance parce que les indigènes excellent à les façonner.

---

[1] Cependant les bois, pour l'ébénisterie et les constructions navales notamment, ne manquent pas. L'industrie locale emploie pour la construction des embarcations, le bois de *burao*, qui se travaille facilement et se conserve très longtemps dans l'eau de mer. Le bois de burao (ainsi que celui de *tamanou*) est aussi utilisé pour faire des pirogues. Enfin, autrefois — car aujourd'hui on se sert de planches de sapin de l'Orégon —, les planches des maisons indigènes étaient faites de burao et de *maiore* (arbre à pain).

[2] Tahiti est, de toutes nos colonies, celle qui exporte le plus de coprah ; presque deux fois plus que la Cochinchine, qui se classe pour ce produit immédiatement après.

[3] Une partie minime des exportations de vanille de Tahiti est à destination de la France.

[4] M. Arpin a fait l'analyse d'un échantillon de farine de coco de Tahiti ; il a trouvé :

	p. 100.
Humidité	3.5
Matières azotées	4.5
Amidon	26
Cendres	1
Matières grasses	31
Saccharose	14

[5] M. Balland a analysé en 1900 un échantillon d'arrowroot et un échantillon de fécule

Seules, Tahiti et Moorea ont quelque importance au point de vue de l'élevage. Volailles et porcs sont très nombreux ; ces derniers vivent à l'état errant. Les bovidés (plus de 2,500) réussissent bien. Il n'en est pas de même des chevaux (environ 2,300), qui s'abâtardissent ; une sélection sérieuse serait nécessaire. Les ânes n'étaient, au recensement de 1897, qu'au nombre de 7. Les moutons (moins de 350), des Leicester de la Nouvelle-Zélande, s'acclimatent parfaitement dans les régions sèches. Les chiffres ci-dessus ne s'appliquent qu'à Tahiti; les îles Marquises ont également un stock de bétail

Fig. 420. — Cocotier.

assez important. En sorte que si tout ce bétail n'était souvent assez difficile à capturer et sans les défectuosités — déjà signalées — des

de manioc de Tahiti; il a obtenu pour l'arrow-root, 13.70 p. 100 d'eau, 1.42 matières azotées, 0.10 matières grasses, 84.18 matières amylacées, 0.30 de cellulose et 0.30 de cendres; pour la fécule de manioc, 14.30 p. 100 d'eau, 1.26 matières azotées, 0.10 matières grasses, 83.84 matières amylacées, 0,30 de cellulose et 0.20 cendres.

moyens de transport, nos établissements océaniens, au lieu d'importer du bétail (de Nouvelle-Zélande) comme cela est le cas aujourd'hui, pourraient en exporter.

L'apiculture, autrefois prospère, est aujourd'hui presque entièrement délaissée; les fleurs du manguier butinées par les abeilles donnent, paraît-il, au miel une odeur et une saveur de térébenthine.

Enfin, il reste à dire quelques mots de la pêche, qui constitue une industrie importante pour toutes les îles de la colonie; non seulement, en effet, elle contribue dans une large proportion à l'alimentation locale, mais encore, grâce à la bêche de mer, à la nacre, à la perle, elle concourt, ainsi que nous l'avons vu, à l'exportation.

La pêche des huîtres perlières se fait surtout aux îles Tuamotu et aux îles Gambier. Il a fallu prendre des mesures pour empêcher l'épuisement des lagons producteurs : chaque année, huit ou dix îles seulement sont ouvertes à la plonge, chaque île restant fermée pendant trois ans, pour permettre aux jeunes huîtres de se développer et de grossir. On a, en outre, défendu l'usage du scaphandre; cette mesure a ses partisans et ses détracteurs, les premiers prétendent que le scaphandrier ne saurait, pas plus que le plongeur à nu, épuiser les lagons et font remarquer que la nacre qui se trouve au-dessous de 3o mètres de profondeur est, sans leur concours, forcément perdue. Il est certain que cette observation est juste et qu'il y aurait lieu de permettre, dans les grandes profondeurs, l'usage des scaphandriers, tout en empêchant les abus par une surveillance sévère. La plonge à nu n'est pas sans faire courir des dangers à ceux qui la pratiquent, notamment par suite de la présence des requins, surtout dans les lagons à large passe.

J'ai indiqué plus haut la valeur de l'exportation de la nacre. La qualité qui est pêchée dans les lagons Nord et Est des îles Tuamotu est particulièrement recherchée sur les marchés d'Europe et de San-Francisco; elle est à bordure noire. Quant à l'exportation des perles, sa valeur ne tombe pas au-dessous de 100,000 francs; elle atteint même 150,000 quand le lagon de Kaukura est ouvert.[1]

---

[1] La dernière période d'ouverture a eu lieu en 1903.

CHAPITRE XLII.

GUYANE ET ANTILLES FRANÇAISES [1].

A. GUYANE FRANÇAISE.

CAUSES DE LA CRISE AGRICOLE À LA GUYANE FRANÇAISE. — SUPERFICIE. — POPULATION. — CLIMATOLOGIE. — SALUBRITÉ. — FAUNE. — FLORE. — SITUATION AGRICOLE. — CACAOYER. — VANILLIER. — ÉLEVAGE ET PÂTURAGES. — SÉRICICULTURE. — MANQUE DE MAIN-D'ŒUVRE; UNE SOLUTION. — FORÊTS. — CAOUTCHOUC. — LA BALATA; PROCÉDÉS DE RÉCOLTE; BÉNÉFICES RÉALISABLES. — PÊCHE.

«L'émancipation des esclaves, la découverte de mines d'or, les fautes commises par les colons ont amené la décadence agricole de la Guyane bien plus que la prétendue insalubrité de son climat.... Le seul obstacle à la colonisation réside dans l'absence de main-d'œuvre, surtout depuis que l'exploitation des gisements aurifères a enlevé à l'agriculture un grand nombre de bras. Aussi les 3,500 hectares actuellement en culture sont uniquement consacrés à la petite culture vivrière, les denrées d'exportation qui faisaient autrefois l'objet de la grande culture étant aujourd'hui presque totalement négligées.»

Ainsi s'exprime, dans son rapport [2], M. Jules Hélot. Et la constatation n'est malheureusement que trop juste; juste à ce point que l'on a pu écrire que «les exportations de la colonie entière ne correspondent même pas à ce que pourrait facilement produire et exporter un seul petit planteur d'une colonie agricole».

Cette déplorable situation, la Guyane la mérite-t-elle? Ceux qui la connaissent bien répondent hardiment non. Écoutez plutôt le chaleureux plaidoyer d'un de ses fils :

«Un mauvais génie semble avoir présidé jusqu'ici aux destinées de la Guyane, qui sont encore à réaliser. Les insuccès, qui ont marqué presque toutes les entreprises qu'on y a tentées, ont tous des causes qui lui sont extérieures et dont, par conséquent, on ne saurait sans injustice la rendre responsable. Quoi qu'il en soit, après bientôt trois siècles de colonisation, la Guyane présente encore, dans son ensemble,

[1] Clichés de la *Dépêche coloniale illustrée*, sauf ceux des figures 421, 425 et 426 (Librairie agricole).

[2] Classe 39 (Produits agricoles alimentaires d'origine végétale).

l'aspect désolé de vastes solitudes où l'homme, s'il y a pénétré, n'a laissé aucune trace de son passage.

« A l'exception de Cayenne qui, avec sa population de 12,000 âmes, ses rues spacieuses et régulières et son admirable place des Palmistes — une vraie merveille — ne manque pas d'une certaine originalité, et des treize communes rurales, à peine habitées, qui se trouvent disséminées, de l'Oyapock au Maroni, sur un littoral d'environ 500 kilomètres, le territoire de la colonie n'est qu'une immense forêt vierge, un désert de végétation.

« A côté et comme pour mieux faire ressortir sa désolation, ses deux voisines, les Guyanes hollandaise et anglaise, offrent le contraste, humiliant pour notre amour-propre national, de leur prospérité et de leur splendeur. Toutes ces contrées, cependant, dépendent d'un même continent, sont soumises aux mêmes influences climatériques et présentent une constitution géologique identique. Il ne faut pas trop se hâter de conclure de cet état d'infériorité marqué, en apparence inexplicable, que le Français ne sait pas coloniser. On commettrait une injustice, en même temps qu'une grossière erreur, en portant un pareil jugement sur nos aptitudes colonisatrices.

« En réalité, ce qui a toujours manqué à la Guyane pour prospérer, c'est la main-d'œuvre. Que peut-on attendre d'un pays, si riche soit-il, dont la population ne représente pas un habitant par 4 kilomètres carrés? N'oublions pas que la Guyane hollandaise compte près de 100,000 âmes et la Guyane anglaise environ 400,000, tandis que, pour un territoire sensiblement égal, la population de la Guyane française n'atteint pas 30,000 habitants. Cette différence, toute à notre désavantage, s'explique par la facilité qu'ont l'Angleterre et la Hollande de recruter les travailleurs dont elles ont besoin, la première dans ses possessions de l'Inde, la seconde dans ses possessions de la Malaisie. La France, au contraire, n'a pas de colonie de repeuplement et se trouve tributaire de l'Angleterre et de la Hollande pour a main-d'œuvre nécessaire à certaines de ses possessions.

« Mais ce n'est pas là une difficulté insurmontable, et le problème pourra être résolu lorsque les capitaux français prendront le chemin de notre colonie de la Guyane, c'est-à-dire lorsqu'on sera convaincu en

France des richesses de notre possession sud-américaine. C'est donc à ce résultat que doivent tendre les efforts de tous ceux qui s'intéressent à la prospérité et à l'avenir de cette colonie [1]. »

Malte-Brun avait déjà écrit : «La nature n'a pas traité Cayenne avec moins de faveur que Surinam; mais les puissances combinées de l'intrigue et de la routine ont toujours enchaîné les hommes éclairés et entreprenants qui ont proposé les vrais moyens pour faire sortir cette colonie de sa trop longue enfance. »

Voyons, en quelques mots, ce qu'est la Guyane française :

Sa superficie peut être évaluée à 78,900 kilomètres carrés; sa population n'est que de 32,900 habitants, dont moins de 2,000 Indiens. En réalité, la portion effectivement habitée ne comprend qu'une bande, le long de la côte, d'une superficie d'environ 300,000 hectares.

La température varie peu : la moyenne du mois le plus frais donne 25 degrés; celle du mois le plus chaud, 27 degrés. Les différences barométriques indiquent deux saisons : la saison sèche et la saison des pluies. L'insalubrité n'est pas si grande qu'on le croit généralement. Le taux de la mortalité est faible, plus faible que dans la plupart des autres colonies françaises. La faune est d'une grande richesse; la flore compte d'innombrables espèces.

Telle est aujourd'hui la situation agricole, qu'il me paraît inutile d'entrer dans des détails sur ce que donne ce sol, qui autrefois fournissait des exportations de café, de cannelle, de girofle, etc., et qui ne demande toujours qu'à produire : cultures vivrières et cultures riches [2] pourraient, les unes et les autres, y trouver place. Ainsi, le vanillier, indigène à la Guyane, serait avantageusement l'objet d'une culture en grand; les sujets sauvages donnent un produit (vannillon), qui vaut de 25 à 30 francs le kilogramme.

La Guyane — dans certaines régions tout au moins — pourrait

---

[1] H. Ursleur, député, Préface de la Notice sur la Guyane, publiée, en 1900, par E. Bassières, directeur du Jardin d'essai de Baduel.

[2] «Le cacaoyer est la culture qui semble avoir relativement surnagé dans le naufrage de cultures guyanaises. La production moyenne annuelle, après avoir été de plus de 40,000 kilogrammes en 1841, était tombée à 26,000 kilogrammes en 1885. Depuis, la situation de cette culture n'a fait que s'améliorer : de nouvelles plantations ont été créées, et d'anciennes, qui avaient été longtemps abandonnées, ont été nettoyées et mises en état. »

être également un excellent pays d'élevage[1]. Des essais ont montré que la sériciculture est possible sous un simple hangar ouvert.

M. Ursleur, dans la préface citée page 533, le dit nettement : Cette crise agricole a pour cause le manque de main-d'œuvre, et il indique les causes pour lesquelles nous ne pouvons y remédier comme font les Anglais et les Hollandais.

M. E. Bassières est d'avis que «dans l'état actuel de nos institutions économiques et politiques, il vaudrait mieux renoncer à l'immigration réglementée pour s'en tenir à l'immigration libre». Mais cette immigration elle-même, d'où pourrait-elle provenir : «Si l'on

[1] Vers 1850, un Français établi dans l'île disait déjà : «Je ne comprends pas comment les Guyanes ne sont pas couvertes de bestiaux; les savanes qui règnent de bout en bout, le long de la mer, de l'Orénoque à l'Amazone, pourraient nourrir du bétail pour le monde entier.»

Cinquante ans après, en 1901, un inspecteur des colonies abonde dans le même sens : «L'industrie pastorale n'est guère plus développée à la Guyane que l'agriculture, et la colonie est complètement tributaire de l'étranger, pour son alimentation en viande fraîche. Chaque année, en effet, il est importé plus de 3,000 bœufs de Démérara et du Vénézuéla. A eux seuls, les Services publics de l'État et de la Colonie (Administration pénitentiaire, Services militaires, Marine et Service local) consomment annuellement 440,000 kilogrammes de viande de bœuf provenant de ce dernier pays.

«L'élevage devrait être, pourtant, un des éléments principaux de la richesse de la Guyane. Toute la région située entre la côte et les premiers plateaux est formée de savanes ou prairies naturelles. Non loin de Cayenne, on rencontre les savanes de Matoury, et celles qui bordent la route de la Pointe-Macouria à Tonate. Il y a aussi des savanes entre la Mana et le Maroni, mais la région considérée comme la plus favorisée et où l'on semble vouloir aujourd'hui développer cette industrie est celle qui s'étend de la rivière de Kourou à celle d'Organabo. Ces cours d'eau sont distants l'un de l'autre d'une centaine de kilomètres, et l'on évalue à 200,000 hectares la surface des savanes qui s'étendent de l'un à l'autre.

«D'autre part, et d'après une opinion en quelque sorte nouvelle, le meilleur territoire pour l'élevage du gros bétail et du petit serait le Haut-Maroni, en amont de Saint-Laurent. Un colon que l'on dit expérimenté, M. Vitalien, propriétaire de l'île Bar, située au-dessus de Saint-Jean et non loin de la Forestière, y a déjà obtenu d'excellents résultats, et son troupeau de vaches, d'une soixantaine de têtes, est de très belle apparence. C'est à cet îlot de Bar qu'on cultive une graminée dite herbe Bar, considérée comme le meilleur fourrage de la Guyane; on n'a pas su me dire si elle était originaire du pays ou si elle a été importée. Elle est malheureusement très peu répandue.

«Il serait facile, assure-t-on, de créer dans le Haut-Maroni des prairies artificielles ou même naturelles. C'est l'avis d'Apatou, l'ancien compagnon de l'explorateur Crevaux et le chef actuel des Bonis français établis au saut Hermina; c'est aussi l'avis de plusieurs surveillants militaires connaissant l'industrie pastorale. Partout, disent-ils, où l'on fait de gros abatages d'arbres, il croît bientôt, spontanément et de manière à couvrir entièrement le sol, des herbes grasses, les graminées dites herbe de Guinée et herbe Bar, sans compter le para, toutes plantes dont les animaux se montrent très friands.»

considère, écrit le même auteur, le courant d'immigration qui depuis trente ans s'est créé des Antilles sur la Guyane, la réponse semble toute indiquée. Ces îles sont, en effet, très peuplées; certaines d'entre elles et notamment la Martinique, la Guadeloupe, la Barbade, la Dominique, ont une population des plus denses. La Guyane, au contraire, est presque déserte. Tandis que la Martinique ne contient pas moins de 172 habitants par kilomètre carré et la Guadeloupe 96, c'est à peine si la Guyane compte un habitant par 4 kilomètres carrés. Le surplus de la population des Antilles pourrait donc se répandre sur notre vaste colonie, au grand avantage des uns et des autres[1]».

Fig. 421. — Vanillier.

«Il est peu de pays qui soient aussi uniformément boisés d'immenses futaies, plusieurs fois séculaires, que la Guyane, et l'on est en droit d'admettre que l'exploitation de ces forêts, si elle était conduite d'une manière rationnelle, pourrait devenir la source de richesses énormes. Des expériences faites comparativement avec quelques-uns des bois de la Guyane et les meilleurs bois d'Europe ont montré la

[1] J'ai tenu à citer cette intéressante idée. Je ne saurais cependant l'épouser ni la combattre.

supériorité des premiers, au point de vue de la durée et de la résistance à la rupture. Des pièces d'angélique, par exemple, employées à côté de semblables pièces de chêne, dans le corps de plusieurs vaisseaux de guerre français, ont été retrouvées, à la visite, plusieurs années après, absolument intactes, alors que le chêne était complètement pourri. Quant à la résistance, elle a été reconnue, pour le balata entre autres, plus de trois fois supérieure à celle du chêne, et près de deux fois supérieure à celle du teck de première qualité. L'élasticité du courbaril est quatre fois plus grande que celle du chêne et deux fois supérieure à celle du teck. Les bois qui paraissent les plus durables sont : le coupi, le bois violet, le wacapou et l'angélique. En dehors des bois de service, les forêts de la Guyane offrent une variété incomparable de bois de travail. L'ébénisterie y trouve surtout des ressources inépuisables.

«Si jusqu'à ce jour l'industrie forestière n'a pas donné les résultats financiers qu'on était en droit d'attendre, cela est dû en grande partie au double fait qu'il n'y avait presque jamais à la tête de l'entreprise un homme compétent, ni suffisamment de capitaux.

«Les bois de construction et d'ébénisterie qui sont destinés à faire l'objet d'un grand commerce d'exportation n'ont été expédiés jusqu'à ce jour par la colonie que d'une manière irrégulière et en quantités relativement faibles.

«Ainsi, en 1853, la Guyane a exporté en France 893,000 kilogrammes de bois d'ébénisterie valant 60,595 francs; en 1856, pour 107,348 francs; en 1863, 1.225 mètres cubes de bois de construction pour 95,771 francs, et 498,096 kilogrammes de bois d'ébénisterie valant 45,563 francs. Depuis cette époque, quelques essais d'exploitation ont été faits, mais avec peu d'esprit de suite, et tout reste à créer [1].»

Malheureusement, le manque de main-d'œuvre paralyse aussi l'exploitation de cette production du sol.

Non moins que la richesse forestière, la richesse en caoutchouc est délaissée. Elle mériterait, cependant, de retenir l'attention des colons

[1] Rapport du Jury de la Classe 50 (Produits des exploitations et des industries forestières), par E. VOELCKEL.

au double point de vue de l'abondance des arbres et de la bonne qualité du caoutchouc récolté.

Enfin, reste à parler d'une richesse de la Guyane — presque inexploitée comme les autres — la *balata*.

« La récolte s'en fait par incisions, et le latex recueilli est abandonné à lui-même au soleil dans un récipient ; la surface du lait qui se trouve en contact avec l'air ambiant se solidifie et donne une croûte dont l'épaisseur augmente d'une façon continue. Cependant, l'évaporation est presque arrêtée quand cette couche atteint une certaine épaisseur ; aussi faut-il l'enlever dès qu'elle a 1 centimètre. Pour terminer la dessiccation, on peut l'étendre sur des cordes, des tringles de bois ou des plaques de zinc. La première plaque enlevée, le lait qui se trouve dans la cuve ne tarde pas à se solidifier pour donner une nouvelle plaque que l'on enlève également, et on continue ainsi tant qu'il reste du lait dans la cuve. Un même arbre peut être traité tous les trois ou quatre ans, si on ne pratique chaque fois les incisions que sur le tiers de sa circonférence, et un sujet adulte peut donner de 3 à 4 litres de lait par saignée pendant l'été, qui est la meilleure saison pour la récolte. On retire du latex 50 p. 100 de son poids de *balata*, et la récolte moyenne d'un ouvrier par jour, étant de 17 litres de latex, représente une valeur d'environ 37 fr. 50 de *balata* marchande [1]. »

D'un calcul fait par M. Dewez, licencié ès sciences naturelles et ancien professeur d'agriculture à Cayenne, il résulterait qu'un arbre à *balata* donnant au moins 1 kilogramme de produit par saignée et un ouvrier pouvant inciser 10 arbres par jour, on obtiendrait 10 kilogrammes de *balata* par jour et par homme. D'autre part, la valeur minima de la *balata* étant de 5 francs le kilogramme, chaque ouvrier, même payé 8 francs par jour, rapporterait 42 francs, et, si on compte en forêt 10 arbres par hectare, le rendement serait de 4,200 francs par 100 hectares.

D'autres écrivains sont moins optimistes. Il est bon d'opposer l'une à l'autre ces opinions si diverses. Dès qu'il s'agit d'une exploitation

[1] Rapport du Jury de la Classe 54 (Engins, instruments et produits de cueillettes), par G. Coirre.

aussi pleine d'aléas que celle de la balata et d'un pays aussi éloigné et aussi discuté que la Guyane, il faut dans une étude telle que celle-ci faire entendre les deux sons de cloche. Voici donc, au sujet de la balata, le résumé de ce qu'écrit, dans un intéressant article de l'*Agriculture pratique des pays chauds* (Bulletin du Jardin colonial, 1904), M. L. de Bovée.

La balata, produit intermédiaire entre le caoutchouc et la gutta, provient d'arbres que nous connaissons mal encore. Des concessions, une moitié n'est pas exploitée, l'autre ne rend rien ou presque. Du reste, pour une exploitation semblable, la connaissance parfaite des essences lactifères est nécessaire et cette connaissance — encore est-elle superficielle — seuls quelques indigènes la possèdent. En outre, pour augmenter la quantité, on sacrifie la qualité. Ainsi, le latex de la balata rouge, le meilleur, ne devrait jamais être mélangé. Cette balata rouge est le produit d'un grand arbre qui pousse un peu partout, mais présente des inconvénients : d'une part, il ne fructifie qu'à de longs intervalles (trois, quatre, cinq, sept ans), ce qui rend sa propagation des plus lentes; d'autre part, il ne pousse pas en famille, d'où il résulte que le nombre des pieds étant rare, la récolte est aussi difficile que coûteuse. On le rencontre rarement en montagne; il affectionne les terres riches, les fonds de vallée non submergés, les flancs de coteaux à terre profonde. M. L. de Bovée rapporte au sujet de sa dissémination cette observation qui lui est personnelle : «Il n'est pas rare, après avoir rencontré dix ou quinze arbres dans la même journée, de marcher plusieurs jours sans en voir.» C'est dans le Maroni, surtout dans le Haut-Maroni, qu'on le rencontre le plus fréquemment. La cherté de la main-d'œuvre est une entrave. La Guyane hollandaise est relativement à la nôtre, favorisée sous ce rapport. On interdit l'abatage des arbres dans les jeunes exploitations forestières. Mais on ne peut apporter un contrôle efficace à l'observation de cette prescription et, malheureusement, on ne se contente pas le plus souvent d'une simple incision comme pour le caoutchoutier. Sous le fallacieux prétexte qu'un arbre à balata saigné est perdu, on saigne largement et on abat. En réalité, un arbre ne craint rien si on a la précaution de ne pas saigner à mort — ce qui, au demeurant, ne donne pas davantage, car les lèvres de la blessure se ferment bien plus vite. Saigné raisonnablement, un arbre subira sans inconvénient, deux incisions annuelles qui fourniront chacune 1 litre, par o m. 5o de circonférence. Il serait également à souhaiter qu'on renonçât à procéder à la récolte en saison de pluie; cette récolte présente, en effet, bien des inconvénients, et la moins bonne qualité du produit fait perdre le bénéfice de la quantité un peu plus forte. Enfin, il serait bon d'établir l'obligation d'une certaine plantation dans chaque hectare concédé. Cela serait la meilleure méthode pour assurer l'avenir.

Pêche. — L'importation du poisson est beaucoup plus forte que l'exportation. Cette importation est fournie, pour les deux tiers, par le commerce étranger; elle est formée de morue, de bacabiau (ou stoc-

Fig. 422. — Village de pêcheurs annamites, en Guyane, à l'embouchure du canal Laussat.
[Au fond de la rade, les montagnes de Matoury.]

kfish), de maquereaux, de harengs saurs, de poissons secs, salés ou fumés, de conserves à la saumure ou à l'huile. Parmi les produits d'exportation, il y a lieu de signaler les vessies natatoires provenant d'un poisson commun sur les côtes guyanaises, le machoiran jaune (*Silurus felis*).

B. MARTINIQUE [1].

Richelieu avait, en 1626, créé la *Compagnie des îles d'Amérique* pour « peupler et établir ces îles avec privilège d'exploiter les terres et les mines pendant vingt années, à charge de laisser lesdites îles sous l'autorité du roi et de lui rendre le dixième du produit ».

Ce fut au nom de cette compagnie que, le 25 juin 1635, de l'Olive et du Plessis débarquèrent à la Martinique; ils n'y restèrent que trois jours et s'en furent à la Guadeloupe. C'est à Belain d'Esnambouc, capitaine de Saint-Christophe et son colonisateur, que l'on doit la véritable prise de possession — également au nom de la Compagnie — de l'île que Christophe Colomb avait découverte en 1493, le jour de la Saint-Martin — d'où le nom qui lui fut donné.

La Martinique a une superficie de 988 kilomètres carrés (à peu près le double de celle du département de la Seine) : 80 kilomètres de longueur, 30 kilomètres de largeur moyenne; sa population (de 207,000 habitants [2]) compte un grand nombre de petits propriétaires. Les petites rivières et les torrents sont très nombreux, en sorte que le pays est bien arrosé. Les tremblements de terre, assez fréquents, n'avaient, sauf celui de 1859, causé que peu de dégâts. Les cyclones sont plus fréquents encore; mais rarement, en somme, ils ont été réellement désastreux. Enfin, l'effroyable cataclysme de 1903 a détruit une ville prospère et répandu la désolation, la ruine et la mort dans toute l'île.

[1] Ce que j'écris ici se rapporte à la situation avant l'éruption du Mont-Pelé.

[2] 1664 : 23,362 habitants; 1701 : 74,042; 1769 : 87,656; 1820 : 98,273; 1848 : 120,357; 1858 : 137,455; 1868 : 150,695; 1888 : 175,391; 1894 : 189,599.

Le sol est fertile. Les cultures occupent environ 39,000 hectares — le reste étant boisé (24,000 hect.), en savane (19,000 hect.), ou en friche (17,104 hect.).

Tout d'abord, on s'était occupé de la culture du tabac, du coton; puis, de celles du rocou et de l'indigo. La canne à sucre n'est importée, du Brésil, que vers 1654; le cacaoyer, qui paraît en 1664, ne se répand qu'à partir de 1684.

La canne à sucre a pris une place chaque jour plus importante, ainsi que le montre le tableau suivant de la répartition des cultures :

	hectares.		hectares.
Canne à sucre	20,116	Cacao	1,784
Café	349	Tabac et cultures diverses.	2,379
Coton	18	Cultures vivrières	15,067

C'est donc par la culture de la *canne à sucre*, qu'il faut commencer la revue de l'agriculture martiniquaise. Et, tout d'abord, signalons

Fig. 423. — Récolte de la canne à sucre.

l'avantage qu'elle présente pour un pays à population aussi dense; elle procure un salaire régulier à six travailleurs par hectare, tandis que les cultures vivrières n'en emploient que trois et que, pour la culture du cacaoyer, un seul suffit.

Les exportations de sucre de la Martinique atteignirent 50 millions de tonnes, représentant 25 millions de francs; par suite de la crise sucrière, elles ont baissé d'un tiers comme quantité[1], avec une valeur de 10 millions de francs seulement. Les exportations de rhum — presque toutes dirigées vers la France, de même que celles de sucre et de mélasse — ont par contre augmenté; en effet, dans beaucoup d'exploitations, on ne fabrique pas seulement du rhum avec les mélasses; les bagasses sont, elles aussi, directement soumises à la fermentation.

La culture du *cacao* suit, comme importance, celle de la canne à sucre; elle occupe une surface de 1,500 hectares, disséminés dans les gorges chaudes et humides, où la plante trouve de fertiles alluvions et une protection efficace contre les cyclones. L'exportation — qui, il y a quatre-vingts ans, s'élevait à peine à une centaine de tonnes de cacao médiocre, valant environ 100,000 francs — est aujourd'hui d'environ 640 tonnes, valant plus de 300,000 francs. Malheureusement la surface utilisable pour cette culture ne semble pas pouvoir dépasser 3,000 hectares.

Importante à une certaine époque à la Martinique, la culture du *café*[2] est en voie de disparition; la cause en est une suite de maladies qui s'attaquèrent à la plante délicate qu'est le caféier. La culture de la *vanille* s'est, par contre, développée depuis quelques années. Mais bien que sa qualité soit assez bonne, l'avenir de cette culture dépend, en partie, du maintien du cours élevé des vanilles Bourbon et simi-

---

[1] La moyenne quinquennale 1897-1898 à 1901-1902 : 31,911 tonn. 89.

[2] «L'introduction du caféier à la Martinique est due au capitaine du génie Desclieux, dont le dévouement est resté célèbre. Quand Desclieux partit de France, en 1727, de Jussieu lui remit trois petits plants de caféier qu'on voulait acclimater à la Martinique. La traversée fut pénible et longue; quelques jours avant d'arriver au port, l'eau manqua à bord et l'on fut obligé de réduire à la demi-ration les matelots et les passagers. Desclieux se priva d'une partie de sa ration pour arroser ses caféiers; deux moururent, mais le troisième, cultivé par lui avec le plus grand soin, fut la souche de tous les caféiers des Antilles et de l'Amérique centrale. Aussi en 1803, un arrêté du capitaine général et préfet colonial décidait qu'un monument serait dressé, à Saint-Pierre, en l'honneur de Desclieux. Cette décision n'a jamais été mise à exécution et Desclieux attend encore sa statue.» (*Notice sur la Martinique*, par Gaston LANDES, professeur au lycée de Saint-Pierre [Martinique].)

laires[1]. Autrefois prospère — le célèbre tabac à priser de Macouba était, en effet, produit par la Martinique —, la culture du *tabac* est essayée à nouveau, et non, semble-t-il, sans grandes chances de succès; il ne faut pas, en effet, perdre de vue que, sans doute, on pourra exporter, à nouveau, des qualités supérieures, et que cette culture est une source de bien-être pour la petite propriété. Le *coton* fut autrefois, pour la Martinique, un objet d'exportation; aujourd'hui, l'île n'en produit même plus la quantité nécessaire à sa consommation. D'excellente qualité, l'*indigo* atteignait sur le marché les plus hauts prix avant la découverte de l'indigo artificiel; il permettait de réaliser un bénéfice de 1,000 francs à l'hectare, sans tenir compte des effets de cette culture en rotation avec celle de la canne à sucre. De récentes entreprises de culture du *gingembre* ont montré que l'on pouvait obtenir un bénéfice de 500 francs par hectare; une main-d'œuvre nombreuse et peu rétribuée est nécessaire. Il est à souhaiter que l'organisation d'un service de bateaux munis d'appareils frigorifiques permette de transporter en France les *fruits* frais, notamment les ananas; à propos des fruits, il faut rappeler le bon renom des liqueurs de l'île, ainsi que l'industrie des conserves de fruits, de confitures, de vin d'ananas, de vin d'orange, etc. Enfin, les plantes *fibreuses*, bien qu'en grand nombre, ne sont pas cultivées.

Arrivons aux cultures *vivrières*. Elles n'occupent pas moins de 10,000 petites propriétés — petites propriétés où l'on trouve : un cheval créole de petite taille, une vache, quelques porcs, quelques cabris, de la volaille, et, en outre, dans le Sud, des moutons.

L'élevage est, en effet, une source de bénéfices importants, et l'on devrait augmenter, dans de notables proportions, les effectifs pour permettre à l'île de n'avoir pas à recourir à l'importation. La boucherie, à elle seule, consomme annuellement 10,000 têtes de bétail.

Plusieurs arbres méritent d'attirer notre attention. L'*arbre à pain*, tout d'abord. Il est très répandu dans l'île, et son fruit entre pour une large part dans l'alimentation, notamment dans celle des campagnes. Ce fruit — qui se prête à autant de préparations variées que

[1] Rapport du Jury de la Classe 59 (Sucre et produits de la confiserie, condiments et stimulants).

la pomme de terre — s'altère rapidement, mais après dessiccation, soit au soleil, soit à l'étuve (cette dernière est préférable), il se conserve parfaitement. La farine contient un peu moins d'amidon que celle du manioc, un peu plus de matières minérales et azotées. Introduit en 1715, le *campêche* s'est multiplié facilement; l'exportation se chiffre par 1,500 tonnes environ. Les casseficiers ne manquent pas et l'exportation de *casse* dépasse 100,000 kilogrammes; en 1887, on enregistra, à la sortie, le chiffre exceptionnel de 437,209 kilogrammes.

Les autres arbres du pays sont de peu d'importance, et l'île est obligée, pour les bois d'œuvre, d'avoir recours à l'importation. J'ai indiqué plus haut la surface boisée. Ces forêts sont indispensables au régime des eaux.

Un mot sur le *caoutchouc*. Il est fort probable que des plantations réussiraient, en choisissant, bien entendu, l'espèce d'arbre appropriée. C'est ainsi que, sans doute, le « Para s'accommoderait bien des plaines alluvionnaires de la Martinique, dans la baie de Fort-de-France, par exemple; mais une plantation trop serrée ramènerait les fièvres paludéennes dans une région assainie par les efforts de l'agriculture. On devrait donc se borner à de petits groupes, à des alignements le long des chemins et des rivières, et la plantation ne devient plus dès lors qu'un accessoire de la grande propriété; elle peut, il est vrai, en être un accessoire important [1] ».

Les tableaux ci-dessous permettront de fixer exactement les données spéciales que les considérations précédentes n'ont qu'ébauchées:

NOMBRE ET RÉPARTITION DES HABITATIONS RURALES.

	vivrières	8,908
	sucrières	1,148
Habitations	cacaoyères	636
	cotonnières	8
	indigotières	3
	Total	10,703

[1] G. Saussine, professeur au lycée de Saint-Pierre (Martinique).

EFFECTIF DU BÉTAIL.

Chevaux	9,390
Ânes	870
Mulets	4,355
Bovidés	33,854
Moutons	24,725
Cabris	12,143
Porcs	21,050
Total	96,377

RÉPARTITION DES TRAVAILLEURS.

Canne à sucre	30,378
Cultures vivrières	25.164
Cacaoyers	3,016
Cultures diverses	2,134
Non employés aux cultures	13,434
Total	74,126

RÉPARTITION DU TERRAIN.

Consacré	à la canne à sucre	10,116 hectares.
	au café	349
	au coton	18
	au cacao	1,784
	au tabac et aux cultures diverses	2,369
	aux cultures vivrières	15,067
En savanes		19,048
En bois et forêts		23,672
En friche	Dépendances des habitations	4,767
	Terrains vagues et domaines particuliers	12,337

Quant au commerce, c'est à l'intéressante étude consacrée, en 1900, à *la Martinique* par M. Gaston Landes, que j'en demanderai le résumé :

«Les principaux pays avec lesquels la Martinique entretient des relations commerciales sont : la France et les colonies françaises, les États-Unis d'Amérique, l'Angleterre et ses colonies, Porto-Rico, Cuba, Saint-Domingue, Haïti et le Vénézuéla.

«Les principales marchandises que la Martinique reçoit de France sont les suivantes : animaux vivants (chevaux, mulets et mules), produits et dépouilles d'animaux (saucissons et conserves de toute sorte, beurre, fromage, etc.), farineux alimentaires (farine de froment[1], pommes de terre, légumes secs, pâte d'Italie, riz, etc.), fruits de table secs, tapés ou confits, denrées coloniales (tabac préparé, sirops et bonbons, biscuits sucrés, sucre raffiné), sucs végétaux (huile, brai, goudron, etc.), espèces médicinales, bois feuillards, filaments à ouvrer, pierres, terres et combustibles minéraux, métaux divers, produits chimiques, couleurs et vernis, parfumerie, savons, bougies, etc., médicaments composés, boissons (vin de toute espèce, bière, vinaigre, eau-de-vie, liqueurs, eaux minérales), verrerie et poterie, cristaux, fils de toute sorte, tissus divers, vêtements confectionnés, articles de Paris, ouvrages en peau et en cuir, papier et ses applications, cordages, orfèvrerie, horlogerie, machines et mécaniques de toute sorte, instruments aratoires, chaudières à sucre, armes, coutellerie, chaînes, clous, etc., parasols, bimbeloterie, instruments de musique, meubles.

«La colonie exporte en France : sucre d'usine, sucre brut, rhum et tafia, vin d'orange, liqueurs des îles, cacao en fèves, cacao simplement broyé, en pains; cafés[2], casses, ambrette, indigo, confitures, campêches (bois de teinture), peaux brutes, cornes et os de bétail bruts, écailles de caret, fécule de manioc, ananas conservés, vannerie (petits ouvrages en paille), bimbeloterie (petits ouvrages en graines du pays), débris de vieux ouvrages en métaux.

«La Martinique reçoit de Saint-Pierre et Miquelon, de la morue; de la Guadeloupe, principalement de la mélasse, du café et des vanilles; de la Guyane, quelques bois durs; de Saint-Martin, du sel, de la poterie et du menu bétail.

«A destination de ces colonies, elle exporte du sucre blanc (Guyane), du son de sa minoterie, du rhum et des meubles.

«Il se produit des échanges assez importants de marchandises françaises et étrangères entre la Martinique et la Guadeloupe. Le marché de Cayenne est approvisionné dans une large mesure par celui de Saint-Pierre.»

---

(1) En petite quantité. — (2) En très petite quantité.

La situation n'est pas, au total, ce qu'elle devrait être. La monoculture en est cause, et plus encore le manque de capitaux. Telle autre colonie regorgera presque d'argent et manquera de bras; ici, les bras sont en surabondance. Il faudrait des capitaux pour accomplir les efforts nécessaires. À ce sujet, M. G. Landes écrit : «Des résultats considérables seront constatés le jour où les établissements scientifiques de la métropole et notamment le Jardin colonial viendront en aide aux agriculteurs[1]. Ces derniers doivent être renseignés sur les meilleurs moyens de combattre les maladies de la canne, sur la composition et la valeur des engrais qu'ils reçoivent, sur leur application à un terrain déterminé pour obtenir une récolte maximum, sur le rendement des meilleures variétés, sur l'obtention de ces dernières par semis, etc. Le reboisement, l'irrigation, la protection des oiseaux et l'organisation de l'enseignement agricole devraient retenir l'attention des pouvoirs publics. Pour réaliser ces progrès, il nous suffirait d'imiter l'exemple que les Américains viennent de nous montrer aux îles Hawaï.»

Enfin, il faut signaler que la pêche — réservée aux inscrits maritimes — constitue une industrie importante, bien que l'humidité du climat empêche de conserver le poisson par séchage. On ne le sale ou on n'en fait des conserves qu'exceptionnellement. Les prix sont très variables. Les poissons rouges — les meilleurs — ne valent jamais plus de 1 fr. 40 le kilogramme et on peut se procurer les qualités ordinaires pour 0 fr. 20 le kilogramme. Le prix moyen du thon est de 0 fr. 50 le kilogramme, et celui du maquereau, de 0 fr. 80. Malgré ces bas prix, la pêche produit annuellement 1,500,000 francs, en moyenne. Les embarcations — on en compte environ 1,400 disséminées sur tout le littoral de l'île — sont des pirogues construites en bois de gommier, montées par six hommes au plus.

---

[1] D'autant qu'isolés comme ils le sont, ils ne peuvent que difficilement améliorer leurs procédés culturaux et les modes de préparation de leurs produits. Il serait à souhaiter qu'un lien unisse ces petits propriétaires et que la mutualité les aide à grouper leurs efforts.

C. GUADELOUPE.

HISTORIQUE. — SITUATION. — CONFIGURATION. — RELIEF DU SOL. — COURS D'EAU. — SUPERFICIE. — DÉPENDANCES. — POPULATION. — IMPORTANCE DE L'AGRICULTURE. — FERTILITÉ. — CANNE À SUCRE. — CAFÉ. — CACAO. — AUTRES CULTURES RICHES. — CULTURES DIVERSES. — CULTURES VIVRIÈRES. — MAIN-D'OEUVRE. — APICULTURE. — FORÊTS. — CONDITIONS DU RELÈVEMENT ÉCONOMIQUE ET AGRICOLE.

Les premiers Français qui pénétrèrent à la Guadeloupe étaient des missionnaires envoyés par François Ier (1523); les Caraïbes les massacrèrent tous. Un siècle plus tard, Deslandes, au nom de la Compagnie des îles d'Amérique, parvint à chasser les Anglais et les Espagnols, qui s'étaient installés à la Guadeloupe. Depuis cette époque, on réussit, plusieurs fois, à nous reprendre, malgré sa résistance, notre colonie. Enfin, en 1816, elle fit définitivement retour à la mère-patrie, dont elle avait toujours défendu les droits.

La Guadeloupe est composée de deux îles séparées par un détroit de six milles de longueur, la Rivière-Salée[1]. L'une, la Guadeloupe proprement dite ou Basse-Terre, a une superficie de 94,000 hectares, dont 42,000 de forêts impénétrables; son massif montagneux est dominé par un volcan en pleine activité, la Soufrière; les cours d'eau sont nombreux. L'autre, île de la Grande-Terre, a une superficie de 53,631 hectares; pas de montagnes, non plus que de cours d'eau. A signaler ses dépendances : Marie-Galante, la Désirade (avec les îles de la Petite-Terre), les Saintes, Saint-Barthélemy, et, enfin, Saint-Martin, dont un tiers appartient à la Hollande. La population totale est de 182,000 habitants.

La Guadeloupe est une colonie essentiellement agricole, au sol très fertile; cependant, je serai bref à son sujet, car, ainsi qu'on le peut penser, une bonne part de ce que j'ai écrit au sujet de la Martinique s'applique également à la Guadeloupe.

Ici, aussi, la canne à sucre tient le premier rang; elle occupe environ la moitié de la surface cultivée (exactement 26,313 hectares; production quinquennale du sucre de 1897-1898 à 1901-1902 : 35,856 t., 486). Cette industrie agricole assura longtemps la fortune

[1] Profondeur, 5 à 6 mètres; largeur, 30 à 120 mètres.

de la colonie[1], mais on connaît la crise sucrière qui sévit aux Antilles. Aussi les agriculteurs ont-ils pris le parti de tenter quelques autres cultures riches, dites secondaires : celles du café et du cacao. L'une

Fig. 424. — Récolte des ananas.

et l'autre ne donnent de résultats appréciables qu'après une période de trois années. Mais les demandes sans cesse croissantes de leurs produits leur assurent un brillant avenir. Dès aujourd'hui, la répu-

[1] La culture de la canne demande des soins tout particuliers et une grande méthode; les labours, les plantations, les sarclages, les fumures, l'épaillage, la coupe doivent avoir lieu en temps opportun. Une attention soutenue doit être apportée dans le nettoyage des jeunes cannes pour les débarrasser des herbes et des insectes nuisibles à leur existence. Il y a les cannes plantées et les rejetons. Autrefois, on entretenait des rejetons de plusieurs années (on en a vu de 15 et même de 20 ans); mais il a été reconnu, depuis, qu'il ne fallait pas aller au delà du troisième rejeton, par suite de l'appauvrissement du sol en humus et de la difficulté de maintenir cet humus par l'emploi du fumier de ferme. Ce _rnier est l'engrais qui convient le mieux à la canne; mais la quantité d'animaux, relativement faible,

élevés sur les habitations ne permet pas de l'employer exclusivement; on fait, également, usage d'engrais chimiques et de guanos.

D'une façon générale, on peut dire qu'il n'a pas été fait à la Guadeloupe d'efforts vraiment sérieux pour l'amélioration de l'espèce cultivée et, partant, l'augmentation du rendement à l'hectare. Ainsi «tandis qu'à la Trinidad (île anglaise), la richesse saccharine des cannes est de 14 à 18 p. 100 et le rendement de 50 à 60,000 kilogrammes de cannes à l'hectare, à la Guadeloupe, la richesse saccharine n'est que de 10 à 15 p. 100, et la production à l'hectare, de 20 à 30,000 kilogrammes. Sur quelques rares propriétés, des efforts sérieux ont été tentés en faveur de la propagation des cannes sélectionées. Dans les plantations de l'usine Bonne-Mère, apparte-

tation du café[1] de la Guadeloupe est établie, et l'île, qui, il y a dix ans, n'en produisait que 375,000 kilogrammes, en récolte maintenant plus de 700,000 kilogrammes, fournissant à la métropole près des sept dixièmes du million de kilogrammes que celle-ci consomme en café provenant de ses colonies.

Jusqu'en 1825, la culture du café se faisait presque exclusivement dans certains quartiers de la Grande-Terre et aussi à Marie-Galante.

Le déboisement auquel a donné lieu la culture de la canne, qui couvre toute la Grande-Terre, a changé les conditions climatologiques de cette partie de la colonie, et, par suite, a restreint les surfaces cultivables en café et en cacao, et c'est à la Guadeloupe proprement dite que se pratiquent maintenant la culture du cacao, et celle du café. Du reste, l'île ne manque pas d'emplacements où ces cultures peuvent être entreprises dans les meilleures conditions.

Les cacaoyères occupent une superficie de 2,402 hectares, produisant 500,000 kilogrammes. Les primes d'encouragement n'ont pas réussi à développer autant qu'il eût été à souhaiter cette culture, qui se pratique, en outre, d'une façon trop rudimentaire. La fermentation et le séchage laissent à désirer.

---

nant au Crédit foncier colonial, quelques essais ont été faits dans ce but, aussi la moyenne saccharimétrique donnée par les cannes manipulées à cette usine a été de 11,75 pour la dernière récolte». (Gratien CANDACE, l'*Agriculture pratique des pays chauds*, 1903.)

[1] Le café de la Guadeloupe est originaire d'Arabie; il se présente sur les marchés en café B (bonificur) et en café H (habitant). Cette double qualification tient au procédé employé pour débarrasser le grain de la parche. Le café bonificur est passé dans des pilons actionnés, en général, par des roues hydrauliques, tandis que le café habitant est passé dans des pilons à bras d'homme. Les genres de pilons à bras varient suivant les quartiers : les uns comportent un homme; les autres, six et même douze hommes.

On appelle *bonifiérie* l'installation industrielle où l'on procède au bonifiage du café. Le bonificur reçoit du producteur le café en parche qu'il doit lui rendre bonifié dans une proportion de 33 p. 100. L'opération n'est complètement terminée qu'après le triage, qui consiste à séparer les grains cassés des grains entiers. Les grains cassés restent la propriété du bonificur.

En 1894, on a introduit le café d'Abyssinie, qui, se trouvant dans un sol et sous un climat lui convenant à tous égards, s'est développé très rapidement et a porté de nombreuses pousses dès l'âge de dix-huit mois.

Quelques colons se livrent à la culture du café Libéria, comme porte-greffe. Très rustique, il pourra certainement favoriser la culture du café Guadeloupe dans des terrains et sous un climat qui ne lui avaient pas convenu jusqu'alors.

Fig. 425. — Rameau de manioc avec fleurs et fruits.
A droite, coupe du fruit et graine grossie.

Une autre culture riche est celle de la vanille, dont les essais ont été heureux. Kolatiers, arbres à épices, cocotiers réussissent. La culture de l'ananas a pris une certaine extension. Les bananes du pays sont particulièrement savoureuses, et, à leur sujet, je ne puis que renouveler le regret que l'on manque pour l'exportation de navires munis de chambres frigorifiques. La concurrence des couleurs d'aniline ayant été désastreuse pour le rocou, la culture du rocouyer — prospère, il y a vingt ans — a été abandonnée. Il en est presque de même de celle du cotonnier.

Les cultures vivrières (manioc, ignames, maïs, patates) se sont développées, les cultivateurs de la Guadeloupe leur consacrent aujourd'hui une partie de l'espace qu'ils réservaient autrefois à la canne à sucre. C'est ainsi que la culture du manioc occupe maintenant le quart des travailleurs de l'île.

Quelques mots au sujet des travailleurs de la Guadeloupe : « L'immigration africaine s'est éteinte depuis longtemps faute de renou-

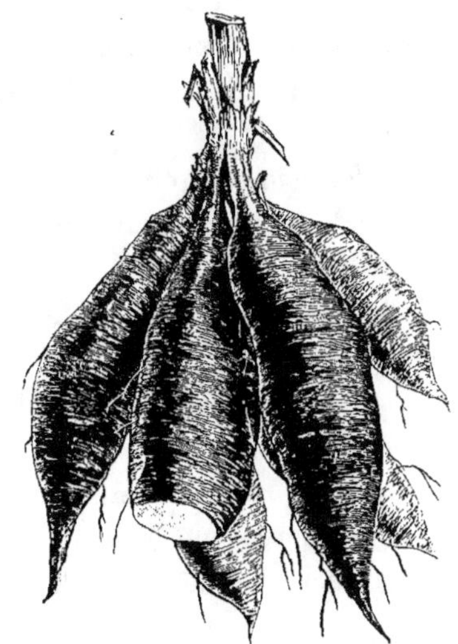

Fig. 426. — Racine de manioc.

vellement; les quelques Africains qui sont encore dans la colonie se sont attachés au sol et ne songent plus à retourner dans leur pays natal.

« L'immigration indienne s'affaiblit tous les jours par suite du rapatriement annuel des coolies ayant terminé leur engagement et du refus de l'Angleterre de le leur laisser reprendre.

« Des cinq cents Japonais introduits il y a cinq ans, il en reste peut-être une dizaine qui sont tous domestiques à Pointe-à-Pitre.

« Le travailleur créole est donc le seul élément de travail qui reste pour les exploitations. Ce travail se fait à la tâche et à la journée. Les îles anglaises voisines envoient à la Guadeloupe un courant continu de travailleurs attachés tant à la culture de la canne qu'à celle du café; mais ceux-ci ne se fixent pas, ils viennent faire campagne et s'en retournent chez eux pour revenir l'année suivante ou être remplacés par d'autres[1]. »

Il y a de la cire et du miel d'excellente qualité, malheureusement peu en faveur à la Guadeloupe.

Il n'existe aucune scierie dans l'île, et, bien que les forêts renferment des bois d'ébénisterie, seul le bois de campêche donne lieu à une exportation. La culture du cocotier revient en faveur; le kolatier donne des produits de tout premier choix; l'on a fait d'heureux essais de culture d'arbres à latex. Les meubles sont généralement fabriqués à la Guadeloupe avec l'acajou cèdre, qui est un bon bois rouge foncé incorruptible.

A cette courte étude il faut une conclusion: je l'emprunte à la plaquette de M. L. Guesde[1] :

« La Guadeloupe traverse, depuis 1884, une crise économique terrible que des calamités telles que : tremblements de terre, cyclones, incendies, sécheresses, inondations ont successivement aggravée. L'énergie des colons a pu les maintenir encore debout, mais il ne faut pas se dissimuler que l'existence de ce beau pays ne tient qu'à un fil.

« Pour porter une amélioration à l'état de choses actuel, il faudrait tout d'abord que le sucre de canne, qui est la principale denrée

[1] *La Guadeloupe et ses dépendances*, par M. L. Guesde, secrétaire de la Chambre d'agriculture de la Pointe-à-Pitre (plaquette publiée à l'occasion de l'Exposition de 1900).

d'exportation de cette colonie, pour ne pas dire la seule, fût traité sur le même pied que le sucre de betterave, comme l'avait du reste indiqué la loi de 1884; ensuite, que des capitaux métropolitains fussent attirés dans l'île pour la création de caféières, de cacaoyères, de féculeries, etc.

Fig. 427. — Récolte du manioc.

« Le relèvement de l'agriculture ne tarderait pas à avoir une heureuse répercussion sur le commerce et l'industrie de notre vieille colonie, qui rétablirait vite son crédit un instant ébranlé. »

Le manque de crédit entraîne le taux élevé de l'argent[1], qui gêne tellement dans son développement la petite culture.

On ne saurait s'étonner que la situation économique de la Guadeloupe appelle des considérations rappelant sur bien des points celles émises au sujet de la Martinique.

[1] Tandis que dans l'île anglaise de la Trinidad l'intérêt du prêt est de 6 p. o/o, à la Guadeloupe il est de 8 à 10 p. o/o. Chez les notaires, le prêt hypothécaire qui est généralement de 10 p. o/o, est augmenté des frais d'enregistrement et d'actes qui sont de 2 p. o/o, ce qui élève le taux du prêt à 12 p. o/o.

LIVRE VI.

ASIE[1].

CHAPITRE XLIII.

INDES ANGLAISES[2].

A. INDE ET BIRMANIE.

SUPERFICIE. — DESCRIPTION. — POPULATION. — FAMINES. — SAISONS. — PLUIES. — IRRIGATIONS. — PROPRIÉTÉ FONCIÈRE. — PROCÉDÉS CULTURAUX. — INFLUENCE DE L'EXPORTATION SUR LES CULTURES. — GRAINS. — THÉ. — CAFÉ. — COTON. — JUTE. — LIN. — CHANVRE. — PLANTES OLÉAGINEUSES : ARACHIDE; SÉSAME; COCOTIER; RAVISON; RICIN. — OPIUM. — INDIGO. — GINGEMBRE. — TABAC. — FLEURS COMESTIBLES. — CONDIMENTS. — BOVIDÉS ET BUFFLES. — INDUSTRIE LAITIÈRE. — CHEVAUX. — MULES. — CHAMEAUX. — ÉLÉPHANTS. — MOUTONS. — CHÈVRES. — SOIES DE PORC. — VOLAILLE. — SÉRICICULTURE. — FORÊTS. — BOIS DE TECK ET DE PADOUK. — CACHOU. — GAMBIER. — ABACA. — COCOTIERS. — GOMMES ARABIQUES. — QUINQUINA. — CAOUTCHOUC; RÉCOLTE. — GUTTA; FAÇON DONT ELLE FUT DÉCOUVERTE; RÉCOLTE. — FAUVES, ANIMAUX DE CHASSE ET SERPENTS.

NATURE, CLIMAT ET POPULATION. — «L'Inde est un monde», écrit un des boursiers de voyage de l'Université de Paris, M. Albert Métin[3]. En effet, la péninsule, en y joignant les pays annexés, la Birmanie notamment, compte 294,266,000 habitants, et offre à celui qui la parcourt les régions les plus diverses.

«Le sud est un grand plateau assez nu, médiocrement peuplé, qui se termine à l'est et à l'ouest par deux gradins revêtus de forêts : sur la côte de Bombay et de Calicut, l'escarpement occidental domine l'océan; sur le versant de Madras et de Pondichéry, les hauteurs s'abaissent vers une plaine d'alluvions et de deltas — un des jardins de l'Inde — où le sol, couvert de rizières et de cocotiers, nourrit une population très dense; les pentes et les côtes conservent toute l'année

---

[1] J'ai parlé, au tome Ier, de l'Asie russe (régions de culture de la Russie extra-euro-péenne, p. 95 et suiv.; Sibérie, p. 195 et suiv.; Caucase, p. 210 et suiv.; Turkestan, p. 217 et suiv., et de la Turquie d'Asie, p. 305 et suiv.); dans ce tome-ci de l'Indo-Chine française (p. 495 et suiv.) et des Éta-blissements français de l'Inde (p. 512 et suiv.).

[2] Clichés de la *Dépêche coloniale illustrée* (fig. 428), de l'*Agriculture pratique des pays chauds* (fig. 429 et 430).

[3] *L'Inde d'aujourd'hui*, par Albert MÉTIN.

leur végétation, et les récoltes s'y succèdent sans interruption : au bord de la mer, l'hiver est inconnu, la chaleur ne cesse jamais... Le nord est tout en plaines : au bas des gradins afghans, c'est le Penjab arrosé par l'Indus et ses affluents, le pays des cinq rivières où les Aryens faisaient paître leurs troupeaux à l'époque des Védas; au pied de l'Himalaya, c'est le bassin du Gange et de ses affluents. Entre la vallée de l'Indus et le reste de la péninsule, s'étend le vaste désert de Thur, semblable à ceux de l'Iran. Les plaines du nord sont riches et peuplées; mais, dans la saison sèche, après la récolte, leur immensité monotone et poudreuse serait désolante sans la majesté des figuiers qui bordent les routes et la gloire des couchers de soleil dans la poussière rouge. Entre le nord et le sud, s'étend une région intermédiaire où se terminent les hauteurs de Dékan, mais dont les habitants et le climat rappellent le nord. Ce sont les provinces et les États du centre, avec leur jungle, où vivent les tribus sauvages qui descendent des premiers habitants; c'est le Rajpoutana, où se heurtent les dernières montagnes de l'Inde moyenne et les premières dunes du désert du Thur. Le Bengale, par son climat et sa végétation, rappelle le sud : on y trouve les marécages, les deltas, les canaux, les champs de riz, les cocotiers; l'éléphant remplace le chameau. »

Ces descriptions de M. A. Métin, précisons-les par quelques chiffres: la densité moyenne est de 76 habitants au kilomètre carré, soit quatre fois supérieure à ce qu'elle est en France; les deltas de la côte sud-ouest, le Bengale, les plaines du Gange ont plus de 200 habitants au kilomètre carré. Et, bien que les districts fertiles soient ainsi parvenus à un maximum de densité, le paysan ne veut pas émigrer. La moyenne de natalité est élevée, mais la population s'accroît peu cependant, tant les causes de mortalité sont nombreuses[1] L'opposition indigène prétend que le revenu d'un Indien tombe à 0 fr. 07 par jour. Un peu de grains et de légumes bouillis, voilà sa nourriture! Comme rares extras : du lait et du beurre, s'il est brahmaniste; du poisson séché, s'il est musulman. Parmi ces hommes qui ignorent ce que c'est que manger à leur faim, la maladie fait d'innombrables

---

[1] Parmi celles-ci, la déplorable pratique des mariages en bas âges et les épidémies.

victimes. Des famines, certaines laissent dans l'histoire un éternel souvenir : celle de 1877 pèse sur soixante millions d'indigènes, et en fait mourir plus de cinq millions. Et à côté de telle calamité qui frappe une grande partie du pays, que de disettes locales, voire même régionales ! D'après un périodique de Calcutta le *Statesman*, dix-neuf millions de personnes sont mortes de faim de 1896 à 1900. Quand bien même — et rien ne le prouve — ces calculs seraient quelque peu exagérés, faits qu'ils étaient avec le spectacle effroyable d'hommes décharnés, se tenant à peine debout et attendant quelques épluchures à la porte d'une cuisine, on ne peut que ressentir une immense pitié pour tant d'êtres humains, que la Caisse de réserve — officiellement constituée après la famine de 1877, mais restée légèrement illusoire — n'a que bien imparfaitement secourus.

On distingue deux saisons seulement : l'une, complètement sèche ; l'autre, humide et chaude.

En juin, commence à souffler la mousson : d'épais nuages s'en vont de l'océan sur les montagnes et ne tardent pas à tomber en pluies abondantes ; lacs et fleuves se remplissent, c'est l'instant des semailles, et cette humidité — qui, sauf dans le désert de Thur, est plus grande que celle que nous avons en France — va faire rapidement pousser les moissons. Sur bien des points, on fait plusieurs récoltes par an. Mais si le sol alluvial de la plaine du Gange et des deltas est très fertile, la plus grande partie du pays reste privée d'eau, de mars à la venue de la mousson.

Les irrigations ont donc pour le pays un intérêt capital. « Dix siècles avant notre ère déjà, des milliers de canaux portaient dans ces terres la fécondité. Sous la dynastie hindoue, comme sous la mahométane, le réseau des irrigations ne cessa de s'étendre, jusqu'au jour où les discussions intestines firent abandonner les travaux d'intérêt général. Les Anglais se sont attachés à réparer les ouvrages ainsi abandonnés ; puis, ils ont entrepris une suite de travaux remarquables qui, dans l'espace d'un demi-siècle, ont permis de soumettre à l'arrosage près d'un cinquième de la surface arable, sur un territoire d'un million de kilomètres carrés. Les sommes que le Trésor britannique avança dans ce but furent l'occasion d'une spéculation sous tous rapports fructueuse.

non seulement par suite de la plus-value des terres et de l'accroissement des impôts, mais encore par les redevances des canaux. Dans les seules provinces du Nord-Ouest, le montant des dépenses de gouvernement atteignait, en 1885, 160 millions de francs pour 12,000 kilomètres de canaux, desservant l'irrigation de 800,000 hectares. Indépendamment de la plus-value des récoltes arrosées, estimée en moyenne à 50 p. 100, l'Administration évaluait dans ses rapports officiels entre 20 et 40 p. 100 le revenu des capitaux consacrés aux travaux[1] ». Au total, en 1899-1900, 33,096,031 acres, c'est-à-dire 1/6e de la zone cultivée, étaient irrigués, soit par les soins de l'État, soit par ceux des particuliers. Dans certaines provinces, 20 p. 100 des terres cultivées participent aux bienfaits des irrigations. Le Penjab est, sous ce rapport, la contrée de l'Inde la plus favorisée.

Les puits jouent un rôle important dans l'arrosage. Ces puits ont généralement une profondeur variant de 3 à 9 mètres. Entre la Jumma et le Gange, au Doab, le nombre des puits maçonnés a été évalué à 70,000; celui des puits tubés, à 280,000, et la surface qu'ils permettent d'arroser, à 600,000 hectares. De 1836 à 1846, il avait été établi, dans le Bengale nord, 10,000 puits et 2,000 réservoirs pour l'irrigation de 6,000 hectares.

PROPRIÉTÉ FONCIÈRE. — C'est le gouvernement qui est propriétaire du sol indien. Ceux qui le détiennent, bien que traités en propriétaires pour la partie qu'ils cultivent, sont à vrai dire des sortes de tenanciers perpétuels, dont la contribution foncière est ainsi un fermage. « Telle était, écrit M. Albert Métin, la conception mogole; l'administration anglaise ne l'a pas formellement répudiée; elle l'applique strictement aux steppes, brousses, jungles, forêts, qu'elle absorbe dans le domaine public sans tenir compte des droits de parcours ou de pâture; ainsi le service des forêts — qui n'a pas quarante années d'existence — a, pour des raisons excellentes, mais sans accorder de compensations, réservé à l'État 87,000 milles carrés de terrain. »

C'est à l'État directement que, dans le Sud, les petits propriétaires

____
[1] A. RONNA, les *Irrigations*, t. III.

— la petite culture domine dans toute l'Inde — payent leur fermage ;
on les appelle des *rayats*. Dans les autres régions, un grand propriétaire est presque toujours interposé, en quelque sorte, entre le petit
tenancier et l'État. A côté de ce grand propriétaire, existe fréquemment ce qu'on appelle la *communauté de village*, forme communiste du
servage.

Agriculture. — L'Inde est un pays essentiellement agricole ;
175 millions d'habitants, en effet, y vivent de l'agriculture. Malheureusement les méthodes de culture laissent à désirer ; l'amendement
des terres est presque inconnu et, à défaut de fumier qui, dans les
régions de culture, remplace comme combustible le bois absent, la
terre ne reçoit que le peu de cendres fournies par l'incendie de
la brousse et des herbes. Grâce aux pluies tropicales, que je signale plus
haut, au limon des inondations, à l'intensité de la lumière solaire, les
conditions générales sont cependant favorables. Malheureusement,
les instruments sont grossiers ; les semences laissent à désirer ; les
races d'animaux sont épuisées par la faim et par les maladies. Il
existe bien un Département de l'agriculture ; il fait des enquêtes et
publie des statistiques, mais ses ressources ne sauraient lui permettre
de tenter une sérieuse transformation des procédés d'exploitation. Il y
a plus : l'influence de l'Européen a eu ce mauvais résultat que la
culture a surtout pour but l'exportation et que cette exportation se fait,
en somme, aux dépens de l'alimentation indigène. « Les cultures indigènes qui ne servent pas les intérêts des Européens sont complètement négligées ; celle de la canne à sucre est restée misérable aux
Indes parce que les capitaux occidentaux étaient engagés dans l'importation des sucres étrangers. » Je ne sais ce que vaut cette affirmation,
mais il était intéressant de la reproduire, ainsi que cette autre : « Au
gré de l'exportateur, l'Inde devra produire plus de coton ou plus de
blé ; tantôt le rayat devra ensemencer pour vendre et réduire au
minimum la récolte destinée à être consommée sur place, tantôt la
proportion sera renversée. L'Européen est ici un spéculateur à qui
la classe marchande sert d'instrument. Au moment de la guerre
hispano-américaine qui devait faire monter le prix du blé et celui du

fret, le principal exportateur de blé indien sut acheter à très bon compte la récolte et s'assurer tous les navires disponibles; ce fut une belle affaire dont on parle encore. »

Grains. — En 1900-1901, le total des acres ensemencés était de 180,151,093, dont le riz occupait 72,808,952, et le blé, 16 millions 104,779. Il est à remarquer que le froment donne lieu à un excédent d'exportation évalué pour 1900 [1] — année où, cependant, la récolte fut plutôt faible dans les régions asiatiques — à 10 millions de quintaux. Quant au riz — déjà cultivé dans le pays avant l'arrivée des Aryas — c'est la culture vivrière par excellence; elle donne, en outre, lieu à une importante exportation, qui, en 1896 — année où elle s'éleva particulièrement — atteignit 1,750,000,000 de kilogrammes.

Café et thé. — Tandis que, par suite des ravages d'une maladie sur les plantations, la valeur de l'exportation du café tombait de près de moitié de 1875 à 1900 [2], celle du thé au contraire s'élevait.

«Les Indiens, écrit M. L. Derode, président de la Chambre de Commerce de Paris, prétendent que l'arbre à thé est originaire de l'Inde, se basant sur ce qu'il pousse naturellement dans les forêts de l'Est de l'Inde, sur la limite de la Chine où il atteint parfois 10 à 15 mètres de hauteur. Ils supposent que dans des temps reculés il a été transporté en Chine, où, trouvant un sol moins propre à sa culture, il s'est étiolé et s'est réduit à la taille d'un arbrisseau. En fait, la feuille du thé indien, dit d'Assam, est trois ou quatre fois plus grande que celle du plant chinois. Actuellement, le plant de Chine, qui avait été d'abord le plus généralement cultivé et qui est plus rustique et plus résistant, a fait place, dans bien des plantations, au plant d'Assam; mais on y rencontre une grande variété de plants hybrides qui participent plus ou moins des qualités des deux types primitifs.

«La culture du thé aux Indes occupe actuellement une superficie de 190,000 hectares et le capital des diverses sociétés représente une valeur de 575 millions. On calcule que, depuis 1840, le chiffre des

[1] Récolte 66,000,000 d'hectolitres; récolte quinquennale moyenne 1897-1901 ; 81,066,920 hectol., 89.

[2] En 1900-1901, la culture du café n'occupe plus que 137,565 acres.

capitaux engagés dans la culture du thé aux Indes est d'environ 375 millions de francs.

« La valeur du thé exporté est de 125 millions de francs. En 1897, on a exporté 69,663,746 kilogrammes [1]. »

Plantes textiles. — C'est depuis la guerre de Sécession que la culture du coton a pris aux Indes un grand développement. La production atteint aujourd'hui 10 millions de quintaux, soit le quart environ de la production totale du monde. C'est la province de Berar qui produit le coton le plus fin de l'Inde.

Il y a une cinquantaine d'années, la culture du jute [2] — le *jhoti* des Hindous — était presque complètement confinée au Bengale ; elle y occupait une superficie de 38,000 hectares, dont la production annuelle en filasse pouvait être estimée à environ 7 millions de francs. Aujourd'hui, cette culture occupe aux Indes plus de 750,000 hectares, et les exportations dépassaient, à la fin du XIXᵉ siècle, 760 millions de kilogrammes [3].

Les plantes qui produisent le jute sont annuelles et se propagent par semis. L'importance de la récolte du jute dépend en partie de l'abondance des pluies, l'eau étant indispensable pour faire pousser la plante, et aussi pour la rouir. Les ensemencements ont lieu habituellement de mars à avril et la récolte se fait trois mois après, en juillet, au moment où paraît la fleur. Il faut, en effet, récolter de bonne heure pour obtenir des fibres douces, résistantes et d'une belle couleur brillante. Le rouissage dure de douze à vingt jours ; il prend fin quand les fibres se détachent aisément avec la main de la partie corticale ; les Hindous excellent dans l'effilochage. C'est l'imperfection des machines à décortiquer qui retarde l'épanouissement de la culture du jute.

Le lin est assez répandu. La récolte des graines est de près de cinq

---

[1] Rapport de la Classe 59 « Sucres et produits de la confiserie. Condiments et stimulants ».

[2] La culture du jute est surtout productive dans un terrain frais.

[3] Sur ce chiffre, 700,000 tonnes environ sont travaillées dans le pays même, non seulement à la main, mais encore mécaniquement dans les fabriques ou mills, car il existe actuellement aux Indes de nombreux mills fabriquant diverses sortes de toiles, entre autres la toile unie et légère appelée *hessian* et les tissus croisés et lourds connus sous le nom de *twills*.

milliers d'hectolitres[1]; l'on ne possède pas de chiffres certains sur celle de la filasse. Comme textile, citons encore le chanvre indien dit aussi «chanvre de Madras» ou «chanvre du Bengale», avec lequel on obtient des cordages très résistants et le chanvre *ambari* ou *palungoo*, très cultivé à Madras, et dont les gousses, comestibles, sont connues en Europe sous le nom de *gombo*.

Oléagineux. — L'exportation des graines oléagineuses suit, en importance, celle des textiles; elle a été, en 1900-1901, de 90 millions 140,351 roupies. L'exportation des arachides, nulle encore en 1877, dépassait 30 millions de kilogrammes dès 1886, et a continué de se développer; elle atteint, aujourd'hui, 50,000 tonnes. L'arachide[2] donne une excellente huile neutre, facile à extraire. Elle est très utilisée pour la falsification des autres huiles comestibles. La proportion d'amandes dans le fruit est de 70 p. 100; celle d'huile dans l'amande, de 51.75 p. 100.

Le sésame[3] est également très cultivé, notamment à Luknow, à Rangoon, à Lahore; c'est la plante dont le rendement en graines est le plus élevé; cette graine fournit, ordinairement, environ 50 p. 100 d'une huile comestible.

Le cocotier est également commun dans les Indes; il est en rapport à l'âge de 8 ans et produit jusqu'à 75 ans environ. Son fruit, nommé coprah, contient environ 33 p. 100 d'une huile liquide, quand elle est purifiée et dite huile de coprah ou de coco; quand elle est à l'état solide, on l'appelle beurre de coco. Elle se solidifie à 17 degrés, et ressemble alors à du suif. Lorsqu'elle est fraîche, elle est douce et sans odeur; mais elle rancit vite. De même que le tourteau de sésame, celui de coprah est un aliment pour le bétail[4].

Il n'en est pas de même du tourteau de ravison, qui est nocif et ne peut être employé que comme engrais; quant à l'huile qui en provient, elle est utilisée dans les savonneries et l'éclairage.

Enfin, signalons le ricin qui est originaire des Indes. Cette plante,

---

[1] Exactement 4 millions 960,486 hectol. 66 pour la période triennale 1898-1900, ou du moins autant que l'on peut obtenir une moyenne exacte pour la récolte du lin, étant donné l'incertitude relative de certains chiffres.

[2] Voir p. 439 et suiv.

[3] Voir p. 436 et suiv.

[4] Voir p. 582 et 583.

qui s'est répandue aujourd'hui jusque dans les régions tempérées, n'y est qu'annuelle, tandis qu'elle est vivace dans son pays d'origine et dans les régions tropicales.

Opium. — L'importance de la culture de l'opium est démontrée par le fait que le Gouvernement s'étant assuré le monopole de la fabrication et de la vente en gros de l'opium destiné à la Chine, a touché, de ce chef, en 1900-1901, 76,979,000 roupies (il est vrai que le revenu de la régie se trouve approcher de près la valeur de l'exportation, puisque cette même année, celle-ci n'a été que de 94 millions 554,357 roupies). La culture de l'opium se rencontre surtout sur le plateau de Malva et dans la vallée du Gange, entre Bénarès et Cawnpore. C'est celui de Bénarès — très recherché pour sa saveur et son parfum — qui contient le moins de morphine : 4 p. 100; la qualité de Patna en renferme 6 p. 100; enfin, celle de Malva est titrée à 8 p. 100.

Autres cultures. — La production de l'indigo se trouve surtout concentrée dans les Indes anglaises, où cette culture occupait, à la fin du XIXᵉ siècle, 1,600,000 acres environ — donnant lieu à une exportation annuelle, qui varie de 140 à 180,000 quintaux anglais.

Le gingembre, dont les rhizomes tubéreux ont une saveur forte et piquante, goûtée en Angleterre et aux États-Unis, se cultive également surtout aux Indes, qui fournissent la moitié environ des importations européennes et américaines de ce produit.

Quant au tabac récolté aux Indes, la majeure partie provient de la côte de Coromandel; il est généralement consommé sur place.

Enfin, disons un mot des fleurs comestibles. La plus célèbre est celle du *Bassia latifolia*. Citons aussi le *Colligonum*, arbrisseau qui pousse dans les terrains très arides aux environs de Lahore; ses petites fleurs, d'un rose rouge, ont une odeur assez semblable à celle de la fraise mûre; elles paraissent en mai, on les récolte en juin; les Hindous les mangent mélangées à la farine ou avec des viandes rôties.

CONDIMENTS. — C'est ici le lieu de parler des condiments des Indes, dont la caractéristique est la force et la causticité. Leur histoire remonte à la plus haute antiquité, et la fabrication actuelle n'est que la « traduction » industrielle des recettes anciennes des tribus et des familles hindoues. Les deux principaux sont les chutneys et le curry.

Sucrés en général et très forts, les *chutneys* sont extraits de fruits et légumes rehaussés par des épices en proportion variable. Il y a un grand nombre de différentes espèces de chutneys. Les familles les préparent elles-mêmes aux Indes. Quant au chutney du commerce, il est composé principalement de mango vert, d'oignons, d'ail, de gingembre vert, de raisins secs, de graines de moutarde, de sel, de *chileies*, de poivre, de sucre et de vinaigre de vin blanc.

Le *curry* est d'un usage quotidien dans toutes les familles hindoues et, suivant la richesse de la famille, s'emploie en plus ou moins grande quantité, avec les légumes, le mouton et la volaille. Les recettes de préparation sont très nombreuses, mais les éléments en sont invariablement : la graine d'anis, le piment, la cardamone, les clous de girofle, le macis, la muscade, la cannelle, la coriandre, la graine de cumin, le poivre noir, la graine de moutarde, la chillies, le tumeric, l'ail, les oignons, le gingembre vert et sec, la graine de pavot, le poivre cory, les amandes, la noix de coco, le beurre, le sel, le tamarin, le jus de tilleul, le mango.

Élevage et industrie laitière. — Déjà, j'ai signalé que les races de bétail étaient appauvries, épuisées par la faim et la maladie. «La plupart des vaches sont tuberculeuses,» affirme, avec peut-être quelque exagération, un voyageur, qui ajoute : «On recommande aux Européens de ne pas boire le lait pauvre et rare qu'elles donnent pendant la bonne saison.» Il semble qu'il doit y avoir progrès depuis que ces lignes ont été écrites, puisque les Indes envoient maintenant en Grande-Bretagne de 500 à 1,000 quintaux de beurre par an; le bas prix de ces beurres montre, du reste, que leur qualité laisse fort à désirer. M. Maurice Beau, dans l'intéressante étude qu'il a consacrée au *marché beurrier anglais*[1], la déclare même tout à fait inférieure. Mais il faut noter que presque partout les bêtes à cornes sont les seules employées pour le labour. Certains bovins seraient naturellement beaux et forts. Il y a, dans le centre, une race de

____
[1] *Annales de l'Institut national agronomique* (1903).

bœufs trotteurs très estimés. Dans le delta, les bovidés ne peuvent guère être utilisés pour le travail, tellement ils laissent à désirer, ce sont les buffles qu'on emploie; les bufflesses donnent, en outre, un excellent *ghi* (beurre clarifié).

Fig. 428. — Eléphants retirant de l'eau des pièces de bois enlisées par le fleuve, en train flottant. (Province de Rangoon.)

Les chevaux se rencontrent surtout en Birmanie, où leur élevage, pratiqué par les indigènes, a été perfectionné par les Anglais. D'une façon générale, on peut dire cependant que, dans l'Inde, l'élevage des chevaux est en décadence; par contre, les foires sont nombreuses; la Perse et le Bélouchistan y envoient d'excellents sujets. Les meilleurs poneys sont ceux de Manipoure et du Bhoutan. Le Bengale élève des mules, qui sont utilisées pour les services de l'armée.

Les steppes des Indes ont des chameaux. Sur certains points, ces animaux servent seuls aux travaux agricoles. Les éléphants se rencontrent partout. Ils rendent d'immenses et multiples services. L'illustration que nous donnons (fig. 428, p. 565) montre deux éléphants dont l'un sort de l'eau des troncs venus par flottage. Cette gravure, mieux que je ne le pourrais faire, prouve la perfection du dressage de ces excellents serviteurs.

Les moutons sont nombreux sur le plateau de Dekan, et l'Inde exporte chaque année une assez notable quantité de laine. Quant aux chèvres, on en trouve dans les régions montagneuses; elles donnent la laine dite de *cachemir*. Moutons et chèvres sont également élevés en vue de la production du lait.

On fait, à Calcutta et dans ses environs, un commerce considérable de peaux de chèvres. La valeur de l'exportation a été, en 1900, de 10 millions, et de 14 millions, en 1901. «Pour posséder toute sa valeur, une peau de chèvre doit avoir, paraît-il, la plus grande longueur de cou. On obtient une peau de la dimension voulue, en prenant pour point de départ une incision entre les deux yeux. Le procédé réussit surtout quand il est pratiqué sur une bête vivante! La loi punit bien de six mois d'emprisonnement et d'une amende un tel acte, mais elle n'est applicable que si le fait a été commis en public, et il résulterait d'une enquête de la Société protectrice des animaux à Calcutta, que la plupart des chèvres dont les peaux sont exportées de cette ville sont écorchées vivantes. »

Les soies de porcs des Indes sont recherchées pour leur force; mais, assez cassantes, elles n'offrent pas à l'usage une résistance aussi grande que les soies européennes, et on les emploie surtout mélangées avec d'autres sortes. Sa chair étant regardée comme *abominable*, le porc est laissé à l'abandon.

Mal nourries, les volailles pondent peu et donnent une chair médiocre.

Séricitulture. — La récolte des cocons n'a jamais eu dans l'Inde qu'une importance secondaire; cependant, sur bien des points du pays, on trouve les conditions les plus favorables à l'élevage des vers à soie. En Bengale, au Pendjab, la production est de 600,000 kilogrammes de soie de mûrier et de 60,000 kilogrammes de soie sauvage. Il est à noter que, d'une façon générale, la production fut, aux Indes, plus forte autrefois qu'elle ne l'est aujourd'hui. En 1900-1901, l'importation de la soie a atteint une valeur de 26,827,510 roupies, tandis que l'exportation (soie brute ou en cocons et soie manufacturée) dépassait à peine la valeur de 8 millions de roupies.

Forêts. — Il existe en Birmanie une véritable exubérance de boisement; par contre, dans l'Inde, la superficie forestière n'est que de 40 millions d'hectares, ce qui ne donne qu'un taux de boisement de 10.5 p. 100, mais la qualité et la grande durée des bois de teck, du padouck, des cèdres, suppléent en partie à la quantité. En outre, la création d'un Département des forêts (malheureusement décidée alors seulement que la production fut devenue presque insuffisante), a arrêté le déboisement. 31 millions d'hectares de forêts sont placés sous sa surveillance, et ses fonctionnaires de degré élevé ont tous suivi les cours des écoles forestières de France ou d'Allemagne. Il faut citer aussi l'école forestière indienne de Dehra Dun.

Le rendement des forêts du Gouvernement, en bois d'œuvre et en bois de chauffage, est le suivant :

| PROVINCES. | BOIS | | TOTAUX. |
	D'ŒUVRE.	DE CHAUFFAGE.	
	pieds cubes.	pieds cubes.	pieds cubes.
Présidence { de Bengale	52,534,608	119,266,162	171,800,770
de Madras	2,619,793	11,922,428	14,542,221
de Bombay	4,342,315	41,198,867	45,541,182
Totaux	59,496,716	172,387,457	231,884,173
En mètres cubes	1,684,649	4,881,150	6,565,800

Parmi les produits secondaires les plus importants : les fibres de coco, les myrobalans qui proviennent des *Terminalia chebula*, les bambous, le cachou, le caoutchouc, les cardamones (produits pharmaceutiques) et la laque.

Le tableau de la page suivante donne, pour l'année 1897-1898, les exportations, par mer, des produits forestiers.

	QUANTITÉS.	VALEUR AU PORT D'EMBARQUEMENT	
	tonnes.	par tonne.	francs.
Caoutchouc...............	278	5,104	1,419,237
Laque	10,941	1,635	17,991,461
Santal, ébène et autres bois orne-mentaux................	"	"	986,054
Cachou et gambier..........	4,859	412	3,149,748
Myrobalans................	36,303	119	4,350,336
Teck	81,866	195	16,038,155
Cardamones.'.............	48	8,527	409,347
Total en 1897-1898..............			44,344,338
Total en 1896-1897..............			47,851,860
Différence en moins en 1897-1898.........			3,507,522

Enfin, les importations et les exportations des bois d'œuvre communs se sont chiffrées comme suit (année fiscale de 1898-1899); [on remarquera que le bois de teck — qui vient en grande partie de Birmanie — fournit presque à lui seul plus de moitié de l'exportation] :

IMPORTATIONS.

	QUANTITÉS.	VALEURS.
	tonnes cubiques [1].	roupies [2].
Bois de teck......................	7,795	581,272
Autres bois......................	15,301	728,437
Totaux..............	23,096	1,309,709
Réexportations à déduire........	369	32,784
Reste	22,727	1,276,925
Volume en mètres cubes........	25,727	"
Valeur en francs	"	2,145,234

EXPORTATIONS.

	QUANTITÉS.	VALEURS.
	tonnes cubiques.	roupies.
Bois de teck	77,376	9,548,025
Autres bois	2,270	151,048
Totaux	79,646	9,699,073
Volume en mètres cubes........	90,150	"
Valeur en francs	"	16,295,000

[1] Une tonne cubique = 40 pieds cubes, soit 1 mètre cube 132.   [2] Valeur admise pour la roupie : 16 pence = 1 fr. 68.

Quel est le caractère forestier de l'Inde? D'une part, des forêts telles que l'imagination peut à peine se les représenter, et, d'autre part, des terrains où ne poussent que des arbrisseaux. La qualité des forêts (à feuilles persistantes, à feuilles caduques, dites *sèches*, terres désertes) dépend de la quantité de pluie tombée.

Bois de teck et de padouk. — L'ébène et le santal mis à part, seuls, comme arbres, le teck et le padouk ont de l'importance. Le teck, surtout employé pour les constructions navales, est le principal bois des Indes; son tronc droit et très gros offre un bois solide, dur et serré, quoique léger; un suc vénéneux, qui circule dans ses diverses parties, le met à l'abri des insectes. Le padouk, qui se trouve en grande quantité dans les îles Andaman où il atteint de fortes dimensions, produit le meilleur bois pour l'artillerie, la carrosserie, et il est assuré de rivaliser avec l'acajou pour les travaux d'ébénisterie; il est, dans maints usages, plus résistant que le teck, de plus grande durée et plus beau; il ne se gondole pas et pèse seulement 15 ou 20 livres de plus par pied cube.

Produits secondaires. — L'Inde, qui est presque le seul pays où on prépare le cachou, n'exporte pas moins de 10 millions de kilogrammes de ce produit, qui est fourni notamment par l'*Acacia catéchu* et l'*Aréca catéchu.* Le cachou obtenu avec la première de ces deux plantes est dit *pégu.* Voici comment on procède : on coupe le tronc en morceaux, on le fait bouillir; puis, quand la moitié de l'eau s'est évaporée, le liquide restant est versé dans des vases où s'achève la concentration. Lorsque le produit a obtenu la consistance pâteuse nécessaire, on le coupe en morceaux et on le laisse au soleil jusqu'à parfaite dessiccation. Quant au cachou retiré de l'*Aréca catéchu* et dit *de Ceylan,* on l'obtient en faisant bouillir pendant quelques heures, dans l'eau, les noix d'arec que donne ce palmier.

Le gambier, qui est souvent confondu à tort avec le cachou, est obtenu par un procédé assez analogue. Les rubiacées qui le produisent sont généralement cultivées; on les exploite quand elles ont atteint 2 m. 50 de hauteur. Presque tout le gambier importé en Europe et aux États-Unis vient de Singapour. Ce produit sert à la teinture (brun) et au tannage.

L'abaca, bananier textile dont la taille atteint jusqu'à 12 mètres et dont les feuilles, grandes et fortes, sont d'un beau vert, est surtout cultivé aux Philippines[1]; ce textile est du reste connu sous le nom de *chanvre de Manille*; il est également répandu aux Indes. On y a coutume de laver la filasse d'abord dans de l'eau de savon, puis à grande eau, avant de la faire sécher.

Du cocotier, on n'utilise pas seulement l'huile (p. 562), on emploie également les fils; on en fabrique des tissus, dont sont faits les tapis-brosses, les sacs à charbon, etc. Ces fils proviennent notamment de la côte de Malabar.

L'exportation de gomme arabique est assez importante, mais cette gomme est relativement peu soluble et le plus souvent mélangée à d'autres produits; aussi, est-elle moins estimée que les gommes d'Abyssinie, de Haute-Égypte, de la côte des Somalis.

Le Gouvernement a organisé des cultures pour recueillir les écorces de quinquina; les résultats obtenus ont été satisfaisants; mais, depuis une dizaine d'années, les exportations ont baissé des deux tiers (elles ne sont que d'un million de livres par an); il serait nécessaire de renouveler les plantations.

Caoutchouc — C'est en 1798 que le médecin anglais James Howinson découvrit la présence du caoutchouc aux Indes; le rapport où il en fit mention était intitulé : *Des emplois de la vigne à gomme élastique de l'île du prince de Galles*[2]. Les deux centres de production sont l'Assam

---

[1] «Aux Philippines, on cultive l'abaca partout, même dans les forêts, où les grands arbres protègent les bananiers contre les vents. Les plants sont habituellement espacés de 5 mètres en tous sens, ce qui peut être considéré comme un maximum. Pour l'exploiter, on coupe le tronc un peu au-dessus du sol, un peu avant la fructification; on prétend, en effet, qu'après ce moment, les fibres perdent de leur résistance en même temps que leur extraction devient plus difficile. Une même souche peut ainsi produire des troncs exploitables pendant cinq, six, sept ans et même davantage. Ce tronc est constitué non par un cylindre ligneux, comme celui de nos arbres, mais par les gaines des feuilles, emboîtées les unes dans les autres. Une fois abattu, il est fendu dans sa longueur et les lanières obtenues sont séchées à l'ombre, puis passées sous une sorte de couteau tranchant, qui les débarrasse de la plus grande partie du parenchyme; il ne reste plus qu'à battre et peigner la filasse.» (*L'Agriculture aux colonies*, par Henri LECOMTE, docteur ès sciences.)

L'exportation, qui n'était que de 13,800 kilogrammes en 1818, n'a pas cessé d'augmenter; elle a atteint 40 millions de kilogrammes dans la période 1870-1880 et 120 millions environ à la fin du xixᵉ siècle.

[2] C'est d'Assam que parvint en Europe le premier caoutchouc qu'ait envoyé le litto-

et la Birmanie; le caoutchouc de cette dernière région est habituellement désigné sous le nom du port d'où il est expédié (Rangoon)[1].

L'arbre qui produit la majeure partie de ces gommes, est le *Ficus elastica;* il atteint parfois jusqu'à 40 mètres de hauteur. Des grosses branches partent des fils qui, pendant vers le sol, y prennent racine, formant de curieuses et souvent gigantesques filières[2].

Aux Indes, comme presque partout, les récolteurs de caoutchouc ont dépassé les limites que doivent se tracer tous ceux qui pensent à l'avenir; il y a eu de nombreux et graves abus. Tout en cherchant à en empêcher le retour, le Département des forêts doit s'efforcer de reconstituer les richesses détruites et d'introduire tant dans les Indes qu'à

Fig. 429. — La plus ancienne plantation d'*Hévéa* asiatique (âge : 21 ans).

ral asiatique. Il est amusant de rappeler qu'en 1828, un lot de caoutchouc ayant été envoyé d'Assam à l'une des principales agences de Calcutta, le consignataire répondit à l'expéditeur: «L'article étant inconnu sur la place de Calcutta, nous avons le regret de ne pouvoir l'acheter.» Le caoutchouc d'Assam est souvent mélangé de bois, de terre ou de sable, et son rendement varie de 60 à 75 p. 100. L'importance des arrivages diminue chaque année.

[1] Le caoutchouc de Rangoon est généralement de meilleure qualité que celui d'Assam : mais, même alors qu'il n'est pas fraudé, il contient toujours quelques débris de bois; le rendement est évalué à 80 p. 100.

[2] A noter, sous ce rapport, le *Ficus religiosa.*. «Cet arbre, l'un des plus grands et des plus beaux qui soient au monde, est remarquable par les arceaux auxquels donnent naissance les racines adventices qui, descendant des branches principales, forment à leur tour de nouvelles tiges, lorsqu'elles se sont fixées au sol.» On cite l'un de ces arbres, le Figuier de Narbuddah, qui possède plus de 350 grosses tiges et environ 3,000 tiges de diamètre moyen — une véritable forêt.

Ceylan, les espèces qui produisent le caoutchouc le plus estimé, notamment les espèces américaines[1].

« Les indigènes procèdent à la récolte de la façon suivante : armés de leur *daos*, sorte de grand couteau, ils font aux arbres des incisions depuis la cime jusqu'à la base. Ils commencent par le haut, où ils grimpent comme de véritables écureuils; ils entaillent la tige principale et les branches voisines, en descendant au fur et à mesure de l'avancement de leur travail. La longueur des incisions varie suivant leur

---

[1] « Après les essais tentés en 1876 par le gouvernement de l'Inde, qui reçut de Kew, à cette époque, de jeunes plants d'*Hévéa* et les distribua aux jardins botaniques de Ceylan et de Singapour, la plantation de l'*Hévéa* en Asie resta longtemps stationnaire, par suite du doute que les premières expériences de saignée, mal conduites, avaient fait concevoir sur le rendement possible de cet arbre dans cette région. Mais les expériences faites au cours de ces dernières années ayant prouvé que, dans la Péninsule malaise tout au moins, l'*Hévéa* croissait admirablement et pouvait donner un excellent et abondant produit dans un temps relativement court, les plantations ont été créées de tous côtés dans cette zone équatoriale et il existe aujourd'hui (1902) plus de 1,510,000 *hévéas* de 2 à 5 ans dans la Péninsule malaise sans compter les plantations de Java et de Sumatra. » (P. Cibot, *L'Agriculture pratique des pays chauds*, 1904.)

On estimait, à la fin de 1903, que le nombre des arbres plantés atteignait près de 3 millions.

J'ajoute ces quelques lignes, traduites de M. Stanley Harden, sur les expériences remarquables qu'il a entreprises dans les plantations d'expérience mises à sa disposition par le gouvernement des États fédérés malais.

« Quoique natif des tropiques du nouveau monde, l'*Hévéa brasiliensis* s'accommode admirablement des conditions rencontrées dans la Péninsule malaise et les îles voisines et sa culture y est relativement facile. D'après les renseignements que nous possédons, il paraîtrait que cet arbre recherche, à l'état naturel, les endroits marécageux, tandis qu'ici il réussit dans tous les endroits, sur les petites élévations et dans presque tous les genres de terrains. Les lieux marécageux, ou inondés périodiquement, ne sont pas indispensables pour la réussite, et l'on a vu croître de beaux spécimens dans les endroits que l'on supposait généralement les moins convenables. Par exemple, un bel arbre pousse dans le Jardin botanique de Penang sur un banc pierreux et sec, « pas du tout l'endroit que j'aurai choisi », écrit C. Curtis dans son *F. L. S. annual report.*, 1900, et, quoique probablement beaucoup plus mince que s'il poussait dans de meilleures conditions, cet arbre a donné une moyenne annuelle de plus de 2 liv. et demie (1 kilogr. 132) de caoutchouc de la onzième à la quinzième année de son existence. Un autre beau spécimen de 11 ans, de 70 à 75 pieds (21 à 23 mètres) de haut, d'une circonférence moyenne d'environ 4 pieds et demi (1 m. 37 = diam. 0 m. 43), mesurée à 3 pieds (0 m. 92) de la base, a été trouvé à Perats, poussant sur des déblais de mine abandonnée, dans lesquels il est absolument impossible aux plantes de rencontrer un aliment. Si les rapports concernant les conditions dans lesquelles ces arbres poussent à l'état sauvage sont exacts, il est assez étrange qu'ils puissent prospérer ici dans des conditions d'enracinement aussi différentes, et que les seuls arbres que j'aie rencontrés dans la Péninsule, dont on puisse dire qu'ils croissent difficilement, soient ceux qui sont plantés dans un terrain marécageux. »

situation au faîte ou sur le tronc de l'arbre. Alors qu'au sommet elles atteignent seulement quelques centimètres, il n'est pas rare qu'elles dépassent 4o centimètres à la base. L'indigène frappe partout aveuglément et les racines qui, parfois, sortent de terre et s'allongent tortueuses sur une assez grande étendue, ne sont pas épargnées et sont saignées à leur tour. Le latex qui exsude des incisions supérieures est abandonné

Fig. 43o. — Nettoyage du caoutchouc d'*Hévea* asiatique.

à lui-même et la coagulation se fait sans le secours d'aucun artifice. Il n'en est pas de même du lait secrété par le tronc ou les racines; celui-ci est récolté, soit dans des récipients disposés à cet effet, soit dans des feuilles roulées en coquilles, ou bien encore dans des trous creusés dans le sol. On ajoute à ce lait de l'eau bouillante et on agite jusqu'à ce que la coagulation soit complète. Dans certains endroits, on obtient la solidification de la gomme en ajoutant de l'eau froide, et, lorsque le caoutchouc s'est formé et vient flotter à la surface, on le retire et on le sèche en l'exposant dans des marmites à l'action d'une douce chaleur. Quant au caoutchouc formé sur les branches, l'indigène en fait la cueillette aussitôt que la gomme est coagulée. On estime qu'un arbre de dimensions moyennes peut donner au mois d'août environ 1 kilogramme et demi de lait pouvant produire de 4 à 5oo grammes de caoutchouc[1]. »

[1] *Le caoutchouc et la gutta-percha*, par E. CHAPEL, secrétaire de la Chambre syndicale des caoutchouc, gutta-percha.

Les indigènes ne se livrent pas dans toutes les régions à l'exploitation du caoutchouc; certains d'entre eux ne la tolèrent même pas. C'est ainsi que « il y a quelques années, on avait découvert une magnifique forêt d'arbres à caoutchouc dans le pays des Abors, près de Borduk. Des travailleurs furent recrutés dans les tribus des Singphos et des Kamptis; mais lorsque la petite troupe tenta d'inciser les arbres, les Abors arrivèrent en masse et assaillirent les récolteurs, qui ne durent leur salut qu'à la fuite. Le conflit ne fut apaisé que grâce à l'intervention d'un fonctionnaire anglais, qui, connaissant la superstition des Abors, réussit à détourner les récolteurs de leur entreprise. Il paraît que les Abors croient que les arbres à caoutchouc sont le refuge d'un dieu sylvestre, dont la puissance est très grande et dont la colère est terrible lorsqu'on vient troubler sa quiétude ».

Gutta. — C'est à un Anglais, le Dr Montgomerie, que revient le mérite d'avoir fait connaître la gutta-percha. « En 1822, alors qu'il était aide chirurgien à Singapour, il entendit parler de cette matière qui, d'après les renseignements qu'il obtint, lui parut être une variété de caoutchouc. Ayant réussi à s'en procurer quelques échantillons, il constata que le produit qui lui était présenté différait sensiblement de la gomme élastique. Il questionna le messager qui lui apportait ces spécimens, et apprit que les indigènes récoltaient cette substance dans les forêts des environs de Singapour et qu'ils parvenaient à la façonner en la malaxant dans l'eau bouillante. Toutefois, les usages en étaient fort restreints et la gutta ne servait guère alors qu'à confectionner des manches de cognées désignées sous le nom de *parangs*. Ayant réussi à se procurer une certaine quantité de gutta, le Dr Montgomerie s'assura par lui-même de l'exactitude des renseignements qui lui avaient été fournis : il constata que cette matière se ramollissait dans l'eau bouillante, devenait plastique et conservait, après refroidissement, la forme qui lui avait été donnée, tout en reprenant sa dureté et sa ténacité primitive. Il pensa qu'une telle substance pourrait mieux que le caoutchouc convenir à la préparation de certains instruments de chirurgie et il fit, dans les premiers mois de l'année 1843, une communication en ce sens au *Medical Board* de Calcutta. »

De tous les arbres producteurs de gutta, c'est l'*Isonandra Gutta* qui produit la meilleure. Il a son habitat dans les montagnes de Singapour; c'est un arbre qui devient adulte à l'âge de 30 ans; les plus basses branches se trouvent, alors, à 13 ou 14 mètres du sol et, à 2 mètres de celui-ci, le tronc, qui est à peu près cylindrique, a une circonférence d'environ 90 centimètres. Pour récolter le latex, on pratique des incisions peu profondes sur le tronc et on place au-dessous un vase. Le suc laiteux, qui est blanc au moment où il s'écoule, brunit au contact de l'air. La coagulation est assez rapide. Malheureusement, les récolteurs n'hésitent trop souvent pas à abattre les arbres; certaines régions ont été ainsi entièrement ravagées. Pour remédier à ces déprédations, on a, sur certains points, prohibé l'exportation. Ces défenses n'ont pas donné les résultats qu'on en espérait. La récolte s'est simplement faite clandestinement, — comme bien on pense il n'est pas aisé de l'empêcher, — et les Chinois, qui font le commerce de la gutta, ont fort habilement su trouver, pour l'exporter, des routes détournées. En 1848, de sérieuses tentatives de culture furent faites à Singapour; mais ces plantations ont, malheureusement, été abandonnées, et, des essais faits dans l'Inde anglaise, résulte simplement l'introduction de quelques plants dans les jardins botaniques de Ceylan.

FAUVES, ANIMAUX DE CHASSE ET SERPENTS. — Le seul lion que l'on trouve aux Indes est le lion sans crinière. Encore, confiné maintenant dans la région de Gir et les forêts de Kallinger, est-il en voie de disparaître. Le tigre, par contre, se rencontre partout dans la presqu'île. C'est là bête de proie caractéristique des Indes. A peine diminue-t-il malgré la chasse dont il est l'objet. Il est terrible quand il a commencé à s'en prendre aux hommes. Et l'on conçoit que de fortes primes soient promises à toute personne en tuant un. Comme autres fauves, on peut citer le léopard, la panthère, le loup. L'État a pris les éléphants sous sa protection; on ne peut plus les chasser qu'en certains cas; ces mesures prohibitives étaient fort nécessaires. On trouve aussi des rhinocéros et des sangliers. Très nombreux, ces derniers sont les plus grands ennemis des agriculteurs. Les sauriens abondent. On sait les admirables pages qu'ils ont inspirées à Kipling. Les serpents font plus de 20,000 victimes par an. Comme gibier à cornes, il y a, entre autres, des buffles et des antilopes. Un ornithologue pourrait recueillir, outre les gibiers d'eau et de plume, les plus beaux types d'oiseaux. Les variétés d'insectes sont innombrables.

B. CEYLAN.

DESCRIPTION. — SUPERFICIE. — POPULATION. — AGRICULTURE. — THÉ : IMPORTANCE CROISSANTE DE SA CULTURE; PROCÉDÉS CULTURAUX; MODE DE PRÉPARATION. — RIZ. — CANNELLE. — CARDAMOME. — CAFÉ. — CACAO. — TABAC. — COCOTIER; SES UTILISATIONS. — PALMIER AREC. — FORÊTS. — CHASSE. — LES VEDDAHS. — PÊCHE. — PÊCHE DES PERLES : SON IRRÉGULARITÉ; FAÇON DONT ELLE EST PRATIQUÉE. — LES MALDIVES. — ÉCAILLE.

CONSIDÉRATIONS GÉNÉRALES. — Ceylan présente bien des analogies avec la presqu'île des Indes, aussi serai-je bref en traitant de la grande île qui s'étend à droite de la pointe sud de l'Hindoustan — me réservant d'insister seulement sur certains points.

Sir E. Tennent, qui y résida pendant quelques années comme lieutenant gouverneur et secrétaire colonial, en fait l'enthousiaste description suivante :

«Ceylan, de quelque côté qu'on y aborde, offre aux regards une scène d'un charme et d'une grandeur qui ne sont sinon rivalisés au moins surpassés, par ceux d'aucune autre contrée. Le voyageur venu du Bengale laisse derrière lui le mélancolique delta du Gange et la côte torride de Coromandel; l'aventurier venu d'Europe, familiarisé avec les sables d'Égypte et avec les plateaux brûlants de l'Arabie, est ravi lui aussi d'admiration à la vue du spectacle merveilleux qui se déroule sous ses yeux. C'est l'île qui semble pour lui surgir de l'océan, ce sont ses montagnes qui apparaissent couvertes de luxuriantes forêts, ce sont ses rives qui, jusqu'à ce qu'elles se perdent dans les ondulations des vagues, revêtent la parure d'un éternel printemps. »

La superficie est de 66,000 kilomètres carrés[1]; la population,

[1] Cette superficie se répartit comme suit :

15 p. 100 de terres cultivées..............	960,000 hect.
32 p. 100 de terres capables d'être cultivées....	2,048,800
5 p. 100 de pâtures....	320,000 hect.
12 p. 100 de forêts de haute futaie.........	768,000
36 p. 100 de broussailles, dunes, roches, etc....	2,304,000

de 3,740,000 habitants, dont 2,250,000 Singhalais[1] et 1 million de Tamouls[2]. Les Européens sont au nombre d'environ 7,000. Singhalais et Tamouls ont pour principale occupation l'agriculture; chez les premiers, on trouve surtout : riz, graines sèches, noix de coco, jardins d'arec, de cardamone, de cannelliers, de caféiers, vergers et potagers; chez les seconds : tabac, graines sèches, arbres à pin, palmiers, légumes et fruits tropicaux. Les progrès faits, en ce qui concerne l'agriculture, ne sont pas notables; la charrue singhalaise d'aujourd'hui est la copie de celle qui servait il y a deux mille ans. Il est cependant à noter que les indigènes de la côte ouest semblent plus progressifs.

Thé. — Longtemps, le café fut la principale culture; le thé, aujourd'hui, l'a supplanté. Il était presque inconnu à Ceylan, il y a vingt ans; aussi comprend-on que ceux qui ont tenté de l'acclimater et ont si bien réussi déclarent, non sans orgueil : «Ce fut une grande entreprise que celle de la culture du thé alors que la disparition de celle du café, due à une maladie, menaçait de ruiner l'île. Il est permis de remarquer que, grâce à leur indomptable persévérance, grâce à leur activité, à leur patience, les planteurs européens ont réalisé, en introduisant la culture du thé, une entreprise aussi grande, aussi prospère qu'a pu être celle du café à son âge d'or. Le lieu de ces grandes industries est dans les montagnes du centre de Ceylan; un cinquième de la superficie de l'île leur est dévolu. Le plus grand nombre des plantations est à une altitude variant de 700 à 2,000 mètres; là, on trouve le meilleur climat qu'on puisse rêver. La luxueuse demeure du planteur possède tout le confortable des maisons européennes; elle est entourée de roses et de géraniums, de fruits et de légumes anglais, et elle est surtout appréciée après une chaude journée de voyage, de Colombo au pays des montagnes.» Le rapporteur de l'Exposition de 1900, M. L. Derode, se plaît à rendre hommage aux planteurs de Ceylan : «Le développement de la culture du thé à Ceylan, écrit-il, nous offre un des exemples les plus éclatants

[1] Race descendue d'une colonie qui semble venue du nord de l'Inde 600 à 500 ans avant Jésus-Christ.

[2] Race dracidienne venue du sud de l'Inde et qui a fondé la province nord de l'île

de ce que l'énergie privée et l'esprit d'association peuvent réaliser en matière coloniale. » Et, après avoir noté que la superficie cultivée est aujourd'hui de 150,000 hectares et la valeur de l'exportation évaluée à 75 millions de francs, il ajoute les intéressants détails suivants :

« Le sol de Ceylan, très homogène dans toute son étendue, peu riche en humus, très pauvre en potasse et en chaux, pierreux, convient pourtant très bien à la culture du thé, qui y prend chaque jour un développement que l'on pourrait qualifier d'excessif, car il menace d'amener à bref délai une surproduction ruineuse pour le planteur. Le thé pousse aussi bien dans la plaine qu'aux altitudes très grandes : c'est même vers 2,000 mètres d'altitude que l'on y récolte les qualités les plus réputées. Les travailleurs sont en grande majorité des Indiens : l'indigène est peu travailleur et on ne peut l'employer aux rudes travaux qu'exigent les plantations situées sur la montagne. Les salaires sont des plus minimes; ils s'effectuent en roupies ce qui, étant donné la dépréciation actuelle de cette monnaie, constitue encore un nouvel avantage pour le planteur. Un homme employé à la cueillette et qui récolte environ 16 litres de thé (ce qui correspond à 4 livres après la préparation) n'est pas payé plus de 0 fr. 40.

« Le climat, surtout dans la plaine, permettrait de continuer la cueillette presque sans interruption durant toute l'année, mais l'expérience a démontré qu'il est préférable de tailler les arbres pour qu'ils ne s'épuisent pas. On plante environ 9,000 arbres par hectare. Jusqu'ici, on ne signale pas de maladie qui menace particulièrement l'arbre à thé à Ceylan. On peut distinguer quatre phases principales dans le mode de préparation actuellement en usage : l'amollissement des feuilles, le roulage, la fermentation et le grillage.

« 1° Les feuilles arrivant à la fabrique sont mises dans des greniers, en couches très épaisses, sur des étagères que l'on nomme *lates*, à Ceylan. Il faut que l'air et la lumière circulent librement dans ces masses de feuilles. La température doit être chaude, et, pendant la saison des pluies, il est nécessaire que ces greniers soient chauffés. Au bout de vingt-quatre heures, les feuilles ont perdu 33 p. 100 de leur poids; elles sont gluantes et souples.

« 2° Vient alors l'opération du roulage qui dure environ une heure et demie. L'appareil de roulage consiste dans une table. dont le milieu est percé d'un trou et à laquelle on imprime un mouvement de va-et-vient. Sur cette table, se trouve un couvercle percé d'une ouverture dans le haut, par laquelle on introduit les feuilles; on le fixe, ensuite, au moyen d'un poids; ce récipient est animé d'un mouvement de va-et-vient dans le sens opposé à celui de la table. L'opération terminée, on dégage l'ouverture pratiquée. au milieu de la table, les feuilles tombent dans une caisse, et on les porte dans un autre appareil spécial où elles sont désagrégées, passées dans un tamis et classées ainsi par grandeur; ce triage sommaire doit être pratiqué à ce moment de la préparation, car la durée de la dessiccation varie suivant la dimension des feuilles. Cette opération ne dure pas plus de cinq minutes. (Il faut observer que les petites feuilles ne sont pas soumises à toute la série des manipulations que nous allons décrire.)

« 3° La fermentation légère qui détruit les principes acres des feuilles est une phase importante de la préparation : elle doit être surveillée avec beaucoup de soin et réglée suivant les circonstances atmosphériques ambiantes : elle consiste à étendre les feuilles en couches uniformes d'une certaine épaisseur, sans qu'elles soient pressées, et à les laisser ainsi exposées à l'air pendant une demi-heure environ; les thés verts ne sont pas soumis à la fermentation. On recommence ensuite le roulage et la fermentation; on procède à un troisième roulage, et, enfin, les feuilles, qui doivent à ce moment avoir pris une couleur cuivrée et une odeur fine analogue à celle de la pomme, sont prêtes à être envoyées au séchage.

« 4° Les étuves, dont la température atteint de 80 à 100 degrés centigrades, sont des appareils très perfectionnés qui, presque tous, ont fait l'objet de brevets d'invention et dont le prix est très élevé. Les châssis sur lesquels le thé est étalé à l'intérieur des étuves glissent sur des coulisses. Au bout de cinq minutes, on les retire pour retourner le thé, et, après cinq minutes encore, on fait glisser de nouveau le châssis dans l'étuve; on répète cette opération plusieurs fois jusqu'à ce que l'on constate que les feuilles ne présentent plus de trace d'humidité à la main; mais il faut éviter qu'elles soient trop desséchées, car, alors, le thé perd une grande partie de son arome. »

37.

Cultures diverses. — Le riz se cultive partout[1] à Ceylan. « Actuellement, le voyageur qui parcourt les routes de l'île est frappé de l'étendue des champs où le riz ondule, et pourtant ce n'est rien si l'on songe aux immenses territoires dont la vue a dû charmer les yeux des anciens rois. » Alors, en effet, et bien que la population fût cinq fois plus nombreuse qu'elle ne l'est maintenant, on n'avait pas besoin de recourir à l'importation; aujourd'hui, la moitié du riz consommé vient de l'Inde.

Ceylan est le principal pays producteur de cannelle; la surface consacrée à cette culture dépasse 43,000 acres, et la valeur de l'exportation approche de 4 millions de francs. Le cannellier de Ceylan — originaire, du reste, de l'île[2] — est un petit arbre toujours vert, couvert de belles feuilles luisantes et portant des fascicules de fleurs verdâtres à odeur désagréable. Une de ses variétés se rencontre jusqu'à 2,500 mètres d'altitude. Les débris et les déchets sont employés sur place pour la distillation de l'essence et ils entrent, en outre, dans la composition d'un produit alimentaire destiné aux bestiaux.

La cardamome, appelée aussi *semence du paradis*, ressemble au roseau et croît dans les districts montagneux. L'Inde absorbe la moitié de la récolte — elle emploie largement cette épice pour la cuisine —; la consommation étant limitée, une récolte abondante entraîne une forte baisse des prix.

On sait la grande importance qu'avait la culture du café à Ceylan il y a un demi-siècle. En 1874, la valeur de la récolte est de 100 millions de francs; une suite d'années fructueuses a permis de beaux bénéfices, et le café de l'île, connu sous le nom de *plantation-café*, est très estimé. Mais, à partir de cette année, l'exportation diminue; d'un

----

[1] La culture du riz occupe environ 260,000 hectares et donne une production de 3 millions d'hectolitres.

[2] La culture de la cannelle à Ceylan est très ancienne, mais c'est sous la domination hollandaise qu'elle a été réglementée et perfectionnée; les Hollandais avaient constitué sa culture en monopole de Gouvernement et créé parmi les synghalais une sorte de caste que l'on nommait les *cinnamon peelers* (éplucheurs de cannelles). La production était strictement proportionnée aux demandes de l'exportation; aussi, en 1840, la vendait-on 11 à 12 francs le kilogramme. Actuellement, le prix est d'environ 3 francs le kilogramme. Une notable quantité est vendue en Espagne.

million de quintaux par an, elle tombe à un million de kilogrammes. L'*Hemileia vastatrix* en est cause. Elle fit, en 1869, son apparition dans un district du Nord, chaque jour ses ravages se sont étendus, et malheureusement la science s'est montrée, jusqu'ici, impuissante contre elle.

Les exportations de cacao, longtemps très faibles (de 6,000 kilogrammes environ en 1880), ont, il y a une vingtaine d'années, commencé à s'élever; elles dépassent, aujourd'hui, 1,750,000 kilogrammes.

Ce sont surtout les Tamouls qui s'adonnent à la culture du tabac, auquel, avec un zèle infatigable, ils donnent durant les longues périodes de sécheresse, la grande quantité d'eau qu'il réclame. L'arrosage se fait à l'aide de bambous et de petits canaux; le sol, qui renferme pas mal de chaux, est, en outre, abondamment fumé. Cette culture — qui occupe, déjà, 35,000 acres — continue à s'étendre. L'exportation atteint, en bonnes années, 3 millions de kilogrammes, et la consommation sur place est plus importante encore, l'habitude de fumer le cigare *cheroot* remplaçant celle de mâcher les feuilles de bétel, la chaux, etc.

Cocotier. — Le cocotier mérite une mention spéciale. Sa culture occupe environ 700,000 acres (280,000 hectares), et l'on compte 75 arbres par acre et 20 fruits par arbre[1]. Son rendement total annuel est estimé à 80 millions de francs, et l'exportation de ses produits, à 30 millions[2]. Ce sont là des chiffres éloquents, et qu'expliquent seules les si nombreuses utilisations du cocotier[3]. Son bois

---

[1] La récolte annuelle serait de 1 milliard 50 millions de noix, ce qui est en rapport avec les renseignements qui précèdent, un grand nombre de cocotiers étant utilisés à la production du toddy et de l'arak.

[2] En 1898, l'exportation des produits du cocotier a été la suivante :

Huile de coco	10,720,000 fr.
Poonac	1,440,000
Coprah	10,128,000
Cordes	2,832,000
Cocos desséchés	3,752,000
Arak	245,000
Noix de coco	865,000
Total	29,982,000

[3] Pour les indiquer on ne peut mieux faire que de reproduire la citation suivante, qui se trouvait dans la notice publiée, en 1900, par le Comité de l'exposition de Ceylan :

« Quand le paysan singhalais a fait tomber un cocotier qui a cessé de porter des fruits (à 70 ans environ), il élève avec le tronc sa hutte, l'étable pour son bœuf; avec les feuilles, il les recouvre. Les barreaux de sa maison sont des bandes d'écorce; celles-ci lui servent aussi à construire la modeste étagère qui supporte les vases et ustensiles de fabrication indigène; avec les queues des feuilles, il fait sa boîte à tabac et à graines: son enfant est

sert à la construction des habitations des indigènes et à la fabrication des instruments de ménage. Tissé, son large feuillage constitue le chaume et les cloisons. Des antes des feuilles, on fait des balais et des cages d'oiseaux.

De cinq à quinze ans, selon la nature du sol, le cocotier commence à fleurir; à vingt-cinq ans, il est en plein rapport. Des spathes, on tire le *toddy* ou bière indigène; le toddy bouilli donne le *yagri* (sucre indigène); distillé, il produit l'*arak* ou liqueur du cocotier. Entre trois et six mois, le fruit est rempli d'une eau agréable au goût, rafraîchissante et estimée pendant les grandes chaleurs; mûr, il renferme un lait qui, bouilli, donne une huile destinée aux usages culinaires. Pour extraire cette dernière, on fait sécher, pendant cinq ou six jours, les noyaux au soleil ou au-dessus d'un petit feu, puis, à l'aide de moulins, on écrase ces noyaux séchés, appelés coprah et on en exprime l'huile; le résidu (poonac) constitue une excellente nourriture pour engraisser les bestiaux, volailles, porcs, etc. La noix est enveloppée d'une gousse fibreuse: les fibres sont séparées à la machine; des plus fortes, on fait des brosses; des plus molles, de la bourre de matelas, des nattes, des cordes. Au dedans de cette gousse et pour protéger le noyau, se trouve une coque sphérique et dure, qui est employée comme combustible sans fumée, ou dont on fait des cuillers destinées aux usages domestiques, ou de jolis ornements sculptés.

bercé dans un grossier filet fait avec la fibre que donne l'enveloppe de la noix de coco: sa nourriture se compose de riz et de coco râpé qu'il fait cuire sur un feu alimenté par les enveloppes de la noix; elle est prise sur un plat tissé avec les feuilles vertes, en se servant d'une cuiller taillée dans la coque de la noix: va-t-il à la pêche muni d'une torche, son filet est fait avec la fibre de coco; sa torche, ou *chule*, est un faisceau de feuilles sèches et de queues de fleurs; son léger canot est un tronc de cocotier qu'il a creusé; il rapporte chez lui son filet et son enfilade de poissons avec un joug, ou *pingo*, fourni par la tige: quand il a soif, il boit le jus frais de la jeune noix; quand il a faim, il mange son noyau mou s'il a envie d'être gai, il déguste un verre d'arak, fait avec le jus fermenté de l'arbre, et il danse au son de grossières castagnettes de cocotier; fatigué, il boit à longs traits le toddy, ou jus non fermenté, et il assaisonne ses mets de curry, ou vinaigre obtenu avec ce même toddy; malade, il s'enduit d'huile de coco. Il sucre son café avec le jaggery, ou sucre de coco, l'adoucit avec du lait de coco et le boit. La lumière d'une lampe faite avec une coquille est alimentée par l'huile de coco; ses portes, fenêtres, tables, chaises, gouttières, tout est fait avec le bois de cocotier; les cuillers, fourchettes, terrines, gobelets salières, cruches, sont tirées de la coque. Au-dessus de la couche du nouveau-né, sur la tombe du mort, une branche de cocotier en fleurs est fixée comme pour conjurer les mauvais esprits.»

Enfin, un commerce d'origine assez récente s'est créé, celui des noix desséchées, et aujourd'hui plus de 40 millions de noix sont coupées en tranches, dépouillées de leur humidité, empaquetées dans des caisses doublées de plomb et expédiées partout pour la pâtisserie.

Palmier arec. — Il faut citer encore le palmier arec, celui dont le poète hindou dit si joliment qu'il est un « flèche tirée du ciel ». Sa culture fut, à l'époque kandienne, la principale source de revenus du roi, à tel point que lorsque les Hollandais n'étaient pas en bonne intelligence avec ce dernier, leur plus sûr moyen de coercition était de fermer Kalpitiya, le port où était le siège principal du trafic de la noix d'arec. 26,000 hectares sont consacrés aujourd'hui à la culture de ce palmier, et la récolte atteint 100,000 tonnes. De la noix on extrait des produits colorants et des produits pour la tannerie.

Forêts. — Toute l'île de Ceylan était autrefois couverte de forêts; les hautes futaies n'occupent plus aujourd'hui que 768,000 hectares, soit 12 p. 100 du territoire.

Dans les parties populeuses du sud-ouest de l'île, où les pluies sont plus abondantes, il ne reste guère de forêts vierges; les indigènes brûlent les arbres, afin que les cendres fertilisent le terrain qu'ils cultiveront pendant un ou deux ans pour obtenir du millet ou du riz. D'autre part, dans les montagnes, les plantations de café, de thé ou de cacao ont en quelque sorte repoussé les forêts, que l'on ne rencontre plus qu'au-dessus de 1,500 mètres; encore les retrouve-t-on parce que le Gouvernement a interdit la vente des hautes terres.

La plus grande partie des régions sèches, dont la population est peu dense et qui comprend les quatre cinquièmes de l'étendue de l'île, est encore boisée, mais les arbres ne sont pas, partout, de grandes dimensions, par suite du système ladamien des indigènes, et c'est seulement depuis une douzaine d'années que l'on s'est occupé de leur conservation. Il s'ensuit que les exploitations des bois de sapin et d'ébène ayant été jadis considérables, il ne reste plus beaucoup de forêts de grande valeur.

Les produits accessoires sont nombreux : matières tannantes, gommes, résines, fibres, huiles.

L'administration forestière est, actuellement, dirigée par un ancien élève de l'École des eaux et forêts de Nancy.

Chasse. — On trouve, à Ceylan, des éléphants, des léopards, des ours, des sangliers, des buffles sauvages, des sambres, des axis, des cerfs aboyants, des chats sauvages, beaucoup d'oiseaux et de nombreux serpents, dont certains fort dangereux.

L'éléphant ne vit plus en grands troupeaux que dans les forêts presque impénétrables du Nord et de l'Est. Aussi le Gouvernement a-t-il, pour le protéger, défendu sa chasse pendant une période de l'année et élevé le prix du permis; ces mesures ont déjà donné de bons résultats. Parmi les oiseaux, une mention à l'hirondelle ou plutôt au martinet à nid comestible, assez abondant à Ceylan; ces nids sont inférieurs en qualité à ceux que l'on récolte à Bornéo, à Java, en Chine.

Le long de la base des montagnes qui bordent le district de Badulla, on rencontre les descendants des premiers habitants de l'île, les Veddahs, qui, dans le creux des arbres et des rochers, continuent à mener une vie sauvage, se servent d'arcs et ne se nourrissent que de chasse, notamment de la chair du daim séchée au soleil.

Pêche. — Les pêches de Ceylan sont très riches. Elles fournissent, en effet, le moyen de vivre à un demi-million d'habitants, soit à un septième de la population. La plupart des pêcheurs singhalais sont catholiques, les bouddhistes répugnant à retirer la vie à un être animé. À côté de celle du poisson, deux pêches méritent une mention : la pêche de la bêche de mer, sorte de grande limace marine dont il se fait en Chine une grande consommation, et la pêche des perles.

Les revenus de celle-ci varient énormément d'une année à l'autre. La dernière bonne pêche, qui remonte à 1891, fournit au Gouvernement un revenu de près de 2,500,000 francs; si nous jetons un coup d'œil d'ensemble sur cette pêche, nous voyons que, pendant la seconde moitié du XIXᵉ siècle, il y eut seize pêches de perles, qui donnèrent, tous frais déduits, 12,200,000 francs. En remontant plus haut encore, nous constatons toujours pareille irrégularité : des périodes de trente ans durant lesquelles on ne peut recueillir aucune perle, puis de bonnes séries. C'est ainsi que les trois années 1796, 1797, 1798 donnent un revenu total de près de 9 millions. La pêche se pratique encore comme elle se pratiquait autrefois. Dès que le surintendant a informé le Gouvernement de l'existence d'un banc, on publie la date de l'ouverture de la pêche. Alors l'aride et déserte côte d'Arippu s'anime soudain. Voici des plongeurs et des marins venus de la côte de Coromandel ou du golfe Persique, des marchands de l'Inde, de Malaca, de Chine. Le nombre des plongeurs et des bateaux autorisés est restreint et on ne pêche pas au scaphandre, non plus qu'à aucune sorte de filet ou de drague. Les deux tiers des huîtres pêchées reviennent de droit au Gouvernement qui les fait vendre aux enchères à la fin de chaque journée; le troisième tiers est la part des plongeurs et des marins.

Un des centres de pêche, est les Maldives, îles de l'océan Indien, situées au sud-ouest de la péninsule indienne, à environ 400 milles de Ceylan, du gouvernement duquel elles dépendent — dépendance qui se borne à une ambassade annuelle qu'envoie le sultan à Colombo. Les habitants sont paisibles et hospitaliers, mais facilement soupçonneux. Quand ils ne pêchent pas, la plupart des Maldiviens recueillent des cauris, petites coquilles blanches qui servent en certains points de monnaies [1], et des carapaces de tortues.

À propos de l'écaille, notons qu'on en recueille également aux Indes, en Chine, à Manille, en Amérique, en Australie, à Maurice. La qualité jaune s'obtient en prenant les pinces de l'animal qu'on fait fondre.

---

[1] Le cauris est une petite coquille blanche et polie, qu'on pêche abondamment dans les mers indiennes, notamment autour des îles Maldives et Laquedives, et qui a servi de petite monnaie, pendant des siècles, à certaines populations de l'Asie (Bengale, Siam) et de l'Afrique (régions intertropicales). L'usage n'en est pas encore aboli partout; mais il tend à disparaître. Selon les lieux et les temps, il fallait plusieurs centaines ou plusieurs milliers de cauris pour faire l'équivalent d'un franc de notre monnaie.

CHAPITRE XLIV.

PERSE, SIAM, CHINE, CORÉE [1].

A. CONSIDÉRATIONS GÉNÉRALES.

PERSE : POPULATION; SUPERFICIE; CLIMAT; FERTILITÉ; PRINCIPALES CULTURES; GOMMES; FORÊTS; SÉRICICULTURE; CHEVAL; BÉTAIL; LAINES DITES *D'ASTRAKHAN*; PÊCHE. CHASSE. — SIAM : POPULATION; SUPERFICIE; CLIMAT; RIZ; AUTRES CULTURES; BÉTAIL; SÉRICICULTURE; FORÊTS; BOIS DE TECK; GOMME-GUTTE; CHASSE; PÊCHE; EXPORTATION. — CHINE : SUPERFICIE; RÉPARTITION DU SOL; POPULATION; DIVERSITÉ DES CARACTÈRES DU SOL; LE CHINOIS AGRICULTEUR; CARACTÈRE DE LA CULTURE; RIZ; AUTRES CÉRÉALES; BOISSONS SPIRITUEUSES TIRÉES DES CÉRÉALES; CULTURES POTAGÈRES; FLEURS COMESTIBLES; MANGUIER; LITCHI; RAMIE; OLÉAGINEUX; CANNELLE; PLANTES TINCTORIALES; TABAC; VERNIS; HUILE VÉGÉTALE; ARBRE À SUIF; CIRE VÉGÉTALE; LAQUE; BÉTAIL; CHEVAUX; CHÈVRES DU THIBET, DE CACHEMIRE, ETC.; PORCS; POULES; CANARDS; CIRES; FORÊTS; PRODUCTIONS DIVERSES DE QUELQUES ARBRES; PELLETERIES; FAISANS DE MONGOLIE; MUSC; PÊCHE. — CORÉE : SUPERFICIE; CLIMAT; POPULATION; PRINCIPALES CULTURES; BÉTAIL; SÉRICICULTURE; FORÊTS; CHASSE; PÊCHE.

PERSE. — La Perse [2] a une superficie de 1,645,000 kilomètres carrés; elle compte une population d'environ 9 millions d'habitants dont à peu près un quart est constitué par des nomades. Il n'y a pas plus d'un quarantième du sol qui soit cultivé. « Sur cette faible partie, toutefois, écrit M. Marcel Dubois, le Persan qui a toujours été agriculteur, a conservé ses qualités traditionnelles et sait faire rendre à la terre d'excellents produits. Il n'y a véritablement en Perse que des déserts et des jardins [3]. » Les écarts entre les maxima de froid et de chaleur sont considérables : sur le plateau central, — 20° et + 60° (à l'ombre); au Mazanderan, — 2° et + 40°; à Chiraz, + 5° et + 30°; c'est Ispahan qui jouit du climat le meilleur. Le sol est fertile, surtout sur le littoral de la Caspienne; ce qui, généralement, manque le plus, c'est l'eau.

Agriculture. — Parmi les céréales, il faut citer le blé (production moyenne 1897-1901 : 6,164,563 hectol. 72), l'orge et le riz;

---

[1] Clichés de la Librairie agricole.

[2] «Il semble que la nature des deux pays (France et Perse) concoure à conserver aux deux peuples des traits comparables : la flore, la faune présentent de surprenantes analogies; la prune, la pêche, la cerise, l'amande, le raisin, une multitude de fleurs germent, éclosent ou mûrissent en Perse comme en France, et il faut descendre bien bas dans le sud pour retrouver les palmiers qu'on admire dans les Alpes-Maritimes.» (Jane DIEULAFOY.)

[3] *Précis de géographie économique.*

parmi les textiles, le coton. Les cultures primitives sont en honneur. Le dattier croît dans le Sud et sur le plateau. Les vins de Chiraz, de Chollar, d'Ispahan, étaient déjà remarqués par les membres du jury de l'Exposition de 1878. Le pistachier originaire de la Perse y croît à l'état sauvage. La garance est récoltée et exportée à Balfrousk. Les essences de rose et de jasmin sont renommées; elles sont distillées à Kirman et à Fijouralad. L'indigo constitue encore une ressource appréciable pour la partie méridionale du pays. On trouve également la noix de galle et le cumin. Les tabacs, notamment ceux de Chiraz, jouissent dans tout l'Orient d'une réputation méritée; ils ne sont pas produits, comme les tabacs d'Amérique, par le *Nicotiana tabacum*, mais par le *Nicotiana persica*, qui fournit le *tombakou* — spécialement destiné à être fumé dans le narghilé — dont il se fait vers la Turquie une très importante exportation. Le sésame est également exporté. L'opium est de bonne qualité; il donne de 10 à 12 p. 100 de morphine; il nous arrive en briques légèrement coniques de 500 grammes environ; son exportation en Europe, qui n'a commencé qu'en 1870, est aujourd'hui du quart de la production totale, évaluée entre 200,000 et 300,000 kilogrammes; le reste de l'exportation prend le chemin de la Chine, qui achetait autrefois toute la récolte. Parmi les autres produits exportés, il convient encore de signaler un henné de belle qualité. Enfin, il faut citer les heureux essais de culture du théier, faits depuis quatre ans dans les environs de Recht, sur la mer Caspienne; il paraîtrait que l'arbuste y atteint en cinq mois le développement auquel il arrive en deux ans dans la région de Batoum, où, cependant, sa culture donne des résultats assez satisfaisants.

Gommes. — On trouve en Perse différentes gommes, notamment la *gomme adragante* fournie par divers *Astragalus* qu'on rencontre sur les collines sèches et calcaires dans les terrains les moins fertiles. Ces *astragalus* sont indistinctement appelés par les Persans *gavan*; ils se dessèchent après sept ou huit années de production. Généralement, on cueille la gomme de façon peu prévoyante.

Je citerai également l'*Assa fœtida*, gomme-résine qu'on utilise en pharmacie.

Forêts. — Sur certains points du pays, au nord notamment, il y a de véritables forêts tropicales; depuis quelques années, on a tenté d'introduire le chêne-liège. Mais avant que les plantations soient assez développées pour donner une réelle production, il se passera de longues années encore.

Sériciculture. — Le mûrier noir, originaire de Perse, y était très abondant à l'état sauvage; il a été remplacé par le mûrier blanc, que certains, du reste, croient également indigène dans le pays. Cette culture du mûrier est fort intéressante pour un pays qui fut parmi les premiers producteurs de soie et dans lequel, aux temps anciens déjà, l'art de la soie, à tous ses degrés, fut conduit avec une extrême habileté et a été fort répandu. A combien s'élève la récolte des cocons? M. Natalis Rondot pense qu'elle a dû atteindre un moment 2 millions et demi de kilogrammes; en 1669, le fameux voyageur Chardin l'estime à 1 million 900,000 kilogrammes; on voit qu'il y avait déjà régression; cette diminution s'est accentuée depuis, avant même l'apparition de la maladie; vers le milieu du xixe siècle, M. Duseigneur est d'avis que la production est de 1,020,000 kilogrammes de soie, dont 610,000 étaient exportés. En 1863-1864, l'anglais Geoghegan dresse le tableau suivant :

Exportation { pour l'Angleterre................ 181,000 kilogr.
             { pour la Russie.................. 62,000
             { pour la France................. 14,000
Vente en Turquie et consommation intérieure..... 255,000

En 1870, on estimait la récolte à 300,000 kilogrammes; cette estimation paraît encore juste pour l'heure actuelle; certains la croient d'un sixième trop élevé. Ce sont les provinces caspiennes dans lesquelles la sériciculture est le plus prospère. Victimes de la maladie, les races indigènes ont été remplacées — mais sans qu'on ait pris suffisamment souci de la qualité des graines — par celles du Khoraçan et du Japon.

Cheval. — Le cheval persan jouissait déjà d'une grande célébrité, alors que l'arabe était encore inconnu; c'était en Perse, en effet, qu'était remontée la meilleure cavalerie de l'Orient, et mille anecdotes diverses nous montrent que chacun avait du cheval persan la plus haute opinion. Celui de nos jours est digne d'une si haute origine et il est certain que ses formes sont parmi les plus parfaites qu'on puisse rêver. Voici la comparaison qu'établit un hippologue entre le persan et l'arabe : «Taille plus élevée, formes arrondies, tournure plus gracieuse, tête plus courte et plus légère, oreilles moins longues et mieux plantées, encolure plus fine et presque rouée, poitrail moins large, croupe moins élevée et plus élégante, queue montant moins haut et ne s'élevant pas en trompe avec autant d'énergie, jambes

Fig. 431. — *Khamide*, étalon persan, gris clair, légèrement pommelé; taille, 1ᵐ53.

encore plus fines, canon moins volumineux, tendon tout aussi fort, sabot petit, luisant, dur, plus exposé que celui de l'arabe à se fendre et à s'encarteler. » Le cheval persan est frugal et résistant aussi bien à la fatigue qu'aux intempéries; il est intelligent, docile et s'attache à son maître. Plusieurs tribus, élevées dans de gras pâturages, ont atteint plus de corpulence que nos chevaux normands.

Bétail. — On rencontre en Perse, outre le cheval, le buffle, le bœuf, le chameau, le mulet, le mouton, la chèvre. Cette dernière, de même race que la chèvre du Thibet, celle du Turkestan et celle de l'Anatolie, mérite d'être mentionnée. Remarquables, les laines sont, cependant, moins recherchées que celles des environs d'Astrakhan. En Perse, comme dans les autres régions où l'on fait le commerce des laines dites *d'Astrakhan,* — laines noires, courtes, soyeuses, luisantes et bouclées, — on provoque l'avortement des brebis un peu avant l'époque normale de leur agnelage, ainsi les laines sont peu développées, mais très frisées.

Pêche et chasse. — Les pêcheries de la mer Caspienne sont riches en esturgeons et en poissons blancs. Les perles sont recueillies dans le golfe Persique.

Les animaux de chasse ne manquent point. Dans les régions les plus chaudes du pays, on trouve des tigres et même des lions. Les panthères sont nombreuses. Une chasse ordinaire dans le pays est celle à l'once. Cet animal du genre chat, à la queue plus longue que celle de la panthère, au poil blanchâtre marqué de grandes taches noires irrégulières et en anneaux scellés, s'apprivoise et on l'emploie à la chasse des animaux rapides tels qu'antilopes, gazelles, etc. On l'emmène sur le lieu de la chasse, les yeux bandés et en croupe sur un cheval. Aussitôt que la bête que l'on veut poursuivre est lancée, on débande les yeux de l'once; il part, atteint en quelques bonds le gibier et l'étrangle. Cette chasse est un des amusements les plus recherchés des seigneurs persans et du Schah lui-même. Quant au cerf et au sanglier, les Persans les chassent aux chiens courants; ils les tuent avec un épieu et, au besoin, à coups de fusil. Enfin, la chasse nationale est celle au faucon.

SIAM. — La population du Siam serait, suivant certains calculs, de 6,320,000 habitants [1]; mais la brochure officielle, publiée à l'occasion de l'Exposition de 1900 par les soins du Gouvernement siamois, ne l'estime pas à moins de 10 millions. La superficie est d'environ 634,000 kilomètres carrés [2]. Le maximum de température

---

[1] Ainsi répartis : Siamois, 2 millions; Chinois, 2 millions; Malais, Birmans, Pégouans, 900,000; enfin, les protégés français, Laotiens (100,000), Cambodgiens (400,000) et Annamites (20,000).

[2] «Comme tous les pays actuellement riches de l'Asie occidentale, le Siam économique se réduit dans la pratique, pour l'instant, à un delta prodigieusement fertile. Cette concentration répond aux tendances des peuples de

se produit en avril : 3o à 35 degrés à l'ombre; sur certains points, il y a des froids de — 1 o° et — 1 2°. Généralement, le climat est chaud et humide. Le pays est coupé de rivières et couvert d'eau pendant cinq mois de l'année.

Agriculture. — La principale culture est celle du riz[1] dont l'importation est tombée en six ans (1893 à 1899) de 775,000 tonnes à 428,661 et dont l'exportation est d'environ 500,000. La production totale est des plus variables, on obtient une évaluation approximative en doublant le chiffre des exportations. Le paddy (riz en épis), dans l'état où il vient d'être récolté, est utilisé sur place ou vendu et transporté par eau à Bangkok. Dans le premier cas, les femmes écrasent le grain dans un mortier jusqu'à ce qu'il abandonne son enveloppe brune; dans le second cas, le paddy est décortiqué aux moulins de Bangkok. Le rendement moyen du riz, par hectare, peut être évalué à 3,ooo kilogrammes. Comme autre céréale : le maïs. La production

ces régions qui semblent plus encore que les autres, aspirer à la plaine. Elle est imposée, du reste, par la nature rudimentaire des moyens de communication en usage jusqu'à ces dernières années. Le premier chemin de fer siamois de pénétration, celui de Karal, a été inauguré en 1899. » (Robert DE CAIX, *Journal des Débats*, 1903.)

[1] «Un chiffre résume la situation : pendant l'exercice 1900-1901, les différentes catégories de riz ont contribué pour une valeur de 56,201,437 fr. au total de 76,674,000 fr. des exportations siamoises. Cette céréale fournit la matière de 77 p. 100 des ventes du Siam. Après avoir nourri de 3 à 6 millions de Siamois — ce pays est encore vierge de statistique exacte — à raison de 750 grammes par jour pour les adultes — le riz s'exporte de Bangkok à raison de 7 à 8 millions de piculs par an. L'année dernière, la récolte a été exceptionnelle et il est sorti du Siam 11 millions de piculs de riz... Le delta du Ménam est une terre d'élection pour cette céréale qui nourrit toute l'humanité jaune. A l'hectare, il produit facilement 6o quintaux de riz. Sa culture est encore dans l'enfance. Le Siamois laboure mollement sa rizière avec l'araut primitif. Plus tard, sa femme se livrera au travail plus pénible de repiquer le riz dans l'eau. On se livre à un strict minimum d'efforts. Non seulement la culture est sommaire, mais encore elle est peu étendue. Des experts consultés nous ont dit qu'elle n'a pas encore couvert un tiers des terres utilisables du delta. Les villages et les champs cultivés n'occupent qu'une frange assez mince le long du fleuve et des canaux. Il y a encore tant de place que la *Land and Irrigation Company*, qui s'est constituée pour drainer et rendre accessibles par des canaux les terres disponibles du delta, a pu trouver un espace de 100,000 hectares non loin de Bangkok. Elle en a déjà mis en valeur 45,000 qu'elle a vendus 18 fr. 75 au début. Depuis lors, le cours a très sensiblement monté. Il dépassait, d'ailleurs, déjà de beaucoup, dès le début, le prix de revient : environ 6 francs par hectare, que la Compagnie a dû dépenser en creusement de canaux pour réaliser les conditions de la concession. » (*Ibid.*)

annuelle du poivre est de 1 million 800,000 kilogrammes (valeur annuelle de l'exportation : 1 million); les plantations de poivriers sont toujours à une certaine altitude. Les cultures fruitières sont en honneur : le durion est particulièrement estimé; la banane est le fruit le plus commun et le plus utile; les orangers, les palmiers, les vignes sauvages (on en fait du vin) ne sont pas rares; concombres, raves, pastèques, patates douces, ignames, sont les légumes répandus.

Je citerai encore la menthe, le cumin, la coriandre, l'indigo (500 à 600 piculs), le benjoin. La production moyenne du sucre de canne, enfin, est de 7,109 tonnes et demie.

Bétail. — Les bœufs ne sont pas nombreux [1] et les chevaux sont plus rares encore; ce qui ne saurait étonner dans un pays si souvent inondé et qui ne produit ni foin ni avoine. Les éléphants, par contre, sont aussi beaux que nombreux. Ils rendent de grands services.

Sériciculture. — La sériciculture, qui ne prit jamais une grande extension, est presque abandonnée aujourd'hui.

Forêts. — Les forêts sont une des richesses du Siam. Le principal produit est le bois de teck [2]. En 1897, a été créé le Département fores-

---

[1] Cependant, la valeur de l'exportation des bœufs et celle des peaux atteignent ensemble 10 millions.

[2] «Le haut pays contribue sensiblement, par ce produit, à l'activité de la capitale : il lui a envoyé le teck qui, en 1900-1901, a fourni 7,914,000 francs aux exportations siamoises. Le Siam, en effet, a la chance — qu'il partage seulement avec la Birmanie et aussi un peu avec notre Laos — de posséder des bouquets de teck, qui se rencontrent épars, au nord du 17° de latitude, dans les peuplements forestiers qui couvrent tout le pays. La rareté de ce bois inaltérable, qui vaut en ce moment 120 francs en moyenne par tonne, devait entraîner les négociants de Bangkok dans l'œuvre difficile de son exploitation, le fleuve la permettant sans la rendre d'ailleurs facile ni prompte. Il n'arrive pas à Bangkok un tronc de teck qui n'ait commencé à être travaillé depuis cinq ans; en moyenne, ce délai s'élève à cinq ou six années; pour certaines régions peu favorisées, il va jusqu'à quatorze. Lorsqu'un teck bon à la vente a été découvert dans la forêt, on lui fait une incision circulaire pour le tuer. En séchant son pied, il s'améliore; mais la vraie raison de cette pratique est qu'elle est nécessaire pour permettre le transport du bois. Frais, sa densité est de 1.100 p. 100 de celle de l'eau; sec, il ne pèse plus que 840 p. 100 et peut donc flotter. Ce résultat est obtenu au bout de deux ans. À ce moment, on abat l'arbre, on le fait traîner jusqu'au ravin le plus proche qui deviendra flottable pendant la saison des pluies. Seuls, les éléphants peuvent faire ce travail; ils devront encore, aux jours de sécheresse, aller rectifier la position des troncs qui se seront mis en

tier, qui s'est attaché à en réglementer l'exploitation, réellement abusive jusqu'alors. Les forêts fournissent, en outre, des substances tinctoriales, des gommes, etc. La principale gomme-gutte est celle du Siam. On la recueille après les pluies en février, mars, avril ou mai. On incise le tronc et les grosses branches et on introduit dans la blessure, entre l'écorce et le bois, des entre-nœuds de bambous, dans lesquels le suc se rassemble lentement, et qui, de temps à autre, sont changés de place; il faut de quinze à trente jours pour qu'ils se remplissent; on les expose ensuite à la chaleur, et, lorsque la partie aqueuse s'est évaporée, on en retire la gomme-gutte en cylindres de 3 à 6 centimètres de diamètre, sur 15 à 20 centimètres de long, qui sont livrés au commerce sous le nom de gomme-gutte en canons ou en bâtons. Elle contient environ 25 parties de gomme et 75 d'une résine à laquelle elle doit son action drastique.

Chasse et pêche. — Le gibier ne manque pas, non plus que les fauves : tigres royaux, tigres bibas, rhinocéros (dont la peau donne lieu à un commerce actif et dont la chair est estimée), chats musqués, cochons sauvages, tortues, loutres, etc.; les volatiles sont nombreux, on les chasse soit pour leur chair, soit pour le commerce des plumes. Les pêcheries donnent un revenu de 150,000 francs.

travers du courant des ravins. Ces derniers ne sont quelquefois flottables que pendant quelques jours en la saison des pluies; ils restent parfois toute une année à sec. La descente des tecks est très lente et jamais assurée. Selon les pluies dans le Nord, les arrivages à Bangkok varient du simple au triple. Cette année, ils sont presque nuls, le matériel des grandes scieries travaille bien au-dessous de sa capacité de rendement. En faisant la moyenne, on trouve que Bangkok a reçu depuis 1893, en moyenne, 40,000 tonnes de teck par an, les moins bonnes pièces sont employées sur place à construire les maisons flottantes, les usines, les embarcations. Une industrie dont les opérations sont si longues exige de très gros capitaux, ou, plus souvent, de larges crédits en banque. Aussi elle se concentre de plus en plus. Dans le Nord, les petits exploitants de forêt cèdent la place aux grosses Compagnies. Les Anglais ont même profité de la situation qu'ils occupent dans l'administration siamoise pour précipiter le mouvement au profit de leurs compatriotes. Le *Forest Department* a retiré aux tiaas ou chefs locaux, le droit d'octroyer des permis de coupe. L'exploitation des tecks se donne à l'adjudication, dont la rigueur est sans doute tempérée par quelques faveurs, au moins par quelques avertissements donnés longtemps d'avance aux amis, comme cela s'est fait jusqu'ici au Siam... Mais on ne saurait trop le répéter, la richesse du Siam est le riz du delta. Le teck s'épuise et les hautes régions sont lointaines et peu peuplées.» (Robert DE CAIX, *Journal des Débats*, 1903.)

Exportations. — Je compléterai cette courte monographie par le tableau des exportations :

PRODUITS.	UNITÉS.	1895. QUANTITÉ.	1895. VALEUR. (francs.)	1899. QUANTITÉ.	1899. VALEUR. (francs.)
Bouvillons	Têtes.	21,612	403,095	15,558	531,267
Cardamones	Piculs.	2,979	71,098	2,135	81,135
Pla heng	Idem.	122,424	773,884	11,562	144,674
Pla salit	Idem.	21,120	233,309	9,603	106,450
Gomme-gutte	Idem.	345	24,154	127	7,190
Gomme	Idem.	261	20,089	265	16,785
Cornes de buffles, vaches	Idem.	4,999	57,049	3,817	52,512
Cornes de cerfs (jeunes)	Idem.	1,020	16,236	1,077	4,358
Cornes de cerfs (vieux)	Idem.	"	4,554	"	4,050
Cornes de rhinocéros	Idem.	16 1/2	16,563	2 1/2	9,026
Ivoire	Idem.	128	30,619	53	21,894
Cuir (chamois)	Idem.	624	15,745	582	13,945
Viande salée	Idem.	5,703	35,828	3,074	24,023
Moules sèches	Idem.	29,863	212,434	34,445	302,069
Riz cassé	Idem.	50,248	90,158	111,528	186,338
Riz Paddy	Idem.	24,469	27,971	528	1,137
Riz blanc	Idem.	7,726,637	14,649,975	7,089,461	22,646,635
Sticklac	Idem.	10,773	206,949	5,439	77,628
Bois agilla	Idem.	617	24,106	475	21,265
Bois safran	Idem.	35,730	71,238	10,565	27,166
Fèves et pois	Idem.	781	2,348	1,371	5,183
Coton (nettoyé et non nettoyé)	Idem.	4,342	32,905	7,447	23,668
Poisson platoo	Idem.	25,961	136,062	70,161	249,918
Poisson salé ou autre que platoo	Idem.	37,652	124,771	204,816	532,338
Indigo	Idem.	"	"	198	753
Poivre	Idem.	14,943	292,569	19,086	682,279
Pots en grès	Pièces.	234,531	5,895	106,434	3,015
Sel	Piculs.	58,058	17,442	34,762	8,184
Soie grège	Idem.	490	51,572	772	84,015
Tamarins	Idem.	5,620	14,750	20,097	3,649
Teelseed	Idem.	18,710	59,837	16,051	66,847
Tabac	Paquets.	1,281	6,620	1	3
Cire jaune	Piculs.	"	"	8	247
Teck (carrés)	Tonnes.	"	688,060	21,952	1,373,435
Planches de teck	Idem.	"	231,287	5,643	1,254,401
Bardeaux de teck	Paquets.	"	15,050	"	25,622
Bûches de teck	Tonnes.	"	9,026	1,149	41,064
Bois de teck d'équarrissage	Idem.	"	18,151	3,653	217,160
Bois de teck non classé ci-dessus	Idem.	"	1,835,963	4,219	439,211

PRODUITS.	UNITÉS.	1895.		1899.	
		QUANTITÉ.	VALEUR.	QUANTITÉ.	VALEUR.
			francs.		francs.
Bois... { de fer	Piculs.	836	3,631	950	950
Bois... { de *padoo*	Idem.	25,764	49,236	46,348	73,988
Bois... { d'ébène	Idem.	5,390	125,994	3,515	7,848
Palissandre	Idem.	78,110	161,638	54,172	134,171
Nids d'oiseaux	Idem.	117	45,666	88	94,093
Plomb	Idem.	566	7,127	1,690	41,712
Étain	Idem.	1,578	51,720	720	45,350
Rubis bruts	Idem.	"	59,151	"	12,572
Tissus de soie en pièces	Idem.	"	"	"	393,296
Farine de riz	Idem.	306,498	185,341	447,626	481,606

Chine. — 11,138,880 kilomètres carrés, telle est la superficie de
la Chine; cette superficie se répartit en : déserts, 600 millions d'hectares; steppes stériles, 100 millions; alluvions et terres fertiles,
400 millions, dont une bonne partie couverte de bois. La population
dépasse 310 millions[1]; elle augmente rapidement. En effet, la nécessité d'avoir des héritiers pour continuer le culte (culte des ancêtres)
a poussé les *Cent familles*[2] «à accroître sans cesse le nombre de leurs
membres, à répandre le flux sacré de la vie avec une abondance
qu'aucun autre peuple n'a jamais égalé[3]». Comme on le pense, l'immense empire du Milieu présente des caractères assez divers : le
Thibet, la Mongolie, la Mandchourie sont des régions d'élevage,
tandis que la Chine proprement dite est un pays de culture, de petite
culture même[4]. Sobre, travailleur, dur à la fatigue et aux intempéries, le peuple chinois est agriculteur, et s'il n'a su tirer un
parti vraiment bon que des parties fertiles de son pays, du moins
aime-t-il la profession agricole et la considère-t-il. Chaque année,

[1] Le recensement de 1902 indique
407 millions pour la population des 18 provinces de la Chine proprement dite et
426 millions y compris les tributaires tels que
Mandchous, etc.

[2] Les Chinois aiment à se désigner «le
peuple des cent familles» parce qu'ils croient
descendre d'un petit nombre de familles.

[3] F. Fargenel (Voir note 2, p. 618).

[4] La grande propriété ne se trouve presque
nulle part, et sur les points où elle se rencontre, les petits fermiers qui la cultivent ont
sur elle plus qu'un droit de location.

l'empereur, vêtu en paysan, laboure trois sillons. Le Chinois ne manque pas, en outre, de connaissances techniques.

Agriculture. — La petite culture — presque la seule en Chine — est intensive. On ne ménage à la terre ni les soins, ni les engrais[1]. La culture du riz, la plus répandue cependant, est presque traitée comme une culture maraîchère.

Elle est très ancienne dans le pays. Elle joue le « premier rôle » dans la cérémonie instituée 2822 ans avant l'ère chrétienne par l'empereur Chinnung et à laquelle je viens de faire allusion. Tandis que le froment, le sorgho, le millet et le soja peuvent être semés par les princes de la famille impériale, le riz doit, en signe de prééminence, être semé par l'empereur lui-même. On trouve une autre preuve de la prééminence qu'on lui accorde dans ce fait que dans la religion domestique — le véritable culte de l'Empire du milieu — c'est le riz qui est consommé pour la communion. On comprend cette faveur : le riz produit un des grains les plus riches en farine, d'une décortication facile et laissant peu de déchet, d'une texture compacte offrant à la moisissure une exceptionnelle résistance. Ses récoltes sont abondantes; il y en a plusieurs chaque année. Le riz convient donc tout particulièrement à une population dense, surtout quand cette population ne recule pas devant un dur travail de culture. À signaler en Chine un « riz de montagne », *Oryza montana*, aux grains allongés et dont on a fait une variété spéciale.

Dans le Nord du pays, qui, du reste, ne suffit pas à l'alimentation de sa population et importe du riz, la culture de ce dernier est remplacée par celles du blé, que l'on trouve au nord-ouest et à l'ouest, du millet, du maïs et du sarrasin (pour la population), et celle du sorgho (pour le bétail et la distillation). Le Centre cultive la pomme de terre.

Du sorgho, du millet, du riz et de l'orge, on fait en Chine deux sortes de boissons spiritueuses : l'une obtenue simplement par la fermentation, l'autre ayant passé par l'alambic. Je signalerai le « vin

[1] Engrais humain.

jaune » obtenu avec le millet, et l'alcool très fort dit « vin brûlé » ou *samshu*, fait avec du sorgho et qui est consommé en grande quantité dans toutes les provinces de l'Empire. Les provinces centrales et les provinces méridionales utilisent, pour la fabrication de l'alcool, le riz au lieu du sorgho. L'alcool de riz fabriqué à Shaoshingfu (province de Chihkiang) est particulièrement estimé.

Les cultures potagères sont en honneur.

Nombreuses sont les fleurs comestibles qui donnent lieu à un commerce important : telles les fleurs de l'*Hemerocallis graminea*, sorte de belle-de-jour, dont on parfume les potages et dont, tous les ans, le seul port de Chin-Kiang expédie 3,500,000 kilogrammes dans tout le reste de la Chine.

Parmi les arbres fruitiers, notons le manguier, originaire de l'Asie méridionale, et dont le fruit excellent est considéré comme un des plus sains parmi ceux des pays chauds. Il faut greffer les arbres quand on veut avoir de bonnes espèces. Un autre fruit de la Chine méridionale est le litchi, d'une saveur assez comparable à celle du raisin muscat (on ne doit pas le juger sur les spécimens à l'état sec qui se vendent dans nos pays).

Comme textile, je citerai la ramie, dont la Chine est le berceau et dont elle exporte aujourd'hui plus de 3,000 tonnes par an. C'est la difficulté de la décortication qui a retardé jusqu'ici l'expansion en Europe de ce textile. En Chine, où la main-d'œuvre est abondante et à bon marché, c'est à l'aide de la main et d'un couteau de bois qu'on sépare les fibres de l'écorce et qu'on obtient des lanières dépelliculées; ce travail n'est pas fatigant, mais long. Un homme dans une journée ne peut recueillir qu'un kilogramme de fibres.

Les plantes oléagineuses ne manquent pas : soja [1], arachides, sé-

---

[1] Le *Dolichos Soja* ou *Soja hispida* est cultivé en grand dans la Mongolie et les provinces de Shĕngking et du Shantung. On en extrait beaucoup d'huile à Newchwang; une partie de ces féveroles est transportée par jonques à Chefoo, où se trouvent aussi de nombreuses et importantes manufactures d'huile. Les féveroles sont broyées sous de lourdes meules de grès, roulant dans une auge circulaire. Chaque appareil est formé de deux meules mises en mouvement par des mules. La pulpe est soumise à une légère cuisson, dans de vastes chaudières de fonte chauffées à la houille; puis, on la place encore chaude

same, coton, badiane. L'huile de chanvre est employée comme cosmétique; en Mongolie et en Mandchourie, on se sert de l'huile de ricin pour la cuisine.

Les plantes tinctoriales sont également nombreuses : indigo, safran, carthame (teinte rouge), rhubarbe (jaune), garance, noix de galle, *Lithospermum erythrorthizon* (rouge soluble dans les corps gras), etc.

La cannelle de Chine est la plus estimée, après celle de Ceylan; son marché est de longue date concentré dans les ports du Sud de la Chine; mais c'est dans le pays de Moïs, dépendance de notre colonie indo-chinoise. qu'elle est cultivée. Malheureusement, les efforts de nos commerçants pour détourner à leur profit cet important courant commercial sont restés infructueux jusqu'ici.

Le tabac est cultivé dans le Centre et dans le Nord; celui du Shantung occidental est le plus apprécié. La défectuosité du séchage en empêche l'exportation; les Chinois se contentent, en effet, de le sécher rapidement, puis d'y ajouter de l'huile de choux, pour l'empêcher de tomber en poudre dans le climat sec du Nord. Veulent-ils le fumer dans des pipes à eau, ils ajoutent, en outre, un peu d'arsenic. Quand ils désirent obtenir du tabac à priser, ils le pulvérisent seulement dans un mortier et le parfument avec des fleurs de jasmin.

Les semences de l'*Eloecoca vernica*, qui croît en abondance dans la vallée du Yangtzekiang, fournissent à chaud une huile épaisse, très siccative, employée comme vernis dans l'ébénisterie et aussi en guise de goudron pour rendre les jonques imperméables. L'huile obtenue à froid est plus pâle et plus fluide et sert soit à l'éclairage, soit à vernir les meubles et les parapluies. Les fruits du

dans des formes circulaires, faites d'une sorte de sparte ou herbe maritime et de deux résistants cercles en fer. Une douzaine de ces formes sont alors empilées sur une base de pierre, entre deux solides montants formés de troncs d'arbres. Une barre transversale très forte est alors placée sur le tout, et une vigoureuse pression est obtenue en forçant cette barre à s'abaisser, au moyen de coins placés au-dessus d'elle, dans des rainures pratiquées dans les montants, et chassés au moyen de lourds béliers en pierre, suspendus aux poutres du toit. L'huile épaisse tombe dans une fosse au pied de l'appareil. Les vases destinés à la recevoir sont de larges paniers d'osier, en forme de jarres, rendus imperméables au moyen d'un enduit intérieur de papier huilé, recouvert d'un vernis particulier formé de sang de cochon, d'alun et peut-être aussi de chaux ou de farine de pois.

Jatropha curcas fournissent une huile analogue à la précédente et employée aux mêmes usages. Enfin, l'*Aleurites trilobas* croît abondamment dans le Sud et porte des graines très riches en huile. La famille des Euphorbiacées, à laquelle appartiennent les trois arbres précédents, donne encore le suif végétal, ainsi que le ricin; il est obtenu par le traitement à l'eau bouillante des graines concassées du *Stillingia sebifera* (communément appelé arbre à suif), qui se trouve dans toute la Chine du centre et du midi. Les fruits du *Rhus succedanea*, soumis à un traitement analogue, fournissent aussi une sorte de cire végétale — qu'il faut se garder de confondre avec l'autre corps gras appelé à tort du même nom, et qui est produit par un insecte vivant sur le même arbre et sur diverses espèces de *Ligustrum*. Quant au vernis proprement dit ou laque, il est produit par plusieurs arbres de la famille des Anacardiacées; on l'obtient par incision.

Bétail — Les Chinois sont, en général, beaucoup plus végétariens que nous. Comme viande, dans bien des régions, on se contente de canards, de poulets, de moutons, surtout de porcs. La viande du bœuf est très rarement consommée, ainsi que le lait.

Comme animaux de travail, il faut citer, outre le bœuf, le chameau, le cheval, l'âne et le mulet; chacune de ces bêtes de somme est utilisée dans telle ou telle région ou suivant telle ou telle saison.

En Mongolie, au Thibet, en Mandchourie, l'effectif chevalin est important; ses représentants sont des sortes de poneys doués de réelles qualités, mais généralement assez difficiles. Ils ont, en montagne, une façon originale de descendre les pentes : ils replient leurs jambes de derrière et se laissent glisser. On craint pour eux... et pour soi, mais cela va à merveille. Leur prix moyen est d'environ 35 roubles; une selle chinoise avec tout le fourniment vaut environ 8 roubles. Mongoliens, Thibétains et surtout Mandchous vivent, pour la plupart, presque continuellement à cheval[1].

---

[1] À propos des chevaux chinois, je cite, à titre documentaire, ces quelques détails recueillis dans une relation de voyage : «Les poneys représentent le matériel cheval important du Japon et de la Chine. On les élève en Mongolie et en Mandchourie, où l'on rencontre aussi un cheval plus grand. Ils sont payés 50 dollars (250 fr.). Le Renne-Poney a une valeur de 100 à 200 dollars. Depuis une dizaine d'années existe à Tien-tsin

Au Thibet, il faut signaler le yack et la chèvre à longs poils. «Les peaux de chèvres de la Chine, comme celles de chèvres des Indes du reste, sont employées en partie pour le tannage et en partie pour la confection des fourrures. On en compte trois espèces principales (Angora, Cachemire, Thibet), qui se trouvent sur l'Himalaya, au nord de l'Hindoustan, au sud du Thibet et dans le Pundjab. Les chèvres d'Angora ont le poil long, soyeux, très fin, blanc ou noir; quelques mèches ont plus de o m. 6o de longueur; chaque chèvre donne jusqu'à 2 kilogrammes de poils. Les poils ne s'écrasent pas à l'usage et ne se laissent pas tacher par les corps gras, qui glissent dessus. On en confectionne des tapis très durables et des étoffes très solides. Les chèvres d'Angora font deux petits par an; leur toison est fine et très frisée. Les chèvres de Cachemire (vallée de Pundjah) ont le poil long, gris ou blanc, avec un duvet d'une extrême finesse en dessous des poils [1]. Les chèvres du Thibet et les Kirghizes ont un pelage encore plus fin que les précédentes.

et à Tokio une société européenne dans le but de produire le Renne-Poney. Taille : 1 m. 23 à 1 m. 4o; tête cunéiforme; lèvres fines; encolure courte, large et montaute; poitrine profonde; côtes bien cintrées; dessus long; croupe oblique, large et bien musclée, ainsi que la jambe; membres courts, osseux et articulations larges; pieds le plus souvent serrés; poil touffu; toupet, crinière, queue, très longs; bonne arrière-main; membres solides. Ces animaux sont rapides malgré leur taille. L'allure naturelle est le pas et le galop. Le trot précipité, répété et irrégulier, est appelé trot de madarin. Il n'est nullement besoin de principes d'équitation pour monter à cheval. Les chemins de fer sont rares et les transports se font surtout par eau. Les relations ordinaires s'effectuent par coolies ou par poneys. La charrette à deux roues est très bien traînée par le poney. Le Chinois attelle indifféremment et ensemble pour les lourds charrois, le poney, l'âne, le mulet et le bœuf. L'artillerie chinoise a sept poneys par pièce. L'artillerie japonaise en attelle six seulement. Le fer est un cercle étroit, aminci en éponge, puis élargi à l'extrémité des branches pour être appuyé sur les branches. Ces fers ont sur le contour une apparence d'ajusture de 45 étampures de 1 centimètre pour recevoir la tête du clou. A Singapour, où l'on trouve des vétérinaires anglais, la ferrure est plus soignée, les fers ont plus de couvertures et sont plus courts, l'extrémité des branches n'est pas arrondie. Il n'y a pas en Chine de vétérinaire européen. En général, le Chinois ferre comme le maréchal de campagne, il enlève la vieille corne, mais parfois aussi il la laisse subsister. »

[1] Le poil de Cachemire est le poil d'une espèce de chèvre originaire des hauts-plateaux de l'Asie centrale et plus particulièrement de la partie du Thibet qui avoisine l'Inde Anglaise. Son nom lui vient de l'ancien royaume de Kashmir, où l'industrie locale emploie les fils provenant de la toison de ces chèvres à la fabrication des châles si célèbre sous le nom de Cachemire des Indes. La race des chèvres du Thibet s'est répandue dans toute l'Asie centrale, en Afghanistan et dans le Turkestan russe, en Mongolie et dans le Turkestan chinois. La toison de cette chèvre est extrê-

Le nombre des porcs est très élevé; ils forment une variété de la race cochinchinoise : la sous-race chinoise dont les individus sont dits, en Extrême-Orient, cochons-élé-phants. Ils sont plus volumineux que les individus de la sous-race tonkinoise, mais moins bien conformés. Le pelage va du noir au blanc. On rencontre des animaux pie, roux, cuivrés; d'autres, noirs d'un côté et blancs de l'autre. Le corps paraît long, les jambes étant courtes et grêles.

Fig. 432. — Cochon chinois.

L'engraissement est facile et rapide, les animaux de la race cochinchinoise mangeant même les débris les plus répugnants. On obtient plus de graisse que de viande.

« Le véritable cochon de Chine (fig. 432), dit Brehm, est un nain qui a beaucoup de tendance à engraisser. Les Chinois se livrent beaucoup à son élevage. Pour l'engraisser, ils veillent à ce qu'il ne se donne pas de mouvement; aussi pour le transporter d'un lieu à un autre, le portent-ils sur une sorte de civière. Les Européens dé-clarent que la chair des cochons chinois tués en Chine n'est pas man-geable. [1] »

Bien qu'inférieures aux soies de Russie, les soies de Chine sont de bonne qualité; elles ont fait leur apparition sur le marché européen il y a un quart de siècle environ; tout d'abord, on les accepta avec difficulté : en 1888, l'exportation chinoise ne livre encore à la con-sommation européenne que 362,053 kilogrammes; dix ans après, l'exportation est de 1,839,282 kilogrammes, représentant une valeur

mement douce, fine, soyeuse et brillante; elle est de nuances diverses : blanche, grise et jaune; elle est fréquemment chargée de gales et de poils rudes ou morts, qui en diminuent la valeur. Ces défauts sont en grande partie dus au manque de soins des indigènes pour leurs troupeaux.

[1] Voilà la race que Bakwell a choisie, vers la fin du xviiie siècle, pour améliorer la race anglaise de cette époque, qui n'était autre que notre race de l'Ouest de la France. Ainsi furent créées, par lui et par ses imitateurs, ces nombreuses populations métisses devenues le point de départ de nouveaux croisements multipliés et remaniés à l'infini.

de 3,323,550 francs. Au total, on peut estimer que les soies de Chine constituent aujourd'hui le tiers de ce qui est utilisé pour la fabrication de la brosserie.

Aviculture. — Poules et canards des races asiatiques méritent une mention. Les poules, qui ne les a admirées avec leur plumage fourni descendant jusqu'aux dernières phalanges, blanc dans certaines variétés, éclatant dans d'autres? C'est la *cochin* [1], d'origine chinoise, introduite en France par l'amiral Caille vers 1840; la *brahmahpoutra*, plus grande encore que la cochin [2]; la *langshan*, la meilleure peut-être des poules asiatiques, importée par le major Croad en 1872, très réputée aujourd'hui et dont le plumage est plus réduit que celui des autres races. D'autre part, notons que les

Fig. 433. — Coq et poule de Cochin ou de Chang-Haï.

[1] Très grande taille, corps volumineux et trapu, chair sans finesse, œufs à coquille jaune de 60 grammes, ponte moyenne de 115 à 120 œufs, rusticité, résistance aux maladies.

[2] «La race de Brahma est pleine de qualités. On a remarqué que les maladies qui attaquent si souvent les sujets de race pure, quand la consanguinité les a affaiblis, frappent beaucoup moins les races de Langshan et de Brahma qu'on ne voit presque jamais malades. Cette race de Brahma est massive, la poule est bonne pondeuse, elle couve de bonne heure et élève bien ses poussins qui sont rustiques et d'un développement assez rapide.» (L. BRÉCHEMIN.)

[3] «La race de Langshan est assurément de toutes les races asiatiques celle à laquelle nous accorderons la préférence au point de vue pratique. Non point que nous partagions l'engouement excessif qui a accueilli cette race lors de son introduction en Europe, en 1872, par le major Croad; mais elle présente des qualités suffisantes pour mériter les honneurs d'un élevage spécial. Elle est d'une grande rusticité; d'un développement un peu lent dans le tout jeune âge, elle se rattrape vers le troisième mois; sa chair est excellente, mais peu apte à l'engraissement. C'est la race dont le croisement bien raisonné, donne les meilleurs résultats dans nos basses-cours. Son élevage exclusif n'est pas suffisamment pratique au

Chinois, comme les Japonais, se sont appliqués à créer des petites races [1].

Comme canards, je ne citerai que le canard mandarin, dit aussi *sarcelle de Chine*, de plus petite taille que le canard sauvage et au plumage éclatant. Le mandarin est charmant avec sa huppe verte et pourpre sur la tête, ses sortes d'éventails sur le dos. Son élevage se fait depuis longtemps en Chine où il est fort répandu ; sur la plupart des fleuves circulent des bateaux consacrés à cet usage, ce sont de vrais *canardiers* flottants.

Cire. — « La cire dite d'*insectes* est sécrétée par de petits insectes du genre Coccus (*Coccus Pella*) qui vivent en grand nombre sur des arbres cultivés dans ce but (le *Rhus succedanum*, le *Ligustrum glabrum*, l'*Hibiscus syriacus*). On recueille la cire que les insectes commencent à sécréter vers le milieu de juin. Cette substance apparaît d'abord en filaments ressemblant à de la laine fine et soyeuse qui se dressent sur l'écorce de l'arbre autour des insectes réunis par groupes et immobiles. Ce duvet croît peu à peu et s'épaissit par suite de la chaleur de l'été. Il finit par envelopper complètement les insectes d'une masse homogène qu'on recueille après les premières gelées blanches de septembre. La cire d'insectes purifiée est identique, par son aspect et par ses propriétés éclairantes, à la stéarine et au blanc de baleine. Elle présente, comme ces matières, une cassure à lamelles cristallines et brillantes ; elle fond à 82 degrés. Canton et Shanghaï sont les deux ports d'expédition de ce produit, qui arrive maintenant sur les marchés d'Europe, notamment en Angleterre. On fait avec la cire d'insectes, des bougies qui valent au moins celles de cire d'abeilles. »

Forêts. — La Chine est peu boisée. Cependant, parmi les produits de ses arbres, certains méritent d'être cités. J'ai parlé plus haut des

point de vue fermier ; c'est une trop grosse mangeuse et la poule pond de petits œufs, mais elle pond l'hiver. Les poussins s'emplument assez lentement, aussi il est bon de ne pas faire couver les œufs de cette race avant le mois d'avril. Tous ces inconvénients disparaissent avec un croisement intelligemment fait ». (L. BRÉCHEMIN.)

[1] Importées en Europe, ces races ont servi à de nouveaux croisements, surtout en Angleterre, pays par excellence de la sélection et de l'originalité. Toujours est-il que nous possédons aujourd'hui, en dehors des bantams de Sebright, une demi-douzaine environ de races bien distinctes dont il serait assez difficile de retrouver les origines exactes.

arbres qui donnent la laque. À citer encore l'arbre à huile, l'arbre à suif, les arbres à cire, l'acacia féroce (*Gleditschia Sinensis*), dont les gousses fournissent le savon sauvage; le *Laurus camphora*, dont, par distillation, on tire le camphre; le *Cassia lignea*, qui fournit une écorce analogue à la cannelle et fort employée dans la cuisine chinoise; l'arbre à pain, etc.... Les bois légers, les peupliers sont employés pour la construction des jonques.

Chasse. — Dans tout le Nord de la Chine, la chasse donne de nombreuses et belles fourrures : l'épaisse fourrure laineuse du tigre de Mongolie (plus grand que celui du Bengale), les peaux de l'ours du Thibet, de la panthère de Mandchourie, de la loutre, de la belette, de la martre, du putois (qui présente dans le Nord des variétés particulières à la Chine), du renard, du loup, du chien sauvage, du petit-gris, etc. Comme oiseau, il faut signaler le faisan de Mongolie : les grandes plumes de sa queue mesurent jusqu'à six pieds de longueur.

Par suite de la chasse dont il a été l'objet, le chevrotain porte-musc ne se rencontre plus en nombre assez grand qu'au Thibet. La finesse du parfum varie selon la nourriture de l'animal; la qualité la plus fine est le musc-tonkin (appellation qui provient de ce que pendant très longtemps ce furent les missions catholiques du Tonkin qui, seules, fournirent la France de musc). La découverte du musc artificiel, il y a une vingtaine d'années, a fait tomber le prix du kilogramme de musc de première qualité de 3,500 francs à 2,500 francs; le musc artificiel, du reste, n'a pas fait diminuer la consommation des qualités fines. L'exportation de Chang-Haï dépasse un million de kilogrammes. C'est à Paris que s'est concentré aujourd'hui le commerce du musc.

Pêche. — Ningpo est, de toute la Chine, le plus grand marché de poisson; il exporte dans tous les ports de l'Empire, et même jusque dans les pays étrangers. Quelques-uns des produits exportés sont renommés, notamment les pieuvres ou sépias séchées. La position même de Ningpo, au sommet de la courbe formée par la côte chinoise et à proximité d'un riche archipel où se trouvent les pêcheries, est des plus favorables. La côte, sur toute son étendue, est semée d'îles et de rochers en grand nombre. Le plus important de tous ces groupes est celui qui a, pour île principale, Chusan. Il forme, avec le «Fishermen's group», une station de pêche où viennent des milliers de jonques du Chêhkiang et du Fuhkien.

Comme les pêcheries sont fort éloignées de Ningpo, le transport se fait dans des bateaux à glace, et les propriétaires des glacières sont tenus d'avoir toujours en avance la quantité de glace nécessaire pour trois années.

Vers la mi-mars, les jonques de pêche mettent à la voile pour la première saison de pêche, qui dure environ trois mois; la seconde, celle d'hiver, est plus courte. Quatre espèces de bateaux sont employés pour la pêche en pleine mer, dite *grande pêche*.

1° Les *Puch'-uan*, qui prennent toute espèce de poisson, à la ligne ou au filet, et restent cinq mois absents, du printemps à l'automne;

2° Les *Tatm-ch'-uan*[1], paire de grands bateaux traînant entre eux le *Ta wang* (grand filet), qui prend surtout le *Huang yü* (poisson jaune), le *Tai yü* (*Lepidopus trichiurus*), le *Lo yü* (*Alausa* sp.);

3° Les *Hsiao-tui-ch'-uan* (paire de petits bateaux), qui ne pêchent que le «poisson jaune»;

4° Les *Wu-tsei-ch'-uan* (bateaux à pieuvres), qui, bien qu'allant partout, se tiennent le plus souvent près des côtes et pêchent les pieuvres au filet.

Les premières catégories de bateaux rapportent aussi des morues, congres, mulets, méduses, crevettes, crabes, requins, maquereaux, brèmes, soles, etc.

Une pêche très curieuse est celle aux cormorans. Certains endroits sont renommés pour l'excellence des oiseaux qu'on y élève et entraîne.

Une manière de pêcher, particulière à la Chine, est en usage sur la rivière Ningpo. Cette méthode consiste à prendre le poisson au moyen d'un long bateau plat sur le bord duquel une planche peinte en blanc est placée de façon qu'elle plonge obliquement dans l'eau. De l'autre côté du bateau se trouve dressé un filet. Le poisson

---

[1] Pêchent surtout en hiver.

attiré par la réflexion de la lune ou des lanternes sur la planche, saute sur cette planche et, de là, dans le bateau, le filet l'empêchant de retomber à l'eau à l'autre bord.

Les anguilles se prennent en abondance au moyen de longs filets coniques.

Les crabes d'eau douce (*Telphusa Sinensis*), ainsi que les crevettes, sont pêchés dans des paniers spéciaux en bambou.

Aux îles Saddles, il y a de belles et grandes huîtres; celles de la baie de Nomrod sont plus petites, mais plus délicates.

Parmi les produits de l'océan dont les Chinois font une grande consommation, il faut citer les *bêches de mer* [1], qui se développent par milliers sur les récifs de madrépores, et que les Chinois achètent un bon prix, les faisant venir du Japon et jusque de nos colonies océaniennes.

Corée. — La presqu'île de Corée, y compris les îles qui en dépendent, a une superficie de 218,220 kilomètres carrés. Le climat y est extrême comme chaleur et comme froid (minima : au nord, — 25°; au sud, — 15°). Certaines rivières restent gelées pendant six mois; celle de Séoul l'est pendant trois mois.

La population est de 967,000 habitants; elle est robuste, sobre, travailleuse, de mœurs douces. Le sol est fertile.

Base de l'alimentation indigène, le riz est la plante dont la culture est la plus étendue; il donne lieu à une importante exportation vers le Japon (en 1897, 1,738,331 piculs). Dans ce pays, la Corée exporte également, mais en bien plus faible quantité, de l'orge, du millet, du blé, des fèves; quant à l'avoine, elle est dirigée sur la province russe de l'Amour. La Chine achète du geng-sang, plante médicinale très appréciée dans l'empire du Milieu, notamment dans le

---

[1] «Sur plusieurs points de nos côtes méditerranéennes, on rencontre en abondance de singuliers animaux assez semblables à des concombres à cinq côtes qui porteraient une fleur à une de leurs extrémités et ramperaient en demeurant couchés tout de leur long; ce sont des holothuries. Dans le patois provençal on leur a donné une appellation assez inconvenante que les Anglais se sont appropriée tout en la francisant à leur façon; c'est ainsi qu'ils ont donné commercialement aux holothuries la dénomination assez inattendue de «bêches de mer».

Sud, à cause de ses vertus reconstituantes. Comme autres cultures, je citerai celles du sésame, du lotus, des sortes de patates, du seigle, du coton (à vrai dire de qualité inférieure), du chanvre, du maïs, de la ramie, du tabac. La culture potagère est assez en honneur. Les fruits sont abondants, mais ils manquent souvent de saveur.

Le bœuf est employé au labourage. On trouve des chevaux, des moutons, des chèvres. Le porc et le chien sont appréciés comme animaux de boucherie.

La sériciculture avait été importée en Corée un millier d'années avant Jésus-Christ. On pense que la récolte annuelle des cocons, dont une partie est employée à la fabrication du papier, est légèrement inférieure à 200,000 kilogrammes. Le mûrier croît dans tout le pays, notamment dans les vallées abritées de l'Est, du Sud et de l'Ouest.

Les forêts couvrent un tiers du pays. Riches en bois d'œuvre, elles sont surtout situées dans le Nord. Le gibier (lièvres, faisans, canards sauvages, poules d'eau, etc.) abonde. Aussi la chasse est-elle, avec la pêche, une des principales sources de l'alimentation indigène. Les carnassiers, tigres et panthères, ne manquent pas, non plus que les ours et les sangliers.

B. LA SÉRICICULTURE EN CHINE.

ANCIENNETÉ ET HISTORIQUE DE LA SÉRICICULTURE CHINOISE. — CAUSES DE SA PROSPÉRITÉ. — PRODUCTION DE LA SOIE GRÈGE. — EXPORTATION EN COCONS. — GRAINAGE. — SOINS DONNÉS. — TEMPLES. — FORÇAGE DE LA PRODUCTION. — SOIE. — CHENILLES SAUVAGES.

Il faut consacrer une mention spéciale à la sériciculture chinoise, vraisemblablement la plus ancienne de l'univers. « Il n'est pas douteux, écrit en effet, dans le beau rapport qu'il consacra aux soies, après l'Exposition de 1878, M. Natalis Rondot, que l'art d'élever les vers à soie et de tirer la soie du cocon n'ait été inventé en Chine; il l'a été à une époque inconnue et fort reculée. Les Chinois en attribuent l'invention à la femme du plus ancien souverain dont ils aient gardé la mémoire. Cet événement aurait eu lieu vers l'an 2697 avant J.-C. Un fait paraît certain : vingt siècles environ avant notre ère, cette industrie existait en Chine; elle n'était exercée que dans la partie septentrionale, dans des contrées avec lesquelles a été formée en partie la province actuelle de Chan-toung [1], et tout donne lieu de croire qu'on ne connaissait alors que le ver à soie à cocon blanc. L'industrie de la soie fut, dans les âges anciens, une industrie imposée; elle ne se développa néanmoins qu'avec une extrême lenteur. On en rendit la pratique obligatoire dans une certaine mesure; on fit intervenir l'élément religieux pour la rendre populaire, et l'on fit aux impératrices un devoir, qui fut strictement réglé, de s'appliquer, elles et les femmes de la cour, à ces travaux, depuis la cueillette des feuilles du mûrier jusqu'au tissage. On trouve ces prescriptions dans les plus anciens rituels; on les trouve aussi dans le Tcheou-li, ce code de lois et de règlements qui fut écrit au commencement du xiie siècle avant notre ère, et les annales de l'empire font mention plus d'une fois de la rigueur avec laquelle l'impératrice a rempli ces devoirs. Cette politique porta ses fruits. Dans quelque état de dissolution que soit tombée la Chine, cette production n'a jamais été abandonnée, et, jusqu'au commencement de notre ère, on la voit concentrée dans la province de Chan-toung. Confucius, dans le vi^e siècle avant J.-C., avait rassemblé ou écrit les pièces dont il a formé le Chou-king. Le Chou-king contient des parties qui remontent à la plus haute antiquité; cette antiquité ne peut être contestée. Une des parties du Chou-king, le Yu-kong ou l'état des tributs établis par Yu, est regardée sinon comme écrite par celui-ci, quand ce grand homme était ministre de Yao et de Choun, du moins comme présentant une description originale et fidèle de la Chine, vingt-deux siècles avant l'ère chrétienne. Or, nous y voyons mentionnées la plantation des mûriers et la récolte de la soie dans les pays de Yèn et de Thsing, le Yèn-tchéou-fou, le Thsi-nan-fou et le Thsing-tchéou-fou, qui font partie aujourd'hui du Chan-toung. »

La sériciculture resta florissante jusque dans la seconde moitié du xive siècle; on en pourrait donner d'innombrables exemples. A la fin du xive siècle, commence une période de trois siècles durant lesquels la production de la soie languit.

---

[1] Le climat de cette province est assez comparable à celui de la Corée.

L'avènement de la dynastie mandchoue, dans la seconde moitié du xviie siècle, marque, pour la sériciculture, le commencement d'une nouvelle ère de prospérité.

On ne saurait s'en étonner, non plus que de ce que l'industrie de la soie ait pénétré profondément dans les habitudes de travail du peuple chinois; cela tient, en effet, à une rare réunion de conditions favorables, conditions climatologiques d'une part, caractère même de la population de l'empire du Milieu d'autre part.

Quelle est exactement la production de soie grège? On peut estimer qu'elle approche de 10 millions de kilogrammes; telle est, du moins, l'estimation qui résulte de l'enquête que fit faire, pour l'année 1880, l'inspecteur général des douanes maritimes chinoises, Sir Robert Hart. Quant à l'exportation, elle est évaluée, en cocons, à 70 millions de kilogrammes. Elle se fait par Shanghaï (60,000 à 65,000 balles par an, soit 3,500 tonnes) et par Canton (40,000 balles, soit 2 millions de kilogrammes).

En outre, les soies tussah donnent lieu à une exportation de 80,000 kilogrammes.

Généralement, chaque Chinois est son propre fournisseur en ce qui concerne les graines qu'il met à l'éclosion. On signale cependant quelques centres où le grainage est l'objet d'une industrie spéciale, et fort soignée. La mortalité ne dépasse pas 40 p. 100 des vers éclos. Quant aux différences entre les cocons, on les attribue moins à la race ou au climat qu'à la nature du sol, à l'espèce des mûriers, aux soins mêmes donnés à l'élevage.

Ces soins sont, du reste, rarement négligés; les paysans ont souvent chez eux des éditions populaires de traités séricicoles. L'un de ces traités, et non des moins répandus, fut publié dans la seconde moitié du xiiie siècle, par ordre du premier empereur mongol. En outre, s'il n'y a pas d'école de sériciculture, il a toujours existé à Pékin une sorte de magnanerie modèle entretenue par l'Empereur, et les temples consacrés à l'*Esprit des vers à soie* sont de véritables stations séricicoles entourées de vastes jardins de mûriers, et où l'on fait, suivant les meilleures méthodes, l'élève du ver à soie.

Ces prescriptions rationnelles renfermées dans les traités chinois et si scrupuleusement mis en pratique dans les temples, M. Natalis Rondot exprimait le désir qu'« on en applique plus d'une dans nos magnaneries ». Malheureusement, les Chinois ont eux-mêmes abandonné sur certains points l'application de règles dont une si longue suite de siècles leur avait cependant montré la valeur; ils ont *forcé* la production et n'ont pas tardé à en sentir les fâcheux résultats.

Au xvii° siècle et au commencement du xviii°, les soies d'Extrême-Orient étaient préférées à celles de France; ensuite, l'on perdit, pendant un certain temps, jusqu'au « souvenir de leur nature et de leur qualité »; on a eu, depuis, de nouveau recours à elles. Il est à noter qu'en Chine, chaque fileur, chaque marchand a sa marque; que son adresse est jointe à tout paquet de soie, et que cette marque influe dans d'assez fortes proportions sur les prix. Le moulinage y est, comme la filature, une petite industrie domestique qui est exercée dans presque toutes les provinces où l'on récolte des cocons.

On utilise, outre la soie des chenilles des mûriers, celle de chenilles qui vivent à l'état sauvage sur le chêne, l'ailanthe, etc.

C. LE THÉ; SA PRÉPARATION EN CHINE.

CONSOMMATION DU THÉ DANS LE MONDE; AUGMENTATION. — LE THÉIER. — ÉLÉMENTS DES FEUILLES. — MODES DE PRÉPARATION DU THÉ EN CHINE. — THÉS NOIRS ET THÉS VERTS. — EXPORTATION DES THÉS DE CHINE.

De même que la sériciculture chinoise, la culture du thé dans l'empire du Milieu doit être l'objet d'une courte étude spéciale.

CONSOMMATION DU THÉ DANS LE MONDE. —— Je profiterai de l'occasion que me donne cette étude pour indiquer (d'après des statistiques empruntées au *Board of Trade*) l'augmentation de la consommation du thé depuis dix ans. Comme on pourra le constater, cette augmentation s'est produite dans tous les pays, sauf les États-Unis où il y a un léger mouvement de recul; mais c'est en France qu'elle a été la plus considérable. La consommation, qui était, il est vrai, très faible dans notre pays, a presque doublé de 1889 à 1899.

CONSOMMATION DU THÉ DANS LES PRINCIPAUX PAYS.

ANNÉES.	ROYAUME-UNI.	EMPIRE RUSSE.	EMPIRE GERMANIQUE.	HOLLANDE.	FRANCE.	ÉTATS-UNIS.
	kilogrammes.	kilogrammes.	kilogrammes.	kilogrammes.	kilogrammes.	kilogrammes.
1889.....	84,084,484	31,213,512	1,863,575	2,356,959	539,070	35,873,976
1890.....	87,886,077	31,262,436	1,988,217	2,536,347	612,003	37,823,235
1891.....	91,712,568	32,045,220	2,217,358	2,667,717	609,738	37,325,388
1892.....	93,825,813	29,421,736	2,470,662	2,654,127	655,944	40,593,783
1893.....	94,268,394	35,910,216	2,666,811	2,772,360	680,859	39,923,343
1894.....	97,096,473	40,199,220	2,830,344	2,980,740	698,526	41,586,306
1895.....	100,475,400	41,895,252	2,535,441	2,915,961	726,612	43,685,961
1896.....	103,186,605	42,596,496	2,462,508	2,984,817	763,305	42,283,020
1897.....	104,825,200	44,537,148	2,544,142	3,056,391	772,365	51,147,324
1898.....	106,642,542	48,842,460	2,682,666	3,203,163	832,161	30,666,741
1899.....	109,880,135	47,162,736	2,735,664	3,217,206	881,991	32,994,255

CONSOMMATION DU THÉ PAR TÊTE D'HABITANT DANS LES DIFFÉRENTS PAYS.

ANNÉES.	ROYAUME-UNI.	EMPIRE RUSSE.	EMPIRE GERMANIQUE.	HOLLANDE.	FRANCE.	ÉTATS-UNIS.
	kil. gr.	kil. gr.	kil. gr.	kil. gr.	kil. gr.	kil. gr.
1889.....	2 260	0 276	0 036	0 520	0 013	0 584
1890.....	2 345	0 271	0 040	0 552	0 018	0 602
1891.....	2 428	0 271	0 045	0 575	0 018	0 584
1892.....	2 464	0 294	0 049	0 566	0 018	0 620
1893.....	2 450	0 294	0 054	0 584	0 018	0 597
1894.....	2 505	0 326	0 054	0 620	0 018	0 607
1895.....	2 568	0 335	0 049	0 597	0 018	0 625
1896.....	2 613	0 335	0 045	0 607	0 018	0 593
1897.....	2 631	0 344	0 045	0 611	0 018	0 712
1898.....	2 654	0 372	0 049	0 629	0 022	0 412
1899.....	2 708	"	0 049	"	0 022	0 434

LE THÉIER. — L'arbre à thé est une plante à feuilles persistantes, qui atteint en Assam — où on la rencontre à l'état sauvage — les proportions d'un arbre, tandis qu'elle n'est jamais en Chine plus haute qu'un arbrisseau. Les feuilles, avec lesquelles on obtient le thé, sont oblongues, d'un vert foncé et dentelées; ce sont les glandes qui contiennent l'huile qui donne au thé son arome et son parfum. En Chine, la feuille a une longueur maxima de o m. 10; en Assam, elle a souvent plus du double. Les arbres à thé demandent de l'humidité; ils s'acclimatent sur des points où il se produit de grandes différences de températures et supportent de fortes gelées d'hiver, pourvu que la chaleur de l'été ait bien durci le bois. Le théier se reproduit par semis ou par bouture que l'on repique ensuite en pleine terre. Il commence à produire à la troisième année, et est en plein rapport à la cinquième. En Chine, il fournit, en moyenne, trois récoltes par an. Sur certains points, où le sol est encore très riche et où l'humidité est grande, il en fournit neuf.

Fig. 434. — Fleurs axillaires de *Thea viridis*.

La proportion des éléments contenus dans les feuilles est la suivante :

Principes aqueux	3.20 p. 100
Cendres	4.90
Matière { extractive	36.00
{ insoluble	48.00
Théine	7.90
Total	100.00

La matière extractive contient entre autres éléments :

Théine	1.84 à	2.20 p. 100
Tanin	10.00	12.00
Acide	2.50	4.50
Soude	1.80	2.00
Cendres solubles	3.00	3.70
Matières azotées	0.80	0.90

Préparation du thé en Chine. — «En ce qui concerne le thé, au point de vue de la finesse, de l'arome et de la production, la Chine tient toujours le premier rang [1]». C'est là l'opinion d'un homme compétent. Aussi est-il intéressant d'étudier les procédés de préparation en usage en Chine, procédés que l'on fait subir aux feuilles dans le but de leur enlever l'âcreté qu'elles ont à l'état naturel et de permettre leur consommation. Ces modes de préparation ont peu varié depuis des siècles dans l'empire du Milieu, tandis qu'à Ceylan, nous l'avons vu (p. 578 et 579), on fait usage de machines perfectionnées.

«Après avoir été exposées pendant quelques heures au soleil, les feuilles sont malaxées et assouplies à la main; elles sont ensuite torréfiées, pendant une demi-minute environ, dans des bassines de fer ou de cuivre posées sur des fourneaux en maçonnerie alimentés par un feu de bois; pendant cette torréfaction, et bien que les bassines soient chauffées à une haute température, elles sont remuées sans relâche à la main; après un vannage rapide, elles sont agglutinées, roulées en boules par un mouvement circulaire des deux mains de l'ouvrier qui les reprend et les roule de nouveau à plusieurs reprises, de telle sorte que chaque feuille s'enroule peu à peu sur elle-même. Durant ce travail, elles rendent un jus visqueux et verdâtre. Trois ou quatre fois, on recommence la même manipulation en la faisant alterner avec une rapide torréfaction, et en ayant soin de diminuer progressivement la chaleur de la bassine. Enfin, les feuilles sont séchées sur une claie qu'on dispose au-dessus d'un feu de braise, en ayant soin d'éviter toute odeur ou fumée. Avant que la dessiccation ne soit complète, on procède à un triage qui permet d'obtenir le Pekoe, le Souchong et le Congo. On active ensuite la dessiccation à feu doux. »

C'est ainsi que sont obtenus les thés noirs. Voici maintenant comment on procède pour les thés verts; il est, en effet, bon de rappeler que, contrairement à ce que l'on croit généralement, la différence entre les thés noirs et les verts ne provient que de la diversité des modes de préparation.

[1] Rapport de la Classe 59 (Sucres et produits de la confiserie, condiments et stimulants), par L. Derode, vice-président de la Chambre de commerce de Paris.

TABLEAU COMPARATIF DES EXPORTATIONS DE THÉS DE CHINE PENDANT LES ANNÉES 1890-1899.

PAYS D'EXPORTATION.	1890.	1891.	1892.	1893.	1894.	1895.	1896.	1897.	1898.	1899.
	kilogrammes.	kilogrammes.	kilogrammes.	kilogrammes.	kilogrammes.	kilogrammes.	kilogrammes.	kilogrammes.	kilogrammes.	kilogrammes.
Grande-Bretagne......	41,158,613	39,107,736	35,872,707	37,879,557	33,526,564	28,635,458	26,610,680	24,501,384	21,468,462	24,095,190
Australie...........	7,768,974	6,948,950	8,171,401	5,788,848	5,511,379	5,912,135	3,881,836	2,595,931	3,173,959	3,281,285
États-Unis (et inclusivement l'Amérique du Sud)............	17,648,698	18,068,116	19,125,696	21,597,046	24,891,323	19,493,076	14,969,234	13,231,344	10,449,011	13,937,958
Le continent (Russie exceptée)...........	702,752	1,153,277	905,194	1,308,384	1,590,558	1,815,990	1,915,163	2,350,764	2,662,492	3,311,161
Russie (par mer, *via* Odessa)..........	10,517,391	11,417,064	7,082,163	9,907,351	10,220,162	12,496,933	11,779,389	10,183,043	12,883,421	11,805,097
Russie (*via* Kiachta)....	22,411,423	22,946,602	22,209,505	26,974,639	30,233,808	34,227,472	37,738,559	31,904,156	33,979,348	32,481,368
Mandchourie russe.....	2,426,086	4,075,731	3,071,642	4,416,085	5,286,086	8,672,050	5,806,216	7,037,813	7,288,104	8,253,838
Autres pays.........	1,647,772	1,983,977	1,574,567	1,606,277	1,233,730	1,433,956	754,505	227,887	1,026,623	1,334,108
Totaux.........	104,281,685	105,701,477	98,012,875	109,478,187	112,493,610	112,716,070	103,455,582	92,542,322	92,931,420	98,500,005

«On a soin de ne pas exposer les feuilles au soleil, car la moindre fermentation les noircit; elles sont donc, dès leur cueillette, soumises aux opérations successives que nous avons décrites. De plus, la dernière torréfaction est faite à un feu très vif, et les feuilles, avant la dessiccation finale, sont comprimées et battues dans des sacs de toile; on désagrège avec précaution cette masse durcie, et les feuilles sont séchées à l'air chaud. Au moment de l'emballage définitif, qui a généralement lieu quelques mois après, nouvelle torréfaction à feu très vif; le thé est, enfin, coloré avec une petite quantité d'indigo pulvérisé et de sulfate de chaux.»

Exportation des thés de Chine. — C'est la Russie qui est, on le voit par le tableau de la page 614, la meilleure cliente de la Chine. Les plus fins de ces thés — notamment ceux du Nord — viennent par voie de terre, *via* Kiakhta; ils sont dits *thés de caravane*. Le chiffre d'affaires de certaines maisons russes atteint 20 millions de francs. Ces maisons ont en Chine des comptoirs pour l'achat direct et la fabrication des thés comprimés en briques et en tablettes.

D. L'OPIUM; SA CONSOMMATION ET SA CULTURE EN CHINE.

CULTURE DU PAVOT. — RÉCOLTE DE L'OPIUM. — PRÉPARATION. — ANALYSE. — VALEUR. — USAGES. — IMPORTATION EN CHINE. — PLANTATIONS. — QUALITÉS DE L'OPIUM CHINOIS. — SA DESTINATION.

Opium. — L'opium est le suc extrait des capsules du *Papaver somniferum*, pavot (Papaveracées), plante originaire d'Orient, dont la culture s'est répandue dans toutes les régions chaudes du globe; mais la main-d'œuvre nécessaire à la récolte de l'opium en élève considérablement le prix.

«La culture du pavot nécessite un sol riche; les graines sont semées en automne, en hiver ou au printemps, et la récolte varie suivant les conditions atmosphériques qui se présentent; mais généralement les semailles d'automne et d'hiver donnent un meilleur rendement. Chaque pied produit de 5 à 30 capsules, qui, à maturité, prennent une teinte jaune pâle; c'est alors qu'on doit les inciser le soir, pour récolter le lendemain matin le suc qui s'est écoulé. On réunit le produit de la cueillette dans des terrines qui sont chaque jour exposées quelques heures au soleil, pendant au moins une semaine; puis, on les conserve dans un endroit frais bien aéré. Au mois de septembre, l'opium récolté est pétri et humecté de salive — ce qui lui donne de l'élasticité, entrave la fermentation et le préserve des moisissures. Les pains sont ensuite enveloppés de feuilles de pavots et conservés à l'ombre dans des salles bien aérées; lorsqu'ils sont suffisamment secs, on les met dans des couffes, paniers de forme haute garnis à l'intérieur de toile, à l'extérieur de feutre, et on les y place en les séparant par des feuilles de rumex qui les empêchent de moisir et de se coller entre eux. Chaque couffe contient environ 75 kilogrammes d'opium.

«Si nous laissons de côté les sortes destinées aux fumeurs, la valeur de l'opium dépend de sa teneur en morphine. Pour la connaître, il faut l'analyser, mais les procédés employés diffèrent suivant les pays, et, en outre, il n'existe pas de règle au sujet de la quantité d'eau contenue dans le produit; aussi le pourcentage d'un même opium présente-t-il des différences pouvant dépasser 1 p. 100; ces variations sont des causes de trouble, aussi est-il à désirer qu'on adopte un mode d'essai unique, qui faciliterait les transactions commerciales[1].»

La sophistication de l'opium est fréquente. Le meilleur moyen pour la reconnaître est de brûler un morceau de l'opium dont on veut reconnaître la pureté. Une bonne pâte, quand elle est sèche, ne doit produire que 4 à 8 p. 100 de son poids de cendres.

Si l'on prend les précautions nécessaires, l'opium, au bout de quinze ans, donnera un rendement aussi élevé en morphine qu'au premier jour.

Le prix du kilogramme d'opium a subi, au cours du xixᵉ siècle, de très importantes fluctuations; avant 1830, il était de 8 à 10 francs; en 1869, il atteint 113 francs; depuis, il a baissé et se tient entre 19 et 36 francs.

Quant aux usages qu'on fait de l'opium, il y en a plusieurs: il sert comme calmant; on emploie principalement les alcaloïdes qu'il ren-

[1] Rapport sur les «Engins, instruments et produits des cueillettes», par G. Comme, vice-président de la Chambre syndicale des produits pharmaceutiques de France.

ferme, morphine, codéine, etc., en médecine; dans certains pays, on a la passion malsaine de le fumer. Les fumeurs ne goûtent pas d'égale façon tous les opiums; certaines qualités sont plus appréciées que d'autres à cause de leur finesse ou de leur odeur.

Le pays qui produit le plus d'opium est la Turquie (d'Europe et d'Asie); on en cultive également en Égypte, en Perse, aux Indes, en Chine.

L'OPIUM EN CHINE. — Qu'une guerre ait pu éclater, qui fut dite «guerre de l'opium», montre bien l'importance que présente l'importation dans l'empire du Milieu du suc du pavot.

Pendant un demi-siècle, la Chine constitue le principal débouché des opiums de Turquie; aujourd'hui, son importation s'approvisionne surtout en Perse et aux Indes anglaises.

En outre, la Chine a développé ses plantations dans le Sé-Tchouen et le Yun-Nan, et il en est résulté une diminution des importations. Généralement, l'opium de Chine est assez fin; sa teneur en morphine est faible. On distingue quatre qualités : le Quang-Han-Phu, titrant environ 9 p. 100 de morphine; le Tong-Hoï, 10.50 p. 100; le Khai-Hoa, 4.50 p. 100; le Tao-Hy, 5.50 p. 100.

L'opium de Chine est consommé sur place ou exporté en Indo-Chine; on n'en récolte, pour ainsi dire pas, en Europe.

E. LA PROPRIÉTÉ ET LA COOPÉRATION EN CHINE.

ESPRIT DE CONSERVATION DU PEUPLE CHINOIS. — APPARITION DE LA PROPRIÉTÉ FAMILIALE PRIVÉE. — INEXISTENCE DU *JUS ABUTENDI*. — OBLIGATION DE CULTIVER. — CONFISCATION ET DISTRIBUTION DE TERRES. — INALIÉNABILITÉ PRIMITIVE DE LA PROPRIÉTÉ. — LE FONDS ET LA SURFACE. — LE BILLET DE GÉMISSEMENT. — CADASTRE. — TITRES DE PROPRIÉTÉ. — FERMAGE. — COOPÉRATION AGRICOLE.

Il me paraît intéressant de consacrer quelques pages à expliquer ce qu'est la propriété chinoise. Au sujet de la plupart des pays nous avons tenu, du reste, à ne pas laisser de côté les considérations sociologiques qu'entraîne une étude comme celle que nous avons entreprise: et quel est le chapitre où l'on peut écrire, à ce propos, des lignes plus intéressantes que celui consacré à la Chine? N'est-ce pas, en effet, de toutes les nations policées, la plus éloignée, moralement plus encore que géographiquement, de notre Occident, celui d'aujourd'hui tout au moins. Si, par contre, l'on voulait établir un parallèle entre la Chine moderne et la Rome antique, on serait étonné des ressemblances profondes, non seulement dans les idées générales, mais encore sur les points de détail[1]. Au demeurant, cette similitude est-elle bien faite pour étonner des esprits réfléchis? Rome et la Chine n'ont-elles pas un culte commun : la religion de la famille? Mais, tandis que l'Occident — progressif — acceptait une autre conception de la divinité, ou plus exactement des rapports de l'homme avec elle — rapports directs et non plus à travers toute la lignée des ancêtres, — la Chine conservait sa croyance première. Car, et c'est là peut-être son trait principal, le Chinois est — avant tout, plus que tout, à l'exclusion de tout — conservateur. C'est à juste titre que M. F. Fargenel écrit[2] : «Dans son état actuel, le monde chinois apparaît comme un reste vraiment extraordinaire et curieux de l'antiquité. Sa constitution sociale, qui est celle des peuples depuis si longtemps disparus en Europe et dans le Sud-Ouest de l'Asie, demeure comme un témoin du plus incroyable esprit de conservation qui fût jamais. » Et cet *esprit de conservation*, qui nous permet de trouver un corps vivant, alors qu'en Europe nous n'aurions à exhumer qu'un mort, nous fera retrouver une conception de la propriété qui n'est pas sans analogie avec ce qui exista en Grèce comme à Rome.

C'est vers l'an 360 avant J.-C. que la propriété familiale privée apparaît en Chine, exactement dans l'État de Tsin, qui devait par la suite conquérir l'hégémonie sur le reste du pays (230 ans avant J.-C.), et y faire, par suite, prévaloir sa conception juridique.

Ce principe pose, du reste, des limites à la propriété. On la détient, en somme, pour le bien de tous; le *jus abutendi* révolterait l'esprit chinois. On a de la terre, soit; mais c'est pour la cultiver. La laisse-t-on en friche plus de trois années, la bastonnade vous rappellera vos de-

---

[1] À rapprocher, par exemple, la toge virile des Romains du bonnet viril des Chinois.

[2] *Le Peuple chinois, ses mœurs et ses institutions* (1904). Cette étude très complète et en tous points remarquable permet bien des rapprochements avec les considérations de la géniale *Cité antique*.

voirs ; la confiscation également. Mais cette confiscation est une preuve de la *moralité* qui préside à la société comme à la loi chinoise. En effet, les terres que l'on a confisquées, c'est à de plus pauvres qu'on les donnera. C'est également à eux que l'on distribuera les biens tombés dans le domaine public par suite de l'absence de leurs propriétaires, ou pour non-inscription sur le registre de l'impôt.

Cette propriété, à laquelle sont ainsi attachées des obligations sévères, on la voulait tout d'abord inaliénable. N'était-elle pas, du reste, une chose doublement sacrée, puisqu'elle contenait le tombeau des ancêtres et que ceux-ci l'avaient travaillée, fait fructifier. Et cette répugnance à vendre le sol, n'en trouve-t-on pas trace dans ce fait que contraint d'abandonner une partie de ses droits à des étrangers, le Gouvernement impérial choisira toujours, de préférence, à la concession, la location, qui laisse subsister un droit — bien vague, à vrai dire, dans ce cas.

De cette fiction, on en peut rapprocher une autre : le dédoublement de la propriété, fonds et surface, cette dernière étant aliénée, tandis que le premier propriétaire demeure possesseur du fonds, c'est-à-dire du bien des aïeux. « Le propriétaire de la surface, écrit M. F. Fargenel, cultive le sol, en possède les produits, paye une redevance au propriétaire du fonds, mais il n'est pas un simple fermier, car le propriétaire du fonds ne peut lui refuser de lui continuer la location de sa terre. Ce droit d'affermage est illimité et transmissible. La propriété de la surface ne serait retirée à son propriétaire que si celui-ci devait au propriétaire du fonds une somme égale à la valeur de la surface. »

Cette répugnance à se défaire du bien familial, on en voit encore la preuve dans la fréquence de la vente à réméré et de l'antichrèse. Et les mœurs et le sentiment populaires sont, eux aussi, nettement opposés à la vente. Peu scrupuleux, le vendeur en profite. « En effet, s'il est ruiné, il envoie des entremetteurs au détenteur de son ancienne propriété, solliciter un secours pour lequel il délivrera un reçu dit *T'an K'i-Kiu*, billet de gémissement, ou *Tsing-tsie-Kiu*, billet d'emprunt à un prêteur bienveillant. Bien plus, par un abus assez fréquent, le vendeur et ses descendants importunent la famille de l'acheteur pour en extorquer une aumône, comme s'ils y avaient droit.

La famille de l'acheteur a coutume d'accéder à leur demande dans la crainte de dépenses plus grandes qu'entraînerait leur recours au juge. Du reste, le juge qui reçoit ces sortes de plaintes commence bien par objurguer ces injustes exacteurs, peut-être même les condamnera-t-il aux verges ou à la férule, mais il finit d'ordinaire par exhorter le plaignant à leur faire l'aumôme. Ceux qui reçoivent ce genre d'aumône signent chaque fois un nouveau billet où ils attestent qu'ils ne réclameront plus. Les propriétaires gardent ces billets pour rendre à l'avenir ces exacteurs moins impudents dans leurs réclamations. L'usage et l'abus susdits n'ont pas lieu quand l'acheteur appartient à une famille influente dans la contrée [1] ».

Le sol de la Chine a été cadastré à différentes reprises, notamment en 1783 et 1855, et on a délivré aux propriétaires des titres de propriété, dont la possession consacre la propriété juridique. Annexé au fonds, le titre ne se transmet que lorsqu'on vend plus de la moitié de la propriété. Au cas d'aliénation partielle, le propriétaire garde les titres, en se contentant d'y faire noter les mutations.

Le fermage est le faire-valoir le plus répandu ; ses modalités varient avec les régions : location contre argent ou métayage et toutes les formes que l'un ou l'autre peuvent prendre. A noter que lorsque la récolte est mauvaise, les propriétaires doivent aux fermiers une remise déterminée par les administrateurs des bureaux de bienfaisance qui ont des terres affermées. Au cas où l'empereur, pour une fête ou quelque autre raison, dispense du payement d'une partie de l'impôt, le tiers de cette libéralité est remis de droit au fermier.

Enfin, il faut signaler la coopération [2]. «Le syndicat agricole, comprenant sans exception tous les producteurs d'une localité, produit souvent tout ce qu'il faut pour satisfaire aux besoins de ses membres. Il jouit alors d'une indépendance économique considérable. Il est dans sa vie intérieure, autonome. Ce village, ce syndicat d'agriculteurs, est l'élément qui, mille fois juxtaposé à lui-même, constitue la Chine agricole. »

[1] *Notions techniques sur la propriété en Chine*, par le P. Pierre Hoang, Variétés sinologiques, n° 11 ; Changhaï, 1897.

[2] Non moins que le génie du commerce, le Chinois a celui de l'association, infiniment plus vieille dans son pays qu'elle ne l'est en Europe.

CHAPITRE XLV.

JAPON.

A. CONSIDÉRATIONS GÉNÉRALES.

DÉVELOPPEMENT DE L'AGRICULTURE DEPUIS LA RÉVOLUTION DE 1868. — RÉGIME DE LA PROPRIÉTÉ. — VALEUR FONCIÈRE. — SOL. — POPULATION. — CLIMATOLOGIE. — RÉPARTITION DE LA PROPRIÉTÉ ET DES CULTURES. — PROCÉDÉS CULTURAUX. — LES OUVRIERS AGRICOLES; LES SALAIRES. — LE TRAVAIL DES FEMMES. — FORÊTS; ARBRES À LAQUE; ARBRES À PAPIER; SERVICE FORESTIER. — IMPORTATIONS ET EXPORTATIONS DES PRODUITS AGRICOLES.

LA RÉVOLUTION DE 1868 ET SES CONSÉQUENCES. — Il y a un demi-siècle, le 31 mars 1854, un traité signé avec les États-Unis ouvrit les ports de Schimoda et d'Hakodate aux Américains. Quelques mois plus tard, l'amiral Sterling obtenait pour les Anglais l'ouverture des mêmes ports, et celle du port de Nagasaki. Dans l'année 1858, les traités conclus avec les États-Unis, l'Angleterre et la France allaient amener des modifications radicales, dans les relations du Japon et des peuples de l'Occident, auxquels il était demeuré jusque-là absolument fermé. De ces relations extérieures, point de départ des profonds changements intérieurs accomplis dans l'organisation politique du Japon, au milieu de luttes et de péripéties dont la révolution de 1868 a été l'épilogue, date une ère nouvelle pour ce pays curieux à tant de titres.

C'est uniquement au point de vue agricole que je me placerai ici. Les produits exposés, les nombreux documents publiés par le Commissariat impérial à l'occasion de l'Exposition universelle fournissaient, sur l'agriculture du Japon, des renseignements suffisants pour donner une idée exacte de l'économie rurale de ce pays, si différente de celle des régions européennes.

La prodigieuse transformation de l'Empire du Soleil-Levant a donné un exemple, sans précédent dans l'histoire des nations, d'un peuple passant en moins de trente ans du régime féodal le plus intense à un régime de forme démocratique et parlementaire. Cette appréciation, qui sert d'introduction au livre si intéressant de M. Félix Martin [1], est justifiée aussi bien par les institutions agricoles que par l'ensemble des changements subits et vraiment surprenants imprimés à l'organisation sociale du Japon par la révolution de 1868.

Le visiteur se rendait aisément compte de la transformation radicale apportée aux conditions économiques de la production agricole du Japon par la substitution du régime parlementaire au régime féodal, en examinant, dans la galerie du Champ de Mars, l'ensemble des documents, cartes, photographies, graphiques, qui formait un cadre élégant à la réunion des intéressants produits de l'agriculture japonaise. L'histoire des progrès extraordinaires accomplis depuis la révolution de 1868 [2] s'y trouvait résumée en traits faciles à saisir.

Le régime de la propriété, partant la condition du laboureur, ont bénéficié les premiers de la réforme radicale survenue par la restauration de l'autorité impériale aux dépens des classes privilégiées, véritables maîtresses du pays jusqu'au 5 décembre 1868.

Pendant dix-huit siècles, l'État seul d'abord, les seigneurs féodaux ensuite, furent les détenteurs uniques du sol japonais. Le droit de posséder le sol par titres fonciers n'a été reconnu aux particuliers qu'en 1873.

Dans les premiers siècles de notre ère, quand le Fils du Soleil gouvernait seul directement, tout le territoire était la propriété de l'État ou plutôt celle de l'empereur. Vint l'institution du schogunat [3], qui a traversé les siècles pour disparaître seulement à la suite des événements militaires qui ont ouvert le Japon à la civilisation moderne. Les seigneurs féodaux, vassaux du schogun, s'étaient en partie substitués à l'État dans la propriété foncière. La nation était divisée en deux classes : les soldats et les laboureurs, qui devaient nourrir les soldats et, de plus, acquitter l'impôt, payé en nature (moitié environ de la récolte). En 1872, le Gouvernement impérial autorisa la vente, l'achat

[1] *Le Japon vrai*, 1892.

[2] Je citerai notamment les régularisations de torrents et les desséchements de marais. En une seule année et dans un seul district, on a conquis sur les marais 1,000 hectares (récolte de la première année, 45,000 hectolitres de riz).

[3] Le schogun était une sorte de maire du palais, chargé d'administrer l'empire.

et l'héritage en ce qui regarde les champs et les rizières, et remplaça
l'impôt en nature par l'impôt en espèces (loi entrée en vigueur en 1875).
Pour déterminer la valeur foncière devant servir de base à l'impôt,
une enquête fut ordonnée sur le rendement des terres, en tenant
compte de la fertilité du sol, de la difficulté des travaux et des facilités
de communication. Cette enquête aboutit à la fixation des valeurs foncières moyennes que voici :

Rizières......	1,066f oo l'hectare.
Champs cultivés.........................	719 oo
Forêts privées........................	8 8o
Terres incultes et pâturages................	5 8o

La valeur foncière de la propriété privée a été calculée d'après les
éléments suivants : récolte; prix du riz, intérêt au taux légal (6 p. o/o):
semence, engrais et impôts (3 p. o/o de la valeur de la terre, plus l'impôt communal de 1 p. o/o). Les prix moyens de 1871 à 1875, pour
tout l'empire, des trois récoltes importantes sur lesquelles on a assis
l'impôt, ont été fixées comme suit, à l'hectolitre : riz 6 fr. 17, blé
2 fr. 85, soja (fève) 4 fr. 44. L'impôt perçu par l'État est sujet à variation; la base, qui sert à le modifier, est la valeur foncière légale. Pour
la calculer, on estime la valeur absolue de la récolte, on en retranche
le prix des semences et des engrais (15 p. o/o), l'impôt foncier et l'impôt
communal; le reste, supposé placé au taux légal, représente la valeur
foncière légale.

Sol et population. — Le Japon se compose (voir figure, carte p. 657)
d'un nombre très considérable d'îles plus ou moins importantes (560 environ), semées du Sud au Nord-Ouest, entre 22°10' et 50°56' de latitude Nord; les cinq plus considérables sont dans l'ordre de grandeur
décroissante: Honskiu (53.8 p. 100 de la surface totale de l'empire);
Hokkaido (18.7 p. 100); Formose (8.3 p. 100); Kiushiu (9.6 p. 100)
et Shikoku (4.3 p. 100); les autres îles ne représentent ensemble
que 5.3 p. 100. Les montagnes couvrent tout le pays et descendent
presque partout jusqu'au rivage; aussi les plaines sont-elles rares et
de peu d'étendue. Elles sont toutes sur le parcours des principaux

cours d'eau. Le sol est en grande partie d'origine plutonienne (les deux tiers); l'autre tiers consiste en terrains sédimentaires. Les tremblements de terre sont fréquents [1].

La superficie totale du Japon est voisine des quatre cinquièmes de celle de la France : 41,738,000 hectares, dont 6 millions seulement (pâturages compris) sont actuellement productifs, soit 14 p. 100 du territoire total [2].

Avec cette étendue relativement faible de terres cultivées, le Japon compte une population supérieure d'un sixième (16 p. 100) à celle de la France et très inégalement répandue sur la surface du pays. Le recensement de 1898 a accusé les chiffres suivants :

Population indigène...................... 43,228,000 habitants

Chinois et habitants de Formose............. 2,797,000

TOTAL................ 46,025,000

L'accroissement annuel de la population est de 1.04 p. 100. La population indigène, essentiellement agricole, se divise en :

	NOMBRE DE FAMILLES.	INDIVIDUS.
Population rurale...............	4,067,149	20,888,408
Population mixte [3]............	1,537,171	4,064,855

On admet que la moitié de la population mixte doit être ajoutée à la population rurale pour l'évaluation des travailleurs agricoles, ce qui donne un total de 22,920,000 individus, soit 55 p. 100 de la population indigène totale.

La densité de la population varie, par kilomètre carré, de 5.9 ha-

[1] Selon une vieille légende, un gigantesque poisson est emprisonné sous la terre, maintenu par Bouddha. La conduite de l'homme laisse-t-elle à désirer, le dieu rend un peu de liberté à l'animal qui d'un coup de queue secoue la terre.

[2] Le Japon est, en effet, sur la majeure partie de son sol, impropre à l'agriculture; ses très nombreuses montagnes ne forment pas de plateaux. Mais aujourd'hui sur les pentes raides les vergers ont remplacé les buissons et on a consacré à la pâture des terrains inutilisés.

[3] Cultivateurs se livrant en même temps à d'autres occupations.

bitants (île d'Hokkaido) à 237.6 (ouest de l'île d'Honskiu); elle est, en moyenne, pour tout l'Empire, de 106.4 habitants par kilomètre carré, très supérieure à celle de la France (71.8).

Climatologie. — Sauf les Kouriles qui restent froides, le Japon jouit dans son ensemble d'un climat tempéré, bien qu'à latitude égale, il soit de 4 à 6 degrés plus froid que les points similaires du vieux continent. Les pluies sont très abondantes, ce qui, joint à la relative modération des hivers et à la chaleur humide des étés[1], donne à la flore locale une grande richesse et beaucoup de variété. Ces pluies se groupent en trois périodes, qui durent chacune deux à quatre semaines — généralement en avril, juin et septembre. Cette régularité des pluies a permis de réglementer toutes les cultures d'une façon stable : les semailles de la plupart des récoltes d'été se font entre la première et la seconde période de pluies et, lorsque la récolte estivale est faite, on sème les plantes d'hiver après la période des pluies d'automne et on les récolte un peu avant celle du printemps.

Répartition de la propriété et des cultures. — La répartition du sol d'après la catégorie des propriétaires et la nature des cultures est la suivante :

1. Biens fonciers privés.

Rizières	2,736,000 hectares.
Champs	2,275,000
Vaines pâtures	1,079,000
Total	6,090,000
Terrains non cultivés :	
Terrains d'habitation	280,300
Forêts	7,289,000
Marais, étangs	28,000
Total	7,597,300

[1] L'été, qui commence dans presque toutes les régions du pays au mois d'avril, est humide et orageux. Dans la partie moyenne du pays, l'hiver est long et assez rigoureux : à Yeso, il dure sept mois et le thermomètre tombe parfois à 16 degrés au-dessous de zéro.

2. Biens fonciers d'État.

Forêts. . . . .   7,644,300 hectares.
Terres incultes.   747,700

Total.   8,392,000

3. Domaines impériaux.

Forêts.   2,079,400
Terres incultes.   166,700

Total.   2,246,100

Il résulte de cette statistique que le sol cultivé est entièrement propriété privée. Des forêts, un peu plus de moitié appartient à l'État ou à l'Empereur; le reste, à des particuliers.

Le Japon comptant 4 millions de familles de cultivateurs pour une superficie de 5 millions d'hectares de terres sous culture, c'est donc, en moyenne, 1 hect. 25 qui doit nourrir une famille. La surface moyenne cultivée par chaque famille varie légèrement; elle augmente à mesure qu'on s'avance vers le Nord, variant de 0 hect. 90 à 1 hect. 30 environ.

L'île d'Hokkaïdo, à l'extrême nord du Japon, d'une superficie de 9 millions d'hectares, en voie de colonisation, mérite l'étude spéciale que nous lui consacrons plus loin (p. 646 et suiv.). Elle ne figure pas dans la répartition du sol par famille. Les terres de cette île sont la propriété de l'État qui les concède gratuitement aux colons. Si l'on prend pour base du classement des familles l'étendue des terrains qu'elles cultivent, on arrive au résultat suivant :

Familles cultivant
{ plus de 10 hectares. . . . .   1 p. 100.
{ de 2 à 10 hectares.   9
{ moins de 2 hectares.   90

Voici la division en terres exploitées directement par leurs propriétaires et en terres affermées :

Rizières. . . . .
{ Exploitation directe. . . . .   37 p. 100.
{ Fermage.   24
Champs. . . . .
{ Exploitation directe.   27
{ Fermage.   13

1,500,000 familles exploitent exclusivement les terres qui leur appartiennent; 2 millions de familles exploitent des terres leur appartenant et en même temps des terres affermées; on compte, enfin, 950,000 familles de fermiers non propriétaires. Il y a tendance à augmentation du nombre des fermiers.

Le revenu total des terres en culture est évalué, par la statistique de 1894-1896, à 1,797,900,000 francs; les charges de l'agriculture japonaise s'élèvent, d'après le même document, à 143,031,000 francs, soit 22 francs environ par hectare. Le revenu moyen d'un hectare, suivant la nature des cultures, est évalué comme suit :

Rizières	225 francs.
Champs	196
Pâturages	254
Mûriers	477
Thé	612

Procédés culturaux[1]. — La terre, au Japon, est extrêmement divisée. Dans ces dernières années, cependant, la gêne croissante des petits propriétaires a permis la constitution de domaines. Mais ces domaines étant loués à de petits fermiers — les fermiers constituent aujourd'hui près de la moitié de la population agricole — la petite culture se trouve, en fait, répandue partout. Outre les engrais naturels, on commence à employer les engrais chimiques, les phosphates notamment. Il y a peu d'instruments agricoles, et encore ceux-ci sont-ils primitifs. Hommes, femmes, enfants, vieillards, tout le monde travaille. Le paysan ne ménage pas plus sa peine que celle de sa famille. «Nos paysans, est-il dit dans un ouvrage publié en 1900 par les soins du Gouvernement japonais, ne sont pas très forts; mais ils sont très habitués à leur travail et suppléent au manque de force par leur adresse et par la longueur de leurs journées.» Peu élevés, les salaires sont cependant en hausse constante : de 1894 à 1903, ils passent de 0 fr. 45 à 0 fr. 74 par jour (culture moyenne), et de 0 fr. 71 à 0 fr. 94 par jour (culture du thé)[2]. L'émigration

[1] Au sujet des procédés culturaux, voir, pour plus de détails, l'étude de la colonisation de l'île d'Hokkaido, p. 650 et 651. — [2] D'après G. Weurlesse (*Le Japon d'aujourd'hui*).

dans les villes est cause qu'il y a une certaine difficulté à trouver des ouvriers agricoles.

La culture d'un hectare, tous les travaux se faisant à la main, depuis la plantation jusqu'à la récolte, exige par *tan* (10 ares environ): pour le riz, 17 hommes et 9 femmes; pour les céréales, 12 hommes et 6 femmes; pour le tabac, 25 hommes et 23 femmes; pour le coton, 15 hommes et 19 femmes.

Le Gouvernement cherche à propager l'emploi du cheval dans l'agriculture. Le cheval japonais (de petite taille, 1 m. 225) fournirait un travail moins cher encore que la main-d'œuvre humaine. En effet, pour cultiver 1 hectare de blé, il faut 110 hommes et 10 femmes dont les salaires s'élèvent ensemble à 75 fr. 50. Si on laboure le même champ avec les chevaux, il ne faut plus que 26 hommes, 2 femmes et 19 chevaux, et le coût du travail ne s'élève qu'à 32 fr. 75. Sur les 750,000 chevaux employés, au total, par l'agriculture japonaise, le nombre moyen des journées de travail d'un cheval, par an, étant de 130 et la valeur moyenne de ce travail 0 fr. 52 par jour, la valeur totale du travail agricole des chevaux dans l'Empire est estimée à 52 millions de francs environ.

Le bœuf peut également rendre de grands services aux laboureurs. Le nombre des bœufs de travail est actuellement de 262,000. Le bœuf japonais pèse 250 kilogrammes; il peut transporter 135 kilogrammes environ et parcourir 20 kilomètres par jour; la valeur moyenne d'une journée de travail du bœuf est de 0 fr. 26; la valeur du travail total fourni au Japon par les bœufs est d'environ 9 millions de francs.

Au total, on ne saurait mieux faire, pour donner un aperçu de la culture au Japon, que de citer les lignes suivantes empruntées à Rudyard Kipling :

« La campagne, voilà ce qui nous fit ouvrir les yeux. Imaginez un pays de riche glèbe noire, très lourdement engraissée et travaillée presque exclusivement à la bêche et au sarcloir. Alors, si vous divisez votre champ (de vision) en petites pièces d'un demi-acre, vous aurez une idée de la matière brute sur laquelle le cultivateur s'escrime. Mais tout ce que je pourrais écrire ne vous donnera pas une idée de la débauche de petits soins que manifestent ces champs, du système

compliqué de l'irrigation, et de la précision mathématique de la
plantation. Il n'y avait nul mélange de récolte, nulle perte de terrain en sentiers de bornage et nulle différence de valeur dans la
terre. L'eau affleurait partout à dix pieds de la surface, comme
l'attestaient les roues de puits. Sur la pente des collines basses, il
n'était pas une déclivité entre les niveaux qui ne fût proprement
resserrée à l'aide de pierres sans mortier, et le bord des rigoles était
paremenlé de la même manière. Le jeune riz était repiqué presque
avec la régularité des pions qu'on range sur le damier; le thé eût tout
aussi bien pu être du buis de jardin taillé; et entre les lignes du
sénevé, l'eau reposait dans les sillons comme dans une auge de bois,
tandis que la pourpre des haricots allait rejoindre ce sénevé et s'arrêtait comme coupée à la règle[1]. »

Les ouvriers agricoles. — Les ouvriers agricoles, vivant exclusivement du travail de leurs bras, n'existent pour ainsi dire pas, la propriété étant très morcelée. Celui qui possède un bien de quelque
étendue l'afferme ordinairement par petites parcelles qui sont cultivées
par les familles qui les louent. Les ouvriers à gages ne possédant aucune terre et vivant de leur travail vont aux environs des villes. Ces
hommes, dit le docteur Schinkizi Nagaï, sont adroits et peuvent aussi
bien être utilisés dans divers métiers que pour les travaux agricoles;
mais ils sont paresseux et, de plus, rusés. Ils exécutent leur besogne
d'une façon variable, suivant le maître qui les a engagés; si celui-ci
ne connaît pas bien le travail qu'il veut faire exécuter, les ouvriers
font peu de chose ou font tout de travers.

Le salaire est très variable suivant les régions; généralement, il n'est
pas trop minime, étant donné le bon marché des denrées alimentaires.
Un bon ouvrier, résistant au travail, reçoit en moyenne par jour, outre

[1] Il y a quelques années, M. Rudyard Kipling, qui alors habitait l'Inde, accomplit un voyage au Japon, d'où il adressa au grand journal d'Allahabad, *The Pioneer*, des lettres d'une haute portée à la fois artistique, mili-taire, commerciale et politique. En quelques semaines, grâce à un génie d'assimilation et de divination sans égal, il fournit à ses com-patriotes la connaissance la plus précise qu'on pût avoir de ce pays. Ces lettres ont été tra-duites en français par MM. Louis Fabulet et Arthur Austin-Jackson; c'est de cette tra-duction que j'extrais les lignes citées plus haut.

la nourriture, 1 fr. 25, une femme 88 centimes[1]. Les domestiques sont nourris; le gage annuel des hommes varie entre 125 et 212 francs; celui des servantes, entre 75 et 125 francs; de plus ils sont chaussés et reçoivent chaque année deux costumes de travail, une paire de serviettes et quelques objets du même genre.

LE TRAVAIL DES FEMMES. — J'ai signalé le travail des femmes, et effectivement on ne saurait l'omettre quand on parle du Japon agricole.

«La Japonaise n'est pas uniquement, pour prendre les expressions célèbres de Prudhon, «ménagère ou courtisane»; elle est une grande travailleuse, une grande ouvrière. «Dans notre pays, dit le Rapport «à l'Exposition de Chicago, plus de la moitié du travail est fait par les «femmes.»

«Si le rétablissement de l'ordre intérieur a rendu à l'agriculture les hommes que la guerre jadis avait pris, les femmes ne leur ont pas laissé toute la charge. Culture du riz, des autres céréales, des légumes; élevage des vers à soie, récolte et manipulation des feuilles de thé, il n'est pas un des grands travaux agricoles dont les femmes ne prennent leur large part. Parcourez les champs : vous y comptez autant de femmes que d'hommes, et la statistique confirme cette appréciation sommaire. Non seulement la femme du cultivateur travaille avec son mari sur son petit coin de terre; non seulement les femmes du village vont, en masse, à la moisson; mais, dans les centres de culture du thé, on fait venir des femmes de tous les districts à la ronde pour la saison. Elles arrivent par troupe de deux cents et trois cents, répandant dans les localités où elles affluent une très grande animation.

«Elles ne se ménagent pas, les paysannes japonaises : comme les hommes, elles piquent et repiquent le riz, enfoncées dans la boue jusqu'aux cuisses; comme les hommes, elles battent le riz au fléau; comme eux, elles portent les énormes bottes de foin. Elles en sont

[1] Ces chiffres me semblent trop élevés; ils sont d'ailleurs en désaccord avec ceux de la page 627; je les donne d'après l'étude déjà ancienne de Schinkisi Nagaï, qui a longtemps séjourné au Japon. Peut-être s'agit-il de quelques cultures spéciales.

venues à se vêtir comme les hommes, à porter des pantalons collants, qui dessinent leurs formes et leur donnent parfois des silhouettes de jolis pages. Mais ce travail écrasant les vieillit avant l'âge; on en rencontre qui sont toutes déformées, courbées, pliées, cassées, ridées et qui sont, hélas, de jeunes femmes. Dans les labeurs les plus grossiers, elles gardent, dernière coquetterie, leurs épingles dorées, piquées dans leur chignon luisant d'huile de camélia; mais cet air de toilette qui les relève tout d'abord n'est qu'un nouvel indice de leur servitude. Si elles ne se paraient pas un peu pour le travail, elles ne se pareraient jamais; car elles ne connaissent guère les jours de fêtes, et leurs journées de peines se suivent perpétuellement sans jamais de repos. La maternité même ne les interrompt pour ainsi dire pas, car dès que l'enfant a quelques jours, elles retournent aux champs avec leur progéniture ficelée sur leur dos.

« Ces pauvres femmes sont gaies. Dans le district de Chidzoka, au moment de la récolte du thé, il paraît qu'on entend partout des chants, des bavardages et des rires; et c'est plaisir de voir, la saison finie, les femmes s'en retourner chez elles, habillées de frais, portant avec bonheur de jolies ombrelles neuves. Que gagnent-elles donc? Les cueilleuses de thé, de 15 à 25 sen; les récolteuses de tabac et de coton, à peu près autant; mais les femmes employées aux rizières, 9 sen seulement, environ cinq sous. Les salaires des ouvrières agricoles ont augmenté dans ces dernières années, comme ceux des ouvriers, de 50 p. 100 environ; mais bien que les femmes fournissent sensiblement la même somme de travail, elles gagnent beaucoup moins : rarement plus des deux tiers du salaire des hommes, et la majorité d'entre elles à peine plus de la moitié.

« A cela ne se bornait point, même dans l'ancienne société, le travail féminin. En rentrant de la rizière, il fallait encore le soir moudre le grain et filer : il le faut bien encore aujourd'hui[1]. »

Forêts. — Abondantes, les forêts du Japon couvrent environ 25 millions d'hectares (chiffre donné par les Annales du Ministère

[1] *Le Japon d'aujourd'hui*, par G. Weur- Lesse, ancien élève de l'École normale supé- rieure, agrégé d'histoire et de géographie, boursier de voyage de l'Université de Paris.

français de l'agriculture; certains statisticiens indiquent des chiffres beaucoup plus bas); l'État en possède à peu près la moitié. D'une façon générale, elles sont remarquables par la variété des essences qu'elles renferment. Les principales de nos essences d'Europe : chêne, hêtre, orme, etc., s'y rencontrent. On y trouve, en outre, de nombreuses essences résineuses, le camphrier[1], le bois de fer, le mûrier, le bambou surtout, qui sert aux usages les plus variés, tels que charpentes, pièces d'échafaudage, carcasses de murs, échelles, conduites d'eau, robinets, corps de pompes, tuiles, stores; l'urushi, qui contribue à donner à la flore des grands arbres un aspect bien différent de celui qu'elle présente dans nos pays.

C'est l'*urushi*, dont il existe plusieurs variétés[2], qui fournit le produit dont sont fabriquées les célèbres laques japonaises, et que le bas prix des vernis chinois concurrence terriblement. Ce produit se trouve sur les graines et dans les fruits, entre le pépin et l'enveloppe extérieure. Les graines, de la grosseur d'un petit pois, sont réunies en grappes. On les récolte de novembre à octobre; on les expose pendant quelques jours au soleil, on les vanne et on les soumet à l'action de la vapeur; enfin, on les écrase sous une presse à main, après les avoir enfermées dans des sacs de toile. Pour faciliter l'écoulement, on ajoute une petite proportion d'huile. Le produit ainsi recueilli est verdâtre, mais on le lave et on le blanchit. On obtient ainsi une substance d'une densité de 0,970 à 0,980, fusible de 45 à 50 degrés, soluble dans l'éther et dans l'alcool bouillant.

Le *Kozo* (*Marus papyrifera*), le *Mitsumates* (*Edreworthia chrysanthes*), le *Gampi Wikstræmia Sikskianci*, sont des arbres à papier : papier à écrire, serviettes, mouchoirs, parapluies, imperméables et tapis très solides, etc. Le *Kozo* est très solide et rugueux; le *Mitsumates*, plus uni, mais moins résistant; le *Gampi*, très mince et très résistant, ses fibres étant très fines. La culture de ces divers arbres donne lieu à une exportation considérable et sans cesse croissante : 23 millions de francs en 1895, 33 millions et demi en 1897.

---

[1] Au sujet du camphier, voir p. 272.

[2] Les espèces les plus cultivées sont le *Rhus succedanea* et le *Rhus vernifera*; ce dernier, plus rustique, croît dans les régions septentrionales du Japon.

Il faut, enfin, noter qu'il existe encore au Japon des végétaux de l'époque tertiaire qui n'ont pu se maintenir sur le continent.

Un service forestier a été organisé et un collège d'enseignement agricole et forestier, établi dans un faubourg de Tokio, forme des agents pour la conservation des forêts de l'État.

IMPORTATIONS ET EXPORTATIONS. — Je veux finir ces considérations générales par un tableau des importations et des exportations des principaux produits agricoles en 1900.

ARTICLES.	UNITÉS.	IMPORTATIONS.		EXPORTATIONS.	
		QUANTITÉS.	VALEURS EN FRANCS.	QUANTITÉS.	VALEURS EN FRANCS.
Chevaux..................	Têtes.	51	33,941	"	"
Bovidés	Idem.	1,104	100,074	"	"
Blé......................	Quintaux.	213,504	1,834,706	1,132	11,429
Orge....................	Idem.	"	"	6,538	50,781
Seigle...................	Idem.	"	"	4,801	57,375
Riz.....................	Idem.	2,286,979	23,907,070	633,908	9,477,907
Pois....................	Idem.	1,575,022	11,726,459	"	"
Tabac...................	Idem.	16,233	1,203,876	1,463	89,600
Coton...................	Idem.	2,608,084	157,599,816	10,092	858,388
Soie....................	Idem.	33	68,370	85,311	129,368,619

Ce tableau est celui que donnent les Annales du Ministère français de l'agriculture.

B. AGRICULTURE.

IMPORTANCE DES PRINCIPALES RÉCOLTES. — CÉRÉALES. — RIZ. — AWA. — SOJA. — SHOYU. — THÉIER. — TEXTILES. — OLÉAGINEUX : COLZA; HAZÉ. — CULTURES FRUITIÈRES. — AUTRES CULTURES : POIS, PATATES, POMMES DE TERRE, DAIKOES, CANNE À SUCRE, TABAC, INDIGO, MENTHE. — JARDINS ET FLEURS.

Les principales récoltes du Japon sont : le riz (70 millions d'hectolitres), le blé[1], l'orge[1], le seigle[1], diverses graines céréales et légumineuses, les tubercules (pommes de terre, patates), le mûrier (pour

[1] Moyennes quinquennales 1897-1901 (en hectolitres) :

Blé......... 7,514,879,42
Orge.. 15,854,341,94
Seigle.. 12,827,112,08

la sériciculture), etc.; le coton, le thé, l'indigo, la canne à sucre viennent ensuite. La production des céréales correspond à une valeur de 1 milliard 300,000 francs; celle de l'ensemble des récoltes est évaluée à 1 milliard et demi.

Les cultures céréales étaient, pour l'année 1900, représentées par les chiffres suivants :

	SURFACE SOUS CULTURE.	PRODUCTION.
	hectares.	hectolitres.
Froment....................	463,783	7,626,330
Orge.......................	638,083	15,587,076
Seigle.....................	686,069	13,491,604
Millets divers..............	243,281	4,476,936
Sarrasin	167,306	2,313,709

Riz. — Le riz est l'une des principales cultures du Japon. En 1900 (surface cultivée : 2,800,194 hectares; récolte : 74 millions 640,121 hectolitres), la valeur foncière moyenne d'un hectare de rizières était officiellement calculée à 1,066 francs, et le prix moyen de l'hectolitre de riz, à 6 fr. 17. On compte, parmi les biens fonciers privés, 2,736,000 hectares cultivés en rizières, les trois cinquièmes au régime de l'exploitation directe, le reste au régime du fermage. Le revenu moyen d'un hectare est de 225 francs. Les travaux de culture se faisant tous à la main depuis la plantation jusqu'à la récolte — ainsi qu'on l'a vu p. 628 — exigent dix-sept hommes et neuf femmes par tan (mesure indigène qui égale environ 10 ares). La récolte annuelle est en moyenne de 70 millions d'hectolitres.

Cette culture mérite que nous nous y arrêtions un peu.

On croit généralement que le riz forme le fond de la nourriture des peuples d'Orient; cette croyance englobe des peuples très différents, et si l'alimentation des Chinois et des Indo-Chinois a, en effet, pour base le riz, ce n'est pas aussi exact pour leurs voisins les Japonais. Il ne semble pas, en effet, que la classe moyenne et la classe ouvrière se nourrissent de riz d'une façon courante et exclusive. Le docteur S. A. Knapp est très affirmatif sur ce point et présente le riz comme un aliment de luxe, consommé par la classe pauvre seulement en cas de maladie. Cette particularité est passée sous silence dans l'ouvrage du Dr Shinkisi Nagai, qui cite cependant la fève de soja (*S. hispida*), la patate douce, plusieurs légumes, et, dans certains districts, le millet (*Panicum italicum*), comme formant la base de l'alimentation du peuple[1].

La consommation relativement faible du riz, d'une part, et de l'autre les soins apportés à cette culture, soins qui élèvent son rendement, expliquent comment le Japon, qui ne cultive qu'une surface assez peu importante en riz, n'en importe cependant pas. On ne compte guère, sur tout le territoire japonais, que 2 millions 800,000 hectares de rizières, produisant près de 75 millions d'hectolitres, soit une production moyenne un peu supérieure à 22 hectolitres à l'hectare. On comprendra facilement le peu d'étendue de cette culture si l'on songe que les îles de Yeso et de Nippon sont montagneuses sur la plus grande partie de leur territoire, et que le riz ne peut s'y cultiver qu'au débouché des vallées. C'est dans les îles les plus méridionales, les moins montagneuses, que l'on obtient les meilleures variétés; on en compte huit ou neuf particulières au Japon.

Ainsi restreinte, et pratiquée dans un pays où la main-d'œuvre compte peu, où les machines n'ont pas encore fait leur apparition, en grande partie faute d'animaux pour les traîner, la culture du riz est, dans l'archipel japonais, l'objet des mêmes soins minutieux que l'on apporte à la culture des fleurs et aux industries, toutes de patience, qui ont fait d'abord connaître aux Européens le caractère des nations d'Extrême-Orient.

Les rizières sont, en effet, cultivées comme des jardins. Leur établissement est précédé de celui de multiples canalisations qui réunissent l'eau de tous les ruisseaux descendant de la montagne, et l'amènent à proximité des terres à submerger. Ces eaux sont contenues par de véritables travaux d'art, qui empêchent l'envahissement des champs et la détérioration des levées. D'après Mme Bishop[2], le collecteur débouche au point le plus bas du champ, et juste au-dessus se trouve le point de départ des eaux pour la submersion de toute une pièce. L'élévation se fait au moyen d'une roue de bambou, de 2 m. 50 de diamètre environ, actionnée par un homme; malgré ses dimensions, cette roue est amovible, et peut être transportée au point où sa présence est nécessaire. Un autre appareil également employé est une longue perche à bascule portant un baquet à une de ses extrémités. L'ouvrier agit sur l'autre extrémité, et alternativement le seau plonge dans la prise d'eau et vient se déverser dans le canal de distribution.

Quant aux rizières elles-mêmes, elles sont placées sur des terrasses successives étagées sur le flanc des vallées; leur disposition est à peu près identique sur tous les points de l'archipel. Les champs sont tous de très faible étendue; on n'en voit guère de plus de 20 ares, et il en existe qui n'ont que quelques centaines de mètres carrés. Aucun d'eux n'est rectangulaire, mais tous affectent des formes étranges.

[1] Dr SHINKISI NAGAI, *L'Agriculture au Japon*, traduction de H. Grandeau, Paris, 1888. — [2] *Umbeaten. Tracks in Japan*. London.

Faut-il voir là une conséquence de la configuration du terrain dans ces vallées tortueuses, ou faut-il y trouver, avec le Dr Knapp, une preuve de plus de la préoccupation des peuples orientaux à étendre l'esthétique à tout? Toujours est-il qu'il est difficile d'en découvrir l'explication dans les exigences de l'irrigation; car si la forme curviligne des champs entraîne une translation plus lente de l'eau, il est évident que ces mêmes courbes amènent des changements fréquents de la direction du courant, ce qui mine rapidement les levées.

Les Japonais sèment le riz en pépinière, ce qui montre tout de suite que cette plante est cultivée avec plus de soins que nous ne sommes habitués à lui en voir accorder ailleurs. Le terrain est d'abord complètement nettoyé et labouré uniquement à la main. Les indigènes se servent pour cela de deux instruments : une houe, qui n'a rien de particulier, et une bêche en bois, ferrée à sa partie inférieure, et portant à sa face postérieure, près du manche, un talon également en bois qui forme point d'appui pour soulever la terre. Ce labour ameublit le sol jusqu'à une profondeur de o m. 20. L'engrais, presque uniquement composé de débris de poisson, est enterré. Le riz, germé à l'avance par trempage dans l'eau pure pendant deux jours, est semé très dru sur un sol recouvert de 5 centimètres d'eau. Les plantules commencent à se développer au bout de cinq ou six jours; elles restent en pépinière jusqu'à ce qu'elles aient atteint une vingtaine de centimètres de hauteur; pendant tout ce temps, elles ne sont arrosées copieusement que la nuit, ce qui conserve la chaleur, assure une aération parfaite et conjure le grillage par le soleil; le jour, en effet, la couche d'eau est réduite à 2 ou 3 centimètres.

Le sol sur lequel on transplantera est parfaitement pulvérisé, et abondamment engraissé; on se sert de débris de poisson, de tourteaux de graines oléagineuses, et, enfin, de matières de vidange. Chaque jardin a sa citerne, toujours remplie par des vidangeurs qui parcourent quotidiennement les villes portant sur leurs épaules une longue perche de bambou qui soutient deux baquets. Le prix de l'engrais liquide est de 1 sen d'argent (o fr. o44) les 1,8oo litres.

C'est au début de juin que l'on opère la transplantation. On arrache avec précaution les plantes, que l'on met en bottes de quatre à dix, suivant les régions et la nature du sol; les touffes sont mises en place en lignes régulières, et distantes de o m. 3o en tous sens; le nombre en est double dans les terres pauvres. On enterre la plante exactement jusqu'à la naissance des racines. Ce travail se fait en sol noyé sous quelques centimètres d'eau (de 3 à 1o).

Quelque temps après la transplantation, on enlève l'eau pour pouvoir sarcler; les mauvaises herbes sont arrachées à la main, une à une, avec leurs racines; on coupe méticuleusement les racines du riz qui sortent du sol et qui ont été meurtries au cours de ce travail. On remet ensuite l'eau, qu'on laisse jusqu'à ce que le grain commence à se former. On apporte une grande attention à ne pas laisser passer ce moment, car la qualité se ressentirait aussi bien d'une coupe trop hâtive que d'une récolte retardée seulement d'un jour ou deux. On assèche alors et on coupe.

La moisson se fait à la faucille, rez terre. On réunit quatre touffes ensemble avec deux liens de paille; ces bottes, de 15 à 20 centimètres de diamètre, sont mises en croix les unes sur les autres, et sèchent toute la journée; le soir, on les suspend à des séchoirs, le grain en bas. Ces séchoirs sont formés de deux perches de bambou, placées horizontalement à o m. 30 environ l'une au-dessus de l'autre; les bottes attachées à la perche supérieure recouvrent légèrement celles qui sont suspendues à la perche inférieure; la tête de celle-ci est maintenue à environ o m. 30 de terre.

Le battage est fait par des femmes, à l'aide d'un peigne à dents assez serrées; le grain tombe sur des nattes et sèche au soleil.

On décortiquait autrefois avec un mortier et un pilon suspendu à l'extrémité d'une poutre horizontale partagée par un axe en deux parties inégales; un homme, appuyé à une perche, sautait alternativement à terre et sur la poutre, manœuvrant ainsi sans peine une assez lourde masse.

Aujourd'hui, ce système a été remplacé par des moulins qui, bien qu'assez rustiques, sont en perfectionnement sur ce mode primitif de décortiquage. On vanne soit au van, soit au tarare.

Bien que nous ayons dit que le riz était un aliment de luxe, il ne subit ni blanchiment, ni glaçage. Ces opérations, nécessaires en Europe où le consommateur désire voir avant tout un bel aspect à la marchandise, sont écartées par les Japonais, qui n'accepteraient pas de grains ainsi traités. Les graisses délicates du riz, qui lui donnent toute sa saveur et permettent aux dégustateurs locaux de les classer, se trouvent en effet localisées sous l'écorce même. Le blanchiment, et l'épointage qui a lieu pendant l'opération du glaçage, en débarrassent presque totalement l'amande, au point que si le riz glacé contient o.38 p. 100 de matières grasses, les débris du glaçage en renferment plus de 7 p. 100[1].

Cette importance accordée à la finesse des produits fait que la sélection des semences est considérée comme une opération capitale. De nombreuses variétés ont été successivement acclimatées dans les diverses régions du Japon, et l'île de Kiou-Siou, au Sud de l'archipel, en produit actuellement une qui répond à de si nombreux desiderata, que les Américains, qui cherchent à la répandre aux États-Unis, ne sont pas éloignés de considérer que c'est de là que partiront, dans un assez bref délai, les semences destinées à toutes les rizières des États du Sud[1].

C'est du riz qu'on obtient, par fermentation, le saké. Le goût de cette boisson nationale des Japonais est assez agréable; mais sa forte teneur en alcool n'en permet l'emploi qu'à petites doses.

[1] F. MAIN, *Journal d'agriculture pratique*.

Awa. — L'*Awa* est une sorte de millet, qui constitue la nourriture ordinaire des paysans. On le cuit avec du riz; on en fait des pâtes. Sa récolte est d'environ 4 millions et demi d'hectolitres.

Soja. — Fève riche en azote, aliment très estimé dont les déchets servent à nourrir les animaux ou sont employés comme engrais, le *daidzu* ou *soja* (*Glycine hispida*) convient même aux terrains les plus pauvres. Il est semé au printemps, un peu après le repiquage du riz et mûrit avant ce dernier. Par fermentation ou par macération, on en obtient le *shôyu*, la sauce nationale du Japon[1].

Thé. — Vers 1187, un bonze étudiant, resté dans le sud de la Chine pendant cinq ans, en rapporta des graines de théier qui furent

[1] «Liquide, légèrement sirupeux, de couleur caramel foncé, salé presque à saturation, sans vinaigre ni épices, le shôyu ressemble à s'y méprendre, lorsqu'il est bien préparé, au meilleur jus de veau rôti. Pour sa fabrication on fait d'abord tremper la graine dans de l'eau tiède. Elle gonfle, mais relativement peu. Débarrassée alors de la peau, elle se sépare en deux. En cet état, on la fait fermenter, d'abord par une rapide exposition au soleil sur des claies où elle est recouverte de feuilles, puis à l'ombre, dans un endroit humide, où elle prend une moisissure blanche. On la met, munie de ce ferment, dans des jarres de grès avec du sel. Quelques semaines après, on a le shôyu. La qualité dépend beaucoup du tour de main de l'ouvrier, de l'arrêt de la fermentation au moment propice et de l'eau même qui sert à gonfler la graine. Cette sauce, exquise, excitante, nutritive, digestive et sans aucun danger pour l'estomac, est connue au Japon depuis mille ans passés. Elle y est tellement répandue aujourd'hui qu'elle entre dans la préparation de presque tous les aliments, viandes, poissons, légumes, et qu'on la sert, en outre, sur toutes les tables, pour assaisonner les mets déjà préparés. Aussi est-elle au Japon l'objet d'une industrie très importante dont les chiffres suffiront à donner une idée : 7,200,000 kokus (18 litres chaque), 1,296,000 kilogrammes, 45,360,000 francs.

«Le centre de fabrication principal et le plus renommé est le département de Tibakén et surtout la ville de Noda, où l'on voit de véritables dynasties de fabricants de shôyu, perpétuer brillamment la renommée de firmes commerciales célèbres et se transmettre de père en fils, depuis trois siècles, leurs traditions, leurs procédés et leurs recettes sans cesse perfectionnés. Le plus souvent, le fabricant de shôyu est doublé d'un grand propriétaire foncier, produisant et récoltant sur ses propres terres la matière première de son industrie. Au cours des temps, ces dynasties industrielles se sont quelquefois scindées. Mais, chose curieuse, si les diverses maisons issues d'une souche commune ont pu, en dépit des siècles, conserver à leur shôyu un ensemble de caractères communs, un air de famille tels que nous n'avons jamais été embarrassés pour les reconnaître, cependant chacune a imprimé à sa fabrication une physionomie propre, un cachet d'originalité individuelle. Le goût et, à un degré moindre, l'aspect de la sauce diffèrent aussi de département à département ; les formules fondamen-

semées dans le Kiushiu et y réussirent parfaitement. A partir de cette époque le théier se répandit peu à peu dans tout le pays; il était connu sous le nom de *Seucha*.

Actuellement le Japon, avec ses 19 millions de kilogrammes de récolte, occupe, sous ce rapport, le quatrième rang dans le monde, après les Indes anglaises, Ceylan et la Chine.

Au Japon, le roulage se fait à la main, sur une table polie recouverte d'une natte. On l'opère par poignées, en exerçant une forte pression. Un bon ouvrier peut rouler 14 kilogrammes de feuilles par jour.

Le thé joue un rôle important dans les coutumes japonaises [1].

TEXTILES. — La culture du *coton* (en 1900, 27,979 hectares et 181,090 quintaux) est à peu près abandonnée; les frais étaient trop élevés. Le *chanvre* (en 1900, 17,842 hectares et 98,152 quintaux de filasse), dont les utilisations sont nombreuses, sert, entre autres

tales sont bien partout les mêmes, mais les proportions exactes et les tours de fabrication se modifient suivant les traditions locales, et nous avons gardé de notre dégustation générale des 130 échantillons exposés par les 62 exposants japonais l'impression favorable et très nette d'une extraordinaire fantaisie de variations sur un même thème». [Rapport du Jury de la Classe 59 (Sucres et produits de la confiserie. Condiments et stimulants).]

[1] «Le *chanoyou*, un des passe-temps préférés au Japon, consiste à se réunir en petit comité pour boire le thé vert en poudre, d'après un cérémonial fort minutieux, où la courtoisie la plus raffinée, le choix des ustensiles, l'élégance des choses et des personnes dégagent une subtile essence de civilisation japonaise, le maître ou la maîtresse de maison préparent eux-mêmes le thé, servent leurs hôtes. Voici les principaux instruments du chanoyou : le *kama*, espèce de chaudron; le *fouro* (réchaud), remplacé en hiver par le *ro* (brasero), les *chawan* (bols à thé); les *chaïré* (pots à thé); les *natsumé* (petites boîtes à thé en laque); le *misusashi* (vase à eau); le *kôgo*

(boîte à parfum) en poterie, porcelaine ou bois laqué; le *kóro* (brûle-parfum); le *daïsu* (table). On appelle *chajin* (hommes de thé), les fervents du chanoyou. En 1585, Toyotomi Hideyoshi organisa dans les plaines de Kitano, une cérémonie monstre, où plusieurs kilomètres carrés étaient couverts par les groupes de *chajin*, riches et pauvres, inférieurs et supérieurs. Hideyoshi en visita le plus qu'il put et prépara lui-même le thé pour ses principaux généraux. La mode et la fantaisie s'en mêlant, des amateurs ont donné des sommes considérables pour un matériel de chanoyou; l'un d'eux paya le sien 38,000 yen (le yen vaut deux francs); un autre paya trente mille yen un pot à thé. Longtemps le thé fut réservé aux couvents et à l'aristocratie, et ceci explique peut-être les rites qui se rattachent à ces réunions : à la fin du quinzième siècle, Shouko condensa en un livre les règles du chanoyou et eut la bonne fortune de trouver un adepte dans le chef du pouvoir, Yoshimassa; dorénavant, il y eut des maîtres de chanoyou qui se léguèrent de père en fils ce cérémonial, en lui apportant parfois des modifications impor-

usages, à confectionner les habits de cérémonie; on en importe beaucoup. L'*ortie* (*Bœhmeria nivea*) sert à la fabrication des vêtements d'été; elle est très estimée pour cet usage. Le *bananier* donne de très bonnes fibres pour la fabrication des étoffes légères. Les *joncs* servent à la fabrication des nattes; la moelle est extraite pour faire des mèches de lampes dans les campagnes L'*orge* est cultivée pour ses feuilles qu'on tresse en rubans et qu'on exporte.

Oléagineux. — Le *colza* (en 1900, 151,539 hectares et 2 millions 148,910 hectolitres), dont on fait une récolte dans les champs et deux dans les rizières, sert à préparer l'huile à brûler. L'huile de graissage est exportée. Les huiles de colza du Japon sont remarquables par leur limpidité.

Le *hazé* (*Rhus succedanea*), spécial à l'île de Kiushiu, est long à pousser; il ne donne de produits qu'au bout de six ans; on le plante en bordures dans les rizières et dans les champs. On extrait annuellement de ses graines un million et demi de kilogrammes de cire environ. Autrefois, cette cire servait à fabriquer des bougies; avec l'huile de colza, c'était le seul mode d'éclairage connu. Malgré l'introduction du pétrole, la fabrication de ces bougies n'a pas beaucoup diminué.

Arboriculture. — La nourriture japonaise contenant beaucoup d'eau, le Japonais ne sent pas le besoin de manger des fruits à la fin de son repas. Aussi jusqu'à nos jours, l'arboriculture était-elle inconnue au Japon, et c'est à peine si chaque paysan avait dans son jardin un ou deux arbres fruitiers. Aujourd'hui cette situation se modifie, le nombre de fruits consommés augmente chaque année, et

tantes. Les uns préconisaient un grand luxe, tandis que Rikiou recommandait la simplicité, la pureté du corps et de l'esprit, allant jusqu'à ébrécher le bord des bols dont il se servait pour en diminuer la valeur. Parmi les rites qui se maintinrent en dépit de l'école ascétique, figure celui qui exigeait qu'on fît aux invités la surprise d'un objet rare, ancien, célèbre ou inédit : et cette clause de l'objet rare développa naturellement l'art de la céramique japonaise. On prenait les plus grandes précautions pour que le secret ne fût point trahi; et les historiens rapportent que des indiscrétions amenèrent de sanglantes vengeances; au temps de Taïko, un daïmio, faussement supposé coupable, dut s'ouvrir le ventre. Les cérémonies du thé ont perdu de leur importance politique, mais elles figurent toujours parmi les plaisirs favoris des Japonais. » (Victor du Bled, *Revue hebdomadaire*.)

l'arboriculture fait des progrès. Les pommes constituent une ressource importante pour le nord-est de Nippon; Kiou-Chou exporte des oranges en Russie et dans l'Amérique du Nord; les fleurs des arbres fruitiers, enfin, sont, suivant le mot de Rudyard Kipling, «une des *magies du magique Japon*[1]».

AUTRES CULTURES. — Les *pois* donnent lieu à une récolte importante : 6,411,916 hectolitres, pour une surface sous culture de 453,097 hectares.

[1] «Les cerisiers, les pêchers et les pruniers, roses, blancs, rouges, se touchaient des branches et faisaient une ceinture de douce couleur veloutée aussi loin que portait le regard. Les saules-pleureurs étaient l'ornement naturel du bord de l'eau, cette orgie de fleurs n'étant qu'une partie des prodigalités du printemps. L'Hôtel de la Monnaie peut fabriquer cent mille dollars par jour. Mais tout l'argent en sa garde ne ramènera pas les trois semaines de fleur de pêcher qui, plus encore que le chrysanthème, est la couronne et la gloire du Japon. Grâce à quelque action de mérite supérieur accomplie dans une vie passée, il me fut donné de tomber au beau milieu de ces trois semaines-là.

— C'est la fête japonaise de la fleur du cerisier, dit le guide. Tout le monde va la fêter.»

Ainsi s'exprime le poète anglais Rudyard Kipling. Voici à ce sujet quelques détails que j'emprunte à une intéressante étude de M. Victor DU BLED. (*Revue hebdomadaire.*)

«La floraison des arbres donne lieu à des congés et à des processions populaires; leurs possesseurs les traitent avec respect; parmi eux, l'enoki reçoit les honneurs religieux. Dans les vieilles coutumes du Japon, nul, paraît-il, ne pouvait être mis à mort tant que les arbres étaient en fleurs. Les arbres ont leurs fêtes consacrées: en février, les pruniers; en avril, les cerisiers; en mai, on va contempler les pivoines de Shokwa-en, les glycines de Kaméido, les azalées d'Okuba-Mura; en juin, les iris énormes du jardin de Horikiri; en juillet et en août, les convolvulus d'Iriya et les lotus du lac d'Uéno. C'est un curieux spectacle de voir, le long du lac, écrit M. de Pimodan, aux premières lueurs de l'aube, si matinale en cette saison, une foule anxieuse guettant le moment où les boutons gonflés du lotus font craquer leurs enveloppes, pour s'ouvrir aux rayons du soleil levant. Les chrysanthèmes de Dangozaka et d'Azakusa, les érables de Shinawa et d'Ogi sont le but des promenades pendant les mois d'automne, toujours admirables au Japon. Les Japonais croient à l'influence de l'amour sur les objets inanimés; une jeune fille, à qui on demandait si elle pensait vraiment qu'une poupée pouvait vivre, répondit : «Oui, si vous l'aimez assez pour cela.»

«Mais les fleurs contribuent de toutes les façons à augmenter la beauté; c'est paraît-il, des lis bleus qu'on extrait l'huile rosée dont les femmes parfument leur chevelure. Dans force villages, le toit de chaume disparaît sous une luxuriante végétation de lis. Il y a là-dessus un ancien édit religieux dont voici quelques lignes :

La déesse du Soleil nous a donné la terre pour la labourer et l'ensemencer, afin d'en faire jaillir les plantes utiles destinées à nourrir les femmes, qui sont l'ornement du foyer, et les guerriers, qui se battent au nom de l'honneur : vous ne sèmerez donc que des plantes utiles. Quant aux lis, qui sont l'emblème du luxe des femmes, la déesse vous défend de les cultiver sur le sol sacré, mais semez-les sur les sommets de vos maisons, en une place impropre à tout autre usage; et là, de même qu'ils donnent de la beauté aux cheveux des femmes, ils seront comme la chevelure vivante de votre toit paternel.

Il en est de même des *patates*: 28,008,464 quintaux pour 268,725 hectares; la culture des *pommes de terre* a bien moins d'importance que celle des patates; elle n'occupe, en effet, que 37,879 hectares et la récolte n'en est que de 2,655,691 quintaux.

Le *daikoes (Raphanus sativus)* est une sorte de gros radis noir, dont la plus grande partie est salée et comprimée en tablettes appelées *tsukémono;* le Japonais en mange à ses trois repas pendant toute l'année. Sa production est de 1 million de tonnes par an.

La *canne à sucre* réussit mal, le climat étant trop froid. La production du sucre n'a été, en 1897, que de 3,700 tonnes. L'importation, cette année-là, s'est élevée à 21,000 tonnes.

Le *tabac* (en 1900, 36,811 hectares; 401,318 quintaux) est cultivé surtout pour la vente; sa culture est libre. Le monopole de la vente du tabac en feuilles a été établi en 1898 : le Ministère des finances achète et vend le tabac en feuilles.

L'*indigo* provient d'une espèce particulière qui pousse dans les îles (Liu-kiu-ai); ses plants sont vivaces, ligneux, donnant deux ou trois récoltes par an. Sa culture est assez importante. Sa production aurait, d'après le *Mercure indien*, dépassé, en 1898, 2,200,000 livres d'Amsterdam; il est vrai que c'est là une récolte tout à fait exceptionnelle et que le chiffre de 2 millions n'est généralement pas atteint. Les chiffres de 1900 sont : surface cultivée, 45,718 hectares; production, 613,542 quintaux.

La *menthe* (essence et menthe cristallisée) est un produit d'exportation.

Jardins. — On sait à quel point de perfection est poussé au Japon l'art horticole, et combien il y est personnel. Nul ne saurait oublier un de ces jardins d'Extrême-Orient, après avoir eu la faveur de le parcourir; une flore merveilleuse y donne lieu à des arrangements bizarres et exquis. C'est futile et intime à la fois. Et on goûte un charme à ces conifères tourmentés, dont les rameaux s'inversent et dont les racines forment des arceaux hors du sol, oui vraiment on goûte un charme à les voir comme à contempler une mousmé gazouillante[1]. Que de générations ne symbolisent-elles pas! De même ces arbres minuscules à configuration de géants, il a fallu pour les obtenir les soins assidus d'un jardinier, et de son fils, et de son petit-fils, et du fils de celui-ci.

Le Japon est le pays des arbres et des fleurs.

C. ÉLEVAGE.

EFFECTIF DU BÉTAIL. — SA CHÉTIVITÉ. — PÂTURAGES. — ÉQUIDÉS. — BOVIDÉS. — MOUTONS. PORCS. — AVICULTURE. — SÉRICICULTURE.

BÉTAIL. — Il n'y a au Japon qu'un bétail très peu nombreux, la consommation de la viande et celle du lait étant jusqu'ici demeurées peu répandues. Les relevés de 1900 accusent les chiffres suivants de têtes d'animaux :

Bovidés	1,091,369
Chevaux	1,541,979
Moutons	2,400
Chèvres	59,914
Porcs	181,176

Ce bétail — peu abondant, on le voit — est chétif, par suite de la mauvaise qualité des pâturages. Les chiffres de 1900 indiquent pour la surface en prairies 1,064,048 hectares.

Le cheval japonais est un animal petit, laid, têtu, mais résistant, sobre et propre au travail du bât auquel il est surtout employé ainsi que pour la selle; l'aménagement des écuries est tout à fait mauvais, mais ces conditions défectueuses de logement et de nourriture sont, en partie, compensées par les soins de propreté que les Japonais apportent en toute chose.

Le bœuf japonais est de grande stature; à poils courts et à cornes courtes, à pelage généralement noir ou moucheté de blanc sur la

[1] « Au premier plan est un jardin en miniature où deux beaux chats blancs se promènent, s'amusent à se poursuivre dans les allées d'un labyrinthe lilliputien, en secouant leurs pattes parce que le sable est plein d'eau. Le jardin est maniéré au possible : aucune fleur, mais des petits parterres, des petits lacs, des arbres nains taillés avec un goût bizarre; tout cela pas naturel, mais si ingénieusement composé, si vert, avec des mousses si fraîches!..... » (*Madame Chrysanthème*, par Pierre Loti.)

croupe et les pieds. Les vaches donnent très peu de lait, n'ayant pas, en général, été habituées à la traite et recevant une alimentation des plus médiocres. Comme on ne consomme, du reste, pas de lait, l'espèce bovine est tout entière utilisée un peu pour la viande et beaucoup pour le travail. Notons que les bovidés sont moins bien nourris encore que les chevaux.

Le mouton, introduit d'Amérique, en 1872, ne prospère pas au Japon; les tentatives faites en vue de sa multiplication n'ont pas abouti, par défaut d'acclimatation au sol et au climat, pense-t-on. On attribue aussi cet insuccès à la présence, dans les pâturages japonais, d'une espèce de bambous nains, dont les feuilles dures et tranchantes, en provoquant d'importants dégâts dans les intestins des animaux, amènent la ruine des troupeaux. La solution de la question de l'élevage des moutons serait de la plus haute importance pour ce pays, tributaire jusqu'ici, pour toutes les laines, de l'Australie. Il faudrait transformer en prairies un certain nombre de rizières, mais aucun essai sérieux n'a, paraît-il, encore été tenté dans cette voie.

Le porc, importé vers la même date, d'Amérique également, s'est multiplié progressivement; il est consommé à l'état frais; les salaisons, le lard conservé n'existent pour ainsi dire pas.

Aviculture. — L'aviculteur est soigneux, un détail le montrera. Les coqs, au beau plumage, ont une queue extrêmement longue, arrivant à terre quand ils sont sur un perchoir élevé à 1 m. 5o du sol; aussi chaque nuit, les grandes plumes sont entourées de papier de soie et enroulées. Ainsi que les Chinois, les Japonais se sont appliqués à créer de petites races.

Sériciculture. — Suivant les uns, ce serait en 195 av. Jésus-Christ, que Konan, 11ᵉ descendant de l'empereur Shin, aurait fait cadeau au Japon de graines de vers à soie qui réussirent bien. D'autres, et c'est notamment l'opinion que soutient le Ministère japonais de l'agriculture, assignent une date moins éloignée à l'introduction de la sériciculture; ils l'attribuent à l'impératrice régente Tarassi-Himé, laquelle mérita le qualificatif posthume de Zin-Gou, ce qui signifie

« mérite divin ». Cette princesse aurait, après la conquête de la Corée, ramené de ce pays des ouvriers habiles à cultiver le mûrier et à élever les vers à soie. Cela se passait en l'an 202 de l'ère chrétienne. Quoi qu'il en soit de l'origine de la sériciculture japonaise, cette industrie ne tarda pas à atteindre un état de prospérité qui ne se démentit pas dans le cours des siècles.

L'élevage des vers à soie constitue un travail annexe de la plupart des exploitations rurales. Chaque installation ne produit guère que 12 à 13 hectolitres de cocons. Le total de la production des cocons (année 1900) est de 4,957,025 hectolitres de la matière première, qui est le plus important article d'exportation du Japon.

Les graineurs, à l'inverse des éleveurs, sont des spécialistes; une adresse particulière, une expérience consommée et une activité soutenue sont nécessaires pour le choix des terrains à mûrier, la construction des magnaneries, etc.

Le dévidage des cocons (soies grèges) est fait, soit par les cultivateurs, soit dans des usines spéciales. La production en soie grège est de 8,250,000 kilogrammes. L'exportation des soies grèges a atteint, en 1897, le chiffre de 6,920,000 kilogrammes, représentant une valeur de 148 millions de francs environ.

En 1874, on fit au laboratoire du Ministère de l'agriculture de Tokio, les premières recherches sur la maladie des vers à soie.

On a depuis créé un laboratoire spécial à Nishigahora et, en 1886, des écoles de sériciculture. Plus de 1,400 élèves en ont suivi les cours, qui durent deux années. En 1899, on a fondé à Kioto une nouvelle école sur les plans de celle de Tokyo (école de l'État).

Ce mouvement a été suivi dans les districts Fu et Ken, où l'on fait des cours pratiques d'une durée variable de deux mois à trois ans.

Il était, au demeurant, nécessaire que le Gouvernement s'occupât de la sériciculture et d'une façon très ferme; car cette industrie agricole, qui était arrivée à un haut degré de perfection et à laquelle, durant une si longue suite de siècles, on n'avait pas ménagé les soins les plus méticuleux [1], avait été, vers 1870, conduite presque à la ruine,

[1] « Un fileur, Rihatchi Sano, de Foukouchima, dans la province de l'Iwachiro, avait envoyé, comme spécimen de sa comptabilité industrielle, le compte rendu d'une éducation

tellement, sous l'excitation de ventes aussi faciles que fructueuses, la production avait été exagérée. Grainages et éducations avaient été poussés au delà de toute mesure. Les races avaient été affaiblies et on avait compromis le bon renom des produits.

D. HOKKAIDO.

SOL ET CLIMATOLOGIE DE L'ÎLE D'HOKKAIDO. — MODE DE COLONISATION. — DÉVELOPPEMENT DE LA CULTURE. — PROCÉDÉS CULTURAUX. — PRINCIPALES CULTURES. — BÉTAIL. — PÂTURAGE. — INDUSTRIES AGRICOLES. — STATIONS AGRONOMIQUES. — INSTITUT AGRONOMIQUE DE SAPPORO. — AUTRES ENCOURAGEMENTS DU GOUVERNEMENT.

SOL ET CLIMATOLOGIE. — Tandis que la population du Japon excède de près de 8 millions d'âmes celle de la France, son territoire productif n'atteint pas la sixième partie du nôtre. Chaque famille japonaise ne dispose, en moyenne, nous l'avons vu, que d'un peu plus d'un hectare de terre cultivée. On comprend qu'en présence de cette disproportion entre la population et la surface productive, le Gouvernement favorise, par tous les moyens en son pouvoir, la colo-

faite chez lui par Tandji, un éleveur en renom dans le département de Foukouchima. Ce document était intéressant, parce qu'il faisait voir quelle attention, quelle minutie même l'éleveur japonais apporte à son travail.

«Cette éducation avait commencé le 4 mai 1877, et avait duré trente-quatre jours et dix-huit heures. La température a été réglée avec soin pendant tout le temps de l'éducation. Tandji a tenu note, jour par jour, du nombre de fois qu'on a donné la nourriture aux vers, du nombre de délitements, du poids des feuilles de mûrier, de la quantité de son de riz (employé probablement pour assainir les tables), du poids du charbon de bois consommé pour le chauffage. Il a inscrit dans le journal de la magnanerie : le poids des graines mises à l'éclosion, la durée de chaque sommeil, de chaque mue, le produit en cocons, la division de ces cocons suivant la qualité, le produit en soie grège, la quantité de déchets, le prix de revient de la soie grège, etc. Ne

nous étonnons pas de la façon dont Sano dirige l'élevage dans ses magnaneries. Ces habitudes étaient et sont redevenues générales au Japon. Les prescriptions que Ouékaki-Morikouni a consignées dans le *Yo-san-fi-rok*, ou *Histoire secrète de l'éducation des vers à soie*, sont encore suivies à peu près partout. Il y est enseigné que tout l'art se résume «dans «les soins continuels, la patience, la propreté, «la pureté de l'air, la température réglée, l'es- «pacement des vers, leur parfaite égalité, la «fréquence des repas et le choix de la feuille «nourricière». Un autre Japonais, un sériciculteur, Sira-Kawa, a écrit aussi un traité sur la culture du mûrier et l'éducation des vers à soie, qui ajoute peu de chose à ce qu'on savait de l'élevage au Japon.» (Rapport du Jury international de la Classe 34 [Soies] à l'Exposition de 1878, par Natalis RONDOT, président de la section des industries textiles à la Commission permanente des valeurs en douane, délégué à la Chambre de commerce de Lyon.)

nisation de l'île d'Hokkaïdo (9 millions d'hectares), que des défrichements progressifs permettront d'utiliser sur des étendues très
supérieures à celles qu'occupent dès à présent les agriculteurs des
îles Honskius[1]. L'île d'Hokkaïdo est située au nord-est de l'empire
du Japon, entre le 41° 24 et le 45° 31 de latitude nord; sa circonférence mesure 2,250 kilomètres environ et son étendue est de
9,396,000 hectares. Le sol d'origine volcanique est sillonné en tous
sens par des montagnes qui laissent peu de place à la prairie,
mais les plaines arrosées par de nombreux cours d'eau se prêtent
à la culture. Le climat est modéré, mais assez variable d'un point de
l'île à l'autre, à raison de la configuration et de l'orographie; la température moyenne de l'année oscille de 4°,8 à 8°,6; le thermomètre
descend rarement à o degré; le maximum atteint en août de 19 à
20 degrés, le minimum, de 0°,2 à 5 degrés dans les mois d'hiver.
Les chutes d'eau sont abondantes; il pleut en août, septembre
et octobre. La quantité de pluie qui tombe dans l'année varie de
0 m. 80 à 1 m. 20, suivant les lieux.

La saison de culture s'étend de fin avril à fin octobre, durant ainsi
190 jours, y compris les trois mois de pluie.

Le sol des plaines est généralement fertile, argileux ou sablonneux,
riche en humus; jusqu'à ces dernières années, de grandes surfaces
sont restées incultes, plus ou moins boisées et dépourvues de chemins
et de routes. Autrefois, la très faible population d'Hokkaïdo se livrait
exclusivement à la pêche.

Mode de colonisation. — En 1870, le Gouvernement central a arrêté
un plan de colonisation de l'île et organisé dans ce but un office colonial
à Sapporo. Des routes ont été créées, des tranchées d'assainissement
ouvertes, des voies ferrées établies et tous les moyens ont été mis en
œuvre pour attirer des colons à Hokkaïdo. On y a créé un collège
d'agriculture et plusieurs stations agronomiques. On a importé des
animaux, des arbres fruitiers (pommiers et poiriers), différentes semences, des instruments agricoles; cet ensemble de mesures a ouvert

[1] *The agriculture in Hokkaïdo*, publication du bureau de l'agriculture et du commerce de
Hokkaïdo-Cho.

une phase nouvelle à l'agriculture de l'île. Le Gouvernement a pris toutes les mesures propres à faciliter l'installation des colons et procédé notamment à une division uniforme du sol, assez originale pour être notée.

La surface des terres ainsi loties est de 1,127,000 hectares. Tous les lots aboutissent à des routes. Les terres, s'étendant de chaque côté de ces routes, sont divisées en carrés de 30 hectares, superficie considérée au Japon comme suffisante pour une moyenne exploitation. Chacun de ces carrés est lui-même divisé en six lots de 5 hectares, surface qu'on regarde comme assez grande pour une petite exploitation. Neuf des divisions moyennes réunies forment une grande ferme; la figure ci-dessous donne une idée claire de ces lotissements.

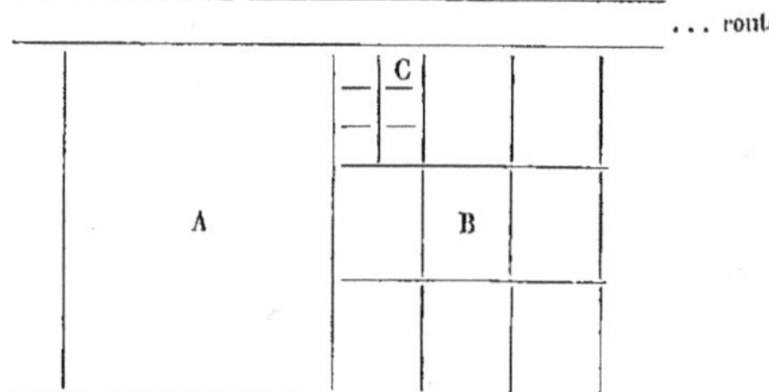

Fig. 435. — Les divers types d'exploitations, à Hokkaïdo.
(A. Grande exploitation : 270 hectares. — B. Moyenne exploitation : 30 hectares. — C. Petite exploitation : 5 hectares.)

En dehors de cette concession gratuite de terre, le Gouvernement donne tous les encouragements possibles aux colons dont le nombre, depuis le début de la colonisation, va croissant d'année en année, comme le montre le relevé suivant :

En 1889... 13,119 colons.
En 1894... 55,259
En 1898... 63,629

Ce système de colonisation à l'aide de concessions gratuites, qui se rapproche beaucoup de celui que nous avions adopté autrefois en Algérie, donne au Japon des résultats très supérieurs à ceux qui ont été obtenus dans notre colonie. Cela doit tenir en grande partie au climat et à la fertilité naturelle des sols d'Hokkaïdo et sans doute aussi au mode de culture (petite culture personnelle) et aux habitudes des agriculteurs japonais.

En 1898, les relevés statistiques d'Hokkaïdo ont accusé les résultats suivants :

Population totale de l'île, 853,239 habitants, soit 9.1 habitants par kilomètre carré, chiffre très faible si on le compare au peuplement entier du Japon; la densité de la population y est, en effet, de 106.4 habitants par kilomètre carré, soit dix fois supérieure à celle d'Hokkaïdo présentement.

L'accroissement de la population japonaise étant de 1.04 par an, on conçoit tout l'intérêt que le Gouvernement central attache au développement de la colonisation à Hokkaïdo.

Jetons un coup d'œil sur l'accroissement rapide de l'agriculture dans la colonie.

Le tableau suivant résume la situation à quatre ans de distance.

DÉVELOPPEMENT DE LA CULTURE À HOKKAÏDO.

NATURE DES CULTURES.	1894.			1898.		
	SURFACE CULTIVÉE.	RÉCOLTE TOTALE.	PRODUCTION À L'HECTARE.	SURFACE CULTIVÉE.	RÉCOLTE TOTALE.	PRODUCTION À L'HECTARE.
	hectares.	quintaux.	quintaux.	hectares.	quintaux.	quintaux.
Riz	2,963	80,514	27.18	6,435	113,834	17.69
Orge barbue	1,853	19,581	10.50	4,898	50,224	10.25
Orge nue	2,313	30,313	13.11	8,244	92,242	11.19
Froment	2,189	25,830	11.80	3,858	50,674	13.13
Avoine	973	19,496	20.04	4,156	54,314	13.07
Maïs	2,199	60,680	27.59	6,549	110,105	16.81
Millet. P. italium	4,168	74,952	17.97	9,931	68,557	6.90
— P. miliceum	1,103	16,221	14.71	7,496	63,807	8.51
— P. Cruz-gall.	940	18,929	20.14	2,437	32,864	13.48
Sarrasin	4,212	45,777	10.87	8,386	55,500	6.62
Soja (Glycine hispida)	8,803	142,046	16.74	22,984	220,383	9.60
Haricot (Shôzu)	10,537	170,731	16.20	19,985	200,526	10.03
Pois	387	7,315	18.90	1,092	11,909	10.91
Colza	726	7,034	9.67	5,883	54,734	9.30
Lin, fibres	1,023	(1) 2,064	(1)2.04	1,983	(1) 3,614	(1)1.81
Graines	"	2,046	2.00	"	4,385	2.20

(1) Myriamètres.

Le Japonais a été habitué à cultiver de petites surfaces; les travaux agricoles se faisant tous à la main, il ne peut modifier sa manière de faire du jour au lendemain, en devenant concessionnaire, dans une région comme Hokkaïdo, qui réclamerait une culture extensive; aussi, peu d'agriculteurs cultivent-ils plus de 3o hectares. Ceux qui possèdent une grande étendue de terres donnent le plus souvent les travaux à façon.

Procédés culturaux. — Les procédés culturaux en usage dans l'île d'Hokkaïdo sont intéressants à étudier, principalement en ce qui regarde les quantités de semence employées et les semailles en ligne. Nous allons en donner une idée.

Chez un peuple qui ne se sert pour ainsi dire pas d'animaux pour les travaux agricoles, presque tous effectués à la main, l'outillage est naturellement primitif; il consiste en quelques instruments simples : houes, râteaux, bêches, charrues; très peu d'agriculteurs se servent de moissonneuses ou faucheuses à cheval si répandues aujourd'hui dans le monde occidental.

Les semailles s'effectuent à la main : les céréales et légumineuses sont semées en lignes (à la main) à des distances variant de o m. 5o à o m. 9o entre les lignes; on ne pratique le semis à la volée que pour le lin, le sarrasin, l'avoine et le colza. On donne dans tous les cas, sauf celui des semis à la volée, deux cultures au sol avant la floraison : on les fait suivre d'un hersage. La moisson des céréales se fait à la faucille; les légumineuses sont arrachées avec la racine, séchées et battues au fléau; le nettoyage s'effectue à l'aide de simples cribles; le maïs seul est égrené au mortier.

La pénurie du bétail a pour conséquence l'absence de production tant soit peu notable de fumier. On utilise comme engrais les herbes marines, les tiges de soja, les débris de poissons (harengs), la cendre de bois et surtout les déjections humaines que l'on recueille avec soin. Les engrais phosphatés sont à peine connus, à part la poudre d'os qu'on emploie dans la seule région de l'Ouest. On commence, cependant, à importer des phosphates minéraux.

On n'applique guère d'engrais que tous les six ans, et beaucoup de laboureurs attendent, pour en employer, que les récoltes accusent la diminution de la fertilité de la terre.

Nous avons dit que les principales cultures d'Hokkaïdo sont : riz, orge, blé, avoine, divers millets, maïs, sarrasin, fèves de soja, haricots, pois, pommes de terre, herbes diverses, colza, lin et chanvre. Nous allons les passer rapidement en revue, ce qui nous donnera l'occasion de faire connaître les méthodes de culture généralement usitées au Japon.

PRINCIPALES CULTURES. *Riz*. — Autrefois le riz n'était cultivé que dans la région chaude du sud-ouest; mais l'expérience ayant prouvé qu'il réussit également sous le climat froid du nord-est, la culture s'en est propagée à Hokkaïdo, d'année en année. Dans la première partie de mai, on prépare la pépinière de replant. Dans un petit espace réservé à cet effet, on sème à la volée à raison de 14 à 17 kilogrammes par are, et on recouvre le semis d'une hauteur d'eau de quelques centimètres. Du milieu à la fin de juin, on transplante et repique, en place, en réunissant de sept à dix plans dans le même trou et en espaçant ces sortes de poquets de 0 m. 20 environ. On maintient la plantation complètement sous l'eau jusqu'à la floraison, qui arrive à la fin d'août. Durant cette période, on donne deux à trois cultures aux plantes : la récolte a lieu en octobre.

La culture du riz s'étend rapidement à Hokkaïdo : de 2,963 hectares en 1894, elle atteignait 6,435 hectares en 1898; il en est de même des autres récoltes dont je vais parler, qui toutes ont progressé en étendue. Le rendement moyen en grain est de 17 q. m. 69 à l'hectare. (Vin de riz, boisson dominante.)

Orge. — Les variétés d'orge cultivées ont été importées des États-Unis et d'Allemagne. Un huitième de la récolte sert à la fabrication de la bière, le reste est consommé comme aliment ou comme fourrage. L'orge est la céréale dominante à Hokkaïdo : 4,900 hectares de la variété barbue; 8,200 hectares d'orge nue; rendement, 10 à 11 quintaux métriques à l'hectare.

L'orge est semée en lignes de 0 m. 60 d'écartement; on emploie, à l'hectare, 70 kilogrammes de semence de la première et 60 kilogrammes seulement d'orge nue. La floraison a lieu au commencement de juillet; la récolte, au milieu d'août.

Froment. — Le blé occupe 3,858 hectares. La semaille se fait

en ligne, à raison de 58 kilogrammes à l'hectare. Le rendement est
de 13 q. m. 13 à l'hectare.

Avoine. — L'avoine occupe 4,156 hectares. Les semailles se font en
lignes à o m. 60 d'écartement, à raison de 83 kilogrammes de semence à l'hectare; à la volée, on emploie 100 à 125 kilogrammes.
C'est la culture la mieux adaptée aux sols défrichés ou épuisés.

Maïs. — Planté en ligne à o m. 90 d'écartement et o m. 40 à o m. 50
entre chaque poquet, à raison de 45 kilogrammes de semence à
l'hectare, le maïs occupe 6,549 hectares; son rendement moyen est
de 16 q. m. 81.

Millet. — On cultive plusieurs espèces de millet.

Le *millet italien* est uniquement consommé par l'homme. Il occupe
9,900 hectares; son rendement est de 6 q. m. 90. Les semis se font
en ligne à o m. 60 d'écartement des lignes, à raison de 4 kilogrammes
de semence à l'hectare. Quand les plants ont atteint o m. 3 de hauteur, on les éclaircit de manière à espacer les pieds de o m. 10 l'un
de l'autre.

La culture du *millet miliceum* est la même que celle du *millet italien*, mais elle se fait à raison de 7 kilogrammes de semence à l'hectare. Elle occupe 7,500 hectares; son rendement est de 8 q. m. 51
à l'hectare. Ce grain est exclusivement consommé par l'homme.

Une troisième variété de millet, le *P. Crus-Gall*, sert d'aliment
pour l'homme et de fourrage pour les animaux domestiques; elle
occupe 2,437 hectares. Les semailles se font en lignes à o m. 50,
à raison de 50 kilogrammes de semence à l'hectare.

Sarrasin. — Le sarrasin occupe 8,386 hectares; son rendement est de 6 q. m. 62; les semailles se font à la volée, à raison de
70 kilogrammes à l'hectare. La croissance rapide du sarrasin permet de l'employer comme deuxième récolte de l'année, après le colza,
le blé ou l'orge. On le sème en mai ou dans la seconde moitié
de juillet.

Fève de soja (graine de *Glycine hispida*). — La fève de soja avec
laquelle on prépare, ainsi que je l'ai dit, la sauce japonaise connue
sous le nom de Shôyu, est l'une des cultures les plus répandues à Hokkaïdo, où on lui consacre 23,000 hectares. Elle sert de nourriture

à l'homme et aux animaux domestiques; on l'emploie aussi comme engrais. La plus grande partie de la récolte d'Hokkaïdo est exportée dans le sud du Japon. La production moyenne est de 9 q. m. 6 à l'hectare. Semée fin mai à raison de 60 kilogrammes à l'hectare, en lignes espacées de 0 m. 60, elle est sujette à geler.

Pois, colza, lin. — Les pois, le colza, le lin, sont également cultivés sur une certaine échelle.

Pommiers. — Les plantations de pommiers occupent, parmi les cultures fruitières, la première place. On en compte environ 2,000 hectares aujourd'hui.

BÉTAIL ET PÂTURAGE. — Le bétail est encore peu nombreux à Hokkaïdo, dont, pourtant, le sol se prête partout au développement de prairies naturelles ou artificielles. Les recensements des animaux faits en 1894 et en 1898 accusent une notable augmentation en bovidés et en chevaux, comme l'indiquent les chiffres suivants :

	1894.	1898.
Bovidés	5,197	6,741
Chevaux	51,494	60,958
Moutons	125	231
Porcs	3,460	3,520

La surface des pâturages à Hokkaïdo est de 53,000 hectares environ sur 9 millions de terre. Ces pâturages sont généralement mal entretenus et ne reçoivent pas de fumure.

INDUSTRIES AGRICOLES. — La sériciculture, principale industrie annexe des fermes du sud du Japon, commence à se développer à Hokkaïdo, où le Gouvernement a établi une école spéciale, distribué des plants de mûriers, des graines de vers à soie, etc.

Le lin, la fécule de pomme de terre, la farine sont les trois seuls autres produits manufacturés qui aient déjà quelque importance.

L'INSTITUT AGRONOMIQUE DE SAPPORO. — Quand le Gouvernement s'inquiéta de la colonisation d'Hokkaïdo, il nomma gouverneur de cette colonie le général Kiyotaka Kuroda. Celui-ci décida la création d'une école d'agriculture. Ce fut l'Institut agronomique, ouvert à Sapporo (capitale d'Hokkaïdo) en 1876. Cet établissement, placé sous la direction de professeurs américains, fut établi sur le modèle des instituts américains (l'enseignement fut tout d'abord donné en anglais). Labo-

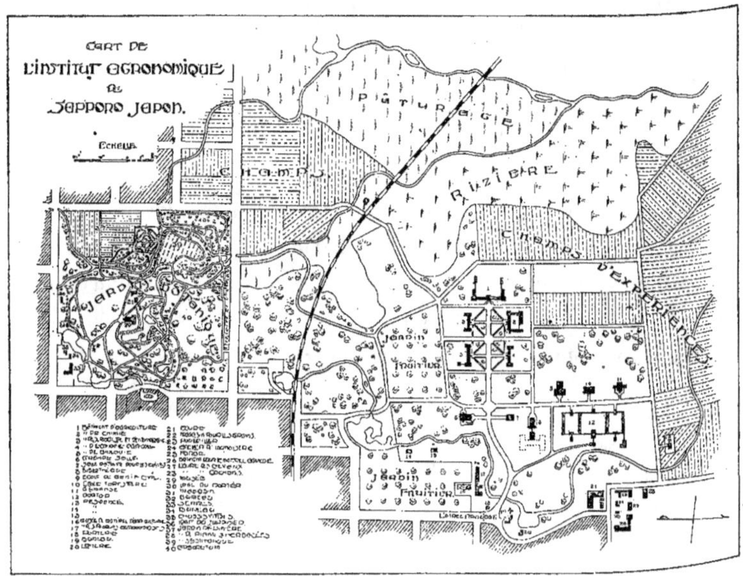

Fig. 436.

ratoires et livres excellents, rien ne fut épargné de ce qui pouvait contribuer à assurer le succès de l'institut de Sapporo et en faire un établissement de premier ordre. On a pleinement réussi et on songe aujourd'hui à transformer l'institut en université. La durée des études est de quatre ans pour l'Institut proprement dit et deux ans pour l'école préparatoire. Les gradués reçoivent le diplôme de *nogakushi* (p. 656). Trois écoles secondaires (pratique d'agriculture, de génie civil, forestière) sont rattachées à l'Institut.

AUTRES ENCOURAGEMENTS DU GOUVERNEMENT. — Le Gouvernement impérial a créé deux stations agronomiques avec champs d'expériences, et une station d'élevage et de monte. Dans cette station, qui possède 667 hectares de terre, on comptait, en 1898, 424 reproducteurs mis au service des cultivateurs, savoir : 68 vaches, 28 taureaux, 104 juments, 40 étalons, 100 brebis, 38 béliers, 20 verrats et 26 truies. A noter que la Faculté agronomique et l'Institut de Tokio possèdent depuis quelques années dans Hokkaïdo une forêt d'une étendue de 23,790 hectares.

Tous les efforts du Gouvernement tendant à développer la colonisation de l'île par une bonne direction scientifique et technique imprimée aux travaux des colons, l'avenir de l'œuvre colonisatrice semble assuré.

E. INSTITUTIONS AGRICOLES.

MINISTÈRE DE L'AGRICULTURE. — INSTITUTIONS DIVERSES. — ENSEIGNEMENT AGRICOLE; LA FACULTÉ AGRONOMIQUE ET L'INSTITUT DE TOKIO; ÉTABLISSEMENTS D'ENSEIGNEMENT SECONDAIRE ET D'ENSEIGNEMENT PRIMAIRE. — CHAMPS D'EXPÉRIENCES. — STATIONS AGRONOMIQUES. — SYNDICATS AGRICOLES DE COMMERCE, DE PRODUCTION. — CRÉDIT AGRICOLE.

Le Japon possède un ministère spécial de l'agriculture et du commerce[1], dont le budget s'élevait, en 1899, à un peu plus de 2 millions de francs. De plus, le Ministère de l'instruction publique consacre à l'enseignement agricole une somme d'environ 500,000 francs. Champs d'expériences, stations et institut agronomiques, écoles et sociétés d'agriculture, professeurs ambulants, laboratoires, stations météorologiques[2], en un mot toutes les institutions européennes ont été introduites et prospèrent au Japon. Le bureau de statistique annexé au Ministère de l'agriculture et du commerce publie tous les ans le résultat des enquêtes auxquelles il se livre sur la production du sol.

---

[1] Les attributions du Ministère de l'agriculture et du commerce ont été définies par décret du 22 octobre 1898.

Il s'occupe de l'agriculture, du commerce, de l'industrie, de la pêche, des forêts, des mines, des inventions, des dessins industriels, des marques de commerce et de la géologie, qui y forment autant de directions spéciales. La direction de l'agriculture, qui comprend quatre bureaux : 1° administration; 2° production; 3° animaux domestiques; 4° haras, a dans ses attributions tout ce qui, de près ou de loin, touche aux intérêts matériels et professionnels de l'agriculture. Son organisation est calquée sur celle des ministères de l'Europe continentale.

[2] La carte des stations météorologiques (fig. 428, p. 657) montre le grand développement de cette institution au Japon. Nous la reproduisons surtout pour donner une idée exacte de la configuration du pays.

C'est à lui qu'on dut les intéressants documents, cartes, plans, etc., qui figuraient au Champ de Mars. Le crédit agricole, les syndicats professionnels et agricoles, pour achat ou prêts d'instruments de production à frais communs, vente des produits, etc., se répandent dans toutes les îles. Enfin, le remembrement de la propriété, c'est-à-dire la réunion des parcelles, avec création de chemins, le drainage et l'irrigation, appellent toute l'attention du Gouvernement japonais, qui voit dans le développement des institutions scientifiques et dans l'association les deux puissants leviers du progrès agricole.

L'enseignement agricole fait également l'objet des soins du Gouvernement; sa direction a été transférée du Ministère de l'agriculture à celui de l'instruction publique. Les Japonais crurent donner ainsi plus d'unité à l'enseignement — ce qui est, ainsi que le note justement M. L. Dabat, «très discutable». Quoi qu'il en soit, cet enseignement comprend — comme chez nous — trois degrés. Au supérieur, outre l'*Institut agronomique de Sapporo* (p. 653 et 654), on trouve la *Faculté agronomique* de l'Institut de Tokio, dont l'enseignement, très élevé, est divisé en quatre sections : agriculture, chimie agricole, sylviculture, médecine vétérinaire. Aussi les gradués reçoivent-ils, selon les cours qu'ils ont suivis, les titres respectifs de *nogakushi* (agronomes), *ringakushi* (forestiers), *kogakushi* (ingénieurs), *juigokushi* (médecins vétérinaires). Les cours de chaque section ont une durée de trois ans. A la fin de chaque année scolaire, les étudiants subissent un examen. Laboratoires, musées, bibliothèques, sont joints à l'Institut qui possède en propre 6,056 hectares de propriétés rurales, sur lesquelles deux fermes de 89 et 159 hectares sont cultivées spécialement en vue de l'enseignement et des recherches — les autres étant louées à de petits fermiers. La Faculté possède encore un jardin botanique, des vergers, des forêts. L'enseignement supérieur au Japon cherche à développer l'initiative des élèves. Ceux-ci, à la fin de leurs études, se livrent à des travaux personnels dirigés et surveillés par leurs professeurs; ils peuvent faire des études complémentaires pendant deux ans et entreprendre des travaux de recherches.

Au nombre de trente-six, les écoles de degré moyen ressemblent à nos écoles pratiques d'agriculture. Beaucoup sont très spécialisées.

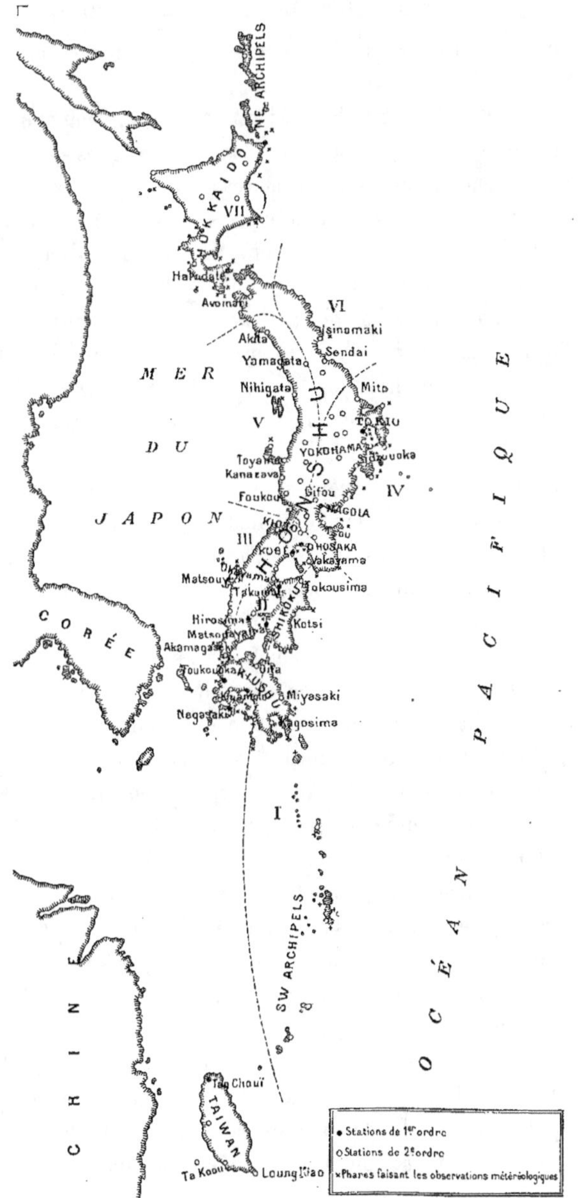

Fig. 437. — Stations météorologiques du Japon.

A noter que plusieurs sont groupées autour de l'Institut agronomique de Sapporo.

Au premier degré, enfin, les écoles rurales complémentaires (au nombre de trente-neuf, plus six écoles locales théoriques et pratiques) sont le prolongement des écoles primaires.

Il existe plusieurs écoles et de nombreuses petites stations séricicoles.

Des professeurs sont chargés de conférences dans les campagnes.

Un champ central d'expériences existe à Nishigakara. Neuf autres sont répartis dans tout l'empire, divisé en dix régions agricoles ayant chacune son champ d'expériences. A Tokio, un laboratoire s'occupe de la préparation du thé; un autre, des épizooties. Le Gouvernement subventionne en outre un certain nombre de champs d'expériences.

Comme les champs d'expériences, les stations agronomiques sont au nombre de dix : une principale et neuf régionales, toutes placées sous le contrôle direct du Ministère de l'agriculture. Il en résulte une unité de vue fort utile. Enfin, les professeurs des stations font des tournées et des conférences.

Les syndicats agricoles sont de deux sortes : syndicats de commerce et syndicats de production. Les premiers, qui ne s'occupent que de la manufacture du thé et de la filature de la soie, ont pour mission de faciliter les transactions entre le cultivateur et l'industriel et d'assurer la loyauté des marchés. Quand, dans un arrondissement, un syndicat comprend les quatre cinquièmes des membres de la profession, on est tenu de s'affilier à lui.

Quant aux syndicats de producteurs, ils font l'achat des instruments et des engrais nécessaires aux petits cultivateurs, et s'efforcent de leur assurer une vente rémunératrice de leurs produits.

Le crédit agricole est mal organisé. Il «n'a, suivant un mot malheureusement trop juste, guère profité qu'aux capitalistes, et presque jamais aux cultivateurs», en sorte que si l'argent ne manque pas, les conditions de prêt sont ruineuses. Et cependant, si l'on veut tirer la population agricole de sa détresse présente, il faut que les capitaux mis à sa portée ne soient pas pour elle la cause d'une ruine plus rapide encore.

F. PÊCHE.

IMPORTANCE DE LA PÊCHE AU JAPON. — LIEUX DE PÊCHE. — PRINCIPALES ESPÈCES PÊCHÉES. — LOIS.
— PISCICULTURE. — OSTRÉICULTURE. — ALGUES ET HERBES MARINES. — CORAIL. — PERLE. —
PÊCHE DES JAPONAIS HORS DE LEURS EAUX. — EXPORTATION.

Le poisson [1] — cuit, séché, salé ou même cru — entre pour une très large part dans l'alimentation des Japonais; aussi la pêche a-t-elle dans ce pays une très grande importance : elle y fait vivre plus de 3,300,000 personnes; le nombre des bateaux de pêche est d'environ 370,000; enfin, le revenu annuel des pêches dépasse 11 millions de francs.

Les principaux lieux de pêche sont, suivant le rapport du Jury de la Classe des « Engins, instruments et produits de la pêche » :

1° *Côtes faisant face à l'océan Pacifique.* — C'est la partie la plus riche en poissons; les sardines, les bonites, les pagres, les thons et les mollusques y abondent;

2° *Côte de la mer du Japon.* — On y trouve le bouri et la bonite et, à mesure que l'on avance plus au nord, le hareng et la morue;

3° *Côte de la mer Intérieure.* — Les poissons y sont nombreux au printemps; ils disparaissent en automne; on y pêche généralement la sardine, le pagre, le bora;

4° *Sud extrême de Satsouma et île Formose.* — De Satsouma à Formose, on pêche le bouri et la bonite. Sur les côtes nord et ouest de cette île, on recherche la sardine, les ajis, le pagre, le requin, le bora et le kanten;

5° *Côtes de l'île Hokkaido.* — Les côtes de cette île sont très riches en poissons de toutes sortes; ce sont le hareng, la sardine, le saumon et la truite saumonée qui ont la plus grande valeur industrielle.

---

[1] Il y aurait bien des choses intéressantes à écrire sur la faune marine de la mer Jaune. Le Japon, — pays des arbustes minuscules et centenaires, étranges et charmants, — a des côtes qu'habitent de véritables monstres marins, étranges, comiques, horribles : c'est visqueux et jaunâtre, globe hérissé de pointes acérées, le diodon; c'est le malarmat, au dos déchiqueté et sanglant; la grande scorpène « prodige d'horreur »; la baudroie géante, qu'on a comparée à un « monstre apocalyptique nageant dans une mer de feu »; le vorace marteau à l'aspect étrange; les pieuvres de toutes sortes et bien d'autres que je puis citer.

42.

On pêche, en outre, dans les mers du Japon, le maquereau, la sèche, le poulpe, le homard, l'oreille de mer (*awabi*), la bêche de mer (*namako*), l'huître.

Cours d'eau et lacs sont également poissonneux; on y trouve carpe, goujon, anguille, truite, écrevisse, saumon, truite saumonée.

Voici les poissons qui donnent lieu à la pêche la plus importante [1].

	QUANTITÉS. — kans [2].	VALEURS. — yens [3].
Harengs.................	45,690,135	9,152,751
Sardines.................	38,392,354	4,893,412
Bonites	7,736,432	2,754,442
Pagres.................	4,752,147	2,609,187

Viennent ensuite le thon, le bouri, le maquereau et le saumon.

Le requin [4] se trouve partout sur la côte du Japon, notamment dans la mer de Corée. On le sale, ou l'on fait avec sa chair une sorte de fromage de poisson dit *kamaboko*. Les nageoires séchées sont fort estimées dans la cuisine chinoise.

La baleine est activement poursuivie à Tosa, dans l'île Shikokou, à Nagato et à Hizen, dans l'île Kioushou. Elle est d'abord capturée dans un large filet, qui l'enserre peu à peu et rend tout mouvement impossible. On la blesse ensuite avec des harpons. Quand elle est épuisée, on l'achève au couperet et à l'épée [5].

La recherche de la loutre et du phoque, principalement chassés à l'île Hokkaido et aux Kouriles, est l'objet d'une réglementation spéciale destinée à en protéger l'espèce.

Cette réglementation n'est pas la seule faite au Japon pour défendre la pêche; l'État, en effet, y édicte des lois protectrices, y accorde suivant la nature des pêches, des primes d'encouragement et donne des subventions aux laboratoires et aux écoles professionnelles ou autres qui enseignent les notions de l'industrie maritime.

---

[1] Chiffres de 1897.

[2] Le *kan* équivaut à 3 kilogr. 756.

[3] Le *yen* vaut 2 fr. 50.

[4] Pêche en 1897 : 1,321,270 kans, représentant une valeur de 294,195 yens.

[5] On utilise son huile pour chasser les vers et les insectes qui rongent la racine de la plante du riz. Les Japonais font également des huiles avec la chair du requin, du dauphin, du thon et de la bonite.

Ces encouragements ne sont pas inutiles, car, depuis quelques années, une pêche excessive a causé l'appauvrissement de certains lacs, en saumons, par exemple.

On se préoccupe actuellement de repeupler les eaux. La pisciculture est, du reste, en honneur au Japon, qui nous a précédés dans cette voie : on multiplie notamment l'anguille, la carpe, les poissons rouges, le saumon, la truite saumonée et une sorte de tortue dite *soupou* [1].

L'ostréiculture est également une source appréciable de revenus. L'huître se mange fraîche ou séchée.

Voici, pour l'année 1897, quelques chiffres se rapportant tant à la pêche qu'à la culture :

	QUANTITÉS.	VALEURS.
	kans.	yens.
Mollusques et sèches	8,578,722	1,880,941
Écrevisses	3,704,532	815,015
Awabi (or. de mer)	782,617	363,813
Namako (bêche de mer)	548,346	164,137
Huîtres	1,098,707	103,903

Notons aussi :

	QUANTITÉS.	VALEURS.
Algues	9,066,990	630,461
Nori	"	563,049
Sekiko-sai	736,925	195,031

La nori (*Porphya lacinata*) est une herbe marine qui croît sur presque toutes les côtes du Japon; la plus estimée, l'*ananori*, se trouve plutôt dans les baies peu profondes de Tokio et d'Hiroshima; la nori récoltée en automne, avec des branches de bambou, est consommée fraîche ou séchée. Le *sekiko-sai* (*Gelidium corneum*) est une algue qui pousse sur des rochers ou des récifs; on en fait une gelée très estimée, dont l'exportation s'élève à 1 million de kins [2].

[1] À citer tout particulièrement les travaux de pisciculture entrepris dans le groupe des îles Yeso et Kouriles; depuis 1889, un établissement impérial de pisciculture a été installé à Chitose dans les meilleures conditions pour la reproduction artificielle du saumon.

[2] Le kin équivaut à 601 grammes. — «Dans certains districts, des femmes appelées *ama* sont employées comme plongeuses pour pêcher les herbes marines. Chaque *ama*, la tête couverte d'un linge blanc, un baril attaché à la ceinture, se jette dans les vagues! C'est une scène émouvante; c'est comme une bataille, chacune essayant de recueillir une

On trouve au Japon un corail remarquable par la grosseur de ses rameaux, qui, souvent, ont une teinte rose claire très prisée, et parfois présentent des taches claires allant jusqu'au blanc.

Enfin, on ne s'est pas contenté de chercher la perle et on en a tenté la production artificielle : «boursouflures de nacre» [1]; les résultats obtenus sont «d'agréables imitations» de la perle, mais rien de plus.

Le Japon se livre à l'industrie de la pêche en dehors de ses eaux. Citons notamment : 1° la pêche dans la mer coréenne, à laquelle, en 1897, ont participé 25,095 pêcheurs, avec 3,176 bateaux, recherchant le pagre, le maquereau, le requin, la morue, le hareng, les coquillages, etc.; 2° la pêche sur la côte de l'île Sakhaline [2] et des territoires russes, pratiquée par 4,424 marins, pêchant le hareng et le saumon, la truite saumonée et la bêche de mer; 3° la pêche de la perle à l'île Thursday; en 1896, 800 marins se livraient à la recherche des coquilles, avec 32 barques jaugeant de 7 à 17 tonnes; 4° la pêche du saumon sur le territoire du Canada.

L'exportation est assez importante. Les bêches de mer séchées, les nageoires de requins, les algues sont expédiées en Chine pour une somme qui dépasse actuellement 5 millions de yens par an; l'exportation en Europe et en Amérique a pour objet le poisson fumé ou en conserve et l'huile de baleine (valeur en 1897 : 5,498,220 yens).

plus grande quantité de plantes que sa voisine. C'est, cependant, un métier dangereux, et souvent ces femmes sont jetées contre les rocs. Chacune de ces *amas* gagne bien 5 à 6 yen les jours de tempête. Leur travail fini, les femmes de tout le village s'assemblent pour un grand festin où toutes sont invitées.» (Rapport de la section japonaise à l'exposition de Chicago.)

[1] Rapport de la Classe 53 (Engins, instruments et produits de la pêche; aquiculture).

[2] L'île de Sakhaline appartient à la Russie, mais, en vertu des traités, les Japonais y jouissent du droit de pêcher et de construire des cabanes au sud de l'île. Leur situation est, en somme, assez analogue à la nôtre à Terre-Neuve. Ils pêchent notamment

une espèce de saumon, gros poisson appelé *lossassina* en Russie et *kéta* en Extrême-Orient, vivement recherché au Japon. Toute la population pauvre des côtes nord du Japon se nourrit de ces poissons, qui figurent pour un chiffre considérable dans la statistique de la consommation du Japon. La saison de la pêche commence à Sakhaline vers la mi-mars; les *kétas* sont en ce moment extrêmement abondants.

[Les lignes précédentes furent écrites avant le dernier traité, qui, on le sait, a fait passer aux mains des Japonais la moitié de Sakhaline, l'île que l'explorateur Paul Labbé appelle «le pays des pêches miraculeuses». En outre des Japonais ont acquis d'importants droits de pêche dans les eaux russes jusqu'aux glaces.]

CHAPITRE XLVI.

INDES NÉERLANDAISES[1].

SUPERFICIE. - POPULATION. — GOUVERNEMENT. — MISE EN VALEUR; L'ÉTABLISSEMENT DE BUITENZORG. — FLORE, FERTILITÉ, IRRIGATIONS, CULTURES. — CAFÉIER. — CANNE À SUCRE. — CACAOYER. — RIZ. — POIVRE : CULTURE DU *PIPER*, RÉCOLTES ET PRÉPARATION DES FRUITS. — BÉTEL. — GIROFLIER : HISTORIQUE ET MÉTHODE ACTUELLE DE CULTURE. — MUSCADIER : SON AIRE GÉOGRAPHIQUE; RÉCOLTE ET EXPORTATION DES NOIX; LEUR ACTION SUR L'ORGANISME; LE MACIS; SON UTILISATION. — QUINQUINA. — TABAC. — INDIGO. —FORÊTS. — CAOUTCHOUC; RÉCOLTE. — GUTTA-PERCHA : SES QUALITÉS; CONDITIONS NÉCESSAIRES À LA VENUE DES GUTTIERS; RÉCOLTE ET PRODUCTION. — DAMAR.

SUPERFICIE ET POPULATION. — Java et Madoura ont ensemble une superficie de 2,388.3 lieues carrées[2] (131,508 kilomètres carrés. total dans lequel Java seule compte pour 2,290 lieues. Les autres possessions néerlandaises de l'archipel malais mesurent 32,397.5 lieues carrées; mais elles sont peu peuplées et on n'a, sur le chiffre approximatif de cette population, que des données incertaines : on l'estimait officiellement, en 1895, à 7,834,696 indigènes, 11,831 Européens et 213,495 Chinois; pour ce qui est des Arabes et des autres orientaux non indigènes, il est impossible d'indiquer leur nombre avec quelque exactitude. À Java et à Madoura au contraire, on fait des recensements aux chiffres desquels on peut se fier. Ces recensements nous montrent que, de 1875 à 1895, la population indigène a passé de 18,101,351 à 25,370,545 habitants[3]; durant ce laps de temps, la population européenne s'élève de 28,157 à 51,484, et les Chinois, au nombre de 195,384 à la première de ces dates, sont 256,055 à la seconde; enfin, pour donner tous les chiffres de 1895, il faut encore citer 19,617 Arabes et orientaux étrangers.

Au total, les colonies néerlandaises des Indes orientales forment dans la Malaisie ou Insulinde, entre la péninsule indo-chinoise

[1] Clichés des publications A. Challamel, édit. — [2] Une lieue géographique carrée équivaut à 5,506.3 hectares. — [3] Von Juraschek indique, pour 1905, le chiffre de 28,747,000 habitants.

et l'Australasie, un riche et vaste empire, réparti sur une multitude d'îles, dont quelques-unes atteignent les proportions de véritables continents.

GOUVERNEMENT. — Les pouvoirs exécutif et législatif suprêmes appartiennent au souverain : le premier avec le concours du ministre responsable des colonies, le second de commun accord avec les États Généraux, où ne siègent pas de représentants envoyés par les colonies. L'Administration est exercée, au nom du souverain, par un gouverneur général assisté du Conseil des Indes. A côté de l'Administration européenne, on a laissé, autant que possible, à la population indigène ses propres chefs : ici, princes ayant signé des traités reconnaissant la souveraineté des Pays-Bas et soumis au contrôle de ses fonctionnaires; là, régents nommés par le Gouvernement néerlandais, mais le plus souvent choisis dans la famille de leur prédécesseur et appartenant presque toujours à l'aristocratie indigène. Dans la plus grande partie de Java, chaque village a un chef élu par les habitants (sauf approbation du Gouvernement) et assisté d'un conseil.

MISE EN VALEUR. — M. Camille Guy, chef du Service géographique et des Missions à notre Ministère des colonies, a consacré à la mise en valeur des Indes néerlandaises quelques lignes qu'il est d'autant plus intéressant de citer qu'il y montre un exemple dont nous pourrions faire profit pour plus d'une de nos colonies : « Quand vers l'année 1830, écrit-il, le Gouvernement néerlandais s'inquiéta de la pauvreté et de l'épuisement de son domaine colonial, on peut dire que tout était à créer. C'est alors que la Hollande eut la bonne fortune de rencontrer un homme de génie, Van den Bosch, et l'intelligence de lui confier l'exécution, à ses risques et périls, de l'admirable plan de campagne qui ne devait pas tarder à enrichir la métropole et la colonie. En introduisant dans les colonies de l'Insulinde des cultures riches, en intéressant les colons aux plantations de café, d'épices, de canne à sucre et de tabac, Van den Bosch a permis à son pays d'encaisser, en un quart de siècle seulement (de 1830 à 1855), plus d'un milliard de bénéfices nets. C'est ainsi que la culture du café a produit, à elle seule,

8oo millions. Par ce système raisonné de culture, la Hollande a pu
lutter sur le terrain économique avec les plus grandes nations de
l'univers. »

Fig. 438. — Débroussement total à Java.

Le Directeur du Jardin colonial de Vincennes, M. Dybowski, écrit,
d'autre part, au sujet de l'organisation coloniale des Indes néerlandaises :

«La nation qui, sans contredit, doit être placée à la tête des
peuples ayant su, par une organisation raisonnée, assurer le développement de leur agriculture coloniale, c'est assurément la Hollande.
L'organisation agricole des colonies néerlandaises doit être, en effet,
citée comme le modèle du genre. Mais cette perfection d'organisation
n'a pas été réalisée sans qu'il ait été consenti de la part de la mère-
patrie de gros sacrifices. N'ayant que des colonies placées toutes dans
les mêmes conditions climatériques, et dont les principales sont réunies
dans une même région, la Hollande a pu organiser sur place, sur le
sol même de la colonie, le plus merveilleux organe d'étude, de recherches, en même temps que de propagation et de dissémination
non seulement qui existe au monde, mais même que l'on puisse
imaginer. On ne peut songer à rien faire de plus complet, en même

temps que de plus méthodiquement adapté au besoin des choses,
que l'établissement de Buitenzorg, à Java.

« Champs d'expériences couvrant plusieurs centaines d'hectares,
étagés à des altitudes différentes afin de pouvoir étudier les cultures
à exigences diverses ; laboratoires merveilleusement organisés et
consacrés à l'étude de tous les produits tropicaux ; collections, her-
biers, éléments les plus variés d'étude et de recherches, telle est
l'organisation matérielle de cet établissement qui peut être considéré
comme le type du genre. Il donne des résultats féconds, car à sa tête
sont placés des savants d'une haute valeur scientifique qui ont su
l'organiser, en assurer le développement et qui, par leurs travaux
incessants, fournissent aux colons les indications les plus sûres et les
plus précises.

« L'organisation du jardin de Buitenzorg résume et concentre tous
les efforts de la colonisation agricole de la Hollande. Recherches
scientifiques ou d'ordre pratique, ou des variétés sélectionnées et
améliorées, tout relève directement de la compétence de l'établissement de Java.

« Cependant, les études générales et préparatoires sont données,
aussi bien aux futurs colons qu'à ceux qui plus tard prendront part
aux travaux de recherches de Buitenzorg, à l'Institut agricole de
Wageningen. Cette école d'agriculture métropolitaine possède, en
effet, une section spécialement consacrée aux études d'agriculture tropicale. Un enseignement théorique très complet y est donné, des
collections de plantes vivantes et de produits coloniaux servent à
fournir aux élèves une première initiation. »

Agriculture. — La Malaisie possède une flore luxuriante ; les
arbres d'espèces les plus diverses poussent dans ses forêts (cocotiers, aréquiers, muscadiers, bananiers, rotin, bambou, bois de
teck, etc.) Le sol, d'une extraordinaire fertilité, est largement
arrosé. Toutes cultures peuvent y être tentées avec succès, depuis les
plantations tropicales jusqu'aux légumes potagers qui viennent sur
les hauteurs. Comme dans tout l'Extrême-Orient, le riz forme la
principale nourriture des indigènes et occupe les trois quarts des

terres en culture. Il est surtout cultivé par les indigènes, tandis que
les colons et le Gouvernement, dans ses immenses domaines,
s'adonnent aux plantations de caféier, canne à sucre, tabac, etc. Mais
nous allons étudier ces divers points avec plus de détails. Signalons
seulement ici que le benjoin donne lieu à un important commerce
d'exportation (2 millions de francs par an) et que c'est de Malaisie
qu'est originaire le mangoustan, dont certains proclament le fruit le
meilleur du monde; ce fruit, de la grosseur d'une orange, renferme
des graines entourées d'une pulpe blanche : c'est cette pulpe qui est
consommée [1].

Caféier. — La culture du caféier est obligatoire dans certaines
parties des Indes néerlandaises : à Java, 288,000 familles soignent
ainsi 66 millions d'arbustes (dont 15,246,000 jeunes ne portant
pas encore de fruits); à Sumatra, il y a dans les mêmes conditions
62 millions d'arbustes; à Célèbes 10 millions; mais la culture et la
livraison ne sont plus obligatoires dans cette colonie. Il y a, en plus,
des plantations libres : 181 millions d'arbustes à Java, qui compte
ainsi au total près de 250 millions d'arbustes. L'État, en outre,
a concédé, par des baux emphytéotiques, des terrains, où le café
entre aujourd'hui pour environ 50 p. 100 dans les cultures, et encouragé les indigènes qui le cultivent chez eux. Ces derniers, le plus
souvent, se contentent de sécher le café tel qu'ils le cueillent et
d'enlever son enveloppe rouge en l'agitant dans des corbeilles. Dans
les plantations des Européens, la récolte et la préparation se font, en
général, avec plus de soin. Au moyen de dépulpeurs, on retire au café
frais sa pulpe, puis on le fait fermenter pendant environ trente-six
heures dans des baquets de plâtre, on le nettoie, et on le fait sécher
dans son enveloppe parcheminée. En 1897, la récolte du café n'atteignait pas moins de 700,000 à 800,000 piculs [2]. Cependant, et malgré
la progression continue des sorties totales annuelles de cette graine,
la situation des planteurs n'est pas favorable, par suite de la baisse
considérable dans les prix cotés sur les marchés européens et américains. C'est ainsi qu'en 1898, la récolte a été désastreuse et les

[1] Le mangoustan ne peut se cultiver que dans la région équatoriale. — [2] Un picul équivaut
à 60 kilogr. 400.

chiffres de production de 5o p. 1oo inférieurs à ceux de l'année précédente.

Canne à sucre. — La canne à sucre couvre aux Indes néerlandaises plus de 8o,ooo hectares, dont la plus grande partie sur la côte Nord de Java. On plante les boutures en rangées, de mai en septembre; la coupe se fait un an après la plantation. On laboure et on fume avec soin; ce sont les nitrates qui ont donné les meilleurs résultats.

D'après Willet et Gray, la production sucrière de Java serait (en tonnes américaines de 1,o15 kilogr. 6) en nombres ronds :

	tonnes.			tonnes.
1897–1898	5o9,6o4		19oo–19o1	721,oo3
1898–1899	7oo,o34		19o1–19o2	779,o97
1899–19oo	733,266			

Java tient le premier rang dans le monde pour l'exportation du sucre de canne avec 7 millions de quintaux, mais il faut tenir compte que son port, Batavia, centralise la majeure partie des exportations de tout l'archipel de la Sonde. L'exportation a subi une moins-value notable depuis quelques années.

Cacaoyers. — C'est dans les terrains bas, au bord des lacs et des cours d'eau, que réussit le mieux la culture des cacaoyers. Cette plante est, du reste, assez délicate; elle ne peut, notamment, se passer d'ombrage : un bon champ de bananiers lui conviendra tout particulièrement. Le fruit, qui est aussi gros qu'un petit melon, renferme plusieurs rangées d'amandes blanches; ce sont ces amandes qui, séchées et préparées, fournissent le cacao.

Riz. — Les exportations de riz qui, il y a une quinzaine d'années, ont dépassé un million de piculs et qui étaient tombées, dans la période de 1896-1898, au-dessous de 4oo,ooo, dépassaient à nouveau 6oo,ooo piculs, en 19oo[1]. Ces chiffres s'appliquent à Java seule; le riz y est la principale culture indigène; on en a évalué la production, de 1897, à 67 millions de piculs, soit environ 4,1oo,ooo tonnes. Cette grande production ne suffit pourtant pas à la consommation. L'importation vient surtout de Saïgon et de Singapour. Le

---

[1] A noter que la principale société anonyme pour la culture du riz a donné 2 p. 1oo de dividende en 1896, 22 p. 1oo en 1897, 3o p. 1oo en 1898.

système d'irrigation des rizières est, à Java, des plus perfectionnés : pas un coin de terrain où l'eau ne soit en abondance, s'écoulant par rigoles de l'étage supérieur de la rizière à l'étage inférieur. La paille de riz sert à de nombreux usages et notamment à la confection de chapeaux qui, naguère utilisés seulement pour les besoins locaux, sont aujourd'hui l'objet d'une exportation considérable. La culture du riz est, en outre, assez répandue à Bornéo.

Poivrier. — Indigène dans les forêts de Travançore et du Malabar, le poivrier noir a été transporté à Java, à Sumatra, à Bornéo. «Le *Piper*, écrit un Hollandais, le Dr K. W. Van Gorkow, est une plante grimpante cultivée au moyen de boutures que l'on plante au pied d'échalas solides ou, ce qui vaut mieux, au pied d'arbres vivants. En quelques années, les tuteurs se trouvent entourés de longues tiges formant un enlacement large et épais. Dans les terrains fertiles, on peut s'attendre à une récolte à partir de la troisième ou de la quatrième année; la production atteint son maximum au bout de la septième ou huitième année. Après la quinzième ou la vingtième année, la production baisse sensiblement. A Atchin, le pays du poivre par excellence, on évalue, après cinq ans, la production de 50 arbrisseaux à 60 kilogrammes environ. Les tiges croissent avec rapidité, mais la serpe restreint leur développement dans des limites convenables et rend possible l'entretien de l'arbrisseau; d'autre part, le planteur soigneux n'oublie pas de donner à la plante un engrais suffisant. Le toit de verdure, formé par les arbres d'appui, procure un ombrage qui, s'il n'est pas nécessaire, est au moins utile. Aussi est-ce au manque d'ombrage que l'on a attribué le dépérissement, à Blitoung, d'une culture qui, après trois ans déjà, donnait des fruits. Les épis, qui portent 20 à 30 fruits, sont recueillis, dès que quelques-uns de ces derniers prennent une couleur rouge. Un jour après la récolte, on détache les fruits en frottant les épis entre les mains. Exposés sur des nattes ou dans des corbeilles à la chaleur du soleil ou à une chaleur artificielle, ces fruits se rident et prennent une teinte d'un gris noir. Le poivre blanc [1], dont le débit est moins grand, mais qui coûte plus cher, est le produit de la même

[1] Le poivre blanc, produit principalement sur la côte de Malabar et dans la région des détroits, est plus apprécié en Chine qu'en Europe.

plante. Pour l'obtenir, on laisse mûrir (devenir rouges) tous les fruits et on les frotte alors, comme il a été dit plus haut, dans l'eau. Ils perdent leur mince pelure qui donne la couleur foncée, mais en même temps, avec cette pelure, une grande partie de leurs propriétés caractéristiques. »

La production totale du poivre est inférieure à 40,000 tonnes, sur lesquelles Sumatra seule en produit 12,000.

Bétel. — Le bétel — nom donné à une substance très employée, pour la mastication, dans l'Asie méridionale et dans la Malaisie sous le nom de *sirih* — n'est autre que la feuille du *Piper Betle*. Ce masticatoire est constitué par une feuille sèche de bétel, dans laquelle on renferme gros comme une noisette de chaux vive en pâte, mélangée avec le quart ou le cinquième de son poids de noix d'arec ou de cachou et aromatisée avec du cardamome, du camphre ou de la muscade. Le tout forme une boulette qu'on mâche pendant plusieurs heures et qu'on renouvelle quand elle est épuisée. L'usage de cette drogue est un véritable besoin pour les Malais, besoin poussé jusqu'à la passion chez certains d'entre eux, cette préparation ayant, paraît-il, des vertus enivrantes et la propriété de combattre l'action déprimante que les hautes températures exercent sur l'intestin.

Giroflier. — Les clous de girofle sont, dans certains pays, utilisés depuis longtemps à divers usages. C'est ainsi qu'en Chine, deux siècles avant l'ère chrétienne, les officiers de la Cour — afin que leur baleine eût une odeur agréable — avaient l'habitude de mâcher des clous de girofle avant de s'adresser à leur souverain. En Europe, un compagnon de Magellan, Pigafetta, donnait une bonne description du giroflier. Les clous de girofle, à cette époque, provenaient tous des Moluques (îles au girofliers). Les Portugais, puis les Hollandais, prirent toutes les mesures possibles pour conserver le monopole du commerce des clous de girofle; on alla jusqu'à détruire la culture du giroflier aux Moluques — qui effectivement ne produisent plus de girofle — et à la confiner dans quelques petites îles, notamment à Amboine, où elle est aujourd'hui encore en honneur, et d'où elle s'est répandue à Java.

Le giroflier est un bel arbre toujours vert, de 9 à 12 mètres de hauteur, ressemblant à un myrte de grande taille et couvert de nombreuses fleurs groupées en petites cimes terminales. On peut le multiplier par marcottage, mais, généralement, on le propage par semis. Il commence à fleurir vers la première année. Les boutons, blancs tout d'abord, deviennent roses au bout de deux mois; c'est alors — et avant l'épanouissement des fleurs — qu'il faut procéder à la cueillette. Elle se fait à la main ou en frappant les branches de coups secs, de façon à faire tomber les fleurs. À Amboine, les deux récoltes annuelles se font en juin et en décembre. Aussitôt faite, la récolte est séchée au soleil. Un giroflier produit entre 1 et 2 kilogrammes; 1 kilogramme contient environ 10,000 clous.

Muscadier. — Le muscadier pousse à l'état sauvage aux Moluques, dans les îles Barbades, la Nouvelle-Guinée, à Bornéo et dans l'archipel Indien, où il est aussi cultivé en grand. Il a été introduit en Guyane française par Jean Noyer, en 1774, puis au Brésil, au Bengale, aux Antilles, dans l'Amérique du Sud, dans l'île de France, à Maurice, à la Réunion, à Bourbon et sur la côte occidentale de Sumatra, à Bencoolen. C'est un arbre de 8 à 12 mètres, toujours en fleurs et en fruits. La grande floraison se produit en février; la maturité du fruit, neuf mois après. L'arbre commence à produire à cinq ans. Le commerce utilise la noix et son arille. Lorsque les fruits commencent à s'ouvrir, on achève de casser le péricarpe et l'on conserve l'arille. Les noix sont ensuite exposées, pendant trois mois, à une chaleur douce, sur des briques ventilées, pour les faire mourir. On brise alors les coques avec un marteau de bois, pour en retirer les amandes qu'on trie et assortit de grosseurs et qualités pour les facilités de la vente. On les roule dans la chaux vive tamisée, pour les empêcher de germer et les mettre à l'abri des piqûres des vers. Ce chaulage, qui bouche les trous de vers, sert aussi à les dissimuler et devient l'auxiliaire de la fraude. De là, l'aspect pulvérulent, blanchâtre et crayeux des muscades du commerce. Ce procédé, plus commercial que scientifique, est dû aux Hollandais, longtemps seuls importateurs de la muscade. Une des principales fraudes de la noix de muscade des Moluques consiste à lui substituer des muscades de Cayenne et de la Nouvelle-Guinée, moins recherchées et moins chères. L'action de la muscade sur l'organisme a été très discutée[1]. Sous le nom de *macis* ou celui très impropre de *fleur de muscade*, on utilise comme condiment l'arille de la muscade, à laquelle la dessiccation fait perdre cette belle couleur rouge cramoisi qu'elle avait étant fraîche (elle devient brune ou jaune orangé). Son odeur aromatique et agréable rappelle celle de la noix muscade. Sa saveur est piquante, épicée, légèrement âcre. Par fraude, on lui substitue souvent ou on mélange avec elle l'arille de muscade de Bombay.

Quinquina. — Les essais pour l'acclimatation du quinquina aux Indes néerlandaises remontent à 1851; il y eut bien des tâtonnements, tant pour le choix définitif des espèces à répandre que pour celui de la meilleure méthode de culture. Mais, depuis une quinzaine d'années, les exportations ont commencé à augmenter régulièrement et rapidement : de 1,399,000 kilogrammes en 1885, elles se sont élevées à 5,625,000 kilogrammes en 1898-1899.

Tabac. — «Java et la portion de Sumatra qui est soumise aux Hollandais produisent de grandes quantités d'un tabac remarquable surtout par sa finesse et son parfum. On en importe beaucoup en Hollande, où il est surtout employé pour la fabrication du tabac à fumer et la confection des cigarettes; on recherche particulièrement les qualités fines pour les robes des cigares. La production totale annuelle des colonies néerlandaises est estimée à environ 12 millions de kilogrammes.» Telle est l'appréciation du Rapporteur du jury de la classe des «Produits agricoles non alimentaires» de l'exposition de 1878, Henry de Vilmorin. Depuis, la culture du tabac n'a fait que se développer dans l'archipel malais — où elle est aujourd'hui la plus fructueuse, et les îles de la Sonde sont, avec les Philippines, un des grands centres d'exportation du monde.

Les plus importantes plantations se trouvent à Déli, Sumatra et à Langkat (bien qu'elles s'étendent jusqu'à la résidence de Palembang).

---

[1] Les premières observations remontent à Dumont-d'Urville, qui remarqua son action sur les hommes de son équipage pendant son voyage au Pôle Nord (1837) et lui attribua des propriétés enivrantes et soporifiques; plus tard, Cullen remarqua ses effets narcotiques et stupéfiants; enfin, Cadéac et Meunier ont démontré que la muscade, à haute dose, n'est pas excitante, mais narcotique et stupéfiante.

Le tabac de Déli présente deux variétés : l'une à feuille allongée et très pointue; l'autre, à feuille arrondie, coniforme et plus large. On préfère, généralement, cette dernière, dont les feuilles se tiennent droites et ne se déchirent pas autant au moment de la manipulation. Ce sont les tabacs de Déli qui sont les plus recherchés; du reste, d'une façon générale, les tabacs malais sont estimés.

On lit dans une notice parue dans le catalogue de la section des Indes néerlandaises et signée de M. J. Van Breda de Haan : «La population des Indes néerlandaises a besoin de grandes quantités de tabac. Les indigènes le mâchent pur ou en *sirih* et le fument en cigarettes faites d'un peu de tabac enroulé dans une jeune feuille de maïs ou de palmier séchée. La culture du tabac destiné à la consommation de la population indigène a pris de grandes proportions et procure dans quelques pays, à l'indigène, des bénéfices considérables… Il est très difficile de donner des statistiques exactes sur l'étendue des plantations. D'après le Rapport colonial de 1894, elles occupaient, il y a dix années, dans l'île de Java seule, une étendue d'environ 90,000 hectares… On exporte ce tabac surtout de Java à Singapour; puis, de là, dans les autres contrées de l'archipel, qui cultivent elles-mêmes du tabac de qualité inférieure ou qui ne cultivent pas de tabac du tout, comme une partie de Bornéo, Amboine, etc. La culture du tabac destiné au marché européen n'est pas moins importante dans les îles de Java, Sumatra, Bornéo, Célèbes et dans quelques-unes des îles plus petites. C'est surtout à Déli et à Java qu'elle a, depuis quelques années, prospéré… Les principaux marchés du tabac des Indes néerlandaises sont à présent Amsterdam et Rotterdam. En 1898, l'achat direct fait par ces deux marchés s'est élevé à 57 millions de florins… La culture du tabac non seulement pourvoit aux besoins d'environ 30 millions d'habitants, mais encore forme une partie importante des cultures entreprises aux Indes néerlandaises sous la surveillance des Européens et avec un capital européen.»

Indigo. — La culture de l'indigo compte parmi les cultures importantes des Indes néerlandaises, où elle existait depuis des siècles déjà quand les Hollandais s'établirent à Java. Son produit se distingue des indigos des autres pays par sa grande pureté, c'est-à-dire par sa grande proportion d'indigotine.

Forêts. — « Les vastes îles de l'archipel des Indes néerlandaises sont encore couvertes de forêts dans leur plus grande partie. La plupart de ces forêts n'ont besoin que d'une sage administration pour se conserver et pour fournir une bonne récolte de leurs nombreux produits utiles. » C'est ainsi que s'exprime le rédacteur de la notice parue en tête du catalogue officiel publié par la section des Indes néerlandaises, et il ajoute qu'une sage gérance et la surveillance bien que relativement récentes encore, ont déjà donné de bons résultats. Il est intéressant d'indiquer deux chiffres à ce sujet[1] :

> Recettes de la caisse de l'État................ 1,869,942 francs.
> Dépenses................................. 977,681

Notons que ce n'est, en somme, là qu'un commencement, et que l'administration ne s'étend qu'aux forêts de Java et de Madoura. J'ai cependant tenu à signaler le fait, car cette question de la conservation des forêts est entre toutes capitale, et elle a contre elle tant d'insouciance, quand ce n'est pas de la mauvaise volonté, qu'il faut souvent attirer sur elle l'attention.

Caoutchouc. — Généralement lâches et mous, les caoutchoucs malais conviennent, par leur nature même, à certains emplois. A Sumatra, on en récolte, surtout, dans les provinces de Hampoung et de Benkoulen, voisines de Java où on en trouve également. Les travailleurs qui se livrent à cette récolte sont des Malais. « Montés dans leur *sampang*[2], ces indigènes sillonnent les rues de Java et poussent jusqu'à Singapour pour y vendre leur marchandise. Toutes les forêts des îles de la Sonde sont exploitées par ces aventuriers, qui, autrefois si redoutables aux navigateurs, s'en vont maintenant, de place en place, colporter leur récolte et chercher des acquéreurs. Il arrive parfois que l'indigène qui a récolté une certaine quantité de gomme,

____

[1] Année 1898. — [2] Sorte de longue pirogue.

en forme une sorte de boule oblongue qu'il enserre dans des liens de rotin formant filet; il y aménage une poignée pour pouvoir transporter son colis soit à la main, soit en l'assujettissant au bout d'un bâton qu'il porte sur son épaule [1] ».

Bornéo et les Célèbes ont un caoutchouc dont la chair est très blanche et qui fut tout d'abord appelé *Assam blanc*. « Sollicités par des demandes sans cesse renouvelées, les indigènes explorèrent toutes les îles, fouillèrent toutes les forêts et envoyèrent bientôt sur nos marchés des approvisionnements considérables de cette nouvelle sorte, qui, pour éviter toute confusion, fut désignée par la qualification de « caou- « tchouc de Bornéo » qu'elle conserve encore. Selon M. Collins, l'indigène coupe la plante en morceaux inégaux variant de vingt centimètres à un mètre de longueur, puis il recueille le lait dans des vases; quelquefois lorsque le lait ne s'échappe pas assez rapidement, l'Indien active l'écoulement en chauffant l'extrémité des bûches. Enfin, d'après le même auteur, la coagulation est obtenue au moyen du sel marin. Nous supposons que les indigènes procèdent de plusieurs façons, et nous avons lieu de croire que, dans certaines régions, ils se contentent d'ajouter de l'eau, salée ou non, au latex. Par la coagulation une grande quantité de liquide se trouve emprisonnée et les substances azotées qui se transforment pendant la fermentation communiquent au caoutchouc une odeur particulière assez désagréable. Enfin, l'eau que laissent échapper certaines de ces gommes contient du tanin. Suivant M. F. Morellet, la récolte se fait en pratiquant au végétal des incisions en forme de V. Ces entailles, de un à deux centimètres de hauteur, doivent traverser l'écorce et s'arrêter au contact du bois... On sait que l'île de Bornéo est couverte de forêts; aussi le caoutchouc est-il récolté partout à la fois. Les principaux lieux de production sont Sarawatî, Sambas, Poniatati, provinces de la côte Sud-Ouest; Bœlongan, Labuan, Banjermassin, Panis, Kœtie, sur la côte Est. Dans la baie de Sandatian, au nord-est de Bornéo, ce sont les Buled-Upih qui s'adonnent à la récolte du caoutchouc. Ces indigènes, munis d'un *parang*, espèce de sabre court servant à la fois de couteau et de hache,

---

[1] *Le caoutchouc et la gutta-percha*, par E. CHAPEL, secrétaire de la Chambre syndicale des caoutchoucs, gutta-percha, etc.

s'avancent dans les bois et font tomber sous leurs coups les lianes qu'ils rencontrent. Incapables de s'astreindre aux travaux de la culture les Buled-Upih mourraient de faim s'ils ne récoltaient le caoutchouc et les nids d'hirondelles qu'ils troquent, avec les Chinois, contre du riz. Eloli-Pura est la capitale de cette région soumise à la domination anglaise. C'est en ce point principalement que les gommes récoltées dans les environs sont apportées dans les *praros* (embarcations) des Biadjaws, indigènes qui, vivant constamment sur l'eau et rayonnant sans cesse dans la mer des Célèbes, ont reçu des Anglais le surnom de *Sea Gypsies*, Bohémiens de la mer [1] ».

Gutta-Percha. — Si, pour le caoutchouc, les Indes néerlandaises ne sauraient être comparées à l'Amérique du Sud, il n'en est pas de même pour la gutta, dont on rencontre surtout les arbres producteurs à Bornéo, à Sumatra, dans le sud de la presqu'île de Malacca.

« La gutta-percha est une substance de couleur blanc jaunâtre ou jaune rougeâtre, ayant à la température ordinaire, la dureté du bois, lorsqu'elle se présente en masse; en couches peu épaisses, elle peut se plier comme le cuir; peu extensible à froid, elle se ramollit entre 45 et 60 degrés et se laisse, alors, étirer en fils ou en feuilles. A 100 degrés, on peut la pétrir et lui donner toutes les formes qu'elle conserve en se refroidissant. En fils ou en feuilles minces, elle conserve sa souplesse, même à de très basses températures. Sa densité est supérieure à celle de l'eau; le soufre, loin de l'améliorer, la rend inutilisable. C'est un isolateur remarquable, très mauvais conducteur de la chaleur et de l'électricité. Elle s'oxyde facilement à l'air, surtout à la lumière solaire ou lorsqu'il y a élévation de température; à 100 degrés, elle absorbe un quart de son poids d'oxygène et ses propriétés sont profondément modifiées; elle devient alors friable et cassante, ce qui limite ses emplois industriels. Elle est extraite, par coagulation spontanée, du latex d'un certain nombre de plantes appartenant presque toutes aux genres *Payena* et *Palaquium*, de la famille des *Sapotacées*. Mais il est encore à peu près impossible d'identifier tel produit que l'on

[1] *Voyages aux Philippines et en Malaisie*, par le Dr Montano (1886).

reçoit avec telle espèce botanique. En effet, les produits qui nous parviennent sont tous des mélanges que l'indigène fait d'abord lui-même au moment de sa récolte et auxquels se livrent ensuite les Chinois, maîtres de ce commerce centralisé à Singapour et à Macassar. Il règne donc une grande incertitude et sur la provenance des guttas du commerce, et, à plus forte raison, sur leur véritable origine botanique [1]. »

Différentes conditions — rarement réunies, mais existant toutes en Malaisie — sont nécessaires à la culture des guttiers : « une grande uniformité des saisons, la régularité de la température, une atmosphère toujours humide, un terrain argilo-ferrugineux à sous-sol très humide, de manière que les racines baignent pour ainsi dire dans l'eau ».

Pour la récolte, les Malais procèdent de deux façons : s'agit-il d'un *Payena*, dont le latex ne se coagule pas immédiatement, ils se contentent de saignées ; est-ce à un autre guttier qu'ils s'attaquent, « ils l'entaillent, par le bas, à coups de hache, d'un seul côté, de manière à le faire tomber dans une direction choisie, et, avec des lianes attachées aux arbres voisins, ils le retiennent dans sa chute pour qu'il conserve une position inclinée ; ils font alors des incisions demi-circulaires de o m. o2 de largeur, environ tous les o m. 3o ou o m. 4o, mais seulement sur la partie du tronc qui n'est pas tournée vers le sol. Le latex qui s'écoule se coagule immédiatement ; on recueille la gomme en grattant le tronc avec des racloirs en fer. En moyenne, un arbre de 12 mètres de haut et de 1 m. 5o de circonférence peut donner, par ce procédé, de 15o à 2oo grammes de gutta-percha ; mais que de pertes, puisqu'on n'incise qu'un seul côté du tronc et qu'on n'exploite ni les branches, ni les feuilles. Serullas prétend, à cet égard, qu'on peut retirer des branches d'un guttier abattu quinze fois plus de gutta que les Malais n'en tirent du tronc, et vingt-deux fois plus des feuilles du même arbre. »

On peut aisément se figurer les réels ravages opérés par les indigènes dans les forêts. D'autre part, les triages et les manipulations souvent frauduleux auxquels se livrent les Chinois sont cause que l'acheteur est souvent exposé à de sérieux mécomptes, d'autant que les bonnes

---

[1] Rapport du Jury de la Classe 54 (Engins, instruments et produits des cueillettes), par G. COIRRE, vice-président de la Chambre syndicale des produits pharmaceutiques de France.

guttas deviennent de plus en plus rares; aussi leur prix s'est-il accru d'un tiers dans les dix dernières années. Ce sont les fabricants de câbles sous-marins qui achètent aujourd'hui presque toute la gutta. Le tableau suivant indique la production de chaque contrée :

PAYS.	1885.	1886.	1887.	1888.	1889.	1890.
	kilogr.	kilogr.	kilogr.	kilogr.	kilogr.	kilogr.
Péninsule malaise.........	167,952	//	//	//	//	49,885
Province de Penang (Péninsule malaise)........	//	//	812	//	//	//
Bornéo...............	185,420	229,006	//	//	//	//
Sumatra, Java, Bali et autres petites îles........	//	//	//	2,394,000	3,799,281	1,083,208

PAYS.	1891.	1892.	1893.	1895.	1896.	MOYENNE 1885-1896.
	kilogr.	kilogr.	kilogr.	kilogr.	kilogr.	kilogr.
Péninsule malaise.........	//	253,034	//	//	241,808[1]	1,744,065[2]
Province de Penang (Péninsule malaise)........	//	104,910	//	//	153,873	//
Bornéo...............	965,759	//	1,114,755	//	899,718	//
Sumatra, Java, Bali et autres îles............	//	//	//	811,326	939,901	//

[1] D'une valeur de 953,100 francs. — [2] D'une valeur de 7,010.850 francs.

DAMAR. — Notons, enfin, qu'il en est, en moyenne, exporté de Batavia, plus de 15,000 piculs[1] par an de cette résine fossile provenant du *Dammara australis*.

[1] Un picul = 40 kil. 400.

LIVRE VII.

OCÉANIE[1].

___

CHAPITRE XLVII.

AUSTRALASIE.

HISTORIQUE. — SUPERFICIE. — SÉCHERESSE. — CLIMAT. — RÉPARTITION DU SOL. — POPULATION. — VALEUR DE LA PRODUCTION. — MODES DIVERS DE CONCESSION. — L'OEUVRE ACCOMPLIE PAR LE FERMIER-PIONNIER D'AUSTRALIE. — CONDITIONS DU TRAVAIL ET PRIX DES SALAIRES. — ÉTENDUE DES CULTURES. — CÉRÉALES. — VIGNOBLES ET VINS. — CANNE À SUCRE. — FRUITS. — STEPPES ET PÂTURAGES. — MOUTONS; LES ENNEMIS DU MOUTONNIER. — CHEVAUX. — BÊTES À CORNES. — PORCS. — INDUSTRIE BEURRIÈRE. — TAUX DE BOISEMENT. — PRINCIPALES ESSENCES FORESTIÈRES. — DESTRUCTION DES FORÊTS. — GOMME. — DAMAR. — CHASSE DES LAPINS. — PÊCHE DE LA PERLE.

HISTORIQUE. — La date certaine de la découverte de l'Australie par les Européens est inconnue. Un pilote provençal, Guillaume le Testu, semble être le premier qui signala l'existence d'un grand continent dans l'océan Austral, en 1542. Des navigateurs portugais, espagnols, hollandais et anglais, explorèrent à des dates diverses, dans le xvie et le xviie siècle, les parages Nord et Ouest de ce continent; un seul, Tasman, qui a donné son nom à la Tasmanie, visita le Sud. En 1770, le capitaine Cook, découvrit de nouveau l'Australie et la fit connaître par ses explorations le long de la côte. L'établissement anglais de Port-Jackson (Sydney) remonte à 1788; mais c'est seulement de 1833 à 1835 que date la colonisation agricole de l'Australie par la fondation de Portland-Bay, par MM. Henty. M. Edward Henty, mort en 1878, et son frère Francis, mort en janvier 1889 à Melbourne, doivent être considérés comme les véritables fondateurs de la colonie Victoria.

___

[1] J'ai traité de l'Océanie française, p. 515 et suiv.

Edward Henty, fils d'un banquier du comté de Sussex, qui émigra en Tasmanie en 1831, désireux d'étudier par lui-même les ressources qu'offrait l'Australie à la colonisation, revenait d'une exploration de deux mois sur ce continent, lorsque le mauvais temps l'obligea à se réfugier dans la baie de Portland. La qualité du sol, les conditions générales du rivage le séduisirent, et, le 19 novembre 1833, il revenait à Portland pour s'y fixer. Il laboura le premier sillon, planta le premier cep de vigne, ferra le premier cheval et tondit les premiers moutons de Victoria.

Au commencement de 1835, une société se forma en Tasmanie pour coloniser Port-Philipp. John Batman était à sa tête : après plusieurs entrevues avec les indigènes, il négocia avec huit des chefs principaux le transfert en sa faveur et en celle de ses héritiers de 350,000 hectares de terre, pour payement desquels il donna aux vendeurs : 40 couvertures de laine, 20 tomahawks, 100 couteaux, 50 paires de ciseaux, 30 miroirs, 200 mouchoirs, 100 livres de farine et 6 chemises. Ce marché fut annulé par le Gouvernement anglais, mais le gouverneur de la Nouvelle-Galles du Sud accorda une indemnité de 175,000 francs à la société Batman pour services rendus à la colonisation.

Dans la même année, Batman fut suivi par M. J. Fawkner, qu'on a justement nommé le père de Melbourne. Fawkner remonta le Yarra sur une goélette qu'il amarra à un arbre qui s'élevait sur l'emplacement où se trouve aujourd'hui l'Australian Wharf. On débarqua, avec les provisions, deux chevaux, deux porcs, trois chiens et un chat. M. Fawkner s'occupa immédiatement de la culture d'une prairie de 35 hectares sur la rive sud de la rivière. Il retourna la première motte de terre, bâtit la première maison, ouvrit la première église et fonda le premier journal de la colonie. Le fondateur de Melbourne est mort en 1869.

Batman et Fawkner eurent bientôt des imitateurs. Buckley, le *sauvage blanc* comme on l'appelait, venu de la terre de Van Diemen, où il avait vécu trente-deux ans avec les indigènes, devint l'interprète d'une société de colons. Le 10 novembre 1835, cinquante vaches hereford pur sang et cinq cents moutons furent débarqués. On amena

le bétail de la Nouvelle-Galles-du-Sud, par voie de terre. Les plaines
d'Ivamoo se couvrirent bientôt des troupeaux de moutons et des bestiaux des colons européens. Tel fut, en Australie, le modeste début
de l'élevage dont nous constaterons plus loin le colossal développement. L'année 1838 vit naître la première banque et le premier
journal, *l'Advertiser*. En 1850, Port-Philipp, qui ne comptait pas
encore quinze ans d'existence, avait un revenu de près de 6 millions;
son exportation s'élevait à 10 millions de francs, et sa population
dépassait 76,000 habitants.

L'année suivante (1851) mérite une mention toute spéciale dans
l'histoire de la jeune colonie. Elle fut marquée d'abord par les grands
incendies des brousses qui s'étendirent sur plusieurs centaines de kilomètres : toute la campagne était enveloppée de flammes; les territoires les plus fertiles furent complètement ruinés par l'élément dévastateur; les troupeaux de moutons et les bestiaux furent abandonnés
par leurs propriétaires ou par leurs gardiens; ce fut un sauve-qui-peut
général, chacun voyant sa vie en danger. La ruine et la désolation
se répandirent sur le pays tout entier. Les cendres des forêts en
flammes, à Macedon, à une distance de 72 kilomètres de Melbourne,
furent chassées jusque dans les rues de la ville. Les annales de la
colonie ne contiennent pas de jour plus funeste, plus désastreux que
le *black thursday* (jeudi noir). Mais bientôt survint un événement qui
changea le cours des idées et chassa la politique de l'esprit des colons
de Victoria, fort mécontents alors du gouvernement du lieutenant-
gouverneur Latrobe, récemment placé par la métropole à la tête de
la nouvelle colonie de Victoria. Cet événement est la découverte
de mines d'or.

Considérations générales. — L'Australie — dont je viens d'indiquer le rapide développement, non moins remarquable que celui du
Japon — s'étend sur plus de 797 millions d'hectares; au Sud-Est, la
Tasmanie, et un peu plus loin, la Nouvelle-Zélande lui ajoutent un
territoire très vaste [1]. Mais le manque d'eau rend inutilisable une

[1] Exactement, l'Australie comprend : 1° le continent de l'Australie, divisé lui-même en cinq colonies : Nouvelles-Galles du Sud, Victoria, Queensland, Australie méridionale et

bonne partie de cette superficie. Les déserts australiens reçoivent, en effet, très peu de pluie. Leurs cours d'eau intermittents ont pu être justement comparés aux ouadis du Sahara[1]. « Des steppes, écrit un géographe, des broussailles épineuses ou *scrubs*, souvent le sol nu, voilà tout ce que l'on trouve dans les régions du Centre et de l'Ouest sans écoulement vers la mer. » Seuls, le Sud-Ouest australien, la Tasmanie, la Nouvelle-Zélande offrent de vastes régions agricoles; le climat peut être rapproché des climats méditerranéens; en Nouvelle-Zélande, notamment, la chute de pluies se répartit assez également dans le cours de l'année[2]. Au total, en Australie, 35 millions d'hectares seulement sont boisés; la culture n'occupe que 4 millions d'hectares, dont les revenus ne sont du reste pas très élevés; les prairies et les pâturages, 446 millions, et il en reste près de 300 millions désertiques. Quant à la population totale, elle n'égale pas celle des Pays-Bas; la moitié seulement est rurale. Les indigènes — qui ne furent jamais très nombreux — sont en grande diminution : quelques tribus qui résident principalement sur des terres spécialement réservées pour elles par le gouvernement de la Nouvelle-Galles du Sud et de Victoria, rôdent à plaisir sur de vastes superficies de terrains inoccupés appartenant aux territoires de Queensland et de l'Australie de l'Ouest. Enfin, la valeur de la production annuelle totale est passée de 56,439,000 livres sterling en 1871 à 87,606,000 livres sterling en 1881 et 102,672,000 livres sterling en 1894-1895; savoir pour : la production animale et laitière, 45,999,000 livres

Australie occidentale (sup. 7,621,705 kil. c.); 2° l'île adjacente de la Tasmanie (sup. 67,894 kil. c.); 3° la Nouvelle-Zélande (sup. 270,568 kil.c.). Superficie totale : 7,970,067 kilomètres carrés, les 4/5 de celle de l'Europe.

[1] On a récemment découvert sur la côte Sud de l'Australie, des lacs souterrains, qui se trouvent à une profondeur de neuf à dix mètres au-dessous de la surface de la terre et contiennent une grande quantité d'eau potable. Si l'on parvient à établir un système de puits artésiens, permettant de faire arriver l'eau facilement à la surface, on créera de la sorte de nouveaux débouchés à la colonisation. Probablement ces nappes d'eau souterraines ont été formées par les nombreux cours d'eau, qui à l'intérieur de l'Australie se perdent dans les sables, sans qu'on puisse découvrir leurs traces.

[2] « Nous jouissons en Nouvelle-Zélande d'un climat qui est hors de pair dans le monde entier; le terrain qui ne manque pas est fertile et bien arrosé; le pays où l'on ne trouve aucun reptile n'est pas sujet aux fièvres paludéennes; les pluies, assez abondantes, rendent l'irrigation inutile. » C'est ainsi que s'exprime un horticulteur de la Nouvelle-Zélande, M. Lionel Hanlon, président-délégué de la Fruitgrower's Union, d'Auckland.

sterling; les récoltes, 15,975,000 livres sterling; l'or et les minéraux, 13,476,000 livres sterling; les bois et les pêcheries, 2,915,000 livres sterling; les productions industrielles diverses, 25,307,000 livres sterling.

Les concessions. — Après ces considérations générales, quelques mots sur les concessions. Quand on s'occupe d'un pays neuf, il est, tout particulièrement intéressant d'indiquer les divers moyens qui s'offrent aux colons pour devenir propriétaires ou locataires des terres. Ce qui suit s'applique tout particulièrement à Victoria, une des cinq colonies qui forment l'Australie.

Les terres de culture et les prairies sont divisées en lots qui n'excèdent pas 400 hectares. Ces lots sont loués à bail pour 14 années à un prix qui ne peut être moindre de 0 fr. 20 ni supérieur à 0 fr. 40 (loi de 1855) par acre (40 ares), et l'estimation de la qualité de la terre se fait par les employés du Gouvernement. À l'expiration du bail, une indemnité, qui ne dépasse jamais 30 francs par hectare, est accordée au locataire pour les améliorations faites dans la propriété. Sur ces terres, on permet au preneur de cultiver tout ce qui est nécessaire à sa consommation, mais il n'a pas le droit de vendre ses produits. L'avantage de ce système consiste en ce que le locataire, sur les 400 hectares, a le droit de choisir 14 hectares pour lesquels il peut obtenir un titre de propriété définitive aux conditions suivantes : il devra payer annuellement une somme de 1 fr. 25 par acre pendant six ans; au bout de ce temps, il aura la faculté de continuer à payer la même redevance jusqu'à concurrence de 25 francs, ce qui représente le prix d'achat de la terre, ou de verser immédiatement 17 fr. 50, somme contre laquelle on lui délivrera le titre de propriété.

Enfin, l'État vend tous les ans aux enchères une quantité limitée de terre, mais les conditions indiquées plus haut constituent le mode de location et de vente de beaucoup le plus important. On voit que le seul moyen d'obtenir des terres du Gouvernement est, en réalité, celui qui consiste à prendre à bail une concession de 400 hectares que l'on devra améliorer pour avoir le droit d'acquérir définitivement 14 hectares. Toutes les terres de l'État se trouveront prises dans ces conditions.

Il nous semble qu'un système analogue pourrait avec avantage être introduit dans les colonies françaises et notamment en Algérie.

Dans la colonie de Victoria, la demande de terres dépasse toujours l'offre et l'État trouve toujours preneur pour les terrains qu'il met à la disposition des colons.

On verra ultérieurement (p. 688) ce qui concerne plus particulièrement les pâturages.

Arrivons à ce qu'on appelle les *colonies d'irrigation artificielle*. Leur origine est une demande faite, il y a plusieurs années, au gouvernement de Victoria pour obtenir une vaste concession de terres considérées jusque-là comme étant sans valeur; ces terres étaient situées sur le Murray; on se proposait, moyennant l'irrigation, de transformer la friche en champs de céréales, en vergers et en vignobles. Du nom du district pastoral qui en forme la majeure partie, la concession est dite le Mildura. Accordée en 1887, elle est destinée à s'étendre sur plus de 100,000 hectares. Le droit de se servir des eaux du Murray a été octroyé pour 25 années avec faculté de renouveler le contrat pour une période d'une égale durée. Les concessionnaires se sont engagés à dépenser en travaux d'irrigation, de culture, d'horticulture, etc., une somme de 7 millions et demi de francs, répartie par périodes inégales sur une durée de vingt années. Un collège d'agriculture a été également imposé aux concessionnaires et il a été décidé qu'un cinquième de la surface irriguée de la concession lui serait affecté. Une ville ne tarda pas à se bâtir sur les terrains concédés, et, après défrichement, le prix de location de l'acre fut fixé à 375 francs pour les emplacements agricoles et à 500 francs pour les établissements horticoles.

LE FERMIER ET L'OUVRIER. — Non moins que les modes de concession, il est intéressant de voir l'œuvre qu'ont à accomplir les colonisateurs, car les débuts sont entourés de toutes les difficultés inhérentes aux opérations agricoles dans les pays neufs. Le fermier-pionnier a tout à apprendre en ce qui concerne le sol, le climat et les conditions générales du pays avec lesquelles il doit lutter. Il doit ou plutôt il devait importer d'Europe le matériel agricole, les semences, les animaux domestiques, et l'expérience seule pouvait lui apprendre quelles étaient les races d'animaux et les variétés de plantes qui s'acclimateraient le mieux. Il n'existait pas alors de centres de populations permettant l'écoulement des produits; pas de marchés pour la vente, de sorte qu'il arriva fréquemment que, lorsque le pionnier obtenait une bonne récolte, les acheteurs manquaient, le port se trouvant rempli de produits étrangers. L'absence de routes à travers les forêts et les plaines, le manque de ponts sur les rivières étaient autant d'obstacles qu'il fallait vaincre pour sortir les produits de leur lieu d'origine. Aujourd'hui la situation est tout autre : 4,000 kilomètres de voie ferrée, sans compter les routes et les canaux, assurent des débouchés faciles vers les grands centres de consommation et sur les ports d'exportation.

Chaque village, si éloigné qu'il soit de la capitale, est en relation télégraphique avec Melbourne. Aucun pays n'est mieux doté sous le rapport de la facilité des communications.

Quelques mots en terminant sur les conditions du travail et le prix des salaires en Australie. Victoria, comme tous les pays australiens, semble un paradis pour les ouvriers des deux sexes. Les servantes reçoivent de 600 à 1,500 francs par an, logées et nourries; les domestiques mâles, de 650 à 1,875 francs. Les gages des domestiques dans les fermes sont presque aussi élevés : les salaires des ouvriers varient de 62 fr. 50 à 100 francs par semaine, et la moyenne peut s'évaluer à 12 fr. 50 par jour.

Les manœuvres, hommes de peine, etc., gagnent 7 fr. 50 à 10 fr. par jour. Comparativement au salaire, la vie est à très bon marché. Les objets de première nécessité, la viande, la farine et les liqueurs, coûtent moins cher qu'en Europe. Les loyers, les vêtements et les objets de luxe, par exemple, sont d'un prix plus élevé; mais les ouvriers mangent de la viande trois fois par jour et s'achètent un vêtement neuf tous les six mois au moins. L'organisation du travail par les sociétés ouvrières est remarquable. Tous les ans, au mois d'avril, il y a une fête publique, le *jour des huit heures*, c'est-à-dire l'anniversaire du jour où il fut décidé par une loi que l'ouvrier ne devait au patron que huit heures de travail par jour.

AGRICULTURE. — L'Australie ne consacre, je l'ai dit, à la culture que 4 millions d'hectares, dont 2,300,000 au froment, 700,000 à des céréales diverses, le reste à la vigne, à la canne à sucre, au coton, au houblon, au tabac, aux arbres fruitiers, etc.

Généralement, le sol consacré par l'Australien à l'agriculture est très fécond : si le rendement moyen à l'hectare ne dépasse guère, pour les céréales, 12 à 13 hectolitres, il est beaucoup de terres qui, bien cultivées, donnent jusqu'à 35 et 37 hectolitres de blé; on obtient, dans de bonnes conditions jusqu'à 30 et 35 tonnes de pommes de terre à l'hectare, et l'on cite des rendements de maïs de 90 hectolitres.

Bien que la récolte de froment ne soit pas très élevée, le faible chiffre de la population permet un excédent d'exportation de 1 million d'hectolitres environ. Les blés exportés sont de belle qualité, à grains blancs très gros. Cependant, on peut douter, étant données la rareté des pluies et l'insuffisance des irrigations, que l'Australie devienne jamais un facteur important, relativement à la production et au commerce du blé dans le monde. D'autres récoltes en céréales peuvent encore être citées : celles de l'avoine, du maïs, de l'orge.

Le tableau de la récolte des céréales est le suivant (chiffres moyens de la période quinquennale 1897-1901) :

Blé (principaux producteurs : Victoria, Nouvelles-Galles du Sud, Australie méridionale) . . . .   16,393,337 hectol.
Avoine (principaux producteurs : Nouvelle-Zélande) . .   8,753,087
Maïs   3,603,910
Orge (principaux producteurs : Victoria, Nouvelle-Zélande)   1,018,228

«Le vignoble australien [1] a une certaine importance; mais le phylloxera sévit dans le pays. En 1896, année de la plus forte récolte, on

[1] Voici quelques détails au sujet de la viticulture dans la colonie de Victoria. En 1838 ou 1839, William Ryria se transporta à Monara, région qui était alors un véritable désert et qui forme aujourd'hui un immense vignoble. Emmenant avec lui son bétail et ses

a obtenu 261,000 hectolitres, sur 50,000 acres de vignes. L'étenduc totale, complantée en 1899, était de 60,519 acres, soit 24,208 hectares, et la récolte est montée à environ 205,000 hectolitres de vins. Le rendement moyen par hectare n'atteint donc pas 11 hectolitres. Une grande partie de la production est exportée dans le Royaume-Uni. La région de l'Australie, qui semble la plus importante au point de vue de la plantation de la vigne, est celle de Victoria. Les vins produits dans cette région peuvent se diviser en deux classes distinctes : ceux imitant les vins d'Espagne, ou vins de liqueur, et nos gros vins alcooliques du Roussillon; ceux qui se rapprochent de nos bordeaux, de nos bourgognes et des vins blancs d'Allemagne et de Hongrie. On a essayé de faire des vins blancs mousseux, mais les résultats n'ont pas été satisfaisants[1]. »

Queensland consacre une certaine superficie à la culture de la canne; sa production moyenne en sucre est de 120,309 tonnes 717 (période quinquennale 1897-1898 à 1901-1902).

Bien que le climat et le sol soient, en Nouvelle-Zélande notamment, favorables à la culture fruitière, 10,000 hectares seulement lui sont consacrés, y compris la superficie occupée par la ville et tandis que l'exportation des fruits est pour ainsi dire nulle, l'importation atteint la valeur annuelle de 100,000 livres sterling. Du reste, la consommation des fruits frais ou conservés est très considérable dans toute l'Australie, et l'importation y est fort importante.

Steppes et pâturages. — L'Australie presque entière est un pays de steppes. Dans le sud-est et en Nouvelle-Zélande, on trouve des herbages et des prairies. Au total, ces divers pâturages couvrent 446 millions d'hectares, dont 360 sont, dès aujourd'hui, occupés par les éleveurs.

---

troupeaux de moutons, Ryria accomplit dans ce désert, au risque de sa santé et même de sa vie, un tour de force prodigieux de colonisation. Il apportait quelques ceps de vigne dont quelques-uns étaient encore en bon état à la fin de son voyage. Sur un plateau sablonneux qui s'étendait devant sa petite habitation de premier colon, la vigne fut plantée; elle poussa et se développa d'une façon si surprenante, qu'il fut bientôt évident qu'une plus grande surface de terre consacrée à la nouvelle culture serait d'un bon rapport.

[1] P. Le Sourd, Rapport du Jury de la Classe 60 (Vins et eaux-de-vie de vin).

Victoria. — Les terres pastorales de Victoria sont divisées en concessions capables de contenir et de nourrir de 1,000 à 4,000 moutons et de 150 à 500 têtes de gros bétail. Elles sont louées à bail pour une période de quatorze ans, au prix de 1 fr. 25 par mouton et de 6 fr. 25 par tête de gros bétail. On a estimé qu'il ne fallait pas moins de 4 hectares de terre pour suffire à la nourriture d'un mouton, et c'est sur cette moyenne que l'on se base pour déterminer la superficie de chaque concession.

Un tiers de la surface disponible pour la colonisation est formé par des landes que l'État loue pour vingt ans, à raison de 0 fr. 20 par tête de mouton et de 1 fr. 25 par tête de gros bétail pendant les cinq premières années, le double de ces sommes pour les cinq années suivantes, et de 0 fr. 60 par mouton et 3 fr. 75 par tête de gros bétail pour les autres années. À la fin de ces tenures à bail, la terre revient à l'État et l'on donne une indemnité au locataire pour les améliorations qu'il a faites dans la propriété pendant ces vingt années.

Élevage. *Moutons.* — L'Australie est donc un pays d'élevage. Et c'est du mouton qu'il faut tout d'abord s'occuper, puisque, avec ses 95 millions de têtes, l'Australasie occupe pour cet élevage la première place, dépassant la République Argentine — tant par l'effectif que par l'importance de l'exportation [1], qui s'élève à trois millions de quintaux, au lieu de 2 exportés par l'Argentine. Quelques mots d'historique ne sont pas inutiles. Les premiers mérinos ont été importés en 1795; en 1803, le roi d'Angleterre en donna quelques autres choisis dans ses troupeaux. Ce fut là la souche de la population ovine de l'Australasie, population mérine améliorée depuis par des reproducteurs français et allemands, mais que les éleveurs australiens

---

[1] L'Australie a commencé d'exporter de la laine en 1810; son premier envoi pesait 75 kilogrammes; en 1840, son exportation se monte à 4,500,000 kilogrammes; en 1877, elle atteint 127 millions de kilogrammes. Victoria, sous son ancien nom de Port-Philipp, a été la première des colonies australiennes à démontrer que les mérinos, dont la laine est d'une finesse exceptionnelle, d'une longueur remarquable, d'une douceur et d'un lustre particuliers, pouvaient s'élever en grande quantité sur les immenses pâturages de l'Australie. L'exportation annuelle des laines de Victoria oscille entre 45 et 67 millions de kilogrammes.

estiment arrivée aujourd'hui à un point où ils n'ont plus qu'à la perfectionner par la sélection. A côté de la race à laine fine, on élève aujourd'hui le mouton à viande, tant en vue de la consommation locale que de l'industrie des conserves. Les chiffres des exportations sont éloquents. En 1880, l'Australie n'expédiait pas en Angleterre plus de 400 carcasses de moutons entiers; en 1882, les envois de l'Australie et de la Nouvelle-Zélande représentent déjà un total de 66,095 moutons, qui atteignait 524,064 en 1884, et s'élevait rapidement et progressivement à 1,741,380 en 1870, et à 2,948.489 en 1894. Dans ce total, la quote-part de la Nouvelle-Zélande se monte à 2,031,000.

Ainsi l'Australie, prise dans son ensemble, occupe le premier rang sur le marché du Royaume-Uni.

Je crois intéressant de reproduire ici la peinture qu'un voyageur français, M. Renouard, a faite de la vie du moutonnier en Australie : « Le squatter australien doit se défendre contre trois grands ennemis : le kangourou qui mange son herbe, le chien sauvage qui dévore ses moutons, enfin le *free-selecter* qui, trouvant à sa convenance dix acres dans le terrain dont le squatter n'est que le locataire, peut, aux termes de la loi, les acheter à l'agent du gouvernement, et en évincer le squatter, si celui-ci ne consent pas à payer dix fois la valeur. Joignez à cela les maladies : la gale, le piétin (flootrood), un genre d'apoplexie, une sorte d'hydatide, et, enfin, les variations climatériques et les excessives sécheresses qu'elles amènent. » Ces touches sont un peu pessimistes; on a vu, en effet, que l'industrie du mouton est extrêmement prospère en Australie, et c'est signe qu'elle peut lutter contre ses nombreux et redoutables ennemis.

Chevaux. — Les chevaux sont au nombre de 15 millions. Il y a notamment des poneys assez compacts, auxquels les Anglais ont, en partie, recours pour remonter leur cavalerie des Indes. Les Australiens, aimant beaucoup le cheval, donnent tous leurs soins à son élevage.

Bovidés. — On compte en Australasie 12 millions de bovidés, dont plus de 4 millions au Queensland. Nous verrons ultérieurement les rapides progrès accomplis par l'industrie laitière; on élève également du bétail à viande, et l'exportation pour l'Angleterre, Londres surtout, est importante tant en conserves qu'en viande réfrigérée. Elle

(Cliché de l'*Agriculture pratique des pays chauds*.)

Fig. 439. — Bœufs de travail de la race australienne.

s'est accrue avec une étonnante rapidité, ainsi que nous le montre, par exemple, la période triennale 1891-1894.

	1892.	1893.	1894.
	quintaux.	quintaux.	quintaux.
Australie	56,568	208,983	317,000
Nouvelle-Zélande	62,065	14,706	2,000

Porcs. — Le nombre des porcs n'est que de 500,000.

Industrie beurrière. — Quelle meilleure preuve de la rapide extension de l'industrie beurrière en Australasie que les chiffres qui nous indiquent le pour cent des exportations d'Australasie dans l'importation totale en beurres de l'Angleterre :

	1891.	1896.	1901.
Australie	"	5.3	6.7
Nouvelle-Zélande	"	1.8	4.5

L'Australasie — dont les produits sont couramment désignés sur le marché anglais sous le nom de *beurre colonial* — en a envoyé en Angleterre, en 1899, 365,000 quintaux; en 1900, 515,000; puis, il y a eu rétrogradation : le chiffre de 1901 est 415,000; celui de 1902 est plus faible encore[1]. N'importe, cela représente encore un immense pas fait pendant les dix dernières années. De plus, les compagnies de transport ont établi pour les beurres australiens de très avantageuses conditions. On a pris pour modèle l'industrie laitière danoise; la pasteurisation est répandue. C'est pendant l'hiver, de novembre à mai (soit l'été pour l'hémisphère sud), que le beurre colonial vient sur le marché anglais.

De toutes les provinces australiennes, celle de Victoria a, au point de vue beurrier, la plus grande importance. En 1899, le nombre des laiteries y était de 520, occupant directement ou indirectement 27,000 personnes. La production laitière annuelle de chaque vache y est inférieure à 1,000 litres.

Forêts. — Les 35 millions d'hectares de forêts que possède l'Australie ne représentent qu'un taux de boisement de 4.5 p. 100. La Nouvelle-Zélande est plus riche; «elle avait, écrit M. A. Mélard, de magnifiques forêts de résineux comparables en richesses à celles de l'hémisphère boréal».

Les 8 millions d'hectares de forêts de la Nouvelle-Zélande équivalent, en effet, à un taux de boisement de 29.6 p. 100. L'exportation de certaines qualités est assez forte; mais, pris dans son ensemble, le continent australien est tributaire, pour le bois, des pays étrangers.

Les principaux arbres d'Australie sont : le jarrah (*Eucalyptus marginata*), le karri (*Eucalyptus diversicolor*), le tuart, le wandoo, le york gum, le yate, le sandalwood, le jamwood, le blakbutt, le red gum, le sheoak, le morell, etc. Les eucalyptus d'Australie sont célèbres.

Parmi ces bois, les deux premiers, dits *acajous d'Australie*, sont les plus appréciés. «Ils sont de couleur rouge foncé, d'un grain fin et

______

[1] En 1904, le port de Sydney a exporté 8,000 tonnes de beurre.

dur, et prennent une très belle teinte sous le vernis. Le *jarrah* contient des poches de résine; par ce fait, il est pour ainsi dire imputrescible et se conserve fort longtemps dans la terre et dans l'eau; aussi l'utilise-t-on beaucoup dans les gros travaux de charpente, pour les pilotis, pieux, traverses de chemins de fer et pour le pavage des rues; cet arbre atteint une hauteur de 30 mètres dont 15 à 18 mètres sous branches et un diamètre de 0 m. 90 à 1 m. 50; la moyenne des diamètres varie entre 0 m. 75 et 1 mètre. Le *karri* est plus gigantesque : c'est le roi des forêts de l'Australie; il pousse très droit et atteint quelquefois une hauteur de 75 mètres, dont 48 mètres sous branches avec un diamètre de 1 mètre à 2 m. 50; il n'a pas de poches de résine et, par cela même, il est utilisé davantage pour les travaux d'ébénisterie, tout en étant un excellent bois pour traverses et pavés. Le *tuart* est également un excellent bois dur, utilisé surtout comme bois de charronnage; de même, le *wandoo*. Un bois absolument différent, c'est le *santal*, qui pousse dans les sables de l'intérieur; il est odorant et fait concurrence au santal des Indes; il est exporté vers Singapour et en Chine, où l'on en fait des coffrets et des cercueils »[1].

Malheureusement, en Australie comme en Nouvelle-Zélande, on réalise le capital ligneux de façon excessive. Ici encore, il faut pousser le cri d'alarme.

Un écrivain anglais, Froud, qui visitait l'Australie, il y a une vingtaine d'années, déplorait déjà ce fait : «Nous nous plongeons de nouveau, écrit-il, dans les bois; les ravins deviennent de plus en plus sauvages; les eucalyptus, de plus en plus grands; les tiges droites et dénudées atteignent 200 pieds «comme le grand mât de quelque vaisseau amiral» avant de donner naissance à la plus petite branche. Des arbres uniques comme ceux-là devraient être conservés, mais le sol qui les nourrit est tentant par sa fertilité, et ils sont voués à la destruction. Le Gouvernement fait des lois à ce sujet; mais, dans une démocratie, le peuple fait ce qu'il lui plaît. Les usages et les convoitises sont maîtres; les lois ne sont que du papier. On

[1] E. Voelkel, Rapport du Jury de la Classe 50 (Produits des exploitations et des industries forestières).

pratique une entaille à un yard du sol; l'écorce est arrachée, la circulation de la sève s'arrête, l'arbre meurt, les feuilles de la cime se dessèchent; les branches persistent quelques années, nues et comme des fantômes, puis se brisent et tombent. Quelquefois la forêt est complètement brûlée; on voit des centaines de troncs, ayant un reste de vie, écorchés et noircis d'un côté. L'eucalyptus est de croissance rapide et pourra être rétabli par la suite quand la disparition des arbres commencera, comme cela arrivera, à affecter le climat. Mais les bois durs et les acacias, qui, quoique petits à côté de leurs immenses voisins, atteignent de respectables dimensions, ne sont exploitables qu'à cent ans. Le bois a de la valeur, et, de tous côtés, on le coupe et on l'enlève. Le génie de la destruction est dans l'air. » M. A. Mélard, dont on ne saurait trop souvent citer le magistral rapport, écrit, de son côté, au sujet de l'Australie : « Ses forêts trop rares ont-elles du moins quelques chances d'être soigneusement conservées? On peut être certain du contraire, en présence de ce fait que la principale industrie de l'Australie est l'élevage des moutons. Or, entre la conservation des forêts et l'existence des grands troupeaux de moutons, l'antinomie est complète. Partout où se sont installés les peuples pasteurs, les forêts ont disparu. Les prohibitions, les règlements n'y font rien. On les maintient et on résiste avec quelque succès pendant les années humides. Les pâturages non boisés sont abondants. Mais alors la facilité avec laquelle on nourrit les troupeaux, conduit à les accroître. Quand vient une année sèche, toutes les résistances tombent. Il y a, proclame-t-on, intérêt public à sauver les éleveurs de la ruine. Il faut ouvrir la forêt aux bêtes affamées qui se jettent dans les cantons peuplés de jeunes bois, ceux où il y a le plus à dévorer, et les détruisent. La forêt ne se renouvelle plus, elle se clairière. Un peu plus tard, elle ne sera plus qu'un pâturage avec quelques bouquets d'arbres. Ceux-ci disparaîtront à leur tour, tués par le piétinement des animaux qui se réfugient à leur ombrage aux heures chaudes du jour, et au pâturage boisé succédera la lande nue ou la montagne pelée, ravagée par les torrents. Quelquefois la ruine est consommée d'un seul coup, les bergers, pour étendre et améliorer leurs pâturages, mettent le feu à la forêt. C'est l'histoire de millions d'hectares d'anciennes forêts dans les pays qui entourent la Méditerranée; ce sera celle des forêts d'Australie. »

Gomme. — Parmi les arbres répandus en Australie, j'ai cité le le *red gum;* cet arbre produit une gomme à laquelle ses qualités pharmaceutiques ont donné une grande valeur, et dont, en ce pays, on se sert également pour le tannage. L'été, cette gomme coule, épaisse, du tronc et quelquefois aussi des branches maîtresses; elle est facilement récoltée soit liquide, soit sèche.

Damar. — On récolte en Nouvelle-Zélande du damar, qui est formé par le *Dammara australis.* C'est même un des rares pays où les gisements de damar sont assez abondants pour que la récolte soit vraiment lucrative. Les chercheurs de damar (*gum-diggers*) se servent d'une tige ferrée à un bout, ayant 1 centimètre de diamètre, avec laquelle ils piquent le sol, et ils reconnaissent, par le son, s'ils ont touché une pierre ou un bloc de résine fossile.

Chasse des lapins. — Nous avons vu l'énorme surface occupée en Australie par les prairies; celles-ci sont broutées par une infinité de lapins. On sait à quel point sont prolifiques ces animaux. Les Australiens durent donc renoncer à l'espoir de détruire ceux qui faisaient à leurs pâturages d'innombrables dégâts, mais ils ont réussi à tirer de leur chasse un appréciable profit. Voici comment on procède à cette chasse qui est la seule occupation d'un grand nombre d'individus. L'après-midi on dispose des pièges, que l'on visite à la chute du jour, au milieu de la nuit et à l'aube. Dès qu'un lapin est pris, on le tue, le vide, puis le couvre d'une toile pour le mettre à l'abri des mouches; on le suspend à l'ombre en attendant le passage des voitures qui, chargées de ce service, le portent à la gare la plus proche, d'où il est expédié à Melbourne. Là, ces lapins sont placés dans les dépôts frigorifiques de l'État, comptés, puis examinés par des inspecteurs. On les répartit après — ceux seulement bien entendu qui sont dans un excellent état de conservation — en lots de 24; il y a trois catégories: les lapins adultes, pesant plus de 27 kilogrammes; les jeunes lapins, dont le poids est d'au moins 21 kilogrammes; enfin, les petits lapins; cette dernière catégorie n'est admise que pendant une partie de la saison. Une fois triés, ces lapins sont empaquetés dans des caisses à claire-voie que l'on place pendant trois à quatre jours dans des chambres réfrigérantes hermétiquement closes. Il ne reste plus qu'à procéder à l'expédition pour l'Europe : des camions à parois isolantes transportent les caisses dans les chambres froides des navires. L'*Agricultural Journal of Victoria* nous apprend qu'en 1900, l'Australie exporta une quantité de lapins, comptés, équivalant à 750,000 moutons moyens et que, l'année suivante, la seule province de Victoria expédia dans la mère patrie 2,271,210 paires de lapins et plus de 800,000 kilogrammes de conserves de lapins.

Pêche de la perle. — J'ai déjà parlé plus haut de la pêche de la perle [1]; elle est pour l'Australie une source appréciable de revenus; aussi ne paraîtra-t-il pas inutile, prenant pour guide l'intéressante notice consacrée, par M. Walter Kingsmill, à l'industrie perlière dans l'Australie occidentale [2], d'indiquer comment cette pêche se pratique.

Tout d'abord la recherche des huîtres perlières fut faite, au profit des éleveurs de bétail, par leurs serviteurs indigènes qu'ils occupaient en qualité de plongeurs, comme ils les eussent occupés à tout autre métier. Par la suite, des industriels s'adonnèrent à la pêche des perles : telle maison transféra sa flottille perlière des îles Sooloo, situées au nord de Bornéo, sur la côte australienne. En même temps que des industriels commençaient à s'occuper d'une façon active des perles d'Australie, les procédés de pêche changeaient; on eut recours à des scaphandriers : Malais, Manillais, Japonais. Ces plongeurs touchent 2 livres par mois, plus 20 l. par tonne d'huîtres recueillies, ce qui porte les salaires à 3 l. en moyenne par semaine. Ce sont les Japonais qui résistent le mieux aux plongées à grande profondeur. Chaque plongeur, pendant son immersion, est surveillé par un homme spécial qu'on appelle son *tender* et dont le salaire est de 4 l. par mois; ce tender doit continuellement tenir la ligne de sauvetage grâce à laquelle le scaphandrier lui fait, à l'aide d'un signal conventionnel, connaître

[1] Voir p. 530, 584 et 585.

[2] *L'Australie occidentale illustrée*, publiée par la Commission royale de l'Australie occidentale à l'Exposition de 1900.

ses besoins; le tender manœuvre, en outre, la pompe à air. Quant aux hommes d'équipage, ils sont presque tous Malais et reçoivent 2 l. 10 par mois. Les contrats des Japonais et des Manillais sont individuels, tandis que les Malais sont engagés à bail, par contrat soumis à la ratification des autorités néerlandaises, qui exigent qu'une fois leur temps de service terminé, ces hommes soient rapatriés sains et saufs.

LIVRE VIII.

AFRIQUE [1].

CHAPITRE XLVIII.

ÉGYPTE ET ABYSSINIE [2].

A. ÉGYPTE.

POPULATION. — SUBDIVISIONS TERRITORIALES. — CLIMAT. — LA CRUE; LE NILOMÈTRE. — IRRIGATIONS. — ENGRAIS. — RENDEMENTS. — CONSTITUTION DES SOLS. — PROCÉDÉS CULTURAUX. — CULTURE. — SAISONS DE CULTURE. — SURFACES CULTIVÉES. — PRINCIPALES CULTURES. — BÉTAIL. — CRÉDIT AGRICOLE. — LA TERRE : CHARGES FISCALES, RENTE, VALEUR. — FORÊTS. — GOMME ARABIQUE. — CAPTURE DES CAILLES; MESURES À PRENDRE. — PÊCHE.

Le recensement du 1er juin 1897 indique une population de 9,734,605 habitants [3] pour l'Égypte proprement dite. Sous ce nom, la Convention anglo-égyptienne de Paris, de 1899, désigne la vallée du Nil, de la cataracte d'Assouan (première cataracte) à la mer. Elle y comprend, en outre, à l'Est, les gouvernorats d'El-Arich, du canal et de la ville de Suez et la presqu'île du Sinaï; à l'Ouest, la province de Fayoum, enclave du désert arrosée par une dérivation naturelle du Nil, le Bahr-Youssef, et les oasis de Kargbah, Dacklak, Beharich et Farafrah, placées dans une vallée désertique parallèle à celle du Nil et alimentées par de lointaines infiltrations de ce fleuve. L'oasis de Siouah, plus à l'Ouest, est une dépendance naturelle de la Tripolitaine, qui fait partie de l'Égypte depuis 1820.

« Relativement humide et tempéré dans le Delta, le climat devient

---

[1] J'ai traité de l'Algérie et de la Tunisie (p. 225 et suiv.), de l'Afrique occidentale française (p. 398 et suiv.), de la Côte française des Somalis (p. 447 et suiv.), de Madagascar, des Comores et de la Réunion (p. 452 et suiv.).

[2] Clichés de la Librairie agricole (fig. 440, 441, 442 et 445), de la *Dépêche coloniale illustrée* (fig. 443 et 444).

[3] Au précédent recensement (1882), il n'y avait que 6,813,914 habitants, c'est-à-dire que l'augmentation est de 43 p. 100; elle est un peu plus accentuée dans la Haute-Égypte, 45 p. 100, contre 42 p. 100 dans la Basse-Égypte. Le recensement de 1897 ne comprend pas l'oasis de Siouah, les tribus des Bédouins de la péninsule du Sinaï, le gouvernement de Souakim et la province soudanaise de Dongola. Le recensement de 1897 indique que l'agriculture occupe en Égypte plus de 2 millions d'hommes.

très sec et très chaud dès que l'on remonte au-dessus du Caire. Celui du Caire convient surtout aux cotons et aux céréales; celui de la Haute-Égypte, à la canne à sucre — dont la culture ne descend guère au-dessous du Caire — et aux palmiers, qui forment souvent, dans les oasis surtout, de véritables forêts. Entre Kossei et Keneh, il y a quelquefois six années consécutives sans pluie.

«Le régime des vents est d'une régularité remarquable. Ils soufflent du Nord et du Nord-Est, de juin à octobre; de l'Ouest, d'octobre à mars. Pendant une période de cinquante jours environ, du 15 mars au 15 juin, ils sautent au Sud et apportent une chaleur étouffante qui atteint souvent 40 à 45 degrés et dessèche toute végétation; ils prennent alors le nom de *kamsin* (cinquantaine) ou *simoun* (poison). Ce régime, divisant l'année climatérique en trois saisons, a par suite, sur l'agriculture, une influence capitale : saison d'hiver ou des semailles (novembre à avril); saison d'été ou de la moisson (avril à juillet); saison d'arrière-saison ou de la crue (juillet à novembre[1]). »

La crue! c'est l'affaire capitale de chaque année. En effet, suivant le mot de Mariette, «la fertilité de l'Égypte est l'œuvre du Nil». Aussi la crue devait-elle être surveillée, d'où le nilomètre, dont le célèbre orientaliste allemand Georges Ebers parle en ces termes :

«En face du Caire, l'île de Roda renferme le *mékias* ou nilomètre, situé dans une chambre couverte, dont le plafond est soutenu par de minces colonnades en bois. La colonne a huit pans; elle est maintenue à sa partie supérieure par une poutre, et porte, sur son fût, l'ancienne échelle des mesures arabes. Le bassin quadrangulaire, au milieu duquel elle se dresse, est en maçonnerie, et communique avec le Nil par un canal. Dès les temps les plus anciens, les Pharaons avaient reconnu la nécessité de connaître le moment précis où l'inondation commence à décroître : on possède quelques nilomètres qui ont été érigés assez loin, en Nubie, par des rois de l'ancien empire. Dans ce pays où le paysan n'a ni pluies à attendre, ni gelées où mauvais temps à redouter, l'échelle du nilomètre permettait aux prêtres de prédire, en toute sécurité, le bon ou le mauvais produit de la moisson

____

[1] H. BABLED, professeur à l'École de droit du Caire.

future, et servait également aux officiers du roi, qui répartissaient les impôts d'après la hauteur du Nil. Dès le principe, et encore aujourd'hui, pendant le temps de la crue, on tenait le campagnard rigoureusement éloigné du pilier-échelle, et on le lui dérobait sous le couvert mystérieux d'une sainteté inabordable. Au temps des Pharaons, c'étaient les prêtres qui informaient les rois et le peuple du moment où l'inondation commençait à décroître; aujourd'hui, le droit de mesurer le Nil est réservé, sous la surveillance de la police du Caire, à un cheik assermenté qui a son propre nilomètre, dont le point zéro est marqué un peu plus bas que celui de l'ancien nilomètre. Les ingénieurs de l'expédition française furent les premiers à découvrir la fraude à l'aide de laquelle le Gouvernement cherchait à s'assurer chaque année le maximum de l'impôt. Quand le Nil est arrivé à la hauteur de quinze vieilles coudées arabes et seize kirât, — la coudée est de o m. 54 et renferme 20 kirât. — il a dépassé de plus de huit coudées le niveau des basses eaux, et s'est élevé à l'altitude nécessaire pour arroser les hautes parties du sol : il a, comme disent les Arabes, atteint son *kefâ*. Le cheik du Nil annonce cette heureuse nouvelle au peuple qui attend en suspens, et on peut dès lors assister au percement des digues. »

Alors, «les fellahs, hommes, femmes et enfants, suivis de leurs bêtes, se précipitent sur les berges, pour voir le Nil sourdre dans les canaux, en y apportant l'abondance et la vie. L'herbe, partout brûlée par le soleil, reverdit; les feuilles des arbres, secouant la poussière du désert qui en faisait comme des feuilles mortes, se redressent et reprennent leur fraîcheur primitive; des millions d'insectes ailés, des coléoptères, au milieu desquel on distingue par son activité le *Soralice sacri*, s'agitent et bourdonnent comme en un grand jour de réveil et d'ivresse amoureuse. Et il en est ainsi partout où se glisse un filet d'eau, qui, de minute en minute, va grossissant. Et que de craintes! Que d'appréhensions! Si la crue est en avance, les récoltes sont noyées avant d'avoir pu être cultivées; si elle est en retard, les récoltes sont exposées à brûler au soleil du printemps; si la crue est trop faible, la sécheresse accomplit son œuvre dévastatrice. Est-elle trop forte, alors c'est la lutte incessante, la réquisition forcée,

la misère, la famine et la mort. Qu'on juge par là quelle attention,
quel dévouement, quelle science mettent en jeu les ingénieurs chargés
des services d'irrigation. Et partout des barrières, des digues, des
barrages à ouvrir, à fermer ou à supprimer![1] »

Certaines cultures : coton, canne à sucre, sésame, ne se contentant
pas de la crue, les terres qui leur sont consacrées doivent, en outre,
être arrosées trois mois auparavant. Entretien des digues, nettoyage
des canaux et des fossés demandent une main-d'œuvre importante
et sont fort coûteux.

Linant de Bellefond évaluait à 450,000 le nombre des travailleurs employés chaque année pendant deux mois au moins de la
saison d'été.

« Ces cultures intensives (coton, canne à sucre) épuisent rapidement le sol alluvial, qui n'a nulle part plus de dix mètres de profondeur. En l'absence d'excréments des animaux, que les fellahs sont
contraints, faute de mieux, d'employer comme combustibles, les seuls
engrais usités sont la colombine et le *seback*, terre tirée des dé-
combres des villes, et qui est assez riche en azotate. Ces engrais sont,
comme le limon du Nil, insuffisants à réparer les pertes du sol.
D'autre part, l'extension trop rapide de la surface cultivée ne permet
plus de laisser l'eau séjourner assez longtemps sur certaines prairies
pour les débarrasser des sels impropres à la culture, dont ils sont
saturés. Aussi, les rendements du coton et de la canne à sucre sont en
décroissance, et le blé ne rend que 4 à 8 fois sa semence.

Il y a là, note justement M. Babled, une situation menaçante pour
l'avenir. » Je sais bien que l'Égypte exporte encore des céréales pour
une cinquantaine de millions de francs. Mais il faut se souvenir
qu'elle fut autrefois un des greniers de Rome et de l'Asie.

Le Nil n'est pas le seul « père » de ces sols excellents. Certainement,
ils sont constitués en moyenne partie par des dépôts alluviaux. Mais
à ces dépôts, vient se mélanger irrégulièrement un sable apporté
par le vent du désert. Il s'est formé, ainsi, un sol silicéo-argileux, parfois fortement salé dans les parties basses du delta.

[1] E. PLANCHUT, *Revue des Deux-Mondes.*

Fig. 440. — Laboureuse automobile à vapeur de M. Borghos Pacha Nubar.
(Vue prise pendant le travail.)

Fig. 441. — Laboureuse automobile à vapeur de M. Boghos Pacha Nubar.
(Les pièces travaillantes sont hors du sol.)

C'est ici le lieu d'indiquer les intéressants essais de labourage automobile faits en Égypte (fig. 440 et 441, p. 701)[1].

[1] C'est à M. Ringelmann, le distingué directeur de la Station d'essais de machines, que j'emprunte les lignes suivantes (écrites en 1900) sur la laboureuse automobile à vapeur de M. Boghos Pacha Nubar exposée, en 1900, au Champ de Mars :

Pour l'établissement de sa machine à pulvériser le sol, M. Boghos Pacha Nubar s'est basé sur les travaux de M. P.-P. Dehérain, qui les résuma ainsi qu'il suit :

« Quand une terre est convenablement remuée, aérée, travaillée, l'azote habituellement inerte qu'elle renferme évolue, devient soluble, assimilable; la matière organique azotée de l'humus, attaquée par les ferments, se réduit en acide carbonique, en eau, en nitrates, et, si nous en sommes encore réduits à acquérir ces nitrates, c'est que le travail du sol, tel que nous le pratiquons aujourd'hui, est inefficace. C'est aux ingénieurs à se mettre à l'œuvre, c'est à eux qu'il appartient d'imaginer un instrument qui divise, remue, secoue, aère le sol tout autrement que ne le font encore nos charrues et nos herses. »

En principe, la pièce travaillante est constituée par un disque qui tourne dans le plan vertical autour d'un axe parallèle à la ligne parcourue par la machine sur le sol; le disque est garni sur sa périphérie d'un certain nombre de coutres qui pénètrent en terre de la quantité voulue; les tranchants des coutres sont inclinés sur les lignes radiales. Le travail pratique obtenu, avec de semblables organes, ne peut pas être comparé avec celui fourni par une charrue ordinaire qui se borne à retourner une bande de terre plus ou moins brisée, car, en faisant varier la vitesse d'avancement de la pièce travaillante, ainsi que son nombre de tours, les coutres découpent la terre en tranches dont l'épaisseur peut varier depuis o à 5 ou 6 centimètres, suivant la nature ou l'état du sol et le degré de pulvérisation à obtenir.

En 1902, M. Ringelmann écrit :

M. Boghos Pacha Nubar devait procéder, dans ses exploitations des environs du Caire, à des essais; ils ont eu lieu en 1901 et n'ont pu encore porter que sur une seule plante (coton); ils seront continués sur d'autres cultures. Deux champs contigus, de superficie à peu près égale (4,370 et 4,990 mètres carrés) ont été délimités et préparés aux essais, l'un A devant recevoir les façons culturales en usage dans le pays, l'autre B devant être travaillé avec la laboureuse automobile. Les deux champs (sol très argileux, compact, exempt de pierres) qui avaient porté antérieurement la même récolte et étaient dans le même état de culture, ont reçu des doses identiques d'engrais par unité de surface (sorte de fumier ou compost constitué par le couchage des animaux : limon argileux qu'on retire des étables tous les trois ou quatre jours). Le champ A reçut en février et en mars trois labours. Les deux premiers effectués à l'aide de la charrue arabe attelée de deux bœufs; cette charrue pénétrant à o m. 10 ou o m. 11 de profondeur; labour : environ 2,000 mètres carrés par jour. La dernière façon a été donnée avec une charrue-balance de Ransomes, attelée également de deux bœufs, labourant par journée environ 1,500 mètres carrés à la profondeur de o m. 15 à o m. 17 au plus. La préparation d'un hectare de terre du terrain A, suivant le procédé ordinairement en usage en Égypte, nécessite ainsi de 16 à 17 journées d'un homme et 32 à 34 journées d'un bœuf. Le champ B n'a reçu en mars qu'un seul passage de la laboureuse automobile pulvérisant le sol à une profondeur de o m. 25 à o m. 30; la préparation d'un hectare de ce champ nécessite environ une demi-journée de travail de la machine. Dans les deux champs A et B, le semis a été effectué dans la troisième semaine de mars; les mêmes graines (qualité et quantité) ont été employées par les mêmes ouvriers qui sèment à la main, en paquets placés à des intervalles déterminés par la longueur d'une petite jauge de bois. Les soins identiques d'entretien ont été donnés aux deux champs pendant la période de végétation. Comme d'habitude, la récolte a été faite en trois fois : la première cueillette a eu lieu en octobre, les deuxième et troisième dans le cours du mois de novembre. Les résultats obtenus sont consignés dans le tableau suivant :

CHAMP.	LABOURS.	SUPERFICIE EN MÈTRES CARRÉS.	RÉCOLTE DE COTON (non égrené)	
			totale en kilogrammes.	par hectare en kilogrammes.
A.	3 labours avec des charrues ordinaires.	4,990	1,249	2,503
B.	1 passage de laboureuse ordinaire....	4,370	1,132	2,590
SUPPLÉMENT de récolte, par hectare, du champ B.				87

Le coton non égrené a été vendu à raison de o fr. 55 le kilogramme, soit un supplément de

J'ai indiqué les différentes saisons; à chacune correspondent des cultures spéciales. Celles d'hiver (*cheloui*) commencent dès le retrait des eaux amenées par le Nil[1]; ce sont le froment[2], l'orge[2], les lentilles, les oignons, les fèves, les trèfles. Les cultures d'été (*sefi*) durent pendant toute cette saison; certaines autres (riz. coton[3], canne à sucre[4]) ne donnent de récoltes qu'en hiver. Quant aux cultures d'arrière-saison (*nili*), elles durent à peine soixante-dix jours, ce qui suffit au maïs, au sorgho ou douro, aux oignons, aux légumes.

La totalité des cultures annuelles représente 123 p. 100 des surfaces cultivées, c'est-à-dire que non seulement la terre est complètement utilisée, mais que pendant l'année elle reçoit une culture supplémentaire qui porte sur 1/3 de son étendue dans la Basse-Égypte, et sur 1/6 dans la Haute. Le sol se trouve ainsi en culture quatre fois en trois ans dans le Delta, et six fois en sept ans dans la Haute-Égypte, bien qu'une partie notable de la surface cultivable soit, chaque saison, laissée en jachère.

---

48 francs par hectare pour le champ B dont les travaux de préparation du sol ont demandé beaucoup moins de temps que ceux du champ A.

Enfin, par suite d'un certain nombre de modifications et de perfectionnements, nous avons le modèle de 1902, puis celui de 1904; c'est sur ce dernier qu'ont été prises, avant l'expédition de la machine pour l'Égypte, les photographies représentées par les figures 440 et 441, p. 701.

Cette nouvelle machine se compose d'un tracteur à vapeur, portant, à l'arrière, la laboureuse proprement dite, fixée d'une manière rigide à l'essieu au moyen de tirants (quatre intérieurs et quatre extérieurs aux roues motrices).

Le prix de la machine, rendue en Égypte, s'est élevé à 40,000 francs. En comptant 20 p. 100 d'amortissement et d'entretien et une moyenne de 250 jours de travail par an, les frais peuvent être calculés d'après les expériences faites sur les lieux :

Par an........................	8,000^{f}00^c
Par jour de travail.............	32 00
Par hectare..................	10 54

[1] Secondé par l'irrigation.

[2] Comme récoltes de céréales, les plus importantes sont celles du froment (production moyenne 1897-1901 : 4,543,454 hectol. 93); du maïs (production moyenne 1896-1899 : 11,092,859 hectol. 79 — la récolte de 1900 ayant été particulièrement mauvaise, je l'ai laissée en dehors de ma moyenne), et du sorgho; puis, celle de l'orge.

À noter que le sorgho est la nourriture principale des fellahs.

Le riz est aussi l'objet d'une culture importante.

[3] La culture du cotonnier a pris une certaine importance en Égypte depuis un quart de siècle; la plus belle variété, qui est le coton longue soie appelé *coton Jumel*, est aujourd'hui très répandue dans la Haute-Égypte et dans la Basse. On exporte une grande partie de son produit en Europe.

Il est à noter que l'Égypte est le seul pays où on ait réussi à acclimater le *sea Island*.

[4] Production moyenne de sucre de canne 1897-1898 à 1901-1902 : 92,791 t.612.

Superficies des terres mises en culture : 1835, 1,865,000 feddans (de 4,200 m. q.); 1865, 4,397,303 feddans; 1885, 4,923,855 feddans; 1895, 5,237,000 feddans[1].

PRIX ET RENDEMENT PAR FEDDAN D'UNE CULTURE TYPE DU DELTA
(ADMINISTRATION DES DOMAINES).

		GRAINE.	PAILLE.	RENDEMENT TOTAL.
		ardebs [2].	charges.	liv. égypt.
Blé et paille de blé.	1879	2,33	2,00	3,56
	1889	4,00	3,13	3,92
	1897	4,11	4,14	4,90
Orge et paille d'orge.	1879	1,22	1,02	1,19
	1889	3,15	1,11	1,89
	1897	3,16	1,13	1,98
Fèves et paille de fèves.	1879	3,01	1,03	2,72
	1889	2,20	1,05	2,46
	1897	3,13	1,15	2,45

		COTON.	GRAINE.	BOIS.	TOTAL.
		kantars [2].	ardebs [2].	charges [2].	liv. égypt.
Coton, graines et bois de cotonnier.	1879	3,29	2,11	4,10	10,94
	1889	3,06	2,17	2,05	9,67
	1897	5,42	3,17	2,11	10,54

Outre les cultures déjà citées, je mentionnerai encore celles du chanvre, du lin, de l'arachide, de la garance, de l'indigo, du tabac, du coton, de l'alfa, du pavot, des arbres fruitiers, notamment des dattiers. A signaler le dounier, palmier fort répandu, qui atteint jusqu'à 10 mètres de hauteur et dont les fibres sont résistantes, et l'*Hibiscus canabinus*, qu'on fait naître sur le contour des champs occupés par les cotonniers, afin de les abriter contre les vents violents, mais dont les tiges se ramifient quand on sème clair. La betterave, enfin, serait appelée, suivant certains auteurs, à causer « une véritable révolution dans l'industrie sucrière du pays », mais il est prudent de réserver son jugement.

[1] Assolement-type des cultures de l'Administration des Domaines (Delta) :
1re année. — Novembre à février : Bersim (trèfle) destiné à être enfoui sous le coton; mars à novembre : coton ou sésame.
2e année. — Décembre à juin : légumineuses (bersim, fèves, pois, lentilles, fenu-grec) : juin à fin novembre : jachère, maïs ou riz.
3e année. — Mi-novembre à juin : céréales, blé ou orge; juin-octobre : riz, maïs ou jachère.
[2] Kantar : 44 kilogr. 500 à 50 kilogr.; ardeb : 198 litres; charge : 200 okes (36 okes au kantar).

Comme bétail, on trouve des chevaux, des mulets, des chameaux. des moutons, des chèvres, des porcs, etc., et surtout des ânes.

Fig. 442. — Âne domestique d'Égypte.

Une des principales questions à résoudre pour assurer l'avenir agricole de l'Égypte, c'est sans conteste celle du crédit, d'autant que l'imprévoyance des fellahs est grande et que les usuriers n'hésitent pas à leur imposer des taux ruineux de 150 et même de 200 p. 0/0. Le Gouvernement a fort justement compris qu'il était de son devoir d'intervenir et chargea de l'organisation du crédit agricole, au taux annuel de 10 p. 0/0, une banque privée, à laquelle il prêta l'Administration de l'État pour le recouvrement des créances, — étant entendu que cette aide ne pourrait entraîner la garantie des créances impayées. Cet essai donne, paraît-il, pleine satisfaction.

Un mot du système fiscal. «On trouve, dans la vallée du Nil, de vastes régions dans lesquelles, la terre supporte des charges fiscales qui s'élèvent jusqu'à 100 francs par hectare, et paye, en outre, une rente qui s'élève à 90 francs, sur bien des points, à 125 francs, à 150 francs, dans le delta, avec les irrigations pérennes et jusqu'à 200 francs avec la culture de la canne à sucre et du coton. La valeur du sol atteint couramment 2,000 et même 4,000 francs l'hectare[1]. »

____

[1] _Voyage agricole dans la vallée du Nil_, par A. RAYER. 1902.

L'Egypte n'a pas de forêts, et pour les bois d'œuvre qui lui sont nécessaires, elle est obligée d'avoir entièrement recours à l'importation.

On recueille, notamment dans la Haute-Égypte, de la gomme arabique; cette gomme provient de divers acacias, surtout de l'*Acacia arabica*; elle se présente en morceaux ou en larmes blanches brillantes à la surface, et qui laisseraient facilement passer la lumière si elles n'étaient remplies à l'intérieur d'une foule de petites fentes qui brisent les rayons lumineux.

Dans le Nord-Est de l'Afrique croît également le *Bresswellia papyrifera*, dont l'on tire l'encens. Cette gomme résineuse s'obtient par incisions; le suc blanchâtre qui s'échappe de la blessure se concrète en larmes oblongues, pyriformes, irrégulièrement arrondies, longues de quelques centimètres, de couleur jaune pâle ou jaune rougeâtre, plus ou moins translucides.

En ce qui concerne la chasse, on sait que c'est par l'Égypte que nous vient la caille, qui a été passer son hiver jusqu'au lac Tchad. Malheureusement les Égyptiens — comme d'ailleurs les Italiens — l'arrêtent au passage par tous les moyens, et il est nécessaire qu'un accord international intervienne. Une fois la caille prise, on la bourre de millet. Selon un mot très juste d'un homme à-qui toutes les questions de chasse et de gibier sont familières, le comte Clary, cette caille « grasse ainsi d'une graisse nauséabonde, n'est plus de la caille..., c'est de la rocaille ».

Le Nil possède plus de cinquante variétés de poissons, dont certains atteignent d'énormes dimensions. Les meilleurs poissons du pays sont ceux du lac Menzalèh. La majeure partie de la pêche se vend sous forme de poisson séché (*fessik*); la préparation en est généralement défectueuse et on ne peut le garder que quelques mois.

B. ABYSSINIE.

LES DIVERSES RÉGIONS : CULTURE, BÉTAIL, ETC. — FERTILITÉ. — POPULATION. — INTÉRÊT PORTÉ À L'AGRICULTURE. — PROPRIÉTÉ FONCIÈRE. — CARACTÈRE DE L'IMPÔT. — CAFÉIER. — LE CHEVAL DE DONGOLAH. — MULES. — PEAUX. — CIRE. — MIEL. — FORÊTS. — BROUSSE. — CHASSE. — IVOIRE. — CIVETTE.

« Quand la vérité vient prendre la place du songe, la première surprise est, au bout du désert Issa, la découverte de cette majesté des eaux ruisselantes qui, à travers un paysage d'alluvion, promènent toutes les promesses de la fécondité. Terre de beurre et de miel, disait au xvie siècle le père Lobo[1], pour caractériser l'Abyssinie. Cette richesse ne s'est point épuisée. La simbalette continue de nourrir sur des prés adventices des troupeaux admirables; la terre donne trois ou quatre récoltes par an, partout où les charrues ou bien les houes la sollicitent. Les abeilles, ivres de fleurs, bourdonnent comme par le passé au sommet de la montagne. Aussi bien entre le désert de l'Est, qui pendant tant de siècles a isolé le pays du reste du monde, et les marais des deux Nils qui, du côté de l'Occident, lavent les pieds du plateau, l'Abyssinie entière, plus grande que la France, n'est qu'une juxtaposition de serres superposées. Serre chaude, où toutes les cultures tropicales poussent à miracle; serre tempérée; serre froide.

Fig. 443. — Bétail au pâturage (environs de Harrar).

«Les cultures les plus disparates, protégées par la combinaison de ces deux termes fixes, l'altitude alpestre et la latitude équatoriale, se chevauchent ici, alternent dans la même région. Vous rencontrerez en un jour les bananes, les cannes à sucre, le caoutchouc, le café, le

[1] Le R. P. Lobo, jésuite portugais. qui visita l'Abyssinie à la fin du xvie siècle, s'exprime en ces termes : «C'est peut-être un des meilleurs, des plus beaux et des plus agréables pays du monde. L'air y est très sain et très tempéré. Les montagnes y sont toutes couvertes de cèdres. On y sème, on y fait la récolte dans toutes les saisons, la terre ne se lasse point de produire et n'est jamais sans fruits. Il semble que toute la province ne soit qu'un parterre fait pour réjouir la vue, tant la variété y est grande. Je doute que les peintres se soient encore formé des idées de paysages aussi beaux que ceux que j'ai vus. Les forêts n'y ont rien d'affreux. On dirait qu'on ne les a plantées que pour donner de l'ombre et du frais. »

45.

coton, les épices, le maïs, la vigne, les légumineuses; sur les plateaux moyens, le blé; aux grandes hauteurs, l'orge. Le merveilleux limon qui féconde les eaux stériles du Nil Blanc ne coule pas seulement vers le Nord, par la Gouder et l'Abbay (Nil Bleu). Il glisse sur les versants abyssins de l'Ouest, du Sud et de l'Est. Jusqu'au cœur du pays dankalé, il fait cortège à l'Aouache. Il descend avec la Guibbé et l'Omo vers le bassin du lac Rodolphe; il s'étale dans le Ouallaga, accumulant des revêtements d'alluvion, comparables aux Terres Noires de la Russie méridionale [1]. »

Cette relation, dont l'auteur est tout à la fois un écrivain et un admirateur de cette Abyssinie qui lui donna comme une «impression de jardin », je veux la faire suivre d'une autre, due à un autre voyageur, et où les caractéristiques de chacune des régions de l'Abyssinie sont longuement et soigneusement établies :

«Il y a en Abyssinie deux zones distinctes, bien connues des indigènes, qui les désignent sous les noms de *dégas* et de *kollas*, terre haute et terre basse. L'altitude des premières varie entre 2,000 et 3,000 mètres, celle des secondes, entre 1,000 et 1,500 mètres. Il y a, en outre, les hauts sommets, qui sont encore habités jusqu'à une altitude de 4,000 mètres; mais ce ne sont là que des exceptions qui ne modifient point d'ailleurs ces deux grandes divisions. Entre les dégas et les kollas, il n'y a pas seulement une différence de niveau : la température, la nature du sol, les productions végétales, les animaux aussi ne sont plus les mêmes et l'homme lui-même, bien que descendant d'une source commune, a subi à tel point l'influence du climat qu'il présente, tant au moral qu'au physique, des différences marquées.

«Les *dégas* sont les pays que j'ai décrits comme de vastes plateaux couverts de gras pâturages où paissent de nombreux troupeaux de bœufs et de moutons. L'air y est pur et sec, la température modérée, l'eau abondante et de bonne qualité. La végétation y persiste plus longtemps pendant la saison sèche, le climat est sain, les maladies fort rares. Les dégas, dans le règne végétal, sont caractérisées par la

----

[1] *Ménélick et nous*, par Hugues LE ROUX.

présence de l'orge et du blé. C'est dans cette région que sont construites les plus grandes villes. La population plus dense, plus industrielle, se rapproche davantage encore du type européen. C'est là que
le voyageur rencontrera le plus souvent des hommes ou des femmes
au teint clair; les membres sont plus charnus, la taille plus élevée.
L'habitant des dégas est plus riche, moins nomade, plus hospitalier,
moins querelleur. Il a plus de dignité, plus de calme; il est plus religieux; mais cela tient peut-être à ce que la noblesse théocratique,
recherchant de préférence un pays riche, salubre et tempéré, a étendu
sa domination sur les hauts plateaux, qui sont devenus en grande
partie des fiefs des églises et des monastères.

Fig. 444. — Indigènes labourant (environs de Harrar).

« Dans les *kollas*, le sol est sablonneux, sec et pierreux; au lieu
de l'orge et du blé, on ne verra plus maintenant que le maïs et le sorgho; le coton remplace le lin; le figuier, le sycomore et l'olivier ont disparu pour faire place aux nombreuses variétés d'acacias et de mimosas. Un des arbres caractéristiques de la région des kollas est le
baobab, qui ne se rencontre jamais dans les dégas, pas même autour du
lac Tzana. Le vert des feuilles est devenu plus pâle et comme poussié-
reux, le rosier et le jasmin ne parfument plus l'atmosphère, et quand,
après les pluies, revient la saison sèche, les arbres dépouillés de leurs
feuilles ne montrent plus que des branches noueuses hérissées d'épines
longues et acérées, et des troncs grisâtres dont l'écorce se détache
comme la peau d'un lépreux. Il y a une compensation cependant: dans

les dégas, je n'ai jamais rencontré aucun fruit, tandis que le bananier, l'oranger, le citronnier et le cédratier prospèrent dans les kollas. Les rivières, torrents fougueux pendant les pluies, n'offrent plus, pendant la saison sèche, qu'un lit sablonneux dont l'eau a complètement disparu. L'air est sec et embrasé, le vent de la montagne ne venant plus le rafraîchir. Au commencement et à la fin des pluies se déclarent des fièvres épidémiques, souvent mortelles. Çà et là sur sa route, le voyageur rencontrera des villages entiers veufs de leurs habitants, qui ont fui devant le fléau dévastateur. Le léopard et le lion pullulent dans les fourrés et les rochers; mais le pelage de ce dernier est plus fauve, plus court, sa crinière moins abondante, et le lion noir, voisin de celui de l'Atlas, est confiné dans les montagnes. Les guenons bondissent dans les branchages; c'est, du moins, dans les kollas que je les ai rencontrées exclusivement, tandis que j'ai fréquemment vu les singes cynocéphales dans les dégas. Les pintades dans les kollas ont remplacé les francolins, sortes de grosses perdrix à la chair délicate, qui habitent de préférence les dégas; plusieurs espèces d'antilopes et de gazelles s'enfuient à travers la plaine, gracieuses et alertes. Il y a peu de mules et pas de chevaux dans les kollas; les chèvres ont généralement pris la place des moutons, bien que, parmi ces derniers, il en existe une espèce à poil ras et sans cornes, qui se rencontre en Abyssinie dans les régions chaudes. Dans quelques parties plus basses encore vivent l'éléphant, le rhinocéros. Les insectes eux-mêmes suivent la loi générale, et l'on retrouve dans les kollas quelques espèces caractéristiques des régions sablonneuses et brûlantes de l'Afrique. Les habitants de ces plaines chaudes et malsaines sont petits, secs, nerveux, pétulants, querelleurs; la peau a une couleur plus foncée, le visage est plus rond; ils aiment la danse et la musique; gais et enjoués, ils se drapent toujours dans la toge, mais n'ont plus au même degré cette majestueuse dignité des habitants des terres hautes, devant laquelle on se sent reporté aux beaux temps des Grecs et des Romains [1]. »

[1] *L'Abyssinie*, par Achille RAFRAY.

Ces descriptions me dispensent de m'arrêter plus longtemps sur la fertilité du sol [1], connue, du reste, dès l'antiquité — puisque Héliodore signale qu'en certains points le froment rend 300 p. 1 — et dont le moyen âge avait si peu oublié la renommée que Joinville qualifie le pays de « Paradis terrestre » [2].

La population, essentiellement agricole, peut être estimée entre neuf et douze millions d'habitants, tant Gallas [3] qu'Abyssins [4]. Elle s'intéresse à nos procédés de culture, et les missions qui viennent en Europe y font chaque fois d'importants achats de machines agricoles.

L'empereur et ses conseillers portent, du reste, à l'agriculture le plus vif intérêt ; et, plus que le domaine minier, c'est le domaine agricole du pays qu'ils désirent voir mettre en valeur.

Pour définir le caractère de la propriété foncière et de l'impôt, je n'ai qu'à citer le Négus Ménélick lui-même : « Les terres qui font partie du domaine de la Couronne ne sont pas à vendre. Elles sont la propriété de l'empereur, comme un morceau de terre est la propriété d'un Galla ou d'un Abyssin, qui en a hérité de son père. De même un de mes fonctionnaires, ras, prêtre ou soldat, dont je

---

[1] « Cette fertilité du sol doit être attribuée à l'art avec lequel les habitants conduisent l'irrigation. Le moyen mis communément en pratique consiste à creuser de petits canaux depuis les points les plus élevés du courant, et à les conduire à travers la plaine, qui est ainsi divisée en compartiments carrés, selon la coutume généralement adoptée dans l'Inde. » (*Voyage en Abyssinie*, 1809-1810, par l'Anglais Henry SALT.)

[2] « Au fond des vallées, le laboureur abyssin connaît la joie des quatre récoltes annuelles, sur le même carré de terre ; les trois récoltes sont fréquentes ; partout on ensemence et l'on recueille au moins deux fois par année. » (*Ménélick et nous*, par Hugues LE ROUX.)

[3] « Derrière moi il y avait une petite ferme galla, où, dès la minute de l'arrivée, nous nous étions fait des amis. Le soir, leurs superbes troupeaux de zébus ronds, brillants, gonflés d'herbes, encornés comme des aurochs, rentraient allègrement, habiles à se glisser

dans les paillotes qui les abritent contre la rosée nocturne.

. . . .

« Nous sommes ici en pays galla, en terre conquise par les Abyssins. Le vaincu n'a pas été dépouillé de son patrimoine. On a estimé en lui un agriculteur qui possédait à merveille l'art de faire pousser le sorgho et de soigner le bétail. Après cette conquête qui le mettait à l'abri des razzias de ses voisins d'en bas — les Issas de la brousse —, on lui a fait une situation heureuse de fermier propriétaire. » (*Ibid.*)

[4] « Les cultures abyssines sont bien plus voisines des nôtres par les soins donnés à la terre, les préoccupations d'alignement et d'ordre que les ensemencements des Gallas. Ici des laboureurs poussent des charrues attelées de bœufs, des champs de coton jettent leur floconnante richesse, éblouissante comme une neige. » (*Ibid.*)

paye les services en lui abandonnant les revenus d'une terre qui appartient à la Couronne, n'est pas le propriétaire de cette terre. Il ne peut la vendre, la léguer. Elle est à moi, elle n'est pas à lui. Mais pour toutes les autres terres qui ne font pas partie du domaine impérial, elles appartiennent en propre à qui les possède. Ce n'est pas seulement à un Abyssin ou à un Galla que leurs propriétaires peuvent les vendre : c'est à un étranger..... Il en va ici comme en Europe. Un étranger possède ici conformément à la loi abyssine. C'est, chez nous, la terre elle-même qui doit l'impôt. Tel domaine doit payer à la Couronne une redevance annuelle de quelques pots de miel et de quelques journées de corvées. Elles servent à mettre en culture, dans le voisinage, les terres impériales. »

Dans la citation que j'ai faite d'un livre de M. Achille Rafray (p. 708 à 710), les principales cultures sont énumérées ainsi que les animaux domestiques[1]. Je ne reviendrai donc pas sur ces sujets, sauf en ce qui concerne, d'une part, le cheval et, d'autre part, le caféier, à la culture duquel l'Abyssinie convient particulièrement. Dans la province de Kaffa, il pousse spontanément, et, à sa matu-

---

[1] J'emprunte à la relation du voyage que fit de 1768 à 1772, en Abyssinie, l'Écossais James Bruce, les lignes suivantes consacrées aux *quadrupèdes*, et auxquelles vraiment on n'oserait rien changer :

« Je crois que de tous les pays du monde, l'Abyssinie est celui qui produit la plus grande variété de quadrupèdes, soit sauvages, soit domestiques. Comme toutes les hauteurs sont maintenant dégarnies de bois, parce que la marche continuelle des armées a fini par le détruire, les montagnes sont tapissées jusqu'au sommet d'une verdure perpétuelle.

« Les longues pluies de l'été ne sont pas tout de suite absorbées par le soleil. Un voile épais garantit la terre de ses rayons quand cet astre est près de son zénith, de manière qu'il produit assez de chaleur pour hâter la végétation, sans lui nuire, en desséchant le sol ; et, par ce moyen, toute espèce de bétail trouve, d'un bout de l'année à l'autre, du pâturage en abondance.

« On y voit partout d'innombrables troupeaux de bœufs de plusieurs espèces : les uns différents par leur taille, les autres par la grandeur de leurs cornes ; quelques-uns sont chargés de bosses énormes ; quelques autres sans bosses, et tous, enfin, de couleurs diverses, et ayant le poil long ou ras suivant le climat où ils paissent. Ces animaux sont employés à différents usages. Tantôt on les emploie aux charrois comme les mulets et les ânes ; tantôt on les monte comme des chevaux, et ceux dont on se sert de cette manière sont toujours d'une moyenne taille. Quant à ceux qui ont des cornes monstrueuses, ils ne sont estimés que par la grandeur de ces mêmes cornes. L'animal n'est pas si gros qu'une de nos vaches d'Angleterre, et la croissance de ses cornes est une maladie qui lui devient toujours fatale, parce qu'on cherche à l'augmenter pour rendre les cornes plus belles. Cependant il n'est pas prouvé qu'on pût, quand on le voudrait, arrêter les progrès de la mala-

rité, le café est cueilli comme un fruit sauvage. Dans les plantations,
généralement, les caféiers sont trop serrés. De ces plantations, le
nombre augmente.

«Je sais, disait dernièrement à un de nos compatriotes, le dedjaz
Ghebregzyér, que l'or peut se cacher un temps à ceux qui le cherchent, que l'ivoire peut faire défaut demain. Mais notre terre ne nous
manquera pas. J'ai planté 40,000 pieds de café. j'encourage ceux qui
m'entourent à en faire autant.»

La qualité du café abyssin est excellente. «Le café dit *harari* est
connu sur le marché de Londres sous le nom de *moka à la longue
fève*; on l'y préfère au véritable moka. Il arrive qu'on l'y paye plus
cher que le moka lui-même [1].»

L'Abyssinie est le seul pays où l'on rencontre encore le cheval de
Dongolah; il ne ressemble pas aux autres races de l'Orient. Sa taille
varie entre 1 m. 61 et 1 m. 66; il a, tout à la fois, de la vitesse et
de la résistance. Mais il semble perdre la meilleure part de ses
qualités en s'éloignant de son pays natal, et en Égypte — où des
étalons de cette race se sont vendus jusqu'à 25,000 francs — il a

die. Mais le lecteur peut être certain qu'il n'y
a point en Afrique de bœufs carnivores et
qu'on n'a prétendu qu'il y en avait que pour
supposer qu'ils étaient armés de ces cornes
d'une grandeur démesurée. J'avais toujours
souhaité que l'article de ces taureaux carnivores, et quelques autres anciens articles,
disparussent de nos transactions philoso-
phiques. Ce sont des absurdités qu'on ne peut
pardonner qu'à la physique dans son enfance,
et aux premiers voyageurs, mais qui ne
doivent point rester parmi les observations
lumineuses et les découvertes certaines des
philosophes modernes.

«L'on ne peut pas dire que le buffle soit
carnivore; mais nous nous garderons bien
pourtant de l'appeler ici un animal domestique. C'est au contraire le plus féroce de tous
les animaux du pays qu'il habite. Aussi, loin
des montagnes découvertes et tempérées de
l'Abyssinie, il se tient dans le brûlant Kolla,
où, au lieu de se cacher comme les autres

animaux sauvages, il va, fier de sa force et de
sa supériorité, errer tranquillement à l'ombre
des grands arbres, le long des plus belles
rivières, et sur les bords des vastes étangs où
l'eau est la plus claire. Cependant le buffle
est non moins sale que féroce, brutal et indo-
cile, et il semble tenir parmi les animaux de
son espèce le même rang qu'a le loup parmi
les animaux voraces.

«Ce qu'il y a de singulier, c'est que la
femelle du buffle est le seul animal que les
Égyptiens se permettent de traire; et quoiqu'il y ait toute apparence que le buffle
d'Égypte soit de la même espèce que ceux
d'Éthiopie, le changement de climat et de
nourriture ont mis tant de différence dans
leurs mœurs, que ceux d'Égypte sont tout à
fait domestiques, et se laissent conduire et
gouverner par des enfants de dix ans, sans
qu'il arrive jamais le moindre accident.»

[1] Rapport du consul anglais pour la province de Harrar.

rapidement dégénéré. En outre, il y a chez les divers types de la race de Dongolah peu de régularité dans la conformation. Quant à leur origine, la légende veut qu'on les rattache à une des cinq juments, sur lesquelles dans la nuit sacrée de l'Hégire, Mahomet et ses compagnons s'enfuirent de la Mecque à Médine.

Fig. 445. — *Porthos*, cheval de Dongolah, bai, 1^m49, âgé de 18 ans.

Il faut rappeler aussi les mules : il y en a de magnifiques « rondes, note M. Hugues Le Roux, comme des cailles bardées ».

Les peaux (de moutons et plus encore de chèvres) et la cire donnent lieu à des exportations assez notables. Le miel sert à la fabrication de l'hydromel [1].

[1] « L'hydromel est ce fameux mélange de miel et de la plante *guécho* que les Abyssins nomment *tedj*. Il est blond, volontiers mousseux comme notre cidre en bouteille, avec lequel il a une parenté de saveur. Il surprend le palais la première fois qu'on y touche. Avec l'usage il ne plaît pas seulement, il se fait un des agréments les plus certains de la vie abyssine. Le long de la route de l'Ouest, j'ai constamment échangé mon vin contre du tedj qui pourtant ne valait pas l'hydromel du Négus.

« L'araki est une eau-de-vie blanche. Les

Le bois était naguère le seul combustible en usage; mais sur bien des points, aujourd'hui, la destruction des forêts est cause que les habitants brûlent du crottin sec.

En parlant de l'Égypte, j'ai signalé l'encens et la gomme arabique récoltés dans le Nord-Est africain.

Après la forêt, quelques mots sur la brousse « d'un vert tendre, minéral, où dominent les mimosas en touffes, en arbustes, en arbres ».

La brousse non plus que la forêt ne sont inhabitées. « Ceci, s'écrie avec enthousiasme un voyageur, est proprement la terre de chasse où Saint-Jean-l'Hospitalier perdit le respect de la vie et compromit le salut de son âme. » Lions, léopards, sangliers, éléphants[1], chiens sauvages[2], rhinocéros, buffles, hippopotames, singes, gazelles, hyènes, girafes, zèbres, antilopes, etc., ces divers animaux sauvages et bien d'autres encore se rencontrent en grand nombre. Quant aux oiseaux, on rencontre en Abyssinie ceux qui sont précieux pour leur plumage et ceux dont la chair est appréciée.

Le chat musqué (*Viverra civetta*) qui se rencontre à l'état sauvage

pauvres la fabriquent comme la wodka russe, avec du grain; les riches, avec de l'hydromel assez soigneusement distillé. Son goût est agréable; sa force violente, d'autant plus dangereuse que l'araki rafraîchit comme une gorgée d'eau le palais qui vient de subir les assauts de l'*ouat* et du *fetfet*. » (Hugues Le Roux.)

[1] « Le centre du continent africain conserve la première place pour la production de l'ivoire et ses réserves ne paraissent pas devoir être de longtemps épuisées. Le marché d'Abyssinie demeure le plus important. Cette situation s'explique en partie, par ce fait, que les dents d'éléphant forment l'un des objets les plus considérables du tribut apporté annuellement, tant à l'empereur Ménélick, qu'aux différents ras des provinces éthiopiennes, et l'on considère que ces revenus doivent être importants, bien qu'on n'en connaisse pas exactement la nature et le chiffre. La qualité d'Abyssinie est considérée comme ivoire doux et est surtout recherchée pour la fabrication des billes de billard; les dents de 8 à 25 kilogrammes sont celles préférées. Les dents provenant des autres parties de l'Afrique centrale ont moins de valeur, étant plus dures et présentant de nombreuses crevasses à l'intérieur; elles ne sont guère employées qu'en tabletterie. » (Rapport de la Classe 52 [Produits de la chasse], par M. Léon Revillon.)

[2] « J'ai eu un spectacle vraiment dramatique. Je m'étais laissé surprendre par la chute du soleil dans cette forêt pleine de vie. J'ai assisté à la chasse à courre d'une antilope de haute taille poursuivie par une bande de ces redoutables chiens sauvages qui sont l'effroi des gens d'ici: noirs et blancs, ils ont passé au-dessus de ma tête entre les tuyas, fantastiques, enragés, très pareils à des loups. La bête n'avait que peu de mètres d'avance sur eux : le dénouement est facile à prévoir. Je n'y ai pas assisté, mais Carette s'est trouvé ce matin nez à nez avec un de ces hurleurs qui achevait une proie. Les habitants de Bourka nous ont conté que, depuis que ces chiens sauvages ont fait leur apparition dans la forêt, le gibier disparaît chaque jour davantage. » (*Ménélick et nous*, par Hugues Le Roux.)

dans les régions de l'Ouest de la Haute-Égypte a été domestiqué en Abyssinie. Cet animal secrète une matière onctueuse, semi-fluide, jaunâtre quand elle est fraîche, brune au bout d'un certain temps, douée d'une odeur particulière, pénétrante, forte et désagréable quand elle s'exhale d'une grande quantité de la matière, mais aromatique et agréable quand la quantité est petite. Cette matière est recueillie dans une poche que l'animal porte près de l'anus. Un animal peut produire jusqu'à cinq grammes de civette par semaine. Autrefois, il était rare de recevoir la civette pure [1] et les lots étaient généralement un mélange assez foncé de civette sauvage et de civette domestiquée. L'établissement d'agents européens à Addis-Ababa a permis, depuis quelques années, d'importer la civette claire, provenant d'animaux domestiqués concurremment avec la civette provenant d'animaux sauvages. Cette dernière est toujours noire, par suite de l'oxydation provoquée par l'air et par la nourriture de l'animal. Pour que l'animal domestiqué produise de la civette claire, on ne l'alimente que de viande de bœuf [2] et d'une espèce de maïs, le *douro*. La sécrétion de cette civette domestiquée est considérée par les parfumeurs comme plus aromatique et plus puissante, tandis que le produit de la civette sauvage a généralement un parfum de miel, l'animal recherchant, paraît-il, cette nourriture.

Le prix de la civette, qui atteignit jusqu'à 1,800 francs le kilogramme, au moment où une épizootie sévit au Choa, varie actuellement entre 500 et 800 francs. Quant au commerce de ce produit, depuis que des maisons françaises se sont établies au Choa, il s'est concentré à Paris.

[1] La civette de bonne qualité se reconnaît à sa transparence, à l'homogénéité de sa transparence et de sa pâte; elle ne doit pas contenir de grumeaux drus et opaques et elle s'étend facilement sur le papier. En raison de son prix élevé, la civette est souvent falsifiée; on se sert, pour cela, de miel, de saindoux, de beurre rance, de sang desséché, de terre, etc.

[2] Pendant la guerre italo-abyssine, on a également importé de la civette de Zanzibar; mais, sauvages ou domestiqués, les animaux de ce pays mangent surtout des végétaux, ce qui change le parfum de leurs secrétions.

CHAPITRE XLIX.

LIBÉRIA[1].

SUPERFICIE. — POPULATION. — RICHESSES NATURELLES. — CULTURES PRINCIPALES. —
FAUNE. — CAFÉIER : HISTORIQUE; AIRE GÉOGRAPHIQUE; PRODUCTION; DIFFÉRENTES
ESPÈCES; LE CAFÉIER LIBÉRIA.

En 1848, la statistique indiquait pour Libéria une superficie de
24,780 kilomètres carrés et une population de 770,000 habitants
(dont 3,000 pour la capitale Monrovia). En 1892, la population est
d'environ 2 millions. Enfin, depuis la délimitation définitive avec
le Soudan français, délimitation qui remonte à 1895, le nombre
des habitants est évalué à 4 millions (dont 8,000 à Monrovia).
Quant à la superficie, les estimations la portent à 50,000 kilomètres carrés.

Les richesses naturelles ne manquent pas : baobab, acajou, palmier,
gommier, bois de teinture et caoutchouc. Naguère, les indigènes pré-
paraient ce dernier en le faisant sécher sur leur corps; il est traité
maintenant par les procédés modernes. D'une façon générale, la flore
est, du reste, d'une belle végétation. Les cocotiers ont, sans doute,
été importés par les négriers; ils poussent à l'état sauvage. Les ananas
croissent en buissons.

Parmi les cultures, on peut citer celles du maïs, du cacao, des
pommes de terre, des patates, du manioc, du riz, de l'arrow-root,
des pois, des haricots, des fèves, des bananes, des oranges, des grenadiers, des poivriers, des indigotiers, etc. Celle du café mérite une
mention spéciale (voir p. 718 à 720).

Les animaux élevés autour des villages sont les bœufs, les chevaux,
les chèvres, les brebis. Parmi les chevaux, il y a, d'une part, le grand
cheval de selle et, d'autre part, le petit coursier de trait, infatigable
dans les services qu'on lui demande. Comme faune sauvage, on trouve
des buffles, dont certaines variétés sont assez redoutées des agricul-

_____

[1] Clichés d'A. Challamel, éditeur (fig. 446), de la Librairie agricole (fig. 447).

teurs; un léopard, qui fuit l'approche de l'homme; des éléphants, dont l'ivoire non gaspillé encore est protégé aujourd'hui par la sollicitude des pouvoirs publics; de nombreux singes, dont une espèce, le babaou, est vénérée par les indigènes de l'intérieur; des antilopes, etc.

LE CAFÉIER. — Dans le tome IV (p. 206 et 207), au cours de l'étude sur le Brésil (qui est le principal producteur de café)[1], on trouvera l'indication et la répartition de la production mondiale et des tableaux indiquant la consommation du café[2]; je veux seulement ici donner quelques indications générales sur le caféier. Une légende veut que ce soit un berger des provinces de l'Abyssinie qui ait trouvé et utilisé ses curieuses propriétés; il aurait, paraît-il, observé que ses chèvres étaient toutes frétillantes, lorsqu'elles avaient brouté des feuilles et des fruits de cet arbuste. Quoi qu'il en soit, l'usage du café était, dès le commencement du xvie siècle, devenu général en Extrême-Orient.

La première mention qui en est faite en Europe date du xve siècle, et l'on ne commence à en faire usage que dans le courant du xviiie siècle. L'Yémen en fournit seul alors; il ne peut suffire à la demande. Aussi les Hollandais tentent-ils d'acclimater dans leurs colonies une culture qui promet la réalisation de grands bénéfices. Ce ne fut, du reste, pas sans avoir couru bien des risques que Van Horn réussit, en 1690, à se procurer quelques pieds de caféier en Arabie. Plantés à Batavia, ils prospérèrent. En 1710, le Jardin botanique d'Amsterdam reçut un échantillon qui se reproduisit. Un de ses jeunes plants fut offert, par les Pays-Bas, en hommage à Louis XIV. Il se

---

[1] Il fournit, à lui seul, les sept huitièmes de la production mondiale. Après le Brésil, vient l'Amérique centrale avec 80 millions de kilogrammes; mais leur production pourrait être considérablement accrue par une connaissance plus approfondie des exigences de la plante et par l'adoption de meilleurs procédés de culture.

[2] Notons seulement ici que, d'après le vicomte de Saint-Léger, la statistique de consommation annuelle du café par individu est :

Californie	10'000
Hollande	5 000
Belgique	4 250
États-Unis	4 250
Suisse	3 000
Danemark	2 100
Angleterre	1 750

On estime qu'en France, la consommation en café progresse d'une manière régulière d'à peu près un million de kilogrammes par an.

multiplia au Jardin des Plantes. Trois des jeunes pieds obtenus furent, pour être plantés à la Martinique, confiés au capitaine Desclieux.

Fig. 446. — Fleurs et fruits de caféier de Libéria.

dont j'ai, d'autre part (p. 542, note 2), conté le dévouement en cette occasion.

La culture du caféier se fait dans la région intertropicale, mais elle ne peut prospérer que par la réunion de nombreuses conditions climatériques et géologiques[1]. L'espèce la plus répandue est celle d'Arabie[2]. Mais elle n'est pas à l'abri de l'*Hemileia vastatrix* qui détruit les plantations d'Orient et s'attaque maintenant à celles du Brésil. Au contraire, le caféier Libéria (arbre et non un arbrisseau comme le précédent) n'est pas atteint par le redoutable parasite.

Aussi a-t-on recours à lui pour le greffage. Voici ce qu'écrit de cette plante, qui pousse spontanément dans les forêts de la République libérienne, M. E. Pierrot, ancien chef de culture aux colonies :

«Le caféier Libéria, originaire des forêts de la côte occidentale d'Afrique, présente de nombreuses différences avec le caféier d'Arabie : il est beaucoup plus développé et peut atteindre jusqu'à dix mètres

Fig. 447. — Fruits du *Coffea liberica*.

et plus de hauteur; ses rameaux sont, proportionnellement au tronc, plus puissants et restent érigés; l'ensemble est moins touffu[3]. On trouve, toujours, sur un même pied de Libéria, des fleurs, des fruits verts et des fruits mûrs; ces derniers restent plus longtemps fixés au rameau que dans le caféier d'Arabie[4]. »

[1] Elle couvre une surface totale de trois millions d'hectares, et est la base d'un important commerce manipulant de 850 à 900 millions de kilogrammes de café, représentant une valeur de près de 2 milliards de francs.

[2] On en distingue trois variétés : 1° le caféier d'Arabie proprement dit ou caféier Moka; 2° le caféier de Ceylan; 3° le caféier Leroy.

[3] Voir p. 458, la figure représentant un caféier Libéria.

[4] *Agriculture pratique des pays chauds*, 1905.

CHAPITRE L.

AFRIQUE AUSTRALE ET MAURICE.

A. AFRIQUE AUSTRALE.

HISTORIQUE. — AGRICULTURE. — BÉTAIL. — MOUTONS. — BOVIDÉS. — FORÊTS; LE *WONDERBAUM*; DE CERTAINES ESSENCES, L'EUCALYPTUS NOTAMMENT, CONSIDÉRÉES COMME PRODUCTRICES DE CALORIQUE. — CHASSE.

HISTORIQUE. — On sait les importants changements survenus en Afrique australe depuis l'Exposition de 1900. Le pays entier est devenu aujourd'hui une colonie anglaise. Il y a un siècle qu'a commencé cette conquête, dont le début suivit la proclamation des Boers de l'intérieur se déclarant indépendants de la Hollande, où nous-mêmes nous étions installés (1795).

Les Hollandais étaient au Cap depuis un siècle et demi. L'honneur de cet établissement revient au chirurgien Van Riebeck, qui partit en 1652 avec sa famille et un certain nombre de soldats, n'ambitionnant que d'assurer un solide point de relâche et de ravitaillement aux vaisseaux trafiquant avec les Indes et ne pensant certes pas qu'il conduisait ses compatriotes dans une région qui donnerait un jour, suivant l'expression d'Élisée Reclus, «plus que ne pouvaient donner les mines de Golconde et les épices de l'Insulinde».

Un voyageur allemand note : «Une chose à remarquer, c'est la nature généralement douce des animaux de l'Afrique australe, tous faciles à apprivoiser.» Le Vaillant, avec plus de pittoresque, exprime la même opinion : «Une curiosité presque familière est assez le caractère de tous les animaux portant cornes, particulièrement les gazelles; il n'y a que les zèbres et les autruches qui se tiennent à une plus grande distance.»

Van Riebeck se trouva donc en pays hospitalier; les indigènes Hottentots — dont les pères avaient pourtant blessé, en 1497, Vasco de Gama et, peu après, massacré don François d'Almeida[1] et ses

---

[1] Il semble que ce grand homme, vice-roi des Indes et vainqueur du Soudan d'Égypte, ait prévu la fin misérable de sa vie si bien remplie. Quand, en effet, dans la baie de Saldanha, les gens de sa suite, s'étant pris de querelle avec les indigènes, coururent aux armes

compagnons — ne lui ayant, d'autre part, pas été hostiles, son habileté conciliatrice ne tarda pas à s'attirer leur complète bienveillance, si bien qu'ils accueillirent avec joie ceux qui, suivant une forte expression, ne devaient pas tarder « à s'enfoncer au cœur de leur pays comme un coin », et leur cédèrent des terres; c'est ainsi que « gagnés par de cruels appâts — une pipe de tabac ou un verre d'eau-de-vie — ces maîtres imprescriptibles de toute cette partie de l'Afrique ne virent point tout ce que leur profanation coupable leur enlevait de droits, d'autorité, de repos, de bonheur [1] ».

On sait comment un certain nombre de Français vinrent demander asile aux Hollandais. Peu après leur installation au Cap, deux de ces réfugiés [2] conduisaient vers le Nord le premier exode de colons. Ainsi nos compatriotes infusaient à la race qui les accueillait leurs qualités aventureuses; ils ne tardèrent pas à perdre leur propre caractère. En 1754, La Caille ne rencontra « aucune personne au-dessous de quarante ans qui parlât français, à moins qu'elle ne fût arrivée de France » [3], et voici comment Le Vaillant s'exprime à ce sujet :

« Le Fransche-Hoeck (coin français) est dans une gorge de montagnes entre le Stellenbosch et le Dragestein. Il a reçu son nom des réfugiés qui vinrent le défricher sur la fin du siècle dernier. Le terrain en est bon et fournit beaucoup de blé et de vin. C'est là que se mange

---

malgré ses remontrances : « Ah! mes amis, s'écria-t-il, où conduisez-vous un homme de soixante ans, qui a vaincu tant de flottes et tant d'armées! » Quelques instants après, il tombait la gorge percée d'une flèche.

[1] François Le Vaillant (1753-1824). — Au premier rang des voyageurs dont on peut lire utilement les récits, il faut citer ce Français qui parcourut, dans un premier voyage, le Natal et le Zoulouland et, dans un second, franchit le fleuve Orange. Le Vaillant avait même formé un plus fier projet : « traverser tout le centre de l'Afrique jusqu'en Barbarie ». Mais c'était là une ambition trop haute et à laquelle il lui fallut renoncer : « La terre s'est, pour ainsi dire, refusée sous mes pas; la soif

et la faim cruelles feront à jamais une barrière insurmontable à qui voudrait tenter une entreprise aussi hardie ». Disciple fervent de Rousseau, notre voyageur a quelques réflexions qui valent d'être citées : « J'ose attester que s'il est un coin de terre où la décence dans la conduite et dans les mœurs est encore honorée, il faut aller chercher son temple au fond des déserts; le sauvage n'a reçu des principes ni de l'éducation ni des préjugés, il les doit à la nature. » Ou encore : « Dans l'état de nature, l'homme est essentiellement bon. »

[2] François du Toit et Hercule du Pré.

[3] *Journal de voyage au cap de Bonne-Espérance.*

le meilleur pain de toute la colonie. Ce n'est pas que le blé soit
meilleur qu'en tout autre lieu, mais c'est parce que la méthode française, apportée par les émigrants, s'y est conservée de père en fils
sans altération. C'est là tout ce qui leur reste de leur ancienne et
cruelle patrie; plusieurs familles cependant conservent et écrivent
encore leurs noms primitifs. J'y ai connu des Malherbe, des Dutoit, des
Rétif, des Cocher et plusieurs autres dont les noms nous sont familiers.
Du reste, on les distingue des autres colons, qui sont presque tous
blonds, par leurs cheveux bruns et la couleur bise de leur peau. »

Le nombre des blancs dans toute l'Afrique australe était, à la fin
du xviiie siècle, d'environ 24,000, possédant approximativement
50,000 esclaves hottentots ou nègres, ces derniers les plus nombreux[1].

Bien que la Compagnie et les gouverneurs eussent toujours cherché à s'opposer à l'extension de la colonie, même sous menace « de
punition corporelle ou de mort et de confiscation de propriété », me-
naces au demeurant forcément illusoires, la colonisation hollandaise
n'avait pas tardé à s'étendre considérablement. Elle comprenait les
quatre districts du Cap, de Stellenbosch, de Swellendam et de Graaf-
Reinet; autrement dit, sur la côte Ouest, elle s'arrêtait à mi-chemin
entre le Cap et l'Orange, dont elle se rapprochait dans l'intérieur
des terres; sur la côte Est, elle atteignait la baie d'Algoa, où s'élève
aujourd'hui Port-Elizabeth, ville « loyaliste » par excellence.

De hardis pionniers avaient, du reste, poussé des pointes bien plus
au Nord et Gordon[2], parvenant au Gariep des Hottentots, l'avait dénommé Orange, non comme on l'a dit à cause de la couleur de ses
eaux, mais parce qu'il lui semblait qu'en donnant au grand fleuve de
l'Afrique australe le nom de la famille royale de Néerlande, il le plaçait
sous sa dépendance.

[1] Les premiers esclaves hottentots étaient dans une condition assez comparable à celle des serfs au moyen âge; bientôt, ils ne suffirent plus aux colons. Un convoi de nègres fut, en effet, amené au Cap en 1658, et le nombre des asservis ne tarda pas à être plus élevé que celui des hommes libres.

[2] Les indigènes avaient gardé de Gordon un tel souvenir que pour exprimer à Le Vaillant toute leur reconnaissance de ses bons traite-ments, ils lui dirent qu'il « ressemblait au seul honnête homme de sa race qu'ils eussent jamais rencontré ». Cet hommage n'honore pas moins Le Vaillant que Gordon lui-même.

Le genre de vie des Boers n'a que peu changé au cours du XIXe siècle. Du traditionnalisme minutieux et parfois enfantin qui règle là-bas chaque détail de l'existence, voici un exemple typique : Lorsque les Hollandais s'établirent dans la colonie du Cap, ils ne trouvèrent que des brebis à queue grasse et à poils courts, excellentes certes pour la boucherie, mais de piètre toison; eh bien! quoique dès 1790 on ait tenté l'introduction de brebis d'Europe, aujourd'hui encore, dans la plupart des vieilles familles, on trouve peu de femmes qui sachent tenir la quenouille. Un point cependant est à noter : c'est qu'il y a un siècle, les Boers ne portaient pas ces grandes barbes dont ils sont toujours parés dans le portrait quelque peu légendaire que nous nous faisons d'eux. C'est là chose si absolue que, parmi les peuplades en guerre avec les colons, la barbe de Le Vaillant était « sa sauvegarde essentielle. »

Les *trekken* [1] que les Boers faisaient à travers les régions difficiles, endurant « ces nuits orageuses des déserts de l'Afrique australe, qui sont l'image de la désolation et où l'on se sent involontairement frappé de terreur », ces rudes *trekken* avaient fortifié encore la forte race des colons. Un de nos compatriotes s'étonnait un jour devant l'un d'eux que le gouverneur de la colonie n'envoyât pas de troupes pour les forcer à suivre ses édits. « Savez-vous bien, lui fut-il répondu, ce qu'il résulterait d'une pareille tentative? Nous serions tous dans un moment assemblés, nous tuerions la moitié des soldats, nous les salerions et les renverrions par ceux que nous aurions épargnés, avec menace d'en faire autant à quiconque oserait se présenter dans la suite. » Notre compatriote ne répondit pas; sur son carnet de route, il écrivit cette seule réflexion, dont les Anglais ont depuis éprouvé la justesse : « Un peuple de ce caractère ne sera jamais facile à traiter; il faudra bien de la souplesse pour le réduire. »

Ces colons boers étaient au nombre d'environ 10,000, « tous chasseurs déterminés et adroits au point que chaque coup qu'ils tiraient était la mort ». On « les ménageait d'autant plus qu'on se reposait sur leur secours puissant du sort de la ville entière, s'il fût arrivé que les Anglais, dans la guerre de 1781, se fussent présentés, comme

---

[1] Migration d'une famille emmenant ses esclaves et ses troupeaux.

on s'y attendait, pour faire une descente ». Un trait fera connaître à quel point on avait droit de compter sur eux : lors d'une alarme mal à propos répandue, en moins de vingt-quatre heures, on en vit arriver 1,000 à 1,200, qui allaient être suivis de tous les autres, si l'on n'avait donné contre-ordre. Sur leur valeur, Le Vaillant porte ce jugement, piquant à rapprocher de ceux de feu le colonel de Villebois-Mareuil : « Ils ne sont absolument bons que pour un premier coup de main ou pour réussir dans une embuscade ; ils ne tiendraient point à découvert en rase campagne et ne reviendraient certainement pas à la charge. »

Les Boérines, élevées à une aussi rude école que celle où se formaient leurs époux, ne leur cédaient en rien. « Courageuses avec réflexion, leur sang-froid ne connaissait pas d'obstacles ni de périls ; non moins habiles à manier un cheval et à faire le coup de fusil que leur mari, elles étaient aussi infatigables qu'eux et n'eussent pas reculé à la vue du danger. »

Les anecdotes illustrent à merveille une étude telle que celle-ci ; elles aident à comprendre le caractère d'une race. En voici une que j'emprunte au premier voyage de Le Vaillant, et qui montrera combien facilement Boers et Boérines se décidaient aux raids les plus fatigants. Le poste le plus avancé, où notre compatriote s'était arrêté, était commandé par un nommé Mulder, auquel il avait été recommandé. Eh bien ! par la suite, pour aller pêcher une semaine en compagnie de son hôte d'un jour, ce Mulder n'hésitera pas devant une très longue randonnée en pays inconnu. Il était accompagné de sa femme, d'un de ses collègues et de la femme de ce dernier. Les deux couples chevauchaient, suivis d'un chariot chargé des engins de pêche, et le second commandant « portait sur ses pistolets, à l'arçon de la selle, un petit enfant de quatre mois qui prenait encore le sein ».

Les colons formaient une sorte d'aristocratie fermée. Parmi eux, il en était de toute petite fortune et d'instruction nulle ; mais ceux-là même s'enorgueillissaient d'être les fils de pères déjà colons et ils étendaient leur ostracisme contre tout nouveau venu et notamment contre ces soldats et ces matelots auxquels, voulant les récompenser de leur conduite excellente, le Gouvernement avait accordé des concessions. Dans un style pompeux et prudhommesque à la fois, qui porte bien la marque de son temps, Le Vaillant note la chose : «Le colon ne voit jamais dans cet habile matelot, dans ce brave soldat, qu'un être en quelque sorte dégradé, auquel il rougirait d'accorder sa fille et cette fille même, élevée dans ces principes, périrait de douleur plutôt que de devenir la compagne d'un de ces défenseurs de la patrie [1] ».

Que devait-il en résulter? d'autant que, «si le préjugé fait grâce à la couleur, il est telle femme (non blanche) qui peut passer pour très jolie à côté d'une Européenne ». Il en résulta cette grande quantité de Basters blancs et turbulents, que Le Vaillant prévoyait devoir être un danger pour la colonie. Semblable devait être, du reste, la crainte du Gouvernement, puisqu'au commencement de ce siècle il défendit les unions entre les colons hollandais et les Hottentots.

Un point sur lequel tous les colons — quelle que fût leur origine — s'entendaient, c'était leur amour des bœufs et le soin qu'ils prenaient des leurs [2]. Le bœuf, il est vrai, n'est-ce pas pour eux ce que le chameau est pour l'Arabe, et plus encore : le moyen de transport, la nourriture, le vêtement, la fortune, l'existence même? «Nos pères ont perdu leur vie en vous pourchassant, ô bœufs, et c'est aussi en vous guettant que nous trouverons la mort. » Ce chant mâle des Be-Chuana, ce chant évocateur des solitudes immenses, des nuits d'attente fiévreuse, c'est bien le chant de toute cette Afrique australe : hymne à la gloire des bœufs et cri de guerre à la fois. Cri de guerre! j'insiste sur le mot, car, des deux côtés, les rapts de bœufs furent la cause de ces affreuses luttes contre les Cafres, luttes où les Boers mêlaient ceux qui subissaient leur ascendant, ces pauvres Hottentots «à la vie si paisible et si précaire ».

AGRICULTURE. — Elle ne saurait nous retenir longtemps, les Boers étant — par excellence — un peuple de pasteurs. Le tableau suivant

---

[1] Et cependant parmi ceux qui s'étaient installés dans les commencements de la colonisation, combien d'anciens soldats et d'anciens marins!

[2] C'est ainsi que la Compagnie entretenait un dépôt ou, plus justement, une sorte de sanatorium destiné à ses bœufs malades; ceux-ci y guérissaient quelquefois; la contagion, tout au moins, était évitée.

indique, en hectolitres, la moyenne des récoltes de céréales (période quinquennale 1896-1900) :

Blé..............	763,300 92	Orge...........	304,705 32
Maïs...........	823,638 03	Avoine.........	566,505 45

A signaler le fameux, mais trop rare, vin de Constauce, renommé comme vin de dessert.

Bétail. — La principale ressource du pays est le bétail qui dispose d'une superficie de plus de 200 millions d'hectares pâturables. En première ligne viennent : moutons, chèvres d'Angora, autruches[1]; puis le gros bétail. Signalons aussi les porcs.

(Cliché de la Librairie agricole.)

Fig. 448. — Cochon du Cap.

Moutons. — M. de Vilmorin, le rapporteur de 1878, s'exprimait ainsi : «La race mérinos a été introduite vers 1883 dans les possessions anglaises du cap de Bonne-Espérance. Là, comme en Australie et à la Plata, elle a rencontré des conditions exceptionnellement favorables à sa multiplication; aussi les progrès de l'industrie pastorale n'ont-ils pas été moins merveilleux dans l'Afrique australe que dans ces pays eux-mêmes. La race mérinos s'est montrée si bien appropriée à la nature du pays et au climat, les bénéfices qu'elles a donnés aux éleveurs ont été si considérables qu'elle a promptement fait abandonner les races communes qu'on avait élevées jusque-là. On estime qu'aujourd'hui il y a dans les possessions anglaises de l'Afrique méridionale, Cap, Natal, etc., 16 millions de mérinos, et qu'il n'y reste presque plus de moutons à grosse laine. Les progrès de l'élevage ne se ralentissent pas encore dans ce pays, car on estime que la production de la laine a doublé depuis 1863, et augmenté à peu près d'un tiers depuis 1867[2]. La colonie du Cap a présenté aussi quelques

[1] Voir p. 730 et suiv. — [2] Les chiffres suivants indiquent, par balles de 400 kilogrammes, l'importance de l'exportation des laines du Cap à ces diverses époques :

1863...	94,159 balles.
1867...	135,418
1877...	180,670

belles toisons de chèvres angoras. On a réussi à faire quelques élevages heureux de ces animaux; mais le succès en est encore trop incertain pour qu'on puisse les regarder comme appelés à prendre habituellement place dans les exploitations agricoles. »

Aujourd'hui les exportations de l'Afrique du Sud dépassent 500,000 quintaux de laine.

Pour la reconstitution des troupeaux détruits pendant la guerre, on a eu, en partie, recours à des dishley-mérinos de la belle bergerie de M. Delacour à Gouzangrez. L'avenir dira si cette tentative sera couronnée de succès, et si nos exportés échapperont à la brandziekte, maladie commune parmi les troupeaux de la région, et qui paraît une sorte de gale. La réduction de l'effectif bovin, par suite de la guerre, est telle, qu'il faudra dorénavant demander au mouton de la viande et de la laine, tandis que c'est ce dernier produit dont seul on s'inquiétait autrefois.

Bovidés. — On a également tenté l'introduction de bovidés; cela n'a jusqu'à présent pas réussi. C'est ainsi que les bœufs de race Durham pure ou croisée que l'on a fait venir de la Plata n'ont eu qu'une existence éphémère. Seuls, les bœufs à bosse de Madagascar font preuve d'une grande résistance; aussi est-ce à notre grande île africaine que les Boers demandent le gros bétail nécessaire au repeuplement de leurs fermes.

Forêts. — Les forêts sont rares, et malgré que la population est peu dense, la production ligneuse ne suffit pas à la consommation. Parmi les espèces diverses, se trouve le *Wonderbaum* (arbre merveilleux), dont les branches, après s'être élevées à une certaine hauteur, reviennent prendre racine en terre. « Cet arbre, écrit un voyageur, dans le tronc duquel vingt personnes peuvent se tenir à l'aise, est entouré de onze à douze rejetons à sève vigoureuse et à feuillage épais qui, dans les chaudes journées, offrent une ombre délicieuse au voyageur fatigué. » Étant donnée l'absence de gisements de houille, la production ligneuse comme combustible a une grande importance [1].

[1] M. D.-E. Hutchins — qui, depuis plus de vingt ans, s'occupe au Cap de l'utilisation de l'eucalyptus comme combustible — a donné en l'année 1904, dans un périodique an-

CHASSE. — On sait combien les Boers ont peu changé durant le cours du siècle; ils sont restés aussi chasseurs que pasteurs, et vont toujours le fusil à la main. Voici, à ce sujet, une petite anecdote contée par un Français qui fit la campagne du Transvaal, en grande partie dans le corps même du général Botha. Les Boers veulent-ils abattre un bœuf, ils ne s'y prendront pas comme nous; c'est à leur fusil seul qu'ils auront recours. Ils avisent l'un des animaux du troupeau et tout simplement le tirent. Notre compatriote disait avoir vu un homme tomber, atteint par une balle ayant traversé un bœuf. Voilà, on en conviendra, une façon expéditive, et qui est bien d'un chasseur. Il est vrai que les Boers ont les meilleures raisons du monde de se livrer à la chasse; d'une part, en effet, elle fut souvent pour eux une nécessité de défense; d'autre part, les occasions de beaux coups de fusils abondent : lions, éléphants, loups, chacals, rhinocéros, girafes, zèbres, antilopes, etc.

glais, *Nature*, des renseignements très intéressants sur ce sujet. Il expose qu'il est, en certaines parties de la colonie du Cap, plus avantageux de labourer et de complanter le sol d'essences de rapide croissance — telles que l'eucalyptus — que d'importer de la houille. En 1882, M. Hutchins et sir A. Brandis, à la suite de leurs expériences, reconnurent que les eucalyptus plantés sur les montagnes tropicales produisaient du combustible à raison de vingt tonnes, — à huit cent dix kilos par stère, — par acre et par an à perpétuité, l'eucalyptus repoussant de lui-même après l'abatage des arbres utilisables sans aucun frais. Son bois séché, plus lourd que la houille, a un pouvoir calorifique égal ou supérieur, volume pour volume, à celui du charbon. Ce résultat est obtenu en mesurant la production maximum de *l'eucalyptus globulus, milgiris,* dans l'Inde méridionale. Si un arbre quelconque, planté sur le sol quelconque de la première montagne venue, peut donner l'équivalent de cinquante tonnes de houille par an et par hectare, il ne semble pas déraisonnable de supposer que, par sélection, on pourrait doubler cette quantité et arriver à cent tonnes. Un grand soleil, des pluies abondantes et une croissance très rapide sont les éléments essentiels de la production du combustible ligneux. Un regard jeté sur un planistère pluviométrique convainc que ces conditions se trouvent remplies pour 3,200 millions d'hectares, soit entre le quart et le cinquième de la surface totale des terres. La moitié de ces terres, exploitée en forêts, donnerait l'équivalent de 160 milliards de tonnes de houille annuellement ou près de deux cent quatre-vingt-dix fois la production totale des mines actuelles. Si donc les forêts tropicales et extropicales étaient rationnellement exploitées pour la seule production du combustible, elles pourraient fournir de trente à cent vingt-deux fois cette quantité, si l'on arrivait à doubler le rendement des essences utilisées de nos jours.

B. L'AUTRUCHE.

SA SIMILITUDE AVEC LE CHAMEAU. — SON APTITUDE À LA COURSE. — SON HABITAT. — SA NOURRI-
TURE. — SON CARACTÈRE. — SES MOYENS DE DÉFENSE; ACUITÉ DE SA VUE ET DE SON OUÏE.
— SA SOCIABILITÉ. — DOMESTICATION CHEZ LES INDIGÈNES. — LE PRIX CHAGOT. — DÉBUTS DE
LA DOMESTICATION AU CAP. — PROGRÈS RAPIDES. — MESURES DE PROTECTION. — VISITE À
UNE FERME À AUTRUCHES. — NOMBRE DES AUTRUCHES D'UNE FERME. — INCUBATION ARTIFI-
CIELLE. — ÉLEVAGE DES PETITS. — ISOLEMENT DES REPRODUCTEURS. — DISPOSITION DES
PARCS. — QUANTITÉ DE PLUMES FOURNIES. — FAÇON DE PLUMER. — QUANTITÉ ET VALEUR
DES PLUMES D'AUTRUCHE. — PRODUCTION DU CAP.

L'AUTRUCHE. — *Oiseau-chameau*, tel est le nom que les Arabes et les indigènes de l'Afrique centrale donnent à l'autruche; déjà les latins l'appelaient *struthio-camelus*. Et, de fait, n'y a-t-il pas d'analogie entre les deux animaux? Voyez-les s'asseoir de façon semblable, en s'appuyant sur la partie calleuse du sternum, puis en laissant tomber l'arrière-train; l'un comme l'autre sont constitués pour parcourir les vastes déserts de sable, et leur aptitude à supporter la soif est égale. Quand, au soleil couchant, sur la ligne d'horizon, des silhouettes des uns ou des autres se profilent sur le ciel, l'œil même d'un Chambâa s'y trompe. C'est que tous deux tiennent la tête pareil-lement, le cou élevé et tendu; que, dans la marche, ils ont le même balancement en avant et qu'enfin le chameau rapprochant ses jambes tandis que l'autruche écarte les siennes, la dissemblance, naturelle entre eux par suite de la différence de conformation, disparaît, et la similitude devient complète.

Est-il besoin de rappeler la vitesse de l'autruche? Livingstone ne l'estime pas inférieure à 42 kilomètres à l'heure. D'autre part, on a noté que cet oiseau ne peut être forcé qu'après une course de huit à dix heures fournie par des chevaux disposés en relais; cela représenterait de 380 à 420 kilomètres en une seule traite.

Du Sud de l'Algérie au Nord de la Cafrerie, l'autruche se ren-contre sur tous les territoires peu habités et plantés d'arbustes sau-vages et de graminées qui conviennent à son alimentation[1]. Une

[1] «Elle séjourne sur ces territoires, tant que la culture par la main de l'homme ou la chasse ne l'obligent pas à s'enfoncer plus avant dans les lieux déserts, c'est-à-dire inhabités. On a souvent mal interprété le sens du mot *désert* en parlant du lieu de séjour de l'au-truche; il doit être interprété ici dans le sens de *inhabité*, car l'autruche ne saurait vivre

chasse implacable, et dont on ne saurait trop regretter les fâcheux résultats, l'a malheureusement repoussée de bien des points, notamment, en Algérie, des hauts plateaux d'Alfa et des steppes qui séparent le Tell des oasis.

L'autruche est frugivore : l'herbe et le feuillage des jeunes arbrisseaux constituent sa nourriture journalière.

C'est un oiseau pacifique par excellence et — sauf à la saison des amours durant laquelle le mâle a de véritables accès de fureur — d'une grande douceur. Il n'attaque jamais les autres animaux.

Son seul moyen de défense, du reste, est un coup de pied lancé soit devant, soit de côté ; ce coup de pied est court, mais d'une extrême violence, la jambe se détendant avec une grande force et une vitesse telle que l'on ne peut parer le coup ; en outre, l'ongle est dur comme de l'acier. Un témoin digne de foi affirme avoir vu un nègre tué d'un coup de pied reçu en pleine poitrine [1].

Mais c'est là un fait tout à fait exceptionnel. L'autruche, mettant à profit sa double aptitude à la course (vitesse et résistance), ne songera qu'à fuir. Elle y sera aidée, car, grâce au grand développement de deux de ses sens, la vue et l'ouïe, elle pourra ne pas se laisser approcher. Sa vue, tout particulièrement, est prodigieuse. Dans les plaines immenses qu'elle habite, elle distingue, paraît-il, les objets à plus de 10 kilomètres.

C'est un animal éminemment sociable, vivant en famille ; quelques familles se réunissent le plus souvent ; les jeunes restent avec les parents jusqu'à ce qu'ils soient d'âge à s'accoupler.

PREMIÈRES TENTATIVES DE DOMESTICATION. — Dans le Sahara, on apprivoise depuis longtemps les autruches et l'on voit dans la plaine des Halilates des troupeaux de trente à quarante sujets suivant parfaitement le bétail au pâturage, notamment les chevaux, et rentrant chaque

dans le désert proprement dit, et recherche de préférence les bas-fonds où elle trouve de l'herbe en abondance, des plantes sauvages et des arbrisseaux de toute espèce.» (*Le fermage des autruches en Algérie*, par Jules OUDOT, 1880.)

[1] Toute la force de l'animal est concentrée dans les membres inférieurs, mais chose curieuse, dès qu'il approche d'un mètre du sol le coup ne porte plus ; il suffit donc de se jeter à plat ventre.

soir avec eux. En 1849, on présenta au lieutenant-colonel, chef de bureau arabe de Tlemcen, un troupeau de vingt et une autruches qui, parfaitement libres, vaquaient tous les jours avec le bétail, sans chercher à reprendre leur liberté.

La Société d'acclimatation de Paris s'était émue parce qu'une chasse imprévoyante compromettait sérieusement le commerce des plumes; en 1857, un de ses membres, M. A. Chagot, offrit une prime importante pour la domestication et la reproduction de l'autruche en Algérie et au Sénégal.

C'est qu'alors on avait bien, dans quelques jardins publics, obtenu des pontes, mais jamais les œufs n'avaient été couvés. Enfin, en 1859, au jardin d'essai d'Alger, un couple donna huit œufs, sur lesquels un vint à éclosion, et on obtint un poussin vigoureux et bien portant.

Le directeur du jardin d'essai d'Alger était alors M. Hardy; c'est à lui que fut décerné le prix Chagot.

Nous avions donc l'avance; nous ne sûmes pas en profiter, et l'on va voir comment le Cap, qui tenta, bien après nous, l'élevage de l'autruche, ne tarda pas à nous dépasser.

L'ÉLEVAGE AU CAP. — «Il paraît que le premier cas d'autruches couvant leurs œufs jusqu'à parfaite éclosion dans la Colonie du Cap a eu lieu à Beaufort, en 1866. Quatre années plus tard, en 1870, ces oiseaux étaient élevés avec succès dans le district de Geoges et, depuis cette époque, cette nouvelle et lucrative industrie s'est étendue et s'est implantée dans toute la colonie du Cap de Bonne-Espérance. »

C'est ainsi que s'expriment dans leur intéressant ouvrage, paru en 1876, *Ostriches and Ostrich farming*, MM. Julius de Mosenthal et Edmund Hasting. Voici du reste des chiffres : le recensement de 1865 indique pour toute la colonie le chiffre de 80 autruches domestiques seulement; douze ans après (1877), un nouveau recensement donne pour le Cap, le Natal et le Transvaal, le chiffre de 32,247.

Il est vrai que le Gouvernement local a édicté des peines sévères pour préserver les autruches de la destruction qui les menaçait au Cap, comme partout elle les menace, par le fait de la véritable furie des chasseurs, qu'aiguillonne le plaisir d'une poursuite passionnante ou l'appât du gain.

Ce règlement date de 1870; il me paraît intéressant d'en citer quelques articles :

PRÉAMBULE.

Attendu qu'il est nécessaire d'empêcher la destruction des autruches sauvages dans cette colonie, le Gouvernement du Cap de Bonne-Espérance et son Conseil, avec le consentement du Conseil législatif et d'accord avec l'Assemblée. édicte les mesures suivantes :

. . . .

II. PÉNALITÉS OU AMENDES POUR AVOIR TUÉ UNE AUTRUCHE SANS LICENCE OU PERMIS.

Nul n'a droit de tuer. capturer, frapper, chasser ou blesser une autruche non domestiquée sans avoir préalablement obtenu une licence à cette fin, sous peine d'une amende de trente livres sterling au moins et de cinquante livres sterling au plus; de quarante livres sterling au moins et de cent livres sterling au plus, pour chaque délit subséquent.

Tout délinquant qui n'aura pas payé l'amende dans les six mois du jour de la contravention constatée sera emprisonné, avec ou sans travaux forcés, pour une durée de six mois au moins ou jusqu'au jour du payement de l'amende.

III. MÊMES PÉNALITÉS POUR QUICONQUE AYANT UNE LICENCE AURA TUÉ UNE AUTRUCHE PENDANT LA PÉRIODE DE REPRODUCTION.

Toute personne munie d'une licence pour tuer des autruches qui aura tué, frappé, capturé ou blessé une autruche non domestiquée dans la période qui aura été déclarée ou proclamée comme étant celle de la reproduction de ces oiseaux, sera poursuivie et condamnée aux mêmes pénalités que celles prévues au paragraphe précédent.

IV. DROIT DE TIMBRE ET DURÉE DE LA LICENCE OU PERMIS DE CHASSE.

Pour chaque licence de chasser les autruches, il sera payé un droit de timbre de vingt livres sterling; cette licence ne sera valable que pour la durée de temps mentionnée sur cette licence, sans aller au delà. La licence donnant droit à tuer des autruches permettra aux porteurs de frapper, capturer, chasser ou tirer ces oiseaux.

V. LE GOUVERNEUR PAR UNE PROCLAMATION FIXERA CHAQUE ANNÉE LA PÉRIODE DE REPRODUCTION.

Le Gouverneur, dans une proclamation, fixera et déterminera, chaque année, et pour chaque district de la colonie, l'époque à laquelle commence et finit la reproduction. Durant cette période, il sera formellement interdit de tuer, capturer ou blesser les autruches non domestiquées sur toute l'étendue du territoire de la colonie, avec ou sans licence.

VI. Pénalités pour avoir relevé ou dérangé des oeufs d'autruches sauvages.

Nul ne pourra, à aucune époque, enlever, déranger ou détruire volontairement des œufs d'autruches sauvages, ou les avoir en sa possession, dans aucune partie de la colonie, sous peine d'une amende de trois livres sterling au plus, pour la première fois; de trois livres sterling à six livres sterling pour tous délits subséquents. Le payement de l'amende aura lieu dans les six mois de la constatation du délit, faute de quoi le délinquant pourra être emprisonné, avec ou sans travaux forcés, pour un terme n'excédant pas six mois, à moins que l'amende ne soit payée plus tôt.

VII. Le propriétaire ou occupant de terres a permission d'attraper de jeunes autruches
pour les garder en domestication.

Tout propriétaire, ou occupant de terres, aura la faculté, sans licence ou permis, d'attraper, en saison permise, pour les garder en domestication, les jeunes autruches qui se trouveront sur ses terres.

. . . .

VIII (suite). Part de l'amende remise à la personne dénonçant le délit.

La sentence pourra être sujette à revision par la Cour supérieure; une part de l'amende imposée au délinquant convaincu d'avoir contrevenu aux dispositions du présent Acte, et qui ne sera pas moindre d'une livre sterling, mais ne pourra excéder cinq livres sterling, sera remise à la personne qui, par son témoignage, aura fait constater le délit, à moins que cette personne ne soit elle-même complice dudit délit.

IX. Les autruches sauvages peuvent être protégées pendant un nombre d'années déterminé.

Il sera facultatif au Gouverneur de la colonie, par une proclamation insérée dans la *Gazette officielle du Gouvernement*, de fixer et de déterminer le nombre d'années pendant lequel les autruches sauvages seront protégées sur toute l'étendue du territoire de la colonie, ce nombre d'années étant dès à présent fixé à trois années, à partir de la proclamation.

Toute personne contrevenant aux dispositions de ladite proclamation sera astreinte aux pénalités qu'elle édicte, notamment à celles prévues dans le paragraphe 2.

Le Gouverneur aura le droit, à toute époque, de modifier, changer ou abroger ladite proclamation.

Citons maintenant les quelques lignes parues dans la *Revue des Deux-Mondes* en 1874 et inspirées à M. Desdemaines-Hugon par une visite à une ferme à autruches : «Les fermes à autruches sont entourées, comme les lignes des chemins de fer, d'un barrage en gros fil métallique ayant pour but d'empêcher ces précieux oiseaux de s'échapper — ce qui n'est pas difficile, du reste, puisqu'ils ne peuvent ni voler, ni enjamber — et leur permettant cependant de vivre à leur guise, de choisir leurs pâturages et de faire leurs nids dans les vallées qui leur conviennent le mieux sans être inquiétés par le voisinage de

(Cliché de la *Dépêche coloniale illustrée.*)

Fig. 449. — Famille d'autruches.

l'homme. Tous les ans, vers l'époque de la mue, le fermier et ses aides vont à la recherche des autruches, qu'ils chassent devant eux jusqu'à un enclos de plus en plus resserré d'où elles sont obligées d'entrer dans un endroit où on les saisit et les dépouille, pour leur rendre la liberté ensuite jusqu'à l'année suivante. Une autruche rapporte en moyenne 1,250 francs par an, sans aucun frais d'entretien et sans autre débours que l'acquisition de la ferme. »

Une ferme possède généralement 150 à 200 autruches qui, sauf dix mâles et dix femelles réservés pour la reproduction, fournissent, toutes, des plumes. Les autruches ne couvent pas, ou du moins on ne les laisse pas couver leurs œufs et on emploie des couveuses artificielles qui donnent d'excellents résultats. L'incubation dure quarante-trois jours, elle a lieu en juin et juillet. On nourrit les petits à l'aide de gazons très tendres. « La nuit, écrit M. de Weber [1], on les rentre, et les plus délicats sont tenus bien au chaud ; puis, quand ils ont quelques mois, on les parque dans un enclos où on leur sert une provende régulière d'herbe fine et de trèfle. Dans un parc voisin sont les individus plus âgés, ayant déjà un ou deux ans. Quant aux reproducteurs, on les met à part, attendu que ce sont souvent de mauvais camarades. Chaque enclos est pourvu d'un petit hangar d'abri, en cas de pluie ou de grêle, et le sol y est semé de sable et de menus cailloux, pour que les pensionnaires empennés puissent en ingurgiter à leur fantaisie. Ce sont les mâles, soit dit en passant, qui fournissent les plumes les plus belles et les plus chères. » Chaque autruche fournit 40 plumes aux ailes et 100 à la queue.

Les plumes. — On plume les autruches pour la première fois à l'âge de neuf mois. C'est à deux ans que l'on commence à distinguer les plumes venant des mâles et celles venant des femelles. Pour éviter d'abîmer les pointes des plumes, on coupe ces dernières avant qu'elles ne soient arrivées à leur complet développement. Les tronçons sont laissés deux ou trois mois sur l'animal, avant d'être arrachés ; n'ayant plus le poids de la plume, ils ne tomberaient pas seuls.

Les plumes d'autruche occupent la première place dans le commerce et l'industrie des plumes de parure. Leur prix, très élevé autrefois, a diminué. En 1875, pour une production inférieure à 100,000 kilogrammes, la valeur des plumes d'autruche importées d'Afrique, de Syrie et d'Arabie, s'élevait à 15 millions de francs environ. Les plumes de chasse, d'une valeur relativement plus grande que les plumes domestiques, formaient encore presque la moitié du chiffre total. Aujourd'hui, pour une importation de 175,000 kilogrammes, la valeur ne dépasse pas 22 millions de francs, et les plumes de chasse n'y figurent pas pour un dixième. La production de la colonie du Cap était, il y a dix ans, de 150,000 kilogrammes ; elle est restée sensiblement la même, mais la valeur s'est élevée de 15 à 20 millions.

[1] *Quatre ans au pays des Boers.*

C. MAURICE.

HISTORIQUE; SURVIVANCE DE L'ESPRIT FRANÇAIS. -- SITUATION. — SUPERFICIE. — POPULATION. — FERTILITÉ. — ENGRAIS. — CANNE À SUCRE. — VANILLE. — BLÉS. — ALOÈS. — LA STATION AGRONOMIQUE DU RÉDUIT.

HISTORIQUE; SURVIVANCE DE L'ESPRIT FRANÇAIS. — Ce fut en 1715 que Guillaume Dufresne, capitaine de vaisseau, commandant le *Chasseur*, vaisseau appartenant aux armateurs associés de Saint-Malo, prit possession, au nom du Roi, de l'île Mauritius à laquelle il donna le nom d'Île de France. Le 3 décembre 1810, nous perdions de nouveau, par suite de notre impéritie, ce véritable lambeau de la Patrie. «Détachée de la France, mais demeurant toujours unie à elle par les habitudes nationales et sociales, les souvenirs et les traditions qui avaient été expressément réservés à son profit, elle allait devenir, du consentement de l'Angleterre, comme une sorte d'Île de France idéale, avec le même cœur et le même esprit[1]».

Langue, coutumes, appellations, commerce, tout est resté français. Ce semble, suivant un mot ému de M. Victor Tantet, «une fraction de l'ancienne France, qui s'en serait allée là-bas à la dérive». Et qu'un de ses enfants se sente quelque chose qui le met au-dessus de ses semblables, s'il quitte l'île, c'est comme Brown-Séquard, pour venir vers ce qui reste — malgré le destin et les hommes — la patrie, cette France plus aimée encore de ce qu'on l'a perdue[2].

Lisez du reste ce qu'écrivait il y a peu d'années notre consul général : «L'île Maurice est peut-être celle de nos anciennes colonies qui est restée le plus profondément française : 90 ans de domination étrangère ont passé sur elle sans lui enlever son caractère originel. En débar-

[1] *L'Angleterre et la loi civile française à l'île Maurice*, par Pierre HABEL.

[2] Les créoles sont, parmi nos frères de pure race française, des frères que nous devons doublement chérir puisque, éloignés, abandonnés souvent par nous, ils ne nous sont pas moins attachés. M. Émile Carrey, voyageur français qui a parcouru le monde vers 1850 et a rapporté de ses voyages d'originales observations et des notations pénétrantes, parle des créoles avec une si communi-cative émotion que j'ai plaisir à reproduire ces quelques lignes du jugement qu'il porte : «J'aime les créoles, c'est une noble race qui, à travers les mers, à travers les malheurs qui l'ont accablée, conserve vivace et tout-puissant l'amour sacré de la mère-patrie! race hospitalière, fière et fidèle, qui, d'un pôle à l'autre, a pour religion le culte du passé; qui, même sous l'étranger, garde au cœur, comme dans un sanctuaire, l'image vénérée de cette France, son idole oublieuse et lointaine.»

quant pour la première fois à Port-Louis, je n'ai pas pu me défendre d'un réel étonnement et d'une vive émotion : sans la présence du pavillon britannique sur les édifices, je me serais cru en pays français. »

GÉNÉRALITÉS. — Voisine de la Réunion, Maurice fait, comme cette dernière, partie du groupe des îles Mascareignes. Sa superficie est de 1,914 kilomètres carrés; sa population, de 375,000 habitants, dont 258,000 Indiens auxquels on a recours pour la main-d'œuvre, depuis l'abolition de l'esclavage. Un grand nombre de ces immigrants deviennent petits propriétaires.

CULTURES. — Le sol est fertile. La principale culture est celle de la canne à sucre; nul n'ignore la crise générale qui sévit sur elle. La production moyenne (période quinquennale 1897-1898 à 1901-1902) est de 160,568 tonnes de sucre.

On s'est livré à Maurice à d'intéressants essais de fumure[1]; ils sont résumés dans le tableau suivant :

FUMURE CORRESPONDANT À 30 KILOGRAMMES D'AZOTE,
40 KILOGRAMMES D'ACIDE PHOSPHORIQUE ET 30 KILOGRAMMES DE POTASSE PAR ARPENT.

	RENDEMENT À L'ARPENT.	SUCRE PRODUIT À L'ARPENT.
	kilogr.	kilogr.
1 : superphosphate, guano-phosphate, sulfate de potasse et sang desséché......	39,600	5,876
2 : *id.*, plus sulfate d'ammoniaque au lieu de sang desséché...............	39,000	5,768
3 : *id.*, plus azote nitrique............	40,000	5,756
Parcelle 4 : *id.*, plus mélange des 3 azotes......	41,900	5,924
5 : comme 4 plus 30 p. 100 du même mélange..................	46,100	6,362
6 : comme 4 moins azote............	33,200	4,910
7 : comme 4 moins acide phosphorique..	19,100	2,756
8 : comme 4 moins potasse...........	22,600	3,168

[1] L'agriculture mauricienne remplace de plus en plus les engrais organiques par des engrais chimiques composés après analyse des terres, et qui ont principalement pour base le sulfate d'ammoniaque, les nitrates de soude et de potasse, le superphosphate de chaux. Au sujet des essais de fumure en usage à Maurice, voir aussi p. 475.

Maurice, autrefois, produisait, par an, 3o,ooo kilogrammes de vanille d'une préparation très soignée. Puis, sous la double influence des maladies de la plante et de l'extension de la surface consacrée à la canne, la culture de la vanille avait, peu à peu, pour ainsi dire disparu de l'île. Des efforts sérieux ont été faits pour reconstituer des vanilleries et, actuellement, on est de nouveau arrivé à produire environ 5,ooo kilogrammes.

La production de thé est de 2oo,ooo kilogrammes à peu près; la main-d'œuvre indienne est très utile à cette culture.

À signaler encore la production d'aloès, dont les fibres sont utilisées pour la fabrication de cordes imputrescibles, d'articles de sparterie, etc.

La Station agronomique du Réduit. — La Station agronomique installée au Réduit, non loin de Port-Louis, est dirigée par un de mes anciens élèves et collaborateurs, M. Bonâme, chimiste et agronome distingué qui a été appelé à Maurice de la Station de la Guadeloupe, qu'il avait installée et dirigée pendant plusieurs années.

M. Bonâme s'adonne spécialement à l'étude de la canne à sucre, qui lui a fourni l'occasion de publier des mémoires jouissant à juste titre d'une grande notoriété.

TABLE DES FIGURES.

TABLE DES MATIÈRES

DU TOME III.

—

LIVRE IV.

FRANCE (SUITE ET FIN).

LIVRE V.

COLONIES FRANÇAISES.

LIVRE VII.
OCÉANIE.

LIVRE VIII.
AFRIQUE.

IMPRIMERIE NATIONALE. — 6-1906.

www.ingramcontent.com/pod-product-compliance
Lightning Source LLC
LaVergne TN
LVHW050115180726
843501LV00001BB/21